江苏科技年鉴

JIANGSU SCIENCE & TECHNOLOGY YEARBOOK 2020

江苏省科学技术厅　主编

·北京·

图书在版编目（CIP）数据

江苏科技年鉴. 2020 / 江苏省科学技术厅主编. — 北京: 科学技术文献出版社, 2021. 8
ISBN 978-7-5189-8128-1

Ⅰ. ① 江… Ⅱ. ① 江… Ⅲ. ①科学研究事业—江苏—2020—年鉴 Ⅳ. ① G322.753-54

中国版本图书馆CIP 数据核字（2021）第147496号

江苏科技年鉴2020

策划编辑：周国臻　　责任编辑：崔灵菲　胡远航　　责任校对：张永霞　　责任出版：张志平

出　版　者　科学技术文献出版社
地　　　址　北京市复兴路15号　邮　编　100038
编　务　部　（010）58882938，58882087（传真）
发　行　部　（010）58882868，58882870（传真）
邮　购　部　（010）58882873
官方网址　www. stdp. com. cn
印　刷　者　北京地大彩印有限公司
版　　　次　2021 年 8 月第 1 版　2021 年 8 月第 1 次印刷
开　　　本　889×1194　1/16
字　　　数　1192 千
印　　　张　46.75　彩插 16 面
书　　　号　ISBN 978-7-5189-8128-1
定　　　价　380.00 元

编　辑　部　江苏省科学技术情报研究所《江苏科技年鉴》编辑部
地　　　址　南京市龙蟠路171号　邮　编　210042
电　　　话　（025）85430796　（025）83243796

编　纂　说　明

一、《江苏科技年鉴》是江苏省科学技术厅组织编纂的地方科学技术综合性年鉴，是江苏省科技管理、科学研究、科学普及、科技开发等工作具有权威性、指导性、资料性的参考工具书。其编辑宗旨是全面系统地记载江苏省科学技术事业发展的历史进程，为社会各界了解江苏的科学技术活动提供丰富翔实的资料信息。其中，2013年卷获得第三届江苏省省级年鉴及专业年鉴综合奖特等奖，第五届年鉴编纂出版质量评比综合二等奖，并获框架设计二等奖、条目编写二等奖、装帧设计一等奖，全国地方志优秀成果（年鉴类）专业年鉴一等奖；2016年卷获得第四届全国地方志优秀成果（年鉴类）专业年鉴二等奖；2017年卷获得第五届全国地方志优秀成果（年鉴类）专业年鉴二等奖，第六届年鉴编纂出版质量评比综合奖二等奖，并获框架设计，条目编写，装帧设计，检索、编校质量和出版时效4项单项二等奖。

二、《江苏科技年鉴》自1989年开始出版，每年出版一卷，逐年排列卷次，2020年为第32卷。本卷年鉴设特载、科技管理、科技计划、科技奖励、科技人才、科技政策与深化改革、知识产权（专利）、科学普及与科技团体、行业科技、地区科技、国家高新区、科技统计资料、重要科技文件、大事记14个篇目，内容主要反映2019年度江苏科技活动的基本情况、最新科技成就、重大事件及发展趋势。《江苏科技年鉴》文稿由有关部门、单位提供，专人撰写，并经领导审定。

三、《江苏科技年鉴》2020年卷按篇目、栏目、条目三个层次分类编纂。年鉴内容的记述均使用规范的语言表达，计量单位的名称、符号、书写规则及数字的用法等均执行国家制定的有关标准。为便于读者使用，年鉴卷首设目录，卷尾附索引。索引采用主题分析索引方法，按主题词首字汉语拼音字母顺序排列，另设有表格索引。

四、《江苏科技年鉴》的征稿和编纂工作得到全省有关部门和单位的热情支持，在此深表谢意。希望继续得到社会各界的关心和帮助，欢迎读者提出宝贵意见。

《江苏科技年鉴》编辑部

2020年12月

《江苏科技年鉴2020》编辑部

《江苏科技年鉴2020》编审人员

2019 年 5 月 10 日，全省科学技术奖励大会在南京召开，江苏省委书记娄勤俭向国家最高科学技术奖获得者、国家科学技术进步奖一等奖获奖代表颁发省配套奖励证书。（江苏省科技厅）

2019 年 11 月 2 日，第二届苏港融合发展峰会在南京召开。在江苏省省长吴政隆、香港特别行政区行政长官林郑月娥的共同见证下，江苏省科技厅与香港贸易发展局签署技术创新合作备忘录。（江苏省科技厅）

2019 年 1 月 24 日，全省科技工作会议在南京召开。（江苏省科技厅）

2019 年 11 月 1 日，江苏省科学技术厅与荷兰北布拉邦省经济发展署在南京签署《关于创新合作的谅解备忘录》。（江苏省科技厅）

2019 年 4 月 8 日，中国（江苏）—挪威科技创新合作论坛在南京举行。江苏省科学技术厅与挪威创新署代表索黎代表双方机构正式签署了关于开展科技合作的谅解备忘录。该备忘录旨在聚焦绿色技术领域，进一步推动双方在科学、技术及产业方面的合作与交流，建立和共同实施一个双边产业研发框架计划。

（江苏省科技厅）

2019 年 6 月 27 日，江苏省科学技术厅在南京召开全省高新技术企业培育工作会议，进一步动员全省加快高新技术企业培育，量质并举壮大高新技术企业集群。（江苏省科技厅）

2019 年 5 月 20 日，第二届江苏发展大会暨首届全球苏商大会紫金山科技论坛在南京举办。

（江苏省科技厅）

2019 年 8 月 22—23 日，为进一步推动“科技改革 30 条”落实落地，全省科研院所“科技改革 30 条”政策培训会在南京召开，来自全省 70 多家科研院所的分管领导及科研主管部门负责同志共 150 多人参加培训。

（江苏省科技厅）

2019 年 8 月 30 日，为推动驻苏高校院所科教创新资源向苏北地区集聚，促进高新技术企业培育和提升企业产品竞争力，加快苏北振兴和高质量发展，由江苏省科学技术厅、徐州市人民政府主办，江苏省生产力促进中心、徐州高新区管委会承办的“驻苏高校院所苏北五市产学研合作对接活动”在徐州高新区举行。

（江苏省科技厅）

2019 年 9 月 11—12 日，第七届“创业江苏”科技创业大赛暨第八届中国创新创业大赛江苏赛区总决赛在南京江北新区举行。

（江苏省科技厅）

2019 年 11 月 4 日，第七届中国江苏产学研合作大会在南京开幕。（江苏省科技厅）

2019 年 11 月 18 日，国务院正式批复建设江苏南京国家农业高新技术产业示范区，成为全国首批、长三角唯一的国家农高区。（江苏省科技厅）

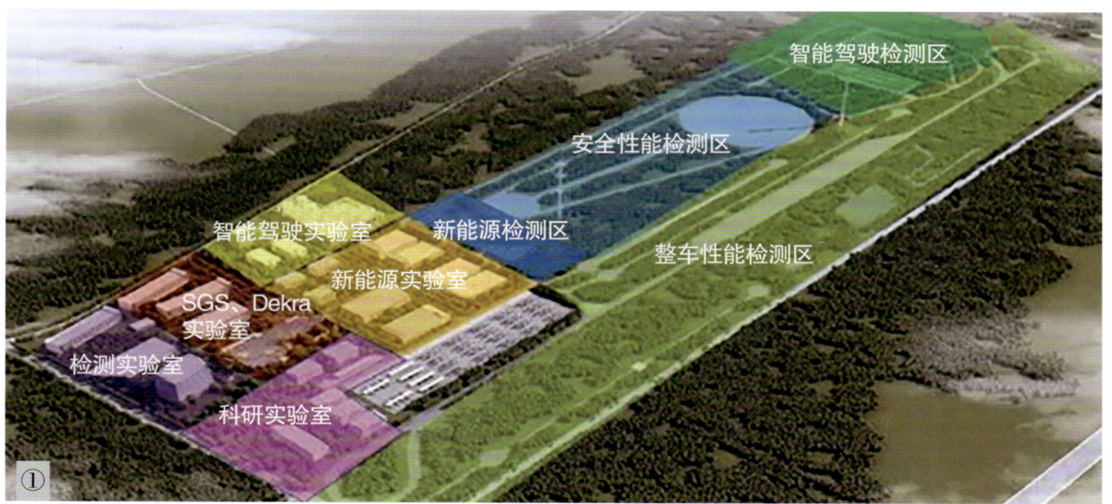

①新一代国家交通控制网试点工程——常州基地初步规划方案

（江苏省交通运输厅）

②智慧工地建设交流现场图

（江苏省交通运输厅）

③危桥改造现场

（江苏省交通运输厅）

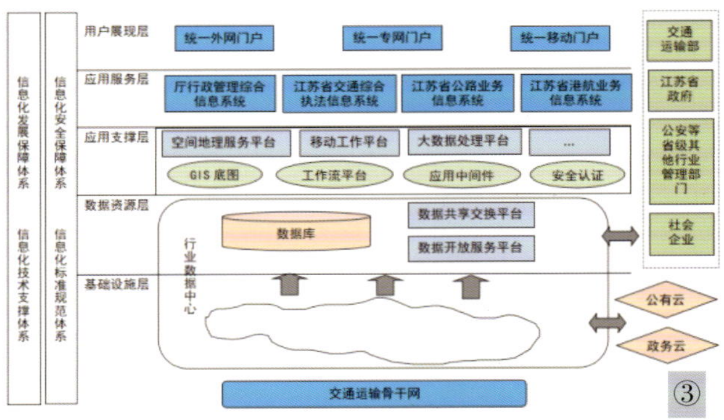

①南极昆仑站的中国南极巡天望远镜 AST3-2（中国科学院国家天文台南京天文光学技术研究所）

②江苏 LNG动力船舶改建现场（江苏省交通运输厅）

③江苏省交通运输政务信息系统整合总体架构图（江苏省交通运输厅）

④沪通长江大桥斜拉索全部架设到位（江苏省交通运输厅）

2019年5月21日，全国粮食科技活动周在南京启动。（江苏省粮食和物资储备局）

海丰米业万吨低温库（江苏省粮食和物资储备局）

江苏晶健米业生产设备（江苏省粮食和物资储备局）

南京溧水公正稻米种植专业合作社苏米种植基地（江苏省粮食和物资储备局）

盐城大丰港瑞丰粮库（江苏省粮食和物资储备局）

目 录

特 载 Special Publications

科技管理 Management of Science & Technology

创新型省份建设

高新技术与产业

科技企业

科技园区

农业与农村科技

社会发展科技

科技机构

科研机构

重点实验室

重大科研设施

技术创新中心

科技机构名录

科技条件与平台

公共服务平台

科技条件

科技服务

科技服务业

科技服务业特色基地（示范区）

科技创业与科技金融

科技合作与交流

国际科技合作

国内科技合作

科技计划 Plan of Science & Technology

科技计划和财务管理

2019 年度江苏省科技计划项目

2019 年度国家科技项目申报

2020 年度江苏省科技计划项目指南

科技奖励　Awards of Science & Technology

2019年度国家科学技术奖（江苏省获奖项目）

国家自然科学奖

国家技术发明奖

国家科学技术进步奖

2019 年度中国政府友谊奖（江苏省获奖项目）

2019 年度江苏省科技奖励

江苏省科学技术奖

江苏省基础研究重大贡献奖

江苏省青年科技杰出贡献奖

江苏省企业技术创新奖

江苏省国际科学技术合作奖

2019 年度江苏友谊奖

科技人才 Talents of Science & Technology

人才队伍建设

人才工作站点

新当选两院院士

表彰和奖励人物

逝世知名人物

科技政策与深化改革 Science & Technology Policy and Deepening of Reform

依法行政与科技政策落实

深化科技体制改革

江苏省产业技术研究院

知识产权（专利）　Intellectual Property（Patent）

知识产权区域试点示范

企业与知识产权工作

专利技术实施及专利运营

知识产权保护

知识产权宣传与教育

知识产权服务

知识产权国际交流合作

科学普及与科技团体　Science Popularization and Science & Technology Group

科学普及

科技团体活动

行业科技 Industrial Science & Technology

经济与信息科技

高校科研工作

国土资源科技

建筑科技

交通运输科技

水利科技

农业科技

林业科技

文化科技

卫生科技

中医药科技

环境保护科技

广播电视科技

食药监管科技

粮食科技

防震减灾科技

气象科技

电力科技

地区科技 Regional Science & Technology

南京市

无锡市

徐州市

常州市

苏州市

南通市

连云港市

淮安市

盐城市

扬州市

镇江市

泰州市

宿迁市

国家高新区 National New & High-tech Industrial Development Zones

南京国家高新技术产业开发区

苏州国家高新技术产业开发区

无锡国家高新技术产业开发区

常州国家高新技术产业开发区

苏州工业园区

泰州国家医药高新技术产业开发区

昆山国家高新技术产业开发区

江阴国家高新技术产业开发区

徐州国家高新技术产业开发区

武进国家高新技术产业开发区

南通国家高新技术产业开发区

镇江国家高新技术产业开发区

连云港国家高新技术产业开发区

盐城国家高新技术产业开发区

常熟国家高新技术产业开发区

扬州国家高新技术产业开发区

淮安国家高新技术产业开发区

宿迁国家高新技术产业开发区

科技统计资料 Statistical Data of Science & Technology

2018 年江苏省科技统计公报

2018 年江苏省各市科技进步统计监测综合评价结果

2019 年江苏省科学技术与研究开发机构统计年报

2019 年江苏省规模以上工业企业科技活动统计

2019 年江苏省高校科技活动统计

2019 年度江苏省咨询业统计简报

2019 年江苏省科学技术协会统计

重要科技文件 Important Science & Technology Files

大事记 Major Events

索引 Index

特　　载

Special Publications

2019世界物联网无锡峰会主旨讲话

中共江苏省委书记，江苏省人大常委会主任、党组书记　娄勤俭

（2019年9月7日）

各位来宾、各位朋友，女士们、先生们：

在喜迎新中国成立70周年之际，与各位新老朋友相聚太湖之滨，共同见证一年一度的物联网盛会，感到非常高兴。首先，我代表江苏省委省政府，对各位嘉宾的到来表示热烈欢迎！

太湖是江苏的明珠，物联网是江苏产业的明珠。今天我们在太湖之畔，领略太湖的风光之美，还可以感受这里的产业之美、创新之美及蕴含其中的人类智慧之美。太湖烟波浩渺、包容万千、孕育万物，契合了物联网的独特气质，滋养了物联网发展的肥沃土壤，也预示着物联网产业在这里有着更美好的未来。

由于工作的关系，我很早就与无锡物联网发展结缘。去年，我来无锡参加物联网博览会时说过，“世界物联网发展看无锡”，之所以这么说，是因为看到无锡物联网发展的成绩和全球相关领域科学家、产业精英对无锡物联网的高度关注。物联网从概念变为现实，无锡发挥了十分重要的作用。10年前，大家都还不太明白传感网、互联网和物联网之间的关系，也不太清楚物联网究竟该如何发展，示范区建设经历了一个不断探索前进的过程。当时我的理解是，通信是人与人的对话，物流是人与物的对话，未来则将是物与物的对话，静态物质充满智能，形成像人一样的无障碍交流。今天，来了很多知名企业和院士专家，我注意到中国移动、中国电信、中国联通、中国铁塔都来了，看到了来自广电网、航天集团、阿里巴巴及航空领域的很多专家，这说明物联网已渗透到生产生活的各个方面，引起了各界的普遍关注，“三网”融合在技术上已经实现，空天地一体化成为物联网发展的必然趋势。当前，物联网基础设施建设、技术攻关和产业应用协同推进，已经成为可感可知的现实。在这个过程中，无锡抓住了历史机遇、顺应了技术变革潮流，扛起了物联网领跑示范的大旗。这里形成了完备的技术创新生态系统。从超级计算、芯片设计、集成电路，到软件服务、应用场景等各个领域，创新活跃度高，创新成果层出不穷。现在无锡集聚物联网企业超过2000家，去年营业收入达2600多亿元，很多知名企业和行业巨头纷纷布局，一大批雏鹰、瞪羚、独角兽企业快速成长。这里引领了物联网未来的发展方向。无锡展开先行试点，率先出台产业支持政策，主导或参与起草制定超过50%的物联网国际标准、国家标准和行业标准，很多成功做法已经形成了制度性成果。这里搭建了前沿信息交流的平台。世界物联网博览会已经成为物联网领域最响亮的品牌，新的智慧创意碰撞交流，新的技术产品集中展示，无人驾驶汽车等新的应用已经触手可及。回望无锡物联网这10年，从试验到市场、从单点突破到全面开花、从改变生活到改变社会，星星之火已成燎原之势。

无锡的10年，也是江苏的10年。江苏自觉

扛起“为全国发展探路”的使命，先行先试、大胆探索，无锡形成了引领发展、辐射全国的物联网产业格局，南京、苏州等城市已经成为人工智能、大数据等新一代信息技术创新发展的战略高地，全省从事物联网核心业务的企业超过3000家，去年实现业务收入6100亿元，先进传感器、嵌入式CPU、无线连接芯片等一大批核心产品处于国内领先水平，智能控制、通信协议、协同处理等一大批关键技术取得重要突破。在这里，我们要感谢工信部等国家部委的关心支持，感谢各位专家学者的智慧支撑，感谢各位企业家、科研人员和广大从业人员的奋斗拼搏。正是由于大家的共同努力，物联网发展才有了如此良好的局面，我们才可以充满自信地说，未来物联网怎么发展——看中国、看江苏、看无锡。

习近平总书记指出，当前，以互联网、大数据、人工智能等为代表的现代信息技术日新月异，新一轮科技革命和产业变革蓬勃推进，智能产业快速发展，对经济发展、社会进步、全球治理等方面产生重大而深远影响。物联网高度集成新一代信息技术，在这个时代、在江苏这片土地、立足于无锡打下的坚实基础，有着非常好的发展机遇。一是党中央、国务院高度重视物联网产业发展。国家加快布局建设高速、移动、安全、泛在的新一代信息基础设施，近年先后出台物联网有序健康发展指导意见、物联网发展规划、工业互联网、新一代人工智能、深化制造业与互联网融合发展等多项政策。可以说，物联网已经走到了我国科技创新的聚光灯下，担负着制造强国建设的重任。二是多重国家战略在江苏交汇叠加。我们统筹推进“一带一路”倡议及长江经济带、长三角区域一体化发展等国家战略实施，高标准启动江苏自贸试验区建设，加速构建现代综合交通运输体系，在苏北打造徐州国际陆港、连云港海港、淮安空港互为支撑的“黄金三角”，全面推进南沿江、北沿江等高铁项目建设，着力提升长江港口群、机场群的区域枢纽功能，打造南通通州湾港区长江新的出海口，加快形成高水平东西双向开放的新格局，为江苏发展充分拓展空间、创造更多机遇。这些既要依靠物联网的重要支撑，也为物联网等新兴产业发展带来了更多“硬核”红利。三是世界经贸格局的变化。变化变局之下，调出来的空间就是合作发展的机遇，往往被封锁的正是我们要攻关突破的，世界上只要是已知的技术都可以研究掌握，只要有市场需求的产品都会有企业去填补，江苏已经具备这样的条件和能力。我们欢迎全世界的企业和科研机构来江苏发展，开放合作一定会产生突破性的创新成果。四是信息技术变革的提速。5G时代已经到来，高速传输使物联网发展变得更加“现实”、更加便捷，我们要把江苏建成5G布局最广泛、质量最好的地方。江苏还引领着6G技术、未来网络的研究，无锡乃至全省，都处在技术变革的最前沿。同时，要看到的是，江苏经济总量达9.26万亿元，拥有全国规模最大、体系最完备的制造业集群，任何产业泛在融合都能在江苏找到实施和自由发展的空间，任何试验在江苏都能找到你想要的应用环境，在江苏推动物联网与实体经济融合最有条件、最有空间，前景充满想象、令人期待。

我们愿意与大家分享机遇，愿意与大家共同开启物联网发展的下一个“辉煌十年”，愿意与大家共同创造美好的明天。我们将着力打造一个充满生命力的物联网生态系统，只要你愿意来、只要你有创意、只要你有梦想，就可以享受“海阔凭鱼跃，天高任鸟飞”的自由和欢畅。希望大家与我们一道，为物联网发展集聚最强劲资本、最高端人才、最先进技术，创造最全面的应用场景、最广阔的应用空间，把物联网打造成最有特色、最有竞争力的产业，让物联网更好地促进生产、走进生活、造福广大老百姓。

各位嘉宾，江苏即将高水平全面建成小康社会，正在按照习近平总书记的嘱托，积极探索开启基本实现现代化建设新征程这篇大文章。江苏的现代化形态，应当具有中国特色、时代特征，就是要实现高质量发展、高品质生活、高效率治理。做到这些，必须依靠物联网、支持物联网、壮大物联网。我们知道，物联网发展未知远远大于已知，物联世界的“聪明”远超想象，相信未来看江苏、看无锡，一定能看到更多发展的奇迹！

最后，我想引用歌曲《太湖美》中的一段歌词来结束今天的演讲，“水是丰收酒，湖是碧玉杯，装满深情盛满爱，捧给祖国报春晖。”在新中国成立70周年之际，让我们携手共创智能时代，共享物联成果，在伟大祖国由“富起来”到“强起来”的历史进程中烙下太湖印记、做出江苏贡献！

在2019年度全省科学技术奖励大会上的讲话

中共江苏省委副书记、江苏省人民政府省长、江苏省人民政府党组书记　吴政隆

（2020年6月10日）

同志们：

在全省上下深入贯彻全国两会精神、奋力夺取疫情防控和经济社会发展双胜利的重要时刻，我们隆重召开全省科学技术奖励大会，表彰为我省科技事业发展和现代化建设做出突出贡献的科技工作者，充分体现了省委、省政府对科技和人才的高度重视。刚才，马秋林副省长宣读了2019年度江苏省科学技术奖励决定，娄勤俭书记向获得2019年度省基础研究重大贡献奖的宣益民院士、祝世宁院士颁发了奖励证书，与会省领导和宣院士、祝院士一起向2019年度省科学技术奖获得者代表颁了奖，宣益民院士、祝世宁院士代表获奖者做了很好的发言。在此，我代表省委、省政府，向全体获奖人员表示热烈祝贺！向全省科技工作者致以崇高敬意！

党的十八大以来，以习近平同志为核心的党中央把科技创新摆在国家发展全局的核心位置，吹响了建设世界科技强国的号角。习近平总书记深刻指出，科技是国之利器，国家赖之以强，企业赖之以赢，人民生活赖之以好。总书记做出建设“强富美高”新江苏重要指示时特别强调要“切实把创新抓出成效”。省委、省政府高度重视、坚决贯彻，坚持以新发展理念为引领，大力实施创新驱动发展战略，扎实推进创新型省份和科技强省建设。去年全社会研发投入突破2700亿元，占GDP比重达2.72%；高新技术企业超过2.4万家、一年净增近6000家，万人发明专利拥有量达30.2件，科技进步贡献率达64%；去年新增两院院士9人、获得国家科学技术奖55项，均位居全国前列。今年以来，面对突如其来的新冠肺炎疫情，全省科技战线闻令而动，组织优势科研团队启动实施“新型冠状病毒感染早期诊断核酸检测试剂的研发及产业化”等17个科技应急攻关项目，向国家科研攻关组推荐80多个科技储备项目，占全国总数的10%左右。硕世生物核酸检测产品、基于信使核糖核酸（mRNA）的疫苗研发等科技成果为疫情防控和经济社会发展做出了重要贡献。

今年是全面建成小康社会和“十三五”规划的收官之年，新冠肺炎疫情对我国经济社会发展带来前所未有的冲击。习近平总书记指出，危和机是同生并存的，克服了危即是机；强调创新是引领发展的第一动力，科技是战胜困难的有力武器。我们要坚持以习近平新时代中国特色社会主义思想为指导，坚决贯彻总书记重要指示和党中央、国务院决策部署，扎实做好“六稳”工作，全面落实“六保”任务，努力化危为机，着力危中寻机，在危机中育新机、于变局中开新局。要把科教人才优势、实体经济优势、显著制度优势紧密结合起来，加快促进科技与经济深度融合，着力在科技创新“高原”上竖起更多“高峰”，铸造更多的国之重器、国之利器，使科技创新真正成为推动高质量发展走在前列、建设“强富美高”新江苏的强劲动力，为建设世界科技强国展现江苏作为、做出江苏贡献。

要把准科技创新着力点，切实加强核心技术攻关。这次新冠肺炎疫情是一面镜子，是对科技创新能力的一次重要检验，既反映了我们的优势，也暴露出了短板弱项。无论是推动产业升级，增强产业链韧性、抗风险能力和竞争力，还是创造新供给、满足新需求、发展新动能，战胜大灾大疫、保障人民健康，都必须加快科技创新步伐。要聚焦基础研究加大攻关力度。瞄准世界科技前沿和国家发展战略需求，深耕基础研究特别是应用基础研究，深入实施前沿引领技术基础研究专项，以“十年磨一剑”的定力，心无旁骛攻坚克难，推出更多“从0到1”的原创性成果，筑牢科技创新的根基。要聚焦现代产业体系加大攻关力度。围绕产业链部署创新链，特别要针对梳理出来的技术瓶颈短板，对高端数字信号处理芯片研发及产业化等重大项目采取揭榜挂帅等方式，集聚优质资源，集中力量攻关，不断增强科技创新“硬核”实力，真正把发展“命脉”掌握在自己手中，推动产业基础高级化、产业链现代化，加快形成自主可控的现代产业体系。要聚焦“六新”加大攻关力度。加强人工智能、大数据、物联网、区块链等前沿信息技术的研究，推动集成创新和融合应用，努力在新基建、新技术、新材料、新装备、新产品、新业态上取得更大突破，抢占新一轮发展的制高点。要聚焦重大民生领域加大攻关力度。围绕重大疾病防控、保障人民生命安全和身体健康，加强生命科学领域的基础研究和医疗健康核心技术突破，加快提高疫病防控和公共卫生领域战略科技力量和战略储备能力。围绕环境治理、交通出行、公共安全、农业生产、健康生活等方面突出问题加强科技供给，让科技贴近群众、创新造福人民。

要充分发挥企业创新主体作用，着力推动科技成果转移转化。习近平总书记指出，企业是科技和经济紧密结合的重要力量，应该成为技术创新决策、研发投入、科研组织、成果转化的主体。要加大对企业创新支持力度。持续推动创新政策、创新资源、创新人才向企业集聚，大力支持企业提高研发投入占比、布局前沿技术、承担关键共性技术攻关任务，增强企业技术创新能力、资源整合能力。要大力发展高新技术企业。深入实施高新技术企业培育“小升高”行动计划，加大资金投入力度，健全培育工作体系，建立高新技术企业加速培育成长机制，推动面广量大的科技型中小企业加速成长为高新技术企业、科技上市企业、瞪羚企业和独角兽企业，今年高新技术企业要力争达到3万家，高新技术企业研发经费投入占全省企业研发经费比重达60%。要健全完善科技成果转化机制。发挥企业主体作用和政府统筹作用，认真落实促进首台（套）重大技术装备示范应用、下放科研成果使用权处置权收益权等政策措施，不断完善供需合作、研用结合、示范推广机制，促进资金、技术、应用、市场等要素对接，打通产学研创新链、产业链、价值链。

要整合优化创新资源和平台载体，努力提升科技创新支撑能力。我省高等院校、科研院所数量多、力量强，创新主体庞大、创新要素集聚、创新平台众多，拥有各类国家级企业研发机构178家、省级以上重点实验室101家，其中国家级重点实验室28家，数量居全国各省区第一。要充分发挥好这一优势，最大限度地整合利用创新资源和平台载体，坚持特色发展，强化协同效应，统筹推进创新资源配置、创新空间布局、创新产业发展，不断提高创新体系整体效能。要加快重大科创平台建设。高质量建设未来网络、高效低碳燃气轮机等国家重大科技基础设施，建好用好先进功能纤维、集成电路特色工艺及封装测试等国家制造业创新中心，加快推进网络通信与安全紫金山实验室建设，积极争创国家实验室，推动更多国家级重大科创平台落户江苏，形成集聚各类创新要素的“强磁场”。要打造区域性科技创新高地。更大力度、更高水平推进长三角科技创新一体化建设，全面提升苏南国家自主创新示范区创新引领能力，持续增强江北新区、经开区、高新区、农高区等科技竞争力，建设一批军民融合创新示范区，努力打造高质量发展的强劲增长极。要放大技术创新服务平台示范引领作用。深化省产业技术研究院改革，强化省技术产权交易市场桥梁纽带功能，打通科研供给与市场需求通道，做大做强、形成品牌，为我省创新发展提供更加有力支撑。要打造“双创”升级版。围绕推动创新创业高质量发展，布局建设一批高水平的众创空间、孵化平台，增加源头技术创新有效供给，推动科技创业载体提质增效，为科技型企业提供专业化服务，充分释放全社会创新创业创造潜能。

要加快构建创新人才高地，不断增强科技创新的内生动力。习近平总书记指出，一切科技创新活动都是人做出来的，硬实力、软实力，归根到底要靠人才实力。要大兴识才爱才敬才用才之风，认真落实省委省政府出台的“科技改革30条”“人才新政26条”“三评”改革方案等政策措施，完善战略科学家和创新型科技人才发现、培养、激励机制，精心做好人才集聚、培育、服务三篇文章，打造人才纷至沓来、尽展其才的大舞台，聚四海之气、借八方之力，择天下英才而用之，以事业聚才、以企业引人，吸引更多战略科技人才、科技领军人才和高水平科技创新团队落户，吸引海内外各类人才加入江苏创新创业“方阵”，以人才高地支撑创新高地建设。要注重培养锻炼青年科技人才，打破年龄资历、背景出身等“条条框框”，为青年驰骋思想打开更浩瀚的天空，为青年塑造人生、成就梦想提供更丰富的机会，为青年建功立业创造更有利的条件，使我省科技事业青蓝相继、人才辈出。要持续深化“放管服”改革，切实加强知识产权保护，优化科技人才激励和约束机制，破除“四唯”倾向，为科研主体简除烦苛，让有作为有贡献的科研人员有更多获得感，让更多千里马竞相奔腾。

同志们，当今世界正处于百年未有之大变局，谁牵住了科技创新这个“牛鼻子”，谁走好了科技创新这步先手棋，谁就能占领先机、赢得优势。让我们更加紧密地团结在以习近平同志为核心的党中央周围，坚持以习近平新时代中国特色社会主义思想为指导，树牢“四个意识”、坚定“四个自信”、做到“两个维护”，只争朝夕、奋发有为，勇于探索、勇攀高峰，让硬核创新成为“苏大强”的生动诠释，奋力夺取疫情防控和经济社会发展双胜利，推动高质量发展走在前列，书写新时代“强富美高”新江苏建设新篇章！

强化创新驱动　加快建设创新型省份
为高质量发展走在前列提供有力支撑

——在2020年全省科技工作会议上的报告

江苏省科学技术厅厅长、党组书记　王秦

（2020年1月7日）

同志们：

今天，我们召开全省科技工作会议，主要任务是贯彻落实党的十九届四中全会精神、中央经济工作会议精神和省委十三届七次全会部署，总结去年工作，分析当前形势，部署2020年重点任务，动员全省科技系统进一步统一思想，坚定信心，开拓进取，确保圆满完成“十三五”科技规划目标任务，为我省高质量发展走在前列、建设“强富美高”新江苏提供更加坚实的科技支撑。1月3日下午，马秋林副省长在省科技厅专题调研时指出，过去的一年，省科技厅深入贯彻省委省政府的决策部署，做了大量富有成效的工作；全省科技系统奋力争先、真抓实干，全面完成了省委省政府确定的各项目标任务，取得的成绩来之不易。马省长委托我向大家表示感谢和慰问！希望大家科学谋划今年的科技创新工作思路和重点任务，为高质量发展走在前列做出更大贡献。

下面，我代表省科技厅做工作报告。

一、2019年工作回顾

2019年是新中国成立70周年，也是我省决胜高水平全面建成小康社会的关键之年。全省科技系统深入学习贯彻习近平新时代中国特色社会主义思想和习近平总书记对江苏工作系列重要讲话指示精神，认真落实省委、省政府各项决策部署，进一步强化创新引领，加快改革步伐，狠抓政策落实，坚决打好科技创新“五个攻坚仗”，全力推进深化体制改革六项任务，创新型省份建设取得明显成效。在全面完成目标任务的基础上，重点工作实现了新突破、开创了新局面。2019年全省全社会研发投入占地区生产总值的比重达2.72%，高新技术产业产值占规模以上工业产值比重超过44%，科技进步贡献率达64%，区域创新能力继续位居全国前列。

（一）稳步推进机构改革，科技创新管理形成新格局。按照省委深化机构改革的总体部署，重新组建省科技厅，在省级层面进一步强化了科技创新的宏观统筹功能。在机构改革过程中，省科技厅党组紧扣“加强、优化、转变政府科技管理和服务职能”这条主线，进一步强化推进科技改革发展的系统设计，进一步加强基础研究、技术创新、成果转化及产学研的全链条协调服务。突出抓规划、抓综合，调整设立发展规划处；加强科技资源统筹配置，调整设立资源配置处；加强科技监督和科研诚信体系建设，成立监督评估处；加强国外人才统筹，调整设立引进国外智力办公室；优化行政审批服务，增挂行政审批处。这次改革力度空前，但过渡平稳有序，做到了改革期间思想不乱、工作不断、队伍不散、干劲儿不减。改革后，科技创新管理的结构更加合理、链条更加顺畅、重点更加突出、功能更加明确。

（二）加强核心技术攻关，科技综合实力实现新跃升。加强科技安全风险排查，聚焦13个先进制造业集群，梳理突出技术瓶颈和重大创新需求，制订专项行动方案，建立了“四项机制”及月报制度，提交的科技安全风险调研报告得到省政府主要领导批示肯定。首次启动实施前沿引领技术基础研究专项，瞄准世界科技前沿部署了8个重大基础研究项目，支持领衔科学家开展长周期、高风险的原创性研究，努力实现从“0”到“1”的重大原创突破。2019年我省共获国家自然科学基金项目4295项，国拨经费超20亿元，均居全国省（区、市）第一。深入推进前瞻性产业技术创新专项和重大科技成果转化专项，组织了157项产业关键共性技术研发项目，联合地方共同转化102项具有自主知识产权的重大科技成果，培育了进入大国重器的海上浮式生产储卸油平台、我国首个进入医保目录的抗肿瘤（PD-1）I类创新药等一批重大标志性自主创新产品。科技基础设施建设行动计划取得重大进展，组建省重大科技创新平台建设领导小组，未来网络试验设施和高效低碳燃气轮机试验装置两个国家重大科技基础设施全面开工，网络通信与安全紫金山实验室建设全面启动，国家超级计算昆山中心、纳米真空互联材料制备及分析测试平台等相继获国家部委立项，省级以上重点实验室共101家，其中国家级重点实验室28家，居全国省（区、市）第一。

（三）推进集成统筹试点，产业创新发展取得新成效。省政府成立了省科技资源统筹服务平台理事会，资源统筹服务平台建设方案正式发布，按照“1+X”模式整合各类科技资源，建设科技资源池、线上平台和线下服务共同体，构建开放共享的服务新机制。省产业技术研究院完成内部机构设置优化，新引进34个全球领军人才担任项目经理，与产业细分领域龙头企业共建50家企业联合创新中心，合同研发服务企业3066家，合同金额114亿元，创新组织力和行业影响力日益彰显。我省综合性国家技术创新中心方案已通过科技部组织的专家论证；领域类国家技术创新中心筹建取得积极进展。在新材料、生物医药、半导体3个优势领域，先后成立长三角先进材料技术创新中心、生物医药创新中心和江苏第三代半导体研究院，积极探索各具特色的新型产业技术创新组织模式。2019年全省高新技术产业产值保持稳定增长态势，电子及通信设备行业投资增幅超过50%，生物医药、航空航天、新能源等重点行业产值增幅均超过15%。

（四）培育高新技术企业，创新体系建设取得新进展。省政府出台《江苏省推进高新技术企业高质量发展若干政策》《江苏省高新技术企业培育“小升高”行动工作方案（2019—2020年）》，召开全省高新技术企业培育工作会，扩大高企培育资金规模，建立高企培育定期通报制度，2019年全省共完成三批高新技术企业申报工作，累计下达省级培育资金11.2亿元。在大家的共同努力下，全省高新技术企业预计突破24000家，新增近6000家，同比增长40%，圆满完成了年度目标任务，中央电视台新闻联播和江苏卫视都对我省高企培育相关进展进行了报道。实施创新型企业培育行动计划，制定《关于推动江苏省民营企业创新发展的实施意见》，全省共有23188家科技型中小企业通过国家评价并入库，是2018年的1.5倍。实施企业研发机构高质量提升计划，成功创建7家国家级企业研发机构，首批启动30家研发型企业培育，全省大中型工业企业和规上高新技术企业研发机构建有率保持在90%左右，以企业为主体、产学研紧密结合的技术创新体系日益完善。

（五）促进科技富民惠民，民生科技水平跃上新台阶。科技支撑乡村振兴战略有力推进，组织实施种业科技创新专项和粮食丰产科技工程，育成主要农作物新品种59个，示范应用稻麦新品种25个，农业科技进步贡献率达69.1%，居全国省（区、市）首位。省政府办公厅出台《关于推进我省农业高新技术产业示范区建设发展的实施意见》，南京白马农业高新技术产业示范区获得国务院批复，成为我国首批两个农高区之一。布局新建7家省级农业科技园区，扬州、镇江成功升级为国家级园区，我省国家农业科技园区评价结果连续4年居全国第一。科技服务民生扎实推进，组织开展了长江（江苏段）生态承载力解析、土壤地下水一体化风险防控、大气污染源溯源、生态宜居乡村绿色发展等重大科技示范工程，“血液系统疾病国家临床医学研究中心”获国家批复建设，部署实施了45项临床前沿技术攻关项目，科技改善民生福祉让百姓有了更强的“获得感”。

（六）建设科技人才队伍，人才集聚发展形成新态势。加大青年科技人才培养力度，组织实施了“青年科技人才创新专题”，支持1100名优秀青年科研人才开展前沿科学研究，其中35岁以下的青年人才占比近40%，入选国家“杰青”、国家“优青”的人才数量均居全国省（区、市）第一。高端人才队伍进一步壮大，新增两院院士9名、总数达102名，5名外国专家荣获中国政府“友谊奖”，联合遴选引进双创人才548人，双创团队45个，双创博士809人，累计有940人入选国家重大人才工程，其中创业类约占全国的30%、稳居全国首位。人才创新创业载体建设进一步加速，新获批26家国家级科技企业孵化器，备案147家省级众创空间和星创天地，布局建设28家众创社区，目前全省各类科技企业孵化器848家，其中国家级孵化器数量、面积及在孵企业数量连续多年位居全国第一。从全国171家高校院所选聘1002名专家教授到我省企业兼任技术副总或副总工程师，选派189名“三区”科技人员助力苏北12个重点贫困县（地区）打赢脱贫攻坚战，累计组织5.2万名科技特派员深入基层开展农村创新创业和技术服务。

（七）推动开放创新，创新生态环境呈现新局面。进一步发挥我省科教优势和开放优势，在全国率先与挪威签署科技创新合作备忘录，共同实施了双边产业研发框架计划。与荷兰北布拉邦省、香港贸易发展局签署产业技术创新合作协议，剑桥大学—南京科技创新中心等国际科技合作载体加快建设，中国在以色列建立的首个省级创新中心——以色列江苏创新中心在特拉维夫试运营。建设了一批企业海外研发基地，发放外国人工作许可总数达2.7万件。成功举办第七届中国江苏产学研合作大会，展示高校院所科技成果2392项，发布企业技术需求2000多条，共达成签约项目或合作意向1011项，总投资180多亿元。省技术产权交易市场完成二期建设，全省技术合同成交额突破1600亿元、增长30%以上，科技服务业总收入达9100亿元、增长13%。研究制定了科技企业“白名单”，组织100多家金融机构深入622家孵化器，引导天使投资机构投资初创企业14.9亿元，累计发放“苏科贷”536亿元。

（八）加强区域统筹布局，地方创新发展迸发新活力。苏南国家自主创新示范区建设稳步推进，组织编制了创新一体化实施方案，发布了《2019年苏南国家自主创新示范区独角兽企业和瞪羚企业发展报告》，支持建设科技成果产业化基地17家，省市联动实施总投资300亿元的重大科技创新建设项目30个，在集成电路、纳米技术、生物医药等领域形成一批国际竞争力较强的产业创新集群。高新区“一区一战略产业”培育取得新进展，国家创新型产业集群达11家，盐南高新区等7家省级高新区获批处级管理机构，南通高新区、武进高新区等获批国家知识产权示范园区，苏州工业园区生物医药产业竞争力在全国高新区中排名第一。全省拥有国家创新型城市11家、省级创新型县（市、区）68家、创新型乡镇205家。南京创新名城建设持续深化，“南京创新周”成为城市新名片。扬州国家小微企业创业创新基地城市示范深入推进，从“全省唯一”升级为“全国第一”。无锡、盐城、淮安、宿迁等地加大高新技术企业培育力度，超额完成年度目标任务。常熟在全省率先挂牌成立“科技创新办公室”，兴化市、徐州鼓楼区等地出台加快科技创新推动高质量发展的相关政策，科技创新在地方发展全局中的核心地位得到进一步强化。

一年来，我们牢记初心使命，持续强化创新驱动发展的责任担当。牢牢把握“守初心、担使命，找差距、抓落实”的总要求，高标准、高质量推进“不忘初心、牢记使命”主题教育，深入百家高校院所、企业和园区开展“大走访、大调研”活动，通过“五查五看”，梳理凝练出“创新优势尚未充分发挥”“苏南自创区一体化体制机制有待完善”“核心技术自主可控力不足”等6个方面的25项关键问题，全系统上下对科技创新和科技体制改革中的突出“瓶颈”及深层次问题有了更加清醒的认识。厅党组坚持紧盯首要任务抓整改，聚焦专项整治抓整改，立足自身实际抓整改，周密制订并深入推进81条针对性强的具体整改措施，从严从实推动整改任务落实，一些科技人员长期关切的瓶颈制约、长期存在的障碍弊端得到了初步解决，在推动科技攻关重点、体制改革难点上实现了新的突破，全省科技系统的使命感和责任感进一步强化，科技创新在发展全局中的位置进一步凸显，科技创新作用影响和服务领域进一步拓展。

一年来，我们不断探索实践，系统推进科技创新工作的统筹集成。面对新形势、新挑战，我们坚持把推进供给侧结构性改革作为科技创新的重大任务，充分发挥创新第一动力作用，以科技创新的统筹集成为突破口，通过整体推进与重点突破相结合，机制化地优化创新资源配置，围绕产业链部署创新链，促进各类创新主体协同互动，人才、技术、资本等创新要素更加紧密集聚和高效流动，科技创新支撑引领作用明显增强。我们加快探索产业研发创新活动的新型组织模式和运行机制，通过加强技术创新中心等重大平台的创新枢纽功能和资源整合作用，体制化的强化基础研究、应用研究和成果产业化等创新链条有机衔接，科技产出质量和转化效率明显提升，科技与经济融合更加顺畅。我们注重探索科技服务发展的有效方式，结构性地调整科技管理工作格局，充分调动基层和地方的积极性，创新治理能力建设取得积极进展，江苏在国家创新体系中的地位和创新对江苏高质量发展的支撑能力得到明显增强。

同志们，一年来的成绩来之不易！这是省委、省政府正确领导、科学决策的结果，是各地各单位解放思想、团结协作的结果，也是全省科技战线奋力争先、真抓实干的结果。在此，我代表省科技厅向大家表示衷心的感谢！并通过你们向全省广大科技人员和科技管理工作者致以崇高的敬意！

二、牢牢把握科技革命和产业变革大趋势，明确新时代科技工作的方向和思路

（一）深刻认识科技创新面临的国内外形势。当前，在科技革命和产业变革不断加快的大背景下，科技工作面临的国内外形势依然复杂严峻。一方面，我国经济下行压力加大，科技成为中美经贸摩擦的主要“承压区”；另一方面，建设现代化经济体系、增强国际竞争力，迫切要求科技创新发挥更直接、更强劲的支撑和引领作用。但从总体上看，我国长期向好趋势没有变，我们仍处于重要战略机遇期的态势没有变。从科技发展趋势看，新一轮科技革命和产业变革加速演进，基础前沿领域孕育重大突破，信息技术、生物技术、新材料技术、新能源技术广泛融合渗透，带动几乎所有领域发生了以绿色、智能、泛在为特征的群体性技术突破，带来了更多的创新机遇和发展空间。比如，区块链技术与实体经济结合的趋势愈加明显，作为分布式数据存储、点对点传输、共识机制、加密算法等技术综合集成的分布式计算范式，能够解决金融、公益、监管、打假等很多领域难点，将为实体经济发展和社会治理带来重大机遇。从国际竞争走势看，中美贸易摩擦表面上是经济战，实质上是科技战，更是能力战、人才战。从长远来看，西方国家对我国科技创新和高端人才引进的封锁打压将成为常态，这也倒逼我们加快建立自主可控的现代产业体系，投入更多精力和更多资源加快关键领域自主创新。在新一轮自主创新热潮中，关键是要保持战略定力，做好两手准备：一方面要坚持底线思维，持续加强科技安全风险动态排查，列出任务清单，努力拉长板、强弱项，在最有基础、最有优势的领域，集中优势力量攻关突破；另一方面要继续扩大开放，积极融入全球创新网络，加强与创新大国、关键小国和“一带一路”沿线国家的创新合作，组织实施与重点国家产业技术联合研发专项，充分利用好国际创新资源，不断增强国际话语权。从区域格局态势看，我国区域创新高地加快建设和发展，继京津冀一体化、粤港澳大湾区之后，长三角一体化上升为国家战略，这为我们在更高水平推进自主创新、更深层次深化体制改革、更广范围集聚创新资源提供了战略机遇。要加强超前谋划和顶层设计，推进重大创新平台、科技重大设施、科技公共服务等领域的深化合作，争取更多合作载体平台纳入国家长三角科技创新共同体规划。

（二）坚持改革创新发挥集中力量办大事的制度优势。坚持问题导向，发挥好我们的优势，推进统筹集成，促进协同创新，优化创新环境，努力形成推进创新的强大合力。工作集成上，着力推动一体化配置创新资源。跨区域配置资源最具代表性的是欧盟的科技一体化，由成员国共同制定整体科研政策，共同出资设立研发合作计划，不同创新水平的成员国都在其中得益，促进了优势互补、合作共赢。我们要充分借鉴欧盟的经验，特别是发挥好苏南国家自主创新示范区“区域创新一体化先行区”的作用，在区域协同创新方面先行先试，形成创新资源高度集聚、创新要素高效流动的创新一体化新格局。重点举措上，着力推进产业技术创新组织方式创新。科技创新范式和演化规律正在发生深刻变化，科研活动呈现多元化、网络化、平台化新特点，科技的复杂性和不确定性日益凸显，对科技创新治理提出了新的更高要求。要加快探索产业研发创新活动的新型组织模式和运行机制，面向我省重点优势领域，通过建立产业技术创新中心等方式，系统化、制度化地统筹基础研究、应用技术研究和成果产业化全链条，实体化、体制化地集成资金、人才、项目等优质资源，集中力量依靠科技创新推动产业向价值链中高端跃升。任务分工上，着力形成协同高效的科技管理工作局面。贯彻科技领域中央与地方财政事权和支出责任划分改革方案的精神，合理划分省和地方科技事权，省层面侧重支持全局性、基础性、长远性工作，重点支持基础前沿、重大共性关键技术研发、重大科技成果转化、创新能力建设及社会公益技术研究等；市县侧重支持技术开发和转化应用，加强科技型企业培育、创新生态环境营造和技术创新体系建设等。也就是说，省里只做需要省级层面做的事情和市县区

单独做不成或做不好的事情，同时配合参与国家工作，指导和支持地市工作。这样既要讲分工、更要讲联动，集中力量办大事，就可以实现创新体系效能最大化。

（三）勠力同心建设高水平创新型省份。江苏是全国首个创新型省份建设试点省，2013年就率先在全国启动试点建设工作，按照系统化设计、制度化安排、持续化推进的原则，多次出台推进计划并召开专题会议进行部署。在新时代推进高质量创新型省份建设，认识上要再深化。党的十九大提出加快建设创新型国家的战略部署，全国科技创新大会提出到2020年我国进入创新型国家行列的奋斗目标。我省创新型省份试点建设，承担着为我国建设创新型国家探路的使命，也应为到21世纪中叶我国建设世界科技强国提供有力支撑。创新型省份在导向上要坚持以科技创新作为经济社会发展核心驱动力，以知识和技术作为国民财富创造的主要源泉，形成具有国际竞争力的产业创新发展优势和区域科技创新能力。内涵上要再提升。在我们提出的创新型省份试点建设的定量指标中，目前研发投入强度已达2.72%，科技进步贡献率为64%，均已达世界创新型国家和地区的水平。但我们既要看定量指标，更要看创新能力，要更加重视科技创新对经济社会发展全局的支撑引领作用，加快构建协同高效开放型区域创新体系，加快形成创新型经济发展格局，加快建立自主可控的现代产业体系。措施上要再跟进。要以国际视野谋划高质量创新型省份建设的重大举措，健全横向到边、纵向到底的工作推进机制，着力在重点领域和关键环节求突破，着力在核心技术攻关、构建自主可控现代产业体系上见成效，进一步确立科技创新在发展全局中的核心位置，进一步营造有利于创新驱动发展的良好环境，进一步激发全社会创新创业的动力和活力，率先走出一条具有江苏特色的创新强省建设的新路子。

三、深入实施创新驱动发展战略，高水平建设创新型省份

2020年是全面建成小康社会的决胜之年，是“十三五”规划的收官之年，也是赢得“十四五”新一轮发展先机的关键一年。今年全省科技创新工作的总体要求是，以习近平新时代中国特色社会主义思想为指导，深入贯彻党的十九届四中全会精神，全面落实省委十三届七次全会部署，围绕“核心技术自主化、产业基础高级化、产业链现代化”，深入实施创新驱动发展战略，着力增强原始创新能力，着力提升产业技术创新实力，着力激发创新主体活力，着力深挖科技资源潜力，确保科技创新走在全国前列，全面完成省“十三五”规划目标任务，为高质量发展走在全国前列提供有力支撑。力争到2020年年底，全省全社会研发投入占地区生产总值比重达2.74%左右，科技进步贡献率达65%，高新技术产业产值占规模以上工业产值比重达45%。

要实现上述目标，必须要把深化科技体制机制改革，加快推进科技治理体系和治理能力现代化摆在更加重要的位置，进一步健全核心技术攻关组织和成果转化机制，进一步优化开放协同的创新要素配置机制，进一步构建科学高效的科技创新管理机制，进一步完善富有活力的创新生态培育机制，进一步探索各具特色的区域创新组织机制，加快形成系统、全面、可持续的改革部署和工作格局，努力走出一条具有江苏特色的创新驱动高质量发展之路。具体推进落实中抓好以下十项重点工作：

（一）更宽视野加强长远战略谋划，形成中长期科技创新的系统布局。坚持战略导向、问题导向和目标导向，把握世界发展特征、中国特色和江苏阶段特点，加强我省新时期科技创新的战略谋划和系统布局，进一步增强创新发展的主动权。组织专题研究。围绕提升原始创新能力、深化体制机制改革、优化高新区发展布局等，组织开展16个前期课题研究，全面总结“十三五”时期发展的有益经验，聚焦重大产业创新需求和有优势有基础领域方面，研究提出全局性、前瞻性、关键性重大问题的对策建议，科学设置“十四五”发展目标和指标体系，系统提出一批重大科技专项、重大科技项目、重大政策和重大改革举措建议。编制中

长期规划。紧扣新时代江苏高质量发展的重大需求，研究编制《江苏省中长期科学和技术发展规划纲要（2021—2035年）》《江苏省基础研究和应用基础研究发展规划（2021—2035年）》，聚焦自主可控、安全高效和支撑引领先进制造业体系建设这个核心，广泛调动和凝聚科技界、产业界和社会各界的力量，以全球视野、全局思维系统谋划未来15年我省科技创新的思路目标，凝练提出重大任务和战略举措。制定“十四五”规划。抓紧编制省“十四五”科技创新规划，研究提出我省未来五年科技创新发展的总体要求、发展目标和关键举措，形成1个综合规划和苏南自创区、高新区、高新技术产业、科技基础设施及新材料、生物医药、半导体、人工智能、现代农业、社会发展等领域10个专项规划的科技规划体系。注重打破常规思维、惯性束缚和路径依赖，深入开展调查研究，加强省市联动和部门协同，把中长期和“十四五”规划编制过程变成创新思路、优化制度、凝聚共识的过程，增强规划的针对性、指导性和可操作性。

（二）更大力度推进统筹集成，提升关键领域自主创新能力。围绕我省先进制造业体系建设需求，继续聚焦重点领域，加强统筹协调和省地联动，深入开展产业技术创新集成组织试点，加快形成系统性、开放性、长期性的新型研发组织模式。第一，启动建设综合类国家技术创新中心。依托省产业技术研究院，围绕国家战略任务和产业、企业的重大需求，按照“1+N+X”的组织架构，加快构建科学合理的内部治理体系和“大协作、网络化”的建设运行机制。强化长三角范围内跨区域、跨领域创新资源的统筹配置和优化整合，合力突破重点领域和关键环节的技术瓶颈制约，协同推进重大基础研究成果跨区域转化及产业化，努力打造国内一流的产业技术创新平台和长三角产业创新发展的核心引擎。第二，统筹建设领域类国家技术创新中心。推动长三角先进材料技术创新中心、江苏第三代半导体研究院、生物医药创新中心等加快创建国家技术创新中心，进一步整合相关科研力量，带动上下游优势企业、高校院所紧密合作，争取早日挂牌。梳理重点产业链，联合有优势、有基础的地方园区，采取“一业一策”的支持方式，围绕重点领域再适时布局建设若干新的省级技术创新中心，强化关键环节技术瓶颈的合力突破，提升重点产业领域创新能力和核心竞争力。

（三）更高水平加强核心技术攻关，创造发展新优势。围绕科技安全风险排查出的核心技术清单落实，进一步优化组织方式，建立以目标为导向的攻关任务形成机制，集中优势力量加强技术突破和成果转化，努力保障产业链和供应链安全。积极实施国家重大项目。聚焦国家科技创新2030—重大项目、国家科技重大专项和国家重点研发计划，组织优势院校、龙头企业、产业技术创新战略联盟更多地承担实施国家重大科研项目。着力强化原始创新。进一步创新基础研究项目组织机制，编制发布青年科技人才基础研究项目指南，实施前沿引领技术基础研究专项，在人工智能、集成电路、先进材料等前沿领域超前布局，遴选一批顶尖科学家领衔组织实施若干重大基础研究项目，力争取得一批重大原创成果。加大研发攻关力度。深入实施前瞻性产业技术创新专项和重大科技成果转化专项，突出重点领域，改进组织方式，综合运用定向择优、任务揭榜等多种形式，集成优势创新资源和科研精锐力量，组织实施170项左右核心技术研发和重大科技成果转化项目，着力在重点优势领域率先实现突破。

（四）更高质量培育创新型企业集群，做强创新驱动发展主力军。建立完善企业为主体、市场为导向、产学研深度融合的技术创新体系，真正使企业成为创新决策的主体、研发投入的主体、科研组织的主体、成果转化的主体。量质并举壮大高新技术企业集群。深入实施高企培育“小升高”和创新型企业培育行动计划，加大资金投入力度，健全培育工作体系，形成上下联动的培育机制，推动面广量大的科技型中小企业加速成长为高新技术企业、科技上市企业、瞪羚企业和独角兽企业，力争到2020年年底，全省高新技术企业总数突破3万家，高企研发经费投入占全省企业研发经费投入的比重达60%，高企有效发明专利拥有量突破15万件。提升企业研发机构建设质量。实施“企业研发机构高质量提升计划”，加强部门联动，强化集成创新，新建一批省级企业重点实验室，支持行业龙头企业创建一批国家级企业研发机构。到2020年年底，建成200家行业一流的企业研发机构，全省大中型工业企业和规上高新技术企业研发机构建有率稳定在90%左右。持续优化企业创新发展环境。统筹建设面向企业的科技金融服务、科技成果转化、科技公共资源开放共享平台，加强对科技型中小企业精准支持和服务。进一步做好企业科技税收政策落实工作，加强科技政策落实监测，力争2020年全省企业科技税收减免额超520亿元。

（五）更高标准推进科技平台建设，打造具有一流水平的科技创新力量。围绕经济发展重大需求，加强与中科院等国家战略科技力量的合作，打造一批具有较强影响力、标志性的创新平台，形成吸引国内外高端人才、集聚各类创新要素的“强磁场”。进一步加强国家级平台培育建设。加快推进未来网络、高效低碳燃气轮机等国家重大科技基础设施建设，省地联动支持网络通信与安全紫金山实验室创建国家实验室，培育筹建先进材料国家实验室；持续推进信息高铁综合试验装置、细胞科学与应用设施、作物表型组学研究设施等培育建设，力争更多平台纳入国家创新体系，努力在江苏科技创新“高原”上竖起更多“高峰”。进一步优化重点实验室布局。研究发布江苏省实验室建设工作指引，瞄准重大原创需求，省地联动推进省实验室建设。抓住国家重组重点实验室体系的契机，积极创建省部共建国家重点实验室。进一步强化原始创新导向，开展新一轮重点实验室绩效评估，完善学科重点实验室评估指标体系，健全优胜劣汰的动态管理机制，提升省级重点实验室创新能力和水平。进一步加快科技公共服务平台建设。完成省科技资源统筹服务平台一期建设任务，绘制全省科技创新资源地图，出台平台管理办法和评价指标体系，实现科技人才、载体、基础、成果和服务等资源信息的“一网打尽、一键导航”。瞄准先进制造业集群，布局新建若干重大科技公共服务平台，深入开展创新平台园区行等活动，带动科技服务业高质量发展，力争2020年全省科技服务业收入突破1万亿元。

（六）更实举措推进苏南自创区一体化发展，提升全省区域协同创新能力。坚持统筹推进和特色发展，构筑区域创新发展新优势。加快苏南自创区一体化发展。落实“四个一”建设要求，印发《苏南国家自主创新示范区一体化发展实施方案》，省市联动建设一批全局性、战略性重大创新平台，实施一批跨领域、跨区域重大科技攻关项目，组织一批标志性、品牌化重大协同创新活动。加快国家军民融合科技协同创新平台建设，推进苏南国家科技成果转移转化示范区加快发展，着力打造高水平“创新矩阵”。加强苏南自创区与江苏自贸区的“双自”联动，积极探索以科技创新为核心、以破除体制机制障碍为主攻方向的全面创新改革试验，加快实现创新政策一体化覆盖、体制机制改革一体化推进。推进高新区高质量发展。研究制定我省支持高新区高质量发展的政策措施，进一步创新高新区发展体制机制，完善高新区考核评价制度和指标体系，加快创新核心区建设、“一区一战略产业”发展、特色创新体系构建，布局筹建一批省级高新区。鼓励和支持高新区通过一区多园、南北共建、异地孵化、飞地经济等方式，加强园区联动和区域间资源统筹、创新合作与产业配套，进一步拓展发展空间。统筹苏中苏北创新发展。引导苏中地区进一步健全科技投入、科技创新社会化服务、创新成果分配等机制，支持苏北地区更大力度集聚创新要素，积极组织有条件的县（市）创建国家创新型县（市）。

（七）更广范围深化创新开放合作，在更高平台上提高科技创新水平。坚持以全球视野谋划和推动创新，构建开放协同的创新网络。提升国际科技合作水平。进一步拓展与创新大国和关键小国的产业研发合作，深入参与“一带一路”科技创新合作，深化与新加坡国立大学、德国弗朗霍夫应用研究促进协会等国际一流高校院所的合作关系，加快推进中以常州创新园、江苏省中以产业技术研究院、深时数字地球国际卓越研究中心等建设，组织实施高层次外国专家引进项目计划，推进外国人来华工作许可办理便利化，全方位提升科技创新国际化水平。深化产学研协同创新。推动与中科院、清华大学、北京大学等签署新一轮战略合作协议，加快建设中科院南京麒麟科学城等重点载体，积极争创专业化国家技术转移中心试点，布局建设一批产学研合作的重大新型研发机构，引导和推动地方新型研发机构高质量发展，大力促进产业链上下游的资源整合和企业与高校院所的深度合作。深度融入长三角创新一体化。加强与沪浙皖三地科技部门的协同联动，配合科技部编制《长三角科技创新共同体建设发展规划》，推进国家技术转移中心苏南中心建设，积极探索长三角高新园区联动机制，共同推动建立统一的技术市场和科技资源共享服务平台，研究制订策应长三角一体化、服务自贸区建设的外国人才工作举措，着力在区域产业创新协同方面取得新突破。

（八）更深层次推进科技体制改革，加快建设高效能创新体系。坚持把破除制约创新驱动发展的体制机制障碍作为着力点，纵深推进重要领域和关键环节改革。完善新型产业研发组织机制。进一步深化省产业技术研究院改革，深入推进“项目经理”和“合同科研”的组织机制，更大力度吸引国际一流领军人才担任项目经理并赋予其充分自主权，推动专业研究所以产业需求为导向强化共性关键技术研发，通过衍生企业、孵化企业和服务企业促进技术创新市场化。完善科技成果转移转化机制。强化省技术产权交易市场桥梁纽带功能，持续推进J-TOP创新挑战季和高校院所专利成果挂牌拍卖工作，着力提升技术转移、成果转化、股份转让、融资服务等水平，推动科技成果与资本、需求、市场有效对接，力争2020年全省技术合同交易额突破2000亿元。完善科技人才培养开发机制。研究制定江苏友谊奖、外国专家工作室管理办法，推动建设一批国家级引才引智示范基地，进一步加强青年科技人才培养，继续做好企业科技副总选聘和“三区”科技人员选派工作，建设一批科技特派员工作站、农村科技服务超市升级版和星创天地综合体，提升科技创业载体建设水平，形成具有国际竞争力的人才开发机制和服务体系。完善科技金融结合机制。进一步健全“首投、首贷、首保”科技金融投融资体系，深入开展“科技金融进孵化器行动”，到2020年年底累计发放“苏科贷”贷款达600亿元，全省创投管理资金规模达2500亿元。

（九）更富成效推动农业与社会发展科技创新，着力增强人民群众获得感。坚持把满足人民对美好生活的向往作为科技创新的出发点和落脚点，让科技创新成果更多为人民所及、所享、所用。推进农业高新技术产业示范区建设。支持南京国家农高区紧扣“绿色智慧农业”主题，加快建设“未来食品”产业技术创新中心，探索东部发达地区现代农业高质量发展模式。布局建设一批省级农高区，加快农业高新技术研发和示范，依靠科技创新有效解决制约我省农业发展的突出问题，形成可复制、可推广的有益经验。强化农业科技创新源头供给。围绕农业供给侧结构性改革需求，进一步优化农业科技创新方向与重点领域，组织科研力量实施90项农业高新技术研发攻关项目，加强优良品种选育、重大原创性成果突破和产业融合技术创新，提升农业科技供给质量和效率。深入实施科技惠民行动计划。围绕人口健康、生态环境和公共安全等重点领域，启动实施重大科技示范项目10个左右，组织开展150项生态环境、绿色建筑、防灾减灾和社会治理等关键技术研究与示范项目，争取推动更多省级临床医学研究中心进入国家序列，在若干重点领域达到国内领先水平，为提高人民生活质量和健康水平提供重要保障。

（十）更加科学加强科技管理，推进科技治理体系和能力现代化。突出“抓战略、抓规划、抓政策、抓服务”，加快健全符合科研规律的科技管理体制和政策体系，营造良好创新生态。推动转变作风学风。贯彻落实《关于进一步弘扬科学家精神加强全省作风和学风建设的实施意见》，大力弘扬爱国奉献、刻苦钻研、敢为人先、淡泊名利的科学精神，营造追求真理、勇攀高峰，勇于创新、严谨求实的良好氛围。加快建立覆盖全省的科研诚信信息管理系统，在省级科研项目申报、评审、立项、验收、绩效评价以及评估过程中全面实行科技信用承诺制度。加强科技监督与评估。按照科技部深化“大监管”机制的部署要求，加快构建上下联动的科技系统监督体系，建立跨部门联合调查重大违规事件工作机制，将科技监督加快嵌入科技计划项目、高新技术企业、科技奖励等科技行政管理主要工作过程，对违规行为坚持“零容忍”，营造激励创新、惩治违规的创新环境。狠抓科技政策落实。继续抓实“30条政策”落地见效，进一步强化部门职责，推动开展联合督查，确保政策全面兑现。深化省级财政科研项目和经费管理改革试点，大力推动“基础科研项目经费使用包干制”，在重点领域开展“委托制”“里程碑”式管理探索，力争实现“一个系统管全程”“申报信息最多填一次”“申报立项最多跑一次”的“三个一”服务模式。严格落实安全生产责任制。按照“管行业必须管安全、管业务必须管安全、管生产经营必须管安全”的工作要求，各地科技部门要切实强化行业安全监管责任。各高新区要坚守发展决不能以牺牲安全为代价的红线，以极端认真负责的态度和钉钉子的精神，坚决防范遏制重特大安全生产事故。省属科研院所要落实好安全生产主体责任，加强易燃易爆品、化学危险品存放库、高温高压超强等试验环境的安全隐患的排查整治，确保人民群众生命财产安全。

四、坚持全面从严治党，加强党对科技工作的领导

习近平总书记在中央党和国家机关党的建设工作会议上鲜明指出，机关党的建设是机关建设的根本保证，深化全面从严治党，必须从机关党建抓起。省委娄书记强调，要坚持以习近平新时代中国特色社会主义思想为指导，突出问题导向，强化使命担当，推动管党治党各项举措落地见效。各级科技部门首先是党的机关，必须紧紧围绕“一个统领、三个着力”，把科技系统党的建设抓得紧而又紧、实而又实。

一是旗帜鲜明讲政治，坚持以党的政治建设为统领。党的政治建设是党的根本性建设，决定党的建设方向和成效。科技系统担负的重要职责就是贯彻落实中央和省委科技创新决策部署，首要属性是政治性，第一要求是讲政治。要提高政治站位，党员干部特别是各级领导干部要善于从政治的高度想问题、做决策、抓落实，自觉同党的基本理论、基本路线、基本方略对标对表，同党中央决策部署对标对表，始终把准政治方向、坚定政治立场、严守政治纪律，时刻与党中央保持高度一致。作为科技部门，我们要全面系统学习、理解、掌握习近平总书记关于科技创新的重要论述，增强贯彻落实的自觉性和坚定性，切实把总书记关于科技创新的重要论述转化为推动新时代科技改革发展的具体行动。要落实政治要求，讲政治是具体的不是抽象的，是在行动上的不是在口头上的。要把带头做到“两个维护”作为加强党的建设的首要任务，体现在坚决贯彻落实习近平总书记重要指示批示和党中央决策部署的行动上，体现在实施创新驱动发展战略、加快建设高水平创新型省份的工作成效上，体现在党员干部锐意进取、勤政廉政的担当作为上。要坚守政治底线，加强党性锻炼、政治淬炼、实践历练，坚定信仰信念，保持政治定力，增强政治敏锐性、政治鉴别力和政治领导力。要充分发挥科技创新在保障经济安全、维护社会大局稳定等方面的重要作用，深入研判新技术发展应用对政治、经济、社会、文化建设带来的风险挑战，为防范政治风险提供强有力的科技支撑。要落实党管意识形态要求，压实意识形态工作责任制，定期开展科技领域意识形态分析研判，对意识形态苗头性、倾向性问题及时督促纠正，加大科技宣传力度，进一步弘扬科技工作的正能量。

二是融会贯通抓学习，着力强化创新理论武

装。政治上的坚定，源于理论上的清醒。科技系统党员干部必须走在理论学习的前列，当好学懂弄通做实的示范。要及时跟进抓学习，紧跟党的创新理论步伐，扎实推动学习贯彻习近平新时代中国特色社会主义思想往深里走、往心里走、往实里走。持续深化学习贯彻党的十九届四中全会精神，深刻理解和把握习近平总书记关于科技创新的重要论述，着力增强学习的系统性。要健全机制抓学习，把系统掌握马克思主义理论作为看家本领，完善以理论学习中心组为龙头、党员领导干部为重点、基层党组织为基础的学习机制，构建以新思想为主线、政治理论、党章党规党纪、党的宗旨、革命传统、形势政策、科技管理理论相衔接的教育机制，切实推动科技系统党员干部的政治素养与业务能力同步提升。要学用结合抓学习，坚持学以致用、用以促学，把研究解决实际问题作为学习的着眼点和着力点，把自己摆进去、把职责摆进去、把工作摆进去，将学习成果转化为广大科研人员和企业解决急需办、应该办、能够办问题的思路举措，真正用解决问题的实际成效，推动学习走深走实、落地见效，不断增强工作的主动性、预见性和创造性。

三是持之以恒打基础，着力锻造坚强有力的基层党组织。党支部是党的各项工作和战斗力的基础，抓支部建设绝非一日之功，必须持之以恒、持续用力。要建强基层党组织战斗堡垒，着眼提升组织力，抓紧抓实党支部工作条例学习贯彻，深入实施《新时代江苏基层党建“五聚焦五落实”三年行动计划》，扎实开展“三个表率”模范机关创建活动，持续提升科技系统党支部标准化、规范化建设水平，不断增强基层党组织的创造力、凝聚力和战斗力。要建好党员干部队伍，科技体制机制改革越是进入“深水区”“攻坚期”，越离不开调动广大党员干部的积极性、创造性。科技部门的领导肩负着推动科技创新发展的重任，业务工作担子很重，但要始终牢记党员、党员领导干部的第一身份。要严格党员教育管理监督，切实掌握思想、跟进工作，激励全体党员走在前、作表率，努力打造一支理想信念坚定、政治素质过硬的干部队伍。要压实党建主体责任，树牢抓好党建是本职、不抓党建是失职、抓不好党建是渎职的理念，着力完善党建工作责任体系，认真履行全面从严治党责任，加大基层党组织党建工作考核力度，压紧压实责任链条，推动科技系统基层党组织全面进步、全面过硬，确保省委省政府对科技工作的决策部署落到实处、抓出成效。

四是坚持不懈严作风，着力营造风清气正的政治生态。作风建设永远在路上，作风建设的核心问题是保持党同人民群众的血肉联系。科技部门处于经济社会建设发展舞台的中心，我们的工作成效要直接回应老百姓的期待。要进一步解放思想，筹划推动全省和各地科技创新工作，要有“全省一盘棋”的大格局，把有限的资源要素集聚到能够产生最大成效的方向上；加快科技体制机制改革，要有“转变政府职能”的大视野，发挥市场作用，加大放权力度；对推动创新中的问题和失误，要有“包容鼓励”的大胸怀，用好用活“三项机制”，为能做事、敢做事、真做事的干部保驾护航。要持续纠治四风，特别是对形式主义、官僚主义问题保持高度警醒，搞好排查起底，注重从思想观念、工作作风和领导方法上找根源、抓整改，不定不切实际的目标，不开不解决问题的会，不发没有实质内容的文，不做“只留痕不留绩”的事，把主要精力放在深入基层一线、倾听群众呼声、共谋发展良策上，真正以我们的辛苦指数换来广大科技人员、企业和群众的幸福指数。要拧紧纪律螺丝，深化运用监督执纪“四种形态”，特别是要在用好第一种形态上下功夫，进一步加强日常监督和制度建设，多做红脸出汗、咬耳扯袖的工作，强化科技系统廉政风险防控机制建设，探索科技计划项目资金管理、高新技术企业认定、科技奖励申报评审等重点工作关键节点廉政监督和全链条追溯的具体方式。省科技厅今年将组织召开科技系统党的建设工作会议，进一步推进科技系统全面从严治党纵深发展。

同志们，让我们高举习近平新时代中国特色社会主义思想伟大旗帜，在省委、省政府的坚强领导下，坚定信心、锐意进取，真抓实干、埋头苦干，在新的起点上以一流的工作作风、一流的创新环境、一流的发展业绩，为加快建设高质量创新型省份和“强富美高”新江苏做出新的更大贡献。

2019年江苏省科技工作综述

2019年，江苏科技系统深入学习贯彻习近平总书记关于科技创新的重要论述和对江苏工作的重要指示精神，认真贯彻落实省委、省政府各项决策部署，牢固树立“企业是主体、产业是方向、人才是支撑、环境是保障”的工作理念，加强整体部署，明确发展重点，落实关键举措，凝聚各方面力量加快建设高水平创新型省份。在全省上下的共同努力下，科技投入持续增加，科技实力明显增强，科技创新主要指标实现了大幅跃升，全社会研发投入达2779.5亿元、占地区生产总值比重达2.79%，高新技术产业产值占规上工业总产值比重达44.4%，万人发明专利拥有量达30.2件，高新技术企业总数超过2.4万家，科技进步贡献率达64%，11个设区市获批国家创新型城市，5个县（市）入围首批国家创新型县（市），区域创新能力位居全国前列。

（一）加强核心技术攻关。一是加强科技领域重大风险排查，成立由厅主要领导任组长的科技领域风险防控和突发事件处置工作领导小组，制定实施《江苏省科技领域风险防控专项行动实施方案》，针对江苏省13个先进制造业集群的67个产业细分领域逐项开展科技风险专题调研，向1000多家企业及科研机构发放调查问卷，邀请240多位高校院所及产业界的专家先后召开20多场座谈会，形成调研报告并得到省政府主要领导批示肯定。二是组织实施前沿引领技术基础研究专项，在光子芯片研发、天地融合卫星移动通信等方向进行超前部署，组织祝世宁院士等领衔科学家牵头实施8项处于国际前沿的重大原始创新项目，部署实施等1500多项省基础研究项目，力争取得一批原创性科技成果。2019年江苏省共获国家自然科学基金项目4295项，国拨经费超20亿元，均居全国省（区、市）第一。三是深入推进前瞻性产技术创新专项，聚焦高端芯片、先进材料、人工智能等重点领域，部署实施157个核心技术研发项目，着力突破一批关键瓶颈技术。积极争取国家重大项目，“大型风电齿轮传动系统关键技术及工业试验平台”等一批重大科研项目获得国家立项支持。

（二）强化企业创新主体地位。一是壮大高新技术企业集群，深入实施高新技术企业培育“小升高”计划，提请省政府出台《江苏省推进高新技术企业高质量发展若干政策》《江苏省高新技术企业培育“小升高”行动工作方案（2019—2020年）》，召开全省高新技术企业培育工作会，建立高企培育定期通报制度，压实地方政府培育工作的主体责任。全省共完成三批高新技术企业申报工作，申报总数达17208家，较2018年增加58.4%。二是加快培育科技型中小企业，会同省工商联制定印发《关于推动江苏省民营企业创新发展的实施意见》，支持华芯半导体等民营企业承担实施100多项省重点研发计划项目。深入开展2019年科技型中小企业评价工作，全年累计有23188家科技型中小企业取得入库登记编号，数量居全国第二。三是提升企业研发机构建设水平，实施企业研发机构高质量提升计划，围绕先进功能材料、集成电路、生物医药等重点领域，新建11家省级企业重点实验室、33家院士工作站、392家工程技术研究中心，力争创建国家级企业研发机构5家以上，打造一批具有影响力的标志性企业研发机构。

（三）高质量建设苏南国家自主创新示范区。一是落实苏南自创区建设“四个一”的部署要求，组织编制《苏南国家自主创新示范区一体化发展实施方案（2020—2022年）》，研究提出推进苏南自创区一体化发展的总体要求和重点任务，省市共同实施高性能计算应用技术创新中心（筹）等30个重大科技创新建设项目，苏南地区全社会研发投入占地区生产总值比重达3.26%，高新技术企业超过17000家。二是提升高新区创新发展水平，组织开展高新区创新驱动发展综合评价工作，推动中关村高新区、南京徐庄高新区等4家省级高新区管理机构获批，支持镇江、徐州国家高新区争创国家创新型特色园区，目前全省国家创新型园区共11家，居全国第一。南京白马农业高新技术产业示范区成功获得国务院批复，成为全国第一个获批的国家农高区；苏州工业园区承担建设的国家纳米技术产业化标准化示范区通过国家验收，成为全国唯一的战略性新兴产业标准化示范区；4家高新区入选新一批国家知识产权试点示范园区，入选数量居全国第一。三是推进苏南国家科技成果转移转化示范区建设，大力推进未来网络、生物医药、机器人及智能装备等17家科技成果产业化基地建设，成功举办苏南国家科技成果转移转化示范区产业化基地技术对接会，发布苏南自创区独角兽企业和瞪羚企业榜单，组织“手性质子泵抑制剂系列关键技术研发及产业化”等国家重大科技成果转化项目进行集中签约，累计承接国家科技重大专项项目80项，争取国拨经费14.53亿元。

（四）加快推进重大科技平台建设。一是加快建设重大科技基础设施，推动未来网络试验设施、高效低碳燃气轮机试验装置等国家重大科技基础设施相继正式开工建设。网络通信与安全紫金山实验室与中国电科28所等共建伙伴实验室，发布全球首个网络内生安全试验场。纳米真空互联实验站完成首期总体验收，二期建设工程——纳米真空互联材料制备及分析测试平台项目可行性研究报告获国家批复。二是深入开展产业技术创新统筹集成试点，选择新材料、生物医药、半导体3个战略性领域，成立江苏先进材料技术创新中心、苏州市生物医药创新中心，启动建设“江苏第三代半导体研究院”，探索构建系统性、开放性、长期性的新型产业研发创新组织模式，积极争创国家技术创新中心，打造区域创新高地。三是集成推进重大产业创新平台建设，支持省产业技术研究院创建综合类国家技术创新中心，启动建设江苏省应用数学中心，支持南京大学、东南大学分别牵头组建江苏省数据科学与智能算法应用数学中心和江苏省信息数学应用中心，布局建设“北京航空航天大学苏州创新研究院”等重大新型研发机构，着力强化产业创新的基础能力支撑。

（五）推进科技成果转移转化。一是加快实施重大科技成果转化专项，围绕嵌入式芯片、晶圆级封装、高端装备液压核心部件等主攻方向，组织通富微电子股份有限公司等创新型企业，集聚两院院士、长江学者等100多位高层次人才，组织实施等102项重大科技成果转化项目（课题），着力培育形成一批重大战略目标产品，促进科技成果与产业发展更加紧密对接。二是发挥省技术产权交易市场桥梁纽带作用，举办江苏首届J-TOP创新挑战季活动，发布《江苏省技术产权交易市场高校院所研发机构科技成果挂牌操作办法》，积极推进高校院所科技成果公示及挂牌工作，累计布局15家地方分中心、10家行业分中心，备案技术经理人2650人，组织对500多家技术转移输出方、34家合同登记机构进行奖励补助，着力提高各类创新主体转移科技成果的积极性，全省技术合同成交额超过1600亿元，同比增长45.4%。三是加强产学研协同创新，成功举办第七届中国江苏产学研合作大会，面向高校院所征集科技成果2392项、团队328个，发布企业技术需求2000多条，组织开展线上线下成果与技术对接1000多项。悬赏1.8亿为“AI协处理器芯片”“氯雷他定的开发”等169个企业技术难题张榜，推动18个重大科技合作项目现场集中签约，着力推动科技成果加快转化为现实生产力。

（六）加强科技创业载体建设。一是提升科技企业孵化器建设水平，围绕打造“双创”升级版要求，修订印发《江苏省科技企业孵化器管理办法》，组织开展2018年度省级以上科技企业孵化器绩效评价工作，更大力度引导孵化器提质增效，全省各类科技企业孵化器总数达848家，在孵企业超过3.4万家，国家级孵化器数量、面积及在孵企业数继续保持全国第一。二是大力发展众创空间等新型孵化载体，制发《江苏省众创空间备案办法（试行）》，支持苏州高新区创获批第二批国家推动中小企业创新创业升级特色载体，布局建设“南京鼓楼物联网众创社区”等28家众创社区，全省众创空间累计达790家。三是打造科技创业重大活动品牌，成功举办第七届“创业江苏”科技创业大赛暨第八届中国创新创业大赛江苏赛区，吸引海内外4600个创业团队和企业报名参赛，基因测序平台、硅基微显示芯片、固态激光雷达等52个高水平创新项目分获大赛一、二、三等奖。

（七）优化创新创业生态。一是推动“科技改革30条”落实落地。会同省教育厅联合印发《关于省属高等学校加快贯彻落实科技创新政策的通知》，推动70所省属高校制定或修订具体操作文件，确保创新政策落实到位。组织召开全省科研院所“科技改革30条”政策培训会，编写印发《“科技改革30条”实务手册》，加大企业研发费用加计扣除、高新技术企业所得税优惠等税收优惠政策落实力度，2019年全省科技税收减免额突破500亿元。二是大力推进开放创新，在全国率先与挪威签署科技创新合作备忘录，共同实施双边产业研发框架计划（挪威创新署与中国地方政府建立的首个产业研发合作共同支持计划）。推动剑桥大学—南京科技创新中心长期基地等国际科技合作载体落户江苏省，与澳大利亚维多利亚州、荷兰北布拉邦省、香港贸易发展局签署产业技术创新合作协议，组织实施70多项国际科技合作项目，在更高起点上推进自主创新。三是促进科技与金融紧密结合，聚焦科技型中小微企业融资瓶颈，进一步完善“首投、首贷、首保”科技金融投融资服务体系，深入开展科技金融进孵化器行动，开展科技金融对接活动93场，服务科技创业企业3200多家。进一步拓展“苏科贷”合作地区范围，持续扩大“苏科贷”贷款和省科技金融风险补偿资金备选企业库规模，全省新增发放“苏科贷”贷款超70亿元，累计发放“苏科贷”贷款553亿元，支持科技型中小企业超6200家。

科 技 管 理

Management of Science & Technology

创新型省份建设

Innovative Province Construction

【科研诚信与监督评估】 科技计划项目监管。一是切实做好省科技计划项目、科技奖励等方面的有关监督管理工作，落实省科技计划项目管理和有关工作要求，参与各类省科技计划项目评审方案、编制意见会商，从监督的角度提出意见与建议。加强项目评审等工作的现场监督，参加各类省科技计划项目评审活动25场次，为计划项目、科技奖励评审等工作提供制度保障。二是加强评审专家遴选工作管理，根据厅长办公会要求，研究制定《省科技计划项目评审专家遴选工作规程》，明确专家遴选原则、专家回避要求、专家责任和纪律，以及对评审专家评价和信用管理等方面规定，进一步规范了专家遴选工作，确保专家遴选工作的科学性和公正性。三是进行有关学术侵权举报审查处理工作。受理山东大学和解放军空军军医大学对有关单位的学术侵权行为举报，按有关规定和程序进行了调查，组织专家进行了咨询，根据调查结果，对相关单位进行了约谈，对具体项目和人员进行了处理，全部予以办结。

科研诚信管理。一是加强科研作风学风建设。落实中共中央办公厅、国务院办公厅印发的《关于进一步弘扬科学家精神加强作风和学风建设的意见》精神，根据省领导要求，结合江苏省实际，会同省委宣传部、省教育厅、省科协等部门研究制定《关于进一步弘扬科学家精神加强全省作风和学风建设的实施意见》，明确提出加强作风和学风建设的各项举措，激励和引导全省广大科技工作者弘扬科学家精神，营造追求真理、勇攀高峰，勇于创新、严谨求实的良好氛围。二是完善科研诚信管理制度。落实省委办公厅、省政府办公厅印发的《关于进一步加强全省科研诚信建设的实施意见》精神，根据江苏省科学技术厅年度工作部署，对《江苏省科技计划项目相关责任主体信用管理办法（试行）》进行了修订，针对近年来省科技计划项目实施过程中存在的信用管理方面的主要问题，按照落实依法行政要求、加强和激励创新政策的衔接、符合国家相关科研信用管理规定的原则，在扩大责任主体适用范围、拓宽信用管理内容、完善信用分类和评价标准、明确失信行为处理尺度、健全信用管理工作机制等方面进行了修订完善，进一步规范和加强省科技计划项目信用管理。三是建立信用管理工作机制。加强科技计划全过程的科研诚信管理，将科研诚信建设要求落实到项目指南、立项评审、过程管理、结题验收和绩效评估等科技计划全过程，建立实施覆盖经费使用全过程的科研信用记录制度。2019年，对各类科技计划项目进行申报信用审查，对存在科研或社会失信行为的73个省科技项目申报单位及负责人，取消了项目参评资格；对1300个申报省“科技副总”项目中存在失信行为的21个项目，取消了参评资格。首次开展高企培育信用审核，对17433家培育企业进行了审核，对其中培育期存在严重失信行为的46家取消培育资格。建立常态化信用信息报送机制，全年共报送信用信息11300条。

科研经费管理。一是开展项目验收前经费审计。对验收前省科技计划项目委托第三方开展经费审计工作，将经费审计报告作为项目验收的重要依据，2019年备案中介机构出具的项目及经费审计专项报告500份。开展科技计划项目审计报告质量抽查工作，制定《2019年审计中介机构审计质量检查工作方案》，对2018年承担省级重点科技计划项目审计任务的47家中介机构及237份审计报告进行质量检查，审计报告抽查率达57%，审计报告质量合格率达96.4%。根据《江苏省重点科技计划项目经费审计中介机构暂行管理办法》，对63家备案中介机构2018年度省重点科技计划项目425份经费验收审计报告及厅相关业务处室移交的271份项目审计报告进行审查和梳理，完成2018年度省重点科技计划项目审计报告归档工作。二是完善科技经费管理服务工作。落实“科技改革30条”等创新政策，修订《江苏省科技计划项目经费管理问答》和《江苏省省级科技计划项目经费会计核算指引》，帮助全省科研人员及项目管理人员更多地了解政策、掌握政策，保障科技计划项目顺利实施。组织开展经费管理政策培训，采取多样化的方式为全省项目承担单位和地方科技局提供培训服务。先后在南京、海安、连云港、无锡、宿迁、扬州和镇江举办经费管理培训会，参加培训人员共计达到1200人次。三是进行科技专项绩效评价工作。配合省财政厅开展2016—2018年度省创新能力建设计划专项资金绩效评价工作，评价综合得分为80分，等级“良好”。组织开展2018年度科技专项资金绩效自评价工作，会同厅各相关业务处室开展2018年度省科技专项资金绩效自评价工作。积极配合审计署南京特派办专项审计组工作，较好地完成了涉及省科技厅的重大政策跟踪审计事项。

（江苏省科学技术厅监督评估处）

【苏南国家自主示范区建设】 2019年，苏南国家自主创新示范区建设以习近平新时代中国特色社会主义思想为指引，根据省委、省政府决策部署，瞄准“三区一高地”战略定位，狠抓任务落实，强化关键举措，凝聚各方力量扎实推进各项建设工作。根据自创区建设绩效对苏南国家高新园区进行奖补，下达奖补资金3亿元。省市共同推进20项重大科技创新建设项目，总投资超300亿元。加快建设一体化创新服务平台，实现与苏南五市和苏南各国家高新区的互联互通。大力推进高水平创新型园区建设，2018年苏南国家高新区在国家的排名平均进位2名，苏州工业园区进入前5名，南京高新区位列第15名，10家高新区被科技部列为创新型园区或创新型特色园区。大力培育创新型企业，发布自创区《独角兽企业和瞪羚企业发展报告》，入围国家独角兽企业11家、瞪羚企业达302家。2019年苏南地区全社会研发投入占GDP达3.04%，比全省高0.32个百分点；每万人发明专利达52件，是全省的1.8倍；科技进步贡献率达65.4%，比2014年提高1.4个百分点；高新技术企业数量达17155家，占全省的71%，全面完成苏南国家自主创新示范区建设年度目标任务。

（江苏省科学技术厅发展规划处）

【省级创新型县（市、区）】 衔接科技部工作部署，稳步推进创新型城市、创新型县（市）建设。一是2019年7月19—23日，协助科技部农村中心在张家港市组织召开“全国县域创新驱动发展座谈会”，江苏省作了《推进县域科技创新工作的实践思考》报告。二是2019年11月25—27日，协助科技部农村中心在昆山市组织召开全国创新型县（市）建设专题培训，昆山、江阴、常熟、张家港和海安等5个创新型县（市）科技局负责同志参加了培训。三是指导徐州市科技局完成了科技部《徐州创新型城市改革发展研究》项目结题验收工作。

（江苏省科学技术厅区域创新处）

高新技术与产业

High & New Technology and Industry

【前沿领域技术创新】 紧扣高质量发展走在前列的目标定位，面向江苏省产业发展重大需求，更加注重先导性引领性技术创新，围绕前瞻性产业技术创新专项实施，重点在未来网络、高端芯片、纳米及先进碳材料等十大前沿技术领域，2019 年组织省重点研发计划（产业前瞻与关键核心技术）项目 157 项，省拨经费 20860 万元。聚焦人工智能等前瞻技术领域，采用项目 + 课题的形式，部署了 10 个重点项目，努力抢占未来产业发展制高点。争取国家重大科技项目布局，先后推荐上报“智能机器人”等专项项目 38 项，2019 年已有“多品种航空航天复杂锻件智能产线管控与集成技术”等 17 个项目获国家重点研发计划立项，国拨经费 23624 万元。

【高新技术产业】 2019 年，全省高新技术产业同比增长 6.0%，高于全省工业平均增幅 0.8 个百分点，占规模以上工业比重达 44.4%，比 2018 年年底提高 0.7 个百分点，对全省贡献份额稳步提升，呈现出增速趋稳、结构优化、效益提升的良好势头。具有自主知识产权的主要行业保持较快增长，列统的高新技术产业 8 个子行业中，有 5 个行业的产值增幅高于工业平均增幅，分别为：航空航天、新能源、生物医药、智能装备、电子及通信设备，增幅分别达 19.0%、16.5%、15.8%、8.3%、5.6%。内资企业主体作用凸显，实现产值同比增长 9.0%，占比达 57.0%。

【产业技术创新组织建设】 围绕智能微电机产业，依托行业骨干企业，整合产学研资源，聚焦打造具有竞争力的产业创新链条，批准新建省智能微电机产业技术创新战略联盟，全省国家和省级产业技术创新战略联盟达 55 个。强化产业技术创新战略联盟的技术创新组织作用，支持联盟整合创新链上下游资源，加强产业核心技术和重要技术标准研发，由产业技术创新战略联盟及骨干企业牵头实施省重点研发计划项目 24 项，其中重点项目 5 项，占重点项目总数的 50%。

【高新技术产业（新材料）】 积极推进新材料产业创新发展，重点在第三代半导体材料、高性能碳纤维、纳米材料等优势新材料领域组织实施 27 项省重点研发计划（产业前瞻与关键核心技术）项目，省拨经费 4132 万元，为新材料产业高端发展提供技术支撑。支持苏州工业园区建设江苏省第三代半导体研究院，组建江苏第三代半导体研究院有限公司，争创国家第三代半导体技术创新中心，加快汇聚全球创新资源，打造有国际影响力的第三代半导体创新基地。推荐如东县、溧水区申报国家火炬高分子材料及金属材料等特色产业基地，全省新材料领域国家高新技术特色产业基地达 31 家，新材料产业集群化、特色化、错位化发展格局更加明晰。

（江苏省科学技术厅高新技术处）

【生物技术和新医药产业】 江苏省生物医药领域重大科技成果不断涌现，产业发展始终保持向好趋势。2019 年前三季度，医药制造业产值实现同比增长 15.5%，营业收入同比增长 12.7%，高于规模以上工业增速 9 个百分点，其中生物生化制品增幅高达 57.8%；产业集聚发展效应明显，在中国生物技术发展中心发布的“2019 中国生物医药产业园区综合竞争力”50 强榜单中，全省共 11 家园区上榜，占全国 1/5 以上，连续 3 年位列全国首位。新药创制能力持续领跑全国，2019 年已有 4 个创新药获批，其中豪森药业的 2 型糖尿病治疗药物聚乙二醇洛塞那肽是我国首个长效 GLP-1（胰高血糖素样肽 -1）受体激动剂，金迪克四价流感病毒裂解疫苗的上市实现了全省流感疫苗零的突破。企业竞争力不断增强，恒瑞医药入围美国《制药经理人》公布的 2019 年全球制药企业 TOP50 榜单，是首个上榜的中国药企；药明康德成为我国首家同时获得美国 FDA 和欧盟 EMA GMP 双重认证的生物制药公司；13 家企业入选 2018 年度中国医药工业企业百强，8 家企业入选 2019 年中国医药研发产品线最佳工业企业 25 强，总数列各省区首位。获资本市场持续青睐，小核酸药研发企业博瑞医药完成 5.5 亿元 Pre-IPO 轮融资、实验动物供应商集萃药康获得 1.6 亿元 A 轮融资、人工心脏研发企业同心医疗完成 1 亿元战略融资、小分子医药研发企业昕瑞再生获千万级天使轮融资，2019 年全省生物医药领域上市企业数已突破 10 家，超过了前 2 年总和，其中科创板 4 家。

（江苏省科学技术厅社会发展与基础研究处）

【高新技术产业（集成电路）】 产业规模稳居全国首位。江苏集成电路产业规模已连续多年位居全国首位。2019 年度，全国集成电路产业销售收入为 7562.3 亿元，江苏省集成电路产业销售总收入为 2192.6 亿元，同比增长 13.8%。其中，集成电路设计、制造、封测三业销售收入合计为 1632.6 亿元，同比增长 6.8%，约占全国集成电路销售收入的 20%；分立器件销售收入为 151.3 亿元（包含在晶圆业和封测业数据中），同比下降 11.2%；集成电路支撑业销售收入为 560 亿元，同比增长 40.6%。

产业链布局较为完整。江苏省已形成涵盖 EDA、设计、制造、封测、设备、材料等较为完整的集成电路产业链，汇集企业约 620 家，产业从业人数约 14.2 万。设计业快速增长，江苏省已成为全国集成电路设计业的重要集聚地，设计企业达 340 家，国家集成电路设计服务产业创新中心（筹）、中国 EDA 创新中心相继落户南京。2019 年设计业销售收入 279.8 亿元，同比增长 21.4%，占全国设计业的 9.1%，位居全国第 4 位。制造业势头迅猛，台积电、华虹、SK 海力士等一批技术先进、带动作用明显的重大晶圆制造项目落户江苏，为晶圆制造乃至集成电路产业发展起到重要推动作用。2019 年制造业销售收入 337.1 亿元，同比增长 0.02%，占全国制造业的 15.7%，位居全国第 2 位。封测业全国领先，产业规模连续多年位居全国第 1 位，2019 年封测业销售收入 1015.7 亿元，占全国封测业的 43.2%。拥有全球排名第 3 位、国内排名第 1 位的江苏长电，全球排名第 7 位、国内排名第 3 位的通富微电等知名封测企业，先进封装技术取得突破性进展，部分拥有自主知识产权的封装技术已达到国际先进水平。

产业集聚发展态势明显。江苏省集成电路产业主要分布在无锡、南京、苏州等城市，经过多年发展，初步形成各具特色的产业集聚区。无锡是全国集成电路产业的重要基地，是国家最早的 8 个集成电路设计产业化基地之一，被称作我国半导体产业的“黄埔军校”，经年累月形成了包括设计、制造、封测、材料、设备等较为完整的半导体产业链，产业销售收入已超过千亿元规模，其中封测业和模拟芯片生产规模均位列全国第一，集聚了包括华虹半导体、SK 海力士、华润微电子、长电科技、中科芯等在内的 200 余家企业。南京集成电路产业发展势头强劲，江北新区以创建国家集成电路设计服务产业创新中心为核心，以台积电、紫光集团等重大项目为牵引，以特色集成电路先进工艺制造为切入点，着力构建集成电路设计、晶圆制造、封装测试、配套材料等完整产业链，已集聚新思科技、展讯、中星微电子、华大半导体等集成电路企业近 200 家。苏州形成独具特色的产业发展道路，产业规模位列全国前十，近年来重点在 MEMS 器件、新一代纳米器件方面进行布局，形成了涵盖 MEMS 传感器芯片设计、研发、中试、封测的完整产业链，集聚企业 50 余家，为 MEMS 产业发展奠定了坚实的基础。

（江苏省科学技术厅科技成果处）

科技企业

Science and Technology Enterprise

【概　况】 2019 年，江苏省科技厅深入贯彻落实中央大政方针和省委十三届五次、六次全会精神，认真落实全省科技工作会议精神，不断完善创新型企业培育机制，加快推动建立覆盖企业初创、成长、发展等不同阶段的政策支持体系，形成以高新技术企业为主体的创新型企业集群。全省培育的创新型领军企业达 156 家，科技型拟上市企业达 1531 家，高新技术企业总数突破 24000 家。

【高新技术企业】 深入实施“小升高”计划，扩大省级高企培育库，新增入库企业 11772 家、累计达 18644 家，下达省级培育资金 11.2 亿元、累计达 15.3 亿元，引导带动了 13 个设区市本级和41个县（市）财政安排了培育奖励资金，实现全省覆盖，地方资金投入总额达21.6亿元；通过省地协同支持，67.24%的培育企业顺利通过高企认定，培育成效显著。加大高新技术企业认定力度，全省有效期内高新技术企业超过24000家。

【创新型领军企业】 加强创新型领军企业培育。引导优势资源向骨干企业集聚，全省入库培育创新型领军企业156家，提前完成“十三五”目标任务。支持创新型领军企业牵头承担省级以上科技计划项目31项，国家和省拨资金合计超2.5亿元。培育企业中31家被列为国家创新型（试点）企业，4家企业进入世界500强，22家企业进入中国500强，33家企业进入中国民营企业500强。

【科技型拟上市企业】 联合省证监局实施科技企业上市培育计划，为高成长性科技企业上市开辟绿色通道，列入省科技型企业上市培育计划后备库的企业达1531家。2019年，支持入库企业上市科技题材项目研发，实施省级科技计划项目34项，省拨经费1.9亿元；加快入库企业上市步伐，2019年，全省共有16家入库培育企业分别在主板、中小板、创业板和科创板成功上市，10家入库培育企业成功在“新三板”挂牌，累计有136家企业成功上市，332家企业在“新三板”挂牌。

【民营科技企业及科技型中小企业】 会同省工商联制定印发《关于推动江苏省民营企业创新发展的实施意见》，进一步完善以市、县科技主管部门为主的全省民营科技企业培育体系，大力提升民营企业技术创新能力。完善科技型中小企业评价工作体系，截至2019年年底，全省注册并通过审核的企业超3.5万家，取得入库登记编号企业达23188家，分别是2018年的1.8倍、1.5倍，数量居全国第二。

（江苏省科学技术厅高新技术处）

科技园区

Science and Technology Park

【高新技术产业开发区】 截至2019年年底，全省共有高新技术产业开发区（含筹建）48家，包括国家高新区18家，省级高新区30家，其中筹建的省级高新区9家。全省国家创新型园区共11家，居全国第一。在科技部火炬中心公布的2019年国家高新区排名中，全省参评的18家国家高新区中有13家实现了进位，总体平均进位1.5位。其中苏州工业园区进入前5名，南京高新区进入前15名。发布《关于2018年度全省高新技术产业开发区创新驱动发展综合评价情况的通报》，排名前5位分别为苏州工业园区、南京高新区、苏州高新区、无锡高新区和常州高新区。下达高新区奖励补助资金5亿元，共有46家高新园区获得奖补。持续做好高新区统计报告制度，定期通报主要指标数据。全省13家高新区荣获“2018年度火炬统计工作先进单位”，是全国获表彰高新区最多的省份。2019年，全省高新区规模以上工业企业营业收入同比增长3.2%；固定资产投资额同比增长3.3%；高新技术产业投资额同比增长5.0%；财政科技经费投入同比增长21.6%；高新技术产业产值增幅为6.2%，高新技术产业产值占规模以上工业产值比重达62.4%；高新技术企业11132家，规模以上高新技术企业数占规模以上工业企业数比重为37.9%；省级以上高新技术创业服务中心、软件园、大学科技园、众创空间等科技孵化器661个，在孵企业数同比增长14.7%；专利申请量同比增长0.5%。

2019 年江苏省高新技术产业开发区名录

序　号	高新技术产业开发区名称	级别	序　号	高新技术产业开发区名称	级别
1	南京国家高新技术产业开发区（含江宁高新园和新港高新园）	国家级	25	江苏省西太湖高新技术产业开发区（筹）	省级
2	苏州国家高新技术产业开发区	国家级	26	江苏省南通市北高新技术产业开发区	省级
3	无锡国家高新技术产业开发区（含宜兴环保科技园）	国家级	27	江苏省吴中高新技术产业开发区（筹）	省级
4	常州国家高新技术产业开发区	国家级	28	江苏省盐南高新技术产业开发区	省级
5	苏州工业园区	国家级	29	江苏省张家港高新技术产业开发区	省级
6	泰州国家医药高新技术产业开发区	国家级	30	江苏省建湖高新技术产业开发区	省级
7	昆山国家高新技术产业开发区	国家级	31	江苏省扬中高新技术产业开发区	省级
8	江阴国家高新技术产业开发区	国家级	32	江苏省东海高新技术产业开发区	省级
9	徐州国家高新技术产业开发区	国家级	33	江苏省锡沂高新技术产业开发区	省级
10	武进国家高新技术产业开发区	国家级	34	江苏省邳州高新技术产业开发区	省级
11	南通国家高新技术产业开发区	国家级	35	江苏省高淳高新技术产业开发区	省级
12	镇江国家高新技术产业开发区	国家级	36	江苏省麒麟高新技术产业开发区（筹）	省级
13	连云港国家高新技术产业开发区	国家级	37	江苏省相城高新技术产业开发区	省级
14	盐城国家高新技术产业开发区	国家级	38	江苏省苏淮高新技术产业开发区（筹）	省级
15	常熟国家高新技术产业开发区	国家级	39	江苏省盐城环保高新技术产业开发区	省级
16	扬州国家高新技术产业开发区	国家级	40	江苏省丹阳高新技术产业开发区	省级
17	淮安国家高新技术产业开发区	国家级	41	江苏省高邮高新技术产业开发区（筹）	省级
18	宿迁国家高新技术产业开发区	国家级	42	江苏省杭集高新技术产业开发区	省级
19	江苏省南京白下高新技术产业园区	省级	43	江苏省泰兴高新技术产业开发区（筹）	省级
20	江苏吴江高新技术产业园区（筹）	省级	44	江苏省中关村高新技术产业开发区	省级
21	江苏省太仓高新技术产业开发区	省级	45	江苏省南京白马高新技术产业开发区	省级
22	江苏省如皋高新技术产业开发区	省级	46	江苏省南京徐庄高新技术产业开发区	省级
23	江苏省汾湖高新技术产业开发区	省级	47	江苏省常熟虞山高新技术产业开发区（筹）	省级
24	江苏省海安高新技术产业开发区	省级	48	江苏省徐州鼓楼高新技术产业开发区（筹）	省级

江苏省国家创新型园区名单

序号	高新技术产业开发区名称	国家创新型园区	序号	高新技术产业开发区名称	国家创新型园区
1	苏州工业园区	世界一流高科技园区	3	无锡国家高新技术产业开发区	创新型科技园区
2	苏州国家高新技术产业开发区	创新型科技园区	4	常州国家高新技术产业开发区	创新型科技园区

续表

序号	高新技术产业开发区名称	国家创新型园区	序号	高新技术产业开发区名称	国家创新型园区
5	南京国家高新技术产业开发区江宁高新技术产业园	创新型特色园区	9	昆山国家高新技术产业开发区	创新型特色园区
6	无锡国家高新技术产业开发区宜兴环保科技园	创新型特色园区	10	泰州国家医药高新技术产业开发区	创新型特色园区
7	江阴国家高新技术产业开发区	创新型特色园区	11	常熟国家高新技术产业开发区	创新型特色园区
8	武进国家高新技术产业开发区	创新型特色园区			

2018 年度江苏省高新技术产业开发区创新驱动发展综合评价结果前 10 名

排　名	高新技术产业开发区名称	级别	排　名	高新技术产业开发区名称	级别
1	苏州工业园区	国家级	6	南京国家高新技术产业开发区新港高新技术工业园	国家级
2	南京国家高新技术产业开发区	国家级	7	昆山国家高新技术产业开发区	国家级
3	苏州国家高新技术产业开发区	国家级	8	武进国家高新技术产业开发区	国家级
4	无锡国家高新技术产业开发区	国家级	9	南京国家高新技术产业开发区江宁高新技术产业园	国家级
5	常州国家高新技术产业开发区	国家级	10	江阴国家高新技术产业开发区	国家级

2018 年度火炬统计工作先进单位

排　名	高新技术产业开发区名称	级　别	排　名	高新技术产业开发区名称	级　别
1	武进国家高新技术产业开发区	国家级	8	苏州国家高新技术产业开发区	国家级
2	常州国家高新技术产业开发区	国家级	9	昆山国家高新技术产业开发区	国家级
3	苏州工业园区	国家级	10	江阴国家高新技术产业开发区	国家级
4	南京国家高新技术产业开发区	国家级	11	常熟国家高新技术产业开发区	国家级
5	淮安国家高新技术产业开发区	国家级	12	南通国家高新技术产业开发区	国家级
6	镇江国家高新技术产业开发区	国家级	13	盐城国家高新技术产业开发区	国家级
7	无锡国家高新技术产业开发区	国家级			

（江苏省科学技术厅区域创新处）

【科技产业园】　不断提升高新技术产业和战略性新兴产业特色化、集约化、高端化发展水平。积极支持科技产业园集聚各类创新资源，提升创新服务能力，培育骨干企业，引导产业集约化、特色化发展，建设战略性新兴产业发展的重要载体。截至 2019 年年底，全省建有省级科技产业园 195 家，园内注册企业 5.2 万家，拥有销售收入过亿元企业超过 2000 家，园内企业当年新申请专利 5.4 万件，成为全省高新技术产业和战略性新兴产业发展的高地。

【特色产业基地】 紧紧围绕特色产业发展，汇聚优质资源，强化产业链、创新链、资金链的协同发展，大力提升全省高新技术特色产业基地建设水平，积极推动有条件的地区创建国家级高新技术特色产业基地。2019年，在生物医药、高端装备制造、新材料等高新技术产业领域，组织申报了如东高分子材料等8家国家火炬特色产业基地，新增获批扬中智慧电气和邳州循环经济2家国家高新技术产业化基地，积极支持产业基地整合地方优势资源，优化创新创业环境，加快发展具有自主知识产权的高新技术特色产业。截至2019年年底，全省国家级高新技术特色产业基地达162家，数量继续保持全国第一；实现总产值超5万亿元，其中千亿级基地有7家，百亿级基地101家；拥有企业超4万家，已成为江苏省高新技术产业发展的重要载体和区域经济发展的主要增长点。

（江苏省科学技术厅高新技术处）

【农业高新技术产业示范区】 着力推进各类科技创新资源向各级各类农业科技园区集聚，引导园区向高端化、集聚化、融合化、绿色化方向发展，推动农业一二三产业融合发展，园区已成为农业农村创新驱动发展和农业供结侧结构性改革的先行区。一是江苏南京农业高新技术产业示范区获得国务院批复，成为全国首批两家国家农高区之一。贯彻落实国务院办公厅《关于推进农业高新技术产业示范区建设发展的指导意见》(国办发〔2018〕4号)文件精神，认真指导白马园区按照“一区一主题”“一区一主导产业”“一区一平台”的要求，全程精心指导园区建设规划和实施方案组织编制工作，多次召开专题会议研究升建主题，梳理主导产业，并积极向科技部推荐争取。南京农高区正式获国务院批复，成为自国家开辟农业高新技术产业示范区序列以来，全国首批两家国家农高区之一，在江苏省农业科技创新载体建设工作方面具有里程碑意义。南京农高区主题确定为“绿色智慧农业”，农高区立足绿色智慧，以绿色发展理念为引导，着力推动以生物农业为主，以农产品加工、智能装备制造和农业科技服务业协同联动的“四大产业”高质量发展，通过示范探索出一条东部经济发达地区农业高端智慧发展、绿色可持续发展之路，形成可推广可复制的经验。二是启动了省级农业高新技术产业示范区建设工作。提请省政府办公厅印发了《关于推进江苏省农业高新技术产业示范区建设发展的实施意见》（苏政办发〔2019〕46号），明确了江苏省农业高新技术产业示范区建设指导思想、基本原则、主要目标、重点任务和政策措施，并遴选淮安和连云港作为首批省级农高区建设对象。三是推进国家和省级农业科技园区创新发展。江苏省已建设国家农业科技园区12家，其中11家园区已通过科技部组织的验收，扬州国家园区在2019年验收的77家园区中排名第一，南京白马和淮安两家国家园区综合评估优秀，占全国优秀园区数的10%。建设省现代农业科技园70家，涉农县（市、区）覆盖率达89%。全省国家农业科技园区总产值超1274亿元，已集聚农业科技企业4553家，高新技术企业196家，涉农高新技术企业67家，涉农高新技术企业主管业务收入80.78亿元。园区内建有省级以上研发机构407个，星创天地（众创空间）35家，入驻园区的科研单位11家，研发人员1万多人。园区累计推广新技术、新品种3675个。

（江苏省科学技术厅农村科技处）

农业与农村科技

Agricultural and Rural Science & Technology

【农业科技自主创新】 以江苏省现代农业发展需求为导向，着眼于科技的供给侧结构性改革，着力构建自主可控的农业科技创新体系。一是注重农业优良品种创新。围绕保障粮食安全和主要农产品有效供给，实施藏粮于地、藏粮于技战略，以优质、高效、多抗等为目标，组织实施种业科技创新专题，开展重大农业新品种选育。育成主要农作物新品种59个，申请植物新品种权76项。二是加强农业产业前瞻性技术研发。瞄准国际国内未来农业发展方向，重点围绕生物育种、智慧农业和智能装备等领域进行布局和攻关。在生物遗传育种技术方面，筛选农作物优异种质资源220余份，创制育种新材料500余份，发掘了新的控制稻米粒长、外观品质、蒸煮与食味品质的重要基因，从遗传和分子生物学水平上揭示了水稻如何利用光照调控自身抗病性的机制。在新产品新装备创制方面，开发新产品134个、新工艺技术84项、新装备76台，制定新技术规程96项。三是深入实施粮食丰产科技工程。示范应用稻麦新品种25个，集成示范稻麦周年优质丰产增效栽培技术12项，集成区域化稻麦精准化优质丰产增效技术体系与模式8套，累计示范应用1500万亩次以上。优良食味粳稻和优质中筋小麦百亩攻关方周年亩产达1517.0公斤，创造了长江中下游稻麦周年百亩丰产方亩高产纪录。超级水稻单产突破1058.9公斤，再创江苏省水稻单产新纪录，水平持续保持全国前列。

【苏北特色产业提档升级】 继续深化苏北科技专项“放管服”改革。针对苏北科技专项改革与组织管理中遇到的新情况、新问题，认真开展调研，研究提出了“关于苏北科技专项组织实施情况及有关改革建议”。赴盐城市组织召开苏北科技专项组织工作培训会，详细解读专项计划改革后在支持方向、支持方式、职责分工、组织方式等方面的新变化和新要求，强调了做好重大项目组织、规范操作程序、压实管理责任等内容。进一步优化因素法分配办法，采用因素法分配下达专项资金8530万元，加快特色产业关键技术研发及集成示范。

【创业服务体系建设】 提升农村科技服务超市建设水平。围绕农业特色产业发展，创新农业科技服务模式，为新型农业经营主体提供品种、技术等“一站式”服务。新确认农村科技服务超市40家，累计达到463家，初步实现了全省涉农县（市、区）全覆盖。推动江苏省农业科技成果交易平台建设，成立“苏沪农业科技成果交易联合服务平台”，推动苏沪农业科技成果供需有效对接。打造农业“星创天地”。聚焦高效农业发展需求，建设农业领域的众创空间，新建设省级“星创天地”43家（总210家）。

【科技扶贫】 积极推进科技扶贫工作。组织开展脱贫攻坚专题调研，深入分析当前科技帮扶工作存在的薄弱环节，提出了科技特派员结对帮扶、人才技术成果对接和农村创新创业服务平台建设等举措。围绕苏北“6个重点帮扶片区”13个县（市、区），切块安排帮扶资金1720万元，并启动了22个经济薄弱村科技特派员结对帮扶工作，大力实施产业扶贫，带动低收入农户增收。

【科技特派员】 深入推行科技特派员制度，累计选派省级科技特派员5.2万多名。针对苏北12个脱贫攻坚重点县，选派“三区”科技人员189名，每年落实工作经费7.5万元/每人。在全国科技特派员会议上，江苏省陈家振、潘洪强获得全国优秀科技特派员表彰，南京农业大学获得全国科技特派员组织单位表彰。

【科技与农业深度对接】 紧紧围绕省委省政府关于“三农”工作的决策部署，深入实施创新驱动发展战略和乡村振兴战略，切实把农业和农村科技工作摆在更加突出的位置，大力加强农业核心技术突破，加快培育农业高新技术产业，着力提高农业发展的质量和效益，科技引领和支撑现代农业发展的能力进一步提高。2019年，全省农业科技进步贡献率达到69.1%。

（江苏省科学技术厅农村科技处）

社会发展科技

Social Development Science & Technology

【社会发展科技示范工程】 2019年，启动实施9个重大科技示范项目，组织开展188个关键技术研究与示范项目，省拨经费2亿元。一是积极助力打赢污染防治攻坚战。针对长江大保护、土壤地下水一体化风险防控、大气污染源溯源、生态宜居乡村绿色发展等重点领域，启动实施“长江（江苏段）沿江城市群生态承载力动态演变及化工废水毒性减排关键技术研究与科技示范”等4个重大科技示范项目，开展关键技术集成应用与综合示范，形成可推广的系统解决方案。加强监测预警、污染源解析、源头减排、联防联控等污染防治领域核心技术研发，围绕水、土、气污染治理、固体废弃物处理和资源化利用、能源管理等重点领域，组织实施“垃圾焚烧飞灰低能耗低排放的净化新技术”等23个项目，扩大惠民科技创新供给。积极响应长三角一体化发展战略部署，以盐城国家级高新区为示范主体组织“高新区工业废水近零排放及资源化利用”项目，开展高新区典型产业的废水零排放技术方案、标准体系及政策体系研究，为废水近零排放和资源化提供江苏经验。二是大力推动生命健康领域科技创新。为满足人民群众日益增长的健康需求，从重大科技示范、临床前沿技术、面上项目（新型临床诊疗技术攻关和公共卫生）几个类别对人口与健康领域加大支持，2019年新上项目数达124项，覆盖了肿瘤、心脑血管疾病、代谢性疾病、精神性疾病等主要疾病领域，努力构建从疾病预防、诊断、治疗到康复的全链条创新布局。临床医学研究中心建设成效显著，20个省级临床研究中心已自主制定并形成规范化诊疗技术指南、专家共识、技术方案等177项，示范病例94544例；新增国家级学会主委30人，长江学者、国家杰出青年基金获得者24人次；发表论文11700篇，SCI/EI收录论文6276篇；以省临床医学研究中心为依托，链接省内外医院1600余家（次），共同构成了“医联体”，示范病例41万例，有力地推动了江苏省临床医疗水平的提升。2019年，依托苏州大学附属第一医院建设的“血液系统疾病国家临床医学研究中心”获批成为江苏省第二个国家临床医学研究中心，实现了江苏省临床医学研究国家队的新突破。三是切实加强公共安全科技支撑。把安全生产科技工作摆上实施创新驱动发展战略、推进科技惠民工作的突出位置，围绕安全生产重点领域和重点地区，加强生产安全领域关键技术攻关和成果推广示范。2019年，组织实施了“城市重大活动交通运行的公共安全事件风险辨识与防控”“江苏警务云安全防护关键技术研究与科技示范”等27个项目，省拨经费2350万元。全力筑牢生物安全科技防线，加强人类遗传资源管理有关工作，推动江苏省涉及人类遗传资源有关研究依法依规有序开展，自《中华人民共和国人类遗传资源管理条例》施行以来，江苏省已收到人类遗传资源管理办公室印发的审批决定书43份，申请活跃度排在全国前列。

【临床医学科技创新】 围绕生物医药领域创新需求，聚焦促进产业提质增效的重点领域，在平台搭建上下功夫，启动建设生物医药创新资源协同运营中心和投融资服务平台，整合优势创新资源，打通新药创制关键环节，推动生物医药领域产业链、创新链、资金链融合发展；在质态研判上下功夫，瞄准前沿技术和产业前瞻重点方向，全面梳理生物医药核心技术及迭代技术清单，加强风险防控；牵头与省统计局、省药监局、省知识产权局等有关部门建立常态化工作机制，对产业发展进行动态监测，加强分析和研判，按季度形成产业发展快报并呈送省政府有关领导；在科技支撑上下功夫，开展创新疫苗产业化标准化示范，围绕创新药物、高端医疗器械研发和仿制药质量和疗效一致性评价，通过后补助方式支持21个项目，其中1类新药9个，占比42.8%，覆盖肿瘤、糖尿病及心脑血管病等重点病种。

【可持续发展议程创新示范区工作】 谋划推动徐州创建国家可持续发展议程创新示范区。根据科技部第三批国家可持续发展议程创新示范区建设要求，与徐州市一道商定示范区申报有关考虑，获省政府支持并同意徐州以“创新引领资源枯竭地区中心城市转型发展”为主题创建。联合省科技战略院、徐州市科技局组建专门创建团队，启动徐州国家可持续发展议程创新示范区创建规划和方案编制工作。

（江苏省科学技术厅社会发展与基础研究处）

科技机构

Science & Technology Institutions

科研机构

【概　况】 科研机构主要从事公益研究与服务、产业共性技术研发、科技成果转化等活动，是科学研究和技术开发的基地，是培养高层次科技人才的基地，是促进高科技产业发展的基地，也是江苏科技创新、经济建设和社会发展的一支重要力量。

科研机构为公共研究与服务提供支撑。截至 2019 年年底，全省共有 50 家部属院所（未转制 19 家，转制 31 家）、82 家省属院所（未转制 56 家，其中 18 家预算归属省科技厅；转制 26 家）。2019 年，全省科研机构共有从业人员 66341 人，研发人员 42517 人；申请专利 5087 件，获授权专利 2710 件；新增各类计划项目 5612 项；获省级以上奖励 261 项；转化科技成果 1109 项。18 家预算归属省科技厅的公益院所新增科技项目 149 项，对外提供开放服务 106771 次，转化科技成果 367 项。认真履行省政府赋予的对科研院所安全生产工作的督促指导职责，联合省应急管理厅研究印发了《关于进一步督促和加强科研院所安全生产工作的通知》，加强全省科研院所的安全生产管理，明确科研院所安全生产的主体责任和行政主管部门对科研院所安全生产工作的行政领导责任，组织编制《科研院所安全管理指导手册》（试行），切实增强科研院所安全生产管理能力和水平。

推动省属公益类科研院所能力建设。按照《江苏省省级科研事业单位绩效评价办法（试行）》（苏科条发〔2018〕109 号）规定，建立对公益科研院所的以绩效为导向的财政稳定支持制度，支持省属公益院所围绕公益研究和公益服务职责，引进高端资源，拓展公益研究服务，提升科研服务能力；探索建立科学合理的评价机制和抽查评估方法，强化绩效评价，进一步激发科研事业单位创新活力，引导科研院所突出实现社会效益和履行社会责任，加快进入国内一流方阵。

新型研发机构推动产业升级。为聚焦“一区一战略产业”的特色需求，探索建设了一批“投资多元化、功能多样化、资源开放化、运行市场化”的“三无”新型研发机构，成为区域新兴产业培育和优势产业提升的“摇篮”和“推进器”。截至 2019 年年底，全省列入统计的各类新型研发机构 438 家，新增各类计划项目数 872 项、总经费 21.6 亿元，其中国家和省部级计划项目数 250 项；提供科技服务 49591 项、收入 20.3 亿元，转化科技成果 1033 项、收入 4.0 亿元；当年孵化企业 1426 家，累计孵化企业达 4436 家，当年收入 147.8 亿元。

（江苏省科学技术厅科研机构处）

【中科院属科研机构】　中国科学院南京分院　中国科学院南京分院的前身是中国科学院（简称“中科院”）华东办事处。1950 年，中国科学院接管原中央研究院在南京的科研单位，成立了中国科学院华东办事处。1978 年 11 月，经国务院批准恢复成立中国科学院南京分院。

南京分院负责联络和协调中国科学院在江苏地区的研究所工作，以及江苏省和江西省的院地合作工作。分院系统现有 9 个法人研究机构，包括紫金山天文台、南京地质古生物研究所、南京土壤研究所、南京地理与湖泊研究所、南京天文仪器有限公司、南京天文光学技术研究所、苏州纳米技术与纳米仿生研究所、苏州生物医学工程技术研究所和江苏省中国科学院植物研究所（双重领导）。

2019 年，南京分院全面落实中科院党组各项决策部署，聚焦服务“率先行动”计划深入实施，系统谋划和推进研究所改革创新发展，提升区域科技创新支撑能力。聚焦江苏重大战略需求，以分院麒麟新园区和中国科学院大学

（简称“国科大”）南京学院的建设为契机，推动院省市共同将麒麟科技城打造成南京综合性科学中心的核心区和中科院服务地方国民经济主战场的区域创新高地。面向江西省重大需求，协助院机关和有关单位协调推进中科院与江西省签约共建中药大科学装置、庐山植物园与稀土研究院，推动中科院与江西省合作开启新篇章。

2019 年，紫金山天文台常进研究员当选中科院院士、土壤研究所张佳宝研究员当选中国工程院院士。截至 2019 年年底，南京分院共有在职职工 2568 人，其中科技人员 1873 人，包括“两院”院士 10 人，研究员及正高级工程技术人员 399 人，副研究员及高级工程技术人员 609 人。

向江苏省、南京市报送《关于“十四五”江苏科技创新发展的若干建议》《关于加快推进南京创新名城建设的若干建议》《南京构建全国一流创新生态系统对策研究》等，推动麒麟新园区和国科大南京学院所在的麒麟科技城上升为南京综合性科学中心核心区，高起点谋划麒麟区域创新高地建设。与南京市政府共同引进中科院软件所、过程工程所、工程热物理所、微电子所在麒麟科技城建设高端软件、绿色智能制造、未来能源和类脑人工智能创新研究院。组织属地 3 家天文领域研究机构联合相关高校，建设空间天文探测装置测试、运控、建造和数据平台，建设国内领先、国际一流的“空间天文研究中心”；谋划属地 3 家资环领域研究所，联合相关高校和部属科研院所，建设以土壤污染修复和河湖水环境治理为核心的“水土环境研究中心”；面向苏州市的重大需求，向苏州市委、市政府提出院市“十四五”合作重点，推动打造中科院苏州区域创新高地。

积极探索科技成果转化的市场化规范化模式。推进 STS 江苏中心实体化市场化运作，采取政府采购科技服务的方式，以南京中科麒智科技有限公司为运营平台，分别在江苏省昆山经开区、连云港高新区和南京麒麟高新区建立 3 个分中心，开局取得良好实效。强化依托南京分院运行的院级非法人中心规范管理，鼓励中心改革提升自我造血功能。强化 STS 区域重点项目规范管理，2019 年在研 STS 江苏区域重点项目共获院投入经费 8400 万元，获地方企业配套经费 1.57 亿元，为企业新增销售收入超过 1400 亿元。南京分院科技合作与成果转化团队荣获 2019 年度中国科学院科技促进发展奖。

积极发挥院士联络处作用，组织在苏中科院院士咨委会承担省重点软课题，调研广东科创中心建设，召开高层论坛等。组织院士咨委会向江苏省委省政府提交长三角地区大气污染咨询报告，得到江苏省分管领导多次批示。组织开展近 10 场院士行活动，深度服务地方创新发展，助力院士专家与企业科技对接。

围绕中科院在“长三角一体化”国家战略中的行动和成效，联合上海分院组织开展媒体记者江苏行活动，中新社、科技日报、新华日报等中央地方媒体报道约 30 篇次。科普工作聚焦区域性科普平台建设，打造“科学课程—科普讲座—科学营—科学探究计划—科普旅游”立体科普体系，惠及社会公众 140 万人。

（范晓松　高晓敏）

中国科学院紫金山天文台　中国科学院紫金山天文台（以下简称“紫金山天文台”）成立于 1950 年 5 月 20 日。前身是 1928 年 2 月成立的国立中央研究院天文研究所。紫金山天文台是我国创建的第一个现代天文学研究机构，被誉为“中国现代天文学的摇篮”。

人才队伍建设。截至 2019 年年底，紫金山天文台共有在职职工 337 人。其中科技人员 200 人、科技支撑人员 99 人，包括中国科学院院士 3 人、研究员及正高级工程技术人员 61 人、副研究员及高级工程技术人员 74 人。

国家杰出青年科学基金获得者 14 人、“优青”8 人；江苏省“333 工程”60 人次；入选中国科学院青年促进会 20 人；入选中国科学院特聘研究员 14 人；入选中国科学院创新交叉团队 1 个；入选中国科学院关键技术人才 1 人；入选科技部重点领域创新团队 1 个。

紫金山天文台是 1978 年国务院学位委员会批准的首批硕士学位和 1981 年博士学位授予权单位之一。现设有 1 个天文学一级学科博士、硕士研究生培养点，电子信息工程博士、工程硕士全日制专业学位培养点，天体物理、天体测量和天体力学、天文技术与方法 3 个专业二级学科硕士、博士研究生培养点，并设有天文学博士后流动站，共有在学研究生 229 人（其中硕士生 99 人、博士生 130 人）、在站博士后 12 人。2019 年，研究生获中国科学院院长优秀奖 2 人、中国科学院南京分院院长特别奖 1 人，中国科学院优秀博士论文奖 1 篇，江苏省优秀硕士论文奖 1 篇。

争取和承担科研任务。2019 年，紫金山天文台共有在研项目 348 项（包括新增项目 114 项）。其中主持国家重点基础研究发展计划（973 计划）课题 1 项；主持国家重点研发计划项目 3 项和课题 10 项；主持（或承担）中国高技术研究发展计划（863 计划）项目 3 项；主持（或承担）国家其他项目 24 项；主持（或承担）国家自然科学基金项目 129 项（新增 34 项），其中主持重大项目课题 2 项、重点项目 5 项、面上项目 48 项（新增 15 项）、杰出青年基金 3 项，主持（或承担）国家自然科学基金重大科研仪器研制项目 1 项；承担中科院战略先导科技专项课题 6 项和子课题 5 项，院前沿科学重点研究项目 7 项，院基础前沿科学研究计划从 0 到 1 原始创新项目 2 项；承担江苏省自然科学基金 20 项（新增 5 项）；横向项目 32 项（新增 20 项）。

科研工作进展与获奖情况。2019 年紫金山天文台共发表科技论文 273 篇，其中国外发表 256 篇、SCI 收录 228 篇，影响因子 3.0 以上的 168 篇，第一单位论文 159 篇，第一单位论文 SCI 收录 115 篇。专利授权数 9 件，其中发明专利 8 件。

主要科研项目进展：

暗物质粒子探测卫星在轨运行与科学研究方面：2019 年 2 月第一批科学成果入选第 14 届“中国科学十大进展”；9 月发布第二批科学成果，给出了 40 GeV-100 TeV 能段质子能谱精确测量结果，首次发现质子能谱在约 14TeV 出现明显的能谱变软结构。

中国南极天文台建设方面：配合有关部门积极推进规划，并持续深入开展太赫兹望远镜系统的关键技术攻关。

空间碎片监测研究系统建设方面：已经完成 MASTA 项目的初步设计、望远镜设计方案评审和主干设备招投标等工作，基地建设正在进行。

先进天基太阳天文台（ASO-S）建设方面：完成了方案阶段的关键技术攻关，进入初样阶段，科学应用系统部分软件已完成并通过评审；开展了日冕物质抛射自动识别、跟踪、参数提取和二维速度分布预研，为星上白光日冕仪数据处理做好准备；在 RAA 杂志上发表了 ASO-S 卫星专辑，以便国内外同行尽早了解卫星情况和未来更好地使用卫星数据。

其他重要科研进展包括：发现首例中子星并合引力波事件 GW170817 与明亮短伽马暴有直接联系，并从短伽马暴 GRB 070809 X 历史数据中证认新的引力波事件光学对应体；“银河画卷”计划年度完成巡天约 100 平方度，完成总进度 75%；后续脉泽观测发现银河系边缘有大质量恒星形成活动；从“麦哲伦云”历史巡天数据中发现新的快速射电暴 FRB 010312，这是我国首次发现的快速射电暴，也是国际上迄今已知能量最高的快速射电暴之一；在月球和小行星陨石中分别发现了迄今太阳系范围内最大氯同位素分馏效应和冲击熔融现象，为月球大碰撞理论提供了新证据；主带彗星活动性研究为未来深空探测目标提供预研；此外，还在恒星系统、超新星遗迹和星系等研究领域取得阶段性进展，在超导热电子混频器技术研发中取得若干突破性进展。

国际合作与交流。紫金山天文台全年完成出访 167 人次，来访 80 团、142 人次；加入 LHAASO 国际合作组；院行星科学重点实验室和月球与行星科学国家重点实验室建立战略合作伙伴关系。获得“院国际杰出学者项目”和“院国际合作重点项目”各 1 项、“院特别交流计划”2 项，“国际访问学者项目”延续资助 1 项。

组织召开“东亚天文台未来科学与仪器国际研讨会”“中德彗星科学青年论坛”“2019 年星系周介质科学前沿国际研讨会”“首届先进天基太阳天文台国际研讨会”“国际亚毫米

波天文科学研讨会”“第二十届东亚地区亚毫米波接收机技术研讨会”等国际会议。

重要国际合作项目进展。在暗物质粒子探测、ASO-S、行星物理、引力波光学对应体、快速射电暴、原行星盘等领域开展实质性国际合作，取得了一系列科学成果。

通过东亚天文台参与管理运行的JCMT望远镜在首张黑洞照片联合观测中发挥作用。中澳中心召开第五届中澳天体物理学研讨会，持续推进中澳双方在南极天文、射电天文方面的合作。

科学普及与支撑服务情况。紫金山天文台是我国开展天文科学普及的重点单位，是全国科普教育基地、全国重点文物保护单位、首批中国十大科技旅游基地之一。2019年，以紫金山园区、青岛观象台为主要阵地的场馆开放受众达26万人次。围绕科技周与公众科学日、科普日与中科院科学节等，举办科普报告、论坛和各类科普与教学活动约300场次。联合主办第二届“中国天泉湖天文论坛”。充分利用自媒体平台与社会媒体开展科学传播。微博平台累计阅读量超1000万，粉丝数达62万；微信公众号原创科普文章29篇，累计阅读量超14万，总关注数约1.7万；获2019年“DOU知短视频科普知识大赛”一等奖、三等奖和优秀制作机构奖；获江苏省科普场馆协会“全国科普日活动先进集体”、江苏“年度十大科学传播人物”等表彰。

紫金山天文台图书馆，现有图书和期刊（合订本和单行本）30余万册，包含了天文领域多种从创刊开始的出版物，是中国科学院的特色馆藏之一。

（徐瑾瑜　朱爱仲）

中国科学院南京地质古生物研究所　截至2019年年底，中国科学院南京地质古生物研究所（以下简称“南京古生物所”）有在职职工168人，包括中国科学院院士3人、研究员及正高级工程技术人员44人、副研究员及高级工程技术人员47人。有国家杰出青年科学基金获得者5人，优秀青年科学基金获得者3人。设有“古生物学与地层学”“地球生物学”“地质工程”“矿物学、岩石学、矿床学”4个专业二级学科硕士研究生培养点，“古生物学与地层学”“地球生物学”“矿物学、岩石学、矿床学”3个博士研究生培养点，并设有博士后流动站，共有在学研究生93人（其中硕士生48人、博士生45人）、在站博士后17人。

2019年，南京古生物所共有在研项目175项（包括新增项目43项）。其中参加其他单位负责的国家科技基础性工作专项课题2个、国家重大科技专项课题3个、国家科技基础条件平台项目1项（新增1项）；主持国家自然科学基金重点项目5项、国际合作项目1项、面上项目34项（新增9项）、重大项目1项、重大研究计划1项、创新研究群体科学基金项目1项（新增1项）、杰出青年科学基金项目1项（新增1项）、优秀青年科学基金项目2项（新增1项）、青年科学基金项目36项（新增9项）、联合基金1项，参加外单位基础科学中心课题2项（新增1项）、重大研究计划课题1项（新增1项）、联合基金1项；承担中国科学院战略性先导科技专项子课题32项，院青年创新促进会项目12项（新增3项），院前沿科学重点研究项目2项，院其他项目3项（新增1项）；参加中国地质科学院课题5项（新增4项）；主持江苏省自然科学基金项目10项（新增3项）；承担地方政府委托项目3项（新增2项）；承担大中型企业委托项目10项（新增6项）。

2019年，南京古生物所共发表学术论文400篇，其中被SCI收录论文340篇，《自然指数》第一作者或通讯作者论文15篇，出版专著15本，授权发明专利2项。在三峡地区约5.5亿年前的埃迪卡拉纪地层中，发现了地球上迄今最早的具有运动能力、并且身体分节的两侧对称后生动物化石（*Nature*，2019），成果入选“中国科学院2019年度科技创新亮点成果”。在约5亿年前加拿大布尔吉斯页岩动物群中，发现了迄今已知最古老的螯肢类节肢动物化石（*Nature*，2019）。在白垩纪缅甸琥珀中发现的菊石化石集群，展现了1亿年前的海滨森林生态环境（*PNAS*，2019）。主编《中国综合地层和时间框架》（中英文版）专辑，对半个多世纪以来中国地层学研究进展进行了综合性整理和总结。

2019 年，南京古生物所获批中国科学院“国际访问学者计划”2 项。共有 225 人次先后出访参加国际学术会议或进行合作研究，接待 149 人次外宾来访合作或讲学。与英国杜伦大学地球科学系、俄罗斯科学院西伯利亚分院石油地质与地球物理研究所及泰国玛哈沙拉堪大学正式签订合作协议。主办了“第一届亚洲古生物学大会”等三场国际会议，发起成立了亚洲古生物协会，得到近 20 个亚洲国家的积极响应。目前，南京古生物所共有 20 余位专家担任 40 多个国际学术组织的主席、副主席、选举委员等职务。

（陈孝政）

中国科学院南京土壤研究所 中国科学院南京土壤研究所（以下简称“南京土壤所”）成立于 1953 年，其前身是 1930 年创立的中央地质调查所土壤研究室，是中国现代土壤科学研究的发源地。

人才队伍建设。根据形势发展需要和院“1+3”文件精神，新制订了《人才引进与激励实施办法》《特别研究助理管理办法》《高层次人才协议薪酬实施办法》等规章制度，进一步完善以体现工作业绩和实际贡献为导向的考核办法并建立相应绩效工资分配机制，更好地发挥绩效工资的激励作用，同时通过成立学习小组加强青年干部和青年科技骨干的思想教育和能力培养，积极为培养凝聚人才营造良好的环境。高度重视并继续做好博士后工作，新获批增设生态学博士后科研流动站，实现了一级博士点学科博士后科研流动站全覆盖。2019 年，南京土壤所高层次人才培养获得突破，张佳宝研究员当选中国工程院院士；褚海燕研究员入选“2019 年全球高被引学者名单”；蒋瑀霁副研究员入选国家“优青”；引进青年拔尖人才 1 人、青促会优秀会员 3 人。

继续高质量推动研究生培养工作。全年新招收 48 名博士生和 57 名硕士生，71 名研究生分获博士和硕士学位；年度出国交流学生人数达 23 名，创历史新高。通过举办大学生夏令营、推进“资源环境菁英班”相关工作等吸引优秀生源，2020 年拟录取的 27 名推免生中有 13 名夏令营成员。加强导师队伍建设，强化立德树人的导师职责。进一步加强研究生思想政治工作，形成党委领导、全所上下齐抓共管局面。多人获得院长奖学金特别奖及优秀奖、院优秀导师奖、中科院优博论文等奖励；所研究生会获中国科学院大学 2019 年“优秀学生会”。

争取和承担科研任务。继续坚持“以任务带学科”和在服务国家需求中求发展的方针，加强组织领导和统筹协调，进一步加大争取承担重大科技任务的工作力度。2019 年，南京土壤所获国家自然科学基金项目 43 项资助，其中包括国家基金委重大项目 1 项（土壤复合污染过程与生物修复，经费 1987 万），基金重点项目 1 项（砂姜黑土结构的演变规律及其对作物根系生长的物理机制、经费 299 万），“优青”1 项，国际合作项目 2 项，地区联合基金重点项目 4 项，面上项目 20 项，青年基金 14 项，获国家基金资助总额度超 6000 万元，创本所历史新高,进一步夯实了研究所的基础研究能力。新争取国家重点研发计划项目“华东废旧电器拆解场地污染区修复技术集成与工程示范”“复合有机污染场地原位热处理耦合修复技术与装备”“离子型稀土矿浸矿场地土壤污染控制及生态功能恢复技术”等共 3 项，累计主持承担国家重点研发计划项目 12 项，充分体现了南京土壤所在服务国家重大科技需求方面的整体竞争实力。本年度新立项的重要科研项目还包括院先导专项课题 / 子课题 6 项、院 STS 项目 6 项、院仪器项目 4 项。

另外，继续发挥特色优势，土壤所作为技术支持单位成功竞标了目前全国单体经费最高的农田土壤修复项目“四川省会东县野牛坪大堰灌区土壤改良项目”（2.16 亿）和场地修复技术方案编制项目“杭钢及炼油厂退役场地整体治理修复规划和技术方案编制项目”，进一步提升了服务国民经济主战场的能力。

科研工作进展与获奖情况。2019年，南京土壤所聚焦国家重大战略需求和土壤学科前沿，扎实推动“一三五”规划中3个重大突破和5个重点培育方向的系统研究工作，抓好国家重点研发计划等重大项目管理与实施，坚持基础研究和应用研发并举，取得了一系列新的进展和成绩，产出了一批有重要影响的科技成果，为完成“率先行动”计划第一阶段目标任务奠定了坚实的基础。

在土壤资源与信息方面，我国土系调查与《中国土系志》取得重要进展，已全面完成西部卷初稿；基于中国土系数据库，绘制了全国尺度的关键土壤属性三维空间分布图，更新了我国土壤资源基础数据；揭示了红壤关键带结构多尺度空间变异特征及其生态环境意义；建成了土壤—微生物系统数据整合集成与分析平台，率先建设了我国土壤及微生物Web数据库，进一步提升了我国土壤信息服务功能。

在土壤地力与保育方面，明确了红壤有机碳的累积特征——主要依赖外源碳的物理保护；阐明了高钙/碱性土壤有机质难积累机制；揭示了生物炭调控土壤有机碳封存的“负激发”效应的微生物学机制；创新了以土壤团聚体形成与养分高效利用协同调控的生物培肥理论；建立了不同类型淡水养殖系统温室气体甲烷和氧化亚氮的排放因子，构建了全球不同类型淡水养殖系统和主要国别淡水养殖系统的温室气体排放清单；建立了以减酸控酸为核心的土壤酸化防治关键技术、盐碱地生态治理集成技术体系，并得到大范围推广应用。

在土壤环境与修复方面，阐明了土壤纳米颗粒的天然生成机制，挑战了“土壤固相有机质具有化学惰性”的传统观点；揭示了镉在氧化锰表面吸附分子机制；揭示了土壤中生物降解塑料的消减特性及其微生物响应机制；发展了碳量子点叶面喷施阻控蔬菜酞酸酯污染的新技术；实施了国内规模最大的防控铬污染地下水的可渗透反应墙技术应用，建立了重金属污染农田土壤植物修复和安全利用集成技术并在多点示范。

在植物营养和肥料方面，揭示了玉米的铵偏好特性对其氮肥利用率的贡献；明确了BNIs1，9－癸二醇的分泌特征以及对土壤氨氧化细菌和氨氧化古菌的双抑制效果，并实现了成果转化；揭示了小麦缺磷响应的多组学机制；发现了碳源合成力不足是限制高氮下水稻氮素利用及其农学效益的重要瓶颈；明确了长江下游水稻土根际磷素供应过程与环境风险评估；揭示了稻田基蘖肥与穗肥氨排放机制及冠层截留作用；实施了缓控释肥料和根区一次施肥大面积推广示范。

在土壤生物与生态方面，创建了稻田生物固氮的田间原位直接定量技术，揭示了长期施肥抑制根际微生物固氮的作用机制，以及杂交水稻提高稻田生物固氮机理；明确了ATPase是氨氧化古菌物种分化和环境适应性的遗传基础；揭示了自然生物膜的环境适应机制及生态功能持续性；阐明了高应答水稻甲烷排放对长期二氧化碳浓度升高的响应机制；提出生物炭减少氮损失和促进作物生产全球方案；成功研制了旱地土壤反硝化气体的测定装置，对于准确评估全球氮足迹及其环境影响具有重要科学意义。

总体上，南京土壤所2019年科技成果产出继续保持了良好的发展势头。本年度共发表科研论文500余篇，其中SCI收录论文380余篇，多项重要研究成果在*Nature Climate Change*、*Nature Communications*、*Methods in Molecular Biology*、*Microbiome*、*ISME Journal*等国际顶级期刊发表。获授权发明专利33项、实用新型专利15项，获省级科技进步二等奖2项，多项技术模式产生了良好的经济和社会效益，为我国区域农业可持续发展和生态环境建设提供了重要的科技支撑。

国际合作与交流。2019年度南京土壤所共计出访99人次，接待来所交流访问的外国学者90余人次。本年度成功主办了第13届国际植物钾营养和钾肥大会、面源污染控制与水环境保护国际研讨会，进一步促进了相关研究领域的国际合作与交流。在人才交流方面，以公派留学形式派遣9人前往国外知名大学和科研机构深造，邀请多位国外知名教授来华交流，通过举办多场规模较大的学术报告会和研讨会，促进了对国际土壤学及相关领域最前瞻科学思想和新兴学科领域的了解，也为培养青年科技英才提供了重要平台，达成了后续联合培养研究生等实质性的人才交流计划。

（秦江涛）

中国科学院南京地理与湖泊研究所 中国科学院南京地理与湖泊研究所（以下简称“南京地湖所”）的前身系 1940 年 8 月在重庆北碚成立的中国地理研究所，1958 年更名为中国科学院南京地理研究所，1987 年改为现名。中国科学院院士黄秉维、任美锷、周立三曾先后担任过所长。

南京地湖所是全国唯一以湖泊 - 流域系统过程、格局及其相互作用与调控机理为研究对象的综合研究机构，主导着中国湖泊科学的发展方向，在国际上具有重要影响。研究所面向湖泊水环境治理与生态修复、区域可持续发展规划与评估两大应用研究领域；重点发展物理湖泊与水文、湖泊生物与生态、湖泊沉积与环境演化、湖泊环境与工程、湖泊 - 流域过程与调控、流域资源与生态环境、区域人文经济地理和遥感与地理信息科学等 8 个学科方向；努力实现湖泊生态系统演变与全球变化、浅水湖泊流域水质管理与生态系统调控、水环境及生态系统监测（模拟）技术及应用 3 个重大突破；重点培育湖泊沉积与气候变化定量重建、湖泊生物群落结构功能与调控、湖泊复合污染的生态效应与防控治理、流域 - 湖库生态水文过程与模拟、新型城镇化区域的乡村转型及其资源环境的可持续管理。

2019 年，南京地湖所认真贯彻落实中央和中科院党组重大决策部署，深入学习习近平新时代中国特色社会主义思想，扎实开展“不忘初心、牢记使命”主题教育，抓紧抓实党建和党风廉政建设，深入实施“一三五”规划，主动服务国家经济社会发展，积极发挥科研国家队作用。

2019 年，南京地湖所进一步深化“一三五”规划实施，按照院党组“内涵式发展，结构性调整”的有关改革要求，开展了“湖泊生态系统演化”“湖泊环境治理”“流域地理与可持续发展”3 个学科方向的国内学科评估，提出了“湖库生态系统功能恢复与调控”“湖泊流域系统模拟与管控”两个新兴交叉学科；与国家自然科学基金委地球科学部合作组织“湖泊流域科学学科发展战略学术研讨会”；深入推进创新平台建设和成果转移转化，获批建设“中国科学院湖泊环境治理与生态修复工程实验室”“江苏省长江岸线生态修复工程研究中心”，获批建设新型研发机构“南京国兴环保产业研究院有限公司”。

2019 年，南京地湖所推进分配激励制度改革，优化薪酬分配，深化绩效导向，强化绩效工资对科技创新的激励作用，凝聚和稳定优秀人才。截至 2019 年年底，南京地湖所共有在职职工 256 人；其中科技人员 186 人，科技支撑人员 25 人，包括研究员及正高级工程技术人员 48 人、副研究员及高级工程技术人员 78 人、国家杰出青年科学基金获得者 5 人、国家优秀青年基金获得者 5 人（新增 2 人）、江苏省杰出青年基金项目获得者 4 人（新增 1 人）。

2019 年，南京地湖所共有在研项目 409 项（包括新增项目 226 项）。其中主持国家自然科学基金委创新研究群体项目 1 项、国家自然科学基金委重大项目课题 1 项、国家自然科学基金重点项目 7 项（新增 2 项）、国家优秀青年科学基金项目 2 项（新增 2 项）、面上项目 85 项（新增 32 项）；主持国家重点研发计划项目 5 项、课题 6 项（新增国家重点研发计划项目 3 项、课题 3 项）；主持国家重大科技专项项目 2 项、课题 5 项；在研科技基础资源调查专项 1 项、课题 2 项；主持科技支撑计划项目 1 项、课题 2 项；主持基础性工作专项 1 项；新增第二次青藏科考专题 1 项。

南京地湖所是 1981 年国务院学位委员会批准的自然地理学硕士学位授予权单位之一，现设有地理学、环境科学与工程 2 个一级学科博士研究生培养点，自然地理学、人文地理学、地图学与地理信息系统、环境科学等 4 个二级学科博士研究生培养点，自然地理学、人文地理学、地图学与地理信息系统和环境科学等 4 个二级学科硕士研究生培养点以及工程硕士（环境工程、建筑与土木工程）全日制专业学位培养点，并设有地理学一级学科博士后科研流动站。共有在学研究生 233 人，其中硕士 96，博士 137（含留学生 5 人），在站博士后 23 人。

2019 年，南京地湖所主持获得省部级奖励 2 项，省级国际合作奖励 1 项，中国专利优秀奖 1 项。其中“湖泊生态系统对全球变化的响应过程与机制”获江苏省科学技术一等奖；“干旱半干旱区典型湖泊流域生态安全保障关键与应用”获环境保护科学技术二等奖；由研究所提名并开展深入合作的 Erik Jeppesen 教授获江苏省国际科技合作奖；“一种利用沉水植被草皮恢复沉水植物群落的方法”荣获第 21 届中国专利优秀奖。年度发表论文 479 篇，其中 SCI 收录论文 322 篇，一区和二区高质量论文 193篇，高质量论文同比增长 46%。出版专著 6 部，申请专利 51 件，其中发明专利 43 件；授权专利 54 件，其中发明专利 23 件，实用新型专利 31 件。软件著作权登记 26 项。

南京地湖所现设有湖泊与环境国家重点实验室、中国科学院流域地理学重点实验室、所级公共服务中心、湖泊 - 流域数据集成与模拟中心及各类湖泊野外观测站（含太湖湖泊生态系统国家野外观测研究站、鄱阳湖湖泊湿地观测研究站、抚仙湖高原深水湖泊研究站、呼伦湖生态系统定位观测研究站、天目湖流域观测研究站、东非大湖与城市生态研究站）等科研支撑平台。现有 30 万元以上的大型仪器设备 230 余台（套）。图书馆馆藏图书期刊约 10 万册，各种地形图约 3 万幅，航卫片 5 万余张。此外，还馆藏地方志 4262 种 44000 多册，其中善本近百种，孤本 10 余种。

2019 年，南京地湖所积极提升科研平台支撑能力，通过修购专项及区域中心平台专项完成“流域多尺度气象水文—物质循环高分辨率观测系统平台”“湖泊污染物生态效应与控制技术平台”“抚仙湖生物样品采集、保藏和分析平台”“湖泊流域资源环境关键指标采集与信息处理平台”“原位—快速—无损检测生物平台”“湖泊挥发性有机污染监测分析瓶体”等科研平台的组织实施，合同金额 2425 万元。

南京地湖所投资公司 2 个，分别为中科健康产业集团股份有限公司和南京中科水治理有限公司，从事科技开发人员数为 82 人，年产值共 4.3 亿元，研究所参股效益 1700 余万元。

2019 年，南京地湖所积极开展各项科技合作，不断加强学术交流，参加国际学术会议人员 63 人次，参与学术访问及合作交流 16 人次，接待国外专家学者来访 44 人次。

南京地湖所目前是江苏省海洋湖沼学会、江苏省地理学会、江苏省遥感与地理信息系统学会、中国地理学会长江分会、中国地理学会湖泊与湿地分会、中国海洋湖沼学会湖泊分会、中国第四纪科学研究会生态环境演化分会、中国环境科学学会沉积物环境专业委员会挂靠单位。主办学术期刊《湖泊科学》。

（孙　昊　陈亚芬）

中国科学院国家天文台南京天文光学技术研究所　中国科学院国家天文台南京天文光学技术研究所（以下简称“南京天光所”）是我国天文与光学高新技术的重要科研和发展基地、国家大中型天文望远镜和仪器设备的研制基地，以及天文技术与方法高级人才的培养基地，下设望远镜新技术研究室、天文光谱和高分辨成像技术研究室、太阳仪器研究室、镜面技术实验室、大口径光学技术研究室、望远镜工程中心和南极天文技术中心等 7 个科研部门，拥有中国科学院天文光学技术重点实验室和江苏省外国专家工作室，是江苏省先进光学制造技术高技能人才培养基地。

截至 2019 年年底，南京天光所共有在职职工 179 人，其中科技人员 118 人、科技支撑人员 45 人。有两院院士 3 人（1 人兼发展中国家科学院院士）。有研究员及正高级工程技术人员 18 人、副研究员及高级工程技术人员 62 人。

现设有“天文学”“光学工程”等 2 个一级学科和“天体物理”“天文技术与方法”“精密仪器及机械”等 3 个二级学科博士、硕士研究生培养点，1 个“仪器仪表工程”全日制专业学位的培养点，并设有“天文学”“光学工程”等 2 个专业一级学科博士后流动站，共有在学研究生 74 人（其中硕士生 46 人、博士生 28 人）、在站博士后 4 人。

科研项目。2019 年，南京天光所在研项目共 140 余项。其中国家自然科学基金重大科研仪器 2 项、重点项目 3 项（新增 2 项）、面上项目 26 项（新增 7 项）、青年科学基金项目 18 项（新增 4 项）、天文联合培育 6 项（新增 1 项）；参与科技部国家重点研发计划重点专项 1 项；承担中国科学院战略性先导科技专项课题 6 项（新增 1 项）；主持中科院前沿科学重点项目 1 项、重大科技基础设施专项 1 项、重点国际合作项目 2 项；承担中科院大科学装置运行与改造 1 项；新增委托研制项目 53 项。

南京天光所与有关单位加强协作，积极推动国家重大科技基础设施中国大型光学红外望远镜和南极天文台项目尽快立项；运行维护国家大科学工程 LAMOST 助力重大科学成果产出，天文学家利用 LAMOST 发现迄今最大的恒星级黑洞获得年度十大科技进展；国内最大的 5 米预应力环抛机已完成本体和附属设施安装，即将进入试验阶段；大口径超高轻量化非球面碳化硅镜面磨制达到国际先进水平；载人空间站工程空间应用系统多功能光学设施系外行星成像星冕仪成功立项通过方案设计评审；参与的空间站无缝光谱仪项目、先进天基太阳天文台（ASO-S）卫星全日面矢量磁像仪（FMG）载荷进入初样阶段；与国家天文台联合提出西班牙 GTC 高分辨率超稳定光谱仪概念方案顺利通过国际评审；承担多项国家 1 ～ 2 米级地基光学天文望远镜研制。积极发挥技术优势，将非球面镜面技术和光机系统集成技术应用于国家战略需求，为国家重大工程提供核心组件。开展天文光学新技术的研究，在计算光学、超分辨望远成像研究等方面取得阶段性成果。

科研成果与知识产权。LAMOST 工程研究集体荣获 2019 年度中科院杰出科技成就奖，LAMOST 的核心创新和关键技术荣获江苏省科学技术一等奖，LAMOST 中分辨率光谱仪项目入选 2018 年度“十大天文科技进展”。提交发明专利申请 20 件，授权专利 19 件（包括 1 件美国专利）；公开发表文章 27 篇，其中 SCI 收录 4 篇，EI 收录 9 篇，中文核心期刊论文 13 篇，软件著作权 2 件。

学术交流与合作。为发挥南京天文科技方面的优势，推动南京天文科技事业发展，促进公民科学素质的提高，南京天光所和南京市科学技术协会、南京大学天文与空间科学学院签订合作建设南京天文馆项目建设框架协议，以加快推动南京天文馆的建设。与北京师范大学签订合作研制 1.9 米望远镜协议，望远镜研制成功后，研究所将享有望远镜的部分观测时间，用于自适应光学技术、系外行星探测技术等新一代技术研发测试。

举办第八届海峡两岸天文望远镜与仪器研讨会、第四届“南极星”青年科学家论坛、西班牙 GTC 天文合作研讨会、第一届全国天文光子学学术研讨会等大型会议，加强和国内同行的合作与交流。

深化国际科技合作。2019 年度接待国外专家来访 12 批 26 人次；出访 17 批 44 人次。南京天光所与国际知名研究机构围绕研究所的重点项目和重要发展方向展开广泛合作，在中国大型光学红外望远镜、南极天文台、30 米望远镜 TMT 镜面加工及仪器研制、西班牙 GTC 高分辨率光谱仪、Hale 望远镜光谱仪等方面均取得了积极进展。

与清华大学签订共建研究生就业实践基地协议，7 月组织了首次清华大学精仪系暑期实践。11 月与浙江大学光电科学与工程学院签署了长期合作协议，并举行了教学实习基地、研究生实习基地揭牌，为今后人才培养和科研合作拉开序幕。

（郑　健）

中国科学院南京天文仪器有限公司　中国科学院南京天文仪器有限公司（以下简称“南京天仪”，英文简称 NAIRC）是中国科学院直属的科技型企业，其前身是组建于 1958 年 12 月的中国科学院南京天文仪器厂，1991 年 10 月更名为中国科学院南京天文仪器研制中心，2001 年 11 月实行整体转制，2013 年 1 月启用现名。

南京天仪注册资本 3856 万元，资产 4 亿元，占地面积240亩，总建筑面积9万平方米。下设耐尔思、天富公司2个全资或控股子公司及研发、销售、生产、管理等9个部门。南京天仪是中国科学技术大学“天体物理”“天文技术与方法”学科的硕士生培养单位。设有江苏省光电仪器设计与制造工程技术研究中心、江苏省企业院士工作站和中科院南京光学技术工程中心、江苏省认定企业技术中心等技术创新平台。

南京天仪科研方向为天文技术与方法、光机电一体化仪器设备的设计和制造。经多年的开拓创新，公司业务从以天文仪器为主，扩展到军用大型光学装备和民用大型光电机一体化仪器领域，成为行业领导企业，为我国的国防和科技进步做出了巨大贡献。南京天仪研制生产的产品分为四大板块：①专业天文仪器：恒星仪器、太阳仪器、人卫观测仪器、空间碎片探测望远镜、射电望远镜等；②光电空天科学仪器：激光测距望远镜、大气激光测距望远镜、激光通信装置、量子通信设备、精密测试转台、天线背架、大口径平行光管等；③光学精密制造及检测：光学精密加工、装调检测服务等；④天文科普仪器主要包括：观测类天文科普仪器（望远镜及圆顶）、演示类天文科普仪器（天幕及天象仪）等。

截至2019年年底，南京天仪共有在职职工214人，其中科技人员64人，包括中国工程院院士1人、副高级以上专业技术人员26人。

2019年，南京天仪调整发展战略，凝练核心主业，制定形成公司2020—2022年新的战略发展规划，进一步明确公司“以天文仪器技术为核心，服务于国家战略需求，服务于国民经济主战场”的发展使命，提出聚焦主营业务的“135战略”，为公司高质量发展、持续健康发展夯实基础、指明方向。

2019年，南京天仪不断强化内部管理，完善公司制度建设，提升精细化业务管理水平，通过两化融合管理体系认证及“安全生产标准化建设”三级达标认定、获得南京市“守合同重信用”企业称号、“江苏省企业管理现代化创新成果奖”二等奖等奖项。

2019年，南京天仪持续创新，加大研发投入，新立项3个自研项目：2.7米标准球面镜、星模拟器研制和标定技术研究及色球 & 光球全日面可扩展型太阳望远镜，合计研发费用1675万元，同比增长23.43%。其中“2.7米标准球面镜”项目是公司重点建设的项目之一，建成后公司将具有2.5米以下口径的镜面检测能力，将在公司生产急需检测的项目上发挥关键作用，同时也将进一步提升公司承接大口径光学镜面的实力。“星模拟器研制和标定技术研究”项目主要围绕平行光管系列产品，开展后端应用软件开发，提高产品集成度和技术含量，将形成以平行光管为核心的光学性能检测系统系列产品，陆续具备星点、能量集中度、平行度、MTF曲线等 众多测试功能。2019年，南京天仪不断加强自主创新能力建设，助力科学仪器的发展；全年共有6项自主研发的高新科技产品入选“国家高端仪器仪表产品目录”，包括大型平行光管、400毫米口径光学望远镜、激光雷达望远镜、1米口径光学望远镜、大口径标准镜面、高精度光学镜面。研发的“大口径可移动多用途激光雷达望远镜”荣获江苏省科学技术三等奖，该装备在卫星激光测距、大气条件探测、星地激光通信等领域都发挥了重要作用，为我国航天和国防事业的发展做出了重要的贡献。

2019年，南京天仪积极承担各类政府科技计划项目。全年共申报32项，立项20项，财政到款1065.82万元。省院士工作站获颁“优秀工作站铜牌”；国家重大仪器专项顺利通过中期检查；省重大科技成果转化项目、2016院创新基金、2016省自然基金均顺利通过验收。

2019年，南京天仪以市场营销为重点，推行新举措，通过分区销售，加强项目商务洽谈、用户接待、回款、合同履行过程的首尾关键节点控制；积极参展深圳光博会、南京市科技成果展、中国进口博览会等国内外展会；加强与各大学、研究所、协会等单位的合作交流；积极对接各级科技、工信、人才等部门；积极参与大型望远镜项目，提升了在天文界的影响力和学术地位，望远镜类合同额快速增长。

南京天仪创新科普方式，推动科普知识传

播。南京天仪多年来一直致力于多方位开展天文科普工作，是江苏省和中科院的科普教育基地。2019 年承办江苏省天文学术年会，参加 2 次全国科技活动周，4 次省市科协、省天文学会科普讲座进校园活动；举办 15 次夜间天文观测；开展 20 余次周末观星活动；接待 6 场院行政管理局的中学生团体；通过江苏省天文学会科普教育基地和南京市科普教育基地的初审认定；获得江苏省天文学会 2019 年度科普工作先进集体奖。

中国科学院苏州纳米技术与纳米仿生研究所 中国科学院苏州纳米技术与纳米仿生研究所（简称“中科院苏州纳米所”）是中国科学院与江苏省人民政府、苏州市人民政府和苏州工业园区于 2006 年共同出资创建的国家级科研机构。作为院地共建的创新型研究所，中科院苏州纳米所以“为江苏省及长三角地区经济社会发展提供有力科技支撑”为建所理念，围绕国家战略需求和地方产业需求，构建了从应用基础研究到产业孵化培育的全链条研发体系，努力发挥国立科研机构的骨干与引领作用。

2019 年是新中国成立 70 周年、中科院建院 70 周年，是贯彻落实党的十九大精神的深化之年，也是中科院决胜基本实现“四个率先”目标的关键之年。中科院苏州纳米所在院党组的正确领导下，在地方各级政府的大力支持下，坚持“开放、融合、创新”的理念，全体职工凝心聚力、奋发作为，目前研究所已经发展成为学科优势集中、支撑体系完善、具有国际影响力的新型国立科研机构，形成了科技为先、院地共赢、协同创新的发展格局。

中科院苏州纳米所建有 9 个研究部：纳米器件及相关材料研究部、纳米生物医学研究部、纳米仿生研究部、系统集成与 IC 设计研究部、国际实验室、学科交叉综合研究部、印刷电子学研究部、先进材料研究部和工程化平台；4 个公共服务平台：纳米加工平台、测试分析平台、生化平台、喷墨打印公共平台；还建有纳米真空互联实验站。

目前，中科院苏州纳米所建有“中国科学院纳米器件与应用重点实验室”“中国科学院纳米 - 生物界面重点实验室”“省部共建国家重点实验室培育基地——江苏省纳米器件重点实验室”、中国科学院多功能材料与轻巧系统重点实验室 4 个省部级重点实验室。

2019 年，中科院苏州纳米所扎实推进“一三五”规划实施，纳米真空互联实验站建设取得重要进展。6 月纳米真空互联实验站完成一期项目总体验收，进入试运行阶段。一期包括 91 米长超高真空管道及 33 台大型真空设备对接，形成了集材料生长、器件加工、测试分析于一体的综合性科研开放平台。二期项目由江苏省、中科院、苏州市和苏州工业园区共同出资，总投资 3.68 亿元。二期建设中的“纳米真空互联材料制备及分析测试平台”获批国家发改委“十三五”科教基础设施。

截至 2019 年年底，中科院苏州纳米所共有在职职工 608 人。其中科技人员 365 人、科技支撑人员 182 人，包括研究员及正高级工程技术人员 77 人、副研究员及高级工程技术人员 118 人。

共有国家重点人才 14 人（新增 2 人）；中国科学院引进人才入选者 36 人（新增择优通过 3 人，另新增备案 2 人）；国家杰出青年科学基金获得者 6 人；国家优秀青年科学基金获得者 2 人（新增 1 人）；国家“新世纪百千万人才工程”入选者 1 人；“江苏省高层次创业创新人才引进计划”入选者 35 人（新增 1 人），创新团队 1 个，江苏省“333”高层次人才入选者 35 人。

中科院苏州纳米所设有电子科学与技术、化学、生物学 3 个专业一级学科博士研究生培养点，电子科学与技术、化学、生物学 3 个专业一级学科硕士研究生培养点，电子与通信工程、集成电路工程、化学工程、生物工程 4 个专业学位硕士研究生培养点，并设有电子科学与技术、化学 2 个专业一级学科博士后流动站，共有在学研究生 630 人（其中硕士生 456 人、博士生 174 人）、在站博士后 74 人。

2019 年，中科院苏州纳米所共有在研项目 643 项（包括新增项目 202 项）。其中主持（或承担）国家自然科学基金重点项目 10 项（新增 1 项）、面上项目 76 项（新增 13 项）、国家杰出青年科学基金项目 3 项、国家自然科学基金重大研究计划重点项目 2 项（新增 1 项）；主持或承担国家重点研发计划 56 项（新增 2 项）；主持或承担基地和人才专项 18 项（新增 9 项）；主持（或承担）（科技部、国家自然科学基金委、财政部和院）重大仪器研制项目 7 项；主持（或承担）中国科学院战略性先导科技专项课题 2 项；主持（或承担）院重点部署项目 1 项（新增 1 项）、承担重点国际合作项目 9 项（新增 4 项）。

2019 年中科院苏州纳米所发表论文被 SCI 收录 432 篇，其中影响因子 10 以上的达 82 篇。申请专利共计 245 件，其中国内专利申请 230 件（发明专利 211 件），PCT 申请 15 件；授权专利共计 147 件，其中国内授权专利 141 件（发明专利 130 件），PCT 进入国授权专利 6 件；计算机软件著作权登记 2 件。

在平台服务和成果转化方面，2019 年中科院苏州纳米所公共平台服务机时近 14 万小时，总服务额近 1.1 亿元，培训人员达 3400 余人次，为纳米科研发展和纳米技术相关产业发展提供了强有力的技术支撑。

2019 年，中科院苏州纳米所聚焦重点企业，对接产业应用需求广泛的头部企业，包括瑞声科技、陶氏化学、杜邦等，深度挖掘该类企业与纳米所相关科研应用的合作潜力，完成和强生公司、上汽集团等重点企业合作协议的签订。目前，和部分重点企业已由传统产业端的需求型项目合作上升到平台化的合作。

2019 年，中科院苏州纳米所实现 8 项知识产权投资，价值达 1530 万元，完成中科启迪、苏州镓港、中科凯思 3 家产业化公司的设立，吸引投资总额超过 1.17 亿元。

中科院苏州纳米所坚持开放创新，推动国际交流与合作，2019 年举办了第五届二维材料国际会议，诺贝尔物理学奖获得者安德烈·海姆教授等驰名中外的纳米领域顶级专家做报告；成功举办第一届真空互联技术与应用国际研讨会等国际会议。同时，吸引知名专家学者来研究所进行多种形式的学术交流，包括国际著名物理学家中国科学院外籍院士弗莱明·贝森巴赫教授、科技部“高端外国专家引进计划”获得者日本立命馆大学 Yasushi Nanishi 教授。

2019 年办理因公出访 73 团组、98 人次，建立了与国外各知名大学或著名研发机构的合作；接待国外高级专家、学者来访，办理国境外来访团组 22 团组、26 人次，积极促进研究所对外科技合作工作的开展。

（李梦影　王　瑗）

中国科学院苏州生物医学工程技术研究所　中国科学院苏州生物医学工程技术研究所（简称“苏州医工所”）是中国科学院唯一以医疗仪器为主要研发方向的研究机构，其由中国科学院、江苏省人民政府、苏州市人民政府三方共同出资建设。2008 年 8 月 1 日，中国科学院委托长春光学精密机械与物理研究所负责苏州医工所的筹建和管理运行。2012 年 11 月 26 日，苏州医工所顺利通过验收正式成为中科院序列研究所。

苏州医工所定位于“面向生物医学的重大需求，开展先进生物医学仪器、试剂和生物材料等方面的基础性、战略性、前瞻性的研究工作，引领生物医学工程技术的发展，建成医疗仪器科技创新与成果转化平台，成为不可替代的研究机构”。重大突破方向包括“生物医学超/高分辨显微光学技术”和“先进体外诊断技术”。重点培育方向包括“人体健康状态辨识与机能增强技术”“脑科学仪器技术”“生物医学超声成像与治疗技术”“医疗健康大数据技术”“医疗器械工程化技术”“高端专科医学影像技术”。

截至 2019 年年底，苏州医工所共设有 7 个管理部门和 9 个研究室。7 个管理部门分别为：综合管理处、战略规划处、科技发展部、计划与质量处、产业发展处、人事教育处、资产财务处；9 个研究室分别为：医用光学技术研究室（江苏省医用光学重点实验室）、医学检验技术研究室（中国科学院生物医学检验技术重点实验室）、医学影像技术研究室、医用电子技术研究室、医用声学技术研究室、康复工程技术研究室、光与健康研究中心、工程化研究中心、医疗健康信息中心。

科研条件建设方面，基建总建筑面积 7.8 万平方米。苏州医工所科研装备投入已达 2.78 亿元，建成电磁兼容实验平台、先进光学显微成像平台、动物模型实验平台、微纳加工平台、柔性制造研发中心等特色功能型平台。

截至 2019 年年底，苏州医工所共有在职职工 399 人。其中科技人员 355 人、管理人员 44 人，研究员及正高级工程技术人员 71 人、副研究员及高级工程技术人员 112 人；全所进入创新岗位 282 人。共有江苏省双创人才 14 人。现设有生物医学工程一级学科博士研究生培养点及机械、电子信息 2 个工程博士培养点，光学工程、生物医学工程、生物学、机械电子工程等 4 个一级（或二级）学科硕士研究生培养点及机械、电子信息、生物与医药 3 个工程硕士培养点，共有在学研究生 312 人（其中硕士生 206 人、博士生 106 人）、在站博士后 57 人。

2019 年，苏州医工所共有在研项目 364 项（包括新增项目 81 项）。其中主持（或承担）国家自然科学基金面上项目 15 项（新增 5 项）、国家自然科学基金青年项目 24 项（新增 12 项）；主持或承担国家重大科技专项 1 项；主持或承担国家重点研发计划 40 项（新增 13 项）；主持或承担基地和人才专项 1 项；主持（或承担）（科技部、国家自然科学基金委、财政部和院）重大仪器研制项目 5 项；主持（或承担）中国科学院战略性先导科技专项课题 7 项（新增 1 项）；承担重点国际合作项目 1 项；承担院地合作项目 15 项（新增 3 项）。申请专利 356 项［其中发明专利 201 项（PCT 10 项）、实用新型 117 项、外观设计 7 项］，申请软件著作权 21 项。新授权专利 173 项（其中发明专利 63 项、实用新型 86 项、外观设计 3 项）；新登记软件著作权 21 项。发表高水平论文 206 篇，其中 SCI 收录 144 篇。作为牵头单位获江苏省医学科技奖青年奖、中国体视学学会科技奖青年奖各 1 项，全国发明展览会二等奖 1 项，苏州市魅力科技人物奖 1 项。

2019 年，苏州医工所进一步践行和推广新型成果转化模式，取得了一系列突破和进展。苏州国科医疗公司完成集团化变更，更名为苏州国科医工科技发展（集团）有限公司，推行集团化管理。蛟河创新产业园、厦门工程技术研究院、郑州分支机构等三家分支机构相继签约，共争取经费 4.55 亿元、场地 5.9 万平方米。12 项知识产权通过转让、许可和拍卖等形式实现了成果转化，涉及 36 项知识产权，转化金额共计 4421 万元。新设、参股 4 家公司，注册资本 2950 万元，形成经营性资产 1070 万元，4 家项目公司完成融资，金额共计 2850 万元。“高能光学疼痛治疗仪”“便携式医用光学皮肤镜”及相关专利荣获中国发明协会“发明创业奖•项目奖”银奖。组织参加中科成果创投论坛暨中科成果创投孵化器启动仪式及展览、2019 年江苏省第 31 届科普宣传周活动、第 21 届中国国际光电博览会、中国国际医疗创新论坛暨中国国际医疗创新展览会、2019 中国创新创业成果交易会、第 20 届中国国际工业博览会等。

在国际合作方面，积极对接英国牛津大学、剑桥大学、谢菲尔德大学，德国亥姆霍兹国家研究中心等国际一流高校院所，通过引进、合作等方式部署基础及应用研究，聘请包括英国皇家科学院院士在内的客座研究员 6 名；与牛津大学共建联合研究中心，共同培养博士生并招聘博士后开展相关工作，引进医用拉曼研发团队，与上海氚峰医疗器械有限公司合作并进行产业化。波士顿实验室电镜研发工作进展顺利，将于 2020 年完成工程样机。全年组织了 53 人次的出访交流，接待外国专家 242 人次。有效推动了研究所国际学术交流和合作，扩大了研究所的国际学术影响力。

（赵　鹏　肖心通）

【部属科研机构】　分布情况　驻苏中央部门属科学技术研究与开发机构（简称“部属科研机构”）是江苏科技创新、经济建设和社会发展的一支重要力量。2019 年，江苏省共有 50 家部属科研机构（未转制 19 家，转制 31 家），其中苏南 47 家、苏中 1 家、苏北 2 家；19 家部属未转制科研机构均地处苏南；31 家部属转制科研机构中，苏南 28 家、苏中 1 家、苏北 2 家。

部属科研机构按地区分布情况

单位：家

地区	总数量	未转制院所	转制院所
南京市	25	15	10
无锡市	11	2	9
常州市	3	0	3
苏州市	7	2	5
连云港市	2	0	2
扬州市	1	0	1
镇江市	1	0	1
合计	50	19	31

能力建设 2019年度全国科学技术机构年度统计调查中，江苏省50家部属科研机构（未转制19家，转制31家）共拥有从业人员45912人。

部属未转制科研机构。2019年，全省19家部属未转制科研机构拥有从业人员6283人，其中研发人员5578人。

部属已转制科研机构。2019年，全省上报数据的部属转制科研机构共31家。部属转制科研机构（不含军工）拥有从业人员5563人，其中研发人员2931人；14家军工院所共有从业人员34066人，其中专业技术人员21297人。

运行成效 2019年，部属科研机构新增各类计划项目3724项，获省级以上奖励162项；申请专利3910件，获授权专利1904件；截至2019年年底，部属科研机构共拥有有效发明专利10337件；转化技术成果406项，转化收入15.42亿元。

部属未转制科研机构。2019年，部属未转制科研机构获得经费收入总额为57.67亿元，经费内部支出总额为46.01亿元，R&D经费内部支出为34.46亿元；共设立各类R&D课题5021项，R&D课题经费内部支出26.49亿元；新增各类计划项目2276项，计划项目总经费为15.71亿元；承担横向课题2406项，获课题经费8.12亿元；获省级以上奖励47项；申请专利1684件，获授权专利943件；截至2019年年底，部属未转制科研机构共拥有有效发明专利4040件；提供技术服务1965次，技术服务收入4.18亿元；转化技术成果244项，转化收入1.03亿元。

部属已转制科研机构。2019年，部属已转制科研机构（不含军工）R&D经费内部支出为4.82亿元；共设立各类R&D课题273项；新增各类计划项目576项，计划项目总经费为13.07亿元；承担横向课题1150项，获课题经费18.98亿元；获省级以上奖励17项；申请专利456件，获授权专利274件；截至2019年年底，部属转制科研机构（不含军工）共拥有有效发明专利2054件；提供技术服务672186次，技术服务收入17.35亿元；转化技术成果96项，转化收入7.59亿元。

2019年，部属军工院所新增各类科技计划项目872项，其中国家级计划项目182项，部省级项目457项；获得省级以上奖励98项；申请专利1770件，获授权专利687件；截至2019年年底，部属军工院所共拥有有效发明专利4243件；转化成果162项，转化收入14.39亿元。

【省属科研机构】 **分布情况** 2019年，江苏省共有82家省级政府部门属科学技术研究与开发机构（以下简称“省属科研机构”）（未转制56家，转制26家），其中苏南66家、苏中4家、苏北12家；56家省属未转制科研机构中，苏南42家、苏中4家、苏北10家；26家省属转制科研机构中，苏南24家、苏北2家。

省属科研机构按地区分布情况

单位：家

地区	总数量	未转制院所	转制院所
南京市	53	34	19
无锡市	8	4	4
徐州市	4	2	2
常州市	1	1	0
苏州市	2	2	0
南通市	2	2	0
连云港市	2	2	0
淮安市	1	1	0

续表

地区	总数量	未转制院所	转制院所
盐城市	4	4	0
扬州市	2	2	0
镇江市	2	1	1
宿迁市	1	1	0
合计	82	56	26

能力建设 2019 年度全国科学技术机构年度统计调查中，江苏省共有 82 家省属科研机构（未转制 56 家，转制 26 家），拥有从业人员 20429 人，其中科技活动人员 12711 人。

省属未转制科研机构。2019 年，全省省属未转制科研机构共 56 家，拥有从业人员 15626 人，研发人员 10677 人。

省属已转制科研机构。2019 年，全省省属已转制科研机构共 26 家，拥有从业人员 4803 人，研发人员 2034 人。

运行成效 2019 年，全省省属科研机构 R&D 经费内部支出为 39.85 亿元；共设立各类 R&D 课题 3519 项，R&D 课题经费内部支出 33.74 亿元；新增各类计划项目 1888 项，计划项目总经费为 20.82 亿元；承担横向课题 1318 项，获课题经费 2.39 亿元；获省级以上奖励 99 项；申请专利 1289 件，获授权专利 819 件；截至 2019 年年底，省属科研机构共拥有有效发明专利 2752 件；提供技术服务 69379 次，技术服务收入 38.96 亿元；转化科技成果 703 项，转化收入 24.85 亿元。

省属未转制科研机构。2019 年，省属未转制科研机构获得经费收入总额为 132.49 亿元，经费内部支出总额为 119.33 亿元，R&D 经费内部支出为 35.06 亿元；共设立各类 R&D 课题 3262 项，R&D 课题经费内部支出 29.22 亿元；新增各类计划项目 1715 项，计划项目总经费为 18.01 亿元；承担横向课题 1217 项，获课题经费 1.96 亿元；获省级以上奖励 86 项；申请专利 872 件，获授权专利 629 件；截至 2019 年年底，部属未转制科研机构共拥有有效发明专利 1652 件；提供技术服务 63780 次，技术服务收入 10.65 亿元；转化科技成果 454 项，转化收入 1.21 亿元。

省属已转制科研机构。2019 年，省属已转制科研机构 R&D 经费内部支出为 4.79 亿元；共设立各类 R&D 课题 257 项，R&D 课题经费内部支出 4.51 亿元；新增各类计划项目 179 项，计划项目总经费为 2.81 亿元；承担横向课题 101 项，获课题经费 0.43 亿元；获省级以上奖励 5 项；申请专利 305 件，获授权专利 177 件；提供技术服务 5599 次，技术服务收入 28.31 亿元；转化科技成果 249 项，转化收入 23.64 亿元。

归属省科技厅预算省属公益类科研机构 2019 年年底，归属省科技厅预算省属公益类科研机构 18 家，共拥有研发服务面积 130.68 万平方米，从事科研活动的人员 2407 人，专职研发人员 1777 人，其中博士 318 人，高级职称 810 人，江苏省创新团队 6 个，江苏省有突出贡献中青年专家 36 人，江苏省“333 工程”131 人，其中第二层次 10 人。拥有仪器设备总值 5.48 亿元，科研研发经费支出 6.02 亿元。

2019 年，省属公益院所共新增科技项目 149 项，项目经费 1.62 亿元；承担各类横向课题 940 项，项目经费 2.12 亿元；申请专利 252 件，其中发明专利 190 件；发表论文 1081 篇，其中 SCI 收录 314 篇。对外提供开放服务 106771 次，获服务收入 4.18 亿元，转化科技成果 367 项，转化收入 7232.49 万元。

2019 年，省属公益院所共获省级以上奖励 57 项，其中江苏省科学技术奖 4 项。

2019 年度江苏省省属公益院所获江苏省科学技术奖获奖列表

序号	所获奖励类别	获奖课题名称	获奖单位名称
1	江苏省科学技术二等奖	消除疟疾策略与关键技术的研究与应用	江苏省血吸虫病防治研究所

续表

序号	所获奖励类别	获奖课题名称	获奖单位名称
2	江苏省科学技术三等奖	池塘绿色高效养殖技术研发与应用	江苏省淡水水产研究所
3	江苏省科学技术三等奖	临床免疫学检验系列新型检测技术的基础和临床转化应用	江苏省原子医学研究所
4	江苏省科学技术三等奖	城市轨道交通网络化运营安全风险防控与应急成套技术及应用	江苏省生产力促进中心

2019年，江苏省科技厅持续推动省属公益类科研院所能力建设。按照《江苏省省级科研事业单位绩效评价办法（试行）》（苏科条发〔2018〕109号）规定，建立对公益科研院所的以绩效为导向的财政稳定支持制度，支持省属公益院所围绕公益研究和公益服务职责，引进高端资源，拓展公益研究服务，提升科研服务能力；召开省属公益院所绩效评价工作座谈会，探索建立科学合理的评价机制和抽查评估方法，强化绩效评价，进一步激发科研事业单位创新活力，引导科研院所突出实现社会效益和履行社会责任，加快进入国内一流方阵。

为加强全省科研院所的安全生产管理，进一步落实科研院所安全生产的主体责任和部门对安全生产工作的督促指导责任，联合省应急管理厅研究制定了《关于进一步督促和加强科研院所安全生产工作的通知》，组织编制《科研院所安全管理指导手册（试行）》，切实增强科研院所的安全生产管理能力和水平；组织两次安全隐患排查整治工作，督促各地科技部门建立健全了安全生产管理和监督机构，对排查到的安全隐患进行整治。

【新型研发机构】 新型研发机构是指省内外知名高校、科研院所在江苏省与地方政府部门、园区合作设立的，围绕相关产业领域方向，以合同研发、成果转移转化、技术服务、科技型企业孵化为主要业务，具有独立法人资格的研究院（所）、中心、研究开发公司。新型研发机构是一类有利于政产学研用紧密合作、有利于技术创新与科研成果产业化紧密结合、有利于科技与经济紧密结合的研发组织。凭借体制新颖、机制灵活、管理先进、运行高效、人才聚集等鲜明特点，已在江苏省科技创新活动中崭露头角，保持了良好的发展势头，并在科技创新的各个环节发挥着重要作用。

2010年起，江苏省科技厅通过多项科技政策积极推动全省新型研发机构发展，重点瞄准新兴产业、未来产业创新和企业发展需求，在电子信息、生物医药及新材料等领域布局建设了一批新型研发机构。截至2019年年底，全省列入统计各类新型研发机构共438家，立项支持新型研发机构建设项目共100项，累计总投入118.84亿元，其中省拨款共8.58亿元，地方配套29.11亿元，单位自筹64.23亿元，其他来源16.92亿元；立项支持新型研发机构奖补项目共69项，累计省拨款投入8450万元。

截至2019年年底，江苏省列入统计的438家新型研发机构中从事研发的人员11765人；各类计划项目数872项、总经费21.6亿元，其中国家和省部级计划项目数250项；承担横向课题数2361项、经费7.8亿元；提供科技服务49591项、收入20.3亿元，转化科技成果1033项、收入4.0亿元；当年孵化企业1426家，累计孵化企业达4436家，当年收入147.8亿元。

分布情况 新型研发机构建在苏南292家、苏中67家、苏北79家，南京、苏州建设数量最多，分别为118家、101家，占比分别为26.94%、23.06%。

新型研发机构按地区分布表

单位：家

地区	数量	地区	数量
南京市	118	淮安市	16
无锡市	28	盐城市	24
徐州市	22	扬州市	23
常州市	30	镇江市	15
苏州市	101	泰州市	21
南通市	23	宿迁市	8
连云港市	9		
合计		438	

能力建设 仪器设备：截至2019年年底，全省新型研发机构拥有科学仪器设备数量38750台（套），其中单价100万元以上的266台（套）；仪器设备原值17.1亿元。

人才队伍 截至2019年年底，全省新型研发机构累计研发人员达11765人，其中博士2166人、硕士3771人，当年引进高层次人才962人。

运行成效 收入与支出：2019年，全省新型研发机构技术服务收入18.25亿元、成果转化收入4.0亿元；研发经费支出18.47亿元。

承担科技项目：2019年，全省新型研发机构新增各类计划项目872项，项目总经费21.6亿元，其中国家和省部级科技计划项目250项，项目总经费4.4亿元。

合同研发：2019年，全省新型研发机构获横向课题2361项，课题经费7.8亿元，平均每家获横向课题5项，课题经费178.1万元。

科技服务：2019年，全省新型研发机构提供技术服务49591项（次），平均每家提供技术服务113项（次），服务企业累计收入20.3亿元；完成科技成果转化1033项，平均每家完成科技成果转化2项。

其他：2019年，全省新型研发机构共制定国家和行业等标准113件；获省级以上奖励111项。

【省科技厅立项支持新型研发机构建设运行情况】 江苏省科技厅积极推进全省新型研发机构发展，自2010年起就通过省产学研联合创新资金的重大创新载体建设项目支持地方政府、高新园区等引进高校院所共建研究院、研发中心，2017年开始又专门在省创新能力建设计划中设立了新型研发机构建设项目，2019年年底，共立项支持建设新型研发机构100项，在开展科技研发、科技成果转化、引进高端人才和创业创新平台、科技企业孵化育成等方面发挥了重要作用,已逐步为省科技创新提供有力支撑。

分布情况 区域分布：苏南58家、苏中9家、苏北33家，苏州、常州、南京、淮安建设数量最多，分别为25家、15家、9家、9家，占比25%、15%、9%、9%。

江苏省新型研发机构按区域分布情况

单位：家

地区	数量	地区	数量
南京市	9	淮安市	9
无锡市	6	盐城市	8
徐州市	5	扬州市	1
常州市	15	镇江市	3
苏州市	25	泰州市	2
南通市	6	宿迁市	4
连云港市	7		
合计		100	

技术领域分布 装备制造领域最多，共23家,生物医药9家,新材料22家,现代农业12家,电子信息21家,环境保护与资源综合利用9家,其他4家。

依托单位类型分布 依托高校建设的有56家，依托科研院所建设的有32家，依托其他事业单位建设的有3家，依托服务性企业建设的有9家。

能力建设 建设投入：累计总投入118.84亿元，其中省拨款共8.58亿元。

仪器设备：截至2019年年底，拥有科学仪器设备数量20466台（套），其中单价100万元以上的126台（套）；2019年新增2273

台（套），其中单价 100 万元以上的新增 8 台（套）。科学仪器设备原值总量 8.15 亿元，其中单价 100 万元以上的原值 2.21 亿元；2019 年新增科学仪器设备原值 1.1 亿元，其中单价 100 万元以上的原值 2330 万元。

人才队伍：截至 2019 年年底，累计研发人员达 3817 人，其中博士 699 人、硕士 941 人、本科 1236 人、其他 941 人；高级职称 474 人、中级职称 509 人、初级职称 586 人；2019 年引进高层次人才 121 人。

研发经费：2019 年，内部研发经费支出数量累计达 5.77 亿元，外部研发经费支出数量累计达 1949 万元；其中外部支出中对境内研究机构支出 134 万元，对高校支出 221 万元，对企业支出 1595 万元。

运行成效 收入与支出：2019 年，技术服务收入 9.43 亿元，其中科技活动收入 7.69 亿元、经营活动收入 1.3 亿元、其他收入 4377 万元；科技成果转化收入 9370 万元；内部研发经费支出数量累计达 5.77 亿元，外部支出（不含代管经费的外部支出）2658 万元。

资产与负债：2019 年，资产合计达 27.12 亿元，其中资产存货 2000 万元；至 2019 年年末，固定资产原价 12.76 亿元，负债合计 4.16 亿元。

承担科技项目：2019 年，新增各类计划项目 163 项，项目总经费 3.23 亿元；其中，国家和省部级科技计划项目 72 项，项目经费 1.32 亿元。

合同研发：2019 年，承担横向课题数数量 592 项，横向课题经费 3.08 亿元；平均每家获横向课题 6 项，课题经费 300 万元。

平台建设：2019 年，拥有各类科技平台 151 个，获得当年省级以上奖励 17 项，当年获得收入达 4.68 亿元。

知识产权：2019 年，发表科技论文 290 篇，其中，境外发表 179 篇；出版科技著作 3 种。拥有有效发明专利 1612 件，专利申请受理 759 件，授权 418 件，其中国外授权 3 件；发明专利申请受理 519 件，授权 166 件；专利转让 12 件，收入 13.4 万元。形成国家或行业标准 3 项，制定标准 12 项，获省级以上奖励 24 项；集成电路布图设计登记 7 件，获得软件著作权 121 项。

科技服务：2019 年，提供技术服务 6617 次，平均每家提供技术服务 66 次，服务企业累计收入 5.65 亿元；完成科技成果转化 154 项，平均每家完成科技成果转化 2 项。对外签订技术合同 2011 项，合同金额累计达 7.47 亿元。

企业孵化：2019 年，孵化企业 271 家，孵化企业当年收入 58.21 亿元；截至 2019 年年底，孵化企业累计 1305 家。

重点实验室

【概　况】 国家和省级重点实验室是依托科教单位建设的科研实体，是江苏区域科技创新体系的重要组成部分，旨在围绕国家战略和区域经济社会发展的重大科技需求，面向前沿科学、基础科学等，开展基础研究和应用基础研究、聚集和培养优秀创新人才、开展高水平学术交流，具备先进科研装备的重要科技创新基地。

2019 年，围绕国家和江苏省在轻合金、碳纤维及其复合材料、特殊钢及高温合金等重点材料领域的重大需求，布局建设了省先进轻质高性能材料重点实验室，省财政拨款 400 万元。

【分布情况】 截至 2019 年年底，全省共建有省级以上重点实验室 101 家，其中省级 73 家，国家级 28 家（含国家重点实验室 23 家、省部共建国家重点实验室培育基地 3 家、军民共建国家重点实验室 2 家），国家级重点实验室（简称“国重”）数量位居全国省（区、市）第一；总投入 69.68 亿元，其中国家拨款 35.12 亿元、省拨款 10.74 亿元、引导社会投入 23.82 亿元。

学科领域分布。重点实验室按学科领域分布情况为：工程 32 家（国重 5 家），生物 25 家（国重 6 家），信息 12 家（国重 5 家），医学 11 家（国重 1 家），材料 10 家（国重 1 家），地学 6 家（国重 5 家），化学 3 家（国重 3 家），数理 2 家（国重 2 家）。

技术领域分布。重点实验室按技术领域分布情况为：生物医药 27 家（国重 5 家），新材料14家(国重2家),装备制造12家(国重1家),电子信息10家(国重4家),环境保护与资源综合利用8家(国重2家),新能源与高效节能8家(国重2家),社会事业7家(国重6家),基础学科7家(国重7家),现代农业8家(国重1家)。

江苏省省级以上重点实验室按技术领域分布情况

单位:家

技术领域	数量	技术领域	数量
电子信息	10	装备制造	12
计算机与网络	2	机械制造	4
软件	1	轨道交通	1
通信	2	船舶	1
信息功能材料与器件	1	动力装备	1
传感网	4	机器人	1
新能源与高效节能	8	仪器仪表	2
风能	1	3D打印	1
生物质能	3	农业装备	1
智能电网	2	环境保护与资源综合利用	8
动力电池与新能源汽车	1	大气污染防治	2
能量转换与储能	1	固体废弃物处理及综合利用	1
新材料	14	环境监测及环境生态保护	4
新型功能材料	6	环保装备	1
化工新材料	2	现代农业	8
金属材料	2	农业信息化技术	1
纳米材料	3	畜牧兽医	1
无机材料	1	作物栽培	4
生物医药	27	园艺	1
生物技术	11	海洋	1
新医药	11	社会事业	7
生物医学工程	4	公共安全	4
医疗器械	1	生产安全	2
基础学科	7	人口与健康	1
合计		101	

地区分布。重点实验室按地区分布情况为:南京67家,无锡6家,徐州5家,常州2家,苏州7家,南通1家,淮安3家,盐城2家,扬州3家,镇江3家,泰州1家,连云港1家。

依托单位类型分布。重点实验室按依托单位类型分布情况:高校83家,占总数的82.2%,其中部属高校47家,省属高校36家;科研院所18家,其中部属院所(含中科院系统)9家,省属院所9家。

【能力建设】 研发场所。截至2019年年底，全省重点实验室拥有固定研发场所67.91万平方米，平均每家拥有研发场所6723.76平方米。

仪器设备。截至2019年年底，全省重点实验室拥有30万元以上仪器设备5000台（套），较2018年度增长23.92%；仪器设备原值67.32亿元，仪器设备面向社会共享服务量达73.06万机时。

人员情况。截至2019年年底，全省重点实验室的工作人员共有8662人，其中固定人员5753人，占66.42%；流动人员2909人，占33.58%。固定人员中，两院院士55人，占全省院士总数的53.92%；高级职称4383人、博士4804人，分别占固定人员总数的比例为76.19%、83.50%。

【运行成效】 研发投入。2019年，重点实验室研发经费年度投入达37.96亿元，较2018年度增长39.81%。其中团队建设、基础条件经费分别为3.98亿元、7.43亿元，分别占比为10.48%、19.58%。

人才成长。2019年，全省重点实验室获何梁何利基金科学与技术创新奖3人；新增高级职称423人、博士488人；获各类省部级及以上政府人才计划支持557人，其中国家杰出青年科学基金获得者21人，国家重大人才工程入选者22人，省“333工程”第二层次培养对象2人，省创新团队30个；入选美国科睿唯安“高被引科学家（Highly-Cited Researchers 2018）”名单35人次。

2019年江苏省省级以上重点实验室人才建设情况

单位：人

人才类型	累计数量	2019年新增数量
高级职称	4603	423
博士	5058	488
获省部级及以上政府人才计划支持	3313	557
其中：国家杰出青年科学基金获得者	242	21
国家重大人才工程入选者	209	22
教育部长江学者奖励计划	173	7
省双创人才	339	60
省“333工程”第一层次培养对象	69	0
省“333工程”第二层次培养对象	295	2
基金委创新研究群体	29	9
江苏省“创新团队计划”	139	30

2019年江苏省省级及以上重点实验室获何梁何利奖情况

序　号	获奖人	奖　项	重点实验室	依托单位
1	黄　和	何梁何利基金科学与技术进步奖	材料化学工程国家重点实验室	南京工业大学
2	邹志刚	何梁何利基金科学与技术进步奖	江苏省纳米技术重点实验室	南京大学
3	孙立宁	何梁何利基金科学与技术进步奖	江苏省先进机器人技术重点实验室	苏州大学

2019 年江苏省省级及以上重点实验室获国家杰出青年科学基金资助者名单

序　号	姓　名	重点实验室	依托单位
1	王　伟	生命分析化学国家重点实验室	南京大学
2	王立峰	机械结构力学及控制国家重点实验室	南京航空航天大学
3	匡　华	食品科学与技术国家重点实验室	江南大学
4	潘丙才	污染控制与资源化研究国家重点实验室	南京大学
5	袁增伟	污染控制与资源化研究国家重点实验室	南京大学
6	王　强	生殖医学国家重点实验室	南京医科大学
7	戈惠明	医药生物技术国家重点实验室	南京大学
8	陆卫兵	毫米波国家重点实验室	东南大学
9	黄迪颖	现代古生物学和地层学国家重点实验室	中科院南京地质古生物研究所
10	龚　政	水文水资源与水利工程科学国家重点实验室	河海大学
11	葛荣峰	内生金属矿床成矿机制研究国家重点实验室	南京大学
12	王小林	内生金属矿床成矿机制研究国家重点实验室	南京大学
13	王立峰	江苏省风力机设计高技术研究重点实验室	南京航空航天大学
14	李迎光	江苏省精密与微细制造技术重点实验室	南京航空航天大学
15	唐金辉	江苏省社会安全图像与视频理解重点实验室	南京理工大学
16	高彦征	江苏省固体有机废弃物资源化高技术研究重点实验室	南京农业大学
17	刘　攀	江苏省城市智能交通重点实验室	东南大学
18	蒋金洋	江苏省土木工程材料重点实验室	东南大学
19	翟　成	江苏省煤基温室气体减排与资源化利用重点实验室	中国矿业大学
20	徐　飞	江苏省功能材料设计原理与应用技术重点实验室	南京大学
21	朱　嘉	江苏省功能材料设计原理与应用技术重点实验室	南京大学

承担科研任务。2019 年，全省重点实验室共承担省级科技计划项目 845 项，获资助金额 8.60 亿元；承担国家级科技计划项目 1502 项，获资助金额 26.78 亿元，其中国家自然科学基金项目 1082 项、国家科技重大专项课题 45 项、国家重点研发计划 184 项、技术创新引导专项（基金）3 项。

科研产出。获奖情况。2019 年，全省重点实验室共获省级以上科技奖励 401 项，其中国家级科技奖励 19 项，占当年全省获国家级科技奖励总数的 45.5%。主持或参与的项目获国家自然科学奖二等奖 2 项，国家技术发明奖二等奖 5 项，国家科学技术进步奖二等奖 12 项。

2019 年重点实验室获国家科技奖励列表

序　号	奖励编号	获奖项目名称	奖励类型及获奖等级	获奖人姓名及排序	重点实验室	依托单位
1	Z-106-2-02	抑郁症发病新机理及抗抑郁新靶点的研究	自然科学奖二等奖	朱东亚（2）	江苏省人类功能基因组学重点实验室	南京医科大学

续表

序　号	奖励编号	获奖项目名称	奖励类型及获奖等级	获奖人姓名及排序	重点实验室	依托单位
2	Z-107-2-01	互联网视频流的高通量计算理论与方法	自然科学奖二等奖	唐金辉（4）	江苏省社会安全图像与视频理解重点实验室	南京理工大学
3	F-301-2-02	基因Ⅶ型新城疫新型疫苗的创制与应用	技术发明奖二等奖	刘秀梵（1） 胡顺林（2）	江苏省人兽共患病学重点实验室	扬州大学
4	F-302-2-02	异体间充质干细胞治疗难治性红斑狼疮的关键技术创新与临床应用研究	技术发明奖二等奖	孙凌云（1） 张华勇（2）	江苏省医学分子技术重点实验室	南京大学 南京鼓楼医院
5	F-304-2-01	多元催化剂嵌入法富集去除低浓度VOCs增强技术及应用	技术发明奖二等奖	路建美（1）	放射医学与辐射防护国家重点实验室	苏州大学
6	F-305-2-01	淀粉加工关键酶制剂的创制及工业化应用技术	技术发明奖二等奖	吴敬（1） 李兆丰（2）	食品科学与技术国家重点实验室	江南大学
7	F-305-2-03	特色食品加工多维智能感知技术及应用	技术发明奖二等奖	邹小波（1） 陈全胜（2）	江苏省农业装备与智能化高技术研究重点实验室	江苏大学
8	J-202-2-01	混合材高得率清洁制浆关键技术及产业化	科学技术进步奖二等奖	房桂干（1）	江苏省生物质能源与材料重点实验室	中国林业科学研究院林产化学工业研究所
9	J-203-2-01	蛋鸭种质创新与产业化	科学技术进步奖二等奖	陈国宏（2）	江苏省人兽共患病学重点实验室	扬州大学
10	J-213-2-01	面向制浆废水零排放的膜制备、集成技术与应用	科学技术进步奖二等奖	邢卫红（1） 李卫星（2） 崔朝亮（5） 范益群（6）	材料化学工程国家重点实验室	南京工业大学
11	J-214-2-02	现代混凝土开裂风险评估与收缩裂缝控制关键技术	科学技术进步奖二等奖	刘加平（1）	江苏省土木工程材料重点实验室	东南大学
12	J-219-2-02	面向柔性光电子的微纳制造关键技术与应用	科学技术进步奖二等奖	陈林森（1） 周小红（3） 浦东林（4） 魏国军（6） 叶　燕（7）	江苏省先进光学制造技术重点实验室	苏州大学
13	J-22101-2-03	混凝土结构非接触式检测评估与高效加固修复关键技术	科学技术进步奖二等奖	王春林（7）	江苏省土木工程材料重点实验室	东南大学

续表

序号	奖励编号	获奖项目名称	奖励类型及获奖等级	获奖人姓名及排序	重点实验室	依托单位
14	J-222-2-02	长三角地区城市河网水环境提升技术与应用	科学技术进步奖二等奖	范子武（2） 唐洪武（3）	水文水资源与水利工程科学国家重点实验室	河海大学
15	J-22302-2-03	高速铁路高性能混凝土成套技术与工程应用	科学技术进步奖二等奖	陈惠苏（7）	江苏省土木工程材料重点实验室	东南大学
16	J-22102-2-03	强风作用下高速铁路桥上行车安全保障关键技术及应用	科学技术进步奖二等奖	王浩（5）	江苏省土木工程材料重点实验室	东南大学
17	J-231-2-03	煤矸石山自燃污染控制与生态修复关键技术及应用	科学技术进步奖二等奖	汪云甲（2）	江苏省煤基温室气体减排与资源化利用重点实验室	中国矿业大学
18	J-231-2-04	淮河流域闸坝型河流废水治理与生态安全利用关键技术	科学技术进步奖二等奖	李爱民（1） 李睿华（7） 谢显传（9） 刘福强（10）	污染控制与资源化研究国家重点实验室	南京大学
19	J-233-2-01	血液系统疾病出凝血异常诊疗新策略的建立及推广应用	科学技术进步奖二等奖	吴德沛（1） 阮长耿（2） 黄玉辉（6）	放射医学与辐射防护省部共建国家重点实验室	苏州大学，苏州大学附属第一医院

专利情况。2019 年，全省重点实验室共申请专利 5697 件，其中发明专利 5459 件，占申请总数的 95.82%；获授权发明专利 3465 件，比 2018 年增长 31.65%。

学术论文及其他。2019 年，全省重点实验室在国内外学术期刊上发表学术论文 17366 篇，其中被 SCI 检索收录 13014 篇，占 74.94%；被 EI 检索收录 3316 篇，占 19.09%；CNS 论文 199 篇。

此外，制定技术标准 96 项，其中国家标准 21 项、行业标准 32 项、地方标准 43 项；获兽药证书 5 个；自主研制科研仪器设备 149 台（套）；自立课题 796 项，投入经费 2.95 亿元；培养研究生 7069 人，其中博士及博士后 2064 人。

学术交流与开放服务。2019 年，全省重点实验室牵头举办国际国内学术交流会议 358 场次，在大型学术会议上做主题或特邀报告 1646 篇。截至 2019 年年底，全省共有 32 个重点实验室建立了 64 个国际联合实验室。

2019 年，全省重点实验室设立开放课题 872 项，开放基金 5039 万元；承担社会横向项目 3399 项，获得横向课题经费 15.23 亿元；面向社会开展培训 8.72 万人次，提供技术服务 49592 项（次），服务收入 9.54 亿元，其中成果转让 796 项、合同金额 13.57 亿元，技术入股 24 项、入股金额 1 亿元。

截至 2019 年年底，全省有 67 家重点实验室建有各种形式的科普教育基地，占比 66.34%，累计对外开放时间达 12134 天，接待人数达 85337 人次。

【管理与评价】 新建布局。围绕国家和江苏省在轻合金、碳纤维及其复合材料、特殊钢及高温合金等重点材料领域的重大需求，布局建设“江苏省先进轻质高性能材料重点实验室”，并积极培育争创国家级平台。目前，江苏共建有省级以上重点实验室101家，其中国家级28家，位居全国省（区、市）第一。

稳定支持成效显著。2019年对53家评估优良的实验室给予1.16亿元的补助经费支持，引导实验室围绕国家战略及江苏省发展需求，凝练中长期战略目标，解决重大科学问题，促进实验室产出高水平原始创新成果。2019年，江苏省重点实验室新晋院士6人，占全省新晋院士的2/3，获得何梁何利奖3人；获省级以上科技奖励401项，其中国家级科技奖励19项，占当年全省获国家级科技奖励总数的45.5%；全省重点实验室共申请专利5697件，其中发明专利5459件，占申请总数的95.82%；获授权发明专利3465件，比2018年增长31.65%。

运行管理方式不断创新。积极推进省农业生物学等4家重点实验室分别与菲律宾国际水稻研究所等国际机构共建5家国际联合研究实验室。组织全省重点实验室按领域开展4场实验室主任沙龙活动，推动江苏省学科重点实验室和企业重点实验室交流研讨，鼓励两类实验室围绕各自研究领域重大科学问题和核心技术进行联合研究。

【企业重点实验室（企业研究院）】 企业重点实验室（企业研究院）是依托江苏省行业龙头企业建设，面向行业未来发展的需求，重点开展应用基础研究和竞争前共性技术研究，开发重大战略目标产品、聚集和培养优秀科技人才的重要科技创新基地。2019年，在人工智能、先进功能材料、集成电路等前沿技术和战略新兴技术领域布局建设11家省级企业重点实验室。

2019年，全省企业重点实验室（企业研究院）共申请发明专利2116件、获授权发明专利1003件，主持或参与制修订国际标准13项、国家（行业）标准100项、地方标准20项，获国家科技奖励4项、省级科技奖励31项。

分布情况 截至2019年年底，全省共建有企业重点实验室（企业研究院）82家，其中企业国家重点实验室14家，数量位居全国前列；省级企业重点实验室68家。总投资91.31亿元，其中省拨款4.03亿元，引导社会投入87.28亿元。

领域分布。主要分布在装备制造、新材料、新能源与高效节能、生物医药、电子信息、环境保护与资源综合利用等领域，其中新材料和装备制造领域最多，均占20.73%。

地区分布。苏南51家、苏中18家、苏北13家，其中南京建设数量最多，为23家，占比28.05%。

江苏省省级及以上企业重点实验室（企业研究院）按领域分布情况

单位：家

领　域	数　量	领　域	数　量
新材料	17（国家级2家）	生物医药	13（国家级3家）
装备制造	17（国家级2家）	电子信息	11（国家级1家）
新能源与高效节能	13（国家级2家）	环境保护与资源综合利用	6（国家级1家）
其他	5（国家级3家）		
合　计		82（国家级14家）	

企业重点实验室（企业研究院）按地区分布情况

地　区		数　量	地　区		数　量
南京市		23（国家级 9 家）	连云港市		5（国家级 1 家）
无锡市		7（国家级 1 家）	淮安市		3
其中	宜兴市	1	其中	涟水县	1
	江阴市	2	扬州市		4
徐州市		3（国家级 1 家）	其中	仪征市	1
常州市		7（国家级 1 家）		宝应县	1
苏州市		12	镇江市		2
其中	昆山市	3	其中	丹阳市	1
	张家港市	2	泰州市		7（国家级 1 家）
	常熟市	2	其中	兴化市	1
南通市		7		泰兴市	2
其中	海安市	2		靖江市	1
	启东市	1	宿迁市		2
	海门市	1			
合计			82（国家级 14 家）		

能力建设　研发投入：2019 年，全省企业重点实验室（企业研究院）研发经费投入共 73.97 亿元，平均每家研发经费投入 9021 万元。

研发场所：截至 2019 年年底，全省企业重点实验室（企业研究院）拥有固定研发场所 85.28 万平方米，平均每家拥有研发场所 1.04 万平方米，均有相对独立集中的研发区域。

仪器装备：截至 2019 年年底，全省企业重点实验室（企业研究院）拥有仪器设备总数 17949 台（套），仪器设备原值 53.96 亿元；其中 10 万元以上仪器设备 5735 台（套），平均每家拥有 70 台（套）。

人才队伍：截至 2019 年年底，全省企业重点实验室（企业研究院）拥有固定人员 12099 人，其中专职研发人员 9101 人，占总人数的 75.22%；院士 21 人，列入省“六大人才高峰”的 75 人，省“双创计划”的 153 人，博士学历 1017 人，高级职称 2037 人。2019 年引进或培养高级职称人员 287 人、博士 175 人。

运行成效　专利情况：2019 年，全省企业重点实验室（企业研究院）共申请专利 4052 件，其中发明专利 2116 件，占申请总量的 52.22%；获授权专利 2901 件，其中发明专利 1003 件，占授权总量的 34.57%。平均每家申请发明专利 26 件、获授权发明专利 12 件。

标准情况：2019 年，全省企业重点实验室（企业研究院）共主持或参与制修订国际标准 13 项、国家（行业）标准 100 项、地方标准 20 项。

承担科技项目：2019 年，全省企业重点实验室（企业研究院）承担国家级科技计划项目 62 项，获政府拨款 16611 万元；承担省部级科技计划项目 49 项，获政府拨款 14416 万元。

2019 年江苏省省级及以上企业重点实验室（企业研究院）承担科技项目情况

政府纵向课题	项目数（项）	总经费（万元）	其中：政府拨款（万元）
国家级科技计划	62	54729	16611
其中：国家科技重大专项	7	13674	3716
国家重点研发计划	24	27315	12895
省部级科技计划	49	135750	14416
其中：省科技成果转化计划	8	101568	10800
省重点研发计划	6	2231	401

获奖情况：2019 年，全省企业重点实验室（企业研究院）共获国家科技奖励 4 项，省级科技奖励 31 项。

2019 年江苏省省级及以上企业重点实验室（企业研究院）获国家科技奖励列表

序　号	所获奖励类别	获奖课题	企业重点实验室（企业研究院）
1	国家科学技术进步奖二等奖	现代混凝土开裂风险评估与收缩裂缝控制关键技术	高性能土木工程材料国家重点实验室（江苏省建筑科学研究院有限公司）
2	国家科学技术进步奖二等奖	中国民航数字化协同管制新技术及应用	空中交通管理技术国家重点实验室（中国电子科技集团公司第二十八研究所）
3	国家科学技术进步奖二等奖	铝合金节能输电导线及多场景应用	江苏省新型特种光纤及光纤预制棒重点实验室（江苏亨通光电股份有限公司）
4	国家科学技术进步奖二等奖	面向柔性光电子的微纳制造关键技术与应用	江苏省柔性光电子材料 / 器件与制造技术重点实验室（苏州苏大维格科技集团股份有限公司）

2019 年江苏省企业重点实验室（企业研究院）获省科技奖励列表

序　号	奖励类别	获奖课题（人）	企业重点实验室（企业研究院）
1	江苏省科学技术一等奖	面向云端融合的大规模分布式数据处理支撑平台及产业化应用	智能电网保护和运行控制国家重点实验室（南瑞集团有限公司）
2	江苏省科学技术一等奖	高效高可靠风力发电机组关键技术及应用	江苏省风力发电技术重点实验室［国电联合动力技术（连云港）有限公司］
3	江苏省科学技术一等奖	有源配电网源网荷网络化协同优化控制关键技术及应用	江苏省能源系统电力电子技术重点实验室（国电南京自动化股份有限公司）
4	江苏省科学技术一等奖	在役桥梁工程性能提升关键技术创新与应用	在役长大桥梁安全与健康国家重点实验室（苏交科集团股份有限公司）

续表

序　号	奖励类别	获奖课题（人）	企业重点实验室（企业研究院）
5	江苏省科学技术一等奖	国家一类新药甲磺酸阿帕替尼的研发和应用	江苏省（恒瑞）创新药物研究院（江苏恒瑞医药股份有限公司）
6	江苏省科学技术一等奖	300MW级大型抽水蓄能机组控制系统关键技术及工程应用	智能电网保护和运行控制国家重点实验室（南瑞集团有限公司）
7	江苏省科学技术一等奖	多点系泊式圆筒型海上油气生产储卸平台（FPSO）关键技术研发与应用	江苏省（中远船务）海洋工程装备研究院（南通中远海运船务工程有限公司）
8	江苏省科学技术一等奖	时速350公里速度级动车组摩擦副	江苏省轨道交通齿轮传动技术重点实验室（中车戚墅堰机车车辆工艺研究所有限公司）
9	江苏省科学技术二等奖	碳青霉烯类药物比阿培南核心技术的研究及推广应用	转化医学与创新药物国家重点实验室（江苏先声药业有限公司）
10	江苏省科学技术二等奖	光储微电网灵活高效自主运行关键技术与装备	光伏科学与技术国家重点实验室（天合光能股份有限公司）
11	江苏省科学技术二等奖	高技术船舶及海工用高性能钢板关键技术创新及产业化	江苏省高端高铁材料重点实验室（南京钢铁股份有限公司）
12	江苏省科学技术二等奖	建筑节能用岩棉制品规模化、全流程绿色生产技术与应用评价	特种纤维复合材料国家重点实验室（中材科技股份有限公司）
13	江苏省科学技术二等奖	城轨车辆用分块式橡胶弹性车轮的研发及产业化	江苏省轨道交通齿轮传动技术重点实验室（中车戚墅堰机车车辆工艺研究所有限公司）
14	江苏省科学技术二等奖	自主可控的民航自动相关监视装备及系统关键技术及应用	空中交通管理技术国家重点实验室（中国电子科技集团公司第二十八研究所）
15	江苏省科学技术三等奖	基于多相流仿真及仿生技术的吸入给药平台的开发与应用	江苏省抗病毒靶向药物研究重点实验室（正大天晴药业集团股份有限公司）
16	江苏省科学技术三等奖	超/特高压交流同塔四回输电关键技术及工程应用	智能电网保护和运行控制国家重点实验室（南瑞集团有限公司）
17	江苏省科学技术三等奖	电力工控系统网络空间安全态势感知关键技术及规模化应用	智能电网保护和运行控制国家重点实验室（南瑞集团有限公司）
18	江苏省科学技术三等奖	高稳定性钝化发射极和背表面晶硅太阳能电池产业化技术	江苏省（尚德）光伏技术研究院（无锡尚德太阳能电力有限公司）
19	江苏省科学技术三等奖	预装式新能源智能变电站关键技术研发及产业化	江苏省光电玻璃重点实验室（常州亚玛顿股份有限公司）
20	江苏省科学技术三等奖	板带表面缺陷在线检测及追溯技术的开发与应用	江苏省（沙钢）钢铁研究院（江苏沙钢集团有限公司）
21	江苏省科学技术三等奖	优质特殊棒线材关键冶炼技术开发及产业化应用	江苏省（沙钢）钢铁研究院（江苏沙钢集团有限公司）
22	江苏省科学技术三等奖	400英尺自升式钻井平台关键技术研发及工程应用	江苏省海洋工程装备重点实验室［招商局重工（江苏）有限公司］

续表

序　号	奖励类别	获奖课题（人）	企业重点实验室（企业研究院）
23	江苏省科学技术三等奖	高效智能大功率移动电源关键技术与产品研发	江苏省船舶动力重点实验室（中船动力有限公司）
24	江苏省科学技术三等奖	基于自适应控制的智能机器人关键技术研发及产业化应用	江苏省焊接自动化装备重点实验室（昆山华恒焊接股份有限公司）
25	江苏省科学技术三等奖	燃煤烟气脱硝催化剂全寿命智能管控关键技术及应用	清洁高效燃煤发电与污染控制国家重点实验室（国电科学技术研究院有限公司）
26	江苏省青年科技杰出贡献奖	李占江	南京越博动力系统股份有限公司
27	江苏省青年科技杰出贡献奖	李枫	中车戚墅堰机车车辆工艺研究所有限公司
28	江苏省企业技术创新奖	—	南瑞集团有限公司
29	江苏省企业技术创新奖	—	徐工集团工程机械股份有限公司
30	江苏省企业技术创新奖	—	昆山龙腾光电有限公司
31	江苏省企业技术创新奖	—	常州星宇车灯股份有限公司

新产品和新技术：2019 年，全省企业重点实验室（企业研究院）共形成重大目标产品和技术226项，在国内外核心期刊发表论文734篇。

开放交流：2019 年，全省企业重点实验室（企业研究院）共设立开放课题 171 项，开放课题经费 6043 万元，牵头举办国际国内学术会议 121 场。

产学研合作：截至 2019 年年底，全省企业重点实验室（企业研究院）共建有博士后科研工作站（博士后创新实践基地）73 个、企业研究生工作站 47 个，在海外建有研发机构的企业重点实验室（企业研究院）有 19 家。

江苏省海外建有研发机构的省级及以上企业重点实验室（企业研究院）情况

序　号	企业重点实验室（企业研究院）	项目承担单位
1	高端工程机械智能制造国家重点实验室	徐州工程机械集团有限公司
2	转化医学与创新药物国家重点实验室	江苏先声药业有限公司
3	光伏科学与技术国家重点实验室	天合光能股份有限公司
4	江苏省煤矿井下防爆车辆重点实验室	常州科研试制中心有限公司
5	江苏省医疗诊断装备及技术重点实验室	江苏鱼跃医疗设备股份有限公司
6	江苏省（恒瑞）创新药物研究院	江苏恒瑞医药股份有限公司

续表

序　号	企业重点实验室（企业研究院）	项目承担单位
7	江苏省特种电缆高分子材料重点实验室	江苏中利集团股份有限公司
8	江苏省（好孩子）科学育儿用品研究院	好孩子儿童用品有限公司
9	江苏省海上风电叶片设计与制造技术重点实验室	连云港中复连众复合材料集团有限公司
10	江苏省手性药物重点实验室	江苏奥赛康药业有限公司
11	江苏省工业机器人及运动控制重点实验室	南京埃斯顿自动化股份有限公司
12	江苏省金属板材智能装备重点实验室	江苏亚威机床股份有限公司
13	江苏省生态染整技术重点实验室	江苏联发纺织股份有限公司
14	江苏省（中天科技）光电传输新技术研究院	江苏中天科技研究院有限公司
15	江苏省高性能纤维复合材料重点实验室	常州市宏发纵横新材料科技股份有限公司
16	江苏省（盛虹）纺织新材料研究院	盛虹集团有限公司
17	江苏省固废资源化关键技术及装备重点实验室	中国天楹股份有限公司
18	江苏省汽车智能照明系统重点实验室	常州星宇车灯股份有限公司
19	江苏省（中远船务）海洋工程装备研究院	南通中远海运船务工程有限公司

管理与评价　探索企业重点实验室（企业研究院）建设管理方式。2019 年，首次采用集中评估验收的方式对建设期满的 7 家企业重点实验室（企业研究院）开展验收工作，对评估结果为“优秀”等次的 3 家企业重点实验室（企业研究院）每家给予 300 万元后补助经费，对评估结果为“良好”等次的 4 家企业重点实验室（企业研究院）每家给予 200 万元后补助经费。后补助经费主要用于实验室项目研发或研发条件提升、研发人员引进培养等。

加强企业重点实验室（企业研究院）动态管理。对 2018 年省企业重点实验室绩效评估结果为“整改”的 7 家企业重点实验室（企业研究院）实行限期一年的整改，并开展整改复评工作。根据专家复评意见，7 家企业重点实验室（企业研究院）复评结果均为“整改通过”，确定评估结果为“合格”，继续列入省企业重点实验室（企业研究院）序列管理。

【工程技术研究中心】　工程技术研究中心（简称“工程中心”）依托行业、领域科技实力雄厚的高校院所、科技型企业建设，是开展工程技术研究、试验和成套技术服务，开发产业发展中的共性、关键技术，促进技术辐射和成果转化的重要工程化研发平台。

2019 年，重点支持大中型工业企业、规模以上高新技术企业和农业科技型企业，在电子信息、新材料、生物医药、装备制造、现代农业等领域新建省级工程中心 392 家。截至 2019 年年底，全省共建有省级以上工程中心 3679 家，其中国家级工程中心 29 家；总投入 816.79 亿元，其中国家拨款 1.41 亿元、省拨款 4.09 亿元、引导社会投入 811.29 亿元。

分布情况　按地区分布：苏州、无锡、南京建设的工程中心数量位居全省前三名，分别是 852 家、563 家、397 家。苏南、苏中、苏北地区各建有 2370 家、761 家、548 家，分别占 64.42%、20.68%、14.90%。

按领域分布：全省工程中心在装备制造、新材料、电子信息领域建设数量最多，分别是 1216 家、905 家、448 家，分别占全省工程中心总数的 33.05%、24.60%、12.18%。

江苏省省级及以上工程技术研究中心按领域分布情况

单位：家

技术领域	数量	技术领域	数量
装备制造	1216（国家级 2 家）	现代农业	175（国家级 5 家）
泵阀技术	38	作物育种	15
精密模具	56	农业装备	18
机械制造	428	林木加工	12
动力装备	69	园艺	9
自动控制	84	农产品加工	55
数控机床	41	生物质利用	12
轨道交通	50	水产	13
工程机械	101	土肥	3
液压技术	20	畜牧兽医	18
仪器仪表	48	农业信息化技术	1
汽车	143	植保	10
船舶	26	作物栽培	9
海洋工程装备	31	电子信息	448（国家级 7 家）
纺织机械	33	传感网	37
机器人	25	集成电路	80
轻工	11	软件	55
激光加工	13	通信	82
生物医药	339（国家级 3 家）	计算机与网络	44
新医药	128	信息功能材料与器件	95
生物技术	144	云计算	16
生物医学工程	67	平板显示	39
新材料	905（国家级 7 家）	新能源与高效节能	414（国家级 3 家）
金属材料	215	石油、天然气	2
无机材料	132	太阳能	77
纳米材料	50	风能	25
高分子材料	175	核电	6
高性能纤维材料	144	生物质能	8

续表

技术领域	数量	技术领域	数量
化工新材料	189	动力电池与新能源汽车	53
环境保护与资源综合利用	170（国家级 1 家）	海洋与地热	3
水污染防治	43	智能电网	98
固体废弃物处理及综合利用	28	煤炭	8
大气污染防治	31	建筑节能	27
环保装备	24	工业节能	82
环境监测及生态保护	22	半导体照明	19
清洁生产与循环经济	19	低碳技术	65
土壤污染防治	1	氢能	1
噪声及辐射污染防治	2	其他	12（国家级 1 家）
合 计	3679（国家级 29 家）		

按依托单位类型分布：全省依托企业建设的工程中心 3582 家，占 97.36%；依托高校院所建设的工程中心 97 家，占 2.64%。

能力建设 建设投入：截至 2019 年年底，全省工程中心建设投入 816.79 亿元。

研发投入：2019 年，全省工程中心研发总投入 521 亿元，平均每家投入 1416 万元。

研发场所：截至 2019 年年底，全省工程中心拥有固定研发场所 1040 万平方米，平均每家拥有研发场所 2827 平方米。

仪器装备：截至 2019 年年底，全省工程中心拥有各类科学仪器设备 40 余万台（套），其中 10 万元以上仪器设备 8.02 万台（套），平均每家拥有 22 台（套）。

人才队伍：截至 2019 年年底，全省工程中心拥有研发人员 24.96 万人，其中固定研发人员将近 22 万人，占全省工程中心研发人员的 86.3%；流动研发人员 2.98 万人。

运行成效 专利情况：2019 年，全省工程中心共申请专利 53293 件，其中发明专利 22551 件，占申请总数的 42.3%；获授权专利 19976 件，其中发明专利 8455 件，占授权总数的 42.3%。平均每家申请专利 14 件，获授权专利 5 件。

标准情况：2019 年，全省工程中心主持或参与制修订各类标准 2672 项，其中国家（行业）标准 832 项。

承担科技项目：2019 年，承担省级以上各类计划项目 4292 项，其中国家级 1853 项、省级 2439 项，获政府资助 48.37 亿元。

产品产出：2019 年，全省工程中心开发新产品近 8000 个，平均每家 2 个；形成新工艺近 4000 项。

其他知识产权：2019 年，全省工程中心获新药临床研究批件 31 件，动植物新品种审定 46 个，集成电路设计版权 60 余件，软件著作权近 2000 件。

管理与评价 加强国家高新区工程中心建设力度。2019 年，为支持江苏省国家高新区在国家争先进位，首次对江苏省国家高新区内的企业新建工程中心给予不限额申报，同时加大对国家高新区推荐的省级工程中心进行审核。2019 年，国家高新区共推荐 268 家工程中心，经审核，对符合建设要求的 209 家给予立项，其他不符合要求的 59 家不予立项。

加强工程中心优胜劣汰动态管理。2019 年，省科技厅委托各设区市科技主管部门对建设到期的216家工程中心进行了验收，199家通过验收、6家申请延期，11家验收不合格的不再纳入管理序列；委托各设区市科技主管部门对电子信息、生物医药和能源环保领域的978家省企业工程中心开展绩效评估，对评估为优秀的291家省企业工程中心由主管部门给予一定的运行补贴，评估不合格的106家工程中心不再纳入管理序列。通过动态管理，2019年共有117家省企业工程中心未通过验收和评估，不再纳入管理序列。

【企业工程研究中心（工程实验室）】 企业工程研究中心建设旨在推动江苏省科技创新体制改革，促进科研成果向生产力的转化。企业工程研究中心以行业技术为导向，对具有市场价值的重要应用科研成果进行后续的工程化研究和系统集成；开发研究具有产业化前景的共性技术、关键技术，加快科技成果的产业化步伐；促进技术扩散，最大限度地实现共性技术的社会和经济效益。2019年，全省拥有国家级企业工程研究中心3家，国地联合企业工程研究中心17家；新增省级企业工程研究中心128家，累计达到729家。

企业工程实验室建设旨在开展重点产业核心技术攻关和关键工艺试验研究，研制重大装备样机及其关键部件，开展产业技术标准研究，培养工程技术创新人才，促进重大科技成果的转化和应用，为行业、企业提供技术服务。因科技创新基地优化整合，2018年不再新建企业工程实验室，全省建有省级企业工程实验室105家、国家级企业工程实验室5家、国地联合企业工程实验室2家。

【企业技术中心】 企业技术中心建设旨在确立企业技术创新和科技投入的主体地位，加快完善以企业为主体、市场为导向、产学研相结合的技术创新体系，充分发挥江苏省认定企业技术中心在企业技术创新体系和企业自主创新能力建设中的引导与示范作用。2019年，新认定国家级企业技术中心（分中心）6家、省级企业技术中心434家，撤销国家级企业技术中心4家、省级企业技术中心191家。截至2019年年底，累计拥有国家级企业技术中心113家、省级企业技术中心（工业）2185家。

重大科研设施

【概　况】 重大科研设施是围绕国家战略和江苏经济社会发展重大需求，是面向国际科技竞争的战略型、突破型、引领型、平台型的大型综合性科研基地。依托高水平创新主体建设，是集聚高端创新资源、提升综合竞争力的关键，具有引领性、开放性和不可替代性。截至2019年年底，全省已建和在建重大科研设施9家，其中未来网络试验设施、高效低碳燃气轮机试验装置、国家超级计算无锡中心、国家超级计算昆山中心4家已获国家批复，纳米真空互联实验站、网络通信与安全紫金山实验室、作物表型组学研究设施、细胞科学与应用设施、综合类国家技术创新中心5家处于预研筹建阶段。2019年，全省重大科研设施建设取得新进展，成立了省重大科技创新平台建设工作领导小组，研究制定了省重大创新平台推进工作方案，进一步明确思路、突出重点、凝练目标，建立了省重大创新平台项目库，重点培育创建国家级平台。创建了一批国家级平台，国家超级计算昆山中心获科技部立项批复，省产研院承担的综合类国家技术创新中心通过科技部组织的专家论证。突破了一批核心技术，未来网络试验设施构建了覆盖南京、杭州、合肥等12个城市的大规模、多尺度、跨学科的网络创新环境，实现了对CENI主干网、边缘网和数据中心的端到端控制与调度，在全球首次完成通过白盒交换机代替传统路由器构建广域骨干网的试验；网络通信与安全紫金山实验室突破的高频率CMOS工艺毫米芯片和大规模天线阵列技术，已在5G、卫星和雷达中示范应用，性能达国际领先水平；细胞科学与应用设施构建了国际上数量最大的肝癌细胞系模型库，填补了世界肝癌细胞资源缺乏的空白。集聚了一批创新资源，网络通信与安全紫金山实验室与电信、联通、中电科 28 所等国内大院大所、龙头企业联合建设 30 家伙伴实验室，集聚优势资源在移动开源构架、网络交换芯片等领域开展合作研发；高效低碳燃气轮机试验装置联合中国科学院力学研究所、东南大学、中国计量科学研究院等优势力量，围绕重大基础设施中的高效新型循环试验台等相关亟须攻关的课题进行联合攻关等。

【未来网络试验设施】 未来网络试验设施于 2011 年启动筹建，2016 年 12 月获国家发改委正式立项，是江苏省首个国家重大科技基础设施，也是我国在通信与信息领域布局建设的唯一一项国家重大科技基础设施。该设施由江苏省未来网络创新研究院牵头，清华大学、中国科学技术大学、深圳电信研究院共同建设，面向未来网络前沿科学问题，建设一个开放、易使用、可持续发展的大规模通用未来网络试验设施，主要研究新型网络体系结构的基础理论与组网核心机制，为互联网可持续发展提供基础理论和关键技术的实验、验证平台；攻克核心设备、系统与业务核心技术，支撑我国网络科学与网络空间技术研究在核心芯片与关键设备、网络操作系统、路由控制技术、网络虚拟化技术、安全可信机制、大规模组网试验、创新业务系统等方面取得重大突破，对江苏省的网络通信和软件等新兴产业具有重要的引领发展和技术支撑作用。

项目初步设计和投资概算均已获批复。项目初步设计方案于2019年2月获省发改委批复，项目投资概算于2020年3月获国家发改委批复，项目建设全面推进。

自主创新能力显著增强。2019 年，举办了第三届未来网络发展大会，开通了首批 12 个骨干城市节点，构建了覆盖南京、杭州、合肥等 12 个城市的大规模、多尺度、跨学科的网络创新环境，实现了对 CENI 主干网、边缘网和数据中心的端到端控制与调度，在全球首次完成通过白盒交换机代替传统路由器构建广域骨干网的试验；攻克了无状态大规模流量工程关键技术，解决了在大规模异构网络的路由控制和多种类流量调度中所面临的网络控制复杂性问题，实现了控制平面的高效智能路由控制；研发完成基于 CENI 服务定制网络架构设计的网络功能虚拟化技术，解决了网络服务定制化问题，基于此技术的可编程网络功能虚拟化平台已服务百余家政企客户，并荣获 2019 年度江苏信息通信行业科学技术奖一等奖和 2019 年中国通信学会科技奖三等奖。

基础设施建设有序推进。截至 2019 年年底，江苏部分累计完成 15000 公里光缆测试，完成建设 15 个光传输主干节点及 68 个中继机房，5 个主干可编程及 23 个主干 SDN 设备完成招标，完成包含主干网络节点和传输中继节点等共计 220 个机房改造和设备安装。

【高效低碳燃气轮机试验装置】 高效低碳燃气轮机试验装置于 2008 年启动筹建，2017 年 10 月获国家发改委正式立项。装置围绕化石燃料高效转化和洁净低碳利用，研究先进新型动力循环能量转换规律，高温高压多气氛下掺混、流动和反应耦合的高强度化学能释放及污染物生成机制，固有非定常、强三维、复杂几何边界下高稳定性、高效热功转换的气动热力学及交叉耦合问题，热端旋转和静止部件的传热、流热固等交叉耦合问题，取得理论和方法的重大突破，开辟燃气轮机发展的新路径。截至 2019 年年底，已组建一支 70 余人的研发、管理和支撑团队，包括技术研发、结构工艺、设计、平台运行维护、工程技术、管理和服务等人员。

项目初步设计获批。项目初步设计经专家论证，2019 年 10 月 14 日获中科院、江苏省、上海市共同批复，项目投资概算已上报国家发改委；2019 年 9 月 28 日，高效低碳燃气轮机试验装置国家重大科技基础设施（江苏连云港）举行燃烧台改造与配套工程开工仪式，燃烧台改造与配套工程开工建设。

体制机制进一步完善。成立了高效低碳燃气轮机试验装置工程领导小组，由中科院、江苏省政府、省发改委、省科技厅、省工信厅、省财政厅、省自然资源厅、省生态环境厅、中科院南京分院、连云港市政府等相关部门负责人组成，切实加强对装置建设的组织领导；筹建工程指挥部，依托项目研究团队，集中科院工程热物理所全部优势力量，按照可研批复内容开展技术攻关；引入第三方项目管理公司，提高项目管理质量；制定了《高效低碳燃气轮机试验装置试验平台／系统负责人岗位管理办法（试行）》，实行试验平台／系统负责人负责制，确保相关资源向平台／系统建设目标聚焦。

【国家超级计算无锡中心】 国家超级计算无锡中心（简称“超算中心”）于2016年获科技部正式批准组建，成为我国第六个国家超级计算中心。依托我国第一台全部采用国产处理器构建的超级计算机——“神威·太湖之光”，近年来，在基础设施建设、科学研究突破、人才团队建设、对外交流合作、运行管理方面都做出了很大努力，也取得了一定成绩。截至2019年年底，超算中心拥有人才团队160人，其中全职博士8人，硕士73人，外聘领域专家30人。

稳步推进系统研发。在先进制造领域，自主研发了“神工”（SimGo）工业仿真云；在系统软件领域，集成研发了一系列面向国产众核处理器的软件工具，开发了高性能集群监控、高性能应用运行特征分析、高性能计算自动化基准测试、高性能集群实时大屏可视化等系统；在地球物理领域，开发了适合移植神威的含处理复杂地形功能的程序；在气候气象领域，顺利完成“气候变化应对决策支撑系统工程气候模式系统区域气候模式分系统”项目建设与交付，研发了面向众核架构的国产气象预报模式GRAPES全球模式新版本；在生物材料领域，研发了一系列基于“神威·太湖之光”系统的自主可控生物材料软件与工具等，科研成果不断突现。

完善优化重大应用服务平台。“神工”（SimGo）工业仿真云研发取得突出进展，初步形成了“一个平台、三类应用”的SAAS云服务平台雏形，提供“本地PC式”的云仿真体验。云桌面环境、用户和资源系统开发完成，并在中心超算环境实现部署。

服务能力显著提升。2019年，超算中心国产高速计算系统平均机时利用率为73.1%，商用辅助系统全年利用率75.8%。全年为用户解决近3000个技术问题，服务内容覆盖到系统登录、系统使用、作业提交、应用移植、应用调试、应用优化、技术培训等方面，为用户提供全方位、手把手式技术服务。

【纳米真空互联实验站】 纳米真空互联实验站于2013年启动筹建，依托中科院苏州纳米技术与纳米仿生研究所，由江苏省、中科院、苏州市及苏州工业园区四方共建，是世界首个集材料生长、器件加工、测试分析为一体的纳米领域大科学装置，旨在建立一个真空环境下从材料、器件、封装到测试的综合研究设施，提供多种极端条件下材料、结构和性能关系的科学研究平台，挑战现有器件的物理极限、创新能源和信息领域核心器件的技术路线，加深人们对物质世界微观本质的认识，引发纳米器件从基础科学研究到大规模产业发展的工业革命。截至2019年年底，拥有全职职工和学生60余人，其中正高级职称6人，博士学历14人，形成了一支建设能力突出和结构合理的优秀中青年支撑团队。

一期建设完成验收并投入使用。纳米真空互联实验站一期建设项目小型验证装置总投资3.2亿元，联合清华大学薛其坤院士团队、中科院大连化物所包信和院士团队，共同完成了超高真空环境下集材料制备、测试分析、器件加工基本功能于一体的、全面开放的科学研究和技术开发服务平台的建设，于2019年6月完成总体验收。一期设备目前全面对外开放，包括材料制备平台、器件加工平台及测试分析平台。二期建设进展顺利。2019年6月完成二期纳米真空管道与传输系统的全部装调，在一期的基础上扩展真空管道与传输系统的规模，增加了3套进样室，27套传输室，8套过渡室和2套中转过渡室，使纳米真空互联实验站的真空管道总长达到182米的规模。截至2019年年底，二期真空管道与传输系统已试运行约7个月，真空管道内10台样品小车实现了在一期、二期真空管道与传输系统的所有单元模块内任意调度，运行平稳，定位准确，总控制系统可实现一期、二期有效兼容。2019 年 3 月获国家发改委批复建设纳米真空互联材料制备及分析测试平台项目，项目初步设计和投资概算于 2019 年 9 月 20 日获国家发改委批复，项目投资 23955 万元。开放共享水平进一步提升。纳米真空互联实验装置全年开展合作课题 66 个，服务客户 60 多个，服务机时 18000 多小时。

【网络通信与安全紫金山实验室】 网络通信与安全紫金山实验室(简称“紫金山实验室”)成立于 2018 年，整合江苏省未来网络创新研究院、东南大学、国家数字交换系统工程技术研究中心等优势资源，以解决网络通信与安全领域国家重大战略需求、行业重大科技问题、产业重大瓶颈问题为使命，开展基础性、前沿性研究。重点围绕具有领先优势的网络体系结构、移动通信产业高端射频芯片、对未知漏洞的安全威胁防御技术布局重大科研任务，在体制机制探索和核心技术研发方面取得重大突破的同时，力争为国家实验室创新体系建设做出重要贡献。截至 2019 年年底，已建立了一支 600 人左右的科研团队。

基础设施建设稳步推进。在江宁区设立了紫金山科技城，已规划 130 万平方米，截至 2019 年年底，已提供第一期科研用房 2 万平方米，第二期 3.6 万平方米场地 2021 年年初将交付使用，完成了第三期 112 万平方米场地的建设规划。

科学研究进展实现新突破。成功研制出具有国际先进水平的自主知识产权 CMOS 工艺毫米波芯片和大规模天线阵列，完成芯片封装和测试，性能对标国际先进水平，每通道成本预期由目前市场上的 1000 元左右降至 20 元左右，封装集成目前世界上规模最大的 4096 通道毫米波大规模有源天线阵列，为解决我国毫米波芯片进口限制问题奠定了坚实的技术基础。成功打造国际上首个面向全球开放的网络内生安全试验场，试验场已成功抵御了数百名国内外黑客近千万次高强度的攻击；实验室 4 人入选科技部成立的国家 6G 技术研发推进总体专家组，全面参与 6G 技术研发工作。

积极承担国家重大项目。已成功牵头申报工信部 2019 年工业互联网创新发展工程——工业互联网高质量企业外网基础网络服务平台项目和工业互联网拟态防御边缘网关研制 2 个项目，项目总经费 34000 万元。紫金山实验室研究团队首次提出的非对称的全数字毫米波亚毫米波大规模 MIMO 阵列技术研究、大规模确定性骨干网技术，已被列入国家重点研发计划的最新指南。集聚了一批战略资源。实验室联合中国电信、移动、联通、华为、华三、28 所、14 所、55 所等国内大院大所、龙头企业建设的伙伴实验室已达 30 家，在确定性网络、移动开源构架、网络交换芯片等多领域开展合作。

【作物表型组学研究设施】 作物表型组学研究设施依托南京农业大学建设，2018 年启动预研建设，2019 年 2 月教育部和江苏省人民政府签署共建作物表型组学研究设施协议，以创建国家重大科技基础设施为目标，旨在实现作物表型的系统化与标准化，系统解析基因型 - 环境 - 表型关系，主要开展高通量表型数据采集与鉴定系统、环境模拟与检测系统、表型组 - 基因组大数据分析与整合系统研究等。设施占地面积约 200 亩，预计总投入 14 亿元，建成后将具有从分子细胞到组织形态多层次、多生境和全生育期多尺度，对 6 种以上主要作物进行年百万株及日百亩大田表型精准采集与深度解析的能力。为系统揭示作物表型形成规律与基因和环境调控机制、构建高效精准分子设计育种体系提供支撑，对于引领世界作物科学研究和农业产业发展，保障我国生物种业和粮食安全具有重要意义。截至 2019 年年底，已建立一支人数为 76 人的科学素质高、专业门类齐全、经验丰富的国内外研发和工程技术队伍。

基础设施建设稳步推进。作物表型组学研发中心大楼开工建设；初步完成田间移动智能表型舱、根系观察室、人工智能气候舱的整体构建，完成物联网分布式表型监测 CropQuant 系统二次开发，创制一套小规模智能栽培表型舱。

科学研究实现新进展。成功研发高通量作物表型双采集系统，为作物表型研究提供了高通量、高效无损、实时连续的监测手段。首次建立小麦育种全生育期表型检测管理系统，通过物联网技术对作物生长图像和各类环境因素进行大数据监控和管理，有效地校准、注释和管理了这类大数据，为后续研究提供了数据支撑。

推动国际植物表型交流与合作。成功举办第六届国际植物表型大会；与英国东安格利亚大学、诺丁汉大学、洛桑试验站、亚伯大学、厄勒姆研究院、华中农业大学共建中英植物表型组学联合研究中心，与法国国家农业科学研究院共建中法植物表型组学联合研究中心，与德国尤利希研究中心共建中德植物表型组学联合研究中心，与荷兰瓦赫宁根大学共建中荷植物表型组学联合研究中心，与英国东安格利亚大学签署合作框架协议。

技术创新中心

【国家技术创新中心筹建】 推进长三角先进材料研究院加快创建领域类国家技术创新中心，向科技部推荐江苏第三代半导体研究院申报国家第三代半导体技术创新中心、苏州市生物医药产业集团有限公司申报国家生物医药技术创新中心、国家超级计算无锡中心申报国家高性能计算应用技术创新中心，以省产业技术研究院为主体向科技部申报筹建综合类国家技术创新中心。

（江苏省科学技术厅科研机构处）

科技机构名录

（截至 2019 年 12 月 31 日）

江苏省科学技术厅

地址：南京市北京东路 39 号
邮编：210008
党组书记、厅长　王　秦
副　厅　长　段　雄　夏　冰　蒋　洪
党组成员　王　秦　夏　冰　张　胜　蒋　洪
二级巡视员　景　茂

办公室
主　任　徐　浩
副主任　卓　辉　任志宏　靳朋勃
电　话　83362722

发展规划处
处　长　赵建国
副处长　王铁山
电　话　83370861

政策法规处
处　长　刘　波
副处长　金永新　吴庚昌
电　话　83369744

资源配置处
处　长　赵建国
副处长　马鸣川
电　话　83370861

监督评估处
处　长　李子阳
电　话　83363939

行政审批处（科研机构处）
处　长　万发苗
副处长　李汉中　张洪钢
电　话　86635663

高新技术处
处　长　倪菡忆
副处长　祝永坚　罗　阳
电　话　57711706

农村科技处
处　长　杨天和
电　话　83350386

社会发展与基础研究处
处　长　郦雅芳
副处长　周灵群
电　话　57712832

区域创新处
处　长　张少华
副处长　单华宁
电　话　83369311

科技成果处（科学技术奖励工作办公室）
处　长　马圣源
电　话　83359474

省外国专家局（省引进国外智力办公室）
局　长（主任）　杨小平
副局长（主任）　王晓平（正处职）
电　　话　83236193

对外合作处
处　长　赵扬威
副处长　李春雨　郭　红
电　话　83363070

人事处
处　长　朱近忠
副处长　曾　敏
电　话　86637541

机关党委
直属机关党委书记　夏　冰
直属机关党委专职副书记、
机关纪委书记　王　建
直属机关党委副书记　王道发
直属机关纪委专职副书记　马石山
电　话　83600402

离退休干部处
处　长　陆建华
副处长　王　军
电　话　83604870

江苏省生产力促进中心
主　任、副书记　赵志强
书　记　罗　扬
副　主　任　孟庆如　吴　乐
纪委书记　孙卫华
电　话　85485986

江苏省科学技术情报研究所
江苏省科学技术发展战略研究院
所长、书记　李　敏
院　长　孙　斌
副所长　孙　斌　周晓明　金福兰
李克贵　马永浩
电　话　85410374

江苏省高新技术创业服务中心
书　记　李太生
副主任　陈　凯　章　立　张澄洪
电　话　83232518

江苏省科技资源统筹服务中心
主　任　戴力新
副主任　尤琛辉　孙兴莲
电　话　83231557

江苏省知识产权局

地址：南京市建邺区汉中门大街145号
邮编：210036
局长、党组书记　支苏平
二级巡视员　黄志臻
副　局　长　施　蔚　赵　旗　张传博
党组成员　支苏平　施　蔚　赵　旗
张传博
电　话　83279983

江苏省科学技术协会

地址：江苏省南京市北京西路30号
邮编：21004
电　　话　025-83323435
传　　真　025-83303700
党组书记　孙春雷
主　　席　陈　骏
副 主 席　孙春雷　刘志红（女）　祝世宁
　　　　　张建云　黄　维　缪昌文
　　　　　王广基　朱怀诚　易中懿
　　　　　胡敏强　尤肖虎　杨　辉（回族）
　　　　　孙力斌　郁霞秋（女）　任晋生
　　　　　冯少东　徐春生
秘 书 长　周景山

中国科学院南京分院

地址：南京市北京东路39号
邮编：210008
院　　长　杨桂山
电　　话　83367159

江苏省各市、县（市、区、园区）科技局

机构名称	地　址	局　长	电　话	邮　编
南京市			（区号025）	
南京市科技局	南京市江东中路265号新城大厦B座7-10楼	方　靖	68786216	210019
江北新区科技创新局	南京市江北新区凤滁路48号	聂永军	88029577	210043
玄武区科技局	南京市玄武区珠江路455号17楼	史庆锋	83682186	210018
秦淮区科技局	南京市秦淮区秦虹路1号	肖　浒	84556758	210022
建邺区科技局	南京市建邺区江东中路269号	朱振国	87778459	210019
鼓楼区科技局	南京市鼓楼区中山北路540号下关大厦	张　莉	89669155	210000
栖霞区科技局	南京市栖霞区仙林街道文苑路118号仙林商务中心6楼	盛　艳	85551103	210023
雨花台区科技局	南京市雨花台区雨花南路2号	程道伟	52883387	210000
江宁区科技局	南京市江宁区芝兰路18号	贝淑芳	52191391	211100
浦口区科技局	南京市雨合路20号芯浦科创中心3号楼2层	何赟绵（副局长主持工作）	58183696	211800
六合区科技局	南京市六合区雄州南路268号六合大厦23楼	孙　波	57759554	211500
溧水区科技局	南京市溧水区秦淮大道288号A栋	戴孝礼	57210502	211200
高淳区科技局	南京市高淳区康乐路195号	沈　燕	57310166	211300
江宁开发区科技人才局	南京市江宁区秣周东路9号中国无线谷主楼3楼8306	谈　琳	52078599	211100
南京经济技术开发区管理委员会科技人才局	南京经济技术开发区兴智路10号	倪　丹	85775061	210046

续表

机构名称	地 址	局 长	电 话	邮 编
麒麟科创园管委会科技创新局	南京市麒麟科技创新园智汇路 300 号	虞兴涛	68532220	211135
无锡市			**（区号 0510）**	
无锡市科技局	新金匮路 1 号市民中心 5 号楼 6 楼	孙海东	81821861	214131
江阴市科技局	江阴市澄江中路 9 号	周 琛	86861567	214431
宜兴市科技局	宜兴市陶都路 8 号	蒋国强	87986279	214209
梁溪区科技局	无锡市永丰路 1 号	程宏庆	85034835	214021
锡山区科技局	无锡市锡州中路 1 号	郁 枫	88208768	214101
惠山区科技局	无锡市文惠路 8 号	蒋晓忠	83598560	214174
滨湖区科技局	无锡市金城西路 500 号	华兆哲	81178531	214071
新吴区科信局	无锡新区和风路 28 号	桂 涛	81890903	214028
徐州市（截至 2021 年 1 月 26 日）			**（区号 0516）**	
徐州市科技局	徐州市元和路 1 号行政中心东综合楼 B 区 6 楼	梁 伟	83842236	221018
丰县科技局	丰县中阳大道 322 号新城区行政中心	刘 涛	89222329	221700
沛县科技局	沛县沛公路 2 号新城区行政中心主楼 12 楼	王 苏	68869602	221600
睢宁县科技局	睢宁县经济开发区前进路 16 号	李晓青	68069709	221200
邳州市科技局	邳州市沙沟湖行政中心 16 号楼	刘美荣	66685808	221300
新沂市科技局	新沂市市府路 37 号	杨 镇	80322855	221400
铜山区科技局	徐州市铜山区科技创业大厦 B540	刘 峤	69098179	221116
贾汪区科技局	徐州市贾汪区行政中心 4 楼西首	刘 昕	66889378	221011
鼓楼区科技局	徐州市中山北路 253 号鼓楼区政府大楼 6 楼	曹 峰	87636620	221007
云龙区科技局	徐州市云龙区和平大道 66 号	刘文君	80803612	221004
泉山区科技局	徐州市泉山区解放南路延长段 26 号泉山区行政中心	邢 健	85700105	221002
徐州经济技术开发区发改局	徐州市徐海路 9 号科技大厦	沈 立	83255730	221121
徐州高新区科技局	徐州市铜山区珠江东路 11 号	李 彬	85030510	221116
常州市			**（区号 0519）**	
常州市科技局	常州市龙城大道1280号(行政中心1号楼B座16楼）	刘 斌	85681500	213022
溧阳市科技局	溧阳市东大街 182 号	吕胜中	87172800	213300

续表

机构名称	地 址	局 长	电 话	邮 编
金坛区科技局	金坛区清风路 1 号市民中心 A 座 6 楼	李晶阳	82822319	213200
武进区科技局	武进区行政中心 5 号楼 4 楼	李 婷	86310226	213159
新北区科技局	常州市新北区衡山路 8 号	吴雪强	85178959	213022
天宁区科技局	常州市天宁区竹林北路 256 号天宁科技促进中心	周 栋	86915821	213000
钟楼区科技局	常州市钟楼区星港大道 88 号钟楼区政府内 7 楼	刘 刚	88890748	213023
苏州市			**（区号 0512）**	
苏州市科技局	苏州市人民路 979 号	张东驰	65241084	215002
张家港市科技局	张家港沙洲湖科技创新园 D-1 栋	赵 瑜	58286120	215600
常熟市科技局	常熟市海虞南路 85 号	顾晓丹	52772104	215500
太仓市科技局	太仓市县府东街 99 号 行政中心 6 号楼 B 楼 20 楼	万芬奇	53537775	215400
昆山市科技局	昆山市开发区夏东街 669 号 B 栋政务服务中心（东区）23 层	赵 姝	57317682	215300
吴江区科技局	苏州市吴江区开平路 1000 号吴江大厦 B 幢 18 楼	朱国华	63981879	215200
吴中区科技局	苏州市吴中开发区塔韵路苏街 198 号吴中商务中心 B 幢 21 楼	沈玉宝	67682622	215104
相城区科技发展局	苏州市相城区阳澄湖东路行政中心 10 号楼	浦卫英	85182156	215131
姑苏区经济和科技局	苏州市姑苏区平川路 510 号	葛宇东	68727615	215031
苏州工业园区科技创新委员会	苏州市工业园区现代大道 999 号现代大厦 16F	徐积明	66681687	215028
苏州高新区科技创新局	苏州市高新区科普路 58 号科技大厦 15 楼	李 伟	68787883	215163
南通市			**（区号 0513）**	
南通市科技局	南通市崇川路 58 号综合楼 1 号楼	李吉平	55018866	226019
海安市科技局	海安市长江中路 106 号	罗正锡	88897206	226600
如皋市科技局	如皋市行政中心 B 座十四楼	宗爱君	87655900	226500
如东县科技局	如东县城中街道富春江中路 1 号行政中心 2 号楼 6 楼	胡连华	84512676	226400
海门市科技局	海门市北京中路 600 号	黄 玮	82212932	226100
启东市科技局	启东市汇龙镇世纪大道 1288 号行政中心 8 楼	陈 飞	83112068	226200
通州区科技局	南通市通州区行政中心主楼 12 楼	姚 忠	86512516	226300

续表

机构名称	地址	局长	电话	邮编
崇川区科技局	南通市青年中路 128 号	王文献	85523230	226006
港闸区科技局	南通市城港路 18 号	王健华	85308811	226005
南通市经济技术开发区人才科技局	南通市开发区宏兴路 9 号能达大厦	曹海锋	85090188	226009
连云港市			（区号 0518）	
连云港市科技局	连云港市东盐河路 17 号	许东方	85805496	222006
东海县科技局	东海县牛山镇晶都大道政府行政中心	李　腾	87212773	222300
灌云县科技局	灌云县行政中心	刘浦业	88812293	222200
灌南县科技局	灌南县人民中路 1 号县行政中心	沈中华	83968269	222500
赣榆区科技局	赣榆区青口镇黄海东路新城行政中心 14 楼	相振满	86212191	222100
海州区科技局	连云港市海州区秦东门大街 28 号	林春娟	85215655	222023
连云区科技局	连云港市连云区西墅路 1 号	张广军	82237919	222042
开发区科技局	连云港市花果山大道 601 号新海连大厦	韩　艳	85882768	222069
淮安市			（区号 0517）	
淮安市科技局	淮安市大治西路 18 号	孙志标	83665024	223001
清江浦区科技局	淮安北京北路 103 号南三楼 303 室	王海源	83789660	223001
淮安区科技局	淮安区淮城镇府前路科技孵化器大楼 2 楼	黄道剑	85912510	223200
淮阴区科技局	淮阴区承德北路 606 号	吴洪高	84997802	223300
涟水县科技局	涟水县红日大道 18 号	朱金文	82660489	223400
洪泽区科技局	洪泽区东七街 3 号 12-2 幢	潘　洋	87223105	223100
盱眙县科技局	盱眙县东方大道 3 号	李翠竹	80910919	211700
金湖县科技局	金湖县健康路 13 号	刘仁海	86882428	211600
盐城市			（区号 0515）	
盐城市科技局	盐城市开放大道北路 11 号	徐宁建（党组书记）	88242431	224005
响水科技局	响水县双园路 188 号	沈永航（党组书记）	86872838	224600
滨海科技局	滨海县政府行政办公中心 11 楼	王建军（党组书记）	84108653	224500
阜宁科技局	阜宁县城南大厦 A 座 30 楼	王新海（党组书记）	87212775	224400

续表

机构名称	地　址	局　长	电　话	邮　编
建湖县科技局	建湖县南环路 999 号科创大厦	吴金标（党组书记）	86212409	224700
射阳科技局	射阳县红旗路 32 号	周克胜	69688590	224300
亭湖区科技局	盐城市青年东路 55 号	刘晓军（党组书记）	89881219	224051
盐都区科技局	盐都区新都路 618 号	刘桂琦	88116170	224005
大丰区科技局	大丰区行政服务中心 17 楼	郁兴忠（党组书记）	87032586	224100
东台市科技局	东台市北海路 8 号	缪　斌（党组书记）	85212365	224200
开发区科技局	希望大道 5 号软件园 4#603	张来贵	80995628	224001
城南新区科技局	盐城市城南新区管委会	葛智杰	86660782	224000
盐城高新区科技局	盐城市世纪大道 1166 号研创大厦 10 楼	刘桂琦	88331006	224000
盐南高新区高新技术中心	盐南高新区管委会 14 楼	张宜明	86668567	224000
扬州市			**（区号 0514）**	
扬州市科技局	扬州市文昌中路 403 号	陈　星	87347583	225001
宝应县科技局	宝应县工农路 76 号科技大厦	程　霞	—	225800
高邮市科技局	高邮市海潮东路城市商务大厦 15 楼	谭　旭	84612157	225600
仪征市科技局	仪征市真州东路 30 号	严　峻	83581081	211400
江都区科技局	江都区江淮路 388 号行政中心三楼	黄景禧	—	225200
邗江区科技局	邗江区邗上南街 88 号机关南大院	戴青海	87962900	225009
广陵区科技局	广陵区信息大道 1 号 15 楼	李慧平	—	225003
扬州经济技术开发区经发局	扬州市维扬路 108 号	桑光淯	—	225009
生态科技新城经发局	扬州市万福路 88 号	鞠斐扬	—	225000
扬州高新区	扬州市吉安路 148 号	匡　苇	—	225127
高邮高新区	高邮高新区东西大道与南北大道交叉口	张义平	—	225600
杭集高新区	生态科技新城杭集三笑大道	帅　琪	—	225111
江都高新区	江都区正长公路高新区管委会	万国庆	—	225200

续表

机构名称	地 址	局 长	电 话	邮 编
镇江市			**（区号 0511）**	
镇江市科技局	镇江市南徐大道 68 号	蔡 萍	80822801	212050
丹阳市科技局	丹阳市开发区兰陵路 8 号行政中心	王小南	86529099	212300
句容市科技局	句容市政务服务中心 6 号楼	潘 云	80789901	212400
扬中市科技局	扬中市中电大道 8 号	杨立维	88361088	212200
丹徒区科技局	镇江市丹徒新区广场西路 161 号	许南江	80827298	212028
京口区科技局	镇江市学府路 31 号	严 波	80900789	212001
润州区科技局	镇江市润州路 5 号	江金保	85635082	212005
镇江新区科学技术和信息化局	镇江市金港大道 98 号	管 理	83378108	212132
镇江高新区科技发展局	镇江市南徐大道 298 号	徐金贵	88170270	212000
泰州市			**（区号 0523）**	
泰州市科技局	泰州市洪泽湖路 66 号	丁志强	86399026	225309
靖江市科技局	靖江市阳光大道 1 号	杜正宇	89180313	214500
泰兴市科技局	泰兴市国庆东路 118 号	丁晓江	87632683	225400
兴化市科技局	兴化市英武路 43 号	王贵善	83242609	225700
海陵区科技局	泰州市青年北路 26 号	顾晓梅	86223165	225300
高港区科技局	泰州市高港区扬子江南路 118 号	邱小平	86966047	225323
姜堰区科技局	泰州市姜堰区人民中路 261 号	何 剑	88117990	225500
宿迁市			**（区号 0527）**	
宿迁市科技局	宿迁市洪泽湖路 130 号	王 峰	84358805	223800
沭阳县科技局	沭阳县台州南路 61 号科技局 203 室	李冬林	83069699	223600
泗阳县科技局	泗阳县众兴镇北京路市民中心双子楼（西）	李 波	80291900	223700
泗洪县科技局	泗洪县仁和路 5 号	熊化明	86229838	223900
宿城区科技局	宿城区微山湖路众安建设大厦 10 楼	吴长美	82960286	223800
宿豫区科技局	宿豫区农林大厦三楼	康建平	88032601	223800

江苏省科学研究与技术开发机构名录（部属科研机构，50家）

序号	机构名称	机构地址
未转制机构		
1	中国科学院南京土壤研究所	南京市玄武区北京东路71号
2	中华全国供销合作总社南京野生植物综合利用研究院	南京江宁区秣陵街道江云路7号
3	公安部南京警犬研究所	南京市雨花台区小行路18号
4	中国地质调查局南京地质调查中心（华东地质科技创新中心）	南京市中山东路534号
5	水利部交通运输部国家能源局南京水利科学研究院	南京市广州路223号
6	生态环境部南京环境科学研究所	南京市蒋王庙街8号
7	中国林业科学研究院林产化学工业研究所	南京市锁金五村十六号
8	中国科学院紫金山天文台	南京市栖霞区元化路8号（南大科学园内）
9	中国科学院南京地质古生物研究所	南京市北京东路39号
10	中国科学院南京地理与湖泊研究所	南京市北京东路73号
11	中国医学科学院皮肤病医院（研究所）	南京市蒋王庙街12号
12	水利部南京水利水文自动化研究所	南京市雨花台区铁心桥大街95号
13	南京信息技术研究院	南京市鼓楼区四条巷42号
14	中国科学院国家天文台南京天文光学技术研究所	南京市板仓街188号
15	公安部交通管理科学研究所	无锡市钱荣路88号
16	中国水产科学研究院淡水渔业研究中心	无锡市滨湖区山水东路9号
17	中国科学院苏州生物医学工程技术研究所	苏州高新区科技城科灵路88号
18	中国科学院苏州纳米技术与纳米仿生研究所	苏州市苏州工业园区若水路398号
19	农业农村部南京农业机械化研究所	南京市玄武区柳营100号
转制机构（非军工）		
20	中材科技股份有限公司	南京市雨花西路安德里30号
21	国网电力科学研究院	南京市江宁区诚信大道19号
22	国电科学技术研究院	南京市浦口区浦东路10号
23	中煤科工集团南京设计研究院有限公司	南京市珠江路370号
24	无锡中粮工程科技有限公司	无锡市惠河路186号
25	中国第一汽车股份有限公司无锡油泵油嘴研究所	无锡市钱荣路15号

续表

序　号	机构名称	机构地址
26	中石化股份公司石油勘探开发研究院无锡石油地质研究所	无锡市蠡湖大道 2060 号
27	中煤科工集团常州研究院有限公司	常州市钟楼区清潭木梳路 1 号
28	中车戚墅堰机车车辆工艺研究所有限公司	常州市戚墅堰区五一路 258 号
29	中海油常州涂料化工研究院有限公司	常州市钟楼区龙江中路 22 号
30	苏州热工研究院有限公司	苏州市姑苏区西环路 1788 号
31	苏州混凝土水泥制品研究院有限公司	苏州市三香路 718 号
32	中国建筑材料科学研究总院苏州防水研究院	苏州广济路 284 号
33	苏州电加工机床研究所有限公司	苏州市高新区金山路 180 号
34	苏州中材非金属矿工业设计研究院有限公司	苏州市虎丘区安杨路 169 号
35	中蓝连海设计研究院有限公司	连云港市朝阳西路 51 号
36	中国农业科学院蚕业研究所	镇江市四摆渡
转制机构（军工）		
37	中国电子科技集团公司第五十八研究所	无锡市惠河路 5 号
38	中国船舶重工集团公司第七〇二研究所	无锡市滨湖区山水东路 222 号
39	中国船舶重工集团公司第七〇三研究所无锡分部	无锡市解放东路 888 号 530 大厦
40	中航工业航空动力控制系统研究所（无锡 614 所）	无锡市梁溪路 104 号
41	总参 56 所	无锡市第 33 信箱
42	中国船舶重工集团公司第七一六研究所	连云港市海连东路 42 号
43	中国船舶重工集团公司第七二三研究所	扬州市南河下 26 号
44	中国电子科技集团公司第十四研究所	南京市雨花台区国睿路 8 号
45	中国电子科技集团公司第二十八研究所	南京市苜蓿园东街 1 号
46	中国电子科技集团公司第五十五研究所	南京市中山东路 524 号
47	中国船舶重工集团公司第七二四研究所	南京市中山北路 346 号
48	中国一航雷达与电子设备研究院	无锡市梁溪路 796 号
49	中国航天航空科工集团南京电子设备研究所（8511 研究所）	南京市后标营 35 号
50	中国航空研究院 609 所（南京机电液压工程研究中心）	南京市江宁开发区水各路 33 号

江苏省科学研究与技术开发机构名录（省属科研机构，82家）

序　号	机构名称	地址
未转制机构		
1	江苏省农业科学院	南京市孝陵卫钟灵街50号
2	江苏省气象科学研究所（南京交通气象研究所）	南京市北极阁2号
3	江苏丘陵地区南京市农业科学研究所	南京市仙林大学城仙隐南路6号
4	江苏省中国科学院植物研究所	南京市玄武区中山门外前湖后村1号
5	江苏省林业科学研究院	南京市江宁区丹阳大道（宁丹路）109号
6	江苏省淡水水产研究所	南京市建邺区茶亭东街79号
7	江苏省水利科学研究院	南京市南湖路97号
8	江苏省环境科学研究院	南京市鼓楼区江东北路176号
9	江苏省环境监测中心	南京市鼓楼区江东北路176号
10	江苏省体育科学研究所	南京市仙林大道169号
11	江苏省计划生育科学技术研究所	南京市凤凰西街277号
12	江苏省中医药研究院	南京市红山路十字街100号
13	江苏省老年医学研究所	南京市珞珈路30号
14	江苏省肿瘤防治研究所（江苏省肿瘤医院）	南京市玄武区百子亭42号
15	江苏省疾病预防控制中心（江苏省公共卫生研究院）	南京市江苏路172号
16	江苏省临床医学研究院	南京市广州路300号
17	江苏省中医临床研究院	南京市建邺区汉中路155号
18	江苏省计量科学研究院	南京市栖霞区文澜路95号
19	江苏省测绘研究所	南京市北京西路75号
20	江苏省未来网络创新研究院	南京市江宁区秣周东路12号U谷2号楼19层
21	江苏省公安科学技术研究所	南京市鼓楼区扬州路1号
22	江苏省科学技术情报研究所	南京市龙蟠路171号
23	江苏省生产力促进中心	南京市龙蟠路175号
24	江苏省高新技术创业服务中心	南京市广州路37号
25	江苏省检验检疫科学技术研究院	南京市建邺区创智路39号主楼15楼
26	江苏省安全生产科学研究院	南京市花园路9号
27	江苏省产品质量监督检验研究院	南京市光华东街5号

续表

序 号	机构名称	地址
28	江苏省食品药品监督检验研究院	南京市康文路 17 号
29	江苏省质量和标准化研究院	南京市石鼓路 227 号
30	江苏省地质调查研究院	南京市珠江路 700 号
31	江苏省地震工程研究院	南京市玄武区卫岗 3 号江苏省地震工程研究院
32	江苏省印刷科学技术研究所	南京市观音里 1 号
33	江苏省电子信息产品质量监督检验研究院（江苏省信息安全测评中心）	无锡市滨湖区金水路 100 号
34	江苏省原子医学研究所	无锡市钱荣路 20 号
35	江苏省血吸虫病防治研究所	无锡市梅园杨巷 117 号
36	江苏物联网研究发展中心	无锡新区菱湖大道 200 号中国传感网国际创新园 C 座
37	江苏徐淮地区徐州农业科学研究所	徐州市徐海路高铁站北
38	江苏地质矿产设计研究院（中国煤炭地质总局检测中心）	徐州市纺织路 1 号
39	江苏中科院智能科学技术应用研究院	常州市科教城三一路 504 室
40	江苏省血液研究所	苏州市十梓街 188 号
41	苏州市农业科学院（江苏太湖地区农业科学研究所）	苏州相城区望亭北
42	江苏沿江地区农业科学研究所	南通如皋市薛窑
43	江苏省海洋水产研究所	南通市教育路 31 号
44	连云港市农业科学院	连云港市海州区迎宾大道
45	江苏中国科学院能源动力研究中心	连云港经济技术开发区黄海大道 56 号
46	江苏徐淮地区淮阴农业科学研究所	淮安市淮海北路 104 号
47	江苏沿海地区农业科学研究所	盐城市开放大道北路 9 号
48	江苏沿海地区农业科学研究所新洋试验站	盐城市亭湖区盐东镇东首
49	江苏省盐城农垦农业科学研究所	盐城市射阳县中兴桥新洋农场
50	江苏省沿海水利科学研究所	盐城东台市广场路 6 号
51	江苏里下河地区农业科学研究所	扬州市扬子江北路 568 号
52	江苏省家禽科学研究所	扬州市邗江区仓颉路 58 号
53	江苏丘陵地区镇江农业科学研究所	镇江市句容弘景路 1 号
54	江苏省农业科学院宿迁农科所	宿迁市环城北路 16 号

续表

序　号	机构名称	地址
55	江苏省品牌（商标）研究院	南京市太平南路 2 号
56	江苏省医学生物制品研究所	南京市龙蟠路 179 号
转制机构		
57	江苏省药物研究所有限公司	南京市鼓楼区中央路马家街 26 号
58	江苏省医药工业研究所有限公司	南京市玄武大道 699-18 号
59	江苏省农药研究所股份有限公司	南京市新港经济技术开发区恒竞路 31 号
60	中石化南京化工研究院有限公司	南京市六合区大厂葛关路 699 号
61	江苏省计算技术研究所有限责任公司	南京市龙蟠路 173 号
62	中博信息技术研究院有限公司	南京市小行尤家凹 08 号
63	江苏省冶金研究所有限公司	南京市大光路 28 号
64	江苏省机械研究设计院有限责任公司	南京市长虹路 445 号
65	江苏省轻工业科学研究设计院有限公司	南京市应天大街 767 号
66	江苏省农业机械研究所有限公司	南京市上海路 4 号
67	江苏省建筑科学研究院有限公司	南京市北京西路 12 号
68	江苏省建筑材料研究设计院有限公司	南京市马台街 139 号
69	苏交科集团股份有限公司	南京市水西门大街 223 号
70	江苏省化工研究所有限公司	南京经济技术开发区恒竞路 1 号
71	江苏省化工机械研究所有限责任公司	南京市北京西路 17 号
72	江苏省化工信息中心有限公司	南京市北京西路 17 号 9 楼
73	江苏省广播电视科学研究所有限公司	南京市白下路 209 号东楼
74	江苏省粮食科学研究设计院有限公司	南京市建邺区应天大街 765 号
75	江苏省宏图电子综合研究所有限公司	南京市中山北路 285 号 5-6 层
76	江苏省微生物研究所有限责任公司	无锡市钱荣路 7 号
77	江苏省陶瓷研究所有限公司	无锡宜兴市丁蜀镇丁山北路 196 号
78	江苏省纺织研究所股份有限公司	无锡市金城桥西堍
79	江苏省无线电科学研究所有限公司	无锡市滨湖区未名路 28 号
80	江苏省煤矿研究所有限公司	徐州市淮海西路 241 号
81	江苏省机电研究所有限公司	徐州市经济开发区螺山路 19 号
82	江苏省船舶设计研究所有限公司	镇江市正东路 5 号

江苏省重点实验室名录（101 家）

序 号	重点实验室名称	依托单位	主管部门	地 区	建设年份
国家级					
1	固体微结构物理国家重点实验室	南京大学	中华人民共和国教育部	南京	1984
2	计算机软件新技术国家重点实验室	南京大学	中华人民共和国教育部	南京	1987
3	现代配位化学国家重点实验室	南京大学	中华人民共和国教育部	南京	1988
4	医药生物技术国家重点实验室	南京大学	中华人民共和国教育部	南京	1991
5	内生金属矿床成矿机制研究国家重点实验室	南京大学	中华人民共和国教育部	南京	1991
6	污染控制与资源化研究国家重点实验室	同济大学、南京大学	中华人民共和国教育部	南京	1991
7	毫米波国家重点实验室	东南大学	中华人民共和国教育部	南京	1991
8	移动通信国家重点实验室	东南大学	中华人民共和国教育部	南京	1991
9	作物遗传与种质创新国家重点实验室	南京农业大学	中华人民共和国教育部	南京	2001
10	现代古生物学和地层学国家重点实验室	中国科学院南京地质古生物研究所	中国科学院	南京	2001
11	土壤与农业可持续发展国家重点实验室	中国科学院南京土壤研究所	中国科学院	南京	2003
12	生物电子学国家重点实验室	东南大学	中华人民共和国教育部	南京	2004
13	水文水资源与水利工程科学国家重点实验室	河海大学	中华人民共和国教育部	南京	2004
14	煤炭资源与安全开采国家重点实验室	中国矿业大学（北京、徐州）	中华人民共和国教育部	徐州	2006
15	材料化学工程国家重点实验室	南京工业大学	江苏省科学技术厅	南京	2007
16	湖泊与环境国家重点实验室	中国科学院南京地理与湖泊研究所	中国科学院	南京	2007
17	食品科学与技术国家重点实验室	江南大学、南昌大学	中华人民共和国教育部	无锡	2007

续表

序号	重点实验室名称	依托单位	主管部门	地区	建设年份
18	深部岩土力学与地下工程国家重点实验室	中国矿业大学（徐州、北京）	中华人民共和国教育部	徐州	2008
19	生殖医学国家重点实验室	南京医科大学	江苏省科学技术厅	南京	2011
20	天然药物活性组分与药效国家重点实验室	中国药科大学	中华人民共和国教育部	南京	2011
21	机械结构力学及控制国家重点实验室	南京航空航天大学	中华人民共和国工业和信息化部	南京	2011
22	生命分析化学国家重点实验室	南京大学	中华人民共和国教育部	南京	2011
23	食品质量安全研究重点实验室（省部共建）	省农业科学院	江苏省科学技术厅	南京	2007
24	有机电子与信息显示重点实验室（省部共建）	南京邮电大学	江苏省科学技术厅	南京	2009
25	放射医学与辐射防护省部共建国家重点实验室	苏州大学	江苏省科学技术厅	苏州	2010
26	纳米器件重点实验室（省部共建）	中国科学院苏州纳米技术与纳米仿生研究所	苏州工业园区科技与信息化局	苏州	2010
27	爆炸冲击防灾减灾国家重点实验室	中国人民解放军理工大学	—	南京	2012
28	数学工程与先进计算国家重点实验室	总参谋部第五十六研究所	—	无锡	2012
省级					
29	江苏省家禽遗传育种重点实验室	江苏省家禽科学研究所	江苏省农业农村厅	扬州	1991
30	江苏省农业生物学重点实验室	江苏省农业科学院生物遗传生理研究所	江苏省农业科学院	南京	1993
31	江苏省寄生虫与媒介控制技术重点实验室	江苏省寄生虫病防治研究所	江苏省卫生健康委员会	无锡	1996
32	江苏省环境工程重点实验室	江苏省环境科学研究院	江苏省生态环境厅	南京	1998
33	江苏省植物资源研究与利用重点实验室	江苏省中国科学院植物研究所	江苏省中国科学院植物研究所	南京	2000
34	江苏省新药筛选重点实验室	中国药科大学	中国药科大学	南京	2000
35	江苏省药物代谢动力学研究重点实验室	中国药科大学	中国药科大学	南京	2001
36	江苏省神经再生研究重点实验室	南通大学	南通市科学技术局	南通	2001

续表

序 号	重点实验室名称	依托单位	主管部门	地 区	建设年份
37	江苏省纳米技术重点实验室	南京大学	南京大学	南京	2002
38	江苏省人类功能基因组学重点实验室	南京医科大学	南京医科大学	南京	2002
39	江苏省网络与信息安全重点实验室	东南大学	东南大学	南京	2003
40	江苏省光电信息功能材料重点实验室	南京大学	南京大学	南京	2003
41	江苏省信息农业重点实验室	南京农业大学	南京农业大学	南京	2004
42	江苏省生物材料与器件重点实验室	东南大学	东南大学	南京	2004
43	江苏省人兽共患病学重点实验室	扬州大学	扬州市科学技术局	扬州	2006
44	江苏省精密与微细制造技术重点实验室	南京航空航天大学	南京航空航天大学	南京	2006
45	江苏省土木工程材料重点实验室	东南大学	东南大学	南京	2006
46	江苏省高效园艺作物遗传改良重点实验室	江苏省农业科学院	江苏省农业科学院	南京	2006
47	江苏省工业装备数字制造及控制技术重点实验室	南京工业大学	南京工业大学	南京	2007
48	江苏省先进光学制造技术重点实验室	苏州大学	苏州市科学技术局	苏州	2007
49	江苏省固体有机废弃物资源化高技术研究重点实验室	南京农业大学、江苏新天地生物肥料工程中心有限公司	南京农业大学	南京	2007
50	江苏省先进金属材料高技术研究重点实验室	东南大学	东南大学	南京	2007
51	江苏省环洪泽湖生态农业生物技术重点实验室	淮阴师范学院	淮安市科学技术局	淮安	2007
52	江苏省医学分子技术重点实验室	南京大学	南京大学	南京	2007
53	江苏省分子核医学重点实验室	江苏省原子医学研究所	江苏省卫生健康委员会	无锡	2008
54	江苏省微纳生物医疗器械设计与制造重点实验室	东南大学	东南大学	南京	2008
55	江苏省中药药效与安全性评价重点实验室	南京中医药大学	南京中医药大学	南京	2008
56	江苏省麻醉与镇痛应用技术重点实验室	徐州医学院	徐州市科学技术局	徐州	2008
57	江苏省凹土资源利用重点实验室	淮阴工学院	淮安市科学技术局	淮安	2008

续表

序号	重点实验室名称	依托单位	主管部门	地区	建设年份
58	江苏省道路载运工具新技术应用重点实验室	江苏大学	镇江市科学技术局	镇江	2008
59	江苏省杨树种质创新与品种改良重点实验室	南京林业大学	南京林业大学	南京	2008
60	江苏省兽用生物制药高技术研究重点实验室	江苏省农牧科技职业学院、江苏倍康药业有限公司	泰州市科学技术局	泰州	2009
61	江苏省生物药物高技术研究重点实验室	东南大学、江苏豪森药业股份有限公司	东南大学	南京	2009
62	江苏省农业装备与智能化高技术研究重点实验室	江苏大学、江苏沃得农业机械有限公司、常州东风农机集团有限公司	镇江市科学技术局	镇江	2009
63	江苏省输配电装备技术重点实验室	河海大学常州校区、常州市太平洋电力设备（集团）有限公司	常州市科学技术局	常州	2009
64	江苏省生物质能源与材料重点实验室	中国林业科学研究院林产化学工业研究所、江苏强林生物能源有限公司	南京市科学技术局	南京	2009
65	江苏省风力机设计高技术研究重点实验室	南京航空航天大学、江苏天奇物流系统工程股份有限公司	南京航空航天大学	南京	2009
66	江苏省碳基功能材料与器件高技术研究重点实验室	苏州大学、苏州彩虹集团	苏州市科学技术局	苏州	2009
67	江苏省煤基温室气体减排与资源化利用重点实验室	中国矿业大学、徐州矿务集团	徐州市科学技术局	徐州	2010
68	江苏省新型环保重点实验室	盐城工学院、江苏科行环境工程技术有限公司	盐城市科学技术局	盐城	2010
69	江苏省新型动力电池重点实验室	南京师范大学、江苏双登集团有限公司	南京师范大学	南京	2010
70	江苏省机动车尾气污染控制重点实验室	南京大学、无锡威孚力达催化净化器有限责任公司	南京大学	南京	2010
71	江苏省智能电网技术与装备重点实验室	东南大学、大全集团有限公司	东南大学	南京	2010
72	江苏省无线传感网高技术研究重点实验室	南京邮电大学、南京三宝科技集团公司	南京邮电大学	南京	2010

续表

序 号	重点实验室名称	依托单位	主管部门	地 区	建设年份
73	江苏省方剂高技术研究重点实验室	南京中医药大学、江苏康缘药业有限责任公司	南京中医药大学	南京	2010
74	江苏省大气环境监测与污染控制高技术研究重点实验室	南京信息工程大学、国电环保研究院	南京信息工程大学	南京	2010
75	江苏省先进机器人技术重点实验室	苏州大学	苏州市科学技术局	苏州	2011
76	江苏省生物质能与酶技术重点实验室	淮阴师范学院	淮安市科学技术局	淮安	2011
77	江苏省盐土生物资源研究重点实验室	盐城师范学院	盐城市科学技术局	盐城	2011
78	江苏省光谱成像与智能感知重点实验室	南京理工大学	南京理工大学	南京	2011
79	江苏省皮肤病与性病分子生物学重点实验室	中国医学科学院皮肤病研究所	南京市科学技术局	南京	2012
80	江苏省绿色船舶技术重点实验室	中国船舶重工集团公司第七〇二研究所	无锡市科学技术局	无锡	2012
81	江苏省绿色催化材料与技术重点实验室	常州大学	常州市科学技术局	常州	2012
82	江苏省医用光学重点实验室	中国科学院苏州生物医学工程技术研究所	苏州高新技术产业开发区科技局	苏州	2012
83	江苏省高端结构材料重点实验室	江苏大学	镇江市科学技术局	镇江	2012
84	江苏省地理信息技术重点实验室	南京大学、江苏省测绘研究所	南京大学	南京	2012
85	江苏省药物分子设计与成药性优化重点实验室	中国药科大学	中国药科大学	南京	2012
86	江苏省社会安全图像与视频理解重点实验室	南京理工大学	南京理工大学	南京	2012
87	江苏省异种器官移植重点实验室	南京医科大学	南京医科大学	南京	2012
88	江苏省危险化学品本质安全与控制技术重点实验室	南京工业大学	南京工业大学	南京	2012
89	江苏省食品先进制造装备技术重点实验室	江南大学	无锡市科学技术局	无锡	2013
90	江苏省先进激光材料与器件重点实验室	江苏师范大学	徐州市科学技术局	徐州	2013
91	江苏省重大神经精神疾病诊疗技术研究重点实验室	苏州大学	苏州市科学技术局	苏州	2013

续表

序号	重点实验室名称	依托单位	主管部门	地区	建设年份
92	江苏省城市智能交通重点实验室	东南大学	东南大学	南京	2013
93	江苏省航空动力系统重点实验室	南京航空航天大学	南京航空航天大学	南京	2013
94	江苏省三维打印装备与制造重点实验室	南京师范大学	南京师范大学	南京	2013
95	江苏省恶性肿瘤分子生物学及转化医学重点实验室	江苏省肿瘤防治研究所	江苏省卫生健康委员会	南京	2013
96	江苏省高效电化学储能技术重点实验室	南京航空航天大学	南京航空航天大学	南京	2017
97	江苏省网络群体智能重点实验室	东南大学	东南大学	南京	2017
98	江苏省功能材料设计原理与应用技术重点实验室	南京大学	南京大学	南京	2018
99	江苏省作物基因组学和分子育种重点实验室	扬州大学	扬州市科学技术局	扬州	2018
100	江苏省海洋生物资源与环境重点实验室	江苏海洋大学	连云港市科学技术局	连云港	2018
101	江苏省先进轻质高性能材料重点实验室	南京工业大学	南京工业大学	南京	2019

江苏省企业重点实验室（企业研究院）名录（82家）

序号	企业重点实验室（企业研究院）名称	承担单位	地区	建设年份
国家级				
1	特种纤维复合材料国家重点实验室	中材科技股份有限公司	南京	2007
2	新型药物制剂技术国家重点实验室	扬子江药业集团有限公司	泰州	2007
3	高性能土木工程材料国家重点实验室	江苏省建筑科学研究院有限公司	南京	2010
4	肉品加工与质量控制国家重点实验室	江苏雨润肉类产业集团有限公司	南京	2010
5	光伏科学与技术国家重点实验室	天合光能股份有限公司	常州	2010
6	中药制药过程新技术国家重点实验室	江苏康缘药业股份有限公司	连云港	2010
7	在役长大桥梁安全与健康国家重点实验室	苏交科集团股份有限公司	南京	2015
8	智能电网保护和运行控制国家重点实验室	南瑞集团有限公司	南京	2015
9	清洁高效燃煤发电与污染控制国家重点实验室	国电科学技术研究院有限公司	南京	2015

续表

序 号	企业重点实验室（企业研究院）名称	承担单位	地 区	建设年份
10	宽禁带半导体电力电子器件国家重点实验室	中国电子科技集团公司第五十五研究所	南京	2015
11	空中交通管理技术国家重点实验室	中国电子科技集团公司第二十八研究所	南京	2015
12	转化医学与创新药物国家重点实验室	江苏先声药业有限公司	南京	2015
13	深海载人装备国家重点实验室	中国船舶重工集团公司第七〇二研究所	无锡	2015
14	高端工程机械智能制造国家重点实验室	徐州工程机械集团有限公司	徐州	2015
省级				
15	江苏省（南汽）汽车工程研究院	南京汽车集团有限公司	南京	2006
16	江苏省（沙钢）钢铁研究院	江苏沙钢集团有限公司	张家港	2006
17	江苏省（春兰）清洁能源研究院	春兰（集团）公司	泰州	2006
18	江苏省（联创）软件研究院	南京联创科技集团股份有限公司	南京	2008
19	江苏省（尚德）光伏技术研究院	无锡尚德太阳能电力有限公司	无锡	2008
20	江苏省（龙腾）平板显示技术研究院	昆山龙腾光电股份有限公司	昆山	2008
21	江苏省焊接自动化装备重点实验室	昆山华恒工程技术中心有限公司	昆山	2009
22	江苏省（今世缘）生物酿酒技术研究院	江苏今世缘酒业股份有限公司	涟水	2009
23	江苏省（洋河）生物酿酒技术研究院	江苏洋河酒厂股份有限公司	宿迁	2009
24	江苏省（中圣）工业节能技术研究院	江苏中圣高科技产业有限公司	南京	2010
25	江苏省（一环）水处理技术研究院	江苏一环集团有限公司	宜兴	2010
26	江苏省（中远船务）海洋工程装备研究院	南通中远海运船务工程有限公司	南通	2010
27	江苏省（恒瑞）创新药物研究院	江苏恒瑞医药股份有限公司	连云港	2010
28	江苏省精细功能高分子材料重点实验室	江苏中丹集团股份有限公司	泰兴	2010
29	江苏省（中天科技）光电传输新技术研究院	中天科技研究院有限公司	南通	2011
30	江苏省（亿晶）光伏工程研究院	常州亿晶光电科技有限公司	常州	2011
31	江苏省（好孩子）科学育儿用品研究院	好孩子儿童用品有限公司	昆山	2011
32	江苏省（盛虹）纺织新材料研究院	盛虹集团有限公司	苏州	2011
33	江苏省风力发电技术重点实验室	国电联合动力技术（连云港）有限公司	连云港	2011
34	江苏省（井神）盐化工循环经济技术研究院	江苏苏盐井神股份有限公司	淮安	2011
35	江苏省高端钢铁材料重点实验室	南京钢铁股份有限公司	南京	2013

续表

序 号	企业重点实验室（企业研究院）名称	承担单位	地 区	建设年份
36	江苏省绿色建筑与结构安全重点实验室	江苏省建筑科学研究院有限公司	南京	2013
37	江苏省热工过程智能控制重点实验室	南京科远智慧科技集团股份有限公司	南京	2013
38	江苏省新型特种光纤及光纤预制棒重点实验室	江苏亨通光电股份有限公司	苏州	2013
39	江苏省光通信材料重点实验室	通鼎互联信息股份有限公司	苏州	2013
40	江苏省智能电网配用电关键技术研究重点实验室	常熟开关制造有限公司（原常熟开关厂）	常熟	2013
41	江苏省多元胺醇材料技术重点实验室	江苏飞翔化工股份有限公司	张家港	2013
42	江苏省生态染整技术重点实验室	江苏联发纺织股份有限公司	海安	2013
43	江苏省农药清洁生产技术重点实验室	江苏扬农化工股份有限公司	扬州	2013
44	江苏省高性能纤维重点实验室	中国石化仪征化纤有限责任公司	仪征	2013
45	江苏省船舶动力重点实验室	中船动力有限公司	镇江	2013
46	江苏省医疗诊断装备及技术重点实验室	江苏鱼跃医疗设备股份有限公司	丹阳	2013
47	江苏省城市轨道交通车辆整车及关键部件重点实验室	中车南京浦镇车辆有限公司	南京	2014
48	江苏金属层状复合材料重点实验室	银邦金属复合材料股份有限公司	无锡	2014
49	江苏省煤矿井下防爆车辆重点实验室	常州科研试制中心有限公司	常州	2014
50	江苏省特种电缆高分子材料重点实验室	江苏中利集团股份有限公司	常熟	2014
51	江苏省核电阀门重点实验室	江苏神通阀门股份有限公司	启东	2014
52	江苏省轨道交通用特殊钢新材料重点实验室	江苏沙钢集团淮钢特钢股份有限公司	淮安	2014
53	江苏省特种电缆材料及可靠性研究重点实验室	宝胜科技创新股份有限公司	宝应	2014
54	江苏省结构与功能金属复合材料重点实验室	江苏兴达钢帘线股份有限公司	兴化	2014
55	江苏省工业机器人及运动控制重点实验室	南京埃斯顿自动化股份有限公司	南京	2015
56	江苏省轨道交通车辆门系统重点实验室	南京康尼机电股份有限公司	南京	2015
57	江苏省大数据存储及应用重点实验室	南京中兴新软件有限责任公司	南京	2015
58	江苏省无线电力传输技术重点实验室	无锡华润矽科微电子有限公司	无锡	2015
59	江苏省硅基电子材料重点实验室	江苏协鑫硅材料科技发展有限公司	徐州	2015
60	江苏省光电玻璃重点实验室	常州亚玛顿股份有限公司	常州	2015

续表

序　号	企业重点实验室（企业研究院）名称	承担单位	地　区	建设年份
61	江苏省金属板材智能装备重点实验室	江苏亚威机床股份有限公司	扬州	2015
62	江苏省能源系统电力电子技术重点实验室	国电南京自动化股份有限公司	南京	2016
63	江苏省手性药物重点实验室	江苏奥赛康药业有限公司	南京	2016
64	江苏省高性能金属线材制品关键技术重点实验室	法尔胜泓昇集团有限公司	江阴	2016
65	江苏省海上风电叶片设计与制造技术重点实验室	连云港中复连众复合材料集团有限公司	连云港	2016
66	江苏省抗病毒靶向药物研究重点实验室	正大天晴药业集团股份有限公司	连云港	2016
67	江苏省系泊链设计与应用技术重点实验室	江苏亚星锚链股份有限公司	靖江	2016
68	江苏省电化学储能技术重点实验室	双登集团股份有限公司	泰州	2016
69	江苏省新能源汽车动力系统重点实验室	南京越博动力系统股份有限公司	南京	2018
70	江苏省高性能纤维复合材料重点实验室	常州市宏发纵横新材料科技股份有限公司	常州	2018
71	江苏省 3C 产品制造成套装备与智能化重点实验室	博众精工科技股份有限公司	苏州	2018
72	江苏省探测感知技术重点实验室	中国电子科技集团公司第十四研究所	南京	2019
73	江苏省中药配方颗粒制备与质量控制关键技术重点实验室	江阴天江药业有限公司	无锡	2019
74	江苏省中枢神经药物研究重点实验室	江苏恩华药业股份有限公司	徐州	2019
75	江苏省汽车智能照明系统重点实验室	常州星宇车灯股份有限公司	常州	2019
76	江苏省轨道交通齿轮传动技术重点实验室	中车戚墅堰机车车辆工艺研究所有限公司	常州	2019
77	江苏省柔性光电子材料／器件与制造技术重点实验室	苏州苏大维格科技集团股份有限公司	苏州	2019
78	江苏省集成电路先进封装测试重点实验室	通富微电子股份有限公司	南通	2019
79	江苏省海洋工程装备重点实验室	招商局重工（江苏）有限公司	南通	2019
80	江苏省固废资源化关键技术及装备重点实验室	中国天楹股份有限公司	南通	2019
81	江苏省儿科创新中药与特色制剂企业重点实验室	济川药业集团有限公司	泰州	2019
82	江苏省手性药物反应与分离工程重点实验室	江苏阿尔法药业有限公司	宿迁	2019

科技条件与平台

Science & Technology Condition and Platform

公共服务平台

【江苏省科技资源统筹服务中心】 2019 年是江苏省科技资源统筹服务中心（简称“省统筹中心”）建设的起步之年，中心认真落实省委省政府和省科技厅各项决策部署，顶层布局省科技资源统筹服务平台建设，稳步接续各资源平台管理服务，统筹推进各项建设工作迈出坚实步伐，取得明显成效。截至 2019 年年底，平台已集聚全省科技人才、基础、载体、成果、服务五大板块三十大类约 3.2 亿条科技资源信息。科技资源量大幅增加，共集聚科学仪器设备 8100 台（套），农业种质资源 6.48 万份，文献数据超过 3.1 亿条、比 2018 年增长 35.37%，重大疾病生物样本超过 100 万份，比 2018 年翻一番；开放共享服务水平快速提升，推动各基础资源平台开放服务，共服务企业等用户近 18000 家，其中高校院所大型科学仪器共享年服务总收入 6.14 亿元、比 2018 年增长 42.7%；技术合同成交额实现进位赶超，达 1675.59 亿元、比 2018 年增长 45.36%，重回全国前三行列。

加强顶层设计，高起点谋划全省科技资源统筹服务工作。一是完成全省科技资源统筹服务建设规划。按照“1+X”模式，研究编制并正式发布省科技资源统筹服务平台建设方案，完成科技资源数据目录与征集、线上平台、线下服务中心、科学仪器、农业种质资源系统等若干配套方案，重点建设科技创新资源池、线上服务云平台、线下服务共同体及资源开放新机制，构建完善科技资源统筹服务体系。二是建立起跨部门、跨领域的协同推进机制。省政府专门成立由分管副省长牵头，省委组织部、军民融合办，省发改委、教育厅、科技厅、工信厅、财政厅、人社厅等 13 个部门和单位共同参与的省科技资源统筹服务平台理事会，并召开第一次会议，形成全省“一盘棋”。三是启动科技资源统筹服务法规制度建设。深入调研学习国家及兄弟省市经验做法，启动《江苏省科技资源统筹服务管理办法》起草工作并完成初稿；完成《江苏省促进大型科学仪器设施共享规定编制工作计划》，并启动立法前期准备工作。

强化需求导向，高标准启动建设线上服务云平台。一是夯实科技资源整合基础。按照有效科技资源数据“一网尽”、统筹配置优化“一瓢清”的思路，建立科技资源数据目录，制定征集方案，完成省科技厅系统资源数据的首轮征集及数据清洗，为资源池建设奠定基础。二是精细规划线上云平台建设。平台集聚全省科技人才、基础、载体、成果、服务五大板块三十大类科技资源信息，绘制科技资源地图，开通科技商城，推动科学仪器、生物资源、技术合同登记等 3 ～ 4 个专题服务上线运行。三是启动线上云平台（一期）建设。省科技厅给予立项支持，委托专业机构制定招标文件，由省政府采购中心组织对外招标，顺利完成项目首批“门户网站”和“数据中心”对外招标工作。目前，线上云平台系统已完成初步开发。

加快功能完善，推动线下服务中心建设。一是做好展厅设计布局。完成 700 多平方米展厅设计，将集中展示科技人才、科技成果、基础资源、科研基地、科研机构、科技企业、创新园区、双创载体、科技金融、科技合作等各类科技资源，全面展现江苏拥有的科技资源和科技创新成效，形成全省科技创新的标志性展示窗口。二是拓展线下服务功能。结合技术市场二期工程，加快成贤街 14000 平方米标志性服务示范园区建设，进一步拓展线下服务功能，打造多功能组合式路演空间，满足不同路演和洽谈需要；吸引专业服务机构入驻开展增值服务，目前已与佰腾科技等多家知名机构达成初步意向。三是推进平台基础设施和机房建设。积极落实理事会会议要求，按照信息系统等级保护二级标准，建立省科技资源数据安全防护体系，确保平台数据安全、物理安全、应用安全和管理安全。高标准、严要求完成机房电力扩容方案编制及平台中心机房基础场地改造。

创新体制机制，推动仪器共享迈上新台阶。一是探索创新市场化运营新机制。首批启动3家“开放实验室”试点建设，在不改变所有权的前提下，支持高校院所整合仪器设施，并授权第三方专业服务机构对仪器设施进行市场化运营，推动试点单位仪器管理集约化率达到80%以上，利用率提高10%；承担国家科技基础条件平台中心专项课题《科研仪器开放共享市场化运营研究》项目，省统筹中心成为首批入选“全国科研仪器服务联盟”的特别会员单位。二是推动建立起奖优罚劣的管理机制。组织全省111家管理单位开展大型科学仪器开放服务信息公示，数据显示，年有效工作总机时874.4万小时，年服务总收入6.14亿元，50%的管理单位建有集约化管理平台，纳入集约化管理的仪器比例达77.6%；研究制定开放服务评价指标体系，首次对60家省级管理单位进行绩效评价，对考评优秀的7家管理单位给予绩效奖补，对考评较差的4家管理单位进行通报并责令限期整改。三是省市联动开展中小企业用户补贴。编制完成《江苏省科技资源开放服务奖补系统建设方案》并委托开发上线运行，与南京、苏州、南通、江阴高新区等18个设区市、创新园区联动开展省大型科学仪器开放共享用户补贴，对200多家科技型中小企业提供1000多万元补贴，降低40%的试验检测成本。四是加强大型科学仪器设备购置源头控制。研究制定并发布《江苏省省级新购大型科学仪器设备预警目录清单（2019年版）》，将扫描式电子显微镜、DNA测序仪等10种仪器列入新购预警目录，为管理单位新购仪器设备联合评议提供指导。

深化特色服务，推动文献资源服务攀新高。一是文献服务信息系统新版本上线运行。通过大数据、云计算等新技术，升级开发新的文献服务系统，快速提升文献资源数据的采集与存储、整理与分析、检索与服务能力。目前文献资源量达到160 TB，包括期刊、专利、标准、图书报纸和科技报告等，其中中文科技期刊15000种、外文期刊24000种、中外会议资料407万篇、学位论文630万份、中国专利超2000万件、国内外标准数据80万条、国内外科技报告293万份。二是深化特色服务。通过“免费服务卡”“我的网盘”“文献难题库”等特色服务，吸引中小企业等用户积极使用文献资源，同时激发一线服务馆员的服务积极性，推动文献原文传递、代查代借等服务实现快速响应，文献元数据加工量1887万条，比2018年增长12.2%，原文传递近362万页，比2018年增长107.5%。三是积极拓展深层次服务。各共建单位利用文献资源，积极为科技企业和地方产业开展定制化专题咨询，提供创新发展整体解决方案；利用专利文献资源，拓展专利预警与导航、知识产权战略研究等深层次服务；利用农业科技文献、生物医药专业文献积极服务农业科技创新和生物医药研究开发。截至2019年年底，文献中心共完成深层次服务4436项。四是深入一线多渠道开展服务宣传。积极组织文献中心共建单位深入泰州医药城、常熟高新区等创新园区，开展多场“文献服务园区行”活动；结合文献中心各共建单位资源特色，面向不同服务对象，开展325场次主题培训，培训人员超38000人次。

完善服务手段，推动农业种质资源保护与利用。一是加强资源收集，保护特色种质。农作物、林木、水产、家养动物四大类农业种质资源实物总量达6.48万份，比2018年增加了3.6%；根据江苏农业科研和生产的需求，积极收集引进国内外优异特色种质资源2276份；实时监测库存种质种量、活力，筛选出2767份相对活力低、种量少的种质资源进行繁殖与更新复壮，确保资源安全保存；根据产业发展和科研需求积极开展种质资源鉴定评价，及时增补、更新种质资源评价信息3288份。二是推动种质资源数据库建设。为摸清种质资源数据信息的家底，提高种质资源管理服务水平和共享利用效率，平台组织各种质资源库（圃）研究制定四大类种质资源描述数据字段表64个，其中，共性描述数据信息40个，个性特征数据信息超3000个。三是促进种质资源有效利用。各种质资源库（圃）组织举办了小麦、水稻、桃等优异资源展示会21场，围绕特定需求开展专题服务 19 次。累计向 217 家单位共享种质资源 8699 份次。四是积极支撑农业科技创新和乡村振兴战略。平台支撑各类成果奖 22 项、相关科研课题 43 项、SCI 收录论文 32 篇、专利 33 件、审定品种 4 个、获得品种权 4 项。支撑研究成果“绿豆新品种选育及绿色高效栽培技术集成应用”获得省科技进步一等奖，“秦淮仙女”月季获“2019 年北京世界园艺博览会室内展品竞赛特等奖”，苏钟猪保种场积极参与应对非洲猪瘟并助力全省生猪复产。

强化规范运行，夯实生物样本开放服务基础。一是进一步夯实建设运行基础。截至 2019 年年底，样本库工作场地面积共计 6980 平方米，仪器设备 551 台（套）、原值 3283 万元，工作人员 118 人，其中专职人员 34 人、高级职称 49 人；全年共收集保存样本 41.6794 万份，比 2018 年翻一番；质控体系更加严格规范，样本质量抽样合格率超过 95%。二是推动资源开放共享。全年共出库生物样本 20692 份，比 2018 年翻一番，对外出库生物样本 1656 份。截至 2019 年年底，集成平台共集聚样本量达 154615 份，占总量的 11.8%。三是不断提升科技创新支撑能力。牵头或参与制订国家、地方、行业或团体标准 8 项；相关研究成果获得省部级以上科技奖励 3 项、支撑省部级以上科技项目 75 项、发表论文 65 篇、获得发明专利 3 件，开展业务培训 90 场次，达 923 人次。四是加强运行管理和合作交流。编制起草《江苏省重大疾病生物资源样本库年度运行服务绩效评价工作方案》（含评价指标体系及评分细则），重点围绕样本收集、共享服务、科技创新、运行管理等 4 个方面进行绩效评价；加强用户需求调研和对接，组团参加 ISBER2019 年度会议，赴四川大学、劳德国际转化医学研究院、南京江北新区科技投资集团等科研机构和企业开展交流和调研。

支撑重大战略，服务苏南自创区和长三角一体化建设。一是深入苏南自创区开展服务需求调研。先后赴苏州、南京、常州等地开展调研 10 余次，与苏南各设市区和创新园区科技主管部门、高校院所、新型研发机构、科技服务机构、企业等有关负责人进行座谈交流，充分征求社会各方对科技资源共建共享的意见建议。二是探索开展苏南自创区特色专题服务。结合苏南特色产业和企业服务需求，与苏南部分市县和高新区联合，积极推动科学仪器、工程文献等科技资源聚焦科技创新一线，着力解决中小企业检验检测、文献查询、专利检索、技术转移等服务需求。三是积极开展长三角科技资源共享。聚焦长三角一体化发展国家战略，积极参加“首届长三角科技成果展”，组织长三角地区参加南京市创新周活动之“长三角科创圈共建创新平台圆桌会议”，牵头起草并共同发布《共建长三角科创圈创新平台倡议书》；组织推荐省内优秀服务机构加入“长三角科技资源共享服务平台科技服务机构联盟”。

规范绩效评价，做好各资源平台运行服务考核。根据省科技资源统筹服务平台理事会会议要求，2019 年仍按原考核评价指标及补贴标准，做好各基础资源平台运行绩效考核。在考核过程中，严格遵循回避原则，组织技术、财务、管理和科技服务专家通过现场核查、在线审核、会议答辩、综合考评等形式，采用打分和定性评价相结合的方式开展 2019 年度运行绩效考核，形成最终考核结果。对考评结果优秀、良好、合格的分等次发放运行服务补贴，对考评不合格的要求限期整改。

【科技资源共享平台】 科技资源共享平台面向科技创新、创业、经济社会发展等需求，加强优质科技资源整合集成，为科学研究、企业创新和社会发展提供网络化、社会化的科技资源共享服务，提升科技资源使用效率。江苏省建有 8 家科技资源共享平台（国家级 2 家），涵盖大型科学仪器、科技文献、农业种质、重大疾病样本、实验动物、知识产权等科技资源。

截至 2019 年年底，全省入网大型科学仪器设备 8100 台（套）、仪器原值 106.96 亿元，拥有文献信息资源达 160 TB，保存农作物、林木、水产、家禽等四类种质资源 6.48 万份，收集胰腺、肾脏、血液等重大疾病样本 41.68

万份；国家遗传工程小鼠资源库拥有大小鼠品系 11189 个；国家非人灵长类实验动物种子中心苏州分中心非人灵长类种群存栏量达 13906 只；江苏省知识产权公共服务平台拥有国内及国外主要国家和地区专利数据 16243 万条。

江苏省科技资源共享平台资助情况

单位：万元

序　号	平台名称	2019 年度资助经费	下达文号	截至 2019 年年底累计资助经费
1	江苏省大型科学仪器设备共享服务平台	850	苏财教〔2019〕183 号	4440
2	江苏省工程技术文献信息中心	350	苏财教〔2019〕183 号	4800
3	江苏省农业种质资源保护与利用平台	500	苏财教〔2019〕183 号	3950
4	江苏省重大疾病生物资源样本库	400	苏财教〔2019〕183 号	5000
5	国家遗传工程小鼠资源库	150	苏财教〔2019〕183 号	4180
6	国家非人灵长类实验动物种子中心苏州分中心	50	苏财教〔2019〕183 号	1150
7	江苏省医药动物实验基地	200	苏财教〔2019〕183 号	3500
8	江苏省知识产权公共服务平台	0	—	2100

江苏省大型科学仪器设备共享服务平台资源情况。截至 2019 年年底，江苏省大型科学仪器设备共享服务平台（简称“省大仪平台”）共有入网单位 640 家，入网仪器 8100 台（套），原值达 106.96 亿元，仪器数量和原值分布同比分别增长 2.3% 和 29.5%。

从地域分布来看，大型科学仪器主要聚集在苏南地区，数量占比 83.32%，其中南京占比超过五成；从所在单位性质分布来看，大型科学仪器主要集中在高等学校和科研机构，数量占比分别为 74.37% 和 18.74%；从仪器的分类来看，主要有分析仪器、工艺实验设备、物理性能测试仪器等，分析仪器数量占比高达 43%。

2019 年江苏省大型科学仪器设备共享服务平台入网仪器按地域分布情况

地区	占比（%）	地区	占比（%）	地区	占比（%）
苏南		苏中		苏北	
南京	53.25	扬州	2.73	徐州	5.34
苏州	14.61	南通	2.71	连云港	1.84
无锡	6.60	泰州	0.83	淮安	1.72
镇江	4.91	—		盐城	1.40
常州	3.97			宿迁	0.09
小计	83.34	小计	6.27	小计	10.39

开放服务。根据2019年全省科研设施与仪器开放服务信息公示数据，全省111家管理单位年有效工作总机时874.4万小时，年平均有效工作机时1155小时,年服务总收入6.14亿元，其中对外服务收入4亿元，建立在线服务平台的管理单位占比达50%，纳入集约化管理的仪器占总数的77.6%，共制定管理制度200多项；首批支持江苏师范大学、盐城工学院等3家高校启动试点建设江苏省大型科学仪器开放实验室，预计建成后集约化率达80%以上，利用率提高10%；与南京、苏州、南通、江阴高新区等18个设区市、高新区和园区联动开展省大型科学仪器开放共享用户补贴，预计对226家科技型中小企业提供1180多万元省市联动补贴，直接为企业降低近40%的检验检测成本，截至2019年年底，共对近2500家中小企业补贴5400多万元。

运行管理。2019年，省大仪平台组织全省111家高校院所等管理单位开展2019年度全省科研设施与仪器开放服务信息公示，组织专家对20家省属管理单位开展现场核查；首次完成对60家省属管理单位开放服务绩效评价工作，考评结果中优秀的7家，较差的4家，对7家“优秀”等次的高校院所发放绩效奖补；推动省科技厅、财政厅、教育厅、市场监管局等联合发布《江苏省省级新购大型科学仪器设备预警目录（2019年版）》，将扫描式电子显微镜、DNA测序仪等10种仪器列入新购预警目录。

江苏省工程技术文献信息中心 资源情况。截至2019年年底，拥有本地电子信息资源总量超过160TB，拥有的联合目录及元数据量超过3.1亿条，其中中文科技期刊15000种、外文期刊24000种、中外会议资料407万篇、学位论文630万份、中国专利超2000万件、国内外标准数据80万条、国内外科技报告293万份。

运行服务。2019年，工程文献平台访问量突破810万次，实现网上全文服务量3714628页，其中原文传递3618942页、文献代查代检95686页。全年服务单位用户数6321家次，其中服务企业3720家，完成定题服务、专利分析报告、产业信息跟踪与分析、专题研究报告等深层次服务4436项（次）；组织各共建单位赴常熟高新区、泰州高新区、镇江新区等创新园区举办工程文献资源推介活动，开展10多场“文献服务园区行”，现场服务用户1000多家，工程文献中心全年开展325场次主题培训，培训人员超38000人次。

运行管理。2019年，根据年度工作任务分工，组织专家成立考核组，对工程文献中心10家共建单位联合目录加工、原文传递、代查代检等运行服务绩效进行了评估，10家单位均通过考核并分档发放运行服务补贴。

江苏省农业种质资源保护与利用平台 资源情况。截至2019年年底，江苏省农业种质资源保护与利用平台已保存农作物、林木、水产、家养动物四大类种质资源6.48万份，其中2019年新增种质资源2276份，种质资源保存数量同比增长3.6%。

2019年，更新各类种质资源2767份，其中农作物种质资源2187份、林木资源410份、水产17份、家养动物153份。

运行服务。2019年，对外提供包括农作物、林木、家养动物、水产等6.36万份农业种质资源信息共享服务，共享特征数据超过190万个，提供信息数量同比增长5.5%。

2019年，累计向中国农科院等217家单位提供种质资源8699份次，其中农作物4969份次、林木1715份次、水产1528份次、家养动物487份次。

2019年，平台通过实物种质资源共享，支撑各类成果奖22项、相关科研课题43项；科技论文76篇，其中SCI收录论文32篇；授权专利33件；审定品种4个、获得品种权4项；支撑研究成果“绿豆新品种选育及绿色高效栽培技术集成应用”获得省科技进步一等奖，“秦淮仙女”月季获“2019年北京世界园艺博览会室内展品竞赛特等奖”，有效促进了江苏省农业科技创新和产业发展。

运行管理。2019年，根据年度工作任务分工，组织专家成立考核组，对行业子平台和种质资源库（圃）的运行服务情况开展考核，根据考核结果分档给予运行服务补贴。

江苏省重大疾病生物资源样本库　江苏省重大疾病生物资源样本库（简称“生物样本库”）于2015年由省科技厅立项建设，2019年2月验收，由省人民医院牵头，联合东部战区总医院、苏州大学附属第一医院等6家单位共同承担，重点围绕胰腺、肾脏、血液、肺癌、皮肤和妇产等六大疾病病种和出生队列，建设以“三库一系统”为核心的生物样本资源集成服务平台，面向临床医学及生命科学基础研究开展样本实物和信息资源共享服务，为提升江苏省医学科技创新和疾病临床诊疗水平提供支撑。截至2019年年底，样本库累计收集保存生物样本超100万份，出库样本57971份。

资源情况。生物样本库现有工作场地6980平方米，仪器设备551台（套）、原值3283万元，工作人员118人，其中专职人员34人，高级职称49人。2019年，生物样本库共收集保存样本416794份，比2018年翻了一番。保存的样本类型多样，包括冷冻组织、血清、血浆、血细胞、白细胞、尿液、DNA/RNA等；各样本库参照国际生物及环境样本库协会（ISBER）、卢森堡生物样本库（IBBL）、中国医药生物技术协会（BBCMBA）等国际国内权威组织先进标准，结合医院实际及专业特点，完成了相关质量管理体系、SOP等文件的修订和完善，涵盖了规范生物样本的采集、处理、入库、管理、出库等样本全生命周期的管理。

开放服务。2019年，各样本库以科研需求为导向，以项目驱动为主要方式，面向省内外高校、医疗机构和科研院所开展生物样本共享，大大提高样本利用率，全年共出库生物样本20692份，年利用率为4.96%，较2018年提高1.66个百分点，对外出库生物样本1656份，共享率达8%；围绕用户需求，不断优化生物样本库集成平台功能，完善服务流程，截至2019年年底，集成平台共集聚样本信息达154615份，占总量的11.8%；全年累计开展生物样本库标准化操作流程、样本库质量和能力建设等培训90场次，达923人次。牵头或参与制定国家、地方、行业或团体标准8项；相关研究成果获得省部级以上科技奖励3项，支撑省部级以上科技项目75项、发表论文65篇，获得发明专利3件，软件著作权1项。

运行管理。编制《江苏省重大疾病生物资源样本库运行绩效考核评价指标体系及评分细则（试行）》，完成生物样本库2019年度绩效评价工作，并根据评价结果分档给予7家样本库运行服务补贴；加强用户需求调研和对接，组团参加ISBER2019年度会议，赴四川大学、劳德国际转化医学研究院、南京江北新区科技投资集团等科研机构和企业开展交流和调研。

国家遗传工程小鼠资源库　资源情况。截至2019年年底，通过收集、共享、引进、自主研发等方式，国家遗传工程小鼠资源库拥有大小鼠品系11189个，品系资源总体规模排名位列全球前三。资源库包含南京大学产权的主库产权品系991个（含大鼠品系154个），以及共建单位集萃药康分库产权品系4593个，客户产权品系5605个，服务类型包含代理繁育或为客户进行模型定制等。资源库活体保种品系3736个，胚胎冷冻品系3210个，精子冷冻品系7470个；此外，协助客户从国外引进活体小鼠品系76个，遗传物质品系4个。

运行服务。资源库拥有固定服务场地近万平方米，固定人员近50人，配备国际先进水平的饲养繁育生产线与专业仪器设备，形成了集SPF级大小鼠的饲养繁育、隔离检疫、模型研发、生殖技术等服务于一体的综合性高端技术平台。2019年，资源库为全国28个省市自治区的601家高校科研院所等单位，供应超过1.5万只遗传工程小鼠种子资源，直接供应实验小鼠超过40万只。

能力建设。资源库是“国际小鼠表型分析联盟”（IMPC）的发起者和核心成员，也是“亚洲小鼠基因组改造和资源协会”“亚洲表型分析联盟”发起单位之一，建立了完备的国际统一技术标准的小鼠表型分析平台。2019年，资源库进一步完善遗传工程小鼠的表型分析平台、肿瘤药效平台、代谢筛选平台、药理病理平台等运行管理，推动国际资源、技术和管理的相互交流与合作，提升服务效率。

资源库分别于2006、2009、2012、2016和

2019 年连续 5 次获得了 AAALAC 实验动物国际认证，管理水平一直保持国际最高标准。2018 年被科技部、财政部认定为全国 50 家“国家科技资源共享服务平台”之一，是江苏省唯一入选国家科技资源共享服务平台的单位。2019 年资源库为多个国家重点项目提供支撑，参与“标准化表型分析流程建立、实施与质控”“应激影响组织稳态的表观遗传转录调控机制”“样本库和表型分析大数据数据库建设与质控”等十余个国家重大项目，发表论文近 30 篇。

国家非人灵长类实验动物种子中心苏州分中心 资源情况。截至 2019 年年底，实现 13906 只非人灵长类种群的存栏量，累计筛选出符合要求的实验动物 10595 只，其中食蟹猴 9443 只，恒河猴 1152 只。实现病毒、细菌、寄生虫符合阴性要求的 SPF 级保种种群数量达 2662 只，其中食蟹猴种群 2348 只，猕猴种群 274 只。2019 年引种恒河猴 151 只，引种食蟹猴 200 只。

运行服务。2019 年，中心为苏州大学、苏州药明康德新药开发有限公司、苏州国辰生物科技股份有限公司等国内外 8 家单位提供实验动物 1372 只，其中食蟹猴 1244 只，恒河猴 128 只。实现主营业务收入 2236 万元。

管理情况。中心共有员工 93 人，动物繁育和动物实验人员 73 人、占比 78%，管理人员 20 人、占比 22%。博士 3 人、硕士 28 人、本科以上学历 45 人、副高以上 4 人。

中心通过了国际 AAALAC 认证、建有 GLP 实验室，建立了全面的质量管理体系，现已发布标准操作规程 212 份，涉及饲养、兽医、检测、档案、仪器设备管理等，全方面保证灵长类资源在采集、检疫、饲养等方面的规范化和标准化。中心采用 ARP 信息管理系统实现对所有动物资料的全程电子化管理，包括繁殖、防疫、治疗和饲养管理四大系统，对动物的档案实行双套对应管理，确保了实验动物的背景资料清晰。已录入超过 15000 只灵长类实验动物数据信息，包括遗传谱系、检验防疫等信息。

江苏省医药动物实验基地 资源情况。2019 年，动物基地江宁公用平台一楼及峨嵋岭动物设施整体升级改造启动，最大程度保障科研需求，助力高水平医科大学建设，可容纳笼位 7000 个。深化拓展服务，更新大型仪器 2 台，新增行为学和代谢检测等服务项目及新技术 9 项；完成普通环境大动物使用许可证变更，不断更新完善基地实验动物科研资源配备，为省内外高校科研院所提供动物实验重要技术支撑。

运行服务。2019 年，动物基地在保证南医大校内教学与科研实验动物供应外，向鼓楼医院、江苏省疾病预防控制中心等 30 家企事业单位供应实验动物；生产大小鼠 16 万只，销售额约 364 万元。实现科研动物饲养量达到月均 1.8 万笼，完成所在学校及其他高校和科研院所、医药企业影像分析、表型分析、转基因项目服务等科研服务 3258 项。首次开展猪心脏除颤试验，为 2 家公司进行了 AED 新产品安全性和有效性的注册评价研究，为我国逐步推广公共场所 AED 普及，及时挽救心脏病患者生命与提高救治成功率，做出了贡献。全年实现实验动物服务收入 2887 万元。

能力建设。江苏省医药实验动物基地是依托南京医科大学建成的江苏医药动物实验研究的高水平综合平台，具有完整的转基因研究、疾病表型分析、分子影像分析能力。2019 年自主研发了 NYG 高度免疫缺陷小鼠并成功实现成果转化，授权东北某企业生产销售，既强化了江浙沪地区实验动物小鼠资源的集中优势，又补充了东北地区小鼠资源的不足。为某肿瘤精准医疗科技企业孵化提供了 PDTX 科研动物技术支撑，直接造福于临床肿瘤患者的化疗方案筛选。中心专职人员获得国家自然科学基金青年基金项目 1 项，获得省社发项目 1 项，开展人源化心血管疾病仓鼠模型研究，为千余项国家自然科学基金等项目提供了高水平的实验动物项目服务。动物基地还联合南京医科大学卫生分析检测中心共同完成了实验动物质量检验检测机构的资质认定，通过实验动物设施环境检测和 29 个实验动物病原体的检测能力审查，建成了第三方检测平台。

江苏省知识产权公共服务平台 资源情况。

截至2019年年底，江苏省知识产权公共服务平台拥有专利数据16243万条，比2018年增加2413万条。其中国内数据5936万条，国外数据10307万条。

运行服务。2019年，围绕江苏省产业发展需求，开展了芯片设计、靶向抗肿瘤药物、第三代半导体、区块链等相关产业专利分析预警研究，以及中美贸易摩擦背景下的知识产权贸易壁垒、科创板上市企业知识产权等问题研究。完成江苏13个产业集群专利态势分析报告，省领导对报告做出了专利分析质量高、可参考价值高的重要批示。出具创新性、法律状态检索报告3239件、知识产权评估报告122件、企业服务报告108份，完成7家企业管理平台实施、22个产业与企业专题库建设，完成全省1963家新增贯标企业备案和102家企业知识产权管理贯标绩效评价。组织开展了13场知识产权公益培训和讲座，累计培训1410人次。积极开展知识产权大保护服务，解答来电咨询889个，服务企业418家，入驻大型展会3次，出具电商领域专利侵权纠纷意见书174份。整合商标、地理标志数据，印发《2018年江苏省知识产权统计报告》，编制《江苏知识产权统计（2018年度）》和《江苏省专利实力指数报告2019》。开展江苏知识产权密集型产业统计研究，发布了江苏民营企业百强专利产出情况等多份特色统计报告，全年累计为各级政府部门、创新主体提供统计数据和服务400余次。

知识产权审查。2019年，受省委组织部、省人才办公室的知识产权评议委托要求，对以往的双创人才项目相关企业开展专利产出评议，涉及专利34367条次，为省委组织部评价人才引进的绩效，引才资金的持续投入提供决策参考。根据国家知识产权局重大经济科技活动知识产权评议项目的要求，进一步完善了小分子靶向抗癌药物进口管理、国际重大工业展会知识产权风险防控的知识产权评议，为政府开展相关工作提供支撑。根据第七届“创业江苏”科技创业大赛赛事组委会的要求，对申报项目所涉及专利（申请）的法律状况、权属状况、技术状况、专利许可等进行了审查，共涉及51组参赛单位的316件专利。

【技术创新服务平台】 技术创新服务平台面向产业集聚明显、要素集中突出的国家和省级高新区、科技园区等，围绕科技型中小企业的需求，突出开放性和公共性，找准产业技术链关键环节，为中小企业提供研发设计、检验检测、成果转移转化、科技投融资等系列公共技术服务。2019年，省科技厅重点瞄准新兴产业、未来产业创新和中小企业发展需求，在生物医药、新材料等领域布局建设了江苏省生物医药与基因科技公共服务平台、江苏省先进能源材料科技公共服务平台、江苏省智能网联汽车研发与检测公共服务平台、江苏省水污染控制与资源化公共技术服务中心等重大科技公共服务平台。截至2019年年底，全省共建有技术创新服务平台266家，总投入78.92亿元，其中省拨款共8.33亿元。

截至2019年年底，全省技术创新服务平台拥有专职服务人员1.94万人，服务场地211.85万平方米，仪器设备3.36万台（套），共服务单位或个人43.43万家（人），开展技术和中介等服务共计139.49万项次，实现服务收入67.01亿元；全省共有170家平台取得各种服务资质或许可。

分布情况 按地区分布：苏南地区占比最高，共165家，占比62.03%；南京、苏州、无锡的建设数量位居全省前三名，分别为81家、29家、25家。

按技术领域分布：电子信息领域最多，共42家，生物医药35家，新材料29家，现代农业24家，装备制造24家，社会事业20家，环境保护与资源综合利用16家，新能源与高效节能12家，其他64家（主要为从事科技咨询和技术转移的平台）。

按依托单位类型分布：全省技术创新服务平台依托高校建设的有32家，依托科研院所建设的有74家，依托其他事业单位建设的有72家，依托服务性企业建设的有88家。

能力建设 建设投入：截至2019年年底，

全省技术创新服务平台累计总投入78.92亿元，其中省拨款共8.33亿元。

服务场所：截至2019年年底，全省技术创新服务平台拥有固定服务场地211.85万平方米，平均每家拥有服务场所达7964.30平方米。

服务资源：截至2019年年底，全省技术创新服务平台拥有科学仪器设备3.36万台（套）（含50万元以下设备），平均每家拥有126台（套）。

截至2019年年底，全省技术创新服务平台拥有各类科技数据2.67亿件，科技文献5.76万条，种质资源841份，技术标准2.2万项。

人才队伍建设：截至2019年年底，全省技术创新服务平台拥有专职服务人员19359人，平均每家拥有73人；其中博士1702人，高级职称2971人，海归605人；引进硕士、副高职称及以上的高层次人才1133人。

服务资质：全省共有170家平台取得各种服务资质，其中，67家平台获CNAS（中国合格评定国家认可委员会）认可或CMA（中国计量认证）资质，占获资质平台总数的39.41%。11家平台获得A2LA（美国实验室认可委员会）认可、AAALAC（国际实验动物评估和认可委员会）认证等国际服务资质，19家通过ISO认证，25家获医药、农药评价资质，11家获软件及信息系统集成资质认证，37家获协会及行业相关资质认证。

全省技术创新平台共拥有国际服务资质15项，包括1家获A2LA（美国实验室认可委员会）认可，3家取得AAALAC（国际实验动物评估和认可委员会）认证，1家获得AABB（美国血液银行协会）国际认证，1家获得AAHRPP（美国伦理）认证，1家获得FCC（美国联邦通信委员会）认证，4家取得GLP认证，4家获得IECEE CB （国际电工委员会）认证。

江苏省技术创新平台获得的服务资质情况

序　号	平台名称	依托单位	所获资质
1	江苏省南京机电产品绿色制造与能源效率检测技术服务中心	南京出入境检验检疫局技术中心	CNAS、CMA、A2LA、FCC
2	华东地区（江苏）环境地质检测公共技术服务中心	南京地质矿产研究所	CMA
3	江苏扬州光电产品环境与可靠性试验检测中心	中国船舶重工集团公司第七二三研究所	CNAS、CMA、DILAC
4	江苏省射频识别技术公共服务中心	江苏省标准化研究院	CNAS、CMA
5	江苏省（南通）家纺产业技术研究院	南通市通州区家纺产业发展服务中心	CMA
6	江苏省溧阳输变电装备工程复合材料公共技术服务中心	江苏正平技术服务事务所有限公司	CMA
7	江苏省家纺设计及新材料公共技术服务中心	江苏省南通高新技术产业开发区建设服务中心	CMA
8	江苏省转基因安全评价公共技术服务中心	江苏省农业科学院	CMA
9	江苏省区域性食品药品检验检测公共技术服务中心	泰州市食品药品检验所	CNAS、CMA
10	江苏泰州医药科技公共服务平台	江苏华创医药研发平台管理有限公司	CNAS

续表

序 号	平台名称	依托单位	所获资质
11	江苏省生物兽药筛选服务中心	江苏省农业科学院	CMA
12	江苏省常州电子基础材料检测技术服务中心	常州电子产品质量监测所有限公司	CNAS、CMA、CQC
13	江苏省新能源汽车研究工程化与服务平台建设	江苏中关村科技产业园节能环保研究有限公司	CNAS、CMA
14	江苏省近岸海域生态环境研究评价服务中心	江苏省海洋水产研究所	CMA
15	江苏省碳纤维及复合材料检测服务平台	南京玻璃纤维研究设计院有限公司	CNAS、CMA、CAL
16	江苏省苏州新药研发外包技术服务中心	昭衍（苏州）新药研究中心有限公司	CNAS、AAALAC、GLP
17	江苏省电机能效定级及故障诊断服务中心	南通市产品质量监督检验所	CNAS、CMA
18	江苏省盐城环保装备公共技术服务中心	盐城工学院大学科技园有限公司	CMA
19	江苏省常熟特种纤维材料检测检验公共技术服务中心	苏州市纤维检验所	CNAS、CMA
20	江苏省苏州生物与新医药公共技术服务中心	苏州工业园区生物纳米科技发展有限公司	CNAS
21	江苏省邳州木制家具及人造板质量检测公共技术服务中心	邳州市生产力促进中心	CNAS
22	江苏省食品安全及功能性成份分析检测公共技术服务中心	江苏省微生物研究所有限责任公司	CMA
23	江苏省化学品安全评估与消费品化学风险控制公共技术服务中心	常州进出口工业及消费品安全检测中心	CNAS、CMA
24	江苏省连云港高新技术开发区环境安全服务中心	中蓝连海设计研究院有限公司	CMA
25	江苏省生物医药与基因科技公共服务平台	南京江北新区生物医药公共服务平台有限公司	CNAS、CMA
26	江苏省寄生虫病免疫诊断和预防技术服务中心	江苏省寄生虫病防治研究所（江苏省血吸虫病防治研究所）	CMA
27	江苏省农药环境安全性评价与残留检测服务中心	国家环境保护总局南京环境科学研究所	CNAS、CMA
28	江苏省生物医药材料测试服务平台	南京师范大学	CNAS、CMA
29	江苏省计算机系统工程测试研究中心	江苏省计量科学研究院	CNAS、CMA
30	江苏省东台新材料公共技术服务中心	东台市高科技术创业园有限公司	CNAS、CMA
31	江苏省污染减排公共技术服务中心	江苏省环境科学研究院	CMA、ISO

续表

序　号	平台名称	依托单位	所获资质
32	江苏省扬州农业环境安全技术服务中心	扬州大学	CMA
33	江苏省扬州 LED 新光源材料测试技术服务中心	扬州大学	CMA
34	江苏省淮安盐化工产品分析检测公共技术服务中心	淮安市产品质量监督检验所	CNAS、CMA
35	江苏省半导体照明产品研发与检测公共技术服务中心	常州市产品质量监督检验所	CNAS、CMA、CAL
36	江苏省生命科技创新园分析测试公共技术服务中心	江苏仙林生命科技创新园发展有限公司	CNAS、CMA、ISO
37	江苏省海洋资源开发研究院	江苏海洋大学	CNAS
38	江苏省兴化特种合金材料及制品试验检测公共技术服务中心	兴化市产品质量监督检验所	CNAS、CMA
39	江苏省光电产品检测公共技术服务中心	扬州光电产品检测中心	CNAS、CMA
40	江苏省扬州玩具与儿童用品公共技术服务中心	扬州进出口玩具检验所	CNAS、HOKLAS
41	江苏省食品营养与有毒有害物质检测中心	江苏省理化测试中心	CNAS、CMA
42	江苏省无机材料专业测试服务中心	江苏省地质调查研究院	CNAS、CMA、ISO
43	江苏省宜兴新型陶瓷材料公共技术服务中心	江苏省陶瓷研究所有限公司	CNAS、CMA
44	江苏苏州软件技术公共服务平台	苏州市软件评测中心有限公司	CNAS、CMA、ISO、CMMI3
45	江苏省张家港材种鉴定与木材检测公共技术服务中心	张家港出入境检验检疫局综合技术中心	CNAS、CMA
46	江苏省苏州化学电源公共技术服务中心	轻工业化学电源研究所（苏州大学）	CNAS、CMA
47	江苏省无锡发动机节能减排公共技术服务中心	无锡油泵油嘴研究所	CNAS
48	江苏省节能环保材料测试与技术服务中心	苏州大学	CMA
49	江苏省电子信息产品电磁兼容性能研究与检测服务中心	江苏省电子信息产品质量监督检验研究院	CNAS、CMA、CAL、CQC、IECEE CB
50	江苏省精密几何量计量检测公共技术服务中心	江苏省计量科学研究院	CNAS、CMA
51	江苏省苏州太阳能和风能发电设备检测公共技术服务中心	苏州电器科学研究院股份有限公司	CNAS、CMA

续表

序 号	平台名称	依托单位	所获资质
52	江苏省太阳能热利用产品检测技术服务中心	江苏省产品质量监督检验研究院	CNAS、CMA
53	江苏省药物与医疗器械临床研究和评价服务中心（原江苏省抗病毒药物临床试验服务中心）	江苏省人民医院	CNAS、AAHRPP
54	江苏苏州药物非临床研究及评价公共服务中心	苏州药明康德新药开发有限公司	CNAS、AAALAC、GLP
55	江苏省吴中消费电子产品有害物质检测与评价技术服务中心	江苏省优联产品技术服务有限公司	CNAS、CMA
56	江苏苏州电子信息产业质量与可靠性共性技术服务平台	工信部电子第五研究所华东分所	CNAS、CMA、ISO
57	江苏省医药农药兽药安全性评价与研究中心	南京医科大学	CNAS、CMA
58	中国矿业大学国家大学科技园技术标准信息服务平台	徐州市质量技术监督综合检验检测中心（徐州市标准化研究中心）	CNAS、CMA、ISO
59	江苏省无锡新药开发公共技术服务中心	无锡市马山生物医药工业园有限公司	CMA
60	江苏江阴金属材料检测与服务平台	法尔胜集团公司	CNAS、CMA、DILAC
61	江苏省（丹阳）高性能合金材料研究院	江苏（丹阳）高性能合金材料研究院	CMA
62	江苏省扬中电力电器检测技术服务中心	大全集团有限公司	CNAS
63	江苏机电产品节能环保检测服务中心	无锡海关机电产品及车辆检测中心	CMA、CNAS、IECEE CB
64	江苏省纺织工业绿色制造与生态安全检测技术服务中心	江苏出入境检验检疫局纺织工业产品检测中心	CNAS、CMA
65	江苏宜兴电线电缆产品质量安全测试服务中心	江苏省产品质量监督检验研究院	CNAS、CMA、CAL、CQC、IECEE CB
66	江苏省南通化学物检测及安全评价公共技术服务中心	南通通大化学物安全性评价中心有限公司	CMA
67	江苏省物联网传感器性能检测与评价公共技术服务中心	无锡市计量测试中心	CNAS、CMA
68	江苏省药物临床前毒理研究公共技术服务中心	江苏鼎泰药物研究有限公司	AAALAC、GLP
69	江苏省肿瘤生物治疗科技公共服务中心	徐州医科大学附属医院	AABB
70	江苏省药物安全性评价中心	南京工业大学（江苏省药物研究所）	GLP
71	江苏无锡光伏产品公共服务平台	无锡市产品质量监督检验院	IECEE CB

续表

序号	平台名称	依托单位	所获资质
72	江苏省小额信贷科技公共服务中心	江苏金农信息股份有限公司	ISO、CMMI
73	江苏省昆山小核酸技术科技公共服务中心	昆山市工业技术研究院小核酸生物技术研究所有限责任公司	ISO
74	江苏东海硅材料技术创新公共服务平台	东海县生产力促进中心	ISO
75	江苏省智能制造与机器人应用技术公共服务平台	华中科技大学无锡研究院	ISO
76	江苏省苏州工业园区科技金融服务中心	苏州工业园区中小企业服务中心	ISO
77	江苏省知识产权公共服务平台网络	江苏佰腾科技有限公司	ISO
78	江苏省产业知识产权公共技术服务中心	江苏佰腾科技有限公司	ISO
79	江苏省智能车综合技术研发与测试服务平台建设	五方智能车科技有限公司	ISO
80	江苏省船舶数字化设计制造技术中心	江苏现代造船技术有限公司	ISO
81	江苏省（苏州）纳米产业技术研究院	苏州工业园区纳米产业技术研究院有限公司	ISO
82	江苏省连云港港口物流公共技术服务中心	连云港电子口岸信息发展有限公司	ISO
83	江苏省东海县科技成果转化服务中心	东海县生产力促进中心	ISO
84	江苏省城市轨道交通研究设计院	江苏省城市轨道交通研究设计院股份有限公司	ISO、CMMI3

运行成效 服务绩效：2019 年，全省技术创新服务平台共服务单位或个人 43.43 万家（人），平均每家服务 1632 家（人），同比增长 18.09%；全省技术创新服务平台服务总收入 67.01 亿元，比 2018 年增长 21.7%，平均每家服务收入 2519 万元。

技术服务。2019 年，全省技术创新服务平台以研发设计服务和检验检测服务为主，研发设计服务 43213 项（次），服务收入 37.34 亿元，平均每家服务收入 1403.76 万元；检验检测服务 747881 项（次），服务收入 19.08 亿元，平均每家服务收入 717.4 万元；技术转移转化服务 10997 项（次），转化服务收入 5.74 亿元，平均每家服务收入 215.93 万元。

中介服务。2019 年，全省技术创新服务平台科技咨询服务占比最大。科技咨询服务 240318 项（次），服务收入 3.03 亿元；科技金融服务 5563 项（次），服务收入 0.73 亿元；科技创业服务 5382 项（次），服务收入 0.69 亿元；其他科技服务 112487 项（次），服务收入 0.61 亿元。

标准情况：2019 年，全省技术创新服务平台共参与制定标准 173 项，其中国际标准 14 项、国家标准 52 项、地方标准 47 项、行业标准 60 项。

专利情况：2019 年，全省技术创新服务平台共申请专利 2363 件，平均每家近 9 件，其中发明专利 1230 件；共授权专利 1781 件，平均每家 7 件，其中授权发明专利 841 件；共获软件著作权 840 件。

运行服务 持续开展“平台园区行”专题活动，主动服务园区企业。2019 年，分别在泰州高新区、苏州工业园区、丹阳高新区、无锡惠山生命科技园等地开展“平台园区行”专题活动共4场次，组织江苏省生物医药与基因科技公共服务平台、江苏江阴金属材料检测与服务平台等多家平台参与，与近100家企业深入对接，达成合作意向10多项，解决企业技术难题30多项,助力企业创新创业。在“平台园区行”活动中，丹阳高新区与江苏江阴金属材料检测与服务平台达成合作意向，签约共建“服务基地”，发挥平台开放共享和支撑产业发展作用，产生了良好的社会效益。

【江苏省技术产权交易市场】 2019年，省技术产权交易市场坚持技术转移“第四方平台”定位，按照“一平台、一中心、一体系”建设路径，正式由建设期迈入运营期，着力推动全省技术转移体系进一步完善，不断营造良好科技成果转化氛围，为基本形成链接国家、覆盖全省、互联互通的技术转移体系打下坚实基础。截至2019年年底，全省技术合同成交49622项，成交额达1675.59亿元，成交额较2018年增长超45%。

“一平台”建设 2019年，省技术产权交易市场进一步突出“第四方平台” 作用，坚持市场化导向，通过引入电商模式，鼓励高校、院所、企业、技术转移机构、技术经理人等各类创新主体积极参与技术交易，推出“J-TOP研发众包”“执业技术经理人”“产权交易ACT帮手”等微信小程序，实现要素资源多平台导入与共享。截至2019年年底，线上平台在线开店619家，访问量达128万人次。

“一中心”建设 2019年，省技术产权交易市场进一步营造技术转移良好氛围，与40余家高校院所建立常态化合作关系，举办技术经理人培训、J-TOP创新挑战季等系列活动，并鼓励分中心结合地方实际，积极组织区域特色活动。2019年省地共举办各类活动740余场，征集各类需求3900余项。

“一体系”建设 2019年，省技术产权交易市场进一步完善全省技术转移工作体系，共布局地方分中心15家、行业分中心10家及工作站15家。同时，不断发展壮大技术转移人才队伍,以技术经理人事务所为单位构建资源池，通过“双选”“挂靠”机制为技术经理人提供财税、法务等综合性服务。截至2019年年底，共建有技术经理人事务所35家，纳入管理的技术经理人3003人，技术经理人及技术转移机构年促成交易565项，其中地方分中心促成各类技术交易284项。

重点工作 一是推动落实技术转移奖补政策。各设区市共开展针对2018年度输出方、吸纳方、中介方奖补8000余万元，省财政按因素法对地方补助2986.95万元，对518家输出方奖补1520.78万元、对26家技术合同登记机构奖补531.84万元、对6家技术转移机构和1名技术经理人奖补13.96万元。各地方技术转移奖补政策体系不断完善，目前全省各设区市均已陆续出台技术转移奖补资金实施细则，全省技术转移氛围进一步浓厚。

二是举办首届J-TOP创新挑战季。从需求端出发，围绕电子信息、生物医药、新材料、先进制造与自动化四大产业领域的关键技术环节开展企业需求挖掘和技术方案公开征集，累计征集长三角区域企业创新技术需求800多条，并面向社会重点遴选发布技术难题169个，悬赏金额达1.8亿元。截至2019年年底，意向签约51项，签订合同41项，合同金额7327万元。

三是推进科技成果挂牌公示。推出《江苏省技术产权交易市场高校院所研发机构挂牌操作办法》《江苏省技术产权交易市场高校院所研发机构公示操作办法》及相关配套文件，细化服务流程及相关规则，有序开展科技成果挂牌与公示。截至2019年年底，共有42家高校院所到省技术市场进行科技成果挂牌和公示，其中挂牌科技成果116项;公示科技成果439项，公示金额1.58亿元，省技术市场及时提供《公示无异议函》。

科技条件

【实验动物管理】 **资源情况** 截至2019年年底，全省共拥有有效期内实验动物许可证301份，其中实验动物使用许可证256份，生产许可证45份，涉及的实验动物品种有小鼠、大鼠、地鼠、豚鼠、鸡、兔、犬、猴、小型猪、猫、雪貂和猪等。实验动物工作单位166家，其中生产单位39家，使用单位147家，有20家既是生产单位又是使用单位，涉及企业126家，占76%；高校14家，占8%；科研院所8家，占5%；医院5家，占3%；其他单位13家，占8%。从地区分布看：全省13个地区均有实验动物工作单位，其中南京、苏州地区分布最多，分别是47家和42家，分别占28%和25%。2019年，实验动物设施总面积38.77万平方米。生产设施和使用设施分别为15.75万平方米和23.02万平方米。普通环境设施为25.8万平方米，屏障环境设施为12.97万平方米。

实验动物生产和使用 实验动物生产情况：2019年，全省实验动物生产总量持续增长，达304.1万只，较2018年增长3.6%。按动物生产数量来看，生产的实验动物品种主要有小鼠、大鼠、兔、豚鼠、鸡、犬等。2019年，全省小鼠的总产量为250.41万只，占全部实验动物生产总量的82.3%，较2018年增长3%；大鼠的生产量占全部实验动物生产总量的7.5%，较2018年增长38.6%；在生产量较大的小鼠、大鼠、兔、豚鼠这4种实验动物中，与2018年相比，大鼠生产量占比由5.6%提升至7.5%，豚鼠生产量占比由6.1%下降至4.2%，降幅较大。猴、小型猪、雪貂和猪的产量仅占全部实验动物生产总量的0.4%。

实验动物使用情况：2019年，全省实验动物使用量达173.14万只，较2018年增长26.2%。按动物使用数量来看，使用的实验动物品种主要有小鼠、大鼠、豚鼠、兔、鸡、犬、猴、猪等。

2019年全省小鼠使用量达111.47万只，占到了全部实验动物使用总量的64.4%，使用量较2018年增长47.1%；大鼠使用量达33.16万只，占全部实验动物使用量19.2%，使用量较2018年增长31.2%。

实验动物从业人员 2019年全省实验动物全职从业人员3832人，较2018年增加48%，其中技术人员2158人，占总人数的56%。研究生以上学历920人，占总人数的24%；大专本科学历2145人，占总人数的56%。

行政管理服务 强化实验动物精细化管理。一是在规范实验动物监督检查方面，发布实验动物环境和质量检验报告模板，开展检测机构实验动物业务培训，经检测机构申请、资质审查等程序，向全社会公布了江苏省实验动物检测机构名单，设施环境检测机构达6家，动物质量检测机构达2家。

二是在规范实验动物年检工作方面，为深入了解和掌握全省实验动物年度运行情况，结合绩效考评数据调查，修订了实验动物许可证年检报告书，建立了年检报告公示制度，要求年检报告在本单位公示5个工作日以上，进一步强化工作单位年检法人主体责任。

三是在生物安全应急管理方面，组织多名安全和实验动物专家对南京、苏州、南通等地区的10家实验动物工作单位开展安全调研，梳理安全隐患和防范措施，初步形成实验动物安全管理手册，为研究和规范江苏省实验动物生物安全管理积累工作基础。

巩固实验动物事中事后全过程监管。一是在事中事后监管制度建设方面，结合行业发展出现的新问题，在充分征集意见的基础上，及时对《加强实验动物行政许可事中事后监管工作的实施办法（试行）》进行修订，进一步明确从国外进口作为原种的实验动物，需附有饲育单位负责人签发的品系和亚系名称及遗传和微生物状况等资料。

二是在强化属地化监管责任方面，明确要求各设区市科技局加强对辖区内工作单位的动物质量、环境质量、制度执行、动物福利保障、伦理审查、安全生产管理等情况的监管，以及加强对未获得许可证或被责令整改单位的重点监管。

三是在专业化监管队伍建设方面，积极探索实验动物管理服务专员工作机制，对服务单位开展国家、省实验动物政策法规和管理动态等宣传，调研了解实验动物设施日常运行和管理状况，指导帮助工作单位提升实验动物管理、质量控制和生物安全水平。

提升实验动物开放共享水平。一是在公益性基础资源平台运行方面，2019年国家遗传工程小鼠资源库被列入新一轮国家科技资源平台，拥有大小鼠品系11189个，品系资源总体规模排名位列全球前三；国家非人灵长类实验动物种子中心（苏州分中心）非人灵长类种群存栏量达13906只；江苏省医药动物实验基地服务企事业单位805家，培训人才1696人次。3个平台在实验动物保种育种、新品研发、对外服务和人员培训等方面都发挥了较好的支撑保障和示范带头作用。

二是在完善政策方面，结合近年来江苏省实验动物行业发展和管理现状，经省动管会议定，修订并发布了《江苏省实验动物开放共享绩效考评办法》，在考核原则上，进一步突出重点和分类考评相结合；在考核对象上，明确同一单位为一个考评对象；在考核指标体系上，精简考评指标，强化对外服务考评导向，积极引导实验动物设施开放共享，并新增一票否决项，根据失信行为对补贴额按比例折扣。

三是在绩效方面，组织开展了《考评办法》修订后的第一次全省实验动物开放共享绩效考评工作，本年度参评单位143家，获得补贴单位42家，其中生产单位8家、使用单位34家；根据工作经费预算和年度结余经费情况，本年度安排补贴经费318.656万元，比2018年增长127.6%，其中有6家单位获得最高限额补贴20万元。

加强实验动物科普宣传培训。一是在宣传方式创新方面，通过制作实验动物科普宣传易拉宝、“一图看懂实验动物”等材料以及开展实验动物科普进校园活动，营造关爱实验动物的良好氛围。全省实验动物相关工作单位积极响应号召，广泛开展实验动物科普宣传工作，加强宣传实验动物法律法规、生物安全等知识，8篇相关科普宣传信息通过省科技厅网站、微信公众号等发布，并得到了社会的广泛关注。

二是在规章制度宣讲方面，分别在南京、苏州、泰州、淮安等4地召开了实验动物管理规章制度宣讲与培训会，各设区市科技局及实验动物工作单位负责人共约360人参加了培训，进一步提升了管理服务水平，加强实验动物工作单位依法依规开展实验动物工作意识。

三是在专业培训辅导方面，分别组织实验动物检验检测、技术运营、安全管理专家对全省实验动物检测机构和实验动物工作单位开展了实验动物环境质量检验检测、实验动物设施管理运营和实验动物安全管理等培训，全面促进和提升江苏省实验动物工作单位高质量发展水平。

（江苏省科学技术厅科研机构处）

科 技 服 务

Science & Technology Service

科技服务业

【概　况】 2019年，江苏省以促进科技与产业融合、加快科技成果转移转化、推动科技服务业高质量发展为核心，完善创新创业生态系统，逐步构建覆盖科技创新全链条的科技服务体系，全省科技服务业总体规模提速增长。科技服务业总收入达9170亿元，同比增长13.9%。

产业集聚发展态势明显。江苏省持续推进省级科技服务示范区、省科技服务业特色基地建设，大力集聚高端人才、新兴业态和各类优质服务资源，引导科技服务机构集聚发展，因地制宜发展特色服务业务，围绕产业链布局服务链。目前全省共建设省级科技服务示范区6家、省级科技服务业特色基地14家，获批国家科技服务业区域试点6家、国家科技服务业行业试点3家。苏州高新区、南京生物医药谷等科技服务业集聚区建设成效明显，从物理和网络上集聚了大批优质服务资源。20家省级科技服务示范区（特色基地）完成研发服务场所建设658万平方米，集聚服务机构2361家，拥有专职服务人员3万人，2019年服务企业超过27万家次，服务量155万项次，实现服务收入达287亿元。

中小型服务机构蓬勃发展。全省规模以上科技服务机构共有5395家，实现服务收入6563亿元，占科技服务业总收入的71.5%。规模以上机构从业人员86万人，占总从业人员数的42.3%。全省规模以下服务机构收入2607亿元，较2018年增长1011亿元。2019年，依托科技服务业特色基地等集聚区重点支持90家骨干机构实施能力提升，涌现出一批品牌、特色科技服务机构和小而精、创业型的科技服务公司，如智慧芽凭借多年积累的AI和大数据处理技术已为全球50多个国家的1万多家知名商业客户提供知识产权服务，成为业内领先的AI知识产权解决方案提供商。苏州市新合盛科技小额贷款有限公司获江苏省金融办“AA”监管评级。苏州高新创业投资集团中小企业发展管理有限公司全力打造“苏南科创”人才服务品牌，获批江苏省二星级中小企业公共服务平台和江苏省海外人才离岸创新创业基地。

苏南持续领跑全省科技服务业发展。各省辖市积极推动地方科技服务业的发展，从区域发展情况上看，苏南五市科技服务业收入之和为7039亿元，占全省的76.8%，仍保持明显优势。苏北五市之和为1083亿元，占全省的比重为11.8%，呈现逐年上升的态势。规模以上科技服务机构苏南3480家、苏中1128家、苏北787家，服务收入分别为5337亿元、613亿元、613亿元。从各设区市发展的情况来看，南京市科技服务机构数、从业人员数量独占鳌头，“首位度”进一步增强。2019年南京市科技服务机构24820家、规模以上服务机构1517家，服务收入3873亿元，占全省总收入的42.2%，从业人员588868人，占全省总服务人数的29%。

【研发设计】 江苏省以强化知识和技术密集型服务为重点，推动研发设计服务产业链向高端环节延伸，建成了重点实验室、企业研发平台、新型研发机构和公共服务平台等多种类型的研发服务体系。在科技服务业各类业态中，研发服务继续保持领先地位。2019年，全省研发服务机构数达26919家；研发服务从业人员数67万人，占科技服务业从业人员总数的33%；研发服务收入达3854亿元，较2018年增长39%，占科技服务业总收入的42%，继续保持领先地位。

【创业孵化】 深入推进科技创业孵化载体建设，针对成长性企业在不同发展阶段的服务需求，加快构建“创业苗圃（众创空间）+孵化器+加速器”于一体的科技创业孵化链条，实现从“团队孵化”到“企业孵化”再到“产业孵化”的全链条、一体化服务，充分满足高成长性企业对于发展空间、技术研发、资本运作、人力资源、市场开拓、国际合作等方面个性化需求，帮助企业加速成长，培育了一批独角兽、瞪羚等高成长性企业，先后走出“科创板第一股”华兴源创、太阳能光伏领军企业天合光能等一批高成长性科技企业。2019年新获批5家国家专业化众创空间和24家国家级“星创天地”，省级以上创业孵化载体超过1700家，其中国家级孵化器数量、面积及在孵企业数连续多年保持全国第一。开展“十佳孵化器”评选，引导众创空间向专业化、精细化方向提升，高标准推进众创社区建设，举办第七届“创业江苏”科技创业大赛，布局建设78家众创社区，入驻创业企业超3万家，集聚全省53%的科技创业载体，涵盖国家小微型企业示范基地7家，省级以上双创示范基地20家。

【技术转移】 全面推动技术转移服务平台化、市场化和体系化发展，全省各类产学研、技术转移活动持续开展、有声有色，技术转移体系日益健全。省技术产权交易市场备案技术经理人3003人，技术经理人事务所35家；挂牌科技成果116项，金额1.87亿元，公示协议定价科技成果439项，金额1.58亿元。全省累计建有产学研协同创新基地和新型研发机构等省级以上产学研合作载体5500多个、“校企联盟”13000多个，实施各类产学研合作项目20000多项。成功举办第七届中国江苏产学研合作大会，达成签约项目或合作意向1011项，总投资181.3亿元，其中投资额超过1000万元的合作项目达155项。全年全省技术合同成交

49622项，成交额达1675.59亿元，成交额较2018年增长超45%。

【科技金融】 科技金融结合进一步拓展，以首投、首贷、首保为重点，大力推进“苏科投”，创业投资管理资金规模达2473亿元，开展上市培育、天使投资项目对接活动7场次，直接服务企业超过700家次；“苏科贷”工作持续推进，合作地区达82个市、县（市、区）和国家级高新区，实现苏南、苏中全覆盖，合作银行10家。2019年发放贷款78亿元，支持企业达2400家。科技型企业融资路演中心建设成效显著，全省已建成运营19个路演中心，引入银行、创投、科技担保、科技小贷等各类金融机构11家，累计举办融资路演活动375场，参加科技企业2500余家，参与企业获得融资总额近200亿元。深入实施科技金融进孵化器行动，以苏南国家自主创新示范区为重点，面向省级以上孵化器和国家级众创空间，组织超百家金融机构为622家孵化器和国家级众创空间开展“苏科贷”“苏科投”“苏科保”等科技金融政策宣讲，组织银企对接、投融资路演等活动94场，参与企业达3300家；科技金融进孵化器行动实现13个设区市全覆盖。创新推出“路演贷”“孵化贷”“高企贷”等定制化科技金融产品，全省科技支行、科技小贷公司、科技保险支公司、科技金融特色机构达351家。

【知识产权】 引领型知识产权强省建设进一步深化，持续构建“一中心一基金一网络”知识产权运营体系，打造一批“互联网+知识产权+金融”服务平台，知识产权服务业已形成申请代理、信息利用、运营、评估、法律、人才培训、研究、高端咨询等在内的知识产权权利化、商用化、产业化全链条的业务形态。2019年围绕生物医药、新材料、集成电路、智能制造、节能环保、航空航天、金属材料、网络与通信等专利密集型产业领域，南京成立8家知识产权运营中心，推进知识产权运营交易工作，苏州5家产业知识产权运营中心挂牌运行。积极争取国家知识产权金融在江苏先行先试；继续开展“知识产权百亿融资行动”，推动更多金融机构开展知识产权质押融资业务；支持各地创新举措，建立知识产权质押风险补偿机制，开展知识产权保险、知识产权证券化试点。2019年全省56家银行、12家融资担保机构、27家金融投资机构开展知识产权金融服务。在全国率先推出“互联网+知识产权”质押融资模式，全省通过专利权、商标权质押融资88.6亿元，融资企业数量全国第一。

【科技咨询】 各类科技咨询服务机构围绕全省科技和产业创新需求，积极开展为各级政府和企业服务的决策咨询工作，同时面向企业致力于资质认证、技术培训、项目评估、法律咨询等中介服务。全省科技咨询与中介服务机构数达8167家，从业人员总数达12.8万人，实现总收入489亿元。规模以上科技咨询单位共476家，从业人员4万人，服务总收入303亿元；开展创新方法培训及咨询服务活动20场，培训企业创新方法骨干人员700人，通过国家创新工程师认证的126人，通过国家创新咨询师认证的30名。

【检验检测】 着力推动检验检测认证服务由产品检测向质量分析、测试、验证等技术创新服务转型，深入推进标准化工作改革，促进检验检测认证的国际互认，引导检验检测认证服务机构提升专业服务能力，检验检测服务仍占据科技服务业第二大业态位置，实现总收入1939亿元，占科技服务业总收入的21%，服务机构总数19233家。规模以上检验检测服务服务机构1816家，总收入1510亿元，从业人员超22万人。全省共有105家检验检测认证机构获国家高新技术企业认定，在境内上市和在新三板挂牌19家，总体发展水平位居全国前列。

【科学技术普及】 以推动科普服务活动常态化、品牌化为重点，完善科普长效机制，创新科普方式方法，营造科普创新氛围，提升科普公共服务能力。充分利用科普宣传周、全国科普日、公民科学素养大赛等主题科普活动载体，组织开展4492余项科普宣传活动，受到全省公众积极响应，江苏省公民科学素质大赛线下赛吸引了320万人次参与答题。大力提升科普公共服务能力，命名省级科普教育基地100家，省级科普惠农服务站60家。组建省科技传播专家服务团101个，聘任省首席科技传播专家230名。探索创新科普运营模式，探索政府和社会资本合作PPP模式，打造“门户网站+手机APP+信息科普大屏+微信（微博）”和“四位一体”科普资源省级加工、集成及服务中心，“科普云”信息服务系统科普资源总量达6.31 TB。持续培育发展科普产业，2019年评选命名10家省级科普产品研发基地。

【科技服务业骨干机构】 全省规模以上科技服务机构共有5395家，实现服务收入6563亿元，占科技服务业总收入的71.5%。规模以上机构从业人员86万人，占总从业人员数的42.3%。

能力建设 引导科技服务骨干机构能力提升。为了提升科技服务骨干机构的服务能力，打造具有示范性的科技服务业骨干机构，2018—2019年省科技厅通过以集聚区牵头的方式，支持引导159家科技服务骨干机构开展技术研发、引进高端人才、整合优质资源、创新服务模式、创建服务资质与品牌，全面提升服务能力。其中，科技服务骨干机构开展研发设计服务的60家、科技金融服务的37家、创业孵化服务的39家、检验检测认证服务的12家，知识产权服务的13家，技术转移服务的46家。

全面升级服务资源，提升服务能力。159家机构建有研发服务场所155万平方米，新增服务资源、服务装备原值10.7亿元，服务能力明显增强。苏州系统医学研究所新购置仪器设备436台（套），价值1524.7万元，年度承接技术服务、科研项目等收入2211.45万元。丹阳苏南高端装备制造研究所投入1000万元建设和采购 Moore 250UL超精密车床、EWAG磨刀机、哈斯立式铣床、ZYGO全自动高精度光学轮廓仪等先进研发设备，重点研发相关领域的高端制造装备、关键功能部件及相关加工工艺。中科院生物化学与细胞生物学研究所苏州研究院细胞资源平台完成对近50株中国原创肝癌细胞株（生化细胞所惠利健实验室）的建库保藏，构建国际上数量最大的肝癌细胞系模型库，为肝癌疾病研究提供了重要的物料资源。并逐步向国内各高校、医院以及科研院所提供资源服务。

引进培养高层次人才，壮大服务队伍。159家机构新引进硕士或副高职称1019人，专职研发、服务人员达到10138人，其中大学以上学历5719人、副高以上职称869人。江苏乐科信息科技有限公司运营的阳光创客众创空间共引进国家“万人计划”、“长江学者”、省“双创人才”等专家14 名，签订产学研合作协议26项。徐州中关村信息谷引进上海交大戴克戎院士领军的医疗3D脊柱打印项目团队在园区落地，填补了徐州医疗3D打印产业的空白，拓普研究院引进同济大学娄永琪院士团队在集聚区成立沉浸式体感仿真联合实验室，提升了研究院研发实力。北航航空航天产业研究院丹阳有限公司下设丹阳航空航天产业院士工作站，集聚了刘大响、张军等 15 位院士，为丹阳市新材料与航空航天领域提供了强有力的智力支撑。

积极获取服务资质，增强竞争优势。骨干服务机构积极开展颠覆性技术研发，加强服务工具、服务模式和专业化新型服务产品开发力度，完善科技服务质量体系标准、管理标准和资质标准。智慧芽专利数据库收录了全球1.3亿以上的专利数据，获得中国服务贸易协会授予的“中国服务”最佳行业解决方案、中国信息通信研究院认证的“可信云企业级 SaaS 服务评估”及CMMI研究院认证的CMMI3级认证。江苏风云科技服务有限公司新取得ITSS信息技术服务运行维护标准、ITSS信息技术服务咨询设计标准、增值电信业务经营许可证资质。微创医学、沃福曼医疗、世和基因等企业产品通过国家药监局创新医疗器械特别审批。蜂奥生物科技、迈博太科、中联医疗等多家公司参与行业标准制定。江苏省（丹阳）高性能合金材料研究院顺利通过CMA资质认定认证，并新设立“3D打印材料与应用技术研究所”和“材料科学检测分析评价中心”两大专业研究所，将打造成区域内知名的检验检测与培训服务机构。

创新优化服务模式，提高服务效能。鼓励支持科技服务机构模式创新，优化服务环境，探索特色发展，全面提高服务质量和绩效。昆山市苞蕾众创投资管理有限公司创建品牌活动“创客风暴”“苞蕾沙龙”“工匠精神探究”“智能制造3D打印与创新设计”累计达132场次，服务达1万多人次。江苏南信华航机器人培训有限公司专为机器人技术应用及智能制造产业提供特色人才培训和技术咨询，省内市场占有率达到30%以上，先后获得江苏省产业人才培训基地、全国信息人才能力提升工程实训基地、江苏省中小企业公共服务示范平台、江苏省信息化产业企业联合研发创新中心等多项资质及荣誉。南京云信达科技有限公司服务运营商、金融、电力、政府等行业客户数超过130家，已取得30项知识产权证书，预计未来3年可实现收入超3亿元，产生利润1.3亿元，新增就业100人，获评南京市瞪羚企业，成为NIISA国家互联网数据中心产业技术创新战略联盟理事单位。

立项支持科技服务骨干机构情况 2019年，省科技厅择优立项支持科技服务骨干机构90家，省拨经费4000万元。覆盖了科技服务业的大部分业态，其中开展研发设计服务的32家、科技金融服务的16家、创业孵化服务的36家、检验检测认证服务的10家，知识产权服务的10家，技术转移服务的22家，共有专职服务团队4266人，新引进硕士及副高以上职称742人，拥有服务场地30万平方米，新增服务资源4440台（套），价值1.7亿元。引导其引进高端人才、整合优质资源、创新服务模式，创建科技服务资质与品牌，其中：52家引进高端人才5人以上、40家集聚服务资源100万元以上，共拥有国家、省级门槛性服务资质164个，参与制定国际、国内标准47项，开展关键技术研发和服务模式、商业模式创新84个，拥有专利、软著、新品种、新药证书等知识产权1429项，为6.6万家企业提供服务，年度服务收入达20亿元。

科技服务业特色基地（示范区）

【概　况】 为加快构建服务专业化、组织网络化、功能社会化的现代科技服务体系，进一步推动科技服务业集聚发展，2012年起依托主城区或高新区核心区的科教资源优势，探索科技服务示范区建设试点。为引导地方因地制宜大力发展科技服务特色业务，2016年省科技厅会同省质监局、江苏出入境检验检疫局和省知识产权局等有关部门，启动实施省级科技服务业特色基地建设工作。目前，江苏省筹建科技服务示范区6家，省级科技服务业特色基地14家。

【分布情况】 从地域来看，科技服务业特色基地（示范区）建设苏南苏中苏北均有覆盖，其中苏南12家，苏中4家，苏北4家。特色基地从服务业态来看，研发设计服务最多，有6家，检验检测认证2家，科技金融2家，创业孵化3家，知识产权1家。经过近年来的建设和发展，科技服务业特色基地向专业化、集群化发展。此外，江苏省还获批国家科技服务业区域试点6家、行业试点3家。

【运行成效】 集聚特色服务机构，培育壮大市场主体。各科技服务业基地立足园区产业发展及企业需求，推动区域内特色科技服务业态专业化、集群化发展。南京生物医药谷聚集了世和基因、帝基生物、高新精准医学检验所、金域检验等基因检测企业，集萃药康、明捷医药等医药分析和公共服务企业及中谱检测、微测生物、欧萨检测等食品、农药、环境检测的代表科技服务机构90家，产业收入规模达800亿元。盐城大数据服务特色基地已落户华为云计算数据中心、阿里云、云端网络、国信优易、中润普达等大数据项目230余个，总投资超200亿元。其中世界500强、国内100强、行业前10强的企业30多家，建成和在建各类平台载体总面积达100万平方米。连云港科创城打造集“苗圃—孵化器—加速器”于一体的科技创业孵化链条，引进博奥生物建成国内领先的基因检测实验室。徐州中关村信息谷创新中心引进日本富士通在园区落地软件研发基地，世界 IT 巨头思科落地 IOT 联合实验室项目，华润医生集团医疗供应链、东软集团医疗硬件区域中心等行业 50 强企业投资项目运营投产。

加速载体平台建设，创建良好生态环境。公共技术服务平台是科技服务基地集聚高端人才、推进创新成果转化的重要载体，各科技服务业基地都将平台载体建设作为重点工作推进。南京生物医药谷加大前端公共服务平台载体的投入，形成一整套的研发外包产业链流程服务体系，其中包括新药检测平台、细胞产业平台、生物技术平台、制剂中试平台、临床前服务平台、医学临床服务平台、疾病诊断平台及脑科学平台，通过平台的建设，药谷将在生物医药产业发展链条上做好科技服务产业全面搭建，实现独具特色的生物医药产业发展环境。盐城大数据服务特色基地打造研发平台、孵化平台、实训平台、交易平台等各类科技服务平台，构建投融资平台、大数据创新研发平台等公共服务平台，众多特色平台的建立为大数据产业的发展提供了有力支撑。苏州高新区国家区域试点建设全国首个医疗器械可用性测试平台——江苏省医疗器械可用性测试平台揭牌启用，可开展涉及交互设计、人机交互、人机界面、人因工程、工效学、可用性测试和用户体验等多个测试，实现以用户为中心并具备医疗器械可用性测试专业水准的全球领先实验室。

科学规划布局，打造优质品牌服务。各科技服务业基地高起点规划布局，明确功能定位，努力打造特色品牌，做好支撑服务，发挥好辐射带动和应用示范作用。南京市生物医药谷积极构造生物医药高端现代服务业集聚区，年度产业收入规模达 800 亿元，获评苏南国家科技成果转移转化示范区创新办法推广应用示范基地、2019 年江苏省留学回国人员创新创业园和南京市现代服务业集聚区先进单位称号。徐州信息谷特色基地新获批国家级电子商务示范基地、省级创业投资综合服务基地、江苏省首批电子商务众创空间、江苏省电子商务示范基地、江苏省双创示范基地。盐城大数据服务特色基地积极打造数据资源高地、数据应用高地、数据平台高地等“三大高地”，获国家大数据应用标准创新基地等国家级品牌 5 个、江苏省大数据产业基地等省级品牌 17 个。苏州高新区获批国家文化和科技金融示范基地。泰州医药研发服务特色基地获批生物医药创新型产业集群建设单位创新药物潜力十强园区、2019 年最具成长力特色小镇十强、江苏省留学回国人员创新创业示范基地、国家中小企业公共服务示范平台和省级众创空间。南通高新区获批国家级知识产权示范园区，实现了南通国家级知识产权示范园区零的突破。

加强政策支持覆盖，优化创新服务氛围。各科技服务业基地积极落实加快科技服务业发展扶持政策，制定了具体奖励措施，并建立绩效评估机制。南京麒麟科技创新园制定相关政策，对于经认定的众创空间、科技服务业企业根据其运营发展规模、资质认定、活动举办情况给予相应支持和补助，促进其在示范区内的发展。南京江宁东南创业孵化群研究出台《江宁区科技服务业三年发展规划》和《落实科技服务业若干政策措施》等系列政策。无锡高新区出台《科技服务机构备案管理办法（试行）》，整合示范区各类科技服务机构资源，为全区科技企业提供专业优质的科技服务。常州科教城通过每年认定备案、每两年绩效评价并择优支持的方式，有效引导和鼓励园区内科技服务机构规范发展。南通高新区集聚区进一步加大对科技服务企业的财税支持，对于经考核完成年度考核指标的科技服务机构给予日常运营经费补贴，对于新引进博、硕士人才的科技服务机构给予不同额度的奖励，对于被认定为高新技术企业的科技服务企业，按减 15% 的税率征收企业所得税，符合条件的科技服务企业产生的职工教育经费支出，准予在计算应纳税所得额时据实扣除。

加强基地服务供给，服务收入显著增长。2019 年，20 家科技服务业特色基地（示范区）完成研发服务场所建设 658 万平方米，其中 2019 年新增服务场所面积 55 万平方米；集聚服务机构 2361 家，其中 2019 年新增科技服务机构311家；拥有专职服务人员3万人，其中2019年新增科技服务人员3831人；2019年服务企业超过27万家次，服务量155万项次，实现服务收入达287亿元。6家国家科技服务业区域试点完成研发服务场所建设366万平方米，其中2019年新增服务场所面积17万平方米；集聚服务机构1444家，其中2019年新增科技服务机构160家；拥有专职服务人员4万人，其中2019年新增科技服务人员8145人；2019年服务企业超过9万家次，服务量16万项次，实现服务收入达492亿元。

（江苏省科学技术厅科研机构处）

科技创业与科技金融

Science & Technology Entrepreneurship and Finance

【概　况】 2019年，认真贯彻落实党中央国务院和省委省政府打造"双创"升级版的工作部署，深入实施"创业江苏"行动，大力推进科技创业孵化载体建设，营造创新创业良好氛围，激发社会创新创业活力。截至2019年年底，江苏省众创社区备案试点78家；全省省级以上备案众创空间790家，其中国家级168家；全省各类科技企业孵化器达848家，其中国家级孵化器数量、面积及在孵企业数均居全国第一。

【众创空间】 实施众创空间建设行动，引导龙头骨干企业、高校、科研院所发挥产业资源和技术研发优势，建设专业化众创空间，服务实体经济发展，2019年，全省新备案104家省级众创空间，省级以上备案众创空间达790家，其中国家级168家；拥有百家汇、博特新材料等5家国家级专业化众创空间，数量居全国第一。着眼于完善创业服务体系，开展第三批众创社区备案试点工作，聚焦细分产业，在数字经济、智能网联、医疗器械等产业领域新布局建设28家众创社区，累计达78家。苏州高新区被评为第二批"科技资源支撑型"特色载体，获批国家专项资金2500万元；扬州高新区等首批三家特色载体年度绩效评价均获得优秀，分别获批年度专项资金1500万元。

【科技企业孵化器】 启动省级以上科技企业孵化器绩效评价，引导全省各类孵化器提质增效。全省省级以上科技企业孵化器参评率达97%，被评为优秀、良好的孵化器占参评总数的57.5%。实施省科技型创业企业孵育计划，采用"因素法"，对评价良好以上的孵化器给予奖励，下达省级奖补资金6000万元。新认定省级科技企业孵化器39家，新筹建省级大学科技园1家，新认定省级大学科技园3家，全省各类科技企业孵化器总数达到848家，其中国家级219家。

【科技创业大赛】 2019年，成功举办第七届"创业江苏"科技创业大赛暨第八届中国创新创业大赛江苏赛区，吸引了海内外4600个创业团队和企业报名参赛，报名数位居全国前列。经过13场地方赛、6场行业赛、3场海外赛和1场总决赛的角逐，52个创业团队和企业分获大赛一、二、三等奖。江苏大赛结束后，推荐100个江苏企业晋级第八届中国创新创业大赛行业总决赛，10个企业获得国家大赛奖项，获奖总数位居全国赛区首位，66个企业获得优秀称号。通过大赛平台，87个参赛企业获得风险投资16.5亿元，462个参赛企业获得银行授信33.4亿元。指导扬州市、江宁区、海门市举办第四届中国创新挑战赛江苏赛区比赛；指导无锡市举办第五届苏南全球创客大赛，进一步打响"创业江苏"赛事品牌。

【创业投资】 2019年，新增入库天使投资机构4家、天使投资项目20项，全省"苏科投"合作地区达26个，累计入库天使投资机构达108家，引导天使投资机构为401家初创期科技型小微企业股权投资14.9亿元，省级以上科技企业孵化器中70%设有天使投资基金（资金）。充分发挥省天使投资联盟的作用，组织开展上市培育、天使投资项目对接活动7场次，路演项目 45 个，直接服务企业超过 700 家次。到 2019 年年底，全省创投机构管理资金规模达 2473 亿元。

【科技信贷】 着力完善科技金融服务机制，研究制定科技企业“白名单”，发布首批江苏省科技型企业“白名单”1393 家，引导银行有针对性地为科技型企业提供融资支持。进一步扩大“苏科贷”合作地区范围，新增泰州医药高新区、新沂市、常州经济开发区、邳州市 4 个合作地区，“苏科贷”合作地区达 82 家，实现苏南、苏中全覆盖。2019 年，省科技金融风险补偿资金备选企业库入库企业超 29000 家，全省新增发放“苏科贷”低息贷款 76 亿元，累计发放贷款 553 亿元，支持企业 6294 家。深入实施科技金融进孵化器行动，面向省级以上孵化器和国家级众创空间，组织超百家金融机构面向 622 家孵化器开展“苏科贷”“苏科投”“苏科保”等科技金融政策宣讲，组织银企对接、投融资路演等活动 94 场，参与企业达 3300 家，科技金融进孵化器行动实现 13 个设区市全覆盖。

【科技保险】 “苏科保”合作机构 3 家，以科技型企业产品质量保证保险、产品责任保险等科技保险险种为重点，纳入风险补偿范围的科技保险产品达 15 项。2019 年，“苏科保”新增备案保险金额 1.13 亿元，累计备案保险金额达 9.10 亿元；通过新产品应用示范后补助，累计带动保险机构向 850 多家科技型企业提供超 580 亿元的科技创新风险保障。

【科技金融组织】 围绕科技型中小企业的融资需求，全省科技支行、科技小额贷款公司、科技保险支公司等新型和特色科技金融组织达 351 家。其中，全省科技支行总数达 43 家，实现设区市全覆盖；科技保险支公司 5 家，中国人保财险苏州科技支公司是全国首家科技保险支公司；累计批筹科技小额贷款公司 134 家，实现了设区市和国家级高新区“全覆盖”，2019 年全年新增发放贷款 470 亿元，累计发放贷款总额 2901 亿元；累计认定省科技金融特色机构 169 家。

（江苏省科学技术厅高新技术处）

科技合作与交流

Science & Technology Cooperation & Exchange

国际科技合作

【概　况】 2019 年，全省深入推进与重点国别地区及国外一流创新机构的深度合作，积极组织开展国际技术交流对接活动，积极参与“一带一路”科技创新合作，为创新型省份建设提供有力支撑。

【与重点国别及机构合作】 深入推进与有关重点国别地区的产业研发合作机制。江苏省科学技术厅与挪威签署合作备忘录，共同启动实施产业研发合作计划，与澳大利亚维多利亚州签署新一轮关于开展技术创新合作的协议。分别与以色列、芬兰、捷克、挪威、澳大利亚维多利亚州等国家或地区推进实施产业研发合作双边计划，双方共同资助了一批双边合作项目。

进一步深化与国际一流高校院所的产业技术合作关系。支持新加坡南洋理工大学江苏技术转移中心、新南威尔士大学（宜兴）环境技术转移中心加强建设。

深入参与“一带一路”科技创新合作。南京农业大学与肯尼亚埃格顿大学合作共建“中国－肯尼亚作物分子生物学‘一带一路’联合实验室”。

【国际科技交流活动】 南京市举办了“2019 南京创新周”，无锡市举办了“2019 世界物联网博览会”，苏州市举办了“第十届中国国际纳米技术产业博览会”。

（江苏省科学技术厅对外合作处）

国内科技合作

【重点科教单位合作】 推进省政府与中科院、清华大学、北京大学新一轮战略合作协议重点任务落实和重大项目实施，未来网络试验设施、高效低碳燃气轮机试验装置建设稳步推进。包括南京分院新园区、国科大南京学院等在内的占地600亩、建筑面积近50万平方米的麒麟科技城建设进展顺利，中科院软件研究所南京软件技术研究院、中科院过程工程研究所南京绿色制造产业创新研究院、中科院工程热物理所南京未来能源系统研究院、清华大学盐城智能控制装备联合研究院、南京北大科技园等一批产业技术研发机构和科技创新载体落户江苏。与中科院合作项目超1900项、销售收入达1400亿元。

【江苏省产学研产业协同创新基地】 按照“一区一战略产业、一县一主导产业”的创新发展要求，推动45个省产学研产业协同创新基地差别化集聚创新资源、错位发展，探索构建各类创新主体间互补互动、合作共赢的协同创新机制和完善的产业生态系统，培育产业特色鲜明、规模集聚明显、产业链和创新链完善、创新活力旺盛、竞争优势显著的产业高地。

（江苏省科学技术厅区域创新处）

【长三角科技合作】 2019年，江苏省深入贯彻长三角区域一体化发展国家战略和长三角地区主要领导座谈会精神，认真落实《江苏省长三角一体化三年行动计划（2018—2020年）任务分解表》及《江苏省长三角区域一体化发展2019年度工作计划任务分解表》等部署，着力在联合研发攻关、共建创新载体和共享创新资源等方面加大工作推进力度，努力为长三角一体化高质量发展提供有力支撑。

稳步推进长三角科技基础设施一体化建设。江苏省与上海共建的国家“高效低碳燃气轮机试验装置”正式开工，2019年安排建设配套经费3.3亿元。支持江苏省未来网络创新研究院牵头、中国科学技术大学等单位共建的未来网络试验设施正式开工建设，发布全球首个大网级网络操作系统CNOS，开通12个城市节点的光传输网络，完成22个包含主干网络节点和传输中继节点机房的光传输网络改造和传输设备安装工作。网络通信与安全紫金山实验室全面启动建设，与中国联合网络通信有限公司研究院、中国电子科技集团第28所等23家单位共建伙伴实验室，启动长三角一体化网络试验设施一期建设，加入国家工业互联网联盟。纳米真空互联实验站完成首期总体验收，二期建设工程—纳米真空互联材料制备及分析测试平台项目可行性研究报告获国家批复，与复旦大学、清华大学、苏黎世联邦理工学院等高校院所开展合作课题27个。

联合开展长三角关键共性技术攻关。聚焦电子信息、生物医药、先进制造等关键共性技术瓶颈，组织江苏中利电子信息科技有限公司、中天海洋系统有限公司等行业骨干企业联合浙江大学、上海交通大学等长三角优势研发力量，启动实施了“空间运动目标智能跟踪型星载多分辨光学成像技术研究”等20多项核心技术攻关项目和“基于SDN的新型异构自组织通信网络研发及产业化”等9项重大科技成果转化项目，省拨资金1.2亿元，努力取得一批具有自主知识产权的标志性成果，为合力参与国家重大科研项目提供有力支撑。聚焦长三角区域生态环保、民生保障、智慧城市等公共领域关键技术需求，组织省农科院、南京鼓楼医院等联合上海合作单位申报52项长三角科技联合攻关项目，其中长三角区域进口食品、农产品及化妆品智慧监管关键技术研究及示范应用等6项获立项支持。围绕共同优势领域，累计支持江苏省地方园区、企业等与浙江大学、中国科学技术大学、中科院上海光机所等长三角地区知名高校院所建立紧密合作关系，共建南京先进激光技术研究院、浙江大学苏州工研院等40多家新型研发机构。

大力推动科技资源开放共享。合作共建的“长三角科技资源共享服务平台”于2019年4月26日正式开通试运行，截至2019年12月，平台已整合大型科学仪器设施28618台（套），总价值超过327亿元，其中包括江苏省大型科学仪器设施7505台（套），总价值89.7亿元。支持省生产力促进中心联合上海农村产权交易所共同成立“长三角农业科技成果交易服务平台”，设立长三角农业科技成果交易服务平台淮安市农科院工作站，联合南京农业大学新农村发展研究院举办成果对接会，发布34项农业科技新成果，推动“淮麦50”和“大豆16”科技成果交易转化。共同举办第一届长三角一体化创新成果展，围绕“共享创新资源，协同创新驱动,推动长三角更高质量一体化发展”主题，组织紫金山实验室、未来网络试验设施、高效低碳燃气轮机等重大科技创新平台和中复神鹰、中远船务等重点企业的42项重大成果参展。

加强长三角技术转移体系建设。成功举办第七届中国·江苏产学研合作大会，征集发布浙江大学、合肥工业大学、中科院上海光机所等长三角地区19家高校院所的196项最新科技成果，与江苏省企业技术需求进行对接，推动江苏省有关园区、企业与长三角地区相关科研单位签订4个重大项目合作协议，投资额达11.4亿元。充分发挥长三角技术市场四方联席会议机制作用，共同签署《长三角技术市场资源共享　互融互通合作协议》，组织11家长三角地区技术市场运营机构成立长三角区域技术市场联盟并发布《长三角区域技术市场联盟倡议书》，加速打造区域技术交易中心。2019年，江苏省共输出上海市、浙江省、安徽省技术合同3492项，成交额近90亿元。积极推动科技创新券通用通兑，正式上线运行昆山－上海科技创新券综合服务平台，完成长三角第一张科技创新券的资金拨付工作。大力推进技术成果跨区域转移转化，依托江苏首届J-TOP创新挑战季，共同组织第二届长三角国际创新挑战赛，江苏省共征集企业创新技术难题500多条，面向全社会发布重点需求100余个，达成意向签约28项，共计7043万元。

推进重点区域科技创新合作。沪通科技合作取得了阶段性成效，编制形成《长三角一体化背景下沪通科技合作研究》专项报告，制定发布《沪通科技合作专项管理办法（试行）》，支持建设国家技术转移东部中心南通分中心，打造成果发布、技术交易、合同认定、科技金融、知识产权等一站式服务大厅，联合上海高校举办多场沪通产学研合作对接洽谈活动，2019年，南通115家企业与上海20家高校院所已签约科技合作项目近200项、合同金额超过6000万元。鼓励苏州积极参与上海科创中心和G60科创走廊建设，共同启动“上海－苏州科技资源开放共享与协同发展行动计划”，将两地1700余家服务机构、2万余台（套）仪器设备纳入共享服务范围，推动两地创新资源、科技政策、平台载体的互融互通，组建G60科创走廊产业联盟。支持南京推进建设长三角科创圈，江苏省科技资源统筹服务中心、江苏省科技发展战略研究院等单位牵头举办长三角科创圈共建创新平台（南京）圆桌会议，联合沪浙皖三地科技平台单位共同签署发布《共建长三角科创圈创新平台倡议书》。

（江苏省科学技术厅发展规划处）

【与港澳台科技合作】 江苏省科学技术厅与香港贸易发展局签署了技术创新合作备忘录。省产研院与香港理工大学签署了战略合作协议。江苏企业与港澳高校、企业达成多个具体技术项目合作意向。

（江苏省科学技术厅对外合作处）

科 技 计 划

Plan of Science & Technology

科技计划和财务管理

Science & Technology Projects & Financial Management

【计划管理】 认真贯彻落实“科技改革30条”及国家、省有关科技计划管理的最新精神要求，修订印发《省科技计划项目立项工作操作规程》，进一步优化项目指南编制和发布机制，适度降低会议评审比例，减少项目评审环节，不把论文、专利、荣誉性头衔等情况作为项目评审限制性条件，防止简单量化、重数量轻质量、“一刀切”等倾向，确保评审体系更具科学性和适用性。对省科技计划项目合同模板进行修订，细化明确了服务科研人员的具体措施，增加了科研诚信建设、重大事项报告等科技管理的最新要求，避免了原有合同模板问题界定不清晰、管理要求不明确等弊端。坚持以积极地、体制性的、结构性的统筹集成为路径，聚焦科技创新“五个攻坚仗”和深化改革“六项重点任务”，积极协调省财政厅加大科技投入、优化资金配置，2019年下达科技项目经费近28亿元，新增1亿元用于启动实施前沿引领技术基础研究专项，统筹安排11亿元用于高新技术企业培育奖励，引导政府资金聚焦重点方向，确保各项重大创新任务顺利实施。

（江苏省科学技术厅资源配置处）

【统计管理】 牵头开展省高质量发展监测评价考核科技创新相关指标考核，会同省考核办、统计局研究设置设区市、县（市、区）科技指标，组织各级科技统计人员学习掌握指标数据归集和测算方法，完成档次评定和数据填报工作。加强全省科技创新指标监测通报，发布全省2018年科技创新指标完成情况，编印2018年度《江苏科技手册》；对2019年各设区市科技创新工作及高新区主要目标任务进行指标分解，每季度通报科技创新主要指标进展。提高数据统计质量，组织年度科技统计工作培训和任务部署会议，完善数据采集、报送、审核制度，依托门户网站专门开设科技统计业务知识专栏，赴常州、镇江等地调研，开展座谈交流和现场指导。做好国家和省各项科技统计工作，完成省地方财政科技拨款、国家高新区、特色产业基地、大学科技园、高新技术企业等统计调查任务，2019年全省全社会研发投入达2779.5亿元、占地区生产总值比重达2.79%，高新技术产业产值占规上工业总产值比重达44.4%，万人发明专利拥有量达30.2件，高新技术企业总数超过2.4万家，科技进步贡献率达64%。

（江苏省科学技术厅发展规划处）

【绩效管理】 组织开展2019年省级财政支出绩效目标自评审工作，形成《江苏省2019年度省级财政专项资金预算绩效目标申报表》。按照强化主要指标、可操作性强、易于统计考核的原则，立足“四个突出”，研究制定和完善了8个科技专项资金及有关计划的153个绩效目标和目标值，建立了综合反映科技创新成效和创新驱动经济社会转型发展的评价指标体系。

【财务管理】 做好部门预决算公开工作，按要求及时在省科技厅门户网站、江苏省预决算公开统一平台向社会同步公开2019年部门预算和2018年部门决算，接受社会公众的咨询监督。按照省财政厅要求，组织所属预算单位完成内部控制报告以及资产报表的编报工作，并做好审核、汇总及上报工作。制定《省属公益类科研院所国有资产处置审核表》和《省属公益类科研院所国有资产对外使用审核表》，进一步规范对所属预算单位国有资产使用、处置、收益等事项的审核审批。召开厅直属单位财务例会，加强直属单位间财务管理工作交流，指导所属单位进一步建立健全单位财务管理内控制度，提升单位财务管理水平，确保财务管理规范和资金使用安全。组织所属预算单位做好新旧政府会计制度衔接及财务软件更新安装工作，分3期开展《政府会计制度》工作座谈会并根据省财政厅要求完成政府会计准则制度实施情况调研报告。

（江苏省科学技术厅资源配置处）

2019 年度江苏省科技计划项目

2019 Annual Science & Technology Projects of Jiangsu Province

【概　况】 2019年，江苏省科技厅共组织实施各类省科技计划项目10723项，其中当年新上项目2301项，往年结转项目8422项。全年完成结题验收的项目2578项，办理总结的项目64项，中止项目37项，结转到2020年实施的项目共8044项。

2019 年江苏省科技计划执行情况及 2020 年结转项目统计表

单位：项

计划类别	2019 年计划安排			完成及终止项目			2020 年结转项目
	合计	上年结转项目	新上项目	验收	总结	终止	
合　计	10723	8422	2301	2578	64	37	8044
一、基础研究计划	6521	5000	1521	1647	4	9	4861
二、重点研发计划	2346	1866	480	391	38	20	1897
产业前瞻与共性关键技术	1043	886	157	103	27	5	908
现代农业	441	315	126	82	3	3	353
社会发展	862	665	197	206	8	12	636
三、科技成果转化专项资金	672	570	102	155	20	6	491
四、创新能力建设	135	105	30	12	2	2	119
五、国际科技合作	229	158	71	41	0	0	188
六、科技型企业技术创新资金（工业）	304	304	0	29	0	0	275
七、苏北科技发展专项	96	96	0	6	0	0	90
富民强县	74	74	0	6	0	0	68
科技型企业技术创新资金（农业）	22	22	0	0	0	0	22
八、产学研联合创新资金	200	200	0	198	0	0	2
九、临床医学科技专项	44	44	0	38	0	0	6
十、软科学研究	176	79	97	61	0	0	115

2019年省科技厅共组织承担各类省科技计划项目986项，拨款总额达157875万元。其中，南京市承担省科技计划项目183项，拨款总额28563万元；无锡市承担省科技计划项目93项，拨款总额12665万元；徐州市承担省科技计划项目55项，拨款总额7783万元；常州市承担省科技计划项目93项，拨款总额22510万元；苏州市承担省科技计划项目262项，拨款总额37501万元；南通市承担省科技计划项目59项，拨款总额8448万元；连云港市承担省科技计划项目42项，拨款总额11152万元；淮安市承担省科技计划项目18项，拨款总额2216万元；盐城市承担省科技计划项目26项，拨款总额4022万元；扬州市承担省科技计划项目65项，拨款总额11809万元；镇江市承担省科技计划项目57项，拨款总额7513万元；泰州市承担省科技计划项目22项，拨款总额2073万元；宿迁市承担省科技计划项目11项，拨款总额1620万元。

2019年度各设区市承担省科技计划项目

单位：项

	合　计	基础研究计划	重点研发计划	政策引导类计划	创新能力建设计划	科技成果转化专项资金
合　计	986	270	378	177	68	93
南京市	183	66	56	37	10	14
无锡市	93	20	42	17	4	10
徐州市	55	10	29	9	4	3
常州市	93	21	28	17	15	12
苏州市	262	107	71	41	18	25
南通市	59	10	28	12	5	4
连云港市	42	10	16	5	3	8
淮安市	18	4	10	3	0	1
盐城市	26	1	12	9	3	1
扬州市	65	7	36	13	1	8
镇江市	57	11	29	12	1	4
泰州市	22	3	12	2	3	2
宿迁市	11	0	9	0	1	1

2019年度各设区市新上省科技计划项目经费拨款汇总

单位：万元

地　区	合　计	基础研究计划	重点研发计划	政策引导类计划	创新能力建设计划	科技成果转化专项资金
合　计	157875	4524	36733	7173	22895	86550
南京市	28563	1145	5100	1723	4995	15600

续表

地　区	合　计	基础研究计划	重点研发计划	政策引导类计划	创新能力建设计划	科技成果转化专项资金
无锡市	12665	270	4318	417	460	7200
徐州市	7783	150	2240	203	790	4400
常州市	22510	300	3180	1050	6530	11450
苏州市	37501	1969	7500	1672	7060	19300
南通市	8448	120	1910	778	40	5600
连云港市	11152	230	1375	37	1210	8300
淮安市	2216	50	880	86	0	1200
盐城市	4022	10	1040	342	1130	1500
扬州市	11809	90	4080	399	40	7200
镇江市	7513	140	3420	453	500	3000
泰州市	2073	50	1270	13	140	600
宿迁市	1620	0	420	0	0	1200

（江苏省科学技术厅资源配置处）

【省前沿引领技术基础研究专项】 针对当前重大原创性成果缺乏、核心技术受制于人的问题，2019 年正式启动实施前沿引领技术基础研究专项，按照“有所为、有所不为”的原则，聚焦未来可能产生变革性技术的基础研究领域，对重大科学前沿或重大产业前瞻问题进行超前部署，力争通过 5 年左右的努力，取得一批重大原创成果，形成一批变革性技术，引领产业集群发展成为创新集群。2019 年围绕光子芯片核心材料、天地融合卫星移动通信、新型光电成像等重点方向，立项支持 8 个项目，其中前沿项目 5 项、探索项目 3 项，共投入资金 1 亿元。

在纳米技术、人工智能、未来网络等前沿领域超前布局，引导科研人员面向全省未来发展重大需求，聚焦核心技术，解决制约自主可控的重大科学问题，创新成果呈加速产出趋势。2019 年共发表科技论文 10933 篇，其中被 SCI/EI 收录 8611 篇；申请专利 3998 项，其中发明专利 3343 项。南京大学领衔的全球二叠系研究获地层学国际最高金奖，东南大学发现了世界首例无金属钙钛矿铁电体，解决了 130 年来制约分子压电、铁电材料发展的世纪难题，研究成果连续两年在国际顶尖刊物《科学》上发表；全省共有 50 位科研人员入选 2019 年全球“高被引科学家”榜单，5 位科学家荣获 2019 年何梁何利基金奖。

（江苏省科学技术厅社会发展与基础研究处）

【省重点研发计划（产业前瞻与关键核心技术）】 2019 年度江苏省重点研发计划（产业前瞻与关键核心技术）围绕前瞻性产业技术创新专项实施，进一步强化目标导向和产业技术创新的组织，着力加强产业前瞻性技术研发、重大共性关键技术攻关及在典型行业的技术开发应用，重点面向人工智能、未来网络、高端芯片、纳米及先进碳材料等十大前沿技术领域，组织省重点研发计划（产业前瞻与关键核心技术）项目 157 项，省拨经费 20860 万元。主要突出 5 个方面的工作。一是强化前瞻领域的超前部署，紧跟世界产业变革新趋势，在人工智能等新兴产业领域超前布局“基于知识图谱和语义理解的智慧云脑系统”等一批前沿引领技术研发项目，立项项目中属于产业前瞻技术领域的项目有86项，占所有项目的一半以上。二是强化核心技术研发，补齐产业发展短板。在新型显示领域，针对性部署了“高分辨率OLED显示屏用大尺寸精细金属掩模板的研发”等一批项目，涉及印刷显示、激光显示、Mini LED和OLED等多个技术方向，从关键材料、核心工艺、核心设备等产业链高端环节加强攻关，加快提升全省新型显示领域创新水平，促进产业快速做大做强。三是更加聚焦产业创新高地建设，贯彻“一区一战略产业”工作部署，在省级以上高新区安排项目44项，占立项项目的28%，省拨经费4460万元，占全部项目的22%。强化对苏南国家自主创新示范区的支持，苏南国家高新区承担项目31项，占立项项目的20%。四是更加凸显产业创新的组织，立项项目中产业技术创新战略联盟组织推荐的有24项，占总数的15.2%，其中，重点项目5项，占全部重点项目的50%，联盟的项目组织质量不断提高，协同创新和资源整合作用进一步发挥。五是更加强化对创新型企业、创新人才和自主技术的扶持。全部项目中创新型领军企业承担了3个项目，高新技术企业及纳入省高新技术企业培育库企业承担的项目70项，占全部企业项目的70%。有48个项目由国家重大人才工程入选者、省“双创”人才牵头或参与实施，占全部项目的30.4%。所立项目注重自主知识产权的获取，起点高、创新性强，各申报单位已拥有发明专利1416件，预计本批项目完成时将再申请发明专利923件。

（江苏省科学技术厅高新技术处）

【省重点研发计划（现代农业）】 2019年度省重点研发计划（现代农业）主要围绕乡村振兴战略实施，大力推进农业科技创新，着力提高农业发展质量和效益，培育农业发展新动能，探索依靠创新驱动现代农业发展的新路径、新模式，加快推进农业农村现代化。重点支持前沿技术攻关、优良品种选育、产业融合技术创新和绿色生态发展等4个方向，组织实施重点项目24项、面上项目57项、后补助项目26项，安排省财政经费8830万元。

（江苏省科学技术厅农村科技处）

【省重点研发计划（社会发展）】 深入实施科技惠民行动计划。紧贴新时代民生需求，在生态环境、生命健康、公共安全等关系民生的重大科技问题上加强关键技术攻关和重大科技示范，使科技成果更充分地惠及人民群众。2019年，启动实施9个重大科技示范项目，组织开展188个关键技术研究与示范项目，省拨经费2亿元。一是积极助力打赢污染防治攻坚战。针对长江大保护、土壤地下水一体化风险防控、大气污染源溯源、生态宜居乡村绿色发展等重点领域，启动实施“长江（江苏段）沿江城市群生态承载力动态演变及化工废水毒性减排关键技术研究与科技示范”等4个重大科技示范项目，开展关键技术集成应用与综合示范,形成可推广的系统解决方案。加强监测预警、污染源解析、源头减排、联防联控等污染防治领域核心技术研发，围绕水、土、气污染治理、固体废弃物处理和资源化利用、能源管理等重点领域，组织实施“垃圾焚烧飞灰低能耗低排放的净化新技术”等23个项目，扩大惠民科技创新供给。积极响应长三角一体化发展战略部署，以盐城国家级高新区为示范主体组织“高新区工业废水近零排放及资源化利用”项目，开展高新区典型产业的废水零排放技术方案、标准体系及政策体系研究，为废水近零排放和资源化提供江苏经验。二是大力推动生命健康领域科技创新。为满足人民群众日益增长的健康需求，从重大科技示范、临床前沿技术、面上项目（新型临床诊疗技术攻关和公共卫生）几个类别对人口与健康领域加大支持，2019年新上项目数达124项，覆盖了肿瘤、心脑血管疾病、代谢性疾病、精神性疾病等主要疾病领域，努力构建从疾病预防、诊断、治疗到康复的全链条创新布局。临床医学研究中心建设成效显著，20个省级临床研究中心已自主制定并形成规范化诊疗技术指南、专家共识、技术方案等177项，示范病例94544例；新增国家级学会主委30人，长江学者、国家杰出青年基金获得者24人次；发表论文11700篇，其中被SCI/EI收录6276篇；以省临床医学研究中心为依托，链接省内外医院1600余家（次），共同构成了“医联体”，示范病例41万例，有力地推动了全省临床医疗水平的提升。今年，依托苏州大学附属第一医院建设的“血液系统疾病国家临床医学研究中心”获批成为江苏省第二个国家临床医学研究中心，实现了全省临床医学研究国家队的新突破。三是切实加强公共安全科技支撑。把安全生产科技工作摆上实施创新驱动发展战略、推进科技惠民工作的突出位置，围绕安全生产重点领域和重点地区，加强生产安全领域关键技术攻关和成果推广示范， 2019年，组织实施了“城市重大活动交通运行的公共安全事件风险辨识与防控”“江苏警务云安全防护关键技术研究与科技示范”等27个项目，省拨经费2350万元。全力筑牢生物安全科技防线，加强人类遗传资源管理有关工作，推动全省涉及人类遗传资源有关研究依法依规有序开展，自《中华人民共和国人类遗传资源管理条例》施行以来，全省已收到人类遗传资源管理办公室印发的审批决定书43份，申请活跃度排名居全国前列。

（江苏省科学技术厅社会发展与基础研究处）

【省政策引导类计划（国际科技合作）】 2019年度省政策引导类计划（国际科技合作）立项支持71项，引导企业有效利用海外先进成果与创新资源，持续推进全省创新国际化服务体系建设，推动高校、科研机构及企业进一步参与“一带一路”科技创新合作。其中支持“一带一路”创新合作项目18项，政府间双边创新合作项目9项，重点国别产业技术研发合作项目31项，支持企业海外研发机构／海外联合实验室建设、国际技术转移服务机构建设项目13项。

（江苏省科学技术厅对外合作处）

【省政策引导类计划（苏北科技专项）】 2019年，苏北科技专项预算总额为1亿元，37个县（市、区）年度经费全部安排下达。特色产业项目立项208项，科技扶贫项目63项（43项科技帮扶、20项科技特派员结对帮扶项目），后补助项目55项。重点项目：50万元以上项目共25项，其中100万元以上2项，60万～90万元6项，50万～59万元17项。

（江苏省科学技术厅农村科技处）

【省政策引导类计划（软科学研究）】 2019年度省软科学研究项目围绕高质量发展走在前列的目标定位，在“十四五”科技创新规划预研、高质量发展与产业创新、企业创新与载体建设、体制改革与创新治理、科技人才与成果转化、区域创新与创新生态等方面共安排76个项目，总计经费为600万元。其中：面上项目59项，计295万元；委托项目（含子课题）16项，持续跟踪项目1项，计305万元，均已完成全部合同的签订。做好2018年软科学项目的验收工作，严格验收程序，目前已完成65个项目的验收，并优选20个项目成果形成《2018年江苏省软科学项目成果摘编》。并以软科学优秀成果为基础，《创新参考》聚焦项目实证和调研，累计编发15期，其中2篇稿件获得省主要领导批示、1篇获得省领导批示。

（江苏省科学技术厅政策法规处）

【省政策引导类计划（引进外国人才专项）】 征集第六批江苏“外专百人计划”129项（长期项目85项，短期项目44项），同比增加28%，创历年新高，经形式审查、专家评审、厅长办公会审议，明确立项38项，其中长期项目23项、短期项目15项。组织征集年度省引进国外技术、管理人才专项项目117项，经形式审查、专家评审、厅长办公会审议，明确立项77项。

（江苏省科学技术厅引智办）

【省科技成果转化专项资金项目】 2019年省科技成果转化专项资金项目按产业核心技术创新（A类）、省地联合招标（B类）和自主创新后补助（C类）三大类进行组织，共受理成果转化资金项目656项（其中A类491项、B类92项、C类73项），经过315位专家分45个组进行专业评审评标，112个项目进入现场考察（其中A类项目55个、B类项目46个、C类项目11个），经过110位专家分16个组进行现场考察，102个项目（课题）报省科技成果转化专项资金管理协调小组审定获得立项，安排省财政资助经费9.355亿元。主要呈现以下特点：一是突出重点工作和重点产业。围绕半导体高端芯片、生物医药、新材料3个重点产业领域，加大力度促进创新资源集聚，协同探索新型产业技术集成创新，共遴选项目课题32项、占拟立项目课题总数30%，共建议安排经费38200万元、占拟安排省资助总经费的40%。二是聚焦核心技术突破。紧扣指南，大力推进事关科技安全的产业核心技术突破，促进自主可控的现代产业体系构建，在智能电网IGBT模块、工业机器人驱动控制、高端装备液压核心部件等方面，遴选了一批提升科技风险防范能力的重大项目，这批项目已取得发明专利1168项，正在申报的发明专利超过1200项。三是促进产业中高端攀升支撑高质量发展。紧盯高质量发展走在前列目标，围绕核心信息技术、装备关键件、前沿新材料、生物医药和新型医疗器械等13个先进制造产业集群，集聚创新要素创新资源推进科技成果转化及产业化，所立项目占项目总数的90%，努力促进产业向价值链中高端迈进。四强化高新区创新发展主阵地作用。瞄准形成“一区一战略产业”创新发展格局，实施省地联合招标，探索集成式联合招标试点，促进创新资源向高新园区集聚，支撑苏南国家自主创新示范区建设。本批项目中，国家级高新区48项、省级高新区4项，占立项总数的51%；苏南国家自主创新示范区70项，占立项总数的69%。

（江苏省科学技术厅科技成果处）

【省创新能力建设计划项目】 2019年，省创新能力建设计划新立项项目30项，其中，启动建设综合类技术创新中心、细胞科学与应用设施建设等重大科研设施3项；布局建设江苏省先进轻质高性能材料重点实验室1项；围绕人工智能、先进功能材料、集成电路等前沿技术和战略新兴技术领域布局建设11项；落实“科技改革30条”，发挥院士群体创新引领作用，试点建设院士企业研究院2项，立项龙头骨干企业独立研发机构1项；围绕生物医药、新材料等领域布局建设6项科技公共服务平台，开放实验室3项；支持建设新型研发机构3项；后补助项目129项（重点实验室后补助53项、公益院所项目18项、科技服务骨干机构能力提升项目8项、新型研发机构奖补33项、企业重点实验室验收后补助7项、省技术产权交易市场1项、公益性基础资源平台9项和省技术转移奖补资金）、国家项目配套2项。通过省创新能力建设计划项目的实施，稳步推进重大科技创新平台建设，不断提升科技创新基地原始创新能力，持续推进企业研发机构高质量发展，推动科技服务业发展壮大。

（江苏省科学技术厅科研机构处）

2019年度江苏省基础研究计划项目

项目编号	项目名称	承担单位
BK20190001	胃癌分子分型及个体化免疫细胞治疗	南京大学医学院附属鼓楼医院
BK20190002	有机硼化合物合成与转化研究	中国科学院兰州化学物理研究所苏州研究院
BK20190003	与PEDV UTR互作的RNA结合蛋白的筛选及其在病毒复制与致病中的作用研究	江苏省农业科学院
BK20190004	生物活性环肽的生物合成，化学合成及化学生物学研究	南京大学化学化工学院

续表

项目编号	项目名称	承担单位
BK20190005	超级地球和亚海王星的研究	南京大学
BK20190006	可见光 / 杂原子自由基协同化学	南京大学化学化工学院
BK20190007	纳米氧载体的构建及其增加放疗远端效应的研究	南京大学
BK20190008	中枢 orexin 能和组胺能神经系统在帕金森病运动障碍与非运动障碍共病中作用及机制的研究	南京大学生命科学学院
BK20190009	基于金属锂负极的高比能二次电池关键材料与性能研究	南京大学
BK20190010	多种二维材料的可控制备、物性研究与应用探索	南京大学物理学院
BK20190011	电路与天线协同集成的毫米波太赫兹芯片研究	东南大学
BK20190012	毫米波 MIMO 协作通信理论与方法	东南大学
BK20190013	桥梁结构健康监测	东南大学
BK20190014	穿戴式心电智能监测关键技术研究	东南大学
BK20190015	污染物高效脱除	东南大学
BK20190016	大型飞机自动化柔性测量关键技术研究	南京航空航天大学
BK20190017	航天器着陆缓冲与对接捕获装置关键技术	南京航空航天大学
BK20190018	水伏效应材料理论及设计	南京航空航天大学
BK20190019	动态复杂数据的表示学习理论与技术	南京理工大学
BK20190020	中立型时滞系统的控制理论	南京理工大学
BK20190021	非线性随机系统滤波与控制研究	南京理工大学
BK20190022	污水氮磷污染物控制	南京理工大学
BK20190023	复杂水文地质条件下海水入侵机理与防治方法研究	河海大学
BK20190024	环境污染物迁移过程的精细模拟	河海大学
BK20190025	磷脂调控生长素信号转导的分子机制	南京农业大学
BK20190026	生防溶杆菌代谢产物研究与应用	南京农业大学
BK20190027	作物对疫病菌基础抗性机制的研究	南京农业大学
BK20190028	多功能仿生纳米复合物在肿瘤边界可视化诊疗中的研究	中国药科大学
BK20190029	草酸钙结晶机制及药物干预策略研究	中国药科大学
BK20190030	天地一体无线频谱数据证析理论与方法	中国人民解放军陆军工程大学
BK20190031	煤矿固体废弃物充填开采水资源保护基础研究	中国矿业大学
BK20190032	基于 nNOS-SERT 蛋白偶联快速起效抗抑郁新药靶点研究及小分子药物研发	南京医科大学
BK20190033	脊髓损伤急性期神经元及微环境的基础研究与临床干预	南京医科大学
BK20190034	复合材料软体防撞系统冲击吸能机理及应用研究	南京工业大学
BK20190035	生物炼制木质素资源高值化利用的应用基础研究	南京工业大学
BK20190036	易燃易爆化学品重大事故多因素耦合致灾机理与演化特性	南京工业大学

续表

项目编号	项目名称	承担单位
BK20190037	面向应用的纳滤膜结构调控与功能化设计	南京工业大学
BK20190038	化学与生物传感	南京邮电大学
BK20190039	复杂工业过程智能控制与应用	南京邮电大学
BK20190040	森林健康维持的土壤微生物机制	南京林业大学
BK20190041	高效光电催化体系的界面设计	苏州大学
BK20190042	蛋白质翻译后修饰与肿瘤进展	苏州大学
BK20190043	消化系统	苏州大学
BK20190044	针对人体内环境高毒性高放射性锕系元素污染的应急促排剂研究	苏州大学
BK20190045	超薄氮化碳材料的结构调控及其高效产氢机制研究	江苏大学
BK20190046	弓形虫急性到慢性感染的分子调控机制	扬州大学
BK20190047	疼痛与非阿片受体依赖性镇痛的丘脑神经生物学机制	徐州医科大学
BK20190048	深海蔓足类系统演化与适应性研究	淮海工学院
BK20190049	湖泊复合污染多界面过程与效应	中国科学院南京地理与湖泊研究所
BK20190050	提高水稻根系内源磷再利用的细胞壁机制研究	中国科学院南京土壤研究所
BK20190051	KLF12 蛋白的 SUMO 化修饰抑制 LIF 参与子宫内膜容受性调控的机制研究	南京大学医学院附属鼓楼医院
BK20190052	LncRNA FENDRR 激活炎症小体在糖尿病肾脏疾病系膜细胞焦亡中的作用和机制研究	苏州大学附属第一医院
BK20190053	训练固有免疫在新生儿脓毒症免疫调节治疗中的应用研究	苏州大学附属儿童医院
BK20190054	太阳能光催化制氢微观反应体系构建及能质传输强化	西安交大苏州研究院
BK20190055	多模态分子影像探针的构建与活体成像分析方法研究	南京大学化学化工学院
BK20190056	基于多肽自组装的分子机器的理性设计与性能研究	南京大学
BK20190057	自旋轨道耦合与界面自旋损耗的调控研究	南京大学物理学院
BK20190058	面向边缘计算的编码理论与方法	南京大学计算机科学与技术系
BK20190059	面向致嗅味污染物去除的限域型高分散催化剂的构建及其催化性能与机制研究	南京大学环境学院
BK20190060	面向 VR 人机交互的用户输入识别攻击与防御	东南大学
BK20190061	多智能体系统抗干扰与非光滑协调控制研究	东南大学
BK20190062	通过调控内耳干细胞再生毛细胞，重建听觉功能的研究	东南大学
BK20190063	超临界燃煤发电—CO_2 捕集系统高效灵活运行研究	东南大学
BK20190064	微流控仪器的设计与制造	东南大学
BK20190065	视频监控环境下人物识别与查询分析	南京航空航天大学
BK20190066	多材料稳固混合梯度微结构表面的设计与制备新方法	南京航空航天大学

续表

项目编号	项目名称	承担单位
BK20190067	核衰变为探针研究丰质子核结构性质	南京理工大学
BK20190068	成本受限无线传感网高精度定位技术研究	南京理工大学
BK20190069	细胞死亡调控分子 RIP1 在炎症反应及相关疾病中的作用和机制研究	南京理工大学
BK20190070	高性能复杂陶瓷刀具结构—性能一体化制造研究	南京理工大学
BK20190071	黑磷纳米材料的电子能带调控及其光催化机理研究	南京理工大学
BK20190072	水体中化学品的污染筛查与风险评估	南京理工大学
BK20190073	多层磁电复合结构多缺陷识别的新型数值仿真研究	河海大学
BK20190074	近海风机大直径单桩打桩噪声水下产生、传播机制及防治方法研究	河海大学
BK20190075	基于 DIC 与钻孔法的混凝土工作应力高精度定量方法研究	河海大学
BK20190076	花瓣特异性表达 lncRNA 调控菊花管状花发育机制研究	南京农业大学
BK20190077	新型黏膜免疫增强剂的开发及其调控鸡树突状细胞抗原递呈分子机制的研究	南京农业大学
BK20190078	定点清除胆固醇结晶的聚环糊精超分子开关系统抗动脉粥样硬化机制研究	中国药科大学
BK20190079	人工智能技术及其在医学影像分析中的应用研究	江南大学
BK20190080	煤岩体水力致裂裂缝的震电联合反演基础及三维成像方法研究	中国矿业大学
BK20190081	睾丸 sORF 编码蛋白质的发现及其在精子发生染色质结构调控中的作用	南京医科大学
BK20190082	胰岛素样生长因子 -1 通过维持肝内 ST2+Treg 细胞表型进而调控肝纤维化形成的机制研究	南京医科大学
BK20190083	基于血浆代谢组学的结直肠癌早期病变标志物研究	南京医科大学
BK20190084	病灶微环境响应性变构组装体作为皮肤局部给药载体的研究	南京工业大学
BK20190085	膜传递机理的分子模拟研究	南京工业大学
BK20190086	基于金属有机骨架亚纳米孔的分离分析新方法	南京师范大学
BK20190087	面向 PPCPs 脱除及膜污染控制的基于双敏絮凝剂的絮凝—超滤技术原理	南京师范大学
BK20190088	过渡金属配合物磷光探针用于时间分辨生物成像与检测	南京邮电大学
BK20190089	基于空间一致性的低质量人脸图像识别研究	南京邮电大学
BK20190090	可生物降解聚酯	南京邮电大学
BK20190091	木质素结构定向调控策略及其对纤维素糖化的促进机制	南京林业大学
BK20190092	大气 CO_2 浓度升高对稻田土壤甲烷好氧氧化与厌氧氧化过程的影响研究	南京信息工程大学
BK20190093	气溶胶光学特性及其直接辐射效应的数值研究	南京信息工程大学

续表

项目编号	项目名称	承担单位
BK20190094	丹参多成分长效递释系统的构建及其应用研究	南京中医药大学
BK20190095	高效有机光伏材料的分子设计与器件性能研究	苏州大学
BK20190096	基于光磁双驱液态金属柔性微机器人的胚胎细胞原位快速操控与柔性定位研究	苏州大学
BK20190097	基于功能纳米探针的活体病原细菌感染靶向诊疗研究	苏州大学
BK20190098	储能材料界面研究	苏州大学
BK20190099	高效宽带隙聚合物给体光伏材料的合成表征及其在有机光伏器件中的应用	苏州大学
BK20190100	食品质量安全快速无损检测研究	江苏大学
BK20190101	多级泵旋转腔体流瞬变特性及其控制方法研究	江苏大学
BK20190102	三蝶烯聚合物的结构调控与光催化性能研究	常州大学
BK20190103	深海空间站螺旋耐压壳非线性失稳机理及仿生设计方法	江苏科技大学
BK20190104	中红外超快涡旋激光产生与放大技术研究	江苏师范大学
BK20190105	5- 羟甲基糠醛一锅还原醚化反应的路径控制与机理研究	淮阴师范学院
BK20190106	宿主遗传变异与丙型肝炎病毒感染转归的分子流行病学研究	江苏省人民医院
BK20190107	富营养化湖泊沉积物脱氮作用对镧改性铁铝泥的响应特征与机制	中国科学院南京地理与湖泊研究所
BK20190108	根际新型生物硝化 / 反硝化抑制剂的作用机制及应用	中国科学院南京土壤研究所
BK20190109	围海养殖过程对滨海湿地温室气体排放的影响及机制研究	中国科学院南京土壤研究所
BK20190110	高辐照系外行星的大气结构及高层大气动力学	中国科学院紫金山天文台
BK20190111	基于 PT 对称超表面透镜的声学成像研究	金陵科技学院
BK20190112	仿生液芯光纤关键技术及其在智能结构中的应用研究	金陵科技学院
BK20190113	基于甾体化合物的多形貌载药组装体的构建及其与细胞自噬通路的研究	金陵科技学院
BK20190114	构建基于人体细胞诱导的多能干细胞源性新型肝脏类器官及其移植治疗急性肝衰竭的作用研究	南京大学医学院附属鼓楼医院
BK20190115	外泌体 miRNA 介导肿瘤相关成纤维细胞调控肾细胞癌干性的机制	南京大学医学院附属鼓楼医院
BK20190116	FZD4 依赖 G 蛋白偶联受体经典信号通路调控肝癌免疫微环境的机制研究	南京大学医学院附属鼓楼医院
BK20190117	金属有机框架 - 中性粒细胞膜纳米体系在转移性肾癌中的研究	南京大学医学院附属鼓楼医院
BK20190118	长链非编码 RNA RP11-5407.1 促进子宫内膜蜕膜化障碍和胚胎种植的功能机制研究	南京大学医学院附属鼓楼医院
BK20190119	PAX3 调控椎旁肌异常发育在青少年特发性脊柱侧凸发生中的机制研究	南京大学医学院附属鼓楼医院

续表

项目编号	项目名称	承担单位
BK20190120	C1q 调控小胶质细胞突触修剪活性参与神经精神狼疮的机制研究	南京大学医学院附属鼓楼医院
BK20190121	Fzd9 基因在小鼠内耳干细胞再生毛细胞过程中的作用和机制研究	南京大学医学院附属鼓楼医院
BK20190122	NAD+/SIRT1 双重调控胆汁酸代谢在 NASH 炎症进程中的作用及机制研究	南京大学医学院附属鼓楼医院
BK20190123	ASAP1-IT1 通过 NF90 促进膀胱癌细胞 EMT 从而促进膀胱癌转移的机制研究	南京大学医学院附属鼓楼医院
BK20190124	前额叶皮层 GABA 传递受损在 MCI 伴发抑郁中的作用及机制	南京大学医学院附属鼓楼医院
BK20190125	Notch1 通过糖酵解促进狼疮中 MDSC 分化的机制研究	南京大学医学院附属鼓楼医院
BK20190126	外泌体介导的 DNA 分泌在延缓阿霉素诱导的乳腺癌细胞衰老中的作用及机制研究	南京大学医学院附属鼓楼医院
BK20190127	声超材料中的表面波慢声传播研究	南京光声超构材料研究院有限公司
BK20190128	RAAS 阻断时低盐饮食对肾功能的影响及机制研究	南京明基医院
BK20190129	Romo1 在慢性间歇低氧致主动脉平滑肌细胞凋亡中的作用及机制研究	南京市第一医院
BK20190130	PFHxS 致早发性卵巢功能不全的分子机制研究	南京市第一医院
BK20190131	“人源弹性蛋白”药物控释系统的皮肤创面修复作用及分子机制	南京市第一医院
BK20190132	ABCB1 基因通过影响胆汁酸成分对氯吡格雷代谢影响的研究	南京市第一医院
BK20190133	具有抗菌和促成骨双重功能的可注射金纳米簇水凝胶在牙周炎骨缺损中的应用研究	南京市口腔医院
BK20190134	吸烟抑制 CARD9 促进 MDSCs 分化从而影响口腔黏膜白斑发病的机制	南京市口腔医院
BK20190135	LncRNA MEG3 在调控人骨髓间充质干细胞修复炎症微环境下骨缺损中的作用及机制研究	南京市口腔医院
BK20190136	基于 PI3K/AKT/DNMT1 信号通路调控 BACE1 表达探讨化痰开窍法改善 AD 认知功能的作用机制	南京市中医院
BK20190137	双层魔角石墨烯超导系统中配对机制相关的输运研究	南京晓庄学院
BK20190138	巨噬细胞 TSC1/Deltex-1 信号轴在缺血再灌注急性肝损伤中的作用及机制研究	南京医科大学附属儿童医院
BK20190139	棕色脂肪分泌肽 BSPFL1 用于非酒精性脂肪肝防治的基础研究	南京医科大学附属妇产医院
BK20190140	全喂入花生摘果碰撞损伤机理及低损机构参数优化研究	农业农村部南京农业机械化研究所
BK20190141	根系分泌物与生物炭共存对土壤中二甲四氯残留风险的影响机制	生态环境部南京环境科学研究所

续表

项目编号	项目名称	承担单位
BK20190142	管道对称突扩流动相干结构及流态失稳机理研究	水利部交通运输部国家能源局南京水利科学研究院
BK20190143	极化信息辅助的复杂环境多通道 SAR 动目标探测研究	中国电子科技集团公司第十四研究所
BK20190144	白念珠菌对巨噬细胞焦亡的诱导效应与机制研究	中国医学科学院皮肤病研究所
BK20190145	PCSK9 通过 REG3A-EXTL3-PI3K-AKT 调控角质形成细胞凋亡及 NF-κB 通路的机制研究	中国医学科学院皮肤病研究所
BK20190146	三维机织复合材料预制体变形机理研究	中材科技股份有限公司
BK20190147	避雷针电晕放电对雷击过程影响的 3D 数值模拟研究	南京信息工程大学滨江学院
BK20190148	m6A 修饰介导的染色体 11q23.3 区域遗传变异与肺癌易感性的关联及功能研究	无锡市人民医院
BK20190149	CysLT1R 抑制剂下调犬尿氨酸代谢缓解年龄相关性黄斑变性的作用及机制研究	无锡市人民医院
BK20190150	DLL1/Notch1-IRF5 信号通路促进肺泡巨噬细胞极化在 ALI/ARDS 炎症中的作用及机制研究	无锡市转化医学研究所
BK20190151	考虑波浪时空非均匀性影响的超大型浮体水弹性响应分析研究	中国船舶重工集团公司第七〇二研究所
BK20190152	考虑包申格效应以及尺寸精度等塑性加工历史的深海用钛合金耐压结构可靠性评定方法与实验研究	中国船舶重工集团公司第七〇二研究所
BK20190153	白藜芦醇介导吉富罗非鱼肝 Sirt1/PGC-1α 信号调控脂肪合成的机理研究	中国水产科学研究院淡水渔业研究中心
BK20190154	基于多尺度神经网络的蛋白质翻译后修饰位点分析方法研究	徐州工程学院
BK20190155	对辊模式下磁流变液柔性传动机理及协同调控方法研究	徐州工程学院
BK20190156	碳基镍催化剂的精细结构调控及其与咪唑硫酸氢盐协同催化木质素定向解聚的理论研究	徐州工程学院
BK20190157	稠环芳基 π-π 堆叠液晶弹性体的构筑与室温自愈合机理研究	徐州工程学院
BK20190158	心力衰竭中 PERK 调控 FAM134B 介导的内质网自噬机制研究	徐州市中心医院
BK20190159	针对射频功率 LDMOS 的短时及长时可靠性研究	常州工学院
BK20190160	原位构筑高选择性多孔吸附电极及其选择性吸附分离盐湖卤水中锂离子的研究	常州工学院
BK20190161	PPP3CB 去磷酸化修饰 Sp1 抑制胰腺癌侵袭转移的机制研究	常州市第二人民医院
BK20190162	Alirocumab 抑制 PCSK9 在糖尿病性视网膜病变中的神经保护作用及机制研究	常州市第一人民医院
BK20190163	lncRNA Pnd-1 调控 5-HT 信号通路干预围生期抑郁症的机制研究	常州市妇幼保健院
BK20190164	基于高通量计算的石墨烯与碳纳米管混合结构抗冲击载荷特性研究	河海大学常州校区

续表

项目编号	项目名称	承担单位
BK20190165	有限时间控制方法研究及其在航天器姿态系统中的应用	河海大学常州校区
BK20190166	疏浚耙齿联合水射流破岩机理研究	河海大学常州校区
BK20190167	微流控被动阀低阈值高通量稳流调控关键技术研究	河海大学常州校区
BK20190168	不结球白菜新种质矮生性状形成的机理研究	江苏太湖地区农业科学研究所
BK20190169	现代农牧循环产业链物能效率耦合关系的机制研究	江苏太湖地区农业科学研究所
BK20190170	AR-V7 激活的 lncRNA SOX2OT 在前列腺癌激素非依赖转化及恩杂鲁胺耐药中的作用及机制研究	苏州大学附属第一医院
BK20190171	Dyrk1b 促进 STAT3 的磷酸化在星形胶质细胞炎症激活所致神经损伤中的作用机制研究	苏州大学附属第一医院
BK20190172	肝细胞外泌体 miR-192 经 miORC2/Akt/Fox01 通路激活巨噬细胞介导脂肪性肝炎的机制研究	苏州大学附属第一医院
BK20190173	EGFL6 通过 Wnt/β-catenin 信号通路在急性髓系白血病干细胞发生发展中的作用及其机制研究	苏州大学附属第一医院
BK20190174	Core-1-0 型聚糖黏蛋白缺陷诱导胃炎发生并介导慢性胃炎向胃癌转化的分子机制研究	苏州大学附属第一医院
BK20190175	负载 TPA-TQ 分子的壳聚糖纳米光敏剂用于膀胱癌光动力免疫治疗的疗效评价及机制研究	苏州大学附属第一医院
BK20190176	去泛素化酶 USP5 调控 P53 通路在伴 E2A-PBX1 成人 ALL 的致病机制研究	苏州大学附属第一医院
BK20190177	基于影像基因组学的预后模型在肝动脉化疗栓塞术联合索拉非尼治疗中晚期肝癌中的应用研究	苏州大学附属第一医院
BK20190178	CAT 介导的活性氧代谢对破骨分化的调控及在骨质疏松性骨折治疗中的应用和机制研究	苏州大学附属第一医院
BK20190179	肠道菌群调控 Trp/5-HT—POMC “肠 - 脑” 轴在脓毒症引起的骨骼肌消耗中的作用及机制研究	苏州大学附属第一医院
BK20190180	FGFR1 融合基因与 RUNX1 突变的协同致病作用与机制研究	苏州大学附属第一医院
BK20190181	FLI-1 基因甲基化在造血干细胞移植后持续性血小板减少中的作用和机制研究	苏州大学附属第一医院
BK20190182	TRAF6 与 HDAC3 的相互作用调控 c-Myc 基因表达的表观遗传学机制及其在肝癌发生中的作用	苏州大学附属第一医院
BK20190183	SCA3/MJD 细胞模型（ATXN3-68Q）中 ATXN2-S248N 变异介导疾病修饰作用的机制研究	苏州大学附属第一医院
BK20190184	外泌体（exosomes）源性 let-7f 对缺氧缺血性脑损伤血管新生的调控及其机制探讨	苏州大学附属儿童医院
BK20190185	神经母细胞瘤中假尿苷酸合酶 7（PUS7）的作用及机制研究	苏州大学附属儿童医院
BK20190186	基于透明质酸酶的 GD2 单抗 - 纳米载体增强抗神经母细胞瘤的免疫治疗研究	苏州大学附属儿童医院
BK20190187	电缆绝缘材料 THz 光谱响应计算方法和分析模型研究	苏州热工研究院有限公司

续表

项目编号	项目名称	承担单位
BK20190188	睾丸特异表达蛋白 ASB17 在精子释放过程中的功能研究	苏州市立医院
BK20190189	FGF21 上调 Cx43 丝氨酸 279/282 磷酸化抑制心肌重构的机制研究	苏州市立医院
BK20190190	HMGB1-RAGE 介导的子痫前期血管内皮细胞损伤的分子机制与早期临床诊断靶标研究	苏州市立医院
BK20190191	益气活血通督方调控破裂型腰椎间盘突出后重吸收过程中的自噬与凋亡机制研究	苏州市中医医院
BK20190192	基于特异性细胞外基质三维培养微环境的皮肤芯片的构建及功能化原位图像分析	东南大学苏州医疗器械研究院
BK20190193	重金属 - 多环芳烃协同暴露影响农作物摄取多环芳烃行为的机制与健康风险研究	清华苏州环境创新研究院
BK20190194	针对 EGFR 阳性三阴性乳腺癌 CAR-T 疗法的应用基础研究	中国科学院苏州生物医学工程技术研究所
BK20190195	面向质谱流式的镧系金属 - 有机框架材料（LnMOFs）高灵敏比例编码标签	中国科学院苏州生物医学工程技术研究所
BK20190196	转氨酶 B3-TA 的高效定向进化提升对左旋西替利嗪中间体的催化效率	中国科学院苏州生物医学工程技术研究所
BK20190197	基于磁感形状记忆合金的显微成像系统柔性调焦装置及迟滞非线性控制方法研究	中国科学院苏州生物医学工程技术研究所
BK20190198	金属承载构件粉床熔融成型增材制造结构与残余应力协同优化方法研究	山东大学苏州研究院
BK20190199	细菌 PAAR 蛋白相关新型毒素和免疫蛋白鉴定及功能研究	山东大学苏州研究院
BK20190200	基于靶标结构的 HIV-1 NNRTIs 的设计、合成与活性评价	山东大学苏州研究院
BK20190201	天然产物 cepacin 的生物合成机制研究	山东大学苏州研究院
BK20190202	仿生蛾眼结构卷对卷紫外压印成形工艺建模与实验研究	山东大学苏州研究院
BK20190203	基于高速可视化与跨尺度模拟的电火花加工熔池动力学行为基础研究	山东大学苏州研究院
BK20190204	永磁同步电机四象限驱动系统高可靠性级联预测控制研究	山东大学苏州研究院
BK20190205	高分子基复合纳米颗粒用于逆转三阴性乳腺癌化疗耐药性的应用研究	山东大学苏州研究院
BK20190206	卤化物钙钛矿单晶晶片的液相生长及器件集成应用研究	山东大学苏州研究院
BK20190207	MXenes/ 合金化类复合材料的构筑及协同储锂机制研究	山东大学苏州研究院
BK20190208	外泌体协同微量元素调控钛基植入体促成骨分化的研究	山东大学苏州研究院
BK20190209	可降解高 HLB 值聚甘油酯的设计、合成与应用性能研究	山东大学苏州研究院
BK20190210	高熵合金粘结 WC 基硬质合金的相图热力学及微观结构控制机理研究	山东大学苏州研究院
BK20190211	超表面全空间光波操控研究	武汉大学苏州研究院

续表

项目编号	项目名称	承担单位
BK20190212	基于钙钛矿结构应力发光材料的缺陷构筑及其应力发光性能研究	武汉大学苏州研究院
BK20190213	基于双重次级作用策略发展新型SPO型手性膦配体在高效不对称催化反应中的基础研究和应用	武汉大学苏州研究院
BK20190214	高性能钙钛矿紫外探测器构筑及其功能特性研究	武汉大学苏州研究院
BK20190215	浮台基便携式高频地波雷达海流探测技术研究	武汉大学苏州研究院
BK20190216	原位析出型催化剂的成分和形貌的调控及催化二氧化碳甲烷重整的研究	武汉大学苏州研究院
BK20190217	锂电池集流体铜箔表面复合结构的微纳跨尺度飞秒激光制造及其性能研究	西安交大苏州研究院
BK20190218	液体静压转台纳米级回转精度形成机制及调控方法研究	西安交大苏州研究院
BK20190219	一种新型机械零部件三维数字化技术研究	西安交大苏州研究院
BK20190220	氮化镓基催化剂太阳能光解水制氢的光－热协同效应研究	西安交大苏州研究院
BK20190221	导电高分子／纳米碲化物柔性复合薄膜的制备及热电性能研究	西安交大苏州研究院
BK20190222	固态锂电池中锂金属/LLZO固体电解质界面构建及离子输运研究	西安交大苏州研究院
BK20190223	共聚酯纤维复合材料中纳米颗粒的运动三维分布及其力学增强机理研究	现代丝绸国家工程实验室（苏州）
BK20190224	基于用户行为特征的移动设备能耗优化技术研究	中国科学技术大学苏州研究院
BK20190225	铟基纳米结构可控制备及其在电催化二氧化碳还原制甲酸的研究	中国科学院兰州化学物理研究所苏州研究院
BK20190226	新型卟啉基多孔有机聚合物构筑及其在CO_2电化学还原中的应用	中国科学院兰州化学物理研究所苏州研究院
BK20190227	DNA驱动的动态等离子非对映异构体及其光学手性调控	中国科学院苏州纳米技术与纳米仿生研究所
BK20190228	氮化硼纳米管界面摩擦特性及其机制的模拟研究	中国科学院苏州纳米技术与纳米仿生研究所
BK20190229	非互易单向激射及动态调谐表面等离激元激光器	中国科学院苏州纳米技术与纳米仿生研究所
BK20190230	Hsp70分子伴侣蛋白的功能多肽库建立及其调控机制研究	中国科学院苏州纳米技术与纳米仿生研究所
BK20190231	新型包载bFGF的MMP-2/9响应性水凝胶构建及用于脊髓损伤修复的研究	中国科学院苏州纳米技术与纳米仿生研究所
BK20190232	聚酰胺气凝胶相变薄膜的设计制备及智能响应行为研究	中国科学院苏州纳米技术与纳米仿生研究所
BK20190233	桑叶抗肿瘤Diels-Alder加合物生物合成关键酶Diels-Alderase分离纯化及其结构研究	常熟求是科技有限公司

续表

项目编号	项目名称	承担单位
BK20190234	基于紫外诱导圆锥铁线莲中 PPO 催化抗肿瘤香豆素生物合成的研究	常熟求是科技有限公司
BK20190235	基于 CRISPR-Cas 系统的空肠弯曲菌分型及其与毒力和耐药的相关性研究	张家港出入境检验检疫局综合技术中心
BK20190236	消癌解毒方通过 lnc-CD56 竞争性结合 miR-146b 调控 NK 细胞活化抑制结肠癌的机制研究	张家港市第一人民医院
BK20190237	基于等效浓度理论的集成功率器件场板耐压技术研究	南京邮电大学南通研究院有限公司
BK20190238	基于可视嗅觉指纹技术的水产品新鲜度快速表征及其机理研究	南通市食品药品监督检验中心
BK20190239	水稻 MTD1 基因调控分蘖数量的分子机制研究	江苏徐淮地区淮阴农业科学研究所
BK20190240	CREB/StAR 信号通路在育成期能量摄入调控蛋鸡性成熟启动过程中等级前卵泡发育中的作用及机制	江苏省家禽科学研究所
BK20190241	SOX2+ 周细胞前体细胞促胶质瘤发生发展及其靶向治疗的基础研究	江苏省苏北人民医院
BK20190242	Netrin-1 通过调控 MDSCs 功能促进结直肠癌细胞干性的作用及机制研究	江苏大学附属医院
BK20190243	薄层氮化硼负载离子液体材料的构筑及其用于氧气氧化柴油超深度脱硫研究	江苏大学京江学院
BK20190244	家蚕微孢子虫 SUMO 修饰系统对宿主蛋白的翻译后调控机制研究	镇江市高等专科学校
BK20190245	基于 UIO-66 选择性催化膜体系的构建及其靶向光催化降解水环境中多溴联苯醚的研究	泰州学院
BK20190246	新型 BET 溴结构域抑制剂的设计、合成及生物活性研究	泰州职业技术学院
BK20190247	核心岩藻糖基化修饰调节肺上皮 EMT 影响百草枯致肺纤维化的机制研究	中国人民解放军东部战区总医院
BK20190248	骨髓间充质干细胞诱导的肠类器官的培养及其在肠粘膜损伤重建中的应用	中国人民解放军东部战区总医院
BK20190249	Nrf2 介导的抗氧化通路参与电针刺改善卵巢储备功能的机制研究	中国人民解放军东部战区总医院
BK20190250	氧化应激通过 OSGIN2 导致骨质疏松条件下骨髓间充质干细胞成骨分化缺陷的机制研究	中国人民解放军东部战区总医院
BK20190251	虎杖苷在叶酸诱导小鼠 AKI-CKD 保护作用的机制研究	中国人民解放军东部战区总医院
BK20190252	线粒体相关 miRNA-125a-5p 通过 ROS/OxLDL 途径调控高龄男性精子损伤的机制研究	中国人民解放军东部战区总医院
BK20190253	多功能免疫贴片用以联合肿瘤放疗及免疫治疗研究	中国人民解放军东部战区总医院

续表

项目编号	项目名称	承担单位
BK20190254	从线粒体 - 内质网结构偶联探究 SIRT3 调控高温诱导奶牛乳腺上皮细胞凋亡的作用机制	江苏省农业科学院
BK20190255	水稻粒重相关的 F-box 基因 OsFBX76 的克隆和功能鉴定	江苏省农业科学院
BK20190256	免疫抑制素基于 LPS/TLR4 信号通路缓解 LPS 诱导猪颗粒细胞损伤的分子机制研究	江苏省农业科学院
BK20190257	绿豆雄性不育候选基因 VrMS-1 的精细定位及功能验证	江苏省农业科学院
BK20190258	氮肥投入激发潮土本底氧化亚氮排放的机制研究	江苏省农业科学院
BK20190259	有机肥驱动土壤活性 phoD 微生物对有机磷转化的机制	江苏省农业科学院
BK20190260	油菜分枝角度主效 QTL 的精细定位与候选基因预测	江苏省农业科学院
BK20190261	环丙沙星压力下胞内寄生猪鼻支原体耐药应答机制研究	江苏省农业科学院
BK20190262	甘蓝黑腐病抗性基因遗传分析与精细定位	江苏省农业科学院
BK20190263	黄瓜钙调素蛋白 CsCML25 调控果实单性结实的机制研究	江苏省农业科学院
BK20190264	光信号基因 FvHY5 在调控草莓果实鞣花酸代谢过程中的机理研究	江苏省农业科学院
BK20190265	VVD-like 蛋白在卷枝毛霉类胡萝卜素合成“光适应”中的作用机制研究	江苏省农业科学院
BK20190266	c-di-GMP 合成酶 LchD 调控产酶溶杆菌抗真菌物质 HSAF 生物合成的机制研究	江苏省农业科学院
BK20190267	谷胱甘肽调控油菜耐受磺酰脲类除草剂的非靶标抗性分子机理研究	江苏省农业科学院
BK20190268	灰飞虱 miR-2a 调控 PI4KIIα 抑制 RBSDV 侵染的机制研究	江苏省农业科学院
BK20190269	烯醇化酶激活纤溶酶原介导猪肺炎支原体损伤宿主呼吸道上皮机制及相关抑制剂研究	江苏省农业科学院
BK20190270	猪丹毒丝菌与巴氏杆菌的 GAPDH 交叉保护性 B 细胞表位鉴定	江苏省农业科学院
BK20190271	RdbHLH9 基因对杜鹃花色变异的调控机理研究	江苏省农业科学院
BK20190272	山羊副流感病毒 3 型非结构蛋白 V 抑制 I 型干扰素抗病毒应答的分子机制	江苏省农业科学院
BK20190273	阿魏酸和那他霉素处理对黑莓果实硬度提高的作用机制	江苏省中科院植物研究所
BK20190274	DUF 蛋白调控沟叶结缕草响应盐胁迫的分子机制研究	江苏省中科院植物研究所
BK20190275	髓样细胞表达的激发型受体家族蛋白（TREM2 和 TREML2）调控阿尔兹海默症发病风险的分子机制研究	江苏省中科院植物研究所
BK20190276	扭转双层二维材料同质节和异质结的可调控性研究	南京大学物理学院
BK20190277	海洋二萜 Plumisclerin A 的全合成及其类似物扩展	南京大学化学化工学院
BK20190278	带跳多因子随机波动率模型下的期权定价问题研究	南京大学
BK20190279	基于电化学发光可视化阻抗显微平台的细胞通讯研究	南京大学化学化工学院
BK20190280	纳米催化剂产氢活性的单颗粒水平测量	南京大学化学化工学院

续表

项目编号	项目名称	承担单位
BK20190281	石化产业中烯烃异构体混合物和烷烃的高附加值转化	南京大学化学化工学院
BK20190282	针对深层乏氧肿瘤 PDT 试剂的开发与应用研究	南京大学化学化工学院
BK20190283	基于二维 NbSe2 的新型异质结物理特性研究	南京大学物理学院
BK20190284	高阶拓扑材料在光 / 声子晶体中的设计研究	南京大学
BK20190285	新型双齿金配合物的设计、合成及应用	南京大学化学化工学院
BK20190286	插层二维拓扑材料拓扑性质和输运特性的实验研究	南京大学物理学院
BK20190287	基于耗散自组装的智能超分子荧光发生体系的构筑和应用研究	南京大学化学化工学院
BK20190288	1—进层特征圈的推广及其应用	南京大学
BK20190289	基于二硫化钼调控单原子电催化剂能级及其性能研究	南京大学化学化工学院
BK20190290	有机光电转换中的超快极化子对电荷分离研究	南京大学物理学院
BK20190291	自适应组合测试理论和方法研究	南京大学计算机科学与技术系
BK20190292	基于多光束复用的快速无透镜计算显微成像	南京大学电子科学与工程学院
BK20190293	基于 RFID 干扰量化的跨域感知技术研究	南京大学计算机科学与技术系
BK20190294	基于边缘计算的机器学习方法及其隐私保护问题研究	南京大学计算机科学与技术系
BK20190295	基于边缘计算的高带宽低时延视频传输理论与技术研究	南京大学电子科学与工程学院
BK20190296	空间信息驱动的高光谱图像多核稀疏表示与分类研究	南京大学计算机科学与技术系
BK20190297	自由空间双路量子密钥分发的研究与应用	南京大学计算机科学与技术系
BK20190298	基于智能语音设备的认知衰退评估系统	南京大学计算机科学与技术系
BK20190299	信息物理融合系统环境不确定性分析与测试技术	南京大学计算机科学与技术系
BK20190300	集成偏振和振幅调制功能的合金自旋电子太赫兹源	南京大学电子科学与工程学院
BK20190301	磁性氧化物 Fe_3O_4 与拓扑绝缘体异质结构的界面邻近效应及应力调控研究	南京大学电子科学与工程学院
BK20190302	离子注入终端结构 4H-SiC 紫外单光子探测器的研究	南京大学电子科学与工程学院
BK20190303	超细胞 actomyosin 调控集体迁移中前后极性与细胞通讯的机制研究	南京大学
BK20190304	DUSP4 基因缺失的 OXTR+ 肿瘤相关成纤维细胞促进口腔鳞癌高度浸润的机制研究	南京大学
BK20190305	运动重塑骨骼肌糖脂代谢分子机制的研究	南京大学
BK20190306	化合物 8a 靶向 TBC1D15-GBP5 信号轴抑制 NLRP3 炎症小体活化的分子机制	南京大学生命科学学院
BK20190307	基于表面糖蛋白 Gc 的多肽类抑制 SFTSV 感染的药物研究	南京大学
BK20190308	转录因子 CBFβ 在结直肠癌肝转移中的表达和作用机制	南京大学生命科学学院
BK20190309	基于对抗神经网络的泛化呼吸模型实现立体定向放疗中的肿瘤运动预测	南京大学电子科学与工程学院

续表

项目编号	项目名称	承担单位
BK20190310	叔胺功能化质子型离子液体交联凝胶膜的制备与选择性分离 H_2S 性能研究	南京大学化学化工学院
BK20190311	全固态锂金属电池的电解质—电极界面设计及机理探究	南京大学
BK20190312	锥形四芯相移光纤光栅三维微尺度传感机理研究	南京大学
BK20190313	基于超疏水，氧气隔绝硅分级负极的高性能锂－氧气电池研究	南京大学电子科学与工程学院
BK20190314	城市致洪暴雨的时空分布特征及临近预报研究	南京大学
BK20190315	高效率全钙钛矿叠层太阳能电池的设计与制备研究	南京大学
BK20190316	探讨有机阴离子转运多肽 1a5 介导微囊藻毒素进入促性腺激素释放激素神经元的分子机制	南京大学
BK20190317	遥感土壤水分与植物光学厚度联合同化的农田生态系统生产力时空特征研究	南京大学
BK20190318	石墨烯在海洋环境中的迁移、转化及其潜在风险研究	南京大学环境学院
BK20190319	硫酸盐输入对稻田汞风险的影响机制研究	南京大学环境学院
BK20190320	电化学氧化蓝藻矿化释磷过程与磷同步电沉积特征与机理	南京大学环境学院
BK20190321	增塑剂对微塑料土壤微生物生态效应的影响研究	南京大学环境学院
BK20190322	小分子双酮光还原六价铬及氧化三价砷过程中碳中心自由基和有机过氧化物的作用	南京大学环境学院
BK20190323	一阶双曲系统的边界同步控制问题	东南大学
BK20190324	新型梯度自相似层级蜂窝力学特性和吸能机理研究	东南大学
BK20190325	变换光学理论在对物理现象的描述与阐释中的应用	东南大学
BK20190326	阴离子型环糊精媒介的刚性二芳基乙烯衍生物超分子组装体及光学行为研究	东南大学
BK20190327	非环状结构硅宾的合成及反应性研究	东南大学
BK20190328	单层硼碳氮多元材料及面内异质结的生长机理研究	东南大学
BK20190329	统计网络粘粘性及相关问题研究	东南大学
BK20190330	多样式 SAR 电磁干扰的高维快速统一处理方法研究	东南大学
BK20190331	非线性影响的多载波可见光传输方法研究	东南大学
BK20190332	面向物联网中移动供电设备进行数据检索的优化技术研究	东南大学
BK20190333	基于相对输出测量信息的分布式观测器与自适应协议设计及其应用	东南大学
BK20190334	光纤使能的波束域无线光通信理论方法	东南大学
BK20190335	多任务概率图模型的加速和可扩展性研究	东南大学
BK20190336	面向异构物联网的抗干扰协调技术研究	东南大学
BK20190337	毫米波大规模 MIMO 协作传输理论与技术研究	东南大学
BK20190338	基于多维特征学习的电阻抗层析成像与识别研究	东南大学

续表

项目编号	项目名称	承担单位
BK20190339	面向移动边缘计算的用户终端资源优化利用方案研究	东南大学
BK20190340	基于侧信道攻击的匿名 Web 站点指纹识别技术研究	东南大学
BK20190341	基于近场测量的硬件木马实时检测关键技术研究	东南大学
BK20190342	面向可靠性需求的可延展并行任务调度研究	东南大学
BK20190343	向量高斯多终端网络的率—失真问题	东南大学
BK20190344	复杂动态环境下 SINS/DVL 高精度多模式紧组合导航方法研究	东南大学
BK20190345	面向应用感知的低延迟容器云网络资源管理机制研究	东南大学
BK20190346	融合软硬件异构特征的数据中心能效提升技术研究	东南大学
BK20190347	基于开放式谐振腔理论的宽带可重构法布里 - 珀罗天线研究	东南大学
BK20190348	干湿和冻融循环作用对 W-OH 材料固结砒砂岩的耐久性能影响机制研究	东南大学
BK20190349	KLF4 调控巨噬细胞极化对 AKI 后肾小管上皮细胞程序性坏死和 NLRP3 炎性小体活化的影响及机制研究	东南大学
BK20190350	碘 125 粒子支架置入治疗肝癌所致门静脉癌栓的治疗计划优化研究	东南大学
BK20190351	黄芩甙通过 Wnt/β-catenin 通路影响 MDSC 成脂及成肌分化在肌肉减少症中的作用及机制	东南大学
BK20190352	微小 RNA-17-3p 在循环血外泌体保护心肌缺血再灌注损伤中的作用及机制研究	东南大学
BK20190353	仿生螳螂臂柔性微针阵列在皮肤病治疗中的应用基础研究	东南大学
BK20190354	基底硬度在角膜基质细胞表型维持及分化中的作用和机制研究	东南大学
BK20190355	DPP-4 在 2 型糖尿病缺血性脑卒中的多模态分子影像及靶向递药研究	东南大学
BK20190356	丝素蛋白支架缓释 TPCA-1 通过调控 NF-κB 信号通路修复角膜损伤的功能及机制研究	东南大学
BK20190357	确定疫苗临床试验中免疫学替代终点的时依性统计方法研究	东南大学
BK20190358	基于纳米操控技术和纳米孔传感的蛋白质折叠病诊疗芯片研制的基础理论研究	东南大学
BK20190359	考虑台风时变相干效应的大跨度桥梁非平稳风振响应精细分析方法研究	东南大学
BK20190360	基于化学链氧空位循环的储氢新方法及在可再生能源发电系统中的应用	东南大学
BK20190361	泛在物联网驱动的居民负荷聚合控制研究	东南大学
BK20190362	基于室内定位技术的建筑能耗智能控制模型研究	东南大学

续表

项目编号	项目名称	承担单位
BK20190363	基于主链氧的生物质基含氧液体燃料燃烧及碳烟减排机理研究	东南大学
BK20190364	老龄化背景下的收缩型城市社区的识别、调查与规划研究：以苏中地区为实证	东南大学
BK20190365	内置剪切型复合减震装置的剪力墙结构抗震性能研究	东南大学
BK20190366	多源传感器信息融合气固两相流动多参数测量方法研究	东南大学
BK20190367	基于官能团设计的二维材料强化水化硅酸钙的多尺度研究	东南大学
BK20190368	高副约束的绳驱动冗余仿生口颌机器人设计与控制方法研究	东南大学
BK20190369	海洋环境下新型 FRP 筋增强海砂混凝土结构耐久性机理与计算研究	东南大学
BK20190370	河谷场地近场强震模拟及其作用下高墩大跨梁桥地震破坏机理研究	东南大学
BK20190371	考虑不确定性因素的活动—出行决策协同优化与动态调整	东南大学
BK20190372	面向桥梁结构位移监测的无人机载相机系统理论及应用研究	东南大学
BK20190373	海洋平台与波浪能转换装置的集成机理研究	东南大学
BK20190374	基于散列函数降维参数重构的汽轮机组定量化健康管理方法研究	东南大学
BK20190375	基于介电弹性体驱动器的可变焦镜头结构优化设计及其变形运动机理研究	东南大学
BK20190376	三维激励下双稳态悬臂梁高效能量采集理论与方法研究	东南大学
BK20190377	住宅建筑全生命周期环境影响动态量化与模拟研究	东南大学
BK20190378	基于浸没边界法的非线性流固耦合问题数值模拟方法研究	南京航空航天大学
BK20190379	自适应变频振动能量收集系统的动力学机理与实验研究	南京航空航天大学
BK20190380	电化—力耦合作用下硅基锂离子电池性能理论预测模型和变形行为实验表征	南京航空航天大学
BK20190381	缺陷碳基氧还原电催化剂的分子水平调控及其性能研究	南京航空航天大学
BK20190382	植物表皮毛细胞响应声波刺激的力电转导及动力学机制	南京航空航天大学
BK20190383	基于声学相位渐变超构表面的新型声学器件设计研究	南京航空航天大学
BK20190384	电离辐射对 SiC 水热腐蚀反应的自由基效应研究	南京航空航天大学
BK20190385	基于等离子体合成射流的进气畸变控制机理研究	南京航空航天大学
BK20190386	多级叶轮机转子叶片颤振预测及转静干扰对其影响研究	南京航空航天大学
BK20190387	基于生物力学建模的微重力环境对人体腰椎间盘力学响应影响的量化研究	南京航空航天大学
BK20190388	复合材料旋翼桨叶大变形高精度气弹研究	南京航空航天大学
BK20190389	基于计算机试验的函数型响应稳健设计研究	南京航空航天大学

续表

项目编号	项目名称	承担单位
BK20190390	基于模糊模型的电动力绳系卫星系统动力学分析及控制	南京航空航天大学
BK20190391	非定常动边界无网格 GPU 并行算法研究	南京航空航天大学
BK20190392	超高分子量聚乙烯纤维复合材料三维约束点阵复合结构抗冲击性能研究	南京航空航天大学
BK20190393	含均匀应力夹杂平面问题的多尺度研究	南京航空航天大学
BK20190394	机织层合复合材料多轴疲劳失效机理与寿命预测	南京航空航天大学
BK20190395	哈密顿偏微分方程和反转偏微分方程的不变环面研究	南京航空航天大学
BK20190396	连续波体制 1- 比特雷达目标检测机理与方法研究	南京航空航天大学
BK20190397	星载和机载 SAR 稀疏无模糊快速成像方法研究	南京航空航天大学
BK20190398	托卡马克检测维护机器人的压电驱动新原理与结构	南京航空航天大学
BK20190399	典型攻击模式下信息物理系统的容侵控制研究及其在无人机系统中的应用	南京航空航天大学
BK20190400	无人机协助的边缘计算中通信计算飞行的动态协作方法	南京航空航天大学
BK20190401	集群无人机自主空中拖曳回收建模与控制方法研究	南京航空航天大学
BK20190402	多源干扰环境下火星探测器大气进入过程高精度制导与控制研究	南京航空航天大学
BK20190403	互联系统微小故障诊断与容错控制及应用于高速列车	南京航空航天大学
BK20190404	基于光学移频复制环的复合线性调频信号产生	南京航空航天大学
BK20190405	基于石墨烯超级电容复合结构的宽频带太赫兹调制方法研究	南京航空航天大学
BK20190406	基于高次模去耦技术的 5G 移动终端高隔离度 MIMO 多天线阵列研究	南京航空航天大学
BK20190407	基于量子网络的量子多体纠缠态的非局域性研究	南京航空航天大学
BK20190408	基于低质标记信息的多标记学习研究	南京航空航天大学
BK20190409	动态环境下海量射频标签识别和检测技术研究	南京航空航天大学
BK20190410	面向硼中子俘获放射治疗过程中实时硼剂量监测的关键技术研究	南京航空航天大学
BK20190411	超疏水 / 超亲水三维图案化表面的冷凝强化机理与制备技术研究	南京航空航天大学
BK20190412	抗磁悬浮静电驱动微型电机关键技术研究	南京航空航天大学
BK20190413	光效应促进双电解液锂氧电池性能的作用机制研究	南京航空航天大学
BK20190414	面向多维性能的柔性空域与航迹互适应机理与调控方法	南京航空航天大学
BK20190415	摩擦 / 接触电及外电场联合的仿壁虎黏附材料的力调控与自清洁技术	南京航空航天大学
BK20190416	高密度环境下基于态势感知的机场进离场动态管控方法	南京航空航天大学
BK20190417	工业机器人高精度定位控制方法研究	南京航空航天大学

续表

项目编号	项目名称	承担单位
BK20190418	服役环境下航空复合材料结构损伤的导波密集阵列成像	南京航空航天大学
BK20190419	三面电极空间一体化复杂型面整体叶盘电解加工基础研究	南京航空航天大学
BK20190420	高温氧化下陶瓷基复合材料涡轮叶片跨尺度热分析	南京航空航天大学
BK20190421	金属丝微秒电爆炸驱动含能材料的微观机理及特性研究	南京航空航天大学
BK20190422	基于旋转均匀电流的多裂纹三维轮廓重构技术研究	南京航空航天大学
BK20190423	强湍流下甲烷掺氢预混火焰局部淬熄及整体吹熄研究	南京航空航天大学
BK20190424	多学科拓扑优化及其在燃气轮机透平叶片设计的应用	南京航空航天大学
BK20190425	基于纤维铺放的变刚度复合材料格栅结构的纤维形态形成机理与调控方法	南京航空航天大学
BK20190426	基于灰信息交互驱动的区域资源环境承载力多维度预警与管控机制研究	南京航空航天大学
BK20190427	区域碳减排任务分配及排污权交易机制研究	南京航空航天大学
BK20190428	非厄米线性光学系统的物理实现及其物理性质的研究	南京理工大学
BK20190429	非凸结构型优化问题的并行分裂算法研究	南京理工大学
BK20190430	可见光促进的碳氢及硅氢键直接羰基化反应研究	南京理工大学
BK20190431	基于低复杂度有限元的弹性传输特征值问题高效数值方法	南京理工大学
BK20190432	深海拖曳系统长期非线性动力学响应的高精度哈密尔顿有限元方法研究	南京理工大学
BK20190433	旋转成体药型罩加装非圆截面装药成型射流机理研究	南京理工大学
BK20190434	基于轴承－转子耦合系统的轴承非线性动力学特性研究	南京理工大学
BK20190435	神经元系统多时间尺度随机动力学行为研究	南京理工大学
BK20190436	自旋轨道 Mott 绝缘体中新奇量子自旋液体相与集体激发模式的理论研究	南京理工大学
BK20190437	基于细观本构理论的纳米银烧结焊点变形行为研究	南京理工大学
BK20190438	基于多体系统传递矩阵法的复杂机械系统动力学规律快速预测方法	南京理工大学
BK20190439	多管爆轰流场复杂波系向声波转化机理研究	南京理工大学
BK20190440	复杂场景下的多视图隐式哈希学习及检索研究	南京理工大学
BK20190441	前馈型深度神经网络的奇异学习研究	南京理工大学
BK20190442	大规模图数据管理与相似度查询的基础理论与关键技术	南京理工大学
BK20190443	基于二维／三维混合钙钛矿的高性能窄带探测器及其成像研究	南京理工大学
BK20190444	基于小样本学习的大范围车联网高效自适应数据投递算法研究	南京理工大学
BK20190445	针对大视场下亚细胞三维结构的高通量衍射层析成像技术研究	南京理工大学

续表

项目编号	项目名称	承担单位
BK20190446	无机卤素钙钛矿激光的晶体表面效应研究	南京理工大学
BK20190447	基于忆阻器的人工智能芯片知识产权保护研究	南京理工大学
BK20190448	基于抢占阈值的异构多核混合关键性系统调度优化研究	南京理工大学
BK20190449	高效稳定无铅 Sn 基钙钛矿光电器件的研究	南京理工大学
BK20190450	基于深度学习的学术全文本时态语义知识标识及检索模型构建研究	南京理工大学
BK20190451	面向复杂场景遥感影像变化检测的深度神经网络概率模型与方法	南京理工大学
BK20190452	基于时空神经网络的动态表情识别方法研究	南京理工大学
BK20190453	基于结果相关性评价模型的高效凝聚子图搜索技术研究	南京理工大学
BK20190454	面向无缝车载智能通信的移动边缘接入研究	南京理工大学
BK20190455	结构光全场 OCT 超分辨成像与支持向量分类模型研究	南京理工大学
BK20190456	基于自由曲面编码与复函数解码的单镜成像技术研究	南京理工大学
BK20190457	基于液滴微流控空间单细胞测序的肿瘤基因组变异规律及机理研究	南京理工大学
BK20190458	富氮杂环与燃料小分子自组装含能晶体制备及机制研究	南京理工大学
BK20190459	基于模型的液压重载机械臂实用高性能控制策略研究	南京理工大学
BK20190460	面向快速电化学固氮合成氨的催化系统设计及机理研究	南京理工大学
BK20190461	非对称端口固态变压器链的拓扑优化及功率解耦研究	南京理工大学
BK20190462	双箭头形负泊松比点阵超材料力学性能表征及失效机理研究	南京理工大学
BK20190463	氧化物共晶陶瓷 SLM 凝固微观组织调控及裂纹抑制研究	南京理工大学
BK20190464	基于 PTP 机制无线超压采集与协作传输方法的研究	南京理工大学
BK20190465	碳纳米管 / 多孔碳基 Ni-Fe 纳米金属催化剂协同强化焦油裂解及调控碳沉积机制研究	南京理工大学
BK20190466	基于高粘度纳米银浆喷射打印的三维立体电路成形工艺机理研究	南京理工大学
BK20190467	磁场调制型双转子电机温度实时估计策略研究	南京理工大学
BK20190468	内燃机缸内激波聚焦起爆致使“超级爆震”形成机理及抑制方法研究	南京理工大学
BK20190469	磁场作用下微通道仿菌纳米流体强化换热机理研究	南京理工大学
BK20190470	基于自供能压阻电极的 MEMS 高加速度冲击传感器研究	南京理工大学
BK20190471	基于 MEMS 惯性传感器应用的谐振器 Q 值差异化实现方法	南京理工大学
BK20190472	Ni 基合金焊接凝固裂纹萌生机制相场法研究	南京理工大学
BK20190473	秸秆粉体常温致密成型黏弹塑性力学行为与高效成型机理研究	南京理工大学

续表

项目编号	项目名称	承担单位
BK20190474	双相钛合金在高应变率下交叉界面处协调机制的研究	南京理工大学
BK20190475	自旋交换耦合对铅卤钙钛矿质量迁移的抑制及器件稳定性提升研究	南京理工大学
BK20190476	二维 TMDCs 在生理环境中的降解失效机理及服役寿命调控研究	南京理工大学
BK20190477	Fe 基纳米晶软磁带材的激光制备及其脆化机制的研究	南京理工大学
BK20190478	纳米晶铜铬锆合金低能晶界与溶质偏析相互作用机理及热稳定性研究	南京理工大学
BK20190479	金属掺杂的结构氮基碳氮材料的可控制备及其光电催化性能研究	南京理工大学
BK20190480	铁基非晶合金析出晶化相对降解偶氮染料性能影响研究	南京理工大学
BK20190481	填埋场中反硝化型甲烷厌氧氧化过程及其影响因素研究	南京理工大学
BK20190482	新时期村域生态宜居的空间测度、类型识别及其分异机制研究——以江苏省典型县域为例	南京理工大学
BK20190483	高浊度河口区胶体耦合作用对有机磷酸酯相态转化和沉降传输的影响研究	南京理工大学
BK20190484	斑点叉尾鮰病毒基因组复制机制及对病毒感染影响研究	河海大学
BK20190485	非周期加筋圆柱壳结构弹性波传递与损耗机理研究	河海大学
BK20190486	超导直驱风力发电机短路特性及其针对性设计研究	河海大学
BK20190487	南海岛礁地层防波堤在极端波浪作用下的动力灾变机理与分析方法	河海大学
BK20190488	考虑不对称入流的深隧系统主隧滞留气团运动特性及消减方案研究	河海大学
BK20190489	基于小信号分析的永磁电机 PWM 谐波损耗建模及其应用研究	河海大学
BK20190490	基于异常振动机理建模—传播演化—数据融合的 GIS 潜伏性机械故障诊断技术研究	河海大学
BK20190491	计及电磁不平衡拉力的磁悬浮高速电机转子振动机理及其补偿策略研究	河海大学
BK20190492	基于分布式水文模型的中小河流洪水预报误差探源及削减方法研究	河海大学
BK20190493	磁场环境下电磁屏蔽用铝镁合金腐蚀机理研究	河海大学
BK20190494	微塑料对长江口滨海湿地沉积物中微生物降解多溴联苯醚的影响机制	河海大学
BK20190495	面向多维不动产对象的拓扑数据模型与建模方法研究	河海大学
BK20190496	基于多模多频 GNSS-MR 的高精度雪深反演研究	河海大学
BK20190497	多影响因素作用下弱透水层永久释水量的演变机制研究	河海大学
BK20190498	融合异源数据求解区域海面地形的最小二乘方法研究	河海大学

续表

项目编号	项目名称	承担单位
BK20190499	基于伴随状态法的线性台阵背景噪声和远震体波联合反演岩石圈精细结构研究及应用	河海大学
BK20190500	夏季西太平洋副热带高压和东亚高空急流的关系在 2000s 初的转变及机理	河海大学
BK20190501	黑潮延伸体的模态变化对风暴轴的影响	河海大学
BK20190502	可见光诱导的惰性 C-F/C-H 键交叉偶联反应性能的研究	南京农业大学
BK20190503	碘酸盐氟化物晶体设计合成及非线性光学性能研究	南京农业大学
BK20190504	趋化反应扩散模型中的非线性动力学机制	南京农业大学
BK20190505	理论计算研究化学修饰对分子内环加成反应的影响	南京农业大学
BK20190506	基于光电化学可视化复合型传感平台的植物短链非编码 RNA 高灵敏检测研究	南京农业大学
BK20190507	靶标激活型核壳金属有机框架探针应用于乏氧肿瘤细胞的诊疗一体化	南京农业大学
BK20190508	B 介子准两体衰变中共振态贡献的研究	南京农业大学
BK20190509	小麦胚乳蛋白体发育的时空差异机理及相关基因研究	南京农业大学
BK20190510	构建拟南芥受精卵激活及早期胚胎发生的基因表达模型	南京农业大学
BK20190511	自噬相关 SNARE 蛋白在胚胎干细胞多能性调控中的作用和机制研究	南京农业大学
BK20190512	稻瘟病菌致病因子 MoYvh1 调控合成的毒性效应分子的鉴定与分析	南京农业大学
BK20190513	BcTEM1 调控不结球白菜开花的分子机理研究	南京农业大学
BK20190514	Auxilin-like 蛋白 MoSwa2 在稻瘟病菌致病过程中的功能分析	南京农业大学
BK20190515	小麦穗长 QTL HL1 的克隆与功能研究	南京农业大学
BK20190516	基于 HSP70 调控钙稳态靶点研究急性应激鸡肉品质的改善机制	南京农业大学
BK20190517	基于无人机多传感器的水稻产量预测研究	南京农业大学
BK20190518	田菁根瘤菌 OhrR 响应有机过氧化物胁迫应答的调控网络及其功能分析	南京农业大学
BK20190519	BcNAC046 调控不结球白菜耐热性的分子机制研究	南京农业大学
BK20190520	大豆疫霉效应子 Avh241 干扰植物免疫的分子机理	南京农业大学
BK20190521	香菇多糖 Pickering 乳液佐剂活性及其分子机理研究	南京农业大学
BK20190522	紫云英-稻草联合利用下紫云英对稻草还田的响应及机制	南京农业大学
BK20190523	磁电耦合交变电场强化壳聚糖定向酸解的途径及机理	南京农业大学
BK20190524	外源褪黑素对干旱胁迫下棉花花粉育性的影响及生理生化机制研究	南京农业大学
BK20190525	水稻籽粒发育关键基因 OsAK3 的功能分析	南京农业大学

续表

项目编号	项目名称	承担单位
BK20190526	Nipped-B-like 蛋白在卵母细胞发育中的作用机理研究	南京农业大学
BK20190527	黄花苜蓿 MfTPS 调控耐寒性和抗病性的机制研究	南京农业大学
BK20190528	拟南芥中 RNA 降解来源的 5- 甲基胞嘧啶核苷（5-mC）分解代谢机制及生物学意义初探	南京农业大学
BK20190529	葡萄 VvERF017 调控果皮叶绿素降解的分子机制	南京农业大学
BK20190530	基于多酚 - 蛋白质有序聚集体水凝胶的牛肉保鲜作用及其机制研究	南京农业大学
BK20190531	通过添加硫酸铜研究重金属铜暴露对猪卵母细胞质量和繁殖性能的影响	南京农业大学
BK20190532	C 类热激转录因子 LlHsfC2B 调控百合耐热性的机理解析	南京农业大学
BK20190533	单宁降低高粱能量利用效率的猪肠道消化代谢机制	南京农业大学
BK20190534	自噬基因 PbrATG6 在梨轮纹病抗性中的功能及作用机理研究	南京农业大学
BK20190535	DNA 甲基化调控水稻叶夹角大小的机理研究	南京农业大学
BK20190536	“LpEINL-LpNAL 模块”协同调控多年生黑麦草叶片衰老的机制研究	南京农业大学
BK20190537	基于 Wnt 通路研究 β- 谷甾醇缓解氧化应激肉鸡肠上皮细胞线粒体依赖性凋亡的机制	南京农业大学
BK20190538	多组学联合解析褪黑素对猪外周血单个核细胞基因表达的调控	南京农业大学
BK20190539	棉铃虫 Clan2 与 ClanM 中细胞色素 P450 氧化酶的解毒代谢功能研究	南京农业大学
BK20190540	调控番茄 mRNA 可变剪切的致病疫霉效应分子鉴定及作用机制研究	南京农业大学
BK20190541	基于结构化高光谱技术的水蜜桃早期瘀伤检测及机理研究	南京农业大学
BK20190542	番茄红素 β- 环化酶调控葡萄果实类胡萝卜素代谢的分子机制	南京农业大学
BK20190543	氮磷养分供应调控秸秆腐解及相关微生物学过程的机制	南京农业大学
BK20190544	水稻亚铁氧化酶在铁代谢中的功能研究	南京农业大学
BK20190545	改善热环境的城市绿色基础设施网络格局与降温机理——以南京市为例	南京农业大学
BK20190546	可持续发展导向下农村环境综合整治 PPP 项目绩效定量评估	南京农业大学
BK20190547	钛凝胶有机复配优化减缓超滤处理含藻水膜污染效果与机制研究	南京农业大学
BK20190548	被动迁居过程中居民迁居的决策过程、时空特征和机制研究——以南京城市更新项目为例	南京农业大学
BK20190549	一类拟线性波方程的整体适定性研究	中国药科大学

续表

项目编号	项目名称	承担单位
BK20190550	关系填充结构洞：科技成果转化团队中的隐性知识转化	中国药科大学
BK20190551	果蝇内向整流钾通道 Irk2 维持视觉功能的机制研究	中国药科大学
BK20190552	I-E 型 CRISPR-Cas 系统中前间隔序列的产生机制研究	中国药科大学
BK20190553	m6A 修饰介导大黄酸调控有丝分裂克隆扩增抑制脂肪细胞分化的机制研究	中国药科大学
BK20190554	基于乳滴序列固化策略的药物高效包载	中国药科大学
BK20190555	反义 lncRNA KCNMA1-AS 遗传变异与胃癌发病风险的关联及机制研究	中国药科大学
BK20190556	基于金属组学的朱砂中枢神经毒性研究	中国药科大学
BK20190557	基于反应性代谢物生成与消除调控的体外代谢毒理模型研究栀子成分导致肝肠损伤的分子机制	中国药科大学
BK20190558	靶向炎性中性粒细胞的仿生递药系统用于脑卒中的治疗及疗效监测	中国药科大学
BK20190559	新型细胞分裂周期蛋白 Cdc37 抑制剂的设计、合成及其抗肿瘤作用机制研究	中国药科大学
BK20190560	黄酮类化合物 GL-V9 抗人 T 细胞恶性肿瘤作用及其机制研究	中国药科大学
BK20190561	人参皂苷 Rb1 变构调节线粒体复合物 I-ND3 亚基对抗心梗损害中的线粒体钙超载研究	中国药科大学
BK20190562	基于 LOXL2 前体形式与成熟形式的双重抑制剂的设计合成及其在纤维化疾病中的应用	中国药科大学
BK20190563	千层纸素通过调节肠道稳态抑制结肠炎的作用及其机制研究	中国药科大学
BK20190564	基于冬凌草甲素设计新型 NLRP3 非 ATP 竞争性抑制剂	中国药科大学
BK20190565	基于肝脏 DAGs 发现四妙丸中改善肥胖型胰岛素抵抗的活性成分及作用机制研究	中国药科大学
BK20190566	病理 ROS 响应型 Leber 遗传性视神经病变基因治疗研究	中国药科大学
BK20190567	基于 Lee-Meisel 法制备 AgNPs 的介尺度科学研究	中国药科大学
BK20190568	微生物对沉积物中吸附态壬基酚的利用机制研究	中国药科大学
BK20190569	超声速后台阶流场精细结构及湍流特性实验研究	中国人民解放军陆军工程大学
BK20190570	超高速对地打击下的地冲击效应与等效荷载研究	中国人民解放军陆军工程大学
BK20190571	管廊空间燃气泄漏爆炸灾害效应研究	中国人民解放军陆军工程大学
BK20190572	围压对节理岩石动力特性及应力波传播规律影响研究	中国人民解放军陆军工程大学
BK20190573	FRP 网格加固混凝土拱力学性能与抗爆特性研究	中国人民解放军陆军工程大学
BK20190574	低电源裕度含脉冲负荷独立电力系统“源 - 荷”匹配研究	中国人民解放军陆军工程大学
BK20190575	创伤弧菌生物 2 型 A 血清型 O- 抗原三糖重复单元的全合成研究	江南大学

续表

项目编号	项目名称	承担单位
BK20190576	基于电极接触调控的 TMDs 场效应晶体管的制备及性能优化研究	江南大学
BK20190577	基于量子行走的高维量子态识别的实验研究	江南大学
BK20190578	空间异质环境中具有复发和时滞的反应扩散传染病的动力学行为	江南大学
BK20190579	基于不平衡学习与域自适应学习的蛙鸣识别建模研究	江南大学
BK20190580	基于地理隐喻的文献知识可视化建模分析	江南大学
BK20190581	基于微波检测方案的湿度传感器性能优化研究	江南大学
BK20190582	融合调光控制的可见光通信多载波 NOMA 技术研究	江南大学
BK20190583	酶法高效合成菊二糖的定向进化及机制研究	江南大学
BK20190584	识别肽介导的荧光增强探针设计及其对食源性致病菌的可视化阵列传感检测研究	江南大学
BK20190585	胞内 ATP 调控天然食品防腐剂 ε-聚赖氨酸高效合成的分子机制研究	江南大学
BK20190586	高效制备 D-阿洛酮糖的酶学基础研究	江南大学
BK20190587	基于肽组学解析黑豆抗氧化肽抑制油脂氧化的作用机理	江南大学
BK20190588	纳米壳聚糖涂膜对冷藏淡水鱼结构蛋白降解的影响及机制研究	江南大学
BK20190589	水溶解肌原纤维蛋白 / 果胶组装复合物的可控构建及其物理稳定性研究	江南大学
BK20190590	小麦淀粉多阶段糊化的发生机制及进程调控研究	江南大学
BK20190591	蛋白氧化介导肌丝电荷变化的机制及其对生鲜肉持水性的影响研究	江南大学
BK20190592	基于脂质转运蛋白结构特征的类胡萝卜素几何异构体的扩散机制研究	江南大学
BK20190593	标准型 CD44s 通过酪氨酸激酶 EphA2 促进胰腺癌细胞转移的机制研究	江南大学
BK20190594	基于食源性双酪氨酸介导组织氧化损伤的营养干预研究	江南大学
BK20190595	TRPV4 调控结肠癌发生发展的机制研究	江南大学
BK20190596	TRPC5 离子通道在冠状动脉疾病血管新生中的作用及机制研究	江南大学
BK20190597	Beclin 1 基因对宫颈癌细胞放疗后 DNA 损伤修复的调节作用及分子机制研究	江南大学
BK20190598	基于肠道菌群氨基酸代谢揭示益生菌调控长时记忆能力的分子机制	江南大学
BK20190599	视网膜色素变性中 PRPF6 功能缺失影响 ADARB1 剪接和 A-I RNA 编辑的机制及作用	江南大学
BK20190600	CGI-SNPs 与前列腺癌易感的关联性及其机制研究	江南大学

续表

项目编号	项目名称	承担单位
BK20190601	低温常压等离子体通过激活铁死亡通路促进三阴型乳腺癌细胞死亡的机制研究	江南大学
BK20190602	金属前驱体结构影响下的 ALD 负载型催化剂金属颗粒尺寸的精确调控机制	江南大学
BK20190603	光热响应型氧化石墨烯基复合膜构筑与 CO_2/CH_4 的光控分离机制研究	江南大学
BK20190604	轻细骨料内养护混凝土对腐蚀环境中连续配筋混凝土路面力学行为的影响机制研究	江南大学
BK20190605	微等离子体连续可控制备与构筑稀土掺杂发光纳米材料	江南大学
BK20190606	N- 卤胺 / 壳聚糖抗菌生物敷料的制备、抗菌机理及毒理性分析	江南大学
BK20190607	体内连续定向进化对 α - 淀粉酶耐酸性改造的研究	江南大学
BK20190608	以离子液体为介质的靶向降解蛋白酪氨酸磷酸酶的 PROTAC 分子库连续化合成方法研究	江南大学
BK20190609	麻纤维 TEMPO 修饰电极氧化脱胶体系的构建及其脱胶机理	江南大学
BK20190610	新型基因回路响应机制的研究及其高通量筛选的应用	江南大学
BK20190611	面向腐蚀条件下氧化石墨烯杂化材料增强无机粘结陶瓷涂层摩擦学及力学性能研究	江南大学
BK20190612	砖 - 泥结构复合材料多重界面的设计及增强增韧机理探讨	江南大学
BK20190613	玻璃钢表面多层次有序结构自修复涂层的可控构筑及抗静电阻燃性能研究	江南大学
BK20190614	纳米铁镍 / 铁镍氧化物杂化材料的可控构筑及电催化析氢机理研究	江南大学
BK20190615	石墨烯 / 聚硅氧烷柔性复合材料的有序孔结构构筑及其对电磁屏蔽性能的影响机理研究	江南大学
BK20190616	多酸嫁接对硫化磁赤铁矿集中控制燃煤烟气中零价汞排放的促进及其机制研究	江南大学
BK20190617	基于石墨烯及类石墨烯材料的室温 NO_2 气体传感器研究	江南大学
BK20190618	典型人工纳米颗粒诱导水稻对植食性昆虫抗性的作用机制研究	江南大学
BK20190619	纳米酶三维电极电催化氧化脱色聚酯纺织品的机理研究	江南大学
BK20190620	几类变系数微分系统的周期解与仿射周期解	中国矿业大学
BK20190621	一类 Choquard 方程解的研究	中国矿业大学
BK20190622	面向癌症多组学数据分析的多视图聚类方法研究	中国矿业大学
BK20190623	面向生理信号的欠定联合盲源分离关键技术研究	中国矿业大学
BK20190624	多通道硅微谐振式加速度计的零偏稳定性的优化研究	中国矿业大学
BK20190625	介孔氧化硅 KIT-6 的表面 Lewis 酸性精确调控及其烃类催化裂化反应机理	中国矿业大学

续表

项目编号	项目名称	承担单位
BK20190626	微小通道 / 固液相变热管理系统传热传质特性及微观调控机理	中国矿业大学
BK20190627	不同掘进工作面煤与瓦斯突出受煤体渗透性影响规律	中国矿业大学
BK20190628	脉动热管强化相变储热过程传热传质机理研究	中国矿业大学
BK20190629	褐煤腐植酸钝化土壤污染重金属的多元配位反应及选择性络合机制	中国矿业大学
BK20190630	面向柔性直流输电的串联混合型 MMC 及其优化模型预测控制研究	中国矿业大学
BK20190631	相变储热材料中局部填充多孔介质的流动传热协同机制与布局优化研究	中国矿业大学
BK20190632	丙三醇低温共熔溶剂纳米流体流动传热及微观调控机理	中国矿业大学
BK20190633	超疏水表面宏观结构对液滴碰撞的动力学特性的影响及调控机理研究	中国矿业大学
BK20190634	无位置传感器高频注入方案振噪抑制机理及优化控制研究	中国矿业大学
BK20190635	三维缩扩流道内细胞惯性迁移机理研究及精准聚焦应用	中国矿业大学
BK20190636	流固耦合效应对开敞式拱形薄膜结构风荷载特性的影响规律及其机理研究	中国矿业大学
BK20190637	重力引起的应力梯度作用下颗粒介质成拱效应研究	中国矿业大学
BK20190638	深井湿热高尘环境强负荷作业个体呼吸器捕尘仿真模拟研究	中国矿业大学
BK20190639	浮选溶液化学条件下颗粒 - 气泡间疏水力来源及液膜排液破裂机理	中国矿业大学
BK20190640	基于第一性原理计算的 Si/MoS_2 纳米线阵列表面改性及光电固氮性能研究	中国矿业大学
BK20190641	基于定向电荷分离的 $ZnIn_2S_4$ 基空心复合催化剂的构建及其可见光全分解水性能研究	中国矿业大学
BK20190642	JsInSAR 开采沉陷区坡体稳定性监测与采动滑移机理研究	中国矿业大学
BK20190643	受载煤岩自电时频特性及时空演化监测预警机制研究	中国矿业大学
BK20190644	基于 GNSS-R 的赤潮环境因子反演关键技术与方法研究	中国矿业大学
BK20190645	顾及空间邻域异质性的 SAR 影像自适应变化检测方法研究	中国矿业大学
BK20190646	淮海区松散含水层下黏土层采动隔水时效性演化规律	中国矿业大学
BK20190647	外泌体 miR-206-3p 介导颌骨间充质干细胞对话破骨细胞的分子机制探究	江苏省口腔医院
BK20190648	LncRNA HOTAIRM1 调控骨髓间充质干细胞软骨分化及其在颞下颌骨关节病中的作用研究	江苏省口腔医院
BK20190649	炎症响应性仿生纳米控释系统的构建及其对种植体周围炎的作用研究	江苏省口腔医院

续表

项目编号	项目名称	承担单位
BK20190650	PTEN 半胱氨酸琥珀酰化修饰在胶质母细胞瘤肿瘤形成中的作用及机制	南京医科大学
BK20190651	线粒体 DNA 突变对雌性生殖的影响及作用机制	南京医科大学
BK20190652	HBV 感染与脂肪肝变在肝癌发生中的交互作用研究	南京医科大学
BK20190653	基于火花放电构建的纳米微电极在单个神经元功能分析中的应用	南京医科大学
BK20190654	利用人源化小鼠模型研究人类卵子成熟障碍致病基因 PATL2 突变致病机制	南京医科大学
BK20190655	AQP4 调控星形胶质细胞老化在脑衰老中的作用机制研究	南京医科大学
BK20190656	组织蛋白酶 B 的巯基亚硝基化修饰在血管紧张素 Ⅱ 诱导的内皮损伤中的作用研究	南京医科大学
BK20190657	丝氨酸 / 苏氨酸激酶 39 调控肝癌发生、发展的功能及机制研究	南京医科大学
BK20190658	健康本源理论指导下的自我护理干预在社区糖尿病前期人群中的效果和机制研究	南京医科大学
BK20190659	基于 PSMA / GRPr 双靶向配体的前列腺癌诊疗药物的设计、合成及优化研究	南京医科大学
BK20190660	甲状旁腺细胞裸鼠移植动物模型的构建及应用研究	南京医科大学附属逸夫医院
BK20190661	decorin 在梅毒螺旋体粘附血脑屏障过程中的作用及机制研究	南京医科大学附属逸夫医院
BK20190662	ILC2 调控交感神经支配参与脂肪组织产热的机制研究	南京医科大学附属逸夫医院
BK20190663	烯烃不对称高锰酸钾氧化反应的研究及应用	南京工业大学
BK20190664	计及关节非线性和刚柔耦合效应的大型空间结构共振分析及实验研究	南京工业大学
BK20190665	外骨骼机器人系统的扰动建模与分层抗干扰控制研究	南京工业大学
BK20190666	环境风条件下固体表面侧向火蔓延行为及传热机理研究	南京工业大学
BK20190667	南京漫滩相软土中地铁隧道长期沉降力学机理与预测方法研究	南京工业大学
BK20190668	荷载 - 温度耦合作用下复合材料夹层结构的蠕变性能研究	南京工业大学
BK20190669	回转体阴极掩模电解加工基础研究	南京工业大学
BK20190670	基于钛基纳米线界面异质结的催化作用构建高效柔性锂硫电池的研究	南京工业大学
BK20190671	二氧化碳调控嵌段共聚物均孔膜孔道特性和分离过程的研究	南京工业大学
BK20190672	基于微流控技术的超分子自愈合凝胶的宏观定向自组装研究	南京工业大学
BK20190673	面向光 - 蒸汽高效转化碳基光热材料有序结构的微流控调控研究	南京工业大学

续表

项目编号	项目名称	承担单位
BK20190674	双分子仿生膜的微液滴宏量制备及其过程控制的研究	南京工业大学
BK20190675	磁场辅助滑动弧放电等离子体特性及转化生物质气化焦油研究	南京工业大学
BK20190676	Ti 合金齿轮齿面内应力和微观形貌断续磨削过程高效优化研究	南京工业大学
BK20190677	原子层沉积制备共价有机框架（COFs）纳滤膜的研究	南京工业大学
BK20190678	高温循环载荷历史条件下焊接接头的蠕变寿命评价方法	南京工业大学
BK20190679	街区制背景下居住型街区空间形态与声环境耦合关系研究	南京工业大学
BK20190680	性能导向的办公建筑表皮气候适应性和模块化设计优化方法研究——以长三角地区为例	南京工业大学
BK20190681	节段预制变截面波形钢腹板 PC 组合箱梁桥弯剪失效机制及设计方法研究	南京工业大学
BK20190682	基于金属纳米颗粒析出的抗硫中毒钙钛矿型固体氧化物燃料电池阳极材料的研究	南京工业大学
BK20190683	基于聚吡咯－碳纳米管／柔性绷带的应变响应和能量存储器件	南京工业大学
BK20190684	基于温度受控 FSW 消除 RAFM 钢接头 δ 铁素体研究	南京工业大学
BK20190685	含缺陷 Sn 基材料的设计及电催化还原 CO_2 制甲酸研究	南京工业大学
BK20190686	316 不锈钢表面机械合金化制备 Ni-Ti 基耐冲刷腐蚀涂层的研究	南京工业大学
BK20190687	全无机、低功耗新型微驱动器的制备与应用	南京工业大学
BK20190688	二维金属－有机框架／MXenes 复合电极材料的构筑及其水系锌离子电池应用研究	南京工业大学
BK20190689	面向生化尾水中复合污染物深度去除的双功能超滤膜及其作用机制	南京工业大学
BK20190690	基于高炉渣制备分子筛材料的过程强化及结构调控研究	南京工业大学
BK20190691	Moho 面深度反演的关键技术与方法	南京工业大学
BK20190692	基于选择性溶解法分级多孔钙钛矿的可控制备及同时催化脱除 PM-NOx 的机制研究	南京工业大学
BK20190693	循环肿瘤细胞膜蛋白精准分析方法研究及其转移型乳腺癌早期检测应用	南京师范大学
BK20190694	基于 N－氧代烯胺合成胺类衍生物的新方法	南京师范大学
BK20190695	基于扭曲风险测度的期权定价研究	南京师范大学
BK20190696	密文可进化的广播加密及其在云数据共享中的应用	南京师范大学
BK20190697	基于由正常色散光纤式飞秒激光器实现的连续成像及在细胞检测中的应用的研究	南京师范大学
BK20190698	潜在的 WSSV 受体：克氏原螯虾跨膜 C－型凝集素的功能研究	南京师范大学

续表

项目编号	项目名称	承担单位
BK20190699	中国石斛属植物适应性辐射中光合途径转变的进化机制	南京师范大学
BK20190700	纳米材料 MNPs/ZnONPs 对冷鲜肉中高致腐性假单胞菌的抑制作用及机制研究	南京师范大学
BK20190701	观点采择中自我中心性的双加工机制及其调节因素	南京师范大学
BK20190702	家庭抗逆力对重大疾病人群身心健康的影响与干预研究	南京师范大学
BK20190703	从细胞亚群角度剖析枯草芽孢杆菌生物膜形成的分子机理研究	南京师范大学
BK20190704	耦合导光板和中空膜的微藻反应器内能质传递与转化特性及调控方法研究	南京师范大学
BK20190705	基于热电器件的 LNG 汽车冷能回收系统中能量传递与转换机制	南京师范大学
BK20190706	基于理性改造技术的裂殖壶菌木糖代谢途径的强化及机制研究	南京师范大学
BK20190707	载氧体催化石油焦化学链气化及硫定向演化制取合成气和回收硫磺机理研究	南京师范大学
BK20190708	生物质水热炭协同非均相高级氧化对土壤有机氯农药 DDT 吸附降解机理研究	南京师范大学
BK20190709	硬模板法合成掺硫介孔碳及其汞固化脱除机制	南京师范大学
BK20190710	基于流数据的电动汽车充电行为分析与在线聚合评估	南京师范大学
BK20190711	平原圩区分布式水文模型开发与集成模拟研究	南京师范大学
BK20190712	基于多喷头工艺的类组织血管流道 3D 打印成型研究	南京师范大学
BK20190713	内嵌金属碳材料调控氧化铁光阳极水氧化的机理研究	南京师范大学
BK20190714	BDS-3/BDS-2 联合精密卫星钟差快速估计模型研究	南京师范大学
BK20190715	太湖沉积物完全氨氧化菌群动态及生态位形成机制研究	南京师范大学
BK20190716	微生物燃料电池耦合正渗透膜技术缓解盐累积与膜污染的作用机制	南京师范大学
BK20190717	基于梯度分异的江苏省土地利用转型与乡村转型发展耦合机理及优化调控研究	南京师范大学
BK20190718	光热效应对单质硼 / 氧掺杂多孔 g-C_3N_4 光催化性能的影响机制	南京师范大学
BK20190719	铁基污泥碱性厌氧发酵释磷机制与磷回收研究	南京师范大学
BK20190720	随机泛函微分系统的稳定与采样控制及其在多智能体中的应用	南京邮电大学
BK20190721	重味强子态的非微扰 QCD 研究	南京邮电大学
BK20190722	基于单颗粒暗场成像策略构建动 / 静信号传感平台用于体液 microRNA 的灵敏检测	南京邮电大学
BK20190723	不确定环境下二人零和博弈的均衡控制及数值算法研究	南京邮电大学

续表

项目编号	项目名称	承担单位
BK20190724	多孔石墨烯的表面在位合成与电子性质研究	南京邮电大学
BK20190725	基于荧光温度特性的微区温度成像研究	南京邮电大学
BK20190726	环形特异介质中动态磁环形偶极矩及非线性光学效应的数值研究	南京邮电大学
BK20190727	基于多模谐振理论的高性能宽带小型化移相器研究	南京邮电大学
BK20190728	不平等的 RGB-D 多模态域的自适应图像识别	南京邮电大学
BK20190729	基于复杂氧化物界面二维电子气的高效自旋 - 电荷转换研究	南京邮电大学
BK20190730	面向实时视频去雾框架的若干关键技术研究	南京邮电大学
BK20190731	基于无源无线 LC 传感技术的 MEMS 气体传感器研究	南京邮电大学
BK20190732	全维 MIMO 系统基于高维数据处理的预编码方法研究	南京邮电大学
BK20190733	基于机器学习的水下物联网自适应数据传输机制研究	南京邮电大学
BK20190734	基于多比特有机场效应晶体管存储器的人工突触	南京邮电大学
BK20190735	实时监测一氧化氮精准释放的余辉成像共轭寡聚物癌症纳米诊疗体系	南京邮电大学
BK20190736	面向早期轻度认知障碍患者的脑功能动态可视化时空耦合网络识别模型研究	南京邮电大学
BK20190737	可拉伸自修复导电水凝胶及其多功能化储能器件制备	南京邮电大学
BK20190738	基于压电阵列结构特性的复合材料冲击监测及相位扰动校正方法研究	南京邮电大学
BK20190739	复合材料结构的多损伤阵列导波监测方法	南京邮电大学
BK20190740	高性能双极传输特性的廉价过渡金属锰（Ⅱ）配合物磷光材料的设计、合成及其电致发光	南京邮电大学
BK20190741	二维氮族异质结光生载流子输运机理及其光伏性能的理论研究	南京邮电大学
BK20190742	融合异质性检验和多尺度分析的时空地理加权回归模型研究	南京邮电大学
BK20190743	融合影像和点云的复杂岩体结构信息提取方法研究	南京邮电大学
BK20190744	基于二维金属有机材料的氧还原反应电催化剂的设计与模拟	南京林业大学
BK20190745	振荡系数椭圆问题的间断、组合多尺度方法	南京林业大学
BK20190746	生物炭连续多年施用对土壤 N_2O 排放的效应及机制研究	南京林业大学
BK20190747	森林生态系统水文连通性对根土孔混合体的响应	南京林业大学
BK20190748	杨树 NAC105 基因在木材形成和盐胁迫应答过程中的分子生物学功能分析	南京林业大学
BK20190749	薄壳山核桃 CIPK 基因家族的鉴定、进化及其响应干旱胁迫的调控网络分析	南京林业大学

续表

项目编号	项目名称	承担单位
BK20190750	基于UV喷墨技术的3D装饰木纹模型构建机制研究	南京林业大学
BK20190751	南京明城墙景观形态与人居行为交互耦合关系定量测度的研究	南京林业大学
BK20190752	基于纳米流体热管技术的磨削热控制机理研究	南京林业大学
BK20190753	刚性屋面拉梁－索穹顶协同工作及机构扩展施工机理研究	南京林业大学
BK20190754	基于Janus结构的木材改性体系构建与增强作用机制	南京林业大学
BK20190755	大城市女性农民工就业空间的演变特征和机理研究	南京林业大学
BK20190756	纤维素纳米晶药物载体的构建及其在抗肿瘤中的应用	南京林业大学
BK20190757	基于纤维素表面电荷性质与取向结构调控的纤维素离子导体的构建及性能影响机制	南京林业大学
BK20190758	仿生交替多层材料的性能调控机制研究	南京林业大学
BK20190759	零维钌基金属／二维氢氧化镍复合材料的氢氧化性能调控及电催化机理研究	南京林业大学
BK20190760	定向冰模板法制备纳米纤维素/Fe_3O_4各向异性气凝胶及其电磁屏蔽性能研究	南京林业大学
BK20190761	化学交联纳米甲壳素气凝胶的冰晶模板组装及其微结构调控研究	南京林业大学
BK20190762	Au基－MXene复合材料的可控构建及其电催化性能研究	南京林业大学
BK20190763	太湖水华过程影响下磷的垂向迁移特征及其与硫铁的耦合关系	南京林业大学
BK20190764	基于荧光遥感与BEPS-SCOPE耦合模式数据同化的植被总初级生产力估算研究	南京林业大学
BK20190765	二维异质结红外探测器中光生载流子的超快动力学过程研究	南京信息工程大学
BK20190766	求解随机四维变分同化问题的高效交替方向乘子法	南京信息工程大学
BK20190767	金融资产价格极端波动的共振机理及其风险防范研究	南京信息工程大学
BK20190768	腔光机械系统中非线性边带的增强效应及光学测量研究	南京信息工程大学
BK20190769	线性正则域Cohen类时频分布表示理论及信号检测研究	南京信息工程大学
BK20190770	非线性随机时滞系统的控制器设计及稳定性分析	南京信息工程大学
BK20190771	应用于高灵敏度光传感器的低功耗纳米异质结IGZO晶体管关键技术研究	南京信息工程大学
BK20190772	面向高超音速目标的机载雷达射频隐身技术研究	南京信息工程大学
BK20190773	带恒功率负载的电力电子变换器复合抗干扰控制研究	南京信息工程大学
BK20190774	串联型白光钙钛矿量子点发光二极管的研究	南京信息工程大学
BK20190775	集体林权改革、林地产权结构与森林资源消长：理论机制与动态效应	南京信息工程大学
BK20190776	草甘膦纳米农药的靶标附着及酸诱导控释机制研究	南京信息工程大学

续表

项目编号	项目名称	承担单位
BK20190777	长三角地区大气冰核记忆效应的实验室研究	南京信息工程大学
BK20190778	南京地区雷暴云冰晶繁生过程对云内起电和空间电荷结构影响的模拟研究	南京信息工程大学
BK20190779	星载 CO_2-IPDA 的高精度探测方法研究	南京信息工程大学
BK20190780	碳交易对江苏省产业竞争力影响及政策协调性研究	南京信息工程大学
BK20190781	气候平均态对 ENSO 海温异常纬向分布模拟的影响研究	南京信息工程大学
BK20190782	青藏高原雪盖季节内变化对青藏高原季风活动的影响	南京信息工程大学
BK20190783	南京地区大气冰核的观测及参数化研究	南京信息工程大学
BK20190784	电容去离子－臭氧协同体系强化去除水中有机微污染物的效能与同步控制消毒副产物研究	南京信息工程大学
BK20190785	基于视觉机制的高分辨率遥感影像变化检测方法研究	南京信息工程大学
BK20190786	除尘脱硝双功能滤料催化界面的构筑及其构效关系研究	南京信息工程大学
BK20190787	基于不确定微分方程的参数最优控制及应用研究	南京财经大学
BK20190788	中国养老保障动态微观模拟模型研究	南京财经大学
BK20190789	复杂环境扰动下的湖泊富营养化动力学及随机共振研究	南京财经大学
BK20190790	基于指数扩散过程的退化建模与最优试验设计	南京财经大学
BK20190791	企业环境行为的演化博弈模型	南京财经大学
BK20190792	财政分权下基本公共服务供给技术效率及配置效率研究	南京财经大学
BK20190793	面向学术文献策略阅读的语义支撑技术研究	南京财经大学
BK20190794	基于网络攻击和自适应事件触发的网络化系统关键技术研究	南京财经大学
BK20190795	挤出式三维打印淀粉类凝胶的形状稳定性调控机制	南京财经大学
BK20190796	建筑信息模型技术在传统木构民居传热机理优化与生态技术整合设计中的应用研究——以江南农村地区为例	南京财经大学
BK20190797	省域、区域、全国尺度下江苏城市创新网络的结构与机理研究	南京财经大学
BK20190798	抗感染先导化合物 Viridicatumtoxins 抑制 UPP 合成酶活力的分子机制研究	南京中医药大学
BK20190799	以可改善 AD 认知障碍的阿莫地喹为分子探针探究调控小胶质细胞 TREM2 表达的新机制	南京中医药大学
BK20190800	基于 PDK1/PDH 轴介导的能量代谢异常探讨温阳药附子抗肿瘤新机制	南京中医药大学
BK20190801	肝癌细胞 IRF8 表达下调诱导 MDSCs 浸润促进肝细胞癌发生发展的作用机制研究	南京中医药大学
BK20190802	“双级响应—双向调控”融合型仿生纳米囊泡介导光动力／免疫协同诊疗脑胶质瘤的研究	南京中医药大学
BK20190803	黄芪－莪术药对干预结肠癌的配比优化及作用机制研究	南京中医药大学

续表

项目编号	项目名称	承担单位
BK20190804	基于胆汁酸代谢调控探讨滋补脾阴法防治糖尿病认知功能障碍的生物学机制研究	南京中医药大学
BK20190805	TS－vMHb－cIPN 神经解剖环路在药物成瘾中的作用及机制研究	南京中医药大学
BK20190806	基于 DNA 折纸构筑中药小分子探针的设计及应用	南京中医药大学
BK20190807	羧酸酯酶 2 促进多发性骨髓瘤恶性进展的作用及分子机制研究	南京中医药大学
BK20190808	基于肺－肠轴脂肪酸氧化代谢探讨清肺口服液治疗 RSV 肺炎的效应机制	南京中医药大学
BK20190809	钒氧基化合物及其复合物的制备与在水系锂离子电池中的应用	江苏警官学院
BK20190810	纳米催化剂二氧化碳还原机理研究和理性设计	苏州大学
BK20190811	智能诊疗一体化探针用于肿瘤成像分析与治疗的研究	苏州大学
BK20190812	一类由经济内增长模型产生的行波问题	苏州大学
BK20190813	拓扑超导态及其输运特性的研究	苏州大学
BK20190814	基于同步辐射 X 射线吸收谱的室温钠硫电池的原位研究	苏州大学
BK20190815	宽光谱响应的金属图案在有机太阳能电池光俘获中的应用研究	苏州大学
BK20190816	基于电介质纳米球阵列结构的热电子光电探测器	苏州大学
BK20190817	天然硫氧还蛋白还原酶抑制剂灰侧耳菌素的高效合成及结构功能研究	苏州大学
BK20190818	肠道菌群代谢物 TMAO 及其前体物与缺血性脑卒中不良预后的关联研究	苏州大学
BK20190819	趋化因子样受体 -1（CMKLR1）介导血管周围脂肪调控动脉粥样硬化的机制研究	苏州大学
BK20190820	基于红细胞膜的抗原递送仿生纳米载体用于肿瘤免疫治疗	苏州大学
BK20190821	基于 PD1 免疫节点小分子纳米药物的肿瘤免疫治疗研究	苏州大学
BK20190822	DNA 纳米花对系统性红斑狼疮小鼠模型的免疫抑制作用及机理研究	苏州大学
BK20190823	三元闭式叶轮激光内送粉无支撑变向成形方法研究	苏州大学
BK20190824	工业机器人关节 RV 传动系统机电耦合动力学机理及动态可靠性分析方法研究	苏州大学
BK20190825	基于组分与界面调控的窄带隙钙钛矿太阳能电池研究	苏州大学
BK20190826	可喷射肿瘤微环境响应性水凝胶用于肿瘤微环境的调控及免疫治疗	苏州大学
BK20190827	锂金属电池用亲锂性单原子掺杂碳材料的制备及分子机制研究	苏州大学

续表

项目编号	项目名称	承担单位
BK20190828	基于碳点的微纳凝胶的可控制备并用于太阳能界面驱动的海水淡化和水的垂直输运	苏州大学
BK20190829	马来酸／石墨复合负极的电化学性能及储锂机制研究	苏州大学
BK20190830	智能聚集放射性聚合物用于肿瘤 SPECT 成像和核素治疗的研究	苏州大学
BK20190831	基于温度和应变率影响的 WE43 稀土镁合金的微塑性变形机制研究	苏州大学
BK20190832	多层耦合网络中舆情传播动力学及控制研究	江苏大学
BK20190833	岩土介质多场耦合模型的理论分析和数值计算及在核废料地质填埋中的应用	江苏大学
BK20190834	基于自相关函数的大型钢架结构初始损伤识别技术研究	江苏大学
BK20190835	低温等离子体技术制备掺杂型黑磷烯光催化剂及其 CO_2 还原性能研究	江苏大学
BK20190836	社交网络谣言时空传播建模与控制研究	江苏大学
BK20190837	基于金属杂化谐振腔的微流控激光器研究	江苏大学
BK20190838	弱标签约束的多视角人脸聚类研究	江苏大学
BK20190839	基于 $AgBiS_2$ 量子点／二维材料垂直遂穿光电探测器的研究	江苏大学
BK20190840	EFNB1 上调 VCAM1/CD63 促进弥漫大 B 细胞淋巴瘤侵袭的作用及机制	江苏大学
BK20190841	干细胞源外泌体携载 miR-13474 调控靶细胞应答参与糖尿病足溃疡创面修复的研究	江苏大学
BK20190842	纳米纤维素凝胶流变性能调控 3D 打印生物相容性研究	江苏大学
BK20190843	城市污泥快速水热制油耦合液化水相产物培育小球藻研究	江苏大学
BK20190844	考虑时滞的功率分流式混合动力汽车有限时间鲁棒切换控制研究	江苏大学
BK20190845	交通流环境对智能汽车驾驶权切换过渡时间影响机理与动态预测	江苏大学
BK20190846	高能纳秒级激光冲击改性的风电齿轮磨损失效机理与健康状态评价方法研究	江苏大学
BK20190847	深海潜航高速推进泵内局部失稳机理研究	江苏大学
BK20190848	辅助凸极式新型辐向永磁电机及其转矩脉动抑制机理	江苏大学
BK20190849	MOFs 衍生多元过渡金属氧化物 /$g\text{-}C_3N_4$/ 氮掺杂石墨烯量子点光催化剂的构筑及其分解水制氢性能研究	江苏大学
BK20190850	基于代偿理论的电动汽车用高能效高可靠五相永磁电机无位置传感器系统研究	江苏大学
BK20190851	海水淡化高压泵导叶流动损失特性及其水力优化控制	江苏大学
BK20190852	氮化硼层间限域纳米金催化剂的可控构筑及其活化空气氧化燃油超深度脱硫的研究	江苏大学

续表

项目编号	项目名称	承担单位
BK20190853	基于道路场景指纹的智能汽车高精度定位	江苏大学
BK20190854	磁性多孔离子液体用于选择性萃取高镁锂比盐湖卤水中锂的研究	江苏大学
BK20190855	内燃机喷雾碰壁油膜分离破碎及沸腾机理研究	江苏大学
BK20190856	基于正十二烷柴油喷雾火焰中碳烟的生成机理研究	江苏大学
BK20190857	多级孔碳 -ZnO/ZnS 异质结复合材料制备及其抑制多硫化锂穿梭效应研究	江苏大学
BK20190858	基于新型近红外荧光适配体传感策略的植物体内 ATP 检测的成像方法研究	江苏大学
BK20190859	不确定收获环境下水稻联合收获机作业性能协调优化控制方法研究	江苏大学
BK20190860	纳米熔盐复合蓄热材料的相变机理与传热特性研究	江苏大学
BK20190861	基于火焰气相合成的枝状结构 WOx 的新型复合光电极的优化构筑及其光电催化性能研究	江苏大学
BK20190862	红外光激发的复合传感材料的构建及其对重金属离子富集检测一体化应用研究	江苏大学
BK20190863	基于双尺度 Al_2Y 颗粒协同增强的镁稀土合金基复合材料组织调控及强化机理研究	江苏大学
BK20190864	水相下双电层辅助的无基质磷光碳点构建及机理研究	江苏大学
BK20190865	基于荧光 / 磷光光谱调控构建单一相白光碳点材料的机理研究	江苏大学
BK20190866	聚合物纳米复合材料结晶和拉伸形变过程的计算机模拟和实验研究	江苏大学
BK20190867	M1@g-C_3N_4 光催化纳米反应器的可控构建及其催化 CO_2 燃料转化性能与机理	江苏大学
BK20190868	希瓦氏菌复合导电网络构建及贵金属生物还原机制研究	江苏大学
BK20190869	钛合金微观变形及损伤演化机理的实验研究	扬州大学
BK20190870	探究共轭分子对金属有机框架化合物电催化性能的改善	扬州大学
BK20190871	基于非线性能量阱的风力机塔筒横风向风激振动特征及抑制机理研究	扬州大学
BK20190872	基于微流控技术和磁弛豫时间传感器用于肝癌早期诊断的方法研究	扬州大学
BK20190873	J 型应力 - 应变曲线材料本构及其力学特性研究	扬州大学
BK20190874	算子凸函数及其在量子熵中的应用	扬州大学
BK20190875	离散时变环境下递归神经动力学在矩阵方程求解中的分析研究	扬州大学
BK20190876	基于时频分析特征提取的非平稳多变量时间序列预测研究	扬州大学
BK20190877	基于耦合米氏共振的超表面窗口式吸波器件研究	扬州大学

续表

项目编号	项目名称	承担单位
BK20190878	MXene 磁各向异性及其调控的研究	扬州大学
BK20190879	MicroRNA-7a2 调控垂体黄体生成素（LH）合成与分泌的分子机制	扬州大学
BK20190880	基于氨基酸合成代谢解析多胺与乙烯对稻米氨基酸的调控机制	扬州大学
BK20190881	KIFC1 基因介导 BLV 感染调控奶牛乳腺上皮细胞增殖和凋亡的机制研究	扬州大学
BK20190882	棉铃虫脂代谢关键基因 FAS 的表达调控机制研究	扬州大学
BK20190883	LA-MRSA CC398 中 IEC 元件对菌株定植能力影响及表达调控机制的研究	扬州大学
BK20190884	SlFTM2 调控番茄单性结实的机理研究	扬州大学
BK20190885	MicroRNA 在弓形虫调控宿主细胞凋亡进程中的作用及分子机制研究	扬州大学
BK20190886	鼠伤寒沙门菌外膜蛋白 OmpC 招募 H 因子逃避宿主补体替代途径激活的机制研究	扬州大学
BK20190887	黄瓜介导枯萎病菌 FocRho1 沉默解析抗枯萎病机理	扬州大学
BK20190888	蛋白质 DJ-1 调控氧化应激在猪肉成熟中的作用机理研究	扬州大学
BK20190889	细胞分裂素调控水稻蔗糖转运的分子机制研究	扬州大学
BK20190890	樟芝深层发酵无性产孢机制解析及其调控	扬州大学
BK20190891	大麦 HvTPC1 基因对渍害的响应及其功能机理研究	扬州大学
BK20190892	纳米基因高效干扰系统的建立及 2 种响应杀虫剂胁迫的 CPR 家族表皮蛋白基因功能和调控机制研究	扬州大学
BK20190893	二甲双胍逆转细菌多西环素耐药性的分子机制研究	扬州大学
BK20190894	利用 CRISPR/Cas9 技术敲除转运蛋白基因降低油菜种子硫代葡萄糖苷含量的研究	扬州大学
BK20190895	苜蓿花粉传播空气动力学机制及其花粉介导的基因漂流	扬州大学
BK20190896	PpyMYBs 介导过氧化物酶 PRX 调控梨果锈木栓质代谢的机制解析	扬州大学
BK20190897	种母鹅饲粮中添加甜菜碱影响 LOC106032502（泛酰巯基乙胺酶）甲基化水平及其母体效应分析	扬州大学
BK20190898	丙酸通过激活 GPR41 信号通路缓解围产后期奶牛脂肪动员的分子机制	扬州大学
BK20190899	葡萄酰基转移酶基因参与花色苷酰基化修饰的功能研究	扬州大学
BK20190900	亚洲玉米螟一氧化氮调控 NF-κB 激活的分子机理解析	扬州大学
BK20190901	AKH 信号系统对小菜蛾幼虫取食行为的调控研究及其药靶潜力评估	扬州大学
BK20190902	苏氨酸通过 JAK-STAT 通路调节鸭肝脏脂质沉积的分子机制	扬州大学

续表

项目编号	项目名称	承担单位
BK20190903	大面积创伤修复用可注射 - 旁分泌功能细胞负载型双层水凝胶敷料的制备与研究	扬州大学
BK20190904	Hippo 通路效应分子 YAP/TAZ 调控类风湿关节炎成纤维样滑膜细胞迁移、侵袭及软骨侵蚀作用的研究	扬州大学
BK20190905	近红外粘度荧光探针制备及肿瘤细胞侵袭能力研究	扬州大学
BK20190906	直链淀粉精细分子结构影响稻米淀粉回生状态下消化特性的机制研究	扬州大学
BK20190907	急性胰腺炎胰腺坏死“PTX3-ROS 热毒壅结”病机及验证	扬州大学
BK20190908	血小板膜包裹的纳米载药体系的构建及其增强抗肿瘤免疫应答的作用研究	扬州大学
BK20190909	知母宁基于 SBP1/GPX1 通路在肝纤维化上皮细胞 - 间充质转化中的作用及机制研究	扬州大学
BK20190910	五羟色胺 2A 和 2C 受体对大鼠母性记忆的影响及机制	扬州大学
BK20190911	融合疲劳敏度学与深度学习的起重机结构健康评估与寿命预测研究	扬州大学
BK20190912	盘片轴全柔体非线性系统热致碰摩瞬态动力学特性及故障辨识方法研究	扬州大学
BK20190913	再生骨料 - 沥青胶浆微观界面构筑与化学调控机制研究	扬州大学
BK20190914	干涉进流条件下轴流泵不稳定流动机理及控制研究	扬州大学
BK20190915	生物质高温腐蚀条件下 NiAl 涂层的氧化膜相转变及防护机理研究	扬州大学
BK20190916	抗菌环肽修饰海水养殖网箱材料表面的防污机制研究	扬州大学
BK20190917	稀土上转换 @ 金属有机框架复合材料的合成及其在肿瘤光动力治疗上的应用	南通大学
BK20190918	等离子共振增强 CoNi@C/Au@HP-TiO_2 纳米体系构建及全解水性能和机理研究	南通大学
BK20190919	最大化若干图类的无符号拉普拉斯普半径	南通大学
BK20190920	calml4a 在斑马鱼毛细胞发育中的作用机制研究	南通大学
BK20190921	水稻地上部硅累积对盐毒害缓解效应的分子与生理代谢机制	南通大学
BK20190922	基于接触镜的白内障术后眼部高效递药系统的构建及其机制研究	南通大学
BK20190923	抑制 Ras 法尼基化抗痴呆的神经保护作用机制研究	南通大学
BK20190924	人转座子基因调控平台构建及其应用	南通大学
BK20190925	立构复合聚乳酸纤维结晶结构调控及受控水解机制	南通大学
BK20190926	基于数据驱动的多出入口通勤走廊出行者特征挖掘	南通大学
BK20190927	三明治结构气凝胶 / 纳米纤维医用敷料的制备及抗肿瘤机制研究	南通大学

续表

项目编号	项目名称	承担单位
BK20190928	宽光谱驱动的高性能抗生素光电化学适配体传感器研究	常州大学
BK20190929	基于膦催化的新型烯烃氢氯化及其不对称反应研究	常州大学
BK20190930	氧化石墨烯复合水凝胶高温胶凝动力学及堵漏机理研究	常州大学
BK20190931	深部煤层超临界甲烷等温吸附模型及吸附热力学研究	常州大学
BK20190932	磷腈碱催化羟基 Michael 加成聚合制备叔胺生色团超支化聚合物及其生物医学应用	常州大学
BK20190933	靶向识别有机磷酸酯污染物的荧光探针的开发和应用	常州大学
BK20190934	碘空位铋氧碘 / 氧化钨光催化薄膜制备及降解 VOCs 反应机理	常州大学
BK20190935	SbTe 基薄膜相变潜热特性诱导透明薄膜纳米光刻的机理研究	苏州科技大学
BK20190936	弱视者物我距离知觉障碍的机制及其矫治	苏州科技大学
BK20190937	珠心算训练对儿童数量表征过程影响的脑电研究	苏州科技大学
BK20190938	基于物理场诱导构建磁共振成像模式变换的极小铁基纳米颗粒团簇体及其对干细胞示踪的研究	苏州科技大学
BK20190939	基于有机氮杂多并苯二维自组装的高性能多进制存储研究	苏州科技大学
BK20190940	超声椭圆振动高效低损伤磨削 SiC 陶瓷的基础研究	苏州科技大学
BK20190941	面向微创介入诊疗的血管内微型机器人的操控机理和导航控制方法研究	苏州科技大学
BK20190942	基于数据挖掘的建筑空调系统事件触发优化控制的设计及应用研究	苏州科技大学
BK20190943	胺基咪唑类离子液体对水相中铂族金属离子的萃取与选择性分离的行为研究	苏州科技大学
BK20190944	无沸腾区超声空化强化喷雾冷却传热机理研究	苏州科技大学
BK20190945	正交异性钢桥面板疲劳性能退化机理与损伤容限研究	苏州科技大学
BK20190946	二维碳化钛基纳米酶用于肿瘤微环境响应性治疗的研究	苏州科技大学
BK20190947	基于纳米纤维素晶体骨架构筑固 - 固相变材料及其储能性能研究	苏州科技大学
BK20190948	多铁二硫化铼纳米体系研究及在肿瘤多模态诊疗的应用	苏州科技大学
BK20190949	基于光热协同效应纳米 TiO_2 催化剂的缺陷构筑及其催化氧化 VOCs 机制研究	苏州科技大学
BK20190950	用于乙烯 / 乙烷分离的刚性骨架光 / 热刺激响应型 MOFs 的设计制备和性能研究	江苏科技大学
BK20190951	3d 过渡金属催化的四取代烯酰胺的不对称氢化反应研究	江苏科技大学
BK20190952	双极电极 - 多色电致化学发光微分析系统的构建及其对前列腺癌分期研究	江苏科技大学

续表

项目编号	项目名称	承担单位
BK20190953	基于 C_4N_3 锁模光纤激光器的高功率超短脉冲涡旋光束产生机理研究	江苏科技大学
BK20190954	高分辨、快速收敛叠层成像方法研究	江苏科技大学
BK20190955	基于云计算的时滞多智能体系统分布式网络化预测协同控制方法研究	江苏科技大学
BK20190956	基于左手材料近场耦合谐振原理小型化多频段天线研究	江苏科技大学
BK20190957	第 10 家族高温木聚糖酶动物体温条件下催化活力提升及机制研究	江苏科技大学
BK20190958	基于 GWAS 分析筛选调控番茄镉积累的主效基因并研究其作用机制	江苏科技大学
BK20190959	亚洲玉米螟模式识别受体 PGRP6 的功能和作用机制研究	江苏科技大学
BK20190960	两亲性多肽的组装及其对玫瑰树碱的传递机制研究	江苏科技大学
BK20190961	含双元过渡金属介孔分子筛协同催化剂的策略构筑与氧化酰胺化研究	江苏科技大学
BK20190962	CFRP 修复对船体板架结构裂纹扩展抑制特性研究	江苏科技大学
BK20190963	复合污染作用下土－膨润土垂直隔离屏障化学相容性机理及服役性能研究	江苏科技大学
BK20190964	计及海水压力因素影响的深海水下机器人推进器故障诊断方法研究	江苏科技大学
BK20190965	直接含氧碳氢化合物固体氧化物燃料电池的阳极功能材料的开发	江苏科技大学
BK20190966	带激流杆 T 型翼的多涡流动及相互干扰机理研究	江苏科技大学
BK20190967	均压通气下水下航行体通气空泡融合机理研究	江苏科技大学
BK20190968	基于声场的采煤机煤岩截割模式在线识别方法研究	江苏科技大学
BK20190969	错列 S 型微通道内超临界 LNG 的流动传热特性及协同强化机制研究	江苏科技大学
BK20190970	基于精细化耦合数值模型的台风风暴潮强度等级划分策略研究	江苏科技大学
BK20190971	风能发电机变桨滑环副在载流和摩擦自激振动耦合作用下的磨损行为及预测模型研究	江苏科技大学
BK20190972	电磁直驱燃气喷射装置多物理场耦合特性及补偿控制方法研究	江苏科技大学
BK20190973	磺化氮掺杂石墨烯负载 PtNiCo 的制备及其在 PEMFCs 中催化机理研究	江苏科技大学
BK20190974	海床联合液化对自升式平台桩基复合承载性能的影响及评价方法研究	江苏科技大学
BK20190975	烧结 Nd-Fe-B 磁体矫顽力梯度分布对宏观磁性能的影响规律及作用机制研究	江苏科技大学

续表

项目编号	项目名称	承担单位
BK20190976	g-C_3N_4/MXene 电极的可控制备及其在离子液体基柔性电容器中界面电化学的研究	江苏科技大学
BK20190977	高频激励阵列对块体金属玻璃拉伸塑性调控机理的研究	江苏科技大学
BK20190978	原位碳包覆三元过渡金属硒化物复合材料的可控制备及其钠离子电池应用研究	江苏科技大学
BK20190979	钛合金表面激光熔覆 TiZrCuNiAl 系高熵非晶 / 纳米晶涂层的工艺优化与耐磨机理研究	江苏科技大学
BK20190980	导电材料促进厌氧产甲烷过程的关键影响因素解析与材料特性定向优化	江苏科技大学
BK20190981	近红外光响应有机光催化剂矿化降解酚类污染物研究	江苏科技大学
BK20190982	过渡金属磷化物 / 石墨相氮化碳复合材料的可控制备及其光降解四环素类抗生素废水的性能研究	江苏科技大学
BK20190983	TgROP18 通过极化小胶质细胞介导的神经炎症在弓形虫脑炎中的作用机制研究	徐州医科大学
BK20190984	MAP4K1 调控 MDSCs 在胶质瘤免疫逃逸中的作用和机制研究	徐州医科大学
BK20190985	EPC 联合胸腺肽 β4 抗造血干细胞移植后 HVOD 的作用及机制研究	徐州医科大学
BK20190986	IL-24/HSP65 增强 H1 纳米疫苗的抗肾癌作用研究	徐州医科大学
BK20190987	触液神经核痛觉调控的中枢矩阵及其机制的研究	徐州医科大学
BK20190988	SERCA2a 去 SUMO 化在心肌缺血 / 再灌注损伤的调节机制及作用	徐州医科大学
BK20190989	IFN-γ 介导 PD-L1 抑制剂增效 IL12- 肿瘤特异性抗原刺激的淋巴细胞抗结肠癌的机制研究	徐州医科大学
BK20190990	基于 $\sigma 1/\mu$ 受体双靶点的新型神经痛药物研究	徐州医科大学
BK20190991	近可积 PT 对称系统的谱性质与尖峰孤子特性研究	江苏师范大学
BK20190992	基于附加非线性效应调制的中红外 2μm 少周期孤子脉冲产生及动力学特性研究	江苏师范大学
BK20190993	基于飞秒激光加工的 3 微米分布式反馈 Er:Y_2O_3 陶瓷激光器光谱控制机理研究	江苏师范大学
BK20190994	黄素血红蛋白 Fhb1 介导一氧化氮调控黄曲霉毒素合成的分子机制研究	江苏师范大学
BK20190995	IbWRKY41 在紫心甘薯块根花青素积累过程中的功能及表达调控研究	江苏师范大学
BK20190996	新合成异源六倍体小麦中染色体结构变异引起转录水平和表型变异的研究	江苏师范大学
BK20190997	死亡威胁对自我觉知的影响及作用机制研究	江苏师范大学
BK20190998	“现在”限度内时间信息表征的分段性及其认知机制	江苏师范大学
BK20190999	AMPK/Nrf2 通路在有氧运动调节糖尿病血管平滑肌 BKCa 通道中的作用与机制	江苏师范大学

续表

项目编号	项目名称	承担单位
BK20191000	千米深井摩擦提升机紧急制动下的振动－摩擦耦合行为及防滑参数优化	江苏师范大学
BK20191001	天然细胞膜修饰的阴阳型聚电解质多层膜纳米载药胶囊对某些癌细胞的特异性识别及光热治疗	江苏师范大学
BK20191002	3 微米波段的 $Er:Lu_2O_3$ 激光陶瓷的缺陷调控与暗化机理研究	江苏师范大学
BK20191003	3D 打印制备热均匀分布透明陶瓷及激光性能调控研究	江苏师范大学
BK20191004	城镇化进程中土地利用转型的环境与经济效应耦合机理及其优化调控研究——以江苏省为例	江苏师范大学
BK20191005	无磨料铜化学机械抛光液中大分子螯合剂的作用及其稳定性研究	淮海工学院
BK20191006	莱茵衣藻 α－亚麻酸合成的生理与分子调控机制研究	淮海工学院
BK20191007	Hedgehog 信号通路参与文昌鱼口发育调控的机制研究	淮海工学院
BK20191008	青蛤低密度脂蛋白受体基因 ldlr 在类胡萝卜素选择沉积过程中的功能研究	淮海工学院
BK20191009	电磁高速驱动装置载流体的动力学响应机理与调控方法研究	南京工程学院
BK20191010	微扰 QCD 因子化方案下 B 介子三体强子衰变的研究	南京工程学院
BK20191011	毫米波无线通信中宽带平面集成圆极化天线及阵列研究	南京工程学院
BK20191012	基于量子点半导体光放大器的慢光效应研究	南京工程学院
BK20191013	输电钢管塔 Q460 焊接圆钢管轴心受压局部稳定与相关稳定性能研究	南京工程学院
BK20191014	复杂空域系统航路失效链式传播机理与管控方法研究	南京工程学院
BK20191015	基于自由基反应行为的生物质原位半焦－挥发分交互作用机理及结焦活性抑制机制	南京工程学院
BK20191016	泡沫铝 / 聚氨酯复合材料（AF/PU）耗能减振装置对相邻建筑结构的减震控制研究	南京工程学院
BK20191017	二硫化钼量子点结构的精准制造及关键技术研究	南京工程学院
BK20191018	LUMs 驱动的并联微夹持器的结构设计及动力学分析	南京工程学院
BK20191019	非均匀声场促进燃烧源 PM 2.5 高效脱除的操控机制研究	南京工程学院
BK20191020	Mg-Ni-Ce 核壳型复合储氢材料抗氧化机制及其吸放氢行为研究	南京工程学院
BK20191021	Mg_2Si_1-x-y-zGexSnyPbz 基材料的 SHS/QP 非平衡制备及其热电性能研究	南京工程学院
BK20191022	智能力响应聚合物的设计合成与性能研究	南京工程学院
BK20191023	应变梯度增强铁酸铋等纤维光伏效应研究	南京工程学院
BK20191024	ADHD 儿童在强化学习中的行为监控：结果评价与行为调节的认知神经机制	南京特殊教育师范学院

续表

项目编号	项目名称	承担单位
BK20191025	金属、石墨烯纳米结构增强抗菌肽的抗菌活性调控与机理研究	常熟理工学院
BK20191026	基于静电纺丝设计的无粘结剂空气电极及其在锌-空电池中的应用	常熟理工学院
BK20191027	非极性 AlGaN 材料及低维量子结构应力调控和发光机理研究	常熟理工学院
BK20191028	RcsF 激活蛋白调控克拉酸生物合成的机制研究	常熟理工学院
BK20191029	基于谐振双有源桥变换器全软开关运行的不平衡脉宽调制研究	常熟理工学院
BK20191030	双钙钛矿基荧光粉的结构演变及性能调控研究	常熟理工学院
BK20191031	磁光等离激元纳米体系中的非互易光热输运、非线性响应及动力学特性	江苏理工学院
BK20191032	SIRT1 激活的分子机理研究及新型别构激动剂筛选	江苏理工学院
BK20191033	再生切换的随机微分方程的若干问题研究	江苏理工学院
BK20191034	基于 MOFs 的外援型防腐涂层制备及自修复行为研究	江苏理工学院
BK20191035	基于数据驱动的模块化非线性系统辨识方法研究	江苏理工学院
BK20191036	极端苛刻服役条件下发动机损伤关键件热障涂层强化机理研究	江苏理工学院
BK20191037	集成电路芯片封装缺陷视觉检测关键技术研究	江苏理工学院
BK20191038	后修饰制备环境友好型可再生磁性传感器及其高效捕捉机制研究	江苏理工学院
BK20191039	基于碳气凝胶的新型太阳能蒸发器的设计与制备	江苏理工学院
BK20191040	微塑料介导下三氯生在土壤-蚯蚓体系中迁移富集的 14C 示踪研究	江苏理工学院
BK20191041	高效电化学发光纸芯片的制备及其在肿瘤标志物多组分检测中的应用	盐城工学院
BK20191042	基于动态可逆亚胺键的多孔有机晶态材料的设计、合成及应用研究	盐城工学院
BK20191043	矿井通风机切换过程动态优化控制	盐城工学院
BK20191044	维氏气单胞菌噬菌体在鲫鱼肠道定植增殖规律及其对肠道保护作用研究	盐城工学院
BK20191045	基于硼酯键和氢键的自修复聚氨酯涂层制备及机理研究	盐城工学院
BK20191046	基于氨气为氮源通过有机电化学一步构建芳香伯胺的研究	淮阴工学院
BK20191047	两类新型广义逆的结构	淮阴工学院
BK20191048	丝束蛋白 FaFim 和肌球乘客蛋白 FaSmy1 在氰烯菌酯抑制亚洲镰刀菌 DON 毒素产生机制上的功能研究	淮阴工学院
BK20191049	转录因子 spoIIID 和 spoIIA 参与枯草芽孢杆菌罗克霉素合成代谢的分子调控机制研究	淮阴工学院

续表

项目编号	项目名称	承担单位
BK20191050	极端降雨下海绵城市的水文效应及建设目标值确定方法研究	淮阴工学院
BK20191051	双交联网络凝胶基吸附剂的构筑及对铷铯的吸脱性能与机理研究	淮阴工学院
BK20191052	基于改进深度学习策略的抽水蓄能机组智能辨识与预测控制研究	淮阴工学院
BK20191053	水热炭介导互营微生物直接种间电子传递产甲烷的机理研究	淮阴工学院
BK20191054	牛粪半焦重整牛粪热解挥发分制取富氢气体的机理研究	淮阴工学院
BK20191055	糖原合成酶激酶 OsGSK1 调控水稻耐盐的分子机理研究	淮阴师范学院
BK20191056	微碱环境下原生木质素定向氧化为小分子有机酸的机制研究与体系构建	淮阴师范学院
BK20191057	基于绿色合成纳米羟基磷灰石的水稻土 Cd 污染修复及机制研究	淮阴师范学院
BK20191058	内陆高浑浊湖泊颗粒磷浓度遥感估算研究——以洪泽湖为例	淮阴师范学院
BK20191059	小胶质细胞源性 Exosome 传递 lncRNA MIAT 激活 RPE 内 NLRP3 的作用及机制研究	江苏省人民医院
BK20191060	MYD88 突变通过调控可变剪接事件影响慢性淋巴细胞白血病 BCR 通路的机制研究	江苏省人民医院
BK20191061	继发性脊髓损伤时 Sirt1/Fbxw7 调控 Notch 信号通路对巨噬 / 小胶质细胞极化的作用	江苏省人民医院
BK20191062	ARPC2 通过 Wnt/β-catenin 通路调控肝内胆管癌肿瘤干性的作用及其机制的研究	江苏省人民医院
BK20191063	巨噬细胞极化诱导肾微血管周细胞转分化在移植肾间质纤维化形成中的作用及机制研究	江苏省人民医院
BK20191064	STATS 激活 LINC01001 募集 IGF2BP2 促进 ALK 阳性非小细胞肺癌增殖的机制研究	江苏省人民医院
BK20191065	电针耳迷走神经缓解 FD 内脏高敏的作用及调控孤束核 NGF/TrkA/PLC-γ 信号通路的机制研究	江苏省人民医院
BK20191066	通过心磷脂重塑通路调节脂质氧化应激损伤在颅脑创伤中的机制研究	江苏省人民医院
BK20191067	p16INK4a 与 STAT3 相互作用调控 NLRP3 表达促进心梗后心肌纤维化的机制研究	江苏省人民医院
BK20191068	LncRNA MBNL1TF 通过调控 MBNL1/ 细胞焦亡通路抑制慢性心衰心脏纤维化的作用机制研究	江苏省人民医院
BK20191069	应用流固耦合仿真模型在保留主动脉瓣的主动脉根部替换术中精准化指导人造血管大小选择及窦部重建	江苏省人民医院
BK20191070	LINC00673 调控滋养细胞功能在子痫前期中的作用及机制研究	江苏省人民医院

续表

项目编号	项目名称	承担单位
BK20191071	石墨烯泡沫－壳聚糖补片上调 Ca^{2+}/CAMKIIβ/PGC1－α 促进 hiPSC-CMs 成熟的机制研究	江苏省人民医院
BK20191072	ADAR2 编辑 miR-128-3p 表达调控心脏再生的生物学机制研究	江苏省人民医院
BK20191073	高糖环境诱导 circ_0091902 表达促进胃癌发展机制研究	江苏省人民医院
BK20191074	促甲状腺激素通过调控 VLDL 的分泌和清除影响肝脏与循环间甘油三酯平衡的机制研究	江苏省人民医院
BK20191075	GSK3β 调控核转录因子 TCF7L2 在糖尿病肾病足细胞功能中的作用机制研究	江苏省人民医院
BK20191076	蛋白硫化物异构酶介导 PCOS 下丘脑神经元内质网应激的研究	江苏省人民医院
BK20191077	FOXA1 高频突变促进前列腺癌细胞神经内分泌转化引起 ADT 耐药的机制研究	江苏省人民医院
BK20191078	外泌体传递的 circ-HERC4 在乳腺癌侵袭转移中的作用及机制研究	江苏省肿瘤防治研究所
BK20191079	FTO 在结直肠癌中的作用机制及应用研究	江苏省肿瘤防治研究所
BK20191080	针对三阴乳腺癌的多功能磁性基因纳米载体构建及治疗机制研究	江苏省肿瘤防治研究所
BK20191081	早老素增强子 Pen-2 在海马 DG 发育过程中的作用及机制研究	南京医科大学第二附属医院
BK20191082	AMPP1 在儿童紫癜性肾炎防治中的机制研究	南京医科大学第二附属医院
BK20191083	基于多源性环境要素的江苏省区域综合健康风险动态分级研究	江苏省环境科学研究院
BK20191084	重楼总皂苷对骨肉瘤血管生成拟态的影响及机制研究	江苏省中医药研究院
BK20191085	红黄煎剂基于 LINC00339 靶向转录因子 FoxO3 改善蒽环类药物心肌损伤的作用及机制研究	南京中医药大学附属医院
BK20191086	基于 lncRNA-PVT1 调控 miR-143/145 探讨健脾化瘀方抑制结直肠癌有氧糖酵解的机制研究	南京中医药大学附属医院
BK20191087	从周细胞视角探讨黄芪阻抑腹膜纤维化新机制	南京中医药大学附属医院
BK20191088	基于“风性开泄”理论探讨荆芥－防风药对调控 TRPV1 修复特应性皮炎皮肤屏障的作用及分子机制	南京中医药大学附属医院
BK20191089	基于对 STAT3 的 m6A 修饰调控乳腺癌干细胞干性逆转赫赛汀耐药	南京中医药大学附属医院
BK20191090	基于 TGF-β1/miR-200b/VEGF 通路探讨黄蜀葵花干预糖尿病视网膜病变的机制研究	南京中医药大学附属医院
BK20191091	基于 SDF-1/CXCR4 轴及经典 Wnt 信号通路探讨藤黄调控结肠癌干细胞干性维持和归巢的机制研究	南京中医药大学附属医院
BK20191092	清热行瘀方调控 NLRP3 炎症小体－焦亡保护肠上皮细胞的机理研究	南京中医药大学附属医院

续表

项目编号	项目名称	承担单位
BK20191093	WTAP/m6A 甲基化修饰 /PTEN/PI3K-AKT 轴在三七总皂苷抑制血管内膜增生中的作用及机制	南京中医药大学附属医院
BK20191094	海上风机雷电闪击过程及其特征参量反演	江苏省气象灾害防御技术中心
BK20191095	基于拼接式可变形研抛工具的大口径天文光学非球面镜加工技术研究	中国科学院国家天文台南京天文光学技术研究所
BK20191096	基于多源数据耦合的高砾石坡面土壤水文过程三维空间可视化解析	中国科学院南京地理与湖泊研究所
BK20191097	多源数据同化支持下洪泽湖洪水概率预报	中国科学院南京地理与湖泊研究所
BK20191098	太湖藻源溶解有机质介导下内分泌干扰物的生物降解研究	中国科学院南京地理与湖泊研究所
BK20191099	降水变化对天目湖流域毛竹林土壤碳动态的影响：观测和模型模拟研究	中国科学院南京地理与湖泊研究所
BK20191100	华南地区中新世苔藓植物化石多样性研究	中国科学院南京地质古生物研究所
BK20191101	华南中奥陶世碳酸盐岩 - 碎屑岩混积缓坡的重建及其地球生物学意义	中国科学院南京地质古生物研究所
BK20191102	寒武纪澄江生物群奇虾类形态和分类多样性定量分析	中国科学院南京地质古生物研究所
BK20191103	生物质炭缓解酸性土壤铝毒害的长效性及机制研究	中国科学院南京土壤研究所
BK20191104	稻田周丛生物与金属纳米颗粒相互作用及其机制	中国科学院南京土壤研究所
BK20191105	不同围垦年限滨海盐渍土有机碳的结构特征及其转化的微生物机制	中国科学院南京土壤研究所
BK20191106	水稻土中钼对多氯联苯微生物转化的影响及其机制研究	中国科学院南京土壤研究所
BK20191107	信号传导驱动微生物高效降解多环芳烃的机制研究	中国科学院南京土壤研究所
BK20191108	基于氦 1083 nm 谱线对太阳活动的高分辨观测研究	中国科学院紫金山天文台
BK20191109	超新星遗迹中的粒子加速和逃逸过程	中国科学院紫金山天文台
BK20191110	基于红外光谱技术水体硝态氮的快速原位监测及应用	江苏开放大学
BK20191111	超高温预处理堆减少畜禽粪便氨挥发损失的机制研究	江苏丘陵地区南京农业科学研究所
BK20191112	柔性压电支架的 3D 打印构建及其电刺激成骨和健骨双效机制研究	金陵科技学院
BK20191113	组蛋白去甲基化酶抑制剂 JIB-04 调控 H3K4me2/H3K27me2 表观重编程抗胰腺癌的机制研究	南京大学医学院附属鼓楼医院
BK20191114	广谱高穿透性 CAR T 细胞治疗新模式的建立及评价	南京大学医学院附属鼓楼医院
BK20191115	椎旁肌发育调控因子 PAX3 参与特发性脊柱侧凸发病的机制研究	南京大学医学院附属鼓楼医院

续表

项目编号	项目名称	承担单位
BK20191116	GAS6/Axl 调控小胶质细胞髓鞘碎片清除改善卒中后白质损伤	南京大学医学院附属鼓楼医院
BK20191117	低剪切力通过 Grk2/LKB1 信号损伤血管内皮的机制研究	南京市第一医院
BK20191118	环状 RNA circ-EIF4G3 调节胃癌恶性表型的分子机制研究	南京市第一医院
BK20191119	敲减肝细胞肝癌中高表达的 Rrp15 基因诱导 p53 突变型肝癌细胞凋亡的功能及机制研究	南京市高淳人民医院
BK20191120	Ang-2 过表达调节自噬促进碳纳米管人工骨再血管化的实验研究	南京市江宁医院
BK20191121	以吴茱萸碱为核心的“四位一体”纳米脂质体在头颈鳞癌多模态诊疗中的研究	南京市口腔医院
BK20191122	尿道致病性大肠杆菌基于溶血素（HlyA）诱导肾细胞焦亡的新调控机制研究	南京市中西医结合医院
BK20191123	核受体 PXR 在 1 型糖尿病胰岛 β 细胞损伤中的作用和机制研究	南京医科大学附属儿童医院
BK20191124	内源性小分子肽 PDMUC 改善妊娠期糖尿病胰岛素敏感性的应用基础研究	南京医科大学附属妇产医院
BK20191125	lncRNA 在卵巢癌恶性进展中的分子机制研究	南京医科大学附属妇产医院
BK20191126	长链非编码 RNA 促白色脂肪棕色化的作用及机制研究	南京医科大学附属妇产医院
BK20191127	儿童“良性”癫痫脑网络共性特征的脑磁图研究	南京医科大学附属脑科医院
BK20191128	面向作物最佳雾量沉积的植保无人飞机喷雾参数优化与评估方法研究	农业农村部南京农业机械化研究所
BK20191129	基于不确定性信息的南京市城市洪涝管理模拟仿真模型	水利部交通运输部国家能源局南京水利科学研究院
BK20191130	河流洲滩水动力条件下的耐淹植物阻水效应及其固土潜力研究	水利部交通运输部国家能源局南京水利科学研究院
BK20191131	基于冻结应力演变的混凝土抗冻耐久性研究	水利部交通运输部国家能源局南京水利科学研究院
BK20191132	郯庐断裂西侧苏北地区碱性基性岩型金刚石及其包裹体对深部作用制约	中国地质调查局南京地质调查中心
BK20191133	分布式雷达系统的故障诊断研究	中国电子科技集团公司第十四研究所
BK20191134	松香基双组分水性聚氨酯自催化交联特性响应与性能调控机理	中国林业科学研究院林产化学工业研究所
BK20191135	林业纤维烘焙脱氧机制及其热降解产物形成机理研究	中国林业科学研究院林产化学工业研究所
BK20191136	UVB 调控 ID4 基因 DNA 甲基化在皮肤鳞状细胞癌发生中的作用机制研究	中国医学科学院皮肤病研究所
BK20191137	白念珠菌线粒体自噬基因 ATG11 在其免疫逃逸机制中的作用	中国医学科学院皮肤病研究所

续表

项目编号	项目名称	承担单位
BK20191138	miRNA-9-3p/TRPM7 在七氟烷抑制缺血再灌注损伤诱导的心肌细胞自噬中的作用研究	江南大学附属医院（无锡市第四人民医院）
BK20191139	基于综合观测与机理模型的 PRI 与 SIF 估算 GPP 研究	南京信息工程大学无锡研究院
BK20191140	Rho 相关蛋白激酶 2 在胶质瘤替莫唑胺耐药中的作用及机制研究	无锡市第二人民医院
BK20191141	ASIC3 介导透明质酸促进成纤维细胞表型转化在增生性瘢痕形成中的机制研究	无锡市第三人民医院
BK20191142	m6A 甲基化 lncRNA-CTDF 依赖 YTHDF2 调控 ACTR3 介导胰腺癌侵袭转移的作用与机制研究	无锡市第三人民医院
BK20191143	靶向于 CD44+ 乳腺癌干细胞的光热 / 药物协同治疗及可视化研究	无锡市人民医院
BK20191144	Bcl-2 泛素化修饰与磷酸化修饰协同调节脊髓缺血再灌注损伤线粒体自噬的机制研究	无锡市锡山人民医院
BK20191145	刀鲚颌骨长度性状遗传规律及关键控制基因的发掘	中国水产科学研究院淡水渔业研究中心
BK20191146	面向海洋环境的碱激发珊瑚混凝土配合比优化及 FRP 筋增强构件力学性能研究	东南大学无锡分校
BK20191147	水源地生态调蓄水库中消毒副产物关键前体物的识别与控制	东南大学无锡分校
BK20191148	复合界面对铝合金叠层材料动态力学行为影响机理研究	银邦金属复合材料股份有限公司
BK20191149	南蛇藤总萜靶向调控 lncRNA-LOC100127888 抑制结肠癌侵袭转移的作用机制	宜兴市人民医院
BK20191150	BMSC/VEC 脱细胞基质片联合 GelMA 水凝胶替代膜诱导技术修复大段骨缺损	宜兴市人民医院
BK20191151	长期施肥下光合碳在甘薯 - 土壤系统中的分配机制研究	江苏徐州甘薯研究中心
BK20191152	TET1 蛋白在脑梗死后血管新生中的作用及其作用机制研究	徐州医科大学附属医院
BK20191153	PHAP1 调节 HMGA1 促进肝癌细胞侵袭和迁移的研究	徐州医科大学附属医院
BK20191154	DKC1 通过 HIF-1α 促进结直肠癌转移的分子机制研究	徐州医科大学科技园发展有限公司
BK20191155	环保型碱金属硼酸盐添加剂的可控制备与摩擦抗氧协同机理研究	中国人民解放军空军勤务学院
BK20191156	外泌体通过 m6A 甲基化修饰调控肿瘤肺转移的机制及其在乳腺癌液态活检中价值研究	常州市第二人民医院
BK20191157	REV7 招募 THOC4 影响内质网应激调控食管癌放射抵抗的机制及逆转措施	常州市第二人民医院
BK20191158	1- 磷酸鞘氨醇介导载脂蛋白 M 发挥心肌缺血缺氧再灌注损伤的保护作用	常州市第一人民医院

续表

项目编号	项目名称	承担单位
BK20191159	circ_0088227-miR-384-PTBP3 互作调控在子痫前期滋养细胞增殖侵袭的机制研究	常州市妇幼保健院
BK20191160	面向雾计算的新型物理不可克隆安全芯片关键技术研发	河海大学常州校区
BK20191161	硫化物污染含沙海水中搅拌摩擦加工镍铝青铜的临界流速及冲刷 - 腐蚀交互作用机理研究	河海大学常州校区
BK20191162	气液两相放电反应动力学及其废水处理参数优化研究	河海大学常州校区
BK20191163	高性能电纺纳米碳纤维的形成机制与可控制备	北京化工大学常州先进材料研究院
BK20191164	高模碳纤维表面“模量过渡层”构筑及界面增强机理研究	北京化工大学常州先进材料研究院
BK20191165	基于发光中心能量传导的红光稀土发光纤维制备及调控机理研究	常州纺织服装职业技术学院
BK20191166	基于多孔氮化碳 Z 型光固氮体系的设计及机理研究	常州江苏大学工程技术研究院
BK20191167	碳约束过渡金属化合物锂离子电池负极材料及高密度储能	大连理工江苏研究院有限公司
BK20191168	可注射控释去铁胺的丝蛋白 / 羟基磷灰石纳米水凝胶对糖尿病骨质疏松性骨缺损的修复作用及机制	苏州大学附属第二医院
BK20191169	CircRNA-05188 介导催产素信号通路参与腰椎间盘突出症疼痛敏化的机制研究	苏州大学附属第二医院
BK20191170	IL-6/CXCL12 靶向调控 PD-L1 在去势抵抗性前列腺癌对 CD8 阳性 T 细胞免疫逃逸过程中机制研究	苏州大学附属第二医院
BK20191171	miR-499a-5p/Foxo4/Bim 通路对心肌缺血再灌注损伤细胞凋亡的作用及机制研究	苏州大学附属第一医院
BK20191172	DAB2IP-FANCD2 通路调控染色体稳定性影响结直肠癌发生发展的机制及靶向化疗增敏干预策略研究	苏州大学附属第一医院
BK20191173	组蛋白去乙酰化酶 SIRT1 在骨质疏松性骨折愈合中的作用机制研究	苏州大学附属第一医院
BK20191174	FAM196B 在非小细胞肺癌侵袭转移中的作用及机制研究	苏州大学附属第一医院
BK20191175	靶向 PAK4 重启 AML 细胞衰老的抗肿瘤作用和机制研究	苏州大学附属儿童医院
BK20191176	ChREBP 通过调控细胞糖酵解介导神经母细胞瘤化疗耐药的机制研究	苏州大学附属儿童医院
BK20191177	糖尿病视网膜病变 Müller 细胞中 PPP1CA 去磷酸化 YAP 激活 mTORC1 信号通路机制研究	苏州理想眼科医院有限公司
BK20191178	RPV 堆焊层用不锈钢焊材辐照与热老化耦合作用致结构演变规律研究	苏州热工研究院有限公司
BK20191179	SETD3 参与 RA 滑膜巨噬细胞增敏驯化的表观遗传学机制及其临床诊断价值研究	苏州市立医院
BK20191180	基于中国区域高密度 GNSS 站数据建立高时空分辨率三维电离层模型及其快速处理方法研究	北京航空航天大学苏州创新研究院

续表

项目编号	项目名称	承担单位
BK20191181	面向湖泊管理的太湖蓝藻水华监测预报系统及其关键技术研究	清华苏州环境创新研究院
BK20191182	运动训练协同经血干细胞激活 BDNF/CREB/Bcl-2 通路促进脊髓损伤修复的机制研究	苏州科技城医院
BK20191183	轨迹时空演变的定量表征及其在出行意图预测中的应用	苏州工业园区测绘地理信息有限公司
BK20191184	基于三维打印的新型微波和太赫兹天线及无源器件研究	苏州工业园区新国大研究院
BK20191185	基于 NADH 位置扰动提高胺脱氢酶催化效率及其机理研究	苏州工业园区新国大研究院
BK20191186	金属磷化物的可控合成及其催化碱性氢氧化反应研究	武汉大学苏州研究院
BK20191187	金属氧化物纳米材料高温气敏元件失效机制的原位研究	武汉大学苏州研究院
BK20191188	非磁性离子共掺的 Fe 掺杂 GaN 单晶中点缺陷调控及高场输运特性研究	西安交大苏州研究院
BK20191189	微藻生物油水热加氢脱氮及脱金属提质研究	西安交大苏州研究院
BK20191190	基于柠檬酸粘结剂协同作用的高性能硅 @ 氧化石墨烯锂离子电池复合负极材料的制备及机理研究	西安交大苏州研究院
BK20191191	3D 生物打印构建具有仿生结构和功能的人肠道模型及其评价	现代丝绸国家工程实验室（苏州）
BK20191192	蜂窝内嵌层状微玻纤耦合增强结构设计及疲劳损耗下声能耗散机理研究	现代丝绸国家工程实验室（苏州）
BK20191193	城市复杂环境下车车协同智能驾驶关键技术研究	中国科学技术大学苏州研究院
BK20191194	基于移动群智感知的数据交易系统关键技术研究	中国科学技术大学苏州研究院
BK20191195	新型集成式红外 - 紫外双色探测器研究	中国科学院苏州纳米技术与纳米仿生研究所
BK20191196	单手性单壁碳纳米管异质结形貌特性 / 能级结构调控及红外光探测性能的研究	中国科学院苏州纳米技术与纳米仿生研究所
BK20191197	联烯醚在有机合成中的应用	中国科学院兰州化学物理研究所苏州研究院
BK20191198	促进电荷分离一维对称与不对称型异质结光催化	中国科学院兰州化学物理研究所苏州研究院
BK20191199	茶多酚 / 透明质酸自抑菌性伤口辅料的制备及性能研究	沙洲职业工学院
BK20191200	脑功能轻微失调图像识别的大规模深度增强保真学习与模糊知识表示及应用研究	张家港江苏科技大学产业技术研究院
BK20191201	基于氧化应激阻抗探讨 TET2 调节成骨细胞增殖、分化及凋亡的作用机制	张家港市中医医院
BK20191202	量子点增强氧化物忆阻器的制备方法及特性机理研究	南京邮电大学南通研究院有限公司
BK20191203	circ_0064555 通过 ceRNA 方式调控 ARRB1 抑制胶质瘤恶性生长的作用及机制研究	南通大学附属医院

续表

项目编号	项目名称	承担单位
BK20191204	激光冲击复合离子注入调控热障涂层界面氧化机理研究	南通航运职业技术学院
BK20191205	基于臭氧－电解海水的船舶废气脱硫脱硝性能和机理研究	南通航运职业技术学院
BK20191206	基于无人机信能同传的传感器网络无线资源管理	南通师范高等专科学校
BK20191207	法尼醇受体通过下调 miR-21 表达抑制非小细胞肺癌的机制研究	南通市第一人民医院
BK20191208	DYRK2 和 ARID3B 相互作用参与胃癌发生发展分子机制研究	南通市肿瘤医院
BK20191209	可调谐气泡润湿的飞秒激光微纳结构高效制备技术研究	南通职业大学
BK20191210	抗限制性蛋白 KlcAHS 促进产 KPC 酶肺炎克雷伯菌临床播散机制研究	连云港市第二人民医院（连云港市临床肿瘤研究所）
BK20191211	miR-519d 调控 STAT3 在抗血管生成药物联合放射治疗非小细胞肺癌耐药中的作用及机制研究	连云港市第一人民医院
BK20191212	星形胶质细胞 PPARβ 对帕金森病中 NLRP3 介导的神经炎症的影响和机制研究	淮安市第一人民医院
BK20191213	ELABELA/APJ 系统在糖尿病肾病中保护作用及机制研究	淮安市第一人民医院
BK20191214	面向循环工况功率需求的装载机变功率控制研究	淮安信息职业技术学院
BK20191215	HUFA 对草鱼热应激损伤的修复作用及信号通路解析	江苏沿海地区农业科学研究所
BK20191216	颗粒体病毒 CnmeGV 诱导稻纵卷叶螟的黑化免疫及调控	江苏里下河地区农业科学研究所
BK20191217	miR-30 靶向调控 MGLL 抑制鸡腹部脂肪沉积的机制	江苏省家禽科学研究所
BK20191218	长链非编码 RNA-SATB2-AS1 通过 ceRNA 机制影响肺癌放疗敏感性的机制研究	江苏省苏北人民医院
BK20191219	深海极端嗜热古菌 NucS 核酸内切酶驱动损伤 DNA 修复的分子机制研究	扬州大学广陵学院
BK20191220	氧气敏感荧光薄膜用于水体总毒性检测及监测的研究	扬州工业职业技术学院
BK20191221	EZH2/H3k27me3 复合物调控 MIR22HG 表达影响前列腺癌进展的表观遗传机制研究	江苏大学附属人民医院
BK20191222	糖原靶向蛋白对肝脏糖异生的影响及机制研究	江苏大学附属医院
BK20191223	靶向胰腺癌微残存灶的多功能超小金纳米探针构建及其功效评价	江苏大学附属医院
BK20191224	ROP1 基因在植物外源激素诱导的体细胞胚发生过程中的相关功能研究	江苏农林职业技术学院
BK20191225	轨道交通用开绕组磁场调制永磁直线电机及其双逆变器控制	镇江市高等专科学校
BK20191226	家蚕蜕皮激素合成通路关键基因 shadow 的功能研究	中国农业科学院蚕业研究所
BK20191227	基于呼吸代谢－能量消耗调控草菇采后保鲜及机制的研究	江苏江南生物科技有限公司
BK20191228	碳载多孔海绵离子印迹复合膜的制备及其选择性分离铕离子的性能研究	江苏金聚合金材料有限公司
BK20191229	HARS2 基因的小鼠内耳功能及致聋机制研究	泰州市人民医院

续表

项目编号	项目名称	承担单位
BK20191230	CD200 在电针防治卵巢过度刺激综合征中的生物学作用研究	中国人民解放军东部战区总医院
BK20191231	SIRT1/ACSS2 机制在蛛网膜下腔出血后早期内源性保护作用中的研究	中国人民解放军东部战区总医院
BK20191232	胃癌特异性高亲和力 TCR 与 CAFs FAPa 双靶向治疗性 T 细胞疫苗的构建及其抗肿瘤作用机制	中国人民解放军东部战区总医院
BK20191233	内质网应激介导的肌球蛋白分子伴侣 UNC45B 基因突变致先天性白内障分子机制研究	中国人民解放军东部战区总医院
BK20191234	以稻纵卷叶螟 ABCC2 毒素结合区为精准靶标的 Cry1C 定向改造研究	江苏省农业科学院
BK20191235	PEDV 变异株逃逸应激颗粒（SG）抗病毒作用的分子机制	江苏省农业科学院
BK20191236	番茄 SlLNR1 的 TYLCV 抗性机制解析与应用研究	江苏省农业科学院
BK20191237	甘蓝型油菜宁 RS-1 与核盘菌互作过程中 JA 信号通路基因 JAR1 的功能研究	江苏省农业科学院
BK20191238	PbCBLs 甲基化介导的杜梨耐盐调控过程研究	江苏省农业科学院
BK20191239	甘蓝蜡粉合成基因（Wax）的精细定位与候选基因分析	江苏省农业科学院
BK20191240	农药雾滴撞击水稻叶片表面行为及效应研究	江苏省农业科学院
BK20191241	海岛棉跨膜蛋白基因 GbTMEM214 抗黄萎病机制研究	江苏省农业科学院
BK20191242	蓝莓花青素诱导肝星状细胞凋亡与自噬的分子机制	江苏省农业科学院
BK20191243	一个同时控制玉米粒重和粒宽的主效 QTL-qHKW8 的精细定位与分析	江苏省农业科学院
BK20191244	高价碘氟试剂参与的亲电芳烃氟化反应	南京大学化学化工学院
BK20191245	基于声电耦合超构单元的声聚焦相控阵研究	南京大学物理学院
BK20191246	全纯函数 Julia 集的面积和 Hausdorff 维数	南京大学
BK20191247	基于 GPU 加速和核外计算的程序分析技术研究	南京大学计算机科学与技术系
BK20191248	面向互联网视频的视觉关系检测关键技术研究	南京大学
BK20191249	量子计算机软件若干基础问题研究	南京大学计算机科学与技术系
BK20191250	脑认知水平的定量评估研究	南京大学电子科学与工程学院
BK20191251	蛋白磷酸酶 SHP-2 介导的新型伊马替尼耐药机制及对克服 CML 耐药的治疗学意义	南京大学生命科学学院
BK20191252	CENP-A 信号通路在肿瘤和神经发育中的作用	南京大学
BK20191253	甲异靛及其结构类似物通过巨噬细胞免疫平衡治疗炎性肠病的机制研究	南京大学生命科学学院
BK20191254	LeBAHD 在紫草关键药用天然产物合成中的功能及应用研究	南京大学生命科学学院
BK20191255	光催化反硝化再生处置高盐高硝态氮脱附液的技术原理与调控机制	南京大学环境学院
BK20191256	超疏水中空纤维膜制备及其在垃圾填埋气中酸性气体吸收分离中的应用	南京大学

续表

项目编号	项目名称	承担单位
BK20191257	带时变系数的分数阶发展方程组的定性研究	东南大学
BK20191258	基于信息融合的多社交网络重叠用户发现与热点事件分析	东南大学
BK20191259	基于量子密码的通信理论研究	东南大学
BK20191260	高倍频程 CMOS 多功能低噪声放大器	东南大学
BK20191261	基于阵列复用和新波形的高速可见光通信理论与关键技术研究	东南大学
BK20191262	氮化镓（GaN）功率器件栅驱动芯片的理论研究与实现	东南大学
BK20191263	肾小管上皮细胞 CaSR 活化下调 RIPK3 对慢性肾脏病小管间质纤维化影响的机制研究	东南大学
BK20191264	T 细胞源性外泌体转移线粒体 DNA 减轻 ARDS 内皮细胞损伤的机制研究	东南大学
BK20191265	环状 RNA-DYM 靶向 sigma-1 受体对抑郁症中神经环路的调节及机制研究	东南大学
BK20191266	血小板膜仿生纳米气泡的构建及应用于缺血性微血管损伤诊断的研究	东南大学
BK20191267	新老沥青混凝土两介质接触面破坏过程与机理研究	东南大学
BK20191268	基于梁－柱理论的冷弯薄壁型钢构件屈曲行为研究	东南大学
BK20191269	铁基非晶合金高效降解染料性能及机理研究	东南大学
BK20191270	基于裂缝自修复的地下工程自防水混凝土	东南大学
BK20191271	复杂流场中可变形翼的数值模拟及机理研究	南京航空航天大学
BK20191272	面向经尿道膀胱肿瘤精准切除手术的微细机器人研究	南京航空航天大学
BK20191273	多模型移动对象数据智能管理系统研究	南京航空航天大学
BK20191274	知识图谱中时态信息建模及其查询关键技术研究	南京航空航天大学
BK20191275	可重构低功耗 HEVC 编码芯片设计	南京航空航天大学
BK20191276	热敏性物料低温空气干燥的热回收－脱湿协同强化机制	南京航空航天大学
BK20191277	电动汽车用低成本双凸极电机驱动和充电集成化系统	南京航空航天大学
BK20191278	考虑损伤与愈合规律的冷再生沥青混合料疲劳行为研究	南京航空航天大学
BK20191279	离散均流法向供液电解线切割加工基础研究	南京航空航天大学
BK20191280	面向精密光学三维测量的跨尺度组合机理研究	南京航空航天大学
BK20191281	功能膦酸铀酰配合物的构筑及其在温度探针中的应用	南京理工大学
BK20191282	基于共形超表面的中红外波前调控	南京理工大学
BK20191283	基于元学习的自适应视频目标分割方法研究	南京理工大学
BK20191284	基于弱监督集成学习的高光谱图像分类方法研究	南京理工大学
BK20191285	面向状态估计的网络化系统在线调度机制研究	南京理工大学
BK20191286	海上风电运维船接驳系统的建模和协同控制方法研究	南京理工大学
BK20191287	基于相关性的标记分布学习方法研究	南京理工大学

续表

项目编号	项目名称	承担单位
BK20191288	面向频 / 相协同全空域探测的新型子阵式频扫天线研究	南京理工大学
BK20191289	面向固体界面处离子液体纳米摩擦机制的原位 AFM-IR 研究	南京理工大学
BK20191290	气承式织物膜结构非线性力学行为及气动耦合机理研究	南京理工大学
BK20191291	富氮含能材料分子的降感设计及性能研究	南京理工大学
BK20191292	密排六方结构材料孪晶对（twin pairs）现象机理研究	南京理工大学
BK20191293	基于 Troger's base/ 六氮杂苯并菲多孔有机骨架材料的构筑及其光催化 CO_2 还原性能研究	南京理工大学
BK20191294	典型纳米材料 - 蛋白质相互作用机制研究	南京理工大学
BK20191295	时滞效应下多网络耦合系统的动力学研究	河海大学
BK20191296	几类粒子流体耦合系统解的整体适定性与极限问题研究	河海大学
BK20191297	移动边缘计算环境下服务质量动态评估关键技术研究	河海大学
BK20191298	基于语义的单样本人脸识别关键技术研究	河海大学
BK20191299	城市建筑区域降雨径流及污染物传输机理研究	河海大学
BK20191300	孔隙衰变下非饱和多孔沥青混凝土冻融疲劳损伤机理	河海大学
BK20191301	硫酸盐腐蚀作用下混凝土 ASR 损伤机理与损伤模型研究	河海大学
BK20191302	岩石 THM 耦合时效渐进破坏机理的试验研究	河海大学
BK20191303	高效海水电池阳极用超细晶镁合金的协同耐蚀化机制及可控制备	河海大学
BK20191304	矿物碳、氢、氧稳定同位素示踪江苏沿海辐射沙脊群泥沙物源研究	河海大学
BK20191305	新型多取代 [3]/[4]dendralenes 合成研究	南京农业大学
BK20191306	靶向电子传递链 Qo 位点的手性酰胺及抑菌构效关系研究	南京农业大学
BK20191307	Eu-Nano-TRFIA 快速定量检测动物源食品中氯丙嗪残留方法建立与应用效果评价研究	南京农业大学
BK20191308	不结球白菜束腰相关基因的鉴定与功能验证	南京农业大学
BK20191309	丝状蛋白 SspChz 促进猪链球菌定植脑血管内皮细胞的分子机制	南京农业大学
BK20191310	秸秆还田条件下稻麦两熟作物氮素获取的根际驱动机理	南京农业大学
BK20191311	基于机器学习和无人机的氮素高效利用小麦性状高通量表型鉴选研究	南京农业大学
BK20191312	钙调蛋白 CsCML25 调控黄瓜有限生长的机理研究	南京农业大学
BK20191313	GmMMK2 基因调控大豆耐盐的分子机理研究	南京农业大学
BK20191314	霍乱弧菌双组份调控因子 ArcA 抗氧化胁迫的机理研究	南京农业大学
BK20191315	福利养殖模式下母猪产前行为识别及分娩时间预测方法研究	南京农业大学
BK20191316	基于微纳流控系统循环肿瘤细胞的高灵敏捕获及检测	中国药科大学

续表

项目编号	项目名称	承担单位
BK20191317	基于糖链编辑及遗传密码扩增的蛋白聚糖的分子构建及评价	中国药科大学
BK20191318	ASM 直接抑制剂的设计、合成和抗抑郁活性及作用机制研究	中国药科大学
BK20191319	茉莉酸甲酯对银杏内酯的代谢调控及分子机制研究	中国药科大学
BK20191320	基于 Aβ 寡聚体的近红外小分子探针库构建及其用于 AD 早期诊断的研究	中国药科大学
BK20191321	新型靶向 MLL1-WDR5 治疗血液肿瘤的小分子抑制剂的设计、合成及生物学研究	中国药科大学
BK20191322	基于核酸侵入反应偶联纳米金可视化检测技术的宫颈癌早期筛查新方法研究	中国药科大学
BK20191323	滋阴补肾方调节 PI3K/Akt-CTNNB1 信号轴改善多囊卵巢综合征的作用机制研究	中国药科大学
BK20191324	SIRT6 通过 AKT2/AMPK 信号通路调控糖尿病性心肌病变的机制研究	中国药科大学
BK20191325	p75NTR 介导轴突损伤参与颅脑创伤后认知功能障碍的机制研究	中国药科大学
BK20191326	酶促交联法制备透皮性能可控的水凝胶微针用于皮下药物缓控释的研究	中国药科大学
BK20191327	面向云计算的内容感知混合内存管理技术研究	中国人民解放军陆军工程大学
BK20191328	基于信号极化特性的卫星通信安全传输理论与方法研究	中国人民解放军陆军工程大学
BK20191329	对抗条件下基于群智汇聚的无人机通信网络优化研究	中国人民解放军陆军工程大学
BK20191330	基于共享停车理论的城市商务区地下停车系统布局方法与内部交通组织方式研究	中国人民解放军陆军工程大学
BK20191331	面向结直肠癌多模态数据建模的高可解释性异构智能决策模型关键技术和方法研究	江南大学
BK20191332	小白链霉菌突变株高产 ε-聚赖氨酸的分子机制研究	江南大学
BK20191333	腺苷蛋氨酸新合成途径的构建与调控研究	江南大学
BK20191334	反应型自分散纳米包覆有机颜料墨水的制备及其在棉织物上喷墨印花行为研究	江南大学
BK20191335	光诱导调控低临界溶解温度超亲水-超疏水纤维温敏自集水输运表面构筑及机理	江南大学
BK20191336	基于双光子诱导巯基-环氧聚合构筑高精度三维微纳结构	江南大学
BK20191337	龙葵对 Cd 超积累过程中液泡区隔化机理研究	江南大学
BK20191338	铁基金属玻璃激光选区熔化的致密度与力学性能调控	中国矿业大学
BK20191339	数据与知识共同驱动的重介质选煤过程工况识别与智能控制	中国矿业大学
BK20191340	压裂强化下的煤炭地下气化核心参量计算模型研究	中国矿业大学

续表

项目编号	项目名称	承担单位
BK20191341	仿阿米巴虫磁流变软体机器人运动机理及控制策略研究	中国矿业大学
BK20191342	北斗三代与二代卫星数据兼容互操作及模型精化研究	中国矿业大学
BK20191343	煤沥青基石墨烯的原位诱导、掺杂机制及电化学储钾	中国矿业大学
BK20191344	地震岩石物理驱动的煤层气储层含气量预测方法研究	中国矿业大学
BK20191345	煤层生物气产出过程对煤储层物化性质的影响特征	中国矿业大学
BK20191346	骨靶向蛋白酶体抑制剂调控颅骨骼干细胞促进骨缝牵张成骨的机制研究	江苏省口腔医院
BK20191347	激活 α7 烟碱乙酰胆碱受体调控牙髓炎 NLRP3 活化的机制研究	江苏省口腔医院
BK20191348	磷酸酯单体 10-MDP 对牙本质 - 树脂粘接耐久性的提高及相关机制	江苏省口腔医院
BK20191349	甲基苯丙胺引起阿尔兹海默样病理性蛋白的积聚：基于自噬 - 溶酶体融合障碍作用及机制研究	南京医科大学
BK20191350	Peli1 泛素化 HNF4α 对病理性心肌肥大脂质氧化的影响	南京医科大学
BK20191351	GGPPS1/Rab37/ 巨噬细胞自噬通路调控机械通气早期肺损伤的机制研究	南京医科大学
BK20191352	基于免疫荧光与印记技术的三黄泻心汤抗脑卒中药效物质基础研究	南京医科大学
BK20191353	LncRNA LOH12CR2 在丁酸钠抑制结直肠癌中的作用机制研究	南京医科大学
BK20191354	基于信息熵的多组学数据变量集间交互作用分析方法研究	南京医科大学
BK20191355	长非编码 RNA FOXD3-AS1 在肺腺癌吉非替尼获得性耐药中的作用及其机制研究	南京医科大学附属逸夫医院
BK20191356	TRIM21 泛素化降解 GGPPS 调控 NASH-HCC 转化进程的作用及分子机制研究	南京医科大学附属逸夫医院
BK20191357	FYN 与 SOCS1 相互作用破坏肠粘膜屏障促进克罗恩病发生发展的机制研究	南京医科大学附属逸夫医院
BK20191358	高效率有机 - 钙钛矿叠串式太阳电池器件制备与界面研究	南京工业大学
BK20191359	基于纳米金属 - 氧簇的有机修饰及三阶非线性光学性质研究	南京工业大学
BK20191360	基于核壳结构上转换纳米晶的单一颗粒多色发光研究	南京工业大学
BK20191361	低温泵内多诱因相变两相流动机理及其流动特性研究	南京工业大学
BK20191362	基于雷达与振动同步联测的沥青路面健康诊断及预警机制研究	南京工业大学
BK20191363	基于吩嗪及其类似物的新型有机共价框架正极材料的设计，合成及性能研究	南京工业大学
BK20191364	自修复环氧树脂复合涂层一体化可逆网络构筑及研究	南京工业大学
BK20191365	双网络气凝胶衍生 Si - M - C 三元一体材料及其储锂行为	南京师范大学

续表

项目编号	项目名称	承担单位
BK20191366	不同维度含磷贵金属基多元合金的可控合成、结构调控及电催化性能研究	南京师范大学
BK20191367	DNA 模板铜基纳米簇用于荧光生物传感器构建的研究	南京师范大学
BK20191368	miRNA 在文昌鱼 TLR 信号通路中的调控作用机制研究	南京师范大学
BK20191369	基于脑网络特征的儿童青少年双向障碍不同时相早期预测模型	南京师范大学
BK20191370	高速永磁电机内流体流型演变与转子传热耦合机理研究	南京师范大学
BK20191371	多稳态逻辑随机共振电路实现及分岔动力学研究	南京师范大学
BK20191372	太湖流域饮用水水源地碘代 X 射线照影剂类 PPCPs 的环境赋存与分布特征研究	南京师范大学
BK20191373	矢量地理数据自适应感知加密模型研究	南京师范大学
BK20191374	一种层状结构水凝胶的构筑、功能化及其在柔性电子皮肤器件中的应用研究	南京邮电大学
BK20191375	求解四阶时间多项分数阶扩散波方程的差分算法研究	南京邮电大学
BK20191376	面向区域微网设备状态评估的多源不平衡数据粗糙聚类方法研究	南京邮电大学
BK20191377	基于触发机制的下三角多群组系统安全协同控制	南京邮电大学
BK20191378	5G/B5G 高速移动场景下抗多普勒频移关键技术研究	南京邮电大学
BK20191379	面向柔性彩色显示的镁等离激元器件研究	南京邮电大学
BK20191380	线性化多功能微波光子处理器的研究	南京邮电大学
BK20191381	基于协同交互的智慧云制造资源智能调度方法研究	南京邮电大学
BK20191382	微环境响应 - 调控型二维纳米材料的制备及其对细菌生物膜感染的协同治疗	南京邮电大学
BK20191383	基于单组线圈无线供电与信号解耦同步传输关键技术研究	南京邮电大学
BK20191384	基于多源遥感数据时空融合的植被 NPP 时空分布研究	南京邮电大学
BK20191385	有机铅 / 锡卤化物光电薄膜制备中的配体辅助机制研究	南京林业大学
BK20191386	具有溶质运移 Stokes-Darcy 耦合问题的非拟合界面罚有限元法	南京林业大学
BK20191387	基于 DNA- 金属纳米簇 LSPR 传感技术的林产品中黄曲霉毒素高灵敏检测机理研究	南京林业大学
BK20191388	融合多源 LiDAR 数据的农林复合经营林分冠层结构参数反演	南京林业大学
BK20191389	樟疫霉 RXLR 效应子的筛选及效应子 PcAvh87 的功能与作用机制研究	南京林业大学
BK20191390	生物质竹纤维复合管约束混凝土柱的力学行为与设计理论研究	南京林业大学
BK20191391	基于金属盐复合催化体系催化纤维素定向制取酯类化合物的研究	南京林业大学

续表

项目编号	项目名称	承担单位
BK20191392	固体酸表面性质定向调控对醋酸纤维素绿色催化合成效率的影响研究	南京林业大学
BK20191393	基于能量补给的林业物联网火险预警模型研究	南京林业大学
BK20191394	基于混合模型的函数型数据分析方法研究	南京信息工程大学
BK20191395	利用光电子成像技术研究大气 VOCs 的超快光物理动力学	南京信息工程大学
BK20191396	透明导电氧化物薄膜光学表面态调制机理及应用研究	南京信息工程大学
BK20191397	面向遥感影像时空谱融合的深度学习方法研究	南京信息工程大学
BK20191398	分布式电力需求侧主动反馈与评价机制研究	南京信息工程大学
BK20191399	MIMO 雷达故障天线单元的诊断与缺损数据重构方法研究	南京信息工程大学
BK20191400	稻田土壤甲烷产生途径对有机质变化的响应及机制	南京信息工程大学
BK20191401	视觉注意引导的运动车辆车型精细化在线识别研究	南京信息工程大学
BK20191402	基于无人机遥感信息融合的重大地质灾害精准应急技术	南京信息工程大学
BK20191403	纳米颗粒混合物对不同营养级水生生物的联合毒性效应研究	南京信息工程大学
BK20191404	北半球春季平流层最后增温事件对我国春夏气候异常的影响	南京信息工程大学
BK20191405	考虑垂向维度的南极挟冰晶过冷水羽流模式研发	南京信息工程大学
BK20191406	IIoT 环境下面向生产过程能效评估的海量及不健全信息粒计算方法	南京财经大学
BK20191407	淀粉加工过程中聚集态结构演变及其对消化性能的影响机制研究	南京财经大学
BK20191408	肽基菜籽蛋白水解物对小肠细胞摄入葡萄糖调控作用机制研究	南京财经大学
BK20191409	基于张量字典学习的联合遥感图像融合与变化检测方法	南京审计大学
BK20191410	基于 TLR4/NF-κB 炎症通路研究凉血通瘀方调节脑肠肽 CCK-8 治疗脑出血的脑病治肠抗炎机制	南京中医药大学
BK20191411	选择性丁酰胆碱酯酶抑制剂的降脂减肥功效及其作用机制的研究	南京中医药大学
BK20191412	基于 miRNA27a/TGF-β1/Smad3 信号通路探讨当归补血汤治疗糖尿病肾间质纤维化机制研究	南京中医药大学
BK20191413	京大戟 casbane 型二萜类成分通过调控肌浆网钙蛋白 2 抗肝癌的分子机制研究	南京中医药大学
BK20191414	基于 ILC2 细胞肠 - 肺迁移及“记忆”维持探讨玉屏风散抗过敏性哮喘复发的干预机制	南京中医药大学
BK20191415	基于 Parkin-PINK1- 线粒体自噬轴探讨骨痹方通络组方干预膝骨关节炎的机制研究	南京中医药大学
BK20191416	“壳 - 核”型聚集诱导发光纳米材料显现潜指纹技术研究	江苏警官学院
BK20191417	基于深度神经网络的微流控硅基 SERS-microRNA 芯片	苏州大学

续表

项目编号	项目名称	承担单位
BK20191418	可肾代谢氧化铁纳米磁共振造影剂的设计、合成及应用	苏州大学
BK20191419	多任务自适应网络的参数估计与性能优化	苏州大学
BK20191420	基于精准领域知识获取技术的协同交互式数据清洗研究	苏州大学
BK20191421	脑转移癌细胞膜衍生的脑靶向给药系统用于治疗脑转移瘤的研究	苏州大学
BK20191422	微重力、电离辐射引起肿瘤发生 / 转移的分子机制的研究	苏州大学
BK20191423	跨膜型二硫键异构酶 TMX4 调控血栓形成的作用与机制	苏州大学
BK20191424	基于髋关节外骨骼机器人的老年人和平衡功能障碍患者平衡行走辅助控制研究	苏州大学
BK20191425	聚乙烯亚胺 - 离子液体用于太阳能电池电极界面修饰材料	苏州大学
BK20191426	低维蓝磷的热力学稳定性调控及力电耦合机理研究	江苏大学
BK20191427	面向全天候行人检测任务的多源图像特征融合方法研究	江苏大学
BK20191428	基于多层次网络扩展及深度学习模型的夏枯草抗肿瘤优效协同成分及机制系统研究	江苏大学
BK20191429	GLIPR1 抑制肺癌生长的分子机制及靶向治疗研究	江苏大学
BK20191430	低共熔溶剂衍生高效金属 - 氮 - 碳电催化剂及其性能研究	江苏大学
BK20191431	多尺度碳基纳米复合体系的构筑及其对高耐磨聚酰亚胺复合材料高温摩擦性能的调控研究	江苏大学
BK20191432	双主相磁体多尺度微观结构调控、磁性能及机理研究	江苏大学
BK20191433	地西泮药物污染对日本青鳉跨代毒性效应及机制研究	江苏大学
BK20191434	基于纳米酶标记探针的多元肿瘤标记物化学发光成像免疫分析新方法研究	扬州大学
BK20191435	关于复流形上 Ricci 流的研究	扬州大学
BK20191436	Stefan 自由边界模型的数学研究	扬州大学
BK20191437	番茄 SlMPK1 靶蛋白 SlSPRH1 应答高温胁迫的分子机理	扬州大学
BK20191438	细胞周期调控干旱胁迫下大豆根系发育的分子机理研究	扬州大学
BK20191439	昼夜变温下高温与干旱互作胁迫对 Bt 棉杀虫蛋白含量影响及相关生理机制	扬州大学
BK20191440	小分子量热激蛋白家族协同调控水稻二化螟温度耐受性的机制	扬州大学
BK20191441	玄武岩纤维板加固再生混凝土构件的疲劳粘结机理研究	扬州大学
BK20191442	双峰晶粒结构镁合金的变形协调机制及其对成形性能的影响	扬州大学
BK20191443	混合维度范德华异质结的构建、表界面调控与碱性析氢性能研究	扬州大学
BK20191444	生物成因铁矿物在重金属溶液中的陈化、物相变化及其环境意义	扬州大学

续表

项目编号	项目名称	承担单位
BK20191445	基于多粒度认知的大数据电子病历不确定性知识发现研究	南通大学
BK20191446	损伤诱导的 SHH 调节 FGF 信号通路促进多疣壁虎断尾再生	南通大学
BK20191447	癌症患者重返工作心理复原力的评估与发展模型构建及干预机制研究	南通大学
BK20191448	脊髓多巴胺 D1 受体参与痒觉调控的神经环路研究	南通大学
BK20191449	环状 RNA 作为 ceRNA 对矽肺纤维化进程影响及其机制研究	南通大学
BK20191450	城市地下管泄漏石油蒸发扩散和声场监测研究	南通大学
BK20191451	忆阻电路韦库降维建模与多稳定性重构研究	常州大学
BK20191452	细胞间膜纳米管结构和功能的生物力学研究	常州大学
BK20191453	Ag 纳米线电子束加工机制研究的新视角：纳米曲率效应与非热激活效应	常州大学
BK20191454	基于时间尺度上非迁移变分问题的约束系统动力学及其保结构算法	苏州科技大学
BK20191455	三氯生暴露斑马鱼靶向 CaSR 异常表达致急性心肌梗死易感性的风险及分子机制研究	苏州科技大学
BK20191456	铕掺杂氮化镓薄膜中发光中心的局域微结构解析、调控及与发光性能的关联机制研究	苏州科技大学
BK20191457	考虑先验分布的不平衡分类理论，算法及应用研究	江苏科技大学
BK20191458	基于高速激光熔覆工艺的非晶复合涂层成形机理及搭接区组织调控研究	江苏科技大学
BK20191459	脉冲激励浓相气力输送非球形颗粒运动机理研究	江苏科技大学
BK20191460	极地船舶连续破冰模式下层冰与碎冰全载荷作用的结构损伤机理研究	江苏科技大学
BK20191461	船舶碰撞载荷作用下浮式风机高阶耦合刚柔混合多体动力响应研究	江苏科技大学
BK20191462	海洋平台颗粒阻尼桁架结构耗能机理及实验研究	江苏科技大学
BK20191463	AK018453/TRAP1/Smad4 调控星形胶质细胞 A1/A2 表型极化在多发性硬化中的作用与机制	徐州医科大学
BK20191464	中央杏仁核 SIRT1 介导的 MeCP2-K464 去乙酰化在慢性痛相关抑郁样情绪中的作用	徐州医科大学
BK20191465	衣藻门控分子调节纤毛过渡区结构与纤毛蛋白质组成的分子机制	江苏师范大学
BK20191466	基于 MOFs 热解构建薄层碳包覆的 BiOl-xX 基 Z 型异质结及其光催化水氧化苯制苯酚反应的研究	江苏师范大学
BK20191467	极限维度下激光陶瓷胶态成型关键共性问题研究	江苏师范大学
BK20191468	区域土地资源空间优化配置全过程不确定性扰动研究	江苏师范大学
BK20191469	海洋图像分类与视知觉偏好标签图像质量预测	淮海工学院
BK20191470	抗耐药疟原虫 1，2，4- 三嗪二聚体衍生物研究	淮海工学院

续表

项目编号	项目名称	承担单位
BK20191471	高工况下干气密封导流织构的自激失稳抑制机理研究	淮海工学院
BK20191472	铁磁性石墨烯基材料的可控制备与输运性质调控研究	南京工程学院
BK20191473	运动联合二甲双胍“错峰”干预对 db/db 小鼠肝脏糖脂代谢的分子机制研究	南京体育学院
BK20191474	基于深度强化学习的视频行为分析研究	常熟理工学院
BK20191475	操作系统内核精化设计和验证的理论与方法研究	常熟理工学院
BK20191476	RNA 去甲基化酶 FTO 对鸡肝脏细胞脂类代谢和脂肪沉积作用机制研究	常熟理工学院
BK20191477	基于稳定同位素探针解析恶性疟原虫的青蒿素耐药机制	常熟理工学院
BK20191478	医用不锈钢表面超疏水氧化锌纳米薄膜的抗凝血机理研究	江苏理工学院
BK20191479	超分子组装协同硼亲和材料的构建及尿修饰核苷选择性富集研究	盐城工学院
BK20191480	“高效传质-生物活性调控”协同强化生物净化苯系 VOCs 性能及作用机制	盐城工学院
BK20191481	移动群智感知环境下基于有效 CSI 的室内位置计算研究	盐城师范学院
BK20191482	兼具抗恶性血液瘤和实体瘤作用的新型 JAK/HDAC 双重抑制剂的设计、合成及药效机制研究	盐城师范学院
BK20191483	水稻 OsMas 基因介导 ABA 信号调控水分高效利用的作用机制研究	淮阴工学院
BK20191484	类贝壳聚硅氧烷阻隔薄膜的双光敏法仿生构筑研究	淮阴工学院
BK20191485	面孔表情和身体姿势情绪加工的神经机制比较	淮阴师范学院
BK20191486	长三角地区高铁网络演化与站点地区发展的特征研究	江苏省城市规划设计研究院
BK20191487	斑点叉尾鮰 zbtb38 基因在性别决定中的作用及其调控机制研究	江苏省淡水水产研究所
BK20191488	基于 RNA-Seq 技术研究微囊藻毒素对河蚬毒性的分子作用机制	江苏省淡水水产研究所
BK20191489	外泌体来源 miRNA 在甲型流感病毒逃避宿主天然免疫应答过程中的作用及其机制研究	江苏省公共卫生研究院
BK20191490	XBP1 抑制自噬促进巨噬细胞 NLRP3 炎症小体活化在肝脏缺血再灌注损伤中的作用和机制	江苏省人民医院
BK20191491	子宫内膜异位症通过 LH-EGF-PGE2 信号通路干扰排卵的机制研究	江苏省人民医院
BK20191492	应用智能微球缓释系统治疗金属离子异常增加的实验研究	江苏省人民医院
BK20191493	GIT1 通过 SHD 结构域促进骨形成及 CC2 结构域抑制骨吸收对骨代谢的调控机制	江苏省人民医院
BK20191494	维生素 D 对老年高血压血管平滑肌细胞自噬的作用及机制研究	江苏省人民医院

续表

项目编号	项目名称	承担单位
BK20191495	药物转运体 MRP1 mRNA 甲基化影响细胞内伊马替尼药物浓度介导胃肠道间质瘤继发性耐药的机制研究	江苏省人民医院
BK20191496	LMW-HA/CD44 调控 S100A4 核转移在心肌纤维化中的机制研究	江苏省人民医院
BK20191497	Gremlin-1 介导内皮细胞间充质转化在增殖性糖尿病视网膜病变中的作用及机制	江苏省人民医院
BK20191498	基于代谢组学的前列腺炎 I 号通过 MAPK 信号通路的抗炎作用机制研究	江苏卫生健康职业学院
BK20191499	薯蓣皂苷元经 TGFβ1 抗骨肉瘤顺铂耐药作用及机制的研究	江苏卫生健康职业学院
BK20191500	预缺氧 MSC 来源的外泌体对脑缺血的保护作用及机制研究	南京医科大学第二附属医院
BK20191501	有机污染物场地土壤热处置机理与模型构建研究	江苏省环境科学研究院
BK20191502	基于宏基因组学探索清热健脾利湿方促进炎症性肠病粪菌移植后细菌定植的作用机理	江苏省第二中医院
BK20191503	LncRNA-ANRIL 甲基化调节心肌成纤维细胞焦亡在房颤心肌重构中的分子机制	江苏省中医药研究院
BK20191504	人参叶通过调控 SCFAs-GPR43-NLRP3 轴的改善糖尿病并发抑郁症作用机制研究	江苏省中医药研究院
BK20191505	虎潜丸诱导的 BMSC 相关免疫调节在骨质疏松和腱骨愈合中的作用机制研究	南京中医药大学附属医院
BK20191506	高血压脑小血管病“毒损脑络”体外模型构建及潜阳育阴颗粒等方有效成分筛查	南京中医药大学附属医院
BK20191507	巨型天文仪器光机结构全局自适应优化算法研究	中国科学院国家天文台南京天文光学技术研究所
BK20191508	蓝藻聚集体内好氧不产氧光合细菌的噬菌体的分离，基本生物学和基因组学研究	中国科学院南京地理与湖泊研究所
BK20191509	基于激光光谱技术的氨挥发箱式测定方法优化及应用	中国科学院南京土壤研究所
BK20191510	红壤花生 / 玉米间作根系分泌物调控根际磷素转化的微生物网络构建机制	中国科学院南京土壤研究所
BK20191511	钙盐促进秸秆高质腐解机理及其产物在设施栽培土壤中的应用	中国科学院南京土壤研究所
BK20191512	紫金山彗星的物理属性和活动性研究	中国科学院紫金山天文台
BK20191513	等离子体波对太阳射电爆发的影响	中国科学院紫金山天文台
BK20192001	面向光子芯片研发的核心材料及关键技术基础	南京大学物理学院
BK20192002	天地融合卫星移动通信技术基础	东南大学
BK20192003	新型光电成像及信息处理基础理论与方法研究	南京理工大学
BK20192004	机器人情感识别与交互技术基础	东南大学
BK20192005	面向精准治疗的创新生物药和高端制剂成药性评价的共性关键技术研究	中国药科大学

续表

项目编号	项目名称	承担单位
BK20192006	基于极深紫外光光源的芯片制造技术前沿基础研究	南京大学电子科学与工程学院
BK20192007	金属微结构特种能场微纳制造技术研究	南京航空航天大学
BK20192008	基于多模原位检测的脑胶质瘤诊疗一体化研究	南京师范大学

2019 年度江苏省重点研发计划项目

项目编号	项目名称	承担单位
BE2019001	生物基材料尼龙 -56 的清洁化制备及高端应用的关键技术开发	南京高新工大生物技术研究院有限公司
BE2019001-1	生物基尼龙 -56 关键聚合单体 1，5- 戊二胺的清洁化制备及其规模化的关键技术研究	南京高新工大生物技术研究院有限公司
BE2019001-2	纤化生物基 PA-56 的聚合和纤维的制备及其规模化的关键技术研究	江苏海阳化纤有限公司
BE2019001-3	生物基尼龙 -56 纤维的纺丝及其染整工艺的关键技术研究	南通纺织丝绸产业技术研究院
BE2019001-4	生物基尼龙 -56 制备及高端应用的关键技术开发——生物基尼龙 -56 纤维高端化应用的关键技术开发	南通联发印染有限公司
BE2019002	能场约束结构件增材制造关键技术及典型应用研究	南京航浦机械科技有限公司
BE2019002-1	能场约束结构件增材制造的装备及工艺研究	南京航浦机械科技有限公司
BE2019002-2	新型电磁能场约束结构件的开发与应用	江苏省海洋资源开发研究院（连云港）
BE2019002-3	放疗用定制式束流整形器的开发及应用	南京中硼联康医疗科技有限公司
BE2019002-4	能场约束结构件增材制造的机理及功能材料开发	南京大学
BE2019003	基于自主架构的嵌入式多核 AI 处理器	中国电子科技集团公司第五十八研究所
BE2019003-1	嵌入式多核 AI 处理器芯片原型设计及验证	中国电子科技集团公司第五十八研究所
BE2019003-2	面向 AI 的多核处理器设计及验证	无锡华大国奇科技有限公司
BE2019003-3	多核 AI 处理器芯片原型的应用验证	江苏微锐超算科技有限公司
BE2019003-4	高效深度神经网络推理与片上训练处理器架构	南京大学电子科学与工程学院
BE2019004	基于 LTE/5G 的车路协同信息服务与智能驾驶关键技术研究	公安部交通管理科学研究所
BE2019004-1	路侧交通管控设备信息交互技术及开放服务系统研发	公安部交通管理科学研究所
BE2019004-2	网联汽车智能驾驶与群体通行控制系统研究	东南大学
BE2019004-3	LTE/5G-V2X 通信网络优化关键技术与设备研发	中国移动通信集团江苏有限公司
BE2019005	新一代功率半导体器件关键技术研究	无锡华润华晶微电子有限公司
BE2019005-1	新一代 8 英寸 IGBT 关键技术的研制	无锡华润华晶微电子有限公司

续表

项目编号	项目名称	承担单位
BE2019005-2	新一代半导体高功率密度器件封装用关键配套材料的研制	无锡创达新材料股份有限公司
BE2019005-3	8英寸高压高功率半导体器件用硅外延材料研制	南京国盛电子有限公司
BE2019006	氢燃料电池电－电混合SUV整车集成开发	江苏金坛大迈汽车工程研究院有限公司
BE2019006-1	氢燃料电池电－电混合SUV整车集成关键技术	江苏金坛大迈汽车工程研究院有限公司
BE2019006-2	电－电混合SUV高性能氢燃料电池系统关键技术	苏州弗尔赛能源科技股份有限公司
BE2019006-3	氢燃料电池电－电混合SUV动力系统协同管理关键技术	江苏大学
BE2019007	三维矢量精确成形机器人研发及示范应用	常州固高智能装备技术研究院有限公司
BE2019007-1	三维矢量精确成形机器人控制系统设计及CAM系统开发	常州固高智能装备技术研究院有限公司
BE2019007-2	三维矢量精确成形机理及形性调控技术研究	南京航空航天大学
BE2019007-3	三维矢量精确成形工艺仿真及优化算法研究	南京工业大学
BE2019008	基于高性能热塑性复合材料的新一代增材制造关键核心技术及成套装备技术开发	江苏集萃先进高分子材料研究所有限公司
BE2019008-1	增材制造专用高性能热塑性复合材料预浸料成套装备及关键技术开发	江苏集萃先进高分子材料研究所有限公司
BE2019008-2	连续纤维增强热塑性复合材料压力容器增材制造装备及关键技术开发	中材科技（苏州）有限公司
BE2019008-3	连续纤维增强热塑性复合材料3D打印装备及关键技术开发	江南大学
BE2019008-4	高性能热塑性复合材料专用树脂技术开发	四川大学
BE2019009	基于水电储能的清洁能源微网系统关键技术与装备	江苏大学
BE2019009-1	微型生态型水电储能装备关键技术研究	江苏大学
BE2019009-2	基于水电储能的清洁能源微网系统智能控制与能量管理	江苏镇安电力设备有限公司
BE2019009-3	大功率低成本太阳能光伏组件关键技术及系统	无锡尚德太阳能电力有限公司
BE2019009-4	小型生物质直燃有机朗肯循环热电联供关键技术及装备	中节能（宿迁）生物质能发电有限公司
BE2019009-5	多种有机质协同发酵制沼气及高效发电关键技术与装备	江苏泓润生物质能科技有限公司
BE2019010	面向智能交通的新能源汽车底盘电动一体化系统关键技术与整车集成	江苏大学
BE2019010-1	智能交通与底盘电动一体化集成控制研发	江苏大学
BE2019010-2	面向线控底盘动力学的新能源汽车网联式感知系统关键技术研究	镇江市江苏大学工程技术研究院
BE2019010-3	电动一体化底盘与智能电动汽车集成应用开发	南京金龙客车制造有限公司

续表

项目编号	项目名称	承担单位
BE2019011	面向第三代核电非能动冷却系统的管道材料缺陷智能检测机器人关键技术研究	南京天创电子技术有限公司
BE2019012	基于知识图谱和语义理解的智慧云脑系统	南京中兴新软件有限责任公司
BE2019013	面向智能服务机器人视觉感知的嵌入式人工智能芯片关键技术研究	江苏南大电子信息技术股份有限公司
BE2019014	面向智能网联汽车的 C-V2X 智能终端关键技术研究	江苏迪纳数字科技股份有限公司
BE2019015	北斗三号军民两用多频点射频芯片及应用的研发	江苏博纳雨田通信电子有限公司
BE2019016	高性能原油在线调合平台关键技术研发	南京富岛信息工程有限公司
BE2019017	基于区块链的卫星与无线通信融合网络可信数据交换与共享关键技术研究与验证	南京中网卫星通信股份有限公司
BE2019018	源网荷储一体化级联多端口变换器多目标解耦与优化控制	江苏南自通华电力自动化股份有限公司
BE2019019	超宽带多频高增益机载天线系统的研发及应用	江苏肯立科技股份有限公司
BE2019020	燃气轮机热端部件热障涂层的结构设计及制备工艺	清华大学无锡应用技术研究院
BE2019021	超宽 SOA 智能功率 MOSFET 器件关键技术研发	无锡新洁能股份有限公司
BE2019022	基于多目相移法的双机器人协同在线测量系统关键技术研究及产业化	无锡黎曼机器人科技有限公司
BE2019023	轻型商用车用柴油深度混合动力变速箱研发	无锡明恒混合动力技术有限公司
BE2019024	车规级差压压力测量系统封装（SiP）模块研究	无锡必创传感科技有限公司
BE2019025	模面温控、激光熔覆及磨损控制的超高强钢热冲压模具研发	无锡曙光模具有限公司
BE2019026	大型运输机物资智能化装卸平台关键技术研究	江苏海鹏特种车辆有限公司
BE2019027	低钴抗裂型高温合金增压涡轮短流程制备关键技术研发	江阴鑫宝利金属制品有限公司
BE2019028	船用绿色智能高位蜘蛛曲臂喷涂机器人关键技术研究	中船澄西船舶修造有限公司
BE2019029	核反应堆辐照后 C-14 源材料的分离与提纯技术	无锡贝塔医药科技有限公司
BE2019030	耐高温硅基氧化物陶瓷气凝胶的关键制备技术研发	江苏脒诺甫纳米材料有限公司
BE2019031	RAP 微波加热再生技术研究及产业化	江苏集萃道路工程技术与装备研究所有限公司
BE2019032	复杂装备自适应在线设计智能焊接系统研发及应用	徐州华恒机器人系统有限公司
BE2019033	面向建筑节能的超高亮度蓄光复相陶瓷关键技术研发	江苏师范大学
BE2019034	面向紫外（UVLED）高品质化学气相沉积（CVD）装置核心技术的研发	江苏实为半导体科技有限公司
BE2019035	新能源汽车分布式驱动用高功率密度集成化永磁电机关键技术研发	徐州市柯瑞斯电机制造有限公司

续表

项目编号	项目名称	承担单位
BE2019036	3D激光扫描与红外成像协同感知的特高压输电线路智能巡检系统	河海大学常州校区
BE2019037	高性能锂离子电池湿法隔膜的研发	常州星源新能源材料有限公司
BE2019038	精准腹腔微创手术机器人关键技术研究与系统研制	常州脉康仪医疗机器人有限公司
BE2019039	高安全高能量密度固态锂电池的研发	中航锂电科技有限公司
BE2019040	高分辨率OLED显示屏用大尺寸精细金属掩模板的研发	常州友机光显电子科技有限公司
BE2019041	基于第三代半导体和复合晶体荧光材料的高可靠车载激光模组关键技术研究	常州市武进区半导体照明应用技术研究院
BE2019042	大口径平面离子束超精密抛光机的关键技术研发	常州卓研精机科技有限公司
BE2019043	基于机器视觉的高兼容性交互式智能软件平台的研发	苏州德创测控科技有限公司
BE2019044	适应可再生能源的千立方级大型电解水制氢设备关键技术研发与产业化	苏州竞立制氢设备有限公司
BE2019045	碳/石墨烯纳米纤维柔性传感器的关键技术研发及在智能服装中的应用	苏州大学
BE2019046	ArF光刻胶产品配套光敏剂的开发	江苏南大光电材料股份有限公司
BE2019047	新型纳米氢气传感器及其在新能源汽车中的应用	苏州纳格光电科技有限公司
BE2019048	具解释能力的新一代类脑人工智能语音技术研发和的应用	苏州清睿教育科技股份有限公司
BE2019049	基于RISC-V架构的自主可控网络多核处理器的研发	苏州雄立科技有限公司
BE2019050	超高速大容量光通信波分复用器的研发	苏州伽蓝致远电子科技股份有限公司
BE2019051	高性能纳米传感膜的大面积制备关键技术开发	中国科学院苏州生物医学工程技术研究所
BE2019052	基于大数据和云端智能挖掘的智慧电梯关键技术研究与系统研制	苏州台菱电梯有限公司
BE2019053	PERC晶硅太阳能电池用高性能正面电子银浆的研发	苏州市贝特利高分子材料股份有限公司
BE2019054	基于深度学习的高性能声纹识别智能芯片的研发	澜起电子科技（昆山）有限公司
BE2019055	基于逆向强化学习的乱序工件精准抓取机器人系统	苏州紫金港智能制造装备有限公司
BE2019056	高性能毫米波5G通信线缆及组件连接关键技术研究	中天射频电缆有限公司
BE2019057	5G通讯设备用纳米合晶瓷制备的关键技术研发	南通通州湾新材料科技有限公司
BE2019058	先进战机及民用大飞机用第二代PI/PTFE复合绝缘电线	江苏通光电子线缆股份有限公司

续表

项目编号	项目名称	承担单位
BE2019059	24% 钝化接触低成本晶硅电池关键技术研发	江苏林洋光伏科技有限公司
BE2019060	具有多源动作信号特高压隔离开关的关键技术及产品	江苏省如高高压电器有限公司
BE2019061	高能量密度全固态锂电池的关键技术研究	南通百川新材料有限公司
BE2019062	高透明全固态智能调光节能车窗玻璃的研发	江苏繁华玻璃股份有限公司
BE2019063	空间运动目标智能跟踪型星载多分辨光学成像技术	江苏宇迪光学股份有限公司
BE2019064	高强高模聚酰亚胺长丝制备关键技术研发	江苏奥神新材料股份有限公司
BE2019065	组合雾化法精细球形 Fe 基合金微粉生产技术研发	连云港倍特超微粉有限公司
BE2019066	磁共振兼容医疗植入物和器械增材制造用精细球形锆合金粉末关键制备技术研发	南京理工大学连云港研究院
BE2019067	发动机气缸套内表面复合陶瓷功能材料制备与应用关键技术研发	江苏爱吉斯海珠机械有限公司
BE2019068	低泄漏长寿命航空发动机刷式密封的关键技术研发	江苏鑫信润科技股份有限公司
BE2019069	三氟炔酸甲脂绿色化提取和工艺废水循环再利用的关键技术研发	江苏春江润田农化有限公司
BE2019070	氢燃料电池用高性能超薄质子交换膜的研发	江苏科润膜材料有限公司
BE2019071	凹凸棒石无机有机杂化抗菌剂制备关键技术	中科院兰州化学物理研究所盱眙凹土应用技术研发中心
BE2019072	凹凸棒石纤维增强增韧尼龙复合材料制备及增材制造关键技术研究	盱眙欧佰特粘土材料有限公司
BE2019073	分布式模块化辐条型永磁轮毂电机驱动系统研究	东南大学盐城新能源汽车研究院
BE2019074	1200 吨超大负荷智能钻进水平定向钻机关键技术研究	江苏谷登工程机械装备有限公司
BE2019075	基于机器学习的个性化智能喷涂系统研发	江苏同和智能装备有限公司
BE2019076	耐热抗蠕变超高分子量聚乙烯纤维制备关键技术及成套装备研发	江苏神鹤科技发展有限公司
BE2019077	深海勘采钻杆表面原位非晶化高效增材再制造关键技术	江苏华威机械制造有限公司
BE2019078	Mini LED 新型显示材料制备与应用技术研究	扬州中科半导体照明有限公司
BE2019079	聚苯胺 / 石墨烯纳米复合材料的绿色制备及其在防腐涂料中的应用	扬州大学
BE2019080	二氯苯精馏残渣资源化利用关键技术研发	江苏扬农化工集团有限公司
BE2019081	金属高性能激光锻造复合增材制造装备研制	扬州镭奔激光科技有限公司
BE2019082	无人艇载军转民用小型化高分辨智能导航雷达研发	中国船舶重工集团公司第七二三研究所
BE2019083	特高压复合绝缘子超宽带射频波快速无损检测系统研发	江苏双汇电力发展股份有限公司
BE2019084	高韧性碳化硼防弹陶瓷无压烧结制备关键技术研发	扬州北方三山工业陶瓷有限公司

续表

项目编号	项目名称	承担单位
BE2019085	基于高效磁耦合谐振技术的电动汽车大功率无线充电系统研发	江苏智绿充电科技有限公司
BE2019086	空天领域用多参数高可靠性智能传感器关键技术研发	扬州英迈克测控技术有限公司
BE2019087	高压大流量智能抗流量饱和负载敏感比例阀研制	江苏科迈液压控制系统有限公司
BE2019088	均匀轴向布液降膜式模块化磁悬浮制冷机组关键技术研究	江苏一万节能科技股份有限公司
BE2019089	40MW 级特大型高性能蜗壳式离心泵机组研制	江苏航天水力设备有限公司
BE2019090	机械储能式应急救援相变控温系统关键技术研究与应用	江苏坚威防护工程科技有限公司
BE2019091	高性能强韧化石墨烯改性环氧树脂 / 碳纤维复合材料制备关键技术研发	扬州润友复合材料有限公司
BE2019092	基于闲置计算资源的创新云计算服务共享平台	江苏冬云云计算股份有限公司
BE2019093	大面积石墨烯基超级电容器复合电极的真空压膜制备技术研发	江苏大学
BE2019094	CMOS-MEMS 型热电堆红外传感器关键材料及核心器件研发	江苏大学
BE2019095	微界面强化超低温超低压甲醇羰基化反应制醋酸关键核心技术研发	江苏索普（集团）有限公司
BE2019096	高性能连续碳纤增强热塑预浸带制备及车辆轻质结构件成型技术研究	江苏奇一科技有限公司
BE2019097	快速、大容量、高负荷智能储 / 分药成套装备与系统集成关键技术研究	江苏迅捷装具科技有限公司
BE2019098	光伏硅片切割废料精制再生高纯硅关键技术研发	江苏高照新能源发展有限公司
BE2019099	宇航用空间级硅橡胶面向高端民用的共性关键技术研发	江苏天辰新材料股份有限公司
BE2019100	基于人工智能的自适应高效长寿命混合储能关键技术	江苏为恒智能科技有限公司
BE2019101	面向智能感知技术的 VCSEL 芯片开发	华芯半导体科技有限公司
BE2019102	新型超滑抗菌硅胶导尿管关键技术及全自动组装设备研发	江苏伟康洁婧医疗器械股份有限公司
BE2019103	用于第三代半导体 GaN 和 Ga_2O_3 衬底的通用 HVPE 设备与外延技术研究	南京大学电子科学与工程学院
BE2019104	智能交通大数据分析技术及应用系统研发	南京大学计算机科学与技术系
BE2019105	面向软件众测服务的群智协同技术及典型应用	南京大学计算机科学与技术系
BE2019106	面向重点区域车路协同的路侧设备智能化关键技术与示范	东南大学
BE2019107	基于 BIM 和大数据的建筑结构安全与智慧诊断系统	东南大学
BE2019108	气体溶剂萃取回收含油污泥废油的关键技术研发与示范	东南大学
BE2019109	电力物联网边缘接入安全技术研究与应用	东南大学
BE2019110	基于大数据分析的在线旅游营销决策关键技术研发与应用	南京财经大学

续表

项目编号	项目名称	承担单位
BE2019111	芳纶基环氧树脂制备及应用性能研究	南京林业大学
BE2019112	基于深度学习的实木板材智能加工系统集成关键技术研发与应用	南京林业大学
BE2019113	电动汽车便携式 SiC 高效双向充电系统关键技术及应用	南京航空航天大学
BE2019114	抑制非线性效应的大功率光纤光栅先进制造工艺及装备制造技术	南京理工大学
BE2019115	低浓度 O_3 催化臭氧氧化资源化脱硫脱硝技术研发与应用	南京理工大学
BE2019116	面向 5G 毫米波通信的新型 GaN 基波束形成系统研发	南京理工大学
BE2019117	面向废液焚烧烟气净化的多功能膜材料制备与应用技术开发	南京工业大学
BE2019118	蜂窝状纳米稀土催化燃烧催化剂的制备与应用关键技术研究	南京工业大学
BE2019119	低成本钛合金短流程制备加工关键技术研究	南京工业大学
BE2019120	面向印刷柔性显示的关键材料与共性技术	南京邮电大学
BE2019121	建筑垃圾—淤泥在黑臭河道生态化改造工程中的联合应用研究	河海大学
BE2019122	磁悬浮轴承技术在人工心脏装置中的研究与应用	江苏省人民医院
BE2019123	海陆卫星通信网宽带系统研发及产业化	南京凯瑞得信息科技有限公司
BE2019124	“慧用电”互联网智慧能源运营系统研发	南京能迪电气技术有限公司
BE2019125	新能源汽车高效集成式能源管理核心模组	南京博兰得电子科技有限公司
BE2019126	氢气燃料电池用新型多孔碳膜材料及制备工艺研究	南京动量材料科技有限公司
BE2019127	缓控释仿创药技术平台建设	南京康川济医药科技有限公司
BE2019128	果蔬智能化联合干燥关键技术研究与设备	江苏楷益智能科技有限公司
BE2019129	一款通过导热油实现太阳能综合利用的新产品	无锡能量块高新科技有限公司
BE2019130	基于金属网格电容技术的大尺寸智能化触控产品的研发与产业化	无锡变格新材料科技有限公司
BE2019131	Telrobot 人工智能外呼 SAAS 平台	无锡数字匠心信息科技有限公司
BE2019132	锂电池用零毛刺微孔箔材关键制备技术及设备的研发	无锡臻致精工科技有限公司
BE2019133	I 类生物新药人源视网膜色素上皮细胞注射液的研发与产业化	江苏艾尔康生物医药科技有限公司
BE2019134	智伴机器人	无锡智伴物联网有限公司
BE2019135	城市污染源在线普查、联网监测和智能核算技术研发	徐州睿迈信息科技有限公司
BE2019136	基于高性能流体核心元件的高压水液系统研制及应用	赛腾机电科技（常州）有限公司
BE2019137	面向激光设备企业的生产实时大数据智能征信平台研发	常州天正工业发展股份有限公司

续表

项目编号	项目名称	承担单位
BE2019138	以降糖新药为龙头的创新药开发	盛世泰科生物医药技术（苏州）有限公司
BE2019139	CPS高效脱氨脱盐工业废水处理工艺及装备产业化	苏州依斯倍环保装备科技有限公司
BE2019140	新一代新能源车及轨道交通用高性能驱动电机	苏州英磁新能源科技有限公司
BE2019141	基于物联网技术的跨境智能云仓服务管理平台的研发及产业化	费舍尔物流科技（苏州）有限公司
BE2019142	机器人控制系统及机器人整机研发和产业化	苏州艾利特机器人有限公司
BE2019143	深度皮肤病智能识别项目	苏州深湖信息科技有限公司
BE2019144	医用全降解镁合金精密微型材及其创新医疗器械研发	苏州晶俊新材料科技有限公司
BE2019145	用于人体组织修复和器官再造的再生型植入性医疗器械的研发及产业化	诺一迈尔（苏州）医学科技有限公司
BE2019146	灾害救援用输电线路快速智能架设系统的研制及工程化	苏州鼎智瑞光智能科技有限公司
BE2019147	轻量化超高强度钢热冲压成型生产线的研发与产业化	苏州普热斯勒先进成型技术有限公司
BE2019148	掺稀土高功率光纤激光器光纤研发	江苏先品光子科技有限公司
BE2019149	柔性气凝胶纳米新材料研发及产业化	昆山达富久新材料科技有限公司
BE2019150	国际海洋环保装备制造及运营服务——易俐特船舶压载水处理系统研究	易俐特自动化技术股份有限公司
BE2019151	胶囊内镜智能诊断辅助系统	木星上行南通智能科技有限公司
BE2019152	40nm eMMC5.1 HC5001工规级存储主控芯片及应用存储解决方案	江苏华存电子科技有限公司
BE2019153	婴儿专用磁共振成像系统	江苏力磁医疗设备有限公司
BE2019154	基于橡胶构建柔性机器人触感皮肤	江苏申源新材料有限公司
BE2019155	智能医养康复护理平台	江苏恒爱医疗器械有限公司
BE2019156	治疗慢阻肺的1类新药研发及产业化	江苏长泰药业有限公司
BE2019157	固态多光谱CMOS图像传感器芯片	江苏集萃智能传感技术研究所有限公司
BE2019301	利用畜禽屠宰加工废弃物开发功能性氨基酸肥料的研究	南京宁粮生物工程有限公司
BE2019302	酱卤肉制品加工关键技术创新与产品开发	江苏雨润肉类产业集团有限公司
BE2019303	河蟹休闲食品冷杀菌及品质控制关键技术研究与应用	南京黄金甲农业科技有限公司
BE2019304	新型绿色噬菌体抗水禽致病菌制剂创制	南京新创享生物科技有限公司
BE2019305	高效大载荷植保无人飞机关键技术创新与装备研制	南京利剑无人机科技有限公司

续表

项目编号	项目名称	承担单位
BE2019306	南京白马国家农业科技园区智慧农业生产及信息化服务系统研制与集成示范	江苏中植生态农林科技集团股份有限公司
BE2019307	优质豇豆浅渍发酵后酸化控制关键技术研究及产品开发	南京脆而爽蔬菜食品有限公司
BE2019308	烧鸡加工关键技术研究与产品开发	南京黄教授食品科技有限公司
BE2019309	高品质净菜绿色生产关键技术研发	江南大学
BE2019310	高通量发酵生产及冻融联用异源蛋白共架制备技术在食用菌蛋白产品开发中的应用	江苏省苏微微生物研究有限公司
BE2019311	面向作物精准施肥的高精度传感器关键技术及智能微系统研究	东南大学无锡分校
BE2019312	水果脆片谱图立体化分选关键技术研究与应用	江苏派乐滋食品有限公司
BE2019313	稻茬麦绿色高效生产关键技术创新研发与集成示范	徐州佳禾农业科技有限公司
BE2019314	酱油酿造过程品质劣变控制技术研发	徐州市龙头山酿造有限公司
BE2019315	农林废弃生物质资源化利用关键技术研究及产品开发	江苏德鲁尼木业有限公司
BE2019316	食用金蝉与林木高效种养结合关键技术研究	徐州君晓生态农业科技有限公司
BE2019317	基于 LoRa 的智慧大棚物联网关键技术研究	江苏理工学院
BE2019318	智能化绿色增效水稻施药机研发	埃森农机常州有限公司
BE2019319	散粒状食品原料电热与干热空气协同杀菌技术与装备	江苏晨丰机电设备制造有限公司
BE2019320	新型立体复合栽培系统在茶树害虫生态控制中的应用	溧阳市玉莲生态农业开发有限公司
BE2019321	新型原香型纯天然油脂高值化提取工艺及关键设备研究	太仓市宝马油脂设备有限公司
BE2019322	基于人工智能的苏南特色蔬果园区智慧生产关键技术集成创新与示范	常熟市农业科技发展有限公司
BE2019323	冷库物流输送系统关键技术研发	江苏瑞雪海洋科技股份有限公司
BE2019324	鲜食玉米苞叶及加工蒸煮液高效利用关键技术研究与产品开发	江苏嘉安食品有限公司
BE2019325	长寿之乡特色银杏树贴栽铁皮石斛的技术创新与示范推广应用	如皋金阳现代农业发展有限公司
BE2019326	生物质厌氧发酵液与保温保湿措施联合控制温室土传病害的技术研发	如皋市现代农业机械有限公司
BE2019327	高品质天然肠衣保鲜及加工关键技术研究	如皋市永兴肠衣有限公司
BE2019328	即食型高水分调味紫菜保质加工关键技术研究与应用	南通丁布儿海苔食品有限公司
BE2019329	基于区块链的桑蚕特色产业园区智慧化生产服务关键技术研发及集成	海安鑫缘农业发展有限公司
BE2019330	葡萄优质安全生产与绿色高效栽培关键技术研究	江苏绿之邦生态庄园有限公司
BE2019331	健康安全型水产裹涂食品生产关键技术研发	连云港百鲜屋食品有限公司

续表

项目编号	项目名称	承担单位
BE2019332	江苏淮山药浅生高效绿色种植技术研究与应用	灌南耕雨生态农业有限公司
BE2019333	肉制品精深加工质量管控机器人装备及系统研发	连云港福润食品有限公司
BE2019334	机插稻漂浮清洁育秧关键技术创新与示范应用	江苏徐淮地区淮阴农业科学研究所
BE2019335	高纤藕汁超高压加工关键技术与产品创制	江苏金生缘食品科技有限公司
BE2019336	方便美味熟食河蟹冷冻保鲜关键技术研究与应用	江苏宝龙集团有限公司
BE2019337	设施茄果类蔬菜智能机械化精细生产技术与装备研发	江苏华粮机械有限公司
BE2019338	设施蔬菜土传病害全程生物防控关键技术研发	江苏里下河地区农业科学研究所
BE2019339	优良食味粳稻广谱抗稻瘟病纹枯病精准育种技术及材料创新	扬州大学
BE2019340	十字花科蔬菜害虫高效绿色防控关键技术研究——以细胞膜为靶标的新型杀虫剂 PPTE 的分子设计与应用	扬州大学
BE2019341	优质抗病东串猪新品系及“苏扬黑猪”新品种选育	扬州大学
BE2019342	中高端优质抗稻瘟病软米粳稻新品种选育	扬州大学
BE2019343	稻麦周年优质丰产绿色高效技术集成创新与示范	扬州大学
BE2019344	猪精确育种技术创新及抗病毒性腹泻育种新材料创制	扬州大学
BE2019345	基于超声气力与机器人技术的设施瓜果蔬菜病虫害绿色高效智能防控关键技术研究	扬州市蒋王都市农业观光园有限公司
BE2019346	移动式田间秸秆收集粉碎制粒一体化装备设计与研发	江苏奥莱佳能源有限公司
BE2019347	基于养分管理的“鹅—沼—牧草”新型种养结合关键技术研究	江苏省家禽科学研究所
BE2019348	设施果蔬钵苗高速移栽关键技术与新装备开发	江苏亿科农业装备有限公司
BE2019349	面向产业链融合的淡水虾精深加工技术与产品开发	高邮市元鑫冷冻有限公司
BE2019350	“一稻三虾”种养模式下水稻病虫草害绿色防控关键技术研究	扬州市龙道生态农业有限公司
BE2019351	基于真空减压技术腌制风味咸蛋及自动化系统设备开发	高邮市红心旺食品有限公司
BE2019352	应用基因组选择技术选育罗氏沼虾耐寒新品系	江苏数丰水产种业有限公司
BE2019353	兼用型鸡配套新品系的选育	江苏省家禽科学研究所科技创新中心
BE2019354	全麦粉的智能化（精深）加工关键装备研制	扬州科润德机械有限公司
BE2019355	基于黄浆水循环利用的淮扬干丝生物凝固及保鲜关键技术研究与新产品开发	扬州市港湾农业发展有限公司
BE2019356	新型安全高效生物杀菌剂 7.5% 茶黄素的创制	镇江市润宇生物科技开发有限公司
BE2019357	温室蔬菜秸秆切碎除虫深还田机械化作业模式及其配套装备研发	镇江金花农业科技发展有限公司

续表

项目编号	项目名称	承担单位
BE2019358	微流场酶法加工蚕蛹精准制造活性肽和结构脂关键技术	中国农业科学院蚕业研究所附属蚕药厂
BE2019359	马铃薯品质劣变控制技术研发	镇江恒伟供应链管理股份有限公司
BE2019360	履带自走式芦苇收获捆扎一体机关键技术研究	江苏沃得农业机械有限公司
BE2019361	长江刀鲚绿色养殖与浮床薄荷耦合的立体种养关键技术研究	镇江江之源旅游发展有限公司
BE2019362	中式烹饪蟹类调理食品流通货架期寿命控制技术研究	泰州市爬强头蟹电子商务有限公司
BE2019363	支链脂肪酸 β- 谷甾醇酯关键技术研究及产品开发	江苏科鼐生物制品有限公司
BE2019364	麦麸基冷冻面团调质剂生产关键技术与产品开发	江苏宇宸面粉有限公司
BE2019365	苏云金杆菌水分散粒剂助剂的研发与应用	江苏凯元科技有限公司
BE2019366	香葱绿色节能脱水加工关键技术集成创新与示范	江苏兴野食品有限公司
BE2019367	西兰花芽苗叶黄素富集关键技术研究与产品开发	兴化市东奥食品有限公司
BE2019368	蔬菜真空低温干燥保形保色脱水关键技术及装备研发	兴化市嘉禾食品有限公司
BE2019369	非氢化零反式低饱和脂肪酸健康烘焙油脂加工关键技术研究	趣园食品股份有限公司
BE2019370	葡萄新品种优质高效栽培技术开发	江苏润易农业科技有限公司
BE2019371	规模化种植下桃优良品种和主推技术的匹配与熟化研究	宿迁汇源桃花溪田生态农业发展有限公司
BE2019372	食用菌菌渣资源化利用关键技术研究	江苏华绿生物科技股份有限公司
BE2019373	编辑 MSTN 基因创制优质肉用湖羊新种质的研究	江苏省农业科学院
BE2019374	基于根际微生物调控的梨绿色高效生产关键技术研究	江苏省农业科学院
BE2019375	优良食味氮高效绿色粳稻新品种选育	江苏省农业科学院
BE2019376	适合机械化作业的优质大豆新品种选育	江苏省农业科学院
BE2019377	稻麦周年绿色高效生产技术集成创新与示范	江苏省农业科学院
BE2019378	高标准农田地力提升与资源安全高效利用关键技术集成与示范	江苏省农业科学院
BE2019379	适合机械化作业的优质高抗茶树新品种选育	南京农业大学
BE2019380	水稻抗稻飞虱及其传播病毒病精准育种技术创新与应用	南京农业大学
BE2019381	基于企业化运营的高校智慧农业技术服务平台集成创新和示范	南京农业大学
BE2019382	畜禽精准养殖信息感知关键技术与智慧管理大数据平台研究与示范	南京农业大学
BE2019383	稻麦作物表型高通量获取技术和系统研发	南京农业大学
BE2019384	‘苏白菊’氮素减施增效关键技术研究	南京农业大学

续表

项目编号	项目名称	承担单位
BE2019385	高黄酮含量桑黄的精准栽培调控技术的研究与集成	南京农业大学
BE2019386	高标准农田地力提升与资源安全高效利用关键技术集成与示范	南京农业大学
BE2019387	基于三基遥感的稻纵卷叶螟危害监测预警及水稻产量损失评估	南京信息工程大学
BE2019388	多功能树种青钱柳新品种选育及定向培育技术体系构建	南京林业大学
BE2019389	多色系、多时令观果海棠序列化新品种选育	南京林业大学
BE2019390	设施果蔬真菌病害高效拮抗菌剂 S. lydicus M01 的研发和应用	南京工业大学
BE2019391	环境友好型高载控释农药制剂创新制备技术与示范推广	南京师范大学
BE2019392	种植过程中微污染稻田土壤重金属联合修复技术研究	河海大学
BE2019393	河蟹规模化绿色养殖及质控技术集成创新与示范	江苏省淡水水产研究所
BE2019394	设施蔬菜秸秆原位还田肥料化利用关键技术研究与示范	江苏省耕地质量与农业环境保护站
BE2019395	江苏水稻绿色生产及精深加工技术集成创新与示范应用	江苏省农垦米业集团有限公司
BE2019396	水稻主要病虫害绿色防控技术研究与创新应用	江苏省农垦农业发展股份有限公司
BE2019397	薄壳山核桃绿色高效复合栽培技术研究	江苏省林业科学研究院
BE2019398	大棚蔬菜土传病害绿色防控技术研发	中国科学院南京土壤研究所
BE2019399	蓝莓基质高效栽培关键技术研发与示范	江苏省中科院植物研究所
BE2019400	优质抗病鲜食玉米新品种——“苹甜糯 608”和“苹甜 618”的选育与推广	南京绿领种业有限公司
BE2019401	高产优质多抗大豆新品种“徐豆 24”选育与应用	江苏徐淮地区徐州农业科学研究所
BE2019402	优质特色花生新品种“徐花 19 号”选育与应用	江苏徐淮地区徐州农业科学研究所
BE2019403	早熟优质特色紫甘薯品种徐紫薯 8 号选育及应用	江苏徐淮地区徐州农业科学研究所
BE2019404	辣椒新品种苏润一号示范推广	江苏苏润种业有限公司
BE2019405	优质高产夏大豆新品种通豆 12 选育与应用	江苏沿江地区农业科学研究所
BE2019406	国审甜糯玉米新品种苏玉糯 1508、苏玉糯 602 选育与应用	江苏沿江地区农业科学研究所
BE2019407	优质抗病薄皮甜瓜新品种“通翠 1 号”选育与应用	江苏沿江地区农业科学研究所
BE2019408	优质抗病甘蓝新品种延春和春秋获二号的选育及示范推广	南通中江农业发展有限公司
BE2019409	高产优质多抗啤酒大麦新品种“港啤 3 号”选育与应用	连云港市农业科学院
BE2019410	苏绿 9 号高产高效栽培技术示范推广	灌云县嘉祥农业开发有限公司
BE2019411	优质鲜食夏大豆新品种淮鲜豆 6 号选育与应用	江苏徐淮地区淮阴农业科学研究所

续表

项目编号	项目名称	承担单位
BE2019412	设施专用西瓜新品种“苏梦 7 号”“苏创 4 号”选育	江苏徐淮地区淮阴农业科学研究所
BE2019413	早熟优质高产多抗棉花新品种苏棉 30 的示范推广	江苏沿海地区农业科学研究所
BE2019414	设施优质牛角形辣椒新品种“扬椒 2 号”	江苏里下河地区农业科学研究所
BE2019415	适合机械化油菜新品种“扬油 9 号”	江苏里下河地区农业科学研究所
BE2019416	优质鲜食玉米新品种——“晶甜 7 号”和“晶甜 9 号”的选育及推广	江苏润扬种业股份有限公司
BE2019417	优质晚熟耐寒甘蓝新品种瑞甘 37 选育及应用	江苏丘陵地区镇江农业科学研究所
BE2019418	优质、抗病早熟圆球甘蓝新品种瑞甘 55	江苏丘陵地区镇江农业科学研究所
BE2019419	优良辣椒新品种“镇研翠丰”和“镇研 958 三号”的选育与推广	镇江市镇研种业有限公司
BE2019420	优质耐贮运西瓜新品种“迁丽 1 号”的选育	宿迁市农业科学研究院
BE2019421	早熟高产广适宜机收玉米新品种苏玉 44 的选育与应用	宿迁中江种业有限公司
BE2019422	优质、耐寒越冬甘蓝新品种“苏甘 27”	江苏省农业科学院
BE2019423	杜鹃花新品种“樱歌”选育与推广应用	江苏省农业科学院
BE2019424	托桂型切花小菊新品种“南农粉翠”	南京农业大学
BE2019425	菜用大豆新品种苏鲜豆 23 及配套高产绿色轻简化栽培技术中试与示范	南京农业大学
BE2019426	“关中”狗牙根新品种选育及其示范应用	江苏省中科院植物研究所
BE2019601	基于配子的 SNP haplotyping 技术在 PGT 中的临床应用	南京大学医学院附属鼓楼医院
BE2019602	优化的 MSC 外泌体治疗心肌缺血再灌注损伤的基础和临床前研究	南京大学医学院附属鼓楼医院
BE2019603	早期肺癌外泌体相关适配体筛选及超灵敏检测技术研究	南京大学医学院附属鼓楼医院
BE2019604	人工智能设计 3D 打印辅助治疗复杂主动脉疾病的临床研究	南京大学医学院附属鼓楼医院
BE2019605	高效治疗 NY-ESO-1 阳性实体肿瘤的 TCR-T 新技术的建立	南京大学医学院附属鼓楼医院
BE2019606	阴茎神经电生理技术在早泄诊治中的应用价值研究	南京大学医学院附属鼓楼医院
BE2019607	中性粒细胞影响肺炎支原体肺炎预后的临床和基础研究	南京医科大学附属儿童医院
BE2019608	具有可控制长骨纵向生长特性的 3D 生物打印骺板软骨修复材料的研发与临床使用	南京医科大学附属儿童医院
BE2019609	全国多中心非自杀性自伤行为的现状调查、发病机制及干预研究	南京医科大学附属脑科医院
BE2019610	基于阴性症状两因子理论构建精神分裂症功能结局的机器学习预测模型	南京医科大学附属脑科医院

续表

项目编号	项目名称	承担单位
BE2019611	江苏省帕金森病前驱期队列的建立和早期综合诊断指标体系的研发	南京医科大学附属脑科医院
BE2019612	智能影像技术用于面部运动障碍诊断和精准治疗的研究	南京医科大学附属脑科医院
BE2019613	文物受城市轨道交通振动影响及保护方法研究	南京工大桥隧与轨道交通研究院有限公司
BE2019614	幽门螺杆菌感染个体化诊疗及胃癌精准防治体系的构建	南京市第一医院
BE2019615	腔内影像学关键技术在 DK crush 治疗冠状动脉复杂分叉病变中的应用及其转化研究	南京市第一医院
BE2019616	比较血管内超声指导和冠脉造影指导药物涂层球囊治疗伴高出血风险的冠心病患者：前瞻性、多中心、随机研究	南京市第一医院
BE2019617	Toll 样受体激动剂在卵巢癌分子靶向精准诊治中的技术开发与应用研究	南京市第一医院
BE2019618	基于 VTA 多巴胺神经元 BDNF-TrkB 通路研究中药复方 511 干预阿片成瘾分子机制	南京市中医院
BE2019619	脂肪干细胞分泌肽用于瘢痕防治的应用基础研究	南京医科大学附属妇产医院
BE2019620	手机拍照结合临床风险评估模型预警新生儿高胆红素血症的关键技术研发及应用研究	南京医科大学附属妇产医院
BE2019621	内源性多肽调节卵巢癌顺铂敏感性的作用与机制研究	南京医科大学附属妇产医院
BE2019622	基于 3D 打印的聚醚醚酮新型口腔修复材料与技术研究	南京市口腔医院
BE2019623	可个性化引导牙周骨组织再生的钛网加强型氟磷灰石结晶修饰的聚己内酯纳米纤维支架的研发	南京市口腔医院
BE2019624	土壤地下水一体化风险防控与绿色修复关键技术集成科技示范	江苏环保产业技术研究院股份公司
BE2019625	裂谷热基因工程疫苗研究	中科院上海巴斯德研究所麒麟创新研究院
BE2019626	黑曲霉高表达系统构建及在酶的产业化中的应用	南京百斯杰生物工程有限公司
BE2019627	光－臭氧催化净化藻泥干化废气集成技术应用研究及示范	江南大学
BE2019628	发酵法高效制备 N－乙酰神经氨酸的关键技术	江南大学
BE2019629	酮糖 3－差向异构酶的分子改造与高效发酵生产	江南大学
BE2019630	糖胺聚糖透明质酸和软骨素的可控分子量发酵生产技术	江南大学
BE2019631	基于机器学习的头颈部 MR 成像直接应用于放射治疗计划制定的研究与实证	江南大学附属医院（无锡市第四人民医院）
BE2019632	肿瘤靶向外泌体关键技术体系的建立及其转化研究	江南大学附属医院（无锡市第四人民医院）
BE2019633	金蝉花代谢活性物多球壳菌素抗真菌鞘脂分子机制与结构优化新药的研发	无锡市第二人民医院
BE2019634	废旧动力锂离子电池资源化回收与利用关键技术应用研究	江苏华宏科技股份有限公司

续表

项目编号	项目名称	承担单位
BE2019635	垃圾渗滤液膜浓缩液臭氧催化氧化耦合高效耐盐菌脱氮处理技术研发与示范	徐州市市政设计院有限公司
BE2019636	基于 AMPK/TET2/ ERα 轴的二甲双胍防治子宫内膜异常增生的分子机制研究	徐州市中心医院
BE2019637	基于 NYZL1-FITC 靶向荧光分子探针在激光共聚焦显微内镜下的膀胱肿瘤分子影像可视化研究	徐州市中心医院
BE2019638	人源化抗 LMP1 和 CD30 特异双靶 CAR-T 细胞治疗 EBV 相关的复发 / 难治性 CD30 阳性淋巴瘤的研究	徐州医科大学附属医院
BE2019639	负荷超声 RT-MCE 及 LS2D-STE 结合 CMR 评估 ACS 患者微循环应用价值	徐州医科大学附属医院
BE2019640	癫痫类药物治疗药物监测技术的构建及其在个体化治疗中的应用	徐州医科大学科技园发展有限公司
BE2019641	工业难密封环节烟尘软密封控制技术	中国矿业大学
BE2019642	TRC/ECC 模板 FRP 筋海砂混凝土结构关键技术研究	中国矿业大学
BE2019643	负载 PEDF 衍生功能小肽聚合物纳米粒子的构建及其对心肌梗死的防治作用	徐州医科大学
BE2019644	靶向 HBV 治疗肝癌的 CAR-T 开发及临床前研究	徐州医科大学
BE2019645	肿瘤抑制基因的甲基化信息在纸芯片传感界面上的信号识别与医学应用	江苏师范大学
BE2019646	餐厨残渣资源化利用（蝇蛆养殖）关键技术研究与工程示范	常州市生活废弃物处理中心
BE2019647	智能制造实时监控下产线控制交互界面视觉信息可视化方法及产业化	河海大学常州校区
BE2019648	面向注塑加工的智能产线安全控制关键技术研究与应用	河海大学常州校区
BE2019649	新能源汽车核心焊接件智能超声检测关键技术研究	河海大学常州校区
BE2019650	基于药物大数据与 AI 技术的 MIF 抑制剂精准设计及其在脑卒中的神经保护作用研究	江苏理工学院
BE2019651	抗 CD40 突变体单抗联合 β- 葡聚糖在树突状细胞对乳腺癌免疫治疗的临床转化研究	常州市第二人民医院
BE2019652	靶向 linc 00682 治疗胶质瘤的机制研究	常州市第二人民医院
BE2019653	骨靶向性凝胶缓释系统的构建和抗骨质疏松作用验证	常州市中医医院
BE2019654	面向能源互联的智慧城市供热系统运行调度关键技术研究	常州英集动力科技有限公司
BE2019655	变异型急性早幼粒细胞白血病精准诊断与治疗技术	江苏省血液研究所
BE2019656	建立早期预警、诊断、治疗移植后排异和感染的诊治及应用推广体系	江苏省血液研究所
BE2019657	新型抗肿瘤靶标 SRSF 3 的鉴定及其小分子抑制剂的开发	苏州大学
BE2019658	肿瘤微环境多指标影像与乳腺癌精准免疫治疗	苏州大学

续表

项目编号	项目名称	承担单位
BE2019659	水体中低浓度持久性有机污染物 POPs 的高效消除新技术研究	苏州大学
BE2019660	多模态诊疗一体化超小纳米影像探针	苏州大学
BE2019661	“降铁方法”防治 I 型骨质疏松症的临床应用及相关机理研究	苏州大学附属第二医院
BE2019662	脊柱脊髓损伤智能微创手术诊疗规范及精准数字化数据共享平台构建	苏州大学附属第二医院
BE2019663	TWEAK 调控胆固醇介导的免疫炎症反应在狼疮肾炎发病机制中的作用及临床应用研究	苏州大学附属第二医院
BE2019664	循环外泌体中特异性标志物检测为基础的多发性骨髓瘤精准诊治体系的建立	苏州大学附属第二医院
BE2019665	腹腔镜微创手术辅助机器人系统的研制与临床应用	苏州大学附属第一医院
BE2019666	视神经脊髓炎谱系病疾病队列的建立及其在精准化诊疗中的应用	苏州大学附属第一医院
BE2019667	消化道黏膜下肿瘤内镜诊治体系的建立及关键技术的优化	苏州大学附属第一医院
BE2019668	双功能仿生多肽表面改性促进钛基植入物骨整合 / 抗感染的应用研究	苏州大学附属第一医院
BE2019669	新型激光共聚焦脊柱内镜在脊柱肿瘤病变诊疗中的作用	苏州大学附属第一医院
BE2019670	感音神经性聋人工听觉植入后真实情境言语感知的技术研究	苏州大学附属第一医院
BE2019671	儿童重症肺炎支原体肺炎规范化诊断和个体化治疗研究	苏州大学附属儿童医院
BE2019672	亲缘 HLA 半相合 DLL4 树突状细胞治疗儿童急性髓细胞性白血病的基础与应用性研究	苏州大学附属儿童医院
BE2019673	结核分枝杆菌耐药性检测自动化平台的开发与应用	苏州市第五人民医院
BE2019674	基于医疗物联网和肺康复的社区慢性阻塞性肺疾病综合干预技术体系的科技示范	苏州市疾病预防控制中心
BE2019675	抑郁症规范化治疗下个体效应的影像学预测技术的研究	东南大学苏州研究院
BE2019676	高脂饮食激活 NLRP3 炎症小体促进哮喘激素抵抗的研究	南京大学（苏州）高新技术研究院
BE2019677	基于大数据的生物医药创新资源协同运营平台科技示范	苏州工业园区产业创新中心
BE2019678	膜分离油田回注水处理技术研究及装置研发	中国科学院苏州纳米技术与纳米仿生研究所
BE2019679	3D 打印“活性骨”先进功能材料关键技术研发与临床医用	东南大学苏州医疗器械研究院
BE2019680	汽爆－化学氧化耦合修复工艺用于有机污染物土壤修复技术研究	清华苏州环境创新研究院
BE2019681	基于 3D 打印技术研发可控降解人工骨再生长段骨	陶合体科技（苏州）有限责任公司
BE2019682	视网膜血管性病变的无创评价方法与光学多模态成像技术研究	中国科学院苏州生物医学工程技术研究所

续表

项目编号	项目名称	承担单位
BE2019683	孕妇外周血中胎儿有核红细胞自动精准提取系统的研制及临床应用研究	中国科学院苏州生物医学工程技术研究所
BE2019684	心脑血管疾病多因素一体化诊断评估关键技术研究	中国科学院苏州生物医学工程技术研究所
BE2019685	零排放多功能新型纱线连续涂料染色关键技术应用研究及示范	张家港三得利染整科技有限公司
BE2019686	近建筑轨道交通防眩光高隔音安全保障关键技术研究与产品开发	常熟市江威真空玻璃有限公司
BE2019687	新型3D介孔重金属吸附材料的制备	华东理工常熟研究院有限公司
BE2019688	基于生物信息系统热力学的无创DNA甲基化检测在结直肠癌精准诊断上的应用	浙江大学昆山创新中心
BE2019689	全人源化抗体药物研发的关键小鼠模型的制备	赛业（苏州）生物科技有限公司
BE2019690	“红细胞包载胰岛素－智能释放”关键技术应用于糖尿病患者的康复和治疗	南通大学
BE2019691	循环circRNAs检测在肝细胞肝癌精准诊疗中的应用研究	南通大学附属医院
BE2019692	胰腺癌特异exosome蛋白组型诊断价值及exosome释放控制的治疗作用研究	南通大学附属医院
BE2019693	基于“Immune-exclude”概念构建的智能型靶向纳米递药系统在胃癌中应用及机制研究	连云港市第一人民医院
BE2019694	基于孕产妇信息系统构建儿童哮喘早期预警模型（CAMP）	连云港市妇幼保健院
BE2019695	快速限制性核酸内切酶的新型生产工艺开发	莫纳（连云港）生物科技有限公司
BE2019696	生物“加速器”－水解酸化耦合强化偶氮染料废水脱毒增效技术与装备	盐城工学院
BE2019697	页岩气高效增产同步回转气举关键装备研发	江苏丰泰流体机械科技有限公司
BE2019698	自然人群胃癌风险评估与精准筛查的关键技术研究	扬州大学附属医院
BE2019699	基于大比例RAP厂拌热再生技术的石化制品制造及应用	镇江越辉市政工程有限公司
BE2019700	基于CRM基础上的促心肌细胞再生靶点的筛选及在心脏疾病综合防治中的策略研究	江苏大学
BE2019701	垃圾焚烧飞灰低能耗低排放的净化新技术	南京师范大学镇江创新发展研究院
BE2019702	新型疫苗科技成果转化与产业化标准示范	江苏华泰疫苗工程技术研究有限公司
BE2019703	基于解剖学和数字骨科学的载距突精准置钉关键技术	南京鼓楼医院集团宿迁市人民医院
BE2019704	大气污染源高分辨率实时精准溯源关键技术研究与集成示范	南京大学

续表

项目编号	项目名称	承担单位
BE2019705	基于渗透变形理论的南京地区山前缓坡滑坡形成及预警预报技术研究	南京大学
BE2019706	间充质干细胞通过调控髓系免疫细胞炎症参与子宫内膜重建的新技术研发	南京大学
BE2019707	精神分裂症动物模型的快速构建和精准治疗的研究	南京大学
BE2019708	长江（江苏段）沿江城市群生态承载力动态演变及化工废水毒性减排关键技术研究与科技示范	南京大学环境学院
BE2019709	噬菌微生物对 MBR 系统污泥原位减量与膜污染控制的耦合调控应用研究	东南大学
BE2019710	基于人工智能的早期食管鳞癌筛查和临床辅助诊断体系构建及关键技术研究	东南大学
BE2019711	通过基因治疗促进内耳干细胞再生听觉毛细胞重建听觉功能的研究	东南大学
BE2019712	基于深度学习的人工智能膜性肾病病理诊断系统的建立和应用研究	东南大学
BE2019713	城市重大活动交通运行的公共安全事件风险辨识与防控	东南大学
BE2019714	基于动机干预技术的社区慢性病立体化综合防治模式的研究	东南大学
BE2019715	神经退行性疾病的生物标志物的可视化检测技术	东南大学
BE2019716	基于原位自组装“磁探针”效应和纳米消融的恶性肿瘤早期精准诊疗新技术研发及应用	东南大学
BE2019717	面向制药工业的功能型手性拆分膜拆分机制的研究及成套分离装备的开发应用	中国药科大学
BE2019718	CRISPR/Cas 9 调节的 PD-1 体外敲除联合 MUC1、PSCA CAR-T 技术治疗晚期非	中国人民解放军东部战区总医院
BE2019719	基于多组学技术支撑 zPDX 模型的晚期非小细胞肺癌精准诊疗新平台的建立及推广应用	中国人民解放军东部战区总医院
BE2019720	分泌性白细胞蛋白酶抑制体（SLPI）调控线粒体功能参与糖尿病肾病发生发展的机制和应用研究	中国人民解放军东部战区总医院
BE2019721	基于膜技术的水飞蓟药材资源化综合利用关键技术研究	南京中医药大学
BE2019722	药用菊花生产过程固体废弃物资源化利用关键技术研究	南京中医药大学
BE2019723	基于智能技术支持的国医大师周仲瑛辨治重大疾病经验学习决策支持系统的构建及应用	南京中医药大学
BE2019724	基于柔性驱动的家用下肢康复机器人关键技术及应用研究	南京工程学院
BE2019725	基于脉搏波信息的心血管疾病无创检测技术研究	南京信息工程大学
BE2019726	高硅铝合金喷射成形过喷粉末安全回收及增值利用关键技术研究	南京航空航天大学
BE2019727	核电厂近岸海域放射性污染在线监测预警关键技术研发及示范应用	南京航空航天大学

续表

项目编号	项目名称	承担单位
BE2019728	抗菌性钛种植体表面载锌微纳米结构的优化构建及其应用基础研究	江苏省口腔医院
BE2019729	PM 2.5 暴露诱发儿童哮喘健康风险评估关键技术研究	南京医科大学
BE2019730	拟人化心血管代谢病仓鼠模型的研发及应用研究	南京医科大学
BE2019731	基于乳腺癌患者外泌体中关键耐药分子标志物的新型诊疗技术研究	南京医科大学
BE2019732	石墨烯联合臭氧激活 AMPK 主动退炎镇痛促修复的机制研究及应用探索	南京医科大学附属逸夫医院
BE2019733	痕量爆炸物高灵敏检测 MOF 光波导仪关键技术研究	南京理工大学
BE2019734	基于磁性气凝胶载阿霉素造影剂的肿瘤诊疗技术研究	南京工业大学
BE2019735	工业废盐安全化处置与资源化利用关键技术应用研究	南京工业大学
BE2019736	仿生 3D 打印骨组织工程支架的研发与临床应用研究	南京工业大学
BE2019737	基于精液代谢组学和病理调控机制的弱精子症临床诊疗新技术研究	南京工业大学
BE2019738	基于生物智能可降解材料的肿瘤精准医疗	南京工业大学
BE2019739	基于多无人机自组织感知和视频深度挖掘的露天安全生产监控系统研发及应用示范	南京邮电大学
BE2019740	基于云平台管理的糖尿病患者康复关键技术应用研究	南京邮电大学
BE2019741	面向军民融合公共安全应用的硅基单光子激光雷达探测器关键技术研究	南京邮电大学
BE2019742	面向智慧健康的中药药事认知服务平台关键技术应用研究	南京邮电大学
BE2019743	新型高效可见光光催化膜水处理反应器的研发及其在典型 PPCPs 去除中的应用	南京师范大学
BE2019744	基于纳米马达技术构建新型药物涂层球囊及其应用研究	南京师范大学
BE2019745	备战 2022 年冬残奥我国残奥冰球项目选材标准研究	南京体育学院
BE2019746	基于健康生态学和医联体平台的慢性心力衰竭健康管理模式的研究和示范应用	东南大学附属中大医院
BE2019747	新型肝癌标志物 BRIX1 的临床应用研究	东南大学附属中大医院
BE2019748	基于影像蛋白组学的抑郁症客观诊断及早期疗效预测平台的建设	东南大学附属中大医院
BE2019749	急性呼吸窘迫综合征精准化治疗体系的建立及推广	东南大学附属中大医院
BE2019750	内照射粒子支架置入联合肝动脉化疗栓塞术治疗原发性肝癌合并门静脉癌栓	东南大学附属中大医院
BE2019751	建立基因和磁共振组学联合预测模型预警高危前列腺癌盆腔淋巴结转移	东南大学附属中大医院
BE2019752	小分子肽 PDRL23A 治疗缺血性心脏病的临床转化研究	江苏省人民医院
BE2019753	基于内镜与纳米光动力联合治疗技术的胃肠神经内分泌肿瘤综合诊治体系的构建	江苏省人民医院

续表

项目编号	项目名称	承担单位
BE2019754	ACS合并房颤患者新一代DES植入后优化抗栓治疗的多中心临床研究	江苏省人民医院
BE2019755	输血传播寄生虫新型可视化检测技术平台的建立与应用评价	江苏省血液中心
BE2019756	鼻咽癌精准诊疗新技术研发及其临床转化	江苏省肿瘤防治研究所
BE2019757	基于大数据的肿瘤居家患者“互联网+护理服务”体系的构建	江苏省肿瘤防治研究所
BE2019758	RHOV调控非编码RNA介导非小细胞肺癌转移的机制研究	江苏省肿瘤防治研究所
BE2019759	肠道菌群及其代谢产物在胰腺癌化疗中的价值及应用探索	南京医科大学第二附属医院
BE2019760	非小细胞肺癌个体化诊治新靶标circRNA筛选及临床应用	南京医科大学第二附属医院
BE2019761	基于离心力微流控芯片的重要境外输入性传染病核酸即时检测技术及应用	江苏省公共卫生研究院
BE2019762	江苏警务云安全防护关键技术研究与科技示范	江苏省公安科学技术研究所
BE2019763	多分子靶点粪便DNA甲基化试剂盒建立及其在大肠癌早期诊断中应用的多中心临床研究	江苏省第二中医院
BE2019764	重症患者超声量化针灸电刺激强度联合补中益气汤防治获得性衰弱临床研究	江苏省中医药研究院
BE2019765	经皮内窥镜下颈椎纤维环修复及椎间融合技术研究	江苏省中医药研究院
BE2019766	基于代谢组学策略研究卵巢功能减退的诊断及补肾法疗效评价关键技术	江苏省中医药研究院
BE2019767	益气温经方预防奥沙利铂外周神经毒性的多中心、随机、双盲、安慰剂对照Ⅲ期临床研究	江苏省中医药研究院
BE2019768	基于放疗敏感性预测新靶标circRNA的筛选应用构建局部进展期直肠癌精准化新辅助放疗模式的研究	南京中医药大学附属医院
BE2019769	基于肠道微生态多组学技术的溃疡性结肠炎中医精准辨证及治疗方案研究	南京中医药大学附属医院
BE2019770	基于名老中医诊治不孕症、慢性肾功能不全、冠心病经验传承的临床辅助决策系统研究	南京中医药大学附属医院
BE2019771	中医药调节免疫抑制性细胞群以延长晚期胃癌患者生存期的临床研究	南京中医药大学附属医院
BE2019772	苏南丘陵山区新型彩色树种生物防火林带构建技术研究与示范	江苏省林业科学研究院
BE2019773	江苏特色田园乡村绿色发展及生态宜居关键技术研发与科技示范	中国科学院南京地理与湖泊研究所
BE2019774	太湖藻总量对流域土地利用变化的响应机制	中国科学院南京地理与湖泊研究所
BE2019775	大数据技术结合线下服务在生物医药投融资领域的应用科技示范	江苏高科技投资集团有限公司
BE2019776	基于江苏地矿云的成矿预测关键技术研究和应用	江苏省地质勘查技术院

续表

项目编号	项目名称	承担单位
BE2019777	新型第三代抗 EGFR-T790M 突变型非小细胞肺癌新药 SH-1028 的研究	南京圣和药业股份有限公司
BE2019778	仿制药厄贝沙坦氢氯噻嗪片质量和疗效一致性评价	南京正大天晴制药有限公司
BE2019779	1 类降血脂新药 SIPI-7623(FXR 拮抗剂）的临床研究	南京柯菲平医药科技有限公司
BE2019780	基于支架技术的脑神经血管取栓装置的创新与产业化	江苏尼科医疗器械有限公司
BE2019781	IGPS 图像引导放疗定位系统	江苏瑞尔医疗科技有限公司
BE2019782	新型多靶点抗精神分裂症 I 类新药 D20140305-1 盐酸盐及片的开发	江苏恩华药业股份有限公司
BE2019783	利培酮片（思利舒）一致性评价	江苏恩华药业股份有限公司
BE2019784	格列美脲片一致性评价	江苏万邦生化医药集团有限责任公司
BE2019785	新型微创脊柱融合内固定器具的研发	常州集硕医疗器械有限公司
BE2019786	卡托普利片药品质量与疗效一致性评价研究	常州制药厂有限公司
BE2019787	新型治疗雄激素性秃发 1 类新药福瑞他恩（KX-826）的临床前研究	苏州开禧医药有限公司
BE2019788	半自动体外除颤器	久心医疗科技（苏州）有限公司
BE2019789	甲型 / 乙型流感病毒 RNA 检测试剂盒的研发与产业化	苏州天隆生物科技有限公司
BE2019790	国际原创新靶点抗肿瘤药物 APG-115 临床前开发及获批临床	苏州亚盛药业有限公司
BE2019791	ADG106 治疗晚期复发转移和难治性实体瘤的临床研究	天演药业（苏州）有限公司
BE2019792	AE120 全自动化学发光免疫分析仪	苏州长光华医生物医学工程有限公司
BE2019793	1 类抗肿瘤新药奥卡替尼的研究开发	苏州泽璟生物制药股份有限公司
BE2019794	盐酸二甲双胍缓释片与原研格华止缓释片质量和疗效一致性研究	江苏德源药业股份有限公司
BE2019795	治疗糖尿病 1 类新药 DPP-4 抑制剂 TQ05510 的研发	连云港润众制药有限公司
BE2019796	儿童手足口病治疗 1.1 类创新药物 KY0467 的临床前研究	江苏康缘药业股份有限公司
BE2019797	I 类靶向抗肿瘤新药 FGFR 抑制剂 EOC317 的研究开发	泰州亿腾景昂药业有限公司

2019 年度江苏省政策引导类计划项目

项目编号	项目名称	承担单位
BR2019001	高校院所科技成果转化与收益分配管理机制研究	金陵科技学院
BR2019002	民营科技型中小微企业融资路径研究	江苏银行股份有限公司
BR2019003	我省机构“三定”规定构成要素之间关系的研究（基于互联网 + 在线系统的构建）	南京控维通信科技有限公司

续表

项目编号	项目名称	承担单位
BR2019004	江苏高新技术产业量质提升路径及实证研究	无锡太湖学院
BR2019005	江苏参与“一带一路”创新投资合作、效率评价与提升路径——以先进制造业为例	江南大学
BR2019006	众创空间运行绩效及发展研究——基于无锡市的调查	无锡科技职业学院
BR2019007	江苏省半导体产业发展分析与对策研究	中国电子科技集团公司第五十八研究所
BR2019008	民营科技型企业融资路径研究——基于江苏省宜兴市的调研	徐州医科大学
BR2019009	江苏高校技术转移营商环境评估及宏微观治理机制研究	中国矿业大学
BR2019010	江苏高校科技人才企业创新实践影响因素与政策优化	中国矿业大学
BR2019011	江苏“科技改革三十条”政策效果评估研究——基于高校的实证调查	常州大学
BR2019012	江苏省高层次技术转移人才培养机制研究	常州大学
BR2019013	江苏制造业隐形冠军企业培育及创新能力提升机制研究	常州大学
BR2019014	面向江苏自主可控石墨烯产业的科技资源统筹机制研究	常州机电职业技术学院
BR2019015	产学研深度融合背景下工业机器人技术技能人才培养机制研究	常州工业职业技术学院
BR2019016	公益类科研事业单位转型社会企业研究	苏州大学
BR2019017	江苏省民营科技型企业的财税政策支持体系研究：运作机理、效率评估及协同优化	苏州科技大学
BR2019018	苏南高新技术企业量质提升路径与案例研究	苏州经贸职业技术学院
BR2019019	基于要素、关系和功能三维视角的区域科技服务业生态系统建设研究	苏州经贸职业技术学院
BR2019020	江苏发达县域高新企业“双元”创新协同发展路径研究	常熟理工学院
BR2019021	以新型研发机构为核心的长三角城市创新动力机制研究——以浙江大学江苏工业技术研究院（筹）建设为例	浙江大学苏州工业技术研究院
BR2019022	科技成果转化纠纷的防范与治理	南通大学
BR2019023	“一带一路”倡议下江苏海洋科技国际合作路径及对策研究	淮海工学院
BR2019024	创新型企业评价指标体系设计及实证研究	盐城工学院
BR2019025	基于一站式服务集合体为中心的新型农业社会化服务体系研究	江苏大学
BR2019026	乡村振兴战略下农业无人作业试验项目案例研究	江苏大学
BR2019027	政府调控下的江苏技术市场发展策略研究——基于系统、环境及产业视角	南京理工大学泰州科技学院
BR2019028	乡村振兴背景下新型农业科技社会化服务体系建设研究	江苏省生产力促进中心
BR2019029	新形势下高层次人才国际化招引机制研究	江苏省生产力促进中心

续表

项目编号	项目名称	承担单位
BR2019030	江苏省宽禁带半导体材料产业中高端攀升路径研究	江苏省生产力促进中心
BR2019031	引领江苏发展的未来产业前瞻性技术研究及项目布局建议	江苏省科学技术发展战略研究院
BR2019032	江苏省“十四五”科技创新规划前期专题研究	江苏省科学技术发展战略研究院
BR2019032-1	江苏省重点产业集群科技风险防范研究	江苏省科学技术发展战略研究院
BR2019032-2	江苏生物医药产业发展研究	江苏省科学技术发展战略研究院
BR2019032-3	江苏省重点实验室优化布局研究	江苏省科学技术发展战略研究院
BR2019032-4	江苏深入推进创新国际化路径研究	江苏省科学技术发展战略研究院
BR2019032-5	新时代加强现代科技创新治理能力的党建路径研究	江苏省科学技术发展战略研究院
BR2019033	苏南国家自主创新示范区创新一体化研究	江苏省科学技术发展战略研究院
BR2019034	基于巴斯德象限的新型研发机构建设案例与政策建议研究	江苏省科学技术发展战略研究院
BR2019035	通过“企业研发机构+孵化器”构建“产学研孵”技术创新体系的路径研究	江苏省科学技术发展战略研究院
BR2019036	江苏省科技型中小企业创新能力提升路径及对策研究	江苏省高新技术创业服务中心
BR2019037	以WAITRO为纽带探索江苏“一带一路”技术与产业合作新模式	江苏省产业技术研究院
BR2019038	知识产权侵权惩罚性赔偿额确定研究——基于知识产权价值的视角	江苏省科技咨询协会
BR2019039	乡村振兴背景下农村新型科技服务体系建设案例研究	南京大学
BR2019040	产教融合创新联合体建设模式研究	南京大学
BR2019041	江苏科技金融发展研究	东南大学
BR2019042	江苏先进制造业关键核心技术攻关策略和政策研究	东南大学
BR2019043	“一带一路”背景下江苏全球创新链质量评价及跃迁路径研究	东南大学
BR2019044	江苏省种业自主创新能力提升的路径与对策研究	南京农业大学
BR2019045	江苏省“十四五”知识产权发展规划预研究	南京理工大学
BR2019046	科技资源统筹服务中心建设路径和运行机制研究	南京理工大学
BR2019047	江苏战略新兴产业中“卡脖子”技术人才的引进与管理研究	南京理工大学
BR2019048	江苏差异化区域创新发展路径研究	南京师范大学

续表

项目编号	项目名称	承担单位
BR2019049	江苏省先进制造业空间分布及创新发展研究	南京师范大学
BR2019050	面向“十四五”的科技创新政策研究	南京师范大学
BR2019051	ANT 视阈下高校技术转移中的利益分配研究	南京医科大学
BR2019052	医药类高校科技成果转化的管理机制研究	南京中医药大学
BR2019053	互联网+学前教育产教融合的创新模式及推进性研究策略研究	江苏第二师范学院
BR2019054	江苏省科技成果转化专项对创新驱动发展的作用研究	南京工业大学
BR2019055	巴斯德象限视阈下的产教融合校友经济新模式研究	南京工业大学
BR2019056	高端装备制造产业技术人才地图及江苏对策	南京工业大学
BR2019057	高校院所科技成果转化与收益分配机制管理研究	南京工业大学
BR2019058	整合创新资源落实江苏“科改 30 条”：机制、路径与对策研究	南京工业大学
BR2019059	知识密集型服务业与江苏区域创新系统建设研究	南京财经大学
BR2019060	江苏企业参与“一带一路”创新国际化的模式与绩效研究	南京财经大学
BR2019061	提升江苏民营科技型企业融资能力的对策研究	南京财经大学
BR2019062	数字普惠金融服务江苏乡村振兴战略的模式与路径研究	南京信息工程大学
BR2019063	面向智能制造的产业技术创新和优化升级研究	南京信息工程大学
BR2019064	江苏省水能粮纽结与生态可持续发展研究	南京信息工程大学
BR2019065	乡村振兴背景下江苏农村科技服务超市绩效提升路径研究	南京林业大学
BR2019066	江苏省科技资源统筹中心建设路径和运行机制研究	南京林业大学
BR2019067	众创社区创业生态系统构建、绩效指标与政策建议研究	南京审计大学
BR2019068	产教融合创新联合体建设模式研究	江苏省发展和改革委员会
BR2019069	标准化支撑高新技术企业高质量发展的机制研究	江苏省质量和标准化研究院
BR2019070	江苏构建“五坚持五提升”现代人才发展治理体系研究	江苏省社科联社科研究中心
BR2019071	江苏高校主导型众创空间运行绩效与优化路径研究	江苏省社会科学院
BR2019072	高水平科技人才企业创新影响机制研究	江苏省社会科学院
BR2019073	乡村振兴背景下家庭农场农业绿色发展科技服务需求与供给体系建设研究	江苏省农业科学院
BR2019074	江苏高科技园区创新生态的构架、比较及培育研究	江苏省委党校
BR2019075	科技创新支撑江苏经济高质量发展考核指标研究	江苏省委党校
BR2019076	高新区产业创新生态培育机制研究	江苏省委党校
BX2019001	毛细管阵列 DNA 测序仪试剂研发项目	南京溯远基因科技有限公司
BX2019002	黑臭河道疏浚底泥中重金属的生物炭修复技术研发与示范	江苏永威环境科技股份有限公司

续表

项目编号	项目名称	承担单位
BX2019003	基于分布式架构的大数据可视化综合平台系统研发及产业化	赛特斯信息科技股份有限公司
BX2019004	小核酸纳米制剂的研究与开发	南京绿叶制药有限公司
BX2019005	针对膀胱癌和胆管癌的 FGFR 抑制剂的研发和产业化	南京药捷安康生物科技有限公司
BX2019006	快速即时检测心肌肌钙蛋白 I 的便携式电化学分析仪的研发与产业化	南京晶捷生物科技有限公司
BX2019007	心血管疾病多指标检测试剂盒的开发	基蛋生物科技股份有限公司
BX2019008	超高分辨率内窥式光学相干层析三维成像（OCT-3D）系统的研发与产业化	南京微创医学科技股份有限公司
BX2019009	新一代新型显示屏 AMOLED 电源管理芯片	南京源峰微电子有限公司
BX2019010	新型聚氨酯材料绿色合成工艺研究	红宝丽集团股份有限公司
BX2019011	埃索美拉唑镁肠溶胶囊的技术研发	江苏中邦制药有限公司
BX2019012	用于 5G 通信系统的超材料天线阵列	南京航空航天大学
BX2019013	基于脑启发计算的机器人认知控制技术	南京航空航天大学
BX2019014	江苏特色植物天然产物资源高效利用引智项目	南京师范大学
BX2019015	改性焚烧底灰的催化功效与污染释放控制	南京林业大学
BX2019016	植保机械精准检测技术引进	江苏省农业科学院
BX2019017	稻田稗草产生多抗性机理及其绿色治理技术研究	江苏省农业科学院
BX2019018	利用植物油基分子替代石化产品关键技术	江南大学
BX2019019	sn-1- 棕榈酸 -2- 油酸 -3- 硬脂酸甘油三酯脂肪酶法制备的关键技术研究	江南大学
BX2019020	精准靶向实体瘤癌细胞的新药研发	无锡佰翱得生物科学有限公司
BX2019021	人类红细胞 ABO 基因分型试剂盒（荧光 PCR 法）的研发与产业化	江苏中济万泰生物医药有限公司
BX2019022	节能环保高性能隔热耐火材料的研究	宜兴摩根热陶瓷有限公司
BX2019023	平板显示用高端光刻胶的制备技术	江苏博砚电子科技有限公司
BX2019024	可生物降解阻隔薄膜的调控制备及性能研究	宜兴西工维新科技有限公司
BX2019025	低能耗绿色膜法空分集成解决方案	江苏新宜中澳环境技术有限公司
BX2019026	全自动高分子弹性体隔膜深度脱水压滤机的引进与消化	江苏菲力环保工程有限公司
BX2019027	汽车轻量化用高性能铝合金悬置支架半固态压铸成形技术应用研究	徐州戴卡斯町科技有限公司
BX2019028	离子通道靶点的中枢神经系统新药筛选及成药性评价平台	徐州爱思益普生物科技有限公司
BX2019029	欧当归内酯 A 联合 5 - 氟尿嘧啶治疗肝癌及和胃癌的研究	江苏师范大学
BX2019030	12 英寸磁存储器刻蚀应用软件开发	江苏鲁汶仪器有限公司

续表

项目编号	项目名称	承担单位
BX2019031	一种基于织物编码供应链追踪系统的智能纺织品开发项目	徐州斯尔克纤维科技股份有限公司
BX2019032	LED 照明研发	江苏浦亚照明科技股份有限公司
BX2019033	车规级高安全性动力电池系统开发及产业化项目	蜂巢能源科技有限公司
BX2019034	水稻钵苗机械化优质高产栽培技术及装备的研发和生产	常州亚美柯机械设备有限公司
BX2019035	新型高效高可靠离合器的研发	常州鼎豪精机有限公司
BX2019036	高效率光伏电池工艺及关键设备平板 PECVD 的研发	常州捷佳创精密机械有限公司
BX2019037	基于“人工脉管”的灌流式三维细胞培养系统	康珞生物科技（常州）有限公司
BX2019038	射频集成电路的建模与设计技术研究	苏州工业园区新国大研究院
BX2019039	高性能耐碱 Protein A 亲和层析介质的研发及产业化	苏州纳微科技股份有限公司
BX2019040	智能声学振动测试云分析系统	中科新悦（苏州）科技有限公司
BX2019041	土体冻融成冰过程动态分析系统	苏州纽迈分析仪器股份有限公司
BX2019042	绿色功能型水处理剂在工业废水领域的集成化开发应用	爱环吴世（苏州）环保股份有限公司
BX2019043	多层氧枪喷头冶炼技术的合作研发	江苏永钢集团有限公司
BX2019044	用于自动驾驶的全天候感知激光成像模组的研发	昆山星际舟智能科技有限公司
BX2019045	功率模组封装用环氧模塑料	长兴电子材料（昆山）有限公司
BX2019046	负重位肢体专用磁共振系统	江苏麦格思频仪器有限公司
BX2019047	高端硬质合金海外市场的开拓	昆山长鹰硬质合金有限公司
BX2019048	AEM 光纤光栅高速动态解调仪的研发	江苏三川智能科技有限公司
BX2019049	非人灵长类（猴）高眼压模型的建立及其在治疗青光眼新药研发中的应用	昭衍（苏州）新药研究中心有限公司
BX2019050	基于高平均功率二极管激光器的激光熔覆成型系统研究	同高先进制造科技（太仓）有限公司
BX2019051	大尺寸柔性电子产品的粘接材料及应用技术研发和产业化	德怡科技（太仓）有限公司
BX2019052	喹诺酮类药物 Marbofloxacin 晶型的合作开发	海门慧聚药业有限公司
BX2019053	大品种药物胸腺肽 α1 的研究开发	江苏诺泰澳赛诺生物制药股份有限公司
BX2019054	生物识别传感器组装材料研发及产业化	连云港华海诚科电子材料有限公司
BX2019055	藏区、西北及高原地区利用可再生能源采暖空调新技术	日出东方控股股份有限公司
BX2019056	外国医疗管理和技术引进	连云港市第一人民医院
BX2019057	高精密光滑表面微纳缺陷的智能化检测系统研究	淮阴师范学院

续表

项目编号	项目名称	承担单位
BX2019058	高品质抗病西瓜种质资源引进与创新	江苏徐淮地区淮阴农业科学研究所
BX2019059	耐油基耐高温高性能螺杆钻具研发	盐城市新永佳石油机械制造有限公司
BX2019060	特种组合电加工整体制造技术的合作研发	盐城工业职业技术学院
BX2019061	湿气反应热熔胶复合机的研发	江苏远华轻化装备有限公司
BX2019062	PZ 533 锆刚玉及 XA 911 烧结刚玉系列高性能涂附磨具研发及产业化	江苏瑞和磨料磨具有限公司
BX2019063	筑爱扶残助残	扬州国际人才交流协会
BX2019064	鸡白痢、鸡伤寒沙门氏菌病净化关键技术实施	扬州大学
BX2019065	基于新一代脂质体葡萄糖仿生纳米技术的研究及应用	扬州中汇生物技术有限公司
BX2019066	纳米复合绿色纯天然乳胶海绵关键制备工艺的合作研发	江苏金世缘乳胶制品股份有限公司
BX2019067	儿童重症监护的合理规划和运转模式	扬州市妇幼保健院
BX2019068	石油钻杆激光淬火技术合作开发	扬州黎明钻具有限公司
BX2019069	精密双向电子点火器	扬州宝玛电子有限公司
BX2019070	多层多股编织高性能绳缆设计与研发	扬州兴轮绳缆有限公司
BX2019071	水下熔化极自产氧电弧切割厚板机理研究	江苏科技大学
BX2019072	蚕蛹深加工技术及应用	江苏科技大学
BX2019073	LI 密集型高防护等级低压智能母线系统的技术引进	镇江西门子母线有限公司
BX2019074	金属磨削用超宽精磨砂带关键技术开发与产业化	江苏锋芒复合材料科技集团有限公司
BX2019075	欧洲蔬菜新品种和精准生产管理技术引进示范及产业化	江苏碧云天农林科技有限公司
BX2019076	药用玻璃瓶智能型自动化生产成套设备的技术研究	江苏潮华玻璃制品有限公司
BX2019077	精密陶瓷部件制造技术	姜堰经济开发区科创中心
BX2019078	小批量钣金结构件非对称渐近成形技术研究	南京智欧智能技术研究院有限公司
BX2019079	生物传感器研发与应用平台建设	南京东奇智能制造研究院有限公司
BX2019080	吸入用布地奈德混悬液	江苏先声药业有限公司
BX2019081	基于 CRISPR-Cas9 功能基因组对潜在致癌化学品表观遗传分子图谱识别的研究	南京大学
BX2019082	衰老伴随的主要的 3 种疾病（癌症，痴呆和糖尿病）中 CENP-A 泛素化信号和有丝分裂调节因子的功能分析	南京大学
BX2019083	海岸带地下水动力机制与环境效应	河海大学
BX2019084	全球尺度上森林的生物多样性、结构和功能	南京林业大学

续表

项目编号	项目名称	承担单位
BX2019085	航空发动机单晶叶片研发项目	江苏集萃先进金属材料研究所有限公司
BX2019086	污染土壤高效洗脱工艺及方法优化研究	上田环境修复有限公司
BX2019087	气体纯化高端设备制造工业 4.0	威格气体纯化科技（苏州）股份有限公司
BX2019088	再生型植入性医疗器械研发及产业化	诺一迈尔（苏州）医学科技有限公司
BX2019089	高功率智能连续光纤激光器	昆山华辰光电科技有限公司
BX2019090	透明质酸和海藻酸钠相似分子结构的先进多糖材料的合成及应用研究。	昆山京昆油田化学科技有限公司
BX2019091	联合开发消除铝合金有害杂质的关键技术	鼎镁（昆山）新材料科技有限公司
BX2019092	轻量化材料用大功率激光焊接创新工艺及应用	同高先进制造科技（太仓）有限公司
BX2019093	全循环磷污染可持续解决方案	南通蓝林生物科技有限公司
BX2019094	架空输电线路防振金具的设计与制造关键技术研究	江东金具设备有限公司
BX2019095	新型电池管理芯片项目	大唐恩智浦半导体有限公司
BX2019096	用于放射性环境下的主从机械手的研发设计	江苏中海华核环保有限公司
BX2019097	灰树花菌种选育及其工厂化工艺研发与产业化	盐城爱菲尔菌菇装备科技股份有限公司
BX2019098	低酸价二聚酸型热熔胶的制备	江苏永林油脂化工有限公司
BX2019099	高性能变形铝合金棒材粗晶控制方法与工艺开发	仪征海天铝业有限公司
BX2019100	心血管疾病的基础与临床研究	江苏大学
BX2019101	新型抗癌药物帕博西尼的合成工艺研发	江苏中邦制药有限公司
BX2019102	宽禁带半导体外延与微纳光电器件研究	南京大学
BX2019103	皮秒激光超声在先进功能材料评价中的应用研究	南京大学
BX2019104	2019 江苏外专百人计划项目	东南大学
BX2019105	基于多源数据的城市道路网络交通状态估计与排放特性评估	东南大学
BX2019106	面向气体分离与水处理的高性能聚合物膜材料	南京工业大学
BX2019107	云计算安全	南京信息工程大学
BX2019108	新型污泥堆肥炭化节能处理及原位循环利用技术研究	艾特克控股集团股份有限公司
BX2019109	Vishal Gorakh Shinde	江苏万邦生化医药集团有限责任公司
BX2019110	新一代高灵敏非屏蔽心磁图仪的研发	苏州卡迪默克医疗器械有限公司

续表

项目编号	项目名称	承担单位
BX2019111	基于 CELIV 技术的薄膜太阳能电池器件物理研究	中国科学院苏州纳米技术与纳米仿生研究所
BX2019112	经导管二尖瓣修复项目	苏州茵络医疗器械有限公司
BX2019113	高性能碳化硅晶体材料的研发	江苏卓远半导体有限公司
BX2019114	奶牛乳房炎免疫学机制研究	扬州大学
BX2019115	针对下一代的洁净燃烧技术开发火焰图像处理工具	江苏大学
BZ2019001	澜湄国家大坝运行安全保障体系建设与示范	水利部交通运输部国家能源局南京水利科学研究院
BZ2019002	新能源汽车热交换器用铝合金复合材料的联合研发	银邦金属复合材料股份有限公司
BZ2019003	针对伊朗欧 V 排放用高端氧传感器总成技术应用合作开发	常州联德电子有限公司
BZ2019004	防脏污太阳能超薄双玻组件在迪拜的合作研发及海外应用示范	常州亚玛顿股份有限公司
BZ2019005	中亚地区新药特药的合作开发及海外应用示范	苏州旺山旺水生物医药有限公司
BZ2019006	中老北斗精密形变监测合作研究及示范	苏州迭慧智能科技有限公司
BZ2019007	电力光缆技术海外应用合作开发	江苏通光光缆有限公司
BZ2019008	高压电流电压互感器的合作研发及海外应用示范	江苏思源赫兹互感器有限公司
BZ2019009	生物柴油制取技术的合作研发及海外应用示范	迈安德集团有限公司
BZ2019010	蓄电池中重金属、稀有金属高效再生产技术海外应用合作开发	江苏永电太阳能照明有限公司
BZ2019011	中国（江苏）-桑给巴尔宫颈癌筛查及诊治体系的研究	南京大学
BZ2019012	园艺作物分子育种技术的海外应用合作开发	南京农业大学
BZ2019013	重要动物疫病防控技术合作研究	南京农业大学
BZ2019014	肿瘤成像与多模态治疗用 BODIPY 光敏剂的合作研发	南京工业大学
BZ2019015	去除硝酸盐的周丛生物膜反应器合作研发及海外应用示范	中国科学院南京土壤研究所
BZ2019016	巴基斯坦益生菌资源挖掘与利用的合作开发	江南大学
BZ2019017	间充质干细胞与结核感染及耐药性的研究	苏州大学
BZ2019018	越南家禽遗传资源保护与利用技术的合作研发	扬州大学
BZ2019019	高强韧结构用 7xxx 系铝合金在新能源汽车上的产业化应用	南京启智浦交科技开发有限公司
BZ2019020	基于反光材料的高效光伏系统合作研发	苏州腾晖光伏技术有限公司
BZ2019021	锂基超容峰值能源系统在风光电调频应用关键技术的合作研发	联合绿业储能技术镇江有限公司
BZ2019022	阴燃技术治理油泥之国产化设备合作研发及工程示范	江苏大地益源环境修复有限公司

续表

项目编号	项目名称	承担单位
BZ2019023	双功能聚电解质涂层载药支架工艺的合作研发	南京海纳医药科技股份有限公司
BZ2019024	先声－安进战略联盟生物类似药临床开发项目	江苏先声药业有限公司
BZ2019025	高技术船舶推进器的水动力性能优化提升项目的合作研发	南京高精船用设备有限公司
BZ2019026	LUMMUS 螺旋折流板高效换热器的合作研发	江苏中圣压力容器装备制造有限公司
BZ2019027	高速串口关键测试技术国际合作研发及应用	无锡中微腾芯电子有限公司
BZ2019028	高效复合恶性心脏事件风险预测诊断试剂盒的联合研发	常州博闻迪医药股份有限公司
BZ2019029	气压迟钝型纳米改性超细玻纤芯材联合研发	苏州宏久航空防热材料科技有限公司
BZ2019030	5G 通讯用复合金属线材关键技术合作研发	江苏广川超导科技有限公司
BZ2019031	高级酯基制动液的合作研发	张家港迪克汽车化学品有限公司
BZ2019032	搪塑 TPE 汽车仪表板加工工业化联合研发	南通普力马弹性体技术有限公司
BZ2019033	核电压水堆回路主管超载荷安全隔离阀的联合研发	南通国电电站阀门股份有限公司
BZ2019034	纳豆芽孢杆菌与黑曲霉混菌发酵豆粕饲料的联合研发	淮安正昌饲料有限公司
BZ2019035	管式扩压器闭式流道特种工艺整体制造技术的合作研发	江苏丰信航空设备制造有限公司
BZ2019036	优质弱筋抗赤霉病小麦育种技术引进与研发	江苏扬麦科技发展有限公司
BZ2019037	基于硅光子技术的 100 G CWDM 光组件及收发模块的合作研发	江苏奥雷光电有限公司
BZ2019038	南京迷你硅谷创新中心建设与国际技术转移服务	南京唯诺尔科技项目管理有限公司
BZ2019039	新南威尔士大学（宜兴）环境技术转移中心建设与国际技术转移服务	江苏新宜中澳环境技术有限公司
BZ2019040	俄罗斯沃罗涅日大学国际技术转移中心徐州分中心建设与国际技术转移服务	徐州众研企业管理咨询服务有限公司
BZ2019041	中以国际技术转移平台建设	中以创新园（常州）发展有限公司
BZ2019042	新加坡南洋理工大学江苏技术转移中心建设与国际技术转移服务	苏州俊杰教育科技发展有限公司
BZ2019043	太仓费思科国际技术转移平台建设与国际技术转移服务	太仓费思科材料技术有限公司
BZ2019044	南京天数智芯科技有限公司美国研发中心建设项目	南京天数智芯科技有限公司
BZ2019045	天稻海外研究院联合实验室	南京天稻智慧教育科技研究院有限公司
BZ2019046	南京药石美国分子砌块研发中心建设	南京药石科技股份有限公司

续表

项目编号	项目名称	承担单位
BZ2019047	世界村英国新能源汽车研发中心建设	南京第一农药集团有限公司
BZ2019048	维尔利环保科技集团股份有限公司城市固体废弃物处理技术德国研发中心建设（德国 EUREC）	维尔利环保科技集团股份有限公司
BZ2019049	苏州普滤得净化股份有限公司法国研发中心建设	苏州普滤得净化股份有限公司
BZ2019050	江苏希西维轴承有限公司美国轴承研发中心建设	江苏希西维轴承有限公司
BZ2019051	新一代电力物联网油波谱在线检测系统产品的联合研发	南京英锐祺科技有限公司
BZ2019052	机器视觉智能化鹰眼在线检测系统的研发及其在胶印印刷机的应用	征图新视（江苏）科技有限公司
BZ2019053	人类二代测序基因大数据处理系统	苏州普瑞斯生物科技有限公司
BZ2019054	通用柔性－刚性医用可调节支撑臂的技术引进、联合研发和商品化	江苏卓尔医疗器械有限公司
BZ2019055	可应用于无纺布行业和纺织行业的新型可持续纤维原料和绿色生产技术的研究	江苏龙马绿色纤维有限公司
BZ2019056	破冰型科考测量船关键技术研发	江苏大津重工有限公司
BZ2019057	区域综合能源建模仿真与运行控制技术的合作研究	国电南瑞科技股份有限公司
BZ2019058	陶瓷微流控芯片在水质在线分析仪中的应用	江苏德林环保技术有限公司
BZ2019059	南京卫岗－澳大利亚维州 CSIRO 乳业联合共建创新项目	南京卫岗乳业有限公司
BZ2019060	公路沥青路面结构内部状态快速检测方法与大数据处理关键技术合作研究	江苏中路交通科学技术有限公司
BZ2019061	基于云服务的穿戴式腰椎疾病康复仪的联合研发	南京福怡科技发展股份有限公司
BZ2019062	高性能铜合金修饰碳纤维增强碳基复合材料的合作研发	宜兴市飞舟高新科技材料有限公司
BZ2019063	高显色指数荧光透明陶瓷的中英联合研发	徐州凹凸光电科技有限公司
BZ2019064	自修复智能重防腐涂料工艺技术合作研发	常州光辉化工有限公司
BZ2019065	低烟雾绿色 MIG 焊接工艺及装备研制	中车戚墅堰机车车辆工艺研究所有限公司
BZ2019066	超高速电子离心式空压机的联合研发	常州环能涡轮动力股份有限公司
BZ2019067	以绿脓杆菌 II 型分泌系统为结构靶标的抗生素联合开发	润佳（苏州）医药科技有限公司
BZ2019068	国际适航标准级金属 3D 打印专用全流程装备与核心器件的联合研发	苏州三峰激光科技有限公司
BZ2019069	智能家庭用多指标凝血检测芯片及仪器合作开发	苏州国科芯感医疗科技有限公司
BZ2019070	使用 MOCVD 外延生长技术的太赫兹光谱仪和成像仪的研发	苏州矩阵光电有限公司
BZ2019071	基于相变材料的通信基站电池热管理关键技术的研发	南通鼎鑫电池有限公司
BZ2020014	基于车路协同的雷达＋视频融合感知关键技术的联合研发	南京慧尔视智能科技有限公司

续表

项目编号	项目名称	承担单位
BZ2020022	基于计算视觉精准信息的公交运行鲁棒控制系统合作研发	苏州规划设计研究院股份有限公司
BZ2020024	油菜芜菁黄化病毒的监测预警与抗性材料的联合创制	江苏金色农业股份有限公司

2019 年度江苏省创新能力建设计划项目

项目编号	项目名称	承担单位
BH2019	工业和信息化部电子第五研究所华东分所研发机构建设	工业和信息化部电子第五研究所华东分所
BH2019	江苏中关村科技产业园节能环保研究有限公司 新型研发机构奖补	江苏中关村科技产业园节能环保研究有限公司
BH2019	江苏省药物一致性评价研究服务中心	苏州国辰生物科技股份有限公司
BH2019	南京理工大学连云港研究院新型研发机构奖励	南京理工大学连云港研究院
BH2019	浙江大学常州工业技术研究院创新能力提升建设	浙江大学常州工业技术研究院
BH2019	东南大学苏州医疗器械研究院建设	东南大学苏州医疗器械研究院
BH2019	南京航空航天大学无锡研究院 2019 年新型研发机构奖励申报	南京航空航天大学无锡研究院
BH2019	复旦大学泰州健康科学研究院新型研发机构奖补	复旦大学泰州健康科学研究院
BH2019	低轨道宽带卫星通信系统研究院新型研发机构奖补	南京九度卫星科技研究院有限公司
BH2019	南京有色金属材料与装备研究创新中心	南京金创有色金属科技发展有限公司
BH2019	常州西南交通大学轨道交通研究院研发经费补助	常州西南交通大学轨道交通研究院
BH2019	江阴市本特塞缪森生命科学研究院新型研发机构奖补	江阴市本特塞缪森生命科学研究院有限公司
BH2019	清华大学盐城环境工程技术研发中心新型研发机构奖补	清华大学盐城环境工程技术研发中心
BH2019	浙江大学苏州工业技术研究院建设	浙江大学苏州工业技术研究院
BH2019	清华大学无锡应用技术研究院研发奖补	清华大学无锡应用技术研究院
BH2019	新型研发机构奖补	大连理工高邮研究院有限公司
BH2019	中国科学院电子学研究所苏州研究院新型研发机构奖补	中国科学院电子学研究所苏州研究院
BH2019	昆山市工研院智能制造技术有限公司	昆山市工研院智能制造技术有限公司
BH2019	新型研发机构奖补——山东大学苏州研究院	山东大学苏州研究院
BH2019	常州湖南大学机械装备研究院研发经费补助	常州湖南大学机械装备研究院
BH2019	南京大学（江宁）环保产业研究院－奖补	南京环保产业创新中心有限公司

续表

项目编号	项目名称	承担单位
BH2019	泰州赛宝工业技术研究院有限公司新型研发机构奖补	泰州赛宝工业技术研究院有限公司
BH2019	常州光电技术研究所研发费用奖补	常州光电技术研究所
BH2019	南京大学常熟生态研究院	南大（常熟）研究院有限公司
BH2019	大连理工大学（徐州）工程机械研究中心	大连理工大学（徐州）工程机械研究中心
BH2019	张家港智能电力研究院有限公司	张家港智能电力研究院有限公司
BH2019	中科院—南京宽带无线移动通信研发中心新型研发机构奖补	中科院—南京宽带无线移动通信研发中心
BH2019	大连理工江苏研究院有限公司新型研发机构奖补	大连理工江苏研究院有限公司
BH2019	海安南京大学高新技术研究院	海安南京大学高新技术研究院
BH2019	常州数控技术研究所新型研发机构研发经费奖励	常州数控技术研究所
BH2019	中国科学院上海药物研究所苏州药物创新研究院新型研发机构建设	中国科学院上海药物研究所苏州药物创新研究院
BH2019	南京大学昆山创新研究院新型研发机构奖补申请	南京大学昆山创新研究院
BH2019	江苏省海洋资源开发研究院（连云港）- 新型研发机构奖补	江苏省海洋资源开发研究院（连云港）
BM2019	国家科技服务业区域试点（苏州工业园区）科技服务骨干机构能力提升	苏州工业园区企业发展服务中心
BM2019	江苏省科技服务业特色基地（科技金融 - 苏州金融小镇）科技服务骨干机构能力提升	苏州高新创业投资集团有限公司
BM2019	苏州自主创新广场科技服务骨干机构能力提升	苏州市科技创新创业投资有限公司
BM2019	江苏省科技服务业特色基地（科技金融服务）——徐州中关村信息谷创新中心骨干能力提升	徐州软件园管理委员会
BM2019	江苏省科技服务业特色基地（检验检测认证）科技服务骨干机构能力提升	南京生物医药谷建设发展有限公司
BM2019	江苏省科技服务业特色基地（研发服务 - 丹阳市科技创新中心）科技服务骨干机构能力提升	丹阳市高新技术创业服务中心
BM2019	国家科技服务业区域试点（武进国家高新技术产业开发区科技服务业区域试点）科技服务骨干机构能力提升	武进国家高新技术产业开发区管理委员会
BM2019	江苏省科技服务业特色基地（研发设计服务）科技服务骨干机构能力提升	南京软件园科技发展有限公司
BM2019001	基础设施燃料制备、循环特性及测试技术预研	江苏中国科学院能源动力研究中心
BM2019002	江苏省科技计划项目申报书	中国电子科技集团公司第十四研究所
BM2019003	江苏省中药配方颗粒制备与质量控制关键技术重点实验室	江阴天江药业有限公司
BM2019004	江苏省中枢神经药物研究重点实验室	江苏恩华药业股份有限公司

续表

项目编号	项目名称	承担单位
BM2019005	江苏省汽车智能照明系统重点实验室	常州星宇车灯股份有限公司
BM2019006	江苏省轨道交通齿轮传动技术重点实验室	中车戚墅堰机车车辆工艺研究所有限公司
BM2019007	江苏省柔性光电子材料／器件与制造技术重点实验室	苏州苏大维格科技集团股份有限公司
BM2019008	江苏省集成电路先进封装测试重点实验室	通富微电子股份有限公司
BM2019009	江苏省海洋工程装备重点实验室	招商局重工（江苏）有限公司
BM2019010	江苏省固废资源化关键技术及装备重点实验室	中国天楹股份有限公司
BM2019011	儿科创新中药与特色制剂企业重点实验室	济川药业集团有限公司
BM2019012	江苏省手性药物反应与分离工程重点实验室	江苏阿尔法药业有限公司
BM2019013	江苏省院士企业研究院	南京钢铁股份有限公司
BM2019014	江苏省院士企业研究院	江苏联发纺织股份有限公司
BM2019015	江苏省科技资源统筹服务信息系统建设（一期）	江苏省科技资源统筹服务中心
BM2019016	江苏省技术产权交易市场建设（二期）	江苏爱涛文化产业有限公司
BM2019017	智能网联汽车研发与检测公共服务平台	清华大学苏州汽车研究院(吴江）
BM2019018	南京江北新区生物医药与基因科技公共服务平台	南京江北新区生物医药公共服务平台有限公司
BM2019019	江苏省水污染控制与资源化公共技术服务中心	南京大学盐城环保技术与工程研究院
BM2019020	江苏省先进能源材料科技公共服务平台	江苏集萃安泰创明先进能源材料研究院有限公司
BM2019021	江苏师范大学－开放实验室	江苏师范大学
BM2019022	江苏省科研仪器开放实验室（江苏理工学院）	江苏理工学院
BM2019023	江苏省开放实验室	盐城工学院
BM2019024	天目湖先进储能技术研究院建设	天目湖先进储能技术研究院有限公司
BM2019025	北京航空航天大学苏州创新研究院建设	北京航空航天大学苏州创新研究院
BM2019026	航天云网数据研究院长三角工业互联网研发中心	航天云网数据研究院（江苏）有限公司
BM2019027	综合类国家技术创新中心筹建	江苏省产业技术研究院
BM2019028	细胞科学与应用设施重大科研设施预研筹建（一期）	中国科学院生物化学与细胞生物学研究所苏州研究院
BM2019029	江苏省中以产业技术研究院建设	江苏省中以产业技术研究院
BM2019030	江苏省先进轻质高性能材料重点实验室	南京工业大学

2019年度江苏省科技成果转化专项资金项目

项目编号	项目名称	承担单位
BA2019001	国产6F.03燃气轮机关键核心部件的研发及产业化	南京汽轮电机（集团）有限责任公司
BA2019002	面向工业物联网的RISC-V CPU的研发及其SoC芯片产业化	南京南瑞微电子技术有限公司
BA2019003	首创注射用磷酸左奥硝唑脂二钠冻干制剂的研发及产业化	扬子江药业集团南京海陵药业有限公司
BA2019004	精准医疗领域分子诊断高端酶与抗体的集成创新及产业化	南京诺唯赞生物科技有限公司
BA2019005	精细化特种玻璃纤维织物的研发及产业化	中材科技股份有限公司
BA2019006	高可靠低成本的六关节工业机器人驱控产品研发及产业化	南京埃斯顿自动化股份有限公司
BA2019007	智能电网用核心功率器件IGBT研发及产业化	国电南瑞科技股份有限公司
BA2019008	时速160公里动力集中电动车组的研发及产业化	中车南京浦镇车辆有限公司
BA2019009	精细化农机作业智能装备与监管系统研发及产业化	江苏北斗卫星应用产业研究院有限公司
BA2019010	面向先进大容量DRAM的12英寸晶圆凸块工艺研发及产业化	中芯长电半导体（江阴）有限公司
BA2019011	全激光显示用集束能量光纤组件的研发及产业化	江苏法尔胜光电科技有限公司
BA2019012	高性能实时微处理器系列产品研发及产业化	中科芯集成电路股份有限公司
BA2019013	面向智能电网的低待机高可靠功率芯片研发及产业化	无锡芯朋微电子股份有限公司
BA2019014	量产效率23.5%以上的N型隧穿钝化接触晶体硅太阳电池研究及产业化	徐州鑫宇光伏科技有限公司
BA2019015	军民两用系列化高性能防爆免充气空心轮胎研发及产业化	江苏江昕轮胎有限公司
BA2019016	超高风电安装用起重机与大吨位装载机技术研发及产业化	徐工集团工程机械股份有限公司
BA2019017	具有自动驾驶功能的智能拖拉机研发及产业化	江苏常发农业装备股份有限公司
BA2019018	面向人机交互的高精度智能控制协作机器人研发及产业化	遨博（江苏）机器人有限公司
BA2019019	大型挖掘机高压长寿命液压核心部件的研发及产业化	江苏恒立液压股份有限公司
BA2019020	“复兴号”中国标准动车组齿轮传动系统研发及产业化	中车戚墅堰机车车辆工艺研究所有限公司
BA2019021	国家一类新药福比他韦的研发及产业化	常州寅盛药业有限公司
BA2019022	薄型化超高清显示器件用新型光电玻璃的研发及产业化	常州亚玛顿股份有限公司
BA2019023	高逆反射微棱镜柔性反光膜的研发及产业化	常州华日升反光材料有限公司
BA2019024	5G基站用微型低损耗介质波导滤波器的研发及产业化	张家港保税区灿勤科技有限公司
BA2019025	基于SDN的新型异构自组织通信网络研发及产业化	江苏中利电子信息科技有限公司
BA2019026	面向5G的智能接入网线路终端云系统研发及产业化	太仓市同维电子有限公司

续表

项目编号	项目名称	承担单位
BA2019027	12 吋圆片级高密度硅基扇出型封装技术的研发及产业化	华天科技（昆山）电子有限公司
BA2019028	面向 5G 应用的无线宽带物联网传输设备的研发及产业化	江苏创通电子股份有限公司
BA2019029	智能化恒压力搅拌摩擦焊装备的研发及产业化	航天工程装备（苏州）有限公司
BA2019030	军民两用精密复杂飞机结构件关键技术研发及产业化	江苏迈信林航空科技股份有限公司
BA2019031	二代 BTK 抑制剂靶向抗癌药物 Zanubrutinib 的研发及产业化	百济神州（苏州）生物科技有限公司
BA2019032	高效叠瓦组件成套设备研发及产业化	苏州沃特维自动化系统有限公司
BA2019033	基于离子迁移谱的危险品检测仪器研发及产业化	苏州微木智能系统有限公司
BA2019034	基于高带宽高集成自主芯片组的数字示波器的研发及产业化	苏州普源精电科技有限公司
BA2019035	基于海洋观测组网系统及其核心装备的研发及产业化	中天海洋系统有限公司
BA2019036	高速光固化新材料聚氨酯丙烯酸酯技术研发及产业化	江苏利田科技股份有限公司
BA2019037	智能芯片圆片级基板扇出型封装（FOPoS）技术开发及产业化	通富微电子股份有限公司
BA2019038	适用于传感的超强抗弯曲光纤系列产品研发及产业化	中天科技光纤有限公司
BA2019039	罕见病生物新药重组人凝血因子的研发及产业化	正大天晴药业集团股份有限公司
BA2019040	5G 高频高速基板用功能化高纯熔融硅微粉研发及产业化	江苏联瑞新材料股份有限公司
BA2019041	国防和产业急需的高效率高可靠模块电源研发及产业化	连云港杰瑞电子有限公司
BA2019042	国家 1 类新药抗肿瘤 EGFR 抑制剂 HS-10296 研发及产业化	江苏豪森药业集团有限公司
BA2019043	高速干喷湿纺碳纤维和其航空级预浸料的研发及产业化	中复神鹰碳纤维有限责任公司
BA2019044	三维堆栈式 CIS 芯片关键技术开发及产业化	德淮半导体有限公司
BA2019045	6.X-8MW 超大型直驱永磁海上智能化风机研发及产业化	江苏金风科技有限公司
BA2019046	环境友好型 126 kV 大容量单断口真空断路器研发及产业化	中航宝胜电气股份有限公司
BA2019047	基于倒金字塔微纳陷光结构的高纯多晶黑硅片的研发与产业化	江苏康博新材料科技有限公司
BA2019048	高效率大角度精准 3D 人脸识别光引擎用核心组件研发及产业化	江苏星浪光学仪器有限公司
BA2019049	国家级新品种“邵伯鸡”高效扩繁技术研发及产业化	扬州翔龙禽业发展有限公司
BA2019050	900 V 耐压 GaN 基垂直结构功率器件研发及产业化	扬州扬杰电子科技股份有限公司
BA2019051	基于多连杆和伺服气垫的重型高效智能化高强钢冲压线研发及产业化	扬州锻压机床股份有限公司
BA2019052	锂电池用高性能石墨烯复合导电浆料研发及产业化	江苏天奈科技股份有限公司
BA2019053	具有仿生分形结构的高效板式换热器关键技术研发与产业化	江苏唯益换热器有限公司

续表

项目编号	项目名称	承担单位
BA2019054	新一代柔性显示用超高定向导热全贴合碳基薄膜材料的研发及产业化	江苏斯迪克新材料科技股份有限公司
BA2019055	Ⅰ类抗血小板新药维卡格雷的研究及产业化	江苏威凯尔医药科技有限公司
BA2019056	渗透泵控释药物的研发及产业化	南京绿叶制药有限公司
BA2019057	全球首创治疗三阴性乳腺癌创新药物 TT-00420 的研发及产业化	南京药捷安康生物科技有限公司
BA2019058	基于多网络智能协同技术的自动驾驶测试系统	多伦科技股份有限公司
BA2019059	低压配电网全状态感知模块及系统关键技术研究	江苏智臻能源科技有限公司
BA2019060	基于物联网云计算技术的智慧能源平台的研发及产业化	无锡英臻科技有限公司
BA2019061	云边一体化平台和边缘计算网关的研发及产业化	无锡安诺信通信技术有限公司
BA2019062	2000 MPa 级高强韧性桥梁缆索钢丝用热轧盘条的研发与产业化	江阴兴澄合金材料有限公司
BA2019063	高性能低间隙镍钛合金及其植入器件研发及产业化	江阴法尔胜佩尔新材料科技有限公司
BA2019064	基于流场智能数值计算与调控耦合的节能高效有机废气焚烧装置的研发及产业化	江苏大信环境科技有限公司
BA2019065	工业烟气深度治理智能装置的研发及产业化	双盾环境科技有限公司
BA2019066	全围术期智能手术室成套系统的研发及产业化	江苏达实久信医疗科技有限公司
BA2019067	高效 HIT 硅片智能制绒清洗设备研发及产业化	常州捷佳创精密机械有限公司
BA2019068	智能高均匀磁控溅射真空镀膜机的研发及产业化	常州市乐萌压力容器有限公司
BA2019069	高速车辆新型轻量高安全风挡系统的研发及产业化	常州今创风挡系统有限公司
BA2019070	微电子产品精密流体封装产线智能装备的研发及产业化	常州高凯精密技术股份有限公司
BA2019071	高透光高导电性的柔性纳米透明导电薄膜研发及产业化	苏州维业达触控科技有限公司
BA2019072	基于纳米磁珠技术的体外诊断和蛋白纯化产品的研发及产业化	苏州海狸生物医学工程有限公司
BA2019073	碳纳米管高效面热源的研发及产业化	苏州汉纳材料科技有限公司
BA2019074	PD-L1 单克隆抗体注射液（KN035）研发及产业化	江苏康宁杰瑞生物制药有限公司
BA2019075	重组抗 PD-L1 全人单克隆抗体 CS1001 的临床Ⅲ期研究及产业化	基石药业（苏州）有限公司
BA2019076	两款国家Ⅰ类新药 hPV19 单抗注射液及 hPV19 单抗眼用注射液研发及产业化	苏州思坦维生物技术股份有限公司
BA2019077	基于相均衡倍频调制原理的免疫荧光分析仪研发及产业化	苏州和迈精密仪器有限公司
BA2019078	移动医用 X 射线高频高压发生器的研发及产业化	苏州博思得电气有限公司

续表

项目编号	项目名称	承担单位
BA2019079	无创经肛肿瘤切除手术系统的研发及产业化	苏州贝诺医疗器械有限公司
BA2019080	光通信模块高精度自动耦合封装设备研发与产业化	苏州猎奇智能设备有限公司
BA2019081	高精密连续卷式表面处理生产线的研发及产业化	昆山一鼎工业科技有限公司
BA2019082	车载电子产品智能装配生产线的研发及产业化	江苏特创科技有限公司
BA2019083	高强度高韧性汽车轻量化用精密成型压铸铝合金的研发及产业化	苏州慧驰轻合金精密成型科技有限公司
BA2019084	碳纤维复合材料汽车零部件快速成型制造技术研发及产业化	江苏亨睿碳纤维科技有限公司
BA2019085	船舶及海洋平台高压双向供电系统研发及产业化	镇江船舶电器有限责任公司
BA2019086	万吨级全电力推进甲板运输船关键技术研发及产业化	江苏省镇江船厂（集团）有限公司
BA2019087	智能电网用安全环保模块化配电成套设备研发及产业化	扬州德云电气设备集团有限公司
BA2019088	面向国六排放应用的汽车油箱连接锁紧卡盘精密冲压技术研发及产业化	江苏舒尔驰精密金属成形有限公司
BA2019089	基于药品一致性评价的丙泊酚脂肪乳的研发及产业化	江苏盈科生物制药有限公司
BA2019090	重组抗 EGFR 单克隆抗体的研发和产业化	泰州迈博太科药业有限公司
BA2019091	小直径大导程滚珠丝杠副的研发及产业化	连云港斯克斯机器人科技有限公司
BA2019092	金属件铸锻和机加工高效成型智能成套装备研发及产业化	连云港杰瑞自动化有限公司
BA2019093	高效型智能平衡评定训练系列装备研发及产业化	江苏苏云医疗器材有限公司

2019 年度江苏省十四五规划课题

项目编号	项目名称	承担单位
BR2019077	全球经济科技竞争趋势研判及江苏发展战略选择研究	东南大学
BR2019078	江苏省中长期科技发展战略目标和指标体系研究	江苏省科学技术情报研究所
BR2019079	江苏省深化科技体制机制改革及创新体系建设研究	江苏省科学技术发展战略研究院
BR2019080	江苏省高新区发展布局及苏南国家自主创新示范区创新一体化研究	江苏省生产力促进中心
BR2019081	江苏省加强基础研究提升原始创新能力的思路与策略研究	南京大学
BR2019082	江苏省科技基础设施布局建设研究	江苏省生产力促进中心
BR2019083	江苏省社会发展领域科技创新思路对策研究	江苏省科学技术发展战略研究院
BR2019084	江苏省“十四五”农业农村科技创新思路与对策研究	南京农业大学

续表

项目编号	项目名称	承担单位
BR2019085	江苏省新时期推进创新国际化的思路与策略研究	南京大学
BR2019086	江苏省创新科技投入体制机制研究	江苏省科学技术情报研究所
BR2019087	江苏省高水平开放环境下知识产权发展战略研究	东南大学
BR2019088	江苏省高新技术产业发展思路及策略研究	江苏省科学技术情报研究所
BR2019089	江苏省生物医药产业高质量发展研究	中国药科大学
BR2019090	江苏省新材料产业高质量发展研究	江苏省科学技术发展战略研究院
BR2019091	江苏省半导体产业高质量发展研究	江苏省产业技术研究院
BR2019092	江苏省人工智能产业高质量发展研究	东南大学

（江苏省科学技术厅资源配置处）

2019 年度国家科技项目申报

2019 Annual National Science & Technology Projects Application

【国家自然科学基金申报】 江苏省自然科学基金作为“种子基金”的作用凸显，2019 年全省争取国家自然科学基金项目超过 4000 项，与 2018 年基本持平，国拨经费超 20 亿元，居全国省（区、市）之首；入选国家“杰青”25 人，国家“优青”64 人，其中 80% 以上曾获省基金资助。积极组织国家重点研发计划项目，在纳米科技、量子调控与量子信息、干细胞与转化研究、蛋白质机器与生命过程调控、中医药现代化研究、深海关键技术与装备等 28 个专项中，已有近 50 个项目获得立项，获国拨经费超 10 亿元，位居全国前列。

（江苏省科学技术厅社会发展与基础研究处）

【国家科技项目申报】 2019 年度省科技厅推荐 120 项国家重点研发计划国际科技创新合作项目，获立项执行 23 项。

（江苏省科学技术厅对外合作处）

2020 年度江苏省科技计划项目指南

2020 Annual Science & Technology Project Guidelines of Jiangsu Province

2020 年度江苏省基础研究计划（自然科学基金）申报要求与项目指南

一、支持重点与申报条件

2020 年度省基础研究计划（自然科学基金）按照前沿引领技术基础研究专项、青年科技人才创新专题和面上项目三类组织申报。

（一）前沿引领技术基础研究专项。瞄准世界科技前沿，把握产业变革趋势，聚焦江苏省重点发展的先进制造业产业集群和未来产业培育，对重大科学前沿或重大产业前瞻问题进行超前部署，遴选顶尖的领衔科学家，组织若干重大基础研究项目，力争通过 3 ～ 5 年左右的努力，取得一批重大原创成果，形成一批变革性技术，引领产业集群发展成为创新集群（具体申报通知和项目指南另行发布）。

（二）青年科技人才创新专题。分为省杰出青年基金项目、省优秀青年基金项目和省青年基金项目3个类别。专题项目鼓励和引导广大青年科技人员瞄准本省经济和社会可持续发展重大需求，面向世界科技前沿和未来产业制高点开展创新研究，培养一流人才、创造一流成果，为江苏省全面提高自主创新能力、加快实现创新驱动发展奠定坚实的人才基础。

1. 杰出青年基金项目。以培养能进入国家杰出青年基金人选等高层次青年科技人才为目标，支持省内优秀青年科研人才面向江苏和国家需求开展创新研究，造就拔尖人才，培育创新团队，显著增强江苏省基础研究的影响力和若干重要科学领域的自主创新能力。杰出青年基金项目每项省资助经费不超过100万元，实施期为3年。

申报条件：具有博士学位或副高级及以上专业技术职称；年龄不超过40周岁［1980年1月1日（含）以后出生］；在其研究领域有明确的学术建树和国内外影响，并主持过省级或省级以上科技计划项目，具体指：科技部、国家自然科学基金委及江苏省科技厅所有科技计划项目；已获国家杰出青年科学基金、973计划青年科学家专题、国家重点研发计划青年科学家项目、国家优秀青年科学基金项目、省杰出青年基金项目资助的不得申报该类项目。

2. 优秀青年基金项目。在已验收通过的省青年基金资助的科研人才中，遴选部分课题研究已取得标志性成果、发展潜力较大的优秀青年科技人才，予以持续支持。标志性成果主要指学科领域重大突破、代表性论文和重要的专有技术，如专利等。省优秀青年基金项目每项省资助经费不超过50万元，实施期为3年。

申报条件：2019年按照合同要求按期验收的青年基金项目，项目负责人按期完成或超额完成项目合同规定的各项考核指标，经费使用规范，验收材料完整齐备。已获国家杰出青年科学基金、973计划青年科学家专题、国家重点研发计划青年科学家项目、国家优秀青年科学基金项目、省杰出青年基金项目资助的不再支持。

3. 青年基金项目。以培养造就青年科研骨干、建设高水平基础研究后备人才队伍为目标，支持刚开始从事创新创业的青年科研人员开展应用基础研究，培养青年科学技术人员独立主持科研项目、进行创新研究的能力，为其尽早确定研究方向奠定基础。青年基金项目每项省资助经费不超过20万元，实施期为3年。

申报条件：具有博士学位或副高级及以上专业技术职称；男性年龄不超过35周岁［1985年1月1日（含）以后出生］，女性年龄不超过38周岁［1982年1月1日（含）以后出生］；未主持过省级及以上科技计划项目，具体指：科技部、国家自然科学基金委及江苏省科技厅所有科技计划项目。

（三）面上项目。以获得基础研究创新成果为主要目的，着眼于总体布局，突出重点领域，凝聚优势力量，注重学科交叉融合，激励原始创新，提升本省基础研究整体水平。面上项目每项省资助经费不超过10万元，实施期为3年。

申报条件：原则上具有博士学位或副高级及以上专业技术职称，以及承担基础研究课题或其他从事基础研究的经历。

二、组织方式

1. 项目由各市、县及国家和省级高新区科技主管部门审查并推荐申报，在宁省属单位的项目由省主管部门审查推荐；部省属普通本科高校项目申报由各高校负责审核并自主推荐。其他高等院校按照属地化原则，由所在地科技部门负责项目审核推荐及立项后管理等事宜。各县（市）、国家和省级高新区组织申报的项目，须先经设区市科技局统筹协调后再单独直接报省。

2. 各市、县及国家和省级高新区科技主管部门所推荐各类项目中，医院项目应控制在所报该类项目总数30%以内（部省属普通本科高校项目直接报省，不计入各地项目总数）。鼓励和支持企业开展原创研究，建有企业重点实验室的单位可增加1项面上项目申报名额。

3. 省杰出青年基金项目和面上项目采取择优推荐方式，推荐数见附件2（略）。优秀青年基金项目由项目主管部门按照本部门当年按期通过验收的青年基金项目数25%的比例择优推荐申报（部省属高校项目由各高校自行组织推荐），已结题青年基金项目材料与“优青”

申报书一并报送。青年基金项目不限制推荐名额，但2018年和2019年已连续2年申报青年基金项目但未获资助的项目申报人，暂停1年青年基金项目申报。

三、申报要求

1. 项目申报人必须是江苏境内企事业单位正式在职人员，须从其实际工作、并有固定劳资关系的所在工作单位申报，不得通过兼职单位或挂靠单位申报。

2. 本年度青年科技人才创新专题项目申请人需按照项目指南要求（见附件），选择相应的条目进行申报；面上项目不设指南，申请人自由选题申报。所有项目研究方向按省基金申报代码要求填写（申报代码见省科技计划管理信息平台首页）。

3. 本年度青年科技人才项目将主要针对本省产业技术领域关键核心技术突破的重要科学问题，围绕项目的目标导向、申报人研究能力和水平、项目前沿性与创新性、研究基础与保障等方面进行遴选。申请人需准确把握申报通知和项目指南的要求，面向本省高质量发展重大需求和世界科技前沿，凝练科学问题，突出需求导向和创新人才培养的目标，不符合上述要求的申请项目原则上不予支持。

4. 有其他的省科技计划在研项目负责人，可以申报本计划的面上项目或省杰出青年基金项目。在本计划内，同一项目负责人本年度限报1个项目；有在研项目的负责人不得申报本年度项目（除在研面上项目负责人可申报本年度省杰出青年基金项目以外）；同一研究人员作为项目主要参与人，申报项目和在研项目总数不超过2项。同一单位及关联单位不得将内容相同或相近的研发项目同时申报不同省科技计划项目。

5. 申报省基础研究计划（自然科学基金）项目，项目名称应符合基础研究定位要求。项目研究要克服唯论文、唯职称、唯学历、唯奖项倾向，注重标志性成果的质量、贡献和影响。研究涉及人体研究、实验动物的项目，应严格遵守科学伦理、实验动物、人类遗传资源管理等有关规定的要求。

6. 项目申报单位、项目负责人和项目主管部门要认真落实省科技厅《关于进一步加强省科技计划项目申报审核工作的通知》（苏科计函〔2017〕7号）、《关于严格执行省科技计划项目管理相关规定的通知》（苏科计函〔2017〕479号）和《江苏省科技计划项目信用管理办法》（苏科技规〔2019〕329号）等通知要求，在项目申报时签署诚信承诺书。项目申报人应如实填写项目申报材料，杜绝科研不端行为。项目申报单位、项目主管部门要切实强化审核责任,对申报材料内容进行严格把关。对于弄虚作假、违反要求的，将按照相关管理规定严肃处理。

7. 项目主管部门在组织项目申报时要认真落实中央八项规定精神，按照省科技厅党组《关于进一步加强全省科技管理系统全面从严治党工作的意见》（苏科党组〔2018〕16号）文件要求，严格执行全省科技管理系统“六项承诺”和“八个严禁”规定，把党风廉政建设和科技计划项目组织工作同部署、同落实、同考核，切实加强关键环节和重点岗位的廉政风险防控，积极主动做好项目申报的各项服务工作，进一步提高服务质量和办事效率。

附件

2020年江苏省青年科技人才创新专题项目指南

省青年科技人才创新专题依托省青年基金、优秀青年基金和杰出青年基金三类项目，充分激发广大青年科研人才的创新积极性和创造潜能，鼓励和引导广大青年科技人员瞄准本省经济和社会可持续发展重大需求，面向世界科技前沿和未来产业制高点开展创新研究，围绕自主可控关键核心技术，聚焦全省重点发展的13个先进制造业产业集群，培养一流人才、创造一流成果,促进基础研究和产业跨越对接融通，为江苏省全面提高自主创新能力、加快实现创新驱动发展奠定坚实的人才基础。

1. 基础学科

鼓励探索科学前沿，聚焦未来可能产生变

革性技术的基础科学领域，发现新现象、构建新理论、提出新方法，促进基础学科与生命、材料、信息、能源、环境等领域的前沿交叉。

1001 核心数学及其应用

1002 大规模和超大规模科学工程计算

1003 经典物理和量子物理中的基础研究

1004 材料、能源、信息及生命科学中的前沿物理研究

1005 材料、能源、生命、环境等领域相关的化学问题

1006 纳米科学与技术中的基础问题

1007 前沿科学和工程技术中的力学问题

1008 天文及天体物理前沿、天文观测方法

2. 信息学科

针对本省在高端芯片、基础软件、人工智能、新一代信息网络等方面的战略需求，围绕高性能集成电路、新型光电器件、量子计算、大数据、智能机器人、网络安全、物联网和区块链等重点领域，开展理论与方法的创新研究，促进基础研究成果走向应用。

2001 高端芯片设计理论与方法

2002 微纳电子器件与集成电路设计

2003 新型信息器件与传感

2004 智能信息处理理论与方法

2005 新一代通信网络基础理论与关键技术

2006 物联网与工业互联网应用基础研究

2007 量子计算、通信与精密测量

2008 网络空间安全理论与方法

2009 新型计算机体系结构与存储

2010 基础软件理论与方法

2011 人工智能与大数据基础理论

2012 机器学习与视觉计算方法

2013 机器人与智能控制理论方法

2014 区块链基础理论与应用基础研究

3. 农业学科

面向本省现代农业发展需求，立足农业学科发展前沿，重点开展农业动植物改良、健康生产、生物灾害防控及食品安全等领域基础研究，关注优质、高效、绿色、智慧等共性科学问题，鼓励原始创新和学科交叉。

3001 农业微生物、动植物优异种质资源的发掘与创新

3002 农业生物重要性状形成的遗传基础和调控

3003 主要农业生物重要性状遗传改良及分子设计

3004 主要农作物优质高产高效绿色栽培生理机制及调控

3005 畜禽、水产健康养殖与饲料饲草高效利用及减排

3006 现代农业条件下农林病虫草害演变与灾变形成机制

3007 新型绿色农药的分子设计及作用机制

3008 重要动物疫病和人兽共患病流行规律、发病机制及防控

3009 新兽药的药理机制、靶标发掘及分子设计

3010 特色食品创新和农产品保鲜保质机理及检测

3011 现代农林生态系统的形成、演变与调控

3012 生物质能源发掘、创新与现代农业工程基础

3013 主要农作物多尺度、立体化信息监测预测机理与技术

3014 农业大数据、智慧农林业的相关科学问题

4. 生物医药学科

针对影响人类健康的心血管病、肿瘤、神经精神类疾病、代谢性疾病及新发传染病等重大疾病，立足生物医药研究前沿，凝练科学问题，按照转化研究、系统医学和精准医疗的思路，在发病机制、干预靶点、药物研发、中医药现代化、大数据应用和智慧医疗等领域开展原创性研究，为健康江苏建设提供创新源头。

4001 重大疾病的发病机制和干预靶点研究

4002 新发传染性疾病的病原体与防制规律

4003 组学、基因编辑等前沿技术研究

4004 再生医学、组织工程、生物医药新材料等基础研究

4005 生殖健康和人口质量的关键因素研究

4006 人类疾病的遗传和环境因素研究

4007　器官衰老的演变规律及干预策略

4008　临床诊疗新靶点、新技术

4009　大数据及人工智能的生物医学应用

4010　传统中医理论科学内涵的创新研究

4011　源于中医药原创思维的创新中药研究

4012　药物新靶标的发现与确证

4013　创新药物的发现及成药性研究

5. 工程技术学科

针对我省在先进制造、高端装备、基础设施等方面的战略需求，围绕工程技术领域的精密化、数字化、智能化和绿色化，开展关键技术基础问题研究，为重大工程自主创新提供新方法、新技术及源头创新基础。

5001　特种加工、复合材料构件制造、智能制造等先进制造新原理、新系统、新方法

5002　工业机器人、精密传动、机械仿生等先进设计技术

5003　高品质电机系统、高可靠电力电子、高压绝缘、泛在互联电网等电气工程新技术新方法

5004　现代土木、交通、建筑、水利、海洋工程与地下工程等的新方法、新技术

5005　工程结构耐久性检测、评估与修复理论与技术

5006　地下空间合理开发和综合利用中的关键问题

5007　重大工程安全、化工安全与防灾减灾理论与方法

5008　面向节能减排、产业升级、高端制造的化工基础

5009　重要生物转化过程及生物催化反应的关键基础研究

5010　常规能源高效清洁安全利用和新能源开发的新技术新方法

6. 材料学科

瞄准材料学科发展前沿，针对江苏省先进制造业产业集群发展需求，以高效、绿色、安全为目标，围绕材料设计、表征、制备和应用的关键技术和基础科学问题，开展需求导向的应用基础研究和原始创新研究。

6001　宽禁带、低维、有机等新一代半导体材料及器件

6002　面向5G/6G、光通信及量子通信等的新型信息功能材料

6003　高效、柔性、可穿戴等新型光电信息材料

6004　高密度、绿色、安全的电化学能源材料

6005　新一代光伏、光热、热电、能卡等高效清洁的能量转换材料

6006　面向生态环境、生命健康、智能仿生等的新型材料

6007　高饱和磁密、高灵敏、超低损耗的磁性材料

6008　高性能绝热、导热等热管理材料

6009　高强碳纤维等新型纤维及先进树脂基复合材料

6010　面向高端制造的高强/高韧新型金属材料及金属基复合材料

6011　面向绿色制造的高性能无机、高分子及其复合材料

6012　高熵、超构、低维、异构等前沿材料

6013　高性能膜材料设计及制备技术

6014　材料及其器件设计、制备新技术与新方法

7. 资源与环境学科

针对江苏省生态环境保护和资源高效利用的重大需求，围绕环境质量改善与修复、废物源头减量与循环利用、海洋矿产资源开发利用、自然灾害防治等重点领域，开展面向现实与未来、适应江苏区域特点的资源环境理论与技术创新研究。

7001　水资源保护、水环境质量改善与水生态修复

7002　土壤改良、修复和安全利用

7003　土地资源保护、整治与科学利用

7004　区域大气环境监测、污染成因与控制

7005　废物源头减量减害与资源循环利用

7006　噪音、光、辐射等物理性污染的监测与控制

7007　生态系统结构、功能调控及健康生态系统构建

7008　长江经济带区域环境过程和多介质协同治理

7009　重大自然灾害的形成机理、预测预警与风险防范

7010　地理环境变化过程、观测与预警

7011　矿产资源和地质能源高效勘探、绿色开发与矿区生态修复

7012　海洋资源开发与合理利用

7013　天气气候变化机理及预报预测研究

8. 其他

8001　面向江苏经济、社会和科技发展的实际需求，符合省基础研究计划定位，具有较强创新性和应用前景的其他学科交叉类基础研究项目。

2020年度江苏省重点研发计划（产业前瞻与关键核心技术）申报要求与项目指南

一、支持重点

1. 加强战略高技术前瞻部署。跟踪世界高技术发展趋势，聚焦纳米及先进碳材料、高端芯片、区块链等产业前瞻领域，围绕创新链培育产业链，强化针对性的前瞻性技术攻关部署，引领全省战略性新兴产业创新发展。聚焦电子信息、先进制造等高新技术优势产业领域，围绕产业链部署创新链，瞄准高端环节和关键节点，支持关键核心技术和重要技术标准研发，为推动江苏省高新技术产业向中高端攀升提供有力支撑。

2. 优化产业创新布局。重点聚焦苏南国家自主创新示范区、高新区的创新需要，加强前瞻性技术研发和产业技术创新的组织，推动战略性新兴产业培育，打造创新型产业集群，形成“一区一战略产业”布局。

3. 培育创新型企业集群。鼓励创新型领军企业整合国内外创新资源，联合多个研发单位开展基于交叉学科的前瞻技术研究，形成原创性技术成果。引导高新技术企业加强关键核心技术研发，提升自主创新能力。支持科技型拟上市企业开展面向应用的重大技术研发，为加快上市步伐提供科技支撑。

4. 强化产学研联合和人才导向。鼓励企业通过产学研联合开展前瞻技术研发，加强与长三角地区高校院所合作，优先支持产业技术创新战略联盟、省级以上高层次人才团队牵头组织和申报项目。强化科技计划的上下集成，鼓励利用国家科技计划项目成果，开展面向江苏产业发展的关键核心技术研发。

二、申报条件

1. 项目符合本计划定位要求，属于指南支持的领域和方向。项目具有明确的研发内容和较强的前瞻性，能推动相关新兴产业实现重大技术突破。

2. 项目具有较好的前期研发基础，创新水平居国内前列，项目负责人及团队具有较高的学术水平和创新能力。项目申报单位近年内须有有效授权专利等自主知识产权。重点项目申报单位应提交知识产权分析报告。

3. 项目成果具有自主知识产权和可预见的产业化应用前景。项目完成时，一般须形成发明专利申请或授权，电子信息、先进制造领域项目须完成样品、样机或系统，新材料、新能源领域项目须完成小试，销售等经济指标不纳入考核范围。对于在关键创新指标上形成原创性、高水平代表性成果，达到国际先进水平的项目，其量化考核指标不作硬性要求。

4. 申报单位为江苏省境内注册的具有独立法人资格的企业、高校和科研院所，以及产业技术创新战略联盟等创新组织。申报单位应具有较强的科技投入能力且正常运营。多个单位联合申报的，应签订联合申报协议，并明确协议签署时间。高校、科研院所或省产研院专业研究所申报项目必须有企业联合，且企业实质性参与项目研发工作。

5. 对不符合节能减排导向的项目、规模化量产与产业化项目、无实质创新研究内容项目和一般性技术应用与推广项目均不予受理。

三、组织方式

本年度省重点研发计划（产业前瞻与关键

核心技术）项目分为重点项目、竞争项目和后补助项目三类组织实施。项目具体由设区市科技局、县（市）科技局、国家和省级高新区管委会、省有关单位等项目主管部门负责组织申报。

1. 重点项目组织方式。本年度重点项目只面向指南产业前瞻技术研发领域，主要围绕苏南国家自主创新示范区“一区一战略产业”和重点培育的未来高端产业发展要求，按照“项目＋课题”的形式进行组织。项目承担单位要跨地区整合资源，形成产业骨干企业与国内知名院所、高校的强强联合，鼓励长三角地区产学研协同攻关。项目承担单位应为主要课题的承担单位,其主管部门作为重点项目主管部门。每个重点项目可设置 3 ～ 5 个课题，其中至少有 1 个课题为企业承担，其他课题也须有省内企业参与；同一单位只能承担 1 个课题，每个课题省资助经费一般不超过 200 万元。重点项目实施周期一般为 4 年。

本年度指南在产业前瞻技术研发领域中新增设立定向择优任务专题，采取重点项目组织形式，围绕本省大力培育和发展的第三代半导体和新一代碳纤维等前瞻产业，专门部署 2 项重点研究任务，征集并遴选具有较强创新能力的龙头骨干企业牵头，整合国内一流高校院所的优势创新团队，实现最优质创新资源的高效集成，围绕指南明确的研究内容和考核指标，通过针对性协同攻关，加快突破一批重大关键核心技术，切实增强江苏省新材料产业的核心竞争力。每项重点研究任务原则上只支持 1 个重点项目。申报该项目的单位，其申报书的研究内容须涵盖指南中该任务的所有考核指标。

2. 竞争项目组织方式。由各项目主管部门围绕指南确定的产业前瞻技术研发及关键核心技术攻关支持方向，聚焦地方优势产业整体提升及产业转型升级要求，按照面上引导、竞争择优的原则，择优推荐以企业为主的各类创新主体申报项目，产学研联合开展具有自主知识产权核心技术研发。竞争项目省资助经费一般不超过 120 万元。竞争项目实施周期一般为 3 年。

3. 后补助项目组织方式。获得第七届江苏科技创业大赛决赛一、二、三等奖获奖企业及获奖团队（获奖后 6 个月内在江苏省科技园区注册成立企业并实际运营）的参赛项目可直接申报后补助项目，由项目主管部门负责组织推荐。

4. 推荐申报要求。本年度项目实行择优推荐申报，每个设区市择优推荐 12 项（含县、市、区的申报指标）；省产研院推荐 6 项；2019 年度通报的全省高新区评价排名前 10 位的高新园区每家推荐 8 项，排名第 11 ～ 20 位的每家推荐 5 项，其余高新园区及常州科教城每家推荐 2 项；教育部公布的世界一流大学建设高校推荐 5 项，其他在宁部省属本科院校推荐 2 项。用于支持省科技型上市后备企业的指标每个设区市增加 2 项。除此之外，昆山市、泰兴市、沭阳县、常熟市、海安市各增报 1 项；2018 年绩效评价结果为 A 类的省级产业技术创新战略联盟及国家级联盟增报 3 项（省级联盟同时也属于国家级联盟的，增报名额不重复计算），评价为 B 类的省级联盟和 2017 年以来新成立的省级联盟增报 2 项，由联盟秘书处负责组织。在上述指标范围内，每个设区市（含县、市、区）推荐的重点项目不超过 4 项；每个高新区推荐的重点项目不超过 2 项；每个联盟推荐的重点项目不超过 1 项。重点项目申报占用项目申报单位所在地指标,课题申报不另占用指标。定向择优任务专题重点项目申报给予单独推荐名额，每个设区市原则上每个重点研究任务限推荐 1 项。后补助项目不受名额限制。

四、申报要求

1. 全面实施科研诚信承诺制。项目申报单位、项目负责人和项目主管部门均须在项目申报时签署科研诚信承诺书，进一步明确各自承诺事项和违背相关承诺的责任。有不良信用记录的单位和个人，不得申报本年度计划项目。

2. 在宁部省属本科院校的项目申报由本单位负责审核并自主推荐，项目立项后，直接与我厅签订项目合同。其他高等院校按照属地化原则，由所在地科技部门负责项目审核推荐及立项后管理等事宜。

3. 除创新型领军企业及申报定向择优任务专题重点项目和课题的企业外，有省重点研发计划或省科技成果转化计划在研项目的企业一般不得申报本年度项目。同一企业限报一个省重点研发计划项目。除创新型领军企业由不同项目团队开展的不同目标产品或处于不同技术研发阶段的项目可分别申报省重点研发计划（产业前瞻与关键核心技术）重点项目（课题）和省科技成果转化项目以外，同一企业不得同时申报省重点研发计划和省科技成果转化项目。省产研院所属的企业法人专业研究所申报和在研的省重点研发计划（产业前瞻与关键核心技术）项目总数不超过 2 个。同一单位及关联单位不得将内容相同或相近的研发项目同时申报不同省科技计划。凡属重复申报的，取消评审资格。

4. 省重点研发计划中，同一项目负责人限报一个项目，在研项目（不含省自然科学基金面上项目、创新能力建设计划项目和国际科技合作计划项目）负责人不得牵头申报项目，同一项目负责人不得同时申报省重点研发计划和省科技成果转化计划项目。项目负责人须为项目申报单位的在职人员（与申报单位签订劳动合同），并确保在职期间能完成项目任务。

5. 各地申报企业中高新技术企业（含纳入省高新技术企业培育库的企业）的占比不低于 60%。项目经费预算及使用须符合专项资金管理的相关规定，原则上申请省拨经费不超过项目总预算的 50%，其中：企业申报的项目省拨经费不超过项目总预算的 30%，不得以地方政府资助资金作为企业自筹资金来源。

6. 项目申报的相关单位和有关人员要严格落实省科技厅《关于进一步加强省科技计划项目申报审核工作的通知》（苏科计函〔2017〕7号）、《关于严格执行省科技计划项目管理相关规定的通知》（苏科计函〔2017〕479号）和《江苏省科技计划项目信用管理办法》（苏科技规〔2019〕329 号）要求，项目负责人应如实填写项目申报材料，严禁项目申报时剽窃他人科研成果、侵犯他人知识产权、伪造材料骗取申报资格等科研不端行为。项目申报单位要切实强化法人主体责任，进一步加强项目申报材料的审核把关，对申报材料的真实性和合法性负主体责任，杜绝夸大不实，严禁弄虚作假。基层项目主管部门要切实强化审核责任，对申报材料的内容进行严格把关，严禁审核走过场、流于形式。

7. 基层项目主管部门在组织项目申报时要认真落实中央八项规定精神，按照省科技厅党组《关于进一步加强全省科技管理系统全面从严治党工作的意见》（苏科党组〔2018〕16 号）文件要求，严格执行全省科技管理系统 “六项承诺”和“八个严禁”规定，把党风廉政建设和科技计划项目组织工作同部署、同落实、同考核，切实加强关键环节和重点岗位的廉政风险防控，积极主动做好项目申报的各项服务工作，进一步提高服务质量和办事效率。

附件

2020 年度江苏省重点研发计划（产业前瞻与关键核心技术）项目指南

省重点研发计划（产业前瞻与关键核心技术）以形成具有自主知识产权的重大创新性技术为目标，开展产业前瞻性技术研发、重大关键核心技术攻关，抢占产业技术竞争制高点，引领我省战略性新兴产业培育和高新技术产业向中高端攀升，为加快构建自主可控现代产业体系提供有力科技支撑。

一、产业前瞻技术研发

本类项目重点支持对战略性新兴产业培育具有较强带动性的产业前瞻技术，提升产业技术原始创新能力，引领新兴产业创新发展。

1. 定向择优任务专题

1011　高质量大尺寸（6 英寸及以上）第三代半导体材料制备技术

研究内容：开展硅基和碳化硅基的大尺寸（6英寸及以上）氮化镓材料外延生长技术研究；开展大尺寸氮化镓单晶材料的生长技术研究；实现氮化镓材料的电学性能调控，针对光电子和微电子应用，分别实现高电子迁移率、半绝缘和低电阻率的氮化镓材料制备，并完成相关器件的性能验证，支撑第三代半导体产业的创新发展。

考核指标：（1）实现6英寸、8英寸硅衬底上高质量氮化镓基外延材料生产，位错密度达到107 cm^{-2}量级，翘曲度＜30 μm，AlGaN/GaN 异质结二维电子气浓度＞9E12 cm^{-2}， 迁移率＞2200 cm^2/V·s。

（2）实现6英寸氮化镓单晶衬底制备，衬底TTV＜20 μm，表面RMS＜0.3nm，厚度＞600 μm，位错密度达到105 cm^{-2}量级，电阻率在0.01～109Ω·cm可调控。

1012　T1100及以上碳纤维材料制备技术研发

研究内容：开展T1100及以上级别的新一代碳纤维制备技术研究，突破T1100高品质原丝纺制技术、均质化预氧化碳化等关键技术，研发大通道外热式预氧化炉、宽幅高温碳化炉等关键生产装备。

考核指标：拉伸强度≥7000 MPa，拉伸模量≥324 GPa，批次内离散系数≤3%，批次间离散系数≤5%，断裂伸长率≥1.9%，含碳量≥95%，纤维直径≥5 μm，纤维规格≥12 K。

2. 高端芯片

1021　基于RISC-V 架构CPU 及第三方IP研发集成、微控制单元（MCU）、数字信号处理（DSP）、5G 通信用射频芯片等高端芯片的设计技术和电子设计自动化（EDA）的平台设计技术

1022　高压功率集成电路、新一代功率半导体器件及模块等先进制备工艺及装备制造技术

1023　多芯片板级扇出（Fanout）封装、多芯片系统集成（SiP）封装、三维封装等先进封装测试技术

1024　大尺寸低缺陷高纯度单晶硅片、高功率密度封装及散热材料、高纯度化学试剂、高端光刻胶等关键材料制备技术

3. 纳米及先进碳材料

1031　新型纳米传感器等微纳器件和纳米改性金属、二维纳米材料等新型纳米结构、功能材料制造与应用技术

1032　氮化镓、碳化硅等第三代半导体器件制备与应用关键技术

1033　大丝束等碳纤维低成本制备及复合材料设计应用技术

1034　高品质石墨烯宏量制备技术及改性、跨界应用技术

4. 区块链

1041　共识算法、智能合约等区块链核心算法、开源软件及硬件

1042　高性能分布式存储、区块数据、时间戳等区块链存储核心技术

1043　非对称加密、多方安全计算、可信数据网络、隐私保护、轻量级密码等区块链加密核心技术

1044　区块链金融、区块链溯源、区块链物流、区块链数据共享等区块链应用技术

5. 人工智能

1051　无监督学习、神经网络、类脑计算、认知计算等核心技术及软件

1052　AI 视觉算法、自适应感知、新型交互模态、AI 开源软件等应用关键技术、软件及系统

1053　嵌入式人工智能芯片、神经网络芯片、图形处理器（GPU）芯片等人工智能专用硬件和模组制造技术

1054　智能脑机接口、智能假肢、智能可穿戴设备等可移动智能终端关键技术

6. 未来网络与通信

1061　多网络协同组织、可软件定义多模式无线网络、边缘环境网络功能虚拟化等新型网络关键技术与设备制造技术

1062　6G移动通信、毫米波与太赫兹无线通信、窄带物联网（NB-IoT）、光通信、北斗导航通信、微纳卫星星座等新一代信息网络关键技术与设备制造技术

1063　量子秘钥分发、量子光源、量子中继等量子保密通信核心技术及关键设备研发

1064　网络空间信息安全、物联网、工业互联网安全防护及保密关键技术

7. 智能机器人

1071 多模态人机自然交互、通用机器人智能操作系统、机器人联邦学习等关键技术及软件

1072 人工触觉皮肤、高精度驱控一体化关节、新型精密减速器等机器人核心零部件制造及检测关键技术

1073 医疗及康复机器人、外骨骼机器人、足式行走机器人等服务机器人整机设计制造关键技术

1074 高精度重载机器人、先进工业机器人、特种作业机器人等工业机器人整机设计制造关键技术

8. 增材制造

1081 记忆合金、金属间化合物、精细球形金属粉末、高性能聚合物等增材制造材料制备关键技术

1082 大功率半导体激光器、高精度阵列式打印头等增材制造关键设备设计制造技术

1083 4D 打印、复合材料打印、移动式增材加工修复与再制造等增材制造先进加工工艺及关键设备制造技术

1084 面向制造领域的高效率、高精度、低成本、批量化增减材制造关键技术和设计制造软件系统

9. 数据分析

1091 云存储、离散存储等海量数据存储管理技术

1092 高性能计算、云计算、边缘计算等核心技术

1093 数据挖掘、非结构数据自动分析、数据可视化等数据处理技术

1094 面向生产制造、能源管理、智能交通等场景的大数据应用软件及系统

10. 先进能源

1101 高效低成本 N 型双面电池（TOPCon）和薄膜电池等新型高效太阳能电池及高可靠性低成本发电组件关键技术及工艺

1102 页岩气、核能、地热能、生物质能等新一代清洁能源关键技术

1103 可再生能源制氢、高效储氢加氢、安全用氢等关键技术

1104 能源互联网、微能量收集、新一代储能等关键技术

11. 智能与新能源汽车

1111 辅助和无人驾驶、车路协同、智慧座舱、能源管理等智能化控制关键技术

1112 分布式驱动电机、混合动力驱动系统、固态激光雷达、车物互联（V2X）底层通信等关键技术及部件

1113 固态锂离子电池、固体氧化物燃料电池、氢燃料电池等高功率密度动力电池、高性能充电系统等关键技术及部件

1114 新能源汽车整车集成及轻量化设计及制造技术

二、关键核心技术攻关

本类项目重点支持高新技术优势产业发展所需的关键核心技术，为推动产业向中高端攀升提供技术支撑。

1. 新材料

2011 高端光电子材料及先进显示材料制备与应用技术

2012 特种高分子、特种陶瓷、特种分离膜、金属有机框架（MOF）、生物可降解材料等新型功能材料制备技术

2013 高温合金、钛铝合金、海洋用钢、高端轴承钢、高性能纤维等新型结构材料制备技术

2014 新材料高通量计算方法及软件、高通量制备、表征及评价等材料基因组关键技术

2. 电子信息

2021 国产操作系统和办公软件、工业控制软件、嵌入式软件等高端软件及硬件关键技术

2022 激光显示、Micro-LED 等新型显示器件、工业级插件和连接器、有色金属氧化物（ITO）靶材等核心电子器件制备技术

2023 真空蒸镀机、高品质化学气相沉积（CVD）装置和湿法工艺等核心关键设备设计制造技术

2024 虚拟增强现实、数字媒体等先进数字文化科技关键技术

3. 先进制造

2031　磁悬浮轴承、高端液压（气动）件、高精度密封件、微小型液压件等高性能机械基础件制造技术

2032　激光加工、精密铸造、高精度光学器件加工等先进制造工艺及装备制造技术

2033　高端数控机床、大吨位智能化工程机械、高精度智能装配装备、智能化大型海工装备、航空发动机等大型整机装备设计、控制软件及系统集成技术

2034　网络协同制造、按需制造、产品自适应在线设计等智能制造关键技术及软件系统

4. 新能源与高效节能

2041　薄片化晶硅电池、钝化膜及钝化发射极、背面电池（PERC）等高性能低成本太阳能光伏关键技术

2042　10 MW 以上风电机组、低风速整机等先进风机关键技术

2043　大容量柔性输电、远距离特高压输电、大规模可再生能源并网与消纳等智能电网关键技术

2044　三废高效洁净处理及资源化利用、微界面反应、新型余废热高效利用等节能减排关键技术

5. 安全生产

2051　安全生产信息化、灾害事故监测预警、危险气体泄漏检测及精准定位、生命探测等灾害预警侦测关键技术

2052　危险环境作业、安全巡检、应急救援等机器人，高机动救援成套化装备等安全生产智能装备制造技术

2053　便携式自组网通信终端、远距离透地通信及人员精准定位、井下水下远距离救援通信等应急救援通信关键技术

2054　危化品贮槽应急堵漏、危险气体泄漏安全环保处置、险恶环境灭火救援等灾害应急处置关键技术

6. 其他非规划创新的关键核心技术

2061　除上述所列技术方向外，其他满足本省经济社会重大需求且技术创新性高、突破性强、带动性大的非规划创新关键核心技术。

2020 年度江苏省重点研发计划（现代农业）申报要求与项目指南

一、支持重点

1. 加快前瞻性技术突破。跟踪世界农业科技发展前沿和未来发展趋势，重点支持生物农业和智慧农业等技术领域的重大原创性技术研发，为提升江苏省农业产业竞争力奠定坚实基础。

2. 加强优良品种选育。实施藏粮于地、藏粮于技战略，以优质、高效、多抗为目标，重点支持优质稻麦、特色畜禽、特种水产、珍贵林木等领域具有自主知识产权的重大标志性新品种选育，推动江苏省现代种业做优做强。

3. 促进物质装备创新。围绕江苏省农业优势特色产业发展需求，以智能高端、高效安全为目标，重点支持智能农业装备、农业生物制品等领域的关键共性技术创新，促进产业融合发展。

4. 推进农高区建设。围绕长江经济带、长三角一体化战略需求，以提升南京国家农业高新技术产业示范区主导产业为目标，重点支持食品产业领域的技术和产品研发，提升农高区产业发展水平，推进农高区高质量发展。

5. 注重科技集成示范。围绕保障江苏省粮食安全和高效生态农业发展，以增产增收、绿色智慧为目标，重点支持粮食丰产、果蔬加工、动物健康养殖等领域的技术集成和示范，推进农业可持续发展。

6. 完善新型服务体系。围绕江苏省建设农业科技社会化服务体系，以提升载体建设水平和服务质量为目标，重点支持科技服务超市、星创天地等载体开展农业新品种、新技术、新产品科技成果转化示范应用、咨询培训、创新创业等公益性科技服务，推进特色产业转型发展。

二、申报条件

1. 第一申报单位为江苏省内注册的具有独立法人资格的企业、高等学校、科研院所等；项目负责人须为项目申报单位在职人员，并确

保在职期间能够完成项目。

2. 项目符合计划定位和指南方向，形成具有自主知识产权的农业产业发展关键核心技术和重大装备。

3. 新产品、新装备开发项目原则上以企业为主体申报，鼓励产学研协同攻关；重大科技集成与示范项目要求跨区域多点示范，鼓励首席专家牵头组织。

4. 优先支持创新型领军企业、高新技术企业、农业科技型企业和高层次人才创业企业申报的项目；优先支持科技特派员申报的项目；优先支持产业技术创新战略联盟申报的项目；鼓励农业高新技术产业示范区、农业科技园区内企业、农村科技服务超市和星创天地等创新创业平台承建单位申报的项目。

5. 除农业科技社会化服务后补助项目以外，本计划不支持无实质性技术创新内容和一般性技术应用推广项目，不支持产品中试及产业化开发。

三、组织方式

本年度省重点研发计划（现代农业）采取择优竞争方式组织实施，按照重点项目、面上项目和后补助项目三类组织推荐。

1. 重点项目

（1）前瞻性技术研发。要求突破核心关键技术，形成自主知识产权。鼓励学科交叉和融合，其中农业信息化领域（指南代码为 1012 和 1013）须跨学科联合申报。前瞻性技术研发项目资助经费不超过 200 万元，实施周期不超过 4 年。

（2）重大品种创新。申报单位应具备开展项目所需的种质资源和育种技术基础，要求获得具有自主知识产权的重大标志性新品种。鼓励种业企业联合科教单位共同申报。重大品种创新项目资助经费不超过 200 万元，实施周期不超过 4 年。

（3）重大物质装备创新。要求突破核心关键技术，获得具有自主知识产权的产品或样机，并有望实现产业化开发。重大装备创新（指南代码为 1031 和 1032）须以企业为主体申报。重大物质装备创新项目资助经费不超过 200 万元，实施周期不超过 4 年。

（4）农高区专题。要求围绕南京国家农高区建设主题和主导产业开展技术研究和应用，大幅度提高农高区主导产业发展水平。鼓励省内科教单位联合农高区内企业共同申报。科教单位为主体申报的项目，须由其主管部门、南京市科技局和南京国家农业高新技术产业示范区联合推荐，项目必须在园区落地实施。农高区专题项目资助经费不超过 200 万元，实施周期不超过 4 年。

（5）重大科技集成与示范。要求突破产业关键共性技术，在农高区和省级以上农业科技园区开展多点示范应用，形成可复制可推广的典型模式。其中，动物规模化生态养殖及智能化管理技术集成创新与示范（指南代码为 1054）须以龙头企业为主体申报。重大科技示范项目资助经费不超过 300 万元，实施周期不超过 4 年。

2. 面上项目

鼓励科教单位、农业龙头企业和农业科技型企业开展产学研协同创新，突破产业关键共性技术，获得自主知识产权产品和装备。农产品加工技术研究及产品开发（指南代码为 2021 至 2023）和农业投入品创制（指南代码为 2031 至 2035），须以企业为主体申报。面上项目资助经费不超过 80 万元，实施周期不超过 3 年。

3. 后补助项目

（1）品种后补助。择优组织推荐 2017—2019 年内自主选育而成，获得品种权、审（鉴）定证书或备案，未获省级及以上财政资助的品种。品种后补助经费不超过 50 万元。

（2）农业科技社会化服务后补助。农业科技社会化服务（指南代码为 3017）按照上一年度开展公益性科技服务的实效和实际发生的费用择优进行补助。后补助申报工作的有关要求详见附件 2。

四、申报要求

1. 择优推荐事项。各设区市市区择优推荐 8 项，昆山市、泰兴市、沭阳县、常熟市、海安市择优推荐 5 项，其他各县（市）择优推荐

3 项，各地推荐的以企业为申报主体的项目不低于推荐项目总数的 60%。省农业农村厅择优推荐 8 项，省其他有关部门各择优推荐 3 项，省有关部门只能推荐本部门所属单位申报的项目。省农科院、南京农业大学、扬州大学各择优推荐 8 项，南京林业大学、江南大学、江苏大学各择优推荐 4 项，省中科院植物研究所、南京师范大学、南京工业大学、南京财经大学、南京信息工程大学各择优推荐 3 项，江苏新农村发展研究院协同创新战略联盟成员高校各可增加推荐 1 项，在宁部省属本科高校项目由高校负责审查推荐，非在宁部省属本科高校项目由所在地科技行政管理部门负责审查推荐。南京国家农业高新技术产业示范区可增加推荐 4 项，高邮高新区可增加推荐 2 项。江苏省农业科技园区协同创新战略联盟成员单位各可增加推荐 1 项，由园区属地科技行政管理部门推荐。省级以上涉农产业技术创新战略联盟可增加推荐 1 项，申报单位由联盟理事长确定，由申报单位属地科技行政管理部门推荐。品种后补助项目不占指标，推荐数不超过各部门各单位可推荐项目总数的 50%。

2. 全面实施科研诚信承诺制。项目申报单位、项目负责人和项目主管部门均须在项目申报时签署科研诚信承诺书，进一步明确各自承诺事项和违背相关承诺的责任。有不良信用记录的单位和个人，不得申报本年度计划项目。

3. 除创新型领军企业外，有省重点研发计划、省科技成果转化专项资金在研项目的企业不得申报本计划项目。同一企业限报一个项目，不得同时申报本计划和省科技成果转化专项资金项目。同一单位以及关联单位不得将内容相同或相近的研发项目同时申报不同省科技计划。凡属重复申报的，取消评审资格。

4. 同一项目负责人限报一个项目，同时作为项目骨干最多可再参与申报一个项目，在研项目负责人（不含省自然科学基金面上项目、创新能力建设计划项目和国际科技合作计划项目）不得牵头申报项目，项目骨干的申报项目和在研项目总数不超过 2 个。同一项目负责人不得同时申报省重点研发计划和省科技成果转化计划项目。品种后补助项目不受上述限制。

5. 申报单位须对照指南规定的项目类型和指南代码进行申报，一个项目填写一种项目类型和指南代码。经费预算及使用须符合专项资金管理的相关规定，总经费预算合理，支出结构科学，使用范围合规。企业申报的项目省拨经费不超过项目总投入的 50%。申报单位有产学研合作但未建“校企联盟”的，须登录江苏省产学研合作智能服务平台（江苏省科技服务社会校企联盟管理系统），按照相关要求在线填报。

6. 项目申报的相关单位和有关人员要认真落实省科技厅《关于进一步加强省科技计划项目申报审核工作的通知》（苏科计函〔2017〕7 号）、《关于严格执行省科技计划项目管理相关规定的通知》（苏科计函〔2017〕479 号）和《江苏省重点研发计划项目管理办法（试行）》（苏科技规〔2018〕360 号）要求，项目负责人应如实填写项目申报材料，严禁项目申报时剽窃他人科研成果、侵犯他人知识产权、伪造材料骗取申报资格等科研不端行为。项目申报单位要切实强化法人主体责任，进一步加强项目申报材料的审核把关，对申报材料的真实性、合法性和完整性负主体责任，严禁虚报项目、虚假出资、虚构事实及联合中介机构包装项目等弄虚作假行为。基层项目主管部门要切实强化审核责任，对申报材料内容进行严格把关，严禁审核走过场、流于形式。对于违反要求弄虚作假的，将按照相关规定严肃处理。

7. 项目主管部门在组织项目申报时要认真落实中央八项规定精神，按照省科技厅党组《关于进一步加强全省科技管理系统全面从严治党工作的意见》（苏科党组〔2018〕16 号）文件要求，严格执行全省科技管理系统“六项承诺”和“八个严禁”规定，把党风廉政建设和科技计划项目组织工作同部署、同落实、同考核，切实加强关键环节和重点岗位的廉政风险防控，积极主动做好项目申报的各项服务工作，进一步提高服务质量和办事效率。

附件1

2020年度省重点研发计划（现代农业）项目指南

一、重点项目

1. 前瞻性技术研发

围绕农业高质量发展和高新技术产业培育，突出产业前瞻，开展生物农业和智慧农业等领域的技术创新，形成具有自主知识产权的原创成果。

1011　动植物重要性状解析和基因编辑技术研究

1012　多源异构农业数据采集、分析与集成

1013　面向精准农业的新型传感器技术及智能系统研发

1014　畜禽重大疫病免疫新技术研发

1015　农业种质资源精准鉴定与多元评价数据采集分析

2. 重大品种创新

围绕保障粮食安全和农业供给侧结构性改革，开展稻麦、林木、畜禽、水产品种（系）创新，育成具有自主知识产权的品种（系）。

1021　水稻绿色品种、特色小麦品种等主要农作物新品种选育

1022　多功能珍贵林木新品种选育

1023　江苏特色经济作物优良品种选育

1024　家畜抗逆性核心群培育

1025　抗逆水产新品种（系）选育

3. 重大物质装备创新

围绕产业化目标，开展特色农业装备、重大疫病疫苗等物质装备创新，装备样机须通过法定检测机构性能检测，疫苗兽药须形成可转化应用的专利技术。

1031　特色经济作物及园艺机械化生产收获装备研发

1032　现代粮食储藏绿色、智能技术及装备研发

1033　非洲猪瘟、禽流感等动物重大疫病疫苗创制及生物安全型防控技术研发

1034　生物可降解农用制品关键技术研发及产品创制

4. 农高区专题

围绕我省国家农高区食品产业，开展产业链关键技术研究和产品装备开发，形成物化成果和可复制可推广的典型模式，做大做强农高区主导产业。

1041　植物功能成分高效提制与利用技术

1042　细胞培养肉与新型食物蛋白研发与创新

1043　食品加工生产智能化装备研发

1044　食品绿色智能加工技术集成与示范

5. 重大科技集成与示范

1051　稻麦全程优质绿色生产技术集成创新与示范

以优质为目标，开展品种、控缓释肥、纳米农药的筛选应用，集成优质品种、精准播栽、精确施肥、病虫草害绿色防控、智能化监控管理等关键技术，形成适应规模经营的全程优质绿色生产技术体系和产品，并开展规模化示范应用。

1052　特粮特经作物优质高效生产技术集成创新与示范

以周年优质高效、绿色生态为目标，集成优质专用品种、机械播种、肥料轻简使用、主要病虫害绿色防控、低损耗收获等关键技术环节，形成特粮特经作物优质高效、多元多熟、绿色生产技术体系，并开展规模化示范应用。

1053　花卉果蔬生产与采后关键技术集成创新与示范

以提升本省优质特色产业为目标，围绕花卉果蔬生产和采后处理全过程，集成优质高抗品种筛选、优质种苗生产、水肥一体化精准控制、智能化监控与管理、采后保鲜与贮运、精深加工等技术，形成适应多种新型农业经营主体的技术体系和模式，并开展典型性应用示范。

1054　动物健康养殖及智能化管理技术集成创新与示范

以健康生态为目标，集成动物精准养殖、疫病防控、智能化管理、产品加工和品质控制

等技术，建立适合畜禽水产规模化养殖和加工的技术模式，并开展应用示范。

二、面上项目

1. 高效绿色生态技术创新

坚持绿色、生态和高效，开展作物绿色、高效、安全和机械化生产关键技术创新，推进现代农业可持续发展。

2011　作物高效绿色生产关键技术研发

2012　作物病虫害预警与绿色防控技术及产品开发

2013　设施农业土传病害绿色防治技术研发

2014　智能化生态综合种养技术研发

2. 农产品加工技术研究及产品开发

坚持营养健康和高值化，围绕产品加工过程关键环节，开展精深加工、品质控制、冷链物流等关键技术创新和产品开发，推进产业高端化发展。

2021　农产品精深加工技术研究及产品开发

2022　农产品冷链物流关键技术研发

2023　食品加工与储运过程品质劣变控制技术研发

2024　农业面源污染防控及废弃物处置与综合利用技术研究

3. 农业投入品创制

坚持高效安全和功能化，围绕低毒高效农药、生物饲料（肥料）、生物制剂等，开展新型高效安全农业投入品创制。

2031　低毒高效农药与纳米农药创制及应用技术研发

2032　新型安全高效生物饲料（添加剂）创制

2033　基于农林废弃物的功能性生物肥料创制

2034　新型畜禽用生物制剂创制

2035　农业有益微生物筛选与利用

三、后补助项目

坚持市场导向，择优支持育种单位自主育成的经济作物、蔬菜果树、林木花卉等农业新品种，择优支持农业科技社会化服务载体。

3011　优质抗病玉米、大麦新品种

3012　优质多抗大豆、油菜、棉花新品种

3013　优质特色杂粮新品种

3014　优良特色果蔬（含桑、茶）新品种

3015　优良特色苗木花卉新品种

3016　优良特色动物新品种

3017　农业科技社会化服务

四、农业科技社会化服务后补助申报工作的有关要求

附件 2

2020 年度江苏省农业科技社会化服务后补助申报工作的有关要求

为进一步提高农业科技服务效能，加快构建江苏省开放竞争、多元互补、协同高效的农业科技社会化服务体系，推进农业优势特色产业发展，2020 年度省重点研发计划（现代农业）以提升载体建设水平和服务质量为目标，重点支持科技服务超市、星创天地等创新创业载体开展的公益性科技服务。有关具体要求如下：

一、申报条件

1. 申报对象：苏南 5 个设区市、苏中 3 个设区市 2019 年 1 月 1 日之前省级认定（备案）的江苏农村科技服务超市（以分店为主体）、星创天地。

2. 江苏农村科技服务超市由分店牵头申报，所带便利店不少于 2 家。分店及所带便利店须在 2019 年度农村科技服务超市考评中定性评价为优秀等次的。

3. 未完成 2018 年度创新能力数据采集填报工作的星创天地不得申报。

二、申报要求

1. 择优限额推荐。各设区市科技局根据载体建设情况进行择优推荐。各设区市推荐申报的星创天地数量不超过 4 家。同时建有科技服务超市和星创天地的单位，选择其中一个进行申报，不得重复申报。

2. 实施诚信承诺。项目申报单位、项目负责人和项目主管部门均须在项目申报时签署科

研诚信承诺书，进一步明确各自承诺事项和违背相关承诺的责任。有不良信用记录的单位和个人，不得申报本年度计划项目。

3. 规范操作程序。认真落实省科技厅《关于进一步加强科技计划项目申报审核工作的通知》（苏科计函〔2017〕7号）、《关于严格执行省科技计划项目管理相关规定的通知》（苏科计函〔2017〕479号）和《江苏省重点研发计划项目管理办法（试行）》（苏科计规〔2018〕360号）相关要求。项目负责人应如实填写项目申报材料，严禁伪造材料骗取资金。项目申报单位要切实强化法人主体责任，进一步加强项目申报材料的审核把关，对材料的真实性、合法性、完整性负主体责任，严禁虚报项目、虚假出资、虚构事实及联合中介机构包装项目等弄虚作假行为。各设区市科技局对载体申报资质进行审查，基层项目主管部门对申报材料内容进行严格把关，严禁审核走过场、流于形式。

2020年度江苏省重点研发计划（社会发展）申报要求与项目指南

一、支持重点

1. 重大科技示范

针对人民群众关心的热点社会发展问题，围绕公共安全、长江经济带生态保护、资源能源可持续发展和人口健康等重点领域，组织开展关键技术集成应用与综合示范，让科技创新惠及百姓生活。

2. 临床前沿技术

坚持临床导向，瞄准国际前沿，围绕重大疾病的临床诊治，开展前沿技术的临床应用研究，在重点领域取得一批原创性的诊疗新技术、新方法和新标准，力争进入国家及国际指南、规范，努力实现江苏省临床诊疗技术的新突破。

3. 社会发展面上项目

针对江苏省社会发展领域的关键技术问题，组织开展联合攻关，突破一批关键核心技术并应用示范。主要支持对本省社会发展具有支撑和引领作用，关系民生、受益人群多、技术集成度高、行业或区域特点显著、具有在全省进行示范推广价值的项目。优先支持国家和省可持续发展实验区申报的项目。

4. 医药

针对江苏省医药产业发展的关键领域，重点支持具有自主知识产权和自主品牌的创新药物和高端医疗器械产品，推动本省医药产业迈向中高端。

二、申报条件

1. 申报单位须是在江苏省注册的具有独立法人资格的企、事业单位或其他科研机构，政府机关不得作为申报单位进行申报。项目第一负责人（1960年1月1日以后出生）须是申报单位在职人员，并确保在退休前能完成项目任务。

2. 重大科技示范项目申报单位须为项目建设与运行的主体，鼓励与科研机构、有关企业联合申报。每个项目省资助经费不超过300万；鼓励承担单位加大自筹经费投入力度，对承担单位为企业的，需按照自筹经费与省资助经费2∶1的比例提供自筹资金。

3. 临床前沿技术项目重点支持重大疾病的前沿诊疗技术，其中“干细胞”和“精准医疗”指南条目，申报单位需符合国家《干细胞临床研究管理办法（试行）（国卫科教发〔2015〕48号）》《关于加强干细胞临床研究备案与监管工作的通知（国卫办科教函〔2017〕313号）》《涉及人的生物医学研究伦理审查办法》要求；医疗新技术研究需符合《医疗技术临床应用管理办法》规定。每个项目省资助经费不超过200万；鼓励承担单位加大自筹经费投入力度，对承担单位为企业的，需按照自筹经费与省资助经费1∶1的比例提供自筹资金。

4. 社会发展面上项目每个项目省资助经费不超过50万，鼓励承担单位加大自筹经费投入力度，对承担单位为企业的，需按照自筹经费与省资助经费1∶1的比例提供自筹资金。

5. 医药后补助项目：重点支持2017年以来已获得相关的临床批件、临床医疗器械注册证书（批件或证书第一持有人），并对全省医药产业高质量发展促进作用大的创新药物和医疗器械产品；择优支持完成仿制药质量和疗效一致性评价并收载入《中国上市药品目录集》的药物。医药项目实行奖励性后补助支持方式，加大对1类化学药新药（按2016年药品注册分类，包括原1.1类）和1类生物制品的支持力度，每个项目申请后补助经费不超过200万元；其他项目申请后补助经费不超过100万元。凡已经获得过省级科技计划立项支持过的医药项目不予以后补助。

三、组织方式

1. 申报项目由各设区市、县（市）科技局，国家、省高新区科技局审查并推荐；省属单位的项目由省主管部门审查推荐；在宁部省属本科高校的项目由本单位科技管理部门审查，单位推荐（盖法人单位公章）。主管部门、在宁部省属本科高校应根据通知要求对申报项目进行筛选，并在规定的额度内推荐。

2. 省重点研发计划（社会发展）项目分三类组织申报，包括：重点项目、面上项目和医药后补助项目。重点项目包括重大科技示范、临床前沿技术项目。

2.1　重点项目

重大科技示范项目：为贯彻落实《省政府关于推动生物医药产业高质量发展的意见》（苏政发〔2018〕144号）和推动徐州国家可持续发展议程创新示范区建设，1106、1108 指南方向选择江苏省优势地区组织申报，其中1106指南方向由徐州市科技局推荐3项，1108指南方向由泰州国家医药高新区推荐3项；其他指南方向，每个设区市每个指南方向可推荐1项；县（市）、部省属本科高校、部省属科研院所可选择两个指南方向，每个指南方向推荐1项；省有关部门根据各部门职能每个相关指南方向可推荐1项。

临床前沿技术项目：每个三级甲等（中、专科）医院（含分院及依托医院或科室建设的研究所）推荐4项，部省属本科高校、部省属科研院所推荐2项，其他项目申报单位推荐1项。非三级甲等（中、专科）医院牵头申报，须联合省内三级甲等（中、专科）医院，并附单位间签署的合作协议。

2.2　社会发展面上项目：新型临床诊疗技术和公共卫生项目每个三级甲等（中、专科）医院（含分院及依托医院或科室建设的研究所）推荐5项，部省属本科高校、部省属科研院所推荐2项，其他项目申报单位推荐1项。其他领域面上项目部省属本科高校、部省属科研院所推荐5项，其他项目申报单位推荐1项。

2.3　医药后补助项目：每个医药企业可申报2项，其中，仿制药质量和疗效一致性评价项目1项，1类化学药新药、1类生物制品或其他后补助项目1项。

四、申报要求

1. 全面实施科研诚信承诺制。项目申报单位、项目负责人和项目主管部门均须在项目申报时签署科研诚信承诺书，进一步明确各自承诺事项和违背相关承诺的责任。

2. 除创新型领军企业及其他规定的条件外，有省重点研发计划或科技成果转化专项资金在研项目的企业一般不得申报本年度项目。同一企业限报一个项目，不得同时申报本计划和省科技成果转化计划项目，同一单位以及关联单位不得将内容相同或相近的研发项目同时申报不同省科技计划。省重点研发计划中，同一项目负责人限报一个项目，同时作为项目主要参与人最多可再参与申报一个项目，在研项目（不含省自然科学基金面上项目、创新能力建设计划项目和国际科技合作计划项目）负责人不得牵头申报项目，项目主要参与人的申报项目和在研项目总数不超过2个，同一项目负责人不得同时申报重点研发计划和成果转化计划。重复申报的将取消评审资格。

3. 有不良信用记录的单位和个人，不得申报本年度计划项目。在项目申报和立项过程中相关责任主体有弄虚作假、冒名顶替、侵犯他人知识产权等不良信用行为的，一经查实，将记入信用档案，并按《江苏省科技计划项目信用管理办法》做出相应处理。

4. 项目名称和研究内容应符合省重点研发计划（社会发展）定位要求，重大科技示范项目名称为“研究内容＋科技示范”。

5. 项目经费预算及使用需符合专项资金管理的相关规定，总经费预算合理真实，支出结构科学，使用范围合规，申报单位承诺的自筹资金必须足额到位，不得以地方政府资助资金作为企业自筹资金来源。医药后补助项目申请材料应包括完整的技术报告，并提供会计师事务所出具的项目审计报告。

6. 项目申报的相关单位和有关人员要认真落实省科技厅《关于进一步加强省科技计划项目申报审核工作的通知》（苏科计函〔2017〕7号）和《关于严格执行省科技计划项目管理相关规定的通知》（苏科计函〔2017〕479号）要求，项目负责人应如实填写项目申报材料，严禁项目申报时剽窃他人科研成果、侵犯他人知识产权、伪造材料骗取申报资格等科研不端行为。项目申报单位要切实强化法人主体责任，进一步加强项目申报材料的审核把关，对申报材料的真实性和合法性负主体责任，严禁虚报项目、虚假出资、虚构事实及联合中介机构包装项目等弄虚作假行为。基层项目主管部门要切实强化审核责任，对申报材料真实性和合法性进行严格把关，严禁审核走过场、流于形式。对于违反要求弄虚作假的，将按照相关规定严肃处理。

7. 项目主管部门在组织项目申报时要认真落实中央八项规定精神，按照省科技厅党组《关于进一步加强全省科技管理系统全面从严治党工作的意见》（苏科党组〔2018〕16号）文件要求，严格执行全省科技管理系统“六项承诺”和“八个严禁”规定，把党风廉政建设和科技计划项目组织工作同部署、同落实、同考核，切实加强关键环节和重点岗位的廉政风险防控，积极主动做好项目申报的各项服务工作，进一步提高服务质量和办事效率。

8. 本计划项目凡涉及人类遗传资源采集、收集、买卖、出口、出境的需遵照《中华人民共和国人类遗传资源管理条例》的相关规定执行。涉及实验动物和动物实验的，需遵守国家实验动物管理的法律、法规、技术标准及有关规定。涉及人的伦理审查工作的，需按照相关规定执行。

9. 本计划项目实施期为3年，对重大科技示范项目分2次拨款。

附件

2020年度江苏省重点研发计划（社会发展）项目指南

一、重点项目

（一）重大科技示范

1101　安全生产事故隐患智慧诊断关键技术与应用示范

针对本省安全生产事故隐患诊断的深度化、体系化和常态化等重大需求，开展基于物联网、大数据、计算机视觉和人工智能等技术的事故隐患诊断及其预警关键技术研究，构建事故隐患智慧诊断关键技术系统云平台，实现事故隐患诊断及其预警的远程化、移动化、平台化、智能化和标准化，并在本省相关企业内开展应用示范。

1102　重大安全稳定风险防控智能泛在感知网建设与示范

着力打赢防范化解重大风险攻坚战，贯彻省委省政府关于加强重大安全稳定风险防控的总体要求，集成应用区块链、大数据、边缘计算、人工智能等新型技术，科学规划布建各类智能感知、数据采集和智能安检设备，构建以科技物联感知为主体，以目标对象社会活动感知、警务活动人工核录感知为补充的前端感知体系和智能防控体系，研究形成全省一体化多维感知、广泛互联、集成应用解决方案，并开展省级应用示范。

1103　小流域复合污染生态修复与生态服务功能提升技术集成应用示范

针对江苏省长江经济带及太湖地区部分小流域存在的土壤质量退化，重金属、有机物复合污染及河流水生态功能下降等生态环境问题，按照山水林田湖草生命共同体的理念，选择代表性小流域，重点突破土壤质量提升与土壤污染修复、面源污染控制，入河污染负荷削减与河流水质改善、水环境功能提升耦合性不足等问题，在流域尺度和生态系统层面统筹规划，集成当前可行且易推广的技术，开展“土壤质量提升 + 污染控制 + 生态功能恢复”等成熟技术的应用示范，为解决流域生态环境改善与生态服务功能提升提供科技支撑。

1104　水生态环境治理精准化与规范化关键技术研究与示范

贯彻《江苏省长江经济带生态环境保护实施规划》《江苏省生态环境标准体系建设实施方案（2018—2022年）》要求，面向长江流域水污染防治精准化与规范化的迫切需求，开展江苏省沿江重点区域内水污染物排放、污染负荷与生态健康风险、生态环境承载力与治理工程实施效益研究，突破基于大数据的流域水生态环境问题精准诊析、工程技术经济评估等关键技术，研制主要行业水污染物排放地方标准、治理方案编制指南、工艺遴选与工程实施技术规范，建立支撑精准治污与科学施策的系统化技术与标准体系，在沿江八市选择典型区域进行集成示范。

1105　基于物联网融合的用能互联网运行与交易应用示范

针对当前用户侧能源系统拓扑混乱，以及重能源协调供配、轻用能互动，市场化智能化程度低、多主体信任缺失、用户体验差等共性问题，重点研究低压能源系统的拓扑透明化，研究基于区块链的用户侧能源优化运行与交易模式等关键技术，实现用户侧分散式能源的泛在互联和自治互动，加强用户信息隐私保护和提高运行交易效率，并在江苏省典型区域开展集成应用示范。

1106　城市深地空间利用关键技术研究与集成示范

围绕城市深地空间开发利用中的探测、监测问题，选择本省深地空间开发利用程度较高的中大型城市，以保障深地空间安全高效开发利用为导向，重点突破高密度建筑群下高精度勘探、地下工程深部超前探测及大型深部地下空间动态监测等关键技术瓶颈，开发城市深地空间利用综合地球物理探测监测核心装备和成套技术，并开展创新技术和产品的集成示范。

1107　重大慢性病综合防控体系构建与示范

贯彻落实《“健康江苏2030”规划纲要》，聚焦江苏省深度老龄化进程中恶性肿瘤、心脑血管疾病、糖尿病等重大慢性病防控的关键环节，利用区块链、大数据、云技术，开展健康链架构的顶层设计，构建重大慢性病综合防控健康链平台，创新重大慢性病防、治、康联动的体制机制，助推医养疗协同的健康产业新业态，建立一个可复制、可持续、模式新的重大慢性病综合防控的市（县、区）级示范样本，推动“健康江苏”建设。

1108　特异性诊断试剂产业创新发展示范

贯彻《长江经济带发展规划纲要》，支持泰州大健康产业集聚发展，依托泰州国家医药高新区特异性诊断试剂产业集群优势，以重大传染病、恶性肿瘤诊断及药物评价为重点方向，突出临床应用导向，突破早期精准诊断、微生物免疫效果研究、伴随诊断以及药物质量多维度评价等关键技术瓶颈，形成诊断试剂、设备及临床检验方法开发的系统方案，构建分子诊断、纳米粒子诊断等新一代诊断技术开发创新体系，开展临床转化应用集成示范。

（二）临床前沿技术

坚持临床导向，瞄准国际前沿，围绕重大疾病的临床诊疗，开展医学前沿技术的临床转化应用研究，在重点领域取得一批原创性的诊疗新技术、新方法和新标准，力争纳入国家及国际指南规范，努力实现本省临床诊疗技术的新突破。

1201　恶性肿瘤早期精准诊断

选择本省常见、高发恶性肿瘤，开展基于分子生物学、分子分型、病理学与影像学等的早期精准诊断技术研究。对较为成熟的精准诊断技术，开展多中心大样本随机对照研究明确新技术的有效性和可靠性，形成行业公认的肿瘤早期诊断方案。

1202　生物（分子靶向）细胞免疫治疗

针对恶性肿瘤与血液病系统疾病等重大疾病，开展具有精准治疗作用的生物（分子靶向）细胞治疗研究，优先支持CAR-T等肿瘤免疫生物治疗。基于靶点与特异性生物标志物检测，开展相应人群治疗，探索科学、安全的诊治方案，并制定临床安全性应急预案，建立细胞制剂质量控制规范，形成可推广、可应用的分子、细胞精准诊治方案与质量评价体系。

1203　干细胞及转化研究

围绕神经、血液、心血管、生殖、免疫等系统和肝、肾、胰等器官的重大疾病治疗需求，利用临床资源开展组织干细胞获得与功能调控、干细胞移植后体内功能建立、动物模型的干细胞临床前评估研究及干细胞临床研究，推动江苏省干细胞向临床的应用转化。

1204　脑科学临床研究

以帕金森、阿尔茨海默病、神经损伤修复、癫痫、脑卒中等重大疑难疾病诊治为导向，利用分子生物学、现代影像、信息学与言语科技等领域的先进技术开展临床应用研究，研发具有自主知识产权的脑功能研究与医疗新技术，为脑疾病特别是神经退行性疾病的早期诊断和干预及后期康复提供新策略。

1205　微创治疗

利用腔镜（包括手术机器人）、在体实时导航成像、内镜与微型机器人等先进设备器械，开展相关疾病的无创或微创性诊断、治疗的临床研究，获得临床研究循证医学证据，建立微创治疗规范及技术标准，形成可在全国推广应用的微创治疗方案。

1206　介入诊疗

围绕心脑血管疾病及恶性肿瘤等介入诊疗优势领域，结合设备、材料与影像学等学科的新进展，开展介入新技术、新方法与新材料的临床应用研究，推进介入诊疗与内外科等多学科复合，形成杂交技术，并推广优化介入诊疗方案与优势技术组合。

1207　精准医疗

选择本省常见高发、危害重大的疾病，探索构建覆盖全省的重大疾病专病队列，收集生物样本资源，整合临床诊疗信息，开展长期随访。建立疾病预警、诊断、治疗与疗效评价的生物标志物、靶标、制剂的实验和分析技术体系，形成重大疾病的精准防诊治方案和临床诊断治疗决策系统，并探索建立规范化临床诊治方案及应用推广体系。

1208　3D 生物打印

利用 3D 生物打印技术和新生物医学材料，开发用于修复、维护和促进人体各种组织或器官损伤后的功能和形态的生物替代物，构建单一类型（神经、肌腱等）或多种类型复合组织及器官（皮肤、血管等），并开展临床应用。

1209　慢病综合防治

针对严重威胁本省居民健康的心脑血管疾病、糖尿病、代谢性疾病等慢性疾病，围绕慢性病的防、治、康相结合“立体化防治”模式，通过队列研究，探索开展原创关键技术研究，解决疾病预防、控制和管理中的瓶颈问题，切实提高慢性病防治水平。

1210　中医现代化

发挥中医药特色与优势，围绕中医药绿色、环保、天然、微创等特点，选择重大疾病、慢性病、妇幼疾病等，开展中医药防、治和（或）中医治未病、健康养生研究，探索传承与创新并重，理论与临床相长的系统化研究方法，运用现代科技推动中医药发展，进一步探索中医药科学本质，为中医创新、发展与现代化提供科技支撑。

1211　精神疾病防控

针对心理行为异常、心理应激事件和严重精神障碍及焦虑症、抑郁症、强迫症等常见精神障碍的预防、早期诊断、有效治疗和干预措施等综合策略开展研究，探索建立基层负责健康教育和初步筛查、专科医院和综合医院负责技术支持，预防、治疗和康复一体化的精神疾病综合防控体系。

1212　医疗大数据与人工智能

利用医疗大数据，基于人工智能，在深度学习辅助诊断、辅助治疗、辅助决策领域开展疾病的早期诊断、早期治疗，提高诊断准确性和治疗方案科学性，更好地为临床和患者服务，缓解医疗资源短缺局面，利用新一代智能技术赋能健康江苏建设。

二、社会发展面上项目

（一）新型临床诊疗技术

针对危及人民群众生命健康的常见病、多发病，围绕重点人群、重点区域、重点环节，开展疾病分子诊断、免疫诊断、个体化诊疗等专项诊疗关键技术研究和攻关，创新临床诊疗专项技术方法，攻克一批诊断、治疗、康复的临床应用新技术并转化为诊疗技术指南，有效解决临床实际问题和优化医疗服务模式，形成本省相关临床领域的技术特色和人才优势。

2101　新型临床诊疗技术攻关

（二） 公共卫生

围绕环境与健康、重大传染病防治、出生缺陷及妇女儿童健康、老年人健康、残疾人康复、慢性病患者康复等公共卫生重点领域，针对疾病的筛查、预测预警、早期干预技术和疾病治疗等关键环节，开展传染病防控、健康状态辨识和健康管理等相关关键技术应用研究，有效降低疾病的患病风险与发生率。

2201　重大与境外输入传染病预防控制关键技术应用研究

2202　血液安全关键技术应用研究

2203　老年人健康关键技术应用研究

2204　妇女健康关键技术应用研究

2205　出生缺陷及儿童健康关键技术应用研究

2206　残疾人康复关键技术应用研究

2207　精神疾病的心理康复应用研究

2208　环境与健康风险评估关键技术研究

2209　实验动物关键技术应用研究

（三）其他社会发展领域

主要支持对本省社会发展具有支撑和引领作用，关系民生、受益人群多、技术集成度高、行业或区域特点显著、并在全省开展示范推广的项目。

1. 生态环境

2311　水污染防治关键技术应用研究

2312　大气污染防治关键技术应用研究

2313　土壤污染防治关键技术应用研究

2314　固体废弃物无害化处理和资源化利用关键技术研究

2315　沿海滩涂资源保护开发利用关键技术

2316　绿色智慧建筑关键技术研究与应用示范

2317　建筑用砂（再生骨料、海砂净化、机制砂）关键技术应用研究

2318　矿井资源再利用关键技术应用研究

2. 公共安全

2321　食品安全关键技术应用研究

2322　安全生产关键技术应用及示范

2323　地震、地质、火灾、气象、海洋、生物风险等灾害监测预警、防御及应急救助技术应用研究

2324　社会治安与监狱管理关键技术应用研究

2325　职业危害防范与治理关键技术应用研究

2326　生物安全防御与管控技术应用研究

2327　科技安全预警监测技术应用研究

3. 公共服务

2331　全民健身和体育竞技关键技术应用研究

2332　文物保护与文化传承关键技术研究

4. 生物技术

2341　高值精细化学品生物制备

2342　关键工业酶制剂规模化制备

2343　面向生物治理的关键材料、菌剂产品

三、医药后补助项目

医药领域主要支持2017年以来已取得相关临床研究批件、医疗器械注册证书的重大创新药和医疗器械产品，要求化学药1类（按2016年药品注册分类，包括原1.1类）、中药1～6类、生物制品1～14类、多联多价疫苗、医疗器械3类（首次注册）；择优支持完成仿制药质量和疗效一致性评价并收载入《中国上市药品目录集》的药物。实行奖励性后补助立项支持方式；项目需在申报书中提供清晰、可辨认的相应证书扫描件。

3101　生物制品（疫苗、抗体等）

3102　化学创新药

3103　中药新药

3104　诊断试剂

3105　三类医疗器械

3106　完成一致性评价并收载入《中国上市药品目录集》的药物

2020年度江苏省政策引导类计划（国际科技合作/港澳台科技合作）申报要求

一、支持重点及申报条件

（一）“一带一路”创新合作项目

支持省内高校、科研机构及企业，响应“一带一路”倡议，面向“一带一路”相关国家开展跨国联合研发、技术转移转化。优先支持技术成果在合作国家实现应用示范，促进本省技术或产品走出去。

申报单位应为建有国家或江苏省重点实验室、拥有科技部等国家部委认定的国际联合研究中心/联合实验室的高校及科研机构，以及有实力、有较好合作基础的企业，其中企业申报的项目须在合作国家实现应用示范。主要外方合作机构所在国家应为已同中国签订共建“一带一路”合作文件的国家（参见“中国一带一路网” https://www.yidaiyilu.gov.cn 的“国际合作” —“各国概况”栏相关内容）。省资助经费每项原则上不超过100万元；对于企业申报的项目，省资助经费不超过项目总预算的50%。

项目主管部门择优推荐，对于企业申报的项目，各设区市每家推荐不超过2项；县（市）、国家及省级高新区每家推荐不超过1项。国家及江苏省重点实验室、科技部等国家部委认定的国际联合研究中心/联合实验室每家可通过相应的依托单位（高校、科研机构）申报1项，项目负责人应为上述实验室/研究中心的负责人或骨干成员，项目研究内容应符合上述实验室/研究中心的研究方向。

（二）政府间双边创新合作项目

落实本省与以色列、芬兰、捷克、挪威、澳大利亚维多利亚州签署的科技合作协议或合作谅解备忘录，在双边共同资助机制下，围绕双方确定的技术领域，支持企业面向上述国别地区开展跨国联合研发、技术转移转化，优先支持产业化前景好的项目。

项目以企业为主体申报。省资助经费每项原则上不超过100万元，且不超过项目总预算的50%。根据省科技厅与相应外方计划主管部门共同商定的征集计划，申报通知另行发布。

（三）重点国别产业技术研发合作项目

支持企业重点面向英国、德国、法国、美国、加拿大、澳大利亚、新西兰、韩国、日本、俄罗斯等产业技术创新能力强的国家或地区（不包括以色列、芬兰、捷克、挪威、澳大利亚维多利亚州），围绕江苏产业创新和战略性新兴产业发展关键技术需求，开展跨国联合研发、技术转移转化，优先支持产业化前景好的项目。

项目以企业为主体申报。省资助经费每项原则上不超过70万元，且不超过项目总预算的50%。

项目主管部门择优推荐，苏南各设区市每家推荐不超过5项、其他设区市每家推荐不超过3项；县（市）、国家及省级高新区每家推荐不超过2项；国家示范型国际科技合作基地每家可增报1项，国家国际创新园每家可增报3项（主管部门需在推荐项目汇总表上注明有关项目单位所属/承建的示范型国际科技合作基地、国际创新园）。

（四）港澳台科技合作项目

支持企业面向港澳台地区，围绕江苏产业创新和战略性新兴产业发展关键技术需求，开展跨境联合研发、技术转移转化，优先支持产业化前景好的项目。

项目以企业为主体申报。省资助经费每项原则上不超过70万元，且不超过项目总预算的50%。

项目主管部门择优推荐，各设区市每家推荐不超过2项；县（市）、国家及省级高新区每家推荐不超过1项。

（五）创新国际化服务体系建设项目

1. 国际技术转移服务机构建设项目

支持引进国外著名高校、研究机构及跨国公司建设国际技术转移服务机构，支持省内专业性对外科技服务机构拓展对外合作渠道、开展跨国技术转移业务，支持国家级国际创新园建设对外科技合作服务平台，更好地服务广大企业创新国际化需求，促进先进技术成果在本省实现高效转化，参与推进“一带一路”创新合作与技术转移。

项目以企事业单位为主体申报，经由项目主管部门、设区市科技局与省科技厅会商后组织申报（由设区市科技局汇总本市申报意向，于 2020 年 2 月 18 日前完成会商）。省资助经费每项原则上不超过 70 万元，且不超过项目总预算的 50%。

申报条件：须是 2019 年 12 月 31 日前完成注册的专业从事跨国技术转移服务的独立机构，有稳定优质的海外合作渠道；地方重点支持建设，为企业服务业绩较好；有较好的专业团队，满足业务要求的工作条件，明确的国际技术转移服务章程和业务发展规划；上一年度有一定的国际技术转移服务收入或相关业务投入。

2. 企业海外研发机构 / 企业海外联合实验室建设项目

支持省内有条件的企业在国外以收并购或直接投资等方式设立海外研发机构或海外联合实验室，直接利用国外高端人才、先进科研条件和创新环境等在当地开展研发活动，促进企业创新国际化。

项目以企业为主体申报，经由项目主管部门、设区市科技局与省科技厅会商后组织申报（由设区市科技局汇总本市申报意向，于 2020 年 2 月 18 日前完成会商）。省资助经费每项原则上不超过 70 万元，且不超过项目总预算的 50%。

企业海外研发机构建设项目申报条件：2019 年 12 月 31 日前已完成海外研发机构的并购或注册成立程序；海外研发机构应具有固定的场所、必要的仪器设备与科研条件，明确的研发领域、必要的研发经费投入和研发人员及实质性开展的研发项目。

企业海外联合实验室建设项目申报条件：2019 年 12 月 31 日前与海外高校、科研机构等已签订正式合作协议，明确在海外共建联合实验室，且海外联合实验室已挂牌运行；应具有稳定而明确的长期合作机制，非针对具体的一次性项目合作，企业能获得人才、技术、设施等多方面的持续支撑；海外实验室具有高水平的研发人员与科研设施；企业已进行了必要的前期投入。

二、有关要求

1. 项目境内外合作双方单位应具有良好的交流合作基础，并就合作项目已签署合作协议或合作意向书等文件。境内参与单位之间也需签署合作协议或合作意向书。合作文件应规范严谨，签字盖章齐全有效，明确各方在合作中的职责分工，并包括知识产权专门条款，同时明确签字各方的姓名、单位、部门、职务等信息。外文合作文件需同时提供中文翻译件。创新国际化服务体系建设项目应提供具有海外合作渠道或拥有海外研发机构 / 海外联合实验室的相关佐证材料。申报时仅有合作意向书的项目，获得立项后须在签订项目合同时提供正式的合作协议。

2. 项目合作内容和方式应符合境内外合作机构所在国家（地区）有关法律法规，开展人类遗传资源、种质资源等方面合作的，须事先履行境内有关审批手续。涉及人类遗传资源采集、收集、买卖、出口、出境的需遵照《中华人民共和国人类遗传资源管理条例》的相关规定执行。涉及实验动物和动物实验的，需遵守国家实验动物管理的法律、法规、技术标准及有关规定。涉及人的伦理审查工作的，需按照相关规定执行。

3. 有省国际科技合作计划在研项目的企业及国家重点实验室、国际联合研究中心 / 联合实验室不得再申报本年度本计划项目；一个企业限报一个本计划项目。本计划中，同一项目负责人限报一个项目，同时作为项目骨干最多可再参与申报一个项目，在研项目负责人不得牵头申报项目，项目骨干的申报项目和在研项目总数不超过 2 个。同一单位及关联单位不得将内容相同或相近的研发项目同时申报不同省科技计划。重复申报的，将取消评审资格。有不良信用记录的单位和个人，不得申报本年度计划项目。

4. 全面实施科研诚信承诺制。项目申报单位、项目负责人和项目主管部门均须在项目申报时签署科研诚信承诺书，进一步明确各自承诺事项和违背相关承诺的责任。

5. 项目申报的相关单位和有关人员要认真落实省科技厅《关于进一步加强省科技计划项目申报审核工作的通知》（苏科计函〔2017〕7号）、《关于严格执行省科技计划项目管理相关规定的通知》(苏科计函〔2017〕479号)和《江苏省科技计划项目信用管理办法》（苏科技规〔2019〕329号）要求，项目负责人应如实填写项目申报材料，严禁项目申报时剽窃他人科研成果、侵犯他人知识产权、伪造材料骗取申报资格等科研不端行为。项目申报单位要切实强化法人主体责任，进一步加强项目申报材料的审核把关，对申报材料的真实性和合法性负主体责任，严禁虚报项目、虚假出资、虚构事实及联合中介机构包装项目等弄虚作假行为。项目主管部门要切实强化审核责任，对申报材料内容进行严格把关，严禁审核走过场、流于形式。对于违反要求弄虚作假的，将按照相关规定严肃处理。

6. 项目主管部门在组织项目申报时要认真落实中央八项规定精神，按照省科技厅党组《关于进一步加强全省科技管理系统全面从严治党工作的意见》（苏科党组〔2018〕16号）文件要求，严格执行全省科技管理系统“六项承诺”和“八个严禁”规定，把党风廉政建设和科技计划项目组织工作同部署、同落实、同考核，切实加强关键环节和重点岗位的廉政风险防控，积极主动做好项目申报的各项服务工作，进一步提高服务质量和办事效率。

2020年度江苏省政策引导类计划（苏北科技专项）申报要求

2020年度苏北科技专项紧扣高质量发展走在前列的目标定位，大力实施创新驱动发展战略和乡村振兴战略，围绕苏北特色产业创新发展和打赢打好精准脱贫攻坚战的要求，深化科技计划项目管理“放管服”改革，引导各类科技资源向苏北地区集聚，加快产业关键技术研发及转化应用，进一步激发创新创业活力，为推动苏北农业特色产业高质量发展和决胜高水平全面建成小康社会提供有力的科技支撑。2020年度苏北科技专项按照富民强县、科技帮扶和“三区”科技人员三类组织。

一、富民强县

1. 支持方向。围绕苏北农业特色产业发展需求，充分发挥地方资源优势，坚持“生态+特色”发展导向，以富民为根本目标，大力开展产业关键技术集成创新和成果转化应用，加快发展智慧农业、互联网农业、休闲农业等新产业新业态新模式，完善农业科技社会化服务体系，激发创新创业活力，推动产业转型升级和绿色发展，带动农民增收致富。

2. 支持范围。主要用于支持苏北地区农业特色产业技术创新与示范，星创天地与农村科技服务超市等农业创新创业载体建设，农业科技型企业培育，科技特派员引进等创新创业工作。在优先支持农业特色产业的基础上，鼓励各地积极培育有发展潜力的成长型农业产业，支持成长型农业产业中相关企业组织实施创新示范项目，形成特色产业与成长型产业相结合的“1+1”农业产业布局。

3. 支持方式。主要采取前期先导性投入和后补助相结合支持的方式。前期先导性投入主要用于支持特色产业关键技术集成创新和示范应用类项目。各地应结合实际，做到重大项目与面上项目相结合，组织有关企业、科教单位加大产业关键核心技术集成创新、绿色技术、智慧农业等领域重大项目的组织力度。后补助主要用于支持与特色产业相关的科技服务超市建设、星创天地建设、科技型企业培育、科技特派员引进等工作。原则上后补助资金不超过总资金的三分之一。

4. 资金分配。分配方法参照财政部、科技部对中央引导地方科技发展专项资金的分配方法，以县（市、区）为分配对象，以2019年度专项计划实施绩效和特色产业基础数据为主要依据，采用因素法分配专项资金，主要因素及权重分别为科技资源集聚（20%）、科技投入（15%）、特色产业创新发展（20%）、科技服务超市与星创天地（10%）、年度执行情况（20%）和科技管理与信用（15%）。

计算分配公式如下：

某地分配因素得分=Σ（某地分配因素值/苏北地区该项分配因素总值×相应权重）×总分配系数。

总分配系数根据每年专项资金拟分配苏北地区县（市、区）总数确定。

二、科技帮扶

1. 支持方向。按照省委、省政府关于扶贫工作的总体部署要求，全力打赢打好精准脱贫攻坚战，围绕苏北“六个重点帮扶片区”地方特色产业发展需求，充分发挥地方资源优势，加强产学研合作，加快先进适用技术的示范应用，带动片区农户增收致富。

2. 支持范围。支持“六个重点帮扶片区”，包括：丰县、东海县、赣榆区、涟水县、盱眙县、淮安区、阜宁县、滨海县、响水县、沭阳县、泗阳县、泗洪县、宿城区等13个县（区）所涉乡镇经济薄弱村，鼓励科教单位、科技特派员（团）与经济薄弱村结对帮扶，开展新品种、新技术示范应用，开展技术培训和创业服务，带动农民生产经营和就业，增强经济薄弱村内生发展动力。

3. 资金分配。以县（区）为分配对象，采用切块方式分配下达。原则上涉一个帮扶片区的县（区）分配资金100万元，涉两个片区的县（区）分配资金150万元。

三、“三区”科技人员专项

1. 支持方向。根据中央组织部、科技部等五部门《关于印发＜边远贫困地区、边疆民族地区和革命老区人才支持计划科技人员专项计划实施方案＞的通知》（国科发农〔2014〕105号）的文件精神，面向苏北省脱贫攻坚重点县选派科技人员，开展技术指导、咨询、培训等创新创业服务，推动苏北地区经济社会创新发展。

2. 支持范围。围绕地方特色产业创新需求和农村科技服务超市、星创天地、现代农业科技园区等科技创新与服务平台建设，在省内外高校院所、机关事业单位、国有大型企业等选派科技人员，提供公益性专业技术服务，或者与农民结成利益共同体、创办领办农民合作社及企业等，推进农村科技创新创业。

3. 资金分配。2020年拟向丰县等12个省脱贫攻坚重点县选派“三区”科技人员100名。以县为分配对象，参照科技镇长团工作经费标准，每人每年7.5万元，总计安排经费750万元。

四、组织方式

1. 集中组织。各设区市科技局按照本通知要求，结合本地区实际需求，制定下发专项计划组织工作通知，明确本地区专项支持内容和组织要求，并同步做好各类项目的申报、评定和下达工作。

2. 2020年度绩效目标申报。各县（市、区）科技局应以“特色产业转型升级行动方案”（2018—2020年）为主要依据，编制“2020年苏北科技专项绩效目标”，主要包括主要任务、预期目标、申请资金等。

3. 2019年度绩效考核。设区市科技局负责组织开展所辖县（市、区）上一年度专项实施绩效检查，以县（市、区）为单位编制苏北科技专项年度执行与管理情况报告。

4. 2019年度基础数据填报。县（市、区）科技局应会同本地相关部门认真做好特色产业基础数据报表填报工作，并附齐证明材料。

5. 评价与审核。在各设区市、县（市、区）科技局上报材料的基础上，省科技厅组织有关专家开展特色产业基础数据、苏北科技专项年度执行情况和科技管理与信用情况审核与评价工作。

6. 资金额度确定与下达。依据审核、评价结果采用因素法分配资金，并结合各地2020年度绩效目标申报情况，确定各地专项资金额度。各县（市）资金指标直接下达到相应县（市），设区市所辖区的资金指标由省财政统一下达到设区市。

7. “三区”科技人员选派。有关县根据岗位需求与有关高校院所等单位开展科技人员对接工作；省科技厅按照派出单位、选派人选、接收单位三方同意的原则，依据审核标准对拟选派科技人员的申报材料进行审核，确定拟选派人员。

五、职责分工与相关要求

1. 明确职责分工。省科技厅会同省财政厅负责专项计划的总体部署、资金分配和绩效管理，项目管理权限下放到设区市和县（市、区）科技部门。设区市科技局为苏北科技专项主管部门，负责项目评审、立项、合同签订、重大事项调整、绩效检查和验收等计划管理工作；县（市、区）科技局为专项计划实施主体，负责项目组织、日常管理等工作，应切实履行重大事项报告制度。涉及项目管理过程中遇到的项目变更、结题、中止等审批事项由设区市科技局负责审批，有关剩余省拨经费原则上保留在县级财政并结转到下一年度专项资金分配额度指标中使用。

2. 规范操作程序。各设区市、县（市、区）科技局在专项计划组织、申报、评审、立项、验收、绩效管理等过程中应严格执行《江苏省政策引导类计划专项资金管理办法（暂行）》（苏财规〔2017〕25 号）和《江苏省科技计划项目立项工作操作规程》（苏科办函〔2019〕266 号）的有关规定和要求，遵循公平、公开、公正原则，绩效检查结果、拟立项项目等须进行公示。

3. 强化审核责任。各设区市、县（市、区）科技局要认真落实省科技厅《关于进一步加强省科技计划项目申报审核工作的通知》（苏科计函〔2017〕7 号）、《关于严格执行省科技计划项目管理相关规定的通知》（苏科计函〔2017〕479 号）和《江苏省科技计划项目信用管理办法》（苏科技规〔2019〕329 号）要求，切实履行专项考核、特色产业基础数据及申报项目材料的审核责任，对相关材料内容进行严格把关，严禁审核走过场、流于形式。要强化项目实施全过程管理和信用管理，对于违反要求弄虚作假的、项目发生重大事项变动隐瞒不报的，将按照相关规定严肃处理。

4. 严明廉政纪律。项目主管部门在组织项目申报时要认真落实中央八项规定精神，按照省科技厅党组《关于进一步加强全省科技管理系统全面从严治党工作的意见》（苏科党组〔2018〕16 号）文件要求，严格执行全省科技管理系统“六项承诺”和“八个严禁”规定，把党风廉政建设和科技计划项目组织工作同部署、同落实、同考核，切实加强关键环节和重点岗位的廉政风险防控，积极主动做好项目申报的各项服务工作，进一步提高服务质量和办事效率。

5. 压实管理责任。根据专项计划“放管服”改革后省市县科技部门三级职责分工，切实加强关键环节和重点岗位的廉政风险排查，制定防控措施，逐一落实主体责任，确保专项计划规范运行。按照“责权利统一”原则，各级科技部门务必要把省委省政府实施创新驱动发展、高质量发展的决策部署落到实处，主动作为、敢于担当、创新管理、扎实推进，既要保障专项资金安全使用，又要提升专项资金实施绩效；对于不作为、乱作为的，将按照相关规定严肃追责问责。

2019 年度江苏省政策引导类计划（软科学研究）申报要求与项目指南

2020 年度省政策引导类计划（软科学研究）紧紧围绕高质量发展走在前列的目标定位，重点支持服务江苏省科技创新和改革发展的决策研究项目，为高质量建设创新型省份提供支撑。

一、支持重点

主要支持基于一线实地调研、数据收集分析、案例分析等为基础的调查研究和实证研究项目，应有明确的调查研究对象，突出解决当前科技创新面临的实际问题；优先支持有明确数据来源、研究样本、调研对象，且承担过政府重大调研项目的研究团队开展软科学研究；重点支持具有创新性、针对性和可操作性，可为政府科学决策提供重要依据的软科学研究项目。

二、组织方式

1. 2020 年度省政策引导类计划（软科学研究）项目分面上项目、论证项目、持续跟踪项目三类。面上项目由申报单位根据指南自主选择申报，省资助经费原则上不超过 10 万元；论证项目和持续跟踪项目主要围绕省委省政府决策部署和科技创新重点工作，采取定向组织方式开展，省资助经费原则上不超过 30 万元。

2. 部（省）属普通本科高校（以江苏省教育厅网站公布名单为准，下同）由本单位审核推荐；部（省）属院所、省有关单位申报的项目由主管部门审核推荐；其他单位申报的项目，按照属地管理原则，由设区市科技局审核推荐。

3. 各部（省）属普通本科高校、科研院所、省有关单位审核推荐的项目数不超过 8 项；各设区市科技局审核推荐的项目数不超过 10 项。

三、申报条件

1. 项目申报单位应为市级以上政府管理部门、企事业单位、社会组织等。

2. 申报项目负责人应具有相应的研究基础和工作积累，课题组成员相对稳定。

3. 申报项目应明确提出具体调研计划或实证分析方案，未列明具体调研对象、样本选择依据、案例资料获取途径的，形式审查不予通过。项目研究成果至少需提供一篇调研报告。

四、申报要求

1. 同一单位不得将内容相同或相近的研发项目同时申报不同省科技计划，重复申报的，将取消评审资格。本计划中，同一项目负责人限报一个项目，项目负责人作为项目主要参与人最多可再参与申报一个项目，在研项目负责人不得牵头申报项目，项目主要参与人的申报项目和在研项目总数不超过 2 个。

2. 项目预算应合理真实、申报单位承诺的自筹资金必须足额到位，不得以地方政府资助资金作为自筹资金来源。

3. 全面实施科研诚信承诺制。项目申报单位、项目负责人和项目主管部门均须在项目申报时签署科研诚信承诺书，进一步明确各自承诺事项和违背相关承诺的责任。

4. 项目申报的相关单位和人员要认真落实省科技厅《关于进一步加强省科技计划项目申报审核工作的通知》（苏科计函〔2017〕7号）、《关于严格执行省科技计划项目管理相关规定的通知》（苏科计函〔2017〕479号）、《江苏省政策引导类计划（软科学研究）项目管理办法（试行）》（苏科技规〔2018〕356号）、《江苏省科技计划项目信用管理办法》（苏科技规〔2019〕329号）要求，项目负责人应如实填写项目申报材料，严禁项目申报时剽窃他人科研成果、侵犯他人知识产权、伪造材料骗取申报资格等科研不端行为。项目申报单位要切实强化法人主体责任，进一步加强申报材料的审核把关，对申报材料的真实性和合法性负主体责任、严禁虚报项目、虚假出资、虚构事实及联合中介机构包装项目等弄虚作假行为。基层项目主管部门要切实强化审核责任，对申报材料内容进行严格把关，严禁审核走过场、流于形式。对于违反要求弄虚作假的，将按照相关规定严肃处理。

5. 基层项目主管部门在组织项目申报时要认真落实中央八项规定精神，按照省科技厅党组《关于进一步加强全省科技管理系统全面从严治党工作的意见》（苏科党组〔2018〕16号）要求，严格执行全省科技管理系统“六项承诺”和“八个严禁”规定，把党风廉政建设和科技计划项目组织工作同部署、同落实、同考核，切实加强关键环节和重点岗位的廉政风险防控，积极主动做好项目申报的各项服务工作，进一步提高服务质量和办事效率。

附件

2020 年度江苏省政策引导类计划（软科学研究）项目指南

0001　创新治理与载体建设

重点包括：科技创新治理体系与治理能力现代化研究；科研诚信与科技伦理治理体制完善研究；科研监管机制建设研究；科技领域重大风险识别及应对策略研究；产学研深度融合的技术创新体系构建案例研究；重大科技基础设施建设及运行机制研究；新型研发机构建设路径及支持策略研究；现代科研院所创新能力提升和绩效评价路径研究；科技公共服务平台布局及运行机制研究；财税政策创新激励效应研究；科技创业投资风险补偿机制研究；发达国家科技行政管理模式研究；发达国家技术交易绩效比较研究；“双创”升级背景下科技创业孵化载体建设路径分析。

0002　企业创新与产业创新

重点包括：科技企业创新内生动力机制研究；外向型科技企业创新发展路径研究；江苏

企业科创板上市路径研究；科技型上市企业高质量发展路径研究；企业研发机构创新效率及绩效评价研究；科技型中小企业融资研究；新形势下江苏先进制造业集群竞争力提升路径研究；关键核心技术突破路径研究；人工智能、区块链等前瞻性产业和技术发展研究；科技金融发展策略研究；基于专利分析的战略性新兴产业布局与发展思路研究。

0003　社会发展与区域创新

重点包括：国家创新力量在苏布局的路径研究；农村新型科技服务体系构建研究；绿色发展创新实践及案例研究；科技创新领域安全生产及应急管理机制研究；科技支撑农作物秸秆综合利用路径与政策研究；生物安全科技发展策略研究；民生科技重点领域选择机制研究；提升江苏自贸试验区创新国际化水平对策研究；苏南国家自主创新示范区创新一体化机制研究；长三角一体化背景下江苏城市创新路径研究；江苏深度融入“一带一路”加快创新合作策略研究。

0004　科技人才与创新生态

重点包括：科技人才差异化评价机制研究；本土创新型人才培育机制研究；青年科技人才引培机制研究；高校院所人才良性流动机制研究；外国专家吸引集聚和联系服务机制研究；企业家创新能力提升策略研究；高新区创新资源集聚路径研究；科技资源开放共享机制研究。

2020 年江苏省科技成果转化专项资金申报要求与项目指南

2020 年度省科技成果转化专项资金紧紧围绕高质量发展走在前列的目标定位，紧扣省“十三五”科技创新规划目标任务，聚力推进核心技术自主化、产业基础高级化、产业链现代化，创新促进科技成果转化机制，深入推进新型产业技术集成创新试点，重点支持已取得自主知识产权的重大科技成果进行转化和产业化，增强战略性新兴产业和高新技术产业核心竞争力，促进先进制造业集群向中高端攀升，支撑苏南国家自主创新示范区建设和长三角区域一体化战略实施，加快建设高水平创新型省份。

一、支持重点

1. 突破产业核心技术。围绕自主可控、安全高效，加快构建先进制造业体系，聚焦重点产业集中力量突破关键核心技术，增强产业核心竞争力。大力支持高端环节和关键节点的科技成果转化与产业化，形成重大标志性战略产品，促进产业中高端攀升。

2. 大力培育创新型企业。坚持企业为主体、市场为导向，促进产学研深度融合，汇聚国内外重大科技成果，加快推进创新型领军企业形成国际竞争力，助推成长型企业成为细分行业隐形冠军，促进实体经济创新发展。

3. 推进产业集成创新试点。大力促进创新资源在半导体、生物医药、新材料等重点产业领域集聚，探索任务目标导向的项目组织方式，集成联动、积极推进新型产业技术集成创新试点，培育打造优势明显的产业创新集群。

4. 提升高新区发展水平。瞄准“一区一战略产业”，进一步强化高新区创新驱动发展主阵地作用，集成资源、统筹推进创新核心区建设，助力苏南国家自主创新示范区创新发展，大力支持长三角一体化重大布局项目，打造全省高质量发展先行区。

二、申报基本条件

（一）申报企业的基本条件

1. 申报企业应是在江苏省境内注册的独立法人企业。高校、科研院所可作为技术依托单位参与项目申报。

2. 申报企业应具备良好的研究开发能力和产业化条件，有稳定增长的研发投入，大中型工业企业和规模以上高新技术企业须建有研发机构。近两年研发费用总额占同期销售收入总额的比例符合以下标准：销售收入为 5000 万元以下企业，比例不低于 5%；销售收入为 5000 万～ 2 亿元的企业，比例不低于 4%；销售收入为 2 亿元以上的企业，比例不低于 3%。

3. 申报企业资产及经营状态良好，具有较高的资信等级和相应的资金筹措能力。除半导体、生物医药等重点产业外，一般要求企业近两年持续实现盈利。

（二）申报项目的基本条件

1. 项目符合本计划定位要求，技术成熟度高，项目有明确的研发任务和创新目标，符合国家和本省的产业、技术政策，项目属于《指南》支持领域方向、符合相关要求。

2. 项目须具有自主知识产权，技术含量高、创新性强，目标产品明确，附加值高、市场容量大、产业带动性强、经济效益和社会效益显著。

3. 新药类项目须完成Ⅱ期临床研究，并已启动Ⅲ期临床；医疗器械项目已完成样机（样品）检验，需经临床的已启动研究。

4. 涉及人类遗传资源采集、收集、买卖、出口、出境的需遵照《中华人民共和国人类遗传资源管理条例》的相关规定执行。涉及实验动物和动物实验的，需遵守国家实验动物管理的法律、法规、技术标准及有关规定。涉及人的伦理审查工作的，需按照相关规定执行。涉及农业种业、安全生产等特种行业的，须拥有相关行业准入资格或许可。

本计划不支持无实质性创新内容或属于量产能力放大及技术改造的项目。

三、组织方式及要求

本年度专项资金项目按定向择优重大创新项目（A类）、产业创新专题项目（B类）和高新区专题项目（C类）三大类进行组织。

项目采用无偿拨款、贷款贴息、后补助三种方式支持。无偿拨款主要用于项目中试或产业化过程中研发投入的补助；贷款贴息主要用于项目实施中向银行借贷（一年期及以上）所发生利息的补助；后补助用于企业自行研发、自主转化并完成产业化项目所投入研发经费的补助。本专项资金项目的政府财政资金投入不超过项目新增总投入的三分之一。鼓励地方财政资金给予支持，但不作硬性要求。

（一）地方组织方式及推荐要求

1. 申报项目按属地化原则逐级上报。县（市、区）科技局具体负责本地（含省级以上高新区）项目的组织、申报材料审核，并出具推荐意见，报送至设区市科技局；设区市科技局作为本专项资金项目主管部门，统筹组织本地项目申报工作，进一步对企业申报资格、申报材料进行审核，并行文推荐报送。昆山市、泰兴市、沭阳县、常熟市、海安市（含上述各地的省级以上高新区）的项目，均由当地科技部门进行审核，并行文推荐报送。高新区的项目须由各高新区管委会向设区市科技局出具推荐公函，确认申报企业属于其管理范围。

2. 定向择优重大创新项目（A类），由各设区市科技局根据指南要求，围绕重点方向有针对性地组织行业龙头骨干企业进行申报，可不受各地择优推荐名额限制。产业创新专题项目（B类）实行择优推荐，择优推荐名额以近年各地立项总数为基本数，并与各地项目管理绩效、信用记录等因素挂钩（具体择优推荐名额详见附件3，略）。高新区专题项目（C类），各国家高新区、省级高新区按照已规划的“一区一战略产业”进行组织申报，实行择优推荐（国家高新区择优推荐名额2个、省级高新区择优推荐名额1个），优先支持各高新区已立项的成果转化及产业化项目。

各地推荐企业中高新技术企业占比不低于80%，A、B两类中的高新区项目占比不低于60%。

3. 强化项目主管部门审核责任。各设区市科技局，昆山市、泰兴市、沭阳县、常熟市、海安市科技局等项目主管部门，要按照勤勉尽责的要求进一步完善项目申报质量控制和监管体系，认真审核项目申报单位的申报资格、项目申报材料的真实性、完整性和有效性，协调同级社会信用管理部门，审查申报单位社会信用，有严重社会信用问题的不予推荐。

（二）企业申报要求

1. 项目实行法人负责制，企业法人代表承担项目管理和经费使用的主体责任。申报材料中须附法人代表证明或法人代表委托书。申报单位对申报材料真实性、完整性和有效性负主体责任，项目申报书经项目负责人和参与人员签字确认后方可报送。同时企业自筹资金必须足额到位，禁止企业以其他政府财政资金作为自筹资金来源。

2. 一个企业本年度限报一个省科技成果转

化专项资金项目。除创新型领军企业外，有在研省科技成果转化专项资金项目或重点研发计划项目的企业不得申报本年度项目。创新型领军企业上一年度获得本专项资金立项支持的，不得申报本年度项目。承担过省科技成果转化专项资金项目的企业及关联企业，不得申报与原项目本质类同的项目。同一企业不得同时申报省重点研发计划和本专项资金项目，但创新型领军企业可将不同目标产品或处于不同技术研发阶段的项目分别申报省重点研发计划（产业前瞻与关键核心技术）重点项目和本专项资金项目。同一企业及其关联企业本年度已将相同研发内容申报其他省科技计划的，不得申报本专项资金项目。凡属重复申报的，取消评审资格。

3. 在本年度省科技成果转化专项资金项目申报中，同一项目负责人限报一个项目；项目负责人作为项目骨干最多可再参与申报一个项目。同一项目负责人不得同时申报省重点研发计划和省科技成果转化专项资金项目。除自然科学基金面上项目、创新能力建设计划项目、政策引导类计划国际科技合作项目外，在研项目负责人不得申报本专项资金项目；同一项目骨干的申报项目总数不超过 2 个；同一项目参与人员的申报项目总数不超过 3 个。

4. 全面实施科研诚信承诺制。项目申报单位、项目负责人和项目主管部门均须在项目申报时签署科研诚信承诺书，进一步明确各自承诺事项和违背相关承诺的责任。因不良信用记录正在接受处罚的单位和个人，不得申报本年度计划项目。

5. 项目申报重点突出创新性，产业化指标大小不影响项目遴选，项目的实施期限为三年及以上、一般不超过 5 年。项目验收突出代表性成果和实施效果，主要评价项目是否完成实质性成果转化，是否具备目标产品规模化生产能力，相关经济指标作为参考性指标。

6. 对因技术路线选择有误、未实现预期目标或失败的省科技成果转化专项资金项目，项目承担人员已尽到勤勉和忠实义务的，经组织专家评议，确有重大探索价值的，可继续支持其选择不同技术路线开展相关研究。

（三）申报材料及要求

1. 项目的申报材料包括：江苏省科技成果转化专项资金项目申报书和附件。相关附件材料包括：企业法人营业执照复印件、上两年度会计报表、与技术依托方的合作协议，能反映创新水平的佐证材料，能反映知识产权权益的证明材料等。所提供的附件材料须清晰可辨，并由项目主管部门统一审查和填写《项目附件审查表》。

2. 申报企业须对照指南规定项目类型和指南代码进行申报，一个项目填写一种项目类型和一个指南代码，受理后不再调整。

3. 项目名称须科学规范，其中应包含技术创新的核心点和目标产品，用“XXX 研发及产业化”作为后缀，字数不宜过长或过短，一般控制在 15 ～ 25 个字。

4. 项目申报的相关单位和有关人员要认真落实省科技厅、省财政厅《江苏省科技成果转化专项资金项目管理办法（试行）》（苏科技规〔2018〕353 号）、省科技厅《关于进一步加强省科技计划项目申报审核工作的通知》（苏科计函〔2017〕7 号）、《关于严格执行省科技计划项目管理相关规定的通知》（苏科计函〔2017〕479 号）和《江苏省科技计划项目信用管理办法》（苏科技规〔2019〕329 号）要求，项目负责人应如实填写项目申报材料，严禁剽窃他人科研成果、侵犯他人知识产权、伪造材料骗取申报资格等科研不端及失信行为。项目申报单位要切实强化法人主体责任，进一步加强项目申报材料的审核把关，对申报材料的真实性和合法性负主体责任，严禁虚报项目、虚假出资、虚构事实及联合中介机构包装项目等弄虚作假行为。项目主管部门要切实强化审核责任，对申报材料内容进行严格把关，严禁审核走过场、流于形式。对违反要求弄虚作假的，将按照相关规定严肃处理。

5. 项目主管部门在组织项目申报时要认真落实中央“八项规定”精神，按照省科技厅党组《关于进一步加强全省科技管理系统全面从严治党工作的意见》（苏科党组〔2018〕16 号）

文件要求，严格执行全省科技管理系统“六项承诺”和“八个严禁”规定，把党风廉政建设和科技计划项目组织工作同部署、同落实、同考核，切实加强关键环节和重点岗位的廉政风险防控，积极主动做好项目申报的各项服务工作，进一步提高服务质量和办事效率。

附件

2020 年江苏省科技成果转化专项资金项目指南

一、定向择优重大创新项目（A 类）

重点围绕半导体、先进材料、生物医药等新型产业技术集成创新试点方向，加强工作统筹集成，探索任务目标导向的项目组织方式，支持一批创新水平高、产业带动性强、具有重大突破性的成果转化项目。

1. 高端数字信号处理 DSP 芯片

1101　针对典型行业对高性能、高精度、低功耗信号处理需求，突破高端 DSP 芯片关键核心技术，研制高能效浮点通用 DSP 芯片，并实现产业化。

主要内容及考核指标

基于 28 nm 以下先进工艺，开展高能效多核 DSP 架构、DSP 核微结构优化等研究，掌握高主频低功耗设计等关键核心技术，实现芯片主频≥ 1 GHz、峰值运算能力不低于 32 G 次运算 / 核，芯片典型功耗≤ 8 W（工作温度：-40 ～ 85℃），实现在通信导航、电力控制、轨道交通等领域应用。

2. 5 G 通信关键核心芯片

1102　针对 5 G 小基站系统的性能要求，突破 5G 射频芯片、基带芯片研发的核心技术，研制支持主流 Sub-6 G 频段、3GPP5GNR R15/R16 版本标准 5 G 通信关键芯片，并实现产业化。

主要内容及考核指标：

根据 5 G 系统的总体构架和广覆盖、高速率、低时延等性能要求，研究掌握 5 G 小基站射频芯片、基带芯片设计以及测试等核心技术，开发符合我国 5 G 试验频率使用许可的小基站核心射频或基带芯片，覆盖范围、发射功率、杂散辐射、接收灵敏度、能量损耗、峰值速率、端到端时延等关键指标符合 5 G 标准要求。

3. 高性能功率半导体器件

1103　针对下一代通信、大数据、智能电网、智能制造、新能源交通等领域应用需求，突破功率半导体器件设计、制备、封装及可靠性等关键技术，基于先进特色工艺研制高性能功率半导体器件，并实现产业化。

主要内容及考核指标：

开展大尺寸晶圆的背封、外延、深沟槽刻蚀、背金、减薄等关键核心技术研发，构建沟槽型功率器件的成套制备工艺平台，规模量产良率大于 95%；开展功率器件的元胞、终端、封装及可靠性等关键技术研究，研制工业级低能耗高可靠屏蔽栅功率器件，导通电阻 [R(on)sp] ≤ 45 mΩ · mm^2、寿命≥ 3000 小时。

4. 基于新靶标新机制的小分子创新药物

1104　针对神经退行性疾病、代谢性疾病等重大疾病，采用药物设计新技术，突破小分子创新药新靶标研究瓶颈，开发具有明确市场前景的潜在靶标，并对新靶标进行创新药研究，实现小分子创新药物产业化。

主要内容及考核指标：

研究神经退行性疾病、代谢性疾病、心脑血管疾病等重大疾病新机制，发展基于 AI 技术的新药设计核心技术，建立和优化临床前系列评价模型与技术，掌握新靶标确证性研究和作用机制研究等技术，设计、合成和筛选一批具有全新化学结构的先导化合物，开发分子靶向、表观遗传及免疫相关治疗新靶标的创新药物。项目执行期内，获得Ⅰ类创新化学药的新药证书或上市许可，在小分子创新药物研发领域突破关键技术 2 项以上，申请化合物核心发明专利 3 ～ 5 项。

5. 针对重大疾病的抗体药物

1105　针对高发的自身免疫性疾病、恶性肿瘤等重大疾病，建设自主知识产权的抗体药物研发技术体系，突破抗体药物修饰、靶点筛选等关键技术，实现抗体药物目标产品产业化。

主要内容及考核指标：

研发针对重大疾病的创新抗体药物，掌握

抗体药物新靶点的筛选与确认，抗体修饰前沿关键技术；开发 ADCC 增强抗体药物、智能交联药物等创新抗体药物和新型修饰型抗体药物。项目执行期内，获得创新抗体药物的生产批件 1 件，突破抗体药物领域关键技术 2 ～ 3 项，获生物药核心发明专利授权 3 ～ 5 项。

6. 极端环境用高性能合金材料

1106　针对国家重大工程和航空航天发展的迫切需求，突破高性能合金成型工艺、特种处理等核心技术，研制高性能合金关键部件，实现在先进航空发动机及燃气轮机发展的产业化应用。

主要内容及考核指标：

开展高纯净、低氧含量粉末高温合金制备关键技术研究，粉末高温合金氧含量≤ 100 ppm；研究航空发动机用高强钛合金粉末制备技术及其增材制造工艺，室温抗拉强度≥ 1000 MPa；开发重大工程用高温合金锻件，650 度下延伸强度 Rp 0.2 ≥ 960 Mpa，取得核心技术的发明专利 2 ～ 3 项。

二、产业创新专题项目（B 类）

1. 新一代信息技术

2101　新一代通信及网络：5G 及 B5G 无线移动通信、光（激光）通信、超材料微波通信关键技术与核心设备；新一代卫星通信及北斗导航、天地一体化融合通信关键技术与核心设备；可信网络及网络安全、新型异构网关键技术与核心设备。

2102　人工智能及应用：先进 MEMS 传感器、智能控制关键技术与产品；基于人工智能的人机交互、生物识别关键技术与产品；大数据处理和智能云管理关键技术与产品；联盟链底层技术及应用。

2. 生物医药

2201　重大化药及现代中药：基于新靶标发现与确证的首创药物；针对耐药性病原菌感染、病毒感染等重大疾病治疗的化学新药；新型给药技术产品和新制剂及辅料；临床和市场价值显著的中药及天然药物新药，重大疾病未病治疗的现代中药，中药标准化控制新技术及装备。

2202　高端医疗器械：精准智能手术及辅助机器人，高场强超导磁共振、手术实时成像等大型设备；多模态跨尺度显微内窥镜成像系统；血液安全等高端试剂、前沿生物芯片及配套仪器。

3. 战略基础材料

2301　前沿先导材料：高强高模高韧碳纤维、特种功能性纤维；石墨烯材料宏量制备、石墨烯基先进储能材料；纳米材料低成本制备、纳米光刻材料；低功耗电子显示材料、高稳定 OLED 发光材料、微电子高端化学品；高性能陶瓷膜、反渗透膜材料。

2302　先进基础材料：高端轴承钢等高性能特种钢、低成本钛合金、金属基复合材料；稀土功能材料，特种有机高分子材料，GaN、SiC 等高端电子信息材料。

4. 智能制造

2401　工业机器人：基于人工智能先进工业机器人、极端复杂环境作业下的特种机器人；高精密减速器、高性能伺服电机和驱动器、控制器等核心部件。

2402　高端数控机床：超高速电机高精密驱动与控制、智能化高档数控系统；高精密经济型高端数控机床及加工中心；高效高可靠柔性化自动生产线；高精密刀具等关键功能部件。

5. 高端装备

2501　超大型作业机械：整体式液压系统、高压柱塞泵、高压共轨等核心系统；具有标志性工程意义的超大型作业机械、石化装备和重大港口装备。

2502　现代交通装备：高速动车组关键核心部件及其配套系统；铂基催化燃料电池新能源汽车关键核心部件及整车集成；国产大飞机等航空装备用关键核心配套件。

2503　海工装备及高技术船舶：深海油气钻井、浮式生产储卸、远洋特种作业等海工装备及关键配套系统；大型 LNG 双燃料动力船、超大型集装箱船等高技术船舶及关键设备。

6. 新能源与节能环保

2601　智能电网：特高压、超高压交直流变压器等关键设备；大电网柔性互联等关键技术及核心设备；高效能量转换的大容量储能系统；新一代高效光伏电池、新型风电机组、下一代核电等关键技术及装备。

2602 新型环保：新型环境修复技术及关键装备；“零排放”与深度处理回收成套技术及装备；工业气体净化与资源化利用关键技术及装备。

2603 高效节能：大型燃气轮机组及关键设备；LNG综合利用关键技术及装备；新一代高效节能技术及应用产品。

7. 安全生产

2701 基于大数据等先进技术的风险监测预警装备；危险化学品安全监管、安全生产预防控制等装备及系统；高灵敏生命探测设备、高机动抢险救援装备、高危环境作业机器人等应急救援专业装备。

8. 高科技农业

2801 农业优良品种：种质创新、新品种（系）创制、良种扩繁等关键技术；新型优质抗逆水稻新品种、优质专用小麦新品种。

2802 高端农业装备：智能化大田作物生产全程作业装备，智能化设施农业装备，智能化农产品加工装备，高性能植保机械。

三、高新区专题项目（C类）

本类项目由各国家高新区、省级高新区按照已规划的“一区一战略产业”进行组织申报（“一区一战略产业”名单及指南代码详见附件2，略），实行择优推荐（国家高新区择优推荐名额为2个、省级高新区择优推荐名额为1个）。本年度成果转化专项资金重点支持生物医药、纳米科技、智能装备、物联网、先进材料等产业方向，优先支持各高新区已立项的成果转化及产业化项目。

2020年度江苏省创新能力建设计划项目申报要求

2020年度省创新能力建设计划项目紧紧围绕高质量发展走在前列的目标定位，突出增强原始创新能力、提升产业技术实力和深挖科技资源潜力，重点支持符合一带一路、长三角一体化发展、长江经济带建设等国家战略及江苏省科技创新布局的重大平台建设，落实相关科技创新政策，为构建自主可控的现代产业体系、建设高水平创新型省份提供有力支撑。

一、支持重点和实施方式

（一）科学与工程研究类科技创新基地

1. 重大科研设施预研筹建

根据江苏省科技经济发展的重点需求，围绕国家战略部署，聚焦长三角一体化发展、苏南国家自主创新示范区、江苏自贸试验区和南京综合性科学中心建设等，积极引进国家战略资源，重点支持地方政府、有关部门、高校院所、新型研发机构依托省内外高端资源等开展有望纳入国家实验室、国家重大科技基础设施和国家技术创新中心等重大科研设施的预研建设等。

实施方式：采用择优组织方式，由项目主管部门组织符合条件的申报主体，整合相关科技力量，提出可行性方案，经同行专家论证，择优支持，成熟一个，启动一个。对于纳入推进长三角一体化发展和苏南自创区建设的重大项目，予以优先支持。

2. 省学科重点实验室绩效评估

根据《江苏省重点实验室评估规则（试行）》，对建设期满的省学科重点实验室开展绩效评估。依据绩效评估结果，分别对绩效优秀和良好的学科重点实验室给予年度开放运行和基本科研业务费支持，用于补助开放运行和自主创新研究，以更好地面向本省经济社会发展需求，获取原创成果和自主知识产权。

实施方式：委托第三方评估机构评估，具体安排另行通知。

3. 省企业重点实验室建设

聚焦省重点培育的先进制造业集群和现代服务业，增强企业创新发展能力，依托行业龙头企业和骨干科技服务机构新建8家左右企业重点实验室，面向行业未来发展的需求，开展应用基础研究和产业共性关键技术研究，开发重大战略目标产品，抢占产业技术制高点，引领和带动行业技术进步。优先支持列入“企业研发机构高质量提升计划”培育库及建有院士工作站的企业申报的重点实验室。继续开展院士企业研究院建设试点工作。

申报条件：申请单位应为本领域行业龙头企业或骨干科技服务机构，2017—2019 年期间有新立项获批的国家级科研项目或省级以上相关应用基础研究、关键技术攻关项目 1 项以上，拥有本领域 2 项以上核心技术发明专利。企业须为高新技术企业、建有企业研发机构，主营业务收入在 5 亿元以上；科技服务机构年服务收入不低于 2 亿元。实验室建设新增投入（不含转移资产）不低于 3000 万元。企业重点实验室建设期间不安排省拨经费，建设期满后采取集中评估方式验收,对研发体系完善、运行规范，建设期间成效突出、行业发展贡献明显，评估验收优良的，给予不超过 400 万元的省拨经费后补助。

符合下列条件的单位可申请建设院士企业研究院：建有省级以上企业重点实验室且院士工作站 2018 年运行绩效评估获得“优秀”等次；与不少于 2 名院士签订有效合作协议，且研究方向明确、有实质性的任务内容；企业研究院研发场所相对集中，面积不少于 1000 平方米，建设期新增投入不低于 1500 万元。建设期间不安排省拨经费，建设期满验收合格的，给予不超过 300 万元的省拨经费后补助。

实施方式：由设区市科技局、行业主管部门审核并择优推荐。企业重点实验室各设区市择优推荐不超过 3 项、行业主管部门择优推荐不超过 1 项。

4. 其他

贯彻落实省委省政府重点工作的其他任务项目。

实施方式：采用定向组织方式，由符合条件的申报主体提出可行性方案，经同行专家论证，成熟一个，启动一个。

（二）资源共享与科技服务类科技创新基地（科技公共服务平台建设）

瞄准先进制造业集群和新兴产业培育，突出技术性、开放性和公共性，建设若干重大科技公共服务平台，优先支持有效支撑长三角一体化、苏南自创区一体化发展的跨区域重大科技公共服务平台。继续推广国务院办公厅第二批支持创新改革举措，探索高校院所等按照集约化管理、市场化运营模式整合科学仪器设备建设“开放实验室”，提高仪器设备使用效率，服务科技创新。优先支持在不改变所有权前提下，授权专业服务机构对高校院所科学仪器设备进行市场化运营管理的申报单位。“开放实验室”纳入省级科技公共服务平台序列。

申报条件：申请平台建设单位应为具有较强研发、测试等服务和运营能力的骨干科技服务机构、独立法人的新型研发机构等；公共服务平台建设总投入不低于 5000 万元，省拨经费资助不超过 1000 万元。

申请开放实验室建设单位应为拥有财政资金购置大型科学仪器设备的省级高等院校、科研院所等管理单位；单位管理的大型科学仪器设备的集中集约率不低于 70%；授权的专业服务机构应为具有市场化运营能力的独立法人单位，省拨经费资助不超过 200 万元。

实施方式：由设区市科技局、行业主管部门审核并择优推荐，科技公共服务平台择优推荐 1 项、开放实验室推荐项数不限。

（三）创新政策落实

1. 新型研发机构建设

落实省政府科技创新政策，重点支持由诺奖获得者等国际著名科研机构团队设立，以及由国内知名高校院所和地方共建，以院士等知名专家及其团队为核心，研发领域符合国家重大科技部署和江苏省发展需求，具备承担国家重大战略任务能力的新型研发机构。优先支持由长三角地区科研机构或企业共建的新型研发机构。

申报条件：申请的新型研发机构须在 2016 年 8 月 16 日之后在江苏省注册，以技术研发服务、技术转移孵化等为主导业务，投资规模较大，并已实质性运行。与国内科教单位共建的，应为有望培育承担国家重大科技基础设施、国家技术创新中心（产业创新中心、制造业创新中心）和重大科技专项的专业性、公益性、开放性机构。省拨资助经费将依据机构的建设规模、引入核心技术和核心研发团队的创新水平等，择优给予分期分档支持，原则上不超过新增经费的 10%（最高不超过 1 亿元）。

实施方式：由设区市科技局、行业主管部门审核并择优推荐。

2. 新型研发机构奖补

落实省政府科技创新政策，重点支持具备独立法人条件的新型研发机构开展研发创新活动，对其上一年度非财政经费支持的研发经费支出额度给予不超过20%（最高不超过1000万元）的奖励。已享受其他各级财政研发费用补助的机构原则上不重复奖补。

申报条件：申请的新型研发机构应为独立法人，参加国家科学研究和技术服务业科技活动单位统计调查；以研发服务为核心功能，不直接从事市场化的产品生产和销售；机构2019年度主营业务收入不少于300万元，其中研发等科技服务收入占主营业务收入的比重不低于50%（主营业务收入不包含财政拨付的建设经费），为单一关联单位（有股权关系）的服务收入占主营业务收入的比重不超过30%。相关材料及数据等以在省科技厅备案的省重点科技计划项目经费审计中介机构出具的《新型研发机构研发经费专项审计报告》为准，审计所涉及的科技服务收入需在省技术市场进行过技术合同认定登记。

实施方式：由新型研发机构自愿申请、设区市科技局审核汇总上报。

3. 技术转移体系建设奖补

落实《江苏省人民政府关于加快全省技术转移体系建设的实施意见》（苏政发〔2018〕73号）要求，依据《江苏省技术转移奖补资金实施细则（试行）》，对符合条件的技术转移输出方、中介方、技术合同登记机构和各市、县进行奖补。

实施方式：各设区市科技局根据《江苏省技术转移奖补资金实施细则（试行）》，对辖区内符合条件的技术转移输出方、技术合同认定登记机构技术交易数据进行审核、公示，并于2020年4月底前将2019年度本地区奖补情况报省科技厅备案；省技术产权交易市场对中介方促成的技术交易数据进行审核公示；省科技厅依据技术合同认定登记系统数据提出奖补意见会省财政厅后实施。

二、申报要求

1. 各项目主管部门在组织项目申报时须认真落实中央八项规定精神，严格执行全省科技管理系统“六项承诺”和“八个严禁”规定，按照《关于进一步加强全省科技管理系统全面从严治党工作的意见》（苏科党组〔2018〕16号）要求，把党风廉政建设和科技计划项目组织工作同部署、同落实、同考核，切实加强关键环节和重点岗位的廉政风险防控，积极主动做好项目申报的各项服务工作，进一步提高服务质量和办事效率。

2. 设区市科技局和行业主管部门要加强对所辖县区或单位的统筹，加大重大项目组织力度，对重大科研设施、企业重点实验室、新型研发机构和科技公共服务平台等项目，须与省科技厅会商后再由项目单位正式报送申报材料。新建项目中，企业重点实验室、院士企业研究院、开放实验室的实施期为3年以内，其余项目的实施期为3～5年。

3. 全面实施科研诚信承诺制。项目申报单位、项目负责人和项目主管部门均须在项目申报时签署科研诚信承诺书，进一步明确各自承诺事项和违背相关承诺的责任。项目申报的相关单位和有关人员要严格落实省科技厅《关于进一步加强省科技计划项目申报审核工作的通知》（苏科计函〔2017〕7号）和《关于严格执行省科技计划项目管理相关规定的通知》（苏科计函〔2017〕479号）要求，项目负责人应如实填写项目申报材料，严禁项目申报时剽窃他人科研成果、侵犯他人知识产权、伪造材料骗取申报资格等科研不端行为。项目申报单位要切实强化法人主体责任，进一步加强项目申报材料的审核把关，对申报材料的真实性和合法性负主体责任，严禁虚报项目、虚假出资、虚构事实及联合中介机构包装项目等弄虚作假行为。基层项目主管部门要切实强化审核责任，对申报材料内容进行严格把关，严禁审核走过场、流于形式。对于违反要求弄虚作假的，将按照相关规定严肃处理。

4. 项目申报书经项目负责人和参与人员签字确认后方可报送；项目预算应合理真实，承诺的自筹资金必须足额到位，禁止企业以其他政府资助资金作为自筹资金来源。同一单位及关联单位不得将内容相同或相近的研发项目同时申报不同省科技计划。重复申报的，将取消评审资格。

5. 有不良信用记录的单位和个人，不得申报本年度计划项目。在项目申报和立项过程中相关责任主体有弄虚作假、冒名顶替、侵犯他人知识产权等不良信用行为的，一经查实，将记入信用档案，并按《江苏省科技计划项目相关责任主体信用管理办法（试行）》做出相应处理。

6. 涉及人类遗传资源采集、收集、买卖、出口、出境的需遵照《中华人民共和国人类遗传资源管理条例》的相关规定执行。涉及实验动物和动物实验的，需遵守国家和省实验动物管理的法律、法规、技术标准及有关规定。涉及人的伦理审查工作的,需按照相关规定执行。

2020 年度苏南国家自主创新示范区建设专项资金高新区奖补资金申报办法

一、申报范围

苏南国家自主创新示范区内的国家高新区（含江宁高新园、新港高新园、宜兴环科园）。

二、支持重点与方式

苏南国家自主创新示范区建设专项资金高新区奖补资金重点支持以下四个方面：

1. 新增科技投入。对高新区年度新增科技投入予以重点奖励补助。

2. 年度国家高新区评价结果。对在国家高新区年度评价中排名进位和综合排名靠前的予以奖励。

3. 高新区建设重点工作绩效。对高新区在高新技术企业培育、高新技术产业培育、科技服务平台载体建设、知识产权创造、高层次人才引进等方面取得的绩效予以重点奖励。

4. 自主创新示范区先行先试政策及重大举措落实情况。对高新区全面落实中关村创新政策,结合自身特点和优势,在深化科技体制改革、推进科技成果转移转化示范区建设、建设新型研发机构、科技资源开放共享、区域协同创新等方面开展创新政策先行先试取得的成效，以及组织实施重大科技创新建设项目、培育特色战略产业、培育高新技术企业、建设创新核心区、开展“一站式服务”等方面重大工作举措落实情况较好的予以奖励。

苏南国家自主创新示范区建设专项资金高新区奖补资金采取后补助方式，采用因素法进行考核分配，主要因素分别为科技投入、国家高新区排名、重点工作绩效、自主创新示范区先行先试政策及重大举措落实情况。

三、申报材料

1. 国家高新区科技投入情况。包括各国家高新区 2019 年度高新区本级财政科技经费使用情况，经费使用应说明用于支持企业创新、推进创新型产业发展、科技创新与服务平台建设、众创空间等科技孵化器建设、科技金融、人才培养和引进，知识产权创造、运用和保护等方面的具体使用情况，填报《2019 年度苏南国家自主创新示范区国家高新区财政科技投入情况表》、《2019 年度苏南国家自主创新示范区国家高新区财政科技投入明细表》，并附各类科技经费支出的相关文件及证明材料。

2. 国家高新区建设进展情况。填报《2019 年度苏南国家自主创新示范区建设专项资金高新区奖补资金申报相关指标情况表》，并附相关证明材料（由各有关部门盖章确认）。数据统计范围为高新区管理区域范围。

3. 先行先试及重大举措落实情况。主要包括高新区工作体系健全完善、创新政策先行先试、“一区一战略产业”培育发展、创新核心区建设、以自创区名义组织开展重大活动、科技成果转移转化示范区建设、自创区一体化创新服务平台高新区建设促进服务中心（“一站式”服务中心）建设、省市共同推进重大科技创新建设项目进展等方面的情况，填报《2019 年度高新区先行先试及重大举措落实情况调查问卷》，并提交相关文件等证明材料。

4. 国家高新区 2019 年度苏南国家自主创新示范区建设专项资金高新区奖补资金使用情

况。填报《2019年省级财政下达的苏南国家自主创新示范区国家高新区奖补资金使用明细表》，并附资金拨付凭证和资金下达文件等相关证明材料。

四、申报要求

1. 省财政下达的2019年度苏南国家自主创新示范区建设专项资金高新区奖补资金，不列入国家高新区本级财政科技投入统计申报范围，原则上在申报之前应全部使用完毕。

2. 高新区科技投入是指高新区的本级财政科技投入，不包括国家、省、设区市、县（市、区）等对高新区的科技经费支持。企业进出口贸易补贴、环保专项资金、工业用途投入、管理部门办公经费等不得列入科技投入。用于科技人才引进的补贴、科技孵化器及众创空间建设房租与运营补贴、重大科技项目招引等经费需提供具体证明材料。

3. 江宁高新园、新港高新园、宜兴环科园单独申报，统计数据不纳入所在国家高新区的数据统计范围。

4. 苏南各国家高新区管委会及有关工作人员要认真落实省科技厅《关于进一步加强省科技计划项目申报审核工作的通知》（苏科计函〔2017〕7号）和《关于严格执行省科技计划项目管理相关规定的通知》（苏科计函〔2017〕479号），切实强化法人主体责任，如实填写奖补申报材料，进一步加强奖补申报材料的审核把关，对申报材料的真实性和合法性负主体责任，严禁虚报项目、虚假出资、虚构事实及联合中介机构包装奖补材料等弄虚作假行为。苏南各设区市科技局、财政局，以及各有关县（市）科技局、财政局要切实强化审核责任，对辖区内国家高新区的奖补申报材料内容进行严格把关，严禁审核走过场、流于形式。对于违反要求弄虚作假的，将按照相关规定严肃处理。

5. 基层主管部门在奖补资金申报审核时，要认真贯彻中央八项规定精神，严格执行全省科技管理系统“六项承诺”和“八个严禁”规定，严格落实《关于进一步加强全省科技管理系统全面从严治党工作的意见》（苏科党组〔2018〕16号），把党风廉政建设和高新区奖补资金组织申报工作同部署、同落实、同考核，切实加强关键环节和重点岗位的廉政风险防控，积极主动做好奖补资金申报的各项服务工作，进一步提高服务质量和办事效率。

2020年度江苏省政策引导类计划（引进外国人才专项）项目申报办法

2020年度省政策引导类计划（引进外国人才专项）紧紧围绕高质量发展走在前列的目标定位，面向江苏省经济社会发展重大需求，支持“高精尖缺”外国人才引进。

一、项目类别及申报条件

2020年度省政策引导类计划（引进外国人才专项）按照引进国外技术、管理人才计划（简称“引智计划”）和江苏“外专百人计划”（简称“百人计划”）两大类项目组织申报。在江苏省境内注册、具有独立法人资格的企事业单位或社会团体可按本通知要求进行申报。

省政策引导类计划（引进外国人才专项）项目的遴选立项，主要评判外国专家人选的个人能力与业绩及行业地位和影响力，同时考虑依托项目的预期作用与效益及用人单位的工作平台与配套条件情况。

（一）引智计划

支持在省科技产业和工程技术创新、前沿基础研究、关键核心技术攻关和装备研发中引进外国专家和创新团队，支持在环境和生态保护、医药卫生、现代农业、现代服务业等社会发展领域引进的具有较高学术造诣、实践经验丰富的外国专家。重点支持引进具有原始创新能力的科学家和科技领军人才，具有世界眼光和开拓能力的企业家，以及经济社会发展急需紧缺的其他各类人才。项目实施期为1年，资助额度每项8万元。

申报条件：引进对象为外籍人才或团队，且符合下列条件之一。在国际知名企业或国际知名教育、科技、文化、卫生、金融等机构担任中高级职务的专业技术人才和经营管理人才；在国外著名高校、科研院所担任相当于副教授及以上职务的专家学者，一般应在海外取得学士及以上学位；拥有自主知识产权或掌握核心技术的创新创业人才；其他急需紧缺的外籍人才。

推荐要求：各部门各单位要根据要求认真遴选，切实将层次高、条件好的引进人才推荐上来。各设区市每市申报数量原则上不超过5项，国家级高新区不超过4项，各县（市）、省级高新区不超过3项，高校院所不超过2项。

（二）百人计划

引进对象为高层次外国专家。重点引进能够突破关键技术、发展高新产业、带动新兴学科的高层次科学家、科技领军人才，以及能够引领产业发展、产品升级、市场拓展的高层次技术和管理人才。分为长期项目和短期项目两类。长期项目实施期3年，资助额度每项50万元；短期项目实施期1年，资助额度每项15万元。

申报条件：

1. 长期项目。拥有自主知识产权或掌握核心技术，在国际知名企业或机构担任高级职务的专业技术人才和经营管理人才，或在国外著名高校、科研院所担任相当于副教授及以上职务的专家学者；引进后能在江苏省全职工作3年；具有博士学位。申报人选一般应未在省内全职工作；已在省内工作的，应为2019年6月1日以后入职。

2. 短期项目。技术水平、管理理念先进，为江苏省重点行业发展所急需的人才；引进后1年内，在本省工作累计不少于2个月；具有硕士及以上学位。

推荐要求：推荐人选不得重复申报引智计划，已入选省“双创计划”的人选不得申报。对有突出成绩或本省急需紧缺的人才，可突破学历、专业技术职务等资格条件限制破格引进，申报时应附破格申报说明。

二、有关要求

1. 项目由各地方主管部门（包括各设区市科技局，县、市科技局，国家和省级高新区管委会）审查、汇总并推荐申报；驻宁部省属高校及科研院所项目由本单位负责审核并直接推荐申报；其他高校及科研院所按属地管理原则，由所在地科技部门负责项目审核推荐。

2. 全面实施科研诚信承诺制。项目申报单位、项目负责人和项目主管部门均须在项目申报时签署诚信承诺书，明确各自承诺事项和违背相关承诺的责任。

3. 项目申报的相关单位和有关人员要认真落实省科技厅《关于进一步加强省科技计划项目申报审核工作的通知》（苏科计函〔2017〕7号）和《关于严格执行省科技计划项目管理相关规定的通知》（苏科计函〔2017〕479号）要求，项目负责人应如实填写项目申报材料，严禁项目申报时剽窃他人科研成果、侵犯他人知识产权、伪造材料骗取申报资格等科研不端行为。项目申报单位要切实强化法人主体责任，进一步加强项目申报材料的审核把关，对申报材料的真实性和合法性负主体责任，严禁虚报项目、虚假出资、虚构事实及联合中介机构包装项目等弄虚作假行为。项目主管部门要切实强化审核责任，对申报材料内容进行严格把关，严禁审核走过场、流于形式。对于违反要求弄虚作假的，将按照相关规定严肃处理。

4. 各地方主管部门及驻宁部省属高校院所在组织项目申报时要认真落实中央八项规定精神，按照省科技厅党组《关于进一步加强全省科技管理系统全面从严治党工作的意见》（苏科党组〔2018〕16号）要求，严格执行全省科技管理系统“六项承诺”和“八个严禁”规定，把党风廉政建设和科技计划项目组织工作同部署、同落实、同考核，切实加强关键环节和重点岗位的廉政风险防控，积极主动做好项目申报的各项服务工作，进一步提高服务质量和办事效率。

科技奖励

Awards of Science & Technology

2019年度国家科学技术奖（江苏省获奖项目）

2019 National Science & Technology Awards（Jiangsu Province）

【概　况】　2019年度江苏省共55项通用项目荣获国家科学技术奖，其中，自然科学奖3项，技术发明奖10项，科学技术进步奖42项。

国家自然科学奖

【3个项目获2019年度国家自然科学奖】　在2019年度国家科学技术奖励大会上，江苏省有3项成果获国家自然科学奖二等奖。

江苏省获2019年度国家自然科学奖名单

序　号	项目名称	主要完成单位	主要完成人	奖　种	完成方式
1	时延系统的鲁棒控制理论与方法	南京理工大学 香港大学 曲阜师范大学	徐胜元　张保勇 马　倩　林　参 张正强	自然科学奖二等奖	主持
2	抑郁症发病新机理及抗抑郁新靶点的研究	南京医科大学	朱东亚	自然科学奖二等奖	参与
3	互联网视频流的高通量计算理论与方法	南京理工大学	唐金辉	自然科学奖二等奖	参与

【时延系统的鲁棒控制理论与方法】　该项目提出了松弛变量方法，有效减小了传统方法在时延系统时延相关稳定性分析方面的保守性，完善了一大类线性和非线性系统的稳定性理论；发现了若干时延相关稳定性分析方法之间的内在联系，应用数学工具严格证明了这些方法之间的等价性，为时延系统稳定性分析方法体系的统一提供了理论基础。

【抑郁症发病新机理及抗抑郁新靶点的研究】该项目提出了抑郁症发病新假说，并为快速抗抑郁药的研发提供了新靶点。以往国际上对抑郁症的研究主要集中于单胺能神经递质系统，而该项目从新的视角入手，深入系统地研究了抑郁症的发病新机理及抗抑郁新药靶。

【互联网视频流的高通量计算理论与方法】项目在信号域、特征域和语义域揭示了数据的复杂耦合和动态关联机理，建立了局部解耦、全局优化的并行计算理论模型，形成了高吞吐、强实时的视频流高通量计算体系，带动了视觉计算研究领域的新发展，为互联网信息服务发展提供了重要理论支撑。

国家技术发明奖

【10个项目获2019年度国家技术发明奖】 在2019年度国家科学技术奖励大会上，江苏省有10项成果获国家技术发明奖二等奖。

【基因Ⅶ型新城疫新型疫苗的创制与应用】 该项目发明了新城疫病毒遗传进化快速分析系统，首次明确了新城疫病毒流行株优势基因型及其致病机制，为新城疫的精准防控提供了科学依据；发明了基因Ⅶ型新城疫病毒疫苗株，解决了原有疫苗株与流行株之间基因型和抗原性不匹配问题；发明了国际上第一个注册的基因Ⅶ型新城疫灭活疫苗，解决了鸡群和鹅群新城疫防控的重大问题。

【异体间充质干细胞治疗难治性红斑狼疮的关键技术创新与临床应用研究】 为解决难治性系统性红斑狼疮（systemic lupus erythematosus，SLE）的治疗难题，南京大学医学院附属鼓楼医院的孙凌云教授带领项目组开展“间充质干细胞移植治疗自身免疫病”研究，自2002年起围绕SLE间充质干细胞（mesenchymal stem cell，MSC）进行了3个方面的系统研究：①SLE骨髓MSC功能；②异基因MSC移植治疗自身免疫病动物模型的疗效及机制；③异基因骨髓和脐带MSC治疗SLE及其他自身免疫病的临床研究。研究取得了一系列原创性的研究成果，丰富了自身免疫病特别是SLE发病机制的基础理论，而且为重症难治性自身免疫病的治疗开辟了新的途径，解决了部分难治性患者常规药物治疗无效的难题，具有重要的科学价值和潜在的临床应用前景，得到国内外同行高度评价，为我国风湿病学研究跻身于国际先进行列做出了重要贡献。

【多元催化剂嵌入法富集去除低浓度VOCs增强技术及应用】 该项目成果主要针对挥发性有机物（VOCs）进行深度治理实现无害化排放，VOCs是PM2.5和臭氧的重要前驱体，VOCs的排放是形成雾霾的主要原因，路建美教授历经10余年持续科技攻关，发明了“强化富集/催化降解”一体化深度净化低浓度VOCs技术，攻克了低浓度VOCs低驱动力下强化富集并原位同步快速催化降解的国际难题，破解了低浓度VOCs深度净化达超低浓度排放的工程技术难题，实现VOCs去除率在90%～98%、出口浓度由50～500 mg/m^{3}经智能化调控处理至3～25 mg/m^{3}排放的深度净化效果。该技术打破国内VOCs深度净化主要依靠费用高昂的活性炭吸附和进口日本沸石转轮技术的局面。该成果转化给企业后，已完成数十家企业废气处理工程，取得显著经济和社会效益。

江苏省获2019年度国家技术发明奖名单

序号	项目名称	主要完成单位	主要完成人	奖种	完成方式
1	基因Ⅶ型新城疫新型疫苗的创制与应用	扬州大学 中崇信诺生物科技泰州有限公司	刘秀梵 胡顺林 刘晓文 王晓泉 何海蓉 曹永忠	技术发明奖二等奖	主持
2	异体间充质干细胞治疗难治性红斑狼疮的关键技术创新与临床应用研究	南京鼓楼医院 深圳市北科生物科技有限公司 江苏大学	孙凌云 张华勇 胡 祥 王丹丹 刘沐芸 许文荣	技术发明奖二等奖	主持
3	多元催化剂嵌入法富集去除低浓度VOCs增强技术及应用	苏州大学 江苏南方涂装环保股份有限公司	路建美 陈冬赟 李娜君 贺竞辉 张克勤 李爱军	技术发明奖二等奖	主持

续表

序 号	项目名称	主要完成单位	主要完成人	奖 种	完成方式
4	农田农村退水系统有机污染物降解去除关键技术及应用	河海大学 南京大学	王沛芳 王 超 饶 磊 陈 娟 任洪强 钱 进	技术发明奖二等奖	主持
5	淀粉加工关键酶制剂的创制及工业化应用技术	江南大学 湖南汇升生物科技有限公司 山东省鲁洲食品集团有限公司	吴 敬 李兆丰 陈 晟 宿玲恰 谢艳萍 赵玉斌	技术发明奖二等奖	主持
6	特色食品加工多维智能感知技术及应用	江苏大学 江苏恒顺醋业股份有限公司 中国农业科学院农产品加工研究所	邹小波 陈全胜 石吉勇 李国权 张春江 赵杰文	技术发明奖二等奖	主持
7	深基础自平衡法承载力测试成套技术开发及应用	东南大学 南昌永祺科技发展有限公司 福建省建筑科学研究院有限责任公司 南京东大自平衡桩基检测有限公司 中国建筑科学研究院有限公司	龚维明 戴国亮 易教良 施 峰 薛国亚 高文生	技术发明奖二等奖	主持
8	矿井人员与车辆精确定位关键技术与系统	江苏三恒科技股份有限公司 天地（常州）自动化股份有限公司	严 春 包建军	技术发明奖二等奖	参与
9	高性能特种粉体材料近终形制造技术及应用	江苏精研科技股份有限公司	邬均文	技术发明奖二等奖	参与
10	大尺寸硅片超精密磨削技术与装备	无锡机床股份有限公司	吕洪明	技术发明奖二等奖	参与

【农田农村退水系统有机污染物降解去除关键技术及应用】 针对我国农田农村有机污染物引起的水污染日益加剧及防控治理技术严重缺乏等突出问题，项目组从源头截留阻控和退水系统逐级降解去除入手，研发了基于纳米材料和微生物的高效降解去除有机污染物的新方法、新材料、新工艺和新产品，发明了载体制备成形方法及性能检测、纳米材料及高效降解菌载体附着方法及耦合净污、降解去除装置及逐级布设、区域有机污染物深度削减与生态截污廊道构建等核心技术，攻克了载体孔隙高通透、纳米颗粒定向迁移和载体孔隙表面负载、孔隙紫外光折射扩展、微生物活性增强和孔隙表面附着等关键技术难题，获得了整装成套的新设备和新装置，在技术方法创新性、净污载体制备新颖性、装置工艺高效性、逐级布设实用性和应用功能综合性等方面取得了创新性突破。主要技术内容包括：①研发了多孔隙多尺度多形态净污载体制备成形方法及性能检测技术，发明了农业秸秆骨料覆蜡造孔、多孔透水砖／球制备、载体性能检测等核心技术；②研发了纳米材料及高效降解菌载体附着方法与耦合净污技术，发明了温控水汽蒸发诱导纳米颗粒迁移、孔隙表面纳米镀膜、降解菌株同步高效筛选等核心技术；③研发了基于净污载体的污染物降解去除装置及逐级布设方法，开发了附着纳米材料和高效降解菌群的可移动式载体净化箱、装配式载体净化器等新设备和新产品，发明了转筒式光催化净化池、自动翻板式水质渗滤闸等核心技术和装备；④研发了有机污染物深度削减和退水系统生态截污廊道构建技术，发明了低能耗反硝化生物滤池、磁性纳米材料净化器等核心技术。申请国家发明专利156件，获授权发明专利84件，其中中国发明专利60件、国际专利24件；发表SCI收录论文286篇。成果在我国农田农村污染控制与治理工程规划设计和建设运管中广泛运用，有效降低了农田农村退水系统中的有机物污染负荷，取得重要的生态环境及社会经济效益。

【淀粉加工关键酶制剂的创制及工业化应用技术】 淀粉加工用酶是食品工业用量最大的酶制剂。此项成果发明了智能精算与区域重构相结合的快捷精准酶基因挖掘改造新技术，破解酶制备源头性难题；发明了快速合成与高效转运相协调的酶发酵新技术，攻克了酶高效制备瓶颈；发明了定向有序和定量可控的淀粉转化新技术，提升了淀粉加工产品产率。3 年新增产值 72.1 亿元，利税 11.1 亿元。此项成果扭转了我国长期依赖进口酶导致的淀粉加工技术优势不足的局面，对我国食品工业的可持续发展具有重要意义。

【特色食品加工多维智能感知技术及应用】 项目聚焦我国特色食品智能化加工的瓶颈问题，在 10 多项国家和省部级项目支持下，围绕中华特色食品加工多维智能感知技术及应用开展研究，在特色食品风味的多维感知仿生评价、加工过程参量的多维分布成像化检测，以及智能化加工装备创制 3 个方面取得了原创性突破，形成了理论创新、技术突破和应用拓展三位一体的鲜明特色，构建了具有自主知识产权的核心技术体系和合理专利布局。

【深基础自平衡法承载力测试成套技术开发及应用】 龚维明教授于 1996 年率先提出“平衡点”理念，项目团队历经 20 余年，建立自平衡法理论及测试方法，研制了系列核心加载设备，形成了自平衡法承载力测试成套技术。该技术突破了传统静载法反力小、测试效率低等瓶颈，破解了新型深基础测试手段缺乏的困境。该技术已被国内外500多家企业应用于国内32个省、直辖市、自治区及特别行政区和 15 个“一带一路”沿线国家的 12000 多个工程，解决了重大工程深基础承载力测试的技术难题，并创造了多项世界测试记录。

【矿井人员与车辆精确定位关键技术与系统】 项目组发明了拥有完全自主知识产权的矿井人员和车辆精确定位方法和非视距定位误差抑制方法，定位精度超过国外现有同类产品技术水平，解决了矿井人员和车辆精确定位的共性和关键性技术难题，促进了行业科技进步；将定位精度提高到 0.3m，实现了技术的跨越式发展，极大地扩展了矿井人员定位管理系统的功能和应用领域，研制并大量推广应用了新型矿井人员和车辆精确定位系统，提高了产品市场竞争力；首次提出煤矿井下人员定位系统主要技术要求、技术指标及其测试方法，制定了我国第 1 个矿井人员定位系统标准，规范了煤矿井下人员定位系统产品性能和参数，促进了系统及产品标准化和规范化，统一了煤矿井下人员定位系统试验方法和检验规则，提高了产品质量，规范了煤矿井下人员定位系统设计、安装、使用、维护、管理和监察等；研制成功第 1 个矿井人员精确定位系统，引领了行业发展方向，在遏制煤矿井下和采掘工作面等重点区域超定员生产，遏制重特大事故发生，防止车辆伤人，防止违章乘坐皮带，防止人员进入盲巷等限制区域，控制作业人员超时下井，加强特种作业人员管理，加强领导下井带班管理，加强考勤管理和应急救援等方面发挥着重要作用。

【高性能特种粉体材料近终形制造技术及应用】 项目针对国防装备、汽车、智能电子产品等领域的需要，开展了金属钨、氮化铝、软磁合金等特种粉体材料注射成形的研究，突破了近球形微细粉末制备、精确成形、强化烧结与组织性能调控等关键技术，实现了此类材料制品的高性能近终形制造。

【大尺寸硅片超精密磨削技术与装备】 项目主要研究内容为磨床结构设计与分析、金刚石砂轮研制、硅片面型控制系统、硅片高效低损伤超精密磨削工艺等，并研制出国内首台大尺寸硅片双主轴三工位全自动磨床和大尺寸硅片磨抛一体化机床等设备。

国家科学技术进步奖

【42 个项目获 2019 年度国家科学技术进步奖】 在 2019 年度国家科学技术奖励大会上，江苏省有 42 个项目获 2019 年度国家科学技术进步奖，其中有 2 项成果获国家科学技术进步奖特等奖，3 项成果获国家科学技术进步奖一等奖，37 项成果获国家科学技术进步奖二等奖。

【混合材高得率清洁制浆关键技术及产业化】 项目属林产化工和制浆造纸领域，研究并创制了混合材多级浸渍均质软化、纤维定向解离、节能磨浆、清洁高效漂白等系列关键技术，开发了节能型高得率清洁制浆成套技术装备并实现产业化，在山东、江苏等 15 省区获大规模推广并实现出口。建成和升级高得率浆线 40 余条，覆盖产能 70% 以上。技术装备的完全自主化打破了国外长期垄断，实现了低质原料的高值化利用，每年节约木材 500 万立方米、节水 1.8 亿立方米、节电 69.6 亿千瓦时，经济、社会和生态环境效益显著。

【高落差高压电缆线路无损施工技术创新及应用】 该项目首次完成高落差高压三维精准同步一体化敷设及施工质量综合检测工程实践，创新了高落差高压电缆无损打弯及固定技术，发明了高落差高压电缆施工质量综合检测方法，攻克了相关施工技术难题，实现了高落差高压电缆整段无损敷设、无损打弯、无损固定和无损交付，对保障高压电缆工程质量，提高城市供电可靠性具有重要意义。

江苏省获 2019 年度国家科学技术进步奖名单

序　号	项目名称	主要完成单位	主要完成人	奖　种	完成方式
1	混合材高得率清洁制浆关键技术及产业化	中国林业科学研究院林产化学工业研究所 南京林业大学 北京林业大学 山东晨鸣纸业集团股份有限公司 山东华泰纸业股份有限公司 江苏金沃机械有限公司	房桂干　邓拥军 戴红旗　许　凤 耿光林　刘燕韶 沈葵忠　范刚华 丁来保　盘爱享	科学技术进步奖二等奖	主持
2	高落差高压电缆线路无损施工技术创新及应用	国网江苏省电力有限公司	何光华	科学技术进步奖二等奖	主持
3	面向制浆废水零排放的膜制备、集成技术与应用	南京工业大学 南京九思高科技有限公司 南通能达水务有限公司 江苏久吾高科技股份有限公司	邢卫红　李卫星 汪　勇　杨　刚 崔朝亮　范益群 陈　强　丁晓斌 张荟钦　汪效祖	科学技术进步奖二等奖	主持
4	特种高性能橡胶复合材料关键技术及工程应用	无锡宝通科技股份有限公司 北京化工大学 中国化学工业桂林工程有限公司	张立群　包志方 田　明　吴建国 李　宏　孙业斌 杨海波　曲成东 孟　阳　萨日娜	科学技术进步奖二等奖	主持
5	现代混凝土开裂风险评估与收缩裂缝控制关键技术	东南大学 江苏苏博特新材料股份有限公司 江苏省建筑科学研究院有限公司	刘加平　田　倩 王育江　李　磊 姚　婷　李　华 张守治　王文彬 王　瑞　高南箫	科学技术进步奖二等奖	主持

续表

序　号	项目名称	主要完成单位	主要完成人	奖　种	完成方式
6	高性能MEMS器件设计与制造关键技术及应用	东南大学 江苏英特神斯科技有限公司 无锡华润上华科技有限公司	黄庆安　周再发 聂　萌　徐　波 夏长奉　黄见秋 李伟华　唐洁影 朱　真　王　磊	科学技术进步奖二等奖	主持
7	面向柔性光电子的微纳制造关键技术与应用	苏州大学 苏州苏大维格科技集团股份有限公司	陈林森　方宗豹 周小红　浦东林 朱鹏飞　魏国军 叶　燕　朱昊枢 朱　鸣　张　恒	科学技术进步奖二等奖	主持
8	混凝土结构非接触式检测评估与高效加固修复关键技术	东南大学 北京特希达科技有限公司 柳州欧维姆机械股份有限公司 南京林业大学 柳州欧维姆工程有限公司 北京九通衢检测技术股份有限公司	吴　刚　何小元 魏　洋　蒋剑彪 窦勇芝　刘　钊 王春林　谢正元 李金涛　田永丁	科学技术进步奖二等奖	主持
9	河谷场地地震动输入方法及工程抗震关键技术	河海大学 中铁二院工程集团有限责任公司 东南大学 重庆大学 北京工业大学 山东省临沂市水利勘测设计院 山东临沂水利工程总公司	高玉峰　王景全 吴勇信　韩　强 肖　杨　曾永平 张　宁　张　飞 胡遵福　刘夫江	科学技术进步奖二等奖	主持
10	长三角地区城市河网水环境提升技术与应用	水利部交通运输部国家能源局南京水利科学研究院 河海大学 上海勘测设计研究院有限公司 浙江大学 江河瑞通（北京）技术有限公司 江苏省环境科学研究院 南京瑞迪建设科技有限公司	李　云　范子武 唐洪武　吴时强 陈求稳　朱雪诞 顾正华　谢　忱 吴修锋　许　明	科学技术进步奖二等奖	主持
11	淮河流域闸坝型河流废水治理与生态安全利用关键技术	南京大学 郑州大学 河南省环境保护科学研究院 郑州市污水净化有限公司 南京大学盐城环保技术与工程研究院 南京环保产业创新中心有限公司 河南君和环保科技有限公司	李爱民　安树青 徐洪斌　买文宁 何争光　李　洁 谭云飞　李睿华 谢显传　刘福强	科学技术进步奖二等奖	主持
12	血液系统疾病出凝血异常诊疗新策略的建立及推广应用	苏州大学附属第一医院 苏州大学	吴德沛　阮长耿 韩　悦　武　艺 陈苏宁　黄玉辉 王兆钺　戴克胜 傅建新　赵益明	科学技术进步奖二等奖	主持
13	肉品风味与凝胶品质控制关键技术研发及产业化应用	南京农业大学 江苏雨润肉类产业集团有限公司 嘉兴艾博实业有限公司 浙江华统肉制品股份有限公司	周光宏　徐幸莲 李春保　祝义亮 章建浩　韩青荣 彭增起　朱俭军 张万刚　王虎虎	科学技术进步奖二等奖	主持

续表

序号	项目名称	主要完成单位	主要完成人	奖种	完成方式
14	复杂地形下长距离大运力带式输送系统关键技术	中国矿业大学 山东科技大学 力博重工科技股份有限公司 山东欧瑞安电气有限公司 湖南科技大学 泰安英迪利机电科技有限公司	朱真才　张　媛 周满山　李　伟 张兆宇　周公博 江　帆 李学军　岳彦博 谷明霞	科学技术进步奖二等奖	主持
15	长江三峡枢纽工程	水利部交通运输部国家能源局南京水利科学研究院 河海大学	—	科学技术进步奖特等奖	参与
16	海上大型绞吸疏浚装备的自主研发与产业化	江苏科技大学 江苏海新船务重工有限公司 江苏海宏建设工程有限公司	俞孟蕻　孟咸宏 姜国旺　苏　贞	科学技术进步奖特等奖	参与
17	高品质特殊钢绿色高效电渣重熔关键技术的开发和应用	江阴兴澄特种钢铁有限公司	张旭东	科学技术进步奖一等奖	参与
18	脉冲强磁场国家重大科技基础设施	南京大学	—	科学技术进步奖一等奖	参与
19	中医脉络学说构建及其指导微血管病变防治	江苏省人民医院	李新立　曹克将	科学技术进步奖一等奖	参与
20	蛋鸭种质创新与产业化	扬州大学	陈国宏　徐　琪	科学技术进步奖二等奖	参与
21	家畜养殖数字化关键技术与智能饲喂装备创制及应用	江苏省农业科学院 无锡市富华科技有限责任公司	胡肄农　罗远明	科学技术进步奖二等奖	参与
22	草鱼健康养殖营养技术创新与应用	中国水产科学研究院淡水渔业研究中心	戈贤平	科学技术进步奖二等奖	参与
23	乙烯装置效益最大化的优化控制技术	中国石化扬子石油化工有限公司	卫　达	科学技术进步奖二等奖	参与
24	绿色高效电弧炉炼钢技术与装备的开发应用	无锡红旗除尘设备有限公司	—	科学技术进步奖二等奖	参与
25	铝合金节能输电导线及多场景应用	亨通集团有限公司 远东控股集团有限公司	马　军　汪传斌	科学技术进步奖二等奖	参与

续表

序　号	项目名称	主要完成单位	主要完成人	奖　种	完成方式
26	塑料注射成形过程形性智能调控技术及装备	瑞声光电科技（常州）有限公司	徐　斌	科学技术进步奖二等奖	参与
27	商用车机械自动变速式混合动力系统总成关键技术及其产业化应用	苏州绿控传动科技股份有限公司	李　磊　李红志	科学技术进步奖二等奖	参与
28	燃煤电站硫氮污染物超低排放全流程协同控制技术及工程应用	苏州西热节能环保技术有限公司	王乐乐	科学技术进步奖二等奖	参与
29	跨临界 CO_2 热泵的并行复合循环关键技术及其应用	江苏白雪电器股份有限公司	唐学平	科学技术进步奖二等奖	参与
30	青藏地区可再生能源独立供电系统关键技术及工程应用	国电南瑞科技股份有限公司	唐成虹	科学技术进步奖二等奖	参与
31	千万千瓦级风光电集群源网协调控制关键技术及应用	国电南瑞科技股份有限公司	徐泰山　王昊昊	科学技术进步奖二等奖	参与
32	大跨度结构技术创新与工程应用	江苏沪宁钢机股份有限公司（宜兴）	蔡　蕾	科学技术进步奖二等奖	参与
33	强风作用下高速铁路桥上行车安全保障关键技术及应用	东南大学	王　浩	科学技术进步奖二等奖	参与
34	中国民航数字化协同管制新技术及应用	中国电子科技集团公司第二十八研究所 南京莱斯信息技术股份有限公司	严勇杰	科学技术进步奖二等奖	参与
35	高速铁路高性能混凝土成套技术与工程应用	东南大学	陈惠苏	科学技术进步奖二等奖	参与
36	稻田镉砷污染阻控关键技术与应用	生态环境部南京环境科学研究所	林玉锁	科学技术进步奖二等奖	参与

续表

序号	项目名称	主要完成单位	主要完成人	奖种	完成方式
37	煤矸石山自燃污染控制与生态修复关键技术及应用	中国矿业大学 生态环境部南京环境科学研究所	胡振琪　汪云甲 李海东	科学技术进步奖二等奖	参与
38	肺癌精准诊疗关键技术研究与推广应用	格诺思博生物科技南通有限公司	何　伟	科学技术进步奖二等奖	参与
39	依替米星和庆大霉素联产的绿色、高效关键技术创新及产业化	常州方圆制药有限公司 江苏省食品药品监督检验研究院	袁耀佐　胡东辉 王海东　戴　俊	科学技术进步奖二等奖	参与
40	防治农作物主要病虫害绿色新农药新制剂的研制及应用	江苏耕耘化学有限公司	—	科学技术进步奖二等奖	参与
41	水产集约化养殖精准测控关键技术与装备	江苏中农物联网科技有限公司（宜兴）	蒋永年	科学技术进步奖二等奖	参与
42	易燃易爆危险物质爆炸防控关键技术与装备	江苏爵格工业设备有限公司（盐城）	王　成　聂百胜 李　刚　韦建树	科学技术进步奖二等奖	参与

【面向制浆废水零排放的膜制备、集成技术与应用】 项目组针对制浆造纸工业废水减排的迫切需求，通过对制浆废水复杂成分的分析检测，提出了“以化工产品生产方法”将制浆废水“吃干榨尽”的研究思路，发明了“高效预处理、多膜集成技术、高效蒸发结晶”等相结合的膜法制浆废水零排放新工艺，开发出超亲水特种超滤膜的制备方法、水质软化与膜污染协同控制技术，建成了30万平方米/年的特种超滤膜规模化生产线，实施了4万吨/日全球首套膜法制浆废水零排放工程。该项目研制的特种超滤膜与国际先进水平膜产品相比，膜通量提高30%，化学清洗周期延长了1倍。项目组针对工业废水中硬度和COD易造成反渗透膜结垢，限制水回收率提高的问题，开发出水质软化与反渗透污染协同控制技术，提高了反渗透膜的水回收率，降低了药剂消耗和运行成本。此外，该项目建成的首套膜法制浆废水零排放工程，与原排海计划相比，投资成本和运行成本减少了一半，具有明显的经济及环境效益。

【特种高性能橡胶复合材料关键技术及工程应用】 该项目通过复合材料结构设计、特种橡胶材料制备、输送带产品制造装备与复合工艺创新及工程应用，突破长寿命特种大型输送带用连续纤维、橡胶复合材料与制造关键技术，实现高端输送带产品的中国制造，成功研发具备长寿命耐高温、高抗撕耐磨、高阻燃耐磨等性能的系列特种高端输送带产品，大幅提高了产品的性能与使用寿命，形成自主知识产权，打破高端垄断，实现高端出口与国际品牌并跑，实现相关技术领跑。

【现代混凝土开裂风险评估与收缩裂缝控制关键技术】 项目历经20余年，创建了多因素耦合的开裂风险量化评估方法，实现了现代混凝土开裂风险的可计算、抗裂性能的可设计；发明了 4 类抗裂功能材料，实现了定向、高效地降低在不同阶段混凝土的多种收缩；开发了高抗裂混凝土设计方法与抗裂能力调控成套技术，实现收缩开裂的可控制。该理论方法被国内外科研机构广泛认可，成果成功应用于兰新高铁、港珠澳隧道沉管、地铁车站等百余项重大工程，推动了现代混凝土裂缝控制由被动修复转变为主动防治的技术进程。

【高性能 MEMS 器件设计与制造关键技术及应用】 项目针对中国微机电系统（MEMS）产业链关键技术问题，系统研究开发了 MEMS 设计技术与设计工具、制造工艺和在线检测及高性能压力传感器技术，推动了中国 MEMS 技术的产业化发展。

【面向柔性光电子的微纳制造关键技术与应用】 该项目针对面向柔性光电子的微纳制造关键技术问题展开攻关，首次提出了基于数字化设计的微纳混合光场的直写技术，发明了结构光场亚纳米精度调控的纳米光刻技术，发展了光学级卷对卷双面纳米压印/转印的柔性制造工艺，开发了系列化柔性微纳功能结构材料与器件，包括自主研发了系列微纳 3D 光刻直写设备、光场调控纳米光刻设备和柔性微纳增材制造工艺，填补了行业空白。该项目将提升我国柔性光电子与新材料自主可控的创新能力。

【混凝土结构非接触式检测评估与高效加固修复关键技术】 混凝土收缩开裂是长期困扰工程界而未能有效解决的重大难题，项目组历经 20 余年，创建了多因素耦合的开裂风险量化评估方法，实现了现代混凝土开裂风险可计算、抗裂性能可设计；发明了 4 类抗裂功能材料，定向、高效降低混凝土不同阶段的多种收缩；建立了高抗裂混凝土设计方法与抗裂能力调控成套技术，实现收缩开裂可控制。理论方法被 20 多个国家的科研机构采用。成果应用于兰新高铁、港珠澳隧道沉管、地铁车站等 100 余项重大工程，实现了地下空间、隧道、长大结构等无可见裂缝，推动了现代混凝土裂缝控制由被动修复转变为主动防治。

【河谷场地地震动输入方法及工程抗震关键技术】 项目针对河谷场地工程震害，历经近 20 年攻关，突破 V 形河谷地震动放大效应，重点研发了河谷场地中常见的桥墩和土坝抗震减灾技术。研究成果已被广泛应用于川藏、渝利、成兰等铁路近断层桥墩抗震，保障了川藏等铁路桥梁工程的安全，并被推广应用于“一带一路”沿线的俄罗斯、伊朗、巴基斯坦等国的铁路桥梁建设。同时，研究成果被应用于临沂市全部 856 座病险土坝抗震加固，为老区提供了低成本、短工期的病险水库加固示范模式，并被推广应用于四川、云南、新疆等高烈度区的土坝工程抗震。

【长三角地区城市河网水环境提升技术与应用】 项目采用理论分析、原型观测、模型试验、数值模拟、产品开发等综合手段，统筹防洪除涝和水资源配置等需求，以水系连通为基础，以水动力为驱动，以水环境提升为目标，创建了城市河网水环境提升理论、技术体系和调控系统，实现了城市河网水环境长效稳定提升。主要创新成果有：①首创了源头控制－水系连通－动力驱动的城市河网水环境提升理论与方法；②创建了动力调控－强化净化－长效保障的城市河网水环境提升技术体系；③研发了有自主知识产权的实时监测－精准模拟－智能互馈的城市河网水环境提升联控联调平台。

【淮河流域闸坝型河流废水治理与生态安全利用关键技术】 该项目针对淮河流域基流匮乏、生境破坏、污染重、风险高等特征，创新实践了基于“三级控制、三级标准、三级循环”的闸坝型河流治理模式，研发了工业废水和城镇污水深度处理与生态安全利用关键技术，并进行了工程示范及规模化推广应用，有力支撑了淮河污染最重二级支流贾鲁河的水质达标和水生态系统健康恢复。项目在多个省市建立 73 项推广工程，为我国闸坝型河流治理与水质改善提供了重要技术支撑与示范。

【血液系统疾病出凝血异常诊疗新策略的建立及推广应用】 项目发现了血小板活化的两类新分子及其信号分子，揭示了部分凝血分子参与血小板破坏和止血的途径，进而阐明了血小板活化和破坏的新机制，揭示血管性血友病因子等参与止血的重要机制，为抗栓治疗提供了新靶点。应用原创的“苏州系列”单抗开发诊断试剂盒，在国际上首次报道了4类遗传性出凝血疾病并建立国内首个出凝血疾病分子检测平台，发现了一系列出凝血异常诊断新标志，获得广泛应用并被写入国际指南和方法学目录，提高了我国在领域内的国际影响力。针对难治性血小板减少、恶性血液肿瘤合并DIC及造血干细胞移植后出凝血异常等高危难治疾病，建立了一系列治疗新方案，显著提高了疗效和生存率。上述成果被推广应用至北京、天津、上海、广州等三甲医院，获得了广泛的社会效益，显著提升了我国血液系统疾病出凝血异常诊疗水平，改善了患者总体预后。

【肉品风味与凝胶品质控制关键技术研发及产业化应用】 项目围绕长期制约肉品产业的技术瓶颈不懈攻关，摸清中式肉品风味“家底”，揭示了中式传统腌腊肉制品风味形成机理，研发出现代加工工艺。阐明了西式低温肉制品凝胶形成新机制,研发出凝胶品质控制关键技术，解决了西式肉品“水土不服”的难题。

【复杂地形下长距离大运力带式输送系统关键技术】 项目成果实现了我国复杂地形下长距离大运力带式输送系统的跨越式发展，引领了我国带式输送行业的技术进步，支撑了国家“十一五”重点建设千万吨矿井——斜沟煤矿、国家“西电东送”重点工程——黄登水电站的建设,在国家能源集团、中建材集团、中国黄金、紫金矿业集团等知名企业被推广应用，产品出口到美国、俄罗斯、印度和越南等国家，受到高度评价。

【长江三峡枢纽工程】 在工程建设中，中国能建建设者敢为人先、勇攀技术高峰：研究解决了巨型水轮发电机组安装及调试难题，助力我国水力发电重大装备取得重大突破，实现跨越式发展；首次采用以塔带机为主的连续浇筑混凝土的方案，实行分期通水、个性化通水、适时保温的全过程温控防裂关键性技术，实现了大坝混凝土优质高效施工；提出满足世界上规模最大、技术难度最高的双线五级船闸完建期混凝土连续快速施工的巨型人字门整体提升新方法，缩短了三峡船闸完建期的单线通航时间；创立了特大型水电工程建设管理模式，实现了质量、进度的有效控制等。一系列创新将我国水电工程施工技术提升到了新高度，实现了“高峡出平湖”的民族夙愿，助力中国从水电大国成为水电强国。

【海上大型绞吸疏浚装备的自主研发与产业化】 项目组围绕海上大型绞吸疏浚装备的自主研发与产业化，历经15年产学研用攻关取得如下创新成果：①多自由度顺应式重载精确定位技术。针对漂浮作业装备高效稳定定位的挑战，提出主体、挖掘、定位等系统的多体耦合动力学分析方法，揭示了海洋环境与疏浚作业载荷的复合作用机理，发明了多自由度顺应式重载钢桩台车定位系统，保障了恶劣海洋环境中“定得稳”的疏浚作业要求，使得作业抗风等级从6级提高到9级，南海作业窗口期从约120天增加到约180天。②多参数自适应重型大挖深挖掘技术。针对海底坚硬岩石快速挖掘的挑战，提出大挖深倾斜弹性结构超长轴系设计方法，解决了机构运动和岩石挖掘的强冲击载荷导致系统失效的难题，研制出特种重型挖岩绞刀、超长轴驱动装置及多参数自适应控制技术，实现了36米水深下快速挖掘单轴抗压强度超过60MPa的坚硬岩石，满足了国家重大工程“挖得快”的需求。③多介质高浓度长距离连续输送技术。针对大颗粒物料高浓度长距离连续输送的挑战，提出多级颗粒混合流态分析技术，攻克了扭曲叶片型叶轮和对数螺旋线泵壳内流道设计难题，研制出高效输送大颗粒物料的系列疏浚泵和驱动装置，实现“排得远”的强大能力，将高浓度管道连续输送距离由6公里提高至15公里。④多系统集成优化总体设计技术和装备研制。针对各类型疏浚工程的不同需求，攻克了多系统集成总体设计、多工况功率平衡动力配置、装备综合控制与信息化管理等关键技术，构建了大型绞吸疏浚装备数字化集成设计平台，研制出电轴、变频等5大类56座绞吸疏浚装备，形成“系列化”产品自主设计和制造能力。

【高品质特殊钢绿色高效电渣重熔关键技术的开发和应用】 电渣重熔是生产高端特殊钢的主要手段，其产品应用于高端装备制造领域。针对传统电渣重熔技术耗能高、氟污染重、效率低、产品质量差、大单重厚板和百吨级电渣锭无法满足高端装备的材料需求等问题，该项目组历经10余年产学研合作研究和攻关，创新开发出了绿色高效电渣重熔成套装备、工艺和系列高端产品，形成两项国际标准，实现我国电渣技术从跟跑、并跑到领跑的历史性跨越。例如，在攻关中，河钢集团充分发挥技术优势，与项目组成员深入合作，取得了特厚板坯和特大型钢锭电渣重熔技术、集成创新电渣钢高洁净度等4项创新性成果，首次提出含氟渣系氢渗透率测定方法和衡量指数、渣金间铝钛分配定量关系和夹杂物溶解机理，率先开发了预熔渣、氧含量在线监测与控制等核心技术与装备，解决了电渣钢增氢和增氧、高温合金铝钛烧损及大型电渣锭偏析严重等世界性难题，还制备了世界之最——厚度950毫米和单重53吨的电渣扁锭。

【脉冲强磁场国家重大科技基础设施】 该项目是开展物理、化学、材料等领域前沿科学研究的重要极端条件实验平台，是一个不断挑战极限的强电磁系统。项目团队经过10余年的持续攻关，攻克了极限工况下磁场波形精确调控、磁体结构稳定性设计和微弱信号精准测量等世界性难题，创造了脉冲平顶磁场峰值、重频磁场频率等多项世界纪录，建成了国际领先的脉冲强磁场设施。设施于2014年通过国家验收并对外开放运行，已为国内外近百家单位开展科学研究1100余项。

【中医脉络学说构建及其指导微血管病变防治】 心、脑、（糖）肾重大疾病严重危害人类健康和生命，而微血管病变是这些疾病疗效难以提高的关键因素，也是国际医学界至今尚未攻破的难题。围绕这一难题，研究团队系统构建了脉络学说，研制并探索通络药物治疗微血管病变的系列机制，并从循证医学研究出发验证了通络药物的疗效。

【蛋鸭种质创新与产业化】 湖北神丹公司围绕种鸭—养殖—加工—销售产业链，不断进行深度开发，把鸭蛋产业煮熟煮透。选育中的“神丹2号”青壳蛋鸭配套系是本项目的亮点之一，经过6个世代的持续选育，具有耗料少、产蛋量高、青壳率高、抗病力强等特点，还有效解决了鸭蛋有腥味的问题，可以和鸡蛋一样煮炒蒸了。蛋鸭集约化养殖技术是本项目的亮点之二，神丹公司和卢立志研究员合作，解决了养鸭对水环境的污染问题，养的鸭住得好、吃得好、抗病力强，全程采用无抗养殖，产的蛋干干净净，改变了过去鸭蛋脏兮兮的形象。根据现代营养观念和食品加工技术，对传统鸭蛋加工产业进行上档升级，是本项目的又一亮点。湖北神丹公司牵头制定了《皮蛋》国家标准，皮蛋进入无铅工艺新时代。神丹皮蛋已成为洋快餐和国内知名餐饮企业皮蛋瘦肉粥的主要原料，皮蛋、咸蛋、蛋黄酱出口到欧美日等发达国家。

【家畜养殖数字化关键技术与智能饲喂装备创制及应用】 针对我国家畜饲料营养基础数据的数字化及标准化整理无序、养分需求预测模型不全，设施养殖环境控制混乱，智能设备及家畜标识自主品牌缺乏，家畜生产信息化管理水平落后，环境控制与设备装备水平低下，畜产品的可追溯水平薄弱等问题，项目组开展了以下4个方面的研究：①饲料数据库构建与挖掘。建立了中国饲料原料分类的饲料描述规范及属性数据规范，发展了中国饲料数据库；研究获得了单一饲料原料及部分分类饲料原料的有效养分估测模型300余套，经长期验证模型预测准确度高达93%以上，饲料利用效率提高30%以上。②家畜营养精准调控。构建了主要家畜关键养分营养需求的动态预测模型，建立了华北地区中国荷斯坦奶牛不同胎次、不同泌乳潜力、不同季节下乳产量及乳成分形成规律的机理模型，为家畜营养的动态、精准调控奠定了理论基础。③养殖设备创新研制。集成物联网技术、智能控制及家畜精细管控理论，创制了家畜设施养殖环境感知及智能控制系统，获得了精准饲喂、内嵌模型控制、采食数据自动采集等机电信于一体的主要家畜养殖饲喂设备20余种，形成了智能养殖设备的技术体系。④家畜专用RFID芯片创制。自主设计研发了针对主要家畜养殖和体征监测的专用低频RFID芯片，实现了家畜个体标识和主要生理指标的数字化监测，生产过程的数字化、标识产品的国产化及畜产品质量的全程可追溯，实现了家畜标识产品的市场国际化。

【草鱼健康养殖营养技术创新与应用】 项目瞄准我国草鱼养殖中发病率高和肉质下降的产业难点问题，紧紧围绕增强草鱼器官健康和改善鱼肉品质的营养和饲料调控理论与技术研究应用，取得了一系列创新性成果。这项科技成果，创新了“三融合三突破”的推广应用模式，被推广应用至全国16省市45家企业，让草鱼的发病率、死亡率、用药成本、氮磷排出分别降低73%、84%、73%、16%以上，大幅增加养殖效益。

【乙烯装置效益最大化的优化控制技术】 研究团队从裂解机理建模、原料负荷优化、过程运行优化出发，逐项攻关，开发了乙烯裂解炉炉管内裂解反应与炉膛热量传递的耦合建模与模拟技术、裂解炉炉群原料与负荷优化配置技术及裂解深度实时优化与智能控制技术等，不仅有效提高原料利用率、延长裂解炉运行周期及实时调控高价值的产品分布，而且为乙烯装置高效运行提供了具有自主知识产权的裂解炉模拟软件、优化控制技术和系统，首次实现了对裂解炉炉群在多种原料、不同操作条件的集成优化。

【绿色高效电弧炉炼钢技术与装备的开发应用】 项目组针对全废钢电弧炉能量消耗高、质量不稳定、污染物排放等重大关键问题，研发了超高功率智能供电、高效深度洁净冶炼、绿色输送废钢预热和高效协同控制集成等绿色高效电弧炉炼钢术，在装备、工艺、控制、产品质量和绿色环保等方面均取得了创新成果，经济效益及社会效益显著。

【铝合金节能输电导线及多场景应用】 该项目围绕节能减排和全球能源互联网建设的需求，开发出了多种高导电率的铝合金输电导线及关键技术，突破了导电率与强度、耐热性此消彼长的技术瓶颈，实现了质量好、性能稳定的导线产品的批量生产，在保证其他性能指标不降低的前提下，使耐热铝合金导线、中强铝合金导线、硬铝合金导线的导电率有较大程度提高。

【塑料注射成形过程形性智能调控技术及装备】 现代装备对轻量化、抗冲击等要求不断提升，其光学、传动等关键零件塑料化已成为发展的必然趋势，但需要突破成形收缩、材料取向和装备稳定性等塑料注射成形难题。项目发明了成形收缩的协同调控、材料取向在线介电感知与精确调控、成形装备的偏载抑制与学习控制等技术，研发出形性智能调控成套技术及装备，获发明专利64件，制定国家标准2项，团队发表SCI/EI收录论文119篇。成果在博创、瑞声、兆威等公司得到应用，塑料注射成形智能调控系列装备与自动化产线获国家首台（套）重大技术装备2项，出口美英等30多个国家。

【商用车机械自动变速式混合动力系统总成关键技术及其产业化应用】 项目瞄准汽车强国核心零部件自主创新战略需求，针对制动系统，原创压力限差阀芯振颤控制技术，实现了制动压力精准快速控制；原创制动介质动态平衡技术，为制动能量高效率回收扫清了障碍；原创动态负载高精度加载技术，为高性能制动系统开发提供了关键实验条件。高安全控制、高能效回收、高精度加载关键指标均优于国际垄断供应商。

自主技术及产品实现大规模应用，经济效益巨大，打破国际垄断且形成了国际竞争力。

【燃煤电站硫氮污染物超低排放全流程协同控制技术及工程应用】 团队面向国家能源和环境领域重大需求，开展近20年产学研联合攻关，发明了源头控制氮氧化物（NOx）生成的锅炉低氮燃烧技术与装备，创新了末端控制NOx排放的宽温区自适应烟气脱硝技术与装备，发明了高效低成本的单塔 四区双循环SO_2控制技术与装备，创建了燃煤电站多污染物超低排放协同控制系统。成果被应用到300余家电厂1000余台锅炉，实现了燃煤锅炉硫氮污染物超低排放。

【跨临界CO_2热泵的并行复合循环关键技术及其应用】 跨临界CO_2热泵是以天然工质二氧化碳为介质的高效节能减排装置，因其天然环保，对于我国信守国际承诺消减破坏臭氧层与造成温室效应的气体具有重要意义。该项目提出了跨临界CO_2热泵的并行复合循环新方法和新技术，研发了跨临界并行复合CO_2热泵系列产品，并实现了产品的推广应用。被国家发改委纳入《国家重点节能低碳技术推广目录》、“最佳节能技术和最佳节能实践”项目；被联合国环境署授予“臭氧层保护荣誉证书”，取得了显著的节能减排社会效益和经济效益。

【青藏地区可再生能源独立供电系统关键技术及工程应用】 项目是针对青藏地区海拔高、地广人稀、生态脆弱的特点，优化利用光伏、风电、小水电及混合储能，克服了一系列关键技术挑战，在可再生能源独立供电系统电能质量控制、安全稳定自主化运行和建设调试等方面取得重大突破，研发了系列装置、平台和系统，构建了供电质量好、抗扰能力强、自动程度高、建设调试易的可再生能源独立供电系统，显著提升了可再生能源独立供电系统的供电质量和供电可靠性，大幅提升了项目应用地区人民的生活质量，对解决青藏无电、缺电地区供电问题提供了有力技术支撑，其研究成果得到规模化推广应用，对促进边远地区社会和谐、民族和睦和边疆稳定具有重要的政治意义和现实意义，经济效益和社会效益显著。

【千万千瓦级风光电集群源网协调控制关键技术及应用】 该成果依托公司牵头承担的国家863计划的“风电场、光伏电站集群控制系统研究与开发”课题和国网公司及甘肃省重大科技专项等项目，针对酒泉千万千瓦级风光电基地随机波动性强、配套火电装机少、源源协调困难、源网调控矛盾突出等问题，研究团队历经9年联合攻关，攻克了千万千瓦级风光电集群预测评估、源源控制、源网控制、装备研制和系统集成等系列关键技术并示范应用，填补了国际千万千瓦级风光电集群源网协调控制技术的空白，取得了多项重大创新性成果，是当前我国大规模新能源并网运行控制领域最具代表性的成果。

【大跨度结构技术创新与工程应用】 大跨度结构的设计施工技术是国家建筑科技水平的重要标志之一。自2000年以来，我国工程建设规模举世瞩目，体育场馆、航站楼、高铁车站、会展、大剧院等各类大型公共建筑的建设对大跨度结构的设计施工技术提出了前所未有的挑战。项目紧密结合行业重大需求，以国家重大工程为导向，创新性地构建了大跨度结构新型体系，创新了大跨度结构隔震技术，提出了大跨度结构设计新方法，研发了大跨度结构施工新技术，相关技术被应用于国家体育馆、昆明长水国际机场航站楼、北京大兴国际机场航站楼等重大工程建设中，取得了良好的经济效益和社会效益，推动了该领域的发展。

【强风作用下高速铁路桥上行车安全保障关键技术及应用】 我国高速铁路桥梁占线路里程比例平均达50%以上，最高达94.2%。公交化运行的高速列车在时空上均很难避免强风环境下的桥上行车。相比平地路基，桥梁结构柔、桥面风速大，车辆与桥梁之间动力相互作用显著、气动干扰效应复杂，强风作用下高速铁路桥上行车安全问题面临巨大挑战。项目组针对高速铁路车－桥系统气动特性试验验证、动力响应精准预测和桥上行车安全保障三大技术难题，经过10余年的理论和技术创新，在高速铁路移动车－桥风洞试验新技术、风－车－桥耦合振动理论分析新方法、车－桥系统气动防风新装置等方面取得了重大突破。

【中国民航数字化协同管制新技术及应用】 针对民航机场繁忙现况和航路高密度安全运行的急切需要，团队创建了空地一体的数字化协同管制技术构架，突破了复杂管制业务数字协同、广域飞行威胁精准识别、机场密集起降优化引导等技术，建立了由数字化管制设备系统、数据链和业务服务构成的中国民航数字化协同管制服务网，使之成为保障复杂空域高密度运行的重大基础设施，实现了中国民航数字化协同管制服务从无到有的跨越式发展。

【高速铁路高性能混凝土成套技术与工程应用】 该项目建立了基于高速铁路服役性能的混凝土微结构调控理论与方法，创新了基于服役环境和形变控制的高速铁路高性能混凝土绿色制备技术，构建了全过程的高速铁路高性能混凝土应用成套技术，形成了满足服役性能、适应复杂环境、面向结构部位、固废高质化利用的混凝土绿色制备技术体系，制定了具有高速铁路特色，涵盖设计、材料、施工、验收等环节的系列技术标准，项目成果达到国际领先水平。项目2005年编制了我国第一部高性能混凝土行业标准规范，率先在铁路领域全行业、全覆盖推广高性能混凝土，编制国家、行业标准6项，获国家级工法3项，获授权国家发明专利22件，发表SCI/EI收录论文50余篇，成果获省部级科学技术进步奖特等奖1项、一等奖4项，推动了我国混凝土行业技术的进步。该项目成果被应用于我国所有高速铁路工程，应用里程达2.6万多公里，混凝土用量达6亿立方米，消纳工业废渣1亿吨以上。项目成果推动了我国高速铁路建造技术的自主创新，还将为我国高速铁路绿色建造、“一带一路”倡议及“走出去”战略的实施提供强有力的技术支撑，取得了巨大的经济效益、社会效益和环境效益。

【稻田镉砷污染阻控关键技术与应用】 该项目针对我国耕地镉砷污染面积大、分布广，且镉砷污染难以同步治理，从而严重影响农产品质量安全等关键科学问题，以南方红壤区不同污染程度水稻土为主要对象，以镉砷污染稻田水稻达标生产为首要目标，站在国际研究的前沿和国家发展的战略高度，采用“攻关—示范—推广”协同发展的技术路线，经过近10年的研究，率先提出了土壤－水稻系统“多界面—多过程—多元素”联合防控镉砷污染的新思路，深刻阐明了稻田养分循环驱动阻控镉砷污染的新原理，系统创建了稻田镉砷污染综合治理的低成本、高效率，且环境友好的技术体系及模式，有效解决了镉砷同步钝化的难题，并在湖南、广东、广西等省（区、市）开展了大面积应用，实现了轻度镉砷污染稻田的安全生产，可为全面推进国家土壤污染防治行动计划提供强有力的技术支撑。

【煤矸石山自燃污染控制与生态修复关键技术及应用】 该项目隶属大气污染防治工程和环境修复工程领域，在国家863计划、自然基金等支持下，以阳泉矸石山坡面作为试验地进行研究，研发了自燃煤矸石山治理与生态重建技术体系和以覆压阻燃为核心的自燃煤矸石山治理的关键技术，提出了适于推广的“从上向下，推散火层，局部注浆，斜坡压实，封闭覆盖”的灭火新工艺，能有效应对煤矸石山自燃污染控制与生态修复中遇到的难题和环境管理需求，最终形成了材料、工法、装备一体化的综合治理技术，填补了多项国内技术空白。

【肺癌精准诊疗关键技术研究与推广应用】 本项目历时10余年，通过临床—基础—转化应用研究，成功研发两种新型肺小结节精确诊断血液诊断试剂，建立分子分型指导下的肺癌精准诊疗策略和进一步优化诊疗方案，改变了中国乃至全球肺癌整体诊疗模式，显著提高了我国肺癌患者的总生存率。

【依替米星和庆大霉素联产的绿色、高效关键技术创新及产业化】 该项目属生物医药领域的微生物药物技术，首次提出“抗生素共线联产”思想，并以庆大霉素C1a为纽带，与我国创新药物依替米星和庆大霉素进行联产工艺创新。建立了多参数联动控制的精准补料工艺、高纯度C1a和主动调配的纯化工艺，创新了依替米星合成和纯化工艺，突破了依替米星质量分析控制关键技术，建立的新方法被2015版药典收载。项目的实施，大幅提升了产品的收率和质量，降低了制造成本和“三废”的排放。

【防治农作物主要病虫害绿色新农药新制剂的研制及应用】 本项目以水稻、甘蔗和蔬菜等农作物的病虫害防治为目标，通过构建绿色农药创制平台和研发绿色农药新品种与新工艺、创制绿色农药协同增效新剂型、建立作物病虫害绿色防控新模式，历时14年，创立了主要农作物病虫害防治绿色新农药新制剂研制与应用技术体系，从新农药品种创制与新工艺、新剂型、新模式等方面显著提升了我国农作物病虫害的防控水平，取得了重要创新与突破。

【水产集约化养殖精准测控关键技术与装备】 自2000年起，团队开展跨学科协同创新研究，将水产养殖技术与农业信息技术有机融合，针对我国水产养殖装备落后、实时精准测控技术缺乏、劳动生产率低下、养殖风险增大等问题，双方共同承担了863计划项目、农业部公益性行业专项、天津科技支撑计划项目及天津市成果转化项目等。通过研发，创制了9种水产养殖专用传感器；突破了复杂场景下兼容多协议的跨网多设备动态适配技术，研制了5种养殖环境信息采集器和2种无线控制器；创建了健康养殖生长环境调控模型、精准投喂模型，开发了水产养殖精准测控云计算平台；通过创制数字化陆基工厂循环水养殖成套装备，构建了集传感器、采集器、控制器和云计算平台于一体的水产养殖精准测控技术体系，实现了复杂环境下的水质实时调控和饵料精准投喂。研究成果获得了国家授权发明专利33件、农机推广鉴定证书8个，6个型号产品被纳入农机补贴目录，制定了水产养殖精准测控技术地方标准5项，发表SCI/EI收录论文214篇，出版专著3部。先后获得省部级科学技术进步奖一等奖2项、二等奖2项，相关技术成果在江苏中农物联网科技有限公司、福建上润精密仪器有限公司等7家企业进行了转化，在天津、江苏、山东等23个省市自治区进行了大面积推广，取得了显著的经济效益和社会效益。

【易燃易爆危险物质爆炸防控关键技术与装备】 针对瓦斯、煤尘、煤气、油气、金属及有机粉尘等典型易燃易爆危险物质，项目组成员经过多年的理论和技术创新，获得了以下成果：①构建了多因素耦合作用下爆炸特性测试系统，揭示了易燃易爆物质爆炸点火机理，解决了特殊环境条件下爆炸特性测试难题，测定了500余种可燃粉尘的爆炸特性，建成了国内首个工业粉尘爆炸特性数据库，为粉尘爆炸事故预防提供数据支撑，建立了极端条件下爆炸极限预测模型，攻克了多因素耦合条件下爆炸极限难以实验测试和理论预测的难题；②建立了易燃易爆危险物质流体动力学和化学反应动力学耦合模型，构造了物理量保正的高精度计算格式，研发了具有完全自主知识产权的多相爆炸高精度仿真软件，实现了5阶精度、上亿网格的模拟计算和软件的自主可控，揭示了多尺度火焰传播的火焰加速机理，给出了爆燃转爆轰的临界条件，为制定燃爆防控措施提供了理论依据，开展了煤矿内实际工况下的大规模爆炸试验，得到了无约束和复杂约束条件下爆炸传播特性，提出了基于图像处理的火焰传播速度计算方法，克服了传统手段的局限性；③研发了多相惰性介质的协同抑爆技术，发明了新型复合防爆材料和中空格栅结构阻隔抑爆球体，实现了低体积占比的高效抑爆，提出了金属和非金属多孔材料阻隔爆技术和方法，实现了连续、多次爆炸阻隔，研发了基于爆燃波结构的自启闭安全泄放技术，实现了压力泄放和火焰淬熄双重功能，研发了基于三明治复合结构的抗冲击吸能结构，突破了轻质结构的超强抗爆性能；④研发了非电气防爆设备性能测试分析系统、毫秒级多相抑爆装备、复用型高效阻隔爆装备、无焰安全泄爆装备和超性能抗爆装备等系列爆炸防控装备，打破了国外对爆炸防控装备长期的技术垄断，形成了多参数实时监测，预警和抑爆、阻隔爆、泄爆及抗爆装备智能联动的软硬件一体化系统，已被广泛应用于石油石化、建筑隧道、热电核电、煤矿、烟草、食品药品等行业。

2019 年度中国政府友谊奖（江苏省获奖项目）

2019 Chinese Government Friendship Award（Jiangsu Province）

【概　况】 经遴选推荐，5 名对华友好、贡献突出的外国专家获得 2019 年度中国政府友谊奖，为江苏省获奖人数最多的一年，累计 53 名。

2019 年度江苏省科技奖励

2019 Jiangsu Province Science & Technology Awards

江苏省科学技术奖

【273 个项目获 2019 年度江苏省科学技术奖】 根据《江苏省科学技术奖励办法》和《关于深化科技体制机制改革推动高质量发展若干政策》的规定，经江苏省科学技术奖励评审委员会组织评审，并报江苏省人民政府批准，决定授予“超高分辨率光矢量分析技术及应用”等 273 个项目 2019 年度江苏省科学技术奖，其中，一等奖 45 项，二等奖 81 项，三等奖 147 项。

2019 年度江苏省科学技术一等奖名单

序　号	项目名称	主要完成单位	主要完成人
1	超高分辨率光矢量分析技术及应用	南京航空航天大学 苏州六幺四信息科技有限责任公司 长飞光纤光缆股份有限公司 中航光电科技股份有限公司 上海航天科工电器研究院有限公司	潘时龙　薛　敏　傅剑斌 唐震宙　卿　婷　刘世锋 李树鹏　张心贲　刘　涛 陈惠钦　彭　慎
2	密文检索与取证研究	南京信息工程大学 长沙理工大学	孙星明　付章杰　夏志华 李　健　潘兆庆　李　旭 王保卫　任勇军　陈北京
3	面向云端融合的大规模分布式数据处理支撑平台及产业化应用	南京大学 南瑞集团有限公司 河海大学 南京大学镇江高新技术研究院	叶保留　陆桑璐　许　峰 谢　磊　钱柱中　李文中 王晓亮　唐　斌　张　胜 俞　俊　张　昕
4	智能功率驱动芯片设计及制备的关键技术与应用	东南大学 无锡华润上华科技有限公司 无锡芯朋微电子股份有限公司 无锡新洁能股份有限公司	孙伟锋　刘斯扬　祝　靖 钱钦松　徐　申　苏　巍 张立新　朱袁正　易扬波 张　森　叶　鹏
5	中药和天然药物活性物质的发现与研究	中国药科大学 深圳市药品检验研究院 悦康药业集团有限公司	孔令义　朱　雄　杨鸣华 王铁杰　韩　超　徐文军 王小兵　于　飞　夏元铮 张　超　余文颖
6	肿瘤分子靶点筛选及其抗肿瘤作用研究	徐州医科大学 徐州医科大学附属医院	郑骏年　白　津　刘　泳 蒙　轩　宋　军　时梅林 毛立军　底洁卉

续表

序号	项目名称	主要完成单位	主要完成人
7	高效高可靠风力发电机组关键技术及应用	东南大学 国电联合动力技术（连云港）有限公司	程　明　王　政　张建忠 何　明　陶生金　杭　俊 朱　洒　朱　瑛　於　锋 史　伟　花　为
8	聚磁式轻量化特种永磁电机及其调磁技术	南京航空航天大学 江苏交科能源科技发展有限公司 贵阳航空电机有限公司 北京新兴东方航空装备股份有限公司	张卓然　魏佳丹　耿伟伟 周　波　刘　业　于　立 姜文颖　王　晨　宁雪梅 向子琦
9	浅层地热能高效可持续开发关键技术及应用	南京大学 中国地质科学院 山东亚特尔集团股份有限公司 南京丰盛新能源科技股份有限公司 苏交科集团股份有限公司 南京吉坦工程技术有限公司 江苏省有色金属华东地质勘查局 山东大学	李晓昭　王恩琦　马宏权 刘　凯　赵　鹏　黄　俊 车　平　张方方　许振浩 熊志勇　郭朝斌
10	生物质定向热解制取高品质液体燃料关键技术及应用	东南大学	肖　睿　张会岩　黄亚继 吴石亮
11	高性能分子筛膜规模化制备与膜分离脱水集成技术	南京工业大学 江苏九天高科技股份有限公司 南京膜材料产业技术研究院有限公司	顾学红　余从立　张　春 邢卫红　纪祖焕　洪　周 王学瑞　杨占照　张玉亭 相里粉娟
12	面向燃料电池应用的多组分铂基纳米材料研究	苏州大学	黄小青　姚建林　卜令正 王鹏棠　张　楠
13	能源高效利用中纳米杂化材料的结构设计、制备及应用	南京理工大学 常州大学 常州纳欧新材料科技有限公司 南通江海电容器股份有限公司	朱俊武　汪　信　付永胜 姚　超　何光裕　陈　胜 张文超　孙敬文　左士祥 韩巧凤　邵国柱
14	农村经济作物废弃物高值化利用技术	常州大学 常州美胜生物材料有限公司 中国科学院广州能源研究所 中国纺织建设规划院 常州云卿纺织品有限公司 黑牡丹（集团）股份有限公司 江苏丹毛纺织股份有限公司	陈　群　纪俊玲　袁浩然 陈海群　汪　媛　邓建军 马志辉　仇振华　何玉财 彭勇刚　俞金林
15	LAMOST的核心创新和关键技术	中国科学院国家天文台南京天文光学技术研究所	苏定强　崔向群　李国平 张振超　张　勇　李爱华 宫雪非　陶庆陞　杨德华 王　佑　王跃飞
16	车用高性能空气悬架系统关键技术及应用	江苏大学 上海科曼车辆部件系统股份有限公司 南京金龙客车制造有限公司 扬州市伏尔坎机械制造有限公司	陈　龙　徐　兴　孙晓强 蔡英凤　汪少华　陈　燎 李仲兴　江　洪　李贤波 张行峰　朱其安

续表

序号	项目名称	主要完成单位	主要完成人
17	复杂航空结构的轻量化监测与可靠诊断	南京航空航天大学 中国人民解放军空军研究院航空兵研究所 中国飞机强度研究所	袁慎芳 邱 雷 张 强 白生宝 鲍 峤 任元强 蔡佳昆 杨 宇 于海蛟 蔡 建 陈 健
18	航空复杂构件激光表面强化与复合再制造关键技术及其应用	江苏大学 沈阳航空航天大学 南京中科煜宸激光技术有限公司 温州大学	鲁金忠 杨 光 张永康 罗开玉 徐国建 薛 伟 钦兰云 崔承云 卢海飞
19	有源配电网源网荷网络化协同优化控制关键技术及应用	南京邮电大学 国网电力科学研究院有限公司 国电南瑞科技股份有限公司 国电南京自动化股份有限公司	岳 东 薛禹胜 窦春霞 杜红卫 唐 平 张腾飞 张慧峰 李延满 王 强 鞠 达 金 雪
20	高效燃煤燃气烟气脱硝催化剂全生命周期关键技术研发与应用	南京理工大学 大唐南京环保科技有限责任公司 南京吉纳波环境测控有限公司 山东爱亿普环保科技股份有限公司	钟 秦 江晓明 刘德允 张舒乐 荣卫龙 丁 杰 王 虎 陈 莹 黄 力 刘合祥
21	湖泊生态系统对全球变化的响应过程与机制	中国科学院南京地理与湖泊研究所	沈 吉 羊向东 王 荣 王建军 张恩楼 董旭辉 刘兴起 刘恩峰
22	深井强采动巷道时效控制理论及关键技术	中国矿业大学 上海大屯能源股份有限公司江苏分公司 冀凯河北机电科技有限公司 江苏师范大学 山东天河科技股份有限公司	张 农 阚甲广 赵一鸣 孙 凯 韩昌良 李桂臣 高明仕 许兴亮 李顺才 田胜利 孙 波
23	抽水蓄能电站水力系统优化布置与过渡过程控制理论及技术	河海大学	徐 辉 张 健 俞晓东 周建旭 蔡付林 陈青生 陈 胜 杨校礼 贺 蔚 董 壮 曹林宁
24	大面积深厚软弱土加固处理技术创新与工程应用	东南大学 水利部交通运输部国家能源局南京水利科学研究院 江苏鑫泰岩土科技有限公司 江苏盛泰建设工程有限公司	刘松玉 章定文 杜广印 唐彤芝 杨 泳 金亚伟 关云飞 程 远 韩文君 蔡国军 徐 锴
25	南水北调工程大流量泵站高性能泵装置关键技术集成及推广应用	扬州大学 南水北调东线江苏水源有限责任公司 水利部水电水利规划设计总院 江苏大学 江苏省水利勘测设计研究院有限公司 中水淮河规划设计研究有限公司 江苏航天水力设备有限公司	陆伟刚 陆林广 刘 军 伍 杰 李彦军 徐 磊 施 伟 张仁田 谢伟东 秦钟建 黄从兵
26	在役桥梁工程性能提升关键技术创新与应用	东南大学 中铁大桥（南京）桥隧诊治有限公司 南京博瑞吉工程技术有限公司 南京市公共工程建设中心 苏交科集团股份有限公司	王景全 贺志启 戚家南 刘 华 刘其伟 郭 建 刘 钊 张建东 罗文林 王成明
27	畜禽重要疫病细胞免疫机制及防控应用	扬州大学 南京农业大学	焦新安 潘志明 陈 祥 耿士忠 李求春 范红结 殷月兰 孙 林 徐正中 孟 闯 黄金林

续表

序 号	项目名称	主要完成单位	主要完成人
28	食用菌精深加工关键技术创新与应用	南京财经大学 南京农业大学 江苏安惠生物科技有限公司 中国农业大学 中华全国供销合作总社南京野生植物综合利用研究院 江苏江南生物科技有限公司	胡秋辉 杨文建 方东路 裴 斐 赵立艳 陈 惠 马高兴 赵伯涛 刘庆洪 马 宁 姜建新
29	成人胸腰椎后凸 / 侧凸畸形躯体平衡重建的基础及临床研究	南京大学医学院附属鼓楼医院	钱邦平 邱 勇 朱泽章 王 斌 俞 杨
30	基于分子标志的胃癌精准医疗新发现及其转化研究	南京大学医学院附属鼓楼医院	刘宝瑞 魏 嘉 杨 阳 李茹恬 刘 芹 沈 洁 钱晓萍 禹立霞 苏 舒 邵 洁
31	脊柱脊髓损伤微创治疗的体系建立和基础研究	江苏省人民医院	殷国勇 曹晓建 凡 进 眭 涛 余利鹏 蔡卫华 任永信 李青青 周 炜 陈 建 吴乃庆
32	缺血性心脏病干细胞治疗临床转化的关键技术创新	苏州大学附属第一医院 中国医学科学院阜外医院 苏州大学	沈振亚 李杨欣 张 浩 胡士军 陈一欢 余云生 滕小梅 陈 红 刘 盛 雷 伟 张燕霞
33	疑难复杂心律失常新型消融策略及其临床应用研究	江苏省人民医院	陈明龙 杨 兵 张凤祥 居维竹 陈红武 杨 刚 郦明芳 顾 凯 单其俊 邹建刚 曹克将
34	肿瘤代谢微环境的分子影像研究	中国人民解放军东部战区总医院 厦门大学	卢光明 王守巨 滕兆刚 聂立铭 刘 刚 陈小元 田 伟 吴 江 张龙江 田 迎 唐玉霞
35	国家一类新药甲磺酸阿帕替尼的研发和应用	江苏恒瑞医药股份有限公司 上海市东方医院 南京中医药大学附属八一医院 中山大学肿瘤防治中心 上海市肺科医院 解放军总医院第五医学中心	孙飘扬 李 进 秦叔逵 张 力 周彩存 徐建明 胡宏成 袁开红 张新华 肖 梅
36	大规模源网荷精准负荷控制关键技术及应用	国网江苏省电力有限公司 国电南瑞科技股份有限公司 东南大学 河海大学 中国电力科学研究院有限公司 江苏方天电力技术有限公司 江苏省电力试验研究院有限公司 南京千智电气科技有限公司 江苏科能电力工程咨询有限公司	罗建裕 李瑶虹 李雪明 陆 晓 李碧君 杨晓梅 戚玉松 陈振宇 江叶峰 罗凯明 李虎成

续表

序　号	项目名称	主要完成单位	主要完成人
37	岩基海床大型风机单桩基础设计施工关键技术及成套装备	江苏龙源振华海洋工程有限公司 上海振华重工（集团）股份有限公司 龙源电力集团股份有限公司 平煤建工集团特殊凿井工程有限公司 中机锻压江苏股份有限公司 福建龙源风力发电有限责任公司 中国电建集团华东勘测设计研究院有限公司 江苏科技大学	李　泽　王徽华　廖卫勇 施兴华　曹春潼　仝洪昌 范晓旭　陈　强　吴富生 罗金平　张长龙
38	航空航天用高性能复合材料及结构件的关键技术研发与产业化	江苏新扬新材料股份有限公司 大连理工大学 沈阳航空航天大学 贵州航新科技发展产业有限公司	李　俊　陈　平　肖卫华 熊需海　韩　旭　于　祺 刘　东　张丽影　王开翔 马克明　马婷婷
39	300MW 级大型抽水蓄能机组控制系统关键技术及工程应用	南瑞集团有限公司 国电南瑞科技股份有限公司 国网新源控股有限公司 江苏国信溧阳抽水蓄能发电有限公司	吴维宁　邵宜祥　姜海军 蔡卫江　许其品　单鹏珠 魏　伟　魏　力　余　振 刘观标　徐　青
40	多点系泊式圆筒型海上油气生产储卸平台（FPSO）关键技术研发与应用	南通中远船务工程有限公司 南通大学 上海海事大学 启东中远海运海洋工程有限公司	李　荣　仇　明　曾　骥 罗子良　万家平　谭　瞳 李荣稷　陈永涛　张会良 孙博文
41	高速 3D 成型载重型免充气轮胎关键技术及应用	江苏江昕轮胎有限公司 北京化工大学 西安交通大学	王明江　刘　力　段玉岗 汪若尘　马庆丽　王　峰 卢　猛　周朝霞　张希敬 魏贤礼　胡艳雷
42	基于多信息的挖掘机遥操作与自主作业关键技术研究及应用	三一重机有限公司 中国航空工业集团公司西安飞行自动控制研究所 南京工业大学 苏州大学	曹东辉　王东辉　殷晨波 孙立宁　宋科璞　俞宏福 石向星　武晓光　陈　健 陈家元　冯　浩
43	基于量子电压的国家电能标准装置及量值传递关键技术与应用	国网江苏省电力有限公司 中国计量科学研究院 南京新联电子股份有限公司	徐　晴　王　磊　段梅梅 贾正森　柳惠波　刘　建 穆小星　赵双双　黄洪涛 龚　丹　刘方兴
44	时速 350 公里速度级动车组摩擦副	常州中车铁马科技实业有限公司 中车戚墅堰机车车辆工艺研究所有限公司	杜利清　金文伟　苟青炳 朱　松　李　伟　顾升兴 潘祺睿　黄　彪　吴射章 钱坤才　杨明华
45	先进核能系统关键管材与核心部件研制及产业化	宝银特种钢管有限公司 江苏大学 江苏银环精密钢管有限公司 清华大学	程晓农　庄建新　吴莘馨 朱海涛　韩　敏　吴青松 雒晓卫　高　佩　刘　瑜 罗　锐　李冬升

【超高分辨率光矢量分析技术及应用】　新一代军民基础信息技术的兴起将引发底层光传输系统升级换代，迫切要求光器件能够对光信号的多维度频谱进行高精细调控。该项目突破了国际上现有光矢量分析的技术方案，创造性地采用微波光子学方法，形成了具有国际领先水

平的超高分辨率光矢量分析仪表。

主要创新点：①发明了基于120度电桥的高抑制比光单边带调制技术和基于光载波抑制与平衡光电探测的非线性误差对消技术，构建出全新的超高分辨率光矢量分析体制；②发明了光频梳通道化测量技术，提出了基于光希尔伯特变换的镜像边带抑制技术，解决了镜像边带限制动态范围的难题；③研制出大动态、超宽带、高精度的超高分辨率光矢量分析仪，并被应用于生产线，实现了多型高端光器件的创新、优化和量产。

仪器已应用于包含3家上市公司在内的15家单位47种高端光器件的研发和生产，其中31种实现了量产，在我国新一代光通信系统、新一代战机、新型预警雷达、舰载雷达和电子战系统中发挥着稳定的作用，产值达8.6亿元，利润达3.1亿元。

【密文检索与取证研究】 密文检索是解决密文数据高效利用的前提和基础，数字取证是打击篡改拷贝的重要手段。该项目在密文检索、数字取证等方面取得关键性突破，并在国家信息安全有关权威部门推广应用。

主要创新点：①揭示了密文检索的机理，构建了密文全文检索通用模型，为加密数据的安全高效利用奠定了理论基础；②率先提出密文个性化检索方法，为加密数据的个性化利用提供了关键技术支撑，率先研究个性化密文检索，提出了加密域下的个性化智能匹配方法，解决了用户隐私保护和个性化检索相矛盾的难题，提出了基于平衡二叉树的密文索引构建方法，实现了密文的个性化快速检索；③揭示了不动点存在性机理，提出了精准的篡改拷贝取证方法，攻克了加密数据一旦解密就失去保护的难题。

创新成果已在*IEEE TIFS*、*IEEE TPDS*、INFOCOM等发表论文102篇。8篇代表性论文中ESI高被引论文6篇，SCI他引1898次。

【面向云端融合的大规模分布式数据处理支撑平台及产业化应用】 该项目聚焦数据深度感知融合、网络高效传输保障、资源动态协同调度、容错存储成本优化等核心技术及产业化应用开展创新，研制了“精、快、活、省”的基于数据高可靠与计算高性能技术的瑞腾支撑平台，推动了面向云端融合的分布式数据服务的科技进步与产业发展。

主要创新点：①建立了基于信号特征的感知模型与方法；②建立了基于网络编码的无线网络性能优化及基于频谱动态共享的信道分配方法；③建立了云资源按需预留及云－端协同的任务调度机制，提升了计算灵活性与敏捷性，降低迁移开销达40%；④建立了基于分布式编码容错及编码感知的数据修复机制，攻克了编码存储导致的额外计算开销问题，节省容错存储成本35%以上。

该项目获授权发明专利28件（国际授权1件）、软件著作权5件，制定行业应用标准1项。成果在电力、水利、电信、医疗等重要行业单位开展产业化应用，累计新增销售额13.03亿元。

【智能功率驱动芯片设计及制备的关键技术与应用】 该项目从高低压兼容工艺技术、抗瞬时电冲击电路技术、低损耗功率器件技术及高功率密度集成互联技术等4个方面，开展了从机理探索、创新发明到集成应用的系列研究，构建了智能功率驱动芯片的完整技术链，实现了芯片的自主设计与制备，打破了国际垄断。

主要创新点：①发明双条状N阱辅助耗尽Divided RESURF隔离结构，在国际上首次提出基于P-Sub/P-Epi的600～1000V多电位浮置衬底高低压兼容技术；②提出一种电容负载型电平移位驱动电路，芯片抗瞬态电冲击品质因子达1020 V^2/ns；③发明一种阶梯栅氧600V功率超结MOSFET，密勒电容降低40%，开关损耗从90.5μJ降低到50.2μJ，发明一种“蛇形”沟道600V功率SOI-LIGBT，导通压降仅1.48V，导通损耗从30μJ降低到16.4μJ；④首创带有复式抬升层的低热阻多基岛集成互联技术，研制了国内首款微型智能功率驱动芯片，提出带有多槽屏蔽层的全集成互联技术，研制了国内第一款单片全集成智能功率驱动芯片。

项目产品大规模应用于高铁空调、新能源汽车、智能机器人及智能家电等领域，在生活家电领域市场占有率超 40%（全国第一），2017—2018 年新增销售额 29.6 亿元，新增利润 5.2 亿元。

【中药和天然药物活性物质的发现与研究】 该项目属于现代中医药学研究领域的中药化学成分和物质基础研究。中药和天然药物化学成分与生物活性的研究对阐明其治疗疾病的科学内涵、实现中药现代化及基于天然药物分子的新药创制都具有十分重要的意义，是中药学领域科学研究与新药开发的前提和基础。

主要创新点：①对草珊瑚等 20 余种常用中药开展了系统的化学成分和基于传统功效的生物活性研究，分离鉴定化合物 480 余个，其中新化合物 100 余个，结合药理研究基本阐明了相关中药的物质基础；②从 40 余种药用植物中共分离鉴定化合物 920 余个，发现具有显著抗炎、抗肿瘤、逆转肿瘤多药耐药活性的化合物 104 个；③完成药学、药理学、毒理学等全部的临床前研究工作，并获得了 CFDA 化学药 1.1 类新药的Ⅰ～Ⅲ期临床试验批件；④从天然药物银杏叶提取物注射液中分离鉴定了 31 个黄酮、内酯等类化合物，并应用 UPLC-QTOF-MS 对其 61 个成分进行了指认，为银杏叶提取物注射液质量标准的提升奠定了基础。

该项目共发表 SCI 收录论文 208 篇，其中 63 篇发表在 *Organic Letters*、*Cancer Letters*、*Journal of Natural Products* 等天然药物化学及其相关领域国际权威期刊上。论文 SCI 他引 2891 次，11 个化合物当选为国际热点天然产物，获得中国和国际授权发明专利 8 件。

【肿瘤分子靶点筛选及其抗肿瘤作用研究】 该项目研究目的是通过对肿瘤信号转导通路尤其是 p53 的调控机制研究，以发现新的抗肿瘤靶点。

主要创新点：①首次揭示了 RP-MDM2-p53 信号通路在维持脂肪代谢平衡中的作用；②首次证明 RPL23 对于 p53 蛋白的保护作用；③首次发现 CUl1 与肿瘤发生发展的关系；④首次证明 CHCHD2、PinX1、SATB1 和 Rap2B 在肿瘤生长、凋亡、转移和血管生成中的作用和分子机制，为肿瘤的分子诊断和基因治疗提供了新的靶点。

该项目成果共发表 SCI 论著 22 篇，其中发表在 *Annals of Oncology*、*PNAS*、*Cancer Research* 等上的 8 篇代表性论文平均 IF 7.94，他引 168 次。

【高效高可靠风力发电机组关键技术及应用】 该项目围绕发电机精准设计与效率优化、机组可靠运行和带故障发电三大关键问题，开展了基础理论研究与关键技术攻关，取得了重大创新突破。

主要创新点：①发明了风电变流器多桥臂协同调控及低风速相组优化控制技术，实现了风电机组精准设计和高效运行；②发明了冗余热备份多相组发电机系统，发明了多相组发电机空间矢量解耦映射转矩优化控制技术，解决了最大风能跟踪和风电机组疲劳载荷抑制之间的矛盾；③发明了风电机组全电气信号的多类型故障特征提取与诊断技术，实现了风电机组故障隐患的快速识别和准确定位，发明了串联耦合补偿、直流侧集成储能的低电压穿越技术，有效提高了风电机组故障状态下的持续发电能力，故障状态下机组发电能力损失减少 50%。

该项目获授权发明专利 44 件，发表 SCI 收录论文 64 篇，其中，ESI 高被引论文 4 篇，8 篇主要论文 SCI 他引 262 次。相关技术成功应用于国电联合动力 UP2000-115、UP2000-121 和长风新能源 MW 级发电机等产品，并通过中国船级社测试认证，近 2 年新增销售额 34 亿余元、利润 3.6 亿余元。

【聚磁式轻量化特种永磁电机及其调磁技术】 该项目在新型永磁电机聚磁式拓扑、绕组切换与复合调磁技术、多相容错运行与控制等方面突破了多项关键技术，实现了在安全性和轻量化方面对永磁电机要求极为苛刻的战机、特种车辆及武器的应用，打破了国外对我国永磁电机技术的严格封锁，满足了多个新研重点型号装备对轻量化特种电机的迫切需求。

主要创新点：①发明了新型径向/轴向聚磁式永磁电机，有效提升了气隙磁密，提出聚磁式永磁电机油/水混合冷却等高效冷却方法，显著提升绕组电流密度，保障了轻量化永磁电机安全可靠运行；②提出了聚磁式永磁电机复合励磁和绕组切换等高效调磁方法及控制策略，实现了绕组磁链高效调节，解决了过载能力与宽转速运行范围难以协调、高速弱磁控制失效下反电势冲击的问题；③构建了十二相容错永磁无刷直流发电系统，突破了轻量化设计、多相整流与集成等关键技术，解决了低压大电流永磁电机损耗大、调压困难的问题，发明了绕组开路永磁起动发电系统，实现了机载/车载电源系统宽转速范围发电与容错运行；④发明了一种低电感永磁电机驱动系统及控制方法，突破了滤波器轻量化设计与系统稳定性控制等关键技术。

该项目获授权发明专利 31 件，出版专著 1 部，发表 SCI、EI 收录论文 60 余篇，新增销售额共计 8.6 亿元，军事效益、社会效益和经济效益显著。

【浅层地热能高效可持续开发关键技术及应用】 浅层地热能作为可再生能源，蕴藏量、市场潜力巨大，其大力开发利用对解决城市雾霾、实现节能减排至关重要。

主要创新点：①提出了关键换热地层与换热器理想埋深概念，研发了分层热物性与换热能力计算方法并测试系统，开发了首套浅层地热能资源评估系统；②解决了能源地下结构理论难题，突破了中国城市建筑密集的浅层地热开发制约；③研发了关键技术与开发模式，实现了浅层地热能资源规模化、高效可持续开发。

该研究获专利 32 件（发明专利 10 件）、软件著作权 7 件，主/参编施工工法 2 项、标准 4 项，发表论文 40 篇。成果已成功用于 40 余项大型工程，直接经济效益超过 6 亿元，节能减排效益巨大。

【生物质定向热解制取高品质液体燃料关键技术及应用】 项目突破了利用生物质中富含氧的纤维素和半纤维素组分定向热解制备醇醚类含氧燃料、利用富含苯环的木质素组分定向制备高能量密度航油，以及中间产物缩聚抑制等关键技术，研发出高效反应器装备，实现了产业化应用与推广。

主要创新点：①发明了生物质定向热解制取醇醚类含氧燃料新技术；②发明了生物质定向热解一步法制取高能量密度航油新技术，该技术简化了生物航油生产工艺，降低了成本，产品符合航油标准，热值提高 14.2%；③发明了抑制中间产物缩聚新方法；④发明了生物质定向热解一体化技术与装备，该装置反应强度大、结构紧凑、颗粒循环量易于控制，生物油产率提高 10%，单位容积处理能力提高 40%，发明了贫氧加湿再生方法，避免了催化剂再生过程中由于局部高温造成的烧结失活问题，产品碳产率从 15% 提高到 32%，催化剂寿命延长 2 倍。

项目成果获授权专利 57 件，其中美国专利 1 件、国际 PCT 专利 2 件、国家发明专利 42 件，发表SCI/EI收录论文86篇，其中SCI收录80篇，在江苏、山东、新疆、青海、安徽、福建等地实现了产业化应用，近 2 年新增销售额 2.17 亿元，利润 3560 万元，推动了我国生物质高值化利用产业化进程。

【高性能分子筛膜规模化制备与膜分离脱水集成技术】 该项目属化学工程与材料科学交叉学科的材料化学工程领域、国家重点支持的战略新兴产业。开发出高性能分子筛膜的规模化制备和膜分离脱水集成技术，推动了分子筛膜的大规模工业应用。

主要创新点：①发明了高通量分子筛膜可控制备技术，解决了晶种涂覆的均匀性问题，制备出高通量中空纤维透水分子筛膜，膜产品渗透通量是国外产品的 2 倍以上；②发明了高装填密度分子筛膜组件技术，解决了中空纤维分子筛膜组件规模化生产难题，膜装填密度高达 250 m^2/m^3，成本较管式膜组件降低 50% 以上；

③发明了膜分离脱水集成技术和装备，解决了分子筛膜在苛刻环境下的稳定性问题，使膜寿命从不到 1 年延长到 4 年以上，用于溶剂脱水的分离能耗比常规方法减少 50% 以上，研制出分子筛膜装备智能控制系统，保证了分子筛膜装备的安全可靠运行。

该技术已在 10 余种溶剂生产和回用中得到应用，推广至工业装置 180 余套。近 2 年，该项成果已完成产品销售额 1 亿元以上，新增利润约 4700 万元，部分应用企业新增经济效益超 9000 万元。

【面向燃料电池应用的多组分铂基纳米材料研究】 该项目瞄准铂基催化材料这一基础材料制备化学与材料催化应用的前沿交叉学科，提出了基于多组分铂基材料的精准制备及其在催化领域高效合理利用的新原理、新策略，形成了以一维铂基纳米线、二维铂基纳米片、三维铂基多面体为核心的新型材料体系，为解决日益严峻的能源问题奠定了坚实的基础。

主要创新点：①开发了控制制备二维双金属纳米材料的方法，首次得到了双重应力的单分散铂铅纳米六方片，成功阐述了通过大膨胀应力提高铂基纳米材料氧还原性能的策略，为高性能铂基催化材料的制备提供了新的思路；②首次开发了利用过渡金属掺杂提升铂基纳米材料电催化氧还原活性的策略，通过表面的精准调控实现了铂基纳米材料氧还原稳定性的提高，为铂基纳米材料应用于电催化、非均相催化及能源转换等领域提供了强有力的材料基础；③率先开发出制备一维多组分铂基纳米结构的普适性方法，且首次实现了表面高度粗糙化铂钴纳米线的有效控制，并系统研究了该类具有独特结构的铂基纳米线在燃料电池反应中的应用。

该项目相关研究成果累计发表 SCI 收录论文 22 篇，其中，8 篇代表性论文在 *Science*（2 篇）、*Nat. Commun.*、*Angew. Chem. Int. Ed.* 等国际顶尖刊物上，他引 1415 次，单篇最高他引 583 次，且获授权美国发明专利 2 件。

【能源高效利用中纳米杂化材料的结构设计、制备及应用】 该项目解决了材料组分间作用力弱的问题，明显提升稳定性，克服了电存储材料储能密度低、特种能源能量利用率偏低的技术难题。

主要创新点：①提出了溶剂配位竞争结构控制的思想，实现了 40 多种材料（氧 / 氢氧 / 硫 / 硒 / 磷化物）的微结构可控合成，并成功得到工程化生产，解决了材料结构控制和团聚的难题；②进一步将溶剂配位竞争结构控制的思想发展为碳基（石墨烯基、C3N4 基、碳纳米管基等）杂化材料的通用制备方法，构筑出的强相互作用杂化电极材料储能密度高、循环寿命长，并实现了应用，产生了显著的经济效益；③构筑出片层高度分离、适合电解液离子迁移的石墨烯水凝胶多孔结构，解决了电存储材料能量密度偏低的难题；④研制了高活性复合催化剂，解决了高氯酸铵固体推进剂能量利用率偏低和压强指数高的难题，破解了含能点火桥能量释放率低和点火能力弱的技术瓶颈，实现了 1.5A/2.25W5min 不发火的高钝感指标。

该项目获授权发明专利 27 件，发表 SCI 论文 80 余篇，其中，8 篇代表性论文他引 688 次。成果技术已在南通江海电容器股份有限公司等 7 家行业内龙头企业得到产业化生产或应用，革新了生产技术，近 2 年新增销售额 7.04 亿元，新增利润 1.03 亿元。

【农村经济作物废弃物高值化利用技术】 该项目以植物染料为突破口，开展了针对农村经济作物及废弃物处理系列关键技术研究及其产品开发，对提升资源高效利用、推动循环经济建设、实现可持续发展和产业的转型升级具有重要意义。

主要创新点：①研发了天然植物染料物理强化绿色提取与分离识别关键技术，建立了可调控纯化程度的植物染料粉体化方法；②构建了染料结构与色系的楔形机理，攻克了染料与纤维结合难题，实现了基于稳定提质的高效绿色染色技术；③发现了提取残渣在热解过程中 N、P、K 等营养元素富集特点和生物炭对土壤营养成分缓释作用机制，研制了生物炭转化专用设备，建成了板栗壳生物炭的尾巨桉应用示范工程，提出并构建了具有近零排放特点的农村经济作物废弃物梯级高效资源化利用新模式。

该项目共获授权发明专利 30 件，技术成果在全国 15 家企业得到推广应用，累计处理量超过 25 万吨，开发植物染料 20 种，新增产值 17.9 亿元，新增利润 5.2 亿元，此外，帮助 1406 户农民家庭脱贫。

【LAMOST 的核心创新和关键技术】 国家重大基础科学设施“大天区面积多目标光纤光谱天文望远镜”是我国自主创新的新型大视场兼备大口径的望远镜,也是世界上目前口径最大、光谱获取率最高的大视场望远镜。它为精确研究天体的化学成分和物理状态、开展天体物理的研究奠定基础。

主要创新点：①创新性地应用主动光学形成主动变形反射施密特光学系统，突破了国际上长期以来望远镜大口径与大视场难以兼得的瓶颈，发明了国际上独一无二的 LAMOST 这种新类型的望远镜；②提出并实现了由 24 块 1.1 米的六角形主动变形子镜拼接的 5.74 米 ×4.4 米主动反射施密特改正镜，在国际上首先发展了在一块大镜面上既变形又拼接的主动光学技术，实现了 LAMOST 创新的主动反射施密特方案；③实现了世界上口径最大的大视场望远镜（通光口径最大 4.9 米，视场直径最大 5 度），每次可观测最多 4000 个天体的光谱。

该项目获得授权专利 20 件。LAMOST 高质量的光谱获取使我国在恒星及银河系结构研究和多波段天体目标的观测方面走到国际前沿。

【车用高性能空气悬架系统关键技术及应用】 该项目研发了具有自主知识产权的车用高性能空气悬架系统关键技术和产品，并形成大规模产业化推广和应用，引领了我国空气悬架技术的发展，对于推动国产高性能车辆零部件产业的转型升级具有重要意义。

主要创新点：①首次发现了空气悬架阻尼比匹配范围为 0.42 ～ 0.76，是对传统悬架设计理论的颠覆性修正，首创了基于多模块解耦的空气悬架参数优化效用函数评价方法，突破了舒适性与安全性难以协调的技术瓶颈，实现了空气悬架与整车的良好匹配，根本上改变了我国在此领域长期依赖进口技术的局面；②首创了国内 2500 吨大型液态挤压铸造机，一次成型的空气悬架铝合金结构件重量减轻 60%，整车经济性显著改善；③自主研发了空气悬架自抗扰鲁棒控制系统，突破了传统空气悬架控制系统鲁棒性差、抗干扰能力弱的瓶颈。

项目获授权发明专利 61 件、实用新型专利 36 件；发表论文 93 篇，其中 SCI 收录论文 42 篇。成果应用于 20 余家大中型整车及零部件企业，填补了国产高性能空气悬架系统的空白，打破了国外在该领域的技术垄断。

【复杂航空结构的轻量化监测与可靠诊断】 该项目提出并建立了基于导波的复杂航空结构轻量化监测与可靠诊断理论方法和设计体系，研发了系列工程应用装备，满足了国家重大军民用型号发展和保障的急需。

主要创新点：①发明了压电导波夹层传感器网络的柔性引线封装、结构共形匹配设计方法及传感器网络与复杂结构的表贴共固化集成方法；②发明了各向异性补偿 - 时空域变换频散补偿 - 波数域滤波的结构冲击和损伤聚焦成像方法，发明了主动导波 - 概率趋势挖掘的结构损伤动态概率诊断方法，显著提升了复杂形式下结构损伤监测信噪比及复杂条件下诊断可靠性，诊断准确率达 90% 以上；③发明了多级离散降噪及特征数字序列辨识的冲击监测方法，突破了结构多部位大面积冲击监测时的系统组网和冲突消解等关键技术；④首创了集成式导波结构在线监测与诊断系统实现方法，研制了系列导波结构在线监测系统，为复杂航空结构冲击及损伤轻量化在线监测提供了应用装备，填补了国内空白。

该项目获授权国际发明专利 1 件、国家发明专利 31 件、软件著作权 17 件，发表 SCI/EI 收录论文 80 余篇。项目成果应用于歼 -20、运 -20、某主力战机、苏 -27/30、C919、CR929、ARJ21-

700等10余个型号，经济效益达14.5亿元。

【航空复杂构件激光表面强化与复合再制造关键技术及其应用】 以激光增材制造、激光冲击强化为代表的制造技术具有高性能、低变形、高柔性等特点，能显著提高航空构件疲劳寿命，同时也是损伤构件再制造的有效方法，是国际研究热点。该项目针对航空复杂结构工艺性差、变厚度薄壁变形量大、整体构件性能控制难等难题，经过10多年攻关，取得了一系列创新成果。

主要创新点：①发明了复杂空间结构隐蔽面冲击强化方法和稳定水膜涂敷技术，解决了光束可达性差、应力分布不均、变形大、粗糙度差的难题，实现了强化与变形的协同控制；②发明了自适应二维离散动态分区的扫描路径动态规划新方法，建立了超声场、磁场、冲击波力场等多能场融合激光增材再制造工艺，实现了应力、组织和精度的主动调控，解决了复杂构件增材再制造易产生裂纹和变形的难题；③首次采用模块化和柔性可重构舱体构造，设计了双光束对称创新结构，解决了大型构件同步送粉激光增材制造惰性气体控制难题。

该项目获发明专利40件，含美国专利2件，出版专著1部，发表主要论文35篇。成果应用于中国航发沈阳黎明、沈飞、河北瑞兆等单位航空复杂构件，并被拓展到盾构机、汽轮机、汽车等关键构件再制造。近2年新增销售额6.64亿元，新增利润1.81亿元。

【有源配电网源网荷网络化协同优化控制关键技术及应用】 该项目突破了多重不确定影响安全评估、混杂动态行为安全控制、多时空尺度协同优化调度关键技术难题，研发了核心装置与系统，并实现大规模工程应用，产生了显著经济效益和社会效益。

主要创新点：①发明了多重不确定性耦合影响下的安全评估技术；②发明了“源-网-荷”多模态协调切换安全控制技术，实现了运行模态的柔性重组和智能切换，解决了大扰动下安全性响应速度与切换成本经济性无法兼顾的难题；③发明了多时空尺度多目标协同优化管控技术，建立了有源配电网集中协调与分布式协同优化控制架构体系，发明了“安全切换控制—能量优化调度—协同稳定控制”一体化设计方法与技术，攻克了安全稳定经济多目标协同趋优的难题；④研发了基于仿真平行系统辅助决策的多时空尺度网络化协同“监-管-控”系统，其核心功能与性能明显优于国内外同类产品，功能指标达到国际领先水平。

该项目获授权国家发明专利40件、软件著作权3件，制定行业标准1项，发表SCI收录论文100余篇，其中，5篇为ESI高被引论文，8篇代表性论文SCI他引305次（单篇最高他引84次），出版专著2部。项目成果成功应用到国家重大示范工程及18省区200多家企业，实现100%达标，消除了大规模新能源并网对配电网安稳运行带来的隐患，近2年新增销售额5.76亿元。

【高效燃煤燃气烟气脱硝催化剂全生命周期关键技术研发与应用】 该项目针对脱硝超低排放的技术瓶颈，提出并实施了高效燃煤燃气烟气脱硝催化剂全生命周期关键技术研发与应用，并在各阶段对催化剂应用了“出厂—现场—再生/回收诊断—出厂的催化剂”全生命过程评价，实现精准催化剂设计和诊断。

主要创新点：①研制出低负载量、高结合度、易再生的F掺杂V_2O_5-WO_3/TiO_2脱硝催化剂；②研发出平板式和蜂窝式F掺杂SCR脱硝催化剂的生产关键设备，并建立自动化、数字化生产线，生产出机械性能高、催化性能稳定及易再生的模块式F掺杂V_2O_5-WO_3/TiO_2脱硝催化剂；③研制了烟气污染物多组分超低限、抗干扰检测融合技术，实现精准的催化剂设计和诊断；④开发出平板式和蜂窝式SCR催化剂再生与资源化利用的工艺和成套装备，实现失活催化剂的高效再生和废催化剂无害化资源化处理。

项目获授权发明专利21件、软件著作权28件，主/参编标准7项（含1项国际标准），发表SCI收录论文45篇。成果应用于韩国大荣燃煤电厂、三门峡华阳燃煤电厂、山西凯嘉燃气电厂等重大工程，有效提升了燃煤燃气烟气脱硝水平，近3年累计新增销售额16.40亿元，新增利税1.79亿元。

【湖泊生态系统对全球变化的响应过程与机制】 该项目极大地丰富了我们对全球变化下湖泊生态系统演变的科学认识，为湖泊科学管理和生态恢复提供了科技支撑和理论依据。

主要科学价值：①首次建立了从自然驱动到人与自然共同驱动的长时间尺度湖泊生态系统演变序列，揭示了全球气候事件及流域内人类活动方式、强度导致湖泊生态系统偏离自然演化轨迹的历程；②创新发展了气候、水温和营养驱动湖泊生态环境演变的转换函数模型，定量评估了湖泊生态系统状态转变的环境阈值和营养本底值，为生态系统突变的早期信号提取提供了重要理论依据；③发现了湖泊生态系统中微生物进化末端的生态位保守性及其普遍意义，阐明了环境要素是决定微生物空间异质性的主要驱动力，揭示了温度和营养盐对湖泊生态系统的驱动作用。

该项目的8篇代表性论文在*Nature*、*Nature communication*等期刊发表，总影响因子78.05，篇均影响因子9.76，总他引950次，其中被*Science*、*Nature*、*PNAS*等SCI期刊他引757次，单篇最高他引470次，2篇入选“ESI高被引论文”，4项产品获得国家发明专利。

【深井强采动巷道时效控制理论及关键技术】 该项目聚焦深井采动巷道围岩控制理论及技术研究，在深井采动巷道围岩稳定性时效控制理论、低损伤强化控制技术、安全高效施工装备、实时监测预警系统等4个方面形成突破。

主要创新点：①建立了深井采动巷道时效控制理论，指导了深井强采动巷道围岩控制技术及装备研发；②形成了深井强采动巷道强化控制技术体系，为控制深井采动巷道大变形、保持顶板安全提供了新的技术途径；③研制了掘锚护一体机和大扭矩气动锚杆钻机，解决了锚杆无法施加高预紧力、难以快速安装的技术难题，为我国复杂多样工程条件提供了两种主导的工艺装备；④研发了深部巷道围岩实时监测预警系统，实现了深部巷道多信息高精度实时高频监测和预警。

该项目研究成果获PCT专利7件、中国授权发明专利57件，形成1项国家标准、4项行业标准，出版专著3部，发表SCI/EI收录论文128篇。成果在江苏省大屯，安徽省淮南、淮北，山西省焦煤等10多个矿区得到推广应用，近2年经济效益达7.9亿元。

【抽水蓄能电站水力系统优化布置与过渡过程控制理论及技术】 该项目团队历经20余年科研攻关，形成了抽水蓄能电站水力系统优化布置及过渡过程控制的理论与技术体系，对解决抽水蓄能电站建设运行中的世界性难题具有重要推动作用。

主要创新点：①发展了抽水蓄能电站水道优化设计与经济运行的理论和技术方法体系，解决了输水发电系统双向流动整流与消涡难题，提出了多工况运行、水力性能整体优化的调压室与岔管体型，提升了系统运行的经济性和可靠性；②研发了抽水蓄能电站过渡过程高精度仿真平台和过渡过程控制技术，较大幅度降低了系统水锤压力，实现了抽水蓄能电站过渡过程安全控制；③首次提出了抽水蓄能电站自激振动控制和并网稳定分析理论，建立了多机组、多电站局域网并列模型与模块化稳定性分析方法，保障了站、网的安全稳定运行；④构建了抽水蓄能电站运行安全指标控制体系，攻克了抽水蓄能电站过渡过程工况的复杂性与随机性难题。

该项目支撑3项国家行业规范及1项行业设计手册，获授权发明专利8件、软件著作权9件，出版专著4部，在国内外权威期刊发表论文124篇（SCI/EI收录论文55篇）。成果全面应用于江苏省所有已建、在建抽水蓄能电站，并被推广于国内2/3以上抽水蓄能电站工程。

【大面积深厚软弱土加固处理技术创新与工程应用】 我国东南沿海沿江地区高速交通和城市化建设日新月异，然而这些地区广泛分布深厚软土地基和地震液化地基，其变形控制和抗震设计是各类土木工程建设面临的关键技术难题。该项目发明了基于气压劈裂原理的新型高效真空预压法和共振密实法加固深厚软弱土的系列技术，形成了我国原创地基处理技术。

主要创新点：①发明了劈裂真空法加固深厚软土的技术；②自主研发了“不倒翁”真空中继系统和免垫层直通式快速真空预压技术，突破了大面积软土处理技术的瓶颈；③发明了共振密实法加固地震液化地基的技术，自主研发了施工装备和工艺，建立了设计方法，形成了国家级工法。

该项目已获得10件国家发明专利和12件其他知识产权授权，发表SCI/EI收录论文78篇，出版专著2部，获2项国家级工法，主编了2项江苏省地方标准。

【南水北调工程大流量泵站高性能泵装置关键技术集成及推广应用】 南水北调是缓解我国北方地区水资源短缺的战略性工程，也是世界规模最大的梯级泵站工程。该项目针对南水北调工程技术难题，开展科学研究、技术开发和工程实践，集成研发了具有自主知识产权的大流量泵站创新技术体系，实现了高性能泵装置关键技术重大突破。

主要创新点：①创建了以泵装置水力设计与泵房水工设计协同优化为核心的涵盖泵装置设计、流道施工和泵站现场测试评价的大流量泵站高性能泵装置关键技术体系；②提出高性能大流量泵站跨专业协同优化设计的新理念，创建了高性能大流量泵站协同优化设计方法，解决了泵装置水力设计与泵房水工设计、结构设计之间错综复杂的跨专业协同优化问题；③发明了水力性能优异的大流量泵站系列化进、出水流道，大幅提高了泵装置的能量性能和空化性能；④创建了基于nD值调整与水泵模型优选相结合的大流量泵装置水泵选型新方法，为保证泵装置避开非稳定工况区并尽可能位于高效区运行创造了必要条件。

该项目获授权发明专利33件、软件著作权3件，出版专著1部，发表论文121篇，主要研究成果被国家和行业标准采纳。项目成果目前已应用于包括南水北调工程泵站在内的102座大流量泵站。据水利部选定的检测机构对其中22座泵站的检测结果可知，泵装置效率平均达到80.2%，与20世纪末我国大流量泵站总体水平相比，平均提高8个百分点，每年节电2亿多度，近2年经济效益达43.8亿元。

【在役桥梁工程性能提升关键技术创新与应用】 在役桥梁长期性能退化直接影响交通网络通行安全和效率，该项目针对量大面广混凝土桥梁面临的长期性能退化定量评估难、维修加固对交通影响大、灾后修复周期长等世界性技术难题，创建了在役桥梁工程病害性诊治、功能性提升和耐久性延寿成套技术。

主要创新点：①建立了大跨度PC梁桥裂后刚度、长期变形和剩余承载力的时变演化解析计算方法，形成了混凝土桥梁耐久性能退化定量计算模型，解决了混凝土桥梁长期性能时变退化机理定量评估难题；②构建了预应力锚固区空间优化拉压杆模型，发明了裂缝腔内灌浆、UHPC增强桥面、大直径预应力等系列裂缝处治技术，攻克了混凝土桥梁复杂开裂机理诊断和快速修复技术难题；③建立了不中断交通条件下桥梁工程提载、拓宽和顶升的成套创新技术，解决了不中断交通条件下非同步支座更换难题；④发明了UHPC增强塑性铰区的桥墩修复技术，提出了火灾后结构剩余承载力评估方法和快速修复技术，研发了船撞后钢构件矫形及钢桁梁桥快速修复技术。

项目发表论文150篇（其中SCI收录论文51篇、EI收录论文90篇），获国家发明专利20件、实用新型专利11件，主编行业标准2项、参编标准1项。成果直接应用于南京长江大桥、沪宁/京沪高速公路桥梁网等百余座在役桥梁维修加固改造工程，创造直接经济效益逾10亿元。

【畜禽重要疫病细胞免疫机制及防控应用】 畜禽重要疫病严重危害我国养殖业的健康发展和动物源性食品安全，亦是全社会高度关注的公共卫生问题。该项目形成了畜禽疫病细胞免疫防控创新技术成果。

主要创新点：①创建了畜禽细胞免疫检测新技术及其平台，获得了20种可用于细胞免疫研究的核心抗体试剂，为精细解析畜禽疫病细胞免疫应答机制提供了关键技术支撑；②揭示了畜禽重要疫病细胞免疫应答新机制，挖掘出沙门菌、牛分枝杆菌等细胞免疫应答相关抗原和DIVA分子标识57种，为免疫防控提供了新靶点、新材料和新认识；③创制了畜禽重要疫病细胞免疫防控新技术，显著提升了疫病防控水平。

该成果获中国授权发明专利11件、澳大利亚授权专利1件、农业转基因生物安全证书（生产应用）1件，发表SCI收录论文70篇。成果被推广至11个省、市、自治区的37家企事业单位，取得显著社会效益、经济效益和生态效益。

【食用菌精深加工关键技术创新与应用】 我国食用菌占全球总产量的70%以上，但主要以鲜食和烘干与罐制的初加工产品为主，精深加工严重不足。项目以创新我国食用菌加工关键技术与产业升级为目标，围绕食用菌加工适应性与加工产业数据库构建、食用菌加工技术创新、食用菌高附加值型产品开发等3个方面开展了研究。

主要创新点：①解析食用菌基础加工物性和加工过程中品质劣变规律，建立了全国唯一的食用菌加工产业数据库，研究并阐明了食用菌在热效应、流变力和物理场等加工环境下风味营养、色泽质构和功能成分劣变规律；②创制了食用菌真空低温脱水技术、挤压预糊化交联技术、物理场耦合酶解破壁提取技术3项核心技术，推动食用菌从初加工向精深加工的转变升级；③开发了即食休闲食品、主食营养食品、功能健康食品等多种系列新产品，实现了从食用菌农产品到食用菌食品的转变升级。

项目成果获国家授权发明专利20件，发表学术论文103篇，其中SCI收录论文57篇，开发新型系列产品50余种，制定企业标准23项。相关成果在全国20多家食用菌龙头企业得到产业化应用，主要企业近2年累计新增销售额45.96亿元，新增利润4.9亿元，创汇1800万美元，新增就业15000余人，推动了食用菌加工技术升级和产业提质增效。

【成人胸腰椎后凸/侧凸畸形躯体平衡重建的基础及临床研究】 通过外科手术成人胸腰椎后凸/侧凸畸形躯体得以重建躯体平衡，对于改善患者生活质量、减轻家庭及社会负担具有重要意义。项目围绕成人胸腰椎后凸/侧凸畸形躯体平衡重建问题进行了系统的基础及临床研究。

主要创新点：①首次在国际上发现血清miR-146a与miR-155可作为AS新型生物标记物及AS重度胸腰椎后凸畸形患者可能存在负的骶骨倾斜角（SS），这有助于AS早期诊断并及时予以临床干预；②首次在国内提出应用闭合-开放式楔形截骨（COWO）治疗重度胸腰椎后凸畸形、应用经假关节截骨治疗AS胸腰椎后凸畸形伴假关节形成；③首次在国际上提出影响胸腰椎后凸畸形截骨矫形术后矢状面平衡的影像学因素并发现C型（术前躯干向主弯凸侧倾斜）是术后冠状面失衡的危险因素；④参与2项ASD相关的国际多中心前瞻性研究（Scoli-RISK-1研究与PEEDS研究），其结果结论成为目前世界上最高等级的成人脊柱畸形手术治疗指南。

该项目研究成果发表相关论文123篇，其中SCI收录论文61篇，参与编著国际权威骨科教科书2部，获得发明专利3件、实用新型专利4件，并实现产业化应用，培养中国脊柱畸形矫形医师3000余人。

【基于分子标志的胃癌精准医疗新发现及其转化研究】 我国胃癌患者数占全球胃癌患者数的47%，而胃癌早检率低。因此，个体化地选择精准治疗是提高胃癌治疗效果、改善预后的必经之路。项目从胃癌治疗中困境和难点出发，进行了基于分子标志的胃癌精准治疗系列研究。

主要创新点：①提出分子标志指导选药、全身兼顾腹部加强新理念指导给药方式的个体化胃癌精准治疗新模式，疗效显著提高；②构建纳米靶向药物投递新系统、实现靶向逆转胃癌细胞干性特征的治疗新策略、建立新抗原鉴定等3项核心技术，突破了精准免疫治疗技术瓶颈，并被用于胃癌精准免疫治疗临床实践；③在国内外首次将CRISPR-Cas9技术用于原代T细胞PD-1敲除，原创性地对T细胞进行膜修饰，提高T淋巴细胞的活性，改善其对实体肿瘤的穿透性（增加10倍），增强其抗肿瘤效果。

项目成果获授权发明专利2件，发表SCI收录论文68篇（总IF273.89）。成果获北京肿瘤医院、上海中山医院、瑞金医院、安徽医科大学第一附属医院、江苏省肿瘤医院等多家著名医院的专家广泛好评，并已指导胃癌临床应用。

【脊柱脊髓损伤微创治疗的体系建立和基础研究】 脊柱骨折是脊柱外科临床的常见病、多发病，会导致患者和社会经济负担沉重，是亟待解决的社会民生问题。项目研发出系列脊柱微创手术器械，完成了脊柱脊髓损伤微创治疗的体系建立和相关基础研究，获得诸多令人鼓舞的研究成果。

主要创新点：①小切口改良Wiltse入路微创技术，配合研制出一套专门用于该技术的手术器械，大大减轻了肌肉损伤，缩短了手术时间，减少了术中出血量，减少了术中射线暴露次数，从而降低了术中射线对患者和手术者带来的潜在危害，同时操作简便、价格便宜，更易于推广至二级医院；②自主研发了对称性椎体扩张器和非对称性椎体扩张器，应用椎体内机械扩张的方法治疗骨质疏松性椎体骨折和创伤性椎体骨折；③研制出与椎体扩张器配套使用的椎体内融合器，表面覆以磷酸钙/BMP复合人工骨涂层，使得支架内外自体骨小梁相互贯通生长，最终达到真正的骨性愈合；④揭示并完善了继发性脊髓损伤时急性期微环境失衡的病理机制，研发出急性期伤段脊髓原位精准给药缓释系统。

该项目属于脊柱外科领域标志性科技成就，属于我国在优势领域、关键技术的重大突破，符合国家重大技术创新需求的战略部署，共获10余件美国、欧洲专利，发表论著数十篇，并通过国家级、省级学习班面向全国多家大型三甲医院推广应用近千例，产生直接或间接经济效益近3000万元。

【缺血性心脏病干细胞治疗临床转化的关键技术创新】 缺血性心脏病是严重危害人类健康的重大疾病，现有的治疗方法临床疗效极差。项目围绕缺血性心脏病干细胞治疗临床转化的关键问题开展研究，取得了系列成果。

主要创新点：①筛选出了心脏修复能力最优的骨髓干细胞亚群，创新了适用于临床治疗的人诱导多能干细胞（hiPSCs）制备与诱导分化技术，首次发现雪旺氏细胞移植可治疗心梗后心律失常，为缺血性心脏病的临床干细胞治疗提供了优质的种子细胞；②自主创新了“干细胞预处理—心肌微环境重塑—干细胞移植”的系列关键技术；③建立了缺血性心脏病干细胞治疗临床应用规范，同时创新性地开展了干细胞注射联合冠状动脉旁路移植治疗陈旧心梗随机对照临床研究，取得了更好疗效。

研究成果共发表SCI收录论文96篇，总影响因子624.98，SCI杂志他引2037次，获授权发明专利5件，培训技术骨干1500余人次。研究成果被写入美国心脏病学会基金会、美国心脏协会心衰治疗指南，并在全国11家三级医院推广应用，共完成189例，取得很好的社会效益。

【疑难复杂心律失常新型消融策略及其临床应用研究】 复杂类型心律失常消融靶点定位困难或径路选择不当，常导致手术失败或疾病复发，为全球性治疗难题。项目对其电生理机制及精细解剖深入探索，提出并创新了一系列消融对策和方法，实现了复杂类型心律失常治疗新的突破，获得国内外业界广泛认可。

主要创新点：①创建了分支型室速“左后分支激动出口处横向线性消融”的新型方法，发现了一种新的心律失常类型（希浦系统加速性自主心律），并明确其有效治疗药物及相应的消融方法；②创立了“激动起源—爆发”新理论及消融新策略，开辟了穿隔支静脉的消融径路，明显提高手术成功率；③分析了旁道消融失败的原因，对于因机制复杂、解剖异常或操作定位困难而失败的患者分别研究对策并获成功消融。

该项目成果在日本、印度、泰国、新加坡等国家和包括西京，中山一、二附院，湘雅一、二附院等在内的全国 29 个省级医院进行推广应用。应邀国际会议大会发言 92 人次、国外手术演示 11 次，举办国际培训班 3 次，举办国内培训班 21 次，接受培训学员 816 人次。获得专利 3 件，累计发表论文 128 篇（SCI 收录论文 57 篇），系列研究中的 7 篇文章写进全球导管消融联合指南，2 篇文章写进全球经典教科书。

【肿瘤代谢微环境的分子影像研究】 该项目针对活体显示肿瘤发生发展和治疗过程中代谢微环境变化的技术难题，着重探索在体肿瘤代谢微环境相关的生物学特征，在肿瘤分子影像诊断和诊疗一体化体系建立、光声分子影像设备研发和分子影像临床应用转化方面取得了系列原创性和突破性成果。

主要创新点：①基于肿瘤的糖代谢耗氧快产酸多的特点，发现了介孔氧化硅缩合度分布规律，创新研发了靶向肿瘤代谢相关微环境改变的分子成像新技术，高度敏感显示肿瘤酸性和乏氧的微环境；②基于肿瘤乏氧微环境诱发肿瘤多药耐药，建立了 Stober 溶液生长法制备垂直孔介孔氧化硅的新方法，将药物的加载效率提高了 62 倍，构建了高效靶向药物递送技术，显著提高了耐药肿瘤的治疗精准性和有效率；③基于肿瘤乏氧微环境启动肿瘤血管新生，首次将金纳米星和 RGD 多肽偶联，创新建立了靶向肿瘤新生血管的分子成像和诊疗一体化技术体系；④基于高频激光逐点扫描技术，成功研制了超高分辨率光声显微镜，分辨率达到 5 微米，实现了肿瘤微小血管成像。

项目成果在 *Adv. Mater.*、*J. Am. Chem. Soc.* 和 *J. Nucl. Med.* 等权威期刊上发表，共有论文 126 篇，其中，SCI 收录 103 篇，总影响因子 119.8，总引用 785 次，他引 614 次，单篇最高 SCI 他引 211 次，被 12 部国外专著收录。该项目在世界分子影像大会、香山会议、双清论坛等做报告 50 余次，举办功能和分子影像学习班 13 次，学员累计 1200 余人次。

【国家一类新药甲磺酸阿帕替尼的研发和应用】 甲磺酸阿帕替尼片（商品名：艾坦）是全球第一个治疗晚期胃癌的小分子抗血管生成靶向药物和全球唯一的三线治疗晚期胃癌药物，也是唯一口服的胃癌靶向治疗药物，2017 年 7 月被纳入全国医保，艾坦的上市解决了全球晚期胃癌患者二线以后无药可用的难题。

主要创新点：①优选出阿帕替尼的甲磺酸盐为最佳药用盐，其具有特别的药学优势，显著提高了稳定性和生物利用度；②创造性地研发出独有合成工艺，将原工艺的 8 步反应优化为 6 步反应，使总收率由 10% 提高到 33% 以上，成盐后纯度高达 99.8% 以上；③克服了国外同类药物有效性差、不良反应严重的难题，在全球率先确证了阿帕替尼在晚期胃癌三线治疗中的突出地位；④创新性验证阿帕替尼对肺癌治疗的显著疗效，增加治疗新选择。

项目申请中国发明专利 24 件，授权 5 件；申请 PCT 专利 9 件，其中 1 件已在 10 多个国家和地区授权。发表国内外学术论文共 80 篇，其中 SCI 收录论文 37 篇，总影响因子 337。产品价格仅为同类进口药物的 1/3，上市以来累计销售额超 40 亿元，利税 15 亿元。

【大规模源网荷精准负荷控制关键技术及应用】 该成果创新提出将分散的海量可中断负荷集中精准控制，实现电网运行模式从传统的供电主导转向供电与用户需求相结合，电网应急处理模式从传统的拉闸限电转变为调负荷、削峰值，唤醒社会沉睡资源，既保障电网安全和用电基本需求，又促进清洁能源消纳利用。

主要创新点：①构建了大规模源网荷多维度协调控制新模式，从控制目标、对象、时间、空间等多维度，提出了海量负荷资源分层分区协同控制方法，实现了源、网、荷友好互动，有效满足区外来电和清洁能源快速增长需求；②创新研发了海量微负荷毫秒级精准控制技术，攻克了大功率缺额快速感知、可中断负荷决策控制等技术，成功研制的源网荷系统，整组控制时间小于 226.5 毫秒，比传统控制模式提高了 20 倍；③首创基于多重约束的大规模负荷精准自动恢复技术，提出负荷恢复分阶段解耦优化方法，从传统的人工恢复转变为精准自动恢复，平均恢复供电时间从 2 小时缩短为 5 分钟；④创新研发出全链式、高并发的一体化预置式校验技术，实现了远程批量接入、同步验证、即插即用，可同时验证回路超过 10000 条，有效支撑了工程建设。

该成果获授权发明专利 34 件、软件著作权 6 件，申请 PCT 专利 9 件；立项 IEEE 国际标准 1 项，发布行业标准 2 项、团体标准和企业标准 8 项；发表 SCI/EI 收录论文 27 篇。2017 年被江苏省人民政府纳入《江苏省大面积停电事件应急预案》，在实际演练中得到成功验证。

【岩基海床大型风机单桩基础设计施工关键技术及成套装备】 东部沿海海上风场的建设面临系列海洋工程技术难题，该项目结合东部海域岩基风场建设实际问题，针对岩基单桩基础设计施工的关键技术和装备研制进行科研攻关和应用推广，构建了从区域到装备的岩基海上风电技术体系，提升了该领域技术水平和国产化装备能力。

主要创新点：①首创了覆盖所有岩基类型的海上风电单桩基础设计施工新工艺体系；②发明了带稳定器的变径钻头等关键部件，成功研制出针对高强度岩石的高效嵌岩钻机，实现了岩基单桩基础施工新体系中的钻、扩工艺，填补了国际上大直径、高强度海上嵌岩钻机的空白；③通过发明大型回转轴建造技术及智能型升降系统等关键部件，开发了世界最大起重能力 2000 吨的自升式风电安装平台；④开发了国内首台海上单次最大冲击能量 2500 千焦的液压冲击锤，解决了岩基单桩基础施工的打桩难题，产品达到国际先进水平，成本仅为国外同类产品一半，实现了岩基海上风电基础施工关键装备的国产化。

项目成果获授权发明专利 15 件，参与编制行业工法 1 项、行业标准 2 项，主持编制省级工法 1 项。海上嵌岩钻机及 2000 吨自升式安装平台等装备达到国际先进水平，且成功应用于国内首个岩基海上风电场福建南日岛风场，近 2 年累计新增销售额 48 亿元，利润 4.2 亿元。

【航空航天用高性能复合材料及结构件的关键技术研发与产业化】 先进聚合物基复合材料是重要的航空航天装备结构材料，该项目攻克了耐高温环氧树脂、双马树脂（BMI）单体的设计合成及改性树脂制备，纤维表面在线等离子体处理等关键技术，研发出高性能复合材料及结构件，推动产品升级换代，促进装备减重增程。

主要创新点：①发明含芳杂环耐高温双马树脂设计合成与制备技术，并将其应用于航空发动机用复合材料结构件的生产，保证了产品在长期使用温度为 280℃时，使用寿命不低于 3000 小时；②发明碳纤维筒子架、碳纤维面料的移动上胶装置、碳纤维预浸机上胶间隙调整系统等新技术装备，使经纱张力差与平均张力之比小于 10%，精确控制含胶量偏差在 0.5% ～ 1%；③发明双马树脂基复合材料低温等离子体界面改性技术，使连续纤维与 BMI 树脂基体复合材料的界面剪切强度提高幅度达到 30% 以上，极大地拓展了高性能碳纤维、芳纶纤维复合材料应用领域；④攻克复合材料结构轻量化综合计算分析设计技术，通过计算选取最优的纤维缠绕线型及最佳的铺层角度，有效降低结构件的消极质量，以最小的密度、最薄的尺寸满足性能设计要求。

该项目获 10 件授权专利，其中发明专利 8 件，1 件专利荣获 2016 年第十八届中国专利优秀奖，发表 SCI 收录论文 67 余篇，撰写学术专著 2 部。研究成果已成功应用于快舟 -11 运载火箭全复材固体发动机燃烧室壳体、航空发动机复合材料外涵机匣、卫星天线罩、翼龙Ⅱ无人机机翼、V 尾等结构件的研制，实现减重 5% ～ 30%，累计新增销售额约 6.5 亿元。

【300 MW 级大型抽水蓄能机组控制系统关键技术及工程应用】 我国在大型抽水蓄能机组控制系统方面技术空白，研制难度极大，该项目成功研制出具有自主知识产权的 300 MW 级大型抽水蓄能机组控制系统，并实现多个工程应用。

主要创新点：①提出了针对水泵水轮机不依赖水头的自适应启动和分段关闭方法，提高了机组响应快速性和安全性；②提出了发电抽水全工况主辅环协调控制方法，实现了全工况协调控制，保障了机组和电网安全稳定运行；③提出了抽水启动过程低频动态采样速率自适应方法，实现了实时信息的动态重构和精确计算，提高了电气测量的精确性；④构建了基于分解协调原理的工况转换控制流程及模型，建立了分块独立控制和协调控制架构，提高了机组控制的准确性。

项目获发明专利 8 件、实用新型专利 3 件、软件著作权 1 件，主编电力行业标准 1 项，发表论文 33 篇。成果已成功应用于江苏溧阳、安徽响水涧、浙江仙居等 10 座电站 39 台 300MW 级大型抽水蓄能机组。近 2 年新增销售额约 2.5 亿元，利润约 5000 万元。国内市场占有率由 0 跃升至 96%，价格下降 70%，为国家节省投资约 7.4 亿元，经济效益显著。

【多点系泊式圆筒型海上油气生产储卸平台（FPSO）关键技术研发与应用】 海上油气生产储卸平台是我国重大战略性装备，该项目研制出国内首座多点系泊式圆筒型海上油气生产储卸平台（FPSO），实现了多点系泊式圆筒型海上油气生产储卸平台关键技术的重大突破和推广应用。

主要创新点：①打破了传统船型设计理念，采用了具有抵抗巨大风浪能力的圆筒形创新结构，实现了 FPSO 的生产、储油、卸载一体化；②采用分布式集中控制和三级分类设计，实现了基于 NORSORK I-005 标准的安全监控及智能服务，并运用可靠性计算方法进行 SIL 等级验证和风险评估；③首创采用燃料气代替惰气密封货油，优化了放空火炬系统工艺流程，实现了生产污水的高效处理，FPSO 生产效率、污染物和零排放等技术指标达到国际领先水平；④开创了我国深远海 FPSO 领域全过程由一家船厂总包的工程模式，实现了我国海洋能源开发装备领域的首次总包一站式交钥匙工程（EPCIC），达到了 FPSO 海工装备制造的国际一流水平。

该项目申请发明专利 50 件，其中授权发明专利 20 件，制定企业标准 20 项，发表学术论文 30 篇。项目产品已交付英国丹纳石油公司，实现新增销售额 30 亿元，利税 0.76 亿元，创汇 4.8 亿美元。

【高速 3D 成型载重型免充气轮胎关键技术及应用】 免充气空心轮胎独特的隧道网架式空腔结构，使产品实现了永不充气、永不爆胎，该项目产品具有防爆、安全、防扎、抗撕裂、寿命长、免维修等特点，使用寿命比普通充气轮胎提高了 3 ～ 5 倍，可广泛应用于军民两用领域，是未来轮胎的发展方向。

主要创新点：①设计了一种新型的高速 3D 成型工艺，技术综合 CAD/CAM/CNC、芳纶 / 石墨烯 / 超微纤维 / 橡胶复合材料制备技术于一体，使产品与传统轮胎相比，节省工艺 95% 以上、节约投资 80%；②突破了轮胎各项力学性能和 3D 打印材料性能相互矛盾的难题，同时显著提高了轮胎的曲挠性能、耐磨性能和抗撕裂性能；③首次提出了曲面动态双驱动技术，采用了新型高速防阻塞喷头设计，保证了轮胎材料在动态运作下的物理性能；④ 3D 成型工艺运用曲面打印路径规划控制技术，成型过程沿着轮胎横断面从底层沿高度（从轮胎内圈向外圈）方向按照曲面层逐层打印获得最终的空心轮胎。

项目成果高速 3D 成型技术在免充气空心轮胎生产中应用，将有力证明 3D 打印技术在高性能复合材料相关技术方面运用的可行性，有利于加快推进制造业服务化，促进制造业转型升级，进一步推动免充气空心轮胎的应用范围。

【基于多信息的挖掘机遥操作与自主作业关键技术研究及应用】 该项目研发了更高效、更精准、更安全、工况环境适应性更高的挖掘机，实现了复杂工况下的大面积精准施工，包括水下自动作业、陆地一键施工、危险场所遥控作业，以机器自主决策代替人，减轻了对熟练操作手的依赖，引领了挖掘机行业技术发展，体现了全球领先的技术实力。

主要创新点：①融合双核卫星定位系统和无人机路径自主规划，实现了复杂工况下的大面积精准施工，包括水下自动作业、陆地一键施工（整平、修坡），使效率提升40%以上；②通过挖掘机人机交互界面收集驾驶员个性化操作参数，创建云端挖掘机作业工匠数据库，实现了挖掘机作业数据优化、挖掘机操作网络化和挖掘机数据平台化；③发明了集成雷达探测、全景视野和电子围栏系统为一体的防倾翻、防碰撞等技术，搭建了挖掘机安全评价模型，创建了挖掘机远程工况环境立体重建算法，实现“挖掘机、驾驶员、障碍物”三位一体的多层级防护，极大提高了挖掘机安全作业系数。

该项目获授权发明专利18件，发表论文5篇。仅2017年和2018年，该项目产品已累计实现销售额8.6亿元，新增利润3.5亿元。项目产品被列入中国武警交通部队装备采购目录，全国九大武警交通支队中有6个支队已配备本项目产品，此外项目产品还应用到中国石油井控应急救援响应中心国内外陆上石油天然气井的井喷失控抢险救援和中交二航局长江南京水道整治工程，具有广泛应用价值。

【基于量子电压的国家电能标准装置及量值传递关键技术与应用】 国家电能标准装置是统一全国电能量值的基本标尺，自主研发并应用基于量子电压的新型国家电能标准装置，对支撑科技进步、智能制造和质量强国战略意义重大。该项目首创了交流量子电压生成技术，主研制了基于量子电压的国家电能标准装置，建立了我国新一代扁平化电能量值传递体系。

主要创新点：①首创平衡三进制交流量子电压生成技术，提出平衡三进制约瑟夫森结阵驱动算法，研制交流量子电压发生装置，实现了频率1kHz、量子台阶建立时间1.1μs交流量子电压信号的高速精准合成，为交流功率测量提供10^{-8}高准确度量级的标准电压；②发明基于量子电压的换向差分测量方法，提出台阶分段采样的交流信号重构技术，研制了基于量子电压的国家电能标准装置，系统误差从50ppm降至0.05ppm，实现了物理常数复现电能量值的重大技术变革；③发明量子电压直接校准采样值的量值传递技术，将数字量与模拟量统一溯源至基于量子电压的国家电能标准装置，确保数据的全链路唯一性，实现了数字化电能远程异地量值传递；④发明数字化电能表校验系统，研制数字标准源、现场校验仪、实验室检测装置等系列检测装备，保障了数字化电能量值传递的准确可靠。

该项目获授权发明专利10件，主编国家标准4项、国家电网标准2项，发表论文28篇，近2年累计经济效益1.84亿元。项目实现了电能标准装置由实物原器向物理常数标准转变的重大革新，打破了欧美技术垄断，实现了我国计量单位常数化和量子化的又一突破，有力支撑了质量强国战略。

【时速350公里速度级动车组摩擦副】 摩擦副作为高铁列车极为关键的核心部件，其性能的好坏直接影响列车的运行状况和乘客的生命安全。该项目通过自主研发摩擦材料配方及制备技术，创新结构设计，突破摩擦副匹配、寿命评价等难题，开发出时速350公里动车组合金钢制动盘和粉末冶金闸片，大幅提升产品性能。

主要创新点：①自主研发了时速350公里动车组制动盘合金钢材料及制备技术，显著提高制动盘高低温性能及冷热疲劳性能，创新了盘体一次锻造成型工艺、稀土复合脱氧熔炼净化铸造工艺及高频脉冲加压淬火热处理工艺，解决了盘体毛坯内外部质量、裂纹及变形等问题，进一步提升制动盘强度、塑性、韧性和疲劳性能；②创新多元合金强化与孪晶强化复合技术及摩擦块分步加压多步烧结技术，提升了摩擦材料耐热强度及高温摩擦磨损稳定性；③创新制动盘自定心连接结构及螺栓紧固件，实现了零件自定心的同时避免紧固件承受剪切和弯曲载荷；④提出了基于裂纹尖端网格局部自动加密的制动盘裂纹扩展仿真技术，建立高速动车组制动盘裂纹失效的寿命评价体系，填补热裂纹失效评估领域技术空白。

该项目获发明专利9件、实用新型专利4件、软件著作权1件，制定行业标准3项，发表论文11篇。自2014年7月起，产品在CRH380A、CRH380B、CR400AF等动车组上装车运用，运行状况良好，创造产值超2亿元。项目成果突破了高铁列车核心技术，打破国外垄断，提升了我国轨道交通装备自主化能力和整体技术水平。

【先进核能系统关键管材与核心部件研制及产业化】 该项目围绕先进核能系统关键管材与核心部件制造展开了全面技术攻关，提升了我国重大装备制造业技术水平，确立了我国在国际市场上的竞争优势，保障了国家重大工程的战略安全。

主要创新点：①揭示高温管材成分、工艺、组织、性能间相互作用规律，建立了形变加工图和材料计算设计系统软件，开发了控制管材内部组织结构的关键工艺，实现控性、控形制造；②创新研发高品质超长传热管关键制造技术，通过三道减径组合模具创新设计和三维热力耦合等技术的运用，实现了超长（≥65m）管材外径和壁厚的高精度与内/外表面粗糙度、电导率/磁导率的一致性；③创新研发过盈径向加压和三维多头螺旋滚弯等技术，突破了复杂异形管成型核心工艺技术瓶颈，实现了高温气冷堆多头螺旋盘管的全球唯一制造；④创新研制具有自主知识产权的关键管材制造及成型设备，通过设备部件和结构的创新设计，实现了形状复杂、表面质量佳和几何尺寸精度高的超长管材和多头螺旋盘管一次成型，满足优质高效生产；⑤系统集成高品质管材及管束组合质量控制和监测技术与装置，确保了关键管材成品服役条件下的高性能、高精度，保证了先进核能系统的高可靠、长寿命的安全运行。

该项目获授权国家发明专利7件、实用新型专利20件，制定国家、行业标准共11项（其中主持6项），获国家重点新产品1项、省高新技术产品7项，发表学术论文百余篇，出版《奥氏体钢设计与控制》等专著。项目实施以来，核能系统用高品质关键管材及管束在国内市场占有率已超过75%，换热组件处于独家供货地位，配套了国内大型先进压水堆、高温气冷堆、快中子增殖堆等全部先进核能系统，共销售传热管4500余吨及高温气冷堆螺旋盘管组件38套，实现销售额26亿元，利润5.8亿元。

2019年度江苏省科学技术二等奖名单

序　号	项目名称	主要完成单位	主要完成人
1	高性能有机半导体结构设计与调控	南京邮电大学 黑龙江大学	陈润锋　黄　维　许　辉 郑　超　陶　冶　魏　莹 李欢欢　张新稳
2	互联网内容安全认知与智能分析	中国电子科技集团公司第二十八研究所 南京莱斯网信技术研究院有限公司	贺成龙　葛唯益　吴振锋 陈晓琳　袁　翔　王红杰 宗士强　梁增玉　鲁士仿
3	基于空谱联合结构化特征的高光谱图像分析方法与应用技术	南京理工大学 中国地质调查局南京地质调查中心	吴泽彬　韦志辉　肖　亮 徐　洋　郑志忠　孙　乐 刘建军　黄　伟　张　军
4	面向车联边缘网络的主动协同重构技术与应用	南京邮电大学 南京熊猫通信科技有限公司 南京泰通科技股份有限公司	赵海涛　张　晖　杨龙祥 刘　旭　任　伟　吉荣新 王　琴　倪艺洋　陈建平
5	面向大数据的云计算智能处理平台关键技术与应用	南京航空航天大学 南京云创大数据科技股份有限公司 南京拓控信息科技股份有限公司 南京壹进制信息科技有限公司 南京邮电大学	袁家斌　谭晓阳　黎　宁 刘　鹏　周西峰　张有成 郭其昌　张　真　秦小麟

续表

序　号	项目名称	主要完成单位	主要完成人
6	耦合网络的动态特性分析与控制	东南大学	梁金玲　聂小兵　胡建强
7	新型电磁结构微波毫米波天线与器件理论与技术	中国人民解放军陆军工程大学	曹文权　钱祖平　张颖松 钟兴建　蔡　洋　晋　军
8	异构物联网安全融合关键技术及产业化应用	江苏大学 大全集团有限公司 清华大学 南京烽火星空通信发展有限公司 西安电子科技大学	王良民　徐　慧　赵曦滨 廖闻剑　沈玉龙　赵跃华 陈向益　姜顺荣　冯　霞
9	基于影像引导的无创肝纤维化诊断系统研发及产业化	无锡海斯凯尔医学技术有限公司 清华大学 江苏省人民医院	邵金华　罗建文　李　军 孙　锦　段后利　何　琼
10	双羰基还原酶的发现、催化机制及药物生物合成应用	中国药科大学	陈依军　吴旭日　陆美玲 黄　彦　刘　楠　王淑珍
11	碳青霉烯类药物比阿培南核心技术的研究及推广应用	江苏先声药业有限公司 南京先声东元制药有限公司	殷晓进　罗兴洪　彭素琴 丁　磊　任晋生　任　用 李闻涓　李　慧　虞俊峰
12	正电子发射断层成像／X线计算机断层成像（PET／CT）设备核心技术研发与产业化	江苏赛诺格兰医疗科技有限公司 江苏中惠医疗科技股份有限公司 赛诺联合医疗科技（北京）有限公司 扬州市江都人民医院	吴和宇　王　毅　孙德晖 李　楠　于庆泽　杨军荣 彭　剑　史张珏　居小平
13	植入类医用材料的成形及表面功能化关键技术集成应用	淮阴工学院 江苏大学 常州安康医疗器械有限公司 威高集团有限公司	丁红燕　潘长江　叶　玮 夏木建　周广宏　刘　磊 王春华　刘爱辉　邵红红
14	大功率直驱永磁系列海上风电机组关键技术研究及应用	江苏金风科技有限公司 中国电力科学研究院有限公司 新疆金风科技股份有限公司 中国三峡新能源有限公司江浙公司 东南大学 北京金风科创风电设备有限公司 江苏中车电机有限公司	翟恩地　秦世耀　张新刚 宁巧珍　李会勋　李少林 林鹤云　王　允　王东亚 李荣富　王九华
15	工业声学高效节能减排关键技术及其应用	南京常荣声学股份有限公司	张荣初　刘宇清　邹怡然 闻小明　孙卫国　方　健 张玲丽　李　淼　朱　琳
16	关联电子系统超导的理论研究	南京大学	王强华　王万胜　杨　阳 向圆圆　王　达
17	光储微电网灵活高效自主运行关键技术与装备	国电南瑞科技股份有限公司 国网天津市电力公司电力科学研究院 天合光能股份有限公司 阳光电源股份有限公司 南京南瑞太阳能科技有限公司 天津大学 华北电力大学	郑玉平　王　伟　王　彤 唐成虹　王议锋　赵景涛 王懿杰　颜湘武　马铭遥

续表

序 号	项目名称	主要完成单位	主要完成人
18	光伏电站海量数据应用分析关键技术、平台研制及应用	国网江苏省电力有限公司 中国电力科学研究院有限公司 河海大学 上海交通大学 江苏协鑫新能源有限公司 阳光电源股份有限公司 国网宁夏电力有限公司	丁 杰 郭雅娟 臧海祥 邹云峰 曹 潇 陈 哲 汪 春 孙云晓 雷 震
19	海上风电设计优化与运行控制关键技术研究及工程应用	国网江苏省电力有限公司 中国电力科学研究院有限公司 国电南瑞南京控制系统有限公司 华北电力大学 中国电建集团华东勘测设计研究院有限公司 远景能源（江苏）有限公司 南京理工大学	刘建坤 迟永宁 赵生校 张宁宇 胡家兵 李 莉 李 磊 汤海宁 陈载宇
20	基于非液相控制的广域高性能系列断路器关键技术及产业化	江苏省如高高压电器有限公司 南通大学 思源电气股份有限公司	彭 翔 汪兴兴 冒友建 张福豹 吕帅帅 林巍岩 杨志轶 王成全 范兴财
21	极端高温工况高可靠性熔盐泵关键技术研究及产业化	江苏飞跃机泵集团有限公司 江苏大学 中国科学院金属研究所	张德胜 王道红 曾 培 金永鑫 赵睿杰 严红彬 崔传勇 周亦胄 刘金灿
22	面向智能电网的低耗绿色节能电缆关键技术及系列产品	无锡江南电缆有限公司 西安交通大学 中国电力科学研究院有限公司	夏亚芳 马 壮 刘 英 刘胜春 钟力生 陈晓军 张传省 刘 军 蒋永卫
23	石墨盐酸合成装置余废热高效回收利用技术	南通星球石墨设备有限公司 南京大学南通材料工程技术研究院	夏 斌 马 骏 刘仍礼 夏 彬 张进尧 孙建军 王俊飞 陆 俊 何 飞
24	特高压输电工程用节能导线系列产品研制与工程应用研究	远东控股集团有限公司 新远东电缆有限公司 远东复合技术有限公司 远东电缆有限公司	蒋华君 陈 静 徐 静 夏霏霏 蒋 达 杨伯其 周 锋 姚建华 蒋华娟
25	新能源并网运行的建模与调控理论	河海大学 清华大学	吴 峰 鞠 平 袁 越 张 犁 钱科军 孙 凯 秦 川
26	永磁容错电机及其控制系统基础理论	江苏大学	赵文祥 刘国海 徐 亮 陈 前 吉敬华 郑军强 房卓娅
27	智能配电网终端自组网与协同控制关键技术及规模化应用	国网江苏省电力有限公司 国电南瑞科技股份有限公司 东南大学 上海交通大学 中国电力科学研究院有限公司	沈培锋 蔡月明 王 勇 翁嘉明 嵇文路 梅 军 张 明 高 媛 朱 红
28	低能耗轻合金微弧复合处理关键设备研制与工艺开发	南京工业大学 西安理工大学 南京浩穰环保科技有限公司	蒋百铃 李洪涛 葛延峰 刘灿灿 曹 政 邵文婷 潘 力

续表

序号	项目名称	主要完成单位	主要完成人
29	高技术船舶及海工用高性能钢板关键技术创新及产业化	南京钢铁股份有限公司 东北大学 招商局重工（江苏）有限公司	黄一新　田　勇　车马俊 祝瑞荣　楚觉非　王丙兴 陈林恒　赵柏杰　刘建成
30	高性能聚合物发泡专用料与发泡结构材料的研发及产业化	常州天晟新材料研究院有限公司 中国科学院长春应用化学研究所 常州天晟新材料股份有限公司	周光远　李　巍　李笑喃 徐　强　王红华　顾唯开 赵继永
31	高性能有机／微纳硅光伏电池材料的设计及器件应用	苏州大学	孙宝全　李述汤　宋　涛 申小娟　张云芳　刘瑞远 张付特　张　杰
32	环氧衍生精细化学品关键技术及产业化开发	南京林业大学 常州大学 江苏怡达化学股份有限公司 安徽新远科技有限公司	朱新宝　郭登峰　刘　准 程振朔　陈慕华　王　芳 张　虎　李大钱　张小祥
33	建筑节能用岩棉制品规模化、全流程绿色生产技术与应用评价	中材科技股份有限公司 南京玻璃纤维研究设计院有限公司	于守富　蒋伟忠　刘　春 汪丽婷　王佳庆　钱亦鸣 陆飞宇　丁巍冬　石明扬
34	纳米材料与细胞界面作用的构建、机理及调控	南京大学 苏州大学	马余强　丁泓铭　杨　恺 田文得
35	拟除虫菊酯清洁生产关键技术研发及产业应用	江苏扬农化工股份有限公司 南京师范大学 江苏优嘉植物保护有限公司	周其奎　沈　健　姜友法 周宁琳　王东朝　章　峻 王宝林　贾　炜　冯广军
36	轻质高强铝基纳米复合材料及其在高端载运工具上的应用	江苏大学 上海交通大学 哈尔滨工业大学 亚太轻合金（南通）科技有限公司 江苏豪然喷射成形合金有限公司 江苏苏美达车轮有限公司 丹阳荣嘉精密机械有限公司	赵玉涛　陈　刚　范同祥 姜巨福　浦俭英　张　豪 彭兵阳　殷来大　王　坤
37	新一代高分子基高频透波与多重防护材料的关键技术与应用	南京工业大学 南京华格电汽塑业有限公司	张　军　包建宁　戚燕俐 毛泽鹏　陈　浩　柴瑞丹 相　波　肖　坚　叶枫韬
38	超大型智能化海上风电安装作业平台关键技术研发及应用	南京理工大学 南通润邦海洋工程装备有限公司 南通润邦重机有限公司 南京工程学院 江苏亨通蓝德海洋工程有限公司 江苏蓝潮海洋风电工程建设有限公司	陆宝春　施晓越　吴　建 盛国良　关德壮　朱俊峰 翁朝阳　周　锋　葛　超
39	城轨车辆用分块式橡胶弹性车轮的研发及产业化	中车戚墅堰机车车辆工艺研究所有限公司 同济大学 常州中车铁马科技实业有限公司	戚　援　侯传伦　张济民 王　慎　郑志立　宁　烨 周和超　宫　峰　吴志强
40	大功率高扬程矿山排水抢险泵关键技术研究及产业化	江苏大学 南通大学 蓝深集团股份有限公司 江苏泰丰泵业有限公司 亚太泵阀有限公司 济宁安泰矿山设备制造有限公司 山东星源矿山设备集团有限公司	施卫东　周　岭　曹卫东 李　伟　王　川　白　玲 许荣军　程永席　潘　波

续表

序　号	项目名称	主要完成单位	主要完成人
41	电力运维智能机器人系统关键技术及应用	南京理工大学 亿嘉和科技股份有限公司 国网江苏省电力有限公司 北京智网物联科技有限公司 江苏汇博机器人技术股份有限公司	郭　健　李　胜　程　敏 吴益飞　陆怀谷　黄　超 王振华　沈　辉　曹　国
42	复杂海况下大型海工承载装备设计制造关键技术研发及产业化	南通蓝岛海洋工程有限公司 同济大学 上海泰胜风能装备股份有限公司 上海大学	朱　军　张伦伟　吴　昊 米智楠　孔　亮　张　震 苏小芳　陈　硕　陈森良
43	复杂水下环境勘查集群仿生机器人关键技术及应用	南京工程学院 东南大学 博雅工道（北京）机器人科技有限公司	陈　巍　刘锡祥　熊明磊 李佩娟　郭铁铮　吴梦陵 李　宁　夏细明　温秀平
44	高精度捷联惯性测量关键技术及应用	东南大学 江苏罗思韦尔电气有限公司	陈熙源　徐晓苏　周祥东 张　涛　祝雪芬　李　瑶 吴　峻　汤新华　姚逸卿
45	高可靠性电子式互感器关键技术与应用	国网江苏省电力有限公司 中国电力科学研究院有限公司 许继集团有限公司 东南大学 南京南瑞继保电气有限公司 南京新联电子股份有限公司	卢树峰　徐敏锐　李志新 嵇建飞　聂　琪　陈　刚 袁　亮　周　赣　卜强生
46	高速精密数控轧辊磨床研发与产业化应用	华辰精密装备（昆山）股份有限公司 清华大学 昆山华辰新材料科技有限公司	曹宇中　王立平　李学崑 刘翔雄　赵泽明　杜海涛 徐彩英　陈艳娟　蒋　昇
47	高效节能无菌吹灌旋关键技术及智能成套装备	江苏新美星包装机械股份有限公司 江苏科技大学	褚兴安　张国宏　袁明新 董海龙　陈中云　栾慰林 王　琪　杨亚军　申　燚
48	高效金属镜面光整加工关键技术及产业化应用	江南大学 苏州大学 苏州江锦自动化科技有限公司 无锡市恒利弘实业有限公司	赵永武　王永光　倪自丰 钱善华　黄冬梅　卞　达 白林森　李庆忠
49	基于数字孪生的清洁低碳环保锅炉设计技术及工程应用	无锡华光锅炉股份有限公司 浙江大学 江联重工集团股份有限公司 无锡华光工业锅炉有限公司 无锡锡能锅炉有限公司 常州英集动力科技有限公司	毛军华　童水光　钟　崴 童哲铭　王小平　顾小勤 韩　玗　唐　宁　陆晓焰
50	节能型起重机关键技术研发与应用	徐州重型机械有限公司 吉林大学 上海柴油机股份有限公司	东　权　胡小冬　曹光光 王　帅　焦国旺　陈延波 王　昕　向小强　马云超
51	模块化大型精密高速运输装备创新设计及应用	江苏理工学院 江苏海鹏特种车辆有限公司	康绍鹏　周生保　刘凯磊 叶　霞　贝绍铁　戴建军 单文桃　丁　力

续表

序号	项目名称	主要完成单位	主要完成人
52	年产千万吨级矿井智能化采煤装备关键技术	中国矿业大学 西安煤矿机械有限公司 淮海工学院 江苏中机矿山设备有限公司 徐州中矿汇弘矿山设备有限公司	王忠宾 刘送永 司垒 赵友军 江红祥 许少毅 李威 王培科 陈劲松
53	微生物液态发酵过程关键参量软测量及其智能测控装备研发	连云港兴菇生物科技有限公司 淮海工学院 江苏大学 镇江日泰生物工程设备有限公司	宋永献 王博 朱湘临 王衍 龚成龙 朱强 刘洋 张先进 徐启华
54	小型挖掘机用斜盘式轴向柱塞变量泵关键技术的研发及产业化	江苏恒立液压科技有限公司 兰州理工大学 南京航空航天大学 常州轻工职业技术学院 江苏恒立液压股份有限公司	李童 冀宏 刘凯 孙斐 王斌 庄晔 刘艳艳 刘小雄 杨威
55	纺织品中农药、重金属等环境危害因子的快速筛查方法的研究及应用	南京海关工业产品检测中心 江苏省检验检疫科学技术研究院 中国检验检疫科学研究院	吴丽娜 曹锡忠 张庆 王晓萍 周绍强 周静洁 吴梦笔 董绍伟 钱凯
56	高精度钢管在线内外表面脱脂清洗成套装备关键技术研发及产业化	江苏博隆锦欣环保设备有限公司 宝银特种钢管有限公司 常州大学 南京航空航天大学 常州机电职业技术学院	唐建忠 秦伟健 袁惠新 姚佳烽 徐达明 沈琳 张波 徐建灵 高燕
57	高效低污染污泥自持焚烧技术及应用	东南大学 无锡国联环保科技股份有限公司 南京国能环保工程有限公司 科林环保技术有限责任公司	葛仕福 陈晓平 杨叙军 朱士圣 王昕晔 杨林军 徐天平 刘道银
58	化学氧化修复污染场地土壤过程中自由基产生及其调控技术原理	中国科学院南京土壤研究所	周东美 方国东 朱长银 刘存 朱向东 高娟 王玉军 秦文秀
59	煤氧化与燃烧动力学理论及应用	中国矿业大学 徐州安云矿业科技有限公司	王德明 戚绪尧 辛海会 仲晓星 李增华 窦国兰 邵振鲁 曹凯 何飞
60	难抽采煤层煤与瓦斯协同高效开采及利用关键技术	中国矿业大学 平顶山天安煤业股份有限公司十二矿 陕西彬长矿业集团有限公司 徐州博安科技发展有限责任公司 陕西陕煤韩城矿业有限公司 平顶山天安煤业股份有限公司八矿	林柏泉 杨威 肖斌 李庆钊 原德胜 吴杰 张连军 刘厅 刘统
61	高功率动力电池系统热管理关键技术研发及产业化	江苏大学 湖南中车时代电动汽车股份有限公司 天津力神电池股份有限公司 中国科学院上海有机化学研究所（盐城）新材料研发中心	徐晓明 丁荣军 高俊奎 赵经纬 汪伟 宫燃 肖业 金慧芬 黄河

续表

序　号	项目名称	主要完成单位	主要完成人
62	沥青路面高品质养护关键技术研发与工程应用	东南大学 江苏中路工程技术研究院有限公司 江苏高速公路工程养护技术有限公司 中设设计集团股份有限公司 长安大学 江苏中路交通科学技术有限公司 江苏中路信息科技有限公司	马　涛　陈李峰　黄晓明 关永胜　张久鹏　陆海珠 姚　宇　刘　强　金光来
63	新一代高性能卷盘式喷灌机关键技术与应用	江苏大学 江苏华源节水股份有限公司 黑龙江省水利科学研究院	李　红　汤　跃　汤玲迪 邱志鹏　侯新月　郎景波 陈　超　闫浩芳　蒋　跃
64	移动互联环境下城市道路交通智能主动管控关键技术及应用	东南大学 江苏智通交通科技有限公司 江苏网进科技股份有限公司	夏井新　陆振波　王　晨 刘志远　魏　运　张韦华 潘成华　安成川　吕伟韬
65	自主可控的民航自动相关监视装备及系统关键技术及应用	中国电子科技集团公司第二十八研究所 南京航空航天大学 南京莱斯信息技术股份有限公司 南京莱斯电子设备有限公司 东南大学	严勇杰　汤新民　王寿峰 周禄华　陆　建　杨　恺 毛　亿　田　文　席玉华
66	灭活禽流感病毒实现黏膜免疫的重大创新	南京农业大学	杨　倩　庾庆华　秦　涛 阴银燕　王志胜　康海泓 梁金逢　张晓文
67	食品生物制造声光强化关键技术与装备创制及其应用	江苏大学 江南大学 江苏蜂奥生物科技有限公司 江苏江大五棵松生物科技有限公司 江苏安惠生物科技有限公司 江苏恒顺醋业股份有限公司	马海乐　任晓锋　何荣海 毛　健　周存山　李云亮 马海燕　余永建　郑惠华
68	小麦诱变育种方法创新及扬辐麦系列品种选育	江苏里下河地区农业科学研究所 扬州大学 江苏金土地种业有限公司	何震天　陈秀兰　张　容 陈士强　王建华　丁锦峰 周如美　朱兆兵　陆成彬
69	猪糖皮质激素受体功能与应激调控技术研究	南京农业大学 上海市农业科学院	赵茹茜　杨晓静　贾逸敏 刘龙申　夏　东　姚　文 孙钦伟　陆明洲　马文强
70	Hsp27 和 HspA12B 对心脑保护的系列研究	江苏省人民医院	丁正年　吴　军　姜苏蓉 张小进　刘　莉　曹小飞 李竞进　钱　进　尤文军
71	代谢性疾病影像新技术和新方法的研发与应用	东南大学附属中大医院 东南大学	居胜红　滕皋军　王远成 常　娣　柏盈盈　彭新桂 柳东芳　崔　莹　汤天宇
72	口腔鳞癌精准防治的分子基础与临床关键技术研究	江苏省口腔医院	江宏兵　刘来奎　程　杰 范　媛　宋晓萌　袁　华 吴煜农　叶金海　杨建荣

续表

序　号	项目名称	主要完成单位	主要完成人
73	溃疡性结肠炎中医药规范化诊疗体系的创建、应用及机制研究	南京中医药大学附属医院 首都医科大学附属北京中医医院 河南中医药大学第一附属医院 辽宁中医药大学附属医院	沈　洪　张声生　朱　磊 郑　凯　赵文霞　王垂杰 叶　柏　顾培青　张　露
74	临床肠杆菌科重要病原菌的耐药致病机制与快速检测研究	苏州大学附属第二医院 徐州医科大学附属医院	杜　鸿　张海方　顾　兵 朱雪明　王　敏　谢小芳 杨　勇　郑　毅　马　萍
75	生物传感与细胞功能分子原位检测及其肿瘤诊疗应用新策略	南京大学	鞠熀先　丁　霖　刘　颖 雷建平　吴　洁　钱若灿 田蒋为　林大杰
76	食管癌放疗应用基础研究与诊疗新技术	江苏省人民医院 山东省肿瘤医院 四川省肿瘤医院 常州市第一人民医院 苏州市立医院 涟水县人民医院	孙新臣　李宝生　李　涛 高献书　顾文栋　周俊东 濮　娟　成红艳　秦　嗪
77	危重症个体化营养支持治疗的基础研究与临床应用	中国人民解放军东部战区总医院 东南大学附属中大医院	王新颖　章　黎　高学金 黄迎春　陆　军　武　超 张　峰　潘莉雅　黎介寿
78	消除疟疾策略与关键技术的研究与应用	江苏省血吸虫病防治研究所 同济大学	曹　俊　高　琪　张青锋 朱国鼎　刘耀宝　陶志勇 陆　凤　周华云　曹园园
79	心血管核医学技术创新及应用	常州市第一人民医院 北京清华长庚医院 首都医科大学附属北京朝阳医院	王跃涛　何作祥　杨敏福 张晓膺　王建锋　邵晓梁
80	心血管疾病的表观遗传学研究	南京医科大学	徐　涌　陈　琪　杨玉玉 方明明　翁新宇　许慧慧
81	影响心力衰竭发生发展的分子靶点探索和应用基础研究	南京大学医学院附属鼓楼医院	徐　标　杨中州　谢　峻 康丽娜　王　涟　李朝军 李巧玲　顾　蓉　吴　韩

2019 年度江苏省科学技术三等奖名单

序　号	项目名称	主要完成单位	主要完成人
1	12 吋晶圆级埋入硅基板扇出型封装技术	华天科技（昆山）电子有限公司	肖智轶　于大全　马　力 马书英　黄小花　杨　旭 项　敏
2	大规模复杂数据的核机器学习方法及其在脑机协同的应用研究	中国矿业大学 中国科学院计算技术研究所 华东师范大学	丁世飞　史忠植　孙仕亮 梁志贞　张　健
3	大容量弹性光网络多层规划与协同控制策略创新	中通服咨询设计研究院有限公司 北京邮电大学	朱晨鸣　赵永利　张　杰 鞠卫国　魏贤虎　郁小松 杨　辉

续表

序 号	项目名称	主要完成单位	主要完成人
4	高可靠多维多元化集成电路封装技术研发和产业化	无锡中微高科电子有限公司	杨 兵 李宗亚 肖汉武 李云海 高 辉 李 耀 蒋长顺
5	高性能纳米晶柔性电极的掺杂与界面效应研究	南京理工大学 南京航空航天大学	曾海波 宋继中 李晓明 宋秀峰 董宇辉 邹友生
6	光子轨道角动量理论与技术研究	南京邮电大学	赵生妹 王 乐 巩龙延 程维文 郑宝玉
7	航天航空高端霍尔传感器关键技术及应用	南京中旭电子科技有限公司	李 萍 罗 云 刘泽金 何万海 徐文洁 赵仁庆 马志愿
8	基于龙芯和自主协议的通用物联网系统及行业应用	南京龙渊微电子科技有限公司 江苏海事职业技术学院 河海大学 南京邮电大学 淮安龙渊农业科技有限公司	陈 勇 叶 枫 刘红明 程 勇 冯茂岩 张 军 鲍建成
9	基于人防低空预警系统的中低空监视雷达	中国船舶重工集团公司第七二三研究所 中船重工海博威（江苏）科技发展有限公司	李 伟 赵宪涛 季凯源 翟玉健 完 诚 王晓华 王 烨
10	集成智能可视的高性能交换芯片关键技术及应用	盛科网络（苏州）有限公司	孙剑勇 郑晓阳 许 俊 成 伟 夏 杰 唐 飞 贾复山
11	面向物联网应用的MEMS技术压力传感器研制及应用	江苏奥力威传感高科股份有限公司 西安交通大学	孙海鑫 赵玉龙 李 村 顾常飞 俞斌强 顾天刚 李 卫
12	新一代自旋电子材料微结构调控及信息器件应用基础	南京大学 东南大学	徐永兵 王学锋 王枫秋 刘文卿 何 亮 翟 亚 杜 军
13	蚕丝丝素肽段的精确制备、生物活性及应用	苏州大学 江苏宝缦家纺科技有限公司	王建南 李明忠 董凤林 卢神州 殷 音 陆维国
14	恶性肿瘤等重大疾病跨尺度精准成像和高灵敏快速筛查新技术	东南大学 重庆大坪医院	王雪梅 尹立红 姜 晖 张海军 刘重阳
15	海洋微生物新型工业酶产业化应用关键技术	江苏省海洋资源开发研究院（连云港） 上海海洋大学 淮海工学院	王淑军 吴文惠 房耀维 包 斌 吕明生 刘 姝 焦豫良
16	基于大数据处理与挖掘技术的生物信息学研究	中国矿业大学 中国科学院新疆理化技术研究所 杭州电子科技大学	陈 兴 尤著宏 颜成钢
17	基于多相流仿真及仿生技术的吸入给药平台的开发与应用	正大天晴药业集团股份有限公司 东南大学苏州研究院 江苏集萃工业过程模拟与优化研究所有限公司	李昌辉 佟振博 余艾冰 王善春 张喜全 顾红梅 董 平
18	抗耐药菌新药利奈唑胺及注射液的研究和应用	江苏豪森药业集团有限公司	钟春华 周炳城 孙长安 杨 勇 郭彦亮 陈安丰 陈刚胜

续表

序　号	项目名称	主要完成单位	主要完成人
19	人源化小鼠模型建立及其在肿瘤免疫治疗药物评价中的应用	江苏集萃药康生物科技有限公司	高　翔　赵　静　琚存祥　张明坤　孙红艳　李　松　杨笑柳
20	超/特高压交流同塔四回输电关键技术及工程应用	国网电力科学研究院有限公司 中国电力科学研究院有限公司武汉分院 国网江苏省电力有限公司 中国能源建设集团江苏省电力设计院有限公司 南瑞集团有限公司	万保权　霍　锋　李振强　彭　勇　刘兴发　刘贞瑶　刘　琴
21	车用一体化智能型冷却系统关键技术的研发及推广应用	江苏嘉和热系统股份有限公司 江苏大学 扬州三丰新能源科技有限公司	李宝民　唐爱坤　王军锋　熊双元　单春贤　沈兆建　盘朝奉
22	城市输电电缆线路进水劣化检测、防护关键技术及应用	国网江苏省电力有限公司 江苏省电力试验研究院有限公司 中国电力科学研究院有限公司 武汉大学 北京国电富通科技发展有限责任公司	费益军　周文俊　欧阳本红　王建明　胡丽斌　周　立　曹京荥
23	大容量长寿命汽车超级电池的关键技术研发及产业化	天能集团江苏科技有限公司 哈尔滨工业大学 浙江天能电池（江苏）有限公司	陈　飞　王殿龙　方明学　张天任　李明钧　胡国柱　孙　旺
24	电力工控系统网络空间安全态势感知关键技术及规模化应用	国网江苏省电力有限公司 南京南瑞信息通信科技有限公司 南瑞集团有限公司 全球能源互联网研究院有限公司 南京大学	苏大威　杨维永　王黎明　刘　苇　裴　培　霍雪松　黄　皓
25	风电机组驱动用偏航变桨大型环锻件的关键技术及其成套装备	张家港中环海陆特锻股份有限公司 江苏科技大学 武汉理工大学	吴　剑　邓加东　朱乾皓　张礼华　兰　箭　吴君三　张丽萍
26	高稳定性钝化发射极和背表面晶硅太阳能电池产业化技术	无锡尚德太阳能电力有限公司 江南大学	陈如龙　陈丽萍　席　曦　孟庆蕾　严婷婷　邵剑波
27	高效率抗老化单晶硅双面双玻电池及组件的关键技术与应用	苏州腾晖光伏技术有限公司 南京航空航天大学 常熟理工学院	倪志春　沈鸿烈　魏青竹　连维飞　蔡　霞　唐群涛　胡党平
28	火电行业节能环保智慧监管体系关键技术及应用	江苏方天电力技术有限公司 东南大学 江苏电力交易中心有限公司	孙栓柱　周春蕾　李益国　张红光　孙和泰　黄治军　赵　彤
29	轮胎返回复合胎胶资源高效循环利用关键技术及成套装备	泰兴市双羊机械工程有限公司 常州大学	尹家旺　朱　伟　顾宏年　宋瑞宏　尹骏杰　史文杰　尹备战
30	平原地区排灌机组性能优化与运行安全关键技术及应用	河海大学 江苏省灌溉总渠管理处 盐城市通榆河枢纽工程管理处	郑　源　吴玉萍　周大庆　戴启璠　洪　晟　杨春霞　张玉全
31	气体水合物连续化生产关键技术及应用	常州大学 苏州苏净保护气氛有限公司	王树立　周诗岽　饶永超　郗春满　李　辉　赵书华　何岩峰

续表

序　号	项目名称	主要完成单位	主要完成人
32	输变电工程杆塔与接地系统的防腐关键技术与应用	国网江苏省电力有限公司 东南大学 无锡市亚明电力工程科技有限公司 无锡华东锌盾科技有限公司 江苏绿材谷新材料科技发展有限公司	王庭华　汪　昕　吴智深 孙建龙　王　球　张　澄 张　东
33	太阳能电池用金属化导电浆料的研发及产业化	南通天盛新能源股份有限公司 上海交通大学 南通大学 泰州中来光电科技有限公司	朱　鹏　沈文忠　陈　嘉 姚理荣　杨贵忠　刘志锋 朱海燕
34	特高压交直流输电线路防舞防振减灾金具	江苏天南电力器材有限公司 华北电力大学	姚建生　刘连光　朱小强 刘自发　史小龙　田书鹏 程毛迪
35	特高压输电线路用免维护系列金具研制及应用	江东金具设备有限公司	孔德春　冒新国　薛渊牧 王乐乐　李新春　汪晶晶 阚海波
36	用于新能源汇集与输送的多电压直流电网关键技术	中国电力科学研究院有限公司南京分院 华中科技大学 上海交通大学 合肥科威尔电源系统有限公司 江苏方程电力科技有限公司	姚良忠　杨　波　王志冰 曹远志　吴福保　庄　俊 汤海雁
37	预装式新能源智能变电站关键技术研发及产业化	江苏北控智临电气科技有限公司 河海大学常州校区 常州亚玛顿股份有限公司 常州机电职业技术学院	蔡元堂　张金波　林俊良 史朋飞　陈超群　张平泽 苏伯贤
38	智慧区域能源系统设计与调控关键技术研究与应用	中节能城市节能研究院有限公司 浙江大学 中节能建筑节能有限公司 常州英集动力科技有限公司 中节能（贵州）建筑能源有限公司	杜玉吉　俞自涛　张晓灵 林小杰　丁江华　赵　阳 李建国
39	板带表面缺陷在线检测及追溯技术的开发与应用	江苏沙钢集团有限公司 北京科技大学 江苏省沙钢钢铁研究院有限公司 北京科技大学设计研究院有限公司 湖北第二师范学院	孙　林　徐　科　周　鹏 曲锦波　邓能辉　杨朝霖 甘胜丰
40	超千米高速铁路斜拉桥斜拉索关键技术与应用	江苏法尔胜缆索有限公司 中铁大桥勘测设计院集团有限公司 江阴兴澄特种钢铁有限公司 中铁大桥局集团有限公司 武汉钢铁有限公司	赵　军　张贵忠　高宗余 薛花娟　闫志刚　张燕飞 陈维雄
41	大型风电／核电电机用高性能纳米复合绝缘材料研发及产业化	苏州太湖电工新材料股份有限公司 南京航空航天大学	吴　斌　崔益华　张春琪 井丰喜　景录如　何娉婷 马俊锋
42	分离集成关键技术开发及在精细化工中的应用	南京师范大学 江苏隆昌化工有限公司 江苏五洋碳氢科技有限公司 东营市康地化工有限责任公司 江苏沿江化工资源开发研究院有限公司	顾正桂　佘道才　孔维立 陈国玉　林　军　刘俊华 詹其伟

续表

序　号	项目名称	主要完成单位	主要完成人
43	高品质抗湿硫化氢腐蚀管线钢厚板关键技术创新与产业化	江阴兴澄特种钢铁有限公司 钢铁研究总院 东南大学	孙宪进　苗丕峰　蒋昌林 刘清友　涂益友　林　涛 李经涛
44	高性能非公路型轮胎设计与生产关键技术及产业化	徐州工业职业技术学院 青岛科技大学 徐州徐轮橡胶有限公司	徐云慧　汪传生　张德伟 陈忠生　鲍桂楠　韦帮风 臧亚南
45	高性能环境友好型聚氨酯功能材料的研制及产业化	旭川化学（苏州）有限公司 东南大学 南京工程学院	江　平　吕华波　周钰明 卜小海　戴淄岳　王质伟 陈小卫
46	高性能汽车减振器用粉末冶金铁基零部件	扬州立德粉末冶金股份有限公司 北京科技大学	葛　莲　郭志猛　陈存广 刘永俊　郝俊杰　高克玮
47	高质量复杂铝合金构件精密压铸关键技术与应用	雄邦压铸（南通）有限公司 东南大学 华南理工大学	王俊有　潘　冶　赵海东 高军民　陆　韬　李史华
48	工业废渣协同制备节能墙材的关键技术与产业化开发	盐城工学院 江苏博拓新型建筑材料有限公司 南京工业大学 盐城市鼎力新材料有限公司	吴其胜　诸华军　罗乃将 华苏东　张长森　杨　涛 徐风广
49	海洋工程用大尺寸超级双相不锈钢无缝管研发及产业化	江苏武进不锈股份有限公司 东南大学	朱秋华　周雪峰　周志斌 陈泽民　陈　亮　程　健 钱　超
50	航空发动机压气机叶片精锻制造关键技术及推广应用	无锡航亚科技股份有限公司	严　奇　齐向华　朱宏大 丁　立　庞韵华　周　敏 缪　朗
51	基于绿色建筑电梯平衡产品的关键制备技术及应用	江苏兴华胶带股份有限公司 华东理工大学 江苏理工学院	魏　伟　王庚超　杨银忠 毛　亮　吴夕虎　张　玲 张锁荣
52	聚酯复合弹性纤维产业化技术与装备开发	江苏鑫博高分子材料有限公司 四川大学 北京中丽制机工程技术有限公司 扬州惠通化工科技股份有限公司	沈　鑫　兰建武　沈　玮 程　旻　仝文奇　林绍建 臧胜楠
53	面向锂电池产业的超高纯度碳酸亚乙烯酯制备关键技术研发与应用	南京工业大学 苏州华一新能源科技有限公司	管国锋　万　辉　王振一 王小龙　丁　靖　冯能杰
54	木质纤维素类生物质定向三品联产综合利用关键技术及应用	淮阴师范学院 南京工业大学 淮安市百麦科宇绿色生物能源有限公司 淮安万邦香料工业有限公司	许家兴　吴　斌　熊　鹏 胡　磊　吴　真　贺爱永 何冰芳
55	轻质高强耐腐蚀深海定位用海工缆关键技术的研发及产业化	九力绳缆有限公司 四川大学	姜文松　刘向阳　王捧柱 纪俊祥
56	用于电子产品的超薄轻量低翘曲碳纤维复合片材的产业化及应用	江苏澳盛复合材料科技有限公司 苏州大学	严　兵　戴礼兴　孙　君 许文前　赵清新　郎鸣华 刘　成

续表

序号	项目名称	主要完成单位	主要完成人
57	优质特殊棒线材关键冶炼技术开发及产业化应用	江苏沙钢集团有限公司 江苏省沙钢钢铁研究院有限公司	邹长东 赵家七 刘 飞 黄永林 皇祝平 周彦召 蔡小锋
58	智能视光材料关键技术创新及其推广应用	金陵科技学院 江苏视科新材料股份有限公司 南京斯瑞奇医疗用品有限公司	郝凌云 张小娟 林 青 王 威 李新华 王 昭 梁 栋
59	自组装纳米银长效抗菌功能纺织品开发与产业化	苏州大学 南通大学 泉州迈特富纺织科技有限公司 江苏斯得福纺织股份有限公司 张家港耐尔纳米科技有限公司	陈宇岳 徐思峻 张德锁 林 红 崔建伟 柯永辉 张 华
60	400 英尺自升式钻井平台关键技术研发及工程应用	招商局重工（江苏）有限公司 中海油田服务股份有限公司	姚汝林 齐美胜 王崔军 曹树杰 王冬石 孙学荣 梅先志
61	粗细联合智能纺纱生产线的研发与产业化	常州市同和纺织机械制造有限公司 江南大学	唐国新 苏旭中 丁 峰 朱建厦 徐兆山 严绪东 费云峰
62	大功率舵桨推进系统的关键技术研发及产业化	南京高精船用设备有限公司 江苏科技大学	舒永东 常晓雷 姚震球 杜 鹏 吴百公 刘 伟 谢堂海
63	大口径可移动多用途激光雷达望远镜	中科院南京天文仪器有限公司 中科院南京耐尔思光电仪器有限公司 合肥工业大学	毕 勇 郑锋华 胡明勇 孙逸桥 马 骥 朱庆生 李 季
64	大跨度高可靠性智能斜行电梯关键技术研究及应用	苏州莱茵电梯股份有限公司 常熟理工学院	李云波 蒋黎明 季宇飞 窦 岩 张维皓 李 力 万少帝
65	大型精密钣金件冲压成形智能化成套装备研发	扬力集团股份有限公司 南京理工大学	仲太生 林雅杰 孙 宇 郑义祥 詹俊勇 丁武学 黄建民
66	多新息辨识理论与方法	江南大学	丁 锋 谢 莉 刘艳君 徐 玲 肖永松
67	非公路宽体矿用自卸车关键技术研究及产业化应用	扬州盛达特种车有限公司 潍柴动力股份有限公司 江苏大学 潍柴动力股份有限公司上海分公司	武向阳 杨家峰 施德华 李 尧 胡 伟 杨筑仁 石明明
68	高参数大容量二次再热机组运行控制关键技术	国家能源集团泰州发电有限公司 北京国电智深控制技术有限公司 国家能源集团江苏电力有限公司	陈旭伟 黄焕袍 杨宏强 张文建 张苏闽 崔青汝 蒋欣军
69	高精度电参数测试关键技术及设备	常州大学 常州同惠电子股份有限公司	朱正伟 陈树越 包伯成 储开斌 焦竹青 朱 栋 张 希
70	高精密电子产品智能制造关键技术与成套装备	苏州富强科技有限公司	吴加富 缪 磊 马 伟 冯小平 黎宗彩 刘宣宣 何建永

续表

序 号	项目名称	主要完成单位	主要完成人
71	高效智能大功率移动电源关键技术与产品研发	中船动力有限公司 江苏大学	张晓铭 李 珍 俞升浩 包东明 董日京 沈建华 王金荣
72	高性能智能前照灯系统关键技术及产业化	江苏文光车辆附件有限公司 河海大学	汤 文 罗成名 张学武 范新南 王海滨 邢志刚 辛改芳
73	海上波浪补偿关键技术与系列化应用装备	江苏科技大学 中船绿洲镇江船舶辅机有限公司 南京航空航天大学 中国船舶重工集团公司第七一六研究所 南京中船绿洲机器有限公司	卢道华 蒋余良 王 佳 吴洪涛 眭国忠 刘芳华 陈雷阳
74	航空复杂薄壁结构铣削-连接混合智能制造关键技术及应用	常州工学院 天津大学 南京航空航天大学 新誉集团有限公司 黄山学院	郭 魂 汪洪峰 王太勇 徐 吉 左敦稳 王 鹏 何亚峰
75	河-气界面环境下全场流速仿复眼成像测量系统	河海大学 中国科学院上海光学精密机械研究所	张 振 徐立中 王向朝 严锡君 步 扬 戴凤钊 刘海韵
76	环保节能高效智能型电子元件排胶烧结装备技术与应用	苏州汇科机电设备有限公司 南京工程学院	陈龙豪 殷春芳 张文俊 王 珏 芮军良 曹志军 戴 羽
77	基于自适应控制的智能机器人关键技术研发及产业化应用	徐州华恒机器人系统有限公司 昆山华恒焊接股份有限公司 昆山华恒机器人有限公司	杜庆国 杜 望 徐 建 刘树林 王庆华 张 弢 李 芳
78	精密复杂模具五轴联动龙门加工中心研发及产业化	南通国盛智能科技集团股份有限公司 南通大学	潘卫国 袁 江 任 东 杨玉萍 崔德友 陈锦杰 陈正源
79	具有感知智能的工业混联机器人关键技术研究及产业化应用	常州先进制造技术研究所 常州大学 常州轻工职业技术学院 常州市荣创自动化设备股份有限公司	徐林森 沈惠平 吴志强 袁 飞 邓嘉鸣 陈丹惠 陈晓林
80	矿山生产风险智能感知及预控关键技术研究及应用	中国矿业大学 江苏比特达信息技术有限公司	缪燕子 马小平 赵作鹏 胡延军 方新秋 陈 伟 代 伟
81	面向智慧油田的超宽频承荷探测电缆关键技术及系列产品	江苏华能电缆股份有限公司 武汉科技大学	夏文伟 吴开明 陈祖斌 陶 明 杨恒勇 张国宏 王 强
82	面向智能终端产品的线性驱动系统关键技术研发及产业化	常州市凯迪电器股份有限公司 东南大学 常州机电职业技术学院	姚步堂 余海涛 周伟强 庄文许 朱更兴 陈垚为 虞文武
83	平台网纹珩磨加工关键技术及应用	苏州信能精密机械有限公司 苏州科技大学	李学武 刘 忠 李 华 任传文 王 涛 罗晓锋 祝小兴

续表

序 号	项目名称	主要完成单位	主要完成人
84	汽车零部件高效精密加工中心、智能制造单元关键技术及产业化	中航航空高科技股份有限公司 南京理工大学 上汽通用汽车有限公司	吴晓峰 周 韬 袁军堂 甘 青 黄晓华 张 军 俞 晖
85	全成形经编智能生产关键技术及产业化	江南大学 江苏华宜针织有限公司 江苏润源控股集团有限公司 福建佶龙机械科技股份有限公司	蒋高明 丛洪莲 董智佳 张 琦 张爱军 夏风林 储云明
86	全地形重载铰接式自卸车关键技术研究及产业化	徐州徐工矿业机械有限公司 东南大学	张 宏 张建润 张杰山 秦红义 卢 熹 谢和平 乔奎普
87	三层共挤乙丙橡胶绝缘复合屏蔽封闭管型母线系统研发及产业化	江苏士林电气设备有限公司 西南交通大学	陈道华 吴 戈 马道平 高国强 郭裕钧
88	深部矿井提升系统全状态健康监测关键技术及应用	中国矿业大学 太原理工大学 安徽理工大学 淮海工学院 徐州煤矿安全设备制造有限公司	夏士雄 王大刚 王重秋 卢 昊 陈朋朋 江 帆 郭永存
89	往复弯曲高精度智能圆度矫正关键技术与装备	南通超力卷板机制造有限公司 燕山大学	赵非平 赵 军 李森林 于高潮 唐子钦 熊晓燕 秦 雪
90	无人机抗干扰多传感器组合导航关键技术及应用	南京航空航天大学 中国人民解放军陆军工程大学	熊 智 许 睿 李广侠 孙永荣 华 冰 王 融 张 玲
91	新型建材生产成套装备关键技术的研发与产业化	江苏腾宇机械制造有限公司 南京理工大学 宿迁学院	田先春 张登峰 蒋淮同 蔡 倩 张 猛 徐亚军 王荣林
92	新型悬臂式隧道掘进机关键技术研发及产业化	徐州徐工基础工程机械有限公司	张忠海 刘玉涛 宋 雨 曹 强 张 楠 权金龙 朱彦秋
93	智能高空作业车高可靠性关键技术研发及应用	徐州工程学院 徐州海伦哲专用车辆股份有限公司	孙 健 王 滕 陈 跃 陈凤腾 蔡 雷 李培启 张元越
94	中高压铝电解电容器柔性自动组立关键技术及成套装备	南通大学 南通海立电子有限公司 南通江海电容器股份有限公司	邱自学 邵建新 姚兴田 郑天池 陆 观 顾义明 毛 建
95	玻璃窑烟气多污染物深度治理及余热利用耦合技术及应用	中建材环保研究院（江苏）有限公司 东南大学 深圳市凯盛科技工程有限公司 河南安彩高科股份有限公司	张志刚 宋 敏 王 彬 何义斌 李金虎 苍利民 郑美玲
96	采水型地裂缝演变机理与模拟研究	南京大学 江苏省地质调查研究院	张 云 吴吉春 叶淑君 薛禹群 于 军 龚绪龙

续表

序号	项目名称	主要完成单位	主要完成人
97	地表臭氧浓度升高对稻麦生产的影响机制与区域风险评估	中国科学院南京土壤研究所 中国科学院生态环境研究中心 扬州大学	朱建国　冯兆忠　唐昊冶 杨连新　朱新开　刘　钢 王俊力
98	地下盐矿资源化综合利用技术开发及产业化	中盐金坛盐化有限责任公司 南京工业大学 江苏久吾高科技股份有限公司	管国兴　李卫星　陈留平 赵营峰　彭文博　王肖虎 张　峰
99	废旧汽车高效资源化拆解回收关键技术及自动化成套装备	江苏华宏科技股份有限公司 南京航空航天大学 常熟理工学院 常州大学	胡士勇　戴国洪　谭翰墨 叶文华　黄艰生　唐敦兵 胡品龙
100	富水环境下扰动岩体损伤破裂演化与渗流突变机理	中国矿业大学 中南大学 西南交通大学	浦　海　刘江峰　陆银龙 马　丹　白海波　漆泰岳
101	煤系共伴生水气资源化开采关键技术及应用	中国矿业大学 北京低碳清洁能源研究所	姚强岭　梁　顺　方　杰 种照辉　李学华　王伟男 朱　柳
102	燃煤烟气脱硝催化剂全寿命智能管控关键技术及应用	国电科学技术研究院有限公司 清华大学 国电环境保护研究院有限公司 南京师范大学 江苏龙净科杰环保技术有限公司	朱　林　陈建军　金定强 庄　柯　杨　柳　王　圣 邓立锋
103	苏北复杂地质体精细正演模拟与地震成像技术	中国石油化工股份有限公司石油物探技术研究院	王咸彬　刘定进　张卫华 张印堂　李　博　蔡杰雄 邹少峰
104	稀土工业污染治理成套技术及装备	南京格洛特环境工程股份有限公司	韩正昌　马军军　朱家明 韩　峰　韩思宇　季　军 吴传宝
105	长江流域新石器时代以来环境考古	南京大学 北京大学 安徽师范大学 滁州学院 中国科学院南京地质古生物研究所	朱　诚　马春梅　莫多闻 吴　立　于世永　郑朝贵 唐领余
106	智慧应急救援决策系统关键技术及其软硬件模块研发与应用	中国矿业大学 江苏省消防救援总队 江苏鸿鹄无人机应用科技有限公司 安徽省通信产业服务有限公司 江苏费尔曼安全科技有限公司	朱国庆　张国维　王献忠 李允旺　王义保　陆　军 张媛媛
107	城市轨道交通网络化运营安全风险防控与应急成套技术及应用	南京地铁运营有限责任公司 东南大学 江苏省生产力促进中心	张建平　任　刚　赵振江 袁春强　张　宁　谷寒青 薛　辉
108	高精度北斗/GNSS干涉雷达重大基础设施安全监测关键技术及应用	河海大学 北方信息控制研究院集团有限公司 南京航空航天大学	何秀凤　赖际舟　肖儒雅 徐学永　孙　蕊　贾东振 周　叶

续表

序　号	项目名称	主要完成单位	主要完成人
109	高性能组合结构桥梁设计理论与应用关键技术研究	东南大学 中交第二公路勘察设计研究院有限公司	万　水　黄　侨　王文炜 彭元诚　杨　明　任　远 宋晓东
110	基于BIM技术的大型石油化工建设智慧型成套技术研究与应用	南京南化建设有限公司	武　光　黄可中　夏　斐 甘继荣　王雄飞　罗　颖
111	数据驱动的城市交通协同指挥控制关键技术及应用	连云港杰瑞电子有限公司 同济大学 中通服咨询设计研究院有限公司 中国船舶重工集团公司第七一六研究所 河海大学	项俊平　唐克双　沈辉焱 郭　骅　张锋鑫　高　超 刘春林
112	随机交通系统的条件异方差性理论与方法	东南大学	郭建华　史国刚　黄　卫
113	沿海地区腐蚀环境下新型耐久预应力桩关键技术研究与工程应用	连云港市建材建机与装饰装修管理处 江苏东浦管桩有限公司 连云港市建筑设计研究院有限责任公司 水利部交通运输部国家能源局南京水利科学研究院 连云港市澎翼建设科技发展中心	舒　阳　颜成华　李世歌 钱文勋　王　倩　顾炳伟 孙志伟
114	再生纤维混凝土抗裂抗冲击性能提升关键技术创新与应用	金陵科技学院 河海大学	宣卫红　沈德建　陈育志 王潘绣　王　瑶　黄冬辉
115	超大型智能化食用油脂制取及精炼成套装备关键技术的研究及应用	迈安德集团有限公司 江南大学	汪　沐　刘元法　徐　静 李进伟　尹越峰　杭　明 周二晓
116	池塘绿色高效养殖技术研发与应用	中国水产科学研究院淡水渔业研究中心 江苏省淡水水产研究所 中国科学院南京地理与湖泊研究所 江苏红膏大闸蟹有限公司	朱　健　李　冰　周　军 曾庆飞　陈如国　张成锋 李旭光
117	出口蔬菜加工保鲜提质增效关键技术与装备创制及应用	江苏省农业科学院 南京农业大学 江苏沿江地区农业科学研究所 江苏嘉安食品有限公司 江苏中宝食品有限公司	宋江峰　刘春泉　郁志芳 李大婧　唐明霞　徐保国 肖亚冬
118	甘薯优异种质资源的挖掘与利用	江苏徐淮地区徐州农业科学研究所 江苏师范大学 四川大学 徐州徐薯薯业科技有限公司	曹清河　唐　君　谢逸萍 唐忠厚　王海燕　赵冬兰 孙　健
119	高性能生物基食品包材绿色制造技术装备研发与产业化	常州龙骏天纯环保科技有限公司 江南大学 北京工商大学	缪　铭　支朝晖　翁云宣 焦青伟　金征宇　支朝宗 王冰玫
120	河川沙塘鳢良种选育的关键技术研发及应用	南京师范大学 南京市水产科学研究所 浙江省淡水水产研究所	尹绍武　陈树桥　顾志敏 王　涛　周国勤　贾永义 刘　炜

续表

序号	项目名称	主要完成单位	主要完成人
121	几种畜禽非传染性群发疾病的防控关键技术研究与应用	南京农业大学 扬州大学	黄克和　刘宗平　陈兴祥 甘　芳　潘翠玲　任志华 秦顺义
122	面向关键需求的智能化食品安全快速检测平台的研发与应用	南京市产品质量监督检验院 南京农业大学 东南大学	张　驰　薛　峰　吕海芹 周骏贵　肖有玉　周　帆
123	桑园农药安全应用技术的创新与推广应用	江苏科技大学 中国农业科学院蚕业研究所 东台市蚕桑技术指导管理中心 海安市蚕桑技术推广站 如皋市蚕桑技术指导站	吴福安　盛　晟　王　俊 陶士强　张　健　周建群 黄俊明
124	靶向神经炎症治疗慢性疼痛的疗效和机制研究	南通大学	高永静　张志军　赵林霞 陆　颖　姜保春　曹德利 吴小波
125	鼻咽癌精准诊疗体系的创建及临床应用	江苏省肿瘤医院 浙江省肿瘤医院 复旦大学附属肿瘤医院	何　侠　陈晓钟　王孝深 尹　丽　黄生富　郭文杰 沈文荣
126	恶性肿瘤精准诊治新靶标筛选及临床应用	南京医科大学第二附属医院 江苏省人民医院 南京医科大学	王朝霞　沈　华　殷咏梅 王雪融　聂凤琪　孙　明 陈　昕
127	防控重大传染病境外输入的现场流行病学关键技术及应用	中华人民共和国南京海关 中国检验检疫科学研究院 浙江国际旅行卫生保健中心	吴海磊　韩　辉　杨志俊 孙肖红　黄恩炯　吕沁风 胡学锋
128	肥胖及其并发症的非编码RNA机制与早期诊治研究	南京市妇幼保健院	季晨博　郭锡熔　崔县伟 尤梁惠　文　娟　李　沄 马洁桦
129	黄芪提高腹膜透析效能及抗腹膜纤维化机制研究	南京中医药大学附属医院	盛梅笑　张　露　史　俊 俞曼殊　李　青　李正红 江　燕
130	活化AMPK增敏多种抗肿瘤药物的作用及其机制研究	无锡市人民医院 江苏省人民医院	陆培华　魏睦新　邹　健 吴　兵　孙　洁　刘超英 纪　超
131	基于“肾虚血瘀”理念创新中药方剂对于慢性肾脏病的治疗作用	苏州大学附属第一医院 江苏省中医院 苏州市立医院 苏州市中医医院	魏明刚　何伟明　高　坤 陆　迅　成旭东　周　玲 孙　伟
132	基于血管－免疫机制的神经退行性疾病诊疗新靶点	南京市第一医院	张颖冬　蒋　腾　田有勇 佟　强　谭　兰　郁金泰 吴　亮
133	间质干细胞及相关分子的临床基础与转化应用	江苏大学	钱　晖　许文荣　张　徐 王　梅　朱　伟　张　斌 严永敏

续表

序 号	项目名称	主要完成单位	主要完成人
134	精准调周治疗排卵障碍性不孕症的关键技术及临床应用	南京中医药大学附属医院	谈 勇 夏桂成 任青玲 施艳秋 胡荣魁 邹奕洁 聂晓伟
135	连云港妇幼信息体系（LIS-MC）平台在早产防控体系的建设和应用研究	连云港市妇幼保健院	骆秀翠 潘 菁 Nanbert Zhong 施庆喜 吴海倩 王雷雷 尼再中
136	临床免疫学检验系列新型检测技术的基础和临床转化应用	无锡市儿童医院 江苏省原子医学研究所 上海交通大学医学院附属同仁医院 无锡市人民医院	胡志刚 黄 飚 盛慧明 钱 俊 张 珏 邹 霈 王 凉
137	脑铁异常增高在神经退行性疾病发生发展中的机理研究	南通大学 香港中文大学 香港理工大学	钱忠明 柯 亚
138	损害相关分子模式在蛛网膜下腔出血后早期脑损伤中作用机制及靶向干预研究	南京大学医学院附属鼓楼医院 中国人民解放军东部战区总医院	杭春华 李 伟 张 鑫 张翔圣 张顶顶 闫惠颖 庄 宗
139	泄浊化瘀调益脾肾法治疗痛风的研究及临床应用	南通良春中医医院有限公司 南通市良春中医药研究所 南通市中医院	朱婉华 蒋 恬 顾冬梅 蒋 熙 张爱红 吴 坚 江汉荣
140	胰腺癌多模态影像诊断及相关基础研究	南京中医药大学附属医院 同济大学	王中秋 陈 晓 张兵波 崔文静 周 浩 任 帅
141	抑郁症的发病机制及疗效预测标记研究	东南大学附属中大医院	袁勇贵 张志珺 徐 治 李晓莉 王 赞 吴 迪 岳莹莹
142	早产极低体重儿营养策略建立及并发症相关保护靶点研究	苏州大学附属儿童医院 上海交通大学医学院附属上海儿童医学中心 中国医科大学附属盛京医院	朱雪萍 洪 莉 冯 星 富建华 肖志辉 俞生林 丁晓春
143	致盲性视网膜疾病的发病机制和干预新策略	南京医科大学 复旦大学附属眼耳鼻喉科医院	蒋 沁 颜 标 姚 进 李秀苗 沈 铁 王晓群 刘璟禹
144	中国人群前列腺癌精准预防、早期诊断和系统治疗关键技术的创新与临床应用	无锡市第二人民医院 南方医科大学 江南大学 无锡市申瑞生物制品有限公司	冯宁翰 赵善超 陈永泉 杨承健 汪 洋 徐新宇 盛青松
145	周围神经轴突再生的调控机制	南通大学	于 彬 刘 梅 姚 淳 陈 罡 周松林 朱 慧 顾晓松
146	变电站智能化检修调试平台的研制	国网江苏省电力有限公司	陈 昊 朱 超 黄 冰
147	等离子体自传	南京大学出版社有限公司	沙振舜

江苏省基础研究重大贡献奖

【2名院士获2019年度江苏省基础研究重大贡献奖】 根据《江苏省科学技术奖励办法》和《关于深化科技体制机制改革推动高质量发展若干政策》的规定，经江苏省科学技术奖励评审委员会组织评审，并报江苏省人民政府批准，决定授予南京航空航天大学宣益民院士和南京大学祝世宁院士2019年度江苏省基础研究重大贡献奖。这是江苏省科学技术奖首次设此奖项。

宣益民 男，汉族，中共党员，1956年9月出生于安徽省无为县，1984年毕业于南京工学院（现东南大学），获工程热物理专业硕士学位，1991年毕业于德国汉堡国防大学热力学研究所，获博士学位。自1984年参加工作至今，先后在南京理工大学、南京航空航天大学从事动力工程及工程热物理学科专业的教学科研工作。2015年当选中国科学院院士。作为第一完成人获2010年度国家自然科学奖二等奖、2015年度国家科学技术进步奖二等奖；获2016年度何梁何利基金科学与技术进步奖和2018年度国防技术发明奖一等奖（排名第二）。

宣益民院士在能量高效传递、利用与控制研究领域，取得了系统的、原创性的学术成果，丰富并拓展了工程热物理学科的理论与应用，研究成果被应用于四代坦克、导弹发射车等武器装备红外隐身设计及四代战机、055舰大功率雷达、华为通信产品等电子设备热控系统，有力支撑了重大装备的研制和发展，提升了我国工程热物理学科研究的国际学术地位。代表性研究成果：一是建立了纳米流体能量传递、转换理论与方法，揭示了悬浮纳米颗粒强化能量传递与光热转换的机理，创新性地提出了光子纳米流体概念和纳米流体太阳能体吸收方法，引领了国际纳米流体的研究，推动国内100余家单位投入纳米流体研究领域，使我国纳米流体的研究水平处于国际前沿，成果被国际学者多次评价为“首次”；二是发展了近、远场热辐射的理论与控制技术，率先提出了包括非磁性材料、磁性材料和超材料在内的近场热辐射理论模型，建立了目标与背景红外辐射特性理论分析方法，构建了太阳能宽光谱、等方性的高效捕获吸收方法和新型聚光光伏-相变-热电耦合系统；三是建立了系统热分析、热控制方法与技术，提出了适用于不同类型热交换系统动态特性的分析方法，率先建立了人体生物体传热双能量方程模型，建立了考虑局部效应与界面效应的器件-界面-热沉-系统多层次的高功率密度电子设备热控制方法。

宣益民院士治学严谨、学风正派、勇于创新、悉心教书育人，一直工作在工程热物理学科教学与科研第一线，培养出博士25人，其中1人获国家杰出青年科学基金，3人的论文入选江苏省优秀博士学位论文。

祝世宁 男，汉族，中共党员，1949年12月出生于江苏省南京市，1988年和1996年在南京大学先后获固体物理硕士和凝聚态物理博士学位。自1990年至今一直在南京大学物理系工作，致力于物理学科、材料学科、光学工程学科的建设和科研工作。2007年当选中国科学院院士，2017年当选美国物理学会会士。研究成果获2006年度国家自然科学奖一等奖（排名第三），2次入选中国基础研究年度十大新闻，2次被评为中国高等学校年度十大科技进展。

祝世宁院士对微结构科学的发展做出突出贡献，通过系统理论发现与技术创新，实现了用材料微结构对经典光场和量子光场的有效调控，发展了光学超晶格和超构材料2种材料体系，发明的新材料被成功应用于新波长激光器开发、高性能光电芯片研制、新原理成像器件设计等，在激光技术、量子信息、光学成像、环境监测和广义相对论模拟等方面获得重要应用。代表性研究成果：一是通过自己发展的铌酸锂晶体中微结构调控理论与技术，研制出了一维人工准晶，首次实现了多波长激光倍频和直接三倍频，突破了原有理论的限制，揭示了准周期结构在非线性光学与激光中的重要应用；二是将准相位匹配理论由非线性光学推广到了量子光学，提出了用微结构实现纠缠光子的编码与调控原理，研制出的高速电光调制铌酸锂有源光量子芯片为国际首创，为量子信息的实用化与芯片化奠定了基础；三是建立了微结构光子芯片上的变换光学理论并将其成功用于广义相对论模拟，在芯片上实验演示出黑洞的视界、天体的引力透镜效应和宇宙快速膨胀导致的拓扑缺陷－拓扑宇宙弦，被《自然》杂志评价为“第一次用光学材料对爱因斯坦方程精确模拟，非常漂亮地演绎了广义相对论的部分思想”，开拓了用光学芯片研究广义相对论和宇宙学的新途径；四是提出了全新的采用材料微结构实现光的相位和色散调控原理，研制出超薄、超宽带、消色差、消球差的光学超构透镜与成像器件，解决了传统玻璃透镜带宽与消色散难以兼顾的难题，对现有成像技术产生了变革性影响。

祝世宁院士数十年如一日以身作则、教书育人，累计培养出博士 50 余人，其中 2 人获国家杰出青年科学基金，4 人获国家优秀青年科学基金。

江苏省青年科技杰出贡献奖

【10 名青年获 2019 年度江苏省青年科技杰出贡献奖】 根据《江苏省科学技术奖励办法》和《关于深化科技体制机制改革推动高质量发展若干政策》的规定，经江苏省科学技术奖励评审委员会组织评审，并报江苏省人民政府批准，决定授予陈伟等 10 名青年 2019 年度江苏省青年科技杰出贡献奖。这是江苏省科学技术奖首次设此奖项。

陈伟 男，1976 年生，江苏亨通光纤科技有限公司总工程师，国务院特殊津贴专家。拥有第一发明人授权发明专利 12 件，发表论文 60 余篇，曾获江苏省科学技术一等奖（第一完成人）。

担任亨通光纤总工程师期间，牵头制定国家标准 3 项、行业标准 4 项，承担了国家 973 计划项目 2 项、国家 863 计划项目 1 项、国家重大科学仪器专项 1 项。承担 2016 年国家工信部工业强基工程重大项目，带领研发团队，攻克超低损耗海洋光纤光缆“三高一长”的业界难题，突破了我国“三超通信”关键材料技术，实现了海洋光纤的国产化，并建成规模化的生产线，开发了低损耗光纤新品 2 项，研发了我国 100 G 高速光纤通信的关键基础材料——LL 低损耗光纤系列（LL G.652.D 和 LL G.657），形成年产低损耗光纤 1000 万芯公里。

吕爱锋 男，1976 年生，江苏豪森药业集团有限公司总裁、研究院院长，国务院特殊津贴专家。拥有国内授权专利 50 件，欧、美、日等国外授权专利 47 件，曾 2 次获国家科学技术进步奖二等奖（第三、第四完成人）。

作为公司新药研发领头人，主持承担了国家重大专项、国家 863 计划、国家火炬计划等 20 多个科技项目，带领团队致力于中枢神经、抗肿瘤、糖尿病等领域新药研发，已获批上市一类新药 3 个。上市产品中，3 个单品销售超 10 亿元，10 余个单品销售过亿元，4 个制剂品种（3 个注射剂）通过欧美日官方认证。公司荣膺 2018 年度中国医药工业百强企业 22 强。

李占江 男，1979年生，南京越博动力系统股份有限公司董事长兼总经理。拥有第一发明人授权发明专利14件，受理国际PCT专利6件，主持制定企业标准6项、团体标准4项，曾获江苏省科学技术二等奖（第一完成人）。

主持承担了国家火炬计划等省级以上科技项目30余项，围绕商用车纯电驱动动力总成关键技术，主持开展了系统性的研发和产品应用研究，攻克了商用车纯电驱动动力总成高密度集成一体化设计技术，产品覆盖微、轻、中、重型商用车和专用车全型谱产品系列，累计实现销售量超过5万台。牵头组建9项国家省级研发创新平台。企业实现总资产超26亿元，近3年产值超20亿元、纳税近2亿元，成为国内新能源汽车动力系统领域首家A股上市企业。

李枫 男，1982年生，中车戚墅堰机车车辆工艺研究所有限公司技术研发中心副主任。曾获国家科学技术进步奖二等奖（第六完成人），2次获江苏省科学技术二等奖（第六、第九完成人）。

主持和参与国家、省部级重点科技项目10余项。主持复兴号中国标准动车组齿轮传动系统研制，开发了我国首套拥有完全自主知识产权的中国标准动车组齿轮传动系统并实现应用，使我国高铁运营速度350 km/h成为可能，产品覆盖中国全型号、全线路的高铁列车。累计交付高铁列车齿轮传动系统产品超3万套，实现销售收入超30亿元。开展齿轮传动系统服役安全、复杂工况失效机理等前沿性基础课题研究，为高速列车的长久性安全运行提供理论支撑。

余永建 男，1976年生，江苏恒顺醋业股份有限公司副总经理兼研发总监。曾获江苏省科学技术一等奖（第五完成人）。

从事传统发酵食品机理研究及其产品深度开发与应用、固态食醋智能酿造关键技术及全自动生产装备研发等，解析了镇江香醋酿造微生物群落结构及其动态演变与发酵规律，集成应用功能微生物强化技术及一体化食醋酿造技术，使川芎嗪含量提高到88 mg/L。创制出食醋专用发酵设备智能翻醅机、集成式智能酿醋一体机，开发了食醋酿造新工艺，使产品中关键香气物质显著提升，其中苯乙醇含量提高9.5倍，乳酸含量进一步提高8.68%，且发酵时间缩短约22%。

黄和 男，1974年生，南京工业大学药学院院长，教育部长江学者特聘教授，国家杰出青年科学基金获得者。2014—2018年连续5年入选Elsevier化学工程中国高被引学者榜单，获授权发明专利72件，曾2次获国家技术发明奖二等奖（第一完成人），2次获教育部高等学校科学研究优秀成果奖技术发明奖一等奖（第一完成人）。

长期从事微生物资源开发及生物基化学品的制备研究，突破了富马酸、苹果酸等酸味剂生物制备关键技术，大幅提升我国酸味剂生物制造水平。攻克不饱和脂肪酸代谢定向调控技术，开发了二十二碳六烯酸（DHA）等脂肪酸产品，打破美国公司独家垄断，技术推广企业3年累计新增产值10.46亿元。建立具有我国地域特色的特殊微生物资源库，完成了纽莫康定B_0（新一代抗真菌药物前体）、维生素 K_2（新型骨钙强化剂）等多种重要产品的中试或产业化推广。

陈谋 男，1975 年生，南京航空航天大学自动化学院副院长，国家杰出青年科学基金获得者。第一作者出版中英文专著各 1 部，申请和获得授权发明专利 21 件，曾获国家自然科学奖二等奖（第二完成人）、教育部高等学校科学研究优秀成果奖自然科学奖一等奖（第二完成人）、国防科学技术进步奖二等奖 2 项（第二完成人）。

长期从事无人机的智能决策与控制基础理论和应用研究，构建了面向无人机的不确定非线性系统智能控制理论与方法，突破了我国飞行器在动态未知环境干扰下的高稳定抗扰控制和受限控制理论、技术与方法，为研发新一代飞行器提供了控制基础。研究成果在多个单位取得了实际应用，提高了无人机和无人车等系统的精确控制能力。

赵强 男，1978 年生，南京邮电大学电子与光学工程学院院长，教育部长江学者奖励计划青年学者，国家杰出青年科学基金获得者。获授权中国发明专利 41 件，曾获国家自然科学奖二等奖（第二完成人）、教育部高等学校科学研究优秀成果奖自然科学奖一等奖（第二完成人）、江苏省科学技术一等奖（第四完成人）。

聚焦有机光电子开展研究，解决了聚集态磷光易猝灭这一领域难题，研制了高效率有机发光显示器件，多种器件效率为同期国际报道最高值。发展了具有保护功能的光学信息存储及打印新技术。开展时间分辨生物传感研究，获得了高信噪比检测结果，解决了背景荧光干扰导致检测信噪比低这一难题。南京邮电大学“电子科学与技术”学科成功入选国家“双一流”建设学科。

郝海平 男，1976 年生，中国药科大学副校长，教育部长江学者特聘教授，国家杰出青年科学基金获得者。曾 2 次获国家科学技术进步奖二等奖（第三、第四完成人），获教育部高等学校科学研究优秀成果奖科学技术进步奖一等奖（第二完成人），2 次获江苏省科学技术一等奖（第四、第六完成人）。

从事代谢调控与靶标发现、中药及天然药物体内过程及作用机理研究，构建了完善、普适的体内外天然药物复杂成分定性、定量分析与体内过程研究的方法学体系，提出并建立了符合天然药物多成分多靶标作用特点的药代动力学研究理论与模式。建立符合国际标准的临床前药物代谢动力学技术平台，所领导的团队完成创新药物临床前药代动力学 20 余项。关键技术为省内外知名药企提供技术支持，推进脉络宁注射液、桂枝茯苓胶囊等大品种的产品升级，创造间接经济效益 20 余亿元。

陈金慧 女，1976 年生，南京林业大学林木遗传与生物技术重点实验室副主任。获授权发明专利 23 件、实用新型专利 5 件、软件著作权 3 件，曾 2 次获国家科学技术进步奖二等奖（第二、第五完成人），获江苏省科学技术一等奖（第二完成人）。

长期致力于林木遗传性状的基础理论和良种培育研究，围绕林木育种性状的分子遗传学基础，解析了第一个木兰类物种鹅掌楸的基因组信息，构建了林木细胞工程高效繁育和遗传转化体系，解决了杂交鹅掌楸自然繁殖率低、传统方法育苗速度慢问题，推动了林木良种细胞工程种苗规模化生产。与江苏企业合作，推广利用体细胞胚胎发生技术使杂交鹅掌楸快速繁育，生产的杂交鹅掌楸苗木销往南方多个省市地区。

江苏省企业技术创新奖

【8 家企业获 2019 年度江苏省企业技术创新奖】 根据《江苏省科学技术奖励办法》和《关于深化科技体制机制改革推动高质量发展若干政策》的规定，经江苏省科学技术奖励评审委员会组织评审，并报江苏省人民政府批准，决定授予南瑞集团有限公司等 8 家企业 2019 年度江苏省企业技术创新奖。

2019 年度江苏省企业技术创新奖名单

序　号	奖励企业
1	南瑞集团有限公司
2	南京微创医学科技股份有限公司
3	徐工集团工程机械股份有限公司
4	江苏恒力化纤股份有限公司
5	昆山龙腾光电有限公司
6	江苏豪森药业集团有限公司
7	常州星宇车灯股份有限公司
8	扬力集团股份有限公司

江苏省国际科学技术合作奖

【7 名外籍专家获 2019 年度江苏省国际科学技术合作奖】 根据《江苏省科学技术奖励办法》和《关于深化科技体制机制改革推动高质量发展若干政策》的规定，经江苏省科学技术奖励评审委员会组织评审，并报江苏省人民政府批准，决定授予罗伯特·郭士顿·吉尔伯特（Robert Goulston Gilbert）等 7 人 2019 年度江苏省国际科学技术合作奖。

2019 年度江苏省国际科学技术合作奖名单

序　号	获奖人	国　籍	合作单位
1	罗伯特·郭士顿·吉尔伯特（Robert Goulston Gilbert）	澳大利亚	扬州大学
2	伊格·亚历山卓夫（Igor Alexandrov）	俄罗斯	常州大学
3	约瑟夫·弗戈迈尔（Josef Voglmeir）	奥地利	南京农业大学

续表

序　号	获奖人	国　籍	合作单位
4	唐定远 （Tang Dingyuan）	澳大利亚	江苏师范大学
5	哈罗德·富克斯 （Harald Fuchs）	德国	南京理工大学
6	埃里克·杰佩森 （Erik Jeppesen）	丹麦	中科院南京地理与湖泊研究所
7	施松涛 （Shi Songtao）	美国	南京大学医学院附属鼓楼医院

罗伯特·郭士顿·吉尔伯特　澳大利亚皇家化学院院士、科学院院士，教授，多年从事聚合物化学和胶体化学研究，在谷物淀粉的结构、功能、生物合成及利用等方面有着一系列的科研成果，发表 460 多篇学术论文，他引次数高达 15700 次，H-index 达 63，是澳大利亚论文被引用次数最多的科学家之一。

吉尔伯特教授 2016 年起任扬州大学特聘教授，全职在校工作。牵头扬州大学、中国农业科学院及澳大利亚昆士兰大学三方共同创建了谷物优培中心，从事水稻品质等重要性状的遗传生理及栽培方面的研究。2017 年吉尔伯特教授组织牵头的稻米优培团队获得了江苏省创业创新团队外国院士类人才项目，资助额度达 500 万元。目前团队成员获得和参与了 10 余项国家级、省部级和市级科研基金和人才项目，总资助额超过 1000 万元。团队成员以扬州大学为第一单位已发表 SCI 收录论文达 26 篇，总影响因子超过 100。

伊格·亚历山卓夫　乌法国立航空技术大学物理学科主席，教授，俄罗斯联邦巴什科尔托斯坦共和国荣誉科学家、高等职业教育荣誉工程师，从事纳米结构金属强度物理学研究，据 Science Watch 统计，在全球排名前 100 名材料科学家名单中位列第 23 位。

亚历山卓夫教授 1991 年起与南京理工大学、常州大学、南京工业大学等进行学术访问和交流。2005 年与常州大学签订合作协议，被聘为常州大学客座教授，积极为江苏省引进俄罗斯联邦荣誉科学家、欧洲科学院院士 Valiev 教授等高端人才 10 余人，并与常州大学开展研究生双学位联合培养。2017 年共建了功能纳米结构材料（中－俄）联合实验室和石化行业装备表面工程与新材料重点实验室，充分发挥“政产学研用”的科研平台优势，提升了新材料在区域产业和石化行业的创新能力和技术水平。

约瑟夫·弗戈迈尔　教授，研究领域为新兴的基础生物化学领域糖生物化学，取得了数项具有突破性的成果，在 *ChemBioChem*、*JBC*、*Biochemical J.*、*JACS* 等著名杂志上以第一作者或共同作者的身份发表多篇研究论文，是糖科学领域知名 SCI 期刊 *Carbohydrate Research* 的编委及综述专职编辑。

弗戈迈尔教授2012年以海外高层次引进人才身份加入南京农业大学，成为该校第一位全职非华裔外籍教授。致力于将糖生物化学与食品和营养科学相结合，开创了食品营养糖组学这一新的研究方向，取得了具有良好发展前景的前期研究成果。建立了校级“糖组学与糖生物工程研究中心”并担任中心主任，填补了南京农业大学在新兴基础生物学糖生物化学研究领域的空白。同时与该校动物科学、动物医学及植物保护科学领域的专家合作，将糖生物化学与这些学科进行交叉融合开展全新的跨学科研究，也取得了明显的进展。

唐定远 新加坡南洋理工大学终身教授兼博士生导师，近30年来一直致力于激光物理与技术、非线性光学、超快光学、透明激光陶瓷等领域的研究，担任过多个领域国际著名期刊的副主编、专题主编及特约编辑，在*Nat.Photonics*、*Nat. Commun.*、*Phys. Rev. Lett.* 等国际著名学术期刊发表论文420余篇，他引13700余次，H-index达54，担任国际学术会议主席、合作主席及分会主席18次，拥有多项美国专利，获评物理学领域和多学科交叉领域全球前1%高被引科学家。

唐定远教授2011年被江苏师范大学引进并聘任为“新型光学功能材料与器件”团队学术带头人，先后为学校引进现代光学功能陶瓷发明人日本池末明生教授、俄罗斯卡明斯基院士等著名专家学者作为特别顾问指导学科建设、确立特色方向、推动国内外合作。吸引一大批青年学术人才，构建了一支水平高、能力强、潜力大的青年学术团队，取得了一系列特色鲜明、国际领先的研究成果，有力推动了江苏省在激光材料及激光技术领域原创性科技成果的创新与发展。

哈罗德·富克斯 世界知名的纳米科技领域专家，德国科学院院士、德国工程院院士及第三世界科学院院士，教授，德国明斯特大学纳米技术研究中心和南京理工大学格莱特纳米科技研究所的主要创始人和首席科学家，在扫描探针技术、自组装纳米材料、纳米生物体系等领域都取得了卓越的成就。

富克斯教授2012年加入南京理工大学格莱特纳米科技研究所，建立功能自组装结构实验室，成立纳米功能材料研究部，获批微纳米材料与技术国家级国际联合研究中心、江苏省双创团队、教育部和国家外专局微纳米材料与装备创新引智基地。培养出ESI全球高被引科学家4人、国家杰出青年科学基金获得者1人、国家优秀青年科学基金获得者2人及多位科技创新领军人才、中青年科技创新领军人才、青年长江学者等。

埃里克·杰佩森 丹麦奥尔胡斯大学终身教授，国际湖泊污染控制与生态修复领域的著名专家，国际湖沼学会颁发的Naumann-Thienemann奖章2010年获得者，在湖泊环境长期演变机制和生态修复等领域开展长期研究，作为IPCC成员获得2007年诺贝尔和平奖。

杰佩森教授2010年受聘中科院南京地理与湖泊研究所客座教授，他领导的科研团队与中科院南京地理与湖泊研究所吴庆龙等团队就湖泊环境演变和生态修复等开展了多种形式的国际合作，包括学术研讨会、合作研究、发表文章、人员互访等。双方已在国际湖沼与环境领

域顶级刊物 *The ISME Journal* 等期刊合作发表相关研究论文 70 篇，联合投稿的论文 10 篇，合作的发表论文被引用 1097 次。接受吴庆龙等 10 多位科学家前往丹麦开展合作研究，联合培养中国籍研究生 12 人。

施松涛 教授，曾在美国国立卫生院附属医院从事临床工作，长期从事口腔再生医学及其临床转化方面的研究工作，在 *The Lancet*、*J. Clin. Invest.*、*Cell Stem Cells*、*Nature Communication* 等著名学术期刊发表论文 200 多篇，引用次数超过 40900，H-index 达 85，获得美国等国家的专利 18 件。首次从人体颌面和其他组织中分离鉴定牙髓干细胞、脱落乳牙干细胞、牙周膜干细胞、根尖牙乳头干细胞等，为研究和利用口腔干细胞进行组织再生修复等开辟了新方向。

施松涛教授在临床研究方面与南京鼓楼医院孙凌云团队合作，在国际上率先开展 MSC 移植治疗系统性红斑狼疮（SLE）等自身免疫病的临床研究，迄今已经开展了 1000 多例临床治疗，据统计 MSC 治疗难治性 SLE 患者临床有效率达 60%，在国内外取得很高的声誉和知名度。2008 年以来，施松涛教授每年来南京鼓楼医院进行课题指导和学术交流，极大地促进了南京鼓楼医院风湿免疫科的基础和临床发展。合作双方共同培养了南京大学、南京医科大学、东南大学和南京中医药大学等学校 30 多位硕士和博士研究生。

2019 年度江苏友谊奖

2019 Jiangsu Friendship Award

【概　况】 经江苏省各地、各单位推荐，专家评审，江苏省科技厅厅长办公会审议并报江苏省政府批准，22 名外国专家获 2019 年度江苏友谊奖，累计 307 名。

科技人才

Talents of Science & Technology

人才队伍建设

Talents Team Construction

【专业技术人才队伍建设】 2019年新增专业技术人才55万人，新增高级职称4.92万人，专业技术人员知识更新工程培训155万人次。深入推进职称制度改革，授权省人民医院、省中医院、南京鼓楼医院首次开展卫生高级职称自主评审试点，向苏中三市下放社区卫生高级（含正高）职称评审权，向13个设区市下放中职校教师高级职称评审权。在全国率先建立高层次和急需紧缺人才高级职称考核认定机制，首批共认定正高级职称102名、副高级职称180名。全面推行高级职称电子证书，通过江苏人才信息港首次实现高级职称"电子证书"自助打印。深化职业资格改革，对相关专业技术资格考试不再进行考前资格现场审核，实行网上报名，全程网上资格审查，首次全面推行电子化成绩合格证明。落实《江苏省专业技术人才知识更新工程实施办法》，统筹实施急需紧缺人才培养培训项目和岗位培训项目。省人社厅承办6期国家级高研班，举办20期省级高研班，培养培训专业技术骨干人才2841人。南京师范大学获批第九批国家级专业技术人才继续教育基地，认定江苏省生产力促进中心、江苏省医学会、江苏省社会科学院、盐城市专业技术人员继续教育协会、南京师范大学、扬州大学等6家单位为第二批省级专业技术人才继续教育基地。

【高技能人才队伍建设】 2019年，全省新增高技能人才36.01万人。在全国率先开展职业技能等级认定和国（境）外职业资格比照认定，分别认定2.2万人和96人。组织开展职业技能鉴定84.62万人次，其中73.1万人次取得不同等级的职业资格证书，平均通过率86.4%，高级工以上鉴定取证人数占29.9%。组织评选第二届江苏技能大奖，共产生10名江苏大工匠、111名江苏工匠，省政府专门发文并给予重奖。组织40名高技能领军人才赴海南休疗养。围绕推进技工院校高端发展、转型发展、多元发展，深化技工院校校企合作，推动历史经典技艺传承，新建22个技工院校校企联合实训中心、8个历史经典产业特色班、10个高技能人才培养"青苗"班和10所技工教育改革发展示范校。

【高层次人才选拔培养】 组织实施第十六批"六大人才高峰"高层次人才选拔培养工作，选拔资助610个人才项目，其中高层次人才项目580个（A类20个、B类60个、C类500个），创新人才团队项目30个，共培养高层次人才4429人，其中博士1909人、硕士1255人，正高职称653人、副高职称1011人。从产业领域看，战略性新兴产业项目380个，占比62.3%；从人才年龄看，入选项目负责人或团队带头人平均年龄38周岁，45周岁及以下入选人才574人，占比94.1%，35周岁及以下入选人才203人，占比33.3%；从项目地区来看，苏中地区入选人才项目64个，占10.5%，苏北地区入选人才项目99个，占16.2%。江苏13人入选百千万人才工程国家级人选，总量增至104人（不含部属单位）。

全省博士后科研资助计划资助博士后科研项目300项，资助经费1500万元；资助招收博士后人员400名，资助经费6400万元。实施江苏省留学回国人员创新创业计划，资助留学回国人员创新创业项目100个、省留学回国人员创新创业园5家、省留学回国人员创新创业示范基地6家，总资助金额1030万元。评选表彰10名“江苏留学回国先进个人”，以省政府的名义授予荣誉证书，给予每人10万元的一次性奖金奖励。

【高层次人才服务经济建设】 开展“助推乡村振兴战略专家服务基层系列活动”，组织150多名高层次专家赴连云港、镇江、无锡、盐城等地开展技术指导、项目对接、人才培训等服务，现场帮助解决技术难题172个，达成合作意向131项。完成对口支援伊犁国家级专家服务项目，组织全省高层次医学专家赴新疆伊犁州新源县、特克斯县、昭苏县开展医疗服务活动。江苏如皋红十四军革命老区专家服务基地入选国家级专家服务基地。

【乡土人才队伍建设】 2019年，在全国率先建立乡土人才职称评价制度，组建乡土人才高级职称评审委员会，组织开展国内首批乡土人才高级职称评审，产生首批34名正高级、101名副高级乡村振兴技艺师。组织开展2019年中国江苏乡土人才技艺技能大赛，大赛设立紫砂陶制作、刺绣、花卉盆景制作、玉石雕刻、修脚5个项目，为各领域能工巧匠、民间艺人等乡土人才搭建展示技艺技能的平台。建设乡土人才技能大师示范工作室，开设一批历史经典产业特色班，开展乡土人才“师徒结对”、技艺传承活动。将乡土人才纳入专业技术人才知识更新培训工程、职业技能提升行动计划，对符合条件的乡土人才按规定给予培训补贴。强化引导激励，在江苏大工匠、江苏工匠评选中安排一定的乡土人才指标比例，将优秀乡土人才纳入高技能领军人才范围，参照高层次人才标准落实相应待遇。

【人才载体建设】 2019年，新建5个国家级高技能人才培训基地、5个国家级技能大师工作室，10个省级高技能人才专项公共实训基地、20个省级技能大师工作室。新建5家江苏省留学回国人员创新创业园，分别是：南京江宁滨江留学人员创业园、南京生物医药谷科技留学人员创业园、吴江汾湖科技人员创业园暨留学人员创业园、苏州生物医药产业园、南通晶城科创园留学回国人员创新创业园。全省省级以上留学回国人员创新创业园达75家，其中，国家级2家、部省共建7家、省级66家。新建6家江苏省留学回国人员创新创业示范基地，分别是：江苏省南京白下高新技术产业开发区留学回国人员创新创业园、江苏省江阴留学人员创业园、江苏省吴中区留学人员创业园、江苏省张家港保税区留学人员创业园、江苏省泰州医药高新技术产业园留学回国人员创新创业园、江苏省大丰留学人员创业园。分别给予每个新建省级园、省级示范基地40万元和100万元的资助。留学人员创业园和省级示范基地数量均居全国首位。截至2019年年底，全省设有博士后科研流动站321个、博士后科研工作站441个、省博士后创新实践基地653个（2019年新增60个）。其中，流动站设站总数、工作站设站总数均位列全国第二，全省博士后载体总数位居全国首位。

【人才资源开发工作】 坚持党管人才原则，深入开展人才工作解放思想大讨论，有效履行政府人才综合管理职责。制定人才评价机制改革方案，全面启动新一轮专业技术资格条件修订，组织开展高层次和急需紧缺人才高级职称考核认定，首批认定正高级职称102人、副高级职称180人；开展首批乡土人才高级职称评审，产生乡村振兴技艺师正高级职称34人、副高级职称101人；建立高级职称评审工作事中事后监管机制，人才评价“指挥棒”作用进一步彰显。出台提高技术工人待遇实施意见、终身职业技能培训制度实施意见，技能人才工作取得新突破。完善中小学教师岗位管理政策举措，率先将思想政治工作人员纳入专业技术岗位设置并聘用。规范实施事业单位岗位管理、人员聘用、公开招聘三项制度，出台《江苏省事业单位工作人员奖励实施细则》，畅通高层次人才引进流动绿色通道。加快推进全省人才服务数字化转型，建成上线江苏人才信息港，助力人才招引更加精准。出台支持民营人力资源服务机构高质量发展若干政策，新建1家省级人力资源服务产业园，新增10家省级人力资源服务骨干企业，培养人力资源服务业领军人才50名，人力资源服务业营收超过1800亿元。

（江苏省人力资源和社会保障厅）

【认真推进科技人才工作】 一是组织实施科技部人才计划。2019年按照保密要求，通过现场工作布置会方式，进一步做好政策宣传和辅导，支持各地积极申报，同时进一步完善向科技部推荐遴选机制，严格按照标准和要求组织实施。截至目前，共有80个人才或项目进入视频答辩环节。二是协助省人才办做好省“双创计划”申报、形式审查。其中双创团队（科技类）66项、双创人才（科研院所创新类）30项、双创博士（企业创新类）307项、双创博士（世界名校类）66项。经专家评审、立项公示，共有双创人才548人，双创团队45个，双创博士809人获得支持。三是协助省人才办组织开展12期高层次人才精神教育专题培训班。共计66名科技企业家赴贵州遵义、江西井冈山、陕西延安、福建古田等地进行“爱国、奋斗”精神专题培训交流。

（江苏省科学技术厅政策法规处）

【自然科学研究系列、实验技术系列专业技术人员队伍建设】 2019年，根据全省职称评审工作要求，省科技厅组织了全省自然科学研究和省实验技术两个系列的高、中级专业技术资格评审工作。经材料受理、资格审查、评委会评审、社会公示等环节，共有226人通过高级专业技术资格评审，其中42人获得研究员资格，178人获得副研究员资格，2人获得正高级实验师资格，4人获得高级实验师资格。共有124人通过中级专业技术资格评审，其中118人获得助理研究员资格，6人获得实验师资格。

（江苏省科学技术厅人事处）

【外国人才引进和因公出国（境）培训工作】（国家外国专家项目）新入选第九批国家重大人才工程外专项目专家7名，累计56名。获科技部批准2019年度高端外国专家项目59项。组织举办8场高层次外国专家项目申报动员培训活动，向科技部申报第十批国家重大人才工程外专项目人选142名。

外国专家集聚载体。获科技部批准新建国家地方高校学科创新引智基地（111基地）2个，累计7个。新建江苏省外国专家工作室100个，累计454个。

外国专家供需对接。举办首届江苏外籍人才招聘会，吸引了100多名企事业单位相关负责人、513名外籍人才进场洽谈，现场达成合作意向74项，与部分专业机构负责人签订合作协议5项。组织德国高级专家组织项目负责人来江苏访问考察，赴扬州市妇幼保健院等单位交流对接。组团访问荷兰、以色列两国，新建海外引才引智工作站2家。组织江苏代表团参加第十七届中国国际人才交流大会展洽，期间举办专场政策推介、项目对接活动17场次，签订外国专家合作协议8项，省科技厅获大会组委会颁发的“最佳展示奖”。组团参加2019中国海外人才交流大会展洽。

外国专家管理服务。深入实施外国人来华工作许可制度和外国人才签证制度，结合机构改革人员调整情况，及时完成国家授权重新备案工作。全省服务窗口增至24个，发放外国人来华工作许可2.7万件。举行2019年外国专家春节座谈会暨第三批江苏省外国专家工作室授牌仪式。组织外国专家参加国务院和省政府70周年国庆庆祝活动。举办全省引智干部培训班，培训全省科技系统引智工作负责人146名。推荐南京航空航天大学加拿大籍客座教授海珀院士参加中国政府外国专家春节座谈会。支持南京大学成立外国人才服务中心。支持西交利物浦大学协办中国高等教育学会引智分会2019年度高校外事干部培训班、江苏理工大学举办首届材料表界面行为国际学术论坛、南京师范大学举行首个学科创新引智基地揭牌暨专家签约活动、2019南京创新周首届全球菁英人才节活动等。

出国（境）培训项目。获科技部批复年度

出国（境）培训项目计划 61 项、1051 人次，同比增加 5.2%、4.2%，其中审批类项目 11 项 39 人。组织推荐科技部科技创新领军人才专项人选 12 名。召开全省年度出国（境）培训项目执行部署会。严格按要求组织计划报批执行。

（江苏省科学技术厅引智办）

【科技副总】 推进“科技副总”选聘工作，确定 171 家高校院所的 1002 名科技人才为第六批“科技副总”，已累计选派了 318 家高校院所 3581 名科技人才到江苏省相关企业兼任“科技副总”。主要成效有：完成双方合作项目 3146 项，为企业引进新的合作项目 2131 项，为企业解决关键技术难题 6997 个，为企业开展培训或讲座 9927 场（次），为企业培训人员 66332 名，协助企业建立研发机构（或载体平台）2006 个，协助企业申报科技项目 3573 项，协助企业申请专利 9632 件，协助企业引进人才 3997 名，协助企业建立规章制度 5782 个，协助企业制定战略规划或完成调研报告 3211 个。

（江苏省科学技术厅区域创新处）

人才工作站点

Talents Work Site

【院士工作站】 江苏省院士工作站主要引导省内外两院院士及其创新团队向企业集聚、为企业服务，搭建了高水平的产学研合作平台，联合攻关重大关键技术难题，转化院士及其创新团队成果，开展产业及企业发展战略咨询和技术指导，培养企业创新人才队伍，为增强企业自主创新能力和市场竞争力提供有力支撑。

2019 年，依托企业、院所、高校新建 33 家省级院士工作站。截至 2019 年年底，全省共建有院士工作站 347 家，引进两院院士 351 名，集聚院士团队 2796 人；总投入 48.08 亿元，其中省拨款 3.09 亿元、引导社会投入 44.99 亿元。

分布情况 按地区分布：苏州、无锡、南京建设的院士工作站数量位居全省前三名，分别是 54 家、52 家、45 家。

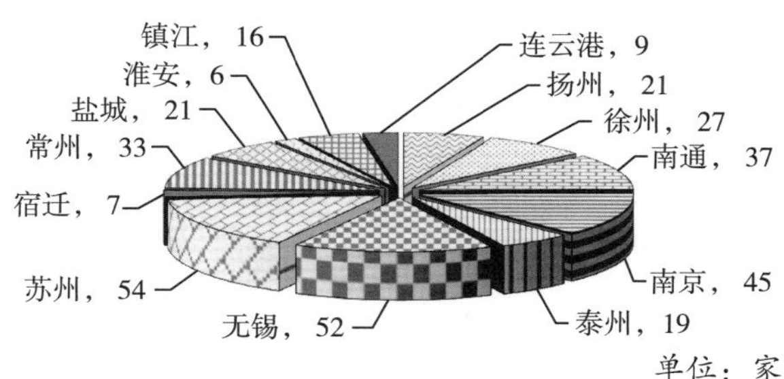

江苏省院士工作站按地区分布情况

按领域分布：新材料领域建有量最多，为 79 家，占 22.8%；其次是生物医药和装备制造领域，分别为 67 家和 66 家。

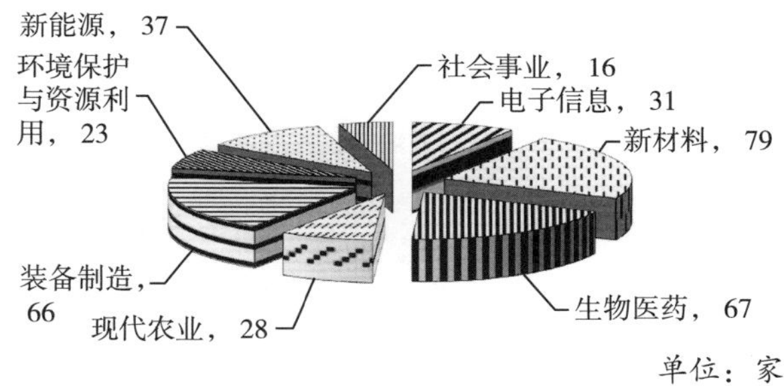

江苏省院士工作站按领域分布情况

江苏省院士工作站按领域分布情况

单位：家

领　域	项目数	领　域	项目数
装备制造	66	电子信息	31
机械制造	20	软件	7

续表

领　域	项目数	领　域	项目数
动力装备	2	传感网	5
激光加工	4	通信	10
机器人	2	信息功能材料与器件	6
轨道交通	8	计算机与网络	1
工程机械	8	平板显示	1
仪器仪表	6	云计算	1
汽车	8	环境保护与资源综合利用	23
船舶	1	废弃物处理及综合利用	4
海洋工程装备	5	大气污染防治	3
纺织机械	1	环保装备	6
精密模具	1	水污染防治	6
新能源	37	环境监测与保护	4
太阳能	4	生物医药	67
石油、天然气	2	生物技术	28
动力电池与新能源汽车	7	新医药	26
智能电网	12	生物医学工程	13
煤炭	1	现代农业	28
半导体照明	5	作物育种	7
风能	1	农业装备	3
工业节能	3	水产	3
核电	2	园艺	2
新材料	79	农产品加工	4
金属材料	30	畜牧兽医	4
无机材料	16	林木加工	1
高分子材料	15	作物栽培	2
高性能纤维材料	10	植保	1
化工新材料	7	土肥	1
纳米材料	1	社会事业	16
总　计		347	

能力建设　研发投入：2019年，全省院士工作站研发投入42.73亿元，其中团队建设经费4.55亿元，仪器设备购置经费6.84亿元。

研发场所：截至2019年年底，全省院士工作站拥有固定研发场所110.25万平方米，平均每家拥有研发场所3177平方米。

仪器装备：截至2019年年底，全省院士工作站拥有10万元以上的仪器设备11187台(套)，平均每家拥有仪器设备32台（套）。

人才队伍：截至2019年年底，全省院士工作站共引进院士351名，其中科学院院士104名（含双院院士3名）、工程院院士250名（含双院院士3名）；省外院士311名，省内院士40名。全省院士工作站拥有院士团队人员2796人，平均每家拥有院士团队人员8人，高级职称和博士分别有1850人、1640人，占66.17%、58.66%；拥有自身研发人员17338人，平均每家拥有研发人员50人，其中高级职称2961人、占17.08%，博士872人、占5.03%。2019年，院士累计进站时间1424天，平均每位院士进站时间4天；院士团队进站工作时间6.53万天，平均每家院士团队进站时间188人·日/年。院士及其团队累计为设站单位培养博士283人、硕士1370人。

运行成效 专利情况：2019年，全省院士工作站共申请专利5340件，其中发明专利2360件，占申请总数的44.19%；获授权专利3394件，其中发明专利908件，占授权总数的26.75%，平均每家申请与获授权的专利数分别是15件和10件。

标准情况：2019年，主持或参与制（修）订各类标准161项，其中国际标准16项，国家标准71项，地方标准30项、行业标准44项。

承担科技项目：2019年，新增研发项目共1593项，其中自立课题1282项，占新增总项目的81.53%，社会开放课题100项。承担国家级科技计划项目77项，其中国家科技重大专项14项、国家重点研发计划29项、国家自然科学基金16项，共获政府资助资金5.17亿元；承担省级科技计划项目134项，其中省科技成果转化专项资金17项、省重点研发计划19项，共获政府资助4.25亿元。

获奖情况：2019年，全省院士工作站获国家科技奖励6项，省级科技奖励31项。

2019年江苏省院士工作站获国家科技奖励列表

序　号	所获奖励类别	获奖课题名称	获奖单位名称
1	国家技术发明奖二等奖	特色食品加工多维智能感知技术及应用	江苏恒顺醋业股份有限公司
2	国家科学技术进步奖一等奖	高品质特殊钢绿色高效电渣重熔关键技术的开发和应用	江阴兴澄特种钢铁有限公司
3	国家科学技术进步奖二等奖	面向制浆废水零排放的膜制备、集成技术与应用	南京九思高科技有限公司
4	国家科学技术进步奖二等奖	现代混凝土开裂风险评估与收缩裂缝控制关键技术	江苏省建筑科学研究院有限公司
5	国家科学技术进步奖二等奖	铝合金节能输电导线及多场景应用	远东控股集团有限公司
6	国家科学技术进步奖二等奖	中国民航数字化协同管制新技术及应用	中国电子科技集团公司第二十八研究所

2019年江苏省院士工作站获江苏省科技奖励列表

序　号	所获奖励类别	获奖课题名称	获奖单位名称
1	江苏省科学技术一等奖	食用菌精深加工关键技术创新与应用	江苏江南生物科技有限公司
2	江苏省科学技术一等奖	高速3D成型载重型免充气轮胎关键技术及应用	江苏江昕轮胎有限公司

续表

序　号	所获奖励类别	获奖课题名称	获奖单位名称
3	江苏省科学技术一等奖	基于多信息的挖掘机遥操作与自主作业关键技术研究及应用	三一重机有限公司
4	江苏省科学技术一等奖	时速 350 公里速度级动车组摩擦副	中车戚墅堰机车车辆工艺研究所有限公司
5	江苏省科学技术二等奖	互联网内容安全认知与智能分析	中国电子科技集团公司第二十八研究所
6	江苏省科学技术二等奖	异构物联网安全融合关键技术及产业化应用	大全集团有限公司
7	江苏省科学技术二等奖	正电子发射断层成像 / X 线计算机断层成像（PET / CT）设备核心技术研发与产业化	江苏中惠医疗科技股份有限公司
8	江苏省科学技术二等奖	面向智能电网的低耗绿色节能电缆关键技术及系列产品	无锡江南电缆有限公司
9	江苏省科学技术二等奖	特高压输电工程用节能导线系列产品研制与工程应用研究	远东控股集团有限公司
10	江苏省科学技术二等奖	高技术船舶及海工用高性能钢板关键技术创新及产业化	南京钢铁股份有限公司 招商局重工（江苏）有限公司
11	江苏省科学技术二等奖	建筑节能用岩棉制品规模化、全流程绿色生产技术与应用评价	中材科技股份有限公司
12	江苏省科学技术二等奖	城轨车辆用分块式橡胶弹性车轮的研发及产业化	中车戚墅堰机车车辆工艺研究所有限公司
13	江苏省科学技术二等奖	大功率高扬程矿山排水抢险泵关键技术研究及产业化	蓝深集团股份有限公司
14	江苏省科学技术二等奖	高精度捷联惯性测量关键技术及应用	江苏罗思韦尔电气有限公司
15	江苏省科学技术二等奖	基于数字孪生的清洁低碳环保锅炉设计技术及工程应用	无锡华光锅炉股份有限公司
16	江苏省科学技术二等奖	沥青路面高品质养护关键技术研发与工程应用	中设设计集团股份有限公司
17	江苏省科学技术二等奖	自主可控的民航自动相关监视装备及系统关键技术及应用	中国电子科技集团公司第二十八研究所
18	江苏省科学技术二等奖	食品生物制造声光强化关键技术与装备创制及其应用	江苏恒顺醋业股份有限公司
19	江苏省科学技术三等奖	抗耐药菌新药利奈唑胺及注射液的研究和应用	江苏豪森药业集团有限公司
20	江苏省科学技术三等奖	用于新能源汇集与输送的多电压直流电网关键技术	江苏方程电力科技有限公司
21	江苏省科学技术三等奖	超千米高速铁路斜拉桥斜拉索关键技术与应用	江阴兴澄特种钢铁有限公司
22	江苏省科学技术三等奖	高品质抗湿硫化氢腐蚀管线钢厚板关键技术创新与产业化	江阴兴澄特种钢铁有限公司

续表

序　号	所获奖励类别	获奖课题名称	获奖单位名称
23	江苏省科学技术三等奖	分离集成关键技术开发及在精细化工中的应用	江苏隆昌化工有限公司
24	江苏省科学技术三等奖	400 英尺自升式钻井平台关键技术研发及工程应用	招商局重工（江苏）有限公司
25	江苏省科学技术三等奖	大口径可移动多用途激光雷达望远镜	中科院南京天文仪器有限公司
26	江苏省科学技术三等奖	海上波浪补偿关键技术与系列化应用装备	中国船舶重工集团公司第七一六研究所
27	江苏省科学技术三等奖	全成形经编智能生产关键技术及产业化	江苏润源控股集团有限公司
28	江苏省科学技术三等奖	数据驱动的城市交通协同指挥控制关键技术及应用	中国船舶重工集团公司第七一六研究所
29	江苏省科学技术三等奖	中国人群前列腺癌精准预防、早期诊断和系统治疗关键技术的创新与临床应用	无锡市第二人民医院
30	江苏省企业技术创新奖	—	昆山龙腾光电有限公司
31	江苏省企业技术创新奖	—	江苏豪森药业集团有限公司

创新产品产出：2019 年，全省院士工作站开发新产品 1882 个，平均每家 5 个；产生销售额 708.7 亿元，实现利税 90.89 亿元；形成新技术 1064 项，平均每家 3 项；形成新工艺 861 项，平均每家 2 项。

其他知识产权：2019 年，全省院士工作站获医药证书 2 个、农药证书 4 个，获动植物新品种审定 21 个，软件著作权 289 件，集成电路设计版权 32 件。

管理与评价　2019 年，为落实《关于支持两院院士在企业高校交叉建设院士工作站的通知》要求，鼓励支持省内外转制科研院所、大型企业的两院院士及其创新团队，到省内具有学科优势的高校交叉建设工作站，2019 年依托高校立项院士工作站 1 家。

【企业技术中心】　企业技术中心建设旨在确立企业技术创新和科技投入的主体地位，加快完善以企业为主体、市场为导向、产学研相结合的技术创新体系，充分发挥江苏省认定企业技术中心在企业技术创新体系和企业自主创新能力建设中的引导与示范作用。2019 年，新认定国家级企业技术中心（分中心）6 家、省级企业技术中心 434 家，撤销国家级企业技术中心 4 家、省级企业技术中心 191 家。截至 2019 年年底，累计拥有国家级企业技术中心 113 家、省级企业技术中心（工业）2185 家。

【企业工程研究中心（工程实验室）】　企业工程研究中心建设旨在推动江苏省科技创新体制改革，促进科研成果向生产力转化。企业工程研究中心以行业技术为导向，对具有市场价值的重要应用科研成果进行后续的工程化研究和系统集成；开发研究具有产业化前景的共性技术、关键技术，加快科技成果的产业化步伐；促进技术扩散，最大限度地实现共性技术的社会和经济效益。2019 年，全省拥有国家级企业工程研究中心 3 家，国地联合企业工程研究中心 17 家；新增省级企业工程研究中心 128 家，累计达 729 家。

企业工程实验室建设旨在开展重点产业核心技术攻关和关键工艺试验研究，研制重大装备样机及其关键部件，开展产业技术标准研究，培养工程技术创新人才，促进重大科技成果的转化和应用，为行业、企业提供技术服务。因科技创新基地优化整合，2018 年不再新建企业工程实验室，全省建有省级企业工程实验室 105 家、国家级企业工程实验室 5 家、国地联合企业工程实验室 2 家。

【博士后工作站】 博士后工作站建设旨在完善博士后工作体系，充分发挥博士后制度在高层次人才队伍建设和技术创新工作中的重要作用，加快建立以企业为主体的技术创新体系，培养高层次人才，促进产学研结合，推动科技成果转化为生产力。2019 年，全省新增博士后创新实践基地 60 家，累计达 657 家，评选示范博士后科研工作站 10 家。

【企业研究生工作站】 企业研究生工作站建设旨在加快区域创新体系建设、实施创新驱动战略，提升企业自主创新能力，推动承担研究生培养的单位主动服务地方经济社会发展，培养高层次创新人才、提高研究生培养质量。2019 年，全省新增研究生工作站 297 家，累计达 4658 家。同时，评选优秀研究生工作站 50 家、优秀研究生工作站示范基地 3 家，并分别给予 5 万元和 30 万元奖励经费；对至 2019 年年底设站期满 5 年的研究生工作站进行期满考核，通过考核的进入下一轮 5 年的建设，未通过考核的予以摘牌。

（江苏省科学技术厅科研机构处）

新当选两院院士

Newly Elected Academicians

2019 年江苏省新当选中国科学院院士

常进，天文学家。1966 年 7 月生于江苏省泰兴市。1992 年毕业于中国科学技术大学并获得硕士学位，2006 年于中国科学院紫金山天文台获博士学位。紫金山天文台台长、中科院暗物质与空间天文重点实验室主任、中国科学技术大学天文与空间科学学院院长。

长期从事空间伽马射线、高能带电粒子尤其是电子的探测技术方法及科学实验研究，是我国空间天文学领域的学术带头人之一。创新发展了一种高能宇宙线电子探测的新技术方法，并成功应用于美国南极长周期气球探测 ATIC 实验。基于该技术方法，提出并作为首席科学家领导实施了“悟空”号暗物质粒子探测卫星项目。“悟空”号于 2015 年 12 月 17 日成功发射，实现了我国天文卫星零的突破，一些关键性能指标世界领先，被誉为开启了中国空间科学新时代，并已在电子宇宙线与质子宇宙线的能谱测量方面取得突破性进展。同时，率领团队积极服务于国家重大战略需求，先后为神舟二号、嫦娥一号、嫦娥二号等成功研制了伽马射线谱仪。先后荣获 2004 年国家科技进步奖二等奖、2012 年国家自然科学奖二等奖、2012 年国家科学技术进步奖特等奖、2017 年全国创新争先奖、2018 年何梁何利基金科学与技术进步奖（天文学奖）、2018 年中国天文学会张钰哲奖、2018 年中国科学院杰出科技成就奖、2018 年中国科学十大进展、2019 年（首届）中国空间科学学会科技奖等荣誉。

崔铁军，电磁场与微波技术专家。1965 年 9 月出生于河北滦平。1987 年毕业于西安电子科技大学电磁场工程系，1990 年和 1993 年在西安电子科技大学分别获硕士学位和博士学位。东南大学信息科学与工程学院教授，教育部“长江学者奖励计划”

特聘教授，2003年获得国家杰出青年科学基金。

对超材料进行了系统性研究，创造性地提出用数字编码表征超材料的新思想及控制电磁波的新方法，实现了数字编码和可编程超材料，能实时操控电磁波和编码信息，开创了信息超材料新方向。首次从微波传输线的角度研究表面等离激元（SPP）超材料，发明了一种超薄、柔性、条带式SPP传输线。研制出一系列SPP无源器件和有源器件，开辟了基于SPP传输线的微波技术新方向。在传统超材料领域，实现了宽带、低损耗超材料的快速准确设计，在国际上率先实验验证了“电磁黑洞”和三维宽带“隐身斗篷”等物理现象，解决了超材料在某些国防应用中的瓶颈问题，并应用于中国航天、航空、船舶等部门武器装备的研制。在权威杂志发表相关论文400余篇，出版专著3部，获得国家发明专利授权63件；获2014年国家自然科学奖二等奖、2018年国家自然科学奖二等奖、2016年军队科学技术进步奖一等奖及2011年教育部自然科学奖一等奖。

段进，城乡规划学家，主要从事城市规划设计与理论研究。1960年12月出生于江苏省南京市。1982年毕业于天津大学建筑系，1985年于天津大学获硕士学位，1992年于东南大学获博士学位。东南大学城乡规划学科学术带头人、城市空间研究所所长、城市规划设计研究院总规划师。国务院学位委员会城乡规划学科评议组成员。2011年江苏省人民政府授予“江苏省设计大师”，2016年住建部授予“全国工程勘察设计大师”。兼任国际空间句法学术指导委员会（SSS）委员，国际城市与区域规划师学会（ISOCARP）会员，中国城市规划学会常务理事、标准化工作委员会主任委员、城市设计学术委员会副主任委员，住建部高等教育城乡规划专业评估委员会委员，住建部城市设计专家委员会副主任委员，《城市规划》《现代城市研究》《规划师》等核心期刊编委。

从事城市规划设计与理论研究30余年，创建了城市空间发展理论体系，提出“空间基因”并建构了解析与传承技术，较好地解决了当代城市建设中自然环境破坏和历史文化断裂的技术难题，并成功应用在雄安新区、苏州古城、南京2014青奥会等重大项目及广泛的古城保护与新区建设中。研究成果被多部国家行业技术规定、指南、导则采用，并应邀参与修改了联合国人居署《城市与区域规划国际准则》。以第一作者出版专著12部，发表论文111篇。先后以第一获奖人获国际和国家级规划设计奖26项，包括全国优秀规划设计一等奖3项、国际城市与区域规划师学会（ISOCARP）卓越设计奖1项、欧洲杰出建筑师论坛（LEAF）最佳城市设计奖1项、亚洲建筑师协会建筑荣誉提名奖1项等；获省部级科学技术进步奖一等奖2项、二等奖2项；获国际设计竞赛优胜奖17项；3项作品入选国际百年城市设计巡展。2006年被中国设计业8个协会联合评为首届“中国设计业十大杰出青年”，2010年成为学科首位“全国优秀科技工作者”，2018年任《雄安新区规划技术指南》首席专家，2019年获中国城市规划学会科技奖首届领军人才奖。

2019年江苏省新当选中国工程院院士

朱广生，江苏省徐州沛县人，飞行器设计领域技术专家，1963年1月生。1989年毕业于国防科技大学，2006年获中国航天科技集团公司一院博士学位。先后被授予中央国家机关优秀青年、航天工业总公司跨世纪学术和技术带头人、国家级跨世纪学术和技术带头人等称号，2000年被授予中国航天科技集团公司“有突出贡献专家”称号。中国航天科技集团有限公司第一研究院型号系列总师，曾任型号总设计师等。

一直从事飞行器研究与设计工作，先后参加和主持多型装备研制，填补了国内空白，实现了技术的跨越式发展。曾获国家技术发明奖二等奖1项、国家科学技术进步奖二等奖2项、省部级一等奖5项等；出版专著3部。全国优秀科技工作者、新世纪百千万人才工程国家级人选。曾获航天创新奖、航天功勋奖、国防科技工业杰出人才奖、中国航天基金特别奖等。

张佳宝，江苏省高邮市人，土壤学家，1957年9月生。1982年于南京农业大学土壤农业化学系本科毕业，1985年于中国科学院南京土壤研究所硕士毕业，1990年于国际水稻研究所/菲律宾大学博士毕业，获土壤学博士学位。中国科学院南京土壤研究所研究员、中国科学院研究生院教授、博士生导师。中国生态系统研究网络科学委员会副主任、中国土壤学会理事及中国土壤学会土壤物理专业委员会主任、中国生态学会长期生态研究委员会委员、中国科学院水资源研究中心专家委员会委员、中国科学院环境委员会工作委员，国际期刊 *Environmental Science and Pollution Research* 主题编辑，《生态学杂志》《植物营养与肥料学报》《土壤》等学术期刊编委。

长期从事土壤水和物质循环系统模拟、土壤信息快速获取、土壤改良及地力提升等理论与技术研究工作。针对我国中低产田面临的土壤障碍因子多、地力水平低两大问题开展了系统、深入的创新性研究，创建了土壤障碍因子分类消减、激发式快速培肥地力、易涝渍农田水土联治等理论与技术体系，创新了土壤参数探测技术与设备，并作为带头人建立了我国农田试验站联网研究平台和土壤养分管理国家工程实验室，在中低产田治理、高标准农田建设和地力提升等方面取得创新性研究成果，为我国耕地质量提升做出了突出贡献。先后获得国家科学技术进步奖二等奖3项和国家科学技术进步奖一等奖1项。

吴汉明，江苏省常州市人，微电子技术（集成电路制造）专家，1952年6月生。1987年毕业于中国科学院力学研究所，获博士学位。浙江大学微纳电子学院院长，曾任中芯国际集成电路制造有限公司技术研发副总裁。

长期工作在我国集成电路芯片产业并做出突出贡献。主持、参加了包括国家重大专项在内的0.13微米至14纳米七代芯片大生产工艺技术研发，攻克了包括刻蚀等在内的一系列关键工艺难点，与世界先进水平差距明显缩小。用理论模型支持我国首台大生产等离子体刻蚀机研发。创建了设计IP核技术公共平台，支持芯片制造产业链协同发展。建立的非平衡低温等离子体混合模型/整体模型成作为教案被世界著名大学教科书采用。担任973计划首席科学家，负责“量子点存储器和磁存储器技术研发”。发表、出版论文（专著）116篇（部），授权发明专利67件。曾获得“北京学者”“十佳全国优秀科技工作者”“全国杰出专业技术人才”等荣誉。作为主要成员，3次获国家科学技术进步奖二等奖，多次获省部级科学技术奖。

王琦，江苏省扬州市高邮人，中医学家，国医大师，教授，1943年2月生。1980年毕业于中国中医科学院（原中医研究院），获硕士学位。北京中医药大学国家中医体质与治未病研究院院长。

坚持临床56年，在代谢性疾病、过敏性疾病及男性生殖疾病诊疗上卓有建树，2014年被评为国医大师。从事中医体质研究41年，发现中国人九种体质类型及体质和疾病相关性。创立中医体质学新学科，制定我国首项体质分类行业标准，创建体质辨识法，为中医科学创新成果进入国家公共卫生体系的历史性突破。开创中医男科学，首创调整体质治疗男性不育、男性勃起功能障碍等疾病，研发国家三类新药2项。

曾任973计划首席科学家，主持国家级课题15项。以第一或通讯作者发表中英文论文430余篇。获国家发明专利18项，研发国家新药2项。以第一完成人获国家科学技术进步奖二等奖1项，省部级科学技术奖一等奖9项。获何梁何利基金科学与技术进步奖。

沈洪兵，江苏省南通市启东人，流行病学家，1964年5月生。1999年毕业于上海医科大学（现复旦大学），获博士学位。南京医科大学校长、党委副书记，兼任中国抗癌协会肿瘤流行病学专业委员会主任委员、教育部科学技术委员会生物与医学学部委员、英国皇家内科医学院公共卫生学院院士。

从事肿瘤分子流行病学研究30年，在肺癌易感基因和驱动基因发现及高危人群防治策略等方面开展了系统性创新性研究。在胚系遗传层面新发现21个中国人群肺癌易感基因，建立了中国人群肺癌分子遗传图谱，并创建了多遗传风险评分（PRS）；在体细胞基因组层面首次揭示了中国人群肺癌关键驱动基因及其分子机制；不仅为研究肺癌发生发展机制提供了新靶点，而且成功应用于肺癌发病风险预测，为肿瘤基因预测和精准预防做出重要贡献，推动我国肿瘤分子流行病学学科跻身国际前列。在*Nat Genet*、*Nat Rev Cancer*、*Lancet Respir Med*等发表论文400余篇；获国家发明专利授权14件；作为第一完成人获国家自然科学奖二等奖、何梁何利基金科学与技术进步奖、国家教学成果二等奖等多项奖励。

邵新宇，江苏省靖江市人，机械制造自动化专家，1968年11月生。1990年、1998年分别获华中理工大学学士、博士学位（1995年1月—1998年8月与美国密歇根大学迪尔伯思分校联合培养）。教育部“长江学者奖励计划”特聘教授，国家杰出青年科学基金获得者，973计划首席科学家，基金委创新群体牵头人。华中科技大学党委书记，制造装备数字化国家工程研究中心主任，国务院学位委员会机械工程学科评议组成员，教育部科技委先进制造学部常务副主任。曾任科技部先进制造领域“重大装备与工艺技术”主题专家组召集人，“数控一代机械产品创新应用示范工程”专家组组长。

长期从事汽车制造关键工艺与装备的理论研究、技术开发和工程应用，主持研发了多种工艺技术创新的车身大功率激光加工装备与生产线，以及整车与发动机制造执行优化数字化平台，在一汽、东风、上汽等公司成功应用，并推广至航空、船舶等领域，取得显著的社会经济效益。获国家科学技术进步奖一等奖1项（排名第一）、二等奖3项（排名分别为一、二、五）、省部级一等奖2项，何梁何利基金科学与技术进步奖等。出版专著3部，获授权发明专利60余项，发表论文300余篇。

陈卫，江苏扬州人，食品微生物科学与工程专家，1966年5月生。2003年毕业于江南大学食品学院，获博士学位。江南大学副校长，国家功能食品工程技术研究中心主任，兼任中国食品科学技术学会益生菌分会理事长，国务院学位委员会第七届食品科学与工程学科评议组委员。

从事功能性食品微生物的研究与开发，主要工作包括：构建益生菌选育体系和菌种库，突破菌种高密度培养和高效制备关键技术，创新开发益生菌营养功能食品。获批长江学者特聘教授、国家“杰青”和国家科技创新领军人才。发表 SCI 收录论文 238 篇，授权发明专利 55 件，其中国际发明专利 13 件。以第一完成人获国家技术发明奖二等奖、国家科学技术进步奖二等奖、中国专利奖金奖各 1 项，以及其他省部级一等奖 5 项。作为首席专家主持“十二五”国家 863 计划重点项目、国家自然科学基金重点项目等科研项目，领导团队入选教育部创新团队和科技部重点领域创新团队。

表彰和奖励人物

Winner of Praise & Award

【中国政府友谊奖】 经遴选推荐，5 名对华友好、贡献突出的外国专家入选 2019 年度“中国政府友谊奖”，为江苏省入选数量最多的一年，累计 53 名。

【江苏友谊奖】 开展 2019 年“江苏友谊奖”申报工作，经各地各单位推荐、专家评审、厅长办公会审议并报省政府批准，22 名外国专家获 2019 年“江苏友谊奖”，累计 307 名。

【何梁何利基金奖】 全省共有 50 位科研人员入选 2019 年全球“高被引科学家”榜单，5 名科学家荣获 2019 年何梁何利基金奖。

逝世知名人物

The Renowned Who Have Passed Away

【中国工程院院士季国标逝世】 2019 年 9 月 5 日，中国工程院院士季国标先生逝世。季国标先生是我国著名的化学纤维工程技术专家，1932 年 3 月 1 日出生于江苏省无锡市，1952 年毕业于上海华东纺织工学院（现东华大学）。季国标院士是我国化纤工程技术、生产运行和工业发展方面的主要奠基者、开拓者和技术带头人之一。在我国最早建设的保定、南京、兰州化纤厂任副总工程师，在仪征化纤联合厂任总工程师，主持工程和生产技术，建设和投产均取得成功。作为主要负责人之一组织和参加了辽化、川维等几个化纤基地总体技术方案的决策与实施，主持拟定 20 世纪 80 年代、90 年代我国的化纤发展总体规划。积极推进机电一体的纺机国产化，用高新技术改造传统产业。获得光华工程科技奖。1994 年被选聘为中国工程院院士。

【中国科学院院士陆士新逝世】 2019 年 12 月 6 日，中国科学院院士陆士新先生逝世。陆士新先生 1929 年 12 月 12 日出生于江苏省盐城市，1951—1956 年就读于大连医科大学，后于罗马尼亚布加勒斯特医学院内分泌研究所深造，获副博士学位。陆士新院士长期从事肿瘤病因学、化学致癌与癌变机制的研究，是我国分子肿瘤病因学开拓者之一。他在我国食管癌高发区人胃液与膳食中分离鉴定出特异性诱发食管癌致癌物亚硝胺，首次明确了环境因素在食管癌病因中的重要作用。陆士新院士还对食管癌发生发展的分子机制、食管癌干细胞研究及化学预防做出了卓越贡献。1978 年获得全国科技大会奖；1988 年获得国家自然科学奖三等奖；1996 年获得国家科学技术进步奖三等奖；1996 年获得国家“八五”期间十大科技成就奖（排名第一）；1991 年获得卫生部科技成果二等奖；1997 年当选为中国科学院院士。

【中国科学院院士王补宣逝世】 2019年8月31日，中国科学院院士王补宣先生逝世。王补宣先生1922年2月5日出生于江苏省无锡市，1943年毕业于西南联合大学，1949年毕业于美国普渡大学，同年回国，先后在北京大学、清华大学工作。王补宣院士是我国著名工程热物理学家、著名的热工教育家、工程热物理学科的卓越开拓者、中国工程热物理学会和中国可再生能源学会等组织的创始人之一。王补宣院士创立了高速流动膜沸腾传热理论，深化了多孔介质热湿迁移理论与应用技术，为我国工程热物理学科的发展做出了基础性和开创性的贡献。1986年获得世界能源协会授予的“能源为人类服务”大奖；1989年获得国家自然科学奖三等奖；1998年获得何梁何利基金科学与进步奖；2010年获得亚洲热物性会议终身成就奖；2014年获得国家自然科学奖二等奖；2016年获得中国传热传质首位终身成就奖；1980年当选为中国科学院学部委员（院士）。

【中国科学院院士章综逝世】 2019年8月27日，中国科学院院士章综先生逝世。章综先生是我国著名物理学家，1929年5月16日出生于江苏省宜兴市，1948—1952年就读于南京大学。1959—1962年在苏联科学院半导体研究所从事学习研究工作。章综院士是我国中子科学研究领域主要奠基人之一，他领导和推动了我国散裂中子源的建设，为我国中子科学和中子技术的发展做出了卓越贡献。他研制建成中子三轴谱仪、中子四圆衍射仪和中子小角散射谱仪，并推动我国散裂中子源的立项和建造工作；他用X射线粉末衍射为主的方法研究了Al-Cu-Ni三元合金系的部分相图，解决了长期遗留下来的晶体结构的疑难问题；他研究了单晶和多晶体石榴石型铁氧体的软磁特性及其机制，成功研制了当时具有最高起始磁导率的多晶石榴石型铁氧体，阐明了变价铁离子间的电子扩散过程对石榴石型铁氧体射频磁谱的影响。1978年获得中国科学院重大科技成果奖和全国科学大会奖。1980年当选为中国科学院学部委员（院士）。

【中国科学院院士查全性逝世】 2019年8月1日，中国科学院院士查全性先生逝世。查全性先生1925年4月11日出生于江苏省南京市。查全性院士毕生从事电化学科研和教学工作，研究领域包括“电极/溶液”界面上的吸附、多孔电极极化理论、电化学催化与光电化学、化学电源、金属表面处理与防腐、电化学分析与传感器等，在表面活性剂吸附规律、光电化学和电催化等研究领域做出突出贡献。他编著的《电极过程动力学导论》是公认的我国电化学界影响最广泛的学术著作之一。查全性院士曾率先谏言，推进招生制度改革，恢复全国统一的招生考试制度，为我国高等教育事业做出贡献。1978年荣获“全国先进科技工作者”称号，1988年获得国家自然科学奖三等奖，2009年入选“改革开放三十年，影响湖北三十人”等。1980年当选为中国科学院学部委员（院士）。

【中国科学院院士汤定元逝世】 2019年6月3日，中国科学院院士汤定元先生逝世。汤定元先生1920年5月12日出生于江苏省金坛市。1942年毕业于重庆中央大学物理系，1950年获美国芝加哥大学物理系硕士学位。汤定元院士是我国半导体学科创始人之一、红外学科奠基者，长期从事固体物理、半导体光电子学、红外物理和器件研究，卓有成就。他领导并建立了我国红外研究的学科体系，曾任红外物理国家重点实验室学术委员会主任。他带领研制成功多种具有国际先进水平的红外光电探测器，并成功应用于多种遥感探测装备中，为我国“两弹一星”等的研制做出了重要贡献。他潜心科研和教育事业，为国家培育了一批优秀的科学家，获“全国科学大会先进工作者”奖状和“献身国防科技事业”荣誉证章等。1991年当选为中国科学院学部委员（院士）。

科技政策与深化改革

Science & Technology Policy and Deepening of Reform

依法行政与科技政策落实

Law-based Administration and Implementation of Science & Technology Policy

【依法行政工作常抓不懈】 江苏省科技厅与省司法厅就进一步做好规范性文件制定和报备工作进行当面沟通，按照省司法厅要求，进一步规范相关文件在审查和备案中的程序。完善省科技厅法律顾问制度，将顾问律师的工作范围、职责、待遇等问题以合同形式固定下来。完成了国家“互联网 + 监管”系统的录入、审核和维护工作，制定《厅“互联网 + 监管”系统建设分工建议方案》，明确各业务处室职责，完善硬件设施建设。做好省级“互联网 + 监管”系统的启动和录入数据相关工作。不断加强规范性文件制备工作。2019 年以来，省科技厅共向司法厅备案了 9 件规范性文件，其中新制定 3 件，备案 2018 年制定的 6 件，还有 2 件拟印发的规范性文件正在进行合规性审查。针对省司法厅《备案审查意见书》（苏司函〔2019〕68 号）提出的问题，立即部署、迅速整改，逐一分解整改任务、明确整改时限，即知即改、立改立行，做到件件有回音、事事有着落。专门制定了《厅机关规范性文件制备工作注意事项》，加强对厅机关规范性文件的审查、印发、备案、公开等全流程的跟踪督促。在厅党组中心组学习会上专门安排了相应的法治学习内容，并组织各支部开展了 4 次法治专题学习活动，切实提高规范意识和责任意识。

（江苏省科学技术厅政策法规处）

深化科技体制改革

Deepening Reform of Science & Technology System

【“科技改革 30 条”科技政策落实】 “科技改革 30 条”中江苏省科学技术厅负责的政策点共 35 个，目前已全部落实，主要包括：修订了 6 个省级科技计划资金管理办法，并在 2019 年省级科研项目组织实施中全面执行；建立了省重大创新平台项目库，支持重大科技基础设施预研建设；在省成果转化资金中，对企业未获立项而自行研发成功的具有自主知识产权的创新成果，采取后补助方式给予资助；启动实施前沿引领技术基础研究专项，集中突破重大原创成果；推进备案认定研发型企业；启动开展基础研究重大贡献奖和青年科技杰出贡献奖评选；支持两院院士在企业和高校交叉设立工作站，新建省级院士工作站 47 家；加快建设省科技资源统筹服务中心，打造“一站式、全链条”的科技资源统筹体系架构。

【指导督促科研院所落实相关政策】 及时下发《省科技厅关于推进国家和省科技创新有关政策贯彻落实工作的通知》，会同省教育厅联合下发了《关于省属高等学校加快贯彻落实科技创新政策的通知》，研究起草《省政府办公厅关于落实国办 126、127 号文工作任务的通知（代拟稿）》，已于 2019 年 3 月 28 日正式上报省政府。省政府办公厅还专门下发了《关于做好有关支持创新改革举措推广和科技政策落实工作的通知》（苏政传发〔2019〕95 号），进一步压紧压实政策落实责任。根据前期政策落实情况和江苏省近期出台的相关政策，重新编写了《“科技改革 30 条”实务操作手册》，并向相关高校和科研院所进行发放，着力提升宣传工作的准确性和有效性。召开全省科研院所“科技改革 30 条”政策培训会，邀请省人才办、省财政厅、省人社厅、省外办、省科技厅等部门责任处室负责同志对政策落实的重点难点问题进行了解读，全省 70 多家科研院所的分管领导及科研主管部门负责同志，共 150 多人参加培训。分批次对 14 家部门的 29 家省属科研院所逐一开展“科技改革 30 条”政策辅导和释疑，确保政策落实效果。此外还联合省教育厅召开全省部委属高校院所“科技改革 30 条”政策落实工作推进会。

【不断推进 13 家省级改革试点探索】 一方面，指导试点单位全面落实国家和省已经明确的 17 项改革举措；另一方面，针对影响科研积极性的深层次问题，试行科研经费管理市场化、专业机构组织验收等 5 项新机制，不断积累经验。

【按计划完成2019年科技体制改革要点任务】 2019 年以来，宣贯“科技改革 30 条”；推进苏南国家自主创新示范区建设，重点推进科技成果转化、军民科技协同创新平台建设；继续支持省产业技术研究院改革发展，培育建设一批新型研发机构；建设用好省技术产权交易市场等改革要点任务均按计划完成，并积极开展改革调研，撰写调研报告。年中省深改委组织对改革进行了专项督察，省科技厅根据督察意见拟制了整改落实方案，持续推进科技体制改革工作。特别是在省委全面深化改革委员会第十次会议上，省科技厅专题汇报“科技改革 30 条”落实工作进展情况，得到了省委主要领导的充分肯定。

（江苏省科学技术厅政策法规处）

江苏省产业技术研究院

Jiangsu Industrial Technology Research Institute

【概　况】 江苏省产业技术研究院（以下简称“江苏产研院”）围绕江苏省委省政府“核心技术自主化、产业基础高级化、产业链现代化”要求，聚焦构建产业技术创新体系、营造产业创新生态和深耕科技体制改革“试验田”三项主要任务，探索形成了一系列改革举措，为江苏产业转型升级和创新发展持续提供技术支撑。截至 2019 年年底，累计建设专业研究所 52 家，聘请项目经理团队 114 个，与产业细分领域龙头企业共建联合创新中心 59 家，转化技术成果 3700 余项，衍生孵化企业 720 余家，集聚各类研发人员 6000 余名。

【资源集聚】 通过选聘一流领军人才担任战略顾问和项目经理、设立海外代表处（孵化器）、参与国际组织等多种方式，与海内外一流高校和机构开展战略合作，集聚全球高端创新资源。聘请战略顾问。拓展全球顶级高校和机构资源、引进项目经理、评审把关重大项目、指导发展规划等。目前，江苏产研院聘请 Penny Low、陈向力、确井荣喜、温伟德、Sandro Macchietto 等 5 位在海内外具有较高影响力和知名度的产业界、学术界、科研界及政界人士担任战略顾问。拓展创新资源网络。在创新最为活跃的 8 个国家和地区设立海外平台，并与 45 家国际知名高校和机构建立战略合作关系，累计开展国际联合研发项目超过 100 项。参与国际组织。加入世界工业与技术研究组织协会（WAITRO），并与德国弗劳恩霍夫研究协会共同承担 WAITRO 秘书处工作，成为江苏科技领域落实国家“一带一路”倡议的重要抓手；加入 XPRIZE 基金会全球抗疫联盟，链接资源及解决方案，共同应对和预防流行病挑战；承担国际智能制造联盟（筹）南京总部建设工作。

【项目经理】 探索实施了选聘行业专家组建团队，孵化培育成立研究所或创业公司的整建制引进人才的项目经理模式。在全球范围遴选国际一流领军人才担任项目经理，赋予组建研发团队、决定技术路线、支配使用经费的充分自主权，由项目经理牵头完成市场调研，整合创新资源，组建研发及管理团队，与地方园区对接共建研发机构（专业研究所），或实施填补国内空白、有广泛前景的技术创新项目。江苏产研院为其组建服务团队，以成功孵化团队为目标，提供专业化的技术服务，帮助项目经理完善团队结构、明确核心团队成员，确定首批研发项目及预期结果等,同时在服务过程中，对项目经理团队进行综合评价，重点关注技术先进性、市场前景、领军人才素质、团队精神等，了解项目经理及其团队成员格局动机和创业素养等，提供政策、法律、财务等专业服务，协助其与地方园区洽谈落地。适时组织召开国际研讨会，通过介绍江苏产研院增强拟加入团队对江苏产研院的了解，增强加入共建专业研究所的信心；通过外部专家邀请及参会人员，了解筹建团队业界影响力及方案成熟度；通过企业家和金融机构交流，了解拟研发的技术前景和风险。全方位的服务与培育，整建制引进高端创新创业人才，确保人才引进“引进来、看得准、留得住”。截至 2019 年年底，累计聘请 114 位项目经理，并由项目经理集聚近 1000 位高层次人才，新建专业研究所 29 家，实施重大项目 14 个。

【技术供给】 以满足国家战略需要和产业发展需求为目标，建设培育一批具备核心技术研发能力和集成创新能力的专业研究所和领域技术创新中心，为江苏产业发展持续提供技术供给。建设一批专业研究所。通过引进团队新建专业研究所、对高校院所举办对事业法人专业研究所进行改制等方式，累计建设专业研究所 52 家，集聚各类研发人员 6000 余人；累计转化技术成果 3700 余项，衍生孵化企业 720 余家，服务企业 10000 余家。创建国家技术创新中心。面向国家重大战略部署、区域和产业发展需求，发挥科教资源丰富与制造业发达的优势，成功创建国家技术创新中心。采用“1+N+X”的模式，布局建设先进材料和一批专业研究所、企业联合创新中心，整合国内外创新资源，协同开展跨区域、跨领域、跨机构的关键核心技术联合攻关，突破一批关键核心技术，形成标志性成果。2019 年 12 月 28 日，为落实国家长三角一体化发展战略，进一步推动制造业高质量发展，提供材料技术高水平供给，以江苏产研院为基础，由江苏省与中国科学院、中国钢研集团、宝武集团等行业院所和龙头企业共建的长三角先进材料研究院在苏州市相城区成立。

【体制机制】 江苏产研院不断深化体制机制创新，积极构建开放式创新创业支撑体系，促进创新要素有序流动、综合集成和高效利用。

人才方面，构建由天才科学家（顶尖人才）、领军人才（项目经理）、骨干研发人员（集萃研究员）和研究生（博士后）等共同组成的人才体系，实现引才聚才、用才育才。全球范围选聘国际一流领军人才担任项目经理，先后聘请 114 位项目经理，集聚近 1000 位高层次人才，与地方园区共建专业研究所或联合实施重大原创性技术创新项目。打造“JITRI 研究员”品牌，以加速技术成果产业化为目标，累计选聘 131 名一流专业技术和管理骨干人才全职加盟专业研究所，启动实施了一批产业化项目。与国内知名高校合作开展“集萃研究生联合培养计划”，通过“联合培养”和“项目育人”，培养既有理论知识，也有实际动手能力的产业技术创新人才。目前已签约国内合作高校 33 所，联合培养集萃研究生 350 余名。与国际知名高校合作开展人才联合培养计划，通过在海外联合开展项目研究，推动人才与成果到江苏落地。

金融方面，通过市场化手段，吸引社会资本参与，放大财政资金效能。推动专业研究所建设专业化的投资基金，支持技术专家与金融专家合作设立专业领域的投资基金。实施“拨投结合”的项目支持机制，通过“拨投结合、先拨后投、适度收益、适时退出”的模式，既充分发挥财政资金对技术创新项目和团队的引导和扶持作用，保障团队在早期研发阶段的主导权，又充分利用市场机制来确定项目支持强度和获得研发成果的收益，有效提升财政资金使用效率。截至 2019 年年底，通过“拨投结合”的方式已支持 14 个项目落地江苏。

运行管理方面，以构建产业技术研发机构治理体系为目标，实行理事会领导下的院长负责制和无行政级别的事业法人运行管理机制，团队控股轻资产运营公司的专业研究所管理运行机制，兼顾高水平创新研究与高效率技术开发转移人员聘用管理的“一所两制”，专业研究所集研发、孵化和投资功能“三位一体”和研发团队、孵化器管理团队、基金管理团队统一的双融合机制，以向产业界市场化供给技术获得的收益为主要指标的专业研究所业绩评价和财政支持机制，针对重点项目的同行尽调评估与立项支持机制及项目完成后市场化转股的拨投结合支持机制。

（江苏省产业技术研究院）

知识产权（专利）

Intellectual Property（Patent）

知识产权区域试点示范

Intellectual Property Pilot Demonstration Area

【国家级试点示范】 江苏省知识产权局持续推进国家知识产权试点示范工作。5月，国家知识产权局下发《关于同意上海市浦东新区等城市（城区）开展国家知识产权试点示范工作的通知》（国知发运函字〔2019〕70号），确定盐城市为新一批国家知识产权示范城市；7月，下发《关于同意北京市延庆区等城市（城区）、江苏省泰州市高港区等县（市、区）、江苏省武进国家高新技术产业开发区等园区开展国家知识产权试点示范工作的通知》（国知发运字〔2019〕39号），确定泰州市高港区等3县（市、区）为新一批国家知识产权强县工程示范县（区）、连云港市赣榆区等4个县（市、区）为国家知识产权强县工程试点县（区）。截至2019年年底，全省累计获批国家知识产权强市创建市3个，国家知识产权示范城市15个、试点城市6个，国家知识产权强县工程示范县28个、试点县21个。

【强省建设区域示范】 省知识产权局印发《关于开展2019年度江苏知识产权强省建设区域示范工作的通知》，组织全省县（市、区）开展知识产权强省建设区域示范工作。南京市六合区、高淳区、南通市通州区、连云港市连云区、仪征市5个县（市、区）获批成为2019年度江苏知识产权强省建设区域示范工作创建单位。截至2019年年底，全省累计获批江苏知识产权强省建设区域示范县（市、区）45个。

【园区试点示范】 省知识产权局推荐申报获批国家知识产权试点园区10家、示范园区9家。省知识产权局制定下发年度高新区知识产权试点示范工作通知，在省级以上园区开展试点示范单位申报工作，全年新培育省级知识产权示范园区15家。截至2019年年底，全省累计获批国家知识产权试点园区31家、示范园区17家、省级知识产权试点园区80家、示范园区56家。

江苏省国家知识产权试点示范城市、强市（设区市）

设区市	国家知识产权试点城市试点时间	国家知识产权示范培育城市示范时间	国家知识产权示范城市示范时间	国家知识产权强市创建市创建时间
南京市	2003年3月	2008年3月	2012年4月	2017年6月
无锡市	2003年3月	2008年8月	2013年9月	
徐州市	2004年11月		2018年5月	
常州市	2004年11月	2007年10月	2015年3月	
苏州市	2003年3月	2007年10月	2012年4月	2017年6月

续表

设区市	国家知识产权试点城市试点时间	国家知识产权示范培育城市示范时间	国家知识产权示范城市示范时间	国家知识产权强市创建市创建时间
南通市	2006 年 7 月	2009 年 10 月	2012 年 4 月	
连云港市	2013 年 11 月	2018 年 11 月		
淮安市	2005 年 6 月第一轮 2008 年 7 月第二轮			
盐城市	2010 年 9 月	2014 年 12 月	2019 年 5 月	
扬州市	2008 年 8 月	2018 年 12 月		
镇江市	2005 年 6 月	2008 年 3 月	2012 年 4 月	2017 年 12 月
泰州市	2004 年 2 月	2007 年 7 月	2013 年 9 月	
宿迁市	2015 年 11 月			

江苏省国家知识产权试点示范城市 [县（市、区）]

县（市、区）	国家知识产权试点城市试点时间	国家知识产权示范培育城市示范时间	国家知识产权示范城市示范时间	国家知识产权示范城市示范时间
昆山市	2004 年 11 月	2010 年 1 月	2013 年 8 月	2013 年 9 月
张家港市	2007 年 7 月	2010 年 3 月	2013 年 5 月	2015 年 3 月
丹阳市	2007 年 10 月	2010 年 6 月	2012 年 9 月	2015 年 3 月
常熟市	2007 年 10 月	2010 年 3 月	2013 年 4 月	2013 年 9 月
江阴市	2009 年 3 月	2013 年 4 月		2015 年 3 月
海门市	2009 年 3 月	2013 年 10 月		2016 年 1 月
宜兴市	2013 年 9 月			
高邮市	2015 年 11 月			

江苏省国家知识产权强县工程实施单位

设区市	县、区	试点时间	示范时间
南京市	秦淮区	2009 年 3 月	
	江宁区	2010 年 8 月	2013 年 8 月
	玄武区	2012 年 1 月	
	鼓楼区	2014 年 8 月	2017 年 12 月
	栖霞区	2014 年 8 月	2017 年 3 月
	浦口区	2017 年 3 月	

续表

设区市	县、区	试点时间	示范时间
无锡市	锡山区	2013 年 9 月	
	惠山区	2014 年 8 月	
徐州市	泉山区	2013 年 9 月	2015 年 12 月
	贾汪区	2017 年 12 月	
	沛县	2017 年 12 月	
	睢宁县	2017 年 12 月	
	丰县	2019 年 6 月	

续表

设区市	县、区	试点时间	示范时间
徐州市	邳州市	2019 年 6 月	
常州市	武进区	2009 年 3 月	2013 年 8 月
	新北区	2017 年 3 月	
苏州市	吴江区	2010 年 9 月	
	吴中区	2013 年 9 月	2017 年 3 月
	太仓市	2013 年 9 月	2017 年 3 月
南通市	通州区	2013 年 9 月	2017 年 3 月
	崇川区	2013 年 9 月	2017 年 3 月
	海安县	2013 年 9 月	2017 年 3 月
	港闸区	2014 年 8 月	2017 年 12 月
	启东市	2010 年 8 月	2017 年 3 月
	如东县	2015 年 12 月	2019 年 6 月
	如皋市	2013 年 9 月	2017 年 12 月
连云港市	海州区	2014 年 8 月	2017 年 3 月
	东海县	2015 年 12 月	2019 年 6 月
	赣榆区	2019 年 6 月	
淮安市	洪泽县	2015 年 12 月	
盐城市	盐都区	2014 年 8 月	2017 年 12 月
	建湖县	2015 年 12 月	
	大丰区	2013 年 9 月	2017 年 3 月
	响水县	2017 年 3 月	
	东台市	2013 年 11 月	2017 年 12 月
	亭湖区	2019 年 6 月	
扬州市	江都区	2012 年 1 月	2014 年 8 月
	邗江区	2013 年 9 月	2015 年 12 月
	广陵区	2014 年 8 月	2017 年 12 月
镇江市	京口区	2012 年 1 月	2014 年 8 月
	句容市	2012 年 1 月	2017 年 3 月
	扬中市	2017 年 3 月	
泰州市	海陵区	2014 年 8 月	2017 年 12 月
	姜堰区	2015 年 12 月	
	高港区	2015 年 12 月	2019 年 6 月
	靖江市	2017 年 3 月	
泰州市	泰兴市	2013 年 9 月	2017 年 12 月

续表

设区市	县、区	试点时间	示范时间
宿迁市	沭阳县	2014 年 8 月	2017 年 12 月
	泗阳县	2014 年 8 月	

江苏知识产权强省建设区域示范单位

设区市	示范单位	示范期限
南京市	江宁区	2015 年 7 月至 2018 年 6 月
	浦口区	2015 年 7 月至 2018 年 6 月
	溧水区	2017 年 6 月至 2020 年 5 月
	雨花台区	2018 年 6 月至 2021 年 5 月
	六合区	2019 年 9 月至 2021 年 8 月
	高淳区	2019 年 9 月至 2021 年 8 月
无锡市	江阴市	2015 年 7 月至 2018 年 6 月
徐州市	泉山区	2015 年 7 月至 2018 年 6 月
	睢宁县	2016 年 9 月至 2019 年 8 月
	贾汪区	2017 年 6 月至 2020 年 5 月
	沛　县	2017 年 6 月至 2020 年 5 月
	邳州市	2018 年 6 月至 2021 年 5 月
	丰　县	2018 年 6 月至 2021 年 5 月
常州市	武进区	2015 年 7 月至 2018 年 6 月
	新北区	2016 年 9 月至 2019 年 8 月
苏州市	张家港市	2015 年 7 月至 2018 年 6 月
	常熟市	2015 年 7 月至 2018 年 6 月
	昆山市	2015 年 7 月至 2018 年 6 月
	吴中区	2015 年 7 月至 2018 年 6 月
	相城区	2016 年 9 月至 2019 年 8 月
南通市	海安县	2015 年 7 月至 2018 年 6 月
	如皋市	2016 年 9 月至 2019 年 8 月
	海门市	2017 年 6 月至 2020 年 5 月
	港闸区	2018 年 6 月至 2021 年 5 月
	启东市	2018 年 6 月至 2021 年 5 月
	通州区	2019 年 9 月至 2021 年 8 月
连云港市	海州区	2015 年 7 月至 2018 年 6 月

续表

设区市	示范单位	示范期限
连云港市	东海县	2016 年 9 月至 2019 年 8 月
	赣榆区	2018 年 6 月至 2021 年 5 月
	连云区	2019 年 9 月至 2021 年 8 月
淮安市	金湖县	2018 年 6 月至 2021 年 5 月
盐城市	大丰区	2016 年 9 月至 2019 年 8 月
	亭湖区	2018 年 6 月至 2021 年 5 月
	阜宁县	2018 年 6 月至 2021 年 5 月
扬州市	邗江区	2015 年 7 月至 2018 年 6 月
	江都区	2017 年 6 月至 2020 年 5 月

续表

设区市	示范单位	示范期限
扬州市	高邮市	2018 年 6 月至 2021 年 5 月
	仪征市	2019 年 9 月至 2021 年 8 月
镇江市	丹阳市	2015 年 7 月至 2018 年 6 月
	京口区	2015 年 7 月至 2018 年 6 月
	扬中市	2016 年 9 月至 2019 年 8 月
	句容市	2017 年 6 月至 2020 年 5 月
泰州市	泰兴市	2015 年 7 月至 2018 年 6 月
	高港区	2016 年 9 月至 2019 年 8 月
宿迁市	沭阳县	2016 年 9 月至 2019 年 8 月

江苏省国家级知识产权试点示范园区

序　号	名　称	国家试点时间	国家示范时间
1	南京国家高新技术产业开发区	2015 年 1 月	
2	江宁经济技术开发区	2016 年 1 月	2019 年 6 月
3	南京经济技术开发区	2017 年 1 月	
4	南京浦口经济开发区	2018 年 1 月	
5	江苏溧水经济开发区	2019 年 6 月	
6	南京江宁高新技术产业开发区	2019 年 6 月	
7	无锡工业设计园	2006 年 9 月	2018 年 1 月
8	无锡国家高新技术产业开发区	2008 年 12 月	2014 年 1 月
9	锡山经济技术开发区	2014 年 7 月	2019 年 6 月
10	江阴国家高新技术产业开发区	2016 年 1 月	
11	徐州经济技术开发区	2016 年 1 月	2019 年 6 月
12	新沂经济开发区	2014 年 7 月	2019 年 6 月
13	邳州经济开发区	2016 年 1 月	2019 年 6 月
14	徐州工业园区	2018 年 1 月	
15	武进国家高新技术产业开发区	2016 年 1 月	2019 年 6 月
16	常州国家高新技术产业开发区	2018 年 1 月	
17	江苏金坛经济开发区	2018 年 1 月	
18	苏州工业园区	2006 年 4 月	2013 年 2 月
19	苏州国家高新技术产业开发区	2007 年 7 月	2013 年 2 月

续表

序　号	名　称	国家试点时间	国家示范时间
20	昆山经济技术开发区	2008 年 4 月	2013 年 2 月
21	张家港经济技术开发区	2013 年 6 月	2017 年 1 月
22	张家港保税港区	2013 年 6 月	2017 年 1 月
23	昆山国家高新技术产业开发区	2013 年 6 月	2017 年 1 月
24	常熟国家高新技术产业开发区	2017 年 1 月	
25	常熟经济技术开发区	2018 年 1 月	
26	吴江经济技术开发区	2018 年 1 月	
27	江苏省汾湖高新技术产业开发区	2019 年 6 月	
28	海安经济技术开发区	2014 年 7 月	2019 年 6 月
29	南通经济技术开发区	2016 年 1 月	
30	南通国家高新技术产业开发区	2015 年 1 月	2019 年 6 月
31	海门经济技术开发区	2018 年 1 月	
32	如皋经济技术开发区	2018 年 1 月	
33	江苏海门工业园区	2019 年 6 月	
34	江苏启东经济开发区	2019 年 6 月	
35	连云港经济技术开发区	2016 年 1 月	2019 年 6 月
36	淮安经济技术开发区	2019 年 6 月	
37	江苏洪泽经济开发区	2018 年 1 月	
38	盐城经济技术开发区	2019 年 6 月	
39	盐城国家高新技术产业开发区	2017 年 1 月	
40	扬州国家高新技术产业开发区	2018 年 1 月	
41	镇江经济技术开发区	2018 年 1 月	
42	江苏丹阳经济开发区	2019 年 6 月	
43	泰兴经济开发区	2016 年 1 月	
44	江苏姜堰经济开发区	2019 年 6 月	
45	靖江经济技术开发区	2016 年 1 月	
46	江苏省泰州港经济开发区	2017 年 1 月	
47	沭阳经济技术开发区	2019 年 6 月	
48	江苏泗阳经济开发区	2018 年 1 月	

企业与知识产权工作

Enterprises and Industries Intellectual Property Work

【企业知识产权管理标准化】 2019年，省知识产权局按照知识产权强企行动计划要求，以高新技术企业、规上企业、上市企业和涉军企业为重点，推进企业贯彻知识产权管理规范。

按照“低门槛进入、高标准培育”和“实施—改进—再实施”的思路，推进贯标绩效评价本地化工作，截至2019年年底，全省13个设区市全部设立专项资金，通过聘请专家或引进贯标绩效评价机构的方式开展绩效评价。2019年，全省新增参与贯标企业2026家，380家企业被评为绩效评价合格单位，976家企业通过国标认证，参与贯标与通过认证企业数量居全国前列。

强化贯标人才培养，将企业知识产权管理标准化的内容纳入全省知识产权工程师培训，支持国家和省级知识产权培训基地开展知识产权管理内审员培训，建立知识产权内审员人才库和专家库，为全省知识产权贯标工作提供人才支撑。2019年共培训内审员近2000人。

2019年度江苏省企业知识产权管理标准化工作统计

地　区	参加备案企业／家	绩效评价合格企业／家	通过认证企业／家
南京	425	81	167
无锡	118	39	58
徐州	202	58	84
常州	175	20	67
苏州	217	0	289
南通	138	44	68
连云港	98	15	2
淮安	42	0	22
盐城	75	16	91
扬州	181	7	37
镇江	136	21	32
泰州	122	36	53
宿迁	97	43	6
合计	2026	380	976

【企业知识产权战略推进】 2019年，江苏省企业知识产权战略推进计划项目取消重点项目、一般项目之分，项目任务主要聚焦专利信息利用机制建设和推动专利商标双轮驱动，充分体现职能变化和体系融合，共支持71家单位承担企业战略推进计划项目实施，带动企业投入1.94亿元。省知识产权局进一步加强项目管理，督促市县知识产权局不定期对项目承担单位进

行指导服务，把控项目实施进度，夯实和提升企业在专利信息利用、专利布局、商标品牌管理和运用等方面的自身建设水平。截至 2019 年年底，全省承担企业战略推进计划项目实施的单位共达 833 家。

省知识产权局采取省市分工协作的方式，对 2017 年项目进行了验收，组织重点项目承担单位分行业、分领域召开 11 场项目示范现场会，推广项目实施经验，强化企业主体地位，引导支持创新要素向企业集聚，切实以计划项目为抓手助推企业创新发展。

省知识产权局进一步完善国家知识产权优势示范企业培育机制，积极推荐全省知识产权基础较好的企业申报国家知识产权优势示范企业。全省新增国家知识产权示范企业 57 家、优势企业 174 家，总数达 646 家，数量位居全国前列。

江苏省设区市企业知识产权战略推进计划项目数量统计

单位：个

地　区	2019 年度一般项目	历年项目总数
南京市	9	95
无锡市	5	72
徐州市	1	36
常州市	18	88
苏州市	16	132
南通市	9	84
连云港市	1	31
淮安市	2	34
盐城市	1	42
扬州市	2	54
镇江市	2	81
泰州市	4	56
宿迁市	1	28
合计	71	833

江苏省国家知识产权示范、优势企业数量统计

单位：家

地　区	2019 年度示范企业	2019 年度优势企业	历年总数	
			示范企业	优势企业
南京市	4	14	15	30
无锡市	0	7	7	34
徐州市	2	12	6	38
常州市	7	9	16	21
苏州市	18	35	44	104
南通市	12	24	30	65
连云港市	1	1	11	10
淮安市	1	4	2	12
盐城市	2	33	6	103
扬州市	1	5	3	15
镇江市	6	11	11	22
泰州市	1	10	6	21
宿迁市	2	9	2	12
合计	57	174	159	487

【专利奖评选】 2019 年，省知识产权局组织全省优秀专利项目参加第 21 届中国专利奖评选，中国专利奖预获奖 113 项，其中专利金奖 2 项、外观设计金奖 1 项、专利银奖 11 项、外观设计银奖 3 项、专利优秀奖 90 项、外观设计优秀奖 6 项。获奖总数位居全国第三位，创历史新高。

2019 年，江苏省知识产权局举办了第 11 届江苏省专利项目奖评选活动，共评出专利项目金奖 10 项、专利项目优秀奖 50 项，对获得金奖的项目每项奖励 8 万元。

积极争取加大专利奖励力度。报请省政府对全省获得中国专利奖银奖和外观设计银奖的项目增补奖励并获批。按照获得中国专利金奖、银奖和优秀奖的专利分别给予 100 万元、50 万元和 20 万元奖励，获得中国外观设计金奖、银奖和优秀奖的专利分别给予 50 万元、25 万元和 10 万元奖励，由省财政拨付第 20 届中国专利奖江苏获奖项目奖励经费 2355 万元。

2019 年，南京、无锡、徐州、常州、苏州、淮安、盐城、泰州 8 个设区市开展了市专利奖评选，奖励总额近一千万元，其中无锡、徐州、常州、苏州、淮安和盐城 6 个设区市为市政府奖；徐州、常州、苏州、南通、连云港、淮安、盐城、镇江和泰州 9 个设区市对国家级和省级专利获奖进行配套奖励，奖励总额为 796 万元。

第 21 届中国专利奖江苏省各设区市获奖项目情况统计

单位：个

设区市	金奖		银奖		优秀奖		合计
	专利	外观设计	专利	外观设计	专利	外观设计	
南京	1	0	1	1	18	0	21
无锡	0	0	2	0	10	1	13
徐州	0	0	0	1	6	0	7
常州	0	0	1	1	11	0	13
苏州	0	1	2	0	25	3	31
南通	0	0	0	0	9	1	10
连云港	1	0	1	0	1	0	3
淮安	0	0	0	0	0	0	0
盐城	0	0	0	0	2	0	2
扬州	0	0	0	0	1	0	1
镇江	0	0	4	0	3	0	7
泰州	0	0	0	0	3	0	3
宿迁	0	0	0	0	1	1	2
合计	2	1	11	3	90	6	113

【高价值专利培育】 2019 年，省知识产权局会同省财政厅围绕前沿新材料、节能环保、高端装备制造、集成电路、生物医药和新型医疗器械、新型显示、海工装备和高技术船舶等产业领域，遴选新建了 11 个省级高价值专利培育示范中心，优化调整了高价值专利培育任务，省级高价值专利培育中心达 48 家。

高价值专利培育显示度和示范效应进一步提升。国家知识产权局将高价值专利培育作为第一批知识产权强省建设试点经验与典型案例在全国推广。知识产权出版社正式出版《高价值专利培育路径研究》。各设区市积极开展高价值专利培育工作，南京、无锡、苏州、徐州、泰州等市新建市级示范中心 46 家，全省市县级高价值专利培育示范中心累计总数达 141 家。

组织专家对 2016 年建设的 10 家省级示范中心进行了验收。培育期间 10 家示范中心新增专利申请 2054 件，其中发明专利申请 1381 件，新增发明专利授权 756 件，新增 PCT 专利申请 211 件，参与或制定国家和行业技术标准 35 个，获得国家专利金奖和银奖各 1 项，优秀奖 7 项，省专利发明人奖 3 项，实施专利 1480 件，专利产品销售收入达 311 亿元，产生了良好的经济效益和社会效益，有效促进了企业核心竞争力提升和产业转型升级。各培育中心分别召开了示范现场会或成果发布会，形成了高价值专利培育路径和模式，有效激发了本行业、本地区高价值专利培育工作热情，示范效应显著。

江苏省高价值专利培育示范中心汇总

启动年度	序　号	技术领域	牵头单位	所属地
2015	1	抗肿瘤原创药物	江苏恒瑞医药股份有限公司	连云港市
	2	先进焊接装备技术领域	南京理工大学	南京市
	3	大全集团智能电力电器	大全集团有限公司	镇江市
	4	纳米碳材料及其规模化应用技术领域	中国科学院苏州纳米技术与纳米仿生研究所	苏州市
	5	第三代半导体电力电子器件模块	中国电子科技集团有限公司第五十五研究所	南京市
	6	食品配料生物制造关键技术	江南大学	无锡市
	7	高速动车组关键核心部件及其先进制造和材料工艺	南车戚墅堰机车车辆工艺研究所有限公司	常州市
2016	1	严酷环境下重大工程长寿命混凝土	江苏苏博特新材料股份有限公司	南京市
	2	新型节能驱动芯片工艺开发	无锡华润上华半导体有限公司	无锡市
	3	智能输送装备技术	天奇自动化工程股份有限公司	无锡市
	4	高效晶体硅电池及系统	常州亿晶光电科技有限公司	常州市
	5	高端微纳制造装备领域	苏州大学	苏州市
	6	太阳能电池板自动清洁机器人	科沃斯机器人有限公司	苏州市
	7	特种光传输材料及器件	江苏中天科技股份有限公司	南通市
	8	安罗替尼	正大天晴药业集团股份有限公司	连云港市
	9	中药数字化智能制造关键技术	江苏康缘药业股份有限公司	连云港市
	10	金属板材成形装备	扬力集团股份有限公司	扬州市
2017	1	物联网核心器件	东南大学	南京市
	2	动物重大疫病防控基因工程疫苗	江苏省农业科学院	南京市
	3	质子泵抑制剂	江苏奥赛康药业股份有限公司	南京市
	4	节能起重机	徐州重型机械有限公司	徐州市
	5	儿童高速汽车安全座椅关键技术	好孩子儿童用品有限公司	苏州市
	6	高性能阀门	江苏神通阀门股份有限公司	南通市
	7	抗耐药新型靶向抗肿瘤药物	江苏豪森药业集团有限公司	连云港市
	8	高效环保低毒新型杀菌剂及其制剂	江苏辉丰农化股份有限公司	盐城市
	9	高端、智能化收获机械技术	江苏大学	镇江市
	10	江苏省镇痛药物	扬子江药业集团有限公司	泰州市

续表

启动年度	序　号	技术领域	牵头单位	所属地
2018	1	智能制造核心装备	南京航空航天大学	南京市
	2	轨道车辆门系统技术	南京康尼机电股份有限公司	南京市
	3	节能环保智能洗衣机	无锡小天鹅股份有限公司	无锡市
	4	先进感光材料	江南大学	无锡市
	5	基于5G高速通讯及人工智能芯片的先进封测技术	江苏长电科技股份有限公司	无锡市
	6	高端矿山机电装备	中国矿业大学	徐州市
	7	多式联运高端物流装备	南通中集特种运输设备制造有限公司	南通市
	8	船舶及海工装备制造智能化车间	中国船舶重工集团公司第七一六研究所	连云港市
	9	化学创新药关键技术	江苏天士力帝益药业有限公司	淮安市
	10	大尺寸高世代TFT-LCD用混合液晶材料	江苏和成显示科技有限公司	镇江市
2019	1	高性能玻璃纤维制造及应用关键技术	中材科技股份有限公司	南京市
	2	全元生物有机肥	南京农业大学	南京市
	3	核心微波组件智能制造	中国电子科技集团公司第十四研究所	南京市
	4	以硅通孔为核心的三维系统集成技术及应用	华进半导体封装先导技术研发中心有限公司	无锡市
	5	超大规模集成电路关键部件	中国电子科技集团第五十八研究所	无锡市
	6	中枢神经药物	江苏恩华药业股份有限公司	徐州市
	7	生物质资源高质化利用	常州大学	常州市
	8	柔性OLED显示技术及应用	昆山国显光电有限公司	苏州市
	9	高精密医学影像仪器设备及技术	中国科学院苏州生物医学工程技术研究所	苏州市
	10	固废资源化关键技术	江苏天楹环保能源成套设备有限公司	南通市
	11	海洋资源开发高端装备（转化运用型）	江苏科技大学	镇江市

江苏省战略性新兴产业专利预警分析项目

年　度	序　号	技术领域
2017	1	集成电路封测
	2	风电发电机组及部件制造
	3	智能纺织机械制造
	4	机动车尾气净化
	5	光伏材料
	6	光纤制造工艺及设备

续表

年　度	序　号	技术领域
2017	7	基因检测
	8	智能家电制造
	9	船舶岸电产业
	10	电力电子变压器产业
2018	1	北斗卫星导航技术
	2	外骨骼机器人
	3	新型航空材料
	4	心血管系统药物
	5	陶瓷膜制备及应用技术
	6	石墨烯光伏组件技术
	7	激光器及激光智能装备技术
	8	VR 技术
	9	电动汽车智能充电与能源管理技术
	10	化工废水高效预防处理
2019	1	靶向抗肿瘤药物
	2	芯片设计技术
	3	第三代半导体（偏向材料与工艺）
	4	智慧物流技术
	5	工业机器人控制技术
	6	激光加工技术

【江苏专利实力指数报告】　《江苏专利实力指数报告2019》通过对江苏省各设区市专利状况的监测与分析，客观评价了全省13个设区市专利发展状况，为全省各地知识产权管理部门制定相关政策提供了数据支撑。

江苏省地区专利实力一级指标指数

地　区	专利实力		专利创造		专利运用		专利保护		专利环境	
	指数	排名	指数	排名	指数	排名	指数	排名	指数	排名
南京市	0.730	1	0.842	1	0.753	1	0.624	2	0.694	2
无锡市	0.525	3	0.479	4	0.491	3	0.700	1	0.392	4
徐州市	0.251	9	0.435	5	0.095	11	0.081	11	0.454	3
常州市	0.353	5	0.340	7	0.302	6	0.406	5	0.369	5
苏州市	0.685	2	0.740	2	0.634	2	0.623	3	0.765	1

续表

地区	专利实力		专利创造		专利运用		专利保护		专利环境	
	指数	排名	指数	排名	指数	排名	指数	排名	指数	排名
南通市	0.340	6	0.310	8	0.311	5	0.477	4	0.231	10
连云港市	0.139	11	0.133	13	0.095	10	0.111	10	0.246	8
淮安市	0.113	12	0.149	12	0.017	13	0.185	9	0.099	12
盐城市	0.189	10	0.399	6	0.122	9	0.065	12	0.171	11
扬州市	0.255	8	0.252	10	0.284	7	0.236	8	0.245	9
镇江市	0.442	4	0.575	3	0.429	4	0.387	6	0.360	6
泰州市	0.269	7	0.257	9	0.184	8	0.368	7	0.263	7
宿迁市	0.080	13	0.182	11	0.032	12	0.020	13	0.095	13

专利技术实施及专利运营

Patent Technology Implementation and Patent Operation

【知识产权运营】 2019年，知识产权运营服务体系建设日趋完善，运营服务业态不断丰富，总体发展势头良好。全省专业从事知识产权运营服务机构69家，完成专利转让30062件，居全国第三位，其中高校院所专利转让2673件，居全国第一位。

加快建设重点运营服务平台。江苏国际知识产权运营交易中心“一站式全产业链服务云”正式上线，网站平台注册用户1200家，实名认证550家，发布知识产权转让信息6000多条。中高知识产权运营交易平台高校专利标引加工系统上线，完成全国高校90余万件有效专利的基础性标引，初步实现企业需求与高校专利供给的有效对接。

稳步推进国家知识产权运营服务体系试点城市建设。承办国家知识产权局重点城市知识产权运营服务体系建设工作现场会。支持无锡获批国家知识产权运营服务体系建设重点城市，获得2亿元中央财政启动资金。指导苏州、南京落实运营体系建设实施方案，高标准推进运营体系建设，面向生物医药、医疗器械、智能制造启动产业知识产权运营中心建设。

知识产权运营基金有序运行。深化与省政府投资基金合作，推动知识产权运营母基金市场化运行，“疌泉元禾知识产权科创基金”正式成立，规模达4.5亿元。江苏翎航资产管理有限公司、江苏信保佳基金管理有限公司、无锡光控海银企业管理有限公司、苏州敦行投资管理有限公司等发起设立的“子基金”正在积极筹备。

【知识产权金融】 2019年，江苏省知识产权系统深入实施“知识产权百亿融资行动”，努力推动知识产权金融支撑知识产权强省建设。

全省共1118家中小企业通过专利权、商标权质押融资，获得银行贷款88.6亿元，服务企业数量居全国第一。全省知识产权保险保障金额超过5亿元，首单面向全国范围的商标被侵权保险落地常州，由中国人保财险股份有限公司武进支公司承保。

制定《2019年全省知识产权金融工作要点》，开展“万企融资需求调研”，共搜集5000余家企业近1200亿元的融资需求，汇总2300余条有建设性的意见和建议，为推进知识产权质押融资工作奠定了扎实基础。

支持银行运用知识产权大数据精准挖掘客户、对接客户，破解知识产权价值识别难题。深化与中国银行、省信用担保公司合作，与江苏银行、南京银行签署战略合作协议，联合金融机构创新“知贷通”“专利贷”“知保通”等知识产权专属融资产品，助力引领型知识产权强省建设。“互联网＋知识产权金融”服务模式取得初步成效，“我的麦田”服务平台快速发展，平台联合江苏银行、南京数字金融产业研究院成立长三角知识产权金融数字化创新实验室，成功完成670家企业知识产权质押贷款授信审批，授信金额达20多亿元，较2018年增长108%。

2019年江苏省各设区市知识产权质押融资情况统计

设区市	质押项目数	质押融资金额（亿元）		
		专利	商标	合计
南　京	637	18.83	0.53	19.36
无　锡	99	15.55	0.98	16.53
徐　州	76	6.75	0	6.75
常　州	33	7.79	0	7.79
苏　州	68	4.12	19.63	23.75
南　通	79	2.68	2.72	5.4
连云港	24	1.27	0	1.27
淮　安	14	0.44	0	0.44
盐　城	26	1.15	0.04	1.19
扬　州	14	0.41	0	0.41
镇　江	27	4.01	0	4.01
泰　州	13	0.69	0	0.69
宿　迁	8	1.01	0	1.01
全　省	1118	64.7	23.9	88.6

知识产权保护

Intellectual Property Protection

【知识产权立法】 3月29日，江苏省人大常委会第19号公告发布由省第13届人民代表大会常务委员会第八次会议通过的《江苏省人民代表大会常务委员会关于修改〈江苏省城乡规划条例〉等九件地方性法规的决定》，对《江苏省专利促进条例》部分条文做出修改，自2019年5月1日起施行。

省知识产权局依据《江苏省人大常委会2018—2022年立法规划》和《江苏省制定和批准地方性法规条例》，牵头推进《江苏省知识产权促进条例》立法工作。6月，成立由省委宣传部（版权局）、省法院、省市场监管局、省农业农村厅、省知识产权局、省林业局等部门参加的条例起草工作组，建立多部门协同推进知识产权地方立法的工作机制。6—8月，组织开展《江苏省知识产权促进条例》立法调研和专家论证，起草完成草案初稿。9月，向省人大法工委报送立法建议，建议将《江苏省知识产权促进条例》列入省人大常委会2020年立法调研计划。10月，在南京组织召开《江苏省知识产权促进条例》立法调研会，就草案初稿广泛听取企业、高校、科研院所、知识产权服务机构等社会各界的意见和建议。11—12月组织2场专家咨询会，就推进《江苏省知识产权促进条例》立法进程、修改完善草案初稿听取专家意见，南京师范大学、东南大学、中南财经政法大学等高校专家学者及省有关部门代表参加了会议。

【知识产权行政执法】 2019年，全省共查处商标违法案件2558件，罚没款4807.97万元；查处假冒专利案件4352件，处理专利侵权纠纷3511件，继续保持全国前列，3件案例入选全国专利商标十大典型案例。开展专利真实性“双随机、一公开”检查，检查专利产品28256件，查处案件101件，责令整改企业153家。

制定印发《2019年度江苏省知识产权执法保护专项行动实施方案》，重点对事关民生的产（商）品、战略性新兴产业的产（商）品、大宗进出口商品，以及商贸企业聚集区、商业街区、专业市场和电商平台等重点领域进行执法检查；在全省部署开展春茶及秋季地理标志专项保护工作；组织开展省市县三级联合执法行动；部署开展高知名度商标保护工作。

研究制定《江苏省专利商标行政执法规程》，推进全省专利、商标行政执法规范化建设。承办改革后首期全国知识产权行政执法人员培训班，举办两期全省行政执法人员培训班，确保新任执法人员熟悉业务，持证上岗。编制执法办案法规库清单，为基层执法人员查办案件提供便捷的查询服务。制定年度“双随机、一公开”监督抽查工作计划，加强“双随机、一公开”执法监管工作。在全省范围内征集知识产权行政执法典型案例，召开案例研讨会，提升执法办案水平。

牵头组织签署《长三角区域知识产权执法协作协议书》，加入京、津、冀、沪等12省市执法协作网络，加强区域知识产权案件移送、委托执法等执法协作。与省高院知识产权法庭共同开展课题研究，举办案例研讨会，促进行政执法标准与司法裁判标准衔接统一；与南京知识产权法庭建立常态化学习交流和沟通协作机制。

【展会知识产权监管】 2019年，省知识产权局组织省、市、县（市、区）相关行政管理部门、知识产权维权援助中心，入驻第30届江苏省青少年科技创新大赛、第15届中国（无锡）国际设计博览会、第10届中国（泰州）国际医药博览会、第37届中国江苏国际新能源电动车及零部件交易会，为千余家企业提供知识产权维权援助服务。

2019年江苏省专利行政执法情况统计

单位：件

地区/部门	专利侵权纠纷		其他专利纠纷		查处假冒专利		案件总数	
	立案	结案	立案	结案	立案	结案	立案	结案
省局	150	150	0	0	—	—	150	150
南京市	325	322	0	0	543	489	868	811
无锡市	195	199	0	0	210	204	405	403
徐州市	60	60	0	0	526	508	586	568
常州市	384	384	0	0	671	670	1055	1054
苏州市	437	435	0	0	0	0	437	435

续表

地区 / 部门	专利侵权纠纷		其他专利纠纷		查处假冒专利		案件总数	
	立案	结案	立案	结案	立案	结案	立案	结案
南通市	820	887	0	0	969	944	1789	1831
连云港市	102	102	0	0	125	123	227	225
淮安市	104	104	0	0	122	86	226	190
盐城市	1	0	0	0	9	9	10	9
扬州市	70	70	0	0	692	690	762	760
镇江市	782	777	0	0	454	458	1236	1235
泰州市	59	58	11	11	16	14	86	83
宿迁市	22	22	0	0	15	14	37	36
全　省	3511	3570	11	11	4352	4209	7874	7790

【“正版正货”承诺】 2019 年，省知识产权局会同省版权局、财政厅、工商联确定 12 家省“正版正货”示范街区、3 家省“正版正货”示范行业协会（商会）、288 家省“正版正货”承诺企业。支持 5 家专业市场成功认定第三批国家知识产权保护规范化市场。截至 2019 年年底，20 家专业市场入选国家知识产权保护规范化市场，数量居全国首位，专业市场知识产权保护环境逐步优化。

2019 年度江苏省“正版正货”示范行业名单

序　号	行业协会名称
1	南京市品牌家居商会
2	江苏省工商业联合会服装业商会
3	江苏省工商业联合会黄金珠宝业商会

2019 年度江苏省各设区市“正版正货”承诺企业统计

单位：家

地　区	“正版正货”承诺企业数量
南京	31
无锡	18
常州	65

续表

地　区	“正版正货”承诺企业数量
南通	23
连云港	15
盐城	14
扬州	8
镇江	11
泰州	61
宿迁	8
省工商联直属商会	34

江苏省入选国家知识产权保护规范化市场名单

年　度	设区市	市场名称
2016	无锡	无锡市中山路商业街
	连云港	中国东海水晶城
2017	南京	江苏金龙蟠珠宝交易中心有限公司
	无锡	无锡广益家居城管理有限公司
	常州	常州月星国际家居广场有限公司
	南通	南通家纺城
	连云港	连云港市陇海步行街

续表

年　度	设区市	市场名称
2017	扬州	扬州市五亭龙国际玩具礼品城
	泰州	江苏华东五金城有限公司
2018	南京	南京金鹰奥莱城
	南京	南京金鹰特惠中心
	南通	中国叠石桥国际家纺城
	扬州	扬州工艺品交易中心
		江苏苏中商贸城皮鞋交易市场
	镇江	扬中商城
2019	南京	南京花园城
	无锡	苏宁广场云店（无锡）
	徐州	丰县环宇电动车城
	镇江	扬中市通达商厦
		句容市天一商城

【知识产权维权援助】 2019年，省知识产权局制定印发《2019年度江苏省知识产权维权援助工作要点》，不断完善维权援助体系，拓展服务领域，强化服务内容。2019年，全省66家知识产权维权援助机构共解答咨询6164次，移交举报投诉案件321起，受理维权援助案件177件，其中涉外智力援助案件23件，开展知识产权纠纷调解128次，出具电子商务领域专利侵权判定咨询意见书3636份，有效促进知识产权纠纷快速解决，为创新主体知识产权维权保驾护航，营造了良好的知识产权保护氛围。

【涉外知识产权维权援助】 2019年，为防范化解企业“走出去”过程中可能遇到的知识产权风险，应对国际市场日益增多的贸易摩擦，省知识产权和商标战略实施工作领导小组办公室编制了《江苏省涉外知识产权纠纷典型案例集》（2008—2017）。推动外资企业在全省进行知识产权申请注册和维权，江苏省知识产权局修订完成《江苏省外资企业知识产权申请注册和维权指引（2019版）（中英文版）》。为搜集江苏省企业涉外知识产权保护案例，调研涉外企业知识产权维权需求，了解全省企业在走出去过程中对知识产权保护的迫切需求，江苏省知识产权局委托南京理工大学知识产权学院开展涉外知识产权案件及问题采集。此外，江苏省知识产权局委托江苏省科技翻译工作者协会编制发布了《“一带一路”背景下江苏企业对外投资合作知识产权风险防范指引》。

对涉及江苏省的6起“337调查”案件，进行案件跟踪、信息通报，形成信息速递，助力企业应对涉外纠纷。举办3次涉外知识产权培训，帮助全省企业加快熟悉相关国家知识产权制度，有效规避知识产权风险，切实提升国际市场竞争力。

知识产权宣传与教育

Intellectual Property Training and Education

【知识产权宣传】 2019年，省知识产权局统筹安排全省知识产权宣传工作，印发《2019年全省知识产权宣传工作要点》《江苏省知识产权局关于开展2019年全省知识产权宣传周活动的通知》，组织制定并上报中国专利周江苏地区活动方案，推动全省知识产权系统开展形式多样内容丰富的知识产权宣传活动。

组织开展知识产权宣传周活动。4月20—26日，围绕“严格知识产权保护　营造一流营商环境”主题，组织和引导全省各地开展知识产权宣传周系列活动。省知识产权局在南京地铁站厅、禄口机场安检口、公交车身、城市干线隧道口大屏等投放公益广告，组织公众参与2019年中国公众知识产权知识竞赛，开展第四届江苏省大学生知识产权知识竞赛，召开长三角地区知识产权发展与保护状况新闻发布会，发布2018年江苏省知识产权发展与保护状况白皮书和2018年江苏省知识产权十大典型案例。《新华日报》刊发《密织“保护网”护航创新路》，江苏卫视播出《江苏：培育高价值专利 助力高质量发展》等新闻，《中国市场监管报》刊出特刊《扬帆奋进正当时——江苏知识产权发展开创新局面》，《江苏经济报》刊出特别报道《体育产业迎来知识产权新赛场》，《江苏工人报》刊出知识产权保护专版。全省共举办各类知识产权宣传活动180多场次，发放宣传品5万余份，直接参与人员近3万人。

围绕知识产权重要工作，组织宣传报道。先后组织采访报道2019年全省知识产权局局长会议、第十五届中国（无锡）外观设计博览会、第四届紫金知识产权国际峰会等活动，以及知识产权保护、高价值专利培育、知识产权金融、知识产权人才培育、庆祝建国70周年、地理标志管理等工作，刊发全省知识产权相关报道300余篇，刊发专版6个，政务微信公众号刊发信息240余条。《新华日报》刊发《知识产权牵引高质量发展"加速跑"》《江苏打造知识产权高地，为科技创新赋能助燃》《乡村振兴，这个"标签"值得研究》，江苏卫视播出《江苏探索知识产权行政保护新路径》《淮安农产品以126件地理标志领跑全国》等一批重要新闻报道。

不断提高知识产权政务信息报送质量。发布动态信息317条，开设4个宣传专题，2个专题被国家知识产权局门户网站链接，发布4场图文直播，编辑制作电子政务信息4期，网站普查整改报告4篇。对局门户网站进行改版升级，定期对网站栏目信息更新情况进行监测，确保信息内容安全准确。建立政务信息通信员队伍和月度通报制度，组织政务信息业务培训，提高政务信息报送稿件的数量和质量，全年报送的信息稿件，国家知识产权局门户网站采用80篇，省委信息快报采用12篇，省政府门户网站采用13条，省政府信息简报等采用28篇，国家知识产权局《知识产权工作动态》采用30篇。

【知识产权人才培养】 国家知识产权局廖涛副局长一行分别于5月和7月对苏州企业知识产权人才工作和江苏高校知识产权学科建设进行实地调研，组织召开知识产权人才工作调研座谈会，了解江苏省企业和高校知识产权人才培养和使用情况。

6月13日，国家知识产权局和中国人事科学研究院到江苏开展知识产权专业职称改革调研工作，了解现行知识产权专业相关职称设置、评价标准、评审机制等情况。

10月16日，省知识产权局联合省职称办，组织省知识产权专业高级、中级专业技术资格评审，36人获得知识产权高级工程师资格，138人获得知识产权中级工程师资格。截至2019年年底，江苏省累计276人获得知识产权高级工程师资格，1102人获得知识产权中级工程师资格。

6月20日，省知识产权局联合省教育厅评出江苏省南菁高级中学等十所中小学为江苏省第三批中小学知识产权教育试点学校。

南京理工大学知识产权学院学历教育规模再创新高，招收机械工程（知识产权）、电子信息（知识产权）、知识产权特色法学等本科、硕士、博士353人。江苏大学知识产权学院招收知识产权方向本科、硕士学员34人。

8—10月，省知识产权局在南京举办专利代理师资格考试考前培训班，集中培训126人，远程培训390余人；5—11月，以高新技术企业、民营科技企业为重点，举办企业高管培训24期，参加人数2509人；7—11月，分两期举办2019年度江苏省知识产权系统行政管理干部培训班，全省系统330余名干部参加了培训。

11月6日，省知识产权局局长支苏平应邀在省委组织部举办的"中青班"上作"知识产权与创新发展"主题报告，有力促进了党政领导干部知识产权意识的提升。

南京理工大学知识产权学院承办了全国知识产权保护能力提升培训、专利信息分析人才培训、大学生创新创业与知识产权培训、江苏省知识产权执法人员培训、专利代理师业务能力提升培训、知识产权工程师能力提升培训，以及中美贸易摩擦背景下知识产权挑战与应对高研班等20个培训项目，办班28期，共培训3272人次。

江苏大学国家知识产权培训（江苏）基地承办了全国知识产权专业学位建设研讨班、全国中小学师资知识产权培训、专利运营人才系列培训、江苏省知识产权工程师培训、第七届三江知识产权国际论坛等10个培训项目，办班20多期，共培训3700余人次。

南京工业大学国家知识产权培训（江苏）基地承办了江苏省2019年全国专利代理师资格考试考前培训、专利信息分析利用实战培训、高价值专利培育工作培训、专利挖掘与布局初级实战培训、企业知识产权管理标准化内审员培训等8个培训项目，办班10余期，共培训1500余人次。

国家中小微企业知识产权培训（苏州）基地承办了国家知识产权培训基地研讨班、国际知识产权运营与海外维权专题培训班、提升专利申请质量专题培训班、苏州市总裁知识产权高级研修班等活动，共培训1500余人次。

苏州大学苏州知识产权研究院承办了“说裁判·道法理”知识产权典型案例宣讲会、2019年专利代理人考前培训冲刺班、国家版权局版权监管培训班、版权涉外工作培训班、国际版权人才培训班、第六届太湖知识产权论坛等活动，共培训6700余人次。

江苏省国家级、省级知识产权培训基地

序　号	培训基地名称	所在高校或机构	类　别	设立时间
1	国家知识产权培训（江苏）基地	南京工业大学	国家级	2010年10月
2	国家知识产权培训（江苏）基地	江苏大学	国家级	2012年2月
3	国家中小微企业知识产权培训（苏州）基地	苏州工业园区	国家级	2014年10月
4	江苏省知识产权人才（南京工业大学）培训基地	南京工业大学	省级	2009年6月
5	江苏省知识产权人才（苏州大学）培训基地	苏州大学	省级	2009年12月
6	江苏省知识产权人才（江南大学）培训基地	江南大学	省级	2009年12月
7	江苏省专利技术创造与运用实践基地	河海大学	省级	2010年8月
8	江苏省知识产权人才（江苏科技大学）培训基地	江苏科技大学	省级	2010年8月
9	江苏省知识产权人才（南京师范大学泰州学院）培训基地	南京师范大学泰州学院	省级	2010年8月
10	江苏省知识产权培训（南京理工大学）基地	南京理工大学	省级	2011年11月
11	江苏省知识产权培训（江苏大学）基地	江苏大学	省级	2012年8月
12	江苏省知识产权培训（苏州工业园区）基地	苏州独墅湖图书馆	省级	2013年9月
13	江苏省知识产权培训（盐城）基地	盐城工学院	省级	2016年3月
14	江苏省知识产权培训（常州大学）基地	常州大学	省级	2017年10月
15	江苏省知识产权培训（南通大学）基地	南通大学	省级	2018年9月

江苏省国家级、省级知识产权研究中心、研究院

序　号	研究中心、研究院名称	所在高校或机构	类　别	设立时间
1	国家知识产权局专利代理人教学研究（江苏）中心	南京工业大学	国家级	2012年8月
2	江苏省知识产权研究中心	江苏大学	省级	2008年3月

续表

序 号	研究中心、研究院名称	所在高校或机构	类 别	设立时间
3	江苏省企业知识产权战略研究中心	金陵科技大学	省级	2011 年 5 月
4	江苏省知识产权法（江南大学）研究中心	江南大学	省级	2014 年 12 月
5	江苏省企业知识产权人才研究与促进中心	苏州独墅湖科教发展有限公司	省级	2017 年 4 月
6	南京大学紫金知识产权研究中心	南京大学	省级	2017 年 11 月
7	江苏省知识产权保护与发展研究院	南京师范大学	省级	2015 年 7 月
8	江苏知识产权研究院	南京理工大学	省级	2016 年 1 月
9	江苏省知识产权发展研究中心			2012 年 1 月
10	江苏省知识产权思想库			2016 年 12 月
11	江苏省知识产权（苏州大学）研究院	苏州大学	省级	2018 年 4 月

江苏省内知识产权学院教育数据统计

学院名称	成立时间	类 别	专业（方向）	设立时间	2019 年招收人数 / 人	2019 年毕业人数 / 人
南京理工大学知识产权学院	2005	本科	机械工程（知识产权方向）	2015	29	16
			电子信息工程（知识产权方向）	2015	24	18
			法学	2005	49	40
		双学士	知识产权第二学士学位	2007	56	34
			知识产权双学位	2010	56	24
		硕士	法学硕士（含知识产权法方向）	2004	21	5
			知识产权（管理）	2013	3	2
			法律硕士（知识产权方向）	2015	96	23
		博士	管理科学与工程（知识产权方向）	2015	11	0
江苏大学知识产权学院	2014	本科辅修专业	知识产权管理	2015	20	0
		硕士	技术经济及管理（知识产权方向）	2003	3	4
			专利情报与知识产权战略	2005	2	4
			法律硕士（知识产权方向）	2015	7	3
		博士	管理科学与工程（知识产权方向）	2010	2	1

【知识产权软科学研究】　截至 2019 年，全省共有 11 家省级知识产权研究院和研究中心。

省知识产权局组织实施 2019 年省知识产权软科学研究计划，设立“市县知识产权发展评价指标研究”“专利商标行政执法规范化体系建设研究”等 9 个知识产权软科学研究重点方向。

组织省内有关单位申报 2019 年国家知识产权局软科学研究项目和专利专项研究项目。“市场监管体制下的知识产权执法体系构建及运行机制研究”等 4 个课题获批立项。

南京理工大学知识产权学院承担国家工信部知识产权战略推进计划项目、国家知识产权局软科学研究项目等各类课题研究 30 余项，发表论文 49 篇，出版著作 6 部。

江苏大学全年承担国家知识产权局等单位研究任务 6 项，较好发挥了知识产权智库作用。

南京工业大学参与教育部人文社科项目“战略视角下企业专利期权放弃行为研究”、江苏省社科青年项目“专利资产的融资价值研究”、江苏省知识产权密集型产业和企业研究等多项研究课题。

苏州大学苏州知识产权研究院承担了苏州市知识产权强市规划、苏州高新区知识产权“十四五”发展规划研究、苏州市“十四五”知识产权发展规划研究等课题项目近 30 项。

2019 年江苏省承担的知识产权软科学研究项目

类　别	课题名称	承担单位
国家级	市场监管体制下的知识产权执法体系构建及运行机制研究	江苏省知识产权局 南京师范大学
	知识产权技术创新支持中心建设研究	南京理工大学
	知识产权强国建设企业人才发展规划研究	镇江市高等专科学校
省级	江苏省知识产权发展中长期（2020—2035）战略研究	南京理工大学（江苏省知识产权思想库）
	江苏省地级市知识产权发展评价指标体系研究及实证分析	盐城工学院
	电子商务领域知识产权执法机制研究	金陵科技学院
	技术转移视域下的高价值专利评价研究	农业农村部南京农业机械化研究所
	江苏知识产权质押融资模式创新研究	江苏省科学技术情报研究所
	促进知识产权服务业发展与监管机制研究	江苏大学
	江苏企业参与“一带一路”建设在重点国家的知识产权风险防范与应对机制研究	江苏省科技翻译工作者协会
	江苏省高校知识产权专业人才培养成效及调研与评价	江苏中科院智能科学技术应用研究院
	中国药品专利链接制度的移植与创制研究	南京专利代办处

知识产权服务

Intellectual Property Service

【专利受理服务】 2019年，南京代办处共受理专利申请85639件，收取专利费用60.6万笔，金额达3.17亿元；受理费减备案44864件，通知书发文36.4万件，专利实施许可合同备案714件，专利权质押登记817件，办理登记簿副本2411件，受理优先审查3477件，在先申请文件副本20件，受理文档查阅复制24件，处理退信通知2933件，完成批量法律状态证明77件（涉及专利3446个），完成司法查控审核10件，协助查询3件，涉及302个专利。全年为有关部门提供各类专利数据统计报告24份。全年电子申请率98.67%，比上年增长0.23个百分点，继续保持稳中有升的良好态势。

【专利信息服务】 2019年，江苏省专利信息服务中心围绕江苏省重点发展的集成电路、海工装备、新型电力等13个先进制造业集群开展知识产权分析评议；开展了芯片设计、靶向抗肿瘤药物、第三代半导体产业、生物医药和新型医疗器械产业、区块链等相关产业的专利分析预警研究；承担了工业展会知识产权分析评议、小分子靶向抗肿瘤药物知识产权评议工作；出具了创新性、法律状态检索报告、知识产权评估报告、企业服务项目报告。

加大省内高校图书馆专利信息传播与利用基地培育力度，指导支持各基地开展知识产权体系建设、专项服务、主题活动及特色工作等，对第一批基地进行阶段性验收评审。推进产业园区知识产权战略服务，面向南京、宿迁、泗阳、高邮等地多个园区开展了产业专利导航、知识产权数据统计等知识产权服务，谋划推动在产业园区建设TISC工作站。

积极开展知识产权公益活动，主办第三届中国专利检索技能大赛，全国24个省市732名选手参赛，决赛直播访问量突破2.7余万人次。

完成江苏省知识产权案例库的建设开发，开展了专利行政执法案件管理系统二期、知识产权信用管理与服务系统等建设。

2011—2019年江苏省承担国家知识产权局重大经济科技活动知识产权评议试点项目

年份	项目名称
2011	昆山市小核酸基地知识产权评议
2012	新能源产业知识产权评议
	智能电网产业知识产权评议
2013	低地板城市有轨电车知识产权评议
	MEMS传感器知识产权评议
2014	新能源汽车产业知识产权评议
	钢轨焊机知识产权评议
2015	徐工集团履带式起重机产品出口知识产权评议
2016	杰瑞科技集团腹膜透析机产品出口及企业并购知识产权评议
2017	CIGS（铜铟镓硒）柔膜太阳能电池高技术领域重大投资项目知识产权评议
2018	1. 小分子靶向抗癌药物进口管理知识产权评议 2. 国际重大工业展会知识产权风险防控
2019	江苏省十三个先进制造业集群知识产权分析评议

【知识产权代理服务】 2019年，省知识产权局开展新修订的《专利代理条例》《专利代理管理办法》宣贯工作；建立商标、专利代理机构以及专利代理师违法行为行政处罚目录清单，起草了代理机构违规行为约谈工作指引、代理机构投诉举报受理工作指引、代理机构投诉举报行政处罚工作一般程序等制度文件，服务机构监管工作机制逐步完善。

对省内知识产权服务机构摸底调查，全省新增专利代理机构及分支机构130家，总数达459家；梳理知识产权信息服务机构588家，代理机构3233家，运用转化服务机构369家，管理咨询服务机构1884家，法律服务机构886家，形成了包含机构的资产状况、经营情况、纳税情况的数据库，为全面加强服务机构监管工作提供基础数据支撑。

对省内106家专利代理机构授权发明专利给予综合奖补，发放奖补资金673万元。在江苏省自由贸易试验区内开展专利代理机构执业许可审批告知承诺改革试点。举办专利代理机构贯标及执业规范培训班，219家服务机构负责人参训。常态化办理专利代理师执业备案，首次执业备案221人，注销执业备案437人，截至2019年年底，执业专利代理师总数1367人。

开展苏北苏中“送服务”活动。邀请品牌服务机构专家50人次，分赴苏北苏中7个设区市，为设区市、县（市）区两级知识产权服务业监管新任职干部400余人进行培训，为200余家企业提供各类咨询和答疑，有效提升了专利代理综合服务水平。

2019年江苏省内代理机构代理本省专利申请量前20名

序　号	代理机构名称	申请量/件	所属地区
1	南京纵横知识产权代理有限公司	8562	南京市
2	南京苏高专利商标事务所（普通合伙）	8512	南京市
3	南京经纬专利商标代理有限公司	7360	南京市
4	苏州创元专利商标事务所有限公司	6611	苏州市
5	南京正联知识产权代理有限公司	6479	南京市
6	苏州国卓知识产权代理有限公司	6134	苏州市
7	苏州创策知识产权代理有限公司	5626	苏州市
8	南京众联专利代理有限公司	4767	南京市
9	常州佰业腾飞专利代理事务所	4507	常州市
10	江苏圣典律师事务所	4499	南京市
11	苏州市中南伟业知识产权代理事务所	4347	苏州市
12	南京苏科专利代理有限责任公司	4054	南京市
13	南京瑞弘专利商标事务所	3852	南京市
14	苏州国诚专利代理有限公司	3768	苏州市
15	南京常青藤知识产权代理有限公司	3713	南京市
16	无锡市大为专利商标事务所	3712	无锡市
17	南京禾易知识产权代理有限公司	3563	南京市
18	南京钟山专利代理有限公司	3519	南京市
19	连云港联创专利代理事务所	3514	连云港市
20	常州市权航专利代理有限公司	3445	常州市

2019 年江苏省内代理机构代理本省专利授权量前 20 名

序　号	代理机构名称	授权量 / 件	所属地区
1	南京纵横知识产权代理有限公司	5219	南京市
2	南京苏高专利商标事务所	4986	南京市
3	苏州创元专利商标事务所有限公司	4878	苏州市
4	南京正联知识产权代理有限公司	4051	南京市
5	南京经纬专利商标代理有限公司	3645	南京市
6	南京众联专利代理有限公司	3319	南京市
7	苏州创策知识产权代理有限公司	3152	苏州市
8	江苏圣典律师事务所	2888	南京市
9	南京常青藤知识产权代理有限公司	2818	南京市
10	南京钟山专利代理有限公司	2647	南京市
11	南京瑞弘专利商标事务所	2571	南京市
12	南京知识律师事务所	2569	南京市
13	无锡市大为专利商标事务所	2378	无锡市
14	南京苏科专利代理有限责任公司	2363	南京市
15	常州佰业腾飞专利代理事务所	2277	常州市
16	苏州市中南伟业知识产权代理事务所	2155	苏州市
17	南京禾易知识产权代理有限公司	2085	南京市
18	常州市权航专利代理有限公司	2082	常州市
19	淮安市科文知识产权事务所	2047	淮安市
20	无锡市汇诚永信专利代理事务所	2019	无锡市

2019 年江苏省内代理机构代理本省 PCT 专利申请量前 20 名

位　次	代理机构名称	申请量 / 件	所属地区
1	苏州创元专利商标事务所有限公司	184	苏州市
2	南京苏高专利商标事务所	160	南京市
3	南京经纬专利商标代理有限公司	146	南京市
4	苏州市中南伟业知识产权代理事务所	128	苏州市
5	苏州谨和知识产权代理事务所	117	苏州市

续表

位　次	代理机构名称	申请量 / 件	所属地区
6	南京瑞弘专利商标事务所	107	南京市
7	南京泰普专利代理事务所	105	南京市
8	南京睿之博知识产权代理有限公司	100	南京市
9	南京九致知识产权代理事务所	99	南京市
10	常州智慧腾达专利代理事务所	87	常州市
11	南京正联知识产权代理有限公司	81	南京市
12	南京中律知识产权代理事务所	80	南京市
13	常州知融专利代理事务所	75	常州市
13	苏州威世朋知识产权代理事务所	75	苏州市
15	江苏圣典律师事务所	74	南京市
15	苏州国诚专利代理有限公司	74	苏州市
17	苏州华博知识产权代理有限公司	59	苏州市
18	江苏致邦律师事务所	56	南京市
19	南京利丰知识产权代理事务所	53	南京市
20	南京天华专利代理有限责任公司	49	南京市

【知识产权服务业监督管理】　2019 年，省知识产权局根据国家知识产权局统一部署，开展专利代理行业“蓝天”专项整治行动，印发《关于推进 2019 年专利代理行业“蓝天”专项整治行动若干具体事项的通知》《关于加强专利代理监管的实施方案》，全面加强专利代理违法违规行为查处，着力推进专利代理行业自律，知识产权服务业监督管理取得明显成效。

开展专利代理师执业宣誓活动，签署《江苏省专利代理人协会关于专利代理规范执业、诚信执业倡议书》；组织专利代理机构开展全面自查和信用承诺工作，316 家机构、1336 名专利代理师填写了自查表和签署信用承诺书。

全面推开专利代理机构“双随机、一公开”监管模式，建立监管执法人员、监管对象数据库，制定监管事项清单，通过省市场监督管理平台随机抽组匹配，采取实地、书面、网络相结合的方式，对 30 家专利代理机构进行检查，现场指出问题，督导整改落实。

针对国家知识产权局提供的黑代理、挂证、代理非正常申请、以不正当手段招揽业务等 4 类违法线索，给相关设区市下发委托调查函件、核查工作建议和调查处理参考模式，指导专利代理人协会发布违法违规行为查处常见问题及解释。约谈代理机构 111 家，列入经营异常名录 2 家，立案 8 件，做出处罚决定 4 件，共罚款 50.24 万元。对国家知识产权局列入 2019 年经营异常名录的 10 家专利代理机构开展实地检查。积极协调处理国家局转办和本级局长信箱投诉举报线索 23 条，立案 1 件，作出行政处罚 1 件。

承办东部地区 18 个省市知识产权服务业监管实务研讨交流活动，开展江苏省知识产权服务业监管实务研讨交流活动。

知识产权国际交流合作

Intellectual Property International Communication and Cooperation

【知识产权国际会议】 6 月 14 日，第七届三江知识产权国际论坛在镇江举行。本届论坛以“知识产权与经济全球化：机遇与挑战”为主题，省知识产权局副局长赵旗出席论坛并致辞，300 多位来自美国、法国、韩国等国家以及国内各地知识产权专家、学者和官员的代表参加。

7 月 24 日，省知识产权局与日本国际知识产权保护论坛（IIPPF）代表团座谈会在南京召开。中日双方就知识产权保护现状、知识产权联合执法、“技术专家会议”机制等问题进行了讨论交流。省知识产权局副局长赵旗、省法院、省市场监管局代表出席了座谈会。

11 月 11 日，南京市人民政府和江苏省知识产权局在南京共同举办第四届紫金知识产权国际峰会。吴政隆省长会见了重要嘉宾，联合国世界知识产权组织高锐总干事发来视频贺词，国家知识产权局申长雨局长、欧洲专利局安东尼奥・坎普诺斯局长、省委常委、南京市委张敬华书记、省政府马秋林副省长出席开幕式并致辞；省人民政府副秘书长张乐夫，省市场监督管理局局长朱勤虎，省知识产权局局长支苏平，南京市领导徐曙海、蒋跃建，来自美国、德国、瑞典、荷兰、瑞士、波兰、韩国、新加坡等多个国家知识产权官员、企业代表和国内外院校、知识产权服务机构代表等 2000 余人参加本届峰会。

【知识产权国际交流合作】 2019 年，省知识产权局与欧洲、美洲等地多国开展互访。7 月，产业促进处副处长邓卫华等 2 人参加美国国际访问者领导项目并赴美国进行交流访问；9 月，为深化第二届紫金知识产权国际峰会成果，支苏平局长带队访问巴西和智利；9 月，宣传教育处曹江处长率知识产权交流团访问德国和捷克；12 月，规划发展处（对外交流合作处）牛勇处长一行访问白俄罗斯、俄罗斯。

7 月，日本国际知识产权保护论坛（IIPPF）代表团访问省知识产权局；9 月，美国专利商标局中国知识产权政策高级法律顾问孟旺贤（Michael Mangelson）等一行访问省知识产权局；11 月，欧洲专利局局长安东尼奥・坎普诺斯一行参观访问省知识产权局。

科学普及与科技团体

Science Popularization and Science & Technology Group

科学普及

Science Popularization

【概　况】 2019年江苏省具备科学素质的公民比例达12.70%，较2018年上升了1.19个百分点，继续蝉联全国省（区、市）第一。出台《江苏省乡村振兴农民科学素质提升行动实施方案（2019—2022年）》。

【组　织】 2019年，江苏省科学技术协会命名100个江苏省科普教育基地、命名省级科普惠农服务站60家。

【活　动】 江苏省科学技术协会开展2019年全国农民科学素质网络知识竞赛江苏赛区活动，参赛人数位居全国第三。常态开展“三下乡”，推广无人植保机、全自动滴灌设备等成果。持续实施科技助力脱贫致富奔小康工程，定点帮扶的12个村全部达标出列。推进援疆援青工作，援建新疆3个社区科普馆，组织科技专家赴兵团第四师开展技术交流；援建青海海南自治州科普大屏，举办农技协领班人培训，邀请海南州中小学生来宁观摩金钥匙总决赛。联合举办2019年全国科技活动周暨江苏省第31届科普宣传周和2019年“全国科普日”江苏省主场活动。科普周、科普日期间同步开展“院士专家进百校”活动，其中科普进校园217场、进社区52场、进乡村48场，全省各地联动开展各类科普活动4492项。举办第30届江苏省青少年科技创新大赛、第31届江苏省中小学生金钥匙科技竞赛。开通人民网江苏频道《科普江苏》栏目。为学习强国平台提供科普资源22期。开展新一批科技传播专家服务团队建设，认定服务团队150个，聘任首席科技传播专家230人。

【科普服务】 与江苏省科学技术协会共同完成2018年科普统计工作，开展“最美科技工作者评选”工作，推选科普工作者参加全国科普讲解大赛，参与全国科普讲解大赛的评审工作；联合江苏省生态环境厅做好2019年度国家生态环境科普基地申报工作；持续完善科普统计信息管理系统数据；联合江苏省科学技术协会共同开展2019年江苏省“全国科普日”活动；参加全国优秀科普读物评选活动，向科技部推荐了5套科普类图书；联合江苏省科学技术协会举办江苏省31届科普活动周；参加2019年度江苏省青少年科普基地评审活动，对南京、苏州、连云港、淮安近百家申报单位进行打分；参加第31届“金钥匙”青少年科技竞赛颁奖典礼。

科技团体活动

Science & Technology Group Activities

【概　况】 2019年，江苏省科学技术协会拥有和联系着151个自然科学、技术科学、工程技术及其相关学科组建的省级学会、协会、研究会（学会团体会员12159个，个人会员47.53万人），企业科协3150个、高校科协94个、农技协945家。全省设区市科协13个，县（市、区）科协96个，全省乡镇、街道科协1154个，全省注册科技志愿者18435人。

【科技活动】 2019年出台《关于加强江苏省科技社团党建工作的意见》，在全国科协党建工作会议上作专题发言；制作“蛟龙号”仿真模型等展品参加江苏省庆祝中华人民共和国成立70周年成就展，展现江苏科技工作者搏击科技前沿的风貌和荣光；组织开展省科协成立60周年系列活动；在北大举办“弘扬爱国奋斗精神、建功立业新时代”全省科技工作高层次人才培训班。组织“全国科技工作者日”系列活动，邀请西安交大话剧《追忆西迁年华——向西而歌》、吉林大学话剧《黄大年》等“共和国的脊梁——科学大师名校宣传工程”剧组来苏演出；推送“家国科学路”科学家系列微视频、科学家书信集等宣传作品，指导推动南京航空航天大学原创话剧《中国直升机泰斗王适存》纳入科学大师名校宣传工程剧目，开展“礼赞共和国、追梦新时代”系列宣传活动。

【科技人才服务】 向中国科协推荐工程院院士候选人17名，提名2019年度国家科学技术奖1项，推荐求是杰出青年成果转化奖、中国青年科技奖等国家级科技奖候选人25名；省科协青年科技人才托举工程资助青年科技人才100人；开展全省第二次科技工作者状况调查；落实《省科协走访慰问科技工作者实施办法》，慰问著名科学家和一线科技工作者代表18人次；为省内200余名做出突出贡献的科技工作者办理全民健身卡；建成全省科技工作者大数据库一期工程。

【学会建设】 制定第三轮“提升计划”实施方案，将创建“综合示范学会”调整为建设“一流学会”，强化过程控制和督查考核，经评审最终立项335项，涉及109个学会。省级学会办事机构中高学历科研人员、专业社工人才比例明显提高，理事会人员结构持续优化，监事会实现全覆盖。推动承能工作常态化开展，92家省级学会已承接165个公共服务项目。规范机关和事业单位人员在学会兼职，清理机关事业单位人员在7家直属学会的13个兼职。

【科协组织建设】 全面推进县乡村三级建立学校校长、医院院长、农技站长（农服中心主任）及高新企业董事长“四长”工作机制。全省95%的村（社区）成立科协组织。县级科协平均有2名以上“四长”担任兼挂职主席、副主席，同比增长25.7%；乡镇（街道）科协中，平均有2名担任兼挂职主席、副主席，同比增长4.6%。承办全国基层科协“三长论坛”，中国科协怀进鹏书记肯定江苏基层科协组织建设工作走在全国前列。

【信息化建设】 推进中国科协“智慧科协”样板间试点，完成“四大板块”互联互通，数据汇聚率达100%，位列全国省级科协第二。进一步优化科技人才服务、双创服务、科普服务、科技智库和政务信息化等五大网上服务平台，推动“线上+线下”服务体系建设。“科普云”信息服务系统科普资源总量达6.31 TB，其中自主研发2.24 TB。

【省会合作】 跟进28家签约的国家级学会重大学术活动进展，吸引国家级学会来苏开展第十四届全国营养科学大会、中国大数据创新发展高峰论坛等国家层面高层次学术交流活动26场，近2.3万人参会。推动省级学会、设区市科协与已签约国家级学会对接，联合服务企业392家，举行专项高端学术研讨150场次，达成合作项目230个。协调推动中国纺织工程学会、中国制冷学会等8家国家级学会及省工程师学会、省能源研究会分别在无锡、泰州等地创建院士领衔的10个协同创新中心。推动国家、省汽车工程学会助力“国家氢能源汽车检测公共平台”落地如皋。

【长三角一体化】 长三角三省一市科协共同签署《战略合作框架协议》，举办第十六届长三角科技论坛暨2019年江苏科技论坛。聚焦中国科协（苏州）海外人才创新创业离岸基地建设，举办苏州国际离岸创新创业峰会，8个项目成功签约。放大苏州离岸基地的示范效应，在南京江北新区等10个国家级园区试点建设10家省级离岸基地。打造海智大会品牌，举办第三届中国（连云港）国际医药技术大会、第二届无锡太湖（马山）生命与健康论坛等，吸引两院院士、国内外权威专家等数千人参会参展，64项重大项目签约。全年举办海智活动274场次，引进人才195人、项目209项。举办苏台现代农业与生物科技论坛、海峡两岸青年学生机器人擂台赛等活动，组织赴台交流团组15批241人次。

【参谋决策】 报送《科技工作者建议》14篇、《科技智库专报》6篇，评估报告1篇，获省领导批示16篇次。其中，《关于建设新材料原子基因工程科学设施推进原子制造科学技术高质量发展的对策建议》受到省委书记娄勤俭和马秋林副省长的批示。《关于江苏省贯彻落实〈国家中长期科学和技术发展规划纲要(2006—2020年)〉》情况的报告获得省长吴政隆批示。承接中国科协委托的“《国家中长期科学和技术发展规划纲要（2006—2020年）》长三角地区实施情况评估”“大湾区全国双创示范基地建设情况第三方评估”等项目。

【科技馆建设】 争取中央财政资金1504万元，支持省内11家科技馆实施免费开放。持续投入共计4600多万元，建成33套流动科技馆；2019年投入500万元，复制10套流动科技馆。开展省科普场馆绩效考评工作，对南京科技馆等优秀单位给予资金奖补。2019年命名省级科普教育基地100家，奖补优秀基地20家，认定省级科普产品研发基地10家。首次启动22家社会科普场馆扩大开放试点工作。截至2019年年底，全省共有科技馆(科技活动中心)21座，其中省级1座：江苏省科技馆；设区市6座：南京科技馆、无锡科技馆、南通科技馆、盐城市科技馆、扬州科技馆、泰州科技馆；县、市(市、区)14座：宜兴科技馆、新沂市科技馆、苏州市吴江区青少年科技文化活动中心，常熟市青少年活动中心，张家港科技馆、太仓市科技活动中心、启东市青少年科技馆、东海县科技馆、盱眙铁山寺天文科技馆、金湖县科技馆、盐城市大丰区未来科技馆、盐城市大丰港海洋科技馆、灌南科技馆、灌云科技馆。在建（重建）5座，分别是：镇江市科技馆、如东科技馆、海门科技馆、淮安市洪泽区科技馆、东台市科技馆。

【各级科协组织】 截至2019年年底，全省有设区市级科协13个；全部县（市、区）科协96个中，独立建制的83家，占比86.5%。苏州、镇江、泰州、连云港、淮安、盐城、宿迁等7个市所属县级科协全部独立建制。县级科协设立党组的43家，占比44.8%。县级科协领导班子成员进入同级人大或政协常委会的60家，占比62.5%。乡镇、街道科协1154家，实现全覆盖行政村及社区科协15787个。建立农技协945家，新增38家，初步实现涉农县全覆盖。全省建立高校科协94个，覆盖率达56.3%；规模以上企业科协3150家，占比78.3%；省级以上开发区设立科协组织101家，占比75.3%。市县科协全年组织举办科普宣讲活动约1.6万次，举办实用技术培训约1.4万场次，参加活动科技人员总数达8.1万人次，受众超过820万人次。

【第30届江苏省青少年科技创新大赛】 2019年3月23日，第30届江苏省青少年科技创新大赛在南京隆重开幕。本届大赛为期三天，主要活动包括开幕式、公开展示、封闭问辩、模拟创业计划路演、科学讨论会、专项奖颁奖等主要活动。经过县区级和市级的层层选拔，246个学生创新项目、62个科技辅导员创新项目入选省赛；13支代表队的305名学生、62名科技辅导员来宁参加终评；获得省一等奖的10项优秀科技实践活动项目和获得省一等奖的30幅优秀少年儿童科学幻想绘画作品参加展示。

【太湖（马山）生命与健康论坛】 2019年4月12日，太湖（马山）生命与健康论坛—第四届全球医药供应链峰会暨中国（无锡）国际医疗器械与医药供应链展览会在无锡开幕。来自全球生命健康领域的院士、专家、业界精英近3000人齐聚无锡参加论坛。论坛以“汇智健康，链通未来”为主题，为期三天时间，紧扣临床医学与医疗器械两大关键领域。开幕式上，《中国医药物流发展报告（2019版）》正式发布，15个项目进行了签约，并进行了专家演讲及展会启动仪式。

【全国疫苗与健康大会】 2019年4月21日，全国疫苗与健康大会在南京召开。来自国家卫生健康委、各级疾病预防控制和医疗卫生机构、科研院所、高等院校、相关学会的领导、专家学者、专业技术人员及预防接种相关企业代表等共计2500余人参加了会议。本次大会是我国以“疫苗与健康”为主题的首次全国性学术大会。会议期间，国家卫生健康委疾控局启动了以“防控传染病，接种疫苗最有效”为主题的2019年全国儿童预防接种日系列宣传活动。

【江苏省全民科学素质工作领导小组会议】 2019年4月29日，江苏省全民科学素质工作领导小组会议在江苏省省政府召开。调查结果显示，2018年江苏省公民具备科学素质的比例达11.51%，高于8.47%的全国平均水平，继续稳居全国省（区、市）第一。会议审议了《省全民科学素质工作领导小组成员单位2019年重点目标任务》和《2019年设区市全民科学素质工作重点目标任务》。

【江苏省第31届科普宣传周】 2019年5月12日，2019年江苏省“全国科技活动周”暨江苏省第31届科普宣传周在南京启动。活动以“科技强国、科普惠民”为主题。活动现场为省科协第四批首席科技传播专家颁发聘书，向省科普教育基地授牌。本届科普周期间，全省各地围绕活动主题将开展2000多项重点科普活动。

【2019年全国大众创业万众创新活动周江苏分会场启动仪式】 2019年6月13日，2019年全国大众创业万众创新活动周江苏分会场启动仪式在扬州举行。启动仪式上，发布了江苏省第三批42家省级双创示范基地名单；展示了扬州市“全国小微企业创业创新基地城市示范”建设成果；发布了2019“创青春”江苏青年创新创业大赛情况。

【2019年苏台现代农业与生物科技论坛】 2019年7月3日至6日，由江苏省人民政府台湾事务办公室、江苏省科学技术协会指导，江苏省科协农村技术服务中心、台湾生物资源暨农业经贸交流协会、江苏省农村专业技术协会、江苏省第十一批科技镇长团农业生态环境行动小组联合主办的“2019年苏台现代农业与生物科技论坛”成功举行，主题为“智慧型生态循环农业”的主论坛活动设在南通市如东县，绿色优质农产品品牌创建分论坛、农村一二三产业融合发展分论坛分别设在淮安市盱眙县和宿迁市泗阳县。

【中国海智2019年苏州离岸创新创业峰会】 2019年7月10日，中国海智2019年苏州离岸创新创业峰会在苏州工业园区举办，国内临床医疗及医疗器械相关行业协会、海外离岸基地及省内海智基地负责人、国内著名重点专科医院、高等院校等相关单位企业约200余人出席会议。此次峰会以人工智能和大健康为主题，邀请人工智能、生命科学等相关领域的国际国内知名专家学者共同探讨产业创新与发展。日本工程院院士、欧盟科学院院士任福继、美国运动科学院院士朱为模院士、澳大利亚工程院院士Marwan Jabri等4位国内外院士到会作主题演讲。便携式人工智能诊疗装备、小核酸基因及小分子靶向药物、抗真菌纳米材料及其应用等8个项目成功签约，金额高达25亿元。

【沪苏浙皖科协服务长三角一体化发展战略合作签约仪式】 2019年8月23日，沪苏浙皖科协服务长三角一体化发展战略合作签约仪式在上海科学会堂举行，《服务长三角一体化发展战略合作框架协议》完成签约，标志着沪苏浙皖科协合作宣告进入了一个全新的阶段。

【第三届中国（连云港）国际医药技术大会】 2019 年 8 月 25 日，以“顺势而动 向新而行”为主题的第三届中国（连云港）国际医药技术大会、第 36 届全国医药工业信息年会在连云港市开幕。本届医药技术大会共有 204 名海外专家携 265 个项目报名参会，还征集发布连云港医药企业人才项目技术需求 302 项，共有 74 个项目达成合作意向。

【2019 年江苏科技论坛】 2019 年 9 月 5 日，第十六届长三角科技论坛暨 2019 年江苏科技论坛在南京国际博览中心开幕。此次论坛是纪念江苏省科协成立 60 周年系列活动之一，除主论坛外，还设置了长三角科技创新高质量一体化发展专题论坛、“人工智能 +”专题国际论坛，前沿技术产业对接圆桌会议及 27 场专题分论坛，旨在集聚学者智慧，增进合作共识，进一步凝聚更多科技工作者投身创新创业，推动区域协同，有效推动长三角区域高质量发展。

（江苏省科学技术协会　王亮）

2019 年江苏省省级学会名录

学会编码	名　称	支撑单位
A001	江苏省数学学会	南京大学
A002	江苏省物理学会	南京大学物理学院
A003	江苏省力学学会	河海大学
A004	江苏省声学学会	南京大学
A005	江苏省天文学会	南京大学
A006	江苏省气象学会	江苏省气象局
A007	江苏省地质学会	江苏省国土资源厅
A008	江苏省地理学会	中国科学院南京地理与湖泊研究所
A009	江苏省地球物理学会	中国石油化工股份有限公司石油物探技术研究院
A010	江苏省古生物学会	中国科学院南京地质古生物研究所
A011	江苏省海洋湖沼学会	中国科学院南京地理与湖泊研究所
A012	江苏省地震学会	江苏省地震局
A013	江苏省动物学会	南京师范大学
A014	江苏省植物学会	江苏省中国科学院植物研究所
A015	江苏省昆虫学会	江苏省农业科学院
A016	江苏省微生物学会	南京师范大学
A017	江苏省生物化学与分子生物学会	中国药科大学
A018	江苏省植物生理学会	江苏省农业科学院
A019	江苏省遗传学会	南京农业大学
A020	江苏省心理学会	南京师范大学
A021	江苏省生态学会	南京林业大学
A022	江苏省环境科学学会	江苏省生态环境厅
A023	江苏省岩土力学与工程学会	解放军理工大学工程兵工程学院

续表

学会编码	名　称	支撑单位
A024	江苏省野生动物保护协会	江苏省林业局
A025	江苏省系统工程学会	南京理工大学
A026	江苏省环境诱变剂学会	东南大学公共卫生学院
A027	江苏省工业与应用数学学会	东南大学
A028	江苏省遥感与地理信息学会	中国科学院南京地理与湖泊研究所
B001	江苏省机械工程学会	江苏太平洋精锻科技股份有限公司
B002	江苏省汽车工程学会	南京汽车集团有限公司
B003	江苏省农业机械学会	江苏省农业机械管理局
B004	江苏省农业工程学会	农业农村部南京农业机械化研究所
B005	江苏省电机工程学会	国网江苏省电力公司
B006	江苏省电工技术学会	东南大学
B007	江苏省水力发电工程学会	河海大学
B008	江苏省水利学会	江苏省水利厅
B009	江苏省内燃机学会	江苏大学
B010	江苏省工程热物理学会	东南大学
B011	江苏省制冷学会	—
B012	江苏省真空学会	东南大学
B013	江苏省自动化学会	东南大学自动化学院
B014	江苏省仪器仪表学会	东南大学
B015	江苏省计量测试学会	江苏省质量技术监督局
B016	江苏省标准化协会	江苏省质量技术监督局
B017	江苏省工程图学学会	东南大学
B018	江苏省电子学会	江苏省经济和信息化委员会
B019	江苏省计算机学会	南京大学
B020	江苏省通信学会	江苏省通信管理局
B021	江苏省测绘地理信息学会	江苏省测绘地理信息局
B022	江苏省造船工程学会	江苏省交通运输厅
B023	江苏省航海学会	江苏省交通运输厅
B024	江苏省铁道学会	上海铁路局南京办事处
B025	江苏省公路学会	江苏省交通运输厅
B026	江苏省航空航天学会	南京航空航天大学
B027	江苏省军工学会	江苏省国防科工办
B028	江苏省金属学会	江苏省国信资产管理集团有限公司
B030	江苏省化学化工学会	—

续表

学会编码	名　称	支撑单位
B031	江苏省核学会	苏州热工研究院有限公司
B032	江苏省石油学会	中石化金陵石化公司
B033	江苏省煤炭学会	江苏煤矿安全监察局
B034	江苏省能源研究会	东南大学
B035	江苏省硅酸盐学会	江苏省建筑科学研究院有限公司
B036	江苏省土木建筑学会	江苏省建筑科学研究院有限公司
B037	江苏省室内设计学会	南京林业大学
B038	江苏省纺织工程学会	江苏省苏豪控股集团有限公司
B039	江苏省造纸学会	南京林业大学
B040	江苏省食品科学技术学会	江南大学
B041	江苏省安全生产科学技术学会	江苏省应急管理厅
B042	江苏省烟草学会	江苏省烟草专卖局（公司）
B043	江苏省振动工程学会	东南大学振动中心
B044	江苏省颗粒学会	南京理工大学
B045	江苏省照明学会	南京工业大学电光源材料研究所
B046	江苏省复合材料学会	南京航空航天大学
B047	江苏省消防协会	江苏省公安厅
B048	江苏省分析测试协会	江苏省生产力促进中心
B049	江苏省锅炉学会	南京师范大学
B050	江苏省光学学会	南京大学
B051	江苏省轻工协会	南京工业职业技术学院
B052	江苏省微电脑应用协会	国网电力科学研究院 / 南瑞集团公司
B053	江苏省低碳技术学会	南京鼓楼科技产业园
B054	江苏省工程师学会	—
B055	江苏省地热能源学会	江苏省地质矿产勘查局
B056	江苏省人工智能学会	南京大学
B057	江苏省铸造学会	南京工程学院
B058	江苏省综合交通运输学会	—
C001	江苏省农学会	江苏省农业科学院
C002	江苏省林学会	江苏省林业局
C003	江苏省土壤学会	中国科学院南京土壤研究所
C004	江苏省水产学会	江苏省淡水水产研究所
C005	江苏省园艺学会	江苏省农业科学院
C006	江苏省畜牧兽医学会	江苏省农业科学院

续表

学会编码	名　称	支撑单位
C007	江苏省植物病理学会	江苏省农业科学院
C008	江苏省作物学会	江苏省农业委员会
C009	江苏省蚕桑学会	江苏省苏豪控股集团有限公司
C010	江苏省水土保持学会	南京林业大学
C011	江苏省茶叶学会	江苏省农业技术推广总站
C012	江苏省原子能农学会	江苏省农业科学院农业设施与装备研究所
C013	江苏省农业资源与区划学会	江苏省农业委员会
C014	江苏省农业资源开发学会	江苏省农业资源开发局
C015	江苏省农村专业技术协会	江苏省科学技术协会
D001	江苏省医学会	江苏省卫生健康委员会
D002	江苏省中医药学会	江苏省中医药发展研究中心
D004	江苏省药学会	江苏省食品药品监督管理局
D005	江苏省护理学会	江苏省卫生健康委员会
D006	江苏省生理科学学会	—
D007	江苏省解剖学会	南京医科大学
D008	江苏省生物医学工程学会	东南大学
D009	江苏省病理生理学会	南京医科大学
D010	江苏省营养学会	—
D011	江苏省药理学会	中国药科大学
D013	江苏省心理卫生协会	南京脑科医院
D014	江苏省抗癌协会	江苏省肿瘤医院
D015	江苏省体育科学学会	—
D016	江苏省免疫学会	南京医科大学
D017	江苏省预防医学会	江苏省疾病预防控制中心
D018	江苏省计划生育研究会	江苏省卫生健康委员会
D019	江苏省超声医学工程学会	江苏省人民医院超声科
D020	江苏省发育生物学学会	南京大学
D021	江苏省抗衰老学会	江苏省人民医院
D022	江苏省毒理学会	南京医科大学
D023	江苏省健康管理学会	江苏省老年医院
D024	江苏省卒中学会	南通大学附属医院
D025	江苏省药物研究与开发协会	江苏省高新技术创业服务中心
E001	江苏省自然辩证法研究会	南京林业大学
E002	江苏省技术经济与管理现代化研究会	江苏省经济和信息化委员会

续表

学会编码	名　称	支撑单位
E003	江苏省应用统计研究会	南京理工大学经济管理学院
E004	江苏省科技情报学会	江苏省科学技术情报研究所
E005	江苏省科学学与科研管理研究会	—
E006	江苏省工业设计学会	南京理工大学
E007	江苏省工艺美术学会	—
E008	江苏省科普作家协会	科学大众杂志社
E009	江苏省青少年科技教育协会	江苏省科学技术协会
E010	江苏省科教电影电视协会	江苏省科学技术协会
E011	江苏省科技期刊学会	南京市科技信息研究所
E012	江苏省土地学会	江苏省国土资源厅
E013	江苏省老科技工作者协会	江苏省科学技术厅
E014	江苏省对外科学技术促进会	江苏省科学技术协会
E015	江苏省公共关系协会	—
E016	江苏省人力资源学会	江苏百得人力资源集团
E017	江苏省科普美术家协会	南京艺术学院
E018	江苏省科技翻译工作者协会	江苏省科学技术情报研究所
E019	江苏省企业发展工程协会	—
E020	江苏省科普场馆协会	江苏省科学技术协会
E021	江苏省人才创新创业促进会	江苏省委组织部
E022	江苏省科技服务业研究会	江苏省高新技术创业服务中心
E023	江苏省大众创业万众创新研究会	江苏省科学技术协会
F001	江苏省高等学校科学技术协会	东南大学

（江苏省科学技术协会　王亮）

行业科技

Industrial Science & Technology

经济与信息科技

Economy and Information Science & Technology

【概　况】 2019年，江苏省经济和信息化委员会各方面工作实现新突破。新增国家技术创新示范企业3家，累计已达45家，累计数居全国前列。加强省制造业创新中心试点培育工作，累计试点8家（其中国家级1家）、滚动培育28家。截至2019年年底，全省省级以上企业技术中心数量达2564家，其中国家企业技术中心120家、省级企业技术中心2444家（工业类2178家、软件类135家、建筑类131家）。

【重大技术攻关】 立足核心技术自主可控，采取招标、揭榜等方式，凝聚各方力量推进核心技术攻关，着力攻克制约产业发展的关键技术瓶颈问题。一是建立短板技术库。梳理重点产业领域关键技术（产品）攻关清单，形成175项技术项目库。二是开展产业链技术评估。组织对先进制造业集群产业链进行技术评估，完成“关节型机器人”和“智能网联汽车”2条产业链评估，启动了“碳纤维及应用”等第二批10条产业链技术评估。三是组织核心技术攻关。制定2019年核心技术攻关任务揭榜工作方案，提出首批核心技术揭榜攻关任务，遴选了17家揭榜单位、20家入围单位进行23项核心技术攻关。

【新技术新产业新业态】 一是推进人工智能产业发展。深入贯彻中央《关于促进人工智能和实体经济深度融合的指导意见》，完善了220家重点企业库、55项关键技术库，建立了技术专家库。围绕省委网信办信息领域重大专题，开展“江苏省加快推进人工智能产业发展”“江苏人工智能产业发展现状与思考”等课题研究。大力推进省人工智能产业发展联盟筹建，积极推动韩国SK集团与南京大学开展人工智能研究合作。组织相关企业参加了世界人工智能大会（上海）等活动。二是引导加大创新投入。组织实施《江苏省重点技术创新项目导向计划（2019年）》，引导企业进行1631项技术开发，为落实研发费用加计扣除政策提供操作依据。三是加强推广应用。推动企业研发国际先进、国内领先重点新产品900个，编制发布《省重点推广应用的新技术新产品目录》，省级重点推广新技术新产品1664项，支持出台新技术新产品推广鼓励政策。

【质量品牌工作】 以提升全员质量素质为目标，积极开展群众性质量活动，着力提高江苏产品和服务质量水平。一是夯实基础。制定了年度质量品牌重点工作计划，开展《品牌培育管理体系》国家标准宣贯。二是品牌宣传。开展年度“自主工业品牌五十强”宣传活动，综合利用报刊、网络等全媒体手段进行宣传，扩大了江苏制造品牌的影响力。组织参加“中国工业品牌之旅”“中国品牌日”“江苏品牌发展峰会”等品牌宣传活动。三是标准领航。围绕重点产品领域，引导企业制订超越国际、国家或行业标准的企业标准，按照先进标准组织生产，培育领航标准产品121项。四是树立标杆。累计培育全国质量标杆22个，认定省级质量标杆16个，部署开展省级质量标杆交流活动；积极引导企业按照《卓越绩效评价准则》的要求建立管理体系，全国质量奖累计获奖企业达

21家。五是推动知识产权和标准工作。组织工信部工业企业知识产权运用试点企业申报，209家企业被工信部确认；完成《信息化和工业化融合实施指南》地方标准编制，《第三方物流智能仓库管理标准》等4项列入省地方标准研制计划。

【中小企业创新】 一是着力提升中小企业专业化发展能力和水平。①研究制定《江苏省千企升级行动计划》。按照省委省政府的部署要求，围绕先进制造业集群培育，研究制定《江苏省千企升级行动计划》，计划通过3年时间，培育形成10000家具有“专精特新”特色的培育库企业，推进1000家企业成为在国内市场占有率位居前列的专精特新小巨人企业，争创100家国家制造业“单项冠军”和专精特新“小巨人”企业，形成江苏省制造业高质量发展的中坚力量。②加强示范引领。省市县联动，建立专精特新小巨人企业培育体系，截至目前，全省累计认定培育专精特新小巨人企业8000多家，其中省级认定973家。围绕13个重点产业集群和基础零部件、关键基础材料、先进装备等细分领域及新模式新业态，2019年新认定250家省级专精特新小巨人企业，比上年增加67家。其中：专精特新产品100个、小巨人企业（制造类）100家、小巨人企业（创新类）50家。18家企业被认定为首批国家专精特新“小巨人”企业，争创第四批国家制造业单项冠军18家，累计76家，位居全国前列。③加大政策支持和服务。落实《省政府关于加快发展先进制造业振兴实体经济若干政策措施的意见》，对第三批25家国家单项冠军示范企业（产品），安排奖励资金2500万元。省级专项资金安排专精特新小巨人企业项目120个，扶持资金育7695万元，比上年增长49.5%。与省股权交易中小共同打造“专精特新板”，累计挂牌企业440家，实现股权融资15.9亿元，债权融资3350万元。

二是积极推动大中小企业融通发展。推荐江阴高新区、泗阳经济开发区获批第二批国家级“双创”升级特色载体，中央财政分3年给予5000万元专项资金支持，累计达3家。会同省发改委、财政厅、国资委制定印发《江苏省促进大中小企业融通发展三年行动实施方案》，明确大中小企业融通发展工作思路、目标和举措，促进龙头企业提升与中小企业协同创新能力。组织特色载体总结编写龙头骨干企业带动引领产业链上下游中小企业创新发展的典型案例，面向全省先进制造业集群推广可复制经验。

2019年江苏省省级以上企业技术创新载体地区分布情况（1）

地区	国家技术创新示范企业		国家企业技术中心		省级企业技术中心		省级以上企业技术中心	
	数量	占比（%）	数量	占比（%）	数量	占比（%）	数量	占比（%）
全省合计	45	100	120	100	2444	100	2564	100
南京	12	26.7	16	13.3	298	12.2	314	12.2
无锡	4	8.9	17	14.2	252	10.3	269	10.5
徐州	2	4.4	6	5.0	111	4.5	117	4.6
常州	2	4.4	12	10.0	195	8.0	207	8.1
苏州	7	15.6	28	23.3	582	23.8	610	23.8
南通	2	4.4	9	7.5	236	9.7	245	9.6

续表

地区	国家技术创新示范企业		国家企业技术中心		省级企业技术中心		省级以上企业技术中心	
	数量	占比（%）	数量	占比（%）	数量	占比（%）	数量	占比（%）
全省合计	45	100	120	100	2444	100	2564	100
连云港	5	11.1	6	5.0	51	2.1	57	2.2
淮安	0	0.0	1	0.8	69	2.8	70	2.7
盐城	3	6.7	6	5.0	153	6.3	159	6.2
扬州	3	6.7	4	3.3	202	8.3	206	8.0
镇江	2	4.4	6	5.0	85	3.5	91	3.5
泰州	3	6.7	8	6.7	146	6.0	154	6.0
宿迁	0	0.0	1	0.8	64	2.6	65	2.5

2019 年江苏省省级以上企业技术创新载体地区分布情况（2）

地区	省级工业企业技术中心		省级建筑企业技术中心		省级软件企业技术中心	
	数量（家）	占比（%）	数量（家）	占比（%）	数量（家）	占比（%）
全省合计	2178	100	131	100	135	100
南京	202	9.3	27	20.6	69	51.1
无锡	231	10.6	2	1.5	19	14.1
徐州	100	4.6	6	4.6	5	3.7
常州	186	8.5	7	5.3	2	1.5
苏州	547	25.1	10	7.6	25	18.5
南通	204	9.4	31	23.7	1	0.7
连云港	45	2.1	4	3.1	2	1.5
淮安	66	3.0	3	2.3	0	0.0
盐城	147	6.7	5	3.8	1	0.7
扬州	185	8.5	14	10.7	3	2.2
镇江	75	3.4	6	4.6	4	3.0
泰州	129	5.9	13	9.9	4	3.0
宿迁	61	2.8	3	2.3	0	0.0

高校科研工作

Scientific Research of Universities

【概　况】 全省高校拥有科技人力资源82791人，其中教师55139人，其他技术职务系列人员27652人。全省高校通过各种渠道共获得科技经费244.73亿元，比上年增加38.69亿元，增长18.78%。全省高校出版科技著作369部，大专院校教科书624部，编著142部。发表科技论文110356篇，比上年增长8.81%；另有SCIE收录40238篇，EI收录23158篇，ISTP收录4094篇。全省高校共拥有上级主管部门批准的科技活动机构957个（其中R&D机构883个，比上年增长9.01%）。

【科技体制机制改革】 引导高校进一步建立健全科技管理体系、制度体系、服务支撑体系，推动“科技改革30条”等科技创新和改革政策落地生效。截至2019年6月，73所省属高校已全部制定或修订所在学校贯彻落实“科技改革30条”等科技创新和改革政策的配套制度和具体实施办法。从扩大高校科研管理自主权、完善科研经费管理方式、鼓励师生创新创业、促进科研成果转移转化、推动产学研深入融合等方面加以跟进和配套，充分调动了广大科研人员科技创新和服务发展的积极性，政策效应明显。全省高校2019年共获科技经费244.73亿元，同比增长18.78%；其中受企事业单位委托科技经费90.12亿元，同比增长15.55%。

【高校协同创新计划】 发布2018年度江苏高校协同创新年度报告，完成2018年度江苏高校协同创新专项资金绩效自评价工作。围绕区域和行业产业发展的重大需求和关键共性问题，建立健全江苏高校协同创新机制，有效集聚创新资源，积极开展协同攻关，取得了明显成效。组织32所高校牵头组建的48个江苏高校协同创新中心与省内先进制造业集群对接，开展项目推介路演和成果转移转化合作洽谈，集中签约一批转移转化合同。积极组织申报教育部第二批省部共建协同创新中心，获批4个，数量居全国第一。截至2019年年底，入选国家“2011协同创新中心”5个，数量居全国第二；获教育部认定省部共建协同创新中心8个，数量居全国第一；建设江苏高校协同创新中心76个；成立校级协同创新中心278个。

【高校基础研究】 支持有关高校组建重大科技基础设施和前沿科学中心，协调和推动教育部与省政府共建作物表型组学研究重大科技基础设施，推动国家林业和草原局与江苏省政府共建林业化学与材料国际创新高地。

【科技创新平台】 支持高校申报各类科技平台，打造集聚创新人才和组织高水平科研的重要载体。2019年获批教育部工程研究中心7个，数量居全国第二；获批国地联合工程研究中心2个、省级大学科技园1个。截至2019年年底，全省高校共有科技创新平台7738个，其中国家（重点）实验室、工程实验室28个，国家工程（技术）研究中心15个，国家大学科技园15个，国家地方联合工程研究中心（实验室）26个，省部级重点实验室、工程（技术）研究中心1175个，省部级及以上科技创新团队625个。扩大对高校青年科技创新人才队伍的支持力度和覆盖面，立项省高校自然科学研究重大项目149项、面上项目798项，立项建设省高校优秀科技创新团队57个。全省高校在研各类科技项目6.52万项，同比增长14.14%；其中受企事业单位委托科技项目3.21万项，同比增长27.81%。

【知识产权】 不断加强知识产权管理机构建设，进一步完善知识产权各项工作机制和管理服务体系，推动7所高校2019年知识产权贯标工作。组织全省高校开展“4·26”知识产权周系列活动，开展知识产权知识竞赛、知识产权专题报告、专家大讲坛等活动，推荐申报知识产权领军人才和骨干人才。全省高校共实现技术转让3369项（其中专利所有权转让及许可

2574 件，其他知识产权转让及许可 201 件），合同金额 7.75 亿元，当年实际收入 4.41 亿元。向国有企业转让 460 项，向外资企业转让 24 项，向民营企业转让 2732 项，向其他单位转让 153 项。

全省高校共申请专利 47824 件，比上年增长 3.07%，其中申请国际专利 755 件、发明专利 32147 件、实用新型 13630 件、外观设计 2047 件；授权专利 27989 件，比上年增长 14.86%，其中授权国际专利 399 件、发明专利 13167 件、实用新型 13110 件、外观设计 1712 件；发明专利申请量和授权量分别比上年增长 7.16% 和 11.82%。截至 2019 年年底，全省高校专利拥有数 98826 件，比上年增加 10254 件，增长 11.58%；发明专利拥有数 55109 件，比上年增加 5867 件，增长 11.91%。

【科技奖励】 4 件专利获第二十一届中国专利银奖、7 件专利获优秀奖，占全国高校获奖总数的 13.58%，获奖数量位居全国第二；2 件专利获第十一届省专利项目金奖，8 件专利获优秀奖，占获奖总数的 16.67%。南京工业大学入选首批高校国家知识产权信息服务中心。2019 年，全省高校获国家科学技术奖通用项目 29 项，占全国高校通用项目获奖总数的 14.08%，获奖数量位居全国第二，占全省通用项目获奖总数的 52.73%；获教育部高等学校科学研究优秀成果奖（科学技术）通用项目 64 项，占通用项目获奖总数的 21.84%，获奖数量位居全国第二；获江苏省科学技术奖 191 项、省基础研究重大贡献奖 2 位、省青年科技杰出贡献奖 5 位，分别占获奖数的 69.96%、100%、50%。

全省高校共获 2019 年度教育部高等学校科学研究优秀成果奖（科学技术）奖通用项目 64 项，占通用项目获奖总数的 21.84%，获奖数量位居全国省（区、市）第二。其中，获自然科学奖 22 项、技术发明奖通用项目 9 项、科学技术进步奖通用项目 33 项，分别占获奖数的 18.33%、20.45%、25.58%。另有苏州大学刘庄教授获青年科学奖。全省高校共获 2019 年度江苏省科学技术奖 191 项，占获奖项目总数的 69.96%，其中获一等奖 35 项、二等奖 57 项、三等奖 99 项，分别占获奖总数的 77.78%、70.37%、67.35%；共有 2 人获省基础研究重大贡献奖、5 人获省青年科技杰出贡献奖。

【实验室和网络安全信息化管理】 在全国率先发布《江苏高等学校实验室安全工作规程（试行）》，编纂《高校实验室安全手册》，组织开展高校实验室安全自查自纠和 2019 年度高校实验室安全现场检查工作。对部分高校科研实验室和网络安全进行督查和明察暗访。强化教育信息化和网络安全管理。全面实施教育信息化 2.0 行动计划，完善教育信息化管理机制，落实网络安全责任制。

【产学研合作】 通过组织高校参加各类信息发布会、科技洽谈会、产学研合作大会、科技成果展示会等活动，加强高校与各地、行业、企业的需求对接，推动科技成果与资本、需求、市场的有效对接。支持高校与地方政府、高新技术园区共建研究院和研发平台，推动高校科研实验室和重大科研仪器设备对社会开放共享，引导高校主动服务经济社会发展。

【科技成果转移转化】 5 所高校获批首届高校科技成果转化和技术转移基地，数量居全国第一。截至 2019 年年底，全省高校与地方政府、园区、企业共建科技平台 2219 个，其中与市县、高新开发区共建研究院、科研平台 495 个，与企业合作共建科研实验室、研究中心 1724 个。全省高校 2019 年技术交易合同成交数达 2.34 万项，同比增长 22.05%，技术合同成交额 112.88 亿元；新增参与承担省重大科技成果转化专项资金项目 37 项，占立项总数的 36.27%。

【科技项目】 全省高校共承担科技项目 65205 项，比上年增长 14.14%。共投入科技人员 28488.1 人年，投入经费 172.35 亿元，支出经费 142.65 亿元，参与项目的研究生共 99770 人。按照性质分：基础研究项目 22530 项，应用研究项目20238项，试验与发展项目7057项，R&D成果应用项目8423项，其他科技服务项目6957项。按照学科分：自然科学项目12236项，工程与技术项目38305项，医药科学项目8833项，农业科学项目5831项。按照来源分：973计划108项，投入经费0.21亿元；国家科技支撑计划75项，投入经费0.38亿元；863计划15项；科技重大专项336项，投入经费4.31亿元；国家重点研发计划1888项，投入经费19.63亿元；国家自然科学基金项目14171项，投入经费27.41亿元；主管部门科技项目2344项，投入经费11.3亿元；国家部委其他科技项目1446项，投入经费8.2亿元；省（市、区）科技项目4821项，投入经费9.14亿元；企事业单位委托科技项目32108项，投入经费82.1亿元。

全省高校共有152项国家级项目通过验收，其中973计划20项、国家科技支撑计划8项、863计划1项、国家自然科学基金重点项目61项、军工项目62项。全省高校共获2019年度国家科学技术奖通用项目29项（其中主持17项），占全国高校通用项目获奖总数的14.08%，获奖数量位居全国省（区、市）第二；占全省通用项目获奖总数的52.73%。其中，获自然科学奖3项、技术发明奖通用项目7项、科学技术进步奖通用项目19项，分别占全国高校通用项目获奖数的8.57%、15.91%、14.96%，占全省通用项目获奖数的100%、70%、45.24%。其中，河海大学参与完成的“长江三峡枢纽工程”项目、江苏科技大学参与完成的“海上大型绞吸疏浚装备的自主研发与产业化”项目分别获得国家科学技术进步奖特等奖。

国土资源科技

Land and Resources Science & Technology

【概　况】 2019年江苏省自然资源厅紧紧围绕中心工作和《自然资源科技创新发展规划纲要》开展科技工作，持续推进自然资源科技创新，用科技创新推动自然资源事业高质量发展。

【科技管理】 针对机构改革后科技融合发展需求，江苏省自然资源厅制定了《江苏省自然资源厅科技创新项目管理办法》，进一步规范完善自然资源科技项目管理工作。江苏省自然资源厅成立了由江苏省自然资源厅主要领导担任主任的标准化管理委员会，负责统筹协调全省自然资源系统标准化工作发展战略、长远规划及重要事项，推进自然资源各项业务特别是业务标准的融合。江苏省自然资源厅将“江苏国土资源智库”更名为“江苏自然资源智库”（简称“智库”），并对智库管理委员会与学术委员会组成人员进行了调整。2019年10月，江苏自然资源智库2019年度学术委员会工作会议在南京召开。智库累计发表16期28篇专家咨政建议，其中4篇获得省部级以上领导批示，有效发挥了智库对省自然资源工作的支撑作用。

【科技队伍】 为充分发挥人才创新创造活力，加快培育集聚创新型人才队伍，江苏省自然资源厅坚持人才是第一资源的思想，组织推荐人员参加自然资源部组织开展的高层次科技创新人才评选，共有13人获批入选。

【科技创新平台】 江苏省自然资源厅积极申报新的科研平台，同时不断加强已有平台建设。2019年2月自然资源部国土（耕地）生态监测与修复工程技术创新中心获自然资源部批准建设，2019年10月江苏省遥感数据处理与服务军民融合创新平台获江苏省军民融合发展办公室批准设立。江苏省自然资源厅积极推进卫星应用技术融入自然资源主体业务，加强江苏省国土资源卫星应用技术中心建设，提高其服务能力。因基础条件好、应用成效显著，2019年该中心被自然资源部确定为贯通部、省、市、县（乡）卫星应用技术体系建设试点，并与自然资源部国土卫星遥感应用中心和国家卫星海洋应用中心建立了无障碍实时数据链路，对下实现13个地级市、3个省直管县、4所高校的卫星数据连通，建立了无锡、泰州和连云港3个卫星应用区域性分中心，设立了南通、盐城、连云港3个沿海设区市海洋管理部门海洋卫星应用节点,实现了省内卫星数据链路、技术支撑、应用服务的陆海统筹贯通。江苏省成为全国自然资源系统第一个构建并贯通国土、海洋两大卫星应用技术体系的省份，在卫星应用领域真正实现了“陆海统筹”。

【标准化工作】 江苏省自然资源厅扎实做好自然资源标准化工作,积极组织申报国家、省、行业标准，共有 4 个项目被列入 2019 年度自然资源部国家标准和行业标准计划，6 个项目被列入 2019 年度第一批江苏省地方标准项目计划。江苏省自然资源厅组织开展了全省自然资源系统基层所标准化建设工作，用标准规范工作行为,维护行业秩序,用标准规范内部管理，提升管理水平。《基层国土资源所服务业标准化》被列入省市场监督管理局 2019 年度江苏省标准化试点项目。

【科技项目】 江苏省自然资源厅印发了《2019 年度江苏省自然资源科技项目指南》，组织开展了年度自然资源科技项目申报立项工作，共有 45 个项目获批立项。江苏省自然资源厅建立了海洋类科技项目储备库，组织开展了海洋科技创新项目申报立项工作，共有 4 个项目获批立项。江苏省自然资源厅积极组织开展省部级科技奖励提名工作，多个项目获得国家及省部级科技奖项，其中徐州市局参与的《土地调查监测空地一体化技术开发与装备研究》项目获得 2018 年度国家科学技术进步奖二等奖；省测绘工程院参与的《高精度多模多频 GNSS 基准站网关键技术及应用》项目获 2018 年度江苏省科学技术一等奖；省海洋经济监测评估中心参与的《面线基元关联的高分辨率遥感影像分析关键技术与应用》项目获得 2018 年度江苏省科学技术三等奖。

【科普工作】 江苏省自然资源厅开展第 50 个世界地球日宣传纪念活动，开展了纪念第 50 个世界地球日主题报告会、户外健步宣传和广场咨询等系列活动。并首次开展了地球日主题宣传好项目评比活动，评选出好项目 15 个，优秀组织奖 7 个，极大地调动了市县自然资源部门科普工作的积极性。结合“珍惜海洋资源，保护海洋生物多样性”的相关要求，江苏省自然资源厅开展了第 11 个“世界海洋日”和第 20 个“全国海洋宣传日”宣传活动，努力提高全民在海洋生态系统保护和修复方面的海洋意识。江苏省自然资源厅首次举办了山水林田湖草综合性科普培训，并举办首届江苏省自然资源科普讲解大赛、首届科普作品创作与大众科普培训班。

【国际交流合作】 为贯彻落实“一带一路”建设倡议，江苏省自然资源厅召开专题讲座，邀请中国地质调查局科技外事部、南京中心、天津中心的地质专家进行“一带一路”境外地质调查专题讲座。

建筑科技

Construction Science & Technology

【概　况】 2019 年，江苏省住房和城乡建设厅全面贯彻落实党的十九大和十九届二中、三中、四中全会精神，聚焦绿色建筑与建筑节能、建筑产业现代化、建设科技、工程建设标准化、BIM 技术应用等领域，开拓创新，狠抓落实，推动江苏建设科技高质量发展。

【绿色建筑】 全年新增绿色建筑面积（按绿色建筑相关标准设计、施工并通过竣工验收的建筑面积）16649 万平方米，城镇绿色建筑占新建建筑比例达 96.19%，同比提高约 9 个百分点；新增标识项目 1348 项、共 1.38 亿平方米，同比增长 67.80%，其中二星级及以上标识项目 12007.3 万平方米、运行标识项目 86 项。高星级绿色建筑数量和比例大幅提升，标识项目规模及增速继续保持全国领先。通报表扬了绿色建筑突出贡献集体 6 个、突出贡献个人 11 名；18 个绿色建筑项目获“省绿色建筑创新项目”称号。全年共完成 52 个省级示范项目（包括城市/城区）验收评估，项目验收和绩效评估工作取得新进展。

【节能建筑】 城镇新建民用建筑全面执行65%节能标准，当年新增节能建筑面积17309万平方米，其中居住建筑13436万平方米、公共建筑3872万平方米；新增既有建筑节能改造面积851万平方米，其中居住建筑312万平方米、公共建筑539万平方米。新增建筑能耗统计项目5591项、分项计量项目61项、能效测评标识项目389项。新增可再生能源建筑应用面积8428万平方米，其中太阳能光热建筑应用面积8189万平方米（居住建筑7162万平方米、公共建筑1027万平方米）、浅层地热能建筑应用面积240万平方米。

【建筑产业现代化】 2019年新开工装配式建筑项目面积3813.43万平方米，新开工装配式建筑比例为23%，超额完成年度目标任务。推荐2个城市、2个园区和10个单位申报第二批国家装配式建筑示范城市和产业基地。通过申报评选，确定3个示范园区、43个示范基地、27个示范项目共73个省级示范，累计开展308个省级示范建设。推进省装配式建筑施工、监理企业（第二批）的复审认定，累计64家设计单位、114家施工单位、154家监理单位和191家部品部件生产基地进入省级名录。累计开展204项装配式建筑科研项目研究，出台相关标准18项，标准设计10项，在编相关标准22项，标准设计10项。编制预制混凝土构件生产、装配化施工、质量检测、BIM应用4个职业能力培训、考核规范（初稿）。指导省建筑产业现代化创新联盟举办了首届全省装配式建筑职业技能竞赛。

【科技管理】 组织专家对11项“新技术、新工艺、新材料”进行审定，完成55项建设科技成果推广项目评估认定，有效推进了建设科技创新成果在工程中落地开花。完成34项课题验收评估，推荐27个项目获批立项住房城乡建设部科技项目。“工程建设企业技术标准认证公告机制、绩效及信息化研究与实践”等18个项目获2018年度华夏建设科学技术奖，获奖总数位居全国前列。

【科技经费与项目】 聚焦制约全省住房城乡建设事业发展的瓶颈约束问题，集中资源，精准发力，确定了“住房城乡建设领域审批（服务）标准化研究”等计划类建设科技项目13个，补助经费425万元。围绕安全韧性城市建设、绿色建筑、装配式建筑、智慧建筑、建筑节能与可再生能源建筑应用、既有建筑改造、传统建筑保护、设计创新创优、抗震防灾、城镇污水处理、建筑垃圾资源化利用、建筑信息化等领域，确定指导类建设科技项目163个。

【工程建设标准化】 针对2014年前后发布实施的32项标准和标准设计开展复审，确定继续有效14项、废止3项、修订15项。共立项工程建设标准和标准设计33项，补助经费177万元。发布工程建设地方标准21项、标准设计4项，认定公告工程建设企业技术标准161项。

【科技合作与交流】 组织召开了2019绿色建筑高质量发展科技创新报告会。推动召开了国际绿色建筑联盟学术委员会成立大会，邀请5位院士和2位全国工程勘察设计大师，共商绿色建筑发展新思路。召开了全省绿色宜居城区与高品质建筑工作培训班，近百人参加了培训；与加拿大木业协会、德国国际合作机构等单位开展合作交流，派员赴澳大利亚开展绿色建筑和装配式建筑交流学习。

【科学普及】 通过专项宣贯和注册师继续教育培训等渠道，对《民用建筑设计统一标准》等国家标准和地方标准进行宣贯培训，近3000人次参加了学习。在泰州市举办抗震防灾宣传活动，通过抗震防灾科教馆参观体验、抗震防灾实地模拟演练、防灾减灾主题舞台剧演出等途径，让民众了解抗震防灾知识，掌握避震自救技能，增强防灾减灾意识。10月起，创新主办“江苏·建筑文化讲堂”，中国工程院院士程泰宁、王建国，先后应邀作主旨报告。以“发展高品质绿色建筑推动美丽宜居城市建设”为主题，举办了第十二届江苏省绿色建筑发展大会，通过学术报告、技术研讨等互动形式，围绕绿色建筑、装配式建筑、未来建筑等议题，开展研讨和经验交流。举办了第六届“紫金奖•建筑及环境设计大赛”，评选出紫金设计奖 19 项和其他各类奖项 179 项。

【BIM 技术应用】 研究制定《工程勘察设计数字化交付标准》，推动数字化交付在工程勘察设计领域的进程，强化建筑信息模型（BIM）技术的集成应用。将 BIM 应用作为装配式建筑专项职业能力的培训之一，推进 13 个省级 BIM 技术集成应用示范项目建设，评价验收 4 个项目。推动地方主管部门把 BIM 技术应用纳入工程建设管理环节，完善 BIM 技术应用的政策环境、技术环境和人文环境。

交通运输科技

Transport Science & Technology

【概　况】 2019 年，全省交通运输科技工作紧紧围绕全省交通运输工作重点，以“交通强国”示范建设试点和高质量发展为目标，以科技创新为主线，大力推进信息化建设和绿色交通发展。11 月举办全省交通运输科技创新工作培训班，部署今后一段时期全省交通运输科技创新工作，加强 2019 年省交通运输科技项目计划和实施管理，梳理和落实“十三五”科技政策。2019 年全省交通运输行业（不含省内高校）共获得江苏省科学技术奖 6 项，部级学会协会奖项 22 项以上，中国公路学会科学技术奖一等奖以上 4 项。获奖数量和等次在全国各省市交通运输系统中处于领先地位，反映了全省交通科技综合实力和自主创新能力。

【科技成果】 依托交通运输科技项目，2019 年全省共发表 235 篇科技论文，其中在国家级刊物发表 129 篇，在省级刊物发表 92 篇。全省交通运输企业参与的项目共获得江苏省科学技术奖 6 项、部级学会协会奖项 22 项以上。依托徐工集团和公路建设与养护技术、材料及装备交通运输行业研发中心，完成就地热再生热风加热机、路沿石水泥滑模摊铺机、超粘磨耗层封层机、绿化综合养护车、就地冷再生机等新装备的研发，累计已有 5 套设备实现替代进口。“沪宁高速公路超大流量路段通行保障关键技术研究与工程示范”将研发的应急车道主动管控、连续式港湾车道和匝道管控等新技术，在无锡段进行了成功应用，并经过了“五一”“国庆”小长假的考验。

2019 年度江苏省交通科技项目获奖汇总表

序　号	项目名称	获奖情况
1	聚磁式轻量化特种永磁电机及其调磁技术	江苏省科学技术一等奖
2	浅层地热能高效可持续开发关键技术及应用	江苏省科学技术一等奖
3	在役桥梁工程性能提升关键技术创新与应用	江苏省科学技术一等奖
4	沥青路面高品质养护关键技术研发与工程应用	江苏省科学技术二等奖
5	超千米高速铁路斜拉桥斜拉索关键技术与应用	江苏省科学技术三等奖
6	城市轨道交通网络化运营安全风险防控与应急成套技术及应用	江苏省科学技术三等奖
7	海上装配化桥梁建设成套技术	中国公路学会科学技术奖特等奖

续表

序 号	项目名称	获奖情况
8	钢壳－混凝土组合索塔关键技术	中国公路学会科学技术奖特等奖
9	服役桥梁桩基础承载力检测评定方法研究	中国公路学会科学技术奖一等奖
10	泰州长江大桥钢桥面铺装关键技术与长期性能研究	中国公路学会科学技术奖一等奖
11	铜陵长江公路大桥斜拉索更换技术研究	中国公路学会科学技术奖二等奖
12	自承重异步施工宽幅大跨波形钢腹板组合梁桥关键技术研究与应用	中国公路学会科学技术奖二等奖
13	基于信息融合的缆索承重桥梁智能化管养与评估关键技术研究	中国公路学会科学技术奖二等奖
14	南京长江大桥双曲拱加固施工关键技术研究	中国公路学会科学技术奖二等奖
15	高速公路路基施工质量管控技术应用研究	中国公路学会科学技术奖二等奖
16	高速公路改扩建沥青路面节能减排与长期服役性能提升关键技术研究	中国公路学会科学技术奖二等奖
17	高速公路沥青路面就地热再生成套技术研究与实践	中国公路学会科学技术奖二等奖
18	重载干线公路沥青路面车辙机理与路基路面一体化处治技术研究	中国公路学会科学技术奖二等奖
19	智慧出行信息诱导管理服务系统和装备研发及产业化	中国公路学会科学技术奖二等奖
20	平安守护公路工程施工安全管控系统	中国公路学会科学技术奖二等奖
21	特大型缆索体系桥梁运营期快速检测与评估研究	中国公路学会科学技术奖三等奖
22	BIM 技术在交通基础设施品质化建设与智能化管养中的应用研究	中国公路学会科学技术奖三等奖
23	江苏货运与现代物流融合发展及技术应用研究重大专项	中国公路学会科学技术奖三等奖

【重大技术攻关】 推进重大科技专项研究工作。下达 2019 年交通运输科技与成果转化项目计划，集中组织实施了 7 个重大科技专项、16 个部省科技示范工程（1 项部级示范工程），以及一批省级科技项目，突破一批关键技术瓶颈，促进科技成果转化和应用推广。京杭运河苏北段养护管理现代化、高速公路路面结构长期保存技术等 3 个重大专项已具备验收条件。

编制完善《创新驱动发展样板实施方案》。围绕推动行业发展质量变革、效率变革和动力变革，重点在高新技术应用、重大技术攻关、绿色智慧交通产业发展 3 个方向，梳理明确了建设新一代国家交通控制网、打造智慧交通基础设施、推广高分遥感等新技术在行业中的应用、大数据驱动行业治理、推进新一代电子识别技术的研发与应用、研究建立高可靠性公路货运系统、开展基础设施科技攻关、推动绿色智慧交通产业发展等 8 项重点任务。

推进新一代国家交通控制网试点建设。新一代国家交通控制网试点工程完成半开放测试区的场地、DSRC 和 5G 网络、车路协同驾驶的应用场景建设，并在半开放、开放测试区场地开展首届国际（常州）自动驾驶技术创新大赛。国家智能商用车质量监督检验中心通过国家市场监督管理总局检验检测机构资质认定，是交通运输行业在智能商用车领域唯一一家国家级检测中心；自动驾驶封闭测试基地（泰兴）顺利通过交通运输部和工业和信息化部联合评审和认定，成为全省首个自动驾驶封闭测试基地（交通运输部累计批复 6 个）。

推进智慧基础设施建设。依托 2 条国省干线（S342 无锡段、G524 常熟段）开展了智慧公路试点，围绕保障安全、提升效率、优化服务的目标，建立新型智慧公路感知系统，完善智慧公路运行管理体系，目前项目已全面实施；苏州港太仓港区四期工程堆场自动化科技示范工程已完成堆场自动化系统研发，正在开展工程建设。启动了京杭运河智能航运及关键技术研究、江苏智慧高速公路应用技术研究及工程示范 2 个重大专项研究，以及淮安有轨电车自动驾驶科技示范工程建设。

【科技管理】 制定《江苏省交通运输科研信用管理办法》及评价指标，重点对科技项目实施、科研平台建设等科研活动中的承担单位、主要人员的行为进行信用管理，明确信用评价的内容、评价指标、评分标准及结果应用。

【科技经费与项目】 2019 年度全省交通运输科技与成果转化项目和省属交通运输企业自行研发项目投入资金总额为 13443 万元，集中组织实施了 7 个重大科技专项、16 个部省科技示范工程（1 项部级示范工程），以及一批省级科技项目，其中 2019 年度省交通运输科技与成果转化项目共 75 个，投入资金总额为 11724 万元。

2019 年度江苏省交通运输科技与成果转化项目统计表

序号	项目类别		项目数
1	技术应用推广	重大专项	7
2		科技示范工程	15
3		BIM 技术应用及钢结构桥梁建设	4
4		标准研究	6
5		安全	4
6		节能减排	4
7		优秀 QC 成果推广应用及示范	1
8	新技术新工艺新材料新装备研发		15
9	综合运输管理研究		11
10	信息技术应用		8
合　计			75

【科技创新平台】 智能交通技术和设备行业研发中心被交通运输部评估为“优秀”，综合得分第一；“自动驾驶测试评估及车路协同关键技术”“水下隧道智能设计、建造与养护技术与装备”2 个行业研发中心通过交通运输部认定并授牌；省交通运输厅与南京大学、东南大学等在宁重点高校和院所签署了创新发展战略合作协议，推动苏交科集团股份有限公司，中设设计集团股份有限公司等单位参与国家重点专项相关子课题“道路设施状态智能联网监测预警”“内河航道设施智能化监测预警与信息服务”研究。

水利科技

Water Conservancy Science & Technology

【概　况】 2019 年，江苏水利科技围绕治水兴水高质量发展，积极服务“补短板、强监管、提质效”，加强水利科技创新，推进智慧水利建设。下达省水利科技项目71项，其中重大技术攻关课题7项。继续深入推进“智慧水利”建设，完成部省数据共享平台建设，打通了政府部门间数据的共享通道，实现了政府部门之间数据的纵横向交换。4项地方标准被江苏省市场监督管理局批准发布实施。全年出国（境）访问、培训8批次，围绕水资源管理、水利工程勘察设计、水利工程建设管理、节水技术运用等重点亟须技术开展对外交流和业务培训。省水利学会全国科普日主场活动被中国科协评为“2019年全国科普日优秀活动”。

【科技管理与创新】 科学确定水利科技项目。在全面调研的基础上，围绕江苏水利年度中心工作和主要任务，科学制定年度项目申报指南。全年共接收项目申报324项，经过多轮评审和厅党组审议，最终确定年度科技项目71项，共计安排资金3000万元。

组织重大科技攻关。着力“一江两湖”治理与保护，围绕长江大保护，开展江苏段岸线稳定性及水生态空间监测等研究；围绕太湖治理，开展太湖蓝藻防控及东太湖水生态环境修复研究；围绕洪泽湖保护，开展水资源多目标利用与调控、湖泊生态系统模拟及湖滨带空间重构等多项重大技术攻关研究。

规范科技项目管理。以项目合同完成率为重点，持续强化项目管理，全年共组织80多个科技项目结题验收。定期开展在研项目年度执行情况检查、通报。建立严重失信人约谈制度，对项目执行不佳、情况严重的单位，由厅领导进行约谈，要求其定期整改。

加强科技项目成果应用。围绕生态河湖建设，开展湖泊近岸带生态修复模式、小流域面源污染综合治理等紧迫亟须技术典型应用；着力水利工程补短板，组织了太湖治理工程新技术推介会，全面总结近年太湖治理工程的成功经验和先进技术；服务工程安全保障和高效运行，积极开展环保型灭蚊药物、新型防渗地聚物胶凝材料、智能泵站关键技术等推广示范。

【技术标准】 由江苏省水利厅编制的《水利地理信息图形标示》《水闸监控系统检测规范》《生态河湖状况评价规范》《雨水情分析特征值数据库表结构与标识符》4项地方标准，2019年度已被江苏省市场监督管理局批准发布实施。

由江苏省水利厅组织申报的《灌溉用水定额》《湖泛巡测技术规范》《水利工程代码编制规范》《地表水资源分析评价数据库表结构与标识符》《螺杆式启闭机检修规程》《水利工程液化地基处理技术规范》《农田管道输水灌溉工程技术规范》《生态河湖评价规范》8项江苏省地方标准，已被江苏省市场监督管理局列入2019年度编制计划，目前正在编制中。

【对外合作】 制订年度出国（境）访问计划，完成江苏省水利厅系统短期出访、培训团组的计划报批、护照签证办理等工作。严格执行保密、安全等外事工作纪律，组织开展出访团组行前教育。全年完成8批57人交流、培训出访任务。组织参加中欧水资源平台政策对话会，并由厅领导大会发言介绍江苏省河湖治理和生态建设的经验和成就，宣传江苏治水方案。

【水利信息化】 部署2019年“智慧水利”建设重点工作。依据《江苏省水利信息化发展“十三五”规划》，结合服务生态河湖行动计划的需要，明确2019年“智慧水利”建设的目标，细化任务分工。召开厅党组会议、厅网信工作会议、厅系统智慧水利培训暨座谈会，进一步推动落实厅系统网络安全和信息化工作。

加强全省水利网络安全。部署做好2019年重要时期水利网络安全保障、2019年全国“两会”期间网络安全专项保障工作。就水利部通报的网络安全漏洞修复工作约谈相关部门，落实网络安全漏洞修复工作。做好省委网信办的网络安全责任制考核工作，按水利部办公厅要求组织开展网络安全自查整改和总结。组织全省水利系统涉密人员暨网络与信息系统安全培训班，组织开展水利网络安全应急演练。

信息资源整合共享不断深入。完成部省数

据共享平台建设，打通了政府部门间的数据共享通道，实现了政府部门之间数据的纵横向交换。按省政务服务办的要求，完成水利政务信息资源目录梳理，更新发布《江苏省水利信息资源目录（2019 版）》。加强部省相关部门的信息共享，完成对国务院部门相关信息系统政务服务数据共享需求报告和省级部门数据共享需求征集，建立了对接端口，实现了信息的接入、目录的注册和数据的推送。实现部分系统外视频资源、省环保厅和住建厅的水源地水质、省交通厅危化品船舶位置信息的共享，为智慧应用提供更加广泛和全面的数据服务。

协调推进重大项目建设。完成国家水资源监控能力建设江苏项目，实现了 2000 多个规模以上取用水户、96 个重点大中型灌区渠首取水的实时监控，占全口径用水量的 50% 以上，实时采集 97 个县城以上集中式饮用水源地水质数据。建成大型灌区信息化管理平台，实现了灌区可视化集中展示、灌区管理一张图、灌区业务管理和灌区管理移动智能终端。建设规划计划管理信息系统，实现了规划、项目前期工作、投资计划、统计直报管理等，以及办公辅助、系统管理和移动应用等功能。建成省移民管理信息系统，实现了大中型水库“美丽库区　幸福家园”建设、重点水利工程移民安置数据“一张图”展示、查询和管理。水土保持监管系统基本建成，初步实现了水土流失现状监测和工程建设项目水土流失防治的监管。河湖与水利工程管理系统和省级河长制平台已完成工程招标，全面开工建设。

农业科技

Agricultural Science & Technology

【概　况】 围绕产业提质增效主线，突出“十三五”后半期农业科技重大需求和农业重大技术推广计划“两个导向”，构建适应现代农业发展需要的农业产业技术体系、农技推广服务体系和农科人才培养体系“三个体系”，加强农业科技创新与推广服务。

【农业技术集成与推广】 实施农业重大新品种创制项目，组织“抗稻瘟病优良食味水稻新品种选育”等 49 个项目开展品种创制。重点建设水稻等 22 个省现代农业产业技术体系，组织 122 个产业技术创新团队开展产业共性关键技术集成攻关，推进 330 个推广示范基地展示一批新成果，推广一批新技术。组织南京农业大学等单位牵头开展农业重大技术协同推广计划试点，探索建立农科教协同开展技术推广服务的有效路径。

【农业科技服务】 实施基层农技推广体系改革与建设补助项目,实行“一村一名责任农技员”制度，发动全省 2 万名农业科技推广人员进村入户、入企入棚,培育 5 万名农业科技示范主体，辐射带动一般小农户共同发展。升级农业科技服务云平台，新发展“农技耘”APP 用户 4 万户，开播专家视频讲座与咨询 36 期，《农家致富》手机报累计推送各类信息 142 期、568 版。制定基层农技人员培训计划，分级分类培训 8000 名农技人员，加快知识更新步伐。

【高素质农民培育】 实施高素质农民培育整省推进工程。全年累计完成高素质农民培育 20.3 万人，其中农业职业技能培训 15.2 万人、涉农专业大学生创新创业培训和职业技能鉴定 2 万人、新型农业经营主体带头人轮训和现代青年农场主培养 2.8 万人、农广校农民“半农半读”中职教育招生 2800 人、农村实用人才带头人培训 700 人。创建 5 个全国示范农民田间学校、30 个省级示范基地。新编出版高素质农民培育系列教材 19 部，评选优秀教学资源 133 个。

【农业转基因生物安全监管】 强化转基因生物安全属地管理责任,严格落实研究试验单位、种子企业、进口企业、加工企业主体责任，做好江苏省农业转基因生物安全监管工作，确保农业转基因生物技术研究、试验、生产、经营和加工规范有序开展。抓好源头管理，加强转基因成分抽样检测，对申请参加区域试验、市场上销售的水稻、玉米、小麦品种及种子生产田共抽取599个样品进行转基因成分检测。

【江苏省农业科学院】 2019年，江苏省农业科学院在编职工2193人，具有高级职称科研人员1119人，博士628人，国家“百千万人才工程”专家5名、科技部中青年科技创新领军人才1名、省级以上突出贡献专家56名；享受国务院颁发的政府特殊津贴42人。拥有部省级以上科技创新平台69个，其中，国家工程中心1个、省部级重点实验室9个。

成立长三角乡村振兴研究院。2019年3月7日，为响应乡村振兴战略实施和长三角区域一体化发展上升为国家战略，由江苏、上海、浙江、安徽三省一市农科院在南京联合成立“长三角乡村振兴研究院”，“长三角乡村振兴研究院”聚焦长三角乡村振兴共性政策问题设立软科学项目25项，开展农创项目路演和展示活动3场。

科研项目。2019年，江苏省农业科学院新上科研项目863项，新增科研合同经费3.16亿元。作为主持单位申报的“防治禽产气荚膜梭菌新型生物防控技术”等4个项目获国家重点研发计划立项支持；获国家自然科学基金立项68项，作为全国唯一省级农业科研单位，获国家自然科学基金委第二批非洲猪瘟关键基础科学问题研究专项立项支持。

科研成果。2019年，江苏省农业科学院发表论文1262篇，其中SCI（EI、ISTP）收录403篇；授权专利307项，其中发明专利148项；授权植物新品种权61个。108个作物品种通过省级以上品种审（鉴）定，其中62个品种通过国家审（鉴）定，46项成果通过省级以上成果鉴定。作为主持单位完成的“设施草莓新品种及提质增效关键技术集成与推广”等2项成果获农业农村部农牧渔业丰收二等奖；“种鹅反季节高效繁殖关键技术研发与推广应用”等3项成果获神农中华农业科技奖二等奖。

人才团队。2019年，江苏省农业科学院荣获“江苏省引才用才成效显著单位”称号。共引进高水平科技人才4人，公开招聘录用98人；11人次入选国家“百千万”人才工程、江苏省“双创计划”等，1人荣获南京市“十大科技之星”称号。

成果转化。2019年，江苏省农业科学院成果转化总收益达2亿元，其中作价入股达3400万元；围绕新型杀虫蛋白及其基因资源的挖掘、创制新型安全替代抗虫基因、解析BT毒素毒理机制等获英国、荷兰、法国授权专利。

科技服务。2019年，江苏省农业科学院启动实施科技扶贫“短平快”、整村推进等公益性科技服务项目29项，并在淮安、丰县、灌云、常州新北区等地建立了“亚夫科技工作站”，组织经验丰富的专家团队帮扶地方产业发展，在全省形成了“戴庄经验”“东林样板”等可复制可推广的乡村振兴模式。探索以技术或专利入股、组建混合所有制法人等形式，与政府、企业新建产业研究院31个，累计建立新品种示范基地15个，研发引进新品种238个，集成技术体系9项。

合作交流。2019年，江苏省农业科学院组织召开“对外合作大会”“JAAS-FAO乡村振兴和城乡统筹发展论坛”等大型国际交流活动和学术交流活动10余场；深化与FAO、国际农业研究磋商组织等国际组织的合作关系，聚焦可持续农业等领域开展务实合作，选派3名优秀科技人员赴FAO挂职锻炼；与国际玉米小麦改良中心、英国N8农业食品联盟等共建“小麦病害研究中心”“农业科技协同创新中心”等5个高水平平台；跟踪“一带一路”沿线国家农业科技需求，组织专家赴古巴、柬埔寨等国开展技术培训，让更多科技成果“走出去”。

林业科技

Forestry Science & Technology

【科技经费与项目】 2019年全省立项中央财政林业科技推广示范项目 7个，申请中央财政补助资金 700 万元；立项省林业科技创新与推广项目 50 个，下达省财政补助资金 2900 万元。

【科技创新平台】 2019 年 1 月 8 日，国家林业和草原局局长张建龙与江苏省省长吴政隆签署“林产化学与材料国际创新高地”共建协议。这是国家林业和草原局与省级人民政府首次共建国际创新高地，旨在打造国际一流林产化学与材料研发中心、林产化学产业转化集散中心和林产化学高端人才培育中心。依托共建单位为中国林业科学研究院林产化学工业研究所和南京林业大学。

5 月 13 日，国家林业和草原局批复认定暖季型草坪草种质创新与利用等 10 个工程技术研究中心。江苏省依托江苏省中国科学院植物研究所组建“暖季型草坪草种质创新与利用工程技术研究中心”，依托江苏省林科院组建“柳树工程技术研究中心”获批成立。

2 月 19 日，国家林业和草原局公布了第一批国家林业和草原长期科研基地名单，由江苏省江苏农林职业技术学院申报的“江苏彩叶苗木育种与培育国家长期科研基地”获批成立。

11 月 18 日，国家林业和草原局公布了第二批林业和草原国家创新联盟名单，江苏省推荐申报的 “柳树国家创新联盟”“长三角地区草坪产业国家创新联盟”获批成立。

【科技大事】 2019 年 1 月 8 日，国家林业和草原局局长张建龙与江苏省省长吴政隆签署“林产化学与材料国际创新高地”共建协议。2 月 26 日，江苏省人民政府与国家林业和草原局省部共建“林产化学与材料国际创新高地”启动仪式在南京林业大学隆重举行。

【科技成果与人才】 2019 年 5 月 19 日，国家林业和草原局发布 100 项 2019 年重点推广林草科技成果，由省林业局组织申报的 5 项成果入选。11 月 6 日，在全国林草科技扶贫工作现场会上，国家林业和草原局聘任了第一批 100 名全国林草乡土专家，江苏省 2 名同志获聘。

【表彰奖励】 2019 年江苏省推荐申报的“江苏沿海海滨锦葵等耐盐观赏植物选育技术集成与应用”“黑莓良种选育与产业化关键技术创新及应用”获得第十届梁希林业科学技术奖二等奖， “农田防护林网高效修复技术研究与应用”“银杏种质改良及集成培育关键技术与产业化应用”获得第十届梁希林业科学技术奖三等奖。

【科学普及】 2019 年 4 月 11 日，中国林学会等 305 家单位和社会团体发出倡议，依托中国林学会成立自然教育委员会(自然教育总校)，并向首批 20 个自然教育学校（基地）授牌。江苏省沙家浜国家湿地公园管理委员会、昆山天福国家湿地公园保护管理中心获得授牌。10 月 30 日，中国林学会公布第二批自然教育学校(基地)评选结果，江苏省江苏盐城国家级珍禽自然保护区、苏州太湖湖滨国家湿地公园入选。

【知识产权】 据不完全统计，2019 年全省共计获得落羽杉属、栎属、柳属、苹果属等植物新品种授权 38 件。

【科技活动】 2019 年 5 月 19—26 日，省林业局组织开展以“人与自然和谐共生 携手建设美丽中国”为主题的 2019 年江苏省林业科技活动周活动。5 月 22 日和 24 日，省林业局分别在南京宝船公园和句容市天王镇开展广场宣传咨询和送科技下乡活动。科技活动周期间，省林业科学研究院、盐城国家级珍禽自然保护区、泗洪洪泽湖湿地国家级自然保护区、大丰麋鹿国家级自然保护区、太湖风景名胜区管委会分别举办了林业科技精准帮扶、湿地科普讲座进校园、师生大手拉小手走进保护区、麋鹿鹿王争霸赛现场直播等丰富多彩的科技周活动。全省 13 个设区市的林业主管部门也举办了形式多样的科技周活动。5 月 30—31 日，以“人与自然和谐共生 携手建设美丽中国”为主题的 2019 年全国林业和草原科普讲解大赛在中科院武汉植物园举办。江苏省林业局推荐的苏州植物园王春琦、盐城珍禽保护区孙榕见两位选手分别获得二等奖、三等奖。7 月 10 日，泗阳县原料林森林认证启动会议在泗阳召开。

文化科技

Culture Science & Technology

【概　况】 2019 年，江苏文化科技以习近平新时代中国特色社会主义思想为指导，全面贯彻党的十九大和十九届二中、三中、四中全会精神，认真组织国家级及省部级文化科研项目的申报立项、中期管理、鉴定结项等工作。1 个项目获得文化艺术和旅游研究信息化发展专项立项；5 个项目获得国家社科基金艺术学重大招标项目立项；2 个项目获省科技厅社会发展项目立项；24 个项目获全国艺术规划项目立项；80 个项目获省文化科研课题立项；完成 5 项文化科技创新项目结项鉴定。

【科技成果】 “创意南京”文化产业融合公共服务平台。项目为 2015 年度原文化部批准立项的文化部文化科技创新项目，由南京报业集团承担实施。该项目采取“政府引导、公司运作、园区承载、各方支持”的模式，通过政府引导、市场主体和社会协同，提供满足相关主体共性需求、优质便捷低成本产品和服务的机构，打造基于产业链、供应链、服务链和价值链联结构成的创意生态圈。平台体系以南京文化金融服务中心等重点平台为依托，整合全市 50 余家相关服务机构，探索实行混合所有制，推行运营流程再造；构建信息矩阵、品牌培育、产业融合、文化消费、会展服务、渠道拓展、城市推广、人才培训等 8 个功能模块。

数字文化生活体验馆。项目为 2014 年原文化部批准立项的文化部文化科技创新项目，由苏州市公共文化中主承担实施。该项目以探索现代公共文化服务体系创新模式，提高公共文化服务效能为宗旨，从信息资讯的现代化传播、虚拟空间的自助服务、实体空间的数字式交互体验 3 个维度出发，整合多个场馆优质文化资源，打通全民艺术普及渠道，扩大了各项文化活动的传播覆盖面，努力满足市民群众对高质量公共文化服务的需求。项目建成数字文化服务微信平台、网上美术馆、网上名人馆、网上文化馆、数字录音棚等，重点打造了大型数字互动墙、苏州文化创客中心、数字名人馆探索之旅、全民艺术普及慕课在线教学系统、全民艺术普及虚拟展览等多个数字文化服务项目。

基于惰性有机溶剂的无水脱酸技术在脆弱纸质文物保护中的应用研究。项目为 2014 年原文化部批准立项的文化部文化科技创新项目，由苏州市吴江图书馆承担实施。该项目以挖掘吴江地方特色文化为基点，依托吴江较为完善的总分馆服务阵地优势，由总馆将培育成熟的活动项目向镇村推广，或镇村分馆将特色亮点项目反馈给总馆。用标准化、规范化的服务模式强化镇村级阅读推广的服务效能，有效解决镇村“读者少，服务单一”的困境。项目还建立了城乡一体化的未成年人阅读服务各类标准制度，吸纳社会力量参与全民阅读推广，形成多元化人员支撑体系，缓解了专职人员短缺的压力。

虚实交互技术在青少年文化教育领域的研究与应用。项目为 2014 年原文化部批准立项的文化部文化科技创新项目，由江苏睿泰教育科技有限公司承担实施。该项目面向青少年教育，在汇集优质教育内容的基础上，通过虚实结合和移动交互技术的研发应用，打造的包含数字教育内容设计创作、虚拟现实演示课件学习、增强现实辅助课件指导、移动学习在线测评等服务在内的互动教育平台，从而通过互联网平台、手机移动终端、手持阅读器等跨媒体形式同步推行青少年教育的数字化、智能化及大众化。项目运用基于移动终端的三维影像呈现技术、针对虚拟影像的多点触摸控制和交互技术、虚拟光子 AI 同步数据等技术手段，可实现文化教育资源虚拟现实的动态展示、虚拟影像多点触摸的全方位控制，完成体感交互的学习过程。

【科技管理】 国家社科基金艺术学项目。2019 年，组织江苏省文化系统和省内高校研究部门36个单位，共申报国家社科基金艺术学项目268项，涉及艺术基础理论研究、戏剧（含曲艺、木偶、皮影、杂技、魔术）研究、电影广播电视及新媒体艺术研究、音乐研究、舞蹈研究、美术研究、设计艺术研究、艺术文化综合研究等8个门类研究。5个重大招标项目、24个年度项目获得立项，立项数与资助额均居全国前列。2019年，共完成全国艺术规划26个项目的结项验收，结项数居全国各省前列。

东南大学王廷信担任首席专家的“中华传统艺术的当代传承研究”、南京师范大学王菡薇担任首席专家的“中国美术史学史研究”、南京艺术学院刘伟冬担任首席专家的“中国共产党领导下的百年新美术运动研究”、苏州大学王宁担任首席专家的“新中国成立70周年中国戏曲史（江苏卷）”和苏州大学李超德担任首席专家的“设计美学研究”获得国家社科基金艺术重大招标项目立项。

文化和旅游部信息化项目。由南京市博物总馆承担的《基于AR技术的文旅融合信息服务示范》获2019年度文化艺术和旅游部信息化发展专项立项。该项目以南京市博物总馆的文旅融合信息服务为依托，挖掘和提取本地文化资源，开发基于AR技术的可视化产品，构建APP移动导览平台，通过对文化IP衍生品的开发，打造AR创新文旅产品，构建新型营销体系及产业链，进而打造“文化+科技”创新发展模式，形成文旅融合信息服务示范。

文化和旅游装备技术提升优秀案例。为积极落实中央关于文化和旅游融合发展的战略部署，深入了解文化和旅游领域装备业发展现状，聚焦文化和旅游装备业技术提升，鼓励装备技术自主研发，推动文化和旅游装备品牌建设，引导行业创新性、规范化、高质量发展，科技教育司组织开展了“2019年文化和旅游装备技术提升优秀案例”征集活动。经申报、推荐和专家遴选，华谊影城（苏州）有限公司开发的华谊影城无极幻影沉浸式体验项目、南京百音高科技有限公司开发的中国·扬州烟花三月国际经贸旅游节气膜馆、江苏金刚文化科技集团股份有限公司开发的VR飞翔器3个项目入选。

江苏省文化科研项目。在广泛征集各方意见的基础上发布了《2019年度江苏省文化科研课题申报指南》（以下简称《指南》）。《指南》紧密结合江苏省深化文化体制改革的任务要求，坚持理论研究与应用对策研究相并重，加强难点突破、注重理论创新。通过对文化产业、公共文化服务、文化科技、人才队伍建设、文化遗产保护等内容进行重要理论和实际问题研究，尤其是应用性较强、有政策指导性的课题研究，力争推出一批有代表性和影响力的应用对策研究项目，充分发挥文化科研的决策咨询功能。2019年，共80个项目获得省文化科研项目立项。

卫生科技

Sanitary Science & Technology

【概　况】 重点学科与重点人才培养。围绕“科教强卫工程”紧抓项目进展，强势推出优势学科与骨干学术人才梯队，强化“科教强卫工程”考核指标体系，重点加强肝脏等方面人才主攻方向的培养力度，强化项目实施的目标导向和实施效果。

医学科研与技术应用。开展2019年度医学科研课题和新技术引进评估，完善评审评估的工作方法与评估指标体系，首次采取编制课题招标指南的方式进行课题申报，强化对医学课题研究的引导。通过遴选和评审，对重大疾病防治等多个重点领域的200项医学科研项目进行立项，评选出261项医学新技术引进获奖项目，完成2019年度科研立项和项目资助经费下拨。组织、指导省内医疗卫生机构积极开展重大科技专项、省科学技术奖和科技创新平台申报，规范到期项目的结题验收。加强科研诚信管理，按照国家和省关于科研诚信建设的部署要求，进一步完善诚信分级管理制度，在科技项目申报组织等过程中严格执行诚信承诺与公示制度。

科技创新与成果转移转化。按照《江苏

省卫生健康科技创新与成果转移转化行动计划（2018—2021年）》，明确“十三五”后期全省卫生科技创新与成果转移转化的总体思路、重点任务和保障措施，推动全省卫生健康科技创新与成果转移转化。对全省卫生科技创新体系建设情况进行调查摸底，梳理优势学科、创新平台和学术骨干，制订分类指导计划，加强对省转化医学研究院的调研指导。

【国家及省科学技术奖组织】 根据江苏省科技厅《关于2019年度江苏省科学技术奖提名工作的通知》要求，在全省医疗卫生单位组织申报，完成年省科学技术奖组织申报工作。组织系统内获得答辩资格的项目负责人完成2019年度省科技一、二等候选项目现场答辩。2019年，全省医疗卫生机构入围省科学技术奖34项，连续两年保持高位领先，较2017年增长近50%。

【省级以上科技创新平台建设】 2019年5月苏州大学附属第一医院成功入选第四批国家临床医学研究中心（血液系统疾病），国家级卫生科技创新平台建设取得新突破；新增南京医科大学附属口腔医院省口腔转化医学工程研究中心、徐州医科大学附属医院省医学基因检测工程研究中心和南京市第一医院省数字医学与3D打印临床工程研究中心3家省级工程研究中心。

【医科院全国医院科技影响力排行】 中国医学科学院最新发布的中国医院科技影响力排行榜中，全省有江苏省人民医院等6家医院进入综合实力榜单前100名（不含驻军医院）、3家医院进入前50名，31个学科共计246个医院科室进入学科实力榜单前100名。

【国家重大科技专项】 按照国家卫生健康委国家重大新药创制科技重大专项及“艾滋病和病毒性肝炎等重大传染病防治”科技重大专项实施管理办公室《关于组织重大新药创制科技重大专项2020年度课题申报的通知》及《关于组织“艾滋病和病毒性肝炎等重大传染病防治”科技重大专项2020年度课题申报的通知》要求，完成在线资格审核和推荐工作，共计推荐2020年国家重大科技专项候选项目：重大新药创制科技重大专项65项、重大传染病防治科技重大专项1项。

【“科教强卫工程”实施】 开展“科教强卫工程”项目实施进展情况摸底排查，排除优势学科与骨干学术人才梯队，推动工程实施提档升级，促进医学重点学科建设。开展“科教强卫工程”考核指标体系，强化项目实施的目标导向和实施效果，坚持目标导向，加强对肝脏等重点人才主攻方向的凝练与指导，推动形成政策合力，强化工程实施效果。

【年度医学科研课题和新技术引进评估】 组织2019年度委医学科研项目评审工作，经专家综合评审确认苏州大学附属第一医院陈罡“自发性脑出血再出血风险预测及微创治疗技术的对比研究”等30个项目为重点项目，江苏省人民医院周涵“血浆外泌体 miRNA在喉鳞状细胞癌早期诊断及预后评估中的价值”等110个项目为面上项目，昆山市第一人民医院王建军“Cofilin-1蛋白在巨噬细胞中抗结核分枝杆菌感染的功能及其机制研究”等60个项目为指导性项目。开展2019年医学新技术引进评估，对261项引进医学新技术予以奖励。其中，江苏省人民医院朱陵君等完成的“基因遗传变异在结直肠癌精准诊治中的临床应用”等56个项目获得一等奖，南京市第一医院张平洋等完成的“实时三维斑点追踪技术定量评价心肌力学及检测吡柔比星心肌早期损害的临床应用”等205个项目获得二等奖。

【实验室安全监管和医学研究伦理及干细胞临床研究管理】 印发《省卫生健康委党组关于落实江苏省党委（党组）国家安全责任制实施细则的通知》等多份相关文件，要求各地各单位落实实验室生物安全属地化管理原则，严格履行实验室生物安全监管职责。开展病原微生物安全省级督查，促进备案管理，加强日常监管。举办全省病原微生物实验室生物安全管理培训班，组织现场检查，进行省级督导。规范医学研究伦理管理。会同省药品监督管理局对江苏省人民医院等6家单位报送的26个干细胞临床研究项目进行形式审查，报国家卫健委、国家药监局备案，2个项目通过国家备案审核。通过召开专题会议进行政策宣传及强化日常医学科研立项过程中的伦理审查等，全面加强对省内医疗卫生机构干细胞临床研究的指导和管理。

中医药科技

Traditional Chinese Medicine Science & Technology

【概　况】 研究制定《2019年省中医药科技发展计划项目申报指南》，立项112项科研课题，深化中医药基础理论和临床研究。组织国家中医药传承创新工程6家单位编制业务建设方案，强化内涵建设，提升创新发展能力。创新科技组织形式，围绕重点病种和建设目标，设立国家中医临床研究基地开放课题48项，推动基地开放融合发展。35个国家中医药管理局重点学科通过验收，新增省级中医药重点学科建设单位10个。新遴选确定30个中药资源普查地区，实现中药资源普查全覆盖。10个国家中药标准化项目通过验收。召开2019年度中华医藏提要编撰项目启动会，部署166种本草类目提要编撰任务，加强中医古籍保护利用。江苏省中医院等3个单位、脑病等6个病种被列入国家中医药循证医学建设单位和重点病种。全省中医药行业获得省部级以上科研课题数量实现了新的突破，省属3家中医医疗机构获得国家自然科学基金项目55项。获得省科学技术奖7项，其中一等奖1项；获授权专利577项；发表SCI文章1063篇。

【中医药人才队伍建设】 组织编写基层卫生技术人员中医药知识和技能培训系列教材，制订培训大纲和培训计划，开发网上培训平台，面向基层医疗卫生技术人员，组织实施轮训工作，全年培训2280人。对68个全国和省名老中医药专家传承工作室基层工作站建设情况进行督导，建立通报和退出机制。新建基层名中医工作站20个，突出对基层单位优势病种、诊疗方案的总结提升和人才培养。协同做好农村订单定向免费医学生招生工作，加强中医类别全科医生培养。今年招收中医专业农村订单定向免费医学生209人，新培养中医（助理）全科医生188名。印发《江苏省全国西学中骨干人才培训项目实施细则》，启动全国西学中骨干人才培训工作。联合省人力资源社会保障厅印发江苏省名中医评选方案，启动新一批省名中医评选工作。5人入选第四批全国中医（西学中）优秀人才研修项目，22人成为全国中医临床特色技术传承人才培训对象，新增全国中医药创新骨干人才培养对象20人。组织修订中医住院医师规范化培训结业考核实践能力考核方案，组建实践能力考核题库，完善考核制度。2019年首次结业考核全省共有1492人参加理论考核，通过率92.09%，1465人参加实践能力考核，通过率91.13%。全年获批国家级中医药继续教育项目69项，评审确定省级中医药继续教育项目153项。南京中医药大学和省中医院成功申报国家中医药高级人才培训基地。

【中医药学术传承工作】 印发《江苏省中医经典巡讲活动实施方案》，组织高水平师资，以中医经典理论和国医大师学术思想与诊疗经验主要内容，以中级以上中医医师为培训主体，面向全省13个设区市开展巡讲，共计培训学员3000余人，得到《健康报》《中国中医药报》《中国中医药网》《南京日报》等多家媒体报道，激起中医经典学习热潮。继续推动国医大师、全国名中医、全国和省名老中医药专家传承工作室建设，新获得全国名老中医药专家传承工作室1个，全国基层名老中医药专家传承工作室2个。完成第二批省名老中医药专家传承工作室验收工作，新建省级名老中医药专家传承工作室30个。完成第六批全国老中医药专家学术经验继承工作年度考核工作。新遴选确定省级名老中医药专家学术经验继承指导老师

50名、继承人100名。孟河医派传承工作室、龙砂医学流派传承工作室、吴门医派杂病流派传承工作室和澄江针灸学派传承工作室被国家中医药管理局列入中医学术流派工作室第二轮项目建设。指导南京、无锡、淮安、镇江、泰州市推进金陵、龙砂、山阳、京江、稻河等中医学术流派传承工作，常州市政府印发孟河医派传承工作方案。

环境保护科技

Enviromental Protection Science & Technology

【概　况】 2019年是打好污染防治攻坚战、决胜全面建成小康社会的关键之年，也是江苏省生态环境新机构和垂管新机制全面运转的第一年。全省生态环境系统深入贯彻习近平生态文明思想，认真落实省委、省政府和生态环境部决策部署，始终保持昂扬的状态、团结的精神、实干的作风，有力推动环境质量改善，成为江苏高质量发展的鲜明印证。全省PM2.5浓度降至43微克/立方米，同比下降8.5%；国考断面优Ⅲ比例达到77.9%，同比上升8.7个百分点，国省考断面和主要入江支流消除了劣Ⅴ类；近岸海域优良海水面积比例89.7%，同比上升41.2个百分点。全省生态环境保护工作实现了"两最两超一提前"：大气和水环境质量为近5年来最好，总体改善幅度为长三角地区最大；超额完成环境质量考核目标，超额完成污染减排序时目标；提前一年完成"十三五"碳减排目标。具体工作成效主要表现为7个方面：

一是治理修复力度持续加大。落实"1+3+7"治污攻坚作战体系，出台柴油货车污染治理、太湖治理、长江保护修复、农业农村污染治理等实施方案。建立空气质量排名、末位约谈、专家帮扶等机制，每季度公布问题断面和责任人名单，针对不达标断面向地方党政主要领导发出预警函，定时定向传导压力。全面完成入江、入海排污口排查，太湖治理连续12年实现"两个确保"。中央环保督察"回头看"、长江经济带警示片反映问题按时序整改销号。推进山水林田湖草一体化保护和修复，印发《江苏省生态空间区域管控规划》，新建国家生态文明建设示范区7个、"两山"实践创新基地1个，总数位居全国前列。

二是规范精准水平明显提升。推行生态环境执法"543"工作法和现场执法"八步法"，强力推进移动执法系统升级，在全国率先实现执法记录仪全覆盖、全联网、全使用。出台行政案件处理程序规定、败诉案件过错责任追究办法。开展"水平衡""废平衡"专项执法、"锦囊式"暗访执法，累计下达处罚决定书1.4万件、罚款12.46亿元，严肃查处了常州滨江化工园污水排江、南京澄扬科技违规堆存大量危废等一批典型违法案件，南京胜科水务5.2亿元环保罚单成为国内之最。完善大气应急管控停限产豁免机制，豁免企业增加到1278家，这一做法已在全国推广。获得全国环境监测大比武综合团体一等奖，涌现出以全国"人民满意的公务员"王利华为代表的一大批先进典型，全国"最美基层环保人"评选连续三年上榜。

三是生态环境安全有力维护。扎实做好"3•21"事故环境应急监测和污染物处置工作，累计处置废水超过150万立方米、转移处置危废1万多吨，没有发生次生环境灾害。开展化工企业环境安全隐患排查整治专项行动，累计排查5755家次，推动消除了一大批环境风险隐患。在全国率先建立核安全工作协调机制，密切监测田湾核电站外围辐射环境，守好守牢生态环境安全底线。规范加强生态环境信访举报办理，全省信访举报总量、越级信访量同比分别下降15.6%、15.1%，有力地促进了社会和谐稳定。

四是治理能力短板逐步拉长。省政府与生态环境部签订共建现代化试点省合作协议，全国唯一。扎实推进三个"基础性工程"建设，安排资金10.3亿元，建成由4331个测点组成的PM2.5网格化监测系统，形成了覆盖全省的3×3公里大气监测热点网络；561个重点乡镇建成了空气站，机动车遥测点增加到115个。

沿江8市工业园区自动监控系统全部联网，对6913家企业开展用电监控。日益完善的监测监控系统在预报预警、成因分析、监管执法和管控评估等方面为治污攻坚提供了强有力的技术支撑。全省危废处置能力提升到208.2万吨/年，较3年前增长了近5倍。颁布《江苏省生态环境监测条例》，是该领域第一个地方性法规。发布及在研环保标准79项，为历年最多。

五是环保制度改革稳步推进。基本完成环保“垂管”改革和生态环境机构改革，新机制运行平稳。“湾（滩）长制”实现全覆盖。完成全省“三线一单”编制。提前一年实现重点行业排污许可证核发全覆盖，发证数量全国第一。注重发挥市场机制和经济杠杆作用，环保信用参评企业增加到5.1万家，累计对红色、黑色等级企业征收差别电价超过2亿元。与省检察院成立公益诉讼（环境损害）司法鉴定联合实验室，累计启动生态环境损害赔偿案件144件，赔偿金总额5.32亿元。

六是服务高质量发展成效突出。会同省工商联、省台办制定服务企业高质量发展若干措施。对102个涉生态红线的线性工程提出解决方案，推动宁淮铁路、常州合全药业等重大项目落地。深化“企业环保接待日”制度，累计帮助1580家企业解决1728项治理难题。加大绿色金融政策扶持力度，召开“金环”对话会，推动“环保贷”升级，累计为168个项目发放低息贷款81.52亿元；出台绿色债券贴息等4个实施细则，为1160家企业安排奖补资金1817.82万元。落实环保信任保护机制，对432家环境守法企业,减少检查频次,简化环评程序,优先安排补助资金。

七是齐抓共管格局加快形成。配合省纪委监委建成污染防治综合监管平台，进一步压紧压实责任，依托省攻坚办推动各地各部门主动作为。主动与各相关部门加强对接，增强工作合力。省生态环境厅荣获全省新闻发布工作第一名，一批宣传产品受到系统内外广泛关注。“美丽江苏·七彩约定”得到行业协会和地方积极响应。全省环保社会组织和高校环保公益社团联盟成员增加到81家。40多个国外代表团到访省厅或到省生态环境治理现场参观交流，环保国际朋友圈不断扩大。

【环境保护科技】 国家水专项江苏项目。2019年，完成“重污染区（武进）水环境整治技术集成与综合示范项目”“梅梁湾滨湖城市水体水环境深度改善和生态功能提升技术与工程示范项目”“望虞河西岸清水廊道构建和生态保障技术研发与工程示范项目”“苏州区域水质提升与水生态安全保障技术及综合示范项目”4个项目第三方监测方案审查。“十三五”水专项涉苏45项示范工程已完工42项。

省级环保科技研究。2019年，全省安排省级财政资金1900万元用于环境科学技术研究和示范。其中，1413.9万元用于沿江化工遗留污染地块管控、生物多样性管理体系及保护、典型区域水功能区与控制单元整合、移动源污染防治监管综合能力等重大技术攻关，189.9万元用于重点断面水污染来源调查监测、生态环境格局状况中长期变化遥感分析、基于无人机测绘平台的环境快速监测和采样等技术研究，296.2万元用于环境管理科学研究。全省安排省级治太专项资金1288万元用于氮磷污染控制、重点区域污染治理等技术和政策管理研究。当年，获国家环境保护科学技术一等奖1项、二等奖5项。

【环境质量】 空气环境。2019年，全省环境空气质量优良天数比率及PM2.5年均浓度均达到国家年度考核目标要求。主要污染物中颗粒物、二氧化硫、二氧化氮和一氧化碳浓度同比有所下降，臭氧浓度同比有所上升。受颗粒物、臭氧及二氧化氮超标影响，13个设区市环境空气质量均未达二级标准。

城市空气。全省环境空气中细颗粒物（PM2.5）、可吸入颗粒物（PM10）、二氧化硫（SO_2）、二氧化氮（NO_2）年均浓度分别为43微克/立方米、70微克/立方米、9微克/立方米和34微克/立方米；一氧化碳（CO）和臭氧（O_3）浓度分别为1.2毫克/立方米和173微克/立方米。与2018年相比，PM2.5、PM10、SO_2、

NO_2和CO浓度分别下降8.5%、5.4%、18.2%、2.9%和7.7%，O_3浓度上升6.8%。全省环境空气质量优良天数比率为71.4%，达到国家考核目标要求，13市优良天数比率为59.2%～80.8%。2019年，按照省政府发布的《江苏省重污染天气应急预案》，全省共发布7次黄色预警、3次橙色预警。酸雨：2019年，全省设区市酸雨平均发生率为15.7%，降水年均pH为5.49，酸雨年均pH为4.64。全省有9市监测到不同程度的酸雨污染，酸雨发生率为2.2%～41.9%。与2018年相比，全省设区市酸雨平均发生率上升3.6个百分点，降水酸度和酸雨酸度同比均略有增强。

水环境。2019年，全省水环境质量总体有所改善。纳入国家《水污染防治行动计划》地表水环境质量考核的104个断面中，年均水质符合《地表水环境质量标准》（GB 3838—2002）Ⅲ类标准的断面比例为77.9%，无劣Ⅴ类断面。对照2019年国家考核目标，水质优Ⅲ类和劣Ⅴ类比例均达标。与2018年相比，优Ⅲ类断面比例上升8.7个百分点，劣Ⅴ类断面比例降低1.0个百分点。纳入江苏省“十三五”水环境质量目标考核的380个地表水断面中，年均水质达到或优于Ⅲ类的占84.3%，无劣Ⅴ类断面。对照2019年省考核目标，优Ⅲ类比例达标，且实现消除劣Ⅴ类的考核目标。与2018年相比，优Ⅲ类断面比例上升9.8个百分点，劣Ⅴ类断面比例下降0.8个百分点。饮用水源：全省饮用水以集中式供水为主。根据《关于印发江苏省2019年水污染防治工作计划的通知》（苏水治办〔2019〕2号），2019年，全省实测128个县级及以上城市集中式饮用水水源地，取水总量约为65.17亿吨，地表水型水源地和地下水型水源地取水量分别占99.8%和0.2%，其中长江和太湖取水量分别约占取水总量的50.5%和17.4%。依据《地表水环境质量标准》（GB 3838—2002）和《地下水质量标准》（GB/T 14848—2017）评价，全省县级及以上城市集中式饮用水水源地达标（达到或优于Ⅲ类标准）水量为64.84亿吨，占取水总量的99.5%。全年各次监测均达标的水源地有107个，占83.6%。太湖流域：2019年，太湖湖体总体水质处于Ⅳ类；湖体高锰酸盐指数和氨氮平均浓度分别为3.9mg/L和0.12mg/L，分别处于Ⅱ类和Ⅰ类；总磷平均浓度为0.079mg/L，总氮平均浓度为1.31mg/L，均处于Ⅳ类；综合营养状态指数为56.5，处于轻度富营养状态。与2018年相比，湖体高锰酸盐指数、氨氮浓度稳定在Ⅱ类，总氮、总磷浓度分别下降5.1%和9.2%，综合营养状态指数上升0.5。2019年4—10月预警监测期间，通过卫星遥感监测共计发现蓝藻水华聚集现象129次。与2018年同期相比，发生次数略有增加，最大和平均发生面积分别增加93.9%和39.3%。15条主要入湖河流水质全部达到Ⅲ类，与2018年相比，水质达到Ⅲ类河流数增加4条。列入省政府目标考核的太湖流域124[①]个重点断面水质达标率为97.5%，较2018年上升3.3个百分点。淮河流域：2019年，淮河干流江苏段水质良好，4个监测断面年均水质均符合Ⅲ类标准，与2018年相比水质保持稳定。主要支流水质总体处于轻度污染状态，符合Ⅲ类、Ⅳ类、Ⅴ类和劣Ⅴ类水质断面分别占70.8%、24.0%、2.6%和2.6%，影响水质的主要污染物为总磷、化学需氧量和高锰酸盐指数。与2018年相比，符合Ⅲ类水质断面比例上升3.0个百分点，劣Ⅴ类水质断面比例下降2.6个百分点。南水北调东线江苏段15个控制断面中有14个年均水质达Ⅲ类标准要求。与2018年相比，水质符合Ⅲ类比例下降6.7个百分点。长江流域：长江干流江苏段总体水质为优，10个断面水质均为Ⅱ类，与2018年相比水质保持稳定。主要入江支流水质总体为优，41条主要入江支流的45个控制断面中，年均水质符合Ⅲ类和Ⅳ类断面分别占91.1%和8.9%，无Ⅴ类和劣Ⅴ类水质断面；与2018年相比，符合Ⅲ类水质断面比例上升17.8个百分点，劣Ⅴ类水质断面比例下降6.7个百分点。近岸海域：2019年，全省近岸海域78个国控水质监测点位中，达到或优于《海水水质标准》（GB

① 因太湖流域范围调整，太湖流域重点断面由137个调整为124个。

3097—1997）二类标准的面积比例为 89.7%，三类面积比例为 8.3%，四类面积比例为 1.2%，劣四类面积比例为 0.8%。与 2018 年同比，优良（一、二类）面积比例上升 41.2 个百分点，劣四类面积比例下降 5.0 个百分点。主要超标指标为无机氮和活性磷酸盐。26 个入海河流国考断面中，年均水质达到或优于《地表水环境质量标准》（GB 3838—2002）Ⅲ类标准的比例为 46.2%，Ⅳ类、Ⅴ类、劣Ⅴ类断面比例分别为 46.2%、3.8%、3.8%。与 2018 年相比，优Ⅲ类断面比例上升 23.1 个百分点，劣Ⅴ类断面比例降低 23.1 个百分点。

土壤环境。2019 年，江苏省对国家网 766 个农用地点位开展了土壤环境质量评价。766 个土壤农用地点位中，有 737 个未超过《土壤环境质量 农用地土壤污染风险管控标准（试行）》（GB 15618—2018）风险筛选值，占比为 96.2%。29 个点位超过风险筛选值（但不超过风险管制值），占比 3.8%。其中，22 个点位重金属含量超过风险筛选值，占 2.9%；7 个点位有机污染物（DDT）含量超过风险筛选值，占 0.9%。

声环境。2019 年，全省声环境质量总体尚好，较 2018 年略有下降。 区域声环境：全省设区市昼间区域声环境质量总体一般，噪声平均等效声级为 55.2 分贝，同比上升 0.3 分贝。13 个设区市中，南京、常州、苏州、连云港、泰州 5 市昼间区域声环境为二级（较好）水平，其余 8 市为三级（一般）水平。影响城市声环境质量的主要声源是社会生活噪声，所占比例为 52.0%，其余依次为交通噪声、工业噪声和施工噪声，所占比例分别为 28.1%、16.9% 和 3.0%。功能区声环境：依据国家《声环境质量标准》(GB 3096—2008)评价，全省设区市 1～4（4a、4b）类功能区声环境昼间达标率分别为 85.9%、91.8%、98.5%、97.0% 和 100%，夜间达标率分别为 70.5%、84.5%、92.7%、74.9% 和 100%。与 2018 年相比，功能区噪声昼间平均达标率下降 3.9 个百分点，夜间平均达标率下降 6.0 个百分点。道路交通声环境：全省设区市道路交通噪声昼间平均等效声级为 67.0 分贝，同比上升 0.8 分贝。监测路段中，声强超过国家二级标准限值（昼间为 70 分贝）的路段占监测总路长的 16.7%，昼间超标路段比例较 2018 年上升 3.0 个百分点。

生物环境。淡水生物环境：2019 年，全省对长江流域、太湖流域、淮河流域 126 个国考断面和 23 个饮用水水源地开展淡水水生生物监测。依据中国环境监测总站制定的生物、理化、生境指标综合评价方法进行测评，2019 年江苏省长江流域、太湖流域和淮河流域三大流域水生生物状态综合评价均为“健康”。13 个设区市中，南通市水生态质量状况为“轻度受损”，其他 12 市水生态环境质量状况均为“健康”。海洋生物环境：2019 年，全省对管辖海域 40 个测点开展海洋水生生物监测，30 个测点开展潮间带底栖生物监测。浮游植物共监测到 161 种，主要优势种为短角弯角藻和旋链角毛藻，平均生物密度为 1969.98×10^4 个 / 立方米；生物多样性指数均值为 3.02，多样性级别为“丰富”。浮游动物共监测到 71 种（不包含 17 种幼体），主要优势种为真刺唇角水蚤和中华哲水蚤，平均生物密度为 567.57 个 / 立方米，平均生物量为 348.32 毫克 / 立方米；多样性指数均值为 2.40，多样性级别为“较丰富”。底栖生物共监测到 88 种，主要优势种为菲律宾蛤仔和凸壳肌蛤，平均生物密度为 868.60 个 / 平方米，平均生物量为 91.75 克 / 平方米；多样性指数均值为 0.68，多样性级别为“贫乏”。潮间带底栖生物共监测到 67 种，主要优势种为泥螺和光滑河篮蛤，平均生物密度为 147.24 个 / 平方米，平均生物量为 266.46 克 / 平方米；多样性指数均值为 1.23，多样性级别为“一般”。微生物环境：2019 年，全省对 13 个设区市的主要饮用水水源地与环境空气开展微生物监测。主要饮用水水源地水质微生物指标达标率为 100%，与 2018 年持平。57 个空气微生物测点中细菌含量评价为“清洁”的测点比例为 80.7%，较 2018 年上升 4.1 个百分点；霉菌含量评价为“清洁”的测点比例为 70.2%，较

2018年上升13.7个百分点。

生态环境。全省生态环境状况：2019年，对全省13个设区市和77个县（市、区）的生态环境状况开展监测。依据《生态环境状况评价技术规范》（HJ 192—2015），全省生态环境状况指数为66.1，处于良好状态，较2018年下降0.1，无明显变化。13个设区市生态环境状况指数分布范围为61.6～70.4，均处于良好状态。

辐射环境。2019年，全省辐射环境65个国控点和223个省控点监测结果表明，空气吸收剂量率和大气中放射性核素浓度处于天然本底涨落范围内，太湖、淮河、长江等重点流域水体及近岸海域海水、海洋生物中放射性核素浓度处于天然本底水平；重点饮用水水源地取水口水中放射性指标符合《生活饮用水卫生标准》（GB 5749—2006）要求；环境中电磁辐射监测结果均低于《电磁环境控制限值》（GB 8702—2014）中公众曝露控制限值的要求。田湾核电站外围辐射环境状况处于正常水平，辐射环境监督性监测系统正常运行，数据捕获率达100%。核电站周围大气、陆地、海洋和生物环境样品中放射性监测结果均在天然本底涨落范围内。全省重点核技术利用项目周围辐射环境满足相关标准要求，江苏省城市放射性废物库库区周围水体、土壤等环境介质中放射性核素含量在本底水平范围内；广播电视发射台、移动通信基站、高压输变电工程等电磁设施周围环境电磁辐射水平均满足相关标准要求。

固体废物。截至2019年年底，全省共建成危险废物集中处置设施83座，其中焚烧处置设施62座，焚烧处置能力156.3万吨/年，填埋处置设施21座，填埋处置能力51.9万吨/年，全省危险废物集中处置能力208.2万吨/年，同比增长27.5%。2019年，全省办理危险废物移入审批625项、危险废物移出审批850项。截至2019年年底，全省废弃电器电子产品拆解处理企业共8家，年处理能力为1033.9万台，分别位于南京、常州、苏州、南通、淮安和扬州6市。全年共拆解处理577.2万台，其中废电视机占52.1%、废冰箱占14.4%、废洗衣机占12.9%、废空调占6.8%、废电脑占13.8%。

海洋环境。海水水质：2019年，全省近岸海域78个国控水质监测点位中，达到或优于《海水水质标准》（GB 3097—1997）二类标准的面积比例为89.7%，三类面积比例为8.3%，四类面积比例为1.2%，劣四类面积比例为0.8%。与2018年同比，优良（一、二类）面积比例上升41.2个百分点，劣四类面积比例下降5.0个百分点，主要超标指标为无机氮和活性磷酸盐。26个入海河流国考断面中，年均水质达到或优于《地表水环境质量标准》（GB 3838—2002）Ⅲ类标准的比例为46.2%，Ⅳ类、Ⅴ类、劣Ⅴ类断面比例分别为46.2%、3.8%、3.8%。与2018年相比，优Ⅲ类断面比例上升23.1个百分点，劣Ⅴ类断面比例降低23.1个百分点。海水浴场：2019年7—9月，对连云港市连岛海滨浴场和连云港苏马湾海水浴场开展了环境监测工作。监测结果显示，连岛海滨浴场和苏马湾海水浴场水质类别均在二类及以上，水质等级为“良以上”，游泳适宜度为“适宜游泳或较适宜游泳”。与2018年同比，海水浴场水质为“优”的频次有所下降。影响水质的主要因子为粪大肠菌群，其次为水温和漂浮物。海洋垃圾：2019年，选择南通市如东县洋口闸西海域、盐城市海水养殖示范园区外海域、连云港市连岛东海域作为海面漂浮垃圾监测区域，选择南通市如东县洋口闸西海滩、盐城市月亮湾海滩、连云港市连岛海滨浴场海滩作为海滩垃圾监测区域。海洋垃圾密度较高区域主要分布在滨海旅游休闲娱乐区、农渔业区、港口航运区及邻近海域。监测区域海面漂浮垃圾主要为塑料、聚苯乙烯泡沫塑料、木制品、橡胶、织物、纸制品和陶瓷等。与2018年相比，南通市如东县洋口闸西海域海面漂浮垃圾平均密度有所上升；连云港市连岛东海域海面漂浮垃圾平均密度有所降低。海面漂浮垃圾主要来源于陆地，少部分来源于海上活动。监测区域海滩垃圾主要为塑料、木制品、聚苯乙烯泡沫塑料、玻璃、织物及橡胶等。与2018年相比，南通市如东县洋口闸西海滩垃圾平均密度有所上升。海滩垃圾主要来源于陆地。2019 年，对苏北浅滩生态监控区实施海洋环境质量状况监测，监测结果表明：28 个海水点位中，一类、二类、三类、四类和劣四类水质点位比例分别为 42.9%、39.3%、14.3%、0、3.6%；与 2018 年相比，水质有所好转，一、二类海水点位比例上升 21.5 个百分点，劣四类点位比例下降 5.5 个百分点。28 个站点的海洋沉积物均符合《海洋沉积物质量标准》（GB 18668—2002）一类标准。浮游植物多样性级别为“丰富”，中小型和大型浮游动物多样性级别为“较丰富”，底栖生物多样性级别为“贫乏”，潮间带生物多样性级别为“一般”。

广播电视科技

Radio & TV Science & Technology

【概　况】 面对机构改革后安全播出、网络安全、设施安全一体化管理的新要求和庆祝新中国成立 70 周年安全保障的硬任务，全省广播电视系统迎难而上、担当作为，压紧压实行业安全政治责任和主体责任，把措施落到实处，顺利完成全年 51 天特别是国庆重要保障期的安全保障工作，未出现重大责任性事故事件，获得总局通报表扬。

【科技服务】 强化组织保障，充实调整全省安全播出指挥部，成立网络与信息安全工作领导小组和迎接新中国成立 70 周年广播电视安全保障领导小组。完善制度保障，修订《江苏省广播电视网络安全管理办法（试行）》《江苏省广播电视网络安全事件应急预案》，建立安全保障例会、设施保护月报等制度。组织检查测评，迎接总局安全大检查，获得检查组充分肯定。完善“千分制”测评指标，开展全省广播电视行业安全大检查。安排专项资金，对省内持证视听节目服务网站进行远程渗透测试，对部分设区市台业务系统进行信息安全检测。开展培训演练，举办全省广播电视安全保障培训班，国庆前采取不预先告知方式，分别组织全省安播调度和有线电视传输信号切换演练。加大宣传力度，全年全省广电播出设施保护宣传专题 472 条、新闻 1428 条、公益广告 13637 次。

【科技管理】 各地各单位也围绕安全保障工作强配置、抓管理、促提升。江苏省监测台建成智能化移动广播电视监测平台。江苏省广播电视总台完成 7 个三级信息系统的等级保护测评和 11 个二级信息系统的定级备案，连续第三年获评省“网络安全等级保护工作先进单位”。江苏有线完成直播技术系统搬迁，投入 800 余万元建设全省安播监测体系，开展安全播出自查、互查、普查共 3 轮检查，整改隐患 100 余项。南京局推动将安全播出工作纳入市政府对各区考核目标。无锡台获“梁溪杯”物联网安全大赛暨无锡护网 2019 攻防竞赛第二名。常州台投入 75.7 万元对关键系统设备进行更新改造。南通局联合政法、公安、工信等部门开展有线电视防插播应急演练。盐城局实施监测平台数字化改造。泰州局制定《泰州市广播电视网络安全管理办法（试行）》。

【公共服务】 坚持面向基层、服务群众，以覆盖建设为重点，抓基础、抓提升、抓深化，公共服务供给质量有效提升。深入推进应急广播体系建设，全省全年新增应急广播终端覆盖行政村 3345 个，超额完成 2000 个行政村目标任务，全省累计开工建设市级平台 8 个，县级应急广播系统 41 个，占比分别为 61.5% 和 65.1%，扬州市提前完成市域应急广播体系建设，南京、连云港等地探索应急广播在景区监控、文物安防等领域的应用。完善地面数字电视覆盖网软硬件，发布地面数字电视运维管理工作手册，安排专项资金实施技术系统升级，为省市级台站采购 36 台发射备机，节目传输网络实现双运营商互备配置，提升运行可靠性。广播覆盖进一步拓展，新增 2 个调频频率转播中央人民广播电台中国交通广播节目，省交通广播网节目新增3个、调整3个同步广播发射点，基本实现省域优质覆盖，南京成为全国首个隧道广播全覆盖的省会城市，共建设26条隧道，覆盖里程83公里，并建立隧道广播建设长效机制。有线网络公共服务能力不断加强，江苏有线发挥自身优势，建成智慧医疗服务云平台、名师空中课堂基础教育平台、新时代文明实践智慧云平台等公共服务平台，苏州市吴江区率先实现“有线智慧镇（街道）”全覆盖。大力推动“高清江苏”建设，全省高清电视频道达30套，江苏省广播电视总台完成6个频道高清播出系统上线，苏州在全国率先实现市县两级播出机构高清化，全省全年新增高清数字电视家庭用户超110万户，超额完成省政府2019年度民生实事“新增百万高清用户”任务。

【科技创新】 跟踪科技发展趋势，组织参加CCBN、BIRTV、ICTC、世界超高清视频产业发展大会等活动，参与组织第八届广电传媒产业论坛暨第六届中国广播电视紫金论坛，论坛直播网络点击率达28万人次。组织开展竞赛评奖，依托省局科技委专家资源，开展广播电视节目录制技术质量奖、科技创新奖评审，选送优秀节目项目参与全国评奖，全国录制技术质量奖已公布结果，江苏省获得电视类5项一等奖、20项二等奖、13项三等奖及金帆综合大奖，广播类1项一等奖、14项二等奖、11项三等奖及金鹿综合大奖。举办全省广播电视技术能手培训竞赛，选拔4名选手参加全国竞赛，获一等奖1项、二等奖3项，其中海安台陈宏获调频和电视广播专业第一名，省局获全国竞赛优秀组织奖。江苏有线会同省总工会举办第九届运维技能竞赛，6人获省五一劳动奖章、五一创新能手称号。推动项目申报专利申请，江苏省广播电视总台、江苏有线分别参与申报国家重点研发计划“影视媒体融合服务技术集成与应用”“同轴宽带接入关键技术研究及规模应用示范”项目并获批立项，江苏有线参与申报国家发改委“DCAS与DRM产业化试点”项目获批立项。省局和江苏有线无锡分公司联合申报的“援建柬埔寨西哈努克港经济特区有线数字电视”项目入选总局“丝绸之路影视桥工程”项目。江苏省广播电视总台“荔枝云”项目创新成果获1项发明专利、2项实用新型专利和4项软件著作权正式授权，南京广播监测站、江苏有线南京分公司等联合研发的“黑广播自动监测系统”获批实用新型专利。标准工作成绩喜人，江苏省广播电视总台牵头完成行业规范《广播电视行业大数据技术白皮书》和地方标准《融合媒体内容平台运营及托管服务音视频文件交互规范》的编制，参与完成县级融媒体中心相关规范编制。江苏有线编制的《同轴接入HINOC设备入网技术要求》列入2019年度江苏省地方标准项目计划。

【智慧广电】 坚持规划示范引领，组织编写《江苏智慧广电建设三年行动计划（2020—2022年）》，配合省工信厅完善《江苏超高清视频产业发展行动计划》《江苏省5G产业发展行动计划（2019—2022年）》。建立全省智慧广电项目库，征集项目197个，组织智慧广电示范项目评选，评出示范项目10个。遴选13个项目作为江苏省智慧广电经验、创新做法和案例上报总局。积极参与“智慧江苏”建设，组织申报重点工程项目5个，创新基地6个、建设成果和优秀案例29个。积极对接县级融媒体中心建设，深入宣贯《县级融媒体中心省级技术平台规范要求》《县级融媒体中心建设规范》，支持江苏省广播电视总台荔枝云平台作为省级技术平台对接参与建设，全省以县级台为主体建成县级融媒体中心41家。主动服务新时代文明实践中心建设，全省48个新时代文明实践试点县（市、区）中，线上系统完成建设的10个、已立项（含在建）的10个，共占比41.7%，覆盖所、站1500个。不断拓展有线网络智慧业务，打造“电影院线”“有线宝”等品牌产品，推出“有线精灵”AI智能音箱机顶盒，开展“电视交警”“智慧水利”等创新业务，建成广电“智慧城市”6个、“智慧乡镇”57个、“智慧社区”350个，丹阳、洪泽、邳州、如东等地开展大数据中心建设，益农信息社项目全年新建点位约 2000 个，累计建成点位 1.18 万个。积极对接 5G 建设应用，南京成为全国广电 5G 建设首批试点城市，江苏有线规划制定 5G 试验网建设实施方案，与中国铁塔南京分公司合作调研基础设施资源，在应急广播立杆预留安装点位，与设备商、工程服务商等开展技术交流。江苏省广播电视总台加强与运营商、设备商的技术交流，在新闻生产、体育转播、大型外场节目制作中进行 5G 应用测试。

【行业生态秩序】 严格落实意识形态工作责任制，坚持正确导向，严惩违规行为，确保行业运行规范有序，广播电视健康发展。持续规范传输秩序，继续开展《广播电视节目传送业务经营许可证（无线）》年审，指导浦口台按批复调整调频技术参数，批准南京广电集团调整城市管理广播调频技术参数，按程序报批关停 6 个无线模拟电视频道，无线断模稳步推进，扬州、扬中等 2 家调频电视发射台获批迁建。组织开展广播电视节目无线传送、有线广播电视运营服务质量“双随机、一公开”检查。积极防范 5G 基站干扰广播电视卫星接收，落实总局“一表一单”月报制度，省局会同省工信厅开展多次实地协调，建立省级干扰协调工作机制，明确干扰报告、快速关站流程，省局及时向省委宣传部、省政府报告，确保庆祝新中国成立 70 周年活动期间卫星接收安全。配合开展“黑广播”打击治理，省局会同公安、无线电管理部门开展两轮集中专项行动，组织线索集中收测并转送省工信厅，全年共发现线索 173 条，配合查处案件 108 起，出具测量报告 6 份，南通公安机关抓获 6 名犯罪嫌疑人（3 人被判处 1 年 1 个月至 1 年 6 个月不等有期徒刑，并处罚金 1.5 万元，3 人仍在审理中），省局安排专项经费购买“黑广播”检测技术服务，宿迁局依托“12318”文化市场举报体系，调动社会力量，开展群防群治。认真做好航空频率保护，会同省工信厅、民航江苏空管分局，开展甚高频航空和调频广播频段无线电联合整治，组织省市广电单位，排查对民航导航信号的不明干扰，未发现省内广电单位干扰。

食药监管科技

Food and Drug Regulatory Science & Technology

【概　况】 2019 年，全省市场监管系统紧扣“推进高质量监管、助力高质量发展”主题，践行“守住底线、营造环境、规范竞争、提升质量、促进发展”思路，全省市场监管各项工作实现良好开局。机构改革全面完成、制度体系逐步健全、安全形势总体平稳、市场秩序稳定向好、服务发展成效突出、队伍风貌焕然一新。全年围绕市场监督检验检测下达了科技项目 60 个，发布江苏省地方标准 251 项。

【特种设备安全监管】 特种设备安全监管扎实有效。响水“3·21”特大爆炸事故发生后，第一时间启动应急响应机制，并在全省部署开展涉危化品企业特种设备安全隐患大排查大整治，全省共整改安全隐患 10471 个、停用特种设备 9692 台。成功举办江苏省特种设备应急演练，提高应急处突能力。

【食品安全监管】 食品安全监管不断强化。以“六个一”机制为抓手，全面推进落实食品生产经营主体责任。深入开展食品安全大排查大检查大督查专项行动，牵头开展整治食品安全问题联合行动，完成食品抽检 4.5 万余批次，查处食品违法案件 1.29 万件。食品小作坊登记全面完成，学校食堂“明厨亮灶”实施率达 96.8%，保健食品生产企业实现全覆盖全项目监管。完成第三批省级食品安全示范县（市、区）的考评工作。

【药品安全监管】 药品安全监管有力推进。召开首次疫苗管理省级部门联席会议，建成疫苗生产监管信息化平台，对疫苗在产企业实施驻厂监督，3个品种疫苗检验能力通过实验室资质认定，疫苗质量安全“省控线”建设成效明显。深入开展药品安全风险排查整治，查处药品领域违法案件1833件，责令停产停业12家。“5·7”特大生产销售假抗癌药案和张某某生产销售假冒化妆品案的查处工作，受到国家药监局通报表扬。

【科技管理】 简政放权加快步伐。牵头打造企业开办“全链通”平台，发出全国首张长三角“一网通办”电子营业执照。在全国率先落实企业注销便利化改革。在自贸区和6类开发区（园区）推进“证照分离”改革全覆盖试点。在全国率先试行特种设备许可到期免评审换证，省级发放工业产品生产许可证种类由17类压缩为5类。药品生产许可和医疗器械审批时限分别缩减30%、40%。

【质量发展】 质量发展高位推进。江苏省政府成立质量发展委员会，质量提升行动覆盖100个行业、300个重点产品和1934家重点企业，江苏省质量提升工作受到王勇国务委员充分肯定。全国标准化综合改革试点工作深入推进，在全国率先建立标准化工作统一管理分工负责的工作机制。在全国率先出台省级综合性产品质量监督抽查工作规范。检验检测省级公共服务平台（苏检通）正式上线运行。整治认证检测市场“乱象”，暂停44家检验检测机构资质，撤销26家化工企业的环境管理体系认证证书。市场监管总局在江苏省召开现场会推广江苏缺陷消费品召回管理工作经验。

【知识产权】 知识产权强省建设成效显著。开展13个先进制造业集群专利预警分析，建成省级高价值专利培育示范中心48家。在全国率先推出“互联网+知识产权”免评估质押模式，引导中小企业融资88.6亿元。查处侵犯知识产权违法案件5225件，商标侵权案件同比增长29.5%，3个案例入选全国专利商标十大典型案例。成功举办第十五届中国（无锡）国际设计博览会、第四届紫金知识产权国际峰会。

【助企强企政策】 助企强企政策更加精准。全面落实支持民营企业发展18条措施，在全国率先出台市场主体信用修复工作实施意见，出台全国首个以监管领域分类、体系全面的省级市场监管领域免罚规定。

2019年江苏省新颁布地方标准目录

序 号	标准编号	地方标准名称
1	DB32/T 1664—2019	汽车客运站服务规范
2	DB32/T 2531—2019	城市轨道交通运营服务
3	DB32/T 3491—2019	智能快件箱运营管理服务规范
4	DB32/T 3493—2019	普通国省道公路标志标线维护规范
5	DB32/T 3494—2019	灌浆复合沥青路面施工技术规范
6	DB32/T 3495—2019	普通国省道限制速度标志设置规范
7	DB32/T 3496—2019	桥梁结构抗风设计规范

续表

序号	标准编号	地方标准名称
8	DB32/T 3497—2019	道路旅客运输行业安全监督检查规范
9	DB32/T 3498—2019	道路运输管理信息接口技术要求
10	DB32/T 3500—2019	涂料中挥发性有机物限量
11	DB32/T 3503—2019	公路工程信息模型分类和编码规则
12	DB32/T 3508—2019	岸基雷达监测海面溢油技术规范
13	DB32/T 3512—2019	公路协同巡查管理系统建设技术规范
14	DB32/T 3522.1—2019	高速公路服务规范 第1部分：服务区服务
15	DB32/T 3522.2—2019	高速公路服务规范 第2部分：收费站服务
16	DB32/T 3522.3—2019	高速公路服务规范 第3部分：养护服务
17	DB32/T 3522.4—2019	高速公路服务规范 第4部分：清障救援服务
18	DB32/T 3522.5—2019	高速公路服务规范 第5部分：公共信息服务
19	DB32/T 3551—2019	有轨电车交通运营管理规范
20	DB32/T 3552—2019	胶轮有轨电车交通系统设计规范
21	DB32/T 3553—2019	胶轮有轨电车交通系统施工及验收规范
22	DB32/T 3554—2019	胶轮有轨电车交通系统运营管理规范
23	DB32/T 3558—2019	生活垃圾焚烧飞灰熔融处理技术规范
24	DB32/ 3559—2019	铅蓄电池工业大气污染物排放限值
25	DB32/ 3560—2019	生物制药行业水和大气污染物排放限值
26	DB32/T 3561—2019	高速公路路基养护规程
27	DB32/T 3562—2019	桥梁结构健康监测系统设计规范
28	DB32/T 3563—2019	装配式钢混组合桥梁 设计规范
29	DB32/T 3564—2019	节段预制拼装混凝土 桥梁设计与施工规范
30	DB32/T 3565—2019	公路工程环境监理规程
31	DB32/T 3566—2019	沥青路面改性沥青SBS改性剂含量 检测技术规程
32	DB32/T 3567—2019	内河船舶大气污染物排放清单编制技术指南
33	DB32/T 3572—2019	交通地理信息服务应用技术规范
34	DB32/T 3573—2019	交通地理信息数据规范

续表

序号	标准编号	地方标准名称
35	DB32/T 3575—2019	快速货运服务规范
36	DB32/T 3581—2019	路面噪声测试方法
37	DB32/T 3582—2019	水运工程水泥土搅拌桩复合地基质量检测及评定规程
38	DB32/T 3583—2019	生物中氚和碳 -14 的测定 液体闪烁计数法
39	DB32/T 3584—2019	水中铅 -210 的测定 冠醚树脂色层法
40	DB32/T 3593—2019	光伏组件与零部件防火性能试验方法
41	DB32/T 3594—2019	晶体硅太阳电池热斑耐久性能试验方法
42	DB32/T 3595—2019	石墨烯材料 碳、氢、氮、硫、氧含量的测定 元素分析仪法
43	DB32/T 3596—2019	石墨烯材料 热扩散系数及导热系数的测定 闪光法
44	DB32/T 3597—2019	增材制造 金属材料机械性能测试方法指南
45	DB32/T 3598—2019	增材制造 金属激光熔化沉积制件性能要求及测试方法
46	DB32/T 3599—2019	增材制造 钛合金零件激光选区熔化用粉末通用技术要求
47	DB32/T 3600—2019	雨花玉 鉴定和分级
48	DB32/T 3601—2019	高速公路沥青路面日常养护修补施工技术规范
49	DB32/T 3602—2019	普通国省干线公路设计技术标准
50	DB32/T 3603—2019	普通国省道指路标志设置标准
51	DB32/T 3604—2019	公路水泥就地冷再生基层施工技术规范
52	DB32/T 3610.1—2019	道路运输车辆主动安全智能防控系统技术规范 第 1 部分：平台
53	DB32/T 3610.2—2019	道路运输车辆主动安全智能防控系统技术规范 第 2 部分：终端及测试方法
54	DB32/T 3610.3—2019	道路运输车辆主动安全智能防控系统技术规范 第 3 部分：通讯协议
55	DB32/T 3634—2019	船闸工程质量检验规范
56	DB32/T 3636—2019	车用汽油中甲缩醛含量的测定 多维气相色谱法
57	DB32/T 3638—2019	“多表合一”信息采集数据传输和转换技术规范
58	DB32/T 3641—2019	生活垃圾焚烧炉渣集料在公路中应用施工技术规程
59	DB32/T 3642—2019	双向搅拌粉喷桩复合地基技术规程
60	DB32/T 3643—2019	气压劈裂真空预压加固软土地基技术规程
61	DB32/T 3644—2019	公路桥梁钢箱梁疲劳裂纹检测、评定与维护规范

续表

序号	标准编号	地方标准名称
62	DB32/T 3645—2019	信息化和工业化融合　实施指南
63	DB32/T 3655—2019	交通施工企业项目管理信息系统通用要求
64	DB32/T 3664—2019	商品煤检验第三方服务规范
65	DB32/T 3668—2019	凹凸棒石粘土矿分级规范
66	DB32/T 3674—2019	生态河湖状况评价规范
67	DB32/T 3675—2019	雨水情分析特征值数据库表结构与标识符
68	DB32/T 3677—2019	高速儿童汽车安全座椅技术规范
69	DB32/T 3678—2019	电梯统一应急救援标识
70	DB32/T 3689—2019	装配式混凝土建筑施工安全技术规程
71	DB32/T 3690—2019	600MPa 热处理、热轧带肋钢筋混凝土结构技术规程
72	DB32/T 3691—2019	成品住房装修技术标准
73	DB32/T 3692—2019	城市隧道照明设计标准
74	DB32/T 3693—2019	电化学无损定量检测混凝土中钢筋锈蚀技术规程
75	DB32/T 3694—2019	房屋白蚁预防工程技术规程
76	DB32/T 3695—2019	房屋面积测算技术规程
77	DB32/T 3696—2019	高性能混凝土应用技术规程
78	DB32/T 3697—2019	既有建筑幕墙可靠性检验评估技术规程
79	DB32/T 3698—2019	建筑电气防火设计规程
80	DB32/T 3699—2019	城市道路照明设施养护规程
81	DB32/T 3700—2019	城市轨道交通工程设计标准
82	DB32/T 3701—2019	城市自来水厂关键水质指标控制标准
83	DB32/T 3702—2019	日照分析技术规程
84	DB32/T 3703—2019	岩土工程勘察安全标准
85	DB32/T 3704—2019	预拌砂浆绿色生产管理技术规程
86	DB32/T 3705—2019	住宅区和住宅建筑内光纤到户通信设施工程建设标准
87	DB32/T 3706—2019	住宅装饰装修质量规范
88	DB32/T 3707—2019	装配式混凝土结构工程施工监理规程

续表

序号	标准编号	地方标准名称
89	DB32/T 3708—2019	装配式纤维增强水泥轻型挂板围护工程技术规程
90	DB32/ 3709—2019	防灾避难场所建设技术标准
91	DB32/T 3501—2019	大规模教育考试网上评卷技术规范
92	DB32/T 3502—2019	教育考试信息数据规范
93	DB32/T 3504—2019	户外拓展训练基本规范
94	DB32/T 3505—2019	基层中小企业服务中心窗口服务规范
95	DB32/T 3506—2019	青年创业培训服务规范
96	DB32/T 3507—2019	扬州理发技艺　基础规范
97	DB32/T 3513—2019	一体化统计调查工作规范
98	DB32/T 3514.1—2019	电子政务外网建设规范 第1部分：网络平台
99	DB32/T 3514.2—2019	电子政务外网建设规范 第2部分：IPv4地址、路由规划
100	DB32/T 3514.3—2019	电子政务外网建设规范 第3部分：IPv4域名规划
101	DB32/T 3514.4—2019	电子政务外网建设规范 第4部分：安全实施指南
102	DB32/T 3514.5—2019	电子政务外网建设规范 第5部分：安全综合管理平台技术要求与接口规范
103	DB32/T 3514.6—2019	电子政务外网建设规范 第6部分：安全接入平台技术要求
104	DB32/T 3514.7—2019	电子政务外网建设规范 第7部分：电子认证注册服务机构建设
105	DB32/T 3514.8—2019	电子政务外网建设规范 第8部分：运维服务
106	DB32/T 3521—2019	“不见面审批”服务规范
107	DB32/T 2019—2019	劳动关系和谐企业评价规范
108	DB32/T 2342—2019	港口建设项目档案管理规范
109	DB32/T 3527—2019	后续照管工作规范
110	DB32/T 3530—2019	智慧养老建设规范
111	DB32/T 3535—2019	企业劳动用工风险评估规范
112	DB32/T 3542—2019	就业质量评估规范
113	DB32/T 3544—2019	临床级人体组织来源间充质干细胞质量控制管理规范
114	DB32/T 3545.1—2019	血液净化治疗技术管理 第1部分：血液净化治疗机构感染管理规范
115	DB32/T 3546—2019	血站消毒卫生规范

续表

序号	标准编号	地方标准名称
116	DB32/T 3547—2019	医疗机构废水处理及在线监测技术规范
117	DB32/T 3548—2019	医疗机构医疗废物在线追溯管理信息系统建设指南
118	DB32/T 3549—2019	医疗卫生机构医疗废物暂时贮存设施设备设置规范
119	DB32/T 3550—2019	住宿业清洗消毒卫生规范
120	DB32/T 3555—2019	消防机构食堂设施设备配置规范
121	DB32/T 3556—2019	消防机构食堂卫生管理规范
122	DB32/T 2039—2019	工业旅游区规范与评定
123	DB32/T 3585—2019	智慧景区建设指南
124	DB32/T 3586—2019	自助洗车场建设管理规范
125	DB32/T 1321.1—2019	危险化学品重大危险源安全监测预警系统建设规范 第1部分：通则
126	DB32/T 1321.2—2019	危险化学品重大危险源安全监测预警系统建设规范 第2部分：视频监测子系统
127	DB32/T 1321.3—2019	危险化学品重大危险源安全监测预警系统建设规范 第3部分：实体防入侵监测预警子系统
128	DB32/T 1321.4—2019	危险化学品重大危险源安全监测预警系统建设规范 第4部分：传感器与仪器仪表信号安全监测预警子系统
129	DB32/T 1321.5—2019	危险化学品重大危险源安全监测预警系统建设规范 第5部分：施工条件与工程验收
130	DB32/T 2675—2019	公共就业创业培训机构服务规范
131	DB32/T 3605—2019	餐饮业安全厨房通用规范
132	DB32/T 3606—2019	监狱监区内务卫生管理规范
133	DB32/T 3607—2019	监狱医院设施设备配置规范
134	DB32/T 3608—2019	安全生产技术服务机构管理基本规范
135	DB32/T 3609—2019	安全生产责任保险服务基本规范
136	DB32/T 3611—2019	废弃电器电子产品处理业职业病危害预防控制指南
137	DB32/T 3612—2019	工业企业职业病危害风险分级管理规范
138	DB32/T 3613—2019	城市轨道交通工程施工安全防护技术规范
139	DB32/T 3614—2019	工贸企业安全风险管控基本规范
140	DB32/T 3615—2019	剧毒化学品生产企业安全管理规范

续表

序号	标准编号	地方标准名称
141	DB32/T 3616—2019	企业安全操作规程编制指南
142	DB32/T 3617—2019	液氯使用安全技术规范
143	DB32/T 3618—2019	社情民意计算机辅助电话调查管理规范
144	DB32/T 3619—2019	旅游目的地酒店服务规范
145	DB32/T 3633—2019	社区老年人日间照料“五助”服务规范
146	DB32/T 3635—2019	养老机构入住评估服务规范
147	DB32/T 3637—2019	土地综合整治工程建设规范
148	DB32/T 3639—2019	汽车 4S 店质量信用等级评价规范
149	DB32/T 3640—2019	展会配套餐饮管理规范
150	DB32/T 3646—2019	眼镜网络验配服务规范
151	DB32/T 3654—2019	旅游投诉分类分级处理规范
152	DB32/T 3663—2019	残疾人职业介绍服务规范
153	DB32/T 3665—2019	家庭服务 居家保洁规范
154	DB32/T 3666—2019	家庭服务 母婴护理员（月嫂）服务规范
155	DB32/T 3667—2019	托盘循环共用作业及服务规范
156	DB32/T 3669—2019	人民调解委员会建设规范
157	DB32/T 3670—2019	律师政府法律顾问服务导则
158	DB32/T 3671—2019	民主法治示范村（社区）建设规范
159	DB32/T 3672—2019	法治文化示范点建设指南
160	DB32/T 3673—2019	村（社区）法律顾问服务指南
161	DB32/T 3676—2019	车辆管理所窗口服务规范
162	DB32/T 3499—2019	多子芋栽培技术规程
163	DB32/T 3509—2019	斑点叉尾鮰品种 江丰 1 号
164	DB32/T 3510—2019	湖泊网围鲢鳙蚬增殖技术规程
165	DB32/T 3511—2019	克氏原螯虾苗种捕捞与运输技术规程
166	DB32/T 3515—2019	高杆观赏桃苗木生产技术规程
167	DB32/T 3516—2019	毛木耳栽培技术规程

续表

序号	标准编号	地方标准名称
168	DB32/T 3517—2019	水葫芦有机肥和有机基质在蔬菜设施栽培中的应用操作规程
169	DB32/T 3518—2019	西兰花速冻技术规程
170	DB32/T 3519—2019	芋头脱毒快繁技术规程
171	DB32/T 3520—2019	早熟棉直播栽培技术规程
172	DB32/T 635—2019	阳羡雪芽茶生产技术规程
173	DB32/T 1248—2019	番茄‘苏粉 8 号、11 号’早春栽培技术规程
174	DB32/T 1250—2019	哈密瓜早春大棚生产技术规程
175	DB32/T 1818.1—2019	连云港云雾茶 第 1 部分：生产技术规程
176	DB32/T 1818.2—2019	连云港云雾茶 第 2 部分：产品质量等级
177	DB32/T 3523—2019	海滨木槿育苗技术规程
178	DB32/T 3524—2019	农作物冷害和冻害分级
179	DB32/T 3525—2019	小麦赤霉病气象条件分级
180	DB32/T 3526—2019	大鲵人工养殖技术规程
181	DB32/T 3528—2019	豆丹人工养殖技术规程
182	DB32/T 3529—2019	桂花白叶茶加工技术规程
183	DB32/T 3531—2019	‘淮椒 1108’红椒生产技术规程
184	DB32/T 3532—2019	锦带花乔木化育苗技术规程
185	DB32/T 3533—2019	梨树单主枝连体型栽培技术规程
186	DB32/T 3534—2019	连粳 12 号栽培技术规程
187	DB32/T 3536—2019	曼地亚红豆杉扦插繁殖技术
188	DB32/T 3537—2019	葡萄避雨限根菇渣基质栽培技术规程
189	DB32/T 3538—2019	西瓜品种 苏蜜 8 号
190	DB32/T 3539—2019	水稻干尖线虫病防治技术规程
191	DB32/T 3540—2019	天目湖红茶质量等级
192	DB32/T 3541—2019	小麦品种连麦 6 号、7 号种子生产技术规程
193	DB32/T 3543—2019	玉米田化学除草技术规范
194	DB32/T 3557—2019	冬小麦湿渍害分级

续表

序号	标准编号	地方标准名称
195	DB32/T 3568—2019	稻麦秸秆地犁翻旋耕联合作业耕整机 操作规程
196	DB32/T 3569—2019	花生全程机械化生产技术规范
197	DB32/T 3570—2019	秸秆成型机　安全操作规程
198	DB32/T 3571—2019	水稻全程机械化生产技术规范
199	DB32/T 3574—2019	静电喷雾器　作业质量评价技术规范
200	DB32/T 3576—2019	农村产权交易　场所建设与管理
201	DB32/T 3577—2019	农村产权交易　服务通则
202	DB32/T 3578—2019	农村产权交易　集体经营性资产交易服务规范
203	DB32/T 3579—2019	农村产权交易　农村小型公益性事业建设项目交易服务规范
204	DB32/T 3580—2019	农村产权交易　农村养殖水面承包经营权交易服务规范
205	DB32/T 3587—2019	慈姑—泥鳅共作生产技术规程
206	DB32/T 3588—2019	水稻—中华鳖共作技术规程
207	DB32/T 3589—2019	皱纹盘鲍浅海筏式养殖技术规程
208	DB32/T 3590—2019	食用菌害虫绿色防控技术规程
209	DB32/T 3591—2019	东鹃盆花生产技术规程
210	DB32/T 3592—2019	兔出血症防控技术规程
211	DB32/T 2824—2019	地理标志产品　邳州板栗
212	DB32/T 2316—2019	地理标志产品　邳州银杏
213	DB32/T 1580—2019	地理标志产品　射阳大米
214	DB32/T 3620—2019	蚕蛹虫草工厂化生产技术规程
215	DB32/T 3621—2019	肉鸽生产性能测定技术规范
216	DB32/T 3622—2019	水利地理信息图形标示
217	DB32/T 3623—2019	水闸监控系统检测规范
218	DB32/T 3624—2019	种鸡场鸡白痢净化技术规程
219	DB32/T 3625—2019	稻田绿色控草技术规程
220	DB32/T 3626—2019	秸秆有机肥制作技术规程
221	DB32/T 3627—2019	菊花种质资源离体保存技术规程

续表

序号	标准编号	地方标准名称
222	DB32/T 3628—2019	木霉固态菌种生产技术规程
223	DB32/T 3629—2019	温室土壤太阳能消毒技术规范
224	DB32/T 3630—2019	小花多头型切花菊质量等级
225	DB32/T 3631—2019	沿海滩涂盐碱地菊芋栽培技术规程
226	DB32/T 3632—2019	大蒜地膜覆盖栽培及地膜回收技术规程
227	DB32/T 1845—2019	水稻全生育期耐盐鉴定技术规程
228	DB32/T 3647—2019	微生物小球及菌液联用改善河道水环境操作技术规程
229	DB32/T 3648—2019	‘玉霞蟠桃’生产技术规程
230	DB32/T 3649—2019	草莓集约化容器育苗技术规程
231	DB32/T 3650—2019	‘紫金早生’葡萄栽培技术规程
232	DB32/T 3651—2019	‘金陵黄露’桃产品质量分级规范
233	DB32/T 3652—2019	铁皮石斛嫩茎液体培育生产技术规程
234	DB32/T 3653—2019	‘紫金红 3 号’油桃生产技术规程
235	DB32/T 3656—2019	微型月季容器扦插育苗技术规程
236	DB32/T 3657—2019	荷叶离褶伞（鹿茸菇）工厂化生产技术规程
237	DB32/T 3658—2019	荞麦生产技术规程
238	DB32/T 3659—2019	樱桃番茄电商销售贮运技术规程
239	DB32/T 3660—2019	设施栽培西瓜枯萎病防治技术规程
240	DB32/T 3661—2019	冷鲜鸭肉生制品加工技术规程
241	DB32/T 3662—2019	斑点叉尾鮰鱼片速冻加工技术规程
242	DB32/T 3679—2019	苏山猪
243	DB32/T 3680—2019	玉米粗缩病病原免疫斑点检测方法
244	DB32/T 3681—2019	小麦产毒镰刀菌种群分子分型技术规范
245	DB32/T 3682—2019	南方梨病害型早期落叶综合防控技术规程
246	DB32/T 3683—2019	猪链球菌 9 型 PCR 检测技术规程
247	DB32/T 3684—2019	保护地茄果类蔬菜土传病害 综合防控技术规程
248	DB32/T 3685—2019	猪萨佩罗病毒检测技术规程

续表

序号	标准编号	地方标准名称
249	DB32/T 3686—2019	山羊副流感病毒3型检测技术规程
250	DB32/T 3687—2019	苏山猪生产管理技术规程
251	DB32/T 3688—2019	水稻秸秆还田小麦播后镇压技术规范

粮食科技

Grain Science & Technology

【概 况】 2019年，江苏粮食系统认真落实国家“科技兴粮”和“人才兴粮”实施意见精神，聚焦行业需求、强化自主创新，在载体建设、科技研发、成果转化等方面发力，为粮食产业高质量发展提供有力支撑。

【科研项目及经费】 2019年，全省粮食科技入统在研项目122个，主要集中加工领域，涉及87项，占总数的71.31%；储藏领域14项，占总数的11.48%；制定或修订标准5项，占总数的4.10%；质检技术研究8项，占总数的6.56%；涉及种植环节、信息化及其他项目研究8项，占总数的6.56%。

国家财政科技项目投资总预算5606万元（科技部2833万元，国家发改委174万元，农业部200万元，基金委362万元，其他部门2037万元）；地方财政拨款2538万元；单位自筹或接受委托4.15亿元。由单位自筹或接受委托性质的企业自主研发仍是粮食行业科技投入的主要组成。

【科研成果】 2019年，全省入统粮食科技拥有成果331项，其中基础类成果210项，包括专利112项、论文73篇、技术标准18项、著作3部、获省级奖4项；拥有应用类成果121个，包括新产品56个，新技术51个，新工艺14个。江苏粮食行业科研单位在研究成果上除注重科技研发外，也注重产品和技术等相关成果的落地应用。

【科技活动周】 承办“2019年全国粮食科技活动周”主会场活动和“全国粮食和物资储备科技和人才工作座谈会”。推动江苏省人民政府和国家粮食和物资储备局签订战略合作协议，组织各地深入开展各地2019年“粮食科技活动周”活动。科技活动周期间，征集科技成果、科研团队、科技需求、科普材料等23个，“全国首台智能平仓机器人落户昆山”等5个江苏项目签署合约，涵盖了仓储、加工、粮油装备等技术领域，企业研发能力提质升级。

【苏米研究】 牵头筹建苏米研究院，组织省内外的水稻育种、生产、加工、品牌建设等方面的专家，加强对“苏米”全产业链的研发。组织省农科院、南京农业大学等育种专家团队，研究开发并示范推广符合江苏特点的优质稻谷品种，逐步建成一批“好稻种+好生态”的“苏米”生产基地。2019年，“水韵苏米”一年荣获三奖，影响力、美誉度、占有率不断提升。

【载体建设】 联合省发展改革委，起草《关于加快推进现代化粮食产业体系 持续建设粮食产业强省的实施意见》，将推进科技兴粮作为夯实产业经济发展的重要载体，全力推进粮食产业高质量发展。积极响应国家“长三角一体化”“长江经济带”战略和“一带一路”倡议，与上海在科技兴粮等方面开展战略合作，全力推动江苏粮食和物资储备事业高质量发展。

【绿色储粮】 利用世界粮食日、粮食科技活动周等多渠道、多形式宣传节粮减损知识，积极推广节粮新设施、新技术，推广使用绿色储粮技术。开展粮情智能测控、绿色干燥热源、绿色储粮技术、储粮风险预警等研究应用。举办全省粮食产业综合业务培训班，介绍水源热泵谷物冷却技术，实地观摩水源热泵在粮库的应用，引导各地加大绿色储粮技术应用。2019年，全省机械通风仓容达93%，粮情测控仓容达84%，环流熏蒸仓容达68%，低温准低温储粮仓容达48%，均达到了国内领先水平，其中低温准低温储粮仓容量列全国第一，环流熏蒸技术仓容量列全国第三。

【平台建设】 借助科技创新战略联盟深入了解企业科技需求，积极做好与省科技厅的沟通协调，帮助企业审批了2018年江苏省重点研发计划（现代农业）“优良食味氮高效绿色粳稻新品种选育”“水稻主要病虫害绿色防控技术研究与创新应用”等重点项目，为提升产业层次奠定基础。联合省粮食集团、南京财经大学共建国家优质粮食工程（南京）技术创新中心。与国家粮油信息中心、南京财经大学和航天信息公司合作，组建全国首个省级粮食大数据实验室，开展粮食大数据挖掘与应用。

防震减灾科技

Quakeproof and Disaster Reduction Science & Technology

【震 情】 2019年江苏省及邻区（30.5°～36°N，116°～125°E）共发生M_L≥2.0地震122次，其中M_L3.0～3.9地震19次，M_L≥4.0地震2次。最大地震为12月8日盐城东台市海域M_L4.2地震，陆地最大地震为11月1日安徽定远M_L4.0地震；江苏陆地未发生M_L≥4.0地震，最大地震为3月2日南京溧水M_L3.5地震。总体而言，2019年江苏及邻区地震活动为背景水平。11月1日安徽定远M_L4.0地震前，江苏及邻区出现超一年时长的M_L4.0以上地震平静，其后短期出现M_L3.0以上地震增强，符合正常的地震活动起伏特征。

地震活动特征表现。江苏陆地2019年共发生M_L≥2.0地震32次，其中M_L≥3.0地震3次，分别为3月2日南京溧水M_L3.5、4月6日南京溧水M_L3.3和5月23日常州金坛M_L3.3，3次M_L≥3.0地震全部分布在茅山断裂带附近。此外，江苏淮安地区小震活动仍在持续，该地区自2018年3月开始活动，2018年10—11月活动频次达到较高水平，2018年12月—2019年3月相对平静，4月开始小震再次活动；2019年全年共记录到地震169次，其中2.0≤M_L≤2.9地震12次，1.0≤M_L≤1.9地震28次，0.0≤M_L≤0.9地震65次，M_L0.0以下地震64次；最大地震为5月8日M_L2.8地震，地震活动频次和强度高于2018年和多年背景活动水平。淮安地区地震活动与江苏地区典型震群活动相比具有活动持续时间长、衰减缓慢的特点。

2019年近海海域共记录到M_L≥2.0地震40次，其中M_L3.0～3.9地震9次，M_L≥4.0地震1次，为12月8日盐城东台市海域M_L4.2地震。东台市海域M_L4.2地震前共记录到2次M_L3.0以上前震，分别是12月6日23时23分M_L3.4和12月7日01时01分M_L3.3；地震后共记录到余震8次，其中M_L3.0以上余震3次，M_L2.0～2.9余震5次。

【地震监测预报】 震情跟踪工作情况。2019年年初制定震情跟踪具体措施，紧紧围绕年度地震危险区和注意地区开展地震短临跟踪工作和日常地震分析预报工作。制定地震短临跟踪方案，及时发现和分析异常，狠抓异常核实工作，完成异常核实报告10篇。加强震情会商研判，力争对省内发生的破坏性地震（陆地5级左右，近海海域6级以上）作出一定程度或有减灾实效的短临预报；突发震情处置得当，震后地震趋势判定准确。按时召开周、月会商会，加强特殊时段的安保工作，做好重大节日和节假日的震情值班工作和震情保障工作，震情信息上报及时。做好庆祝中华人民共和国成立70周年、“一带一路”高峰论坛等重大活动期间震情研判和安保工作。

台网运行情况。根据中国地震台网中心测震台网业务运行评价系统统计的结果显示：2019年度江苏省测震台网40个参评台站的实时运行率为97.48%。江苏省测震台网统计结果显示：2019年度江苏省测震台网的归档数据完整率为98.74%。

截至2019年年底，江苏地球物理台网在运行的台站共计32个，其中国家级台站8个，省级台站7个，市县级台站17个；形变台站13个，流体台站15个，地电台站5个，地磁台站13个。2019年在运行的仪器共计118套，其中形变学科仪器24套，“十五”仪器20套，人工观测仪器4套；流体学科仪器33套，“十五”仪器33套；地磁学科仪器23套，“十五”仪器12套，人工观测仪器11套；地电学科仪器12套，均为“十五”仪器；辅助观测仪器26套，均为“十五”仪器。在运行的118套仪器共359个测项分量，其中形变学科仪器24套，测项分量93个；流体学科仪器33套，测项分量38个；地磁学科仪器23套，测项分量60个；地电学科仪器12套，测项分量90个；辅助观测仪器26套，测项分量78个。绝大多数观测仪器运转正常，产出的观测数据的主要精度指标符合规范要求。江苏地球物理台网2019年在运行台站、观测仪器运行基本正常，数据稳定性较高。2019年江苏地球物理台网仪器的运行率为99.95%，观测资料的数据连续率为99.92%，数据有效率为99.69%，年产出数据量约20236 MB。

台网建设情况。台网布局、改造及监测能力提升。江苏省测震台网由1个省级测震台网中心和75个数字测震台站组成（参加全国资料评比的台站数为40个），其中国家级台站3个，省级台站57个，市县级地震台15个；按观测方式分，井下台站31个，地面台站44个。江苏省所属测震台站平均密度约为7.3台/万平方千米，平均台间距约为28千米。苏南、苏北地区台站稍密，苏中沿海地区因松散沉积覆盖层较厚，以井下台站为主，台站相对稀疏。为提高对网缘地震的监控能力，从中国地震台网中心接收河南、山东、安徽、浙江、上海5个省（市）32个台站的实时波形数据。

江苏省测震台网对全省陆地的地震监测能力可达到 $M_L \geqslant 2.0$，对苏南苏北局部地区可达到 $M_L \geqslant 1.5$，对邻省及附近海域地区地震监测能力达到 $M_L \geqslant 2.5$。

2019年，江苏省地震局完成了提升工程项目，对江苏地球物理台网进行了加密，新增盐城台1套水位仪、2套水温仪、1套气象三要素观测仪和灌云台1套水位仪、2套水温仪、1套气象三要素观测仪，填补了江苏省内东北部区域的监测空区；完成了华东片区地震台网观测设备更新升级项目，新增徐州台体应变、水管倾斜仪和铟瓦棒伸缩仪；完成了地震重点监视防御区地震监测技术系统升级项目，对常熟台水管倾斜仪和铟瓦棒伸缩仪的更新。另外，对市县台站中运行质量高的观测仪器纳入国家台网管理，优化提升了江苏省地球物理台网布局，包括：高淳台分量式钻孔应变仪；六合台体积式应变仪和气象三要素观测仪。通过整体部署，精准实施，进一步加强了全省的地球物理场监测能力。截至2019年12月，江苏地球物理台网在运行的台站共计32个，观测仪器共计118套（不含暂停观测的11套仪器）。

【技术系统的观测环境升级改造】 江苏地球物理台网2019年度技术系统全年运转基本正常，台网中心技术人员定期对台网中心技术系统进行巡检维护，特别是对数据库安全进行检查，对数据库和备份库的表空间进行扩展维护，保证观测数据汇集、处理、备份和上报正常。台网中心数据库服务器、应用服务器和备份服务器全年运转基本正常，网络系统稳定，数据汇集、数据处理等软件运行正常，未出现因软件原因引起的数据不能采集、入库或上报等重大情况。

为保障技术系统安全，根据中国地震局网络安全管理要求，江苏地球物理台网于2019年5月7日和6月10日分别对数据库服务器上的数据管理系统进行更新升级，解决了仪器冲突的问题，增加登录防 SQL 注入和禁止非法字符提交等安全功能，增加登录验证码，增加采集、交换和备份等自动刷新功能，以及其他多项功能和细节的改进，更好地改善了使用体验。6 月 10—12 日对各服务器、数据库的所有账户密码重新设置，新设置的密码包含大小写字母、数字和特殊符号，且长度不小于 10 位。

2019 年度江苏地球物理台网和台站继续按照《江苏地震前兆台网数据跟踪分析工作实施细则（试行）》《江苏省前兆台站数据管理与系统维护评比办法》《江苏省地壳形变、电磁、地下流体学科观测资料质量评比办法》《江苏区域地震前兆台网产品产出制度》等做好地球物理台网日常运行管理和跟踪分析及各类产品数据的产出应用等各项工作。2019 年度对江苏地球物理台网现有台项进行了清理，进一步制定、修改和完善了多项规章制度。

【监测预报基础应用与研究】 基于数字地震记录和地球物理场观测资料，从震源机制、GPS 资料、流动水准、重力场及前兆整体趋势变化等加强区域应力场背景研究；基于区域动力学背景，根据地震期幕划分规律和区域地震活动特征，强化太阳黑子、地球自转加速度及全球和全国强震等外部因素对江苏地区地震活动影响分析；重点分析典型地震活动图像（条带、空区、震群、平静和增强等）及其预测意义；以江苏省地震局局长科研基金项目为依托，加强江苏及邻区中等地震震例总结及综合预报实用化指标研究，同时着力提升地球物理场观测资料异常性质判定的可靠性和科学性；组织实施局长基金《江苏及邻区中等地震震例总结及综合预报实用化指标研究》；推进地震分析会商技术系统云平台建设，提升分析预报信息化和智能化水平。

【地震灾害风险防治工作】 抗震设防要求。依法加强建设工程抗震设防要求和地震安全性评价强制性评估工作监督管理，强化事中事后监管。2019 年 7 月组织召开全省抗震设防要求管理工作推进会，部署落实新形势下全省抗震设防要求事中事后监管、区域性安评推进、窗口管理等相关工作，各市分管领导、相关处室负责人及在苏从业的地震安评资质单位代表 50 余人参加会议。

认真贯彻《国务院办公厅关于全面开展工程建设项目审批制度改革的实施意见》和《江苏省工程建设项目审批制度改革实施方案》，将“建设工程地震安全性评价结果的审定及抗震设防要求的确定”事项纳入省工程建设项目审批事项清单，同时增加了“地震安全性评价”强制性评估和中介事项。对行政许可事项进行流程再造及优化调整，修订了申请表、流程图、建设工程抗震设防审批样式等基础材料，进一步减少了审批材料、提高了时效。按时完成工程建设项目审批事项办事指南编制一张网工作，协调省政务服务网完成相关数据的更新工作。积极与市县做好对接，切实指导基层做好工程建设项目审批制度改革相关工作。加强审批窗口管理，完善了省市县三级审批窗口联络网，制定了建设工程地震安全性评价强制性评估告知单。

组织开展第五代《中国地震动参数区划图》江苏执行情况检查，共对 244 项一般建设工程项目进行抽查，对 32 项已开展地震安评的重大建设工程抗震设防要求执行情况及 43 项重大建设工程开展安评情况进行检查，检查结果上报中国地震局。

夯实震灾预防工作基础。联合江苏省应急管理厅、省气象局完成全省 100 个全国综合减灾示范社区的创建工作。联合省科协组织开展了 2019 年度防震减灾科普教育基地认定工作，认定 4 家单位为省级防震减灾科普教育基地，对 2013 年以前命名的基地重新进行审核，并确定 17 家单位获得继续命名，对 32 个不符合条件的基地取消命名并摘牌。完成国家级防震减灾科普教育基地和防震减灾科普示范学校的申报推荐，5 家单位认定为国家级防震减灾科普教育基地。加强与徐州工程学院的合作，完成苏北高烈度区断层活动性与地震危险性科普示范基地建设。

地震安全评价。认真贯彻国务院新修订的

《地震安全性评价管理条例》，先后制定印发《关于进一步加强地震安全性评价监管的通知》《关于进一步明确地震安全性评价报告技术审查相关问题的通知》《关于进一步加强地震安全性评价工作管理的通知》。积极推进区域性地震安全性评价工作，联合省商务厅等七部门印发《江苏省开发区区域评估工作方案（试行）》及其实施细则，指导全省开展相关评估工作。2019 年 10 月，配合省商务厅分别召开苏南、苏中、苏北片区区域评估工作推进会，对地震区评在内的评估工作进行部署和解读。完成南京空港枢纽经济区投资建设项目区域性地震安全性评价项目总验收。截至 12 月底，共有 5 个开发区正在实施地震区域评估工作。协助中国地震局完成高邮地震小区划最终成果审查验收工作。下发《关于开展地震安全性评价工作摸底调查的通知》，对全省 2016 年以来地震安全性评价工作的情况进行调查。根据摸底情况，联合扬州市地震局开展地震安全性评价工作专项检查，对唐山同心科技有限责任公司在苏从业情况进行通报。

落实地震安全性评价单位信息公示公开制度，分批次通过江苏省防震减灾官网将符合条件的 13 家地震安全性评价单位向全社会公布并实行动态管理，主动接受社会监督。认真履行地震安全性评价报告审查职责，2019 年度完成安评报告审查 41 项；深化落实“放管服”改革要求，通过“震害防御成果转化”为 18 个重要工程确定抗震设防要求。

认真总结全省区域性地震安全性评价工作经验，在《国家防震减灾》杂志 2019 年第 1 期上发表文章《认真落实“放管服”改革要求，积极推进区域性地震安全性评价工作》。全年先后接待中国地震局震防司、福建、贵州、河南、上海、青海局等 10 个部门单位前来交流探讨区域性安评管理办法制定、技术方案实施、结果应用情况、服务流程监管等。

活动断层探测。有序推进淮安、镇江、盐城、新沂等市的城市活断层探测工作。先后组织召开了盐城和淮安市活断层浅层地震勘探野外及专题验收、镇江市活断层探测项目实施过程中有关技术问题咨询、新沂市活断层标准钻孔探测等 18 个子专题验收。配合中国地震局完成连云港活动断层探测项目总验收工作。与中国地震局地壳应力研究所联合开展淮安活断层中深层地震勘探研究工作。

开展区域活动构造探察工作。完成栟茶河断裂活动性鉴定项目总验收。茅山断裂北延段地壳探测研究工作通过专家评审。与溧阳市政府就溧阳市活断层探测项目进行商谈；新沂市马陵山—重岗山断裂精确定位项目进入实施阶段。

地震应急保障。江苏省地震局与省消防救援总队签订联动战略合作框架协议，在推进数据共享平台建设、推进应急处置能力建设、做好应急技术保障、开展业务技能培训及举行协同应急救援演练等方面多层次全方位积极开展合作。进一步做好地震应急队的各项工作，调整充实队员，完善组织体系，积极开展训练。1 月份组织了全局参加的应急拉动演练，4 月份组织了应急通信保障拉动演练，通过拉动应急通信、指挥车辆，现场展开设备，实现与局指挥大厅通过卫星、4G、电台等多种手段互联，检验设备、演练人员。江苏省地震局现场工作队参加了福建省地震局在福建霞浦举办的 2019 年度华东地震应急联动协作区联合培训暨实操演练。规范应急装备物资管理，购买物资管理系统对应急仓库的各项装备器材进行有效管理。对部分过期失效的物资进行了清理，对物资仓库不足的部分物资进行了采购补充。

2019 年 3 月 2 日、4 月 6 日南京溧水区相继发生 2.8 级地震，江苏省地震局迅速启动有感地震应急响应，并派出现场工作组开展现场调查并指导当地开展应急处置工作。12 月 8 日盐城东台黄海海域发生 4.1 级地震，江苏省地震局启动有感地震应急响应，指导盐城市地震局开展地震应急响应、处置相关工作，做好网络舆情引导，保证社会秩序稳定、网络舆情平稳。

【防震减灾服务与法治建设工作】 主动开展地震公共服务。广泛开展防震减灾决策服务、公众服务、专业服务、专项服务，围绕庆祝新中国成立70周年、党的十九届四中全会、第二届进博会、全国“两会”期间地震安全保障需要，以及全省经济社会发展，开展震情监测预测、活动断层探测、地震安全性评价、防震减灾知识普及等系列服务。推进公共服务标准化建设，全面梳理江苏省地震局面向公众的公共服务清单，编制标准化的办事指南并向社会公众提供服务。

加强防震减灾科普宣传教育。贯彻落实全国首届地震科普大会部署，制定印发《江苏省地震局贯彻落实全国首届地震科普大会任务分解方案》。落实《江苏省科学技术协会 江苏省地震局合作框架协议》，推进与省科协的合作，联合印发《关于成立省防震减灾科普合作领导小组的通知》。加强与徐州工程学院的合作，完成苏北高烈度区断层活动性与地震危险性科普示范基地建设。积极推进周恩来防震减灾科普馆建设。认真落实江苏省全民科学素质行动计划方案，推进防震减灾科普教育工作，江苏省地震局工作经验在2019年江苏省全民科学素质领导小组会上做典型发言。

正式上线“江苏省地震局”官方微博和微信平台正式上线，开展防震减灾知识宣传。认真推进科普作品的编制创作。制作并发布“震震有辞”系列防震减灾科普视频作品第一集。组织各市地震局、局属单位参加全国防震减灾科普作品大赛、应急管理科普作品征集评选、全国科普微视频大赛等活动。在第二届全国防震减灾科普作品大赛中，1件荣获影视作品类二等奖、2件荣获展教具类优秀奖、2件荣获网络评选最具人气奖，江苏省地震局荣获优秀组织奖。在应急管理科普作品征集评选活动中，1件荣获一等奖。组建由20名专家参加的江苏省防震减灾科学传播师队伍，向中国地震局推荐3名国家防震减灾科学传播师候选人。

持续推进防震减灾科普知识“六进”，指导各地在全国防灾救灾日、科普宣传周期间集中开展科普宣传活动。会同省地震学会、省老科协防震减灾分会开展“防震减灾科普基层行”活动，在南京、常州、泰州等地开展防震减灾科普讲座20场，受众5000余人。防灾减灾宣传周期间，免费开放省各地防震减灾科普教育基地，相关信息在局门户网站进行公示。各设区市地震部门按要求在全国防灾减灾日和唐山地震纪念日期间组织开展了防震减灾科普动漫视频进地铁、公交活动，在重点时段开展防震减灾科普讲座200余场。

认真组织参加第二届全国防震减灾知识大赛、第三届全国防震减灾科普讲解大赛、全国地震科普作品大赛等活动。联合省科协举办“江苏防震减灾知识网络竞赛”，试题入驻江苏“科普云”微信公众号、“科普云”信息大屏在线答题，参赛人数达2万余人。联合江苏省应急厅、省人防办、省卫健委等单位联合主办“江苏省安全应急科普环省行”活动，在南京、扬州、南通、徐州、连云港等地开展文艺巡演及“七进”及知识竞答活动。该活动被评为2018年度江苏“十大科学传播事件”并入选2019年度江苏“十大科学传播活动”。

加强防震减灾法治建设。全面贯彻落实《中共中国地震局党组关于加强防震减灾法治建设的意见》的精神，制定并出台了《中共江苏省地震局党组关于加强防震减灾法治建设的实施方案》（苏震党发〔2019〕33号）。将普法工作列入省市防震减灾工作目标管理责任书内容，要求加强对地震工作者、政府部门及领导干部和社会公众的防震减灾普法，推动全社会防震减灾法律素质提升。地震预警立法列入省人大常委会2020年立法计划预备项目。举办全省防震减灾法制工作与标准化培训班，提升地震系统法制化水平。组织编制《活动断层成果探察报告编写规则》。印发《江苏省地震局全面推行行政执法公示制度执法全过程记录制度重大执法决定法制审核制度任务分工方案》。全面梳理行政执法事项清单，组织编制标准化办事指南，梳理后江苏省级行政执法事项18项。深入推进地震系统建设工程项目审批制度改革，将“区域性地震安全性评价”“建设工程地震安全性评价”强制性评估两项评估事项和“建设工程地震安全性评价结果的审定及抗震设防要求的确定”“新建、改建、扩建建设对地震监测设施和地震观测环境造成危害的项目批准”等两项行政许可事项纳入建设工程项目审批流程进行管理。推进地震系统“互联网+”监管工作，完成监管事项目录清单和检查实施清单编制工作，并上报监管行为数据和监管动态信息。

【科技进展】 结合江苏省防震减灾事业现代化建设需要，提出“透明江苏、认识地震、韧性城乡、智慧服务”科技创新工作和重点攻关领域，支持在透明地壳、解剖地震、韧性城乡、智慧服务等方面开展探索和科学研究、成果推广。宿迁市活动断层探测及盐城市、高邮市在推进韧性城乡、智慧服务方面的典型做法和先进经验获得江苏省地震局防震减灾优秀成果一等奖和二等奖。江苏省地震局与中国地震局地震预测研究所签署科技交流合作框架协议，加强局所合作，推进防震减灾科技工作。加强科研管理制度建设，印发《江苏省地震局关于促进地震科技成果转化暂行办法》和《江苏省地震局创新团队管理办法（试行）》。江苏省科技计划共立项支持了防震减灾各类科技项目2项，省拨经费70万元。江苏省地震局获批中国地震局星火计划项目1项，完成1项省社发项目、3项星火攻关项目结题验收。围绕预测预报方法、地震仪器研制等重点领域，加大科研投入和支持力度，组织实施监测预报领域科研项目52项，发表论文32篇（其中被SCI、EI收录各1篇，核心期刊15篇），取得发明专利3项，实用新型专利10项，外观设计专利1项。

【科技合作与交流】 2019年6月11—13日，美国肯塔基地质调查局王振明教授应邀到江苏省地震局交流访问，并作题为《美国新马得里地震带——从地震预报到减灾政策》的学术报告。访问期间，王振明教授还参观了江苏省数字地震台网中心和南京基准地震台，并与有关科技人员就地震场地效应评估问题进行了交流探讨。

7月9日，江苏省地震局与溧阳市人民政府在溧阳市签订共同推动溧阳市防震减灾工作战略合作协议。双方将在地震灾害风险防治体系建设、地震灾害风险调查和重点隐患排查、地震活动情况基础研究、完善溧阳市地震监测体系、深入开展防震减灾科普宣传、扎实推进示范创建工作、建立社会力量和市场参与机制等7个方面开展深入合作，将溧阳市打造成防震减灾能力现代化建设先进城市。

10月28—30日，第十六届长三角科技论坛防震减灾分论坛暨纪念溧阳地震40周年防震减灾学术研讨会在南京召开。论坛主题为《减轻地震灾害风险 推进防震减灾现代化建设》，共征集到学术论文100余篇，内容涵盖地震监测预报预警、地震灾害风险防治、防震减灾公共服务与社会治理等多个方面，汇集了近年来长三角地区地震科技人员的科研成果，并出版专题科技论文集。

气象科技

Meteorological Science & Technology

【概　况】 2019年是新中国成立70周年，也是新中国气象事业70周年。全省气象部门在中国气象局和省委省政府的坚强领导下，以习近平新时代中国特色社会主义思想为指导，增强“四个意识”，坚定“四个自信”，做到“两个维护”，圆满完成全年任务。

截至2019年年底，江苏省气象局获批国家自然科学基金4项、省自然科学基金1项、省“333工程”科研项目3项，获得省部级科技奖励3项，以第一作者发表论文被SCI收录10篇、一级核心期刊论文19篇，获专利16项、软件著作权86项，科研工作的影响力不断扩大。

【天气气候背景】 2019年江苏省平均气温16.2℃，达到历史第四高值，较常年同期偏高0.9℃，空间分布为南高北低，其中，冬、夏季气温正常，春、秋季偏高，12月异常偏高；全省平均降水量为845.7毫米，较常年偏少1.7成，为1995年以来次少年（仅多于2004年823.7毫米），时空分布不均，其中，冬季及12月降水异常偏多，春、夏、秋季连续偏少；全省年日照时数较常年偏少。

【气象业务现代化】 智能网格预报业务水平整体提高。0～30天无缝隙高分辨率网格预报产品实现滚动更新，国省市三级主观交互订正和智能网格预报业务实现稳定单轨运行，开展网格预报产品检验，智能网格产品优于指导产品和数值预报。强化了天气实况分析和灾害性天气预报，发布了灾害性天气落区预报产品、集合概率预报产品等。建成多源数据融合、多重业务智能协调、多终端显示互动的预报业务平台，省市县三级气象台实现快速联动预警和预报协同制作。

智能台站建设取得明显进展。全面推进观测质量管理体系。参与研究多源数据自动综合判识方法和软件并上线运行。双套站运行、双链路通信、双电路供电、故障自动切换，设备检定信息自动更新等，有效支撑了国家级气象站智能化改造。推进苏北龙卷试验基地建设及协同观测试验，完成苏北X波段雷达网选址、定型、采购和塔楼设计等工作。开展南京特大城市综合大气垂直廓线观测网建设。全省观测业务三维仿真系统即将上线运行。

省级气象大数据中心启动建设。制定了《省级大数据中心建设实施方案》，明确了“网络化、数字化、智能化、融合化”的总体思路。联合研究新一代气象信息业务一体化解决方案，完成信息网络架构系统设计，基本完成省级数据中心基础设施和省气象灾害监测预警中心智能楼宇建设，开发了楼宇三维信息发布、移动综合管理等系统，推进了数字档案馆建设，高标准建设新一代数据中心机房。

突发事件预警信息发布体系更加健全。94%的县（市、区）政府成立预警信息发布机构，83%的县（市、区）政府等印发预警信息发布管理办法。南京、常州、南通、淮安、盐城、泰州、宿迁等市县两级实现机构和办法全覆盖。推广应用省突发事件预警信息发布平台，交通运输、生态环境等15个部门完成对接工作。积极顺应机构改革和职能调整，深化与省应急管理厅、省水利厅、省消防救援总队、省银保监局等部门联动，气象开放合作更加务实、成果更加显著。

生态文明气象服务保障更加务实。经省政府常务会议审议同意，环境气象观测设施等纳入全省生态环境监控系统建设规划。深化与生态环境厅合作，联合开展季度—延伸期的大气环境质量变化趋势预报分析等业务。协同长三角开展大气环境星地空协同观测资料融合技术研究，完成秋冬季颗粒物污染和夏季臭氧污染协同观测和分析。省市县局协同配合，向地方政府报送《徐州潘安湖湿地生态改善对局地生态气候的影响评估报告》《连云港海域浒苔年度生态监测报告》《赤山湖湿地生态气象条件评估报告》等。

【科技创新】 筹建南京气象科技创新研究院。与中国气象科学研究院共同成立了筹建领导小组、工作小组。做好中国气象局与江苏省政府、南京市政府有关共建事宜的各项协调工作，5月18日签订了共建协议，10月8日创新研究院正式成立。目前已制定完成了机构建设、章程及理事会章程、人员到位等共8个方案（办法），落实了创新院机构注册、人员落户、社保、医保、住房公积金管理、职工公寓住房保障等相关事宜，落实了办公环境改造和办公条件建设经费并开始组织采购。

继续发挥南京大气科学联合研究中心作用。南京大气科学联合研究中心首批立项的8个项目顺利通过验收，在集合预报方法、多普勒天气雷达速度退模糊研究、龙卷预警业务试验及中气旋识别、卫星应用研发、精细化预报业务系统建设、资料同化及精确化天气分析与预报系统架构设计等领域，取得了很多有影响的突破，成果业务化率达到70%以上。完成了5位特聘专家的聘任期内工作总结。

交通气象重点开放实验室建设效果显著。对《交通气象重点开放实验室发展规划（2018—2020年）》进行了再修订，编写了《长三角区域智慧交通一体化发展思路》《华东区域智慧交通一体化发展规划》等，成功召开2019年交通气象实验室年会。作为交通气象专项实验外场的金坛观测基地，今年被中国气象局批准为交通气象野外科学实验基地，实验室的观测和科技实验能力将得到进一步提升。“智慧交通气象 2.0”融合社会化大数据，结合气象与交通行业数据，反演连续道路天气，构建了车、路、人之间交互式服务网络。

【科技人才】 人才培养取得新成效。对接中国局和省政府人才工程，选拔推荐各类高层次人才，2 人入选中国气象局气象科技骨干出国访问进修国家留学基金项目，省“333”人才培养对象科研项目资助，二层次获批 1 人、三层次获批 2 人。加强人才培养工程的考核，组织完成省“333”人才培养对象中期考核工作。年内新取得正高级职称 5 人、专业技术二级岗位 1 人，推荐国家“万人计划”青年拔尖人才 3 人，中青年创新人才推进计划 1 人，全省选拔 2019 年度业务科技青年新秀 34 人。

【气象科普】 组织“江苏省安全应急科普环省行活动”和“淮安市青少年水利与气象科普知识大赛”。联合江苏省应急管理厅、省人民防空办公室、省科学技术协会等十家单位赴扬州、南京、南通、徐州等地举办“江苏省安全应急科普环省行活动”，今年除了科普文艺巡演之外，还增加知识竞赛、“七进”、科普讲座、万人签名、应急装备展示、互动体验等接地气的宣传形式。作为地市级品牌活动代表的“淮安市青少年水利与气象科普知识大赛”今年已举办第 4 届，本次大赛分为科普知识竞赛和征文比赛，经过一个多月时间，通过广泛宣传、发动和认真组织，分别通过网络开展了个人答题和团体预赛。团体报名和参加预赛的中小学达 100 多家，最终脱颖而出中小学各 8 支代表队参加电视台演播厅现场答题决赛。在活动现场还为淮安市楚州实验小学举行了全国气象科普教育基地—示范校园气象站授牌仪式。

开启中国北极阁气象博物馆研学营活动。中国北极阁气象博物馆被教育部认定为第一批“中小学生研学实践教育基地”，利用中国北极阁气象博物馆及省局相关场所作为中小学生研学课堂，开发气象特色鲜明、针对不同学段学生的研学实践活动课程，利用寒暑假、节假日等定期举办中国北极阁气象博物馆研学营活动，研学营课程一开启，预约报名十分火爆，受到众多学生家长的欢迎，课堂现场学习氛围热烈，目前研学营活动已举办 5 期。

成功举办 2019 年气象科技周南京主场活动。2019 年气象科技周主场活动于 5 月 18—20 日在南京举办，由省气象局作为第一承办单位。中国气象局局长刘雅鸣，江苏省副省长费高云，科技部、中国科协、南京市相关负责人出席了第三届气象科技活动周启动式。来自全国气象部门、气象仪器装备和气象服务创新企业、气象类相关专业高校等 60 余个单位参展。展馆分为“发展成就展区”“服务地方展区”“江苏风采展区”“高等院所展区”“科普互动体验”“企业创新展区”“科普讲解区”共 7 个展区全方位展示“天、地、空”立体覆盖的气象观测预报手段，以及气象对于社会生活的保障作用。该场活动不仅是气象部门科技重要成果的交流展示盛会，也是气象科普宣传的重要平台。活动现场针对参观人群中非专业背景普通观众设立气象科普互动体验区、气象科普讲解展演、气象科普文艺节目演出。

开发气象科普宣传作品获得表彰。打造了江苏气象科普代言人“苏苏”原创形象，主持“苏苏说天气”科普专栏，组织气象科普活动，加上其可爱的卡通外形，使得气象科普更加亲民，宣传效果得到了提升，其获评中国气象局的“十大气象科普创客”称号。开发了多种气象科普宣传作品，展示了气象科学技术与科普作品的完美结合，多部作品受公众认可和喜爱，1 部科普动漫作品获得科技部、中科院联合颁发“2018 年全国优秀科普微视频作品”，1 套实物展品展项被中国气象局评为“十大气象科普优秀作品”，1 个科普视频短片获中国气象局颁发的“十大气象科普优秀作品入围奖”，4 个作品获中国气象局颁发的“百部气象科普好作品”。

电力科技

Electric Power Science & Technology

【概　况】 国网江苏省电力有限公司（简称“江苏公司”）是国家电网公司（简称“国网公司”）系统规模最大的省级电网公司之一，现辖13个市、53个县（市）公司及10余个科研、检修、施工等单位，服务全省4000多万电力客户。拥有35千伏及以上变电站3240余座、输电线路10.2万公里，电网规模超过英国、意大利等国家。2019年，江苏全社会用电量突破6000亿千瓦时，达到6264亿千瓦时。江苏公司坚持创新驱动，强化体系建设，持续加大科研创新力度，加强成果转化应用，加快示范工程建设，攻坚克难、开拓创新，有力支撑科技创新争先、领先、率先良好势头。

2019年，江苏公司共获得省部级奖励69项（牵头33项）。包括：省政府奖19项（牵头9项，参与10项）。其中，牵头一等奖1项、二等奖2项、三等奖6项；参与江苏省政府二等奖4项、三等奖2项，上海市政府一等奖1项、河南省政府二等奖3项。中国电力奖10项（牵头5项，参与5项）。其中，牵头一等奖1项、二等奖1项、三等奖3项，参与二等奖1项、三等奖4项；国网公司奖36项（牵头15项，参与21项）。其中，牵头科学技术进步奖一等奖1项、二等奖6项、三等奖2项，专利奖二等奖1项、三等奖2项，技术发明奖一、三等奖各1项，标准创新贡献奖二等奖1项；参与获得科学技术进步奖一等奖4项、二等奖6项、三等奖7项，标准创新贡献奖二等奖1项、三等奖3项。第20届中国专利奖4项（牵头4项）。

“高落差高压电缆线路无损施工技术创新及应用”获评国家科学技术进步奖二等奖，新获江苏省政府、中国电力一等奖5项，创同年度省部级一等奖数量新高。

共申请专利2346件，其中发明专利1785件。申请国际专利11件。授权专利1167件，其中发明专利632件。授权海外专利2件。江苏公司累计拥有授权专利6743件，发明2999件，实用新型3662件，外观专利82件。

依托统一潮流控制器（UPFC）、“源网荷储”等重点工程项目，江苏公司累计牵头立项国际标准10项。2019年，发布IEC标准《电力系统中的统一潮流控制器的性能》1项、IEEE标准《基于模块化多电平换流器的统一潮流控制器技术：第一部分 功能》1项。

【重大项目】 重大项目推进实施有序。项目执行取得显著成效。国家项目成果丰硕，“电力电子变压器”项目高分通过国家中期检查；“城区用户供需友好互动”完成示范工程建设，项目进入收官阶段；“直流配用电系统”项目完成示范工程核准和物资招标，国网公司中期督导成绩优秀。国网项目进展顺利，26项国网公司项目通过验收，18项国网公司项目通过督导，绝大多数项目获得优良评价。项目关键技术创新和工程应用成果将为电网安全高效运行提供重要支撑。

项目策划布局持续深化。会同互联网部，组织优势力量，依托泛在电力物联网示范工程，努力争取领衔2020年泛在电力物联网国家项目有关示范课题。在前期策划阶段，积极参与项目设计，聚焦重大创新战略和科研优势特色，提出符合的技术需求；在组织申报阶段，统筹科技攻关团队，高水平完成项目可研、申报答辩等工作。获批牵头26项国网指南项目，数量创历史新高，连续7年在省级电力公司中保持第一。

【科技成果】 成果转化应用全面推进。完善顶层设计。组织制订总体方案，打造实体机构，成立双创中心。编制成果转化管理办法，明确职责分工，规范过程管理。统筹科技、群创、青创、QC、党委联系服务专家、专业创新等多渠道创新创造成果。协同人资、组织、财务、后勤等部门，群策群力，持续推进人员、资金、场所等要素配置保障。专业职能部门和属地供电公司落实主体责任，遴选转化项目，制订应用计划。省管产业单位发挥“研产用”各自优势，提前介入，参与成果转化全链条工作。

落实首批项目转化推广。海选征集转化项目239项，涵盖科技、群创、青创、QC、党委联系专家等，实现专业、渠道全覆盖。秉持“可用、好用、合规”原则，以产品成熟度、成果转化价值、市场应用前景为关键，定性评价和定量评分相结合，逐个项目评审优选。坚持实事求是，从资金安排、转化渠道、产品配置标准、知识产权归属等方面落实情况，进一步精选出首批转化项目18项，涉及智能运检、物资管理、用电能效与综合能源等专业领域。

【技术标准工作】 技术标准工作再上新台阶。国际标准实现从无到有跨越式发展。依托UPFC、源网荷等重点工程项目，一手抓科技攻关，一手抓技术标准转化，成功推动10项国际标准获得立项。2019年9月，江苏公司发布首个IEC标准《电力系统中的统一潮流控制器的性能》。12月，IEEE《基于模块化多电平换流器的统一潮流控制器技术：第一部分 功能》国际标准正式发布。

技术标准体系日益完善。健全技术标准工作机制，加强关键领域标准布局，形成重点领域成套标准体系，UPFC系列标准成果获得中国电力创新一等奖。建设技术标准人才队伍，依托重点项目、重大示范工程，开展标准创制，加快人才队伍建设。江苏公司共计34人加入IEC等国际标准化组织，27人加入全国标准化技术委员会，28人加入行业标准化技术委员会，32人加入团体标准化技术委员会。与南京师范大学组建技术标准（联合）科普实践基地，国网南通供电公司率先建成5A级“标准化良好行为企业”。

【试验研究能力】 试验研究能力不断提升。不断加强重点领域、新兴领域的实验室布局，2019年，新命名4个江苏公司实验室和1个培育实验室；“泛在电力物联网”“区域综合能源系统”“电力需求侧管理”3个实验室申报国网公司第六批实验室，并高分通过评审检查。“电力电缆”“直流配网”“电力物联网”3个实验室获批省级工程技术中心。截至目前，江苏公司拥有国网公司实验室8个，公司实验室17个，国网公司实验室位列省级电力公司第一。近年来，江苏公司依托实验室建设，不断提升实验研究能力，为公司核心技术攻关、成果孵化转化、专家人才培养、平台开放共享提供了有力的支撑保障。

地区科技

Regional Science & Technology

南京市

Nanjing City

【概　况】 2019年1月18日，南京市科学技术局挂牌运行。2019年，南京市高新技术企业4680家，总数位列全省第二、增幅第一；高新技术产业产值增幅达13.94%，高新技术产业产值占规上工业产值比重达51.32%，技术合同成交额591.25亿元，新型研发机构和科技企业孵化器325个。

培育“科创森林”，建设创新名城。印发《南京市高新技术企业培育“小升高”行动实施方案（2019—2020年）》，6685家企业进入科技型中小企业信息库，较2018年全年增加101%，数量位列全省第一；高新技术产业产值保持两位数高速增长。

高新园区日益成为科技创新的主阵地、主战场。探索高新园区“1+N”管理机制，研究上报《南京市高新园区管理机构设置方案》。推动主城区利用高校院所老校区等闲置载体，共同打造城市“硅巷”。建立跨区域利益分享机制，推动结成8对“伙伴园区”。白马农高区获批国家农业高新技术产业示范区。15个高新园区规模以上工业、服务业企业营业收入占比为全市规上企业营业收入的68.2%。

“老母鸡”式新型研发机构加速涌现。优化新型研发机构股权设置、收益分配机制，全市新增备案新型研发机构102家，累计备案210家；新增孵化引进企业1900余家，累计3900余家。国家最高科学技术奖连续2年落户南京。

重大基础研究创新平台稳步推进。网络通信与安全紫金山实验室发布自主可控的大网操作系统，12个主干节点城市加入未来网络试验设施，30家大院大所、龙头企业与实验室建立伙伴关系；扬子江生态文明创新中心组建环保产业技术研究院，“智慧生态眼”“长江经济带高质量发展实践展”等重点建设项目初现成效。

打造城市“硅巷”，发展“硅巷”经济。全市聚焦主城区发展，通过机制优化、资源整合、平台搭建、载体升级，着力构建“一环三区四轴多点”的硅巷发展布局。至2019年年底，新增科创载体61.6万平方米。

国际科技交流与合作不断扩大。全年42个团组赴18个国家共商合作，32家企业在海外设立研发机构，各板块建设海外协同创新中心28家，共签约合作项目109个。5名诺贝尔奖得主、87名中外院士来宁创新创业。全球45个国家和地区的科学家、企业家参与首届“南京创新周”活动。英国剑桥大学创办800年来在中国唯一以大学名义冠名的剑桥大学南京科技创新中心在江北新区奠基。

【科技管理】 科技体制综合改革。2019年，南京市科技体制改革工作围绕创新名城建设总体部署，贯彻创新驱动“121”战略和创新名城建设推进大会精神，围绕全面深化科技体制改革取得显著成效。中国国际经济交流中心等单位发布的《中国可持续发展评价报告（2019）》中，南京综合排名第8位，较上年上升2位。根据科技部最新公布的国家创新型城市创新能力监测评价报告，南京位列第4名。

软科学研究。2019年，南京市软科学研究项目聚焦创新的市场化、高端化、国际化、融合化、集群化、法治化，强化改革动力，着力破解制约创新发展的体制性障碍、结构性矛盾和政策性问题，立足继续深化创新名城建设，提升创新首位度。全年下达软科学计划项目30项，补助科研经费300万元。

科技创新政策宣传。2019年，南京市积极开展创新政策宣传引导。按照“送政策服务百千万工程”要求，专门成立政策宣讲团，创新宣传手段方法，突出“客户体验、用户思维”，协同多方配合参与，精心组织实施送政策服务。已开展43场政策宣传培训，参加培训的企业超过8000家，现场参加培训的科技人员约1.3万人，发放宣传资料8.5万册，实现各区（园区）全覆盖，宣贯成效显著，各方反响热烈。

【科技成果】 省重大专项资金项目。2019年，南京市“国产6F.03燃气轮机核心部件的研发及产业化”等16个项目入选省科技成果转化专项资金计划，获省资助经费1.71亿元。12个省科技成果转化专项资金项目获贷款贴息2180万元；1个企业获得补助拨款600万元。至2019年年底，全市共承担省科技成果转化专项资金项目291个，累计获省资助经费227.625亿元，累计完成27个省科技成果转化专项资金项目验收工作。

科技成果奖励。2019年，南京市有29项重大科技成果获国家科学技术奖，其中国家自然科学奖二等奖3项，国家技术发明奖（通用项目）二等奖3项，国家科学技术进步奖（通用项目）特等奖1项、一等奖2项、二等奖20项。

技术转移。2019年，南京市出台《南京市技术转移奖补资金实施细则》，给予40家企业市级奖补资金393.5万元，获得省技术转移中心奖补、技术转移输出方奖补、技术合同登记认定机构奖补等省级奖补资金2818万元；备案技术转移机构25家；与江苏省技术产权交易市场联合举办首场技术经理人培训班，共培训学员200多人。全年完成技术合同成交额591.25亿元，增长47%，位列全省第一。

2019年度南京市获国家自然科学奖二等奖情况一览

项目名称	主要完成人
时延系统的鲁棒控制理论与方法	徐胜元（南京理工大学） 张保勇（南京理工大学） 马倩（南京理工大学） 林参（香港大学） 张正强（曲阜师范大学）
抑郁症发病新机理及抗抑郁新靶点的研究	高天明（南方医科大学） 朱东亚（南京医科大学） 曹鹏（中国科学院生物物理研究所） 朱心红（南方医科大学） 曹雄（南方医科大学）
互联网视频流的高通量计算理论与方法	张勇东（中国科学院计算技术研究所） 颜成钢（中国科学院计算技术研究所） 谢洪涛（中国科学院计算技术研究所） 唐金辉（南京理工大学） 唐胜（中国科学院计算技术研究所）

2019 年度南京市获国家技术发明奖（通用项目）二等奖情况一览

项目名称	主要完成人
异体间充质干细胞治疗难治性红斑狼疮的关键技术创新与临床应用研究	孙凌云（南京鼓楼医院） 张华勇（南京鼓楼医院） 胡　祥（深圳市北科生物科技有限公司） 王丹丹（南京鼓楼医院） 刘沐芸（深圳市北科生物科技有限公司） 许文荣（江苏大学）
农田农村退水系统有机污染物降解去除关键技术及应用	王沛芳（河海大学） 王超（河海大学） 饶磊（河海大学） 陈娟（河海大学） 任洪强（南京大学） 钱进（河海大学）
深基础自平衡法承载力测试成套技术开发及应用	龚维明（东南大学） 戴国亮（东南大学） 易教良（南昌永祺科技发展有限公司） 施峰（福建省建筑科学研究院有限责任公司） 薛国亚（南京东大自平衡桩基检测有限公司） 高文生（中国建筑科学研究院有限公司）

2019 年度南京市获国家科学技术进步奖（通用项目）情况一览

项目名称	获奖等级	主要完成单位
长江三峡枢纽工程	特等奖	中国长江三峡集团有限公司 水利部长江水利委员会 长江勘测规划设计研究院 中国能源建设集团有限公司 中国电力建设集团有限公司 哈尔滨电机厂有限责任公司 东方电气集团东方电机有限公司 中国长江电力股份有限公司 中国三峡建设管理有限公司 三峡机电工程技术有限公司 中国葛洲坝集团股份有限公司 长江水利委员会长江科学院 中国水利水电科学研究院 水利部交通运输部国家能源局南京水利科学研究院 清华大学 河海大学 武汉大学 长江水利委员会水文局 中国水利水电第八工程局有限公司 中国水利水电第四工程局有限公司 中国葛洲坝集团机电建设有限公司 中国葛洲坝集团三峡建设工程有限公司

续表

项目名称	获奖等级	主要完成单位
长江三峡枢纽工程	特等奖	长江三峡技术经济发展有限公司 中国电建集团西北勘测设计研究院有限公司 天津大学 中国科学院水生生物研究所 中国科学院电工研究所 长江流域水资源保护局 水电水利规划设计总院 三峡大学
脉冲强磁场国家重大科技基础设施	一等奖	华中科技大学 西北有色金属研究院 北京大学 中国电力科学研究院有限公司 中国科学院物理研究所 湖南大学 南京大学 复旦大学 南方电网科学研究院有限责任公司 东北大学
中医脉络学说构建及其指导微血管病变防治	一等奖	河北以岭医药研究院有限公司 中国医学科学院阜外医院 江苏省人民医院 武汉大学人民医院 中国人民解放军总医院 复旦大学附属华山医院 中山大学 河北医科大学 首都医科大学 复旦大学附属中山医院
混合材高得率清洁制浆关键技术及产业化	二等奖	中国林业科学研究院林产化学工业研究所 南京林业大学 北京林业大学 山东晨鸣纸业集团股份有限公司 山东华泰纸业股份有限公司 江苏金沃机械有限公司
高落差高压电缆线路无损施工技术创新及应用	二等奖	国网江苏省电力有限公司
面向制浆废水零排放的膜制备、集成技术与应用	二等奖	南京工业大学 南京九思高科技有限公司 南通能达水务有限公司 江苏久吾高科技股份有限公司
现代混凝土开裂风险评估与收缩裂缝控制关键技术	二等奖	东南大学 江苏苏博特新材料股份有限公司 江苏省建筑科学研究院有限公司
高性能 MEMS 器件设计与制造关键技术及应用	二等奖	东南大学 江苏英特神斯科技有限公司 无锡华润上华科技有限公司

续表

项目名称	获奖等级	主要完成单位
混凝土结构非接触式检测评估与高效加固修复关键技术	二等奖	东南大学 北京特希达科技有限公司 柳州欧维姆机械股份有限公司 南京林业大学 柳州欧维姆工程有限公司 北京九通衢检测技术股份有限公司
河谷场地地震动输入方法及工程抗震关键技术	二等奖	河海大学 中铁二院工程集团有限责任公司 东南大学 重庆大学 北京工业大学 山东省临沂市水利勘测设计院 山东临沂水利工程总公司
长三角地区城市河网水环境提升技术与应用	二等奖	水利部交通运输部国家能源局南京水利科学研究院 河海大学 上海勘测设计研究院有限公司 浙江大学 江河瑞通（北京）技术有限公司 江苏省环境科学研究院 南京瑞迪建设科技有限公司
淮河流域闸坝型河流废水治理与生态安全利用关键技术	二等奖	南京大学 郑州大学 河南省环境保护科学研究院 郑州市污水净化有限公司 南京大学盐城环保技术与工程研究院 南京环保产业创新中心有限公司 河南君和环保科技有限公司
肉品风味与凝胶品质控制关键技术研发及产业化应用	二等奖	南京农业大学 江苏雨润肉类产业集团有限公司 嘉兴艾博实业有限公司 浙江华统肉制品股份有限公司
家畜养殖数字化关键技术与智能饲喂装备创制及应用	二等奖	中国农业科学院北京畜牧兽医研究所 北京农学院 江苏省农业科学院 河南南商农牧科技股份有限公司 无锡市富华科技有限责任公司 温氏食品集团股份有限公司 北京大北农科技集团股份有限公司
乙烯装置效益最大化的优化控制技术	二等奖	华东理工大学 中国石化上海石油化工股份有限公司 中国石油化工股份有限公司镇海炼化分公司 中国石油天然气股份有限公司吉林石化分公司 中国石化扬子石油化工有限公司
青藏地区可再生能源独立供电系统关键技术及工程应用	二等奖	中国电力科学研究院有限公司 合肥工业大学 国电南瑞科技股份有限公司 北京科诺伟业科技股份有限公司 阳光电源股份有限公司 国网西藏电力有限公司 龙源西藏新能源有限公司

续表

项目名称	获奖等级	主要完成单位
千万千瓦级风光电集群源网协调控制关键技术及应用	二等奖	国网甘肃省电力公司 国电南瑞科技股份有限公司 中国电力科学研究院有限公司 清华大学 华北电力大学 许继集团有限公司 国电甘肃电力有限公司
强风作用下高速铁路桥上行车安全保障关键技术及应用	二等奖	中南大学 中铁大桥勘测设计院集团有限公司 中国铁路设计集团有限公司 中铁第四勘察设计院集团有限公司 长沙理工大学 东南大学 高速铁路建造技术国家工程实验室
中国民航数字化协同管制新技术及应用	二等奖	北京航空航天大学 民航数据通信有限责任公司 中国民用航空局空中交通管理局 中国电子科技集团公司第二十八研究所 南京莱斯信息技术股份有限公司
高速铁路高性能混凝土成套技术与工程应用	二等奖	中国铁道科学研究院集团有限公司 中南大学 东南大学 中国建筑材料科学研究总院有限公司 中国铁路设计集团有限公司 中铁十二局集团有限公司 中铁四局集团有限公司
稻田镉砷污染阻控关键技术与应用	二等奖	广东省生态环境技术研究所 中国科学院亚热带农业生态研究所 中国农业科学院农业资源与农业区划研究所 生态环境部南京环境科学研究所 环境保护部华南环境科学研究所 华南农业大学 永清环保股份有限公司
煤矸石山自燃污染控制与生态修复关键技术及应用	二等奖	中国矿业大学（北京） 中国矿业大学 生态环境部南京环境科学研究所 山西潞安矿业（集团）有限责任公司 北京东方园林环境股份有限公司 中国平煤神马能源化工集团有限责任公司 阳泉煤业（集团）股份有限公司
依替米星和庆大霉素联产的绿色、高效关键技术创新及产业化	二等奖	上海交通大学 上海医药工业研究院 常州方圆制药有限公司 江苏省食品药品监督检验研究院 河南仁华生物科技有限公司 海南爱科制药有限公司 内蒙古普因药业有限公司

2019 年度南京市获江苏省科学技术一等奖情况一览

项目名称	获奖等级	主要完成单位
超高分辨率光矢量分析技术及应用	一等奖	南京航空航天大学 苏州六幺四信息科技有限责任公司 长飞光纤光缆股份有限公司 中航光电科技股份有限公司 上海航天科工电器研究院有限公司
密文检索与取证研究	一等奖	南京信息工程大学 长沙理工大学
面向云端融合的大规模分布式数据处理支撑平台及产业化应用	一等奖	南京大学 南瑞集团有限公司 河海大学 南京大学镇江高新技术研究院
智能功率驱动芯片设计及制备的关键技术与应用	一等奖	东南大学 无锡华润上华科技有限公司 无锡芯朋微电子股份有限公司 无锡新洁能股份有限公司
中药和天然药物活性物质的发现与研究	一等奖	中国药科大学 深圳市药品检验研究院 悦康药业集团有限公司
高效高可靠风力发电机组关键技术及应用	一等奖	东南大学 国电联合动力技术（连云港）有限公司
聚磁式轻量化特种永磁电机及其调磁技术	一等奖	南京航空航天大学 江苏交科能源科技发展有限公司 贵阳航空电机有限公司 北京新兴东方航空装备股份有限公司
浅层地热能高效可持续开发关键技术及应用	一等奖	南京大学 中国地质科学院 山东亚特尔集团股份有限公司 南京丰盛新能源科技股份有限公司 苏交科集团股份有限公司 南京吉坦工程技术有限公司 江苏省有色金属华东地质勘查局 山东大学
生物质定向热解制取高品质液体燃料关键技术及应用	一等奖	东南大学
高性能分子筛膜规模化制备与膜分离脱水集成技术	一等奖	南京工业大学 江苏九天高科技股份有限公司 南京膜材料产业技术研究院有限公司
能源高效利用中纳米杂化材料的结构设计、制备及应用	一等奖	南京理工大学 常州大学 常州纳欧新材料科技有限公司 南通江海电容器股份有限公司
LAMOST 的核心创新和关键技术	一等奖	中国科学院国家天文台南京天文光学技术研究所

续表

项目名称	获奖等级	主要完成单位
复杂航空结构的轻量化监测与可靠诊断	一等奖	南京航空航天大学 中国人民解放军空军研究院航空兵研究所 中国飞机强度研究所
有源配电网源网荷网络化协同优化控制关键技术及应用	一等奖	南京邮电大学 国网电力科学研究院有限公司 国电南瑞科技股份有限公司 国电南京自动化股份有限公司
高效燃煤燃气烟气脱硝催化剂全生命周期关键技术研发与应用	一等奖	南京理工大学 大唐南京环保科技有限责任公司 南京吉纳波环境测控有限公司 山东爱亿普环保科技股份有限公司
湖泊生态系统对全球变化的响应过程与机制	一等奖	中国科学院南京地理与湖泊研究所
抽水蓄能电站水力系统优化布置与过渡过程控制理论及技术	一等奖	河海大学
大面积深厚软弱土加固处理技术创新与工程应用	一等奖	东南大学 水利部交通运输部国家能源局南京水利科学研究院 江苏鑫泰岩土科技有限公司 江苏盛泰建设工程有限公司
在役桥梁工程性能提升关键技术创新与应用	一等奖	东南大学 中铁大桥（南京）桥隧诊治有限公司 南京博瑞吉工程技术有限公司 南京市公共工程建设中心 苏交科集团股份有限公司
食用菌精深加工关键技术创新与应用	一等奖	南京财经大学 南京农业大学 江苏安惠生物科技有限公司 中国农业大学 中华全国供销合作总社南京野生植物综合利用研究院 江苏江南生物科技有限公司
成人胸腰椎后凸 / 侧凸畸形躯体平衡重建的基础及临床研究	一等奖	南京大学医学院附属鼓楼医院
基于分子标志的胃癌精准医疗新发现及其转化研究	一等奖	南京大学医学院附属鼓楼医院
脊柱脊髓损伤微创治疗的体系建立和基础研究	一等奖	江苏省人民医院
疑难复杂心律失常新型消融策略及其临床应用研究	一等奖	江苏省人民医院
肿瘤代谢微环境的分子影像研究	一等奖	中国人民解放军东部战区总医院 厦门大学

续表

项目名称	获奖等级	主要完成单位
大规模源网荷精准负荷控制关键技术及应用	一等奖	国网江苏省电力有限公司 国电南瑞科技股份有限公司 东南大学 河海大学 中国电力科学研究院有限公司 江苏方天电力技术有限公司 江苏省电力试验研究院有限公司 南京千智电气科技有限公司 江苏科能电力工程咨询有限公司
300MW级大型抽水蓄能机组控制系统关键技术及工程应用	一等奖	南瑞集团有限公司 国电南瑞科技股份有限公司 国网新源控股有限公司 江苏国信溧阳抽水蓄能发电有限公司
基于量子电压的国家电能标准装置及量值传递关键技术与应用	一等奖	国网江苏省电力有限公司 中国计量科学研究院 南京新联电子股份有限公司
车用高性能空气悬架系统关键技术及应用	一等奖	江苏大学 上海科曼车辆部件系统股份有限公司 南京金龙客车制造有限公司 扬州市伏尔坎机械制造有限公司
航空复杂构件激光表面强化与复合再制造关键技术及其应用	一等奖	江苏大学 沈阳航空航天大学 南京中科煜宸激光技术有限公司 温州大学
畜禽重要疫病细胞免疫机制及防控应用	一等奖	扬州大学 南京农业大学
国家一类新药甲磺酸阿帕替尼的研发和应用	一等奖	江苏恒瑞医药股份有限公司 上海市东方医院 南京中医药大学附属八一医院 中山大学肿瘤防治中心 上海市肺科医院 解放军总医院第五医学中心
基于多信息的挖掘机遥操作与自主作业关键技术研究及应用	一等奖	三一重机有限公司 中国航空工业集团公司西安飞行自动控制研究所 南京工业大学 苏州大学

【高新技术企业】 国家高新技术企业认定。2019年，南京市组织开展高新技术企业申报辅导培训会60多场，参加企业6100余家。全年完成高新技术企业申报4077家，较上年全年增加63.7%，创历年新高。全年通过高企认定的企业数2113家，高企总数达4680家，增幅位列全省第一。在新材料、电子、制造业和自动化等行业领域，高企数量均实现突破。出台《南京市科技型企业培育计划实施方案》《南京市高新技术企业培育“小升高”行动实施方案》，

全年累计获得省级高企奖励资金 11955 万元，兑现市级高企奖励资金 74480 万元。全年完成四批次共 65 家有效期内高企更名工作及 101 家异地高企整体搬迁工作。

高新技术企业培育库。2019 年，南京市有 3973 家企业申报省、市高新技术企业培育库，其中入省培育库企业 2538 家，增长 170%；入市培育库企业 2739 家（含 46 名创新型企业家创办企业），获得省级入库奖励资金 12690 万元、兑现市级入库奖励资金 40080 万元。

国家科技型中小企业评价。2019 年，南京市有 7 批次 6685 家企业通过科技型中小企业评价，较上年增加 101%，数量位列全省第一。根据企业研发费用情况给予最高 10% 的普惠奖励，共 1295 家企业获得奖励，市、区两级总计下达奖励资金 9763 万元。

民营科技企业。2019 年，南京市民营科技企业成为引领全市企业技术创新的重要力量和高新技术产业发展的重要增长点。全年民营科技企业总数累计 1.5 万家，实现总收入 5870 亿元，投入研发经费 309.8 亿元；全市民营科技企业从业人员 67 万人，从事科技活动人员 20 万人，其中研究与试验发展人员 17.5 万人；累计拥有有效专利 7.9 万件。

高新技术产业发展。2019 年，南京市加快打造新能源汽车、集成电路、人工智能、软件和信息服务、生物医药 5 个产业地标，推进全市高新技术产业集群发展。组织召开集成电路、人工智能、软件信息等多场产业地标企业工作座谈与调研会议，研究制定地标产业集群高新技术企业培育措施；组织企业申报国家和省重点研发科技计划，大力培育生物医药、新材料、人工智能、智能装备、智能交通、现代通信等高新技术产业集群，加快一批战略性新兴产业基地建设；大力培育创新型领军企业，全市省创新型领军企业累计 28 家；培育产业创新龙头企业，开展 50 强创新型企业评估评选，公布 2019 年南京市创新型企业 50 家。

企业创业服务。2019 年，南京市制定人才企业服务手册，规范政策兑现流程。加强创业导师服务，全年累计举办项目对接会 20 余场，企业沙龙 30 余场。组织第五期创业训练营，招募遴选入营企业 37 家，配备导师 30 人，集中辅导 21 次，一对一现场走访 52 次，赴武汉、成都、苏州、淮安、英国等地区参访、学习 10 次，15 家入营企业销售收入增长 50%，10 家企业获得风投融资近 5000 万元。

重点研发计划。2019 年，围绕主导产业和地标产业，以突破产业前瞻与共性关键技术为重点，积极组织企业申报省重点研发计划，有 13 个项目列入省重点研发计划（产业前瞻与共性关键技术），资助金额 1800 万元。

文化科技融合。2019 年，聚焦南京创新名城建设，打造全国文化科技融合示范城市，大力贯彻落实科技部等六部门印发的《关于促进文化和科技深度融合的指导意见》（国科发高〔2019〕280 号，以下简称《指导意见》）文件精神，促进文化和科技深度融合，南京市委宣传部、市科技局、市委网信办、市文广新局和市文投集团共同承办了“2019 中国（南京）文化和科技融合成果展览交易会”。展会紧扣《指导意见》中的“完善文化科技创新体系建设”等八项重点任务，着力突出国家文化和科技融合示范基地核心载体地位，吸引了包括北京、上海、广州等在内的 16 个示范基地共同参与，聚焦国内外科技发展动态，抓牢文化产业高质量发展机遇，力求展现出全国文化和科技融合最具活力的成果，为破解信息不对称难题，助力打通文化科技融合“最后一公里”提供了创新样板。

【创新平台与载体】 新型研发机构。2019 年，南京市签约新型研发机构建设项目 70 个，累计签约 278 个。新增备案新型研发机构 102 家，拨付建设补助资金 5100 万元。累计备案新型研发机构 210 家。累计孵化引进企业 3900 多家，申请专利 4600 多件，引进各类科技人才 9400 多人，诺贝尔奖得主 5 人、图灵奖获得者 1 人、中外院士 89 人等领军人才参与新型研发机构建设。中科院 - 南京宽带无线移动通信研发中心等 4 家机构获得省新型研发机构奖补 260 万元。118 家新型研发机构纳入省列统新型研发机构，数量位列全省第一。

网络通信与安全紫金山实验室。2019年，网络通信与安全紫金山实验室重点围绕具有领先优势的未来网络、普适通信和内生安全等领域，布局重大科研任务，实验室聚集多个全国一流的科研团队，吸引比利时鲁汶大学顶尖专家团队等国际优势研发力量，集聚高端研究人员近600人，其中博士占科研人员的60%。实验室在网络操作系统、网络内生安全及5G毫米波芯片等方面取得突破。实验室大力推行体制机制创新，主办IEEE ICC 2019和未来网络峰会，完成全球首个“网络内生安全试验场”建设，并直接用于支持第二届“强网”网络攻防大赛，成为江苏省基础研究体制机制改革的“试验田”。

重点实验室。2019年，南京市新增江苏省探测感知技术重点实验室（中国电子科技集团公司第十四研究所）和江苏省先进轻质高性能材料重点实验室（南京工业大学）2家省级重点实验室。江苏省手性药物重点实验室和江苏省能源系统电力电子技术重点实验室通过省科技厅验收，获得500万元经费支持。全市累计拥有重点实验室90家（国家级29家、省部共建2家、省级59家），其中企业重点实验室23家（国家级9家、省级14家）。

企业工程技术研究中心。2019年，南京市新建省级工程技术研究中心49家，市级工程技术研究中心126家。组织开展省级以上企业研发机构绩效评估，60家获评优良等次。全年累计安排企业研发机构建设运行支持经费2250万元。

南京扬子江生态文明创新中心。2019年，南京扬子江生态文明创新中心初步形成两院(产业技术研究院、协同创新研究院）、三平台（智慧扬子江平台、生态健康平台、工程化服务平台）、两基金（科创基金、产业基金）的建设框架，集聚33家南京市生态环境及相关领域新型研发机构组建产业联盟，并吸纳其中17家作为加盟所（10家正式所、7家预备所），初步形成生态环保产业技术研究院架构，打造一支服务长江流域生态环境保护修复与绿色发展的系统性技术创新力量。

科技成果信息支撑平台。2019年，南京市以产学研工作为抓手，不断推进省技术产权交易市场南京分中心建设，线上平台汇聚成果信息1584条，需求信息359条，开设店铺152家，技术转移机构56家，技术经理人256名，开展知识产权对接、南航专场对接、电子信息专场对接，组织省产权交易市场J-TOP创新挑战季南京分会场活动，累计组织线上线下对接20场次，促成一批成果落地。分中心不断规范技术转移机构管理，认定25家备案技术转移机构，邀请24家国际服务机构嘉宾参加创新周“T20创新服务机构联盟启动仪式”；壮大技术经理人队伍，累计向省技术产权交易市场推送194名技术经理人，联合省市场培训技术经理人240人次并定期组织技术经理人参与对接活动。

苏南国家自主创新示范区。2019年，南京市统一全市苏南国家自主创新示范区标牌标识，搭建苏南自创区一体化线上线下平台，推进苏南自创区科技成果转化。江北新区集成电路基地集聚相关企业超过300家；生物医药基地集聚相关企业超过800家；江宁高新园加快建设网络通信与安全紫金山实验室、未来网络等科技成果产业化基地，集聚国内外知名企业130多家；新港高新园加大“激光与光电产业技术创新中心”建设，南京先进激光技术研究院智能激光加工设备、牧镭激光测风雷达两项科技成果亮相国家“十二五”科技创新成就展，得到国家部委、省市领导充分肯定；生物医药和新型显示科技成果产业化基地获批“苏南国家科技成果转移转化示范区创新方法推广应用示范基地”。根据2019年度苏南国家自主创新示范区独角兽企业和瞪羚企业评估结果，南京市汇通达网络股份有限公司等4家企业入选独角兽企业，占比80%；8家企业入选潜在独角兽企业；37家企业入选瞪羚企业。此外，南京市成果转化示范企业占全省1/4，创新方法推广应用示范基地占全省1/3，重大科技创新平台集成服务基地占全省1/4，重大成果转化签约项目占全省近1/4。

高新园区发展。2019年，南京市深化“放管服”改革，贯彻落实《南京市推进高新园区高质量发展行动方案》，通过强化园区赋能、构建“伙伴园区”战略合作、深化管理机制改革、完善统计考评监测体系、打造城市“硅巷”等措施，不断探索南京高新区“1+N”管理体制，全面推进园区创新国际化，建设海外协同创新中心。在全省年度高新区综合评价中，南京高新区位列全省第2名，有4家省级以上高新区实现进位，获奖励资金9710万元。在国家年度高新区综合评价中，南京高新区在上年基础上前进了5位，首次进入全国前15强。

科技企业孵化器。2019年，南京市新增市级科技企业孵化器24家，9家省级科技企业孵化器升级为国家级，13家市级科技企业孵化器升级为省级，新增孵化面积 23.58万平方米。截至2019年年底，全市拥有科技企业孵化器189家（含专业型42家），其中国家级35家（含专业型11家）；全市科技企业孵化器总孵化面积419.46万平方米，集聚科技型企业8871家（含在孵企业6833家），从业人员9.84万人，累计毕业企业4177家。全年，科技企业孵化器培育高新技术企业和瞪羚企业230家。

众创空间。2019年，南京市新增市级备案众创空间80家，19家市级备案众创空间升级为省级备案（其中专业型1家）。全市共有国家专业化众创空间3家，备案的众创空间339家，其中国家级备案51家、省级备案105家；孵化面积107.36万平方米，常驻创业团队7779个、初创企业7365家。新入驻初创企业2408家，举办双创活动4273场，开展创业教育培训2833场。

众创社区。2019年，南京市支持众创社区建设，加大对省级众创社区建设资助力度，市、区两级财政对2018年通过的第二批省级众创社区备案试点的5家建设单位给予共计1500万元经费支持。南京建邺高新区数字经济众创社区、南京鼓楼物联网众创社区2家通过第三批省级众创社区备案试点。至2019年年底，全市备案试点的省级众创社区累计10家，居全省前列。

【科技经费与项目】 科技计划。2019年，南京市实施各类科技计划1.01万项，其中国家级计划1项，省级计划3092项、下拨经费6.46亿元，市级计划7072项、下拨经费12.38亿元，主要包括高企培育、新型研发机构备案、企业研发费用补助、科技创新券、企业研发机构绩效考核等专项政策兑现。

企业技术开发项目认定。2019年，南京市简化企业研发费用加计扣除流程，取消事前认定环节，共备案服务上年度企业研发加计扣除项目14656项，项目总投资超过429.12亿元。

【产学研合作】 校地产学研合作。2019年，南京市加强与南京大学、东南大学、南京理工大学等高校的联系，深化校地合作。利用省技联在线平台发布企业需求近200条，对接梳理130余项校企技术合作项目。全市300多家企业参加第七届中国江苏产学研合作大会并开展现场对接，达成合作意向198项。南京经济技术开发区科技镇长团赴北京大学医学部等开展产学研合作对接交流；六合区举办“未来建筑产业创新发展峰会暨中国矿业大学校友企业协同发展”论坛活动；栖霞区组织以色列—栖霞高新区创新项目路演交流暨产业对接活动；中国矿业大学面向需求企业成功发布科技成果。

大学科技园。2019年，南京市新认定省级大学科技园 5家，至2019年年底，全市大学科技园累计17家，其中国家级5家、省级（含筹建）12家。总孵化面积40.17万平方米，集聚科技型企业1048（在孵企业734）家，从业人员8944人，累计毕业企业845家。

【科技惠民】 水污染和土壤污染防治科技专项。2019年，南京市贯彻落实《南京市水污染防治行动计划2019年度实施方案》《2019年打好污染防治攻坚战目标任务的通知》《南京市土壤污染防治行动计划2019年度实施方案》等文件精神，重点强化水污染和土壤污染防治科技创新，发布《关于征集南京市环境保护先进适用技术信息的通知》，面向全市高等院校、科研院所和相关环保企事业单位，在大气污染防治、水污染防治、土壤污染防治等技术领域开展先进适用技术的公开征集，促进先进科学理念和技术成果在环境保护中的应用。发布32项《2019年环境保护先进适用技术信息》（第五批），促进环保先进适用技术在全市推广应用。

生态环保与绿色低碳、公共安全科技示范工程。2019年，南京市突出生态、低碳、节能、“互联网+”公共管理与服务理念，推进“河流生态系统修复集成技术在入江支流（石碛河上游）应用示范”“大型公共建筑全生命周期能源管控及节能服务云平台”“电子警察视频分析多元化应用关键技术研究开发与示范”等一批显示度高、影响面广的生态环保、公共安全科技示范项目的实施，充分发挥科技在生态文明城市建设中的支撑、引领和推动作用。

生物医药创新发展。2019年，南京市围绕生物医药产业细分领域，链接国际化高端要素，统筹和凝聚各方资源，重点规划建设定位清晰、优势互补、特色鲜明、错位发展的“一谷一镇三园”高端产业集聚区，在市域范围内打造完善的生物医药产业链生态。生物医药产业规上企业实现产值465.4亿元，增长30.1%。全市生物医药规上工业企业128家，亿元以上企业99家，市医疗器械龙头企业南京微创医学成功登陆科创板，成为“南京科创第一股”，全市生物医药产业上市公司累计达10家。根据2019中国医药创新发展大会发布的中国医药工业百强系列榜单显示，南京市入围化药百强企业5家，中药百强企业3家，新药研发合同外包服务机构（CRO）、研发生产外包组织（CDMO）20强企业3家，生物制品百强企业1家。在2019全国生物医药园区综合排名中，南京市江宁高新园、新港经开区、江宁经开区进入50强，分列第15、25、44位。

【农村科技】 现代农业科技园区。南京市持续规范和推进南京市现代农业科技园区建设，以市场为导向，先进适用技术为支撑，发挥区域优势，突出地方特色，促进传统农业的改造与升级。截至2019年年底，全市市级以上农业科技园区总数达到14家，其中国家级1家、省级6家、市级7家，白马园区获国务院批复升级为国家级农业高新技术产业示范区。

南京国家农业高新技术产业示范区。2019年8月，南京市印发《关于支持南京国家农业高新技术产业示范区发展的若干政策》；11月18日，国务院批复同意建设江苏南京国家农业高新技术产业示范区（简称“南京农高区”）。12月4日，国务院新闻办公室在京召开专题发布会，介绍首批国家农业高新技术产业示范区建设发展有关情况。2019年年底，市政府从创新名城建设专项资金中列支1000万元用于支持南京农高区“重大项目基础设施建设——创新创业平台”建设。南京农高区是由科技部主导，联合国家六部委，依据《关于推进农业高新技术产业示范区建设发展的指导意见》创建的全国首批、长三角区域唯一的国家级农业高新技术产业示范区。

“星创天地”。2019年，南京市新备案省级“星创天地”3家，“星创天地”累计备案19家，其中国家级11家、省级8家。为各入驻企业和职业农民提供经营管理、农业技术等各类专业培训1000余人次。

农村科技服务超市。2019年，南京市经省级认定的科技服务超市分店便利店累计28家，其中分店8家、便利店20家。分店便利店产业涉及经济林果、设施蔬菜、主要粮食作物、苗木花卉、特种水产等5个领域，服务地域覆盖南京市主要涉农区，并辐射至溧阳、句容、陕西省洛南县及安徽省部分乡镇。

科技特派员农村创业行动。2019年，全市通过科技超市、星创天地、农业科技园区、合作社等平台载体，依靠科技特派员共引进推广新技术90项，引进推广新品种230个，技术指导、服务农民7000余人次，辐射带动农户约3万人。

研发应用推广农业科技。2019年，南京市培育11家省级农业科技型企业，累计74家；培育1个省级农业产业技术创新战略联盟，累计7家；获省级现代农业科技攻关计划项目8个、支持资金670万元；对江宁区秣陵街道元山社区等实施科技帮扶，编制元山社区现代农业产业概念规划。

科技下乡。2019 年，南京市组织开展江宁区谷里街道和六合区龙袍街道送科技下乡活动，累计赠送有机肥 55 吨、蔬菜种子 52 箱、科技书籍 300 余册。

【科技合作与交流】 对口科技交流合作。2019 年，南京市组织科技对口合作项目 12 项，拨付资金 140 万元。其中，“科技援藏”项目 3 个、“科技三峡行”项目 6 个、“宁淮挂钩”项目 2 个、“科技援疆”项目 1 个，进一步拓展西宁市、商洛市、鞍山市产业需求和科技成果信息共享。

区域科技创新一体化。2019 年，南京市贯彻落实长三角一体化发展国家战略，率先启动长三角民间科创组织合作对接，探索市场化推动长三角科创圈建设路径，组织召开“建设长三角科创圈座谈会”和“长三角科创圈共建创新平台（南京）圆桌会议”，邀请长三角区域合作办公室、上海、江苏、浙江、安徽三省一市的 12 位创新平台代表及有关专家就推进长三角科创圈技术转移服务平台、科技资源共享服务平台、科技创新战略智库平台共建共享展开研讨交流，共同签署并发布《共建长三角科创圈创新平台倡议书》。完善都市圈创新合作协调机制，组织召开都市圈科技专委会会议，研究修订《南京都市圈科技发展专业委员会章程》。

研发机构开放创新。2019 年，南京市鼓励各类创新主体“引进来、走出去”，支持世界 500 强、中国 100 强企业在宁设立高端研发机构，支持在宁企业以收、并购或直接投资的方式在海外设立研发机构，支持贺利氏贵金属技术（中国）有限公司创新中心、南京世和基因生物技术有限公司、江苏奥赛康药业有限公司等高端研发机构和海外研发机构 8 家，给予资金支持 720 万元。至 2019 年年底，全市高端研发机构累计 46 家，海外研发机构 32 家。

省市国际科技合作计划。2019 年，南京市支持国内外研发机构、知名跨国公司在宁落户或设立研发机构，支持南京企业收、并购或投资设立海外研发机构，支持在宁企业或单位开展国际技术联合研发和国际技术转移服务，支持创新类国际组织在南京落户、开展相关活动。全年，市级国合科技计划支持高端研发机构和海外研发机构 8 家、国际技术联合研发和国际技术转移服务 48 项、承担创新类国际组织相关工作和活动 4 项，支持经费 2831 万元；获得省级政策引导类计划（国际科技合作项目）立项 12 个，专项支持资金共 1345 万元。

国际科技交流活动。2019 年，南京市开展国际科技合作交流活动 30 余场次。举办江苏发展大会“金陵故乡行”科技专场活动，邀请 18 位来自海内外科技界、工商界、教育界的嘉宾参观江北新区并交流座谈；举办意大利初创企业跨境加速营 2019 南京徐庄站路演对接活动，来自意大利对外贸易委员会上海代表处代表与 9 家意大利企业代表及 30 多位南京企业代表参加活动；德国联邦议会议员代表团、爱尔兰高级公务员代表团、美国底特律创新署署长、英国伯明翰大学副校长等来访；承办科技部、意大利教育大学科研部主办的 2018—2019 BSSEC 中意创新创业大赛最佳项目路演暨“南京 - 意大利”溧水区专场推介会，组织中意科技项目对接会、中意创新合作座谈会等活动；赴俄罗斯举行“南京科技项目发布交流会”。

“生根”出访。2019 年，南京市派出“生根”出访团组 42 个，访问美国、德国、英国、法国、以色列、澳大利亚等 18 个创新国家，累计建立 28 家海外协同创新中心，共签约合作项目 109 个。“生根”国家同南京逐步建立稳定合作机制，牛津、剑桥海外创新中心相继在南京挂牌建设。30 家来自“生根”国家的团队参与组建新型研发机构，占全市新型研发机构总数的 11%。来自“生根”国家的诺贝尔奖获得者、境外院士、知名高校校长等重要嘉宾 194 人，累计 743 人参与南京创新周活动。

【科技人才】 科技人才创新创业。2019 年，南京市入选部分国家重点人才工程总数 30 个，位列副省级城市第一、全国第三；争取国家引智项目 13 项、中国政府友谊奖 2 人，均为全省第一；获评部分省级重点人才工程总数 535 人、省级引智计划项目 11 个、省级外专百人计划项目 4 个，均为全省前列；评定市级科技顶尖专家 66 人，创新型企业家 121 人，高层次创业人才 833 名，引进急需紧缺外国专家 10 人，高端创新团队 8 个，新设海外专家工作室 8 个，支持市级引智项目立项 31 项。全市集聚诺贝尔奖得主 5 人、中外院士 87 人来宁创新创业，吸引英国剑桥、以色列威兹曼研究院等国际资源落户南京，配备科研和管理人员 8100 多人，其中硕士以上 4587 人，占比 56.44%，境外学科团队占比 9.6%。紫金山实验室建立顶尖科研人才双聘机制，吸引比利时鲁汶大学顶尖专家团队等国际优势研发力量，汇聚科研队伍近 600 人，博士占比 60%。扬子江生态文明创新中心集聚 33 家新型研发机构组建产业联盟，首批 17 家机构加盟环保产业技术研究院。

【科技服务】 科技服务骨干机构。2019 年，南京市组织实施科技服务骨干机构培育计划，新增入库科技服务骨干机构 20 家，全市科技服务骨干机构累计 48 家。江北新区生物医药谷、研创园等 2 家科技服务业集聚区获省级科技服务业特色基地项目立项资助，共获补助资金 1000 万元。

科技服务业。2019 年，南京市加快科技服务业发展，努力促进产业技术创新能力提升。协助省科技厅开展 2019 年重大科研基础设施和大型科研仪器开放服务信息公示工作，推动市属高校院所科研设施与仪器向社会开放共享。组织南京市省级科技服务业特色基地申报省科技服务骨干机构能力提升计划项目，江北新区药谷、研创园等 2 家科技服务业集聚区获项目资助，共获补助资金 1000 万元。组织开展 2019 年科技服务骨干机构培育库入库工作，入库机构 20 家。

科技公共服务平台。2019 年，南京市持续推动公共服务平台建设，依托南京江北新区生物医药公共服务平台有限公司建设的江苏省生物医药与基因科技公共服务平台项目获得省级立项，省级财政给予建设补助 1000 万元。全市累计拥有科技公共服务平台 127 家，其中省级以上 85 家、市级重大公共技术服务平台 26 家。

【科技金融】 科技金融。2019 年，南京市整合银行与政府合作产品，出台《南京市创业创新贷款实施办法》《南京市创新创业贷款实施细则》，设立规模 10 亿元的风险补偿资金池，提高政府承担的风险补偿比例（最高可到 90%）；推进科技金融综合服务平台建设，南京市科技金融服务基地落地金鱼嘴基金街区；4 家省级科技金融服务中心功能提档升级、区（园区）科技金融服务中心（平台）实现全覆盖，市科技金融服务中心平台用户超过 6900 家，点击量累计超过 42 万次，科技金融热线“962020”咨询服务 3000 家（次），组织各类融资对接活动 15 场；市科技金融服务中心信息系统与南京金服平台实现数据对接、资源共享，企业实现一次申请、线上备案。全市 11 家科技银行全年累计发放科技贷款 7697 笔，金额 251.02 亿元，科技贷款余额 232.19 亿元，其中知识产权质押贷款 18.4 亿元；“苏科贷”新增浦发银行和交通银行 2 家合作银行，新增贷款额 7.27 亿元，累计贷款额 55.82 亿元；5 家科技银行为 40 家已备案新型研发机构及旗下企业授信 7 亿元，发放贷款超过 4 亿元；市科技局联合南京银行、建设银行分别推出“鑫高企”“新研贷”专属科技信贷产品，大力开展民营企业转贷互助基金运作，累计为 1230 余家企业提供近 1900 笔超过 110 亿元转贷资金周转服务。

市级科创基金运作。2019 年，南京市规范构建科创基金运作体系，出台《南京市级科技创新基金管委会办公室议事规则》，引导和撬动社会资本参与设立天使子基金，支持种子期、初创期科技型企业发展。全年科创基金共合作成立 29 支子基金，总规模 49.2 亿元，科创基金出资规模 20.02 亿元，重点推进六合、高淳两区科创子基金落地。经备案的直接投资和跟进投资项目 23 个，出资总额 1.8 亿元，16 个科创基金完成出资，总金额 1.2 亿元，其余 7

个项目拟投资金额6000万元。

【科技活动】 首届“南京创新周”。2019年6月26—30日，首届“南京创新周”活动举办。活动以“创新南京、机会无限”为主题，秉持“共创、共享、共赢”理念，吸引了来自全球45个国家和地区的2300多名嘉宾、1万多家企业参与，其中包括9名图灵奖得主、180多名院士，有效拓展了南京国际科技合作“朋友圈”。活动期间，举办紫金山创新大会、产业地标发展峰会等专场活动114场，组织嘉宾进高校、举行园区报告会85场。成立“一带一路”T20创新服务机构联盟，建立推动国际科技创新对话高端平台和全新阵地。1.5万个海内外科创项目参与百场科创大赛，10万多人次参观创新周“黑科技”展览，全球2亿多人次浏览创新周相关报道，“创新名城、美丽古都”的形象向世界呈现。

作为“2019南京创新周”系列专题活动之一，“中华门创将”百场科创大赛通过汇聚国内外赛事资源，推动优质科技项目落地南京，实现“以赛引才”“以赛留才”的目的。大赛期间，陆续启动海内外共101场次赛事，美洲、欧洲、亚洲等的部分国家及北京、上海、广州、深圳、武汉、杭州等城市均设置了赛场。参赛项目超过1.5万个，决赛项目122个，评出一、二、三等奖共86名。

创新周期间，举办“一南一北，双园共创”农业科技嘉年华活动，第六届中国溧水蓝莓节、南京青年创业创新大赛、国际绿色智慧农业论坛、全球农业科技峰会和现代高端农业科技展、大型现代农业科技展等系列活动陆续举办，多维度、广角度推介南京白马国家现代农业科技园区、南京国家现代农业产业科技创新示范园区南北两个国家级现代农业科技产业园区，立体呈现“科技推动农业现代化”成果。

南京市科技创新创业大赛。2019年9月9日，2019“创业金陵”南京科技创新创业大赛暨第七届“创业江苏”科技创业大赛南京赛区颁奖典礼在南京广播电视台举行。2019“创业金陵”南京科技创新创业大赛暨第八届中国创新创业大赛和第七届“创业江苏”科技创业大赛南京地区选拔赛由市科技局主办、南京广电集团和市火炬中心共同承办，以“扬起创新之帆 追逐创业梦想”为主题，累计参赛企业541家，42个优秀项目获得1万～10万元奖励。39个优秀项目参加省级比赛、21个项目参加国家级比赛，获得省级比赛一等奖1名、二等奖3名、三等奖3名，国家级比赛三等奖2名和10家“优秀企业”。江北新区和鼓楼高新区承办“创业江苏”决赛场次，南京市、江北新区和鼓楼高新区获“创业江苏”科技创新创业大赛优秀组织奖。

科普宣传周。2019年5月19—26日，南京市举办2019年全国科技活动周暨第31届科普宣传周活动，公众参与近25万人次，受益群众29万余人次，开放科普基地134家、高校院所及科研机构52家。举办各类科技培训375场，科技报告会225场，科普影视场次68场，接受综合科普知识咨询3万余人次，发送科技信息数量4万余条，出动宣传车33辆，媒体报道累计超过120余次。

“南京科普游”。2019年，南京市采取亲子游、高校游和自由行三种形式组织开展科普游。新推“高陶·国瓷小镇——龙湖农业科技园”“龙吟湾亲子采摘园——秦淮梅园”“江苏省种植资源保护与利用中心”项目；制作并免费发放科普旅游地图3万份。全年累计组织活动67场次，参与市民3026人次。

无锡市

Wuxi City

【概 况】 2019年，在省科技厅大力支持下，在市委、市政府的坚强领导下，全市科技系统坚定不移实施创新驱动核心战略和产业强市主导战略，着力抓好创新主体培育、创新载体建设、创新资源集聚及创新生态优化等重点任务，有力推动科技创新高地建设迈出坚实步伐。全市科技进步贡献率达65.8%，连续位居全省设区市第一；全社会研发投入占地区生产总值比重达 3.12%、位居全省第三；获国家科学技术奖 14 项、创历史新高，国家超级计算无锡中心入选全国爱国主义教育基地；根据《国家创新型城市创新能力评价报告（2019）》，无锡市位居第 11 位；在市人大常委会对部分政府组成部门开展工作评议中，市科技局以 93.3% 的满意率位居第一；因高效执行承办第十五届中国（无锡）国际设计博览会，获省知识产权局致函表扬；市科技局先后荣获省技术市场先进集体、省科技宣传工作成效突出地区及第七届“创业江苏”科技创业大赛优秀组织单位。

【科技管理】 打造创新型企业集群。制定出台《无锡市创新型企业集群培育资金管理实施细则（试行）》，组织开展两批次雏鹰、瞪羚及准独角兽企业入库培育工作，入库企业分别达 807 家、563 家和 39 家；评价遴选首批雏鹰企业 30 家、瞪羚企业 50 家、准独角兽企业 10 家。25 家企业入选省创新型领军企业培育计划，位居全省第二；12 家企业列入省科技企业上市培育计划、5 家企业入选省研发型企业培育计划，均位居全省第三。

科技税收减免持续攀升。抓好科技创新政策落实，全市 5214 家（次）企业享受科技税收减免 81.07 亿元，惠及企业数、减免额同比分别增长 33.4%、35.8%。其中全市 2060 家高新技术企业中有 1131 家享受企业所得税 15% 的优惠税率，减免企业所得税 42.82 亿元，同比增长 5.18%。

健全技术转移体系。制定出台《关于加快推进全市技术转移体系建设的实施意见》，明确到 2020 年，基本形成链接国家和省、覆盖全市、互联互通的技术转移体系，全市技术转移机构达 50 家，从业人员不少于 1500 人，技术合同年成交额不低于 200 亿元。到 2025 年，全面建成结构合理、功能完善、体制健全、运行高效的技术转移体系，各类创新主体高效协同互动，成为全省技术转移体系的重点城市。

【科技成果】 获国家科学技术奖 14 项。2019 年，无锡市 11 个项目荣获国家科学技术进步奖，3 个项目荣获国家技术发明奖。

2019 年度无锡市获国家科学技术奖情况

奖 项	等 级	序 号	项目名称	完成单位（无锡）
国家科学技术进步奖	一等奖	1	高品质特殊钢绿色高效电渣重熔关键技术的开发和应用	江阴兴澄特种钢铁有限公司
	二等奖	1	基于全息感知的公安交通管控与协同指挥关键技术及应用	公安部交通管理科学研究所
		2	家畜养殖数字化关键技术与智能饲喂装备创制及应用	无锡市富华科技有限责任公司
		3	草鱼健康养殖营养技术创新与应用	中国水产科学研究院淡水渔业研究中心
		4	高落差高压电缆线路无损施工技术创新及应用（工人、农民技术创新组）	国网江苏省电力有限公司无锡分公司
		5	特种高性能橡胶复合材料关键技术及工程应用	无锡宝通科技股份有限公司
		6	绿色高效电弧炉炼钢技术与装备的开发应用	无锡红旗除尘设备有限公司

续表

奖　项	等　级	序　号	项目名称	完成单位（无锡）
国家科学技术进步奖	二等奖	7	铝合金节能输电导线及多场景应用	远东控股集团有限公司
		8	高性能 MEMS 器件设计与制造关键技术及应用	无锡华润上华科技有限公司
		9	大跨度结构技术创新与工程应用	江苏沪宁钢机股份有限公司
		10	水产集约化养殖精准测控关键技术与装备	江苏中农物联网科技有限公司
国家技术发明奖	二等奖	1	淀粉加工关键酶制剂的创制及工业化应用技术	江南大学
		2	大尺寸硅片超精密磨削技术与装备	无锡机床股份有限公司
		3	多元催化剂嵌入法富集去除低浓度 VOCs 增强技术及应用	江苏南方涂装环保股份有限公司

获江苏省科学技术奖 31 项。2019 年，无锡市荣获江苏省科学技术一等奖 3 项、二等奖 11 项、三等奖 17 项。

2019 年度无锡市获江苏省科学技术奖励情况

等　级	序　号	项目名称	完成单位（无锡）
一等奖	1	智能功率驱动芯片设计及制备的关键技术与应用	无锡华润上华科技有限公司 无锡芯朋微电子股份有限公司 无锡新洁能股份有限公司
	2	先进核能系统关键管材与核心部件研制及产业化	宝银特种钢管有限公司 江苏银环精密钢管有限公司
	3	大面积深厚软弱土加固处理技术创新与工程应用	江苏鑫泰岩土科技有限公司
二等奖	1	基于影像引导的无创肝纤维化诊断系统研发及产业化	无锡海斯凯尔医学技术有限公司
	2	海上风电设计优化与运行控制关键技术研究及工程应用	远景能源（江苏）有限公司
	3	面向智能电网的低耗绿色节能电缆关键技术及系列产品	无锡江南电缆有限公司
	4	特高压输电工程用节能导线系列产品研制与工程应用研究	远东控股集团有限公司 新远东电缆有限公司 远东复合技术有限公司 远东电缆有限公司
	5	环氧衍生精细化学品关键技术及产业化开发	江苏怡达化学股份有限公司

续表

等级	序号	项目名称	完成单位（无锡）
二等奖	6	高效金属镜面光整加工关键技术及产业化应用	江南大学 无锡市恒利弘实业有限公司
	7	基于数字孪生的清洁低碳环保锅炉设计技术及工程应用	无锡华光锅炉股份有限公司 无锡华光工业锅炉有限公司 无锡锡能锅炉有限公司
	8	高精度钢管在线内外表面脱脂清洗成套装备关键技术研发及产业化	宝银特种钢管有限公司
	9	食品生物制造声光强化关键技术与装备创制及其应用	江南大学
	10	高效低污染污泥自持焚烧技术及应用	无锡国联环保科技股份有限公司
	11	消除疟疾策略与关键技术的研究与应用	江苏省血吸虫病防治研究所
三等奖	1	高可靠多维多元化集成电路封装技术研发和产业化	无锡中微高科电子有限公司
	2	高稳定性钝化发射极和背表面晶硅太阳能电池产业化技术	无锡尚德太阳能电力有限公司 江南大学
	3	输变电工程杆塔与接地系统的防腐关键技术与应用	无锡市亚明电力工程科技有限公司 无锡华东锌盾科技有限公司
	4	用于新能源汇集与输送的多电压直流电网关键技术	江苏方程电力科技有限公司
	5	超千米高速铁路斜拉桥斜拉索关键技术与应用	江苏法尔胜缆索有限公司 江阴兴澄特种钢铁有限公司
	6	高品质抗湿硫化氢腐蚀管线钢厚板关键技术创新与产业化	江阴兴澄特种钢铁有限公司
	7	航空发动机压气机叶片精锻制造关键技术及推广应用	无锡航亚科技股份有限公司
	8	多新息辨识理论与方法	江南大学
	9	全成形经编智能生产关键技术及产业化	江南大学 江苏华宜针织有限公司
	10	废旧汽车高效资源化拆解回收关键技术及自动化成套装备	江苏华宏科技股份有限公司
	11	超大型智能化食用油脂制取及精炼成套装备关键技术的研究及应用	江南大学
	12	池塘绿色高效养殖技术研发与应用	中国水产科学研究院淡水渔业研究中心

续表

等 级	序 号	项目名称	完成单位（无锡）
三等奖	13	高性能生物基食品包材绿色制造技术装备研发与产业化	江南大学
	14	粗细联合智能纺纱生产线的研发与产业化	江南大学
	15	活化 AMPK 增敏多种抗肿瘤药物的作用及其机制研究	无锡市人民医院
	16	临床免疫学检验系列新型检测技术的基础和临床转化应用	无锡市儿童医院 江苏省原子医学研究所 无锡市人民医院
	17	中国人群前列腺癌精准预防、早期诊断和系统治疗关键技术的创新与临床应用	无锡市第二人民医院 江南大学 无锡市申瑞生物制品有限公司

评选无锡市腾飞奖 8 项。依据《无锡市腾飞奖实施办法》相关规定，分别评出 2018 年度无锡市腾飞奖 5 项、2019 年度无锡市腾飞奖 3 项。

2018 年度无锡市腾飞奖获奖项目

序 号	项目名称	完成单位
1	中国超算应用首获并蝉联“戈登・贝尔”奖	国家超级计算无锡中心
2	两百种重要危害因子单克隆抗体制备及食品安全快速检测技术与应用	江南大学
3	璜土村精神文明建设	璜土村村民委员会
4	糖尿病视网膜病变立体化综合防治体系的建立与应用	无锡市人民医院
5	胃癌外科综合治疗的关键技术及其应用	无锡市第二人民医院

2019 年度无锡市腾飞奖获奖项目

序 号	项目名称	完成单位
1	耐胁迫植物乳杆菌定向选育及发酵关键技术项目	江南大学
2	新型研发机构助推产业高质量发展项目	华中科技大学无锡研究院 江苏集萃华科智能装备科技有限公司
3	“经纬编织法管理模式”获得第三届中国质量奖项目	江苏阳光集团有限公司

【高新技术产业】 高新技术企业培育取得突破。全市新增省高新技术企业培育库入库企业1373家，同比增长163.5%，位列全省第三；推荐申报高新技术企业认定的企业达1670家，同比增长55.9%，全市获认定高新技术企业四批共1281家，有效期内高新技术企业达2784家。

高新技术产业产值稳步增长。全市高新技术产业产值同比增长9.15%，占全省比重达到15.6%、位居全省第二；占规模以上工业总产值达到45.6%、升至全省第六位。

生物医药产业发展势头强劲。2019年，全市生物医药列入统计的企业数达792家、同比增长12.8%，实现产值首次突破800亿元，其中99家规模以上生物医药企业的产值477亿元、同比增长34%，在全市战略性新兴产业制造业中位列前列，主要呈现以下5个方面特点：一是产业规模持续增长，集聚了包括阿斯利康、药明生物、纽迪希亚、通用医疗等在内的龙头企业，也形成了包括祥生医疗、时代天使、海斯凯尔等一大批科技创新型企业，总体呈现集群式、精深化发展的良好态势；二是产业集群特色鲜明，以具有国际先进水平的医药研发外包为引领，聚焦生物技术及制药、医疗器械、现代中药、医疗大数据等优势领域；三是专业园区日臻完善，新吴、江阴、马山、惠山四大生物医药园区各具特色，总面积6.35平方公里，建有专业载体78.6万平方米，入驻企业562家，占全市企业数的80%；四是重大医药项目持续推进，2019年全市共引进超亿元生物医药项目21个，其中超10亿元的5个，总投资超过200亿元；五是投资基金引领产业发展，2019年无锡市生物医药产业实际使用外资增幅达700%，强势领跑全市战略性新兴产业，无锡国际生命科学创新园首批签约落户10家海外企业，首个由市产业发展基金加入的生物医药产业创投基金、首个国资引领的生物医药健康产业基金投资中心均已完成注册，将专注投资无锡市大健康产业领域生物医药项目。

【创新平台与载体】 入选省市共同推进重大创新平台数位居全省第一。根据省苏南国家自主创新示范区建设工作领导小组办公室下发的《关于下达2019年省市共同推进重大科技创新建设项目的通知》，苏南五市共有30个项目入围，其中无锡共有深远海无锡研发基地、工业互联网平台、半导体封测先导技术研发中心、金属新材料平台等8个重大创新平台入围，总投资额89.31亿元，入围总数和拟投资总额均位居全省第一。

苏南国家自主创新示范区建设加快推进。根据《全省高新技术产业开发区发展综合评价情况通报》，无锡高新区、江阴高新区、宜兴环科园分别位列第4位、第10位及第21位，分别较去年提升1位、1位及16位；争取省高新区奖励补助资金6650万元，同比增长5.6%。华进半导体封装先导技术研发中心有限公司、江苏一环集团有限公司、江阴兴澄特种钢铁有限公司被命名为“苏南国家科技成果转移转化示范区产业化基地成果转化示范企业”，江阴高新区“特钢新材料科技成果产业化基地”被命名为“苏南国家科技成果转移转化示范区创新方法推广应用示范基地”。8家企业被评估为“苏南国家自主创新示范区潜在独角兽企业”，43家企业被评估为“苏南国家自主创新示范区瞪羚企业”。

苏南国家自主创新示范区无锡高新区一站式服务中心正式投用。6月20日，苏南国家自主创新示范区无锡高新区一站式服务中心挂牌运行。通过科技公共服务的综合受理、科技中介服务的整合引导、科技成果要素的聚集交易，建立起一个集“服务、交流、交易、共享”为一体的科技服务平台，促进区域科技服务生态的优化发展和区域科技服务资源的高效配置。

累计建成工程技术研究中心1370家。2019年，无锡市新认定市级工程技术研究中心84家，新增省级工程技术研究中心54家。截至2019年年底，全市市级以上工程技术研究中心达到1370家，其中省级工程技术研究中心557家、国家级6家，省级以上工程技术研究中心总数位于全省第二。

无锡市科技资源共享服务平台完成初步建设。2019年，市科技资源服务共享平台完成初步建设，共整合专业技术服务机构等单位384家，服务项目5698项，其中大型仪器3478台（套），价值27亿元。累计开展活动培训52场、服务企业1065家，征集各类科技需求401个。9月，与省资源统筹中心签署共建共享科技资源公共服务平台战略合作协议，推进与省级科技资源有效对接，联通总计超10000台（套）、总值超100亿元的科学仪器。

创新孵化载体平台持续拓展。2019年，新认定市级众创空间14家、省级众创空间8家，累计建有市级以上众创空间达68家，其中省级34家、国家级16家；新增国家级科技企业孵化器1家，累计建有省级以上科技企业孵化器46家，其中国家级21家，国家级大学科技园2家；新增省级众创社区备案试点4个、列全省第一，累计列入省级试点数8个。6家国家级科技企业孵化器考核评价为A类（优秀），占全省33%、列全省第二，优秀率27.3%，列全省第一；22家省级科技企业孵化器绩效评价中评定为良好以上，其中 11家获评优秀，占全省24%、列全省第三；中国物联网国际创新园（无锡微纳园）获2019年度“亚洲最佳孵化器奖”，成为中国内地第五家、省内首家获此奖项的科技企业孵化器。截至2019年年底，全市科创载体入驻科技型企业8000家，累计毕业企业2890家，新增上市企业8家，涌现集成电路设计创业板第一股卓胜微、生物医药科创板第一股祥生医疗。

江苏省产研院智能集成电路设计技术研究所落户无锡。6月22日，由江苏省产业技术研究院、无锡高新区、省产研院智能集成电路设计项目团队合作共建江苏省产研院智能集成电路设计技术研究所签约落地无锡。该研究所由中国科学院微电子研究所樊晓华研究员领衔，汇聚了10多位集成电路设计相关领域顶尖人才，包括1名IEEE Fellow院士，4名中科院“百人计划”专家，12名博士。研究所将从事智能集成电路设计技术研究，包括智能物联芯片、智能数据处理芯片、智能雷达感知芯片、智能处理器与人工智能芯片、智能汽车电子芯片及智能芯片设计方法等；参与制定国际标准，完成相关专利覆盖。同时积极培养、引进高层次人才，衍生、孵化和引进集成电路设计相关企业，推动产业形成集聚效应。

江苏省中药配方颗粒制备与质量控制重点实验室启动建设。2019年10月，由江阴天江药业有限公司承担建设的江苏省中药配方颗粒制备与质量控制关键技术重点实验室创建方案通过专家组论证，正式启动建设。该实验室将在现有江苏省中药配方颗粒工程技术研究中心等系列研发平台的基础上，与国内高校院所开展广泛合作，把研究开发工作进一步向基础研究与应用基础研究方向延伸，集中力量突破系列行业关键共性技术，开展系列国家标准、国际标准、美国标准的研究制定，抢占该领域国际技术制高点。

【科技经费与项目】 向上争取资金5.4亿元。争取省级以上科技项目220项，获国家、省科技经费5.4亿元，其中获国家科技经费0.2亿元。获省级科技计划经费主要有：高新技术企业培育资金、企业研发费用奖励和省科技成果转化专项资金。

列入省科技成果转化资金项目12项。2019年，全市12个项目获省科技成果转化项目立项，获拨资金达0.88亿元，立项数与资金额均位居全省前列。

列入省重点研发计划（产业前瞻与关键核心技术）24项。2019年，全市24个项目获省重点研发计划（产业前瞻与关键核心技术）立项，立项项目数和获得经费均位居全省设区市第一。

列入省自然科学基金项目73项。2019年，全市73个项目获2019年度省自然科学基金项目立项，省拨资金共计1290万元，其中1个项目获得优秀青年基金资助。

组织实施市科技成果转化产业化资金项目22项。2019年，组织实施市科技成果转化产业化资金项目22项，预期申请专利221项（含发明专利107项）、新增制定企业标准8项，预期新增销售收入27.3亿元，新增利税2.3亿元。

组织实施社会发展领域科技项目134项。

2019年，针对公共安全、生态环境、人口健康等民生领域的创新需求，组织实施关键技术研发与应用示范，分别获国家重点研发计划立项3项、省重点研发计划社会发展项目立项9项、市级社会发展项目立项122项，建设科技示范工程15个，建立临床转化医学研究中心7个。

组织实施生物医药技术研发后补助项目14项。2019年，支持已取得国家相关审批证明的新药和医疗器械产品研发以及完成仿制药一致性评价的项目14项，市级科技经费拨款800万元。

【产学研合作】 "一所一策"再结硕果。1月3日，市政府与中船七〇二所签订"一所一策"签合作协议，深化推进产学研合作，实现了无锡市与驻锡科研院所全面战略合作新突破。针对在锡科研院所的不同特点，实施"一所一策"战略，通过精准支持，推动科研院所创新资源与无锡产业深度融合。此次无锡市与中船七〇二所签署合作协议，双方将在建设深远海装备国家实验室、打造深海装备研发基地、发展海洋科技新兴产业、集聚行业高端人才和建设"中国最美研究所"等5个方面开展全方位合作。

院士工作站实现量质双升。2019年，全市新建市级院士工作站8家，14家院士工作站提档升级、被认定为省级院士工作站，占今年省院士工作站立项总数的40%，立项数和累计建站数量居全省第一。截至2019年年底，全市累计共建成院士工作站164家，其中省级66家，涵盖了全市高端制造业、新一代信息技术、新材料等重点产业领域和医疗卫生等社会民生领域。

积极组织参加江苏产学研合作大会。无锡产学研工作在第七届中国江苏产学研合作大会亮点纷呈：一是参会规模创历年之最。充分利用各方资源，邀请和动员73家高校、159名专家、324家企业参会，积极参与大会专题论坛、对接洽谈、专家江苏行等系列活动，加强技术供需对接、促进最新科技成果在落地无锡转移转化。二是主动承接活动丰富精彩。大会期间，承办江苏省半导体产业专场大会，是大会三场产业专场对接会之一。大会前后，组织开展2019中国（江阴）金属新材料产业创新论坛、2019"专家教授宜兴行"科技人才对接会、半导体行业专家无锡高新区行等6场专家江苏行活动，对接68项技术需求，达成23项初步合作意向。三是签约落地项目创新高。全市2个重大科技合作项目在大会开幕式上集中签约，达成签约项目或合作意向25项，总投资9.868亿元，其中投资额超过千万元的合作项目6项，4项入驻省级以上高新区。

【科技惠民】 强化民生领域科技支撑。针对公共安全、生态环境、人口健康等民生领域的创新需求，组织实施关键技术研发与应用示范，分别获国家重点研发计划立项3项、省重点研发计划社会发展项目立项9项、市级社会发展项目立项122项，建设科技示范工程15个，建立临床转化医学研究中心7个。

【农村科技】 提升农业发展科技含量。2019年，全市新建省级星创天地2家，新建省级农村科技服务超市8家，新培育省农业科技型企业4家。全市25家科技超市整体运行情况良好，组建专家服务团队304人，示范推广新品种新技术281项；组织培训活动163场次，累计培训12946人次；累计接待咨询7982人次，发布信息3512条；辐射带动农户8928户，增收总额6587.1万元。

【科技合作与交流】 加强科技交流合作。2019年，积极组织无锡市企业参加中国（江苏）—英国现代农业技术项目对接交流会、中国（江苏）—韩国智能制造创新合作论坛暨项目对接交流会以及江苏—荷兰布拉邦高新技术及农业食品大会等系列活动，进一步拓展国际科技交流渠道。同时，召开2019无锡－MIT系列活动"国际合作产学研项目对接交流会"，接待澳洲纽卡斯尔大学副校长Kevin Hall及苏格兰安德鲁斯大学副校长麦凯考察无锡，有效推进无锡与美国、英国、澳大利亚等先进国家的科技创新合作。

2位专家获“江苏友谊奖”。2019年，无锡市有2位专家入选江苏友谊奖，分别是韩国专家崔永郁、爱尔兰专家雷诺兹·保罗·罗斯。崔永郁现任无锡帝科电子材料股份有限公司首席科技官，来锡工作时间累计2年10个月，2017年入选第四批江苏“外专百人计划”A类，2018年江苏省双创计划—双创人才（企业创新类），2019年入选无锡市产业升级领军人才，2019年入选宜兴市“陶都英才”科技创新领军人才。崔永郁擅长银浆最核心的玻璃粉氧化物的设计和研发，带领团队研发的产品提高客户电池转化效率0.1%以上，产品打破了国外公司的长期垄断，极大地降低了客户的成本，解决了国内太阳能产业链中唯一未完全国产化的环节。雷诺兹·保罗·罗斯现任爱尔兰科克大学理工与食品科学学院院长，2017年入选国家外专局高端外国专家，来锡工作时间累计8个月，作为爱尔兰皇家科学院与美国微生物学院院士，在解决益生菌生产的关键技术等方面做出了重要贡献，取得了良好的经济效益和社会效益。

组织无锡市第二批创新型新生代企业家赴美国培训。10月20—29日，第二批15名创新型新生代企业家赴美国纽约、波士顿和华盛顿特区开展为期10天的培训。培训以领导力提升为主题，通过对美国人文教育、科技创新的深入体验观察，全面提升无锡市创新型新生代企业家的经营理念，进一步增强战略管理能力、经营决策能力、市场运作能力和开拓创新能力。

【科技人才】 深入实施“太湖人才计划”。2019年，新认定创新创业领军人才（团队）125个，拨付资金1.27亿元。入选江苏省“双创团队”2个、“双创博士”12名。

科技创业领军人才企业运行稳健。2019年，全市科技创业领军人才企业产生销售收入或缴纳税款的共有995家，实现年销售收入561.9亿元、同比增长33.8%；企业入库税收23.2亿元、同比增长4.8%，其中年销售超亿元的有40家企业、同比增加10家，年销售5000万至1亿元的企业有29家、同比销售增长21家；年销售超千万企业225家，同比增加42家。

【科技服务】 技术合同成交额大幅增长。2019年，无锡市经省平台认定登记技术合同3071项，技术交易额累计240.61亿元，同比增长60.37%，位列全省第三。2019年全市认定技术合同1477项，成交额26.37亿元，同比增长30.61%。其中，占比最高的电子信息类技术合同，成交583项，成交额8.4亿元，较去年略下降；占第二位的生物医药类技术合同，成交275项，成交额4.77亿元，与去年持平；环境保护与资源综合利用类、城市建设与社会发展类两类技术交易呈现快速增长态势，分别突破亿元大关，成交额达4.5亿元、3亿元，同比上涨1185%、650%。

【科技金融】 科技风险补偿贷款大幅增长。2019年，全市发放科技风险补偿贷款56.51亿元、在贷余额51.60亿元，实现了放贷额和在贷余额“双倍增”，财政资金放大倍数超过26倍。历年累计发放风险补偿专项贷款151.55亿元，获贷企业累计1249家，连续3年获评省“苏科贷”优秀（A类）合作地区。

制定市天使投资引导资金政策。12月9日，《无锡市天使投资奖励及风险补偿资金管理实施细则（试行）》正式出台，对符合条件的创业投资机构，将按对种子期或初创期小微科技企业实际货币投资额的1%给予奖励，单个项目最高奖励10万元，每家机构每年最高奖励100万元；对符合条件的天使投资机构备案的天使投资项目，从备案入库之日起，5年内发生投资损失，扶持资金按首轮投资实际损失额的50%给予风险补偿，单个项目最高补偿500万元，每家机构每年最高补偿1000万元。

【科技活动】 举办2019无锡市产学研科技成果洽谈会。5月6日，2019无锡市产学研科技成果洽谈会成功举办。本届科洽会是2019高层次人才创新创业无锡交流大会的重要组成部分，旨在搭建创新要素与生产要素的互动平台，吸引先进科技创新成果向无锡优势产业集聚，促进科技成果与无锡企业技术需求深度融合、就地转化，助力长三角区域科技创新一体化建设。

本届科洽会以“新平台、新科技、新成果、新产业”为主题，突出自主可控，突出成果转化，突出产业主导，突出开放共享，注重科技资源整合和产学研合作国际化，设置主题会议、产学研专场对接洽谈等内容。55个产学研合作项目现场签约，其中国内高校、科研院所与无锡市企业合作项目52个，国际项目3个，合同总金额近1.6亿元；并为“江南大学—无锡市创新创业示范基地创建单位”“清华大学无锡应用技术研究院燃气轮机维护维修工程技术中心”等新建科技创新载体举行揭牌仪式。

举办第十五届中国（无锡）国际设计博览会。5月25—27日，由国家知识产权局、科技部、江苏省人民政府联合主办，江苏省知识产权局、江苏省科学技术厅、无锡市人民政府共同承办的第十五届中国（无锡）国际设计博览会于在无锡举办。大会以“新设计·新智造·新生活”为主题，以“享·行·趣”为主线，博览会共设“智享生活馆”“智行天下馆”“智慧设计馆”3个展馆，会期3天。邀请了来自国内外的134家企业和高校参加设计展览，展出面积23400平方米，吸引了5万余名专业人士参观。博览会期间还举办了第八届太湖奖设计大赛决赛路演和颁奖典礼，评选出太湖奖百万设计大奖1组，“创意组”和“产品组”金奖各3组、银奖各10组，其余45组入围铜奖，大连民族大学马骁骐的作品《RDC搜救犬辅助设备》获百万设计大奖。

举办2019世界物联网博览会国际技术转移大会。 9月8日，由江苏省产业技术研究院、无锡市人民政府主办，江苏省产业研究院材料产业科技服务中心、无锡市科技局承办的“2019世界物联网博览会国际技术转移大会”在无锡隆重举行。大会以“汇聚、协作、融创、共赢”为主题，无锡市副市长陆志坚致辞，江苏省产业技术研究院副院长Paul E. Burrows致辞并做主旨演讲，中国科学院院士、南京航空航天大学教授、博士生导师赵淳生，加拿大工程院院士（加拿大安大略理工大学）Kamiel S. Gabriel等6位业界专家分别围绕技术转移和物联网产业和技术进步做主旨演讲。大会共签约“省市共建共享科技资源公共服务平台”“无锡中乌国际技术转移中心”“智能人声鉴别软件技术合作项目”等23个国际国内合作项目。大会设置了180平方米的创意展区，集中展示了省产业技术研究院深度感知技术研究所、省产业技术研究院智能集成电路设计技术研究所、江苏隆达企业联合创新中心等8家省产研院相关专业所与企业联合创新中心在物联网领域的最新科研和应用成果。来自南京大学、同济大学、上海交通大学、浙江大学等10家国内大学的科技园负责人、来自全国各地的专家学者、企业代表及无锡市科技园区招商负责人等350多人参加会议。

无锡市—粤港澳大湾区企业科技对接交流活动顺利举行。12月19日，无锡市—粤港澳大湾区企业科技对接交流活动在广州中天凯旋国际会议中心召开。此次活动由无锡市科技局主办，无锡高新区（新吴区）科技局承办，来自粤港澳地区新一代信息技术、人工智能、生物医药等IAB行业企业代表110余人参加会议。通过此次活动，锡广两地企业间建立起更便捷的沟通平台、更顺畅的合作渠道。

召开外国专家高端人才交流活动。12月13日下午，外国专家高端人才交流活动在江南大学国家大学科技园举行。本次交流活动由江苏省外国专家局、无锡市科学技术局主办，江南大学国家大学科技园协办。江苏省引进国外智力办公室副主任、江苏省外国专家局副局长王晓平到会致辞，无锡市科学技术局副局长陈涵杰、江南大学国家大学科技园总经理殷宝良、香港新华集团华东区副总经理田青女士与外国专家做了主题交流。外国专家A类高端人才等共计50余人出席了本次活动。

召开第五届苏南全球创客大赛2019年度路演大会。12月12日，第五届苏南全球创客大赛2019年度路演大会在锡收官。入围决赛的60个项目中，有近50%来自南京、苏州、常州、镇江等其他苏南城市。超过50%的项目具备良好的盈利能力，估值超亿元。项目涉及的领域主要集中在物联网与智能制造产业，有22个项目，占比37%；人工智能与大数据产业，有12个项目，占比 20%；生物医药产业，有 18 个项目，占比 13%，芯片产业，有 6 个项目，占比 10%。其他还涉及新零售、新能源等热门领域。60 个晋级项目分为种子轮、天使轮、A+ 轮三组进行了精彩路演并决出多项大奖，6 个项目与投资机构现场进行意向签约。本届大赛同时举行了主题分享会，吸引了来自企业界、学术界、政府单位、投资机构等近 400 位嘉宾与会。

举办 2019 中国无锡科技创新创业大赛。2019 中国无锡科技创新创业大赛作为第八届中国创新创业大赛、第七届“创业江苏”科技创业大赛无锡地方赛，自 5 月启动报名以来，历时近 4 个月，在全市、全国乃至海内外科技创业者中掀起了一股热潮，共吸引海内外 539 家优秀企业和团队报名参赛，最终 41 家企业和团队胜出，将共同分享 170 余万元奖金及各种创业扶持政策。此外，经无锡市推荐的江苏瑞鼎环境工程有限公司、无锡中惠天泽环保科技有限公司和无锡蕾明视康科技有限公司等 3 家企业在第八届中国创新创业大赛上获奖，占全国获奖总数的 5.6%、全省获奖总数的 30%，位居全省第一。

徐州市

Xuzhou City

【概　况】 2019 年，在江苏省科技厅的指导帮助下，徐州市科技系统在市委、市政府坚强领导下，深入学习贯彻习近平新时代中国特色社会主义思想和习近平总书记视察徐州重要指示精神，认真贯彻落实市委、市政府各项决策部署，深入实施创新驱动发展战略，把建设区域性产业科技创新中心作为提升城市创新驱动力和产业集聚力的重要抓手，持续完善区域产业科技创新生态系统，稳步推进国家创新型城市建设，加快推动以科技创新为核心的全面创新。

2019 年，全市高新技术投资额增长 33%，高新技术产业产值同比增长 6.96%；全市校企联盟总数达到 2010 个，位居全省第一；全市共获 2018 年度国家科学技术奖 7 项，居全省第二，全市共获江苏省科学技术奖 28 项，同比增长 100%，居全省第二；全市共获批省级以上科技项目 354 项、支持资金超 2 亿元。全市创新创业环境明显改善，创新驱动力和产业集聚力显著增强，“一城一谷一区一院”四大创新核心区建设成效明显，区域创新能力稳居淮海经济区首位。

【科技管理】 加快推动国家重大战略落地实施。牵头推进国家可持续发展议程创新示范区创建工作，协调成立了以市委书记为第一组长、市长为组长、分管副市长为副组长、市各有关部门主要负责人为成员的创建工作领导小组，全面推进创建工作。会同省科技发展战略研究院初步编制《可持续发展规划》《可持续发展议程创新示范区建设方案》，积极邀请科技部、省科技厅有关领导和专家来徐指导创建工作。已顺利通过科技部国家可持续发展议程创新示范区第一轮评审答辩。持续推进国家创新型城市建设。市科技局承担的科技部改革政策研究课题已完成《徐州市创新型城市改革发展研究》等 1 个总报告、3 个子课题研究报告，并通过科技部评审。

加快建设“一城一谷一区一院”四大创新核心区，从平台建设、财税扶持、租金补贴、人才引进等方面扶持核心区建设发展，理顺科学管理和高效运行机制，打造科技创新“引领极”，实现四大创新核心区的优势互补、错位发展。

加快科技计划管理体制改革赋能。健全市级科技计划项目管理机制、管理办法和操作规则，首次委托第三方专业机构编制专项指南，建立信用承诺和审查机制，进一步扩大异地同行项目专业评价范围，推动项目立项更加严谨、规范、公开、透明。对符合地方产业发展主攻方向的科技项目予以重点支持，2019 年市级科技计划项目立项 272 项，项目总投资近 10 亿元，预计年新增产值 19 亿元、年新增利税 2.2 亿元。积极做好上级项目资金争取工作，全年组织申报省级科技计划项目 552 项，获批公示立项国家、省科技计划项目 354 项，预计争取资金超过 2 亿元。

组织开展全局性、前瞻性、战略性及针对性问题的决策咨询研究，2019 年徐州医科大学、中国矿业大学承担的 3 个软科学项目获批立项。组织实施市级政策引导类（软科学研究）项目，围绕高质量发展与产业科技创新、企业创新与创新载体建设、科技人才与成果转移转化和科技创新生态环境 4 个研究方向，共获批立项 20 项，资助资金 43 万元。

代市委市政府起草《关于印发四大战略性新兴主导产业发展的扶持政策的通知》，并配套制定《徐州市科技局关于兑现四大战略性新兴产业发展扶持政策的暂行实施办法》。2019 年度全市共兑现落实四大战新产业扶持政策事项 108 项，支持资金 1.24 亿元，惠及企事业单位 89 家。

【科技成果】 紧紧围绕“加速科技成果转移转化”这一目标，确立导向，整合资源，创新举措，优化布局，全市科技成果转移转化工作取得明显成效。调研出台了《在徐高校服务地方发展专项支持资金管理办法》，支持在徐高校促进产业技术研发、人才引进培养、仪器设备共享、成果转移转化、产教协同创新等工作。研究制定了《徐州市技术转移奖补资金实施细则》，对技术转移机构、技术吸纳方、技术经纪（经理）人等技术转移主体进行奖补。加大科技成果转化示范企业培育力度，培育认定科技成果转化示范企业 10 家。大力推动校企联盟建设，全市校企联盟总数达到 2010 个，居全省第一。选派 314 位“科技副总”到园区、企业等基层一线开展科技成果转移转化活动，联合企业申报省产学研合作项目 75 项。成功举办中德、中加国际技术转移对接活动。中国矿业大学复杂地形下长距离大运力带式输送系统关键技术获国家科学技术进步奖二等奖。围绕徐州市着力发展的装备与智能制造、新能源、集成电路与 ICT、生物医药与大健康等四大战略性新兴主导产业，培育实施重大成果转化项目 16 项，其中 3 家企业获批省重大科技成果转化专项资金项目，徐工机械等 3 家企业获省科技成果转化专项资金项目资助 4400 万元。2019 年，徐州市获得国家科学技术进步奖 7 项，居全省第二；获得省科学技术奖 28 项，同比增长 100%，居全省第二。

徐州市 2019 年度获国家科学技术进步奖项目名单

序　号	项目名称	完成单位	获奖类型
1	复杂地形下长距离大运力带式输送系统关键技术	中国矿业大学 山东科技大学 力博重工科技股份有限公司 山东欧瑞安电气有限公司 湖南科技大学 泰安英迪利机电科技有限公司	国家科学技术进步奖二等奖
2	煤矸石山自燃污染控制与生态修复关键技术及应用	中国矿业大学（北京） 中国矿业大学 生态环境部南京环境科学研究所 山西潞安矿业（集团）有限责任公司 北京东方园林环境股份有限公司 中国平煤神马能源化工集团有限责任公司 阳泉煤业（集团）股份有限公司	国家科学技术进步奖二等奖

徐州市2019年度获江苏省科学技术奖项目名单

序 号	项目名称	完成单位	等 级
1	高速3D成型载重型免充气轮胎关键技术及应用	江苏江昕轮胎有限公司 北京化工大学 西安交通大学	一等奖
2	肿瘤分子靶点筛选及其抗肿瘤作用研究	徐州医科大学 徐州医科大学附属医院	一等奖
3	深井强采动巷道时效控制理论及关键技术	中国矿业大学 上海大屯能源股份有限公司江苏分公司 冀凯河北机电科技有限公司 江苏师范大学 山东天河科技股份有限公司	一等奖
4	节能起重机关键技术研发及产业化	徐州重型机械有限公司	二等奖
5	年产千万吨级矿井智能化采煤装备关键技术	中国矿业大学 西安煤矿机械有限公司 淮海工学院 江苏中机矿山设备有限公司 徐州中矿汇弘矿山设备有限公司	二等奖
6	难抽采煤层煤与瓦斯协同高效开采及利用关键技术	中国矿业大学 平顶山天安煤业股份有限公司十二矿 陕西彬长矿业集团有限公司 徐州博安科技发展有限责任公司 陕西陕煤韩城矿业有限公司 平顶山天安煤业股份有限公司八矿	二等奖
7	煤氧化与燃烧动力学理论及应用	中国矿业大学 徐州安云矿业科技有限公司	二等奖
8	新一代高性能卷盘式喷灌机关键技术与应用	江苏大学 江苏华源节水股份有限公司 黑龙江省水利科学研究院	二等奖
9	临床肠杆菌科重要病原菌的耐药致病机制与快速检测研究	苏州大学附属第二医院 徐州医科大学附属医院	二等奖
10	基于自适应控制的智能机器人关键技术研发及产业化应用	徐州华恒机器人系统有限公司 昆山华恒焊接股份有限公司 昆山华恒机器人有限公司	三等奖
11	全地形重载铰接式自卸车关键技术研究及产业化	徐州徐工矿业机械有限公司	三等奖
12	新型悬臂式隧道掘进机关键技术研发及产业化	徐州徐工基础工程机械有限公司	三等奖
13	深部矿井提升系统全状态健康监测关键技术及应用	中国矿业大学 太原理工大学 安徽理工大学 淮海工学院 徐州煤矿安全设备制造有限公司 徐州中矿华信科技有限公司	三等奖
14	矿山生产风险智能感知及预控关键技术研究及应用	中国矿业大学 江苏比特达信息技术有限公司	三等奖

续表

序 号	项目名称	完成单位	等 级
15	基于大数据处理与挖掘技术的生物信息学研究	中国矿业大学 中国科学院新疆理化技术研究所 杭州电子科技大学	三等奖
16	大规模复杂数据的核机器学习方法及其在脑机协同的应用研究	中国矿业大学 中国科学院计算技术研究所 华东师范大学	三等奖
17	高性能非公路型轮胎设计与生产关键技术及产业化	徐州工业职业技术学院 青岛科技大学 徐州徐轮橡胶有限公司	三等奖
18	甘薯优异种质资源的挖掘与利用	江苏徐淮地区徐州农业科学研究所（江苏徐州甘薯研究中心） 江苏师范大学 四川大学 徐州徐薯薯业科技有限公司	三等奖
19	煤系共伴生水气资源化开采关键技术及应用	中国矿业大学 北京低碳清洁能源研究所	三等奖
20	富水环境下扰动岩体损伤破裂演化与渗流突变机理	中国矿业大学 中南大学 西南交通大学	三等奖
21	智慧应急救援决策系统关键技术及其软硬件模块研发与应用	中国矿业大学 江苏省消防救援总队 江苏鸿鹄无人机应用科技有限公司 安徽省通信产业服务有限公司 江苏费尔曼安全科技有限公司	三等奖
22	智能高空作业车高可靠性关键技术研发及应用	徐州工程学院 徐州海伦哲专用车辆股份有限公司	三等奖

【高新技术产业】 加快高新技术产业发展，2019 年全市高新技术投资额增长 33%，高新技术产业产值同比增长 6.96%，在全省比重进一步提升。截至 2019 年 12 月，全市高新技术行业列统企业 432 家，高新技术产业产值占规上工业产值比重为 40% 左右，规模以上企业中有研发活动企业数 935 家，占比 52.82%。全年组织申报高新技术企业 679 家，年内新认定高新技术企业 313 家，有效期内高新技术企业达 738 家、同比增长 29.02%。强化高新技术企业招引培育，产业研究能力不断增强，聚焦科技创新链条，描绘徐州市生物医药产业技术分布与趋势，解构出细分技术领域的关联图谱。组织编撰的高新技术企业及双创孵化链发展白皮书被省、市主要媒体刊载。举办中国徐州生物医药与大健康产业专题推介会、深圳高交会暨高新技术产业招商活动等系列招商活动，招引高新技术企业 20 家。

2019 年全市累计注册科技型中小企业 1156 家，新增注册科技型中小企业 493 家，全市取得入库登记编号科技型中小企业 610 家。入库科技型中小企业科技人员平均占比 30.15%，研发投入平均占比 8.08%，平均每家企业拥有 Ⅰ 类知识产权 2 件，拥有Ⅱ类知识产权 9 件。

【创新平台与载体】 加快孵化器、众创空间等科技创新平台建设，出台《徐州市科技企业孵化器管理办法》《徐州市众创空间备案与管理办法（试行）》《徐州市众创空间、科技企业孵化器绩效评价指标体系（试行）》。“双创升级·创响徐州”科技服务品牌荣获四星级营商环境服务品牌，在徐州市科技创业大赛上获一等奖的江苏鲁汶仪器有限公司获第七届“创业江苏”科技创业大赛总决赛一等奖。徐州高新技术创业服务中心等3家获批国家级科技企业孵化器，全市拥有各类孵化器88家，在孵企业2488家，对产业发展的接续支撑能力持续增强。获批省级科技企业孵化器6家、新增数量居全省第3位，各类孵化器数量居全省第3位。获批省级众创空间2家，省级以上众创空间数量居全省第3位。2019年6月27日，省政府办公厅下发《关于对2018年落实有关重大政策措施真抓实干成效明显地方予以督查激励的通报》（苏政办发〔2019〕61号），徐州市科技企业孵化器运行成效明显，被省政府予以督查激励，且地方财政给予资金安排，省科技厅、省财政厅在分配省科技型创业企业孵育计划资金时按因素法给予一定比例奖励。企业创新研发能力进一步提升，新获批省级企业重点实验室1家、省级企业工程技术研究中心11家、省级院士工作站1家；新认定市级企业工程技术研究中心36家；1家企业入选省“企业研发机构高质量提升计划”第一层次培育库，8家企业入选第二层次培育库；江苏省中枢神经药物研究重点实验室等4家获省创新能力建设计划项目。江苏淮海科技城理顺运行机制，对创新资源集聚能力不断增强，全年新增科技型企业312家，税收收入2.5亿元，同比增长66.7%。

【科技经费与项目】 2019年共申报市级科技计划项目1128项，通过形式审查，正式受理项目718项，同比增长19.3%。其中企业申报142项，占总数的19.8%；高校院所申报360项，占50.1%，上升4.4个百分点；医疗机构申报216项，占30.1%。组织开展2019年度科技计划项目年度信用评价工作和在研市级科技计划项目中期检查，共检查在研项目775 项。组织申报省级科技计划项目507项，获批国家和省科技项目354项、资金超2亿元。

【产学研合作】 举行首届驻苏高校院所苏北五市产学研合作对接活动，召开第二届徐州上海大院大所对接合作恳谈会，举办西安高校专场对接会和江苏师范大学科技成果专题对接会等活动，参加第七届中国江苏产学研合作大会。积极推进与上海、西安等地高校、科研院所合作。全年征集发布有效技术需求576项，举办对接活动64场次，对接国内外68家高校院所近300个专家团队，达成合作意向260项，52个重大合作项目集中签约。新型研发机构成为徐州市成果转化落地的重要路径，全市累计培育在库新型研发机构60家，29家获批市级备案，徐州市产业技术研究院实体化运行加快推进，翻开崭新篇章。

【科技惠民】 2019年组织实施社会发展类项目165项，下达专项资金841.5万元，其中公共安全类以公共安全需求为主导，以保障人民群众生产生活安全为目标，加强集成应用区块链、大数据、人工智能等新型技术，共立项8项；环境保护类针对资源过度开发、生态系统退化等问题，开展生态环境—生态产业—生态文化等过程调控与一体化发展的解决方案研究，共立项5项；医疗卫生和人口健康类聚焦提升治疗水平、增强救治能力、高水平建设淮海经济区医疗卫生中心，大力开展临床应用研究，医疗卫生类共118项468万元，人口健康类12项53万元。

2019年全国科技活动周暨徐州市第31届科普宣传周启动仪式在徐州科技创新谷举行，全市科协负责人、市级科普示范街道（镇）、社区和科普教育基地代表、科普志愿者、部分驻徐高校、中小学师生和社会群众千余人参加活动。

【农村科技】 推动徐州国家农业科技园区建设，加速整合科技创新资源，增强吸引力、扩大影响力、提升带动力。园区入驻各类涉农科技企业总数已达300多家，年销售收入52.45亿元，三产融合发展势头良好，带动相关产业形成产值达72亿元；当地农民人均纯收入达

2.093万元，辐射带动效应逐步显现。推动“星创天地”壮大规模、补齐短板，徐州市星创天地发展继续走在全国前列。目前，全市已建成国家级“星创天地”18家，省级“星创天地”32家，其中全年新获批省级“星创天地”4家，实现了县域特色产业全覆盖。2019年全市利用科技超市平台举办各类新技术讲座和科技培训班350多期，培训农民20000余人次，解决技术难题1000余个，引进示范新品种50余个，发布各类信息2000余条，有效促进产业转型升级，带动农民增收致富。

【科技合作与交流】 聚焦全球视野，扩大科技对外开放，加强创新能力合作，组织企业参加国际科技合作与人才交流活动，积极拓展徐州市企业对外协作与人才引进渠道，提升合作创新水平。依托国外知名高校，组织开展国际技术转移对接会。2019年3月，首届“徐州—中德技术转移活动”在徐成功举办，来自德国的专家学者带来了3组达到世界领先水平的推介项目，对接会加强了中德两国区域间的科技交流、互动及校企合作，促进了供需对接与知识共享。2019年5月，成功举办“第三届中加国际技术转移对接会”，邀请加拿大专家团队、相关领导及与路演项目相关的重点企业、高新技术企业精英参加会议。2019年12月，成功举办“中俄国际院士行对接会”，来自俄罗斯的专家参加对接会。2019年11月17日，参加江苏省首届外籍人才专场招聘会，全市共征集22家单位外籍人才需求信息28个，江苏地质矿产设计研究院和铜山区一夜茸家庭农场2家单位在会场设置展位。2019年6月25—26日，参加中国（江苏）——韩国智能制造创新合作论坛暨项目对接交流会，全市共组织征集6家单位赴宁参加交流会。

【科技人才】 积极开展高层次科技人才引进工作，组织申报国家重大人才工程，2019年申报徐州市青年科技创新领军人才8名、科技创新创业人才4名、重点领域创新团队4个、青年拔尖人才1名，获批科技创新创业人才1名。组织申报省“双创计划”科技类双创团队项目6个、企业创新类双创博士项目3个、科技副总项目64个，获批团队3个、博士1名、副总50人，资助资金915万元。获批省“优青”、“杰青”、青年基金项目58项、市青年科技人才项目19项，争取经费1756万元。

【科技服务】 2019年，全市技术合同成交额达38.08亿元，吸纳技术合同成交额达82.59亿元，位列全省第六，吸纳技术合同成交额增幅达133.06%，增幅位列全省第一。

2019年，徐州市纳入江苏省大型科研仪器开放服务平台并进行信息公示的单位共7家，仪器数量共382台（套），总原值130934.79万元，年运行机时（年有效工作机时）为373566小时，年对外服务机时为26916.5小时，年检测样品数2904568个，年服务总收入3994.07万元，年对外服务收入737.8万元。江苏师范大学承担的“江苏省大型科学仪器开放实验室”项目（BM2019022）获批立项建设。

2019年10月，中国矿业大学开展大型仪器设备开放共享宣传月活动，内容包含大型分析仪器应用系列讲座、大型仪器设备开放日活动、大型分析仪器上机操作培训考核、大型仪器设备开放共享基金项目和实验室开放基金项目启动等，以推进高校大型仪器设备开放共享力度，提高仪器设备使用效益。

2019年徐州市积极开展“送科技科普下乡”等活动，围绕流动科技馆新展品展示及捐赠、科普知识有奖竞猜、书法家为农民写春联、医疗专家健康义诊、科技服务超市农产品展销、科技服务超市无人机展示等15项科技科普开展相关活动。

【科技金融】 积极打造政银企对接合作平台，聚焦全市产业转型、企业创新、园区集约发展需求，促进金融、科技和产业之间深度融合。研究制定《徐州市科技金融进园区行动方案（2019—2020年）》，深入泉山、高新区、经开区等地举办科技金融进园区专场政策宣讲和对接路演活动7场，服务企业近300家。牵头举办“发现徐州·科技金融合作对接会”，发布启动了市创业投资基金，12 项重大科技金融合作项目现场签约。拓展“苏科贷”“路演贷”合作机构，扩大风险补偿合作体系，打通科技金融创新“全通道”。累计为 263 家企业提供科技金融服务，完成省成果转化风险资金贷款 4.2 亿元，同比增长 58.15%，创历年新高，知识产权质押融资贷款 5.5 亿元，同比实现“翻番”。推进新沂、邳州设立科技成果转化风险补偿资金池，建立融资路演工作站，实现科技金融服务半径全面覆盖。

2019 年 6 月，徐州市印发《徐州市创业投资基金管理办法（试行）》，成立了苏北首家科技型创业投资基金，基金按照“政府引导、市场运作、科学决策、防范风险”的原则进行投资运作。科技金融在支持实体经济，促进企业发展中的作用日益凸显。

【科技活动】 2019 年度徐州市科技局举办科技讲堂 5 次，分别围绕国际人才、成果转化、互联网发展、科技文献、公文写作等方面开展。开展科技系统人员法治思维和依法行政能力提升讲座 2 次。全市科技系统围绕科技招商，提升双创载体管理服务水平，赴济南、深圳、南京、上海等多地开展推介招商。

2019 年淮海经济区科技信息研讨会暨科技创新发展研究战略联盟第二次大会在徐州顺利召开，大会主题为“新需求新挑战，探索科技情报合作新体系”，来自淮海经济区战略联盟 16 家单位及徐州市各县市区科技局的相关负责人共计 60 余人参会。

2019 年 9 月 20 日第二届徐州—上海大院大所对接合作恳谈会，上海知名大院大所、工商金融、医疗卫生、现代农业和高科技企业代表，以及海外部分高层次人才 400 余人参加会议。

2019 年 6 月 1 日，徐州市举办“智汇徐州”对接活动。百余位中国矿业大学地方校友会会长、副会长、秘书长现场参观考察了代表徐州城市建设、产业发展、园区平台建设的市规划馆、金龙湖之窗、徐州软件园等展示点，校友会代表对徐州城市生态转型发展的新面貌、产业转型发展的新态势进行全面了解。校友会代表参加了 2019 年校友工作研讨会暨“智汇徐州”对接恳谈会。以路演交流的形式与徐州市企业代表共享创新创业，为徐州产业创新发展出谋献策。

常州市

Changzhou City

【概　况】 2019 年，常州市围绕“高质量发展走在前列”的总体要求和“加快建设长三角特色鲜明的产业技术创新中心”的发展指向，全面推进常州苏南国家自主创新示范区建设，增强创新驱动对产业转型升级的引领支撑作用。2019 年研发经费支出占地区生产总值 2.83%；新认定高新技术企业 728 家，累计 1760 家；新增企业研发机构 214 家，累计 1612 家，其中新增省级以上企业研发机构数 79 家，累计 684 家；科技进步贡献率 64%；高新技术产业产值占规模以上工业产值比重 48%。常州国家创新型城市创新能力指数位居全国第 16 位（地级市第 3 位）。

【科技管理】 完善管理制度和政策体系，先后制定实施 11 个管理办法和实施细则，在全省率先出台首个企业研发管理体系贯标工作管理办法；改进创新服务方式方法，开展科技型企业大走访、政策服务进园区等活动，实施 10 项提升科技管理水平的重点科技专项行动计划。与改革科技计划项目管理相结合，成功举办第四届常州市创新创业大赛，149 个获奖项目精彩纷呈。23 名科技工作者获庆祝中华人民共和国成立 70 周年纪念章。

【科技成果】 2019 年，常州市 4 个项目获国家科学技术奖，其中国家技术发明奖二等奖 2 项、国家科学技术进步奖二等奖 2 项。29 个项目获江苏省科学技术奖，其中一等奖 4 项、二等奖 11 项、三等奖 14 项。

2019 年度江苏省科学技术奖常州市获奖项目一览

序号	项目名称	完成单位	完成人	获奖等级
1	时速 350 公里速度级动车组摩擦副	常州中车铁马科技实业有限公司 中车戚墅堰机车车辆工艺研究所有限公司	杜利清 金文伟 苟青炳 朱 松 李 伟 顾升兴 潘祺睿 黄 彪 吴射章 钱坤才 杨明华	一等奖
2	农村经济作物废弃物高值化利用技术	常州大学 常州美胜生物材料有限公司 常州云卿纺织品有限公司 黑牡丹（集团）股份有限公司	陈 群 纪俊玲 袁浩然 陈海群 汪 媛 邓建军 马志辉 仇振华 何玉财 彭勇刚 俞金林	一等奖
3	能源高效利用中纳米杂化材料的结构设计、制备及应用	常州大学 常州纳欧新材料科技有限公司（参与）	朱俊武 汪 信 付永胜 姚 超 何光裕 陈 胜 张文超 孙敬文 左士祥 韩巧凤 邵国柱	一等奖
4	300MW 级大型抽水蓄能机组控制系统关键技术及工程应用	溧阳抽水蓄能发电有限公司（参与）	吴维宁 邵宜祥 姜海军 蔡卫江 许其品 单鹏珠 魏 伟 魏 力 余 振 刘观标 徐 青	一等奖
5	高性能聚合物发泡专用料与发泡结构材料的研发及产业化	常州天晟新材料研究院有限公司 常州天晟新材料股份有限公司	周光远 李 巍 李笑喃 徐 强 王红华 顾唯开 赵继永	二等奖
6	模块化大型精密高速运输装备创新设计及应用	江苏理工学院	康绍鹏 周生保 刘凯磊 叶 霞 贝绍轶 戴建军 单文桃 丁 力	二等奖
7	小型挖掘机用斜盘式轴向柱塞变量泵关键技术的研发及产业化	江苏恒立液压科技有限公司 常州轻工职业技术学院 江苏恒立液压股份有限公司	李 童 冀 宏 刘 凯 孙 斐 王 斌 庄 晔 刘艳艳 刘小雄 杨 威 陈孝辉 李冬明	二等奖
8	高精度钢管在线内外表面脱脂清洗成套装备关键技术研发及产业化	江苏博隆锦欣环保设备有限公司 常州大学 常州机电职业技术学院	唐建忠 秦伟健 袁惠新 姚佳烽 徐达明 沈 琳 张 波 徐建灵 高 燕 蔡德超 张先举	二等奖
9	心血管核医学技术创新及应用	常州市第一人民医院	王跃涛 何作祥 杨敏福 张晓膺 王建锋 邵晓梁	二等奖
10	城轨车辆用分块式橡胶弹性车轮的研发及产业化	中车戚墅堰机车车辆工艺研究所有限公司 常州中车铁马科技实业有限公司	戚 援 侯传伦 张济民 王 慎 郑志立 宁 烨 周和超 宫 峰 吴志强 蒋 涛 黄振兴	二等奖
11	植入类医用材料的成形及表面功能化关键技术集成应用	常州安康医疗器械有限公司（参与）	丁红燕 潘长江 叶 玮 夏木建 周广宏 刘 磊 王春华 刘爱辉 邵红红 高亚军	二等奖

续表

序 号	项目名称	完成单位	完成人	获奖等级
12	环氧衍生精细化学品关键技术及产业化开发	常州大学（参与）	朱新宝 郭登峰 刘 准 程振朔 陈慕华 王 芳 张 虎 李大钱 张小祥	二等奖
13	基于数字孪生的清洁低碳环保锅炉设计技术及工程应用	常州英集动力科技有限公司（参与）	毛军华 童水光 钟 崴 童哲铭 王小平 顾小勤 韩 玕 唐 宁 陆晓焰 吴燕玲 周 懿	二等奖
14	光储微电网灵活高效自主运行关键技术与装备	天合光能股份有限公司（参与）	郑玉平 王 伟 王 彤 唐成虹 王议锋 赵景涛 王懿杰 颜湘武 马铭遥 陈奕峰 曹 伟	二等奖
15	食管癌放疗应用基础研究与诊疗新技术	常州市第一人民医院（参与）	孙新臣 李宝生 李 涛 高献书 顾文栋 周俊东 濮 娟 成红艳 秦 嗪 曹远东 马建新	二等奖
16	气体水合物连续化生产关键技术及应用	常州大学	王树立 周诗岽 饶永超 郗春满 李 辉 赵书华 何岩峰 吕晓方 郭正军	三等奖
17	预装式新能源智能变电站关键技术研发及产业化	江苏北控智临电气科技有限公司 河海大学常州校区 常州亚玛顿股份有限公司 常州机电职业技术学院	蔡元堂 张金波 林俊良 史朋飞 陈超群 张平泽 苏伯贤 王化宇 林金锡 林金汉 蔡向阳	三等奖
18	智慧区域能源系统设计与调控关键技术研究与应用	中节能城市节能研究院有限公司 常州英集动力科技有限公司	杜玉吉 俞自涛 张晓灵 林小杰 丁江华 赵 阳 李建国 李 强 方大俊	三等奖
19	海洋工程用大尺寸超级双相不锈钢无缝管研发及产业化	江苏武进不锈股份有限公司	朱秋华 周雪峰 周志斌 陈泽民 陈 亮 程 健 钱 超 吉 祥 丁金贤	三等奖
20	粗细联合智能纺纱生产线的研发与产业化	常州市同和纺织机械制造有限公司	唐国新 苏旭中 丁 峰 朱建厦 徐兆山 严绪东 费云峰 周 镭 李宏松 周祺昇 谢春萍	三等奖
21	高精度电参数测试关键技术及设备	常州大学 常州同惠电子股份有限公司	朱正伟 陈树越 包伯成 储开斌 焦竹青 朱 栋 张 希	三等奖
22	航空复杂薄壁结构铣削连接混合智能制造关键技术及应用	常州工学院 新誉集团有限公司	郭 魂 汪洪峰 王太勇 徐 吉 左敦稳 王 鹏 何亚峰 宋娓娓 周 灵	三等奖
23	具有感知智能的工业混联机器人关键技术研究及产业化应用	常州先进制造技术研究所 常州大学 常州轻工职业技术学院 常州市荣创自动化设备股份有限公司	徐林森 沈惠平 吴志强 袁 飞 邓嘉鸣 陈丹惠 陈晓林 孟庆梅 刘进福	三等奖

续表

序　号	项目名称	完成单位	完成人	获奖等级
24	面向智能终端产品的线性驱动系统关键技术研发及产业化	常州市凯迪电器股份有限公司 常州机电职业技术学院	姚步堂　余海涛　周伟强 庄文许　朱更兴　陈垚为 虞文武　蓝峡宾　陶国正 高刚强　李陆阳	三等奖
25	地下盐矿资源化综合利用技术开发及产业化	中盐金坛盐化有限责任公司	管国兴　李卫星　陈留平 赵营峰　彭文博　王肖虎 张　峰　虞金法　李文华 李　伟　谢兴胜	三等奖
26	高性能生物基食品包材绿色制造技术装备研发与产业化	常州龙骏天纯环保科技有限公司	缪　铭　支朝晖　翁云宣 焦青伟　金征宇　支朝宗 王冰玫　朱丹玉	三等奖
27	全成形经编智能生产关键技术及产业化	江苏润源控股集团有限公司（参与）	蒋高明　丛洪莲　董智佳 张　琦　张爱军　夏风林 储云明　王占洪　柯清松 缪旭红　郑宝平	三等奖
28	轮胎返回复合胎胶资源高效循环利用关键技术及成套装备	常州大学（参与）	尹家旺　朱　伟　顾宏年 宋瑞宏　尹骏杰　史文杰 尹备战　王　烨　陈　霞	三等奖
29	废旧汽车高效资源化拆解回收关键技术及自动化成套装备	常州大学（参与）	胡士勇　戴国洪　谭翰墨 叶文华　黄艰生　唐敦兵 胡品龙　符　杰　龚云峰 孙锡健　周自强	三等奖

【高新技术产业】 2019 年，以深入推进新一轮“十百千”创新型企业培育工程为主线，按照动态培育、服务需求、落实政策、争取项目、营造氛围为抓手，培育壮大发展高新技术产业创新主体。新认定高新技术企业 728 家，累计拥有高新技术企业 1760 家，获评苏南自创区潜在独角兽企业 4 家，列全省第三，瞪羚企业 55 家，列全省第二；11 家企业入列 2018 江苏省百强创新型企业榜单，全省第四；创新型领军企业 71 家，实现销售收入超 1700 亿元，占全市规模以上工业总产值的近十分之一；“十百千”科技型上市培育企业 410 家，其中 2019 年纳入省科技企业上市培育计划入库企业 8 家，累计纳入省库企业 217 家，93 家企业完成上市（挂牌）；民营科技企业 4537 家，其中省级民营科技企业 3235 家；根据科技部火炬中心公布的 2019 年度国家高新区最新排名，常州国家高新区、武进国家高新区分别排名第 24、39 位，综合排名创新高。

【创新平台与载体】 常州科教城获 2019 年中国创新园区第 1 名。64 家企业列为省苏南自创区优秀创新载体。5 个载体平台被列为省市共建重大科技创新建设项目，7 家单位获省新型研发机构奖补立项；常州与江苏省产业技术研究院建设联合创新中心 10 家，列全省第二。新增市级以上企业研发机构 214 家，累计 1643 家，其中省级以上 79 家，累计 684 家，大中型工业企业和规模以上高企研发机构有效建有率达 83%。

【重点公共创新平台】 2019 年，江苏省财政厅联合省科技厅分两批下达省创新能力建设专项资金项目支持重大创新平台建设，涉及 10 个类别，常州市获支持资金 6175 万元，立项项目数全省第一，获支持资金总额全省第二。其中，天目湖先进储能技术研究院获省新型研发机构立项，获经费支持2000万元；航天云网数据研究院获省跨国公司及中央企业独立研发机构立项，获经费支持500万元；江苏集萃安泰创明先进能源材料研究院获省科技公共服务平台立项，获经费支持1000万元；常州星宇车灯股份有限公司、中车戚墅堰机车车辆工艺研究所获省重点实验室立项，各获经费支持450万元；江苏理工学院获省开发实验室立项，获经费200万元；武进国家高新区管委会科技服务骨干能力提升项目获支持经费500万元；常州西南交通大学轨道交通研究院、常州光电技术研究所、常州湖南大学机械装备研究院、常州数控技术研究所、大连理工江苏研究院、浙江大学常州工业技术研究院7家单位获省新型研发机构奖补立项，获经费支持740万元。

【科技创业平台】 2019年，新增市级以上众创空间、孵化器和加速器30家，其中，新增省级以上9家，累计133家。大连理工大学常州科技创业园、常州龙琥高新技术创业服务中心、常州五星智造园3家单位被认定为国家级科技企业孵化器；13家科技企业孵化器获评优秀（A类），列全省第二。在江苏省科技企业孵化器协会发布的江苏省科技孵化载体十强名单中，ASK众创部落众创空间入选特色众创空间十强；江苏石墨烯高新技术创业服务中心、常州市西夏墅工具产业创业服务中心入选专业孵化器十强；常州三晶信息技术孵化器、大连理工大学常州科技创业园入选综合孵化器十强，常州入选总数居全省第三。常州新博智汇谷入选2019中国100家特色众创空间名单。

【科技经费与项目】 2019年，组织企业申报部、省级科技计划项目690项，获立项230项，帮助企业争取上级项目资金5亿元，其中省科技成果转化专项资金项目65项，获立项公示12项，列全省第三。11家企业获评2018江苏省百强创新型企业。全市企业享受科技政策减免税达35亿元。常州市有77个项目列入全市协同推进的重大科技项目，其中研发创新类（含产学研合作）项目28项、成果转化类项目36项、创新平台类项目8项、创业平台类项目5项。77项协同推进的重大科技项目新增投入11.2亿元，实现销售35亿元，引进人才316名，累计申请专利348件，新增产学研合作项目数39个，新增研发面积7.85万平方米，实现服务性收入3600万元，投入创投资金累计7000万元。28项研发创新类项目形成的技术成果达国内先进水平7项、国际先进水平1项。

【产学研合作】 2019年，按照“走出去、请进来、引资源、建平台、国际化”的要求，更好发挥政府、企业和社会力量，在深化开放合作中加快集聚整合人才、技术、项目、资本、平台等国内外创新创业要素和资源，举办第十四届“5・18”展洽会等各类产学研对接活动112场，新增产学研合作项目1217个，组建9个市级产学研合作创新联盟。推进本地“校所企”合作。实施在常高校院所与地方产业创新驱动融合发展三年行动计划，启动“十校十所进千企”行动。

【科技惠民】 2019年，面向人口健康、资源环境、公共安全、社会管理等群众关注的民生领域，引导高校院所、医疗机构、企事业单位等实施相关技术的集成应用、综合示范及成果转化，推动科技惠民事业的发展。其中，新北区维尔利环保科技集团股份有限公司的“水专项关键技术成果产业化二次开发与市场化推广研究课题”被科技部列入2019年国家重点研发计划，获得801.31万元的支持。全年科技惠民市级项目立项62项，支持经费805万元；争取上级项目21项，经费2933万元，有力地支撑了全市的科技惠民工程。

【农村科技】 2019年，推进农业科技园区建设，指导申报金坛国家级农业科技园区。组织11家企业申报省级农业科技型企业，获批省级星创天地4家、农业产业技术创新战略联盟2家；推进农业产学研工作，开展“走出去、请进来”专题对接活动9场，服务三农、扶贫工作活动9场，超市建设、星创天地专题活动8场，主题沙龙活动4场，新农人服务站结对共建活动2场，专题调研活动3场。农业科技进步率达66.7%，位列全省第三。

【科技合作与交流】 2019年，常州市科技局引导和支持有实力的企业“走出去”设立研发平台，全市设立海外研发机构68家。5个企业项目获江苏省国际科技合作项目立项。重点推进中以常州创新园建设，江苏省中以产业技术研究院登记成立，中以常州创新园累计集聚以色列及中以合作企业90家，促成中以科技合作项目20多个。引进各类海外人才和常州市急需的高层次外国专家，4家企业入选国家高端外国专家项目计划，累计获国家资助经费100万元；入选省级外专引智计划项目5项，1名外国专家入选江苏“外专百人计划”，1名外国专家获江苏友谊奖；获江苏省第三批外国专家工作室命名10家，获常州市外专工作室认定31家。全年全市办结外国人来华工作许可2522人次。

【科技人才】 2019年，常州市对标江苏省人才政策，强化服务引导，获江苏省“双创”人才立项27个，其中“双创”人才（企业创新类）19名、“双创”团队（科技类）1个、“双创”博士（企业创新类）7名，争取支持1405万元；获省“333工程”科研资助项目立项11人，其中第二层次1人、第三层次10人。推进科技部领军人才创新驱动中心常州基地和科技国际化人才联谊会等平台建设，全市组织申报市领军型创新人才引进培育项目58项。市“龙城英才”计划支持引育领军型创新人才41个。举办龙城讲坛·科技企业家讲堂三期、创新创业企业总裁研修班五期、科技创新讲坛五期。15人获江苏省科技镇长团优秀团长和团员表彰。

【科技服务】 2019年，常州以市科技服务机构备案为抓手，加快形成研发设计、创业孵化、技术转移、科技金融、知识产权、科技咨询、检验检测认证、科学技术普及八大科技服务业态，全年全市新增市科技服务机构备案63家，累计备案397家。以市科技服务机构绩效评价为引导，完成117家绩效评价，择优支持57家，专项支持近1000万元。市科技局、财政局出台《常州市技术转移奖补资金实施细则（试行）》，对常州企业、技术转移机构、技术经纪（经理）人引进先进技术成果转移转化进行奖补，加快建设和完善全市技术转移体系；江苏省技术转移（常州大学）研究院揭牌。

【科技金融】 2019年，市本级“苏科贷”为62个项目发放贷款18批次2.03亿元，“苏科贷”贷款总额同比增加8.46%。走访对接“苏科贷”意向企业120余家次，为企业提供政策咨询服务200次以上，围绕科技金融主题举办常州市“科技金融进孵化器”等专场活动14场次。

【科技活动】 首届世界工业和能源互联网博览会开幕。2019年6月20日上午，首届世界工业和能源互联网博览会开幕。国内外工业和能源互联网领域的专家学者和业界精英齐聚常州，围绕“工业互联云制造 数据驱动新能源”的主题，共谋发展。本届博览会参会方在应用导向、数据赋能，平台集成、融合创新，聚焦核心、稳固基石，多能协同、绿色发展，培养人才、复合高端，构筑生态、开放共赢等六方面达成共识，共同发布《常州宣言》。主峰会上，华为技术有限公司董事、战略研究院院长徐文伟，英国皇家工程院院士、帝国理工学院教授、未来能源实验室主任蒂姆·格林等7位专家作主旨演讲，共同探讨工业和能源数字化转型最新成效并分享经验。此次博览会主峰会全程采用5G直播。

苏州市

Suzhou City

【概　况】 2019年，苏州市科技系统深入贯彻落实国家、省、市部署要求，聚焦重点领域和关键环节，深入推进科技体制改革，持续加强创新体系建设，不断激发创造活力、积聚优质资源，科技创新工作取得突破性进展。全年财政性科技投入达181.6亿元，增长19%；全社会研究与试验发展（R&D）经费支出占地区生产总值的比重达3.64%，提前一年完成“十三五”目标；全年实现高新技术产业产值16599.6亿元，占规上工业产值的比重达49.4%，比上年提高1.7个百分点；万人有效发明专利拥有量达58.66件，科技创新综合实力连续11年位居全省第一。

【科技管理】 强化科技计划项目管理。实施新的《苏州市科技计划项目管理办法》，修订政策性资助等项目实施细则，进一步完善决策、执行、评价相对分开、互相监督的运行机制，强化科技计划体系和科技项目管理的制度化建设，规范科技计划项目的评审、立项、实施、验收和监督管理等全过程管理。取消人才“帽子”等称号填报，克服“唯论文、唯职称、唯学历、唯奖项”等倾向，加大对重点创新项目的支持力度。制定《市科技计划项目申报评审工作规程》，细化科技计划项目申报评审工作要求，进一步健全科技计划项目管理机制和制度。

加大科技政策落实力度。全市落实重点科技创新政策减免企业所得税约184.77亿元，同比增长33.13%。其中，享受研发费加计扣除企业8959家，同比增长36.45%，加计扣除额达359.76亿元，同比增长84.28%，折合减免企业所得税89.94亿元。2488家高新技术企业和41家技术先进型服务企业享受企业所得税15%优惠税率，分别减免企业所得税92.56亿元、2.27亿元。

提升科技创新政策措施。修订完善《苏州市科技创新政策性资助项目实施细则》《苏州市高新技术企业培育实施细则》《苏州市科技计划项目管理办法》等政策措施，全市科技创新政策体系日益完善，创新创业氛围更加浓厚。对《关于打造产业科技创新高地的若干措施》《关于构建一流创新生态建设创新创业名城的若干政策措施》等2项综合性科技创新政策及18项配套细则的落实执行情况进行系统性评估。

【科技成果与奖励】 2019年，苏州市获省级以上科技奖励45项，其中国家技术发明奖二等奖1项（主持完成）、国家科学技术进步奖二等奖6项（主持完成2项、参与完成4项），江苏省科学技术一等奖4项（主持完成3项、参与完成1项）、二等奖9项（主持完成4项、参与完成5项）、三等奖22项（主持完成17项、参与完成5项）。江苏亨通光纤科技有限公司陈伟获江苏省青年科技杰出贡献奖，昆山龙腾光电有限公司、江苏恒力化纤股份有限公司获江苏省企业技术创新奖。

2019年度苏州市获国家科学技术奖情况

序　号	项目名称	主要完成单位	主要完成人	奖　种
1	多元催化剂嵌入法富集去除低浓度VOCs增强技术及应用	苏州大学 江苏南方涂装环保股份有限公司	路建美　陈冬赟　李娜君 贺竞辉　贺竞辉　张克勤 李爱军	技术发明奖二等奖
2	面向柔性光电子的微纳制造关键技术与应用	苏州大学 苏州苏大维格科技集团股份有限公司	陈林森　方宗豹　周小红 浦东林　朱鹏飞　魏国军 叶　燕　朱昊枢　朱　鸣 张　恒	科学技术进步奖二等奖
3	血液系统疾病出凝血异常诊疗新策略的建立及推广应用	苏州大学附属第一医院 苏州大学	吴德沛　阮长耿　韩　悦 武　艺　陈苏宁　黄玉辉 王兆钺　戴克胜　傅建新 赵益明	科学技术进步奖二等奖

续表

序号	项目名称	主要完成单位	主要完成人	奖种
3	铝合金节能输电导线及多场景应用	全球能源互联网研究院有限公司 中南大学 国网辽宁省电力有限公司 上海电缆研究所有限公司 国网湖南省电力有限公司 亨通集团有限公司 远东控股集团有限公司	李红英　韩　钰　祝志祥 陈保安　杨长龙　党　朋 刘蛟蛟　袁　骏　马　军 汪传斌	科学技术进步奖二等奖
4	商用车机械自动变速式混合动力系统总成关键技术及其产业化应用	清华大学 苏州绿控传动科技股份有限公司 潍柴动力股份有限公司 中国重型汽车集团有限公司 北汽福田汽车股份有限公司 中通客车控股股份有限公司	李　亮　王钦普　李　磊 宋　健　杨　超　王翔宇 秦志东　刘国庆　李红志 潘凤文	科学技术进步奖二等奖
5	燃煤电站硫氮污染物超低排放全流程协同控制技术及工程应用	华中科技大学 武汉龙净环保工程有限公司 北京清新环境技术股份有限公司 福建龙净环保股份有限公司 苏州西热节能环保技术有限公司 广东电科院能源技术有限责任公司 武汉天和技术股份有限公司	向　军　胡　松　张　瑾 张开元　苏　胜　吴雪萍 汪　一　于宝成　王乐乐 李德波	科学技术进步奖二等奖
6	跨临界 C02 热泵的并行复合循环关键技术及其应用	西安交通大学 中国铁道科学研究院集团有限公司 江苏白雪电器股份有限公司 山东美琳达再生能源开发有限公司	曹　锋　彭学院　水春雨 贾晓晗　漆鹏程　王守国 李　钢　唐学平　殷　翔 冯健美	科学技术进步奖二等奖

2019 年度苏州市获江苏省科学技术奖情况

序号	项目名称	主要完成单位	主要完成人	奖种
1	面向燃料电池应用的多组分铂基纳米材料研究	苏州大学	黄小青　姚建林　卜令正 王鹏棠　张　楠	一等奖
2	缺血性心脏病干细胞治疗临床转化的关键技术创新	苏州大学附属第一医院 中国医学科学院阜外医院 苏州大学	沈振亚　李杨欣　张　浩 胡士军　陈一欢　余云生 滕小梅　陈　红　刘　盛 雷　伟　张燕霞	一等奖
3	基于多信息的挖掘机遥操作与自主作业关键技术研究及应用	三一重机有限公司 中国航空工业集团公司西安飞行自动控制研究所 南京工业大学 苏州大学	曹东辉　王东辉　殷晨波 孙立宁　宋科璞　俞宏福 石向星　武晓光　陈　健 陈家元　冯　浩	一等奖
4	超高分辨率光矢量分析技术及应用	南京航空航天大学 苏州六幺四信息科技有限责任公司 长飞光纤电缆股份有限公司 中航光电科技股份有限公司 上海航空科工电器研究院有限公司	潘时龙　薛　敏　傅剑斌 唐震宙　卿　婷　刘世锋 李树鹏　张心贲　刘　涛 陈惠钦　彭　慎	一等奖

【高新技术产业】 2019年，全市高新技术产业实现产值16599.6亿元、同比增长1.7%，高于规模以上工业增速0.3个百分点；占全市规模以上工业产值比重为49.4%，比上年同期提高1.7个百分点。新一代信息技术、生物医药、纳米技术、人工智能四大先导产业产值占规模以上工业总产值的比重达21.8%，比上年提高6.1个百分点。高新技术产品产量增长较快，新能源汽车产量比上年增长17.5%，光学仪器产量增长55%，太阳能电池产量增长13.9%，环境污染防治专用设备产量增长30.8%。组织开展核心技术产品遴选，195家企业产品入选《苏州市核心技术产品目录》。

大力发展生物医药产业，创新组织实施临床试验机构能力提升计划，开展临床试验能力建设项目70个、医工结合项目8项，实现市级三甲医院GCP资质全覆盖。全市获国家新药创制项目2项、临床批件35件，信达生物、基石药业、亚盛药业等一批企业先后上市，集聚创新型、龙头型生物医药企业数量占全国30%。生物医药产业集群入选国家战略性新兴产业集群发展工程，全年医药制造业产值比上年增长24.9%。

大力培育创新型企业。完善《苏州市高新技术企业培育实施细则》，简化政策兑现流程和申报材料，对入库企业的支持由研发费后补助改为直接奖补支持。全年认定国家高新技术企业3160家、有效高企7052家、净增高企1643家，均为全省第一。5家企业被认定为首批国家级专精特新企业，数量位居全省第一。新增35家省级上市培育企业，科创板上市企业6家，全国第三。

【创新平台与载体】 围绕国家、省科技创新基地优化建设目标和定位，结合苏州市实际，精准布局建设重大科技创新平台。国家超级计算昆山中心、长三角先进材料研究院、苏大附一院国家血液系统疾病临床医学研究中心获批建设，“深时数字地球”国际大科学计划启动实施，生物医药技术创新中心、第三代半导体国家技术创新中心正式上报科技部。南京航空航天大学苏州研究院、中科智能科创中心等一批重大研发机构落户苏州。牛津大学首个海外研究院落户苏州工业园区。省产研院新布局建设的25家专业研究所，有12家落户苏州，数量位列全省第一。加快推进苏州市产业技术研究院建设，已完成事业法人注册登记，核心团队组建到位。全市累计建设新型研发机构58家，集聚各类科研人员近4000人，衍生孵化企业736家，孵化企业实现销售收入86.2亿元。

截至2019年年底，苏州市已建有省部共建国家重点实验室1家（全省唯一），省重大科技创新平台项目培育库入库项目5个，省级企业重点实验室12家，省级以上工程技术研究中心852家，省级院士工作站55家，市级新型研发机构58家。

【科技经费与项目】 2019年，安排市级科技创新专项资金10.2259亿元，聚焦企业技术创新、产业技术创新、服务体系建设、科技人才和科技金融五大计划，深化科技体制改革创新，加快集聚创新资源要素，着力构建优质创新创业生态系统，全力助推苏州经济实现高质量发展。积极争取国家、省级科技项目经费，新立省级以上项目5325项，获得经费支持14.24亿元。其中国家级项目420项，获得经费支持5.16亿元；省级项目4905项，获得经费支持9.08亿元。

【产学研合作】 2019年，组织“镇长团杯”苏州市创新挑战赛、2019年苏州跨国技术转移与国际人才对接大会、科技行系列活动、技联高校产学研合作交流对接会等国际国内科技交流活动30多场，服务企业超过5000家。先后与20多家高校、科研院所开展了全面合作，建成各类产学研联合体100多家，实施产学研合作项目1000多项。

组织新能源领军企业走进武汉、“一带一路”科技兴农走进西安等6场“科技行”活动，参加企业代表共200多人次。与哈尔滨工业大学、西安交通大学、电子科技大学、中国科技大学、华中科技大学等国内12所知名高校开展

“技联苏州日高校”产学研对接活动，参加企业代表400多人次，现场签约29项，达成合作意向114项。组织参加第七届中国江苏产学研合作大会，共征集企业需求400多项，组织参会企业300多家，大会共达成签约项目或合作意向23项，总投资7.77亿元，其中投资额超过千万元的合作项目2项。

加强对科技镇长团成员的培训工作，组织“岗前培训”“科技行”“名企行”等形式多样的业务研修班，参与人数200多人。举办首届“镇长团杯”苏州市创新挑战赛，共挖掘112项优质创新需求向全球进行发布，吸引了近200家院所、企业、个人参赛，征集到解决方案200余项。举办第二届苏州市科技镇长团创新合作大会暨首届“镇长团杯”苏州市创新挑战赛颁奖典礼，促使苏州市科技镇长团的知名度、美誉度不断提升。2019年，科技镇长团共走访企业4000多家，邀请约2500名专家开展人才科技对接，促成产学研合作项目282项，协助引进各级领军人才240余人次，帮助基层培训人才5400余人次，推动新建各类研发平台72个、孵化器15个。

【科技惠民】 以“注重民生、贴近百姓、示范带动、惠及公众”为宗旨，聚焦人口健康、生态环境、节能减排和公共安全等重点领域的创新需求，开展科技攻关、技术集成和应用示范，着力提升科技惠民的能力和水平，为经济社会发展及生态文明建设提供有效支撑。继续组织实施“苏州市科技惠民惠农双百工程”，大力挖掘和增强社会事业领域科技创新能力，为建设最适宜人居与创业的城市提供技术支撑。

苏州大学附属第一医院获得科技部第四批国家临床医学研究中心，获得省科技厅配套经费1000万元。省重点研发计划（社会发展）项目立项42项，省资助经费5300万元（立项数较上年增长57%，经费增长106%），市级社会发展（民生科技）项目立项77项，下达经费1415万元。

围绕苏州临床试验能力推进，着力提升新药临床试验转化能力和质量。首次启动实施临床试验能力提升计划项目，支持全市医疗机构中取得GCP认定证书的机构及其认定专业方向的临床能力建设。立项支持临床试验机构能力建设项目70项、医工结合项目8项，支持经费795万元，实现市级三甲医院GCP资质全覆盖。持续开展医疗器械与新医药后补助项目，鼓励医疗器械与新医药企业自主研发，加快实现产业化，形成具有国际竞争优势的新的经济增长点共计资助经费3108.9万元。

【农村科技】 支持高校、科研院所及农业技术推广机构、省级及以上农业星创天地、江苏农村科技服务超市等单位围绕农业优质新品种选育、地方优势种质资源保护、种植养殖技术研究、农产品深加工、农业信息化等领域开展研究应用及集成示范；引导鼓励农业企业开展农业新品种、新技术、新装备、智慧农业的技术创新与应用，对农业企业上一年度研发费用给予研发后补助资助。

2019年组织实施农业科技创新专项，其中科技示范项目科技示范和关键技术应用项目立项16项，支持经费270万元；应用基础研究项目15项，支持经费75万元；农业关键技术创新工程后补助31项，引导鼓励农业企业开展农业新品种、新技术、新装备、智慧农业的技术创新与应用，对农业企业上一年度研发费用给予支持经费423万元。苏州市累计拥有省级农业科技型企业达66家；国家级农业科技示范园1家、省级农业示范园7家；国家级农业产业技术创新战略联盟2家、省级农业产业技术创新战略联盟5家；江苏农村科技服务超市25家，其中分店7家，便利店18家；国家级农业星创天地9家，省级农业星创天地20家。

组织农业科技型企业、农业示范园区40多家单位参加“走进贵州铜仁”“陕西杨凌”科技行活动，学习借鉴先进农业科技园区管理经验，促进农业新产品、新技术、新装备走出去，引进来。组织苏州农村科技超市参加农业科技创新服务能力提升培训班、成果对接和品鉴等活动，帮助推介苏州市农业优质的科技成果。2019年首次开展农业科技企业金融路演，共组织8家企业参加省农业科技企业金融路演活动，进入省农业科技企业融资企业库。

【科技合作与交流】 扎实做好产学研合作、国际科技合作和科技镇长团等重点工作，积极参与长三角一体化、军民融合、“一带一路”、对口帮扶等科技合作与交流工作，全面提升科技合作质量。先后组织“镇长团杯”苏州市创新挑战赛、苏州跨国技术转移与国际人才对接大会、科技行系列活动、“技联苏州日高校”产学研合作交流对接会、第七届中国江苏产学研合作大会等国际国内科技合作与交流活动30多场，年度服务企业超过5000家，与20多家高校、科研院所开展了全面合作，建成各类产学研联合体100多家，实施产学研合作项目1000多项，全市获省国际合作项目立项13项。

紧抓长三角一体化发展历史机遇，主动对接上海科创中心，积极参与G60科创走廊建设，牵头组织召开长三角G60科创走廊智能驾驶产业联盟成立大会和长三角G60科创走廊产业园区联盟暨集成电路产业联盟成立大会。2019年，先后组织30多家相关企业参加新能源、新能源和网联汽车、人工智能、生物医药、智能制造、智能安防、通航产业等产业联盟，推动产业链、创新链一体化发展。

加强国际合作交流。举办“2019年苏州跨国技术转移与国际人才对接大会”，签约5项国际技术转移合作项目，启动“科技外交官国际技术转移服务（苏州）平台”，共收集、梳理国内外100余项技术供给及需求，实现了企业与项目方300多次对接，达成30余项初步合作意向。举办“APEC中心创新合作研讨会”，来自APEC秘书处、各经济体APEC中心的代表、国内APEC项目专家及苏州市国际科技合作基地、载体等机构的代表们参加，分享最佳实践和建议，推动APEC中心合作及亚太区域科技创新合作。积极在海外布局离岸创新中心。目前，苏州工业园区已在哈佛大学、麻省理工学院等顶级科研机构及美国硅谷、新加坡、以色列等创新活跃的区域设立了12个海外离岸创新中心。

【科技人才】 积极推进《苏州市引进顶尖人才“一人一策”实施办法（试行）》《苏州市高层次人才举荐办法（试行）》《关于支持外籍人才参与科技创新的若干举措》等系列政策的出台，坚持市场导向，放宽年龄、学历限制；突出产业导向，围绕区域重点特色产业加大人才选拔力度。姑苏人才计划立项支持人才团队项目243项，增长25.2%；新增7个重大创新团队项目，增幅75%；新增省企业类双创人才97人，连续13年列全省第一；累计262人入选国家级重大人才工程专家，其中创业类专家135人，列全国大中城市第一。制定《关于支持外籍人才参与科技创新的若干举措》，新引进长期外国专家数874人，217名海外专家入选第九批“海鸥计划”。

【科技服务】 2019年，苏州市围绕苏州自主创新广场、研发资源开放共享服务、科技创业孵化载体建设等方面，积极引导创新要素在苏集聚，健全完善苏州市科技创新服务体系，引领科技服务业跨越发展，全市科技服务业实现收入1243亿元。

苏州自主创新广场目前已建成投运3万平方米，集聚包括中科育成、苏大技转、博士科技等在内的60余家科技服务机构，业态涵盖技术转移、科技咨询、创业孵化、知识产权代理等多个门类，2019年江苏省科技服务业“百强”机构中有4家落户。初步形成科技公共服务和市场服务双轮驱动、线上与线下服务并举的科技服务体系。2019年完成1573家企业走访调研，为601家企业解决科技服务需求623项。

深入推进《长三角区域创新共同体建设——上海·苏州科技资源开放共享与协同发展行动计划》，打通研发资源共享的区域限制，企业跨区域使用科技资源更加便捷。截至2019年年底，苏州市研发资源共享服务平台集聚各类大型科学仪器设施51111台（套），原值380亿元，解决各类企业需求8667项，服务范围覆盖上海、南通、连云港等长三角城市。与上海共享研发资源呈现快速增长态势，平台拥有上海市各类研发仪器24597台（套），占比48%；获得补助的213家企业的1488个项目中，68家企业的373项由上海机构提供服务，分别占比31%、25%以上。

加快科技创业孵化载体建设。全市拥有省级众创社区7家、省级众创集聚区4家，省级以上科技企业孵化器、众创空间分别达118家和213家，位居全省首位。全市孵化器场地面积近400万平方米，在孵企业超7000家，在孵企业从业人数十万人，累计毕业企业超5600家，在孵企业总收入达358亿元。

【科技金融】 制定出台《苏州市天使投资引导项目管理办法》《苏州市天使投资引导项目奖励补贴实施细则》《苏州市天使投资引导项目阶段参股实施细则》等科技金融配套政策，完善差异化风险补偿机制，提升科技金融后补助力度。2019年为646家企业提供科技贷款贴息（含担保费补贴）3400万元，为194家企业提供科技保险费补贴517.28万元，为10家天使投资管理企业提供奖励127.55万元，为400家种子期企业和创业团队提供创业资助4572.5万元。“科贷通”累计为6285家科技型企业解决贷款420亿元。持续推动天使投资发展，天使投资引导资金累计立项子基金25个，募资总额42.45亿元，投资项目125个。

【知识产权】 专利工作成效显著。中国（苏州）知识产权保护中心获批运行，获批在全国率先开展知识产权侵权纠纷检验鉴定技术支撑体系建设试点。全年新增国家知识产权示范企业18家，年末达44家。全年专利申请量162984件，其中发明专利申请量43371件；专利授权量81145件，其中发明专利授权量8339件。年末全市有效发明专利拥有量6.3万件，比上年增长11%，万人有效发明专利拥有量达58.66件，比上年增加5.66件。第二十一届中国专利奖苏州市获奖32项，居全省首位。

【科技活动】 3月30日，苏州首届外籍人才招聘会在工业园区拉开帷幕，吸引了来自世界不同国家的500多名外籍人才。2019外籍人才招聘会·苏州专场由科技部国外人才研究中心主办，苏州市外国专家局协办，伦华教育和苏州博人文化信息咨询有限公司承办，是2019年全国首场专业的外籍人才招聘会。与以往不同，此次的外籍人才招聘会不仅提供极具优势的人力资源服务，更为外籍人士提供衣食住行等全方位生活指南。

4月24日，第二届苏州市科技镇长团创新合作大会暨首届“镇长团杯”苏州市创新挑战赛颁奖典礼在苏州市工业园区会议中心隆重举行。大会以“融合创新，遇见未来”为主题，历届科技镇长团成员代表，国内高校、科研院所负责人等250余人出席大会，共同探讨产学研融合发展新思路。会上，分别为“金牌技术经纪人奖”“创新企业奖”“优秀组织奖”“金点子奖”获奖者颁奖。苏州仕净环保科技股份有限公司、苏州易助能源管理有限公司、苏州麦迪斯顿医疗科技股份有限公司三家企业面向在场的科研院所发布了最新技术需求，以期实现精准对接。

5月15日，苏州市领军人才联合会在市领军人才俱乐部举办了外籍个人所得税解读沙龙，会员企业的高管、人事、财务人员等共计30余人参加了本次沙龙。沙龙邀请了联合会咨询委员会成员、上海德勤税务师事务所的税务总监哈纪优和税务经理齐什作为主讲人，针对最新出台的外籍个人所得税法规政策为会员企业做了详细解读，重点围绕无住所个人和非居民个税新政进行，还就新政对企业和外籍个人的潜在影响与参会企业共同探讨，并对外籍个人的个税规划和风险管控思路做了大量分享。

6月27日上午，由科技部发起的中德、中意创新创业大赛优秀项目路演对接会在苏州举行。对接会由苏州市科学技术局主办，苏州高铁新城科技商务局、国际技术转移协作网络（ITTN）、苏州高铁新城环秀湖创业俱乐部承办。现场，“生产化学预混材料的紧凑型工业机器”“人工智能养老监护项目”等30个覆盖可持续与绿色创新、人工智能与智能制造两大领域的德、意优秀项目精彩亮相，其中6个获奖项目进行了路演。

9 月 6 日，由苏州市科技局联合苏州市卫健委主办的苏州市医疗健康产品推介暨生物医药及医疗器械临床试验对接会举行。活动当天，首次苏州市生物医药及医疗器械高质量发展专家咨询委员会召开，来自苏州医疗机构、企业、医药研发载体的多位委员，根据自身行业当前的发展境况，进行了深入的交流讨论，为医工的融合创新提供助力。

南通市

Nantong City

【概　况】 2019 年，南通市全社会研发经费占地区生产总值比重 2.48%；科技进步贡献率 63.5%。全市专利申请 3.7 万件、授权 1.98 万件；有效发明专利 2.18 万件，万人发明专利拥有量 29.83 件，比上年增长 9.36%，继续保持苏中、苏北第一。年内，南通市获江苏省政府办公厅《关于对 2018 年落实有关重大政策措施真抓实干成效明显地方予以督查激励的通报》表彰为“大力培育发展战略性新兴产业、产业特色优势明显、技术创新能力较强、产业基础雄厚的地方”，海安市获表彰为“落实加快推进产业科技创新中心和创新型省份建设若干政策措施（科技创新 40 条）、深化科技体制机制改革推动高质量发展若干政策（科技改革 30 条）成效明显的地方”，如皋高新区获表彰为“推动‘双创’政策落地、扶持‘双创’支撑平台、构建‘双创’发展生态、打造‘双创’升级版等方面成效明显的地方”。

2019 年南通市全社会研发投入及占地区生产总值比重情况一览

地　区	全社会研发投入 / 亿元	R&D 投入占 GDP 比重
全　市	232.50	2.48%
海安市	26.69	2.62%
如皋市	29.94	2.42%
如东县	25.82	2.45%
海门市	35.67	2.64%
启东市	29.81	2.58%
市　区	117.74	2.44%
通州区	28.93	2.09%
崇川区	22.47	2.37%
港闸区	11.35	2.54%
开发区	19.33	2.80%

注：数据为南通市科技局、统计局监测数据（新口径）。

【科技成果】 2019 年，南通市获国家科学技术进步奖特等奖 1 项、二等奖 2 项，获省科学技术一等奖 4 项、二等奖 9 项、三等奖 19 项。2019 年组织实施省重大科技成果转化资金项目 6 项，获省财政支持经费 7200 万元。2019 年累计新增研发投入 7.3 亿元，新增销售收入 22.04 亿元。

2019 年，南通市获国家科技奖项目 3 项。其中，江苏海新船务重工有限公司、江苏海宏建设工程有限公司与上海交通大学合作的“海上大型绞吸疏浚装备的自主研发与产业化”项目获 2019 年度国家科学技术进步奖特等奖，推动了中国疏浚技术、装备产业和应用体系跨越发展，在维护国家安全和推进国家战略中发挥了无可替代的作用。

2019 年南通市获省科学技术奖项目 32 项。其中，南通中远船务工程有限公司“多点系泊式圆筒型海上油气生产储卸平台（FPSO）关键技术研发与应用”项目获 2019 年度江苏省科学技术一等奖。该项目实现中国海洋能源开发装备领域首次总包一站式交钥匙工程（EPCIC），多项设计制造技术填补国内空白，达 FPSO 海工装备制造国际一流水平。江苏龙源振华海洋工程有限公司“岩基海床大型风机单桩基础设计施工关键技术及成套装备”项目获 2019 年度江苏省科学技术一等奖。该项目开发国内首台海上单次最大冲击能量 2500 kJ（千焦）液压冲击锤，解决了岩基单桩基础施工“打”桩难题，达国际先进水平，成本仅为国外同类产品的 50%，实现了岩基海上风电基础施工关键装备国产化。

2019 年南通市获国家科学技术奖项目一览

序号	奖项	项目名称	完成单位
1	特等奖	海上大型绞吸疏浚装备的自主研发与产业化	江苏海新船务重工有限公司 江苏海宏建设工程有限公司
2	二等奖（技术发明奖）	面向制浆废水零排放的膜制备、集成技术与应用	南通能达水务有限公司
3	二等奖（技术发明奖）	肺癌精准诊疗关键技术研究与推广应用	格诺思博生物科技南通有限公司

2019 年南通市获江苏省科学技术奖项目一览

序号	项目名称	完成单位	完成人员
省科学技术一等奖			
1	能源高效利用中纳米杂化材料的结构设计、制备及应用	南京理工大学 常州大学 常州纳欧新材料科技有限公司 南通江海电容器股份有限公司	朱俊武　汪　信　付永胜 姚　超　何光裕　陈　胜 张文超　孙敬文　左士祥 韩巧凤　邵国柱
2	食用菌精深加工关键技术创新与应用	南京财经大学 南京农业大学 江苏安惠生物科技有限公司 中国农业大学 中华全国供销合作总社南京野生植物综合利用研究院 江苏江南生物科技有限公司	胡秋辉　杨文建　方东路 裴　斐　赵立艳　陈　惠 马高兴　赵伯涛　刘庆洪 马　宁　姜建新
3	岩基海床大型风机单桩基础设计施工关键技术及成套装备	江苏龙源振华海洋工程有限公司 上海振华重工（集团）股份有限公司 龙源电力集团股份有限公司 平煤建工集团特殊凿井工程有限公司 中机锻压江苏股份有限公司 福建龙源风力发电有限责任公司 中国电建集团华东勘测设计研究院有限公司 江苏科技大学	李　泽　王徽华　廖卫勇 施兴华　曹春潼　仝洪昌 范晓旭　陈　强　吴富生 罗金平　张长龙

续表

序号	项目名称	完成单位	完成人员
4	多点系泊式圆筒型海上油气生产储卸平台（FPSO）关键技术研发与应用	南通中远船务工程有限公司 南通大学 上海海事大学 启东中远海运海洋工程有限公司	李　荣　仇　明　曾　骥 罗子良　万家平　谭　瞳 李荣稷　陈永涛　张会良 孙博文
省科学技术二等奖			
1	基于非液相控制的广域高性能系列断路器关键技术及产业化	江苏省如皋高压电器有限公司 南通大学 思源电气股份有限公司	彭　翔　汪兴兴　冒友建 张福豹　吕帅帅　林巍岩 杨志轶　王成全　范兴财 毛义学　谢　杨
2	石墨盐酸合成装置余废热高效回收利用技术	南通星球石墨设备有限公司 南京大学南通材料工程技术研究院	夏　斌　马　骏　刘仍礼 夏　彬　张进尧　孙建军 王俊飞　陆　俊　何　飞
3	高技术船舶及海工用高性能钢板关键技术创新及产业化	南京钢铁股份有限公司 东北大学 招商局重工（江苏）有限公司	黄一新　田　勇　车马俊 祝瑞荣　楚觉非　王丙兴 陈林恒　赵柏杰　刘建成 叶其斌　崔　强
4	拟除虫菊酯清洁生产关键技术研发及产业应用	江苏扬农化工股份有限公司 南京师范大学 江苏优嘉植物保护有限公司	周其奎　沈　健　姜友法 周宁琳　王东朝　章　峻 王宝林　贾　炜　冯广军 赵　鹏
5	轻质高强铝基纳米复合材料及其在高端载运工具上的应用	江苏大学 上海交通大学 哈尔滨工业大学 亚太轻合金（南通）科技有限公司 江苏豪然喷射成形合金有限公司 江苏苏美达车轮有限公司 丹阳荣嘉精密机械有限公司 扬州戴卡轮毂制造有限公司	赵玉涛　陈　刚　范同祥 姜巨福　浦俭英　张　豪 彭兵阳　殷来大　王　坤 怯喜周
6	超大型智能化海上风电安装作业平台关键技术研发及应用	南京理工大学 南通润邦海洋工程装备有限公司 南通润邦重机有限公司 南京工程学院 江苏亨通蓝德海洋工程有限公司 江苏蓝潮海洋风电工程建设有限公司	陆宝春　施晓越　吴　建 盛国良　关德壮　朱俊峰 翁朝阳　周　锋　葛　超 邵夕吾　徐永华
7	大功率高扬程矿山排水抢险泵关键技术研究及产业化	江苏大学 南通大学 蓝深集团股份有限公司 江苏泰丰泵业有限公司 亚太泵阀有限公司 济宁安泰矿山设备制造有限公司 山东星源矿山设备集团有限公司	施卫东　周　岭　曹卫东 李　伟　王　川　白　玲 许荣军　程永席　潘　波 孟凡有　吴　进
8	复杂海况下大型海工承载装备设计制造关键技术研发及产业化	南通蓝岛海洋工程有限公司 同济大学 上海泰胜风能装备股份有限公司 上海大学	朱　军　张伦伟　吴　昊 米智楠　孔　亮　张　震 苏小芳　陈　硕　陈森良 郭文辉　裴立勤

续表

序号	项目名称	完成单位	完成人员
9	食品生物制造声光强化关键技术与装备创制及其应用	江苏大学 江南大学 江苏蜂奥生物科技有限公司 江苏江大五棵松生物科技有限公司 江苏安惠生物科技有限公司 江苏恒顺醋业股份有限公司	马海乐 任晓锋 何荣海 毛 健 周存山 李云亮 马海燕 佘永建 郑惠华 张 勇
省科学技术三等奖			
1	蚕丝丝素肽段的精确制备、生物活性及应用	苏州大学 江苏宝缦家纺科技有限公司	王建南 李明忠 董凤林 卢神州 殷 音 陆维国
2	太阳能电池用金属化导电浆料的研发及产业化	南通天盛新能源股份有限公司 上海交通大学 南通大学 泰州中来光电科技有限公司	朱 鹏 沈文忠 陈 嘉 姚理荣 杨贵忠 刘志锋 朱海燕 吴绥菊 李正平 庄宇峰 刘 媛
3	特高压交直流输电线路防舞防振减灾金具	江苏天南电力器材有限公司 华北电力大学	姚建生 刘连光 朱小强 刘自发 史小龙 田书鹏 程毛迪 周翼祥
4	特高压输电线路用免维护系列金具研制及应用	江东金具设备有限公司	孔德春 冒新国 薛渊牧 王乐乐 李新春 汪晶晶 阚海波 王道根 姚 卫 杨 阳 尤文彬
5	分离集成关键技术开发及在精细化工中的应用	南京师范大学 江苏隆昌化工有限公司 江苏五洋碳氢科技有限公司 东营市康地化工有限责任公司 江苏沿江化工资源开发研究院有限公司	顾正桂 余道才 孔维立 陈国玉 林 军 刘俊华 詹其伟 佘卫民 王春梅 苏 复 张剑宇
6	高质量复杂铝合金构件精密压铸关键技术与应用	雄邦压铸（南通）有限公司 东南大学 华南理工大学	王俊有 潘 冶 赵海东 高军民 陆 韬 李史华
7	基于绿色建筑电梯平衡产品的关键制备技术及应用	江苏兴华胶带股份有限公司 华东理工大学 江苏理工学院	魏 伟 王庚超 杨银忠 毛 亮 吴夕虎 张 玲 张锁荣 侯彩霞 宋 伟 陈国炎 周 健
8	自组装纳米银长效抗菌功能纺织品开发与产业化	苏州大学 南通大学 泉州迈特富纺织科技有限公司 江苏斯得福纺织股份有限公司 张家港耐尔纳米科技有限公司	陈宇岳 徐思峻 张德锁 林 红 崔建伟 柯永辉 张 华 张 峰 颜永恩
9	400 英尺自升式钻井平台关键技术研发及工程应用	招商局重工（江苏）有限公司 中海油田服务股份有限公司	姚汝林 齐美胜 王崔军 曹树杰 王冬石 孙学荣 梅先志 郑和辉 周松民 冯 明 朱小华
10	精密复杂模具五轴联动龙门加工中心研发及产业化	南通国盛智能科技集团股份有限公司 南通大学	潘卫国 袁 江 任 东 杨玉萍 崔德友 陈锦杰 陈正源 高志来 陶 涛

续表

序　号	项目名称	完成单位	完成人员
11	汽车零部件高效精密加工中心、智能制造单元关键技术及产业化	中航航空高科技股份有限公司 南京理工大学 上汽通用汽车有限公司	吴晓峰　周　韬　袁军堂 甘　青　黄晓华　张　军 俞　晖　张应淳　汪振华 汪惠芬　袁琼擘
12	往复弯曲高精度智能圆度矫正关键技术与装备	南通超力卷板机制造有限公司 燕山大学	赵非平　赵　军　李森林 于高潮　唐子钦　熊晓燕 秦　雪　赵长财　高学海
13	中高压铝电解电容器柔性自动组立关键技术及成套装备	南通大学 南通海立电子有限公司 南通江海电容器股份有限公司	邱自学　邵建新　姚兴田 郑天池　陆　观　顾义明 毛　建　赵建保　潘　翔
14	出口蔬菜加工保鲜提质增效关键技术与装备创制及应用	江苏省农业科学院 南京农业大学 江苏沿江地区农业科学研究所 江苏嘉安食品有限公司 江苏中宝食品有限公司	宋江峰　刘春泉　郁志芳 李大婧　唐明霞　徐保国 肖亚冬　吴　刚　袁春新 邱卫池　崔　莉
15	桑园农药安全应用技术的创新与推广应用	江苏科技大学 中国农业科学院蚕业研究所 东台市蚕桑技术指导管理中心 海安市蚕桑技术推广站 如皋市蚕桑技术指导站 江苏生久农化有限公司	吴福安　盛　晟　王　俊 陶士强　张　健　周建群 黄俊明　钱小兰　许　晏 马佳慧
16	靶向神经炎症治疗慢性疼痛的疗效和机制研究	南通大学	高永静　张志军　赵林霞 陆　颖　姜保春　曹德利 吴小波　朱鸣镝　钱　斌
17	脑铁异常增高在神经退行性疾病发生发展中的机理研究	南通大学 香港中文大学 香港理工大学	钱忠明　柯　亚
18	泄浊化瘀调益脾肾法治疗痛风的研究及临床应用	南通良春中医医院有限公司 南通市良春中医药研究所 南通市中医院	朱婉华　蒋　恬　顾冬梅 蒋　熙　张爱红　吴　坚 江汉荣　朱胜华　马璇卿 彭江云　何东仪
19	周围神经轴突再生的调控机制	南通大学	于　彬　刘　梅　姚　淳 陈　罡　周松林　朱　慧 顾晓松

【高新技术产业】　2019年，南通市高新技术产业产值占规模工业比重40.29%。完善“企业创新有投入、政府税收就减免”普惠性激励机制，落实企业科技税收优惠32.09亿元，比上年增长32%。其中，研发费用加计扣除额14.75亿元，比上年增长82.73%；高新技术企业所得税优惠额17.34亿元，比上年增长7.21%。

2019年，南通市新认定高新技术企业700家，累计1706家。新增省技术先进型服务企业3家，累计11家。新增省级民营科技企业440家，累计1356家。

2019 年南通市高新技术企业和民营科技企业情况一览表

单位：家

序　号	地　区	高新技术企业		民营科技企业
		新认定数	总数	
全　市		700	1706	14258
1	海安市	112	269	2257
2	通州区	113	262	1826
3	如皋市	87	221	1862
4	海门市	85	191	1258
5	开发区	61	177	295
6	如东县	61	167	2346
7	启东市	64	161	1652
8	港闸区	57	144	1584
9	崇川区	60	114	1178

注：按高新技术企业总数排序。

2019 年，南通市智能装备产业产值 752.5 亿元，增幅 5.2%，累计占规模以上工业产值比重 9.2%。全年新开工重大项目 188 项，总投入资金 796 亿元。新增鹏飞集团、尚飞科技、中菱科技、金晟元特种阀门 4 家上市企业，新认定智能装备高企 268 家；跃通数控和南通振康分别牵头和参与 1 项国家“智能机器人专项”（全国 49 项），新增 1 家国家级支撑机器人等重点领域创新成果产业化的公共服务平台。

【创新平台与载体】 2019 年，南通市实施企业研发机构高质量提升工程，江苏联发集团获批省级院士企业研究院；招商局重工、天楹环保、通富微电获批省级企业重点实验室，新增数全省排名第一。全市新增省级企业工程技术研究中心 21 家、累计 401 家。推动创客空间、孵化器、加速器、产业园相衔接配套，完善创新创业生态体系，全市累计建有科技企业孵化器 64 家，其中国家级 15 家、省级 32 家。年内新增国际青创园、如东半导体科技创业园 2 家省级科技企业孵化器。全市科技企业孵化器场地总面积 233.2 万平方米，入孵企业 2674 家。参评上一年度省科技企业孵化器绩效评价孵化器 45 家（其中 A 类 4 家）、全部合格。

【农村科技】 2019 年，南通市本级农业科技和社会事业科技经费支出 2125 万元。其中，市级基础科学研究项目 160 项，扶持资金 480 万元；社会民生科技项目 97 项，扶持资金 1245 万元；临床医学中心项目 5 项，扶持资金 400 万元。全年获省以上农业和社会事业科技项目立项 119 项，获扶持资金 4239.41 万元。其中，获国家自然科学基金立项 77 项，获扶持资金 3141.41 万元；获省基础研究计划（自然科技基金）立项 27 项，获扶持资金 398 万元；获省农业科技支撑计划项目立项 12 项，获扶持资金 550 万元；获省社会发展科技支撑立项 3 项，获扶持资金 150 万元。

2019 年，南通国家农业科技园区完成江苏盆景博物馆盆景溯源、流派传承、世界盆景盛会、盆景艺术大师与名家等单元提升改造。星期七农业生态观光园获评国家现代农业示范区和农业部休闲农业与乡村旅游 AAAAA 级景区，获国家级“星创天地”等称号，入围江苏省羊文化特色小镇。金盛生态园乡村旅游区获评省五星级乡村旅游区。孝汉村创成江苏省“一村一品一店”示范村。

2019 年，南通市组织送科技下乡活动 60 场次，发放各类技术资料 14 万余份，组织技术专家 150 人次，举办各类培训 123 场次，培训约 9200 人次，提供科技信息 500 余条。至年底，全市有省级农村科技服务超市分店 11 家、便利店23家，其中优秀店7家；国家级星创天地7家。

【科技合作与交流】 2019 年，全市 37 家科研院所，拥有从业人员 672 人，其中研发人员 507 人，兼职研发人员 247 人，办公研发面积 6.6 万平方米，拥有研发设备原值 2971.3 万元，全年研发投入 6135 万元。

2019 年，南通市梳理企业技术需求 1000 余项，实施产学研合作项目 1010 项，合同金额 2.1 亿元，其中实际发生金额 5 万余元项目 851 项、金额总计 18768 万元。市区受理产学研合作备案项目合同总额 12443.1 万元，当年补助经费 2392.5 万元。政府部门、园区与高校院所共建研发载体和工作机构 51 个，开展 “2019 沪通产学研合作对接大会”“南通·成都高校新一代电子信息技术产学研对接洽谈会”“2019 南通企业东北高校合作对接洽谈会” “西安交通大学·南通市通州区产学研合作对接洽谈会”“南通·上海交通大学产学研合作洽谈会（海门专场）”等重大产学研活动 55 场次。年内，全市新入选省“科技副总”特聘专家 40 人，累计 233 人。

2019 年，南通市围绕产业转型升级、改善民生和推进经济社会发展需要，开展招才引智、国际科技合作交流活动 20 余次。江苏繁华玻璃股份有限公司、龙能科技如皋市有限公司两家企业获国家高端外国专家引进计划立项，引进 5 名外国人才获省引智专项资助，7 家企业获省国际合作项目立项，共争取国家、省科技经费 858 万元。年内，海迪科（南通）光电科技有限公司董事长孙智江获 2019 年度江苏友谊奖。

2019 年，南通市审批通过新注册聘外单位 212家，发放外国人到中国工作许可通知453件，新办外国人到中国工作许可证 548 件，其中 A 类 119 件、B 类 429 件。

2019 年，组织各县市区相关单位参加第十七届中国国际人才交流大会，同时向江苏展厅提供了全市科技创新素材、外国专家人才需求等数十项；组织企业参加国家和省厅组织的中俄、中意、中以等一系列国际科技合作交流活动 10 余次。

【科技人才】 2019 年，飞昂通讯科技南通有限公司白昀团队、南通曙光新能源装备有限公司郭照立团队、启东科赛尔纳米科技有限公司李剑锋团队、百奥赛图江苏基因生物科技有限公司沈月雷团队、江苏京海禽业集团有限公司舒鼎铭团队入选江苏省科技创新类“双创团队”，入选数全省第一。

【科技服务】 2019 年，南通市各类科技服务机构实现营业总收入 518 亿元，列全省第五位；规模以上科技服务机构总数 617 家，列全省第三位；从业人员 54472 人，列全省第五位。全年认定新开工 1 亿元以上数据应用和科技研发型项目（科技服务业）48 个。南通人力宝信息科技、如皋赫程信息技术、江苏美旺网络项目入选市级 10 亿元特色服务业项目。苏州工业园区凌志软件如皋有限公司、链睿信息服务（南通）有限公司、南通纽康数研网络技术有限公司获省科技厅认定为 2019 年度技术先进型服务企业。全市完成技术合同认定登记 1414 份，合同成交总金额 110.31 亿元，比上年增长 127.35%。落实省技术转移奖补经费 193 万元。

2019 年，南通市完善科技金融服务体系，科技金融机构 21 家，市区科技型中小企业库入库企业 873 家，“苏科贷”备选企业库中入库企业 2208 家。创新科技金融服务产品，以“通科贷”“苏科贷”“苏科投”等省、地政策性科技金融产品为抓手，引导金融机构开展“保贷”联动、“投贷”联动、“投保贷”联动等创新型金融产品，满足科技型企业多层次金融需求。全市有地方科技成果风险补偿资金池规模 9636.05 万元，科技贷款额 26.75 亿元，全年市区财政支出费率补贴 2119.63 万元，其中苏科贷放贷规模 9.334 亿元，放贷规模列全省第二位，惠及企业 297 家；通科贷合作银行服务科技型中小微企业 262 家，新增贷款规模为 174173 万元，比上年增长 7.95%，有效缓解科技型中小企业融资难、融资贵的问题。市科技担保服务企业 109 家，担保总额 40667 万元，比上年增长 16.8%；科创投一期在投 14619.35 万元，在投企业 21 家，二期在投 3000 万元，在投企业 2 家，累计提供增值服务 1.5 亿元。

连云港市

Lianyungang City

【概　况】 2019 年，连云港市创新驱动不断提速。深化科技体制机制改革，加快政府科技管理职能转变，充分发挥市场机制的基础作用，形成了以企业为主体、市场为导向、产学研深度融合的科技创新体系，全市创新活力明显增强。高新技术产业产值占规模以上工业比重达 40.5%，研发支出占 GDP 比重突破 2%。强化企业创新主体地位，新增国家级高新技术企业 61 家。获批国家“新药创制”重大专项 27 项，居全国地级市之首。科研载体加快推进，全年获批省工程技术研究中心 5 个、企业技术中心 3 个，院士工作站 1 个。

【科技投入】 出台高新技术企业培育新政策和技术转移奖补细则，企业技术合同登记额 27 亿元，2019 年落实科技减免税总额 20.07 亿元。积极推进科技金融工作，召开银企对接会 2 场，以“苏科贷”业务为抓手，切实解决企业融资难题。现有合作银行 9 家（江苏银行、交通银行、农业银行、建设银行、中国银行、南京银行、苏州银行、华夏银行、浦发银行），全年帮助 58 家企业获得“苏科贷”科技贷款 2.075 亿元。完成省科技厅技术调研工作，邀请新材料、新医药等领域 14 家单位的技术负责人通过座谈交流、填写调查问卷等形式，对企业技术创新情况作了全面梳理。推荐上报的连云港电子口岸信息发展有限公司和中复神鹰碳纤维有限公司进入省科技企业上市培育计划库。联合中国银行连云港分行开发了金融新产品“中银高企贷”，拓展了高新技术企业及省高企培育库企业的融资渠道，进一步缓解融资难、融资贵等问题。为首批 5 家高新技术企业发放贷款 3000 万元。

【科技人才】 坚持深挖细掘，强化科技人才的引进与培养。针对高层次人才难以引进的困境，年初联合市人才办对连云港市 2019 年“双创人才”储备的现状和存在问题进行了分析，并逐一到各县区、企业进行了调研摸排，加大对申报人员的政策宣传和申报材料、答辩材料的辅导力度。经过前期精心准备，2019 年省“双创人才”获批数量实现了较大突破。2019 年，连云港市获批省“双创人才”14 名，“双创博士”9 人，数量为近几年来最多。配合市人才办做好“花果山英才计划”的组织申报工作。今年共申报“花果山英才计划”124 名，立项资助“双创人才”26 名、“双创团队”2 个、“双创博士”63 名。做好 2019 年度国家重点人才推进计划的组织申报工作和数据采集工作。根据市人才办统一安排，赴深圳、苏州、邳州等人才工作先进地区进行学习调研。配合市人才办做好江苏与北京地区“四对接”活动相关工作。组织连云港市 5 名高层次人才参加省委组织部“爱国、奋斗”精神教育专题培训。配合市委宣传部、市科协开展第四届“最美科技工作者”评选活动。

【科技奖励】 2019 年，全市获国家、江苏省科学技术奖 16 项。其中，国家科学技术进步奖二等奖 1 项；江苏省科学技术奖 13 项，其中主持完成项目 8 个、参与完成项目 5 个，一等奖 2 项、二等奖 2 项、三等奖 9 项；省企业技术创新奖 1 项；省青年科技杰出贡献奖 1 项。

2019年连云港市获国家、省级科学技术奖项目情况

序　号	项目名称	主要完成单位	奖励等级	驻市单位排序	颁奖级别
1	防治农作物主要病虫害绿色新农药新制剂的研制及应用	江苏耕耘化学有限公司	科学技术进步奖二等奖	6	国家
2	国家一类新药甲磺酸阿帕替尼的研发和应用	江苏恒瑞医药股份有限公司	一等奖	1	江苏省
3	高效高可靠风力发电机组关键技术及应用	国电联合动力技术（连云港）有限公司	一等奖	2	江苏省
4	微生物液态发酵过程关键参量软测量及其智能测控装备研发	连云港兴菇生物科技有限公司 淮海工学院	二等奖	1、2	江苏省
5	年产千万吨级矿井智能化采煤装备关键技术	淮海工学院	二等奖	3	江苏省
6	基于多相流仿真及仿生技术的吸入给药平台的开发与应用	正大天晴药业集团股份有限公司	三等奖	1	江苏省
7	海洋微生物新型工业酶产业化应用关键技术	江苏省海洋资源开发研究院（连云港） 淮海工学院	三等奖	1、3	江苏省
8	抗耐药菌新药利奈唑胺及注射液的研究和应用	江苏豪森药业集团有限公司	三等奖	1	江苏省
9	沿海地区腐蚀环境下新型耐久预应力桩关键技术研究与工程应用	连云港市建材建机与装饰装修管理处 江苏东浦管桩有限公司 连云港市建筑设计研究院有限责任公司 连云港市澎翼建设科技发展中心	三等奖	1、2、3、5	江苏省
10	连云港妇幼信息体系（LIS-MC）平台在早产防控体系的建设和应用研究	连云港市妇幼保健院	三等奖	1	江苏省
11	数据驱动的城市交通协同指挥控制关键技术及应用	连云港杰瑞电子有限公司 中国船舶重工集团公司第七一六研究所	三等奖	1、4	江苏省
12	深部矿井提升系统全状态健康监测关键技术及应用	淮海工学院	三等奖	4	江苏省
13	分离集成关键技术开发及在精细化工中的应用	江苏五洋碳氢科技有限公司	三等奖	3	江苏省
14	海上波浪补偿关键技术与系列化应用装备	中国船舶重工集团公司第七一六研究所	三等奖	4	江苏省
15	—	江苏豪森药业股份有限公司	企业技术创新奖	1	江苏省
16	—	江苏豪森药业股份有限公司	青年科技杰出贡献奖	1	江苏省

【科技政策】 全市科技创新改革工作以加快贯彻落实“省科技改革30条”“市科技改革29条”为主线，完善科技改革配套政策措施。出台《连云港市推进高新技术企业高质量发展的若干政策》（连政发〔2019〕108号）、《连云港市高新技术企业培育“小升高”行动工作方案（2019—2020年）》（连政办发〔2019〕113号）、《连云港市技术转移资金奖补实施细则（试行）》（连财教〔2019〕73号）、《企业研究开发费用税前加计扣除核查异议项目鉴定工作规程（试行）》。配合发展处起草“市科技改革29条”配套实施细则初稿，明确政策兑现的奖补对象、标准、范围和程序。开展《连云港市科技计划项目管理办法（试行）》《连云港市科技计划项目管理工作规程》的修订工作。做好县区科技部门及重点科研院所科技政策落实情况调研。开展科技政策服务行动，拓宽政策宣传渠道，扩大政策知晓范围。印发《科技创新政策简明手册》3000册，连续推送科技政策60余天，召开各类宣讲会35次，服务全市科技企业1279家次。

【高新技术产业】 2019年，高新技术产业产值实现1100亿元，占规模以上工业产值比重为40.5%。全社会研发投入占GDP比重突破2.0%。科技型企业培育再上台阶。印发了《2019年高企培育工作实施方案》，建立高企培育包保责任制。组织县区主管领导赴盐城学习高企培育先进工作经验，召开高企培育工作动员督查会2场，徐家保市长在督查会上就连云港市高企培育做出重要指示，组织召开海州、东海、赣榆、高新区高企培育现场推进会4场，举办全市高企培育培训会2场，超过700人次参加培训。邀请专家对全部高企申报材料进行了预评，切实提高申报成功率。根据《江苏省推进高新技术企业高质量发展的若干政策》及《江苏省高新技术企业培育“小升高”行动计划方案（2019—2020年）》，研究出台了连云港市的《政策》与《方案》，进一步完善和加强了全市高企培育政策体系。2019年全市申报高新技术企业认定255家，通过141家，高企数较去年净增61家，增长21.4%，超过2017和2018年之和（59家）；159家企业入省高新技术企业培育库，较上年增加109家，增幅218%。上述数据都创历年新高。

【重大成果转化项目】 共组织申报本年度省科技成果转化专项资金项目19项，总投入12.33亿元。经专业评审、现场考察、综合评审、公示，9个项目获批立项，立项数位列苏中、苏北地区首位，远超全省15%的立项率，获批资金位列省辖市第4位，项目数及资金均超过苏北四市总和；获省科技成果转化专项资金9100万元，位列省辖市第4位。立项及经费数均创历史最好成绩，项目涵盖了新材料、生物医药、智能制造等领域，区域创新工作取得新成效。连云港国家高新区、东海省级高新区获省奖励资金1430万元。

【重大成果转化实施】 验收结题省市项目20项，其中省科技成果转化项目7项、市级13项、验收结题。项目累计完成新增投资5.31亿元，实现销售收入40.95亿元，利润8.05亿元，税收2.16亿元。福东正佑、中复神鹰、正大天晴、杰瑞电子4个省科技成果转化项目获批贷款贴息696万元。获批贷款贴息4个项目总投资51999万元，银行贷款9883万元，累计实现销售收入139794万元，利润51947万元，税收12203万元。完成杰瑞科技、苏云等13家企业市成果转化项目验收工作。项目累计完成新增投资1.29亿元，实现销售收入6.49亿元，利润4826万元，税收3800万元。

【产学研对接】 2019年，市科技部门组织开展驻苏高校苏北行活动，征集企业技术需求130余项，组织企业百余家参加现场对接。举办2019首届花果山双创英才节·中科院研究所科技成果对接会，活动征集企业创新需求近200项，发布29家中科院所252项科技成果，会上6个项目集中签约。举办中科院智能制造与信息技术项目专场路演、第七届江苏产学研合作大会、连云港市—南京工业大学产学研专场对接活动暨高校科技资源走进连云港石化产业基地对接交流等重要产学研活动，征集企业技术需求近千项，组织企业与高校院所现场对接，签署合作协议百余项。

邀请41家中科院系统研究所、省内外高校专家到连云港发布成果信息，与企业现场对接。

【平台载体建设】 2019年度获批省级院士工作站1个，获批省级企业工程技术研究中心5个，新认定市级工程技术研究中心41个；完成2019年度省级工程技术研究中心绩效评估工作，全市9家中心评估为优秀省级工程技术研究中心。正大天晴江苏省抗病毒靶向药物研究重点实验室、中复连众江苏省海上风电叶片设计与制造技术重点实验室通过省科技厅验收，分别获批省重点实验室评估验收后补助经费300万元和200万元。

【国际科技合作】 2019年全市新引进外国专家78人，比市政府工作报告重点任务指标超额完成18.18%。推荐外国专家来连云港指导项目，根据连云港市企事业单位申报的需求，连云港科学技术局共推荐德国专家42人，法国专家18人，以色列专家14人，日本专家1人；邀请以色列MATAT专家组织总裁约西·马克一行来访，8家医院就专家引进和派遣人员培训达成合作意向，3家医院签订了合作协议；组织参加国际人才交流大会、外籍人才招聘会及荷兰、挪威等国项目对接会，并与法国ECTI专家咨询协会、俄罗斯俄中学者学生交流协会、加拿大加中专家联盟等签订了合作协议。组织外国专家奖励工作，日出东方控股股份有限公司加拿大籍首席科学家约翰·霍利克获省政府“江苏友谊奖”；加强引智载体建设，上报国家引才引智示范基地2家，新获批第三批省级外国专家工作室7家，新上报第四批7家；召开庆祝新中国成立70周年外国专家座谈会，慰问和致谢为连云港做出贡献的外国专家。

淮安市

Huai’an City

【概　况】 2019年，淮安市科技系统以习近平新时代中国特色社会主义思想和党的十九大精神为统领，紧紧围绕省委、省政府高质量发展的实践要求，坚持抓重点、补短板、创特色，深入实施创新驱动发展战略，科技综合实力显著增强，自主创新能力显著提升。全年共申报国家高新技术企业357家，同比增长75.86%，增幅全省第一；新获批高企209家，增幅56.3%，年度目标完成率全省第一；进入省高企培育库219家，同比增幅544.12%，位列全省第二；科技进步贡献率56.4%，增幅全省第一。一家科技型企业在新三板上市，新建国家级企业研发机构培育点2个，省级企业工程技术研究中心5个，省级企业院士工作站1个，新建市级企业工程技术研究中心48家，全市企业“两站三中心”累计超过1200家，全年新建6家市级众创空间、1家市级科技企业孵化器；获批1家省级众创社区；申报省级众创空间5家。环洪泽湖生态农业乡村振兴星创天地、苏食院金福瓜蒌星创天地获批省级星创天地。市科技局荣获2019年度全市高质量发展综合考核一等奖。

【市科技政策兑现暨宣讲会召开】 1月11日，淮安市科技政策兑现暨宣讲会在淮安市智慧谷成功召开。各县区、园区科技管理部门主要负责人、科技统计工作分管负责人，各驻淮高校院所、引进研发机构、重点科技服务机构分管负责人，部分大中型工业企业和规上高新技术企业技术负责人，市纪委监委、市财政局、市统计局、市人才办分管领导及相关处室负责人和市科技局有关人员等350余人参加了此次会议。全市累计兑现各类科技政策奖励资金达5.98亿元。

【科技政策宣讲“县区行”活动拉开帷幕】 自3月6日起，淮安市科技局先后组织宣讲10余场次，重点宣讲市委市政府《关于深化科技体制机制改革推动高质量发展的实施意见》、高新技术企业培育申报、高新技术企业所得税减免、研发投入加计扣除、大型科研仪器开放共享等政策，惠及科技型企业1000家以上，科研院所、服务机构及相关部门基本实现全覆盖。

【苏北地区企业研发机构创新资源对接会成功召开】 11月29日，江苏省科技厅在淮安市技术产权交易市场组织开展苏北地区企业研发机构创新资源对接会。由江苏省科技厅主办，淮安市科学技术局、江苏省产业技术研究院、江苏省企业研发机构促进会、江苏省部属科研院所联合会、江苏省跨国技术转移中心、江苏省技术产权交易市场、淮安市技术产权交易市场等单位承办。

【科技扶贫】 开展科技“四位一体”精准助力“阳光扶贫”专项行动，选派的14个科技帮扶团队已经为结对帮扶村引入新品种、新技术11个（项），打造特色农业科技示范基地7个，开发精品红色研学路线2条，培育高附加值农产品品牌4个，精准带动150余户低收入农户脱贫，促进12个经济薄弱村实现集体经济增收，累计带动新增产值上千万元，市委主要领导对该行动实施成效作了专题批示。新华日报社专版刊登《创新模式，淮安市科技扶贫更精更准》，淮安日报社全面深层次地报道了此次专项行动的全过程，还被“学习强国”平台采纳，作为重点进行宣传和推广。

【科技活动】 为进一步推进淮安市全要素的协同创新、加快科技成果转化，促进发挥科技创业、创新服务促进成果转化的重要作用，把高校、企业等各方力量有机联结起来，7月5日下午，市科技局围绕加强成果转化、推动协同创新的主题，组织开展科技成果转移转化专家大讲堂。该大讲堂邀请了上海技术转移中心、上海交通大学、上海大学等的专家进行授课，各县区（园区）科技局（经发局）分管负责人及科室负责人、驻淮高校院所科技处负责人、引进研发机构负责人、高新技术企业负责人及市首批科技专员代表等150余人参加了此次活动。

【科技成果】 2019年，淮安市获省科技成果转化专项资金立项1项，获省资助经费1200万元；市级成果转化项目立项10项，安排财政经费840万元。全市获省科学技术奖5项，其中“植入类医用材料的成形及表面功能化关键技术集成应用”“食管癌放疗应用基础研究与诊疗新技术”项目获省科学技术二等奖，“基于龙芯和自主协议的通用物联网系统及行业应用”“木质纤维素类生物质定向三品联产综合利用关键技术及应用”“智能视光材料关键技术创新及其推广应用”3个项目获省科学技术三等奖。

【科技奖励】 2019年，市科技局依据《加快国家创新型城市创建的若干政策》《淮安市聚力产业科技创新建设国家创新型城市若干政策措施》等文件规定，全年落实科技税收政策为企业减免所得税8.52亿元，同比增长53.5%；市级财政全年共兑现各种科技政策奖补资金4708万元；帮助企业向上争取国家、省级财政资金8061万元。

【双创载体】 2019年新备案国家级众创空间1家、省级众创空间3家、市级众创空间6家、市级科技企业孵化器1家，新获批省级众创社区1家。截至目前，淮安市建有国家级科技企业孵化器2家，省级科技企业孵化器12家、市级科技企业孵化器3家，国家级众创空间2家、省级众创空间10家、市级众创空间33家，国家级大学科技园1家，省级众创社区2家，省级众创集聚区1家。2019年3家新备案省级众创空间每家获得奖补资金20万元，共计60万元。

【科技人才】 2019年，淮安市加强科技人才培育和引进，全面落实“淮上英才计划”，大力实施人才强企工程，入选国家重点人才计划2人，入选省“双创”团队1个、省“双创”人才9人、省“双创”博士11人、省“科技副总”78人，获批国家级外国高端人才项目1项，实现该项目零的突破，1名外国专家获得省政府“江苏友谊奖”表彰。

盐城市

Yancheng City

【概　况】 2019年，盐城市全年申报高企800家，获批高企494家，通过率61.75%，列苏北苏中第二位，其中净增高企279家，新增数列全省第六位、苏北苏中第二位，总数达1177家，成为苏北首个高企总数超1000家的设区市。建立市高企培育库，入库企业827家，542家企业进入省高企培育库。

制定上海科创成果转化基地建设三年行动方案，建立上海高校盐城籍知名专家教授名册，推进盐城与普陀、嘉兴三地众创空间联盟战略合作。20多家科技型企业入驻盐城（上海）国际科创中心。全市共签约和实施政产学研合作项目1165项。新获批省"科技副总"140名，列全省第二位。

高新区创新能力建设加强，盐城高新区在全省50个省级以上高新区综合评价中排名第15位，比上年前移4位，在苏北12家省级以上高新区中列首位，盐南高新区、盐城环保高新区在苏北7家省级高新区中分别列第一位、第二位，4个省级以上高新区获省奖励资金2290万元。加强科技企业孵化器建设，出台《全市园区科技企业孵化器建设与发展的意见》《盐城市科技企业孵化器认定和考核办法》，制订孵化器建设标准，指导省级以上开发区编制了孵化器建设方案，协助盐南高新区与励诚科创集团成功签约励行空间离岸科技孵化器合作项目，目前孵化器已建成并正式投入运营，准独角兽企业"画你文创"、教育科创技术型企业"钛科圈"等一批科创企业入驻孵化。推进农业科技园区建设，滨海、阜宁、射阳、建湖、亭湖成功创建省现代农业科技园，园区总数全省第一，实现县（市、区）农业科技园区全覆盖；加强研发机构建设，清华大学盐城智能控制装备联合研究院正式落户盐城高新区，是清华大学在苏北苏中建设的第一家派出研究院；盐城工学院开放实验室成为全省首批建设的3家开放实验室之一；中科院盐城高通量计算研究院成为省产研院下属研究所；南京大学盐城环保技术与工程研究院获批省科技公共服务平台，得到省800万元资金支持；全市新增省级企业工程技术研究中心15家。

"6.X-8 MW超大型直驱永磁海上智能化风机研发及产业化"获批省科技成果转化项目。组织苏北科技专项立项69项，立项数、资金数均列苏北第一。获批省农业科技型企业25家，列全省第四、苏北第一；东台西甜瓜产业获批省农业产业技术创新战略联盟；响水获批省农村科技服务超市设施蔬菜产业分店1家、便利店2家，实现全市农村科技服务超市全覆盖。解决科技型中小企业融资难融资贵问题，共向311家企业发放"苏科贷"资金8.81亿元，累计发放金额达63.17亿元，列全省第二位。落实市聚力创新十条政策，共向710个项目发放奖励资金1.1亿元。加大研发费用加计扣除等科技税收优惠政策的宣传和落实，鼓励企业进一步加大研发投入，2019年全社会研发经费投入占GDP比重达2.3%。举办第六届市科技创业大赛，并推荐优秀项目参加省科技创业大赛，1个项目首次获得省赛一等奖。积极组织申报各类国际合作和外国专家引进项目，英国尼古拉·简·萨瑟兰女士获2019年度江苏友谊奖。

【科技计划项目】 2019年，盐城市共获得105个省级科技计划项目，共获得国家、省财政资金6832.17万元。其中组织苏北科技专项先导性项目立项69项，共获得省财政资金2699万元，立项数、资金数均列苏北第一。7个项目获省重点研发计划（产业前瞻和共性关键技术）立项，获得省财政资金660万元。江苏金风科技有限公司"6.X-8MW超大型直驱永磁海上智能化风机研发及产业化"项目获批省科技成果转化项目，争取资金1500万元。市科技局根据《关于推进聚力创新的十条政策意见》及《推进聚力创新十条政策意见实施细则（试行）》，共兑现2018年度聚力创新项目710项，奖励资金达1.1亿元。

【高新技术产业】 高新技术企业。市政府召开高企培育工作推进会，工作着力点从组织申报转向抓实培育。建立市高企培育库，入库企业827家，542家企业进入省高企培育库。全年申报高企800家，获批高企494家，通过率61.75%，列苏北苏中第二位，高于全省平均水平，其中净增高企279家，新增数列全省第六位、苏北苏中第二位，总数达1177家，成为苏北首个高企总数超1000家的设区市。

孵化器孵育。组织省级以上科技企业孵化器、大学科技园核定工作，30家通过核定。盐城师范学院大学科技园通过省级大学科技园验收，正式获批。市政府制定出台《全市园区科技企业孵化器建设与发展的意见》，明确了园区孵化器建设的主要目标、重点任务、支持政策和推进措施。组织省级以上孵化器参加全省科技企业孵化器绩效评价，3家获得A类，23家获得B类，获得了省奖补资金360万元。推荐盐城大学科技园申报国家大学科技园。

众创空间。与上海普陀区、浙江嘉兴市签订众创空间合作协议。TIC众创空间、盛州开牛众创空间获批省级众创空间，盐城第一创客众创空间、灌河创客争创国家级众创空间，已经科技部公示。举办项目路演、创新创业沙龙、创业训练营等活动500多场。

高新技术产业基地。推荐大丰区东方1号申报国家科技与文化融合示范基地。盐城高新区智能终端特色产业基地、射阳县磁粉探伤设备特色产业基地争创国家火炬特色产业基地，目前已完成现场答辩环节。

【科技金融】 “苏科贷”拓宽合作机构，与浦发银行签订合作协议。全年共向290家企业发放“苏科贷”8.81亿元，累计发放“苏科贷”63.17亿元，全省第二。10月份与中国银行合作推出科技金融新产品“中银高企贷”，召开产品金融服务直通车启动仪式，11家民营高企与盐城中行现场签订了合作协议。摸排科创板上市培育企业20家，盐城宝鼎电动工具有限公司等2家企业纳入省科技企业上市培育计划。

【科技交流与合作】 2019年，市科技局组织企业、科研院所、科技部门参加第五届江苏跨国技术转移大会、第四届丝绸之路博览会、第二届国际进口商品交易会、外籍人才招聘会等各类国家、省级国际科技交流活动10余场。4月，组团参加第17届深圳国际人才交流大会，组织40多家参会单位向大会提交了60多项外国专家需求。大丰区、盐都区设立专场展位并举办了3场引智推介活动，达成合作意向27项。

申报国际合作和外国专家引进项目，获批国家高端人才项目2个，省引进外国人才7个、国际科技合作项目1个，获252万元资金支持；江苏中海华核环保有限公司等5家单位获批第四批“江苏省外国专家工作室”；英国尼古拉·简·萨瑟兰女士为盐城市申报世界自然遗产项目做出杰出贡献，荣获2019年度江苏友谊奖。

外国专家引进，与德国SES、以色列MATAT、法国ECTI等外国专家组织联系，聘请4位外国专家来盐为市第一人民医院、阜宁县人民医院、盐城协和医院等单位进行技术指导，开展手术示范、业务讲座、论坛研讨等活动。盐城工学院国际技术转移中心2019年共引进高层次专家13人，其中，亚非杰出青年科学家4人，来自“一带一路”沿线国家的外籍学者7名；邀请国外专家教授30多人来盐开展技术交流活动，签订国际技术转移协议20多项，与5个国外高校签订共建跨国技术转移中心协议。

【科技活动】 产学研活动。采取企业对接、科技小分队对接、举办活动集中对接等多种形式，推进产学研合作，全市共签约和实施合作项目1165项。一是组织参加驻苏高校院所苏北五市产学研合作对接活动，各县（市、区）、省级以上高新区科技部门负责人和112家企业共160多人参加，达成合作意向项目共106

项。二是组织参加第七届中国江苏产学研合作大会，县（市、区）、省级以上高新区科技部门负责人和有关园区、重点企业负责人 180 人参加。经现场洽谈，向省科技厅报备合作项目 148 项，列全省第三，同时组织专家开展苏北行活动。

接轨上海。推进普陀、盐城、嘉兴三地众创空间联盟战略合作，成立普嘉盐科技企业服务联盟。举办各类签约活动。2019 年共签订产学研合作项目 219 项，举办 2019 盐城—上海高校院所合作恳谈会，集中签约合作项目 50 项；11 月 15 日在上海成功举办 2019 年盐城—上海科创合作对接会，筛选了 61 个签约项目集中签约，其中 11 个项目在人才峰会上签约，50 个项目在盐城—上海科创合作对接会上签约。

科技副总认定。开展 2019 年度市“科技副总”申报，认定 105 名市“科技副总”。组织 2019 年企业和科技人才申报省“科技副总”，140 名获得认定，认定数全省第二。组织申报 2019 年省产学研合作项目，54 个项目获得立项，立项数全省第一。

深入贯彻落实《关于推进聚力创新的十条政策意见》（盐政发〔2017〕28 号）等相关文件精神，保障奖补资金落实到位。大力支持产学研合作，2019 年向大市区 60 个产学研合作项目发放奖励资金 358.05 万元。积极推进科技副总引进培养工作，向大市区获批 2018 年省、市“科技副总”的 107 个项目发放奖励资金 535 万元。加强研发机构建设，向大市区获批 2018 年省级以上研发机构的 18 个项目发放奖励资金 680 万元，向大市区获得考核优秀市级研发机构的 11 个项目发放奖励资金 110 万元。支持高校院所在盐城设立技术转移机构，向盐城工学院、盐城师范学院及盐城工业职业技术学院分别发放高校院所年技术交易额达标奖励 30 万元、30 万元、19.99 万元。

【科技成果转化】 2019 年，全市成果转化工作稳步推进。江苏金风科技有限公司承担的“6.X-8MW 超大型直驱永磁海上智能化风机研发及产业化”项目获省重大科技成果转化专项资金立项，争取省科技经费 1500 万元。江苏金风科技有限公司承担的“大功率直驱永磁系列海上风电机组关键技术研究及应用”项目获得省科学技术二等奖，盐城工学院承担的“工业废渣协同制备节能墙材的关键技术与产业化开发”项目和中建材环保研究院（江苏）有限公司和“玻璃窑烟气多污染物深度治理及余热利用耦合技术及应用”项目获得省科学技术三等奖。技术交易市场建设持续推进，完成技术产权交易市场盐城分中心第三方运营方案，制定了《盐城市技术转移奖补办法（试行）》。对 2016 年建设的 155 个市工程技术中心进行了绩效考评，共收到 121 份考评材料，33 个被评定为优秀。

【农村科技】 2019 年，全市获省农业重点研发计划立项 3 项 280 万元。组织富民强县项目 106 项，经委托省农村科技服务中心组织专家评审、公示，共立项 69 项（其中科技帮扶 8 项），项目资金 2699 万元；后补助项目 24 项，资金 192 万元，合计 2891 万元，立项数、资金数均列苏北 5 市第一位。响水县申报创建国家农业科技园区获省厅推荐；滨海、阜宁、建湖、射阳、亭湖 5 县（区）成功获批建设省级农业科技园，实现全市省级农业科技园全覆盖，当年获批数、全市园区总数均列全省首位。响水农村科技服务超市获批新建，实现全市全覆盖。13 家企业被认定为省农业科技型企业，位列全省第四、苏北首位；认定市级农业科技型企业 27 家。获批省级农业产业技术创新联盟 1 家、省星创天地 3 家。

【科技管理】 全市有 1053 个企业、团队项目报名参加第六届盐城市科技创业大赛，报名数位列全省第一。39 个项目参加第七届“创业江苏”科技创业大赛，获得一、二、三等奖各 1 个，获奖数并列全省第四位、苏北第一位，江苏恒隆通新材料公司荣获省初创企业组第一名，实现盐城市省科技创业大赛一等奖“零”的突破。8 个项目被省推荐参加第八届中国创新创业大赛，获得优秀奖 5 个。获得国家财政奖励资金 150 万元。

扬州市

Yangzhou City

【概　况】 2019年，扬州市紧扣高质量发展要求，践行创新发展理念，聚焦扬州“三个名城”，特别是新兴科创名城建设这个重振城市辉煌的主航道，主动作为，持续发力，全市各项科技创新工作均取得新进展。新兴科创名城建设开局良好，国家小微企业创业创新基地城市示范建设工作获得同批次（第二批）15个城市绩效评价第1名，国家农业科技园区以同批次82个园区综合得分第1名通过验收。沈飞协同创新研究院、中航机载系统共性技术中心、清华化工新材料研究院、北大科技园等一批重大科创项目先后落地，市政府与扬州大学达成“1+1+3”的新一轮市校合作协议，推动中科院扬州中心、清华MEMS研究院实体化运作，单年总规模达5亿元的实验室专项资金项目启动首批申报认定工作。全市科技进步贡献率达64.2%，同比增长1.2个百分点，追平全省水平；高新技术产业投资增幅近30%，带动高新技术产业产值占规上工业产值比重提升至47.2%，同比增长1个百分点；高新技术企业数达1272家，同比增长26.7%；技术合同登记交易额超16亿元，增幅超30%；新增省级以上“两站三中心”58家，推动806家企业通过国家科技型中小企业评价；新创成国家级孵化器3个、省级孵化器和众创空间15个，新建成科技产业综合体118万平方米、新投入使用98万平方米，新入驻企业1209家，新吸纳人才1万人，累计建成592万平方米、投入使用449万平方米，累计入驻企业4400余家，吸纳创业就业人才5.5万人，年销售收入超180亿元，入库税收超8亿元。首次实现工业和农业重点科技研发项目省内双冠，省产业前瞻与关键共性技术重点研发计划竞争性项目和省现代农业重点研发计划项目立项数均居全省第一。扬州高新区综合排名高居苏中苏北第一，全市共有21个项目获得江苏省科学技术奖。成功承办全国科技成果直通车、全国科普微视频大赛优秀作品展演及颁奖活动、中国创新挑战赛、省“一带一路”创新合作与技术对接交流会等品牌创新活动。

【新兴科创名城建设】 2019年，围绕完善工作推进机制、高新技术企业和战略新兴产业培育、创新载体建设、高层次人才引进、创新创业环境打造等重点任务，攻坚克难，新兴科创名城建设工作取得了新进展。成立了以市委书记、市长任组长的新兴科创名城建设领导小组，形成了上下协同、部门联动的推进机制。组织开展高层次、多维度的调研，出台了2019年新兴科创名城建设方案，组织开展了2019年度新兴科创名城建设先进集体、个人评选活动，评出新兴科创名城建设先进集体50家、先进个人100名、十大标兵。组织高新技术企业培育“小升高”行动，出台了《扬州市推进高新技术企业高质量发展实施方案（2019—2020年）》。鼓励企业加大研发投入、建设研发平台，培育企业重点实验室和省级以上“三站三中心”，力争实现大中型工业企业和规上高企研发机构全覆盖。2019年，全市净增高企数268家，国家高新技术企业总数达1272家，提前实现“十三五”目标，累计112家企业进入省科技企业上市培育计划库、1043家企业进入省高新技术企业培育库。实施产业核心技术攻关、重大科技成果转化“双百”项目工程，其中14个项目入选省重点研发计划，居全省第一。更大力度建设科技产业综合体这个“竖起来的科技产业园”，在“建、管、用”上同步发力，连续第三年出台科技产业综合体建设运营考核办法，着力培育研发设计、总部办公、科技服务等城区经济的集群。2019年，新认定科技产业综合体7个，累计达43个，科技产业综合体新开工、建成面积分别达112万平方米、75.6万平方米，累计开工、建成面积分别达750万、550万平方米，新入驻企业1209家、创新创业人才1万人，累计入驻企业超4000家、人才超5万人。设立每年5亿元的实验室专项资金，抢抓国家、省优化实验室布局和建设技术创新中心的机遇，推进高水平实验室建设。成功引进沈飞协同创新研究院、中航机载系统共性技术中心、清华化工新材料研究院等一批重大科创项目，发挥龙头骨干企业创新引领作用，加快推进扬力先进成形技术与智能装备实验室、邗江生物医药创新实验中心、荣德光伏实验室等企业重点实验室建设。依托驻扬高校、企业的科研优势，推动现有重点实验室提档升级，组织亚威机床成功获批省级重点实验室，组织扬大创建省大型仪器设备开放实验室，扬杰、扬力和亚普申创省级企业重点实验室。坚持“引进来”与“走出去”并重，统筹国际与国内资源，打造面向全球的科技创新合作体系。深化国际科技合作，与以色列SE孵化器联合共建离岸孵化器。联合江苏省跨国技术转移中心，成功举办了江苏“一带一路”创新合作与技术转移联盟服务企业扬州行对接交流活动，吸引了俄罗斯、乌克兰、匈牙利、以色列、韩国等“一带一路”沿线7个国家15个机构代表29个国外项目参会。2019年，新批国家级引智项目12项。深化与国内名校名院名所合作，积极推进中科院扬州中心实体化运行，结合全市相关产业，协同合作突破产业关键共性技术。推进沈飞协同创新研究院建设，推动中航研究生院、超算中心落地，培育发展航空产业。

【高新技术产业】 2019年，扬州市净增国家高新技术企业268家，806家企业通过国家科技型中小企业评价。全市高新技术产业产值占规模以上工业产值比重达47.2%左右。扬州市注重围绕产业链部署创新链，聚焦“323+1”的先进制造业发展体系，实施产业核心技术攻关、重大科技成果转化“双百”项目工程；亚威股份“钣金制造机器人自动化生产线集成系统”项目入选国家重点研发计划智能机器人重点专项；全市获批省重大科技成果转化项目8项，居全省第四；宝胜科创入选2019《财富》中国500强，东升汽车零部件等3家企业获批国家级首批专精特新“小巨人”企业，亚威智云获批省行业级工业互联网重点培育平台，147个项目列入省企业重点技术创新导向计划。另外，扬州市还注重围绕创新链培育产业链，招引一批优质创新型企业。突出补链强链扩链，聚焦智能制造、通用航空、工业软件、生物医药等领域，加快引进一批技术先进、成长性好的高新技术企业，同时聚焦技术研发、应用集成等环节，招引集聚一批掌握“黑科技”“硬科技”的研发型企业和技术先进型服务企业。2019年，引进拥有百名以上本科人员的科创企业超40家。

【重大科技成果转化项目】 围绕产业链加快部署创新链，针对制约产业发展的关键共性技术和前瞻性技术，深入实施重大科技项目“双百”工程，共组织企业实施121项产业关键共性技术研发和118项重大科技成果转化，其中14项获批省产业前瞻与共性关键技术项目、8项获批省重大科技成果转化资金。

2019年度扬州市获省重大科技成果转化专项立项项目一览

序号	项目名称	承担单位	属地	产学研合作单位
1	国家级新品种“邵伯鸡”高效扩繁技术研发及产业化	扬州翔龙禽业发展有限公司	江都	江苏省家禽科学研究所
2	900V耐压GaN基垂直结构功率器件研发及产业化	扬州扬杰电子科技股份有限公司	邗江	北京大学
3	基于多连杆和伺服气垫的重型高效智能化高强钢冲压线研发及产业化	扬州锻压机床股份有限公司	邗江	南京理工大学
4	智能电网用安全环保模块化配电成套设备研发及产业化	扬州德云电气设备集团有限公司	扬州高新区	扬州大学

续表

序　号	项目名称	承担单位	属　地	产学研合作单位
5	面向国六排放应用的汽车油箱连接锁紧卡盘精密冲压技术研发及产业化	江苏舒尔驰精密金属成形有限公司	扬州高新区	湖南大学
6	环境友好型126kV大容量单断口真空断路器研发及产业化	中航宝胜电气股份有限公司	宝应	西安交通大学
7	基于倒金字塔微纳陷光结构的高纯多晶黑硅片的研发与产业化	江苏康博新材料科技有限公司	高邮	南京航空航天大学
8	高效率大角度精准3D人脸识别光引擎用核心组件研发及产业化	江苏星浪光学仪器有限公司	高邮	中科院上海光学精密机械研究所

【产学研合作】 2019年，大力推进“科教合作新长征”和“科技产业合作远征计划”，围绕科技产业综合体和实验室招商，积极开展多层次、多形式的招商活动。成功举办（承办）了“2019中国·扬州科技成果展示洽谈会——人工智能专场”“国家科技成果直通车(扬州站)”等大型活动。组织参加了“2019名城扬州携手世界名企暨对接上海产业转移”合作恳谈会、江苏省第七届产学研合作大会、“深耕京城、智聚扬州”（北京）拜访恳谈活动等活动。全市累计组织千余家企业与大院大所开展产学研对接，共促成产学研合作项目550项，284项科技副总项目成功立项,沈飞协同创新研究院、中航机载系统共性技术中心成功落地，清华化工新材料研究院等重大科创项目落户扬州市。

【科技创新园区和载体建设】 科技创新园区争先进位、梯次发展。2019年7月26日，江苏省科技厅发布《关于2018年度全省高新技术产业开发区创新驱动发展综合评价情况的通报》（苏科新发〔2019〕193号），扬州高新区由12位上升至11位，杭集高新区由47位上升至42位。9月11日，江苏省科技厅联合江苏省财政厅发布《关于下达2019年全省高新技术产业开发区奖励资金的通知》（苏财教〔2019〕108号），扬州高新区由于实施创新驱动发展战略、推进自主创新和发展高新技术产业成效明显被江苏省政府办公厅通报表扬，在1000万元安排标准基础上再增加奖励资金100万元，对杭集高新区和高邮高新区分别奖励430万元。江都高新区和宝应安宜高新区规划已编制。11月8日，科技部公布国家农业科技园区第七批验收结果，认定全国77个农业科技园区通过验收，其中，扬州国家农业科技园区验收考评排名第一。全市国家特色产业基地有10个，省级科技产业园为15家。

创新创业载体加快建设、提质增效。2019年，扬州市共规划建设43个科技产业综合体，累计开工784万平方米，累计建成592万平方米，累计投入使用449万平方米，投入使用率达75.8%。共集聚各类企业4400余家，成功培育国家高新技术企业135家，入驻企业年销售收入超过180亿元，年入库税收超过8亿元。累计吸纳各类创新、创业、就业人才5.5万人，其中本科以上人才3.4万人，博士人才480人，市级以上人才计划资助人才285人。2019年，扬州市新增国家级孵化器3个，位列全省第3位；新增省级孵化器5个，位列全省第4位，省级以上孵化器总数提升至30个（其中国家级10个）；新增省级众创空间10个，省级以上众创空间总数提升至56个(其中国家级12个)。扬州在科技载体建设方面的成效也得到了省政府的肯定，2019年6月27日，江苏省政府办公厅印发了《关于对2018年落实有关重大政策措施真抓实干成效明显地方予以督查激励的通报》（苏政办发〔2019〕61号），扬州市因科技企业孵化器运行成效明显且地方财政给予资金安排受到表彰激励。

扬州市国家特色产业基地情况

序 号	基地名称
1	国家火炬计划邗江数控金属板材加工设备特色产业基地
2	国家火炬计划扬州汽车及零部件产业基地
3	国家火炬计划扬州绿色新能源产业基地
4	扬州国家半导体照明高新技术产业化基地
5	国家火炬计划扬州智能电网特色产业基地
6	国家火炬计划江都建材机械装备特色产业基地
7	国家火炬邗江硫资源利用装备特色产业基地
8	国家火炬高邮特种电缆特色产业基地
9	国家火炬扬州高邮智能健康装备特色产业基地
10	国家火炬扬州高邮智慧照明特色产业基地

扬州市省级科技产业园情况

序 号	园区名称	属 地
1	江苏省宝应输变电设备科技产业园	宝应
2	江苏省高邮绿色照明科技产业园	高邮
3	江苏省高邮特种电缆科技产业园	高邮
4	江苏省高邮智能健康装备科技产业园	高邮
5	江苏省仪征汽车及零部件科技产业园	仪征
6	江苏省江都建材装备科技产业园	江都
7	江苏省江都汽车及零部件科技产业园	江都
8	江苏省扬州邗江数控装备科技产业园	邗江
9	江苏省扬州环保科技产业园	邗江
10	江苏省邗江新能源汽车及车控电子科技产业园	邗江
11	江苏省扬州生物医药科技产业园	邗江
12	江苏省邗江文化科技产业园	邗江
13	江苏省扬州广陵液压装备科技产业园	广陵
14	江苏省扬州健康医疗科技产业园	广陵
15	江苏省扬州光电科技产业园	经开区

扬州市省级以上科技企业孵化器情况

序号	孵化器名称	级别	地区	地址
1	宝应县高新技术创业中心	省级	宝应	扬州市宝应县宝源路 31 号
2	高邮市科技创业中心	国家级	高邮	扬州市高邮经济开发区洞庭湖路 1 号
3	江苏红旗光电科技创业园	省级	高邮	扬州市高邮市菱塘工业集中区
4	扬州广陵高新技术创业服务中心	国家级	广陵	扬州市广陵区广陵新城信息大道 1 号江苏信息服务产业基地（扬州）内
5	江苏扬州广陵经济开发区高新技术创业服务中心	国家级	广陵	扬州市广陵经济开发区创业路 20 号
6	扬州市广陵区曲江高层次人才创业服务中心	省级	广陵	扬州市广陵区创业路 20 号科创园 C3 幢
7	扬州市邗江区高新技术创业服务中心	国家级	邗江	扬州市开发西路 217 号
8	扬州市维扬区高新技术创业服务中心	省级	邗江	扬州市平山路 123 号
9	扬州环保科技创业园	国家级	邗江	扬州市邗江区杨庙镇赵庄村
10	扬州邗江经济开发区智谷创业园	省级	邗江（高新区）	扬州市扬州高新区祥云路
11	扬州大学大学科技园	国家级	邗江（高新区）	扬州市开发西路 217 号
12	扬州金荣科技创业园	国家级	邗江（高新区）	扬州市吉安南路 158 号
13	扬州市江都区高新技术创业服务中心	省级	江都	扬州市江都区大桥镇工业园区
14	扬州（江都）软件园	省级	江都	扬州市江都区沿江开发区白沙中路 1 号科技大厦
15	扬州高新技术创业服务中心	国家级	经开区	扬州市邗江中路 119 号 / 扬子江中路 186 号
16	西安交通大学扬州科技创业园	国家级	经开区	扬州市吴州东路 198 号
17	仪征市科技创业园	国家级	仪征	扬州市仪征经济开发区闽泰大道 9 号
18	高邮城南经济新区科技企业孵化器	省级	高邮	扬州市高邮城南经济新区外环路
19	国泰科技创业中心	省级	邗江	扬州市文昌西路 440 号，国泰综合办
20	扬州酷立方创业园	省级	邗江	扬州市邗江区华城科技广场 2 幢 3 楼
21	扬州通安科技创业园	省级	邗江	扬州市邗江区槐泗镇新甘泉东路 58 号
22	扬州菁英汇工业设计孵化器	省级	江都	扬州市江都区仙女镇正谊村汤庄组 1 幢
23	扬州万方科创孵化器	省级	生态科技新城	扬州市生态科技新城泰安镇自在岛花海路 8 号

续表

序 号	孵化器名称	级 别	地 区	地 址
24	江苏两岸双创科技孵化器	省级	生态科技新城	扬州市杭集镇龙王路4号1
25	扬州软件园马场创业街	省级	生态科技新城	扬州市万福路88号
26	扬州乐业科创园孵化器	省级	仪征	仪征市马集镇工业集中区四号路北侧扬州乐业科创园
27	扬州软通乐业空间	省级	邗江	扬州市邗江区国展路56号业恒生活广场
28	扬州职业大学创新创业孵化器	省级	邗江	扬州市邗江区文昌西路440号国泰大厦
29	扬州创新中心孵化器	省级	广陵	扬州市文昌中路15号江广智慧城东苑2号楼
30	宝应科技创业园	省级	宝应	宝应县经济开发区大寨路

扬州市科技产业综合体情况

序 号	地 区	名 称	地 址
1	宝应县	宝应软件信息产业科技综合体	宝应县工农路76号科技大厦
2		宝应科技创业园	宝应经济开发区北园路1号
3		望直港科技创业园	宝应县望直港镇富港路
4	高邮市	高邮湖西光电科技产业园	高邮市湖西新区
5		高邮市科技产业园	高邮经济开发区凌波路30号
6		通邮电子商务产业园基地	高邮市城南经济新区中央大道通邮电商园
7		中汽中心高邮汽车科创园	高邮市卸甲镇八桥收费站旁
8	仪征市	仪征科技创业园	仪征经济开发区闽泰大道9号
9		大众广场	仪征市汽车工业园荣威大道
10		扬州金山文创科技产业园	仪征市大仪镇扬天路北侧
11		中南高科仪征智慧工业园	扬州中南锦泓产业园发展有限公司
12	江都区	江都软件产业科技综合体	江都区大桥镇白沙中路1号
13		天雨环保节能科技产业园	江都区泰山东路天雨集团大厦
14		扬州市江都区仙城科技产业综合体	江都区文昌东路88号
15		扬州智汇科技产业综合体	江都区大桥镇工业园区
16		金奥中心科技综合体	江都区文昌东路999号
17		扬州四新产业园科技综合体	江都区大桥镇白沙中路1号

续表

序　号	地　区	名　称	地　址
18	邗江区	税友软件园（南方）	邗江区扬天路18号税友软件园
19		金荣扬州科技园（高新区）	邗江区吉安南路158号
20		联创扬州软件园	扬州市祥云路47-1扬州联创
21		甘泉生态科技园	扬州市江阳工业园平山路北侧
22		智能装备科技园	扬州市开发西路217号创业中心
23		通安科技园	邗江区槐泗镇新甘泉东路58号通安科技能源有限公司
24		西湖科技创业园	西湖镇美湖路9号
25		扬州邗江互联网产业园	扬州市邗江区国展路56号
26		国泰大厦	文昌西路440号
27		华城科技广场	文昌西路456号
28		江苏省建集团总部基地	邗江区真州北路1号
29		扬州中集智库	邗江区文昌中路618号
30	广陵区	广陵新城信息产业基地（一、二、三期）	广陵区广陵新城信息大道1号
31		广陵经济开发区科技产业综合体	广陵区创业路20号
32		食品科技园	广陵区鼎兴路89号
33		Y-MSD项目（一期）	扬州市文昌东路沙湾站对面
34		扬州创新中心	扬州市沙湾中路9号
35		环球金融城	扬州市文昌东路2号
36		青年双创智慧社区	扬州市广陵经济技术开发区大众港路6号
37	经开区	开发区科技园	扬州经济技术开发区金山路122号
38		扬州智谷	扬州经济技术开发区扬子江中路186号
39		西安交大科技园	扬州市吴洲东路198号
40		扬州缤格科技产业综合体	扬州市江阳中路427号
41	生态科技新城	扬州软件园双创基地	生态科技新城杭集镇曙光路579号
42		杭集科技产业综合体	扬州市杭集工业园
43		扬州软件园一期	文昌东路与曙光路交汇处西南

扬州市省级以上众创空间情况

序 号	地 区	众创空间名称	备案情况
1	宝应县	扬州纵横创客巢	省级
2		纵横时空	省级
3		宝应县通宝众创空间	省级
4		扬州星火科技创客园	省级
5	高邮市	文游汇	国家级
6		通邮梦工厂	国家级
7		大邮众创空间	省级
8	仪征市	仪征创途在线	省级
9		乐泊世业创客空间	省级
10		YI 智汇	省级
11	江都区	创・艺 985	国家级
12		江都创客邦	国家级
13		星客梦工厂	省级
14		智创梦工场	省级
15		青禾众创	省级
16		仙城工创坊	省级
17		龙川文创众创空间	省级
18	邗江区	扬州创谷・创客工场	省级
19		扬州大学大学科技园众创梦工场	国家级
20		创客“1+1”众创空间	省级
21		扬州金荣科技园创新创富工场	国家级
22		扬州上市基地创新工场	国家级
23		和天下绿色建筑众创空间	省级
24		扬州优客工场	省级
25		酷立方（扬州）众创空间	省级
26		通安创客空间	省级
27		扬州市软通众创空间	省级
28		扬子津青年街众创空间	省级

续表

序号	地区	众创空间名称	备案情况
29	邗江区	西湖众创空间	省级
30		八戒扬州工场	省级
31		扬州职业大学浩峰睿创空间	省级
32		扬州海创众创空间	省级
33		扬州壹点众创空间	省级
34	广陵区	扬州青麦坊互联网 + 文创空间	省级
35		江苏微软创新中心 MakerWin（创客营）孵化工场	省级
36		中国创谷	国家级
37		设计瑰谷创新工坊	省级
38		圆梦创新工坊	国家级
39		北京大学创业训练营江苏基地	国家级
40		两岸物联众创基地	省级
41		曲江创客工场	省级
42		地理信息专业化众创空间	省级
43		悦课·教育孵化众创空间	省级
44		智创天地	省级
45		东创星辉	省级
46		扬州新物种创业工坊	省级
47	市直	扬州市创新驿站	国家级
48		扬州左岸右转众创空间	省级
49	经开区	扬州智谷众创空间	国家级
50		瑞丰众创空间	省级
51		爬山虎众创空间	省级
52		西安交通大学思源创客	省级
53	生态科技新城	尚锦汇都创业孵化工场	省级
54		扬州软件园马场创业街	省级
55		扬州万方科创众创空间	省级
56		杭集旅游日化产业众创空间	省级

【民生科技】 加快农业新技术、新品种研发。以省、市科技计划项目为引导，开展优良品种选育、产业技术融合创新、绿色生态发展等集成技术创新和示范。21个项目获得省级重点研发（现代农业）立项，获批资金2350万元，分别占全省项目总数和资金总数的1/6和1/5，位居全省第一。扬州翔龙禽业发展有限公司“国家级新品种‘邵伯鸡’高效扩繁技术研发及产业化”项目获江苏省科技成果转化专项资金立项，江苏扬麦科技发展有限公司“优质弱筋抗赤霉病小麦育种技术引进与研发”项目获江苏省政策引导类计划（国际科技合作）立项。

强化农业科技服务。农业科技服务体系不断完善，全市新获批扬州蜂产业农村科技服务超市分店、扬州特种花卉农村科技服务超市分店等8家，位居全省第一。高邮市罗氏沼虾产业星创天地、小纪绿园星创天地等新获批省级农业星创天地备案2家。深入开展“送科技下乡、促农民增收”活动，依托33家农村科技服务超市分店和便利店，围绕农作物、苗木花卉、特色水禽、设施蔬菜等领域，积极推进组织开展多种形式的科技推广、科技信息服务和职业农民培训活动。2019年累计组织培训活动265场次，培训人数达20440人次，接受咨询服务21917次，发布科技信息9930条，共辐射带动农户15190户。

加强社会发展及基础科学研究。在医疗卫生领域，扬州大学附属医院的“自然人群胃癌风险评估与精准筛查的关键技术研究”项目获江苏省重点研发计划（社会发展）项目立项。加大对基础研发活动的激励，全市共有67个项目获江苏省自然科学基金项目立项，其中省杰出青年基金项目1项，青年基金项目50项，面上项目16项。

国家农科园建设成效显著。2019年11月8日，科技部公布国家农业科技园区第七批验收结果，认定全国77个农业科技园区通过验收，其中，扬州国家农业科技园区验收考评排名第一。3年建设以来，江苏扬州国家农业园区高起点规划建设，按照“核心区—示范区—辐射区”3个层次布局，规划核心区38平方公里，示范区193.33平方公里，涵盖扬州市、江淮地区；高规格搭建园区管理架构，实行“1+1+1”的管理模式，建立“区镇合一”、条块结合的管理体制，成立国有扬州兴农高新产业投资开发有限公司；高投入推进基础设施建设，累计投入资金26.84亿元，对内部道路、给排水、电力燃气等基础设施进行提档升级；高标准打造创新创业平台，累计科技研发投入8.35亿元，先后实施科技项目262项，扬大科教园一期、科技综合服务中心先后开工建设，集聚工程中心、实验室各类研发平台50多个，高端农业科技团队及人才50多名；高质量组织示范推广，先后建成稻麦良种、特种水禽水产、花木苗木等组培中心和示范基地10多个，引进新技术、新品种、新装备设施16个，推广14个。

2019年度扬州市获批省重点研发计划（现代农业）项目情况

序　号	项目名称	承担单位
1	设施蔬菜土传病害全程生物防控关键技术研发	江苏里下河地区农业科学研究所
2	优良食味粳稻广谱抗稻瘟病纹枯病精准育种技术及材料创新	扬州大学
3	十字花科蔬菜害虫高效绿色防控关键技术研究－以细胞膜为靶标的新型杀虫剂PPTE的分子设计与应用	扬州大学
4	优质抗病东串猪新品系及“苏扬黑猪”新品种选育	扬州大学
5	中高端优质抗稻瘟病软米粳稻新品种选育	扬州大学

续表

序 号	项目名称	承担单位
6	稻麦周年优质丰产绿色高效技术集成创新与示范	扬州大学
7	猪精确育种技术创新及抗病毒性腹泻育种新材料创制	扬州大学
8	基于超声气力与机器人技术的设施瓜果蔬菜病虫害绿色高效智能防控关键技术研究	扬州市蒋王都市农业观光园有限公司
9	移动式田间秸秆收集粉碎制粒一体化装备设计与研发	江苏奥莱佳能源有限公司
10	基于养分管理的“鹅－沼－牧草”新型种养结合关键技术研究	江苏省家禽科学研究所
11	设施果蔬钵苗高速移栽关键技术与新装备开发	江苏亿科农业装备有限公司
12	面向产业链融合的淡水虾精深加工技术与产品开发	高邮市元鑫冷冻有限公司
13	“一稻三虾”种养模式下水稻病虫草害绿色防控关键技术研究	扬州市龙道生态农业有限公司
14	基于真空减压技术腌制风味咸蛋及自动化系统设备开发	高邮市红心旺食品有限公司
15	应用基因组选择技术选育罗氏沼虾耐寒新品系	江苏数丰水产种业有限公司
16	兼用型鸡配套新品系的选育	江苏省家禽科学研究所科技创新中心
17	全麦粉的智能化（精深）加工关键装备研制	扬州科润德机械有限公司
18	基于黄浆水循环利用的淮扬干丝生物凝固及保鲜关键技术研究与新产品开发	扬州市港湾农业发展有限公司
19	适合机械化油菜新品种“扬油 9 号”	江苏里下河地区农业科学研究所
20	设施优质牛角形辣椒新品种“扬椒 2 号”	江苏里下河地区农业科学研究所
21	鲜食玉米新品种“晶甜 7 号”和“晶甜 9 号”选育与应用	江苏润扬种业股份有限公司

2019 年度扬州市获批省重点研发计划（社会发展）项目情况

序 号	项目名称	承担单位
1	自然人群胃癌风险评估与精准筛查的关键技术研究	扬州大学附属医院

2019 年度扬州市获批省自然科学基金项目情况

序 号	项目名称	承担单位	备 注
1	探究共轭分子对金属有机框架化合物电催化性能的改善	扬州大学	青年基金项目
2	基于微流控技术和磁弛豫时间传感器用于肝癌早期诊断的方法研究	扬州大学	青年基金项目
3	纳米基因高效干扰系统的建立及 2 种响应杀虫剂胁迫的 CPR 家族表皮蛋白基因功能和调控机制研究	扬州大学	青年基金项目

续表

序 号	项目名称	承担单位	备 注
4	Hippo 通路效应分子 YAP/TAZ 调控类风湿关节炎成纤维样滑膜细胞迁移、侵袭及软骨侵蚀作用的研究	扬州大学	青年基金项目
5	SlFTM2 调控番茄单性结实的机理研究	扬州大学	青年基金项目
6	利用 CRISPR/Cas9 技术敲除转运蛋白基因降低油菜种子硫代葡萄糖苷含量的研究	扬州大学	青年基金项目
7	基于非线性能量阱的风力机塔筒横风向风激振动特征及抑制机理研究	扬州大学	青年基金项目
8	算子凸函数及其在量子熵中的应用	扬州大学	青年基金项目
9	生物质高温腐蚀条件下 NiAl 涂层的氧化膜相转变及防护机理研究	扬州大学	青年基金项目
10	种母鹅饲粮中添加甜菜碱影响 LOC106032502（泛酰巯基乙胺酶）甲基化水平及其母体效应分析	扬州大学	青年基金项目
11	亚洲玉米螟一氧化氮调控 NF-κB 激活的分子机理解析	扬州大学	青年基金项目
12	AKH 信号系统对小菜蛾幼虫取食行为的调控研究及其药靶潜力评估	扬州大学	青年基金项目
13	近红外粘度荧光探针制备及肿瘤细胞侵袭能力研究	扬州大学	青年基金项目
14	基于时频分析特征提取的非平稳多变量时间序列预测研究	扬州大学	青年基金项目
15	抗菌环肽修饰海水养殖网箱材料表面的防污机制研究	扬州大学	青年基金项目
16	基于耦合米氏共振的超表面窗口式吸波器件研究	扬州大学	青年基金项目
17	樟芝深层发酵无性产孢机制解析及其调控	扬州大学	青年基金项目
18	丙酸通过激活 GPR41 信号通路缓解围产后期奶牛脂肪动员的分子机制	扬州大学	青年基金项目
19	再生骨料 - 沥青胶浆微观界面构筑与化学调控机制研究	扬州大学	青年基金项目
20	PpyMYBs 介导过氧化物酶 PRX 调控梨果锈木栓质代谢的机制解析	扬州大学	青年基金项目
21	LA-MRSA CC398 中 IEC 元件对菌株定植能力影响及表达调控机制的研究	扬州大学	青年基金项目
22	MXene 磁各向异性及其调控的研究	扬州大学	青年基金项目
23	干涉进流条件下轴流泵不稳定流动机理及控制研究	扬州大学	青年基金项目
24	鼠伤寒沙门菌外膜蛋白 OmpC 招募 H 因子逃避宿主补体替代途径激活的机制研究	扬州大学	青年基金项目
25	黄瓜介导枯萎病菌 FocRho1 沉默解析抗枯萎病机理	扬州大学	青年基金项目
26	大麦 HvTPC1 基因对渍害的响应及其功能机理研究	扬州大学	青年基金项目
27	盘片轴全柔体非线性系统热致碰摩瞬态动力学特性及故障辨识方法研究	扬州大学	青年基金项目
28	苜蓿花粉传播空气动力学机制及其花粉介导的基因漂流	扬州大学	青年基金项目
29	CREB/StAR 信号通路在育成期能量摄入调控蛋鸡性成熟启动过程中等级前卵泡发育中的作用及机制	江苏省家禽科学研究所	青年基金项目

续表

序号	项目名称	承担单位	备注
30	microRNA-7a2 调控垂体黄体生成素（LH）合成与分泌的分子机制	扬州大学	青年基金项目
31	苏氨酸通过 JAK-STAT 通路调节鸭肝脏脂质沉积的分子机制	扬州大学	青年基金项目
32	二甲双胍逆转细菌多西环素耐药性的分子机制研究	扬州大学	青年基金项目
33	急性胰腺炎胰腺坏死“PTX3-ROS 热毒壅结”病机及验证	扬州大学	青年基金项目
34	KIFC1 基因介导 BLV 感染调控奶牛乳腺上皮细胞增殖和凋亡的机制研究	扬州大学	青年基金项目
35	基于氨基酸合成代谢解析多胺与乙烯对稻米氨基酸的调控机制	扬州大学	青年基金项目
36	五羟色胺 2A 和 2C 受体对大鼠母性记忆的影响及机制	扬州大学	青年基金项目
37	microRNA 在弓形虫调控宿主细胞凋亡进程中的作用及分子机制研究	扬州大学	青年基金项目
38	J 型应力－应变曲线材料本构及其力学特性研究	扬州大学	青年基金项目
39	钛合金微观变形及损伤演化机理的实验研究	扬州大学	青年基金项目
40	直链淀粉精细分子结构影响稻米淀粉回生状态下消化特性的机制研究	扬州大学	青年基金项目
41	蛋白质 DJ-1 调控氧化应激在猪肉成熟中的作用机理研究	扬州大学	青年基金项目
42	葡萄酰基转移酶基因参与花色苷酰基化修饰的功能研究	扬州大学	青年基金项目
43	SOX2+ 周细胞前体细胞促胶质瘤发生发展及其靶向治疗的基础研究	江苏省苏北人民医院	青年基金项目
44	血小板膜包裹的纳米载药体系的构建及其增强抗肿瘤免疫应答的作用研究	扬州大学	青年基金项目
45	细胞分裂素调控水稻蔗糖转运的分子机制研究	扬州大学	青年基金项目
46	离散时变环境下递归神经动力学在矩阵方程求解中的分析研究	扬州大学	青年基金项目
47	融合疲劳敏度学与深度学习的起重机结构健康评估与寿命预测研究	扬州大学	青年基金项目
48	棉铃虫脂代谢关键基因 FAS 的表达调控机制研究	扬州大学	青年基金项目
49	知母宁基于 SBP1/GPX1 通路在肝纤维化上皮细胞－间充质转化中的作用及机制研究	扬州大学	青年基金项目
50	大面积创伤修复用可注射－旁分泌功能细胞负载型双层水凝胶敷料的制备与研究	扬州大学	青年基金项目
51	玄武岩纤维板加固再生混凝土构件的疲劳粘结机理研究	扬州大学	面上项目
52	氧气敏感荧光薄膜用于水体总毒性检测及监测的研究	扬州工业职业技术学院	面上项目
53	深海极端嗜热古菌 NucS 核酸内切酶驱动损伤 DNA 修复的分子机制研究	扬州大学广陵学院	面上项目
54	生物成因铁矿物在重金属溶液中的陈化、物相变化及其环境意义	扬州大学	面上项目
55	关于复流形上 Ricci 流的研究	扬州大学	面上项目

续表

序 号	项目名称	承担单位	备 注
56	Stefan 自由边界模型的数学研究	扬州大学	面上项目
57	基于纳米酶标记探针的多元肿瘤标记物化学发光成像免疫分析新方法研究	扬州大学	面上项目
58	混合维度范德华异质结的构建、表界面调控与碱性析氢性能研究	扬州大学	面上项目
59	miR-30 靶向调控 MGLL 抑制鸡腹部脂肪沉积的机制	江苏省家禽科学研究所	面上项目
60	双峰晶粒结构镁合金的变形协调机制及其对成形性能的影响	扬州大学	面上项目
61	小分子量热激蛋白家族协同调控水稻二化螟温度耐受性的机制	扬州大学	面上项目
62	昼夜变温下高温与干旱互作胁迫对 Bt 棉杀虫蛋白含量影响及相关生理机制	扬州大学	面上项目
63	长链非编码 RNA-SATB2-AS1 通过 ceRNA 机制影响肺癌放疗敏感性的机制研究	江苏省苏北人民医院	面上项目
64	番茄 SlMPK1 靶蛋白 SlSPRH1 应答高温胁迫的分子机理	扬州大学	面上项目
65	颗粒体病毒 CnmeGV 诱导稻纵卷叶螟的黑化免疫及调控	江苏里下河地区农业科学研究所	面上项目
66	细胞周期调控干旱胁迫下大豆根系发育的分子机理研究	扬州大学	面上项目
67	弓形虫急性到慢性感染的分子调控机制	扬州大学	杰出青年基金项目

【科学技术奖励】 国家科学技术奖。2019 年，扬州获得国家技术发明奖二等奖、国家科学技术进步奖二等奖各 1 项。其中，扬州大学刘秀梵院士领衔完成的“基因Ⅶ型新城疫新型疫苗的创制与应用”项目获国家技术发明奖二等奖，以扬州大学为第二完成单位、该校陈国宏教授参与完成的“蛋鸭种质创新与产业化”项目获国家科学技术进步奖二等奖。

2019 年度扬州市获得国家科学技术奖项目清单

序 号	获奖项目名称	获奖单位	获奖等级
1	基因Ⅶ型新城疫新型疫苗的创制与应用	扬州大学	国家技术发明奖二等奖
2	蛋鸭种质创新与产业化	扬州大学	国家科学技术进步奖二等奖

江苏省科学技术奖。全市共有 21 个项目获 2019 年度江苏省科学技术奖，其中一等奖 4 项、二等奖 5 项，三等奖 12 项。此外，扬力集团股份有限公司获得了省企业技术创新奖，与扬州大学合作的澳大利亚科学院院士、皇家化学院院士、昆士兰大学 Robert Goulston Gilbert 教授获得了省国际科学技术合作奖。

2019年度扬州市获得江苏省科学技术奖项目清单

序号	获奖项目名称	扬州获奖单位	获奖等级
1	航空航天用高性能复合材料及结构件的关键技术研发与产业化	江苏新扬新材料股份有限公司	一等奖
2	南水北调工程大流量泵站高性能泵装置关键技术集成及推广应用	扬州大学 江苏省水利勘测设计研究院有限公司 江苏航天水力设备有限公司	一等奖
3	畜禽重要疫病细胞免疫机制及防控应用	扬州大学	一等奖
4	车用高性能空气悬架系统关键技术及应用	扬州市伏尔坎机械制造有限公司	一等奖
5	正电子发射断层成像/X线计算机断层成像（PET/CT）设备核心技术研发与产业化	江苏赛诺格兰医疗科技有限公司 江苏中惠医疗科技股份有限公司 扬州市江都人民医院	二等奖
6	拟除虫菊酯清洁生产关键技术研发及产业应用	江苏扬农化工股份有限公司	二等奖
7	轻质高强铝基纳米复合材料及其在高端载运工具上的应用	江苏苏美达车轮有限公司 扬州戴卡轮毂制造有限公司	二等奖
8	高精度捷联惯性测量关键技术及应用	江苏罗思韦尔电气有限公司	二等奖
9	小麦诱变育种方法创新及扬辐麦系列品种选育	江苏里下河地区农业科学研究所 扬州大学 江苏金土地种业有限公司	二等奖
10	基于人防低空预警系统的中低空监视雷达	中国船舶重工集团公司第七二三研究所 中船重工海博威（江苏）科技发展有限公司	三等奖
11	面向物联网应用的MEMS技术压力传感器研制及应用	江苏奥力威传感高科股份有限公司	三等奖
12	车用一体化智能型冷却系统关键技术的研发及推广应用	江苏嘉和热系统股份有限公司 扬州三丰新能源科技有限公司	三等奖
13	高性能汽车减振器用粉末冶金铁基零部件	扬州立德粉末冶金股份有限公司	三等奖
14	聚酯复合弹性纤维产业化技术与装备开发	扬州惠通化工科技股份有限公司	三等奖
15	轻质高强耐腐蚀深海定位用海工缆关键技术的研发及产业化	九力绳缆有限公司	三等奖
16	大型精密钣金件冲压成形智能化成套装备研发	扬力集团股份有限公司	三等奖
17	非公路宽体矿用自卸车关键技术研究及产业化应用	扬州盛达特种车有限公司	三等奖
18	面向智慧油田的超宽频承荷探测电缆关键技术及系列产品	江苏华能电缆股份有限公司	三等奖
19	地表臭氧浓度升高对稻麦生产的影响机制与区域风险评估	扬州大学	三等奖

续表

序 号	获奖项目名称	扬州获奖单位	获奖等级
20	超大型智能化食用油脂制取及精炼成套装备关键技术的研究及应用	迈安德集团有限公司	三等奖
21	几种畜禽非传染性群发疾病的防控关键技术研究与应用	扬州大学	三等奖

【公共科技服务平台建设】 2019年8月19日，整合扬州市技术市场管理办公室、扬州市产业技术研究院，设立扬州市科技资源统筹服务中心（挂“市科研院所服务中心”“市技术市场管理服务中心”“市产业技术研究院”牌子）。

2019年，在全省14家地方分中心绩效指标考核中，扬州市技术产权交易市场综合得分再次蝉联第1名。扬州技术产权交易市场聚焦企业技术需求端和科技成果供给端，先后举办中国创新挑战赛、百家高校院所科洽会、项目成果路演推介等各类技术对接活动近40场，培养了超千人的技术经纪人队伍，累计解决企业需求470多项，全市全年技术合同交易额首次突破10亿元，达10.94亿元，同比增长16.8%。

扬州市产业技术研究院发挥创新源头作用，通过引进、共建等方式，先后联合清华大学、大连理工大学、南京大学、江南大学、中科院沈阳自动化所等高校院所建设了智能化技术、高端装备设计制造、高性能复合材料、食品生物技术、工业自动化等7家专业研究所，开展关键共性技术和前瞻性技术研究、重大科技成果转化等，为全市企业技术创新、产品开发、知识产权和人才培养等提供服务。联合杭州先临、东华大学+瑞丰科技建设了3D打印、工业互联网等2家公共服务平台，推动清华大学与扬州合作共建MEMS研究院和MEMS产业园，化工新材料研究院和化工新材料科研及中试基地，建设方案均已通过市长办公会审核，项目运营公司注册成立，开展实体化、专业化、市场化运营，为全市相关产业发展和企业创新提供服务。2019年，累计为全市2890多家企业提供技术开发、成果转化、技术推广等各类科技服务，咨询和解决技术难题670多项，转化科技成果250多项，达成各类技术开发、转让和服务等合同近3亿元。

镇江市

Zhenjiang City

【概　况】 2019年，镇江市高新技术产业产值占规模以上工业产值比重达45.6%，列全省第5位。全年组织申报高企608家，认定419家，同比增长25%，新增433家企业进入省高企培育库。江苏天奈科技股份有限公司在上海证券交易所科创板上市，成为江苏首批、镇江首家科创板上市企业。中船动力、镇江船厂入选全省首批20个成果转化示范企业。丹阳市高新技术创业服务中心成功升级为国家级孵化器，全市国家级孵化器增至12家；阳光创客众创空间、楼友会丹徒众创空间等4家众创空间创成省级众创空间。全社会研发经费支出占国民生产总值的2.22%，科技进步贡献率达64.4%。

【科技管理】 2019年，镇江市科技工作立足产业强市，把握高质量发展内涵，落实高质量发展要求，深化改革创新，强化科技招商，围绕产业链，部署创新链，配套资金链，推动科技工作由研发管理向创新服务转变，全面推进20个科技创新重点项目实施，推进产业强市，全年实现投资4.5亿元，完成年度投资计划的105%。继续推进科技创新券政策落地，全年印制、发放创新券1.15亿元，下达科技创新券资金共计3688万元，完成4635万元，惠及企业

300 余家。

【科技成果】 2019 年，镇江市获国家科学技术进步奖特等奖 2 项（含 1 项专用项目）、二等奖 1 项，国家技术发明奖二等奖 2 项；获省科学技术奖 30 项（其中项目奖 29 项，江苏恒顺醋业股份有限公司余永建获省青年科技杰出贡献奖）。5 个项目获省科技成果转化专项资金项目立项，经费 4300 万元。2019 年，镇江市在武汉、上海、天津等地组织 6 场海工船舶产业专题招商活动，举办海工船舶产业招商推介会，签约新韩通船舶重工有限公司总部迁入镇江市等亿元以上海工船舶产业项目 5 个，总投资 15.6 亿元。

2019 年度镇江市获国家科学技术奖项目一览

序　号	奖励名称	项目名称	完成单位	完成人员
1	科学技术进步奖特等奖	海上大型绞吸疏浚装备的自主研发与产业化	江苏科技大学	俞孟蕻　苏贞等
2	科学技术进步奖二等奖	混合材高得率清洁制浆关键技术及产业化	江苏金沃机械有限公司	范刚华等
3	技术发明奖二等奖	特色食品加工多维智能感知技术及应用	江苏大学 江苏恒顺醋业股份有限公司	邹小波　陈全胜　石吉勇 李国权　赵杰文等
4	技术发明奖二等奖	异体间充质干细胞治疗难治性红斑狼疮的关键技术创新与临床应用研究	江苏大学	许文荣等

2019 年度镇江市获省科学技术奖项目一览

序　号	奖励名称	项目名称	完成单位	完成人
1	科学技术一等奖	面向云端融合的大规模分布式数据处理支撑平台及产业化应用	南京大学 南瑞集团有限公司 河海大学 南京大学镇江高新技术研究院	叶保留　陆桑璐　许　峰 谢　磊　钱柱中　李文中 王晓亮　唐　斌　张　胜 俞　俊　张　昕
2	科学技术一等奖	农村经济作物废弃物高值化利用技术	常州大学 常州美胜生物材料有限公司 中国科学院广州能源研究所 中国纺织建设规划院 常州云卿纺织品有限公司 黑牡丹（集团）股份有限公司 江苏丹毛纺织股份有限公司	陈　群　纪俊玲　袁浩然 陈海群　汪　媛　邓建军 马志辉　仇振华　何玉财 彭勇刚　俞金林
3	科学技术一等奖	车用高性能空气悬架系统关键技术及应用	江苏大学 上海科曼车辆部件系统股份有限公司 南京金龙客车制造有限公司 扬州市伏尔坎机械制造有限公司	陈　龙　徐　兴　孙晓强 蔡英凤　汪少华　陈　燎 李仲兴　江　洪　李贤波 张行峰　朱其安

续表

序 号	奖励名称	项目名称	完成单位	完成人
4	科学技术一等奖	航空复杂构件激光表面强化与复合再制造关键技术及其应用	江苏大学 沈阳航空航天大学 南京中科煜宸激光技术有限公司 温州大学	鲁金忠 杨 光 张永康 罗开玉 徐国建 薛 伟 钦兰云 崔承云 卢海飞
5	科学技术一等奖	南水北调工程大流量泵站高性能泵装置关键技术集成及推广应用	扬州大学 南水北调东线江苏水源有限责任公司 水利部水电水利规划设计总院 江苏大学 江苏省水利勘测设计研究院有限公司 中水淮河规划设计研究有限公司 江苏航天水力设备有限公司	陆伟刚 陆林广 刘 军 伍 杰 李彦军 徐 磊 施 伟 张仁田 谢伟东 秦钟建 黄从兵
6	科学技术一等奖	食用菌精深加工关键技术创新与应用	南京财经大学 南京农业大学 江苏安惠生物科技有限公司 中国农业大学 中华全国供销合作总社南京野生植物综合利用研究院 江苏江南生物科技有限公司	胡秋辉 杨文建 方东路 裴 斐 赵立艳 陈 惠 马高兴 赵伯涛 刘庆洪 马 宁 姜建新
7	科学技术一等奖	岩基海床大型风机单桩基础设计施工关键技术及成套装备	江苏龙源振华海洋工程有限公司 上海振华重工（集团）股份有限公司 龙源电力集团股份有限公司 平煤建工集团特殊凿井工程有限公司 中机锻压江苏股份有限公司 福建龙源风力发电有限责任公司 中国电建集团华东勘测设计研究院有限公司 江苏科技大学	李 泽 王徽华 廖卫勇 施兴华 曹春潼 仝洪昌 范晓旭 陈 强 吴富生 罗金平 张长龙
8	科学技术一等奖	先进核能系统关键管材与核心部件研制及产业化	宝银特种钢管有限公司 江苏大学 江苏银环精密钢管有限公司 清华大学	程晓农 庄建新 吴莘馨 朱海涛 韩 敏 吴青松 雒晓卫 高 佩 刘 瑜 罗 锐 李冬升
9	科学技术二等奖	异构物联网安全融合关键技术及产业化应用	江苏大学 大全集团有限公司 清华大学 南京烽火星空通信发展有限公司 西安电子科技大学	王良民 徐 慧 赵曦滨 廖闻剑 沈玉龙 赵跃华 陈向益 姜顺荣 冯 霞 李致远 周从华
10	科学技术二等奖	植入类医用材料的成形及表面功能化关键技术集成应用	淮阴工学院 江苏大学 常州安康医疗器械有限公司 威高集团有限公司	丁红燕 潘长江 叶 玮 夏木建 周广宏 刘 磊 王春华 刘爱辉 邵红红 高亚军
11	科学技术二等奖	极端高温工况高可靠性熔盐泵关键技术研究及产业化	江苏飞跃机泵集团有限公司 江苏大学 中国科学院金属研究所	张德胜 王道红 曾 培 金永鑫 赵睿杰 严红彬 崔传勇 周亦胄 刘金灿 侯桂臣 张 鹏

续表

序 号	奖励名称	项目名称	完成单位	完成人
12	科学技术二等奖	永磁容错电机及其控制系统基础理论	江苏大学	赵文祥 刘国海 徐 亮 陈 前 吉敬华 郑军强 房卓娅
13	科学技术二等奖	轻质高强铝基纳米复合材料及其在高端载运工具上的应用	江苏大学 上海交通大学 哈尔滨工业大学 亚太轻合金（南通）科技有限公司 江苏豪然喷射成形合金有限公司 江苏苏美达车轮有限公司 丹阳荣嘉精密机械有限公司 扬州戴卡轮毂制造有限公司	赵玉涛 陈 刚 范同祥 姜巨福 浦俭英 张 豪 彭兵阳 殷来大 王 坤 怯喜周
14	科学技术二等奖	大功率高扬程矿山排水抢险泵关键技术研究及产业化	江苏大学 南通大学 蓝深集团股份有限公司 江苏泰丰泵业有限公司 亚太泵阀有限公司 济宁安泰矿山设备制造有限公司 山东星源矿山设备集团有限公司	施卫东 周 岭 曹卫东 李 伟 王 川 白 玲 许荣军 程永席 潘 波 孟凡有 吴 进
15	科学技术二等奖	高效节能无菌吹灌旋关键技术及智能成套装备	江苏新美星包装机械股份有限公司 江苏科技大学	褚兴安 张国宏 袁明新 董海龙 陈中云 栾慰林 王 琪 杨亚军 申 燚 邹中全 江亚峰
16	科学技术二等奖	微生物液态发酵过程关键参量软测量及其智能测控装备研发	连云港兴菇生物科技有限公司 淮海工学院 江苏大学 镇江日泰生物工程设备有限公司	宋永献 王 博 朱湘临 王 衍 龚成龙 朱 强 刘 洋 张先进 徐启华 丁煜函 郭 飞
17	科学技术二等奖	高功率动力电池系统热管理关键技术研发及产业化	江苏大学 湖南中车时代电动汽车股份有限公司 天津力神电池股份有限公司 中国科学院上海有机化学研究所（盐城）新材料研发中心	徐晓明 丁荣军 高俊奎 赵经纬 汪 伟 宫 燃 肖 业 金慧芬 黄 河
18	科学技术二等奖	新一代高性能卷盘式喷灌机关键技术与应用	江苏大学 江苏华源节水股份有限公司 黑龙江省水利科学研究院	李 红 汤 跃 汤玲迪 邱志鹏 侯新月 郎景波 陈 超 闫浩芳 蒋 跃 汤 攀 耿贺松
19	科学技术二等奖	食品生物制造声光强化关键技术与装备创制及其应用	江苏大学 江南大学 江苏蜂奥生物科技有限公司 江苏江大五棵松生物科技有限公司 江苏安惠生物科技有限公司 江苏恒顺醋业股份有限公司	马海乐 任晓锋 何荣海 毛 健 周存山 李云亮 马海燕 余永建 郑惠华 张 勇

续表

序　号	奖励名称	项目名称	完成单位	完成人
20	科学技术三等奖	车用一体化智能型冷却系统关键技术的研发及推广应用	江苏嘉和热系统股份有限公司 江苏大学 扬州三丰新能源科技有限公司	李宝民　唐爱坤　王军锋 熊双元　单春贤　沈兆建 盘朝奉　张　政　马树洋
21	科学技术三等奖	风电机组驱动用偏航变桨大型环锻件的关键技术及其成套装备	张家港中环海陆特锻股份有限公司 江苏科技大学 武汉理工大学	吴　剑　邓加东　朱乾皓 张礼华　兰　箭　吴君三 张丽萍　刘宏西　李　冲 宋亚东　马　苏
22	科学技术三等奖	大功率舵桨推进系统的关键技术研发及产业化	南京高精船用设备有限公司 江苏科技大学	舒永东　常晓雷　姚震球 杜　鹏　吴百公　刘　伟 谢堂海　皮志达　林富华 柳德君　常　江
23	科学技术三等奖	非公路宽体矿用自卸车关键技术研究及产业化应用	扬州盛达特种车有限公司 潍柴动力股份有限公司 江苏大学 潍柴动力股份有限公司上海分公司	武向阳　杨家峰　施德华 李　尧　胡　伟　杨筑仁 石明明　李璐伶　于永正 叶必洋　王　松
24	科学技术三等奖	高效智能大功率移动电源关键技术与产品研发	中船动力有限公司 江苏大学	张晓铭　李　琤　俞升浩 包东明　董日京　沈建华 王金荣　黄汉龙　潘天红 周锦冰　李捷辉
25	科学技术三等奖	高性能智能前照灯系统关键技术及产业化	江苏文光车辆附件有限公司 河海大学	汤　文　罗成名　张学武 范新南　王海滨　邢志刚 辛改芳
26	科学技术三等奖	海上波浪补偿关键技术与系列化应用装备	江苏科技大学 中船绿洲镇江船舶辅机有限公司 南京航空航天大学 中国船舶重工集团公司第七一六研究所 南京中船绿洲机器有限公司 无锡市海航电液伺服系统股份有限公司	卢道华　蒋余良　王　佳 吴洪涛　眭国忠　刘芳华 陈雷阳　唐　炜　陈　超 朱晓兵
27	科学技术三等奖	三层共挤乙丙橡胶绝缘复合屏蔽封闭管型母线系统研发及产业化	江苏士林电气设备有限公司 西南交通大学	陈道华　吴　戈　马道平 高国强　郭裕钧
28	科学技术三等奖	桑园农药安全应用技术的创新与推广应用	江苏科技大学 中国农业科学院蚕业研究所 东台市蚕桑技术指导管理中心 海安市蚕桑技术推广站 如皋市蚕桑技术指导站 江苏生久农化有限公司	吴福安　盛　晟　王　俊 陶士强　张　健　周建群 黄俊明　钱小兰　许　晏 马佳慧
29	科学技术三等奖	间质干细胞及相关分子的临床基础与转化应用	江苏大学	钱　晖　许文荣　张　徐 王　梅　朱　伟　张　斌 严永敏　龚爱华　毛　飞 史　惠　张蕾蕾

2019 年度镇江市获省科技成果转化专项资金项目一览

项目编号	项目名称	承担单位	市（区）	项目拨款（万元）
BA2019052	锂电池用高性能石墨烯复合导电浆料研发及产业化	江苏天奈科技股份有限公司	镇江新区	1200
BA2019053	具有仿生分形结构的高效板式换热器关键技术研发与产业化	江苏唯益换热器有限公司	丹阳市	1200
BA2019085	船舶及海洋平台高压双向供电系统研发及产业化	镇江船舶电器有限责任公司	镇江高新区	600
BA2019086	万吨级全电力推进甲板运输船关键技术研发及产业化	江苏省镇江船厂（集团）有限公司	镇江高新区	600
BA2019101	航空级国产碳纤维预浸料及制件关键技术研究与产业化	江苏恒神股份有限公司	丹阳市	700
合计				4300

【高新技术产业】 2019 年，镇江市高新技术产业产值占规模以上工业产值比重达 45.6%，列全省第 5 位。全市认定高新技术企业 419 家，同比增长 25%，其中新高企 249 家，同比增长 56.6%，国家高新技术企业总数达 947 家；433 家企业成功认定为省高企培育库入库企业，同比增长 257.85%；518 家企业备案为国家科技型中小企业。15 个项目（课题）获得省产业前瞻与共性关键技术项目立项支持，其中 2 个重点项目，资助金额共 2200 万元。33 个产业研发项目获得市产业前瞻与共性关键技术项目立项支持。推动科技政策落实，企业申报研发费用加计扣除 1026 户，申报加计扣除金额 45.51 亿元，增长 90.1%；申报高企所得税减免 328 户，减免税额 9.85 亿元，增长 7.07%。

【创新平台与载体】 加快镇江苏南国家自主创新示范区建设。2019 年镇江苏南国家自主创新示范区坚持创新驱动发展战略，持续推进自创区高质量发展。镇江国家高新区获批国家首批“双创升级打造特色载体”，国家创新型特色园区建设方案已获科技部批准实施，船舶海工科技成果产业化基地与哈尔滨工业大学产学研合作项目列入第七届中国江苏产学研合作大会重点签约项目。市场化运作国家高创中心、五洲创客中心等孵化器、众创空间，先后招引落户 48 个优质项目，新增紧密合作的高校院所 8 家，建设重点产业新型研发机构 3 家，科技人才创办企业数 35 家，科技成果落地数 61 个，吸引资本合作机构 23 家，拥有各类专业公共技术服务平台 8 个。举办第三届“镇江高新区杯”创新创业大赛，共征集 126 个项目报名参赛，决出 18 个获奖项目并签署落户协议，给予 30 万～100 万元不等的创业资金资助；正式实施首批“团山英才”计划，共立项支持 17 个人才（团队），给予 990 万元资助；与江苏省科技厅联合举办 2019 年宁镇高校院所走进镇江高新区科技合作对接活动，与会专家与全市 150 多家企业的负责人进行了对接洽谈，达成合作协议及合作意向 51 个；与市科技局联合举办海工船舶产业招商推介会暨 2019 海工船舶产业发展报告会，高新区签署重大科技创新成果项目 2 个。

2019 年，丹阳高新区科创园获批国家级科技企业孵化器，荣获“江苏省重大科技创新平台集成服务基地”称号。总投资 50 亿元的江苏力合（丹阳）智能制造产业园项目签约落户，重点建设以智能制造、新一代信息技术与新材料新能源三大产业为主导的集政、产、学、研、资于一体的创新型高科技产业园区。推进《丹阳高新技术产业开发区国家生态工业示范园区建设规划》编制工作，统筹协调推进园区经济发展和生态环境保护工作，积极推动绿色发展、循环发展、低碳发展。

2019 年，扬中高新区被科技部认定为“国家高新技术产业化基地”，成为镇江首家国家级产业化基地。核心区建有院士工作站 7 家、博士后工作站 6 家，国家级技术研发中心 1 家，国家 863 计划成果转化基地 1 家，万人发明专利拥有量达到 87 件，与 90 余所高校、科研院所建立了长期稳定的产学研合作关系。建有国家级孵化器 2 家、省级众创空间 3 家，已累计孵化企业 200 多家，国家级科技企业孵化器分别获得江苏省科技厅科技企业孵化器绩效评价 A 类、科技部火炬中心国家级科技企业孵化器综合评价 A 类。

加快研发机构建设。2019 年，对“江苏省医疗诊断护理设备工程技术研究中心”等 43 家省级工程技术研究中心开展绩效评估。新建江苏省（力信）锂电子动力电池工程技术研究中心等 13 家省级企业工程技术研究中心，全市省级及以上工程技术研究中心达 178 家。新建镇江市企业工程技术研究中心 115 家，总数达到 732 家。新建省级企业院士工作站 1 家，总数达到 16 家；助力企业链接全球创新资源，新建“JITRI-豪然企业联合创新中心”等 2 家省产研院企业联合创新中心，总数达到 4 家。

大力发展科技服务业。丹阳市科技创新中心获省科技服务骨干机构能力提升专项资金 500 万元支持。推动重大科研基础设施和大型科研仪器等科技资源开放共享，引导中小企业使用公共科技资源开展研发创新，提高科学仪器设备使用效率，通过科技创新券对 2018 年度省大仪平台中小企业用户给予市级配套补贴资金 4.34 万元。

2019 年度镇江市新增省级工程技术研究中心一览

序 号	名 称	承担单位
1	江苏省工业废水处理工程技术研究中心	镇江市和云工业废水处置有限公司
2	江苏省环保高性能汽车内饰件材料工程技术研究中心	江苏新昌汽车部件有限公司
3	江苏省特种精密光学工程技术研究中心	丹阳丹耀光学有限公司
4	江苏省纳米磷酸铁锂正极材料工程技术研究中心	江苏乐能电池股份有限公司
5	江苏省锂离子动力电池工程技术研究中心	力信（江苏）能源科技有限责任公司
6	江苏省桥梁除湿防腐智能化工程技术中心	镇江蓝舶科技股份有限公司
7	江苏省氯甲苯产业链绿色制造工程技术研究中心	江苏超跃化学有限公司
8	江苏省多式联运智能运输平台工程技术研究中心	惠龙易通国际物流股份有限公司
9	江苏省家电控制部件研发与智能制造工程技术研究中心	江苏凯德电控科技有限公司
10	江苏省高温电热合金材料工程技术研究中心	江苏兄弟合金有限公司
11	江苏省热喷涂材料工程技术研究中心	江苏启迪合金有限公司
12	江苏省汽车 LED 智能照明系统工程技术研究中心	江苏富新电子照明科技有限公司
13	江苏省高性能环保型特种电线电缆工程技术研究中心	镇江市华银仪表电器有限公司

【科技经费与项目】 2019年，镇江市科技部门围绕科技创新重点工作，获省级以上科技计划项目立项超350项，获上级科技拨款2.9亿元。全年下达市级科技计划项目196项，资助金额8340万元。江苏大学和江苏科技大学2所高校共获国家自然基金项目立项213项，获总经费8828.4万元。镇江市获省级青年科技人才专项立项99项，立项经费共计1930万元，其中省杰出青年基金项目1项，经费100万元；省优秀青年基金项目3项，经费共150万元；省青年基金项目73项，经费共1460万元；面上项目22项，经费共220万元。

【产学研合作】 2019年，镇江市产学研合作工作紧紧围绕“聚力创新，推进高质量发展”目标，通过打造专业队伍，提高产业研工作专业化水平；通过突出企业主体、强化内生动力等方式，提高产学研合作成效。组织120家企业参加第七届中国江苏产学研合作大会，中船动力、镇江船厂成功入选江苏省首批成果转化示范企业，镇江高新区船舶海工科技成果转化基地与哈尔滨工业大学产学研合作项目入选大会重大签约项目。举办镇江市海工船舶产业招商推介会暨2019年中船联百企进校园活动、宁镇高校院所走进镇江高新区科技合作对接活动等大型产学研活动4场次。通过科技合作，引进一批重大载体项目和高端人才。镇江市政府与交通部天津水运工程科学研究院签订全面战略合作协议，加强双方在共建内河航道生态环境保护修复实验室等方面的科技合作；钢铁研究总院与江苏科技大学、镇江市政府共建“中国（镇江）海洋先进材料产业创新中心”；江苏镇安电力设备有限公司投资4.5亿元，在润州区鸿鑫商业广场与交通部天津水运工程科学院共建技术研发中心；建华建材（江苏）有限公司引进海南大学汪峻峰教授团队，建设高性能混凝土国际技术创新中心。4月25日，镇江市科技局与华东理工大学联合举办2019化工新材料产学研专题对接会，推动全市化工企业与高校开展协同创新和科技攻关，促进化工企业转型升级高质量发展，索普集团、江南化工、东普科技等16家化工新材料企业20名代表，华东理工大学化工学院、材料学院、信息学院等12位教授专家参加对接洽谈。5月9日，由江苏省科技厅、镇江市人民政府主办，镇江国家高新区、镇江市科技局共同承办2019年宁镇高校院所走进镇江高新区科技合作对接活动。江苏省科技厅副厅长蒋洪，市委常委、镇江高新区党工委书记詹立风，时任镇江市政府副市长陈可可，镇江市科技局局长蔡萍，时任市政府副秘书长卢利林出席活动。5月31日，由镇江市人民政府、江苏科技大学主办，镇江市科技局、镇江高新区承办，镇江市海工船舶产业招商推介暨2019海工船舶产业发展报告会举行，100多位海工船舶领军企业和专家学者齐聚镇江，携手并进，深化合作，共谋推进海工船舶产业高质量发展，提升镇江涉船企业的核心竞争力。时任镇江市委副书记、市长张叶飞出席会议并讲话。江苏科技大学党委书记葛世伦致辞。6月12—13日，镇江市科技局、润州区人民政府组织辖市区科技局、有关科技创新平台、信息科技产业企业代表40余人，赴山东大学软件学院、浪潮集团开展人工智能产业招商及产学研专题对接活动。宣传推介镇江市产业与科技政策，组织企业与高校专家开展一对一对接洽谈，达成合作意向8项。活动期间，代表团参观了山东大学软件学院实验室、高性能计算中心，考察了浪潮集团有限公司孙村产业园。7月3日，由镇江市人民政府、钢铁研究总院和江苏科技大学三方共建的“中国（镇江）海洋先进材料产业创新中心”揭牌仪式隆重举行，来自中国船舶重工集团旗下67家骨干企业的代表出席了本次揭牌仪式。江苏科技大学党委副书记许俊华、镇江市科技局局长蔡萍、钢铁研究总院焊接研究所所长马成勇共同为“中国（镇江）海洋先进材料产业创新中心”揭牌。10月14—16日，2019镇江赴西安电子科技大学、西北工业大学产学研合作对接会成功举行。镇江市科技局副局长肖晨帆一行来到西安电子科技大学，在科学研究院副院长张毅的陪同下，参观了人工智能重点实验室。在座谈会上，张副院长对西安电子科技大学的优势学科、科技成果、产学研合作开展情况做了详细介绍。肖局长介绍了镇江市新一代信息产业发展的状况，发布了企业技术需求，并介绍了镇江市的科技人才政策，欢迎学校的专家教授到镇江创新创业。随后，西安电子科技大学的专家教授与镇江企业进行一对一深入交流。10 月 30 日，由中国船舶与海洋工程产业知识产权联盟主办，镇江市人民政府、哈尔滨工程大学承办的镇江市海工船舶产业招商推介会暨 2019 年中船联百企进校园活动在哈尔滨工程大学隆重举行。哈尔滨工程大学校党委书记高岩，工业和信息化部科技司技术基础处处长董晓鲁，国家知识产权局知识产权运用促进司副司长梁春花，中船联理事长、江苏科技大学党委书记葛世伦分别致辞。镇江市科技局局长蔡萍现场推介镇江的海工船舶产业。中船联成员单位、镇江市涉船企业、投资机构等 100 多名海工船舶产业界客商嘉宾参加了此次活动，共谋发展，抢抓新时代、新镇江的新商机。会议期间，中船动力有限公司等 3 家涉船企业现场发布了技术需求，哈尔滨工程大学从学校基本情况、中国专利奖银奖获奖团队经验分享、哈尔滨工程大学重点学院科研情况 3 个方面推介了其主要科研成果。现场达成意向性合作近 10 项，活动成效显著。11 月 14 日，2019 年走进企业合作创新研讨暨船舶与海工项目对接交流会在镇江市举行。100 多位海工船舶领军企业和专家学者齐聚镇江，共话合作、携手共进。江苏科技大学党委书记葛世伦、中国船舶工业行业协会会长郭大成教授分别致辞。时任镇江市科技局副局长赖忠民推介了镇江海工船舶产业。会议期间，江苏科技大学、哈尔滨工程大学、宁波大学等 7 家企事业单位进行了大会交流。大会还组织了 7 场专项交流对接会，35 项合作创新项目达成合作意向。

2019 年度镇江市承担江苏省产学研合作指导性项目一览

序 号	项目编号	项目名称	项目承担单位	合作单位
1	BY2019256	冷连轧机用五相无轴承永磁同步电机及控制系统研发	常州工学院	镇江龙源铝业有限公司
2	BY2019257	光学镜片自动化灌装技术开发	江苏科技大学	江苏瑞尔光学有限公司
3	BY2019258	基于数据聚类算法的企业客户潜在价值分析系统开发	常州工学院	江苏长城档案设备有限公司
4	BY2019259	桑产业深加工技术开发	江苏科技大学	丹阳田园圣树生物科技有限公司
5	BY2019260	高性能多孔生物质碳材料的科技开发	江苏科技大学	镇江东亚碳素焦化有限公司
6	BY2019261	基于物联网与云接入技术的多级磁瓦装配监测系统开发	南京工程学院	江苏冬云云计算股份有限公司
7	BY2019262	硅基负载型离子液体催化剂设计及其催化燃油脱硫的研究	江苏大学	江苏常青树新材料科技有限公司
8	BY2019263	面向交通安全的智慧监管与辅助决策系统平台研发	扬州大学	江苏金海星导航科技有限公司
9	BY2019264	精准智能双关断电动车充电器研发	江苏理工学院	镇江锐翼自动化科技有限公司

续表

序　号	项目编号	项目名称	项目承担单位	合作单位
10	BY2019265	大容量岸电变频电源功率单元测试系统开发	江苏理工学院	江苏德耐美克电气有限公司
11	BY2019266	肴肉感官品质评价体系及消费偏好机理研究	江苏大学	江苏源春食品科技发展有限公司
12	BY2019267	船舶岸电智能监控运维系统研制及关键技术研究	江苏科技大学	江苏中智海洋工程装备有限公司

【科技惠民】 依托全市科技服务超市分店及便利店，组织科技培训50余场次，培训人数超7000人次，推广新成果、新技术和新品种累计50余项，辐射带动农户5940户，人均增收2200元。

在市委宣传部的统一部署下，赴丹阳陵口镇开展2019年文化卫生科技“三下乡”活动，发放蔬菜种子约1500袋、科普宣传手册200份，受到广大村民的欢迎。

【农村科技】 2019年10月，江苏镇江国家农业科技园区顺利通过科技部验收，在验收通过的77家园区中位列第26位。江苏镇江国家农业科技园区是2015年12月经科技部批复同意建设的第七批国家农业科技园区之一。园区按照“核心区－示范区－辐射区”层次布局，其中核心区位于句容市东部，面积8.25万亩；示范区涉及镇江3市2区，面积50万亩。园区围绕“农业强、农民富、农村美”总目标，坚持科技创新驱动与一二三产业融合发展的总体思路，紧扣应时鲜果、优质粮油加工、花卉苗木与特色养殖四大产业，通过3年建设，园区核心区总产值达12.35亿元，土地产出率、劳动生产率分别达到每亩1.5万元和每人7.86万元，带动农户1.5万户，带动农户人均纯收入接近3万元。2019年，全市农业科技进步贡献率达69.5%，居全省第6位。新增句容市彩叶苗木星创天地、镇江市丹徒区水木年华茶产业星创天地、镇江市智农食品星创天地、镇江联创水产星创天地等4家省级星创天地；新增江苏省草莓产业技术创新战略联盟、江苏省农机装备再制造产业技术创新战略联盟等2家省级农业产业技术创新战略联盟；新增江苏茅山人家生态农业有限公司、镇江市玖龙米业有限公司、镇江先锋植保科技有限公司等3家省级农业科技型企业。组织申报省、市两级农业科技计划项目91项，31个项目获立项。其中，省级重点研发计划（现代农业）项目立项9项，总经费560万元；市级重点研发计划（现代农业）项目立项22项，总经费340万元。

【科技合作与交流】 2019年9月5日，第三届中阿技术转移与创新合作大会在银川举行，镇江市企业江苏穿越金点信息科技股份有限公司与科特迪瓦逸夫省和摩洛哥投资发展促进局共同签订“丝路屏媒”项目合作协议，成为大会十大签约科技合作重点项目之一。9月17日，乌克兰马卡洛夫国立造船大学杜波夫院士团队来访，与镇江市科技局、江苏科技大学开展交流座谈，深入有关企业对接洽谈，中－乌（江苏）船舶与海洋工程产业跨国技术转移中心、江苏科技大学国际合作处、芦笙教授团队参加了系列活动，丹阳华龙特钢有限公司与杜波夫院士团队签订合作协议。10月21—22日，来自俄罗斯、乌克兰等国家的11位海外院士齐聚句容，就智能制造、新材料等战略性新兴产业发展建言献策，其中，乌克兰国家科学院院士詹娜、乌克兰交通运输科学院院士布克托夫等2位院士与江苏天晟药业有限公司、句容宁武新材料股份有限公司达成合作意向。全年共发放外国人来华工作许可证631件，新办外国人来华工作许可审批289人，延期许可301人。

【科技人才】 2019年，镇江市围绕“引才、育才、用才、留才”，认真落实科技人才政策，推进科技人才队伍建设，为谱好镇江高质量发展和产业强市新篇章提供强有力的科技人才支撑，人才创办的优质企业和人才带来的优质项目已成为推动镇江经济高质量发展的加速度。2019年，镇江市9个团队入选“国家重大人才工程”；推荐“国家重大人才工程”、多类省级人才计划推选人才22项；江苏大学金山学者、特聘教授、美籍专家史蒂芬·理查德荣获2019年度省人民政府颁授的江苏友谊奖；组织省“双创计划”等项目申报工作，共有68人入选省“双创计划（科技副总）”。2019年，镇江市共培育引进国家级人才11人、省级人才121人，市“金山英才”计划人才136人，其中“金山英才”计划入选顶尖人才计划4人，每人给予1000万元资助。“169工程”44名学术技术带头人、科技骨干获111万元项目经费资助。开展优秀乡土人才增补选拔工作，评选出154名乡土人才。出台高校毕业生就业创业12条新政，全年发放毕业生补贴3921人次、1238.71万元。

【科技服务】 2019年12月，江苏省科技厅公布第十批通过确认的江苏农村科技服务超市分店和便利店名单，镇江市丹徒特色畜禽产业分店、高资特色畜禽产业便利店和江心特色畜禽产业便利店通过省科技厅确认。至此，全市拥有17家江苏农村科技服务超市分店和便利店，实现了全市涉农市（区）科技服务超市全覆盖。

【科技金融】 2019年，制定出台《镇江市“苏科贷”备选企业库动态管理细则》，进一步规范入库企业的入库操作流程和工作要求。成立江苏省科技企业融资路演服务中心镇江分中心扬中工作站，与浦发银行签订“苏科贷”合作协议，科技金融合作银行增加至9家，科技金融支持214家企业获得科技贷款约6.2亿元，在全省64个“苏科贷”合作地区“苏科贷”工作情况绩效评估中，镇江市被评为优秀。组织6家高企赴上海观摩天奈科技科创板挂牌上市仪式，积极推动更多有条件的企业争取在科创板、主板等上市。

【科技活动】 在杭州举办2019年镇江市“双创”载体服务能力提升班培训活动，对杭州梦想小镇、基金小镇等进行了实地调研，参训学员约70人。推进与联想星云加速器的合作，联合举办第二期“双百菁英”特训营培训活动，从100多位报名企业家中面试选拔42名学员参训。全市156个企业（团队）参加第七届“创业江苏”科技创业大赛，4家企业被推荐入围全国行业赛，江苏新绿能科技有限公司在全国赛中获得优秀企业奖。

泰州市

Taizhou City

【概　况】 2019年，泰州市坚持问题导向，着眼地区科技创新瓶颈制约，紧紧围绕全市产业科技创新，着力培育创新型企业，深化产学研合作，加快集聚创新资源要素，全市科技创新工作取得新进展。全社会研究与试验发展（R&D）经费投入强度为2.6%，高新技术产业产值占规模以上工业产值比重达45.04%，新认定427家高新技术企业，856家企业通过国家科技型中小企业入库评价，6家企业入选“2018年江苏省百强创新型企业”，13家企业进入省“企业研发机构高质量提升计划”培育库。全年专利授权量14872件，万人发明专利拥有量15.92件。开展“新时代科技新长征”活动86场，680多家企业对接30多个高校科研院所、100多个重点实验室和人才（团队），签订科技合作协议391项，吸引集聚1200多名高层次人才。泰州新源电工器材有限公司参与研发的“超、特高压变压器/电抗器出线装置关键技术及工程应用”项目获2018年度国家科学技术进步奖二等奖，泰州市科技创新综合服务平台获2019年泰州市改革创新项目二等奖，中崇信诺生物科技获2019年第八届中国创新创业大赛生物医药产业成长组总决赛优秀企业奖。

【科技管理】 执行诚信承诺制度，所有申报项目单位均签署信用承诺书。执行信用审查制度，对凡涉及财政资金奖补的企业进行信用审查，查询企业863家，取消23家严重失信记录企业的参评资格。搭建科技创新综合服务平台，为企业、专家、高校、科研机构和科技服务机构等创新主体提供政策配送与项目申报、技术评估与交易、创新能力培育与提升、创新资源展示与匹配等“一站式”服务，举办企业培训会47场，服务企业5625家次，按季度定期发布全市科技创新动态统计监测情况。

【科技成果】 泰州新源电工器材有限公司作为第二承担单位参与研发的“超、特高压变压器/电抗器出线装置关键技术及工程应用”项目获2018年度国家科学技术进步奖二等奖。8家企业参与完成的项目获得省科学技术奖，其中二等奖4项，三等奖4项。

【高新技术产业】 2019年，泰州市实现高新技术产业产值2440.53亿元，占规模以上工业总产值的45.04%。

召开高新技术企业培育工作推进会，全年完成3批高新技术企业申报，累计申报企业644家，比上年增长33.06%，新认定427家，年内净增高新技术企业194家。362家企业被列入省高新技术企业培育库，增长91.5%；获批省高新技术企业培育资金3912万元，增长347%，创历史新高；240家在库企业培育为国家高新技术企业。210家企业通过市高新技术企业备案，856家企业通过国家科技型中小企业入库评价。扬子江药业集团有限公司等6家企业入选“2018年江苏省百强创新企业”，江苏康为世纪生物科技有限公司等6家企业获批“省高新区瞪羚企业”。长泰药业有限公司获评省高新区潜在独角兽企业，成为苏中、苏北地区入围的两家企业之一。江苏硕世生物科技股份有限公司成为苏中首家科创板上市企业。

举办高新技术企业申报业务培训班，发布高新技术企业申报中介服务机构“红黑榜”，实行市（区）高新技术企业培育挂钩联系制度，推进高新企业培育申报工作。建立专家预评审制度，首次启动国家高新技术企业预评审工作，对近200家企业申报材料进行预评审，提出完善或修改意见680条。全年高新技术企业申报通过率达66.5%，高出全省平均通过率4.5个百分点。

实施高新项目研发计划，申报省重点研发计划（产业前瞻与共性关键技术）项目，获批立项3个。组织开展市级产业关键技术研发项目、科技型中小企业孵育计划项目申报工作，立项市科技支撑产业关键技术研发项目22个、科技型中小企业孵育计划项目35个。

【创新平台与载体】 推进《泰州市推进企业研发机构建设工作三年（2018—2020年）行动计划》，全市新建省级工程技术研究中心19家、市级工程技术研究中心54家、市级企业重点实验室6家、市级院士工作站4家。11家省级工程技术研究中心在省绩效考评中获“优秀”等次，10家省级工程技术研究中心通过验收。扬子江药业集团有限公司、双登集团股份有限公司等13家企业研发机构入选第一批“江苏省企业研发机构高质量提升计划”培育库。济川药业集团“江苏省儿科中药与特色制剂重点实验室”获批省级企业重点实验室，双登集团承担建设的“江苏省电化学储能技术重点实验室”、亚星锚链集团承担建设的“江苏省系泊链设计与应用技术重点实验室”通过省级评估验收。

联合江苏省产业技术研究院聘请8名建设管理、技术专家对全市在建的10家重大研发载体进行“综合评价与建设发展咨询”专家会诊活动。2019年全市财政实际已投入6300多万元运营经费用于重大研发载体建设。其中，中科院大化所泰州生物医药创新研究院、哈工大机器人泰州智能制造研究院、中科院自动化所泰州智能制造研究院等3家重大研发载体建设良好。

持续推进科技孵化器绩效评价工作，8家国家级孵化器全部通过国家级绩效评价，其中市高新技术创业服务中心、姜堰区高新技术创业中心被评为“优秀”。31家省级以上孵化器全部通过省级绩效评价，获省科技型创业企业孵育计划扶持资金509万元，比上年增长45%，居全省第五位。全年全市科技企业孵化器建设财政投入资金2107.15 万元。推进省级科技企业孵化器免税工作，重新核定23家省级科技企业孵化器，22家通过核查。实施市科技型中小企业孵育计划项目35个。获批1家省级科技企业孵化器（泰兴人才科技广场科技企业孵化器）；青柠众创空间等6家省级众创空间、1家国家级众创空间（泰晶e空间）进入实地核查阶段。至2019年年末，全市有国家级孵化器8家、省级孵化器23家，国家级众创空间2家、省级众创空间30家。中崇信诺生物科技获2019年第八届中国创新创业大赛生物医药产业成长组总决赛优秀企业奖，“水木清能”团队获第七届“创业江苏”科技创业大赛“新能源及节能环保”行业赛团队组第一名。

【科技经费与项目】 全市全年上争国家、省级各类科技项目、奖励2870项，上争资金12468.8万元。其中，国家自然科学基金项目5项，获批资金111万元；省重大成果转化2项，获批资金600万元；省科技创新团队1项，资金扶持300万元；省重点研发计划项目12项，获批资金1450万元；省创业孵育计划13项，资金509万元；省科技创新能力建设计划项目21项，资金628万元。

【产学研合作】 2019年，泰州市围绕“1+5+1”现代产业体系，开展“新时代科技新长征”活动。组织“企业科技行”“泰爱才”校园行、科技与人才推介会等活动，推动技术成果、创新成果落地。至2019年年末，组织赴北京、上海、深圳、沈阳、武汉等地开展活动86场，680多家企业对接30多个高校科研院所、100多个重点实验室和人才（团队），建立长期合作关系，全市签订科技合作协议391项，吸引集聚1200多名高层次人才。

2019年，泰州市开展科技交流活动163场，组织1000多家企业与全国知名高校院所开展合作对接，达成科技合作项目496项，新建校企联盟168家，吸引集聚2000多名高层次人才，形成“以企业为主体、园区为主阵地，市区联动，部门协同，齐抓共管”的产学研合作推进工作格局。

围绕服务主导产业，针对企业创新需求，开展“技术专家巡诊团”活动。邀请同济大学、华中科技大学及南京航空航天大学等高校院所的相关专家，精准开展项目咨询、技术难题破解、无形资产评估及科技人才引进等个性化服务，累计上门服务企业100多家，提出“诊断意见”200多条，解决技术难题50多项，促进产学研深度融合。

拓展“泰州市科技创新综合服务平台”服务功能，发挥中科院、国防科工等技术转移中心的作用，搭建高校院所成果向该市转移转化的快速通道。至2019年年末，平台入驻技术专家6387人、科研院所268家，发布科技成果103296条、专利信息38015项，发展企业科技人才专员3363名。平台获2019年泰州市改革创新项目二等奖。

【科技惠民】 组织实施民生科技领域的研发攻关项目，江苏华泰疫苗工程技术研究有限公司的“新型疫苗科技成果转化与产业化标准示范”项目获省重点研发计划（社会发展）项目重大科技示范项目立项。获国家自然科学基金项目5项、资金111万元，获省自然科学基金项目3项、资金50万元。组织实施市级科技支撑（社会发展）项目40项，促进先进适用技术在全市民生领域的研发、转化、应用和示范。

【农村科技】 全年上争省重点研发计划（现代农业）项目7项，资金600万元，资金量列全省第三。备案省级“星创天地”6家，备案数位居全省第一,并率先在全省实现了国家级、省级“星创天地”市（区）全覆盖。14家企业获批江苏省农业科技型企业，获批数位列全省第二。新建江苏农村科技服务超市分店 5 家、便利店 9 家，累计建有江苏农村科技服务超市 56 家，建设数列全省第二。评选泰州市 2019 年度优秀江苏农村科技服务超市 10 家，涉及设施蔬菜、特种水产、主要农作物等产业。获批省级农业产业技术创新战略联盟1家，累计7家，涉及优质小麦、石斛、脱水果蔬、道地药材等领域。全年共奖补省级农业科技型企业、农业产业技术创新战略联盟、国家级省级农业科技园区、“星创天地”等主体共 400 万元。

【科技人才】 聚焦企业创新发展需求，实施高层次创新创业人才引进计划、科技企业家培育工程和选派“科技副总”工作，引导科技人才等创新要素向企业集聚，为企业创新发展提供智力支持。全年入选省科技副总项目 21 个，省“双创人才”计划科技创新团队 1 个、企业创新类博士 3 人，认定科技企业家 355 人。

【科技服务】 2019 年，全市科技服务业总收入 254 亿元。推进科技服务业集聚发展，筹划建设泰州科技大市场，主要包括泰科易——泰州网上技术交易平台、科技专利运营服务平台、中科院泰州成果应用转化中心、高校技术转移转化服务平台，以及招引的市场化运营科技服务机构等，引导科技服务市场有序发展。

至年末，全市建有各类省、市级检验检测类科技公共服务平台 12 家，为全市中小企业提供检测或仪器租赁服务超 2 万家次。18 家企业获得省、市大型科学仪器设备共享使用费用补贴共 79 万元。

【科技金融】 制定《科技金融进孵化器工作指南》，开展“科技金融进孵化器行动”专项活动，引导金融机构加强对孵化器内科技企业的支持，举办专题活动 11 场，邀请 33 家金融创投机构、孵化器内 500 家企业参加业务宣讲培训、融资和路演，达成意向融资 8000 万元。“苏科贷”工作实现市（区）全覆盖，全年发放“苏科贷”70 笔，贷款额 3 亿元，比上年增长 30%；至年末，累计发放贷款 284 笔，发放贷款总额 11 亿元。

【知识产权】 2019 年，全市完成专利申请 25021 件、专利授权 14872 件、PCT 专利申请 127 件，万人发明专利拥有量 15.92 件。在全国率先推进专利标准融合工作。4 家企业入选省企业知识产权战略推进计划项目，2 家企业入选中国专利奖，1 家企业入选省专利奖。至年末，全市累计创成强县工程试点县（区）5 家、国家知识产权试点园区 4 家、省级知识产权示范园区 4 家，9 家省级园区全部通过省级知识产权试点园区验收。

【科技活动】 1 月 8 日，泰州市科技局、中科院泰州中心组织召开“科技后备人才哺育行动”专题研讨会。

1 月 17 日，泰州市科技局在姜堰区召开泰州市“科技金融进孵化器行动”专项工作推进会，各市（区）科技局科技金融工作负责人、全市省级以上科技企业孵化器代表参加了会议。

2 月 19 日，南京理工大学泰州测控技术研究院和中科院自动化所泰州智能制造研究院及 3 个产业化项目揭牌运营。高港区委书记顾萍、市科技局局长丁志强、区长孙宏建等参加了活动。

2 月 20 日，副省长马秋林带领省科技、市场监管、药监等有关部门负责人，来泰州市调研生物医药产业发展情况。省政府副秘书长张乐夫，市领导韩立明、史立军、张余松、张小兵、陈明冠及市政府秘书长沈明刚参加相关活动。

3 月 5 日，中国科学院大学泰州大健康产业研究院及复旦大学泰州健康科学研究院项目论证会在医药高新区举办，中科院院士赵国屏、顾东风、陈润生，市委常委、医药高新区党工委书记张小兵，市科技局局长丁志强等出席活动。

3 月 16 日，泰州市举办 2019 年高新技术企业培训会，各市（区）科技局相关负责人、乡镇（街道、园区）分管领导及职能科室负责人、拟申报高企的企业相关负责人近600人参加了培训。

3月21日，泰州市科技局科技政策"进基层、进园区、进企业服务行"活动在医药高新区举行，来自高港区、医药高新区的近100家企业参加了活动。

4月2日，泰州市科技局局长丁志强带领各市（区）科技部门负责人、节能环保与新能源及装备制造相关企业负责人赴上海开展"新时代科技新长征"活动，与中科院上海分院及中科院南京分院、中科院上海硅酸盐所、中科院上海高等研究院专家面对面技术交流。活动中，共洽谈意向项目近30个，其中21个科技合作项目达成初步协议。

4月9日，泰州市副市长陈明冠专题调研科技创新工作。市政府副秘书长周天云、市科技局局长丁志强参加活动。

4月12日，泰州市召开人才工作领导小组（扩大）会议，专题研究推进"新时代科技新长征"活动。市委常委、组织部长曹卫东出席会议并讲话，市政府副市长陈明冠主持会议。会上，市科技局局长丁志强代表市科技局作交流发言。

4月16日，泰州市政府、医药高新区和复旦大学三方举办共同建设国家级生物样本战略资源和健康医疗大数据共享平台签约仪式，继续深化复旦大学泰州健康科学研究院建设，开展跨时空、跨尺度、多维度的人群队列研究，建设国家级生物样本战略资源共享平台、健康医疗大数据共享平台。市长史立军，中科院院士、复旦大学副校长金力出席签约仪式并致辞。市科技局局长丁志强参加活动。

4月24—29日，市政府副秘书长周天云、市科技局局长丁志强带领各市（区）科技部门负责人及相关企业代表赴台，围绕"现代农业和大健康产业"开展科技交流对接活动。

5月7日，2019年度苏陕协作农业科技创新能力提升培训班在泰州举行。陕西省科技厅副厅长林黎明、江苏省科技厅副厅长段雄、陕西省科技厅农村处处长冀峰、泰州市科技局局长丁志强等出席开班仪式。

5月14—19日，"新时代科技新长征"东北行活动走进东北。泰州市委组织部副部长、老干部局局长于顺华，市科技局局长丁志强，市人社局调研员陆玲，各市区组织、科技、人社部门相关负责同志和相关企业代表参加活动。先后走访了沈阳药科大学、吉林大学和哈尔滨工业大学，并与学校就科技人才合作、项目需求等进行交流。

5月22日，泰州市科技局组织全市近400家企业召开泰州市节能与新能源产业技术网启动仪式暨业务培训会，市政府副秘书长周天云、市科技局局长丁志强等出席活动。

5月24日，泰州市科技局邀请华中科技大学、同济大学、南京航空航天大学的18名专家教授，围绕化工新材料产业走访五行科技股份有限公司等12家企业，开展技术巡诊活动，为企业提出诊断意见20多条。

5月30日，泰州市委常委、组织部长曹卫东，市科技局局长丁志强带领全市20家节能与新能源企业赴广州，开展"新时代科技新长征"节能与新能源产业广州站活动，共洽谈意向项目26个，其中22个科技人才合作项目达成初步协议。

6月4日，泰州市科技局赴高港区调研创新载体建设工作。

6月19日，泰州市"新时代科技新长征"活动走进上海大学、同济大学，与院校专家面对面进行技术交流。市委常委、组织部长曹卫东，市科技局局长丁志强等参加活动。活动中，泰兴市沃特尔化工有限公司等企业与相关高校专家教授进行了"点对点"洽谈交流并签约，共正式签约4个技术合作项目，达成合作意向项目20多个。

7月4日，省科技厅副巡视员景茂一行来泰州市调研科技资源统筹工作，泰州市科技局局长丁志强陪同考察了泰科易——泰州网上技术交易平台。

7月5日，健康医疗大数据中心项目建设

讨论会在泰州市召开。国家卫健委卫生发展研究中心信息室主任游茂等专家参加会议，市委常委、医药高新技术产业开发区党工委书记张小兵等领导出席会议，市科技局局长丁志强主持会议。

7月16日，泰州市召开高新技术企业培育工作推进会。市政府副市长陈明冠出席会议并讲话，副秘书长周天云主持会议，市科技局局长丁志强解读了高新技术企业高质量发展的若干政策及相关工作方案。

7月30日，泰州市科技局举办“学思践悟”党员先锋大讲堂活动和2019年上半年述职报告会。市科技局局长丁志强传达市委五届八次全会精神，为全局党员干部讲授“牢记初心使命 敢于担当作为 争做新时代科技创新先锋”专题党课。

8月3日，央视《新闻直播间》聚焦泰州市“新时代科技新长征”活动。报道中，市科技局局长丁志强接受采访并介绍相关工作情况。

9月17日，复旦大学泰州健康科学研究院新址入驻暨精准医学国家队列共享平台项目启动仪式在泰州医药高新区成功举办。中国科学院院士赵国屏、顾东风、贺林等专家学者受邀参加仪式。泰州市委副书记史立军、市委常委张小兵、市政府秘书长沈明刚、医药高新区党工委副书记顾萍、市科技局局长丁志强等出席仪式。

9月17日，中国精准医学发展战略论坛在泰州举行。中国科学院院士赵国屏、贺林、金力等十余位专家学者出席论坛并作专题报告。医药高新技术产业开发区管委会主任顾萍参加论坛并致辞，泰州市科技局局长丁志强主持论坛。

9月26日，泰州市副市长张育林一行到市科技局专题调研科技创新工作。市科技局局长丁志强汇报了科技创新主要工作情况。

9月27日，2019“智创泰州”科技创新创业大赛决赛暨颁奖仪式启动，泰州市政府副市长张育林，泰州市科技局局长丁志强等出席。大赛组织工作于5月启动，报名参赛项目293项，经过专家评审、复赛筛选等环节，共有18个企业、团队项目进入决赛。水木清能团队、江苏劲威新材料有限公司、江苏云涌电子科技股份有限公司分别获团队组、初创企业组、成长企业组一等奖。

10月14日，泰州市科技局召开全市三季度科技工作座谈会。会上，泰州市科技局局长丁志强通报各市（区）科技局、医药高新区主要创新指标完成情况，并对下一步工作提出明确要求。

10月18日，泰州智能制造论坛暨第十四届中国中小商业企业家年会在泰州成功举办。中国中小企业家年会组委会共同主席、全国政协副秘书长何丕洁出席会议并讲话，中国工程院院士干勇，工信部产业政策司巡视员辛仁周，高港区区委书记顾萍等出席会议。市科技局局长丁志强主持会议。

10月18日，2019年度首届江苏省“农业科技创新之星”泰州专场路演在泰州市科技局举办。江苏尚香食品有限公司等9家农业企业提出融资需求，江苏银行、中国银行等投资机构专家为企业提供融资指导服务。

10月19日，中国工程院院士周济、段正澄、李德群一行来泰调研落实制造强国建设战略和推进智能制造发展有关情况。泰州市委副书记、市长史立军，市委常委、泰州医药高新技术产业开发区党工委书记张小兵，副市长张育林，市科技局局长丁志强等陪同调研。

10月21—23日，泰州市“新时代科技新长征”活动走进浙江。泰州市科技局局长丁志强带领市科技局人员及相关企业考察走访了长兴科技大市场、浙江大学、复旦大学宁波研究院。

10月28日，海陵区人民政府与泰州市科技局联合在武汉开展“新时代科技新长征”——节能与新能源产业产学研合作对接活动。华中科技大学党委常委张新亮，武汉理工大学副校长刘祖源，海陵区区委副书记孙群出席活动。泰州市科技局局长丁志强主持活动。

11月1日，金砖国家生物技术与生物医学创新合作大会开幕式在泰州成功举办。科技部中国生物技术发展中心副主任沈建忠，泰州市委常委、医药高新技术产业开发区党工委书记张小兵，市政府副市长张育林，市科技局局长丁志强等出席会议。来自金砖国家和英国、意大利等国家和地区的100余位生物技术与生物医学领域代表参加开幕式。

10月28日—11月1日，泰州市科技局、市人才办在深圳大学联合举办泰州市科技企业家专题培训班，全市40名科技企业家、人才工作者参加培训。

11月4日，“新时代科技新长征”——生物医药产业项目对接会在清华大学医学院成功举办。清华大学医学院教授、党委书记洪波，清华大学药学院教授、副院长尹航等专家教授受邀参加活动。泰州市委常委、组织部长曹卫东，市科技局局长丁志强等出席活动。11家泰州生物医药领域的企业代表参加活动。

11月11日，泰州市科技局召开2019年全市科技统计工作暨业务培训会。泰州市科技局局长丁志强出席会议并讲话。各市（区）科技管理部门分管负责人、职能科室负责人及相关科技统计人员共200余人参加培训会。

11月19日，泰州市科技局联合江苏省产业技术研究院聘请8名建设领域专家对全市在建的中国农业大学（兴化）健康食品产业研究院等10家重大研发载体开展现场“专家会诊”活动。

12月12日，中国·泰州科技成果及专利技术交易对接会在上海成功举办。泰州市人民政府副市长张育林，市政府副秘书长刘剑波等出席活动，市科技局局长丁志强主持活动。复旦大学、同济大学等16所高校的专家教授和负责科技成果转移转化工作的负责人，泰州各市（区）科技局局长和60余名企业家等参加活动。

12月13日，泰州市科技局召开2020年市科技计划项目指南编制工作调研座谈会。全市科技系统、市农开区经发局等有关单位及企业代表40余人参加，对指南初稿提出修改建议。

12月13日，“聚焦高质量 赋能中小微民生微能商学院走进市科技企业孵化器”活动在泰州市产融综合服务中心成功举办。会上，民生银行泰州分行与泰州市科技企业孵化器协会签订战略合作协议。

12月17日，泰州市政府召开全市企业科技创新积分管理工作座谈会。张育林副市长出席会议，并对启动实施企业科技创新积分管理工作进行了动员部署。泰州市科技局局长丁志强就该市实施企业创新积分管理工作的有关情况进行了汇报。

宿迁市

Suqian City

【概　况】 2019年，宿迁市坚持以习近平新时代中国特色社会主义思想为指导，认真落实市委市政府各项决策部署，系统谋划、重点突破，着力促进科技与产业融合，集中精力狠抓“高企培育、技术创新、载体建设、资源集聚”，取得明显成效。科技进步贡献率达55.3%，同比提高1.5个百分点，增幅全省第一；高新技术产业投资同比增长 48.1%，增幅全省第二；全市国家高新技术企业达 336 家，增长36%，增幅居苏北第一、全省第二；认定国家科技型中小企业693家，增长85.0%；落实科技政策减免税 5.49 亿元，增长 56.4%；全市专利申请量12431件，专利授权量7890件，年末有效发明专利量 1567 件，同比增长27.4%，增幅居全省第二位。全市技术合同登记163个、成交额14.78亿元，同比增长67.3%，增幅居全省第三。

【科技管理】 在抓好各项指标的同时，着力统筹协调各方力量，创新工作方式方法，强化对县区的工作指导，推动将“企业研发投入占比”纳入全市工业企业50强表彰奖励评分指标，将“科技型企业招引”纳入高质量考核体系，做好省小康监测指标和高质量发展考核指标提升工作。坚持把高新技术企业培育摆在核心位置，明确目标任务，分级分类建立培育台账，构建全系统上下联动、全员参与的攻坚机制，推动全市高新技术企业培育取得新突破。

【科技成果】 2019年全市转化高科技成果233项；3项成果获省科学技术三等奖；2个项目获省重大成果转化资金项目立项支持，分别是泗洪县的江苏斯迪克新材料科技股份有限公司和湖滨新区的江苏双星彩塑新材料股份有限公司，分别获批专项资金1200万元和800万元。

2019年宿迁市获省科学技术奖情况

序　号	项目名称	完成单位	备注
1	大容量长寿命汽车超级电池的关键技术研发及产业化	天能集团江苏科技有限公司 哈尔滨工业大学 浙江天能电池（江苏）有限公司	陈　飞　王殿龙　方明学 张天任　李明钧　胡国柱 孙　旺
2	聚酯复合弹性纤维产业化技术与装备开发	江苏鑫博高分子材料有限公司、 四川大学 北京中丽制机工程技术有限公司 扬州惠通化工科技股份有限公司	沈　鑫　兰建武　沈　玮 程　旻　仝文奇　林邵建 臧胜楠
3	新型建材生产成套装备关键技术的研发与产业化	江苏腾宇机械制造有限公司 南京理工大学 宿迁学院	田先春　张登峰　蒋淮同 蔡　倩　张　猛　徐亚军 王荣林

【高新技术产业】 2019年，宿迁市以高新技术企业培育工作为主线，继续加大高新技术产业培育，全市高新技术产业投资同比增长48.1%，增幅全省第二，占固定资产投资的比重为12.9%；高新技术产业产值增幅达6.81%，占规模以上工业产值比重达28.03%。研究出台了《宿迁市高新技术企业培育“小升高”行动工作方案（2019—2020年）》，明确高新技术企业培育支持政策和工作举措,形成“发现一批、培育一批、推荐一批、认定一批”的工作局面。完善科技与发改、工信、市场监管、税务、财政等部门的工作协同机制，强化梯队培育，分类分级梳理优质企业资源，加大跟踪指导，做大增量与做强存量并重。市本级及沭阳县、泗阳县、泗洪县均设立了高新技术企业培育扶持资金，市级重点研发计划优先支持高新技术企业和入库培育企业，开展高新技术企业申报专题培训10余场次，着力推动企业提档晋级。

【创新平台与载体】 出台《关于加快宿迁市科技综合体建设的指导意见》和《宿迁市科技综合体建设三年行动计划》。全市共备案科技综合体15个，投入使用面积27.4万平方米，签约研发机构33个，新入孵科技企业87家，入驻科技服务机构40家。出台《宿迁市关于对科技创业孵育载体给予奖励的实施细则》，支持科技创业载体高质量发展和运营。新增省级众创空间4个、众创社区3个、星创天地6个、省工程技术研究中心10个、院士工作站3家，江苏阿尔法药业有限公司的江苏省手性药物反应与分离工程重点实验室获省企业重点实验室立项，实现全市零的突破。

宿迁市省级科技产业园情况

序　号	省级科技产业园名称	备　注
1	江苏省沭阳软件园	沭阳县
2	江苏省沭阳智能机械科技产业园	沭阳县
3	江苏省沭阳装备制造科技产业园	沭阳县

续表

序 号	省级科技产业园名称	备 注
4	江苏省沭阳智能纺织科技产业园	沭阳县
5	江苏省中德（宿迁）环保绿色建材科技产业园	宿城区
6	江苏省宿迁激光科技产业园	宿城区
7	江苏省宿迁高新区新材料科技产业园	宿豫区（高新区）

续表

序 号	省级科技产业园名称	备 注
8	江苏省宿迁北斗电子信息科技产业园	宿豫区（高新区）
9	江苏省泗阳意杨科技产业园	泗阳县
10	江苏省泗洪电子信息科技产业园	泗洪县
11	江苏省宿迁软件园	湖滨新区

宿迁市省级科技创新平台建设情况

单位：个

地 区	累计数	地 区	累计数
合 计	213	经开区	16
沭阳县	54	湖滨新区	2
泗阳县	32	苏宿园区	2
泗洪县	17	洋河新区	0
宿城区	27	市 直	10
宿豫区	53		

注：不含省级研究生工作站。

宿迁市科技部门省级及以上科技创新平台建设情况

单位：个

地 区	累计数	科技部门			
		企业重点实验室	企业院士工作站	工程技术研究中心	科技服务平台
合 计	89	2	7	72	8
沭阳县	23	—	1	21	1
泗阳县	16	—	1	13	2
泗洪县	7	—	2	5	—
宿城区	8	—	—	8	—
宿豫区	21	1	3	16	1
经开区	7	—	—	6	1
湖滨新区	1	—	—	1	—
苏宿园区	1	—	—	1	—
洋河新区	—	—	—	—	—
市 直	5	1	—	1	3

注：宿豫区数据含高新区。

宿迁市省级以上科技企业孵化器情况

序号	省级科技企业孵化器名称	运营主体名称	备注（所在地、级别）
1	沭阳县科技创业服务中心	沭阳县科技创业服务中心	沭阳县、国家级
2	宿迁市科技创业服务中心	宿迁市科技创业服务中心	市直、省级
3	江苏联炬高新技术创业服务中心有限公司	江苏联炬高新技术创业服务中心有限公司	泗阳县、省级
4	泗阳生态科技创业园	泗阳城南新城实业投资有限公司	泗阳县、省级
5	泗洪经济开发区科技创业中心	泗洪经济开发区科技创业中心	泗洪县、省级
6	宿迁高新区科技企业孵化器	江苏宿豫经济开发区开发投资有限公司	宿豫区（高新区）、省级
7	宿迁市软件园科技创业服务中心	宿迁市知谷科技发展有限公司	湖滨新区、省级
8	沭阳高创园科技企业孵化器	沭阳企盟高创园孵化器有限公司	沭阳县、省级
9	苏州宿迁工业园区科教创新园	宿迁西浦科技园管理有限公司	苏宿园区、省级
10	京东众创授权宿迁电商科技企业孵化器	江苏云企汇科技有限公司	宿豫区、省级
11	江苏意杨科技企业孵化器	江苏亦扬企业孵化管理有限公司	泗阳县、省级
12	宿迁西交大科技企业孵化器	宿迁西交科技园管理有限公司	经开区、省级
13	宿迁激光装备科技企业孵化器	宿迁激光产业科技园建设发展有限公司	宿城区、省级

宿迁市省级众创空间建设情况

序号	众创空间名称	运营主体名称	备注（地区、级别）
1	JD+ 银杏树创客空间（2015）	江苏银杏树创客服务有限公司	宿豫区（高新区）、省级
2	Boot Camp（宿迁）众创空间（2017）	宿迁宿高成长企业孵化管理有限公司	宿豫区（高新区）、省级
3	企盟创客之家（2016）	沭阳企盟高创园孵化器有限公司	沭阳县、省级
4	联炬创新创业基地（2017）	江苏联炬高新技术创业服务中心有限公司	泗阳县、省级
5	起点创业吧（2017）	泗洪经济开发区科技创业中心	泗洪县、省级
6	青创魔方众创空间（2017）	宿迁市青创魔方企业管理有限公司	宿城区、省级
7	西楚创客（2016）	宿迁西交科技园管理有限公司	经开区、省级
8	梦工场（2018）	宿迁西浦科技园管理有限公司	苏宿园区、省级

续表

序　号	众创空间名称	运营主体名称	备注（地区、级别）
9	众创空间梦工场（2019）	沭阳帕沃实业有限公司	沭阳县、省级
10	宿迁企客空间（2019）	宿迁嵘锦知识产权运营有限公司	宿城区、省级
11	洋河颐高众创空间（2019）	宿迁颐河互联网科技有限公司	洋河新区、省级
12	意杨启思众创空间（2019）	泗阳县启思众创空间有限公司	泗阳县、省级

宿迁市省级众创社区建设情况

序　号	众创空间名称	运营管理机构	备注
1	宿迁高新区先进复合材料众创社区	江苏省苏北工业技术研究院有限公司	宿豫区（高新区）
2	沭阳健康医疗众创社区	沭阳企盟高创园孵化器有限公司	沭阳县
3	泗阳家居制造产业众创社区	宿迁市众创空间科技有限公司	泗阳县
4	宿迁宿豫数字电商众创社区	中国宿迁电子商务产业园区管理委员会	宿豫区（高新区）
5	宿迁宿城激光产业众创社区	中电建江苏激光制造发展有限公司	宿城区
6	泗阳功能纤维产业众创社区	宿迁东方投资有限公司	泗阳县

宿迁市星创天地建设情况

序　号	“星创天地”名称	级别	运营管理主体	县区
1	花乡智汇星创天地	国家级	江苏苏太花木产业有限公司	沭阳县
2	泗阳现代农业星创天地	国家级	泗阳县绿谷农业投资有限公司	泗阳县
3	江苏省宿迁市泗阳县意杨产业星创天地	国家级	泗阳意杨产业科技园实业有限公司	泗阳县
4	泗洪电子商务星创天地	国家级	宿迁市牛牛电子商务有限公司	泗洪县
5	泗洪现代渔业星创天地	国家级	江苏泗洪县金水特种水产养殖有限公司	泗洪县
6	宿城设施园艺星创天地	国家级	江苏省宿城现代农业产业园区管理委员会	宿城区
7	江苏省宿迁市宿城区耿车奇趣多肉星创天地	国家级	宿迁市大众电子商务产业园有限公司	宿城区
8	宿城泥鳅产业链星创天地	国家级	江苏鼎盛农业科技有限公司	市直
9	宿迁市优质商品猪健康养殖星创天地	省级	宿迁市立华牧业有限公司	沭阳县

续表

序　号	“星创天地”名称	级别	运营管理主体	县区
10	“西洲农服”星创天地	省级	沭阳西洲园林绿化有限公司	沭阳县
11	“花乡电商”星创天地	省级	沭阳县东旋花木种植专业合作社	沭阳县
12	泗洪西南岗林果综合服务星创天地	省级	泗洪县天岗湖林果协会	泗洪县
13	宿迁市设施农业星创天地	省级	宿迁市设施园艺研究院	市直
14	“花乡电商创业”星创天地	省级	沭阳帕沃实业有限公司	沭阳县
15	甜蜜事业星创天地	省级	宿迁王氏蜜蜂园有限公司	泗阳县
16	尖尖角农业科技无公害蔬菜种植星创天地	省级	江苏省美润食品有限公司	泗阳县
17	成子湖经济林果星创天地	省级	泗阳县聚丰生态农业发展有限公司	泗阳县
18	八集农产品供销社星创天地	省级	泗阳县八集供销社有限公司	泗阳县
19	泗洪稻米全产业链星创天地	省级	江苏苏北粮油股份有限公司	泗洪县

注：国家级星创天地首先必须是省级星创天地。

宿迁市其他部门省级科技创新平台建设情况

单位：个

地区	合计	发改部门		经信部门		人社部门
		国家地方联合工程研究中心	省级工程中心	国家企业技术中心分中心	省级企业技术中心	博士后科研工作站
合　计	124	1	40	1	61	21
沭阳县	31	—	6	1	18	6
泗阳县	16	—	5	—	10	1
泗洪县	10	1	5	—	3	1
宿城区	19	—	8	—	8	3
宿豫区	32	—	11	—	14	7
经开区	9	—	4	—	5	—
湖滨新区	1	—	—	—	1	—
苏宿园区	1	—	—	—	1	—
洋河新区	0	—	—	—	—	—
市　直	5	—	1	—	1	3

注：宿豫区数据含高新区。

【科技经费与项目】 2019年，市本级科技创新专项资金由5000万元提升到8000万元，同比增长60%。加快前瞻性技术创新，高水平组织实施科技项目，引导有条件的企业和单位开展前瞻性技术开发，2019年承担省级各类科研项目82项，获得各类研发奖补资金8405.5万元，同比增长27.7%，有力助推了重点产业领域技术水平的提高。强化关键技术攻关，围绕"5+4"产业创新重大需求，提升创新供给能力，坚持把突破产业核心技术作为主攻方向，2019年立项实施市级科技计划项目95个。

宿迁市获省级科技计划项目及奖励补助资金情况

单位：项、万元、%

计划类别	项目数	拨款数	上年同期拨款数	同比增长
合　计	—	8405.5	6583.4	27.68
省级科技计划项目	82	4925.5	4615	0.72
科技成果转化专项资金	2	2000	600	233.33
重点研发计划	9	600	800	-25.00
创新能力建设专项资金	1	—	450	—
政策引导类计划（苏北科技专项）	68	2012	2046	-1.66
"三区"人才支持计划科技人员专项计划资金	—	277.5	270	2.8
科技型创业企业孵育计划资金	2	36	49	-26.53
双创团队	0	—	300	-100.00
省级奖励补助资金	—	3480	1968.4	76.79
高新技术产业开发区奖励资金	—	430	540	-20.37
农业科技社会化服务奖补资金	—	0	57	-100.00
企业研究开发费用省级财政奖励资金	—	1158	926	25.05
省高新技术企业培育资金	—	1892	276	585.51

注：2019年企业研究开发费用省级财政奖励资金含2018年省财政预拨经费。

宿迁市获批省级及以上科技计划项目与奖励补助资金区域分布情况

单位：万元

辖区＼年度	合　计		科技计划项目资金		奖励补助资金	
	2018年	2019年	2018年	2019年	2018年	2019年
合　计	6583.4	8405.5	4615	4925.5	1968.4	3480
沭阳县	768.8	1377	579	653	273	724

续表

合 计			科技计划项目资金		奖励补助资金	
泗阳县	1675	1269.5	1519.5	829.5	181.5	440
泗洪县	614.9	1945	482.5	1675	132.4	270
宿城区	398	649	390	308	60	341
宿豫区	1530	1407	990	440	592.4	967
经开区	204	572	164	120	92	452
湖滨新区	30	818	30	800	5.2	18
苏宿园区	0	231	0	0	5.2	231
洋河新区	300	57	300	50	0	7
市 直	1062.7	80	160	50	626.7	30

注：各县区 2019 年奖补资金含 2018 年省财政预拨经费，宿豫区资金含高新区数据。

宿迁市各县（区）科技局管理科技经费情况

单位：万元、%

县 区	2019 年	2018 年	同比增幅	2017 年
合 计	16425	10648	54.25	9408
市本级	8000	5000	60.00	5000
沭阳县	1895	1536	23.37	1363
泗阳县	2000	1353	47.82	1342
泗洪县	2030	1809	12.22	808
宿城区	1531	530	188.87	475
宿豫区	969	420	130.71	420

【产学研合作】 2019 年围绕宿迁千百亿级产业征集筛选了 167 家企业技术需求。与中科院系统、北京化工大学、东南大学、上海交通大学、东华大学、江南大学、武汉大学等近 50 家大院大所建立联系对接，征集科技成果近 2000 项，建立成果库。政府与高校院所开展战略性全面产学研合作。通过高层互访、人才科技恳谈会等活动，宿迁与东南大学、江南大学、南京航空航天大学、中科院南京分院、东华大学、苏州大学、中国矿业大学等十余家高校院所签订合作协议。以开放式创新为路径，积极探索产学研合作新机制、新模式，按照“企业主体、市县区联动、注重实效”的原则，2019 年，先后在上海、武汉等科教资源集聚的地区举办人才科技恳谈会系列产学研活动，赴北京化工大学、上海交通大学、西北工业大学等高校院所

开展对接交流活动，举办创赢宿迁——上海人才科技恳谈会、2019人才科技合作交流会、“俄罗斯院士宿迁行”等产学研活动，组织250余家企业参加了江苏第七届产学研大会及苏北五市产学研大会，全市共举办了211场产学研活动，签约合作项目434项，其中校地合作31项，达成合作意向640余项。

【农村科技】 加强科技资源集聚，为农业提质、增效提供有力的支撑。实施苏北科技专项项目68项，争取项目资金2012万元；聚焦现代农业，实施重点研发计划（现代农业）项目10项，投入资金400万元，同比增长40.4%。新增省级农业科技型企业8家，总数达48家。新增省级星创天地6家，全市共有省级星创天地19家，其中国家级8家。全市共有国家级现代农业科技园1家、省级现代农业科技园5家。

宿迁市省级农业科技型企业情况

序 号	农业科技型企业名称	地 区	时 间
1	宿迁市春绿粮油有限公司（停产）	宿豫区	2008
2	沭阳花木大世界有限公司	沭阳县	2009
3	江苏福庆木业有限公司	沭阳县	2009
4	江苏玖久丝绸股份有限公司（停产）	宿豫区	2009
5	江苏省洪泽湖农场集团有限公司	泗洪县	2009
6	宿迁沃绿宝有机农业开发有限公司	宿城区	2010
7	江苏宝宝宿迁国民生物科技有限公司	宿城区	2010
8	宿迁市罐头食品有限责任公司	宿豫区	2010
9	江苏龙嫂绿色食品有限公司（停产）	宿豫区	2010
10	江苏苏林木业有限公司	沭阳县	2010
11	江苏绿陵生态肥有限公司	宿豫区	2011
12	江苏禾友化工有限公司	宿豫区	2011
13	泗阳县顺洋木业有限公司	泗阳县	2011
14	江苏德华兔宝宝装饰新材有限公司	泗阳县	2011
15	宿迁楠景水产食品有限公司	泗洪县	2011
16	沭阳县苏北花卉有限公司	沭阳县	2011
17	江苏苏林园林工程有限公司	沭阳县	2011
18	泗阳县洪泽湖水产开发有限公司	泗阳县	2012

续表

序　号	农业科技型企业名称	地　区	时　间
19	江苏绿港现代农业发展股份有限公司	宿城区	2012
20	江苏健谷化工有限公司	宿豫区	2013
21	绿雅（江苏）食用菌有限公司	沭阳县	2013
22	江苏苏微食品有限公司	泗洪县	2013
23	江苏华绿生物科技股份有限公司	泗阳县	2013
24	江苏省泗棉种业有限责任公司	泗阳县	2013
25	江苏益客食品集团股份有限公司	宿豫区	2017
26	沭阳益客食品有限公司	沭阳县	2017
27	江苏晟宇地板有限公司	泗阳县	2017
28	江苏苏太花木产业有限公司	沭阳县	2017
29	江苏瑞华农业科技有限公司	宿城区	2017
30	江苏好彩头食品有限公司	泗阳县	2017
31	江苏康之源粮油有限公司	沭阳县	2017
32	江苏奕农生物股份有限公司	沭阳县	2017
33	江苏周圈园林建设工程有限公司	沭阳县	2018
34	宿迁市立华牧业有限公司	沭阳县	2018
35	沭阳众客种禽有限公司	沭阳县	2018
36	宿迁市金板木业有限公司	泗阳县	2018
37	江苏傲农生物科技有限公司	泗阳县	2018
38	江苏泗洪县金水特种水产养殖有限公司	泗洪县	2018
39	宿迁益客饲料有限公司	宿豫区	2018
40	宿迁中江种业有限公司	宿城区	2018
41	沭阳天地实业有限公司	沭阳县	2019
42	沭阳县金森源木业有限公司	沭阳县	2019
43	江苏峪口禽业有限公司	泗阳县	2019
44	江苏台安迪环保科技有限公司	泗阳县	2019

续表

序 号	农业科技型企业名称	地 区	时 间
45	泗阳县聚丰生态农业发展有限公司	泗阳县	2019
46	江苏苏润生物科技有限公司	泗阳县	2019
47	江苏苏北粮油股份有限公司	泗洪县	2019
48	江苏益和宠物用品有限公司	宿豫区	2019

宿迁市现代农业科技园情况

序 号	现代农业科技园	级 别	地 区
1	江苏宿迁国家农业科技园区	国家级	
2	沭阳苗木花卉科技园	省级	沭阳县
3	泗阳意杨产业科技园	省级	泗阳县
4	宿城区设施园艺农业科技园	省级	宿城区
5	江苏宿豫现代农业科技园	省级	宿豫区
6	江苏泗洪现代农业科技园	省级	泗洪县

【科技人才】 着力构筑人才创新创业政策“新高地”，进一步推动人才队伍在集聚壮大中迸发活力。大力引培高层次人才，新引进“两院”院士3人。在上海、武汉等地举行人才科技恳谈会，开展首届人才创新创业大赛，全年引进136个领军人才团队，选培本土拔尖人才1361人；首次评选宿迁工匠28人。大力引进名校优生，通过提供编制、提高待遇、创新方式，全年引进博士、硕士、“双一流”本科毕业生2330人，其中市选聘生102人。从中科院、江南大学、河海大学等单位引进企业“科技副总”69名，柔性引进高层次人才152人。发放高层次人才及名校优生租房补贴、购房券、引才奖励等3000万元。

【科技金融】 全年共引导江苏银行等8家商业银行向126家企业发放苏科贷3.6亿元、同比增长8.98%。截至2019年年底，累计发放苏科贷12.92亿元，同比增长38.9%，增幅位列全省第二。深入推动银行、企业开展知识产权质押融资工作。在会同中国银行持续开展“中银知贷通”的基础上，深化与江苏银行、南京银行合作，促进知识产权质押贷款业务快速增长，全市知识产权质押融资额首次突破1亿元。创新推动人才金融服务，成立2亿元规模的宿迁毅达产才融合发展基金，发放“人才贷”8700多万元。

【知识产权】 建立健全知识产权保护机制。以外商企业、进出口企业、市级以上高新技术企业和规上企业为重点对象，建立联络指导、异地维权、督办查办等工作机制。加强知识产权非诉纠纷解决机制建设，重点在人民调解方面实现零突破，成立宿迁市知识产权纠纷人民调解委员会。2019年，持续加大对园区和县区知识产权工作的支持和引导力度。沭阳经开区获批国家知识产权试点园区，引导宿迁高新区申报国家知识产权试点园区，推动宿城经开区获批省知识产权示范园区，支持沭阳县做好国家知识产权强县工程示范县验收。全市所有县区和省级以上开发区全部进入省级以上知识产权试点示范序列。全年累计推动100家企业参与贯彻国家标准《企业知识产权管理规范》，全市累计已达600家，推动43家企业通过贯标绩效评价，总数居苏北前列；全面推动规模以上工业企业和高新技术企业商标注册工作，国家知识产权优势/示范企业取得新突破，首次获批2家国家知识产权示范企业，新获批9家国家知识产权优势企业，格力大松（宿迁）生活电器有限公司2项专利获批中国专利奖优秀奖。累计推动100家企业参与《企业知识产权管理规范》备案工作，全市累计达600家，实现了高新技术企业全覆盖，通过贯标绩效评价43家，首次获批国家知识产权示范企业2家，实现国家知识产权示范企业零的突破。2019年，全市专利授权量7890件，居苏北第3位，其中企业专利授权量6687件，占比84.8%，有效发明专利1567件，同比去年底增长27.4%，PCT专利申请32件，同比增幅28%；商标注册量17611件，同比增长45.50%，增幅位居全省第2位，总量位居全省第8位，有效商标注册量51432件，同比去年底增幅49.47%，增幅位居全省首位，总量位居全省第9位。

【科技活动】 1月5日下午，召开全市科技创新大会。市委书记张爱军在会上强调，要深入学习贯彻习近平总书记关于科技创新的重要论述，全面落实全省科学技术奖励大会暨科技创新工作会议精神，强化科技引领，汇聚创新力量，全力推动科技创新工作迈上新台阶，为推动高质量发展“六增六强”提供强大动力。市委副书记、代市长王昊主持会议并讲话。会上宣读了《市政府关于授予宿迁市第四届“十大科技之星”的决定》《市政府关于颁发第二届宿迁市专利奖的决定》《市政府关于对入选省科技型“瞪羚”企业、获得省科学技术奖单位给予配套资金补助的决定》，并为受表彰的先进集体和先进个人颁奖。张爱军和王昊共同为“江苏宿迁国家农业科技园区”揭牌。

3月15日，市委副书记、市长王昊带领市委组织部、市工信局、市统计局等相关部门负责人赴市科技局，专题调研科技创新工作。王昊指出，市委、市政府高度重视科技创新工作，一直摆在重要位置加以推进，希望市科技局充分认识面临的新形势、新任务，切实增强责任感和紧迫感，加强创新平台建设、强化产学研合作、扶持高新技术产业发展，全力推动科技创新工作再上新台阶。

4月15—16日，科技部党组成员、副部长徐南平来宿迁调研农业科技社会化服务体系建设工作。副省长马秋林，省科技厅厅长王秦，市委书记、市人大常委会主任张爱军，市委副书记、市长王昊参加相关活动。

5月14日，江苏斯迪克新材料科技股份有限公司与江苏省产业技术研究院签订企业联合创新中心协议。

6月5—6日，宿迁市在上海举办2019宿迁（上海）人才科技恳谈会。

6月5日，“创赢宿迁—2019中国宿迁科技创新创业大赛”启动仪式及路演活动在上海举行。

8月29—30日，青海省乌兰县到泗阳县考察农业科技创新工作。

9月6日，省科技厅农村中心主任高凯和省生产力促进中心副主任孟庆如等一行5人到泗阳调研考察科技帮扶工作。

9月29日，为庆祝中华人民共和国成立70周年，全面把握“不忘初心、牢记使命”主题教育和“守初心、担使命、找差距、抓落实”的总要求，宿迁市科技局组织召开科技系统“庆国庆、谋发展”思想解放交流研讨活动，深刻对照反思省委提出的“九个有没有”，回答好“江苏发展三问”“宿迁三个怎么办”“宿迁科技怎么干”。

10月16日，宿迁市科技局举办2019年全市科技系统依法行政（行政执法）培训班。

11 月 8 日下午，2019 宿迁（武汉）人才科技恳谈会在湖北省武汉市举行，为武汉、宿迁两地的企业、人才、高校院所搭建对接、交流、合作平台，进一步推动两地产才深度融合发展。市委常委、组织部部长过利平，副市长曹秀明参加活动。

11 月 16 日，以“才聚沭水，圆梦花乡”为主题的沭阳县首届高层次人才创新创业大赛落下帷幕。最终决出一等奖 1 名、二等奖 2 名、三等奖 3 名、优秀奖 4 名。

12 月 4 日，市政府副市长曹秀明同志召开全市科技工作务虚会。

国家高新区

National New & High-tech Industrial Development Zones

南京国家高新技术产业开发区

Nanjing National New & High-tech Industrial Development Zone

【概　况】 南京国家高新技术产业开发区（以下简称“南京高新区”）创建于1988年4月，1991年3月被国务院批准为首批国家级高新区。1997年2月，南京高新区区域调整为“一区两园”，其中“两园”为新港高新园和江宁开发区高新园。经过不断改革发展，南京高新区综合实力逐步提升。2019年，实现地区生产总值3675亿元，同比增长13%，占全市26.1%；公共财政预算收入344亿元，同比增长13%，占全市21.77%；有效期内的高新技术企业1632家，占全市34.87%。2019年，南京高新区在国家高新区综合排名中再次进位，列第15名。

【高新技术产业发展及产业化】 在全市战略引导下，南京高新区形成了各具特色的产业发展态势。

南京高新区（江北新区）加快集成电路、生物医药产业集群布局，聚力“芯片之城”“基因之城”建设。“芯片之城”以台积电项目为龙头，聚焦EDA设计等核心领域，集聚了相关企业300多家，初步形成从设计到封装的完整产业链，全年集成电路产值增速超过150%。“基因之城”围绕精准治疗、大分子药物研发等集聚创新资源，集聚企业800多家，打造覆盖“-1—100岁”全生命周期健康医疗体系。全年生物医药产业产值达900亿元，同比增长80%。

南京高新区（新港高新园）形成了较为完整的AI产业集群，有围绕芯片、传感器等基础层的企业，有围绕语音识别、人机交互等技术层领域的研究院，还有更多智能驾驶等应用层的企业。2019年，新港高新园新引进总投资3.5亿美元的美迪斯智能设备制造、总投资20亿元的东洲5G通信应用等重大项目，不断补链强链，产业能级和规模持续提升。

南京高新区（江宁开发区高新园）构筑“3+3+3+1”现代产业体系，形成了绿色智能汽车、智能电网、智能制造、人工智能等一批产业，其中汽车和智能电网已形成千亿级产业集群；打造未来核心产业竞争力，构建了重大科研创新平台，支持网络通信与安全紫金山实验室、未来网络实验设施项目CENI等重点项目建设。

【科技成果】 一批关键技术得到突破，园区科技企业发展亮点频出，争相在各自领域突破国际垄断、填补行业空白。网络通信与安全紫金山实验室研发出完全自主可控且成本超低的毫米波相控阵芯片等一批技术水平国际领先的科研成果，未来网络试验设施CENI项目开通首批12个城市节点，发布了全球首个大网级网络操作系统。前沿生物新研发的全注射长效抗艾新药进入临床Ⅱ期试验，传奇生物CAR-T疗法获欧盟PRIME认定，普爱医疗联合中国电信等完成全国首例5G远程三维椎体强化手术。地平线机器人发布了国内首款车规级AI处理器“征程2.0芯片”并宣布全面开放；极智嘉建成业界首座自主移动机器人（AMR）柔性智慧工厂，实现了品质自验自证的智能“自造”；摄星智能发布了全国首款分别面向B端和C端的多模态AI生成信息智能检测应用系统；诺唯赞立足研发并持续创新，现已成为国内体外诊断试剂隐形冠军，已获得药监局批准的临床诊断产品注册证46个，其中有3个原料受进口限制的产品填补了国内市场空白。

【科技创新平台】 围绕前瞻性技术和未来产业，布局了一批重大基础设施，一大批体量大的基础设施项目相继签约、落户，未来网络科技基础设施建设持续推进；紫金山通信技术与网络安全实验室建设进展迅速，全球首个内生产安全试验场已开通并正式启动全球众测。紧紧围绕高新区主导产业方向，定向建设新型研发机构，定向孵化产业链企业，定向引进校友资源，利用南京国际创新周、世界智能制造大会、软博会、未来网络峰会等，引进了一批新型研发机构,进一步提升了主导产业创新浓度，发挥“老母鸡”式新型研发机构孵化功能，形成了一批特色产业创新集群。2019 年，新增备案新型研发机构 64 家，累计 115 个，新型研发机构吸引了大量的科研和管理人员，研发投入达 7.22 亿元，新申请专利 2567 项，累计孵化引进企业 2000 余家，为打通学科群到产业群建立了有效通道。

【科技合作】 围绕全市“4+4+1”主导产业和自身特色产业，全面启动“生根出访”工作，先后赴10多个国家走访近200家企业机构组织，会见 300 余位专家，取得了丰硕的成果。利用生根出访成果，面向创新大国和关键小国，充分挖掘国际资源，在伦敦、慕尼黑、斯德哥尔摩等多地举办创新名城推介会，与英国曼彻斯特大学、日本千叶大学、美国范德堡大学等国际知名高校团队深度合作，共建鼎腾石墨烯研究院、南京光医学产业技术研究院等 10 多家国际化元素新型研发机构。主动融入全球创新网络，引入或合作共建剑桥大学南京科创中心、中国・北欧创新合作示范园、马德里理工大学南京创新中心、中以（南京）科技创新园、欧创慧中法离岸孵化器等一批国际合作平台，有力地提升了园区国际创新活力。

2019 年 2 月 25 日，中欧创新合作大会

【科技金融】 成立“南京高新技术产业投资集团”、设立多个基金管理公司，创新形成“宁微贷”“园区保”等金融产品，用于新型研发机构及其项目培育、高成长及科技型企业培育、人才引进等，赋能园区，提升市场化运作能力。全国首个数字资产登记结算平台“江苏股权交易中心扬子江新金融示范区路演中心”顺利上线，已落户各类新金融机构超过 200 家，基金 300 多支、认缴规模超 4000 亿元。探索构建知识产权金融创新体系，以“我的麦田”为载体，打造“互联网 + 金融 + 知识产权”的知识产权互联网公共服务平台，创造性地推出了知识产权质押融资的“江北模式”，累计完成江苏省知识产权质押贷款金额近 28 亿元，知识产权质押融资申请企业数超过 2000 家，获得贷款授信审批企业数近 900 家，经国务院批准作为服务贸易创新发展经验进行全国推广。用好“苏科贷”“普惠贷”等科技金融产品，帮助企业获得科技银行贷款，南京高新区（江北新区）贷款规模已超 13 亿元。

【科技人才】 用好全市 53 所高校、众多科研院所、70 多个国际友城、海外科教界华人等多方力量，密织人才信息网，大力实施高端人才集聚计划，推出高层次人才举荐制，实施“人才强企 10 条”新政，加大对高端创新人才及团队招引力度。网络通信与安全紫金山实验室以刘韵洁院士团队、尤肖虎教授团队、邬江兴院士团队为引领,集聚各类研究人员千余人。其中，南京高新区（江北新区）累计集聚诺贝尔奖得主 2 人、中外院士 45 人，以及长江学者等知名专家数十名；全年新增 10 人入选国家级人才计划，68 人入选江苏省“双创计划”、“333 工程”、“六大人才高峰”、科技企业家等省级人才计划；入选 2019“创业江北”人才计划 150 人，组织申报“创业南京”人才 92 名，已成为南京乃至江苏高层次人才集聚度最高的区域之一。

【科技服务】 落实做好《苏南国家自主创新示范区条例》、《江苏省开发区条例》、科技改革 30 条、市委 1 号文等宣传工作，2019 年，南京高新区（江北新区）累计落实高新技术企业所得税减免 8.4 亿元、企业研发费用加计扣除额 35.9 亿元。构建线上、线下相结合的科技服务模式，通过创新政策汇编、服务机构手册等，帮助企业知晓政策、了解政策，享受专业化精准服务；通过电话咨询、微信公众号“你问我答”、QQ 群、定期企业走访等，及时帮助企业解决困难和问题。加快证照分离、多证合一、信用承诺制、数字化联合图审、相对集中行政许可权、“不见面审批”、综合执法等改革试点，在园区内推行“一窗受理、集成服务、一次办结”的服务模式创新，实现“园内事园内办”。升级人才服务深度，从人才引进、留才奖励、人才培养、生活配套 4 个方面给予全链条保障。

【知识产权】 南京高新区加快建设江苏省知识产权服务业集聚发展区，集聚了知识产权创造、运用、保护、管理和投融资等专业化服务机构近百家。积极推进知识产权综合管理体制改革，设立知识产权综合服务窗口，实现专利、商标、版权的集中统一管理。进一步加大政策引导，南京高新区（江北新区）修订出台了《南京江北新区知识产权专项资金管理办法》，积极推动中国（南京）知识产权保护中心各项业务开展，新增生物医药领域快速审查业务，154 家新区企业进入备案目录库。

【科技活动】 成功举办了世界半导体大会、国际生命健康科技大会、全球网络技术大会、未来网络发展大会等重要活动 100 余场，签约亿元以上项目 500 多个；中欧创新合作大会、“云起”产业信息化发展峰会、中国人工智能峰会、“南京国际青年交流计划”、“中英现代产业合作伙伴关系对话——智慧交通”高峰论坛等 30 余场国际化系列活动；主办了第四届清华校友三创大赛长三角赛区总决赛、第七届“创业江苏”科技创业大赛总决赛、第十四届中国研究生电子设计竞赛等系列创新创业活动；举办 2019 集成电路产业创新发展高峰论坛、南京分子影像新药转化研究高峰论坛、2019 年国际创新创业教育交流会、第二届国际合成生物学高峰论坛等重大专场活动，营造了良好的科技创新创业氛围。

苏州国家高新技术产业开发区

Suzhou National New & High-tech Industrial Development Zone

【概　况】 苏州国家高新技术产业开发区（以下简称“苏州高新区”）1992 年被国务院批准为国家高新技术产业开发区。2019 年，苏州高新区科技工作以扎实开展“不忘初心、牢记使命”主题教育为契机，以苏南国家自主创新示范区建设为核心，瞄准先进标兵，全力拼抢赶超，努力开拓创新驱动新路径，全区科技创新工作取得明显成效：获批第二批国家中小企业创新创业升级特色载体（科技资源支撑型），全省首批海外人才离岸创新创业基地，苏州首家国家文化与科技融合示范基地；在国家高新区年度排名中列第 26 位，在全省高新区创新驱动发展综合评价中列第 3 位；区域科技进步贡献率超过 60%。

【科技政策】 2019 年，苏州高新区强化创新政策供给，拟定《苏州高新区关于加快科技成果转化与技术转移体系建设的实施办法》，努力营造最优质的政策环境，体现“政策效率”；积极落实企业研发费用加计扣除等重点科技政策，落实加计扣除企业874家、同比增长35.71%，加计扣除额42.47亿元，减免企业所得税10.62亿元，全社会研发投入占地区生产总值比重达4.18%，连续10年位列苏州大市第一。

【科技载体】 2019年，苏州高新区全力推进大院大所产业化，清华苏州环境创新研究院新注册企业17家，南京大学苏州创新研究院引进产业化公司35家；南京航空航天大学苏州研究院签署落地协议，实质建设加速推进，已累计引进3家企业。强化双创载体建设，新增国家级和省级科技企业孵化器各1家、市级众创空间6家，苏州高新区医疗器械众创社区获批江苏省众创社区备案试点。优化双创孵化服务，完善科技企业孵化器和众创空间的创建提升和绩效评估机制，不断提高创新创业成效，力争把苏州创客峰汇打造成在全省乃至全国具有影响力的众创特色品牌。

【科技人才】 2019年，苏州高新区聚焦引才育才同谋划，不断壮大高端人才队伍。全年新增市级以上科技领军人才65项，创历史新高：科技部创新人才推进计划2项；省双创人才10项，列全市第三；市姑苏领军团队2项，人才44项，列全市第二，同比增长35%；区领军人才立项207项。

【科技企业】 2019年，苏州高新区聚焦科技与产业强融合，不断做强科技领军企业集群。全区入选省苏南潜在独角兽企业6家，累计8家；入选省苏南瞪羚企业30家，累计59家；新增国家高新技术企业216家，同比增长80%，净增177家，同比增长124%，均创历史新高，新增省市高企培育入库企业299家，同比增长100.7%，获批省民营科技企业376家，同比增长19.36%。支持院企、校企强强联合，全区新增产学研合作项目超过400项，获评省级以上企业研发机构42家；获批省成果转化联合招标项目3项（列全省高新区第一）。

【科技服务】 2019年，苏州高新区优化科技金融服务，在全省高新区首创“科技成果贷”，为8家企业授信1.64亿。强化科技政务服务，先后举办各类培训讲座、人才沙龙、科技咨询及科普活动超过50场次，服务企业2500家次以上。

无锡国家高新技术产业开发区

Wuxi National New & High-tech Industrial Development Zone

【概　况】 无锡国家高新技术产业开发区（以下简称“无锡高新区”）是1992年11月经国务院批准的国家级高新技术产业开发区。无锡高新区位于无锡东南，东接苏州，南邻太湖，拥有1个国家级综保区和2个省级以上开发区，下辖6个街道，初步形成了“一区多园”、协同发展的空间布局。无锡高新区是江苏唯一首批入选国家海外高层次人才创新创业基地的开发区，成功获批国家传感网创新示范区、国家“芯火”双创基地、国家创新型园区、国家生态工业示范园区、国家知识产权试点园区等。

无锡高新区是无锡市重要的经济增长极、对外开放窗口、科技创新基地和转型发展引擎。2019年，无锡高新区实现国内生产总值1845.5亿元，增长6.3%；人均GDP突破32万元，是全国平均水平的4.5倍；规上工业增加值突破1000亿元；一般公共预算收入实现205.1亿元，增长3.2%；固定资产投资增长6.4%；进出口总额实现3482.5亿元，同比增长3.9%。

【高新技术发展及产业化】 2019年，全区高新技术产业产值2794.2亿元，占规模以上工业总产值的比重66.3%。全年新增注册工商企业6505家，其中科技企业850家，同比增长33%；净增高新技术企业180家，同比增长2.5倍，有效期内高新技术企业达620家；国家科技型中小企业评价入库企业达837家，同比增长68%。当年入选苏南自创区潜在独角兽、瞪羚企业榜单分别为6家、31家，分列全省第2名、第3名；入选无锡市雏鹰、瞪羚、准独角兽企业培育库分别为83家、86家、13家。

新兴产业发展迅速。2019年，全区物联网产业产值超过1800亿元，同比增长16.1%；集成电路产业产值870亿元，同比增长8.1%；软件产业全年收入780亿元，同比增长15.2%；大数据（云计算）产业全年收入124.92亿元，同比增长25.1%；生物医药规模以上产业工业产值257.2亿元，同比增长47.6%。根据科技部中国生物技术发展中心首次公布的《2019中国生物医药产业园区竞争力评价及分析报告》，无锡高新区获评综合竞争力20强、园区龙头竞争力10强。

【科技成果】 3项科技成果荣获2019年度国家科学技术进步奖二等奖、10项科技成果获2019年度江苏省科学技术奖，累计获得国家级科学技术奖5项、省级科学技术奖26项。世界物联网博览会全球征集的“代表物联网技术发展潮流的60项最新成果”中，无锡高新区企业获奖项目超过1/6。投入59.8亿元对50个项目进行技术提升改造，全年新增省级智能工厂1家、工业互联网标杆工厂2家、智能车间17家和市级智能车间22家，生产效率提高9.2%，研发周期缩短30%以上。5家企业入选2019年度省“最具成长性高科技企业”，培育上市企业3家，其中华润微电子成为全国“科创板红筹第一股”，祥生医疗历经二十余年的培育成为无锡市“科创板上市第一股”。

【科技创新平台】 新增获批36家市级以上企业工程技术研究中心，其中省级22家，无锡高新区增材制造研究院、大数据国家实验室融合创新中心、江苏省产研院深度感知技术研究所、智能集成电路设计技术研究所、泓慧集成电路与储能研究所、慧界物联网技术研究院、中科院上海技物所光电材料与器件研究院等7家新型研发机构签约落户，与阿斯利康、美国赛仕分别合作成立产业研发中心及实验室，累计集聚各类研发机构559家。成功获批建设国家“芯火”双创基地、江苏省信息技术应用创新产业生态基地。

【科技合作】 产学研合作突出实效，新增3家省级院士工作站，省科技副总项目8个。产学研在线平台累计发布4900多项科技成果、征集1300多项技术需求，完成流程备案合作项目97项，备案合作总金额超过4000万元。产学研校企合作对接活动蓬勃开展，走出去和请进来相结合，促成区内近100家企业与相关一流高校开展实地交流互动。推动与浙江大学成立无锡浙大成果转化中心，加强对外技术交流合作，全年技术合同成交额达39.5亿元。

【科技金融】 不断完善中小科技企业创新型银团、投贷联动、创新引导基金等新型科技金融体系，集聚银行、保险、证券基金等金融机构162家，成立第一支纯国有的天使投资基金“金程高新”，基金管理规模超过352亿元，其中2019年新增基金超过40亿元。加大“人才贷”“苏科贷”“锡科贷”扶持力度，帮助企业科技贷款、物联网金融贷款114.9亿元。推出区级科技中小企业风险补偿贷款政策即“新科贷”，创新科技金融产品。

【科技人才】 深入实施“太湖人才计划”“飞凤人才计划”，着力搭建高端人才服务平台，成功打造“无锡高新区雇主品牌”“才聚高新·智汇新吴”双招双引品牌。与欧洲微电子中心（IMEC）联合培养集成电路高端人才，与美国麻省理工学院（MIT）合作共建新型人才培养机构。全年新增入选“国家重大人才工程B类专家”3人、科技部“创新人才推进计划”1人；入选省“双创计划”人才11人、博士6人、科技副总8人；入选市“太湖人才计划”50项，总数列全市第一。全区科技创业领军人才企业实现销售收入超150亿元、缴纳税款超4.5亿元。积极举办世界物联网博览会、“才聚高新”人才交流会和物联网专题人才高峰论坛等系列活动，搭建好人才与世界对话、进行技术交流的平台。

【科技服务】 探索打造“政府 + 专门机构 + 专业园区”的全链条创新创业服务体系，科技企业实现“当天领照、次日营业”，科技政策实行“云兑现”，企业通过网上申请获得政策支持 4.7 亿元。设立苏南国家自主创新示范区一站式服务中心，引进江苏省生产力促进中心、省技术产权交易平台及优质第三方科技服务机构，搭建“服务、交流、交易、共享”于一体的科技服务平台，当年服务超过 3000 人次。在物联网、软件、生命科技等行业的专业园区建设“六个一”运营机制（确定一个特色产业，做好一个发展规划，建设一个专业园区，打造一个运营平台，组建一支服务队伍，配套一个引导基金），提供全方位的贴身服务。微纳园获评“亚洲最佳孵化器奖”，成为中国大陆第五家、江苏省首家获此奖项的专业园区。

【知识产权】 2019 年，全区新增专利申请 13373 件，其中发明专利申请 3684 件；新增授权专利 7540 件，其中发明专利授权 1113 件；新增 PCT 专利申请 148 件；累计有效发明专利达 7964 件，万人发明专利拥有量达 139.92 件，超过全市平均水平的 3 倍，各项专利产出均居全市首位。

【科技活动】 成功承办世界物联网博览会无锡高新区系列活动、科技部火炬中心主办的科技成果直通车无锡物联网专场活动、2019 无锡市才交会健康医疗产业人才高峰论坛、第七届江苏省产学研大会半导体产业专场对接会、无锡高新区·济南高校产学研合作对接会等产业、人才和创新重大活动共 14 场。积极组织企业参加科技创新创业大赛，6 家企业荣获第八届中国创新创业大赛优秀企业，进一步提升了全区创新创业氛围。

常州国家高新技术产业开发区

Changzhou National New & High-tech Industrial Development Zone

【概　况】 常州国家高新技术产业开发区（以下简称“常州高新区”）是 1992 年 11 月经国务院批准成立的首批国家级高新区。2019 年，常州国家高新区在年度评价中综合排名第 24，位列全省第三。主要经济指标保持在合理区间，区域竞争力不断增强，稳居全国综合实力百强区第 13 位。全年实现地区生产总值 1563 亿元，同比增长 7.5%；完成一般公共预算收入 126.3 亿元，同比增长 4.5%；规模以上工业增加值同比增长 7%；固定资产投资保持稳定增长；城乡居民人均可支配收入同比增长 8.3%。

【高新技术发展及产业化】 认真贯彻省市区创新政策，制定《高企三年倍增行动计划》，完善配套政策奖励和考核体系。获苏南自创区建设奖补资金 2450 万元。高企净增 89 家，累计达 525 家。新增企业研发机构省级 28 家，院士工作站 2 家。维尔利、千红制药等 4 家企业成功与省产研院合作共建联合创新中心。

【科技成果】 宏发纵横等 3 家企业被认定为苏南国家科技成果转移转化示范区产业化基地成果转化示范企业，健亚生物和厚德再生被评为潜在独角兽企业，赛嘉机械等 34 家企业被认定为瞪羚企业。乐奥医疗获全国创新创业大赛总决赛二等奖。天地（常州）自动化等 3 家企业作为参与单位入围国家科学技术进步奖二等奖。

【科技创新平台】 中科院遗传所形态建设全面完工，三大研发平台建设、人才团队项目引进工作稳步推进。与上海交大合作共建的海博刀工具产业研究院成立启动，碳纤维及复合材料创新研究院等一批新型研发机构筹建加快推进。集萃安泰创明研究院获省公共技术服务平台重大项目立项支持。龙琥光电科技企业孵化器被认定为国家级，嘉壹度众创空间认定国家级已公示。三晶孵化器、西夏墅工具产业创业服务中心、ASK众创部落分别荣获省级“综合孵化器十强”“专业孵化器十强”“特色众创空间十强”荣誉。

【科技合作】 首次成功承办省创新创业大赛先进制造行业赛，推荐的5家企业入围参加全国赛。“5·18”活动期间，干勇、鲍哲南等9名国内外院士应邀出席系列活动，成功举办大数据时代健康产业创新大会等10场高层次活动，主会场签约项目达19个。推荐的瑞声光学摄像头模组项目在第二届江苏发展大会签约，成为本次全省重点签约项目中常州市唯一项目。

【科技金融】 发放“苏科贷”贷款共计38家，放贷总额1.2亿元；发放“高企贷”贷款10家，放贷总额5000万元；发放保证保险贷款8家，放贷总额2210万元；争取各类科技金融支持总计1.921亿元，预计全年融资额达3亿元，位居全省前列。

【科技人才】 修订出台《关于推进领军型创新人才引育的实施办法》等多项政策。启动实施人才三优工程，超700人次享受“优享”“优居”“优智”等权益。科技部创新人才推进计划4人（2人已进入答辩环节），入选省双创团队1家，省“双创人才”19人（入选率达79.2%），省双创博士4人。

【科技服务】 目前已经在区内集聚注册资本3000万元以上的PE/VC机构90家。组织开展技术合同登记，合同成交金额3亿元，实现技术交易额2.2亿元，占到全市技术交易合同金额的40%。

【科技活动】 以苏南国家自主创新示范区建设为核心，认真落实好《江苏省推进高新技术企业高质量发展的若干政策》、“科技创新40条”、“科技改革30条”等上级政策，出台新版区级科技创新扶持政策，支持创新型企业培育、创新载体建设、创业孵化发展、科技成果转化等，引导高新区更大力度转型升级、创新发展。制定《高新技术企业三年倍增行动计划》，完善配套政策奖励和考核体系，有力支撑了全区发展方式转变和经济转型升级。

苏州工业园区

Suzhou Industrial Park

【概　况】 苏州工业园区是中国和新加坡两国政府间的重要合作项目，1994年2月经国务院批准设立，同年5月实施启动，在中央和省市各级的重视推动下，园区经济社会发展实现了巨大跨越。2019年，园区围绕建设世界一流高科技园区的任务，对标国内外先进地区查找差距和不足，精心实施推进科技创新三年行动计划，进一步聚力创新驱动、集聚创新要素、推动产业发展。R&D投入占GDP比重由3.5%提高到4.18%，万人有效发明专利拥有量为163件，均创历史最好成绩。当年发明专利申请、发明专利授权、PCT国际专利申请、企业研发费加计扣除政策落实企业数、企业研发投入额、加计扣除额等六项指标位列全市第一；技术合同登记金额首次突破100亿元。在2019年度国家高新区评价中综合排名较去年上升1名、位列全国第五，国际化和参与全球竞争能力继续排名第一。

推动新兴产业特色发展。聚焦生物医药、纳米技术应用及人工智能三大战略性新兴产业，梳理产业链要素资源，绘制产业图谱，精准实施延链强链补链工程，推动三大新兴产业继续快速发展。生物医药、纳米技术应用、人工智能三大新兴产业增长20%，产值超2030亿元，新兴产业、高新技术产业产值占规上工业产值比重分别为61.5%、70.2%。生物医药产业竞争力在全国高新区中名列第一，新药研发领域继续保持国内领先优势，获评国家级特色产业集群；纳米技术应用产业集聚效应进一步显现，在微球材料、微纳制造滤波器等技术领域实现重大突破；人工智能应用创新试验稳步推进，华为、微软等7家人工智能应用创新中心成功落户，初步形成高端芯片、基础软件、核心算法和行业整体解决方案的完整产业链，集聚人工智能从业人员超2万人。

强化企业创新主体地位。创新企业集群持续壮大，2019年园区共申报高企981家，同比增长93%，位列全市第一；通过认定650家，同比增长47%，位列全市第一；净增360家，同比增长110%，位列全市第一；有效期内高企总数达1401家，创历年新高；686家企业入选2019年度省市高企培育库，列全市第一。企业研发机构建设取得突破，2019年园区新认定各类省级研发机构81家（同比增长超5倍）。其中，省级工程技术研究中心49家，占全省的1/8；省级企业技术中心26家；省级企业重点实验室1家；省级院士工作站2家；省工程研究中心3家，均为历年新高。企业研发投入加快增长，2019年园区共有2414家企业享受研发费用加计扣除政策，企业数同比增加37%，加计扣除额高达108亿元，折合减免企业所得税27亿元，较上年增长近100%，享受政策的企业数和优惠额均列全市第一。

加快汇聚全球创新要素。加强海外人才和创新资源布局，在波士顿、新加坡、以色列等地设立一批海外离岸创新创业基地，本土创新、离岸创新互动格局逐步形成。全面梳理产业链要素资源，绘制产业图谱，开展前瞻研究，依托生态优势，抢抓苏州自贸区获批设立机遇，着力引进引领性强、撬动力大的优质项目，大力推动项目开工及落地。2019年累计引进优质科技项目超800个、重点在谈项目227个，中电十三所苏州研究院、汉天下辉大基因、拓维创新、泓懿医疗器械等项目先后落户，基石药业全球研发总部及产业化基地，亚盛医药全球总部、研发中心及产业基地、药明巨诺苏州研发生产基地等奠基开工。

持续优化创新创业环境。加强孵化载体建设，开展本级孵化器、众创空间培育，引导孵化器提升孵化能力和专业化服务水平，新增国家级科技企业孵化器1家，省级众创空间6家，市级众创空间11家。与省生产力促进中心合作，搭建“技联园区”供需平台，2月上线运营，已注册机构38家，培养超200名技术经纪人。打造特色品牌活动，围绕企业需求，举办“领军秀”“政企面对面”“金鸡湖创业导师培训计划”等品牌沙龙活动超200场，服务近1.5万人次。承办科技部火炬中心建设世界一流高科技园区座谈会，全国10家世界一流园区建设单位、江苏省内国家级高新区及中科院政策所、北京长城所专家出席，特邀新加坡新桥腾飞集团、香港数码港、以色列科技园一同参会，为解析高质量发展路径、共商建设世界一流高科技园区大计搭建合作交流平台。

3月21日，苏州工业园区管委会印发《苏州工业园区科技创新三年行动计划（2019—2021年）》（苏园管〔2019〕14号）。计划指出，2019—2021年是园区科技创新攻坚克难、扎实奋进，努力实现重点指标翻番的三年。瞄准建设世界一流高科技园区目标，牢固树立“一盘棋”思想，强化使命担当，凝心聚力、主动作为，上下联动、务求实效，共同推进科技创新各项工作任务落实。坚持问题导向、发展导向、需求导向，紧紧抓住科技创新、产业创新的关键问题、核心环节，创新思路举措，寻求重点突破，不断提升科技创新整体效能。

3月28日，为帮助区内企业做好2019年国家高新技术企业申报规划，尽早准备申报事宜，园区科技和信息化局、园区企业发展服务中心联合主办“2019年苏州工业园区高新技术企业申报说明会（第三场）”。解读会邀请省级专家对高企政策进行权威解读，帮助企业把握高新技术企业认定的条件和标准，了解国家高新技术企业认定政策最新变化，近400人参加了本次说明会。2019年，园区高企“政企面对面”品牌活动全面开展，囊括了申报动员会、政策解读会、材料辅导会和专场培训会等全方位的系列活动。其中，高企材料辅导会举办了5场，参与人数1600余人，服务企业超过900家；“高企专场培训季”活动联合合作单位举办了23场，参与人数近1400人，服务企业超过1000家。2019年园区通过高企认定650家，同比增长47%，净增360家，同比增长110%，均列全市第一。

4月，中国科学院生物物理所与园区管委会签订合作共建协议，共同筹建苏州生物医药转化工程中心。苏州转化中心以大分子生物创新药为主线，充分发挥生物物理所在学科研究方面的优势资源，建立“苏州新药创制4.0体系”，通过创新药研发模块和精准医学伴随诊断等支持平台，开展人才建设、国际合作、平台建设、项目孵化、成果转化及产业化等一系列工作。

4月，园区与新加坡科技研究局A*STAR召开第一次合作理事会，双方就合作模式、总体落户方案和首批项目情况等达成一致意见并形成初步方案。6月，A*STAR在园区注册法人机构“新科研（苏州工业园区）科技服务有限公司”，成为A*STAR在新加坡以外设立的首个分支机构。10月，园区与A*STAR正式签订合作协议，加强双方在科技创新创业领域的合作和交流，积极推动和引进新加坡优质企业、项目及高层次人才团队在园区落地。园区将持续推进与新加坡科研局A*STAR的科技合作，尽快实现实体运作，并充分发挥新科研公司的作用，加快后续优质项目的引进与推广。

4月4日，园区举办重点产业知识产权运营中心启动仪式，搭建起生物医药、纳米技术和人工智能产业知识产权运营平台，园区知识产权环境持续优化。运营中心将围绕知识产权价值创造链、产业创新链和产业化链，以专利导航指导产业发展规划，以产业高端发展需求促进知识产权运营。2019年年底，运营中心基本形成与园区战略性新兴产业发展相适应的园区知识产权服务体系，基本实现知识产权与产业融合发展的运营模式。

5月9日，第二届全球智博会在园区开幕，本次大会以“见智·见未来”为主题，共分为“展、会、赛、奖、演”五大板块，正式提出“开展人工智能应用创新试验，建设全国人工智能创新发展高地”的愿景，组建了以高文院士领衔的人工智能应用创新专家委员会，成立了华为、科大讯飞、上海交大研究院等8家创新中心，共同谋划下一阶段园区人工智能产业的创新发展路径。

6月19日，首批获准科创板IPO注册的苏州华兴源创科技股份有限公司（国家高新技术企业、园区科技领军人才企业）率先披露上市发行安排及初步询价公告，股票代码和申购代码分别是688001和787001，意味着园区企业华兴源创正式成为名副其实的科创板第一股。

6月26日，园区与微软签订《苏州工业园区管理委员会与微软（中国）有限公司战略合作备忘录》，并于7月15日召开第一次战略合作领导小组会议，共同推进微软创新中心的实际落地及第一期加速项目的遴选工作。根据战略合作备忘录约定，引入“微软创新赋能暨生态加速计划—苏州人工智能产业创新中心”项目，启动“微软创新赋能暨生态加速计划”，为以人工智能、大数据、云计算为核心的增量企业提供技术赋能及创新加速服务，加快导入基于人工智能、IoT物联网、大数据等相关的前沿技术，助力园区打造建设全方位的创新赋能平台。

7月5日，思必驰与虹美智能（长虹美菱子公司）于绵阳共同携手成立联合实验室，正式宣布双方将在AI语音智能家电领域建立深度合作关系。未来将在智能语音技术与应用领域，充分发挥双方各自优势，以嵌入式语音识别、声纹识别、语义理解及自动化语音检测内容为切入点，共同推动和提升人工智能技术在智能家电领域内的应用水平，推动物联网家电产业创新，为用户提供更优质的智能家居体验。

7月15日，西门子公司向科信局提交了关于在园区成立西门子（苏州）工业人工智能创新中心的建设方案。方案中，西门子提出计划在3年内助力园区培育打造一批工业人工智能示范企业，带动企业智能化升级改造，营造工业人工智能创新生态系统。后续，科信局、科技公司将与西门子公司就创新中心的建设方式、建设目标、政策支持等内容进行磋商完善。

7月24日，由中国科学技术大学软件学

院和苏州美能华智能科技有限公司协同建立的自然语言处理联合实验室正式揭牌。中国科学技术大学软件学院—苏州美能华智能科技有限公司自然语言处理联合实验室签约仪式在苏州人工智能产业园隆重举行。在本次签约仪式上，美能华智能科技创始人、董事长兼CEO童先明先生与中科大软件学院常务副院长李曦教授代表双方签约，共建自然语言处理联合实验室。

8月6日，基石药业全球研发总部及产业化基地签约仪式正式举行，标志着又一“高端高新”的研发生产基地落户园区。该项目规划总计容面积近100000平方米，建成后将同时具备生物药和化学药的研发、中试及商业化生产的一体化研发生产能力。

8月8日，苏州纳微科技股份有限公司与苏州工业园区管理委员会在现代大厦签署共建合作协议，重点围绕微球材料在生物制药、药物制剂、医疗诊断、电子信息等领域的技术及应用，进行新材料产品研发与产业化、人才培养等，旨在建立全球领先的先进微球材料技术及应用基地。

8月8日，华为创新中心在苏州正式揭牌并进入实质运营。截至2019年年底，已经深度对接园区企业52家，遴选赋能企业19家。华为（苏州）人工智能创新中心的落成，成为园区推进人工智能应用创新试验的关键力量，将作为华为公司向园区输出技术研发能力、产业整合能力、生态体系建设能力的赋能总平台。华为创新中心的落地，标志着园区人工智能应用创新试验进入了快车道。

11月1日，江苏省产业技术研究院等与苏州工业园区管理委员会在现代大厦签署四方共建合作协议，以培育发展第三代半导体技术应用产业为目标，围绕第三代半导体在新型显示、5G通信、电力电子、环境与健康四大领域的应用，重点聚焦第三代半导体高质量材料制备技术、器件外延技术、芯片工艺技术、应用模块设计与集成技术、相关装备技术，建设全产业链共性技术研发平台、知识产权平台、投融资平台，促进全球第三代半导体人才和技术集聚发展，推动基础研究、应用研究和产业的有机融合。

11月28日，国家医保谈判目录结果公布，此次进入谈判的四款PD-1药品中，仅有信达生物的信迪利单抗（达伯舒）成功入围，价格降幅超60%，而进口产品默沙东的帕博利珠单抗、百时美施贵宝的纳武利尤单抗及同为国产的君实的特瑞普利单抗均未入围。

【科技政策】 2019年，园区科技部门积极落实上级科技创新政策，结合国家科技政策调整方向，结合区域实际，针对性地修订和完善园区科技政策体系，推动科技企业发展壮大。

落实苏州市重点科技创新政策。根据《关于2019年度苏州市重点科技创新政策落实情况的通报》，在企业研究开发费加计扣除政策方面，苏州工业园区落实企业数、加计扣除额全市第一，达2414家（占全市8959家的27%，较去年增长37%），共计109.08亿元（占全市360亿元的30%），同比增长分别为36.85%、91.99%；企业研发投入额超过145亿元（占全市480亿元的30%），较2018年增长45%。在高新技术企业税收优惠政策方面，苏州工业园区落实高新技术企业384家，减免企业所得税17.87亿元，实缴所得税额26.81亿元。在技术先进型服务企业税收优惠政策方面，苏州工业园区落实企业29家，减免企业所得税18827.98万元。科技部门将继续与税务部门保持沟通，对于未享受政策的企业，做好分析调研，及时了解企业存在的问题。

修订完善园区本级科技政策。修订发布《苏州工业园区科技企业孵化器认定和管理办法》和《苏州工业园区众创空间备案和管理办法》，推动科技企业孵化器和众创空间可持续发展，引导孵化器提升孵化能力和专业化服务水平。出台《苏州工业园区“拨投结合”实施方案（试行）》，加大重点项目支持力度，丰富科技项目招商手段，帮助企业扎根发展，进一步推动财政资金可持续发展。

5月28日，苏州工业园区科技和信息化局修订发布《苏州工业园区高新技术企业培育暂行办法》（苏园科〔2019〕22号）。新政策适度扩大高企培育入库奖励的额度和规模，对纳入省、市、区三级高企培育库的企业给予20万元的入库奖励，奖励额度翻番、新增区级高企培育库；强化政策集成支持，增加了高企迁入优惠、研发机构、成果转化、研发成本、科技金融、人才队伍等相关条款。

6月，园区出台《苏州工业园区管委会关于开展人工智能应用创新试验，促进人工智能产业发展的指导意见》（苏园管〔2019〕62号），提出建成国际知名人工智能应用创新试验示范区和产业聚集区的总体发展目标，进一步明确了“以场景开放为牵引、以应用创新为突破口、以创新中心为抓手”的总体工作思路。

7月，园区发布《关于征集工业互联网应用示范项目及人工智能应用场景需求的通知》，在“智能+城市”和“智能+产业”领域，征集了一批人工智能应用场景需求。

【人才工作】 2019年，园区认真贯彻落实中央和省市关于人才工作的决策部署，坚持以创新引领转型升级，深入实施“人才优先发展”战略，集聚了一大批海内外优秀创新创业人才，形成了人才促发展、发展兴人才的生动局面。

深入实施科技领军人才工程。2019年，园区科技领军人才工程全年新增立项245个，累计各类领军人才项目1689个。截至2019年年底，1355个项目完成签约落地，落户率80.1%，累计注册资金总额200亿元，参保人数超4万人。13年来，17家领军企业在境内外上市，尤其在今年，出现了爆发式的增长，包括基石药业、友谊时光、亚盛药业、华兴源创、瀚川智能、博瑞医药、东曜药业、杏联医药（中国抗体）、江苏北人、康宁杰瑞在内10家，占今年园区上市企业总数的71.4%，集聚近3000家上下游企业落户园区，带动三大新兴产业产值稳步增长。已落户领军企业中，国家高新技术企业318家，占园区高企总数30.4%，历年发明专利申请量超1.1万件，领军企业的创新能力正在加速提升；历届园区领军人才共产生创业类国家重点人才56人，其中2019年新入选4人，占全国新入选总量的12%（全国34人），领军人才的创新水平获得了上级政府部门的认可。

积极争取上级科技人才计划。2019年全年组织发动国家级重大人才引进工程申报企业37家，省双创申报企业和院所63家，姑苏领军申报企业156家，完成上级人才申报项目的形式审查、材料辅导、面试辅导、现场走访等相关工作。全年新增入选国家级重大人才引进工程9人，省双创人才29人，省双创团队1支，姑苏领军60人，姑苏重大团队3支。完成234家历年省双创企业核查统计，辅导、组织69家姑苏领军企业中期检查、项目验收。组织发动姑苏创业天使计划申报254项，获评种子期企业53个，创业团队16个。

截至2019年年底，园区累计158人入选国家级重大人才引进工程，234人入选“江苏省双创人才”，16个团队入选“省双创团队”，361人入选“姑苏创新创业领军人才”，8个团队入选“姑苏重大创新团队”。入选上级科技人才数持续保持全国开发区和省市第一，区域高端人才集聚效应进一步放大。

1月8日，国家科学技术奖励大会在北京举行。南京大学苏州校友会副会长、南京大学（苏州）高新技术研究院院长施斌教授领衔的创新创业团队的“地质工程分布式光纤监测关键技术及其应用”成果，荣获2018年度国家科学技术进步奖一等奖。

2月，美国微生物科学院公布了2019年度美国微生物科学院院士入选名单，共有109名科学家当选，中国医学科学院苏州系统医学研究所程根宏教授位列其中。

4月29日，第十五届“中国青年女科学家奖”颁奖典礼在北京举行。中国医学科学院苏州系统医学研究所研究员马瑜婷等国内10位在医学、生物学、地球科学、航天科学等各科研领域中表现卓越的科研女性荣获这一奖项。

10月8日，FriendTimes Inc.（简称“友谊时光”）成功在香港联合交易所主板挂牌上市。友谊时光是卓越领先的一体化手机游戏开发商、发行商及运营商，尤其于女性向游戏中取得成功。自2010年成立以来，公司一直有策略地专注于针对中国女性玩家的手机游戏，以捕捉手机游戏行业及女性向游戏市场的重大增长潜力。友谊时光此次全球发行330000000股新股（行使超额配股权前），发行价格为每股1.52港元，募集资金总额为5.02亿港元（行使超额配股权前）。凭借友谊时光优异的基本面及颇具吸引力的估值定价，本次公开发行得到了境内外投资者的认可，国际配售获得多倍覆盖。

10月，园区重大科技领军企业基石药业（苏州）有限公司首席科学官王辛中博士，在苏州举行的2019基石药业研发论坛上公布了公司管线2.0策略。这家专注于肿瘤领域的公司，是国内唯一一家拥有临床阶段PD-1、PD-L1和CTLA-4的公司，并且这3款分子骨架药物都已经过早期临床验证。

10月28日，亚盛医药董事长杨大俊博士在香港交易所敲响上市金锣，公司正式迎来了挂牌上市的历史性时刻，也将开启新的发展里程碑。亚盛医药是一家全球领先的处于临床阶段的原创新药研发企业，致力于在肿瘤、乙肝及与衰老相关的疾病等治疗领域开发创新药物。此次亚盛医药发行价格为每股34.20港元，共发售股份1218.09万股，募集资金约4.2亿港元。公司拟将融资金额主要用于核心产品的后续研发及商业化、重要产品的临床开发、寻求新候选药物许可等，助力公司的进一步发展。

12月11日，园区科技领军企业江苏北人机器人系统股份有限公司在上海证券交易所挂牌上市。江苏北人是一家专注于机器人系统集成和智能化、自动化焊接系统设计、研发及生产应用的专业公司，为客户提供智能装备产品研发、整体工艺解决方案、成套自动化系统装备及工业维保等系统化服务。公司证券代码：688218。公司总股本11734万股，本次上市流通股本2432.274万股，发行价格为17.36元/股。

12月12日，苏州工业园区科技领军企业康宁杰瑞（股票代号：9966.HK）在港交所挂牌上市。康宁杰瑞是一家专注于开发治疗肿瘤的生物制剂公司。现在该公司拥有逾20个有关肿瘤学及免疫学的生物制剂项目。招股书显示，康宁杰瑞制药定价为每股10.2港元，计划发行1.794亿股股份，预计募集资金18.637亿港元。本次募集资金的75%将分配给关键药物的开发项目，其中50%将用于KN046的研发与商业化，20%将用于KN026的研发与商业化，5%将用于KN019的研发。

【科技金融】 2019年，园区科技部门进一步优化科技金融服务体系，提升科技金融支撑能力，集成政府资源、金融资本、产业资本协同推进科技企业创新，助力园区新兴产业发展。

做大政策性股权投资规模。引导基金新设立2支子基金，新增4支子基金已通过专家会评审，年度累计出资6860万，决策参股子基金32支，总规模超60亿元，成功孵化基石药业、亚盛药业、博瑞生物、开拓药业、南京三超等一批区内外明星项目。加快天使投资进度，领军创投新立项项目22个，决策项目15个，新增出资9个项目，出资额4500万元。

优化债权融资体系。完善科技金融产品体系，创新推出“绿色智造贷”产品，盘点梳理“扎根贷”名单，探索设计“苗圃贷”产品，累计设立2.58亿风险补偿资金池，各项创新产品累计解决企业融资需求830笔，授信总额44.6亿元。融风科贷当年发放贷款约3亿元，在贷企业达167家；累计贷款金额约9.2亿元，支持企业达257家。

提升服务生态。推动本地金融机构将园区作为科技金融试验田，帮助争取总行级创新试点及优惠政策落地园区。18家合作银行均在园区设立了专门普惠金融或科技企业的服务部门，多家银行获得自主审批权限，大力发展区域科技金融，如农业银行设立总行国际业务单证中心、中国银行获得总行“SIP模式”试点、建行批准园区设立总行级投贷联动中心、交通银行设立总行级小微专营机构、浦发银行获得总行科技金融重点分行荣誉资质。

2月，意能通获得来自元禾厚望领投的3000万A+轮投资。作为国内首批将人工智能技术应用到电话客服及销售领域的公司之一，意能通已常态化服务于国内金融、教育、旅游、运营商等多行业数百家企业，包括中国电信、尚德机构、中国平安、同程艺龙、恒大人寿、京东云、华为云等知名客户。

2月，跃盟科技获得由沣源资本、信中利资本、创创基金、寻找中国创客导师基金共同投资的1.25亿元人民币的B轮融资。公司自主研发的瞬知·人工智能商业语义处理引擎，在人工智能自然语义处理与深度学习领域，拥有商业语义认知、价值判断、策略预测等多项国内外技术专利，在图文信息流、视频/短视频信息流、嵌入式语音交互、商业Wi-Fi、信息推送等商业场景有着广泛的应用前景。

5月6日，敏芯微电子获得北京芯动能、中新创投等知名投资机构的近亿元Pre-IPO轮投资；10月25日向上海证券交易所提交上市申请，并于2019年11月1日获得上交所的受理通知书。

6月，中国银行股份有限公司苏州分行、苏州国发创业投资控股有限公司、上海交通大学苏州人工智能研究院共同签署全面战略合作协议，并正式启动交大苏州智研院—中银国发人工智能产业基金项目的合作。据悉，三方将紧紧围绕“两聚一高”核心主题，整合各自在投资管理、行业研究和科技金融等方面的优势，开展以人工智能领域投资为基础的战略合作，实现互惠互利，促进业务发展。

7月，以数字身份认证为核心的智能网络解决方案和数据运营提供商通付盾，获乾融创禾投资。通付盾全面跟随信息技术发展，业务板块不断增加。由最初的反欺诈发展，到如今涵盖身份安全、业务安全、数据安全、终端安全四大块，为客户提供完善的数字化安全解决方案，有效预防和应对行业的各类风险。通付盾目前已成长为中国信息安全领域领军企业，连续五年入选安全牛“中国网络安全企业50强”。

7月，苏州贝壳途旅游发展有限公司宣布已经完成百万元天使轮融资。本轮资金将主要用于专业人员招募，市场推广。贝壳途成立于2017年，是一家致力于为客户提供旅行规划、户外体验等服务的旅游公司。其以房车作为特色服务元素，针对性吸引亲子家庭用户，开发营地活动、亲子游学等服务产品。

8月，艾利特（ELITE）机器人宣布完成亿元人民币B轮融资，由国中创投领投。这是继去年1月获得5000万人民币A轮融资之后，艾利特迈入下一个发展阶段的重要标志。本轮融资后，艾利特机器人将完善产品理解，加速团队梳理和渠道深耕，推动基于“共平台协作控制”理念的协作机器人和传统工业机器人在垂直行业的应用，逐步实现艾利特全面提升国内中小企业自动化水平的战略目标。

10月，园区科技企业苏州朗动网络科技有限公司完成由万得投资领投、兴富资本跟投的数亿元人民币C轮融资。本轮领投方为万得投资，是知名的金融数据、信息与软件服务商，在二级市场数据服务方面有长时间的积累，此次投资企查查，在企业数据方面具有协同发展的作用。本轮融资后，企查查也正式提出从原来的1.0版本工商查询平台、2.0版本企业大数据平台，升级为3.0版本即企业征信平台，对标邓白氏等世界级企业征信平台。

领军创投于11月向赛腾医疗拨付投资款1000万元，12月赛腾获得下一轮投资款2000万元，估值上涨1.33倍。赛腾医疗专注于ECMO设备的研发生产。ECMO通过引流患者静脉血至体外，经过氧合和二氧化碳清除后回输患者体内，承担气体交换和/或部分血液循环功能。目前已完成动物实验，获得在全球同类设备中非常少见的高成功率。

11月3日，雷泰医疗以12亿元估值获得杭州益水股权投资合伙企业投资。雷泰医疗主要从事肿瘤放射治疗设备及软件的研发、生产和销售。

【科技平台】 园区围绕生物医药、纳米技术应用、新一代信息技术等重点科技产业，布局公共科技服务平台体系，建立了生物医药产业园公共服务平台、IC集成电路公共服务平台等科技平台，依托平台为企业提供支撑性科技公共服务。平台整体运行趋势良好，有效提升了园区创新创业的环境和氛围，增强了园区新兴产业的核心竞争力。

园区聚焦扶持重点产业领域的平台项目，基本覆盖了创新研发、技术服务、工程化和产业支撑等关键环节需求。公共科技平台包括：依托园区国有企业、科研院所建设，向中小科技企业提供科学仪器设备、科技文献等科技资源共享服务，提供研发设计、加工实验、检测评价等公共技术服务的科技基础设施；园区通过投资或补贴等形式与企事业单位共建，以产业链创新、引进人才为目的，提供关键共性技术服务、产业化应用研究、创新创业孵化服务的研发机构；同时还提供园区财政投入的、与高校和研究所合作共建的实验室。对于开放共享程度高、向园区企业提供非营利性服务的科技平台，通过科信局考核并经公示后，认定为园区科技公共服务平台，并纳入平台运营补贴支持范围。

根据2019年全省科技大会的精神，省科技厅聚焦发展生物医药等3个战略新兴产业。基于园区是全省生物医药产业的领先集聚区，由园区牵头建设“江苏省生物医药创新资源协同运营平台”。该平台将聚焦生物医药产业链关键环节，以协同中心为枢纽，搭建全省产业协同创新网络，整合全省已建生物医药创新平台资源，整体协同运营，构建面向全省医药企业服务的信息枢纽和协同运营中心。

3月，园区申报了江苏省科技厅“2019年省级重点研发计划专项资金（社会发展）”项目。经省厅评审，10月予以立项，项目名称为“基于大数据的生物医药创新资源协同运营平台科技示范”，周期3年。项目聚焦生物医药产业链，创新服务资源要素，线上建立以服务资源数字化为切入点、供需双方互相衔接的互联网平台；线下以实体落地和第三方平台运营为载体，促进生物医药产业的持续发展。研发基于大数据的生物医药创新资源协同运营平台，优化配置适用于生物医药产业发展关键节点的创新资源，建立完善的创新资源协同运营机制。

6月10日，由来自中科院物理所、中科院兰州化物所、复旦大学、中国科技大学、南京大学的5位专家组成验收专家组，完成了纳米真空互联实验站一期验证项目的工艺设备现场鉴定和验收。实验站一期已初步建成包括材料生长、关键器件工艺、准原位表征分析技术在内的验证性研发平台。该平台已经实现了18套设备系统之间的真空互联，并处于正常工作状态。各系统功能相互补充支撑，形成了从材料制备到原型器件研发的工艺互联线，通过开展低维超导、能源、催化和宽禁带半导体四大方向的研究，对实验站一期的实用性、有效性进行了验证。结果表明，建成的互联系统满足上述方向的研究需求。

2019年年底，园区超算中心开始投入运营。该中心由苏州工业园区管委会统一布局建设，以远低于市场价的公益性服务价格，重点面向人工智能、生物医药、纳米技术、智能制造等领域的企业，提供超算相关的硬件资源及软件应用、项目咨询等服务。苏州超算中心依托亚洲最高等级的国科数据中心Tier-4机房而建，搭载国际顶尖芯片及处理器，一期建成后可提供“单精度浮点计算峰值2657 TFLOPS（TFLOPS，每秒万亿次浮点运算）、双精度浮点计算峰值1267.92 TFLOPS、6.75 PB（Petabytes，拍字节）存储容量”的服务能力，计算能力在“2019年中国高性能计算机性能TOP 100”排名中列第66位。

作为苏州最早开始5G试点建设和预商用的区域，园区已在独墅湖科教区、阳澄湖半岛、金鸡湖商务区等区域开展了5G规模组网和预商用，预计年底5G站点将覆盖园区全域。

【科技合作与交流】 2019年，园区科技部门深化国际科技和产业合作，引进、培育优秀科技项目，积极推进区域协同创新，充分调动大学、院所、企业等积极性，加快国际科技合作中心建设，持续提升园区科技创新的国际影响力。

加强海外离岸创新中心建设。鼓励在全球创新资源和创新人才密集的区域设立海外离岸创新中心和创业基地，着力对接和汇聚全球创新资源，在海外离岸创新中心建设方面取得了较好进展。2019年，园区新增伊比利亚、休斯敦等5家海外离岸创新中心，园区累计建设海外创新中心9家。

加强国际科技合作。全面深化中新科技合作，与新加坡科研局A*STAR召开第一届双方合作理事会，推动A*STAR在园区法人机构落地，成为在新加坡以外设立的首个分支机构，首批产业化项目中已有6个在园区完成注册。持续推动冷泉港苏州项目，新增设学术中心项目。

加强国内科技合作。加强与国内科研院所的产学研合作交流，聚焦项目的产业化进程，不断优化产业发展环境，发挥大院大所作用。继续落实和深化科技镇长团工作，组织第十一批镇长团参加全市半年度工作汇报会、第二届苏州市科技镇长团创新合作大会暨首届“镇长团杯”苏州市创新挑战赛颁奖典礼，开展第十二批镇长团的岗位安排和人员选拔工作，组织省团参加苏州市“走进校园”产学研对接会、省团参加江苏省产学研对接会等活动。

搭建交流合作平台。依托冷泉港亚洲会议中心举办高端学术会议200多场，吸引一批具有国际影响力的科学家来苏州开展学术交流与合作，其中包括诺贝尔奖得主近20名，各国科学院院士300多位，打响生物医药高端创新品牌。承办科技部火炬中心建设世界一流高科技园区座谈会，举办第十届中国国际纳米技术产业博览会（简称“纳博会”）、2019全球人工智能产品应用博览会、英伟达GTC CHINA大会、2019中国计算机大会、第四届中国医药创新与投资大会、第九届中国医疗器械高峰论坛等系列产业高规格会议，吸纳整合更多国际高端人才和创新资源。

1月，药物所苏研院一期投入使用，九大技术支撑平台正式运营；现已形成近80人的科研及管理团队，其中院士1人、“杰青”4人，博士15人；2019年取得研发服务收入2000多万元，与所内外机构合作开发新药研发项目9个；通过基金管理人登记，完成一期基金募集、备案。成立的专业化众创空间“新药篮”累计孵化新药研发及服务企业48家，注册资本超6亿元。其中3家通过科技型中小企业备案、2家获评高新技术企业、2家获评瞪羚培育企业。获得园区及以上领军人才项目21个。其中1个项目获得市重大团队。孵化的平台型公司有10家，2019年服务收入超过1.2亿元。孵化的新药研发企业在研新药项目超过40个，5个1类新药进入Ⅰ/Ⅱ期临床，融资超2亿元。

4月，中国科学院生物物理所与园区管委会签订合作共建协议，共同筹建苏州生物医药转化工程中心。苏州转化中心以大分子生物创新药为主线，充分发挥生物物理所在学科研究方面的优势资源，建立“苏州新药创制4.0体系”，通过创新药研发模块和精准医学伴随诊断等支持平台，开展人才建设、国际合作、平台建设、项目孵化、成果转化及产业化等一系列工作。

9月4—6日，由BioBAY联合中国医疗器械行业协会共同举办的DeviceChina2019于苏州国际博览中心召开。本届高峰论坛以“匠心智造，创新突围”为主题，共设1个主会场、2个分会场及1个专场路演，持续关注中国医疗器械行业生态发展、行业政策的最新变化；同时就医疗器械政策趋势、企业临床痛点、医疗器械新材料新领域、医疗人工智能、体外诊断、医疗器械投融资并购上市等热点话题进行探讨。

9月21日，第四届“中国医药创新与投资大会”在苏州金鸡湖国际会议中心开幕。大会以“推动社会资本与医药创新结合，提高医药产业创新能力”为主题，聚焦并探讨我国医药行业最前沿政策、新药研发趋势及医药领域投资等议题，推动我国医药创新研发领域与国内外社会资本的高效融合对接。

9月21日，2019“独墅湖杯”医药创新品牌评选颁奖典礼在苏州广播电视总台演播厅举行。评选活动由苏州工业园区与中国药促会共同主办，以医药创新推动临床治疗突破贡献率为评价标准，以全流程公开与同行评议为核心的评选程序设计，塑造接轨国际的新型医药品牌评选活动。

2019年10月30日，由中国食品药品企业质量安全促进会、同写意新药英才俱乐部联合主办的首届全球生物医药前沿技术与政策法规大会暨同写意华东区总部启动活动在苏州盛大开幕。

园区积极营造工业互联网创新发展生态，依托智博会、电博会等品牌活动，积极筹办智博会工业互联网分论坛、园区工业互联网主题展览等活动，组织近百家企业参与“2019年产业互联与数字经济大会暨第二届工业互联网平台创新发展大会”及2019苏州大企业创新论坛，展示了园区工业互联网企业风采，提高了园区工业互联网产业知名度。

【科技成果】 2019年，园区科技部门积极服务科技企业，努力推进科技创新创业，科技发展取得丰硕成果。科技成果转移转化能力是激发科技创新活力、实现国际合作共赢的核心要素。为促进园区高校、科研院所科技成果转化，增强自身可持续发展能力，助推地方新兴产业发展，进一步加大园区科技成果转化政策宣贯力度，积极做好年度政策奖励资金兑现，鼓励园区各高校、科研院所申报科技成果奖励，推动园区科技成果转化工作落实。2019年，园区全年共认定登记技术合同1558项，成交额达103.48亿元、同比增长39.22%。其中，技术开发、技术转让、技术服务、技术咨询成交额分别为73.83亿元、5.35亿元、24.28亿元、0.02亿元。

1月，思必驰发布AI芯片深聪TAIHANG芯片（TH1520），聚焦语音应用场景，主要面向智能家居、智能终端、车载、手机、可穿戴设备等场景化终端设备应用。TH1520即完整解决方案，包含算法+芯片，具有完整语音交互功能，能实现语音处理、语音识别、语音播报等功能，支持离线语音交互。

5月，2019年度省科学技术奖推荐工作结束，苏州工业园区格比机电有限公司、苏州泰克诺机电有限公司凭借“智能化汽车零部件制造装备关键技术及应用”项目荣获提名。

5月30日，盛迪亚抗PD-1抗体药物艾瑞卡®（通用名：卡瑞利珠单抗）获批上市，用于治疗复发/难治性霍奇金淋巴瘤。2019年12月28日，百济神州抗PD-1抗体药物百泽安®（通用名：替雷利珠单抗注射液）获批上市，用于治疗至少经过二线系统化疗的复发/难治性经典型霍奇金淋巴瘤，此前该新药上市申请已被NMPA（国家药品监督管理局）纳入优先审评。至此，国产抗PD-1药品已获批上市4家——信达、君实、恒瑞和百济神州，其产品研发或生产均出自苏州。

7月，央行公布最新一批企业征信机构备案名单，苏州朗动网络科技有限公司（旗下有“企查查”）位列其中，备案时间自2019年7月1日起，备案号为04005。朗动作为一家大数据整合公司,只收集已有的公开的企业信息，进行大数据分析、整合，并通过技术手段对企业进行风险评估等。尽管企查查中的信息属于公开信息，但是经过深度挖掘和拆分重组，对用户产生了更高的价值。

7月，园区测绘在2019中国地理信息产业大会“2019地理信息产业优秀工程奖”的评选中斩获两金一银。本次大会全国范围内共有814个项目申报，经过初审、评审、答辩和总评等多道程序，最终评出了金银铜奖。由园区测绘承接的“苏州市‘多规合一’空间规划信息平台”项目、“苏州工业园区智慧不动产综合管理与应用平台”荣获金奖，“张家港2015—2016年度全市域航测地形图生产”项目荣获银奖。

8月，赛迪研究院发布《2019赛迪人工智能企业百强榜研究报告》，报告从基础指标、企业成长性、创新能力、团队能力4个维度进行定量评比，对700余家中国人工智能主流企业进行定量评估，园区飞搜科技入选“中国2019人工智能创新能力百强企业”。目前，飞搜科技在人脸检测、人脸识别等技术方面居于全球领先水平，2016年获得华米科技（小米手环）公司千万级天使轮投资，2017年获得青岛鼎源的千万级Pre-A轮融资，目前估值过亿元。

10月，人工智能公司“出门问问”在北京召开以“耳边的AI助理”为主题的战略发布会，向市场推出了旗下全新的TicPods 2系列AI交互真无线耳机，并上线了全新升级的嗨小问语音助手4.0和会接电话的小问电话助手。出门问问是一家以语音交互和软硬件结合为核心的人工智能公司，正在和大众做车载前装，通过语音助手 +IOT 联动，为公众带来更好的出行服务。

11 月 13 日，CDE（国家药监局药品审评中心）公示了新一批临床默示许可名单，信达生物获得美国 Incyte 公司授权的两款新药获批临床，分别为 Pemigatinib 片（FGFR1/2/3 抑制剂，适应证为胆管癌）和 Parsaclisib 片（PI3K δ 抑制剂，适应证为复发 / 难治滤泡性淋巴瘤和边缘区淋巴瘤）。

12 月 27 日，再鼎医药宣布国家药品监督管理局已经批准则乐®（尼拉帕利）作为对含铂化疗完全或部分缓解的复发性上皮性卵巢癌、输卵管癌或原发性腹膜癌成人患者维持治疗的新药上市申请。作为一种强效、高选择性的一天一次口服 PARP1/2 抑制剂，则乐无须在用药之前进行 BRCA 或其他生物标志物检测。

2019 世界无人机大会上，星逻智能应邀参会并凭借无人机赋能系统荣摘“无人化系统技术创新产品奖”。星逻智能还在本次展会上发布了业内首个无人机综合操作系统 SkyScout“祺云”，引发行业关注。作为无人机赋能领域的领军企业，星逻智能凭借具有前瞻性的创新产品无人机赋能系统，第三代智慧无人机库 UltraHive Mk3“启”和无人机综合操作系统 SkyScout“祺云”，荣摘“无人化系统技术创新产品奖”。

2018 年年初，麦迪斯顿与中科院共同成立中科麦迪研究院，聚焦麻醉智能机器人、重症治疗预警机器人和心血管哈维医生。2019 年，省工信厅公示江苏省首批智慧健康重点企业和优秀产品名单，麦迪斯顿荣获“江苏省首批智慧健康重点企业”称号，其产品 DoCare 麻醉临床信息系统 V5.0、麻醉质控一体机 V1.0 荣获“江苏省首批智慧健康优秀产品”荣誉。

在 2019 的 Google Asia Demo Day 上，“萌动”获得冠军。苏州萌动医疗科技有限公司是一家新一代信息技术企业，入驻苏州国际科技园五期，其产品“萌动”是一个全球首款被动式的胎儿监护贴，包括硬件穿戴部分和 APP 服务部分，连接了孕妈和宝宝，为孕妇提供安全、方便、高效、有趣和个性化的健康服务。

【新兴产业发展】 2019 年，园区科技部门聚力打造特色产业和创新集群，生物医药、纳米技术应用、人工智能三大新兴产业增长 20%，产值超 2030 亿元，新兴产业、高新技术产业产值占规上工业产值比重分别为 61.5%、70.2%。

生物医药产业。截至 2019 年年底，园区已集聚 1400 多家生物医药企业，2019 年产业产值超 900 亿元，连续多年保持 20% 左右的高速增长。在生物医药领域，园区拥有上市企业 13 家，仅 2019 年就新增 6 家。在港交所已上市的 14 家内地生物医药企业中，有 8 家主体或研发生产机构位于园区。园区生物医药企业累计融资规模近 500 亿元，初步形成利用全球资本推进研发创新的良好格局。在科技部生物技术发展中心发布的 2019 中国生物医药产业园区竞争力排名中，园区产业竞争力名列第一。

纳米技术应用产业。截至 2019 年年底，园区纳米技术应用产业新增纳米相关企业 100 家，累计集聚纳米技术应用企业 690 家。其中产值规模百亿级以上企业 1 家，亿级以上企业 121 家，较上一年度增长 46 家，企业发展壮大明显。江苏省第三代半导体研究院、微球材料及应用技术研究所等多个重点平台项目落地，汉天下电子、镓敏光电、理硕科技、太阳诱电等重点项目相继落户园区。纳米大科学装置一期顺利验收，二期建设加快推进。成功举办第十届纳博会和第一届长三角第三代半导体暨新材料产业发展论坛，区域产业知名度进一步提升。

人工智能产业。截至 2019 年年底，园区累计集聚泛人工智能企业 1000 家，人工智能核心企业 200 家。华为、微软、云从等重大项目相继落户，提升园区大数据、计算机视觉技术研发与应用等领域的发展实力。同元软控推出完全自主可控工业智能设计与仿真软件平台 MWorks，为国家大飞机、探月工程、载人航天等重大工程提供数字化设计支撑。盛科网络核心交换机芯片、旭创科技高速光模块、灵致科技的基站天线等产品填补国内空白、打破国外垄断。思必驰发布 AI 专用语音芯片，极端场景峰值功耗降至百毫瓦以下。牧星智能凭借智能工厂无人搬运整体解决方案斩获机器人行业的

"诺贝尔奖"——恰佩克奖。

园区着力推进人工智能在产业经济、市民生活、智慧城市等领域的融合应用。在"AI+产业经济"领域，聚合数据建成国内最大的专业数据服务平台，拥有80万企业及开发者注册用户；汇博机器人的工业机器人整体解决方案持续赋能地方产业升级，市场占有率多年保持领先。在"AI+市民生活"领域，同程艺龙借助大数据及人工智能技术向用户提供定制化产品及服务，稳居我国在线旅游市场前三甲；清睿教育基于仿脑认知计算技术的人工智能教练，已走进全国2万多所中小学。在"AI+智慧城市"领域，科大讯飞"X光安检图像智能识别系统"借助人脸识别等技术，助力安检走向"主动防"，在全国30多个城市轨道交通系统试点应用；华兴致远牵头研制的世界首台动车组车底检测机器人正式在上海动车段虹桥动车运用所投入使用，产品正式向全球市场推广。

2月26日，基石药业正式在香港联交所主板挂牌上市。基石药业本次发行价格为每股12.00港元，共发行186396000股，募集资金净额约20.8507亿港元。公司拟将从发售中收取的所得款项净额主要用于公司核心候选药物、管线中其他候选药物的临床开发、寻求新候选药物许可等，并开始产品商业化进程和布局。

2月28日，举办中国半导体行业协会MEMS分会第二届会员大会暨MEMS产业与智慧应用年会。300余家会员企业出席会议，并就当前MEMS领域的发展问题和机遇进行探讨，指引园区该领域的发展方向。

3月30日，第一届长三角第三代半导体暨新材料产业发展论坛在园区举办。11位中国科学院、中国工程院院士齐聚，数百名专家共话，"把脉"新材料产业发展未来，共同探讨长三角第三代半导体的创新发展之路，全力将园区打造成第三代半导体产业高地。

5月9日，药明巨诺苏州研发生产基地开工典礼在苏州生物医药产业园二期举行，该基地包括两栋独立楼宇，总面积约10000平方米。随着苏州研发生产基地的开工，药明巨诺将迈入国内CAR-T研发及产业化第一梯队。

5月14日，科大讯飞苏州研究院开业庆典暨"智子空间"揭牌仪式在苏州人工智能产业园举行，现场为首批入驻"智子空间"孵化的10家企业颁发入孵证书。苏州讯飞双创中心的智子空间累计签约孵化项目24个，签约创业导师12名，空间工位预约出租率100%，并于今年5月获得市级众创空间称号。该空间成功主办首届"AI加速营""未来可期——儿童智能产业峰会"，协办北大创业营等10多场大型活动。

5月28日，"苏州美新迪斯医疗科技有限公司"举行竣工仪式并宣布正式开业。美新迪斯的引进，将进一步完善园区在植介入领域的布局，提升区域创新能力，进一步增强园区在医疗器械产业版图中的影响力。

6月10日，金唯智在苏州工业园区举办中国总部大楼项目奠基仪式。大楼总建筑面积6.5万平方米，将建设为高标准的基因组学实验服务中心，满足生物医药产业的迅猛发展带来的市场需求，为全球研究人员提供快捷高效的服务。

7月11日，"百济神州苏州研究院揭牌仪式暨百济神州首届转化医学高峰论坛"在园区举行。随着百济神州苏州研究院的揭牌，百济神州正在苏州搭建起研发、生产到商业化的全生态系统，这是百济神州发展史上的又一重要里程碑。

10月23日，16位院士和专家齐聚金鸡湖国际会议中心，为园区"十四五"期间纳米产业发展、完善纳米重点领域产业链和人才链建设、提升纳米产业集群竞争力献计献策，保驾护航。此外，园区举办多场重点纳米企业座谈会，帮助企业解决困难问题，助推产业发展。

10月23日，第十届中国国际纳米技术产业博览会在苏州国际博览中心开幕，总投入700余万元。纳博会对助推园区纳米产业发展、吸引海内外优秀纳米技术项目和高层次人才落户园区具有重要意义。本届纳博会共组织1场主报告、14场专业论坛、300个行业报告，邀请诺贝尔物理学奖获得者1人、国内外院士20

人、国家级人才 15 人、知名企业高管 200 人。大会总面积达 20000 平方米，标准展位 500 个。国内外 8 个展团、27 个国家、1600 多家纳米技术相关企业参会、参展，大会期间参会参展嘉宾总人数 16000 人，促成数十个项目落户园区。

10 月 28 日，亚盛医药正式在香港联交所主板挂牌上市。此次亚盛医药发行价格为每股 34.20 港元，共发售股份 1218.09 万股，募集资金约 4.2 亿港元。公司拟将融资金额主要用于核心产品的后续研发及商业化、重要产品的临床开发、寻求新候选药物许可等，助力公司的进一步发展。

11 月 8 日，博瑞医药于上海科创板正式挂牌上市，成为园区生物医药企业科创板第一股，同时也是科创板开通以来，第一家上市的全球化高端仿制药企业。本次发行价格为 12.71 元/股，发行数量为 4100 万股，募集资金总额约 5.2 亿元。博瑞生物医药（苏州）股份有限公司是一家新型生物医药公司，以研发、生产创新药物和高端仿制药为主，是江苏省高新技术企业。

11 月 8 日，东曜药业成功在香港联交所主板挂牌上市。此次全球发行 9000 万股新股，发行价为每股 6.55 港元，募集资金总额约为 5.895 亿港元。东曜药业股份有限公司是一家研发药品进入临床阶段的生物制药公司，专注于创新型肿瘤药物及疗法的开发及商业化。

11 月 12 日，杏联药业母公司中国抗体在香港交易所正式挂牌上市，每股发售股份 7.60 港元。全球发售所得款项净额约为 1286.44 百万港元，发行市值 62.63 亿港元，远高于 2019 年最后一轮投后估值的 29.06 亿港元。

11 月 25 日，亿腾医药宣布，旗下位于园区的西克罗制药有限公司正式揭幕。公司占地 3 万平方米，拥有两百余名员工，是畅销世界的王牌抗感染药——希刻劳®（药品名：头孢克洛）全系列三种剂型的重要生产基地。亿腾医药还在“B 村”桑田岛区域成立了呼吸系统疾病药物的生产基地。随着西克罗公司正式揭幕，亿腾的发展进入一个全新的阶段，不断吸收全球优势资源，推动本土医药产业发展。

2019 年 11 月 27 日，立生医药（苏州）有限公司竣工典礼顺利举行。2015 年，立生医药落户园区桑田岛区域，专注于肺部疾病、眼部疾病、感染性疾病等领域药物的研发、生产与销售。4 年后立生医药的无菌生产基地顺利竣工，向产业化迈出了关键一步。

12 月 13 日，科望医药举行苏州基地开工仪式，开启产业化之路。公司成立仅 2 年时间，已经建立起具有独立知识产权的从“靶点发现”“功能性验证”“多特异性抗体构建”到“工艺优化”等研发和生产平台及具有世界竞争力的产品管线，同时开发和拓展与世界一流公司的合作创新。

【科普教育】 2019 年，苏州工业园区科技部门认真贯彻落实国务院《全民科学素质行动计划纲要》，优化体制机制，改革工作方式手段，进一步加强全民科普教育工作。根据中国科普研究所调查，2019 年园区公民具备科学素质比例达到 18.8%，位居全市前列，科普教育工作取得良好成效。截至 2019 年年底，苏州工业园区有国家级科普教育基地 1 家、省级科普教育基地 9 家、市级科普教育基地 19 家，省级科普示范社区 3 家、市级科普示范社区 26 家。全年举办各类科普活动 80 余场，一系列科普特色活动已成为苏州工业园区青少年科技创新和社区科普推广的品牌活动。

苏州工业园区方悦社区、天域社区被命名为 2019 年苏州市科普示范社区（苏科协〔2019〕99 号）。苏州工业园区方洲小学、苏州工业园区金鸡湖学校、苏州工业园区华林幼儿园、西安交通大学苏州附属中学被命名为“十三五”第二批苏州市科学教育综合师范学校（苏科协〔2019〕67 号）。

2019 年 4 月，根据《苏州魅力科技人物及魅力科技团队评选表彰办法》及评选结果公示，中科院苏州纳米技术与纳米防生研究所所长助理王强斌当选为 2018 年度苏州十佳魅力科技人物。12 月，中科院蒋华良院士、冷泉港亚洲会务有限公司季茂业等 7 位科技工作者入围 2019 年度苏州魅力科技人物及魅力科技团队候选人。

3月23日，苏州工业园区科协举办公益科普讲座，走进星海中学等学校，面向园区青少年，做了“小芯片　大世界”及“人类太空60年”的科普讲座，为培养青少年对科学的兴趣做出了积极努力。为了更好地向全社会大力普及科技知识、倡导科学方法、传播科学思想、弘扬科学精神，针对园区重点产业、科技人才等特色，围绕政府、企业、社会三者的关系和作用开展探索研究，苏州工业园区科协依托独墅湖图书馆，联动区内科技创新企业，邀请行业领军科技人才，持续开展“领军人才话科普”系列讲座，大力推动科普资源的开发和整合。邀请领军人才走进社区、学校，结合领军人才及科技型企业的研究方向，以生动的方式让广大社会公众充分掌握了许多与日常生活有着密切关系的科学知识，同时依托苏州工业园区科技特色，进一步强化了“领军人才话科普”活动。

5月，苏州市第31届科普宣传周，苏州工业园区共举办各类“广接地气”科普知识讲座、主题活动70余场，其中园区科协配合宣传部，会同冷泉港亚洲DNA学习中心、风云科技积极完成了“家园区　享幸福”2019年苏州工业园区广场公益活动，将公益盛宴带进了社区。9月，园区共举办各类科普主题活动50余场，其中苏州市全国科普日主场活动暨SELF格致论道讲坛，在园区文化艺术中心大剧院隆重举行，园区积极组织各校青少年参与此次活动。两项主题“创新活动”中，园区荣获市级创新活动奖2项，优秀组织单位奖3项。

5月，为贯彻习近平总书记有关加强扶贫协作工作的重要指示，在苏州市科协的指导下，苏州工业园区科协支持松桃天文观测基地“小天眼”建设项目，并与松桃苗族自治县科协签订2019年度合作共建协议。同时，园区科协和教育局促成苏州工业园区星海实验中学与贵州群希实验学校签署合作协议书。

11月，根据苏州市科协的统一部署，苏州工业园区科协积极推进第四期科普信息大屏进校园宣传服务工作，在园区金鸡湖学校、方洲小学、星海实验中学、新城花园小学等10所学校分别铺设了科普宣传大屏。全面推进了园区科学素质教育，促进了中小学生创新精神和实践能力的培养，让青少年养成了良好的“爱科学，学科学，用科学”习惯。

【知识产权管理】　2019年，园区科技和信息化局（知识产权局）深入贯彻落实《苏州工业园区科技创新三年行动计划（2019—2021年）》，制定实施知识产权攻坚行动计划。以提升知识产权创造质量、强化知识产权运用成效、加强知识产权保护力度、探索知识产权服务模式和建立知识产权国际合作为工作重点，取得了良好的效果。

知识产权创造质量持续提升。积极引导企业开展专利布局，进一步提升企业知识产权创造质量。全年园区完成PCT专利申请1134件，占全市45%；发明专利申请7453件，占全市17%；实用新型申请13285件，占全市12%；外观申请1768件，占全市18%；发明专利授权1902件，占全市23%；发明专利拥有量13333件，占全市21%；万人有效发明专利达162.86件。园区PCT专利申请量、万人有效发明拥有量、发明专利授权量等各项核心指标继续保持苏州第一。

知识产权运用成效更加显著。一是强化市重点产业知识产权运营中心工作，新建设产业知识产权信息平台智慧云图并开展了产业监测、产业知识产权分析预警、专利池构建、知识产权人才培训等工作。二是推动知识产权质押融资工作。科技和金融不断深化融合，科技型中小企业用知识产权就可以进行质押向银行贷款。园区共10家企业获得知识产权质押融资，授信金额8793万元，其中“知识贷”授信金额1800万元，融风科贷700万元。三是完善纳米导航试验区工作。今年继续开展了纳米材料重点产业（氢能燃料电池产业、纳米纤维产业）专利导航项目，用专利价值实现对纳米产业运行效益充分支撑。将“桑田岛产业知识产权论坛”和“纳博会专利导航产业发展论坛”打造为纳米行业的品牌论坛，邀请业内大咖专家齐聚园区，共同探讨产学研和创建良好的运营生态等热点话题。

知识产权项目数量继续增长。2019 年园区企事业单位获评中国专利奖 6 项；国家示范企业 4 家；国家优势企业 5 家；江苏省专利项目奖 6 项；江苏省战略推进计划 6 家；江苏省知识产权保护能力提升项目 1 项；江苏省“正版正货”承诺推进计划 1 家；江苏省知识产权贯标奖 2 家；江苏省知识产权领军人才、骨干人才 37 人；苏州市优秀专利奖一等奖 3 家，二等奖 2 家；苏州市杰出发明人 1 人；苏州市优秀版权奖一等奖 1 家，二等奖 2 家；苏州市登峰计划 1 家；苏州市高价值专利培育计划 4 家；苏州市专利导航项目 8 家。

知识产权保护机制显著增强。园区高标准完成中国（苏州）知识产权保护中心建设项目，协调解决了招标、施工、设备采购等任务，并于 2019 年 8 月顺利通过了国家知识产权局对保护中心场地和设施的验收。保护中心全面运行之后，利好全市新材料和生物制品制造领域企业，该类企业经备案后，知识产权授权、确权和维权将进入快速通道。

知识产权服务体系逐步完善。2019 年 12 月园区成立知识产权服务联盟。通过整合园区知识产权培训、代理、信息利用、维权援助等全方位服务领域力量，开展知识产权服务业调研、知识产权服务业联盟数据库建设，专业人才培养、立体交流平台建设等工作，打造园区知识产权品牌。这是园区推动自贸区建设、营造良好营商环境、促进知识产权保护事业高质量发展的重要举措。

知识产权国际合作扎实推进。园区管委会同新加坡知识产权局国际事务机构在 2019 年 10 月 15 日重庆召开的中新理事会上签署了合作备忘录，在联合举办创新及无形资产等主题活动、开展知识产权国际化人才培养、开展知识产权运用和商业化的国际合作、协助企业拓展东南亚和国际市场、拓宽知识产权维权援助渠道、提供运营平台支撑服务等方面达成了合作意向。

为迎接第 19 个“4・26”世界知识产权日，加强知识产权宣传普及，提升全社会知识产权意识，4 月 22 日起，园区科信局联合园区法院、园区检察院、园区市场监督管理局及牛津大学高等研究院、纳米公司、生物公司等单位组织开展了为期半个多月的 2019 年知识产权宣传周活动。举办了知识产权研讨会、知识产权论坛、培训讲座等一系列活动。倡导创新文化，培养知识产权人才，助力创新发展，优化营商环境。

5 月 29 日，2019 年国家知识产权培训基地研讨班在苏州工业园区独墅湖图书馆正式开班。国家知识产权局党组成员、副局长廖涛，江苏省知识产权局党组书记、局长支苏平，中国知识产权培训中心主任孙玮，苏州市副市长杨知评，园区党工委委员、管委会副主任、组织部部长林小明出席开班仪式。来自全国 19 个省知识产权管理部门和 26 家国家知识产权培训基地的 110 余人参加了本次研讨班。

8 月 5 日至 9 月 6 日期间，科技和信息化局开展了为期 1 个月的知识产权政策宣讲会，对本区域的企业、高校、科研院所等进行全覆盖的政策宣讲解读，在园区四大功能区和三大载体集中开展专题培训 7 场，形成宣讲的连贯性、针对性、有效性，吸引了知识产权工作相关负责人、企业代表、专家学者等近 300 人参会，覆盖企业超 150 家。

10 月 15 日，中新苏州工业园区联合协调理事会第二十次会议在重庆召开。在两国领导人的共同见证下，园区管委会主任丁立新同新加坡知识产权国际事务机构董事长邓鸿森签署了知识产权合作备忘录，在知识产权培训、人才培养、维权援助、平台服务等方面达成了合作意向。这是中新双方互利合作的又一成功典范。园区将深度借鉴新加坡经验，打造国际化创新高地。

10 月 23 日，第十届中国国际纳米技术产业博览会在苏州工业园区盛大开幕。10 月 24 日，作为纳博会重要活动之一的 2019 年知识产权运营与产业创新发展高峰论坛邀请业内知名专家，共话知识产权保护，探讨知识金融创新。江苏省知识产权局知识产权服务处副处长朱煜在论坛致辞，中国知识产权研究会孙美博士作题为《企业专利申请战略》的主题报告。

中国（苏州）知识产权保护中心建设项目

落户园区科技园三期，于2019年8月份顺利通过国家知识产权局对保护中心场地和设施验收。11月14日，园区管委会主任丁立新、副主任林小明携园区经发委、科信局、市监局一行专题调研保护中心。市市场监管局局长王庆煊、副局长施卫兵参加座谈交流。丁主任一行实地考察了保护中心服务大厅、审理庭、调解室等设施情况。鼓励保护中心结合自贸区建设多做探索，衍生科技服务产业，形成集聚效应。

11月26日，2019年度苏州市优秀专利奖评审委员会会议在市市场监管局召开。通过现场答辩、专家讨论、无记名投票确定了获奖名单。获得2019年度苏州市优秀专利奖一等奖的5个项目中园区占据三席，申报单位分别为苏州金唯智生物科技有限公司、信达生物制药（苏州）有限公司、苏州宝时得电动工具有限公司。此外，来自苏州博创集成电路有限公司的李海松获得了苏州市杰出发明人奖。

12月12日，苏州工业园区知识产权服务联盟成立大会在企业发展服务中心举行。会议由苏州工业园区科技和信息化局召集，苏州独墅湖科教发展有限公司承办。苏州市知识产权局副局长施卫兵、苏州工业园区科信局副调研员陆桂发出席了成立大会并作讲话。全市21家优秀知识产权服务机构、科研院所、国资载体等相关单位作为首批理事单位参加了会议。联盟旨在协同多方力量，进一步提升园区知识产权全产业链服务内容和质量，为企业科技创新发展保驾护航。

苏州工业园区产业知识产权运营中心以园区创新中心为主体，联合纳米公司、生物公司、科技公司和独墅湖图书馆共建，重点面向纳米技术、生物医药和人工智能三大战略性新兴产业领域开展专利运营工作。中心承担了苏州市知识产权运营中心项目，12月25日，项目中期检查汇报会顺利举行，得到上级领导一致好评。12月27日，第一届苏州工业园区产业知识产权运营中心年会暨苏州纳米城知识产权优秀企业表彰会议在西交利物浦会议中心举行，会上发布了纳米细分领域专利导航成果。

【信息化工作】 2019年，苏州工业园区坚持顶层设计为指引，继续深入推进两化融合、信息安全等工作，大力推动企业信息化和软件服务相关工作，获批江苏省工业互联网示范工程首批“互联网+先进制造业”基地称号，在工业互联网、5G等方面工作取得积极进展。

系统开展工业互联网发展研究。在充分调研的基础上，系统开展工作梳理，编制《苏州工业园区工业互联网发展研究报告》《苏州工业园区工业互联网产业发展规划》，为后续政策制定及扶持重点提供重要理论依据。

重点打造垂直领域工业互联网平台。2019年共组织23家企业申报“苏州市工业互联网第二批重点平台、专业服务商和典型应用企业”，累计新增“省工业互联网服务资源池单位”42家、“省工业互联网发展示范企业（平台类）”2家，涌现出江苏敏捷、哈工海渡、同元软控、慧工云、二元工业、海岸线等超20家工业互联网平台企业，其中同元软控是苏州唯一一家入选工信部“2018年工业互联网APP优秀解决方案单位”的企业。

筑牢工业信息安全保障。大力支持工业信息安全企业发展，通付盾2019年被江苏省工信厅认定为工控安全服务商，慧盾信息、敏捷科技股份、元讯信息等企业在各自细分领域提供优秀工业安全解决方案。

搭建高端交流平台。成功举办智博会工业互联网分论坛，吸引国内外知名专家共同探讨行业发展趋势；组织近百家企业参与“2019年产业互联与数字经济大会暨第二届工业互联网平台创新发展大会”；贯彻落实省“关于实施科技企业家支持计划”，共推荐4批次工业互联网企业家赴南京、杭州、深圳等兄弟城市观摩学习。

7月9日，苏州工业园区“工业互联网”企业调研交流会在上海交通大学苏州人工智能研究院（以下简称“智研院”）举行。会议指出，当前工业互联网正迎来快速发展时期，作为工业化与信息化深度融合的产物，工业互联网是目前工业转型的核心与关键。与会的各园区工业互联网重点企业正处在产业变革的风口，应加强相互间的协调合作，共迎以智能制造为主导的第4次工业革命浪潮。

9月9日，江苏树根互联技术有限公司在苏州工业园区开业，意味着苏州首个跨行业、跨领域的“双跨”工业互联网平台在园区启用。未来，该平台将持续为传统制造业带去转型活力，并且赋能中小企业参与全球竞争，为打响“园区智造”的品牌贡献力量。

10月，江苏省工业和信息化厅公布江苏省工业互联网示范工程首批“互联网＋先进制造业”基地公示名单，苏州工业园区位列其中。当前，苏州工业园区正把工业互联网和智能制造作为园区人工智能产业的主攻方向，大力发展“人工智能＋工业”，抢抓先机，不断深化“互联网＋先进制造业”发展工业互联网平台，推动企业转型升级，取得明显成效。

11月，2019第十八届中国（苏州）电子信息博览会、2019年产业互联与数字经济大会暨第二届工业互联网平台创新发展大会在苏州工业园区开幕。本次展会17家苏州工业园区工业互联网重点企业联合参展，集中展示了园区工业互联网企业在关键技术突破、创新生态构建、平台建设应用、制造业转型升级、信息基础设施等多方面的重要成果。

11月18日，江苏省工业和信息化厅发布《关于苏州智能网联汽车公共测试道路的公告》，明确苏州工业园区内8.8公里长的智能网联汽车公共测试道路启用。该测试道路区域北至金鸡湖大道、西至星华街、南至独墅湖大道、东至长阳南街，共15个路口，面积2.2平方公里，是江苏首个实现5G全覆盖的智能网联开放式示范区。该区域按照国家车路协同战略规划要求设计，共有14个5G基站，平均每个基站的覆盖半径为200～300米，整体水平国际领先，可以满足不同车辆在复杂环境下的智能驾驶测试需求。

12月，由苏州工业园区科技和信息化局牵头，苏州工业园区工业互联网产业联盟（苏州市工业互联网产业联盟工业园区办事处）组织召开“5G+工业互联网”融合应用座谈会。苏州工业园区龙头企业、典型企业、运营商、创新中心、联盟协会等重点单位相关负责人参加本次会议，苏州工业园区科技和信息化局副局长周村主持会议并讲话。

泰州国家医药高新技术产业开发区

Taizhou National Medical New & High-tech Industrial Development Zone

【概　况】 泰州国家医药高新技术产业开发区（以下简称“泰州医药高新区”），坐落于长江三角洲的滨江工贸新城，是新中国成立以来第一家国家级医药高新区，总体规划面积116平方公里，下辖泰州医药园区、泰州经济开发区、泰州综合保税区、泰州高等教育园区、泰州市周山河街区、泰州数据产业园区和泰州滨江工业园区等7个功能园区，以及野徐镇和寺巷、明珠、凤凰、沿江4个街道办事处。核心区域由科研开发区、生产制造区、会展交易区、康健医疗区、综合配套区五大功能区组成。在产业定位上，泰州医药园区重点发展生物技术及新医药产业；泰州经济开发区重点发展光电、智能电网产业；滨江工业园重点发展石油化工、新材料产业；数据产业园重点发展软件、服务外包产业。近年来，泰州医药高新区立足“中国第一、世界有名”，以建成江苏省生物技术与新医药产业核心区、综合改革试验区、转型升级先导区、产城一体示范区为目标，不断优化创新生态环境，加快构建以企业为主体、市场为导向、政产学研金相结合的科技创新体系，取得了较好的成效。

【创新型企业】 2019年，新入库科技企业培育库企业133家，新认定民营科技型企业15家，新认定市级高新技术企业38家，新入库省高新技术企业培育库企业55家，认定国家高新技术企业46家（含15家重新认定），国家高新技术企业总数达98家；中崇信诺生物科技泰州有限公司、泰州市百英生物科技有限公司、泰州泽成生物技术有限公司等3家企业入围中国创新创业大赛总决赛，其中中崇信诺生物科技泰州有限公司获得“优秀奖”；江苏长泰药业有限公司入选江苏省高新区潜在独角兽企业榜单，成为2019年度苏中、苏北地区唯一上榜的潜在独角兽企业；江苏爱源医疗科技股份有限公司等5家企业获批省“瞪羚企业”；江苏默乐生物科技股份有限公司等2家企业获批2019年度江苏省“最具成长性科技企业”。

【重大创新载体】 2019年，中科院大化所生物医药创新研究院、东南大学器械研究院有效运行,复旦健康研究院三方共建项目正式启动，国科大泰州创新医药产业平台项目成功签约；与复旦大学、中国科学院大学、浪潮集团、万达信息等合作共建的中国（泰州）健康医疗大数据中心正式成立；中国医药城药物安全性评价中心对外开展项目服务，江苏省生物医药产业院士协同创新中心挂牌成立；泰州经济开发区获批“电力装备众创社区”（省级众创社区）；获批省级众创空间1家；获批省级工程技术研究中心9家。

【科技人才】 2019年，泰州医药高新区新引进硕士以上高层次人才307人，其中海外留学人才37人、国家级人才9人、省级人才18人、省级以上创新团队2个。全区现拥有4100多名生物医药类海内外高层次人才，其中国家级高端专家63人、省“双创人才”130人、省级以上创新团队13个、“113医药人才特别计划”1011人，高端人才集聚水平继续在全国同类园区中名列前茅。

【科技金融】 2019年，泰州医药高新区设立了总规模20亿元的泰州光控大健康产业基金，首期10亿元已出资到位；作为全国首家综合性金融改革地区的核心载体，在全国首家试点资本兑换便利化，广泛与各类金融机构开展合作；出台《促进企业上市（挂牌）实施意见》，成立全国首家以深交所冠名的深交所－泰州医药高新区路演中心，迈博太科、亚盛医药先后在港交所上市，硕世生物在科创板上市（苏中首家）。

【知识产权】 2019年，泰州医药高新区申请专利2996件（其中发明专利920件），同比增长21.8%；专利授权1295件（其中发明专利授权85件），同比增长6.6%；万人发明专利拥有量达28.94件，在全市名列前茅；PCT申请15件。20家企业通过省知识产权管理标准化贯标备案，8家企业完成省知识产权局贯标验收；2家企业获批市级企业知识产权战略推进计划项目。

【科技大事记】 2019年10月17日，由中国技术创业协会主办的第三届中国生物医药园区产业创新发展大会在济南开幕，中国技术创业协会生物医药园区联盟首次发布中国生物医药园区创新药物潜力指数，泰州医药高新区以946.7的创新药物潜力指数位于全国生物医药园区第三名。2019年10月21日，泰州经济开发区获批省级“泰州医药高新区电力装备众创社区”。2019年11月17日，江苏省生物医药产业院士协同创新中心在泰州医药高新区挂牌成立。

昆山国家高新技术产业开发区

Kunshan National New & High-tech Industrial Development Zone

【概　况】 昆山国家高新技术产业开发区（以下简称“昆山高新区”）前身是1994年经国家科委批准的昆山国家级星火技术密集区；2006年，经省政府批准、国家发改委核准，成为省级开发区；2010年9月，经国务院批准，升级成为全国首家县级市国家高新技术产业开发区。先后被列为国家科技服务体系建设试点园区、知识产权示范园区、海外高层次人才创新创业基地、创新人才培养示范基地。2014年11月，入围苏南国家自主创新示范区核心区阵营。

【科技载体】 昆山高新区紧紧围绕全市“打造国家一流产业科创中心”工作主线和“一廊

一园一港”科创载体布局，通过顶层设计，加强产业园区规划，加快打造创新氛围浓厚、创新要素集聚、创新活力迸发的100平方千米科技园，形成昆山智谷小镇、小核酸及生物医药产业园、机器人科技创业园等一批功能组团，为重大项目落地、人才创新创业打造一流载体空间。突出多点发力，加快创新合作平台建设，设立运作中科院微电子所昆山分所、沈阳自动化研究所（昆山）智能装备研究院、南京大学昆山创新研究院、浙江大学昆山创新中心、西安电子科技大学昆山创新研究院、昆山杜克大学计算图像技术研究中心、江苏—乌克兰装备制造国际创新院、昆山—白俄罗斯技术成果国际转移中心、清华启迪科技园等创新平台，不断推动科技创新平台集聚。不断向纵深推进，深化重大科创平台布局，启动建设中科院安全可控信息技术产业化基地、昆山超级计算中心、深时数字地球研究中心等国家大科学计划、大科学装置，高水平运作国家超级计算昆山中心，加快建设国家工业信息安全发展研究中心。加快推进“深时数字地球”国际大科学计划项目，启动建设深时数字地球国际卓越研究中心，力争建成具有世界影响力的国家级科学中心。试点推进昆山首个科创综合体“鑫欣科创综合体”项目，突出人才引领、科创制胜，坚持精明增长、减量发展，以较小空间实现创新要素最优配置、产业产值集中爆发。

昆山高新区机器人科技创业园内聚集穿山甲、华航威泰等40多家机器人高新技术企业，形成以机器人应用及相关设备研发制造、系统集成、机器视觉、软件开发等机器人产业上下游为主的高新技术企业落户园区的经济发展格局。园区在孵企业超过40家，累计毕业企业18家，培育高新技术企业32家、新三板挂牌企业3家。同时，高新区也培养了一支具有创新能力、稳定可靠的机器人产业技术服务人才队伍，引进国家级人才技术专家10名、江苏省双创团队1个，其他各类创新创业人才12人。昆山机器人产业园已经形成众创空间—科技创业园、大学科技园—加速—特色产业基地的孵化产业链。2019年，昆山高新区机器人科技创业园获批“国家级科技企业孵化器”，成为一家以机器人产业为主体的专业孵化器。

理光（昆山）创新中心由“理光研发中心”与“项目转化培育中心”组成，总投资5000万元。旨在促进基于理光株式会社在中国自主知识产权项目的产业化，推动和提高跨国企业研发机构从研发到产品化、市场化的转化速度，在市场中快速验证技术，并探索跨国企业从研发机制到商业转化机制的模式创新，打造创投公司和国际化大企业跨界合作的全新典范。将开展机器视觉及图像处理、传感和数据分析、材料设备及软件的进步、信号处理和图像处理技术的研发；新型医疗装置、全景技术AR/VR的研发和产业化；推进表面检测系统、干式洗净机等项目产业化等。理光（昆山）创新中心目前已有研发新品12件，主要包括干式洗净机、表面检测系统、可擦写激光打印机等。

【科技人才】 昆山高新区坚持把招才引智作为产业高质量发展的助推引擎，分组服务、分类跟进，为人才科创项目加快落地“铺路架桥”。累计引育国家级重大人才工程入选者54个，省“双创人才”38个，省“双创团队”9个，姑苏领军人才55个。

依托头雁人才创新产业集群。深入落实全市人才科创“631”计划，放大“一个人才（团队）、一个项目、一家企业、一条产业链”的创新链式效应，以人才引领产业创新发展。政策上，采取量身订制、“一事一议”、“一人一策”，建立针对性强、操作性强的人才“引、育、留、用”机制，面向全球集聚顶尖人才。首批“头雁人才”团队新蕴达阎锡蕴院士团队获1亿元人民币项目资助，全力打造一类新药铁蛋白纳米酶药物研发创新平台和国际生物医药产业示范基地。服务上，针对人才科创项目实行审批代办服务及重大项目跟踪特色服务制度，并在人才项目申报等环节构建完整科创服务链。全区共有周成虎等7个院士项目签约落户。

依托重大项目打造人才科创高地。昆山高新区瞄准自主可控和前沿高端，围绕大科学计划、大科学装置等重大项目，推动高端人才集聚。

高起点规划产业园区，打造从研发到产业化全链条高度集成的100平方公里阳澄湖科技园作为推进产业科创中心建设的核心区，形成昆山智谷小镇、吴淞江产业园等四大功能组团，为重大项目落地、人才创新创业打造一流载体空间。高标准加强人才布局，启动建设中科院安全可控信息技术产业化基地、昆山超级计算中心、深时数字地球研究中心等国家大科学计划、大科学装置，打造千亿级的产业集群，近期数十家高科技企业将完成落户，未来将有一大批科学家团队、产业研究中心、产业创新公司集结入驻，集聚以王成善、周成虎等院士为代表的一大批国内外高端人才。

依托大院大所做优创新生态。深化与中科院、美国杜克大学、白俄罗斯国家科学院等大院大所合作，设立中美（昆山）科创中心、白俄罗斯国家科学院（昆山）创新中心、国家ASIC 中心（昆山）集成电路技术研发和成果转化平台，高效运作中国科学院微电子所昆山分所、南京大学昆山创新研究院、浙江大学昆山创新中心。2014年以来昆山杜克大学已推动组建12个科技创新研究中心、2家高科技孵化公司、89项国内外科研项目，持续贡献顶尖人才。积极推进全国工程类专业学位研究生昆山产教融合联合培养开放基地建设，2019年招收计算机科学与技术、电子工程、微电子专业领域的37名工程硕士研究生，计划2020年度培养80～100名工程硕士。

【科技企业】 昆山高新区深入开展科技型企业“小升高”计划，着力推动高新技术企业规模化、规模以上企业高新化进程，为高质量发展提供有力支撑。2019年，全年高企认定总数181家，全市占比近30%，比上年增加70%，创历史新高，全区共计253家企业通过科技中小企业评价，约占全市760家的三分之一。全年对当年认定的192家高企培育入库企业各给予8万元的奖励，合计奖励金额超1500万元，有效激发创新活力，最大限度释放政策红利。

实施“小升高”培育行动。加大对科技型中小企业研发创新的扶持力度，推动科技型中小企业加快成长为高新技术企业，组织实施高新技术企业培育计划，鼓励企业申请进入高企培育库。对纳入省级或市级高企培育库的企业给予8万元奖励，正式认定高企予以10万元奖励。

实施存量企业“创新提升”工程。保障申请总量稳定增长。对有效期内高企再次申报认定予以10万奖励；鼓励高新技术企业落户。有效期内迁入我区的高企享受10万奖励。

实施孵化载体“科技点亮”计划。加大在科技孵化器、众创空间宣传和辅导，科技孵化器管理机构每成功培育1家高企奖励2万元。

【科技成果】 昆山高新区坚持以科技成果转化为抓手，持续推进大院大所产学研对接活动，积极参与“一带一路”科技创新合作，更大力度“引进来”和“走出去”，在更高起点上推进自主创新，为昆山高新区率先跑出高质量发展的创新加速度提供支撑。2019年，全区新增新型研发机构1个，实施产学研合作项目103个，认定江苏省级以上科技计划项目超10个，新增江苏省级成果转化项目3个。

积极融入“长三角一体化”发展国家战略。按照昆山委〔2018〕30号《对接融入上海三年提升工程实施方案（2018—2020年）》文件要求，扎实推进平台载体建设，深度挖掘科技创新资源，不断深化与上海合作的深度与广度。2019年，带队组织50余次赴沪考察交流，与上海交通大学、华东理工大学、紫竹科技园等高校院所及相关企业进行了有效对接，促成落地合作项目20余项，对接洽谈张江生物医药产业项目超过40个，先后引进聪益生物、苏州如鹰及帕尼吉源等项目，源于张江企业达到18家，进一步夯实创新发展基础。发挥国家技术转移东部中心昆山分中心作用，构筑“沪昆”技术转移信息共享平台。深化与上海科技创新服务平台合作，主动对接张江高新区和上海科创中心，与上海交大陈亚珠院士团队合作共建国际智能医疗装备（昆山）产业创新中心，越众医疗与上海交大丁文江院士合作，成立苏州越众生物科技有限公司，昆山奥德机械与华东理工大学签订产学研合作协议并成立了校企人才实训基地。

积极融入国家“一带一路”倡议。按照共建、共享、打造多元化平台的合作模式,持续推进“一带一路”昆山国际先进技术研究院建设。乌克兰国家科学院（昆山）创新中心正式揭牌，高性能导电材料国际联合实验室等6个国际联合实验室、国际技术合作项目相继落户。与俄罗斯圣彼得堡彼得大帝理工大学国际合作处签署合作备忘录，与莫斯科物理技术大学Startech孵化器签署关于推进科技创新合作的谅解备忘录，与斯科尔科沃创新科技园合作设立昆山高新区斯科尔科沃海外创新基地，与白俄罗斯国家科学院共建中白工业园（昆山）创新中心。促成昆山捷安特轻合金与乌克兰合金所共建“昆山—乌克兰新材料和新能源技术研究所”、昆山华恒焊接与乌克兰巴顿所共建“中乌焊接工艺技术联合实验室”等一批国际技术合作。广泛搭建与世界500强企业沟通合作桥梁，共建理光（昆山）创新中心，实质化运作蒙纳士大学（昆山）产业创新中心，围绕产业促进澳洲科技成果向昆转移转化，逐渐形成昆山高新区独特的开放创新优势。

积极开展大院大所产学研活动。搭建“技联昆山高新产学研合作智能服务平台”，已入库发布高校院所112家、科技成果8343项、科技专家17923位、专家团队1368个，可为企业核心技术研发、关键技术攻关、科技成果转化提供高端科技人才支撑，提供线上线下相结合的产学研对接服务。擦亮“千企千校产业科创合作万里行”品牌，组织赴上海、武汉、西安等重点高校院所产学研校企对接活动16场，成功对接并开展产学研合作60多项。对接实施祖冲之自主可控产业技术攻关计划，完成50多家祖冲之自主可控产业技术攻关在线平台的注册工作，征集技术需求180个，落实关键技术需求16个，为企业解决的技术需求、成果转化、高层次人才引进等一系列问题。

【苏南国家自主创新示范区】 2014年11月，国务院批复同意支持南京、苏州、无锡、常州、昆山、江阴、武进、镇江等8个高新技术产业开发区和苏州工业园区建设苏南国家自主创新示范区。作为示范区“8+1”阵营当中的一员，昆山高新区积极抢抓国家战略机遇，深挖战略红利，先后被列为苏南国家自主创新示范区昆山高新区建设促进服务中心、苏南国家科技成果转移转化示范区精密装备制造科技成果产业化基地、苏南国家科技成果转移转化示范区创新方法推广应用示范基地、江苏省生产力促进中心苏南创新集成服务中心。在2019年江苏省高新区评价排名中，昆山高新区以历史最高得分，稳居全省县域高新区第一，位列全省高新区第7名，均取得建区以来的最高排名。

用好用活苏南奖补资金，高水平打造科技创新策源地。深入实施苏南国家自主创新示范区三年提升工程,狠抓人才科创、持续争先进位，2019年度获得苏南奖补资金2350万元，创历史新高，四年共计获得8210万元。立足高新区产业发展，重点支持在高新区创新工作的企业与载体，在高新技术产业和企业的培育、平台载体的建设、人才队伍的聚集发展等方面加速推进，惠及企业超100家，支持平台20余个。

贯彻落实《条例》，确保创新政策落地。大力宣传贯彻《江苏省推进高新技术企业高质量发展的若干政策》、《苏南自主创新示范区条例》、“科技改革30条”等上级政策，细化工作分工，明确责任部门，制定《条例》实施配套措施，开展系统学习和培训，利用各种媒体加强宣传,开展《条例》落实情况自查和督查。全面落实“科技创新40条”“人才新政26条”“知识产权18条”“昆山人才政策33条”等政策，编制政策落实实施方案、完善政策服务工作网络。充分发挥苏南自创区政策先行先试优势，制定《昆山高新区高质量发展三年行动计划》，出台《昆山高新区关于推进争先进位建设一流创新型特色园区的若干措施》，形成全方位的政策支撑体系。

围绕高质量发展要求，推进苏南国家自主创新示范区昆山核心区建设。充分利用苏南国家自主创新示范区的体制创新和政策创新，强化创新引领，注重系统提升，集聚创新资源要素，集成创新政策措施，提升自主创新能力，增强产业国际竞争力。加速科技创新要素向区内产业集聚，加强与上海等地区的协同合作，引导企业开展成果转化、人才引进等工作，提升科技创新水平，培育高新技术产业集群，实现从过去依赖传统物质要素驱动发展向依赖知识、技术和人才等创新要素驱动发展的转变，构建适应市场竞争环境、具有强进强劲内生动力、实现可持续发展提升的现代科技产业体系，形成具有较强科技创新能力和较大影响力的苏南自创区核心区。

江阴国家高新技术产业开发区

Jiangyin National New & High-tech Industrial Development Zone

【概　况】 江阴国家高新技术产业开发区（以下简称“江阴高新区”）前身为江阴经济开发区，成立于 1992 年。2002 年省委、省政府赋予国家级经济开发区的经济审批权和行政级别；2010 年，省政府批准更名为江苏省江阴高新技术产业开发区；2011 年经国务院批复同意升格为国家高新区；2014 年经国务院批准列入苏南国家自主创新示范区（以下简称“苏南自创区”）建设行列；2017 年被省委、省政府确定为苏南自创区核心区。园区管辖面积 80 平方公里，常住人口约 16 万人。2019 年，江阴高新技术产业开发区牢牢把握高质量发展总导向，坚持稳中求进工作总基调，以“三高三新三区”建设为引领，扎实推进“项目攻坚年”活动，全面深化苏南国家自主创新示范区建设。全年完成地区生产总值 1013 亿元，增长 9.1%；规上工业产值 1643.3 亿元，增长 9.1%；一般公共财政预算收入 58.92 亿元，增长 1.25%；进出口总额 88.9 亿美元，到位注册外资 5.01 亿美元。

【苏南国家自主创新示范区核心区建设】 2019 年，江阴高新区在国家高新区评价中居第 61 位，在江苏省高新技术产业开发区创新驱动发展综合排名第 10 位，在全国、江苏省排名实现“双提升”。累计获得上级支持企业创新发展资金 6000 余万元，发放本级科创奖励资金近 4000 万。成功举办 2019 年中国江阴（高新区）创新创业大赛、2019 中国（江阴）金属新材料产业创新论坛、全国轴承行业 2019 年专题研讨会等活动。获评“国家特钢新材料大中小企业融通载体”“苏南国家科技成果转移转化示范区创新方法推广应用示范基地”“2019 年度江苏省技术市场先进集体”“无锡服务产业强市先进集体”等多项荣誉。

【主导产业发展】 加快构筑以特钢新材料及制品为特色，微电子集成电路、现代中药和生物医药、机械智能制造为支撑，新能源汽车及关键零部件为战略的“1+3+1”先进制造业体系。编制完成高新区产业发展规划，制定产业准入负面清单，出台产业强区 20 条、加快发展工业数字经济、服务业提质增效 18 条等扶持政策，加快推进产业优化升级。建成省级示范智能车间 6 个、无锡市级 2 个，兴澄特钢、法尔胜获评国家制造业单项冠军，兴澄特钢获评江苏省第十批“跨国公司地区总部”，兴澄特钢荣获“国家科学技术进步奖一等奖”。

【项目攻坚】 大力开展“项目攻坚年”活动。以广联达移动智慧建筑、佩尔科技新材料、亚斯特国际等为代表，总投资 370 亿元的 41 个超亿元产业项目正式落地。中特棒材深加工、长庚锂电池用尼龙膜等 16 个项目开工建设；中芯长电 3D 集成芯片、江阴外国语学校等 5 个在建项目进展顺利；联动天翼新能源产业基地一期、阳光医卫新材料一期等 14 个项目正式投产。

【高新技术产业发展】 制定出台《江阴高新区创新型企业倍增计划（2019—2022 年）》《关于知识产权强区建设的若干政策措施（试行）》，修订完善《科技型中小企业风险补偿资金管理办法》等政策，推进企业创新，助力企业发展。获批苏南国家自创区潜在独角兽企业 1 家、瞪羚企业 9 家；入选无锡准独角兽企业 1 家、瞪羚企业 4 家、雏鹰企业 2 家；新认定高新技术企业 49 家、科技型中小企业 153 家，认定省民营科技企业 38 家；高新技术产业产值占规上工业总产值比重达 59.3%。

【平台载体】 重点加快平台载体建设。摸清现有载体资源，推进牛商 e 工场、乐创汇申报国家众创空间，改造百桥生物孵化园，完善启星智能产业园，加快建设星河科创园、扬子江加速器、生物医药加速器二期等工程。推进工程技术中心建设，新增江苏省工程技术中心 11 家，无锡市工程技术中心 4 家。加快推进省军民技术协同创新基地、军民融合产业研究院建设。积极推进江阴金属材料创新研究院建设，制订出台专项资金管理办法、共管账户管理办法、研发项目专项资金管理办法等制度，保证研究院建设和研发项目的顺利推进落实。

【科技人才】 人才引育成果丰硕。新增省、无锡市院士工作站 4 家，新增各类人才 2500 余人，其中省“双创人才”2 人、“太湖人才计划”创新创业领军人才 17 人、“暨阳英才计划”8 人，新引育各类人才项目 53 个。获评省海外人才离岸创新创业示范基地等荣誉。

【知识产权】 知识产权强区建设不断深化。新增发明专利 141 件，万人有效发明专利拥有量达 76 件，万人当年发明专利授权数同比增长 33.87%。引进国内知名知识产权运营机构横琴国家知识产权运营平台，在高新区建成七弦琴国家知识产权运营公共服务平台（江阴平台），围绕专利咨询、收储、运营、保护等方面，开展高新区知识产权现状调研分析、知识产权培训、知识产权质押融资等工作。

【科技金融】 科技金融助力解决中小企业融资难融资贵问题。出台《江阴高新区科技型中小企业信贷风险补偿专项资金实施细则》和《江阴高新区科技型中小企业信贷风险补偿专项资金项目操作规范（试行）》。充分发挥资金池的杠杆效应，与江苏银行开展“高科贷”与“苏科贷”业务合作，推动企业开展知识产权质押融资，对质押企业进行贴息补贴，科技企业获科技贷款近亿元。出台科创板上市企业奖励政策，新增上市公司 1 家，培育上市挂牌后备企业 30 家。

【开放创新】 举办“融入长三角·接轨大上海”招商合作恳谈会，正式启动上海驻点招商。广联达松下移动智慧建筑项目、佩尔科技新材料、亚斯特国际等一批重大外资项目正式落地，近三年累计到账外资超过 15 亿美元。Plug and Play（江阴）全球高端制造及新能源加速中心组织开展项目路演、国际跨境峰会、推送科技项目。积极对接海外资源，先后迎来英国莱斯特大学、美国麻省理工学院代表的访问，开展俄罗斯、以色列医疗健康和生物科技项目路演活动及 2019 江苏—挪威绿色科技及海洋装备项目对接交流会，组织企业参加海外高层次人才项目远程路演等活动。

【科技合作】 组织区内企业赴中科院过程所、东北大学、吉林大学、哈尔滨工程大学等高校院所开展产学研专场对接，邀请北京科技大学、南京工业大学、江苏大学等的专家教授来高新区开展“技联江阴行”活动，累计 100 余人次参加，落实产学研合作项目 25 个。发挥江苏省技术交易市场江阴分中心功能，推进科技成果转移转化，技术合同交易额达 34 亿。

徐州国家高新技术产业开发区

Xuzhou National New & High-tech Industrial Development Zone

【概　况】 徐州国家高新技术产业开发区（以下简称“徐州高新区”）始建于 1992 年，1993 年被江苏省人民政府批准为省级经济开发区，2012 年 8 月经国务院批准，升级为国家级高新技术产业开发区，为苏北地区首家国家级高新区。实际管理面积 99.9 平方千米，年末从业人员 6.16 万人。2019 年，完成地区生产总值同比增长 21.94%；完成高新技术产业产值占规模以上工业总产值的 67.9%，较上年提高 15.3 个百分点；高新区 R&D 投入强度 6.91%，较上年提高 0.12 个百分点；实现财政总收入同比增长 11.4%，其中，公共财政预算收入同比增长 39.07%；出口额同比增长 34.9%；同年，根据科技部火炬中心公示国家高新区的排名中，徐州高新区位列 48 位，较上年进 5 位；根据省科技厅发布的省内高新区的排名中，徐州高新区位列 12 位，较上年进 8 位。

【高新技术企业发展及产业化】 申报国家高新技术企业 74 家，获批 38 家；开展 2019 年高企年报统计工作；开展 2019 年国家科技型中小企业评价入库申报工作，获批 92 家。申报省科技计划项目 20 项，市科技计划项目 39 项，获批 23 项；完成江苏省科技成果转化项目年度检查工作。

【国家创新型特色园区工作】 2016 年以来，徐州高新区按照科技部《关于印发创新型特色园区建设指南的通知》（国科发火〔2010〕244 号）文件精神，积极争创国家创新型特色园区。2018 年 12 月 27 日，科技部火炬中心组织专家到徐州高新区进行论证，专家组对《徐州国家高新区创新型特色园区建设方案》给予了高度评价和认可，一致同意推荐徐州高新区建设国家创新型特色园区。徐州市政府推荐徐州高新区建设特色的函报送江苏省科技厅，江苏省科技厅的推荐函已于 2019 年 5 月 31 日报送科技部火炬中心，目前，等待科技部统一组织批复。

【科技人才】 组织企业申报省、市、高新区高层次创新创业人才引进资助计划，资助高层次创业个人 15 个，创新个人 11 个，创业团队 4 个，创新团队 5 个，支出人才项目扶持资金总计 5190 万元。省“双创计划”取得新突破。获批省“双创计划”7 项，其中省“双创团队”1 个，1 人入选省“双创人才”前十名，取得历史性突破；获批市“双创计划”2 人。积极引进高层次人才来徐州高新区创新创业，2019 年，徐州高新区引进高层次人才 80 人，其中院士、国家重大人才工程入选者等同层次领军人才 20 人。

【科技创新创业平台】 大力引进高端科技创新优势资源，加快推进科技创新平台载体建设。深入北京、深圳、西安、南京、上海等地高校、科研院所，对接洽谈共建研究院事宜，取得突破性进展，徐州高新区与上海交通大学合作共建的上交大（徐州）新材料产业研究院有限公司、与江苏师范大学和共建的江苏中红外激光应用技术产业研究院已完成登记注册，进入组建运营阶段；与东南大学合作共建的徐州淮海生命科学产业研究院完成协议洽谈工作。组织完成徐州智谷光频产业技术研究院有限公司等 9 家新型研发机构培育库入库工作。在徐州市三批新型研发机构备案工作中，徐州高新区智谷光频、海川生物、中红外激光研究院等 6 家新型研发机构通过市级备案，全市第一。强化创新创业孵化体系建设，徐州高新区累计拥有孵化器 5 个，其中国家级 2 个，省级 2 个；拥有众创空间 7 个，其中省级 6 个，市级 1 个。不断加快徐州科技创新谷建设工作，各项重点工程进展顺利，完成引驻研发机构、企业 27 家，引进创新创业团队 15 个。累计组织申报科技企业孵化器 11 个，其中国家级 2 个，省级 3 个，市级 6 个；申报众创空间 6 个，其中省级 2 个，市级 4 个。高新区累计拥有孵化器 3 个，其中国家级 1 个，省级 2 个；拥有众创空间 7 个，其中省级 6 个，市级 1 个。

【研发机构】 积极开展企业研发机构的培育工作。不断加强企业研发机构的日常管理和绩效评价工作，开展新材料、新医药、电子信息等行业 9 家省级工程技术研究中心绩效评价工作，组织 11 家企业开展省、市级工程技术研究中心申报工作，其中 6 家省级工程技术研究中心。组织圣耐普特新材料研究院有限公司完成院士工作站申报工作。获批 4 家省级和 2 家市级工程技术研究中心。在9家省级工程技术研究中心绩效考核工作中，有5家被评为优秀，全市第一。

【科技合作】 2019年8月，徐州高新区管委会承办的“驻苏高校院所苏北五市产学研合作对接活动”在徐州高新区举行。本次活动征集遴选了30多家高校院所的900多项最新科技成果；苏北五市科技局和高新区筛选了670多项企业技术需求；依托省产学研合作智能服务平台面向2000多家苏北企业开展供需信息匹配推送8000多项次；组织园区、企业等开展线上线下对接500多项次，达成了一批产学研战略合作协议，据统计，活动现场共达成合作协议及意向280多项。2019年，徐州高新区举办中国安全及应急技术装备博览会（以下简称“安博会”），同期举办了6场专题论坛和2场专题研讨会，涵盖矿山安全、消防安全、危化品安全、城市安全5个专题领域。安博会共有1000多名国内外代表参加。徐州高新区全年与40所高校、科研院所开展产学研对接合作，获得市产学研项目5项、省科技副总项目5项。

武进国家高新技术产业开发区

Wujin National New & High-tech Industrial Development Zone

【概　况】 武进国家高新技术产业开发区（以下简称“武进高新区”）2019年以习近平新时代中国特色社会主义思想和党的十九大精神为指引，全面贯彻落实省、市、区重大决策部署，按照建设创新驱动发展示范区和高质量发展先行区的总体要求，积极融入苏南国家自主创新示范区建设，统筹推进体制机制创新、特色产业打造、创新要素集聚、城市功能完善、生态环境提升等各项工作，全力推动高质量发展走在前列。在169家国家级高新区中排名连续4年实现进位，列全国第39位，在全国县区国家级高新区中继续保持第一。

【中国以色列常州创新园】 中国以色列常州创新园是国内首个由中以两国政府签约共建的创新示范园区。2019年4月，园区从西太湖科技产业园调整至常州“科创走廊”，由武进高新区负责建设。高起点规划：《中以常州创新园创新体系建设方案》获科技部正式批复；编制完成《中以常州创新园启动区概念规划》。高标准建设：以色列中心展馆建成投运；330亩启动区绿化提升、市政改造等工程全部完成；江苏省中以产业技术研究院机器人和智能制造公共服务平台启动建设；以色列江苏创新中心于2019年8月在特拉维夫成功试运营。高质量推进：江苏省、常州市分别成立以马秋林副省长为组长的省级中以园发展工作协调小组和以市委、市政府主要领导为组长的市级中以园工作领导小组；江苏省正式出台《省政府办公厅关于支持中以常州创新园发展的若干意见》；全年新引进以色列独资及中以合作项目10个，其中“共建计划”项目7个，促成中以技术转移合作项目4个；CIP-Trendlines联合实验室、摩希孵化器等中以共建平台达成协议；积极推进“Phoenix领航计划”，为以色列企业入园发展提供定制化代理服务，实现“中以创新汇”技术转移网站上线，为中以双方技术对接提供更精准的服务。

【苏南国家自主创新示范区】 全年建成一体化创新服务平台互联互通创新资源输送系统，完成科技部“打造特色载体推动中小企业创新创业升级园区”、苏南自创区独角兽企业、重大创新平台、重大攻关项目等申报工作。围绕自创区建设科技财政投入逐年增幅不低于15%，制定出台《武进国家高新区高新技术企业培育工程实施意见》《武进国家高新区专利资助实施意见（试行）》《武进高新区科技贷款金融产品体系工作实施方案》《科技贷款金融产品体系工作管理办法》等创新政策，自创区一站式服务中心已成为服务园区科技创新工作的“领头羊”。

编制发布武进国家高新区创新指数(2019)，立足创新驱动力、产业成长力、开放竞争力、持续发展力、区域带动力，利用连续5年的发展数据，深入分析园区创新发展的动态变化，通过对标先进园区，剖析园区竞争优势和发展差距，使之真正成为指导园区创新发展的风向标。

【高新技术产业】 聚焦壮大高端装备、电子和智能信息、节能环保、新型交通四大主导产业，全力打造机器人、智电汽车两张产业名片，成功获批省工业互联网示范工程首批“互联网+先进制造业”基地、第二批省级特色创新(产业）示范园区、规模以上高新技术产业产值占规模以上工业产值的比重67.3%，高企保有量达205家。常州纵慧芯光半导体科技有限公司、常州龙腾光热科技股份有限公司2家企业获评江苏省潜在独角兽企业；江苏恒立液压股份有限公司、江苏万帮德和新能源科技股份有限公司等18家企业获评瞪羚企业。

【科技成果】 全年组织申报市级以上科技计划项目58个，其中新能源汽车能源与信息创新中心建设项目列入省市共同推进重大科技创新建设项目；常州固高智能装备技术研究院有限公司、常州市武进区半导体照明应用技术研究院、常州卓研精机科技有限公司获得江苏省重点研发计划产业前瞻与核心技术重点项目与竞争项目立项支持；江苏恒立液压股份有限公司、遨博（江苏）机器人有限公司获得江苏省科技成果转化专项资金项目产业核心技术创新类项目立项；常州今创风挡系统有限公司、常州高凯精密机械有限公司获得省地联合招标类项目立项；常州固高智能装备技术研究院有限公司、常州硬功馆科技有限公司等11家企业联合获得江苏省科技服务骨干机构能力提升项目立项；常州市钱璟康复股份有限公司、江苏龙城精锻有限公司等5家企业获得江苏省企业知识产权战略推进计划项目立项；五洋纺机有限公司、江苏恒立液压科技有限公司、常州工利精机科技有限公司获评2018年度江苏省科学技术奖。

【科技创新平台】 中汽研（常州）汽车工程研究院、TUV南德新能源动力电池检测平台正式投运；常州固立高端数控精密制造创新中心项目启动。新增省级以上“三站三中心”29家，其中新誉集团有限公司企业技术中心被认定为国家级企业技术中心。国创新能源汽车智慧能源装备创新中心获常州市新型研发机构项目立项，江苏万帮德和新能源科技股份有限公司、快克智能装备股份有限公司、中汽研（常州）汽车工程研究院有限公司等3家企业获批市级博士后创新实践基地。

【科技金融】 与浦发银行等4家银行签署合作协议，合作机构达10家；成功举办2019武进高新区科技贷款金融产品体系发布会，推出针对科技企业全生命周期的特色金融产品体系，累计放款企业54家，科技贷款放款总额2.3亿元。打造“武南创智汇”融资路演品牌，组织银企对接会10场，科技项目、金融资本实现良性互动。

【科技人才】 成功获批江苏省创业示范基地，出台“金梧桐计划”3.0版本，入选江苏省“双创计划”6个；新增“985”工程与“211”工程等重点院校人才超1000名；引进人才项目30个，其中常州市“龙城英才计划”项目25个。第六届“创青春”中国青年创新创业大赛获铜奖1项，常州市创新创业大赛获奖30项。获评江苏“青年双创英才”1人，获评江苏省科技企业家18人。

【知识产权】 获批常州市首家国家知识产权示范园区。江苏龙城精锻有限公司、瑞声光电科技（常州）有限公司等5家企业获中国专利优秀奖；与天安数码城联合打造常州天安数码城知识产权服务中心；全年举办各类知识产权培训培训9场次；万人有效发明专利拥有量达103件。

【科技活动】 2019年3月29—30日，世界新能源汽车智慧能源大会举行。大会面向新能源汽车全产业链企业正式发布了“国家大功率充电成果”和《江苏省充电设施管理办法》两项技术和政策成果，江苏省新能源汽车智慧能源装备创新中心发布了《江苏省新能源汽车智慧能源装备产业白皮书（2018）》和《江苏省新能源汽车智慧能源装备技术路线图》。

2019年5月22日，2019年“创响中国”常州站启动仪式暨第五届汽车行业关键与共性技术高层研讨会举行。研讨会以“聚焦前瞻共性技术，引领产业创新发展”为主题，由主题报告、专题报告、技术报告、技术展示和体验等环节组成，共有30多位技术专家和专业人员围绕“前瞻共性技术研究的工程化实现、智能网联汽车、智能驾驶、新能源与氢能汽车、轻量化、性能集成开发”等领域，向大会报告技术研究和工程应用的最新进展，还带来了无人驾驶汽车、ADAS技术样车、主动声音合成技术样车等现场技术体验。活动中，中汽中心工程院常州研发创新基地正式启用，并为中汽研瑷睿赛安斯（常州）智能科技有限公司、系列企业共建联合工程开发中心（实验室）及中汽中心（常州）汽车科创园入园企业代表进行了揭牌。

2019年6月21日，首届世界工业和能源互联网博览会（简称“常州工博会”）“智慧能源”分论坛举行。本次论坛以“智慧能源推动人类全面进入电动时代”为主题，围绕新能源优化调度、互联网应用、企业能源管理、节能增效、综合管理、多能源互补等领域开展了主题演讲，探索未来趋势。活动现场举行了2019互联网博览会招商引才类项目集中签约，共有5个项目落户武进高新区。

2019年12月3日，第三届中以创新创业大赛生命科学领域决赛举行。本次创赛旨在务实推动中以企业间的创新合作与交流，更好地营造政府引导下的中以创新合作环境和平台，最终Beta-02 Technologies、Carevature Medical、Betalin Therapeutics等3家企业分别荣获一、二、三等奖。会议现场还同步进行了中以B2B洽谈对接，共有超过400名来自中方企业、投资机构和科研院所等单位的代表参会，全天累计开展对接300余场，现场达成初步合作意向近100个。

2019年12月4日，中以创新合作研讨会暨中国以色列常州创新园发展战略报告发布会举行。来自全国各地的100余位中以合作领域高校、科研院所、政府、机构代表齐聚一堂，交流探讨对以创新合作经验，共同探索对以创新合作新路径。科技部科技评估中心副研究员任孝平博士发布《中以创新合作发展动态（2018—2019）》报告；科技部科技评估中心副总评估师韩军发布《中国以色列常州创新园发展战略报告》。

2019年12月10日，2019武进国家高新区创新指数发布会暨第五届海智对接交流会举行。会上，江苏省科学技术协会国际部部长吕家勇、常州市科学技术协会副主席王广宝为江苏省海外人才离岸创新创业基地揭牌；常州市科学技术局专职委员赵新、武进区政协副主席刘云英为2019苏南国家自主创新示范区潜在独角兽企业、瞪羚企业授牌；中国高新区研究中心产业部部长冯磊发布武进国家高新区创新指数（2019）；加拿大工程院院士张丹和英国曼彻斯特大学名誉教授刘小峰分别作《智能制造业中机器人系统创新设计以及应用》和《人机协作中多模式交互与技能传递》主题演讲。

南通国家高新技术产业开发区

Nantong National New & High-tech Industrial Development Zone

【概　况】 2019年以来，南通国家高新技术产业开发区（以下简称“南通高新区”）以习近平新时代中国特色社会主义思想为指导，全面贯彻党的十九大和江苏省科学技术大会精神，抢抓长三角一体化发展战略机遇，以高质量发展为主线，按照“围绕产业抓创新，突出企业强科技”的总体思路，大力实施“创新主体培育、知识产权推进、创新人才引育”三大行动计划，较好地完成全年目标任务。南通高新区在全国国家高新区排名列第51名，在江苏省省级以上高新区排名前移4位，列第14位。

【高新技术发展及产业化】 近年来，南通高新区围绕南通市“3+3+N”产业布局并结合园区实际，立足“高”、突出“新”，坚持特色产业发展定力，逐步形成了“一主一新”产业布局。

做大做强汽车零部件主导产业，围绕“智能化、轻量化”两大主题，以“智能化零部件、轻量化零部件及其他通用零部件”为三大主攻方向，加大企业引进与产业培育，加快产业集群建设，打造高起点全国性汽车通用零部件产业基地。集聚了上市公司广东鸿图、文灿股份、奥特佳，世界500强企业安波福、安费诺，以及日本旭东、美国金山、上海嘉朗、莱捷科技、广东鸿泰等近20家国内外一流企业。

大力发展以新一代信息技术为主的战略性新兴产业，加速集成电路产业向设计、制造、装备材料端升级，加速5G、人工智能、物联网等新一代信息技术产业集聚发展。围绕集成电路、显示器件、汽车电子、电子材料、被动元件、电子电路等领域，初步集聚一批以电子元件为基础，以集成电路半导体为核心，以人工智能应用技术为战略培育方向的新一代信息技术产业密切关联的企业。上市公司深南电路、生益科技，台湾的金仁宝、燿华等一批企业投资落户，深南电路可生产世界最高层数达100层的高精密线路板，燿华电子可生产超精刚挠线路板，其客户均是世界顶尖企业。

2019年高新技术产业产值同比增长10.4%，企业创新主体日益壮大，深入实施科技企业培育计划，高新区瞪羚企业达33家。

【科技成果】 加强科技型领军企业培育，支持企业牵头组织实施产业集群协同创新重大项目，联合攻关产业重大关键技术，加强核心技术创新和产业化应用，推动技术创新、标准化和产业化深度融合。努力推动科技成果转化、重大创新成果在园区落地转化并实现产品化、产业化。2019年，组织高新区企业申报省级科技创新项目超20项。南通江海电容器股份有限公司（江海储能项目）获得2019年度江苏省科学技术一等奖和三等奖；雄邦压铸（南通）有限公司获得2019年省科学技术三等奖。

【科技创新平台】 强化南通高新区主阵地作用，加强与国内一流高校、科研院所、高层次人才团队的战略深度合作，建设产业技术研究院、企业实验室等研发创新平台，联合龙头企业开展技术创新与成果转化。推动江海智汇园、江海圆梦谷运营模式的创新，在引进有经验、有实力的运营团队方面取得实质性突破，不断提高创新载体的运营效益。增强现有孵化器、加速器的功能，提升园区载体发展能级，强化科研、生产、商务功能有机组合，建设生活设施完善、社交接触频繁、创新创业活跃的新型“科技＋产业＋生活”社区。

提升科技服务平台。重点面向中小企业需求，以完善公益资源服务、专业技术服务、转移转化服务三大功能为核心，加强资源共享服务平台、专业技术服务平台、科技中介服务机构等平台的建设，扩大平台服务功能及提高平台服务质量和水平。2019年积极开展企业研发机构培育工作，获得各级企业技术研究工程中心认定数22家。

【科技合作】 组织参加第七届中国江苏产学研合作大会，通过展会展示了高新区在产业集聚、创新发展、产学研深度融合等方面的成果，取得比较好的反响。全年共组织参加产学研活动超20次，产学研合作项目再创新高。

【科技人才】 围绕重点产业创新需求，引进具有行业领先水平、掌握产业前沿的顶尖人才和团队，加快培育、集聚和使用一批“高精尖缺”人才，完善与著名高校、科研院所、高端人才中介组织等联系机制，建立稳定的人才引进渠道。广纳专业实用高技术人才，倡导崇尚技能、精益求精的工匠精神，引进面向生产一线的卓越工程师、实用工程人才和专业技能人才，充分发挥创业领军人才的带动作用和区内企业和科研机构的吸附效应，积极培育重点产业领域、重点创新平台和重点科研岗位的科技创新人才。

2019 年南通高新区被省发展改革委评为江苏省双创示范基地。入选江苏省“双创计划”项目 10 个；入选南通市“江海英才计划”项目 10 个；入选通州区“510 英才计划”项目 17 个。

【知识产权】 南通高新区认真贯彻实施国家、省、市《知识产权战略纲要》，以提高自主创新能力为主线，以“完善政策体系、增强创造能力、提高运用水平、加大保护力度、提升服务层次”为重点，大力推进自主创新成果产权化、产品化和产业化，培育了一批拥有自主知识产权、市场竞争力强的高新技术企业，为高新区又好又快发展提供了有力保障。

2019 年 7 月，南通高新区获批“国家知识产权示范园区”，成为苏中苏北首家。2019 年专利申请 4856 件，授权 3007 件，其中发明专利授权 180 件，PCT 申请 49 件。获批国家知识产权示范企业 1 家、国家知识产权优势企业 5 家。2019 年创斯达科技集团（中国）有限责任公司荣获一项省专利优秀奖，江苏甬金金属科技有限公司荣获一项全国专利优秀奖，沃太能源南通有限公司和江苏甬金金属科技有限公司荣获全国知识产权优势企业。

镇江国家高新技术产业开发区

Zhenjiang National High-Tech Industrial Developmen Zone

【概　况】 镇江国家高新技术产业开发区（以下简称“镇江高新区”）成立于 2006 年 4 月，2014 年 10 月经国务院批准升格为国家高新区，同时跻身苏南国家自主创新示范区板块，是镇江唯一的国家级高新区，也是离主城区最近的国家级开发区。镇江高新区是建设苏南国家自主创新示范区所依托的 9 个国家高新区之一，统筹管理镇江苏南国家自主创新示范区“一区十四园”。随着镇江经济社会发展，作为镇江“一体两翼”城市发展战略的重要“西翼”，将成为镇江“城市发展的新空间，特色产业的承载地，创新驱动的主引擎”。在全国国家高新区中列第 71 位（2018 年口径）。全年（“一区十四园”口径，下同）实现地区生产总值 778.59 亿元，其中第二产业增加值 414.81 亿元、第三产业增加值 353.5 亿元；固定资产总投资 548.86 亿元；财政总收入 79.88 亿元，一般公共预算收入 61.48 亿元；实际利用外资额 19.57 亿元，进出口总额 240.32 亿元。

【高新技术发展及产业化】 镇江高新区按照国家高新区“四位一体”建设要求和苏南国家自主创新示范区建设“三区一高地”的战略定位，立足“高”、突出“新”，坚持特色发展、差异竞争的理念，并按照“一区一战略产业”定位，做大做强特种船舶与海工配套装备主导产业，目前已经形成了特种船舶、中低速柴油机、船用发电设备、配电设备、传动系统等产业链条，研发生产的船用中低速柴油机、螺旋桨、环保电站、船舶电器、全回转港作拖船、船用系泊链等 6 个产品市场占有率全国领先，其中中速柴油机国内市场第一，全回转港作拖船世界第二、中国第一，拥有国内最大的中速柴油机的研发生产基地——中船动力公司、江苏省最早的造船企业——江苏省镇江船厂（集团）有限公司等明星骨干企业。同时，大力发展半导体及通信、数字创意、现代物流、高技术服务等产业，先后招引各类产业项目 65 个，总投资超 380 亿元。推动产业“三集”发展，规划建设团山睿谷、半导体产业园、中小企业产业园、共建产业园等载体，建立产业园区市场化运作模式和工业企业资源集约利用综合评价机制，目前在 410 家工业主导型国家级开发区土地集约利用评价中位居 37 位。2019 年镇江高新区完成高新技术产业投资额 135.75 亿元；高新技术产业产值 742.98 亿元，占规模以上工业总产值的 61.54%。

【科技成果】 2019 年，镇江高新区国家首批“双创升级打造特色载体”项目中期评价获“优秀”档次。连续第三年举办“镇江高新区杯”创新创业大赛，首次设立海外分会场。发布并正式实施高新区本土“团山英才”计划，围绕集成电路、半导体、先进制造、新材料、船舶与海工配套、新一代信息技术、数字经济、现代物流等产业方向招引 17 名高层次人才（团队）。积极帮助核心区内创新型科技企业申请国家、省、市各级，科技、发改、经信等各条口项目与资金扶持。成功组织省科技成果转化项目联合招标，镇江船厂（集团）有限公司和镇江船舶电器有限公司 2 家企业共获得 1200 万元资金扶持；南师大研究院、蚕药厂分别获得省社发、农业科技项目立项，共获 100 万元资金扶持；惠龙、凯德电控获批省级工程技术中心，共获 60 万元资金扶持；市级科技计划 11 个项目立项，获 251 万元资金扶持；深入推进科技创新券惠企政策，6 家单位获得 2018 年度第二批科技创新券 100 万元市级资金资助，年底前审核推荐2019年第一批科技创新券20家单位，将获 366.33 万元市级资金资助。组织高新区本级申报省级双创示范基地、省先进制造业和现代服务业深度融合区域集聚发展试点等项目，惠龙易通申报省生产性服务业领军企业项目、江科大海装院申报省军民融合创新平台项目待批。工信条口组织镇江液压件厂通过国家级“单项冠军”复核，申报省级工业和信息产业转型升级专项资金 6 项获批 4 项，市级工信类专项资金 12 项获批 8 项，镇江船厂、中船动力共计 3 台（套）产品获批工信部 2019 年首台（套）重大技术装备保险补偿资金。

【科技创新平台】 镇江高新区加快推进国家创新型特色园区创建，大力集聚创新资源。一是加强新型研发机构建设，黑科院镇江智能制造创新研究院、镇江中澳人工智能研究院、镇江哈工大高端装备研究院正式按照“两委员会两法人”的模式实体化运作，并拨付 1900 万首批建设运营经费；江科大海装院购入亚洲首台 3D 打印关键设备，“团山睿谷”海工水池建设有序推进；南师大创新发展研究院招引入驻 13 个优质项目，运营质效进一步提高；高新区与华中科技大学国家数字化设计与制造创新中心签订全面战略合作协议。二是以实施国家双创升级载体为抓手，孵化器市场化运作水平不断提高。着力提升现有省级以上孵化器专业化运营能力，镇江高新区高新技术创业服务中心在省科技企业孵化器绩效评价中首次获得 A 类评级；积极推进孵化器市场化运营模式，通过与省高创中心、成化天使等第三方运营公司合作，充分利用专业化机构在创业投资、导师辅导、资源链接、活动组织等方面的服务优势，提升现有孵化载体专业化运营水平。三是加快建设镇江最大创新综合体——团山睿谷项目。该项目总用地 14.44 万平方米，总投资 26.18 亿元，总建筑约 45 万平方米，重点建设总部经济区、创新研发区、企业孵化区、综合配套服务区等六大功能板块，着力集聚和建设一批研发机构、检验检测机构、科技金融、创业孵化和加速器等平台载体。四是全面建设半导体产业园，紧紧抓住台积电、清华紫光及德科码等集成电路晶圆厂落户南京的产业机遇，利用靠近南京仙林大学城的区位和人才优势，依托镇江高新区 10 万平方米的半导体及集成电路产业园，培育招引并重点发展以磁传感器研发、设计、制造为主攻方向的新一代信息技术产业，目前 1 号厂房竣工交付，已有红果微电子、兆能电子、矽佳测试等一批科技型企业入驻，项目涉及高性能 DC-DC 电源模块、固态硬盘 SSD、DDR 内存条、芯片封测、封测设备维修保养、新能源汽车热管理系统等。

【科技合作】 镇江高新区不断推动开放创新进程，加快集聚国际高端创新资源，学习先进国家在科技创新、成果转化、产业发展等方面的优秀经验。一是深化与海外大院大所合作对接。围绕高新区主导产业，与澳大利亚联邦科学与工业研究组织、江苏理工学院、江苏科技大学签订合作共建中澳（镇江）人工智能研究院，集聚澳大利亚科学院、日本东京大学、北京航空航天大学等海内外资源，努力建设成为集技术研发、技术引进、技术服务、高端人才集聚与培养、人工智能企业孵化等功能于一体的新型研发机构。中—乌船舶与海洋工程跨国技术转移中心，依托中乌双方船舶领域高校资源和镇江高新区的载体，通过搭建全球化的技术转移平台，集聚乌克兰28名院士资源，推动全球范围内的产学研协同创新，打造具有国际影响力的跨国技术转移中心。镇江高新区与黑龙江省科学院签约成立的镇江智能制造创新研究院，集聚英国帝国理工学院林建国院士团队资源，围绕3D测量及打印、机械设计与仿真、智能装备与工厂技术等方向，为镇江及全省及长三角的企业提供数字化工厂系统解决方案、轻量化制造、仿真设计等方面的技术支持，面向智能制造领域开展基础性、系统性和前瞻性研究，培养和集聚智能制造高层次人才，为经济和社会发展提供科技支撑和发展原动力。二是举办多场海外招才引智活动。围绕高新区主导产业，全年共开展境外招商及友好交流5批次，分别前往丹麦、西班牙、挪威、英国、俄罗斯、日本、韩国、柬埔寨等国家开展招商和友好交流活动，承接市委组织部、市外办、台办等部门交办的接待外商及港澳台地区的客商工作，接待来访日本、挪威、西班牙及德国考察团等客商16批次约80余人，接待港澳台地区友好交流团3批次共100余人。三是积极推进对外产业园建设。镇江高新区与挪威长城集团公司、挪威安德森控股有限公司合作共建的国际化园区——中挪产业园，拥有挪威康士伯船舶电气（江苏）有限公司，世界船用舵五大品牌之一的德国贝克尔船舶系统有限公司等世界知名企业，有效集聚海外创新资源。

【科技金融】 镇江高新区不断创新科技金融举措，助力经济发展，科技金融红利惠及镇江苏南国家自主创新示范区“一区十四园”企业。一是深化“管委会+公司”的模式。推动“投融资”改革，依托高新发展集团市场化运作，不断加快园区开发、载体运营、招商引才、产业投资和资本运作步伐。经过不到3年时间的运作，集团公司总资产规模达24.63亿元，实现营业收入21亿元。旗下设有全资公司7个，控股、参股公司15个，行业涉及房地产开发、投资、资产管理、类金融、贸易、集成电路、新材料等众多领域。二是高水平运作产业基金。强化科技金融支撑，进一步完善创新创业基金体系，做实深圳湾天使创业投资基金、凯璞庭产业招商与转型升级发展母基金等基金，探索天使基金扶持机制，健全完善覆盖天使、风险投资（VC）、私募投资（PE）等企业发展全生命周期及覆盖多个专业领域的基金群，撬动投资杠杆，招引企业入驻。三是积极破解企业“融资难，融资贵”难题。将科技金融助企服务模式与市科技金融进孵化器活动相结合，将政策红利延伸至“一区十四园”；依托江苏省科技企业融资路演服务信息化系统，在线跟踪银行对接、审批、授信全流程进展情况，有效缩短贷款审批、放贷时间。成功举办江苏省“最具成长性高科技企业”镇江地区评选活动等科技金融路演活动9场，积极推广“苏科贷”“人才贷”“高新贷”等科技金融产品，累积放款超1.3亿元。

【科技人才】 2019年，镇江高新区与省产业技术研究院新材料产业科技服务中心共同举办了第三届“镇江高新区杯”创新创业大赛，共征集126个项目报名参赛，历经武汉、西安及首次走出国门举行的新加坡分站赛，共决出18个获奖项目并签署落户协议，给予30万～100万元不等的创业资金资助。大赛获奖的郭婷等3人同时入围市“金山英才”计划。人才计划有序实施，组织英国帝国理工等海外高校申报国家级人才计划2人，进入答辩环节1人。14名人才入选省级人才计划，其中1名省双创博士、13名科技副总。市“金山英才”计划入选13名，同比增加2名，获经费资助830万元，其中现代服务业人才入选10名，占全市四分之一。组织开展高新区首批“团山英才”计划，经在线申报、形式审查、综合评审、上会讨论、公示等环节，最终立项支持17个人才（团队），给予990万元资助。与致公党江苏省委联合举办2019“引凤工程”创新创业大赛镇江高新区站，共有来自海内外的30个人才团队参赛，镇江高新区同时被正式授牌“引凤工程创新创业基地”。

【科技服务】 2019年，镇江高新区与省科技厅、市科技局联合举办了“宁镇高校院所走进镇江高新区”科技合作对接活动。全市150多家企业的负责人参与并进行了对接洽谈，达成合作协议及合作意向51个。镇江高新区与市科技局联合举办市海工船舶产业招商推介会暨2019海工船舶产业发展报告会，会上签署2个重大科技创新成果项目；依托区内江科大海装院、哈工大镇江高端装备研究院、黑科院镇江智能制造研究院、中澳人工智能研究院等新型研发机构资源，推动区内中船动力、镇江船厂、江苏铁科、柳工机械、惠龙易通、睿泰数字产业园等重点企业与哈尔滨工程大学、华中科技大学、哈尔滨工业大学威海分校、英国帝国理工学院、南京邮电大学物流学院、南京师范大学、江苏大学等国内外知名高校开展合作交流。组织辖区企业赴黑龙江大学、哈尔滨工业大学、哈尔滨工程大学、南京信息工程大学、南京工程学院、南京师范大学等省内外高校院所进行“小分队”对接。充分依托高新区内现有的省产学研协同创新基地、省科技金融服务中心、高新区一站式服务中心等一批公共服务平台，集成区域内现有企业、高校、研究机构等资源，建设镇江船舶及工程设计平台、江苏省工程船舶研发设计平台、江苏省船舶数字化设计制造技术中心、镇江船舶自动化控制系统设计制造平台、镇江船舶ERP设计中心、江苏省镇江现代焊接技术服务中心、江苏省先进焊接技术省级重点实验室、江苏省船舶先进设计制造技术重点实验室等一大批专业技术服务平台，为区内创业企业提供高水平技术服务支撑。

【知识产权】 2019年镇江高新区以建设省知识产权示范园区为抓手，围绕战略性新兴产业和先进制造业集群，开展产业专利导航和专利预警分析，提升专利运用能力和成果转移转化水平，完善知识产权维权援助工作体系，坚决依法严厉打击侵犯知识产权行为，保护好企业家和科研人员的创新权益。系统集成各方面资源，以高新技术企业、科技型企业为主体，提高企业知识产权水平，通过开展业务培训等方式，提升企业研发人员知识产权素质，培养企业在技术研发之初和研发全过程中高度重视运用专利信息。依托江苏汇智知识产权平台，对高新区企业开展专利培育、专利运营、知识产权导航、专利布局等全方位、全生命周期辅导。持续放大“三江论坛”“中国船舶与海洋工程产业知识产权联盟”等主题论坛活动影响力，在全区范围内营造浓厚的知识产权保护氛围。通过购买服务的方式，提高知识产权执法服务水平和能力，优化完善知识产权信息化系统。

【科技活动】 3月7日，宁镇高校院所走进镇江高新区科技合作对接会动员启动会在南京顺利召开。

4月3日，2019“镇江高新区杯”创新创业大赛启动仪式暨新闻发布会在镇江高新区高新大厦举行，大赛正式启动。

5月9日，举办2019年宁镇高校院所走进镇江高新区（苏南国家自主创新示范区）科技合作对接活动。

5月16日，2019年“镇江高新区杯”创新创业大赛国内第1场分站赛在西安交通大学南洋大酒店国际会议中心成功举办。

5月20日，组织参加第二届江苏发展大会暨首届全球苏商大会并签约项目。

5月21日，组织参加第二届江苏发展大会暨首届全球苏商大会镇江行活动并签约项目。

5月23日，2019年“镇江高新区杯”创新创业大赛国内第2场分站赛在华中科技大学梧桐语问学中心问道厅成功举办。

5月31日，2019年“镇江高新区杯”创新创业大赛新加坡分站赛在新加坡南洋理工大学行政中心成功举办。

5 月 31 日，与镇江市科技局共同举办海工船舶产业招商推介会暨 2019 海工船舶产业发展报告会。

6 月 4 日，举办校地研究院创业发展论坛暨南京师范大学镇江创新发展研究院项目入驻仪式。

6 月 5 日，成功举办镇江市“政策服务走基层”活动暨涉企政策新闻发布会。

6 月 20—21 日，2019 年“镇江高新区杯”创新创业大赛总决赛暨颁奖仪式在镇江举行。

7 月 3 日，成功举办中船重工集团中青年干部培训班来镇江高交流对接会。

7 月 8 日，2019 引凤工程创新创业大赛（镇江高新区站）成功举办。

10 月 31 日，荷兰阿迪夫工业集团大型增材制造设备、亚洲首台 3D 打印关键设备 MetalFAB1 在镇江高新区江苏科技大学海洋装备研究院交付使用。

11 月 4 日，由江苏省人民政府主办的第七届中国江苏产学研合作大会在南京成功开幕。镇江高新区首次在本次大会建设镇江高新区主题展区。

11 月 19 日，镇江高新区召开“智能制造”国际科技合作交流会。俄罗斯科学院、俄罗斯联邦国家科学中心、哈尔滨工业大学等国内外知名科研机构与高校的高端装备领域专家，高新区科发局、镇江哈工大高端装备研究院、科技型企业代表共 90 余人参加活动。

12 月 13 日，镇江高新区举行中俄海工装备产业技术合作框架协议签约仪式。

连云港国家高新技术产业开发区

Lianyungang National New & High-tech Industrial Development Zone

【概　况】　连云港高新技术产业开发区（以下简称“连云港高新区”）1997 年由江苏省政府批复设立，2015 年 2 月经国务院批准升格为国家级高新区，同年 9 月正式挂牌成立。同年市委、市政府下发《关于支持连云港高新技术产业开发区加快发展的意见》（连发〔2015〕43 号），明确高新区党工委、管委会作为市委、市政府派出机构,赋予市级经济社会管理权限。采取“一区五园”的发展模式，“一区”即核心区，“五园”即五个产业辐射园，分别为新医药产业园、新材料产业园、清洁能源创新产业园、装备制造产业园和节能环保科技园。高新区总面积 120 平方千米，其中核心区面积 80 平方千米，总人口约 15 万人（其中高校约 7.5 万人），管辖花果山街道，南城街道，郁洲街道和云台农场，共 22 个村（社区）。

2019 年，园区实现生产总值 284.4 亿元，同比增长 10.9%；工业总产值 724.3 亿元，同比增长 9.7%；进出口总额 40.7 亿元，同比增长 -1.2%；高新技术产业产值占规模以上工业产值的比重达 94.7%。高新区研发经费支出占 GDP 比重达 5.88%，规上工业企业中有研发活动企业数占比 75%。在全国 168 个国家高新区综合评价排名中前进 1 位，列第 81 位。

【高新技术发展及产业化】　2019 年，连云港高新区围绕“121”产业发展方向，共推荐省级科技项目 103 项，占全市申报总量的 60%。成功争取到省科技厅政策倾斜支持，共同实施智能制造装备领域省科技成果转化资金项目联合招标，共有 17 个项目获得立项，其中省重大科技成果转化项目 4 个，争取各级项目拨款及政策奖励资金超 5000 万元。引进培育的生物工具酶、3D 打印金属材料、滚珠丝杠副等高校团队创业项目全部获得省级立项。首次实施区级科技计划项目 52 项、拨款 609 万元。

【重要科技成果】　江苏恒瑞医药股份有限公司“国家一类新药甲磺酸阿帕替尼的研发和应用”获得 2019 年江苏省科学技术一等奖。淮海工学院“年产千万吨级矿井智能化采煤装备关键技术”和“微生物液态发酵过程关键参量软测量及其智能测控装备研发”项目获得 2019 年江苏省科学技术二等奖；“海洋微生物新型工业酶产业化应用关键技术”和“深部矿井提升系统全状态健康监测关键技术及应用”项目获得 2019 年江苏省科学技术三等奖；连云港杰瑞电子有限公司的“数据驱动的城市交通协同指挥控制关键技术及应用”获得 2019 年江苏省科学技术三等奖。豪森药业获得江苏省企业技术创新奖，豪森药业吕爱锋摘得青年科技杰出贡献奖。

【科技创新平台】 中船重工第七一六研究所申报院士工作站，杰瑞药业、盛世机电、杰瑞自动化申报省级工程技术研究中心，均已通过市评审和公示。引进中科院兰化所、东南大学、南京航空航天大学，在衡所华威、杰瑞电子等创办 3 个联合研发中心。引进美国安德森癌症研究中心核心科学家刘刚博士、原恩华药业研究院院长张桂森教授等高端人才团队落户江苏海洋大学，开展精准医疗产业研究院筹建工作。引进中国工程院院士李兆申在市第一人民医院设立院士工作站等。制定了校地合作联席会议制度，完成大学科技园拟合作院校空间及政策调研。引进好集集团创建众创空间 1 个，新申报国家级科技企业孵化器 1 个、省级众创空间 2 个。完成了科技大市场总体方案编制和专家论证，启动线上平台开发建设和线下资源整合工作。

【科技合作】 2019 年连云港高新区引进中科院兰化所、东南大学、南京航空航天大学，在衡所华威、杰瑞电子等创办 3 个联合研发中心。制定了校地合作联席会议制度，完成大学科技园拟合作院校空间及政策调研。推动产学研合作，组织参加中国江苏产学研合作大会、苏北五市产学研对接活动。2019 年完成高校技术转移中心和服务机构招引，与南通大学签订战略合作协议；中科院科技服务网络江苏中心连云港分中心落地运营，举办了中科院智能制造与信息技术项目专场路演活动；遴选发布了中科院、高校科技成果 1598 项。共享专业技术服务设备不少于 200 台（套）。2019 年摸底调查了区内高校院所和 5 家检测服务机构，设备原值超 2 亿元，可共享专业技术服务设备 225 台（套）。

【科技人才】 2019 年，创业环境和人才引进机制不断优化，从业人员期末数约 6.1 万人，同比增长 10.9%；引进美国安德森癌症研究中心核心科学家刘刚博士、原恩华药业研究院院长张桂森教授等高端人才团队落户江苏海洋大学，开展精准医疗产业研究院筹建工作。引进中国工程院院士徐德民在中船重工第七一六研究所设立院士工作站。

【科技服务】 2019 年，连云港高新区建立了高新技术企业动态培育库，全年新入库省高企 21 家，完成国家高企申报 23 家（其中，新申报企业 21 家），招引有效期内国家高企 1 家，国家科技型中小企业备案总数达 92 家。推动科技金融服务，为 12 家科技型企业申请“苏科贷”资金 2810 万元，协调南京银行为衡所华威发放贷款 3000 万元。协助珩星电子和连港皮革办理知识产权质押贷款 1000 万元。

【知识产权】 2019 年专利申请量增长 34.5%；其中发明专利和实用新型专利占比近 90%；专利授权量增长 44.1%，万人有效发明专利拥有量达 32.7 件。完成省知识产权贯标备案企业 10 家、绩效评价企业 3 家。顺利通过省知识产权试点园区验收。对接国家知识产权局审查协作江苏中心、中高知识产权运营交易平台，推进省专利审查员实践基地建设，开展发明专利申报辅导和产业专利导航等工作。

【科技活动】 2019 年，组织高企申报及相关政策辅导培训、企业家沙龙等活动 10 多场次，承办全市高企培育工作推进会 1 次。举办了省科技创业大赛生物医药行业赛、中科院智能制造与信息技术项目专场路演、京连产业（人才）合作交流会等一系列活动，成功推动一批人才项目落地创业，高新区连续三年获批“创业江苏”科技创业大赛优秀组织单位。

盐城国家高新技术产业开发区

Yancheng National New & High-tech Industrial Development Zone

【概　况】 2019年，盐城国家高新技术产业开发区（以下简称“盐城高新区”）全年实现地区生产总值284亿元，一般公共预算收入22.4亿元，全口径工业开票销售258亿元，注册外资实际到账1.13亿美元，进出口总额6.5亿美元。连续3年获评全市“5A级园区”。土地节约集约利用水平位居江苏省开发区前列，入园项目平均容积率1.2以上，连获“省国土资源节约集约利用模范区”。营商环境在江苏省126个省级以上开发区中排名第24位，位列全市第一。在江苏省50家省级以上高新区综合排名第15位、列苏北高新区第一。智能终端产业园获省“十三五”首批省级先进制造业基地和省级特色小镇，电商物流产业园获批国家级电子商务示范基地。

【高新技术发展及产业化】 2019年，盐城高新区抢抓5G、云计算、区块链等新一代信息技术机遇，主攻长三角，深耕大湾区，全年入园项目总数达到93个，投产达效67家，产业链条延伸。东山精密产业园全年税收突破亿元，牧东光电、群晖摄像头模组等重大项目竣工投产，总投资20亿元的乐源智能穿戴、10亿元的康佳存储芯片等重大项目签约落户。全年共认定科技型中小企业124家，民营科技企业45家，培育瞪羚企业5家，国家高新技术企业达到150家。高新技术产业产值占比达60%。

【科技创新平台】 盐城高新区突出智能终端产业首位度，坚持“创”字当头、“六创”联动，加快建设创智大厦、创学基地、创研中心、创新公馆、创客空间、创享街区等六大组团，打造全市领先、全省争先的创新中心。

围绕创新链培育产业链，围绕产业链部署创新链，推进智能制造高地建设三年行动，强化与“大院大所”联姻合作，与清华大学团队共建盐城智能控制装备联合研究院、中科院计算所盐城高通量计算研究院、5G智能网联车研发中心、盐城大学科技园等创新载体相继落户。建成国家级公共技术服务平台5个、省级研发机构89个，国家孵化器1家、省级孵化器5家，国家级众创空间1家、省级众创空间4家。

【科技人才】 全面落实市“人才新十条”政策，发放人才项目资助资金353.9万元。举办第二届盐城国家高新区深圳招才引智推介会等活动8场次，引进院士、顶尖专家5人，领军人才28人。设立盐城高新区深圳招才引智工作站。组织6家企业申报省“双创计划”人才，19家企业申报市领军人才，19名人才申报苏北发展急需人才项目。江苏怡通控制系统有限公司与乌克兰国立造船大学在海洋工程装备温度保护器方面开展合作，瑞和磨料获批省引进外国人才专项项目。

【知识产权】 引导企业围绕核心技术，开展知识产权专利申请，全年申请专利3961件，专利授权1551件，发明专利授权204件，均占全市15%以上、全区60%以上。获批国家知识产权示范企业1家、国家知识产权优势企业5家，优势企业总数达18家。

【科技金融】 注重科技金融融合发展，充分发挥“1+3”产业基金、风投基金杠杆作用，为科技型企业提供金融服务和支持。盐城高新区投资集团成功发行基金债务融资工具，发行金额5亿元，发行期限3年。基金债务融资工具募集的5亿元资金专项用于出资产业基金，主要投资于智能终端、高端装备、新能源领域内成长型和成熟期的企业，聚焦上市公司和龙头企业，通过“以投促招”“招投结合”等途径，推动盐城高新区实体经济高质量发展。

【科技活动】 4月26日，江苏省生产力促进中心盐城高新区科技服务中心成立。科技服务中心通过举办专题对接会、科创沙龙等形式，为企业提供各项优质的科技服务，帮助企业提高自主创新能力和核心竞争力。

5 月 11 日，盐城高新区举办 5G 通信创新应用研讨会。与会嘉宾从不同视角分享 5G 技术成果，探讨 5G 发展宏观战略，交流 5G 商用趋势，旨在推动 5G 领域核心技术、关键设备、行业应用健康发展，促进盐城高新区 5G 商用智能终端加快融合裂变，打造全市特色产业地标。

7 月 31 日，中科院计算所盐城高通量计算创新研究院在盐城高新区揭牌。该研究院致力于成为高通量计算技术的产业化引领平台、高通量数据与智能模型的核心交换平台，以及高通量行业场展的应用典范。研究院的正式运营，为全市加快 SC 商用智能终端融合裂变、打造智能终端特色产业地标提供优质的研发平台和一流的创新载体。

8 月 31 日，盐城高新区和康佳集团股份有限公司在深圳签订全面合作协议。根据协议，康佳集团将在盐城高新区投资建设存储芯片封装测试和长三角总部基地两个项目。存储芯片封装测试项目占地 6.67 公顷，规划产能 20KK/月；长三角总部基地项目将围绕互联网、物联网、电子商务等产业，打造集总部办公、科技创新、人才服务三大功能于一体的产业综合体。

【重要科技成果】 5G 智能网联车研发中心、永创通讯电子获列省重大项目。

举行燃料电池大巴车上线启动仪式，成为全国首个一次性投放 10 辆 12 米氢燃料电池公交客车的地级市。

神鹤科技的产品入列工信部《重点新材料首批次应用示范指导目录》，该公司是中国唯一的超高分子量聚乙烯纤维工程设计、成套装备制造、安装、调试开车、人员培训一条龙综合技术服务商。

东山精密是新中国成立 70 周年庆典天安门广场户外 LED 显示屏的光源供应商，该公司突破了层层技术壁垒，整屏达到 8000 nit 以上亮度，比常规户外显示屏的亮度提升了近 30%。

常熟国家高新技术产业开发区

Changshu National New & High-tech Industrial Development Zone

【概　况】 2019 年，常熟国家高新技术产业开发区（以下简称“常熟高新区”）以习近平新时代中国特色社会主义思想和习近平总书记视察江苏时重要讲话精神为指导，深入实施创新驱动发展战略，围绕建设“科技创新核心区”的目标，按照“促发展、补短板、解难题、精管理、抓落实”工作主线，着力推进高质量发展，经济社会实现平稳健康持续发展。全年实现地区生产总值 422.09 亿元，增长 7.64%；一般公共预算收入 50.52 亿元，增长 13.1%，区域人均 GDP 超过 4 万美元。成功获批苏南国家科技成果转移转化示范区创新方法推广应用示范基地。在科技部火炬中心最新发布的国家高新区综合排名中，常熟高新区由第 78 位上升到第 72 位，在江苏省 18 家国家高新区中位列第 12，连续 3 年保持较快进位步伐。

【高新技术发展及产业化】 深入实施“产业提质、创新提效、服务提优、融合提速”发展战略，坚持先进制造业与现代服务业双轮驱动，打造高质量产业体系，已引进 27 家世界 500 强企业投资的项目 42 个，形成了以汽车核心零部件、先进装备制造、新一代信息技术和现代服务业为特色的“3+1”主导产业。经过多年建设发展，丰田、三菱、大陆等一批具有较强支撑和带动作用的优质企业已经加速崛起，三一索特、延锋安道拓、法雷奥西门子、马勒等一批重点企业正在加快转化为新的经济增长点，以汽车及零部件、高端装备制造为主的特色产业集群已经形成规模并日渐放大。

紧盯数字经济与新兴产业融合发展契机，充分发挥科技创新在供给侧结构性改革中的关键作用，以“三园一岛”建设为重点，加快布局氢能源、人工智能、金融科技等战略性新兴产业，全力加快推进各类特色产业园区建设。

氢能源汽车产业园依托重塑科技氢燃料电池系统研发生产基地等重大项目优势，以引进氢能源产业标杆企业为目标，重点围绕研发创新、核心零部件、检测认证、氢能设施、应用示范等方面，打造氢能源汽车产业的集聚区，已签约项目 17 个。人工智能科技产业园依托臻迪科技在人工智能领域的全产业链优势，采取政府引导、市场化运作的双轨制模式，带动发展智能汽车、智能高端装备、智能医疗、智能机器人、智能终端产品等细分领域，形成特色人工智能产业集群，已引进企业 24 家。中日创新合作产业园依托区内日资企业集聚优势，创新合作思路和方式、发挥互补优势、开拓新兴领域，将中日新能源汽车制造、智能制造、先进应用技术交易、创新孵化、实用型人才培训、金融服务、智慧社区融为一体。目前全区日资企业项目总数超过 80 个，其中世界 500 强项目 21 个。昆承湖金融科技岛发挥 UWC 资源优势，以金融 + 科技为重点，打造云计算、大数据、人工智能、区块链与金融业紧密结合的产业园，打造长三角区域高效化、高端化、现代化的“金融科技品牌”，已有 9 个项目注册登记，并成功举办苏州昆承湖金融科技产业发展论坛。

【科技成果】 聚焦核心技术与关键技术突破，加快实现技术自主可控，不断提升企业的创新主体地位，打造以高新技术企业、双创人才企业、民营科技企业、科技型中小企业为主的创新企业梯队。全力强化高企入库和高企认定工作力度，建立常熟高新区高企培育库并进行动态管理，通过专题培训、重点企业走访、专家辅导等多种形式，提升高企的管理和服务水平，累计培育高企 242 家。积极推荐企业申报各级各类科技计划项目，突破共性关键技术和产业前瞻技术，形成一批重大创新成果并进行转化，省科技成果转化专项资金项目累计立项 13 个，扶持金额超 7000 万元。鼓励规上高新技术企业建设工程技术研究中心，开发自主创新产品，形成自主知识产权，累计培育省级以上研发机构 100 家，包括国家级博士后工作站及分站 9 家、省级及以上工程技术研究中心 31 家、省级及以上企业技术中心 19 家、省级外资研发机构 6 家。海德新材料、达伦电子等 5 家企业新三板挂牌，慧驰轻合金等 16 家企业在江苏省股权交易中心科技创新板挂牌。

【科技创新平台】 依托常熟国家大学科技园，建成江苏省产业技术研究院智能液晶技术研究所、先进金属材料及应用技术研究所、北大分子工程苏南研究院等重大创新平台，还集聚了中国智能车综合研发与测试中心、上海交大常熟汽车轻量化技术研究院、同济大学常熟科技园、南师大发展研究院、浙江大学常熟光电技术联合研究中心等校地合作平台，并建有人工智能产业加速器、新材料产业加速器、装备制造产业加速器等平台载体。省产研院智能液晶所、金属所、北大苏南研究院、上海交大常熟汽车轻量化技术研究院 4 个创新平台均已获得苏州市新型研发机构认定，为常熟高新区集聚创新资源发挥了重要作用。

智能液晶所基本完成智能玻璃、生化传感、智能纤维与涂料、光电技术、智能材料五大研发中心建设，首批 7 个项目正有序开展并取得了阶段性成果；积极引进外部投资，新增股东 5 家，并成功召开股东大会。北大分子苏南研究院首批 8 个项目已完成中期检查，并成功召开 2019 年常熟引正分子产学研合作会议。金属所已形成高温合金研究、航空发动机零部件研究、金属失效分析研究等 5 个具有自主核心技术的产业化研发平台；铁马营孵化器打造双创生态模式，初步形成“总部 + 多基地”的创投孵化及技术转移模式，引进入孵项目 15 项，其中独角兽企业“以勒科技”是一家全国性质量科技服务机构，致力于做中国的 SGS。上海交大常熟汽车轻量化技术研究院建成上海交大常熟新材料产业化联合研究基地，不断推进新材料产业集聚发展，首批引进了复合高强航天铝合金材料、半导体芯片 ESC 静电卡盘和基于 3D 打印技术的航空航天及火箭发动机模型 3 个产业化项目。

【科技合作】 积极探索“飞地孵化”新模式，

与清控科创合作设立常熟（北京）创新中心，采取“飞地 + 本地”联动的方式，以飞地孵化空间为枢纽，形成信息、技术、资本、项目等多要素的双向流动，做好常熟创业的“北水南调”工程。精心打造“京常路演”“京常来”“京常会”“技术需求比武招亲”“开放日”等几大品牌系列活动，累计开展创新创业活动200余场，引进落地企业55家，产业覆盖人工智能、智能制造等领域。先后荣获江苏省众创空间、清华星聚空间等称号。入驻企业获评省留学回国创新创业资助、“姑苏人才”、“姑苏天使”等各类人才项目16人次。

【科技金融】 发挥金融创新对技术创新的支撑作用，培育壮大创业投资和资本市场，完善科技金融服务体系，优化创新创业投融资环境。持续推进科技金融产业园建设，已集聚开晟母基金、中兴创投、华映资本等基金和创投公司20多家，管理资金规模突破100亿元。完成总规模5000万元的“昆承湖创业投资基金”的设立，积极对接常熟市科技创新基金，投资管理链条日趋完善。建成江苏省科技企业融资路演服务中心常熟高新区分中心，为科技企业提供科技信贷、股权投资、上市辅导、融资咨询等一站式、专业化、定制化的科技金融服务，累计举办金融路演、银企对接等活动12场，服务企业百余家，获批贷款4.17亿元。

【科技人才】 切实按照“平台聚才、项目引才、载体育才、机制留才”的思路，广纳科技人才资源，加强高端人才的战略储备，累计获批国家级众创空间4家，省级7家，苏州市级8家。坚持“双招双引”机制，优化与“三园一岛”战略性新兴产业发展相配套的人才引进政策措施，壮大人才规模，完善人才结构，重点加强高层次科技人才、高水平创新创业团队、高素质管理人才和高技能实用人才等4支队伍的建设。累计拥有博士645人，硕士1822人，本科24310人，培育和引进国家级领军人才15人，省双创人才30人。

【科技服务】 深化与江苏省生产力促进中心的全面战略合作，紧紧围绕高新区建设与服务、高层次人才服务、企业创新能力培育、创新平台载体建设等八大科技服务领域的44个子项目，以集成科技服务为纽带，推动江苏省生产力促进中心优质科技服务资源的全面下移，全面提高常熟高新区科技创新能力。依托苏南自创区常熟一站式服务中心打造全方位、专业化的科技服务平台，累计入驻科技服务机构14家，形成技术转移、科技政策咨询、人才引进、管理技术及咨询等10大类科技服务产品40余项。举办“创管家”品牌系列培训31期，培训服务企业超2000家次。打造常熟市中小企业研发试制平台、江苏省技联在线常熟高新区分平台“技联常熟高新”等线上平台，深挖企业需求，提供集成服务，实地走访企业150余家，挖掘企业各类服务需求近200项，开展研发试制服务需求专项调研，对接需求50余项。重点推进创新方法培训，成功举办了3期创新方法培训班，培训学员180人，切实帮助企业解决技术创新过程中的难题，提升企业的自主创新能力和水平。

【知识产权】 支持企业开展技术研发和创新，形成自主知识产权，全面提升知识产权创造、运用、保护、管理、服务整体氛围，全区万人发明专利拥有量超65件。精心打造全国县级市中首家以知识产权服务为主导、提供知识产权“全产业链条”服务、市场化运作的常熟市知识产权服务广场，聚焦全国知识产权细分领域行业排名前五位的知识产权服务机构及运营机构全力开展招商，集聚了北京大成（苏州）律师事务所、中规（北京）认证有限公司苏州分公司、江苏安盾知识产权服务有限公司等线下代理、托管、维权、运营等知识产权服务机构10余家。依托常熟市知识产权服务广场打造江苏省专利审查员实践基地，深化与国家知识产权局专利局专利审查协作江苏中心的合作，多次组织区内实践站点企业与专利审查员面对面交流，邀请审查员深入企业科研场所、车间，与技术人员直接沟通，为企业专利申请答疑解惑，提高企业专利申请效率。积极对接中国（苏州）知识产权保护中心，成功获批专利申请快速预审备案主体18家，及时组织专题培训，解读快速预审服务流程，提高专利授权率，进一步提高全区的专利质量。

【科技活动】 2019年1月11日，常熟高新区和上海交通大学合作共建上海交大常熟新材料产业化联合研究基地。

2019年3月12日，常熟市委市政府在日本东京举行“2019东京投资说明会”，会上启动了中日创新合作产业园项目。

2019年4月16日，常熟高新区在常熟（北京）创新中心举行招商推介会。

2019年5月22日，常熟国家大学科技园赴深圳举行招商推介会。

2019年6月19日，苏州市2019年二季度重点项目现场推进会在常熟举行，会上启动了常熟氢能源汽车产业园和人工智能科技产业园项目。

2019年7月12日，常熟市人民政府和苏州市地方金融监督管理局举办“苏州昆承湖金融科技产业发展论坛”，会上举行了昆承湖金融科技产业园合作项目签约仪式。

2019年7月28日，中国海归创业大赛常熟赛区复赛在常熟高新区举行。

2019年10月9日，时任江苏省委常委、苏州市委书记蓝绍敏赴常熟高新区调研，考察重点企业丰田汽车研发中心的科技创新情况。

2019年11月4日，在第七届中国江苏产学研合作大会上，常熟高新区获批“苏南国家科技成果转移转化示范区创新方法推广应用示范基地”。

2019年11月16—17日，“2019中国智能车未来挑战赛”在常熟高新区举行，本届挑战赛由自然科学基金委、中国人工智能产业发展联盟、中国自动化学会共同主办，常熟市人民政府承办，并得到了中国信息通信研究院、公安部交通管理科学研究所等单位的支持。

扬州国家高新技术产业开发区

Yangzhou National New & High-tech Industrial Development Zone

【概　况】 2019年，扬州国家高新技术产业开发区（以下简称“扬州高新区”）实现规模以上工业企业营业收入415.54亿元，实现税收收入54.92亿元，完成进出口总额98.53亿元，实现固定资产投资221.06亿元，其中高新技术产业投资额148.20亿元，新增各类企业861家，完成公共财政预算收入25.33亿元，实际利用外资金额13.24亿元。荣获中国产学研合作促进奖，中国产学研合作十大好案例，江苏省先进制造业和现代服务业产业集群（生物医药和新型医疗器械集群试点、数控装备产业集群试点）等荣誉，获得了财政部2019年中小企业发展专项资金1500万元。因实施创新驱动发展战略、推进自主创新和发展高新技术产业成效明显，受到省政府表彰。

【高新技术发展及产业化】 2019年，扬州高新区完成高新技术产业产值353.32亿元，占规模工业产值的比重达74.03%；规模以上企业R&D经费投入13.60亿元。新增国家高企38家，高企培育入库企业50家，国家科技型中小企业116家。

【科技项目】 2019年，扬州高新区申报各类省科技计划项目近30项，其中迈安德入围省国际科技合作项目，英迈克、智绿充电入围省重点研发计划项目，扬锻集团、扬杰电子入围省成果转化面上项目，德云、舒尔驰2个项目入围省成果转化联合招标项目，4家企业获得省科学技术奖，其中新扬新材料获省科学技术一等奖，扬力集团还荣获省企业技术创新奖。虎豹集团等4家企业获批省级工程技术研究中心，丰尚智能等2家企业获批省级工程中心，佳境获批省级院士工作站，德云电气等5家企业获批省级企业技术中心。

【科技创新平台】 2019年，扬州高新区遴选资助了工业互联网大数据公共服务平台、生物医药创新实验中心、扬州人力资源服务产业园等11个载体项目，总资助资金达1500万元。扬州金荣科技创业园、扬州环保科技创业园升级为国家级科技企业孵化器，扬州人力资源服务产业园正式开园，正在积极争创省级人力资源服务产业园。扬州大学科技园正在申报国家级大学科技园。扬州市（邗江）生物医药创新实验中心正式投入使用，中心专攻精准医学领域,将助力扬州高新区生物医药产业做优做强。与武汉理工大学合作，共建扬州绿色建筑协同创新与技术转移中心。北斗航空产业园项目正式签约，产业园项目建成后，将涵盖北斗航空研究院、硬件生产、软件开发及运维、小型数据中心及职业教育5项内容。

【科技合作】 扬州高新区围绕科技创新体系建设，继续与江苏省生产力促进中心达成战略合作协议；围绕绿色建筑产业，与武汉理工大学合作，共建扬州绿色建筑协同创新与技术转移中心。围绕产教融合，与扬州工业职业技术学院达成战略协议，共建扬子津科技创新服务中心。

【科技金融】 2019年，扬州高新区推动金融体制创新。探索新的招商渠道和形式，组建10亿元的“智能制造产业母基金”，率先推出基金招商，借助产业母基金这一“梧桐树”，吸引一批在细分领域全国排名前三的科技型项目落户，19家企业在江苏省股权交易中心挂牌，有两家高新技术企业递交了上市申请材料，江苏海昌新材料股份有限公司、江苏艾迪药业股份有限公司力争在国内“创业板”上市。

【科技人才】 2019年，扬州高新区人力资源产业园提升功能，为不同企业吸纳不同层次人才提供便利；中天利获得江苏省双创团队，李朝伟、沈龙等4人获批为江苏省双创领军人才，陈阳等5人获得江苏省双创人才，刘东等16人获批为江苏省科技企业副总。

【知识产权】 2019年，扬州高新区完成申请专利4520件，其中发明专利申请1507件；专利授权3035件，其中发明专利授权数279件，企业贯标认证数20家。

【科技活动】 2019年，扬州高新区成功举办了中国·扬州生物医药论坛、江苏省科技创业大赛先进制造行业赛、南创汇扬州生物医药产业发展研讨会、扬州高新区创业大赛、扬州高新区创享高新人才计划等重大创新活动。组织企业参加了江苏省第七届跨国技术转移大会、十基百点国家重点实验室行动、双高交流洽谈会、瘦西湖创客周、中国扬州国际英才创新创业合作洽谈会、江苏省创业大赛等活动。

【科技服务】 2019年，扬州高新区建成青年公寓人才社区，占地137亩，建筑面积17.3万平方米，拥有20幢共2022套公寓，为来园区创新创业的人员提供不同需求的住宿选择；推动科技服务业向产业链中高端迈进，实施“服务业品牌计划”，提升研发设计、检验检测、知识产权保护等方面服务功能,推动科教融合、产教融合、二三产融合。依托联创软件园、月城科技广场等载体，重点打造以软件研发、电子商务、文化创意为主体的核心区；创业服务中心，重点集聚工业应用软件研发类企业；扬大科技园，重点发展高知识密集产业；科技企业上市基地，重点做好企业投融资、产品技术提升等工作。

淮安国家高新技术产业开发区

Huai’an National New & High-tech Industrial Development Zone

【概　况】 淮安国家高新技术产业开发区（以下简称“淮安高新区”）原为淮阴经济技术开

发区，于2001年5月开始建设，2006年4月被省政府批准为省级开发区，2012年11月获批更名为江苏省淮安高新技术产业开发区，2017年2月13日正式获批升格为国家级高新技术产业开发区。淮安高新区总规划面积达72平方公里，“九通一平”面积33.4平方公里，累计进驻企业1957家，国家级高新技术企业48家，外资企业108家。2019年实现地区生产总值142.53亿元，同比增长6.88%；实现高新区营业收入371.63亿元，其中25家企业开票销售超亿元，实现净利润15.33亿元；工业入库税金7.53亿元，其中44家企业税收超百万元；完成规模以上工业固定资产投资135.27亿元，其中高新技术产业投资81.44亿元，占规模以上工业固定资产投资额的60.21%；万香科技、纽泰格汽配等2家企业进入主板上市辅导阶段。

【高新技术发展及产业化】 淮安高新区坚持以半导体电子信息产业为战略主导产业。第一，抢抓国家大力度发展半导体产业的有利机遇，投资130亿元的时代芯存相变存储器项目，加快建设半导体层膜、芯测半导体封测项目、奥辉光电科技等项目。目前，时代芯存一期已经竣工投产，是国内近3年来唯一新投产运营的半导体企业，填补了中国大陆企业不能自主研发和生产核心存储器的空白，8月26日、12月16日先后发布了自主研发的“溥元611”“溥元622”两款相变存储器。第二，产业链条项目集聚集群明显，围绕建立半导体电子信息产业的IC设计、原料供应、设备提供、生产制造、封装测试、应用推广等各个环节的全产业链条，深入推进“建链、补链、强链”三大工程。

完成主导产业的发展规划、招商图谱编制，总投资100亿元的时代二期已经开工建设，今年以开展“走出去”——“台湾·淮安周”活动，“请进来”——以商引商和客商主动上门等方式，并成功举办淮安国际半导体产业论坛，跟踪洽谈外资项目73个，新设及增资外资项目8个，注册外资实际到账1.01亿美元。新签约总投资15亿元的捷笠科技等13个半导体产业链上下游项目，这些项目的落户将为半导体产业的配套发展、协同发展、降本降耗创造良好条件，必将为建成国际有影响、国内有位置的半导体产业链基地奠定坚实基础。

行业隐形冠军常胜电器也拓展业务完善上下游配套建设，骏盛新能源电池竣工试运营，已与宝马、奇瑞等签订销售协议。新签约迈尔汽车零部件扩产、灏恒电子科技等亿元以上高新技术产业类项目29个，新开工总投资10亿元的科创孵化基地、10亿元的施尔丰生物科技等亿元以上项目15个，新竣工光大再生能源、宁淮电子产业园等亿元以上项目14个。

【科技创新平台】 淮安高新区以“一镇一园”（智芯小镇、江淮科技园）为中心，全力打造高新区创新核心区。“智芯小镇”，规划建设3平方公里，完善国际学校、高知社区等基础配套设施建设，获批为全省唯一的半导体产业主题特色小镇，为专业人才落户、重大产学研项目集聚提供新空间。全部建成后，小镇人口达3万，新集聚半导体IC设计、生产制造、封装测试全产业链企业100家以上，年实现产值1000亿元以上，税收150亿元，年接待游客20万人次。“江淮科技园”作为创建国家级高新区重要的科技载体，集产业技术研发、展示、行政审批及服务于一体。目前已完成15万平方米建筑，德国先进工业研究院淮安分院、西安交大、兰州大学等已入驻。淮安合伙人众创空间总建筑面积4000多平方米，规划发展科技创新、电子商务、专业技术服务等。依托中科院物联网研究中心打造的中德物联网传感器孵化园。联合达野、淮阴工学院、上交大苏北研究院共建机器人专业孵化器，培育发展服务机器人。

【科技合作】 大力实施“百博进百企”活动，推动园区内50%的科技型企业与清华大学、复旦大学、南京大学、南京理工大学、西安交通大学、兰州大学等国内外知名高校、科研院所实现“联姻”，鼓励企业和高校、科研院所共建工程技术中心和研发中心。紧盯“一带一路”“长三角一体化”机遇，在更广范围、更大层次上推动开发开放。利用宁淮共建产业园契机，通过共建充分融入长三角一体化发达地区，取长补短；通过半导体国际论坛、“中欧（中德）（淮安）工业 4.0 产业发展暨世界隐形冠军合作发展论坛”、“台湾周”等活动，将德国、中国台湾地区创新型企业和科技创业项目引入淮安，让江苏铭远轨道项目“走进”德国，时代芯存在中国的北京、香港、台湾三地及美国设立了四大专业离岸研发中心。

【科技金融】 建立以“产业基金、政银担平台、科技小贷公司、融资租赁公司、创新基金”为主的“五维”金融服务体系，加速科技金融深度融合，重点撬动社会资本投资种子期、初创期企业。目前各类基金总计规模达 60 亿元，大力支持了半导体信息、新能源汽车及零部件、智能装备制造等主导产业的发展，有效地推动了创新创业工作。

大力推行后补助的科技扶持政策。在原有政策的基础上，进一步拓宽科技人才奖励政策扶持渠道，重点围绕推进科技平台与载体建设、开展科技服务、引进科技人才等方面后补助专项扶持政策。2019 年以来，在科技平台和孵化空间建设，高企申报和人才引进，专利申请和创新研发等方面，给予 30 余家科技型企业、平台共计 2000 万元的支持，有力激发了企业加大科技创新和人才引进动力。同时，对德国工业研究院（IAIT）淮安分院、淮安合伙人等孵化器平台建设进行大力扶持。

建立全方位的科技金融体系。建立了总规模 50 亿元的产业基金、5 亿元的创新基金、授信规模 10 亿元的政银担平台及科技小贷公司和融资租赁公司“五个维度”的金融服务体系，重点撬动社会资本投资种子期、初创期中小微科技型企业，为科技创新型企业提供最优质、最便捷、最高效的金融服务，缓解融资难、融资贵问题。

建立互助式的银企对接渠道。与建设银行等金融机构建立“建融智和”智能撮合平台，强化科技与金融的融合力度。分别成立三大主导产业联盟，全力搭建产业合作、产品互通、金融互助平台，探索建立科技支行，大力招引创投、风投、天投等机构入驻，制定鼓励投融资机构支持科技型企业的政策，采取将中小企业打包联合融资等灵活方式，引导社会资本聚力创新。

创新利用外资手段。在利用外资金上不断创新手段，通过“基金招引外资、全领域利用外资、知识产权利用外资、股改增资利用外资”等路径，实现了利用外资的新突破，实际到账外资额 10 亿元，开放型经济发展质效显著提升。

【科技人才】 积极推进人才强企，组织开展“淮内、淮外”行动，赴北京、上海等地招才引智，2019 年度柔性引进国家专家 15 人，入选省“双创计划”21 人、“科技企业家”3 人、创业团队 4 个。

【知识产权】 2019 年，淮安高新区积极推进知识产权强区战略，省级知识产权试点园区顺利通过验收。全年累计申请专利 2411 件，其中发明专利 654 件，PCT 国际专利申请 14 件。当年新增知识产权 2913 件，其中专利授权 1823 件，发明专利授权 97 件。

【科技活动】 2019 年 5 月 27 日，江苏淮安高新区双创示范基地成功获批。

2019 年 6 月 2 日，盐湖高新区一行莅临淮安高新区考察交流，双方围绕国家级高新区的创建、招商引资、产业定位、体制机制等多方面进行深入交流，并签订了友好园区战略合作协议，现场考察了淮安高新区的重点企业和项目。

2019 年 7 月 15 日，淮安国家高新区首届产业联盟交流会成功举办。以“提振发展信心、激发内生动力”为主题，组织园区内优质企业面对面交流经验、沟通信息，为园区内企业家搭建政企沟通、企企合作的桥梁，进一步提升高新区营商服务的质量和水平，助推企业高质量发展。

2019 年 8 月 6 日，淮安国际半导体产业论坛在淮安开幕。省工业和信息化厅厅长谢志成，市领导蔡丽新、赵权等出席活动。众多业界有影响的专家学者和企业家，围绕集成电路特别是存储器领域下一步发展，开展高端对话，研讨技术趋势，这将对淮安和江苏集成电路产业发展起到积极的推动作用。论坛上，江苏时代全芯存储科技（AMT）发布了“溥元611”产品——基于相变材料的2兆位可编程只读相变存储器。

2019 年 9 月 26 日下午，省科技厅区域创新处张少华处长一行调研淮安国家高新区经济社会发展情况。淮安国家高新区党工委领导陈晓晖、陈玉国、周青松等陪同调研。

2019 年 10 月 18 日上午，淮安市 2019 年第二次重大产业项目集中开工，擂响了全市新一波项目建设的战鼓，吹响了新一轮推动高质量跨越发展的号角。淮安高新区共有 5 个重大产业项目集中开工，项目总投资 9.8 亿元，年度计划投资 5.3 亿元。

2019 年 11 月 4 日，携淮安高新区高新技术企业参加第七届中国江苏产学研合作大会，展示本区产业创新发展成就，并发布科技创新政策和创新发展需求。

宿迁国家高新技术产业开发区

Suqian National New & High-tech Industrial Development Zone

【概　况】 2019 年宿迁国家高新技术产业开发区（以下简称“宿迁高新区”）园区营业收入 690.36 亿元，同比增长 5.3%。税收收入同比增长 8.78%，工业增加值增长 5.6%，工业固定资产投资增长 6.7%，财政总收入增长 12.8%，公共预算收入增长 6.7%。高新技术企业达 71 家，高新技术产业产值占规上企业总产值突破 60%。

【高新技术发展及产业化】

（一）新材料产业持续发展

根据省科技厅一区一战略主导产业规划，宿迁国家高新区主导产业为新材料产业。园区充分发挥自身优势，培育特色产业，积极推进产业先进性建设。园区陆续被认定为“省级新材料特色产业园、省级战略性新兴产业区域集聚发展试点、省级新型工业化示范基地、省先进复合材料产学研协同创新基地、国家薄膜材料特色产业基地、省玻璃制品出口基地”，已成为重点打造的重点产业之一，新材料产业规模化、集群化发展特征凸显。2019 年，全年新材料产业实现工业产值超过 200 亿元，其中新型无机非金属材料产业产值占比 15%，金属纳米粉体材料产业产值占比 10%，合金材料产业产值占比 25%，先进高分子材料产业产值占比 30%。

（二）龙头企业发展迅猛

园区采取积极措施，加快新材料产业发展，产业规模不断扩大，产业结构持续优化，集聚一批上市企业和行业隐形冠军。秀强股份是中国最大家电玻璃制造商，拥有国内唯一一条大尺寸 AR 减反射玻璃生产线，是全国家居工业玻璃标委会秘书长单位。中玻玻璃 1.1 毫米电子玻璃已经下线，代表了行业最高标准。博迁新材料是国内最大、全球第二并且是国内唯一一家拥有自主知识产权的高端金属纳米粉体材料制造企业。南钢金鑫是国内技术水平最先进和型钢等级最高的科技型船用型材生产企业之一，拥有国内唯一一条特用钢电磁感应加热轧钢生产线。景宏新材料是国内电池包装行业前 3 强，中国电池工业协会理事单位。长江润发薄板镀层建成国内唯一一条LED背板专用材料生产线，年产 15 万吨，技术填补国内空白。

（三）企业培育效能凸显

2019 年全年组织申报国家高新技术企业 50 家，重新认定 15 家，新申报 35 家，其中获批企业 31 家，净增 16 家，高企总数达到 71 家。全年实现高新技术产业产值占规模以上工业总产值比例超过 60%；江苏博迁新材料股份有限公司、江苏北斗星通汽车电子有限公司、宿迁科思化学有限公司、江苏辰宇电气有限公司、新亚强硅化学股份有限公司、江苏惠然实业有限公司共 6 家企业入选省瞪羚企业名单，在苏北五市中占比 46%，位列第一；秀强股份入选省创新型企业100强（全市唯一）。

【科技成果】 积极推进技术转移。园区致力于加强外联和借船出海，积极参加和融入外地的技术转移服务机构，成为技术转移联盟的成员或会员，充分利用外地技术转移机构的资源和有关创新要素为高新区技术创新和产业升级服务。结合国家、省厅的科技新政策进行宣传，主动深入高校、科研院所和企业开展技术合同登记服务，同时加大科技工作力度，形成科技管理部门联动的工作机制。采取项目带动、柔性引进的方式，广纳人才，为全市的科技创新、经济结构转型升级和高质量发展提供智力、技术支撑。2019年，仅科技部门全年就走访企业300家次，征集企业技术需求231项，通过科技技术交易服务平台推荐发布科研成果4万余件，完成技术交易合同22项，共计2.56亿元。

科技成果转化取得突破。2019年，先后组织41家企业申报市级科技计划项目51项。组织13家企业申报省级科技计划项目14项，中节能申报的“小型生物质直燃有机朗肯循环热电联供关键技术及装备”获省产业前瞻与核心技术的重点项目公示（全市唯一）；趣园食品申报的“非氢化零反式低饱和脂肪酸健康烘焙油脂加工关键技术研究”获省现代农业项目公示；联盛科技成功获国家CNAS实验室认证，江苏阿尔法药业获批全市唯一的省级重点实验室；江苏景宏新材料科技有限公司获2018年度江苏省科学技术三等奖，累计获得省科学技术奖5项，位居全市第一；为75家企业落实2018年科技创新税收减免金额8210.96万元，同比增长61.29%；获批市级项目共21项，占全市的42.86%，其中重大成果转化项目4项，占全市的67%。

【科技创新平台】 载体平台建设稳步推进。为推进创新资源集聚，搭建招才引智平台，拔高创新核心区载体质量。宿迁高新区重点打造集研发、检测、孵化、科技服务等功能为一体，推进产业转型提升、支撑高质量发展，特色鲜明、功能完善、配套协作的高标准科技综合体3个，分别为新材料科技产业园、北斗电子信息产业园、筑梦小镇，建设速度和质量位居全市前列。2019年，宿迁高新区新获批市级以上研发机构38家，其中三元轮胎、嘉禾塑料、新亚科技等获批省级研发机构5个（全市第一），建成科技创新创业载体23万平方米，建成省级科技企业孵化器3个。先后创建获批苏北工业技术研究院、玻璃检验检测中心、海智基地等省级公共服务平台13个，建成江苏赛力克玻璃功能化与应用研究院、南航新材料与装备制造研究院等新型研发机构11个；累计建成省级以上企业研发机构87个，市级以上研发机构189个，获国家级众创空间备案1家（全市首批）、省级科技孵化器4个、重点实验室1个（全市唯一）、院士工作站4个（全市第一）。

构建科创高质量生态体系。采取多种措施，突破科技创新壁垒，激发科创人员积极性和创造力。通过“政府+科技服务中心+企业”政府参与型管理模式，积极引入科技型管理公司，进一步加强园区管理；园区不断充实现有产业技术研究院创新力量，提高众创空间、企业孵化器运营水平。通过自建、共建、援建等形式，加快院士科创中心建设速度，建成一批高质量新型研发机构和科技企业孵化器；出台《宿迁高新区科技综合体实施办法》，在科技型项目引进上取得突破，加大对高新技术企业和高层次人才创业企业支持力度。2019年，新三大科技综合体入驻科技型孵化项目已超150个，建成技术交易中心1个，创成省技术产权交易市场地方分中心，创新创业服务公司4个；建成市级新型研发机构3个，引进专业运营机构合作共建科技企业孵化器2个。

【科技金融】 积极推动银企对接。一方面，帮助企业申报“苏科贷”，2019年组织企业共申请“苏科贷”资金5500万元，惠及企业17家，为科技型中小企业发展提供了有力保障；另一方面，开展“投贷联动”活动，联合南京银行等开展“投贷联动”，通过“小股权+大债权”的模式，依申请向符合条件的企业提供单户投资比例不高于5%的股权投资。鼓励企业进行专利权质押信用贷款。联合金融机构对园区内具有良好的知识产权基础和信誉企业拥有的知识产权进行评估，让一批科技型企业的无形资产得到有效和充分的利用。

设立产业基金。依托宿豫区政府设立的总规模10亿元（其中第一期5亿元）产业投资基金，高新区配套子基金5亿元（其中第一期2亿元），专项用于扶持重点产业发展投资、产业发展奖励、融资及贷款贴息。另外，利用电商名企集聚示范带动效应，规划建设基金小镇，加快发展互联网金融产业。围绕京东金融，延伸发展股权投资基金。京东金融、千山资本、久友资本、檀实投资、国星资本等知名创投机构相继落户。截至目前，园区投资基金数量累计达160支，规模达到253亿元。

【科技人才】 人才资源加快集聚。瞄准新材料、装备制造、医药化工等主导产业需求，推动校地校企合作，连续3年举办系列人才峰会，邀请超过500余名海内外专家学者走进园区。2019年，促成园区企业与华东理工大学、浙江大学、武汉大学、上海交通大学等知名高校达成长期稳定的校企合作关系，引进国家“杰青”江莉龙教授、国家“杰青”彭强教授、国家“优青”万灵书教授、国家重大人才工程入选专家方显杰研究员与园区企业签署正式合作协议，进一步深化科技项目合作和科研成果转化。

创业活力有效激发。博翔教育“LTCC片式射频系列产品关键技术研发”获得2019年宿迁市创新创业大赛一等奖；国家级人才工程入选专家创办的波尔高压电源科技有限公司，先后承担科技部中小企业创业基金项目1项，江苏省科技重点项目2项；清华大学博士彭伟平创建的江苏奇纳新材料科技有限公司，入选国家核能材料联盟理事单位，江苏增材制造协会常务理事单位。2019年入选省“双创计划”14人。截至目前，高新区先后引进两院院士、外籍院士、国家级重点人才专家共25人，入选省“双创计划”76人，入选省“科技企业家”22人。

科技人才政策落地见效。认真贯彻落实宿迁市“科技创新40条”“人才新政12条”等政策，出台《关于推动知识产权工作若干政策》《关于推动宿迁高新技术产业开发区高质量发展的实施意见》等3个地方政策。进一步完善以创新驱动、知识产权、人才奖励政策组成的高新区科技创新政策体系，为企业创新发展提供政策保障。2019年，全年累计拨付创新驱动奖补资金4520万元。

【科技服务】 科技服务业集聚区快速形成。宿迁高新区以京东集团在宿项目为基础，发展电子商务和数字经济，积极打造宿迁电子商务产业园区。该园区产城融合发展理念为指导，规划了商务办公、物流仓储及住宅、文教等功能区域，出台了支持发展的专项政策，推动招商引资和创新创业齐头并进，力争打造全市电商产业新高地、大众创业新基地和创新发展新典范。2019年，园区已开发面积约1.8平方公里，累计投入使用办公面积超过40万平方米，入驻了京东、当当、途牛、健安物流等企业560多家，从业人员超过3万人，获得国家电子商务示范基地、江苏省大众创业万众创新示范基地、江苏省生产性服务业集聚示范区、省级创业投资综合服务基地等省级以上品牌22个。

服务业骨干企业加速集聚。面向电子商务、现代物流、技术转移、知识产权等方向，形成包括健安农牧、联旺科技、政泰建筑设计等在内的70家专业从事研发设计服务的企业集群。其中，草帽网络、联旺科技、鸥虹科技、点点科技等4家企业先后获批国家高新技术企业，宿迁技术交易服务中心获批省技术交易市场宿迁分中心。

服务业平台载体成长迅速。一方面，聚焦创业孵化载体效能提升，形成以宿高成长管理有限公司、云企汇科技有限公司、银杏树创客服务有限公司等6家专业从事创业孵化服务为主体的“双创”载体集群，依托该集群获批1家国家级众创空间、1家省级众创空间、3家省级孵化器；另一方面，聚集北斗智联研发中心、宿迁院士科创中心、南航宿迁新材料与装备制造研究院、京东云计算等多家骨干科技服务平台。

【知识产权】 规范知识产权保护和管理体系。利用各种传媒，采取多种形式，深入开展知识产权宣传工作，加强知识产权法制教育，不断提高全社会的知识产权法律意识。利用“3·15”消费者权益保护日、“4·26”全国知识产权宣传周等时机，在园区主干道悬挂横幅，在高新区广场设咨询台，发放宣传资料，不断提高全社会对知识产权工作的认知度。有计划、分层次、分类型地组织开展培训工作，按领导层、管理层、知识产权工作人员和技术人员中分类别的开展专利、商标等知识产权培训，切实提升知识产权意识，提高专利信息利用水平。深入推行企业知识产权管理规范。累计承担过省级、市知识产权战推和专利密集型企业培育项目 18 个，参与知识产权贯标备案企业 60 家，其中通过省知识产权贯标绩效评价和第三方认证 23 家。建立健全知识产权保护工作机制。高新区已建有京东集团知识产权保护与服务中心和电商产业园知识产权维权援助工作站，为区内企业维权援助提供便捷服务。

知识产权创造成果显著。宿迁高新区在全市率先开展企业知识产权托管服务。对中小微企业、非高新技术企业、未承担过省级及以上科技项目，且未通过《企业知识产权管理规范》的企业开展知识产权托管服务。同时，开展创新型企业知识产权分类培育。2019 年高新区完成专利申请 2025 件，专利授权 1225 件，发明专利授权 35 件，PCT 专利 8 件，同比实现翻番，有效发明专利 258 件，同比上升 24.64%。

【科技活动】 产学研成效显著。持续发挥政府“牵线搭桥”作用，通过举办高新区科技人才恳谈会等产学研对接活动，不断强化高层次创新创业人才引进。瞄准新材料、装备制造、医药化工等主导产业需求，推动校地校企合作，举办系列人才峰会。组织承办了“宿迁高新区第二届科技人才恳谈会”“浙江大学—宿迁高新区产学研交流会”“南京邮电大学—宿迁高新区产学研洽谈会”等系列活动，先后与浙江大学、北京化工大学、南京工业大学等高校开展产学研、招才引智活动。2019 年，全年共邀请海内外来访专家 500 余名，开展产学研活动 18 次，联系高等院校 28 所，签署合作协议 30 余个，其中引进国家级创新专家 4 人，中科院院士 3 人，聘请外籍科学顾问 2 名。

强化海外人才招引。为响应“中俄科技创新年”活动，加强园区与俄罗斯科技联系，密切人才交流，开展创新合作。园区于 2019 年 8 月承办“俄罗斯院士宿迁行”活动，聘请俄罗斯科学院院士、俄罗斯化学学会董事会成员亚历山大·瓦西里耶维奇·库奇，俄罗斯门捷列夫化工大学教授、俄罗斯科学院物理化学研究所现代能源和纳米材料研究所学术委员会成员特罗什基娜·伊琳娜·德米特里耶夫娜担任园区科技顾问。2019 年，京东智能制造产业园项目概念规划通过评审，并在市级层面形成支持项目发展的具体会办意见，项目一期完成产业规划，成功举办宿迁市智能制造论坛暨京东智能制造产业推介活动。

积极参加第七届江苏省产学研大会。2019 年 11 月，由江苏省人民政府主办的第七届中国江苏产学研合作大会在南京开幕。本次大会设立了面积 120 余平方米的宿迁国家高新区展馆，宿迁高新区院士科创中心项目，入选省产学研重点合作项目。同时园区组织 30 余家企业参加大会，其中有 12 家优质企业代参与展品展览展示。本次大会，宿迁高新区共征集有效技术需求 50 余项，现场向参观专家教授发放技术需求手册 500 余份。征集宿迁高新区主题展区展品 20 余件，组织企业在“技联在线”登记注册、线上与国内高校院所对接交流，在大会上签约重点项目 1 项，完成产学研合作登记备案 40 余项。

【改革和政策先行先试】 开展机制体制改革。宿迁高新区与专业的人力资源管理公司开展合作，制定高新区管委会“企业化管理”方案，对高新区管委会人力资源体系现状诊断、岗职体系优化、薪酬体系设计、绩效管理体系重塑。在用人上，探索建立能上能下、能进能出、能奖能罚的用人机制，努力建设一支高素质、高效率的人才队伍。在干事上，积极落实鼓励激励、容错纠错政策，树立干事创业的先进典型，努力营造谁干事创业谁光荣的良好氛围。在考核上，充分发挥考核的激励导向作用，调动工作人员积极性和主动性，努力形成奖优罚劣、优胜劣汰的工作机制。2019 年，宿迁高新区共完成 2 项改革文件，完善考核机制 1 个，调整优化人员 3 次。

开展放管服改革。宿迁高新区今年正式设立行政审批局，对照江苏省政府公布的开发区全链审批赋权清单，结合宿迁高新区实际情况和需求，聚焦市场准入和投资建设审批全链条，争取适合实际、有利于高质量发展的权限下放，实现涉企投资审批扁平化、标准化、便利化。截至目前，已完成赋权审批事项 41 项，已办结项目备案 111 件，限额以下外资项目备案 8 件，环评批复 37 件，环评验收 12 件，建筑工程监理合同备案 1 件，户外广告备案 6 件。企业开办等行政审批事项正在积极对接及培训。

探索“区域评估”试点。借鉴全省关于“区域能评、环评 + 区块能耗、环境标准”取代项目环评、能评试点经验，努力复制和扩大区域环评和区域能评试点范围和类型，切实减轻企业负担。2019 年，共开展区域评估活动 9 次，完成评估报告 9 个。

【园区宣传】 强化对外宣传。进一步做好园区对外宣传，通过“走出去、引进来”方式，加大园区宣传力度。截至目前，高新区在党报党刊刊发稿件 28 篇，其中新华日报采用 10 篇，宿迁日报 A 版 18 篇；网络媒体用稿 93 篇，上报省级以上科技信息 15 条。微信公众号上稿 366 篇，微博转发政务信息 4926 条。

强化典型引导。扎实推进建设新时代文明实践中心试点工作，形成了“三级”组织构架、“六大”活动平台、“八支”专业志愿队伍的文明实践体系。高新区积极筹建“职工书屋”，进一步加强职工思想道德建设。高新区围绕“省级劳模”“中国工匠”等评选活动载体，选树高新区的道德模范群体，全面推进园区公民思想道德建设。至 2019 年年底，园区共获选“省五一劳动奖章”荣誉称号 7 人、“江苏省劳模”荣誉称号 7 人。

【其他工作情况】 强化开放共赢。鼓励引导园区企业走出国门，对“一带一路”参与国家开展合作交流。宿迁市群英纺织印染科技有限公司出资 600 万美元到东南亚缅甸投资设立群英纺织（缅甸）有限公司。江苏惠然实业有限公司在印度尼西亚东南苏拉威西省投资建设“印度尼西亚年产 45 万吨镍铁合金项目”，项目总投资 57860 万美元，建成后预计可以实现年产 45 万吨镍铁合金材料。江苏赛夫绿色食品发展有限公司出资 325.038 万美元到澳大利亚维多利亚州通过股权认购 ATB 集团有限公司，该州 2018 年 11 月与中国签署“一带一路”合作谅解备忘录。

强化对外交流。帮助企业选择针对性适合企业的境内外展会，帮助企业开拓国际市场，推动企业扩大市场份额。今年以来，组织赛得利、联盛经贸、秀强玻璃、景宏新材料等企业调研 40 次以上，组织联盛经贸、格林手套、楚霸体育等企业参加境内外“一带一路”展会 50 余次。

促进产城融合。园区不断改善生态环境，持续推进河长制工作及城市黑臭水体治理，园区水环境明显改善。坚持大气治理工作，实施垃圾分类收集、处理试点，远期及远景全面推广垃圾分类收集、处理。

科技统计资料

Statistical Data of Science & Technology

2018 年江苏省科技统计公报

2018 Annual Statistics Bulletin of Science & Technology of Jiangsu Province

江苏省科学技术厅　江苏省统计局

2018 年，全省科技工作认真贯彻落实省第十三次党代会精神和省委省政府关于科技创新的总体部署，深入实施创新驱动发展战略，着力推进创新型省份建设，提高区域创新体系整体效能，着力推进知识产权强省建设，营造激励创造、保护产权的制度环境，全面提升企业自主创新能力，推动企业真正成为技术创新主体和创新驱动发展的主导者，科技进步对经济增长和社会发展的支撑引领作用进一步增强，全省科技进步贡献率达 63.1%。

【科技队伍】　2018 年，全省拥有院士 96 人，其中科学院院士 44 人、工程院院士 52 人，院士数居全国省（区、市）第 3 位、省第 1 位。

全省从事 R&D 人员全时当量 56 万人年，比上年增长 0.05%。

【科技经费】　全省研究与发展活动经费占地区生产总值的比例进一步提高。2018 年，全省科研机构、大学、企业和其他单位的研究与发展活动经费支出达 2504 亿元，同比增长 10.8%。研究与发展活动经费占地区生产总值的 2.7%，比上年提高 0.07 个百分点。

政府科技拨款 507 亿元，比上年增长 18.46%；占地方财政支出的 4.35%，比上年增加 0.32 个百分点。

全省工业企业研究与发展活动经费支出 2025 亿元，占工业销售收入的 1.58%。

【科技成果】　科技创新成效显著。全省有 50 项重大成果获国家科学技术奖（通用项目），其中国家自然科学奖 5 项，国家技术发明奖 8 项，国家科学技术进步奖 37 项。省科学技术奖励数为 276 项，一等奖 45 项，二等奖 79 项，三等奖 152 项。全年共申请专利 600306 件，比上年增长 16.7%，授权专利 306996 件，增长 35.1%。全省发明专利申请量为 198801 件，比上年增长 6.3%，发明专利授权量为 42019 件，比上年增长 1.2%。

【科技服务与技术贸易】　科技服务业进一步发展。2018 年全省科技服务业总收入达 8045 亿元，同比增长 14.7%。全省规模以上科技服务机构共 6177 家，机构平均收入 10616 万元，拥有从业人员 74.81 万人，平均每家机构 121 人。

技术市场较为活跃。全年共签订各类技术合同 4.3 万项，技术合同成交额 1153 亿元，比上年增长 32.0%。

【高新技术产业化】　高新技术产业化进程加快。2018 年全省高新技术产业产值同比增长 11.0%，占规模以上工业企业总产值的 43.8%，比上年提高 1.1 个百分点。全省经认定的高新技术企业 18154 家。

高新技术产业开发区快速发展。2018 年，全省高新技术产业开发区规模以上工业企业主营业务收入、高新技术产业产值分别比上年增长 10.4% 和 12.3%，高新技术企业数 8358 家、专利申请数 183706 件、发明专利申请数 75011 件，高新技术企业数、专利申请数、发明专利申请数分别比上年增长 40.8%、33.2% 和 24.4%。

高新技术产品的竞争力进一步增强。全省高新技术产品出口额达 1499 亿美元，占全省出口总额的比重达 37.1%。

【科技机构】 全省共有各类科技机构 24728 个，拥有研究与试验发展（R&D）人员 52.43 万人，其中县以上国有独立研究与开发机构 130 个（民口 118 个，其他 12 个），拥有研究与试验发展（R&D）人员 2.88 万人；高校科技机构 1219 个，拥有研究与试验发展（R&D）人员 1.97 万人；规模以上工业企业技术开发机构 22469 个，拥有研究与试验发展（R&D）人员 43.60 万人。

全省县以上国有独立研究与开发机构研究与试验发展活动（R&D）经费支出 169 亿元（民口 53 亿元，其他 116 亿元）。

科技基础设施和基地建设取得进展。全省共建企业重点实验室 71 个，国家和省级重点实验室 100 个，国家和省级工程技术研究中心 3404 个，国家和省级科技公共服务平台 277 个，企业院士工作站 326 个，国家级高新技术特色产业基地 160 个。

全省各类科技企业孵化器 720 家，国家级科技企业孵化器 175 家，在孵企业 33714 家。

2018 年江苏省各市科技进步统计监测综合评价结果

2018 Annual Comprehensive Evaluation on Monitoring Statistics of Science & Technology Progress in Jiangsu Provincial Cities

为深入实施创新驱动发展战略，加快创新型省份建设，促进全社会科技进步与自主创新，省科技厅、省统计局继续在全省开展了科技进步统计监测工作，对全省和各市的科技进步状况进行考核与评价，并公布其结果。

全省科技进步监测采取以科技指标为主，经济和社会发展指标为辅的方法，依据科技和统计部门，以及省人社厅、省财政厅、省教育厅等部门提供并认定的数据，从科技进步环境、科技投入、科技产出、科技促进可持续发展 4 个方面对全省和各市的科技进步状况进行系统评价。根据 2018 年的统计数据，省科技厅、省统计局对各市的科技进步状况进行了综合评价。

2018 年江苏省各设区市科技进步综合评价得分与排序

排　名	地　区	总　分	排　名	地　区	总　分
1	苏州市	99.67	8	南通市	81.40
2	南京市	98.54	9	盐城市	78.40
3	无锡市	93.45	10	连云港市	72.68
4	常州市	89.98	11	徐州市	72.03
5	镇江市	83.25	12	淮安市	68.47
6	扬州市	82.83	13	宿迁市	67.22
7	泰州市	82.00	—	—	—

2018年江苏省各级区市科技进步统计监测得分与排序

一级指标得分与排序

	总 分		科技进步环境		科技投入		科技产出		科技促进可持续发展	
	得 分	排 序	得 分	排 序	得 分	排 序	得 分	排 序	得 分	排 序
南京市	98.54	2	10.73	1	28.72	1	33.72	2	25.36	1
无锡市	93.45	3	8.89	3	27.39	3	32.66	3	24.50	3
徐州市	72.03	11	6.48	10	22.36	10	24.52	10	18.68	11
常州市	89.98	4	8.88	4	26.37	5	31.62	4	23.11	4
苏州市	99.67	1	9.77	2	27.45	2	37.68	1	24.77	2
南通市	81.40	8	7.43	7	21.79	12	30.05	6	22.12	5
连云港市	72.68	10	6.21	12	24.33	7	24.47	11	17.67	12
淮安市	68.47	12	6.44	11	21.35	13	21.41	13	19.27	10
盐城市	78.40	9	6.69	9	27.03	4	24.53	9	20.15	9
扬州市	82.83	6	7.83	6	23.79	9	29.63	7	21.58	6
镇江市	83.25	5	8.09	5	24.03	8	30.92	5	20.21	8
泰州市	82.00	7	7.35	8	25.05	6	28.56	8	21.05	7
宿迁市	67.22	13	6.20	13	22.02	11	22.74	12	16.26	13

二级指标得分与排序（科技进步环境）

	科技进步环境		人力资源基础		创新环境	
	得 分	排 序	得 分	排 序	得 分	排 序
南京市	10.73	1	6.47	1	4.26	2
无锡市	8.89	3	4.95	4	3.93	3
徐州市	6.48	10	3.88	10	2.60	10
常州市	8.88	4	5.03	3	3.85	4
苏州市	9.77	2	5.37	2	4.40	1
南通市	7.43	7	4.15	8	3.28	7
连云港市	6.21	12	3.68	13	2.54	12
淮安市	6.44	11	3.88	11	2.56	11

续表

	科技进步环境		人力资源基础		创新环境	
	得　分	排　序	得　分	排　序	得　分	排　序
盐城市	6.69	9	3.97	9	2.72	9
扬州市	7.83	6	4.36	6	3.46	6
镇江市	8.09	5	4.55	5	3.54	5
泰州市	7.35	8	4.20	7	3.15	8
宿迁市	6.20	13	3.70	12	2.50	13

二级指标得分与排序（科技投入）

	科 技 投 入		人力投入		财力投入	
	得　分	排　序	得　分	排　序	得　分	排　序
南京市	28.72	1	11.87	1	16.86	2
无锡市	27.39	3	10.73	3	16.67	3
徐州市	22.36	10	8.97	10	13.39	11
常州市	26.37	5	10.72	4	15.65	4
苏州市	27.45	2	9.41	8	18.03	1
南通市	21.79	12	8.56	12	13.23	12
连云港市	24.33	7	10.20	5	14.13	8
淮安市	21.35	13	8.85	11	12.50	13
盐城市	27.03	4	11.41	2	15.62	5
扬州市	23.79	9	9.37	9	14.42	7
镇江市	24.03	8	9.96	7	14.06	10
泰州市	25.05	6	9.97	6	15.08	6
宿迁市	22.02	11	7.90	13	14.11	9

二级指标得分与排序（科技产出）

	科技产出		高新技术产业化		科技创新	
	得　分	排　序	得　分	排　序	得　分	排　序
南京市	33.72	2	19.44	3	14.28	2

续表

	科技产出		高新技术产业化		科技创新	
	得　分	排　序	得　分	排　序	得　分	排　序
无锡市	32.66	3	19.50	2	13.16	3
徐州市	24.52	10	15.67	10	8.85	10
常州市	31.62	4	19.15	4	12.46	5
苏州市	37.68	1	22.68	1	15.00	1
南通市	30.05	6	18.87	5	11.18	7
连云港市	24.47	11	15.83	9	8.63	13
淮安市	21.41	13	12.60	13	8.81	11
盐城市	24.53	9	15.25	11	9.28	9
扬州市	29.63	7	18.35	6	11.28	6
镇江市	30.92	5	18.24	7	12.68	4
泰州市	28.56	8	18.23	8	10.33	8
宿迁市	22.74	12	14.07	12	8.67	12

二级指标得分与排序（科技促进可持续发展）

	科技促进可持续发展		经济增长		结构优化		效益提高		环境治理	
	得　分	排　序	得　分	排　序	得　分	排　序	得　分	排　序	得　分	排　序
南京市	25.36	1	5.27	2	7.31	1	5.17	3	7.60	2
无锡市	24.50	3	5.41	1	6.47	3	5.46	1	7.17	7
徐州市	18.68	11	3.41	13	5.55	5	3.33	11	6.40	10
常州市	23.11	4	4.81	5	5.92	4	4.70	4	7.68	1
苏州市	24.77	2	5.19	3	7.01	2	5.30	2	7.28	5
南通市	22.12	5	4.81	4	5.47	7	4.31	5	7.54	3
连云港市	17.67	12	3.65	11	4.76	12	3.22	13	6.04	12
淮安市	19.27	10	4.25	8	5.28	9	3.61	9	6.12	11
盐城市	20.15	9	4.24	9	4.94	11	3.59	10	7.37	4
扬州市	21.58	6	4.71	6	5.48	6	4.25	6	7.14	8
镇江市	20.21	8	3.75	10	5.35	8	3.84	8	7.27	6
泰州市	21.05	7	4.56	7	5.25	10	4.14	7	7.10	9
宿迁市	16.26	13	3.65	12	4.61	13	3.25	12	4.75	13

2019 年江苏省科学技术与研究开发机构统计年报

2019 Annual Statistics on Science & Technology and R&D Organizations of Jiangsu Province

【概　况】　江苏省地域范围内，科学研究与技术开发机构主要分为：中央部门属科学研究与技术开发机构、省属科学研究与技术开发机构、市县属科学研究与技术开发机构、其他科学研究与技术开发机构（主要是新型研发机构）、有 R&D 活动的其他事业单位（主要是技术推广服务中心、技术推广站等单位）、社会科学与人文科学机构（包括文化艺术、教育科学类研究所）。

在 2019 年科研机构统计中，全省共有 854 家科学研究与技术开发机构纳入统计，具体情况如下：50 家中央部门属科学研究与技术开发机构（未转制 19家，已转制 31 家），其中包括 14 家军工部属院所；82 家省属科学研究与技术开发机构（未转制 56 家，已转制 26 家）；295 家市县属科学研究与技术开发机构；361 家其他科学研究与技术开发机构；58 家有 R&D 活动的其他事业单位；8 家社会科学与人文科学机构。

【江苏省科学研究与技术开发机构科技活动情况】　**总体情况**　研发队伍情况。2019 年，江苏省 854 家科学研究与技术开发机构共有从业人员 100048 人，其中科技活动人员 67107 人、R&D 人员 55871 人，占从业人员的比重分别为 67.07% 及 55.84%。

创新活动情况。2019 年，江苏省科学研究与技术开发机构共承担课题 14023 项，课题经费总支出 108.61 亿元；课题投入人员 30959 人年；当年新增各类计划项目 6876 项，计划项目总经费为 119.84 亿元；当年承担横向课题 7379 项，获横向课题经费 37.44 亿元。

科技产出成果情况。2019 年，江苏省科学研究与技术开发机构共发表论文 13117 篇，其中国外发表 4694 篇；出版科技著作 277 种。申请专利 10459 项，其中发明专利 6951 项；专利授权数 4924 项，其中发明专利 2536 项；机构共拥有有效发明专利数 20403 项。当年获省级以上科学技术奖励有 554 项。当年技术服务量为 820159 次，技术服务收入 121.67 亿元；当年技术成果转化 2353 项，技术成果转化收入 51.81 亿元；当年对外签订技术合同数 514212 项，合同成交额 134.11 亿元。

按地域情况　机构地域分布情况。2019 年，全省共有科学研究与技术开发机构 854 家。其中，苏南 574 家，苏中 127 家，苏北 155 家。南京、苏州、无锡、常州及泰州机构数全省位列前 5 位，分别为 252 家、165 家、68 家、49 家及 477 家。

人员地域分布情况。2019 年，苏南、苏中及苏北科学研究与技术开发机构从业人员分别为 87131 人、4649 人及 8268 人，科技活动人员数分别为 58613 人、3194 人及 5300 人，R&D 人员数分别为 49403 人、2364 人及 4104 人，科技活动人员占从业人员的比重分别为 67.27%、68.70% 和 64.10%，R&D 人员占从业人员的比重分别为 56.70%、50.85% 及 49.64%。

从总量上看，从业人员数最多的 5 市分别为南京（56816 人）、无锡（12100 人）、苏州（11947 人）、常州（4557 人）及连云港（4134 人）；科技活动人员数最多的 5 市分别为南京（37736 人）、苏州（9309 人）、无锡（8361 人）、连云港（2832 人）及常州（2159 人）；R&D 人员最多的 5 市分别为南京（31697 人）、无锡（7825 人）、苏州（6959 人）、连云港（2465 人）及常州（2188 人）。

从相对量上看，科技活动人员占从业人员比重靠前的 5 市分别为宿迁（86.81%）、苏州（77.92%）、泰州（73.49%）、南通（69.71%）及无锡（69.10%）。R&D 人员占从业人员的比重最高的 5 市分别为宿迁（91.76%）、无锡（64.67%）、连云港（59.63%）、苏州（58.25%）及南京（55.79%）。

课题地域分布情况。从承担课题的数目

上看，2019年，苏南、苏中及苏北分别承担12633项、602项及788项课题，其中R&D课题数分别为10734项、415项及564项；苏南、苏中及苏北当年新增各类计划项目分别为6221项、243项及412项；苏南、苏中及苏北当年承担横向课题数分别为6932项、210项及237项。承担课题最多的5个市分别为南京（9172项）、苏州（2334项）、无锡（606项）、常州（311项）及扬州（301项）；承担R&D课题最多的5个市分别为南京（7582项）、苏州（2188项）、无锡（520项）、常州（276项）及扬州（190项）；当年新增各类计划项目最多的5个市分别为南京（4634项）、无锡（654项）、苏州（641项）、常州（236项）及连云港（137项）；当年承担横向课题数最多的5个市为南京（4105项）、苏州（1541项）、无锡（791项）、常州（314项）及镇江（181项）。

从经费上看，2019年，苏南、苏中及苏北课题经费支出内部合计分别为103.03亿元、2.18亿元及3.40亿元，其中R&D课题经费内部支出分别为87.45亿元、1.72亿元及2.56亿元；苏南、苏中及苏北当年计划项目总经费分别为106.60亿元、9.15亿元及4.09亿元；苏南、苏中及苏北当年获得横向课题经费分别为36.07亿元、0.72亿元及0.65亿元。课题经费支出内部合计最多的5个市分别为南京（75.40亿元）、苏州（17.44亿元）、常州（5.52亿元）、无锡（3.53亿元）及盐城（1.16亿元）；R&D课题内部支出最多的5个市分别为南京（62.44亿元）、苏州（15.87亿元）、常州（4.98亿元）、无锡（3.44亿元）及徐州（0.93亿元）；当年计划项目总经费最多的5个市分别为南京（75.60亿元）、无锡（18.12亿元）、苏州（8.65亿元）、扬州（7.59亿元）及常州（3.73亿元）；当年获得横向课题经费最多的5个市分别为苏州（17.67亿元）、南京（13.33亿元）、常州（2.92亿元）、无锡（1.94亿元）及南通（0.38亿元）。

从投入人员上看，2019年，苏南、苏中及苏北课题投入人员分别为27836人年、1215人年及1910人年；苏南、苏中及苏北R&D课题投入人员投入分别为20905人年、866人年及1536人年。课题投入人员最多的5个市分别为南京（17082人年）、苏州（5658人年）、无锡（2451人年）、常州（1975人年）及镇江（670人年）；R&D课题人员投入最多的5个市分别为南京（13027人年）、苏州（4278人年）、无锡（1680人年）、常州（1435人年）及徐州（508人年）。

科技产出地域分布情况。2019年，苏南、苏中及苏北分别发表科技论文11916篇、466篇及735篇；出版科技著作252本、5本及20本；专利申请受理数9068件、543件及848件；专利授权数4201件、304件及419件；当年获得省级以上科学技术奖励484次、21次及49次；当年制定标准414项、44项及66项；当年技术服务量793937次、17845次及8377次，技术服务收入114.89亿元、1.39亿元及5.39亿元；当年技术成果转化数分别为2095项、97项及161项；当年对外签订技术合同数分别为511954项、895项及1363项，合同成交额分别为118.92亿元、5.38亿元及9.81亿元；机构拥有各类科技平台数分别为813个、75个及162个。其中，全省发表论文前5位的城市分别是南京（8847篇）、苏州（1889篇）、无锡（621篇）、常州（286篇）及扬州（280篇）；出版科技著作前5位的城市分别是南京（213本）、苏州（23本）、无锡（10本）、徐州（8本）及盐城（5本）；专利申请数前5位的城市分别是南京（4991件）、苏州（2072件）、无锡（1124件）、常州（579件）及镇江（302件）；专利授权数前5位的城市分别是南京（2084件）、苏州（976件）、无锡（615件）、常州（383件）及南通（166件）；当年获得省级以上科学技术奖励前5位的城市分别是南京（324项）、无锡（65项）、苏州（58项）、常州（23项）及连云港（20项）；当年制定标准前5位的城市分别为南京（258项）、苏州（90项）、无锡（37项）、泰州（23项）及常州（22项）。

总体来说，从全省区域上看，南京市无论从机构数目、人员配备上，还是在科技活动支持、科技成果产出等方面在全省都是遥遥领先，同时表现突出的还有苏州市和无锡市，居全省领先地位。

按领域情况 2019 年，全省科学研究与技术开发机构（简称“科研机构”）分布在 15 个行业，其中科学研究和技术服务业（403 家）、制造业（187 家）、农林牧渔业（94 家）三大行业科研机构分布最多。

农林牧渔业科研机构情况。2019 年，农林牧渔业中从业人员 5555 人，R&D 人员 2901 人；当年发表科技论文 2446 篇，专利申请受理数为 1027 件，专利授权数为 692 件，获省级以上科学技术奖励 75 项；承担横向课题 446 项，获横向课题经费 7535.6 万元；技术服务量 5750 次，技术服务收入 1.75 亿元；技术成果转化 242 项，技术成果转化收入 0.94 亿元；新增各类计划项目 1306 项，项目总经费 6.83 亿元。

制造业科研机构情况。2019 年，制造业中从业人员 47960 人，R&D 人员 27229 人；发表科技论文 1128 篇，专利申请受理数 4356 件，专利授权数 1899 件，获省级以上科学技术奖励 139 项；承担横向课题 1017 项，获横向课题经费 4.19 亿元；技术服务量 491363 次，技术服务收入 18.36 亿元；当年技术成果转化 421 项，技术成果转化收入 14.53 亿元；新增各类计划项目 1407 项，项目总经费 51.03 亿元。

科学研究技术服务业科研机构情况。2019 年，科学研究技术服务业中从业人员 26495 人，R&D 人员 15103 人；发表科技论文 5658 篇，专利申请受理数 3427 件，专利授权数为 1568 件，获省级以上科学技术奖励 276 项；承担横向课题 2754 项，获横向课题经费 8.35 亿元；技术服务量 311061 次，技术服务收入 46.06 亿元；技术成果转化数 964 项，技术成果转化收入 9.77 亿元；新增各类计划项目 1906 项、总经费项目 39.92 亿元。

按隶属关系 中央部门属科学研究与技术开发机构情况。2019 年，江苏省共有 50 家中央部门属科学研究与技术开发机构（未转制 19 家，转制 31 家），其中苏南 47 家、苏中 1 家、苏北 2 家。19 家中央部门属未转制科研机构均地处苏南；31 家中央部门属转制科研机构中，苏南 28 家、苏中 1 家及苏北 2 家。50 家中央部门属科学研究与技术开发机构共拥有从业人员 45912 人，其中科技活动人员 29806 人；发表论文 4868 篇，出版科技著作 76 种，申请专利 4413 项，专利授权数 1904 项，有效发明专利数 10337 项；获省级以上科学技术奖励 162 项；承担横向课题 3556 项，获横向课题经费 27.10 亿元；当年技术服务量 5851 次，技术服务收入 21.53 亿元；技术成果转化 406 项，技术成果转化收入 15.42 亿元；新增各类计划项目 3724 项，计划项目总经费 69.43 亿元。

省属科学研究与技术开发机构情况。2019 年，江苏省共有 82 家省属科学研究与技术开发机构（未转制 56 家，转制 26 家）。其中，苏南 66 家、苏中 4 家、苏北 12 家；56 家省属未转制科研机构中，苏南 42 家，苏中 4 家，苏北 10 家；26 家省属转制科研机构中，苏南 24 家，苏北 2 家。82 家省属科学研究与技术开发机构共拥有从业人员 20429 人，其中科技活动人员 12711 人；发表论文 5208 篇，出版科技著作 123 种，申请专利 1177 项，专利授权数 806 项，有效发明专利数 2752 项；获省级以上科学技术奖励 99 项；承担横向课题 1318 项，获横向课题经费 2.39 亿元；技术服务量 69379 次，技术服务收入 38.96 亿元；技术成果转化 703 项，技术成果转化收入 24.85 亿元；新增各类计划项目 1888 项，计划项目总经费 20.82 亿元。

市县属科学研究与技术开发机构情况。2019 年，江苏省共有 295 家市县属科学研究与开发机构上报数据，拥有从业人员 10856 人，其中科技活动人员 7302 人；发表论文 1147 篇，出版科技著作 18 种，申请专利 1258 项，专利授权数 781 项，有效发明专利数 3446 项；获省级以上科学技术奖励 99 项；承担横向课题 963 项，获横向课题经费 2.06 亿元；技术服务量 203338 次，技术服务收入 14.48 亿元；技术成果转化 366 项，技术成果转化收入 0.78 亿元；新增各类计划项目 437 项，项目总经费 3.71 亿元。

社会科学与人文科学机构情况。2019 年，江苏省共有 8 家社会科学与人文科学机构上报数据，拥有从业人员 389 人，其中科技活动人员 365 人；经费收入总额为 2.04 亿元，科技经费筹集额为 2.02 亿元，其中政府资金 2.00 亿元；经费支出总额 1.96 亿元，科技经费支出 1.77 亿元，其中 R&D 经费内部支出 0.67 亿元；发表论文 184 篇，出版科技著作 40 种；获省级以上科学技术奖励 3 项；承担横向课题 100 项，获横向课题经费 443 万元；新增各类计划项目 73 项，计划项目总经费 542 万元。

新型研发机构情况。2019 年，江苏省共有 448 家新型研发机构（含省级科研事业单位）上报数据，拥有从业人员 17234 人，其中科技活动人员 12292 人；发表科技论文 1356 篇，出版科技著作 30 种，专利申请受理数 4302 件，专利授权数 1885 件，有效发明专利数 6722 项；当年获省级以上科学技术奖励 114 项；承担横向课题 2361 项，获横向课题经费 7.76 亿元；技术服务量 49598 次，技术服务收入 20.49 亿元；技术成果转化数 1044 项，技术成果转化收入 4.03 亿元；新增各类计划项目 883 项，项目总经费 28.09 亿元；当年孵化企业数 1426 家，孵化企业当年收入 147.83 亿元。

【全省中央部门属科学研究与技术开发机构】 2019 年，江苏省共有 50 家中央部门属科学研究与技术开发机构（未转制 19 家，转制 31 家）。其中，苏南 47 家、苏中 1 家、苏北 2 家。19 家中央部门属未转制科研机构均地处苏南；31 家中央部门属转制科研机构中，苏南 28 家、苏中 1 家及苏北 2 家。同比 2018 年，机构数减少 4 家，分别是中国石油化工股份有限公司石油物探技术研究院（非独立法人单位），轻工业化学电源研究所（举办单位已变更），无锡纺织机械研究所（已改制为个人独资企业），江苏省气象科学研究所（经科技部核准调入省属未转制科研机构）。

中央部门属未转制科研机构总体情况 2019 年，全省上报数据的中央部门属未转制科研机构共 19 家。拥有从业人员 6283 人，R&D 人员 6164 人；经费支出总额 46.01 亿元，R&D 经费内部支出 34.46 亿元，经费收入总额 57.67 亿元（其中政府资金 29.24 亿元）；发表科技论文 4206 篇，专利申请受理数为 1684 件，专利授权数为 943 件，获省级以上科学技术奖励为 47 项；承担横向课题 2406 项，获横向课题经费 8.12 亿元；技术服务量 1965 次，技术服务收入 4.18 亿元；技术成果转化 244 项，技术成果转化收入 1.03 亿元；新增各类计划项目 2276 项，项目总经费 15.71 亿元；孵化企业总数 84 家。

从户均值上看，2019 年，全省中央部门属未转制科研机构拥有从业人员 331 人，R&D 人员 324 人；经费支出总额 2.42 亿元，R&D 经费内部支出 1.81 亿元，经费收入总额 3.04 亿元（其中政府资金 1.54 亿元）；发表科技论文 221 篇，专利申请受理数 89 件，专利授权数 50 件，获省级以上科学技术奖励 2 项；承担横向课题 127 项，获横向课题经费 0.43 亿元；技术服务量 103 次，技术服务收入 0.22 亿元；技术成果转化 13 项，技术成果转化收入 0.05 亿元；新增各类计划项目 120 项，项目总经费 0.83 亿元；孵化企业总数 4 家。

中央部门属转制科研机构总体情况 2019 年，全省上报数据的中央部门属转制科研机构共 31 家。拥有从业人员 39629 人，R&D 人员 23214 人；发表科技论文 662 篇，专利申请受理数 2729 件，专利授权数为 961 件，当年获省级以上科学技术奖励为 115 项；承担横向课题 1150 项，获横向课题经费 18.98 亿元；技术服务量 3886 次；新增各类计划项目 1448 项，项目总经费 53.72 亿元；孵化企业总数 6 家。

从户均值上看，2019 年，全省中央部门属转制科研机构拥有从业人员 1278 人，R&D 人员 749 人；发表科技论文 21 篇，专利申请受理数 88 件，专利授权数 31 件，获省级以上科学技术奖励 4 项；承担横向课题 31 项，获横向课题经费 0.61 亿元；技术服务量 125 次；新增各类计划项目 47 项，项目总经费 1.73 亿元；孵化企业总数 0.13 家。

历年情况

（1）中央部门属未转制科研机构历年情况

2019 年中央部门属未转制科研机构有 19 家，江苏省气象科学研究所经科技部核准调入省属未转制科研机构，农业农村部南京农业机械化研究所经科技部核准调入中央部门属未转制科研机构，机构数与2018年相比，没有变化。

人员情况。与2018年相比，2019年从业人员增加5.31%；R&D人员数下降了0.63%；R&D人员占从业人员数的比重比上年降低5.87个百分点。

从2015—2019年连续发展的5年看，随着中央部门属未转制科研机构科研力量的不断增强，机构中R&D人员数稳步提升。2019年，从业人员数6283人，与2015年相比增加18.41%；R&D人员数6164人，约为2015年的1.15倍；由于从业人员增幅大于R&D人员增幅，R&D人员占从业人员的比重有小幅度下降，由2015年的101.13%减少至98.11%，下降了3.02个百分点。

经费情况。与2018年相比，2019年经费收入及支出、R&D经费内部支出额及政府资金均有所增长。2019年经费收入总额57.67亿元，同比增长7.96%，其中政府资金经费支出总额29.23亿元，同比增加6.14%；经费支出总额46.00亿元，同比增长1.57%；R&D经费内部支出额34.46亿元，同比增加17.17%。

从2015—2019年连续发展的5年看，中央部门属未转制科研机构经费投入、支出逐年增加，总体呈现上升趋势。2019年经费收入总额、政府资金、经费支出总额及R&D经费内部支出分别为2015年的1.40倍、1.23倍、1.26倍及1.63倍。

课题及产出情况。2019年，中央部门属未转制科研机构共承担课题6009项，课题经费内部支出30.79亿元，课题数同比增长13.04%，课题经费增长20.79%。

2019年，共发表论文4206篇，比上年增加3.52%；专利申请受理数1684件，比上年增加6.18%，专利授权数943件，比上年略低0.11个百分点，以上3项指标值分别为是2015年的1.19倍、1.45倍及1.34倍。当年制定标准53项；当年技术服务量1965次，技术服务收入4.18亿元；当年技术成果转化数244项，技术成果转化收入1.03亿元；当年对外签订技术合同数2180项，合同成交额13.66亿元；机构拥有各类科技平台数47个，平台当年获省级以上科学技术奖励21项。

（2）中央部门属转制科研机构历年情况

2019年中央部门属转制科研机构共有31家纳入统计，比2018年减少4家，分别是中国石油化工股份有限公司石油物探技术研究院（非独立法人）、轻工业化学电源研究所（举办单位已变更为苏州大学）、无锡纺织机械研究所（已改制为个人独资企业）和农业农村部南京农业机械化研究所（经科技部核准调整为中央部门属未转制机构）。

2019年，中央部门属转制科研机构共拥有从业人员39629人、R&D人员23214人，R&D人员占从业人员的比重为58.58%。共承担课题338项，课题经费内部支出5.47亿元，同比2018年，两项指标分别增长了16.55%及6.21%。共发表论文662篇、专利申请受理数2729件、专利授权数961件，同比2018年，分别下降18.07%、上升2.67%及3.56%。当年制定标准81项；技术服务量3886次，技术服务收入17.35亿元；技术成果转化数162项，技术成果转化收入14.39亿元；机构拥有各类科技平台数为88个，平台当年获省级以上科学技术奖励17项。

总体来看，中央部门属转制科研机构R&D人员投入逐年增长，专利申请及授权数逐年增加，创新产出水平明显提高。

【全省省属科学研究与技术开发机构】 2019年，江苏省共有82家省属科学研究与技术开发机构（未转制56家，转制26家）。其中，苏南66家、苏中4家、苏北12家；56家省属未转制科研机构中，苏南42家，苏中4家，苏北10家；26家省属转制科研机构中，苏南24家，苏北2家。同比2018年，机构数减少3家，江苏省质量安全工程研究院、江苏省新曹天然香料研究所2家单位已注销停止运营，苏州相城产业技术研究院、北京航空航天大学苏州创新研究院2家单位纳入新型研发机构，江苏省气象科学研究所经科技部核准由中央部门属科研机构调入。

省属未转制科研机构总体情况 2019年，

全省上报数据的省属未转制科研机构共56家。拥有从业人员15626人，R&D人员8282人；经费支出总额为119.33亿元，R&D经费内部支出为35.06亿元，经费收入总额为132.49亿元（其中政府资金38.19亿元）；发表科技论文4764篇，专利申请受理数872件，专利授权数629件，获省级以上科学技术奖励86项；承担横向课题1217项，获横向课题经费1.96亿元；技术服务量63780次，技术服务收入10.65亿元；技术成果转化454项，技术成果转化收入1.21亿元；新增各类计划项目1715项，项目总经费18.01亿元；当年孵化企业数105家，孵化企业当年收入36.99亿元。

从户均值上看，2019年，全省省属未转制科研机构拥有从业人员279人，R&D人员148人，经费支出总额2.13亿元，R&D经费内部支出0.63亿元，经费收入总额2.37亿元（其中政府资金0.68亿元）；发表科技论文85篇，专利申请受理数16件，专利授权数11件，获省级以上科学技术奖励2项；承担横向课题22项，获横向课题经费349.49万元；技术服务量1139次，技术服务收入0.19亿元；技术成果转化8项，技术成果转化收入216.42万元；新增各类计划项目31项，项目总经费0.32亿元；当年孵化企业数2家，孵化企业当年收入0.66亿元。

省属转制科研机构总体情况 2019年，全省上报数据的省属转制科研机构共26家。拥有从业人员4803人，R&D人员1736人；发表科技论文444篇，专利申请受理数为305件，专利授权数为177件，获省级以上科学技术奖励13项，承担横向课题101项，获横向课题经费0.43亿元；技术服务量5599次，技术服务收入28.31亿元；技术成果转化249项，技术成果转化收入23.64亿元；新增各类计划项目173项，项目总经费2.81亿元；当年孵化企业数十家，孵化企业当年收入0.15亿元。

从户均值上看，2019年，全省省属转制科研机构拥有从业人员185人，R&D人员67人；发表科技论文17篇，专利申请受理数12件，专利授权数7件，获省级以上科学技术奖励1项；承担横向课题4项，获横向课题经费166.93万元；技术服务量215次，技术服务收入1.09亿元；技术成果转化10项，技术成果转化收入0.91亿元；新增各类计划项目7项，项目总经费0.11亿元。

历年情况

2019年，省属未转制科研机构共56家，与2018年相比，减少3家，江苏省质量安全工程研究院（已注销）、江苏省新曹天然香料研究所（已停止运营），苏州相城产业技术研究院、北京航空航天大学苏州创新研究院2家单位纳入新型研发机构，江苏省气象科学研究所经科技部核准由中央部门属科研机构调入。

（1）省属未转制科研机构历年情况

人员情况。2019年，省属未转制科研机构拥有从业人员15626人、R&D人员8282人，比上年分别上升0.72%和0.88%；R&D人员占从业人员的比重为53.00%，与上年相比提升0.08个百分点。

从2015—2019年连续发展的5年看，省属未转制科研机构人员投入总体呈增长态势，2016年出现了小幅度的下跌波动。2019年从业人员数及R&D人员数分别是2015年的1.45倍、1.59倍；R&D人员占从业人员的比重由2015年的48.39%增加至2019年的53.00%，上升了4.61个百分点。

经费情况。与2018年相比，2019年省属未转制科研机构经费收入总额及政府资金、经费支出总额及R&D经费内部支出均有所增长。2019年经费收入总额达132.49亿元，同比增长15.56%；政府资金38.19亿元，同比增长25.91%；经费支出总额达119.33亿元，同比增加7.62%；R&D经费支出总额达35.06亿元，同比增长17.30%。

从2015—2019年连续发展的5年看，省属未转制科研机构经费投入及支出持续增长。2019年经费收入总额、政府资金、经费支出总额及R&D经费支出分别为2015年的2.23倍、2.03倍、2.16倍及2.31倍。

课题及产出情况。2019年，省属未转制科研机构共承担课题3908项，课题经费内部支出32.92亿元，与2017年相比，分别增长了4.10%

和 17.07%。

2019 年，省属未转制科研机构共发表论文 4764 篇、专利申请受理数 872 件、专利授权数 629 件，发表论文数同比上升了 3.57%，专利申请受理数有所跌落，下降了 20.44%，专利授权数增长了 11.13%，3 项指标分别是 2015 年的 1.35 倍、1.04 倍、1.14 倍。技术服务量 63780 次，技术服务收入 10.65 亿元；技术成果转化 454 项，技术成果转化收入 1.21 亿元；当年对外签订技术合同数为 2612 项；合同成交额 6.62 亿元；机构拥有各类科技平台数为 227 个，平台当年获省级以上科学技术奖励 19 项。

（2）省属转制科研机构历年情况

2019 年省属转制科研机构共有 26 家，与 2018 年相比，没有变化。

人员情况。2019 年省属转制科研机构拥有从业人员 4803 人，R&D 人员 1736 人，与 2018 年相比，都出现了负增长，分别下降了 2.93%、5.19%。

从 2015—2019 年连续发展的 5 年看，从业人员数总体呈现了下滑趋势，从业人员数和 R&D 人员数分别是 2015 年的 0.97 倍及 1.07 倍，R&D 人员占从业人员的比重有小幅度上升，由 2015 年的 32.79% 增加至 2019 年的 36.14%，增加了 3.35 个百分点。

课题及产出情况。2019 年，省属转制科研机构共发表论文 444 篇，较 2018 年下降 1.33%；专利申请受理数为 305 件，专利授权数为 177 件，与 2018 年相比分别下降 16.21% 及 23.71%；课题数 266 个，课题经费支出为 4.65 亿元，与 2018 年相比分别下降 6.99% 及上升 17.45%。当年制定标准 77 项；当年技术服务量 5599 次，技术服务收入 28.31 亿元；当年技术成果转化数 249 项，技术成果转化收入 23.64 亿元；当年对外签订技术合同数 380 项，合同成交额 17.73 亿元；机构拥有各类科技平台数 43 个，平台当年获省级以上科学技术奖励 5 项。

【全省其他各类机构】 市县属科学研究与技术开发机构情况。2019 年，全省参加统计的市县属科学研究与技术开发机构共 295 家，拥有从业人员 10856 人，R&D 活动人员 4583 人；发表科技论文 1147 篇，申请专利 1258 项，专利授权数 781 项，当年获省级以上科学技术奖励为 99 项；承担横向课题 963 项，获横向课题经费 2.06 亿元；技术服务量 203338 次，技术服务收入 14.48 亿元；技术成果转化 366 项，技术成果转化收入 0.78 亿元；对外签订技术合同 20529 项，合同成交额 14.39 亿元；新增各类计划项目 437 项，项目总经费 3.71 亿元。

其他科学研究与技术开发机构情况。2019 年，全省参加统计的其他科学研究与技术开发机构共有 361 家，拥有从业人员 116131 人，R&D 人员 10499 人；发表科技论文 996 篇，专利申请受理数为 3478 件，专利授权数为 1308 件，获省级以上科学技术奖励为 80 项，承担横向课题 1426 项，获横向课题经费 5.75 亿元；技术服务量为 54922 次，技术服务收入 29.43 亿元；技术成果转化数 854 项，技术成果转化收入 10.63 亿元；对外签订技术合同 32178 项，合同成交额 41.40 亿元；新增各类计划项目 640 项，项目总经费 25.46 亿元。

有 R&D 活动的其他事业单位情况。2019 年，全省参加统计的有 R&D 活动的其他事业单位共有 58 家，拥有从业人员 7556 人，R&D 人员 1540 人；发表科技论文 770 篇，专利申请受理数 188 件，专利授权数 143 件，当年获省级以上科学技术奖励 112 项；承担横向课题 16 项，获横向课题经费 937.4 万元；技术服务量 486753 次，技术服务收入 22.84 亿元；技术成果转化数 32 项，技术成果转化收入 4.79 亿元；对外签订技术合同 454120 项，合同成交额 21.37 亿元；新增各类计划项目 114 项，项目总经费 0.46 亿元。

【全省社会科学与人文科学机构】 2019 年，全省社会科学与人文科学机构有 R&D 活动单位共有 8 家。拥有从业人员 389 人，R&D 人员 188 人，经费支出总额为 1.96 亿元，R&D 经费内部支出为 0.67 亿元，发表科技论文 184 篇，当年新增各类计划项目为 73 项，总经费为 542 万元；当年承担横向课题 100 项，获经费 443 万元。

【全省新型研发机构】 新型研发机构是指地方政府和科教资源合办的研发机构，具有独立法人资格，具备创新、创业与服务等职能特征，这类研发机构一般无编制、无行政级别、无事业费。

2019年，全省列统新型研发机构448家（含省级科研事业单位），拥有从业人员17234人，R&D人员12640人；发表科技论文1356篇，专利申请受理数为4302件，专利授权数为1885件；获省级以上奖励114项；承担横向课题2361项，获横向课题经费7.76亿元；技术服务量49598次，技术服务收入20.49亿元；技术成果转化数1044项，技术成果转化收入4.03亿元；对外签订技术合同19126项，合同成交额35.19亿元；新增各类计划项目883项，项目总经费28.09亿元；当年孵化企业数1426家，孵化企业当年收入147.83亿元。

从户均值上看，2019年全省新型研发机构拥有从业人员38.47人，R&D人员28.21人；发表科技论文3篇，专利申请受理数十件，专利授权数4件，获省级以上科学技术奖励0.25项；承担横向课题5项，获横向课题经费173.31万元；技术服务量110次，技术服务收入457.43万元；技术成果转化数2项，技术成果转化收入89.94万元；对外签订技术合同43项，合同成交额785.52万元；新增各类计划项目2项，项目总经费627万元；当年孵化企业数3家，孵化企业当年收入0.33亿元。

2019年，448家新型研发机构（含省级科研事业单位）中，省属科学研究与技术开发机构4家，拥有从业人员372人，R&D人员301人；发表科技论文21篇，专利申请受理数35件，专利授权数15件；承担横向课题39项，获横向课题经费0.14亿元；技术服务量367次，技术服务收入0.38亿元；技术成果转化数74项，技术成果转化收入0.11亿元；对外签订技术合同42项，合同成交额0.50亿元；新增各类计划项目15项，项目总经费1.20亿元；当年孵化企业数69家，孵化企业当年收入33.70亿元。

2019年，448家新型研发机构（含省级科研事业单位）中，市县属科学研究与技术开发机构133家，拥有从业人员4787人，R&D人员3140人；发表科技论文439篇，专利申请受理数998件，专利授权数623件，获省级以上科学技术奖励39项；承担横向课题918项，获横向课题经费1.98亿元；技术服务量19901次，技术服务收入6.87亿元；技术成果转化数158项，技术成果转化收入0.76亿元；对外签订技术合同11945项，合同成交额10.47亿元；新增各类计划项目259项，项目总经费2.97亿元；当年孵化企业数324家，孵化企业当年收入55.61亿元。

从户均值上看，133家市县属科学研究与技术开发机构拥有从业人员36人，R&D人员24人；发表科技论文3篇，专利申请受理数7件，专利授权数5件；承担横向课题7项，获横向课题经费148.92万元；技术服务量150次，技术服务收入516.31万元；技术成果转化数1项，技术成果转化收入56.99万元；对外签订技术合同90项，合同成交额787万元；新增各类计划项目2项，项目总经费223.33万元；当年孵化企业数2家，孵化企业当年收入0.42亿元。

2019年，448家新型研发机构（含省级科研事业单位）中，其他科学研究与技术开发机构311家，拥有从业人员12075人，R&D人员9199人；发表科技论文896篇，专利申请受理数3269件，专利授权数1247件，当年获省级以上科学技术奖励74项；承担横向课题1404项，获收入5.64亿元；技术服务量29330次，技术服务收入13.25亿元；技术成果转化数812项，成果转化收入3.16亿元；对外签订技术合同7139项，合同金额24.22亿元；新增各类计划项目609项，项目总经费23.92亿元；当年孵化企业数1033家，孵化企业当年收入58.52亿元。311家其他科学研究与技术开发机构中，省级科研事业单位16家，拥有从业人员1097人，R&D人员1066人；发表科技论文201篇，专利申请受理数112件，专利授权数13件；当年承担横向课题32项，获横向课题经费0.16亿元；技术服务量40次，技术服务收入0.33

亿元；对外签订技术合同96项，合同成交额1.51亿元；新增各类计划项目46项，项目总经费6.67亿元；当年孵化企业数18家，孵化企业当年收入360.3万元。

从户均值上看，311家其他科学研究与技术开发机构拥有从业人员39人，R&D人员30人；发表科技论文3篇，专利申请受理数11件，专利授权数4件；承担横向课题5项，获横向课题经费181.39万元；技术服务量94次，技术服务收入426万元；技术成果转化数3项，成果转化收入101.61万元；对外签订技术合同23项，合同成交额778.78万元；新增各类计划项目2项，项目总经费769.14万元；当年孵化企业数3家，孵化企业当年收入0.19亿元。16家省级科研事业单位户均拥有从业人员69人，R&D人员67人；发表科技论文13篇，专利申请受理数7件，专利授权数4件；承担横向课题2项，获横向课题经费102.83万元；技术服务量3次，技术服务收入206.53万元；技术成果转化数1项；对外签订技术合同6项，合同成交额947.13万元；新增各类计划项目3项，项目总经费0.42亿元；当年孵化企业数2家，孵化企业当年收入22.52万元。

2019年，全省新型研发机构分布在10个行业中，其中科学研究和技术服务业（245家）、制造业（101家）及信息传输、软件和信息技术服务业（56家）三大行业科研机构分布最多。

2019年，全省列统新型研发机构448家（含省级科研事业单位）。其中，苏南299家、苏中69家、苏北80家。机构数全省位列前5位的是南京（122家）、苏州（103家）、常州（30家）、无锡（29家）及盐城（25家）。

2019年，苏南、苏中、苏北全省新型研发机构从业人员分别为13571人、1710人及1953人，R&D人员数分别为10641人、820人及1179人，R&D人员占从业人员的比重分别为78.41%、47.95%及60.37%。

从业人员数最多的五市分别为苏州（5252人）、南京（4693人）、无锡（1674人）、常州（1565人）及盐城（723人）；R&D人员最多的五市分别为南京（4080人）、苏州（3501人）、无锡（1482人）、常州（1278人）及盐城（417人）。

2019年，苏南、苏中及苏北分别发表科技论文1018篇、101篇及237篇；出版科技著作17本、1本及12本；专利申请受理数3491件、348件及463件；专利授权数1465件、219件及201件；当年获得省级以上科学技术奖励98次、6次及10次；制定标准77项、23项及15项；技术服务量27827次、17032次及4739次，技术服务收入3.10亿元、1.21亿元及1.78亿元；技术成果转化数分别为907项、54项及83项；对外签订技术合同数分别为17912项、770项及444项，合同成交额分别为27.74亿元、4.78亿元及2.67亿元；机构拥有各类科技平台数分别为361个、42个及96个。其中，全省发表论文前5位的城市是苏州（557篇）、南京（258篇）、常州（93篇）、连云港（90篇）及无锡（80篇）；出版科技著作前5位的城市是苏州（11种）、盐城（5种）、连云港（4种）、南京（2种）、常州（2种）、徐州（2种）、镇江（2种）、淮安（1种）及泰州（1种）；专利申请数最多的5市分别是南京（1456件）、苏州（1197件）、常州（359件）、无锡（298件）及镇江（181件）；专利授权数前5位的城市是苏州（555件）、南京（409件）、常州（226件）、无锡（213件）及南通（142件）；当年获得省级以上科学技术奖励前5位的城市分别是苏州（45项）、南京（29项）、常州（12项）、无锡（9项）及盐城（5项）；当年制定标准前5位的城市分别为南京（43项）、泰州（22项）、无锡（15项）、苏州（13项）及徐州（7项）。

从2015—2019年连续发展的5年看，随着江苏省新型研发机构机构数逐年增加，从业人员数和科技活动人员数总体呈增长趋势，分别是2015年的1.32倍及1.71倍，科技活动人员占从业人员比重也由2015年的55.06%上升至71.32%，增长了16.26个百分点。

全部科研机构基本情况

	指标名称	单位	合计	部属		省属		市县属	社会科学与人文科学研究与开发机构	其他科研机构	有R&D活动的其他事业单位	新型研发机构
				未转制	转制	未转制	转制					
投入	机构数	个	854	19	31	56	26	295	8	361	58	448
	从业人员	人	100048	6283	39629	15626	4803	10856	389	16131	6331	17234
	#科技活动人员	人	67107	5578	24228	10677	2034	7302	365	11538	5385	12292
	#大学本科及以上学历	人	40153	4971	2727	9574	1796	6264	348	10088	4385	11163
	生产经营活动人员	人	3052	106	5	355		1345		858	383	1352
	其他人员	人	14057	599	1993	4592	2244	1798	24	2244	563	2274
	# R&D 人员	人	55871	6164	23214	8282	1736	4583	188	10499	1205	12640
	外聘的流动学者（编制在其他单位）	人	4706	731	26	147	6	1112	10	2620	54	3428
	招收的非本单位编制的在读研究生	人	4764	1661	164	628	7	644		1649	11	1968
	经费内部支出总额	万元	2366439	460080.4	2880.2	1193315		211349.4	19610.6	238915	240288.2	300336.5
	#科技经费支出	万元	1319070	368848	2859	504763		129172.1	17698.1	98947.9	196782.2	137308.8
	生产经营支出	万元	231904.5	6243.6	20	23875.2		58994.7		119232.2	23538.8	140393.2
	其他支出	万元	815464	84988.8	1.2	664676.8		23182.6	1912.5	20734.9	19967.2	22634.5
	R&D 经费内部支出	万元	1123729	344644.7	48213.6	350639.2	47888	89392.1	6670.1	195389.6	40891.8	246028.1
	当年孵化企业数	个	1678	6	4	105	10	344		1048	161	1426
	孵化企业总数	个	5032	84	6	293	47	1583		2760	259	4436
产出	孵化企业当年收入	万元	1670105	88936.3	3569	369886.3	1465.5	585209.5		586047.7	34990.6	1478339
	经费收入总额	万元	2665770	576715.5	2705.9	1324885		249582.5	20440.3	205582.1	285859	292666.6

续表

	指标名称	单位	合计	部属		省属		市县属	社会科学与人文科学研究与开发机构	其他科研机构	有R&D活动的其他事业单位	新型研发机构
				未转制	转制	未转制	转制					
产出	#科技活动收入	万元	1599925	485954.4	2662.4	507151.1		165817.3	20204.8	179744	238391.4	245741.7
	#政府资金	万元	1109273	292353.8	2146.3	381861.3		112083.2	19966.3	132242.3	168619.9	170449
	生产经营收入	万元	136112.5	6732		9866.3		62332.4		20542.1	36639.7	37416.6
	其他收入	万元	929732	84029.1	43.5	807867.2		21432.8	235.5	5296	10827.9	9508.3
	发表科技论文	篇	13117	4206	662	4764	444	1147	184	996	714	1356
	#国外发表	篇	4694	2435	154	1136	43	324	3	569	30	783
	出版科技著作	种	277	67	9	121	2	18	40	18	2	30
	专利申请受理数	件	10459	1684	2729	872	305	1258		3478	133	4302
	#发明专利	件	6951	1165	2105	591	214	779		2014	83	2625
	专利授权数	件	4924	943	961	629	177	781		1308	125	1885
	#发明专利	件	2536	493	871	281	72	350		438	31	757
	有效发明专利总数	件	20403	4040	6297	1652	1100	3446		3656	212	6722
	当年获省级以上科学技术奖励	项	554	47	115	86	13	99	3	80	111	114
	当年引进高层次人才	人	1250	30	37	70	17	310	7	745	34	997
	当年制定标准	项	524	53	81	119	77	55		116	23	115
	当年技术服务量	次	820159	1965	3886	63780	5599	203338	4	54922	486665	49598
	当年技术服务收入	万元	1216674	41751.8	173503.4	106482.6	283092.3	144805.3		294258.3	172779.9	204928.8
	当年技术成果转化数	项	2353	244	162	454	249	366		854	24	1044

续表

	指标名称	单位	合计	部属		省属		市县属	社会科学与人文科学研究与开发机构	其他科研机构	有 R&D 活动的其他事业单位	新型研发机构
				未转制	转制	未转制	转制					
产出	当年技术成果转化收入	万元	518054.5	10335.6	143904.3	12119.5	236388.6	7821.2		106322.7	1162.6	40293.2
	当年对外签订技术合同数	项	514212	2180	2293	2612	380	20529		32178	454040	19126
	当年合同成交额	万元	1341111	136572.1	236137	66239.2	177311.9	143923.7		413989.2	166938.2	351914.8
	机构拥有各类科技平台数	个	1050	47	88	227	43	318		304	23	499
	平台当年获得省级以上科学技术奖励	项	308	21	17	19	5	35		188	23	212
	平台当年获得收入	万元	599959.5	47770.3	230555.1	4969	3945.3	140293.3		170245.4	2181.1	227840.5
课题	课题数	个	14023	6009	338	4019	266	1160	124	1827	280	2374
	课题经费支出内部合计	万元	1086140	307906.9	54749.2	373089.5	46458.8	80787.2	6084.5	176822.6	40241.3	221232
	课题投入人员	人年	30959	4884	1947	8453	1587	4070	146	8814	1058	10840
	# R&D 人员	人年	23306	3788	1397	7037	1007	3106	145	6171	656	7686
	R&D 课题数	个	11713	5021	273	3262	257	925	124	1622	229	2051
	R&D 课题经费内部支出	万元	917390.4	264945.1	42682.2	292291.6	45094.4	73313.6	6084.5	157596.4	35382.6	199944.6
	当年新增各类计划项目	项	6876	2276	1448	1715	173	437	73	640	114	883
	#承担国家和省部级计划项目	项	2794	853	711	827	79	120	12	167	25	250
	当年计划项目总经费	万元	1198359	157090.3	537236.4	180097.4	28071	37127.6	542	254578.6	3615.3	280897.7
	#承担国家和省部级项目总经费	万元	692783.6	81661.9	386435.4	160215.1	9713.8	13111.5	153	41171.9	321	62486.7
	当年承担横向课题数	项	7379	2406	1150	1217	101	963	100	1426	16	2361
	当年获得横向课题经费	万元	374413.7	81230.4	189797.3	19571.2	4340.1	20630.7	443	57463.6	937.4	77644.9

全省科技机构按地域分布基本情况

	指标名称	单位	南京	无锡	徐州	常州	苏州	南通	连云港	淮安	盐城	扬州	镇江	泰州	宿迁
投入	机构数	个	252	68	42	49	165	44	33	25	44	36	38	47	11
	从业人员	人	56816	12100	2091	4557	11947	1324	4134	617	1244	2548	1711	777	182
	#科技活动人员	人	37736	8361	1058	2159	9309	923	2832	403	849	1700	1048	571	158
	#大学本科及以上学历	人	21468	3053	919	1942	8180	741	710	365	714	572	900	444	145
	生产经营活动人员	人	589	193	307	261	658	92	43	69	139	.158	455	80	8
	其他人员	人	8484	864	602	1811	1271	206	143	141	201	111	130	80	13
	# R&D 人员	人	31697	7825	703	2188	6959	601	2465	168	601	1383	734	380	167
	经费内部支出总额	万元	1742610	109858	30372	23777	209715	25416	12010	11616	21264	24736	35148	116942	2976
	#科技经费支出	万元	981986	61493	10838	14965	166567	17158	9856	8283	12873	13981	14430	4022	2619
	生产经营支出	万元	41177	6132	16323	7884	24415	3059	636	1795	6289	6797	17359	99725	314
	其他支出	万元	719447	42233	3211	929	18733	5200	1518	1538	2102	3957	3359	13196	42
	R&D 经费内部支出	万元	742741	48650	13513	58864	180870	12166	4972	2556	13994	5235	10972	27181	2015
	当年孵化企业数	个	837	151	11	51	416	40	4	38	19	7	28	7	69
	孵化企业总数	个	1541	976	70	222	1501	50	14	76	52	43	90	12	385
产出	孵化企业当年收入	万元	294733	907979	2308	30305	401178	6284	840	2030	12377	370	2817	680	8204
	经费收入总额	万元	2005248	155786	38102	29947	267654	29131	14367	11600	25699	32750	42042	9654	3792
	#科技活动收入	万元	1090302	112093	17673	20610	240602	25274	13621	10462	17639	22619	17926	7858	3246
	#政府资金	万元	778620	54194	16066	11691	161577	15735	11478	6344	13819	18236	12777	6157	2580
	生产经营收入	万元	47937	13544	15953	7606	9461	1571	260	895	6556	8778	21807	1569	176

续表

	指标名称	单位	南京	无锡	徐州	常州	苏州	南通	连云港	淮安	盐城	扬州	镇江	泰州	宿迁
产出	其他收入	万元	867009	30149	4476	1731	17591	2285	485	243	1503	1353	2309	227	370
	发表科技论文	篇	8847	621	214	286	1889	119	173	118	138	280	273	67	92
	#国外发表	篇	2955	255	25	56	1075	21	39	38	27	43	96	29	35
	出版科技著作	种	213	10	8	2	23		4	3	5	3	4	2	
	专利申请受理数	件	4991	1124	183	579	2072	203	282	100	168	212	302	128	115
	#发明专利	件	3142	983	76	313	1350	143	234	78	115	184	177	91	65
	专利授权数	件	2084	615	117	383	976	166	142	23	102	84	143	54	35
	#发明专利	件	1040	473	22	153	423	99	83	15	46	54	78	39	11
	有效发明专利总数	件	7574	3100	246	2629	3522	550	1220	280	287	532	320	103	40
	当年获省级以上科学技术奖励	项	324	65	11	23	58	9	20	9	9	10	14	2	
	当年引进高层次人才	人	285	101	36	141	395	10	24	9	57	79	44	65	4
	当年制定标准	项	258	37	16	22	90	11	20	11	16	10	7	23	3
	当年技术服务量	次	675391	41187	627	13048	53080	816	3420	221	986	1579	11231	15450	3123
	当年技术服务收入	万元	692514	40961	4307	48667	356266	9310	34018	11169	3698	2651	10504	1898	708
	当年技术成果转化数	项	1254	176	57	62	544	29	33	33	16	34	59	34	22
	当年技术成果转化收入	万元	325170	7271	6943	53643	94858	7597	11398	2153	1094	5307	2225	250	145
	当年对外签订技术合同数	项	459414	1574	261	6661	36872	230	556	80	296	123	7433	542	170
	当年合同成交额	万元	675727	79437	20034	19235	391716	14343	69500	934	6737	37118	23096	2360	875
	机构拥有各类科技平台数	个	393	72	37	59	266	39	43	17	46	22	23	14	19

续表

	指标名称	单位	南京	无锡	徐州	常州	苏州	南通	连云港	淮安	盐城	扬州	镇江	泰州	宿迁
产出	平台当年获得省级以上科学技术奖励	项	233	7		12	35		2	6	6		6	1	
	平台当年获得收入	万元	97704	89916	552	114236	270831	2729	3121	516	10151	6524	938	2393	351
课题	课题数	个	9172	606	126	311	2334	235	188	154	231	301	210	66	89
	课题经费支出内部合计	万元	753951	38342	10856	55247	174360	10683	5202	4566	11610	6094	8397	5040	1792
	课题投入人员	人年	17082	2451	643	1975	5658	437	347	223	570	384	670	394	127
	#其中 R&D 人员	人年	13027	1680	508	1435	4278	349	266	169	486	239	485	278	107
	R&D 课题数	个	7582	520	101	276	2188	172	150	65	181	190	168	53	67
	R&D 课题经费内部支出	万元	624399	34367	9330	49820	158693	7903	4703	2105	8094	4389	7269	4944	1375
	当年新增各类计划项目	项	4634	654	83	236	641	110	137	59	69	109	56	24	64
	#承担国家和省部级计划项目	项	1908	305	24	29	304	51	38	23	35	44	22	2	9
	当年计划项目总经费	万元	756000	181182	4106	37291	86505	8695	32565	778	2431	75944	5015	6865	983
	#承担国家和省部级项目总经费	万元	469347	135315	1087	3729	39363	6409	28210	550	2169	2593	1688	2061	265
	当年承担横向课题数	项	4105	791	22	314	1541	153	65	45	72	33	181	24	33
	当年获得横向课题经费	万元	133362	19446	3344	29145	176660	3792	1477	391	1014	2869	2060	537	318

科研机构服务的行业领域分布情况——农、林、牧、渔业

	指标名称	单位	农、林、牧、渔业								
			合计	部属		省属		市县属	其他科研机构	有R&D活动的其他事业单位	新型研发机构
				未转制	转制	未转制	转制				
投入	机构数	个	94	3	1	17	1	44	9	19	11
	从业人员	人	5555	537	120	3376	140	1051	100	231	258
	#科技活动人员	人	4281	470	108	2608	78	763	62	192	121
	#大学本科及以上学历	人	3578	419	105	2340	43	474	45	152	110
	生产经营活动人员	人	299	10	5	213		48	22	1	40
	其他人员	人	933	57	7	553	42	224	12	38	93
	# R&D人员	人	2910	442	108	1929	78	273	63	17	64
	外聘的流动学者（编制在其他单位）	人	130	15	1	53		46	5	10	48
	招收的非本单位编制的在读研究生	人	541	23	164	346	1	2	5		6
	经费内部支出总额	万元	234910.6	33697.2	2880.2	170742.3		19167.4	2337.9	6085.6	1182.1
	#科技经费支出	万元	190107.8	29530.2	2859	136269.4		14779.2	2035.7	4634.3	573.2
	生产经营支出	万元	20781	1216.9	20	17528.6		1941.9	54.2	19.4	331.2
	其他支出	万元	24021.8	2950.1	1.2	16944.3		2446.3	248	1431.9	277.7
	R&D经费内部支出	万元	117695.6	22338.4	3422.8	84395.3	1111.6	4402.3	1565.3	459.9	556.7
	当年孵化企业数	个	21			8		13			13
	孵化企业总数	个	84			8		61	15		76
产出	孵化企业当年收入	万元	12654.7			11536		415.7	703		1118.7
	经费收入总额	万元	265140.1	34918.2	2705.9	197125.2		21886.7	2115.8	6388.3	1528

续表

	指标名称	单位	农、林、牧、渔业								
			合计	部属		省属		市县属	其他科研机构	有R&D活动的其他事业单位	新型研发机构
				未转制	转制	未转制	转制				
产出	#科技活动收入	万元	246185.2	31153.5	2662.4	184904.9		19590.9	2105.8	5767.7	1296.1
	#政府资金	万元	199871.2	25241.5	2146.3	147864.3		18207.4	823	5588.7	1125.8
	生产经营收入	万元	4095.5	1024.7		2603.9		456.9	10		230.7
	其他收入	万元	14859.4	2740	43.5	9616.4		1838.9		620.6	1.2
	发表科技论文	篇	2446	381	133	1738	4	146	15	29	37
	#国外发表	篇	742	125	75	519		22	1		9
	出版科技著作	种	48	10	1	35		2			2
	专利申请受理数	件	1027	414	4	540	13	46	8	2	29
	#发明专利	件	777	293	4	433	6	33	7	1	18
	专利授权数	件	692	283	19	356	5	26	1	2	13
	#发明专利	件	310	79	19	198		13		1	7
	有效发明专利总数	件	2117	1035	19	914	28	111	7	3	77
	当年获省级以上科学技术奖励	项	75	14		48		11		2	1
	当年引进高层次人才	人	53	5	12	32		4			1
	当年制定标准	项	99	11	1	68	1	18			2
	当年技术服务量	次	5750	169		3638		1580	283	80	159
	当年技术服务收入	万元	17456.1	643		13672.6		1935.2	1205.3		151.1
	当年技术成果转化数	项	242	53		154		35			6

续表

	指标名称	单位	农、林、牧、渔业								
			合计	部属		省属		市县属	其他科研机构	有R&D活动的其他事业单位	新型研发机构
				未转制	转制	未转制	转制				
产出	当年技术成果转化收入	万元	9423.9	976		8406.5		41.4			26.4
	当年对外签订技术合同数	项	735	90		305		58	282		37
	当年合同成交额	万元	16207.2	1464		12273.7		1292.2	1177.3		103
	机构拥有各类科技平台数	个	190	4	3	164	1	16	2		4
	平台当年获得省级以上科学技术奖励	项	11			10		1			1
	平台当年获得收入	万元	3921.1			2591.6		174.2	1155.3		174.2
课题	课题数	个	2375	253	46	1937	4	95	14	26	19
	课题经费支出内部合计	万元	133591.5	21826.4	2054	99837.6	1059.1	6030.3	1182.3	1601.8	523.1
	课题投入人员	人年	3351	391	103	2305	61	387	38	66	52
	# R&D人员	人年	2732	355	62	1956	52	233	35	40	47
	R&D课题数	个	1685	224	41	1341	4	54	13	8	15
	R&D课题经费内部支出	万元	90005.8	19340.7	2000	62223.2	1059.1	3816.4	1167.3	399	423.6
	当年新增各类计划项目	项	1306	206	14	1017	4	50	5	10	19
	#承担国家和省部级计划项目	项	715	89	11	594		17		4	2
	当年计划项目总经费	万元	68299.8	3088	874.7	56483.2	1111.6	2498.7	4083.6	160	3230
	#承担国家和省部级项目总经费	万元	51517.4	2638	856.7	46598.1		1319.6		105	86.6
	当年承担横向课题数	项	446	143	7	266		29	1		22
	当年获得横向课题经费	万元	7535.6	3179	128.2	4116.8		83.6	28		81.1

科研机构服务的行业领域分布情况——采矿业

	指标名称	单位	采矿业			
			合计	部属	市县属	新型研发机构
				转制		
投入	机构数	个	4	2	2	2
	从业人员	人	554	460	94	94
	#科技活动人员	人	385	342	43	43
	#大学本科及以上学历	人	349	309	40	40
	生产经营活动人员	人				
	其他人员	人	94	50	44	44
	# R&D 人员	人	199	159	40	40
	外聘的流动学者（编制在其他单位）	人	3		3	3
	招收的非本单位编制的在读研究生	人	5		5	5
	经费内部支出总额	万元	52.8		52.8	52.8
	#科技经费支出	万元	52.8		52.8	52.8
	生产经营支出	万元				
	其他支出	万元				
	R&D 经费内部支出	万元	2862.8	2647.8	215	215
	当年孵化企业数	个				
	孵化企业总数	个				
产出	孵化企业当年收入	万元				
	经费收入总额	万元	43.8		43.8	43.8

续表

指标名称		单位	采矿业			
			合计	部属 转制	市县属	新型研发机构
产出	#科技活动收入	万元	43.8		43.8	43.8
	#政府资金	万元	43.8		43.8	43.8
	生产经营收入	万元				
	其他收入	万元				
	发表科技论文	篇	38	35	3	3
	#国外发表	篇				
	出版科技著作	种	1		1	1
	专利申请受理数	件	55	45	10	10
	#发明专利	件	44	43	1	1
	专利授权数	件	29	19	10	10
	#发明专利	件	18	17	1	1
	有效发明专利总数	件	169	157	12	12
	当年获省级以上科学技术奖励	项	1		1	1
	当年引进高层次人才	人	25	10	15	15
	当年制定标准	项	4	3	1	1
	当年技术服务量	次	816	808	8	8
	当年技术服务收入	万元	33461.3	33311.3	150	150
	当年技术成果转化数	项	19	15	4	4

续表

指标名称		单位	采矿业			
			合计	部属	市县属	新型研发机构
				转制		
产出	当年技术成果转化收入	万元	9923.6	9563.6	360	360
	当年对外签订技术合同数	项	455	455		
	当年合同成交额	万元	54238.7	54238.7		
	机构拥有各类科技平台数	个	11	10	1	1
	平台当年获得省级以上科学技术奖励	项				
	平台当年获得收入	万元	629	619	10	10
课题	课题数	个	25	23	2	2
	课题经费支出内部合计	万元	2854.8	2639.8	215	215
	课题投入人员	人年	161	121	40	40
	# R&D 人员	人年	126	101	25	25
	R&D 课题数	个	25	23	2	2
	R&D 课题经费内部支出	万元	2854.8	2639.8	215	215
	当年新增各类计划项目	项	13	10	3	3
	#承担国家和省部级计划项目	项				
	当年计划项目总经费	万元	2968.2	2618.2	350	350
	#承担国家和省部级项目总经费	万元	42	42		
	当年承担横向课题数	项	7	7		
	当年获得横向课题经费	万元	79	79		

科研机构服务的行业领域分布情况——制造业

	指标名称	单位	制造业								
			合计	部属		省属		市县属	其他科研机构	有 R&D 活动的其他事业单位	新型研发机构
				未转制	转制	未转制	转制				
投入	机构数	个	187	2	22	2	17	52	90	2	101
	从业人员	人	47960	609	37116	192	1798	2032	3083	3130	3578
	#科技活动人员	人	30175	609	22372	192	927	1074	1871	3130	2354
	#大学本科及以上学历	人	7333	590	980	139	784	886	1578	2376	2061
	生产经营活动人员	人	336					277	59		214
	其他人员	人	3666		1677		656	580	753		676
	# R&D 人员	人	27229	802	22433		797	972	1816	409	2460
	外聘的流动学者（编制在其他单位）	人	525	36	23		6	87	373		433
	招收的非本单位编制的在读研究生	人	449	186			6	109	148		225
	经费内部支出总额	万元	180356.3	31630.1		9014.8		16691.7	16097.5	106922.2	24508.2
	#科技经费支出	万元	162227	30046		8421.3		6566.3	13472.4	103721	16274.2
	生产经营支出	万元	10538.6	167.7		67.1		9028.9	1274.9		6747.7
	其他支出	万元	7590.7	1416.4		526.4		1096.5	1350.2	3201.2	1486.3
	R&D 经费内部支出	万元	164664.4	24960.7	34898.8		26502	26962.6	38917	12423.3	59910.2
	当年孵化企业数	个	192	1	3		10	37	141		163
	孵化企业总数	个	591	51	5		47	125	363		466
产出	孵化企业当年收入	万元	173162.6	2465	3569		1465.5	68433.1	97230		136610.1
	经费收入总额	万元	221773.4	32320.7		16814.6		19209.3	34175.5	119253.3	44868.2

续表

	指标名称	单位	制造业								
			合计	部属		省属		市县属	其他科研机构	有 R&D 活动的其他事业单位	新型研发机构
				未转制	转制	未转制	转制				
产出	#科技活动收入	万元	204088.3	30290.7		16282		7088.5	33597.2	116829.9	36609.9
	#政府资金	万元	153529.8	25541.4		8947.8		3892.1	26823.4	88325.1	27489.6
	生产经营收入	万元	11246.5	282.8		149.4		10425.8	388.5		8028.8
	其他收入	万元	6438.6	1747.2		383.2		1695	189.8	2423.4	229.5
	发表科技论文	篇	1128	384	166	13	78	165	100	222	177
	#国外发表	篇	361	233	2		17	40	57	12	81
	出版科技著作	种	1						1		1
	专利申请受理数	件	4356	386	2445	2	196	263	983	81	1173
	#发明专利	件	2943	252	1874		159	154	448	56	574
	专利授权数	件	1899	201	835	3	103	238	437	82	642
	#发明专利	件	1175	106	775		53	118	111	12	224
	有效发明专利总数	件	8761	895	5542	1	657	862	739	65	1482
	当年获省级以上科学技术奖励	项	139	5	110		6	6	12		14
	当年引进高层次人才	人	243	5	10		12	119	97		213
	当年制定标准	项	115	9	27	3	44	8	24		27
	当年技术服务量	次	491363	47	1956	17665	2536	4164	17117	447878	21193
	当年技术服务收入	万元	183615.5	23.9	9923.9	7454.1	6054.9	18805.3	31364.3	109989.1	49998.4
	当年技术成果转化数	项	421	64	118	18	38	32	150	1	168

续表

	指标名称	单位	制造业								
			合计	部属		省属		市县属	其他科研机构	有R&D活动的其他事业单位	新型研发机构
				未转制	转制	未转制	转制				
产出	当年技术成果转化收入	万元	145282.1	4453.9	120598.8	323.6	12171.7	1534.2	6198.9	1	6031.6
	当年对外签订技术合同数	项	452045	88	333	18	281	1397	2050	447878	3402
	当年合同成交额	万元	234425.4	4588.8	11337.6	323.6	54115.9	11509.3	42561.1	109989.1	51708.5
	机构拥有各类科技平台数	个	194	12	64	5	17	41	55		85
	平台当年获得省级以上科学技术奖励	项	27	4	6		2	4	11		15
	平台当年获得收入	万元	236725	3541.9	105916.2		3432.3	92840.3	30994.3		123559.7
课题	课题数	个	1238	519	128		127	199	257	8	317
	课题经费支出内部合计	万元	150262.9	20802.1	35381.5		25449.1	22224.8	36042.9	10362.5	52396.2
	课题投入人员	人年	4959	562	1028		676	871	1547	274	2129
	# R&D 人员	人年	3746	482	668		558	706	1261	72	1738
	R&D 课题数	个	1146	507	120		122	154	235	8	276
	R&D 课题经费内部支出	万元	141396.1	20475.7	30822.4		24870.7	21841.6	33023.2	10362.5	49306.2
	当年新增各类计划项目	项	1407	121	1095	2	51	29	109		106
	#承担国家和省部级计划项目	项	816	77	651	2	34	11	33	8	37
	当年计划项目总经费	万元	510275.1	15196	441745.4	3800	10301.5	8266.8	30965.4		37878.7
	#承担国家和省部级项目总经费	万元	409189.2	12990.4	373211.8	3800	8212	1888	9087		10817
	当年承担横向课题数	项	1017	13	221		79	451	253		700
	当年获得横向课题经费	万元	41874.2	1047.3	23356.4		3519.2	4972.6	8978.7		13869.3

科研机构服务的行业领域分布情况——电力、热力、燃气及水生产和供应业

	指标名称	单位	电力、热力、燃气及水生产和供应业					
			合计	部属	省属	市县属	其他科研机构	新型研发机构
				转制	未转制			
投入	机构数	个	8	3	1	1	3	2
	从业人员	人	1796	1501	23	9	263	24
	#科技活动人员	人	1186	1064	22	9	91	22
	#大学本科及以上学历	人	1122	1035	15	4	68	15
	生产经营活动人员	人						
	其他人员	人	391	236	1		154	1
	# R&D 人员	人	557	391	63		103	75
	外聘的流动学者（编制在其他单位）	人	40		24		16	35
	招收的非本单位编制的在读研究生	人						
	经费内部支出总额	万元	974.9		865	109.9		865
	#科技经费支出	万元	970.3		860.4	109.9		860.4
	生产经营支出	万元						
	其他支出	万元	4.6		4.6			4.6
	R&D 经费内部支出	万元	6992.4	6477	374.8		140.6	376.9
	当年孵化企业数	个						
	孵化企业总数	个						
产出	孵化企业当年收入	万元						
	经费收入总额	万元	1244.7		1132.5	112.2		1132.5

续表

	指标名称	单位	电力、热力、燃气及水生产和供应业					
			合计	部属	省属	市县属	其他科研机构	新型研发机构
				转制	未转制			
产出	#科技活动收入	万元	1125.3		1020	105.3		1020
	#政府资金	万元	1105.3		1000	105.3		1000
	生产经营收入	万元						
	其他收入	万元	119.4		112.5	6.9		112.5
	发表科技论文	篇	296	278	18			18
	#国外发表	篇	83	74	9			9
	出版科技著作	种	3	3				
	专利申请受理数	件	171	170			1	
	#发明专利	件	128	127			1	
	专利授权数	件	56	56				
	#发明专利	件	39	39				
	有效发明专利总数	件	464	444	2		18	2
	当年获省级以上科学技术奖励	项	3	3				
	当年引进高层次人才	人						
	当年制定标准	项	30	30				
	当年技术服务量	次	996	879	44		73	47
	当年技术服务收入	万元	121391.7	121156.8			234.9	2.1
	当年技术成果转化数	项	26	24			2	

续表

	指标名称	单位	电力、热力、燃气及水生产和供应业					
			合计	部属	省属	市县属	其他科研机构	新型研发机构
				转制	未转制			
产出	当年技术成果转化收入	万元	17479.5	11742.5			5737	
	当年对外签订技术合同数	项	883	871	1		11	4
	当年合同成交额	万元	171235.8	155910.1	1000		14325.7	1002.1
	机构拥有各类科技平台数	个	5	4	1			1
	平台当年获得省级以上科学技术奖励	项	11	11				
	平台当年获得收入	万元	122765.6	122765.6				
课题	课题数	个	134	129	3		2	4
	课题经费支出内部合计	万元	14446.2	13930.8	374.8		140.6	376.9
	课题投入人员	人年	697	600	26		71	34
	# R&D 人员	人年	560	477	13		70	20
	R&D 课题数	个	82	77	3		2	4
	R&D 课题经费内部支出	万元	6992.3	6476.9	374.8		140.6	376.9
	当年新增各类计划项目	项	244	242	1		1	1
	#承担国家和省部级计划项目	项	23	21	1		1	1
	当年计划项目总经费	万元	66844	65824	1000		20	1000
	#承担国家和省部级项目总经费	万元	4060	3060	1000			1000
	当年承担横向课题数	项	872	872				
	当年获得横向课题经费	万元	161925.7	161925.7				

科研机构服务的行业领域分布情况——建筑业

	指标名称	单位	建筑业					
			合计	省属 转制	市县属	其他科研机构	有 R&D 活动的其他事业单位	新型研发机构
投入	机构数	个	9	1	5	2	1	1
	从业人员	人	1340	467	635	212	26	18
	#科技活动人员	人	726	367	180	172	7	11
	#大学本科及以上学历	人	659	344	170	138	7	4
	生产经营活动人员	人	19				19	
	其他人员	人	441	53	382	6		
	# R&D 人员	人	370	240	80	50		
	外聘的流动学者（编制在其他单位）	人						
	招收的非本单位编制的在读研究生	人	6			6		6
	经费内部支出总额	万元	2588.4		1884.4		704	
	#科技经费支出	万元	194.7		124.7		70	
	生产经营支出	万元	634				634	
	其他支出	万元	1759.7		1759.7			
	R&D 经费内部支出	万元	6223.1	4133.9	1867.2	222		
	当年孵化企业数	个	4			4		4
	孵化企业总数	个	4			4		4
产出	孵化企业当年收入	万元						
	经费收入总额	万元	2927.2		1884.4		1042.8	

续表

指标名称		单位	建筑业					
			合计	省属	市县属	其他科研机构	有R&D活动的其他事业单位	新型研发机构
				转制				
产出	#科技活动收入	万元	123.1		123.1			
	#政府资金	万元	123.1		123.1			
	生产经营收入	万元	1042.8				1042.8	
	其他收入	万元	1761.3		1761.3			
	发表科技论文	篇	368	302	60	6		2
	#国外发表	篇	13	12		1		1
	出版科技著作	种						
	专利申请受理数	件	74	16	29	29		20
	#发明专利	件	14	3	6	5		3
	专利授权数	件	22	6	7	9		
	#发明专利	件	4	1	2	1		
	有效发明专利总数	件	365	244	120	1		
	当年获省级以上科学技术奖励	项	4	2	2			
	当年引进高层次人才	人	14			14		
	当年制定标准	项	21	18	3			
	当年技术服务量	次	2176	210	1828	138		
	当年技术服务收入	万元	39566.7	19020.3	20245.3	301.1		83
	当年技术成果转化数	项	5			5		

续表

指标名称		单位	建筑业					
			合计	省属	市县属	其他科研机构	有 R&D 活动的其他事业单位	新型研发机构
				转制				
产出	当年技术成果转化收入	万元	257.7			257.7		
	当年对外签订技术合同数	项	2			2		2
	当年合同成交额	万元	552		500	52		52
	机构拥有各类科技平台数	个	4		4			
	平台当年获得省级以上科学技术奖励	项	3	2	1			
	平台当年获得收入	万元	680		200	480		480
课题	课题数	个	39	22	13	4		
	课题经费支出内部合计	万元	6173.8	4085	1866.8	222		
	课题投入人员	人年	350	239	80	31		
	# R&D 人员	人年	229	149	55	25		
	R&D 课题数	个	36	20	12	4		
	R&D 课题经费内部支出	万元	5473.3	3385	1866.3	222		
	当年新增各类计划项目	项	18	6	4	8		6
	#承担国家和省部级计划项目	项	5	3	2			
	当年计划项目总经费	万元	4280.8	1300	1282.9	1697.9		500
	#承担国家和省部级项目总经费	万元	72	2	30	40		40
	当年承担横向课题数	项						
	当年获得横向课题经费	万元						

科研机构服务的行业领域分布情况——交通运输、仓储和邮政业

	指标名称	单位	交通运输、仓储和邮政业						
			合计	部属	省属	市县属	其他科研机构	有R&D活动的其他事业单位	新型研发机构
				未转制	转制				
投入	机构数	个	7	1	1	1	3	1	4
投入	从业人员	人	2296	403	1767	82	44		126
投入	#科技活动人员	人	906	393	443	34	36		70
投入	#大学本科及以上学历	人	874	381	434	34	25		59
投入	生产经营活动人员	人							
投入	其他人员	人	1204	10	1149	42	3		45
投入	# R&D人员	人	921	387	443	37	54		91
投入	外聘的流动学者（编制在其他单位）	人	35				35		35
投入	招收的非本单位编制的在读研究生	人							
投入	经费内部支出总额	万元	32098.4	32043.8			54.6		54.6
投入	#科技经费支出	万元	5814	5759.4			54.6		54.6
投入	生产经营支出	万元							
投入	其他支出	万元	26284.4	26284.4					
投入	R&D经费内部支出	万元	18295.1	4917.2	12450.5	720.7	206.7		927.4
投入	当年孵化企业数	个	10				10		10
投入	孵化企业总数	个	16				16		16
产出	孵化企业当年收入	万元	966.7				966.7		966.7
产出	经费收入总额	万元	49880.8	49880.7			0.1		0.1

续表

	指标名称	单位	交通运输、仓储和邮政业						
			合计	部属	省属	市县属	其他科研机构	有R&D活动的其他事业单位	新型研发机构
				未转制	转制				
产出	#科技活动收入	万元	38069.1	38069			0.1		0.1
	#政府资金	万元	2712	2711.9			0.1		0.1
	生产经营收入	万元							
	其他收入	万元	11811.7	11811.7					
	发表科技论文	篇	70	30	38		2		2
	#国外发表	篇	31	20	10		1		1
	出版科技著作	种	2		2				
	专利申请受理数	件	140	57	66	3	14		17
	#发明专利	件	101	47	37	3	14		17
	专利授权数	件	71	14	56	1			1
	#发明专利	件	24	7	16	1			1
	有效发明专利总数	件	316	162	141	13			13
	当年获省级以上科学技术奖励	项	6	3	3				
	当年引进高层次人才	人	7		3		4		4
	当年制定标准	项	27	13	14				
	当年技术服务量	次	2765		2747	7	11		18
	当年技术服务收入	万元	225466.5		216886.1	8269	311.4		8580.4
	当年技术成果转化数	项	174		168	1	5		6

续表

	指标名称	单位	交通运输、仓储和邮政业						
			合计	部属	省属	市县属	其他科研机构	有R&D活动的其他事业单位	新型研发机构
				未转制	转制				
产出	当年技术成果转化收入	万元	217154.6		216886.1	50	218.5		268.5
	当年对外签订技术合同数	项	115		14	91	10		101
	当年合同成交额	万元	103229.4		72009.1	30538	682.3		31220.3
	机构拥有各类科技平台数	个	22		21	1			1
	平台当年获得省级以上科学技术奖励	项							
	平台当年获得收入	万元	119		40		79		79
课题	课题数	个	157	38	103	5	11		16
	课题经费支出内部合计	万元	17789.7	4325.8	12536.5	720.7	206.7		927.4
	课题投入人员	人年	878	374	438	32	34		66
	# R&D 人员	人年	387	134	196	30	27		57
	R&D 课题数	个	142	25	101	5	11		16
	R&D 课题经费内部支出	万元	17623.5	4245.6	12450.5	720.7	206.7		927.4
	当年新增各类计划项目	项	106		103	1	2		3
	# 承担国家和省部级计划项目	项	42		42				
	当年计划项目总经费	万元	13535.3		12505.3	980	50		1030
	# 承担国家和省部级项目总经费	万元	1499.8		1499.8				
	当年承担横向课题数	项	23		22	1			1
	当年获得横向课题经费	万元	900.9		820.9	80			80

科研机构服务的行业领域分布情况——信息传输、软件和信息技术服务业

	指标名称	单位	信息传输、软件和信息技术服务业						
			合计	省属		市县属	其他科研机构	有R&D活动的其他事业单位	新型研发机构
				未转制	转制				
投入	机构数	个	66	1	3	10	51	1	56
	从业人员	人	2872	257	531	281	1798	5	2296
	#科技活动人员	人	1996	238	153	255	1345	5	1806
	#大学本科及以上学历	人	1825	217	136	246	1221	5	1660
	生产经营活动人员	人	76	12		6	58		76
	其他人员	人	549	7	332	10	200		213
	# R&D 人员	人	2092	166	136	231	1559		1886
	外聘的流动学者（编制在其他单位）	人	536	25		55	456		496
	招收的非本单位编制的在读研究生	人	169	9		18	142		160
	经费内部支出总额	万元	24744.8	7899.5		1895.6	14899.7	50	24489.3
	#科技经费支出	万元	22124.7	6869.3		1585.3	13620.1	50	21915.1
	生产经营支出	万元	2324.4	963.7		303.2	1057.5		2285.4
	其他支出	万元	295.7	66.5		7.1	222.1		288.8
	R&D 经费内部支出	万元	33214.8	4809	2797.6	2171.4	23436.8		30011.3
	当年孵化企业数	个	365	56		31	278		352
	孵化企业总数	个	591	56		47	488		577
产出	孵化企业当年收入	万元	82966.4	11175.6		770	71020.8		82736.4
	经费收入总额	万元	31236.9	11758.5		1652.8	17725.6	100	30976.3

续表

	指标名称	单位	信息传输、软件和信息技术服务业						
			合计	省属		市县属	其他科研机构	有R&D活动的其他事业单位	新型研发机构
				未转制	转制				
产出	#科技活动收入	万元	23579.2	11510.5		1564.1	10404.6	100	23319.6
	#政府资金	万元	15545.4	10550.2		767.8	4127.4	100	15349.4
	生产经营收入	万元	7567	248			7319		7567
	其他收入	万元	90.7			88.7	2		89.7
	发表科技论文	篇	40	2	18	2	18		22
	#国外发表	篇	9		4		5		5
	出版科技著作	种							
	专利申请受理数	件	437	17	3	34	383		424
	#发明专利	件	284	17	3	28	236		276
	专利授权数	件	126	2	3	26	95		121
	#发明专利	件	41	2	2	11	26		39
	有效发明专利总数	件	519	11	15	159	334		504
	当年获省级以上科学技术奖励	项	8	1	2	1	4		6
	当年引进高层次人才	人	48		1	2	45		38
	当年制定标准	项	29				29		29
	当年技术服务量	次	1177	150	51	216	760		916
	当年技术服务收入	万元	70662.8	1208.3	40114.5	661.6	28678.4		30058.3
	当年技术成果转化数	项	247	4	5	5	233		239

续表

	指标名称	单位	信息传输、软件和信息技术服务业						
			合计	省属		市县属	其他科研机构	有 R&D 活动的其他事业单位	新型研发机构
				未转制	转制				
产出	当年科技成果转化收入	万元	15152.8	911.4	6342.8	128	7770.6		8710
	当年对外签订技术合同数	项	763	30	48	218	467		505
	当年合同成交额	万元	99787.3	1280.3	50046.9	1169.6	47290.5		48908.7
	机构拥有各类科技平台数	个	66	1	2	19	44		61
	平台当年获得省级以上科学技术奖励	项	8	1	1		6		7
	平台当年获得收入	万元	19423.7	1280.3		1133.7	17009.7		19373.7
课题	课题数	个	326	14	7	32	273		309
	课题经费支出内部合计	万元	33632.1	6869.3	2797.6	1683.1	22282.1		30435.4
	课题投入人员	人年	1923	238	136	206	1343		1727
	# R&D 人员	人年	997	45	16	98	838		956
	R&D 课题数	个	300	10	7	26	257		283
	R&D 课题经费内部支出	万元	30645.8	4800.9	2797.6	1393.6	21653.7		27449.1
	当年新增各类计划项目	项	112	8	7	5	92		105
	#承担国家和省部级计划项目	项	27	8		3	16		27
	当年计划项目总经费	万元	28195.2	10550.1	2797.6	193.5	14654		25397.6
	#承担国家和省部级项目总经费	万元	9991.4	9150		120	721.4		9991.4
	当年承担横向课题数	项	211	29		14	168		201
	当年获得横向课题经费	万元	16020.8	663.5		906.3	14451		15645.3

科研机构服务的行业领域分布情况——科学研究和技术服务业

	指标名称	单位	科学研究和技术服务业									
			合计	部属		省属		市县属	社会科学与人文科学研究与开发机构	其他科研机构	有 R&D 活动的其他事业单位	新型研发机构
				未转制	转制	未转制	转制					
投入	机构数	个	403	10	3	23	3	154	3	176	31	245
	从业人员	人	26495	2951	432	4249	100	6175	246	9455	2887	9927
	#科技活动人员	人	19989	2695	342	2902	66	4661	237	7067	2019	7198
	#大学本科及以上学历	人	17634	2363	298	2549	55	4168	231	6155	1815	6582
	生产经营活动人员	人	2095	13		130		956		651	345	1019
	其他人员	人	3413	243	23	1217	12	398	9	988	523	1056
	# R&D 人员	人	15103	3573	123	1540	42	2860	159	6060	746	7340
	外聘的流动学者（编制在其他单位）	人	3022	599	2	21		890		1486	24	2129
	招收的非本单位编制的在读研究生	人	3243	1277		145		499		1311	11	1536
	经费内部支出总额	万元	956682	231617		244463		157199	11825.3	189604	121974.6	238127
	#科技经费支出	万元	629179	220843		154155		98304	10599.8	57570.5	87706.1	88310.3
	生产经营支出	万元	183202	347.6		5315.8		43149.7		115424	18964.4	130982
	其他支出	万元	144302	10425.6		84992.6		15744.8	1225.5	16609	15304.1	18834.3
	R&D 经费内部支出	万元	515035	227476	767.2	83312.8	892.4	48031.7	5358.5	121498	27698.1	143218
	当年孵化企业数	个	949	5	1	41		260		481	161	747
	孵化企业总数	个	3482	22	1	229		1303		1668	259	3044
产出	孵化企业当年收入	万元	1317822	14171.3		347175		513171		408315	34990.6	1246675
	经费收入总额	万元	1050297	284302		280695		203255	12436.8	116691	152917.1	197147

续表

	指标名称	单位	科学研究和技术服务业									
			合计	部属		省属		市县属	社会科学与人文科学研究与开发机构	其他科研机构	有 R&D 活动的其他事业单位	新型研发机构
				未转制	转制	未转制	转制					
	#科技活动收入	万元	815677	274370		169210		141145	12411.1	103511	115029.4	169511
	#政府资金	万元	567150	188928		124417.9		93217	12411.1	74234	73941.7	114588.8
	生产经营收入	万元	95428.9	347.6		6865		46602.3		11165.8	30448.2	21486.6
	其他收入	万元	139191	9583.7		104619.9		15507.9	25.7	2014.2	7439.5	6149.1
	发表科技论文	篇	5658	2610	50	1119	4	616	139	672	448	908
	#国外发表	篇	2654	1840	3	183		242	3	365	18	545
	出版科技著作	种	126	33	5	22		12	38	14	2	22
	专利申请受理数	件	3427	588	65	124	11	839		1750	50	2338
产出	#发明专利	件	2277	428	57	73	6	558		1129	26	1577
	专利授权数	件	1568	312	32	102	4	420		657	41	968
	#发明专利	件	779	243	21	35		206		256	18	445
	有效发明专利总数	件	6898	1651	135	382	15	2284		2287	144	4499
	当年获省级以上科学技术奖励	项	276	8	2	23		75	2	57	109	83
	当年引进高层次人才	人	664	6	5	35	1	158	7	418	34	547
	当年制定标准	项	166	2	20	43		23		55	23	46
	当年技术服务量	次	311061	491	243	40402	55	195182		36176	38512	26640
	当年技术服务收入	万元	460583	4348.5	9111.4	75851.4	1016.5	88646.9		224833.5	56775.1	102607.1
	当年技术成果转化数	项	964	122	5	112	38	266		398	23	537

续表

	指标名称	单位	科学研究和技术服务业									
			合计	部属		省属		市县属	社会科学与人文科学研究与开发机构	其他科研机构	有 R&D 活动的其他事业单位	新型研发机构
				未转制	转制	未转制	转制					
产出	当年技术成果转化收入	万元	97695.6	3142.2	1999.4	700	988	4049.9		85654.5	1161.6	22753.5
	当年对外签订技术合同数	项	56844	616	634	1773	37	18725		28997	6062	14699
	当年合同成交额	万元	517661	22576.7	14650.6	46020.7	1140	96556.7		285036.9	51679.1	194206.1
	机构拥有各类科技平台数	个	486	20	7	24	2	229		184	20	321
	平台当年获得省级以上科学技术奖励	项	80	6		6		27		18	23	34
	平台当年获得收入	万元	177603	22372.2	1254.3	287.9	473	34402.5		116631.5	2181.1	68735.7
课题	课题数	个	5401	2683	12	591	3	724	109	1039	240	1488
	课题经费支出内部合计	万元	461735	185076	743.1	94679.2	531.5	42229.6	4905	105610.1	27961	123704.7
	课题投入人员	人年	12277	2369	95	1616	37	2357	120	5004	678	6168
	# R&D 人员	人年	9108	1993	89	1121	36	1834	120	3398	518	4364
	R&D 课题数	个	5012	2619	12	521	3	610	109	929	209	1296
	R&D 课题经费内部支出	万元	398666	169184	743.1	67768.3	531.5	39097.3	4905	92076.7	24360.1	111018.5
	当年新增各类计划项目	项	1906	725	87	269	2	296	68	365	94	582
	#承担国家和省部级计划项目	项	728	382	28	109		81	10	105	13	168
	当年计划项目总经费	万元	399245	52053.8	26174.1	97186.2	55	20716.7	530	199389.8	3139.3	205643.2
	#承担国家和省部级项目总经费	万元	184917	45868.4	9264.9	91198.8		7471.2	143	30754.6	216	37777.6
	当年承担横向课题数	项	2754	629	43	818		455	95	698	16	1125
	当年获得横向课题经费	万元	83503.8	19822.4	4308	13501.9		14658.7	435	29840.4	937.4	44032.2

科研机构服务的行业领域分布情况——水利、环境和公共设施管理业

	指标名称	单位	水利、环境和公共设施管理业						
			合计	部属	省属	市县属	其他科研机构	有R&D活动的其他事业单位	新型研发机构
				未转制	未转制				
投入	机构数	个	41	2	4	16	17	2	22
	从业人员	人	2882	1315	449	541	531	46	716
	#科技活动人员	人	2298	1150	412	306	404	26	514
	#大学本科及以上学历	人	2078	986	397	283	386	26	492
	生产经营活动人员	人	222	81		120	3	18	3
	其他人员	人	257	84	37	79	55	2	104
	# R&D 人员	人	1729	808	270	216	402	33	531
	外聘的流动学者（编制在其他单位）	人	320	80		49	171	20	195
	招收的非本单位编制的在读研究生	人	113	67	16	17	13		30
	经费内部支出总额	万元	141670.6	83162.1	35334.5	12714.8	6049.2	4410	6049.2
	#科技经费支出	万元	118586.8	71854.9	34435	5840.7	5997.2	459	5997.2
	生产经营支出	万元	13054.4	3264.1		5822.3	47	3921	47
	其他支出	万元	10029.4	8043.1	899.5	1051.8	5	30	5
	R&D 经费内部支出	万元	95279.6	59770.7	23829.9	5590.7	5777.8	310.5	8943.2
	当年孵化企业数	个	132			8	124		132
	孵化企业总数	个	241	11		42	188		230
产出	孵化企业当年收入	万元	82409.3	72300		2373.3	7736		10109.3
	经费收入总额	万元	204661.3	110935.2	65156.3	12633.8	9920.3	6015.7	9920.3

续表

指标名称		单位	水利、环境和公共设施管理业						
			合计	部属	省属	市县属	其他科研机构	有R&D活动的其他事业单位	新型研发机构
				未转制	未转制				
产出	#科技活动收入	万元	181414.4	100174.4	64791.6	6087.2	9836.2	525	9836.2
	#政府资金	万元	92492	38192.2	40423.7	6047.7	7303.4	525	7303.4
	生产经营收入	万元	14708.8	3452.5		6045.3	62.3	5148.7	62.3
	其他收入	万元	8538.1	7308.3	364.7	501.3	21.8	342	21.8
	发表科技论文	篇	864	643	144	47	15	15	36
	#国外发表	篇	194	146	31	5	12		17
	出版科技著作	种	34	24	8	1	1		1
	专利申请受理数	件	535	234	43	58	200		245
	#发明专利	件	289	140	22	29	98		125
	专利授权数	件	273	133	32	44	64		104
	#发明专利	件	88	58	13	6	11		17
	有效发明专利总数	件	433	297	70	41	25		57
	当年获省级以上科学技术奖励	项	30	17	3	4	6		9
	当年引进高层次人才	人	184	14	2	6	162		168
	当年制定标准	项	30	18	2	2	8		10
	当年技术服务量	次	3397	1258	1252	350	342	195	592
	当年技术服务收入	万元	63113.9	36736.4	7413.5	6335.7	6612.6	6015.7	12825.3
	当年技术成果转化数	项	249	5	160	23	61		84

续表

指标名称		单位	水利、环境和公共设施管理业						
			合计	部属	省属	市县属	其他科研机构	有 R&D 活动的其他事业单位	新型研发机构
				未转制	未转制				
产出	当年技术成果转化收入	万元	5036.1	1763.5	1129.4	1657.7	485.5		2143.2
	当年对外签订技术合同数	项	2232	1386	359	79	308	100	365
	当年合同成交额	万元	141939.1	107942.6	3814.3	13350.2	11562	5270	24409
	机构拥有各类科技平台数	个	46	11	8	7	17	3	23
	平台当年获得省级以上科学技术奖励	项	166	11		2	153		155
	平台当年获得收入	万元	36454.4	21856.2		11532.6	3065.6		14598.2
课题	课题数	个	2873	2464	161	105	137	6	170
	课题经费支出内部合计	万元	114468.8	71655.5	28487.5	6515.6	7494.2	316	10767.4
	课题投入人员	人年	2063	1097	310	226	391	40	490
	# R&D 人员	人年	1542	774	286	169	287	27	357
	R&D 课题数	个	1857	1594	99	77	83	4	112
	R&D 课题经费内部支出	万元	74723.4	47477.3	16441	5061.6	5482.5	261	8360
	当年新增各类计划项目	项	1375	1206	55	59	45	10	55
	# 承担国家和省部级计划项目	项	333	295	21	5	12		14
	当年计划项目总经费	万元	96733.7	86256.5	5636.5	1693.6	2831.1	316	3836
	# 承担国家和省部级项目总经费	万元	24772	19879.1	4062.5	261.5	568.9		752.9
	当年承担横向课题数	项	1916	1619	41	8	248		250
	当年获得横向课题经费	万元	61425.7	57111.7	677.1	188.2	3448.7		3482.9

科研机构服务的行业领域分布情况——教育

	指标名称	单位	教育				
			合计	市县属	社会科学与人文科学研究与开发机构	其他科研机构	新型研发机构
投入	机构数	个	6	2	2	2	3
	从业人员	人	291	87	69	135	193
	#科技活动人员	人	242	78	62	102	153
	#大学本科及以上学历	人	227	63	62	102	140
	生产经营活动人员	人	2	2			
	其他人员	人	47	7	7	33	40
	# R&D 人员	人	175	73		102	153
	外聘的流动学者（编制在其他单位）	人	70	42	10	18	54
	招收的非本单位编制的在读研究生	人					
	经费内部支出总额	万元	10362.3	2029.9	4227.3	4105.1	5008.8
	#科技经费支出	万元	7859.5	1438.1	4041.4	2380	3271
	生产经营支出	万元	123.3	123.3			
	其他支出	万元	2379.5	468.5	185.9	1725.1	1737.8
	R&D 经费内部支出	万元	2236.5	1141.2		1095.3	1869.2
	当年孵化企业数	个					
	孵化企业总数	个					
产出	孵化企业当年收入	万元					
	经费收入总额	万元	12927.6	2444.5	4473.8	6009.3	7050.9

续表

	指标名称	单位	教育				
			合计	市县属	社会科学与人文科学研究与开发机构	其他科研机构	新型研发机构
产出	#科技活动收入	万元	9702.5	2232.9	4406	3063.6	4105.2
	#政府资金	万元	7954.1	715.5	4406	2832.6	3548.1
	生产经营收入	万元	252.8	211.6		41.2	41.2
	其他收入	万元	2972.3		67.8	2904.5	2904.5
	发表科技论文	篇	156	24		132	151
	#国外发表	篇	115	17		98	115
	出版科技著作	种	3	1		2	3
	专利申请受理数	件	46			46	46
	#发明专利	件	34			34	34
	专利授权数	件	26			26	26
	#发明专利	件	23			23	23
	有效发明专利总数	件	76			76	76
	当年获省级以上科学技术奖励	项					
	当年引进高层次人才	人	11	8		3	11
	当年制定标准	项					
	当年技术服务量	次	25	22		3	25
	当年技术服务收入	万元	473.1	473.1			473.1
	当年技术成果转化数	项					
	当年技术成果转化收入	万元					

续表

	指标名称	单位	教育				
			合计	市县属	社会科学与人文科学研究与开发机构	其他科研机构	新型研发机构
产出	当年对外签订技术合同数	项	11	11			11
	当年合同成交额	万元	305.1	305.1			305.1
	机构拥有各类科技平台数	个	2			2	2
	平台当年获得省级以上科学技术奖励	项					
	平台当年获得收入	万元	830			830	830
课题	课题数	个	50	11		39	49
	课题经费支出内部合计	万元	2231.9	1119.9		1112	1885.9
	课题投入人员	人年	152	56		96	135
	# R&D 人员	人年	128	36		92	122
	R&D 课题数	个	48	11		37	47
	R&D 课题经费内部支出	万元	2213.9	1119.9		1094	1867.9
	当年新增各类计划项目	项	3	3			3
	#承担国家和省部级计划项目	项	1	1			1
	当年计划项目总经费	万元	2032.2	2032.2			2032.2
	#承担国家和省部级项目总经费	万元	2021.2	2021.2			2021.2
	当年承担横向课题数	项	62	13		49	62
	当年获得横向课题经费	万元	454.1	454.1			454.1

科研机构服务的行业领域分布情况——卫生和社会工作

	指标名称	单位	卫生和社会工作				
			合计	部属	省属	市县属	其他科研机构
				未转制	未转制		
投入	机构数	个	19	1	7	9	2
	从业人员	人	7723	468	7034	221	
	＃科技活动人员	人	4695	261	4257	177	
	＃大学本科及以上学历	人	4277	232	3875	170	
	生产经营活动人员	人	3	2		1	
	其他人员	人	3025	205	2777	43	
	＃ R&D 人员	人	4493	152	4268	73	
	外聘的流动学者（编制在其他单位）	人	23	1	22		
	招收的非本单位编制的在读研究生	人	230	108	104	18	
	经费内部支出总额	万元	774933	47930.6	722639.3	4363.1	
	＃科技经费支出	万元	175493.5	10814.1	161497.7	3181.7	
	生产经营支出	万元	1247.3	1247.3			
	其他支出	万元	598192.2	35869.2	561141.6	1181.4	
	R&D 经费内部支出	万元	157060.3	5181.5	151329.8	549	
	当年孵化企业数	个					
	孵化企业总数	个					
产出	孵化企业当年收入	万元					
	经费收入总额	万元	817761.5	64359.2	748991.1	4411.2	

续表

	指标名称	单位	卫生和社会工作				
			合计	部属	省属	市县属	其他科研机构
				未转制	未转制		
产出	#科技活动收入	万元	72186.2	11896.6	56220.6	4069	
	#政府资金	万元	61430.7	11738.8	45623	4068.9	
	生产经营收入	万元	1770.2	1624.4		145.8	
	其他收入	万元	743805.1	50838.2	692770.5	196.4	
	发表科技论文	篇	1992	158	1714	120	
	#国外发表	篇	490	71	392	27	
	出版科技著作	种	54		53	1	
	专利申请受理数	件	163	5	146	12	
	#发明专利	件	52	5	46	1	
	专利授权数	件	152		134	18	
	#发明专利	件	34		33	1	
	有效发明专利总数	件	284		272	12	
	当年获省级以上科学技术奖励	项	11		11		
	当年引进高层次人才	人	1		1		
	当年制定标准	项	3		3		
	当年技术服务量	次	626		626		
	当年技术服务收入	万元	882.7		882.7		
	当年技术成果转化数	项	2		2		

续表

指标名称		单位	卫生和社会工作				
			合计	部属	省属	市县属	其他科研机构
				未转制	未转制		
产出	当年技术成果转化收入	万元	600		600		
	当年对外签订技术合同数	项	123		122	1	
	当年合同成交额	万元	1482		1478	4	
	机构拥有各类科技平台数	个	23		23		
	平台当年获得省级以上科学技术奖励	项	2		2		
	平台当年获得收入	万元	809.2		809.2		
课题	课题数	个	1370	52	1299	19	
	课题经费支出内部合计	万元	144564.9	4221.5	139902.4	441	
	课题投入人员	人年	4060	90	3911	58	
	# R&D 人员	人年	3692	50	3602	40	
	R&D 课题数	个	1346	52	1275	19	
	R&D 课题经费内部支出	万元	142758.4	4221.5	138095.9	441	
	当年新增各类计划项目	项	376	18	358		
	#承担国家和省部级计划项目	项	98	10	88		
	当年计划项目总经费	万元	5842.4	496	5346.4		
	#承担国家和省部级项目总经费	万元	4596.7	286	4310.7		
	当年承担横向课题数	项	66	2	63	1	
	当年获得横向课题经费	万元	685.9	70	611.9	4	

科研机构服务的行业领域分布情况——文化、体育和娱乐业

	指标名称	单位	文化、体育和娱乐业				
			合计	省属	市县属	社会科学与人文科学研究与开发机构	新型研发机构
				未转制			
投入	机构数	个	6	1	2	3	1
	从业人员	人	134	46	14	74	4
	#科技活动人员	人	118	46	6	66	
	#大学本科及以上学历	人	102	42	5	55	
	生产经营活动人员	人					
	其他人员	人	14		6	8	2
	# R&D 人员	人	75	46		29	
	外聘的流动学者（编制在其他单位）	人	2	2			
	招收的非本单位编制的在读研究生	人	8	8			
	经费内部支出总额	万元	6192.8	2356.5	278.3	3558	
	#科技经费支出	万元	5588.4	2255.2	276.3	3056.9	
	生产经营支出	万元					
	其他支出	万元	604.4	101.3	2	501.1	
	R&D 经费内部支出	万元	3899.2	2587.6		1311.6	
	当年孵化企业数	个	5		5		5
	孵化企业总数	个	23		23		23
产出	孵化企业当年收入	万元	123		123		123
	经费收入总额	万元	7003.6	3211.4	262.5	3529.7	

续表

指标名称		单位	文化、体育和娱乐业				
			合计	省属	市县属	社会科学与人文科学研究与开发机构	新型研发机构
				未转制			
产出	#科技活动收入	万元	6861.6	3211.4	262.5	3387.7	
	#政府资金	万元	6446.1	3034.4	262.5	3149.2	
	生产经营收入	万元					
	其他收入	万元	142			142	
	发表科技论文	篇	61	16		45	
	#国外发表	篇	2	2			
	出版科技著作	种	5	3		2	
	专利申请受理数	件					
	#发明专利	件					
	专利授权数	件					
	#发明专利	件					
	有效发明专利总数	件					
	当年获省级以上科学技术奖励	项	1			1	
	当年引进高层次人才	人					
	当年制定标准	项					
	当年技术服务量	次	7	3		4	
	当年技术服务收入	万元					
	当年技术成果转化数	项	4	4			

续表

	指标名称	单位	文化、体育和娱乐业				
			合计	省属	市县属	社会科学与人文科学研究与开发机构	新型研发机构
				未转制			
产出	当年技术成果转化收入	万元	48.6	48.6			
	当年对外签订技术合同数	项	4	4			
	当年合同成交额	万元	48.6	48.6			
	机构拥有各类科技平台数	个	1	1			
	平台当年获得省级以上科学技术奖励	项					
	平台当年获得收入	万元					
课题	课题数	个	29	14		15	
	课题经费支出内部合计	万元	4118.3	2938.8		1179.5	
	课题投入人员	人年	72	46		26	
	# R&D人员	人年	40	15		25	
	R&D 课题数	个	28	13		15	
	R&D 课题经费内部支出	万元	3766.9	2587.4		1179.5	
	当年新增各类计划项目	项	10	5		5	
	#承担国家和省部级计划项目	项	6	4		2	
	当年计划项目总经费	万元	107	95		12	
	#承担国家和省部级项目总经费	万元	105	95		10	
	当年承担横向课题数	项	5			5	
	当年获得横向课题经费	万元	8			8	

科研机构服务的行业领域分布情况——其他行业汇总

	指标名称	单　位	房地产业	租赁和商务服务业		公共管理、社会保障和社会组织
			其他科研机构	市县属	其他科研机构	有 R&D 活动的其他事业单位
投入	机构数	个	1	1	1	1
	从业人员	人	122	4	18	6
	#科技活动人员	人	86		18	6
	#大学本科及以上学历	人	73		18	4
	生产经营活动人员	人				
	其他人员	人	19	4		
	# R&D 人员	人	18			
	外聘的流动学者（编制在其他单位）	人				
	招收的非本单位编制的在读研究生	人				
	经费内部支出总额	万元			730.5	141.8
	#科技经费支出	万元			730.5	141.8
	生产经营支出	万元				
	其他支出	万元				
	R&D 经费内部支出	万元	270			
	当年孵化企业数	个				
	孵化企业总数	个				
产出	孵化企业当年收入	万元				
	经费收入总额	万元		0.1	730.5	141.8

续表

	指标名称	单　位	房地产业	租赁和商务服务业		公共管理、社会保障和社会组织
			其他科研机构	市县属	其他科研机构	有 R&D 活动的其他事业单位
	#科技活动收入	万元			730.5	139.4
	#政府资金	万元			730.5	139.4
	生产经营收入	万元				
	其他收入	万元		0.1		2.4
	发表科技论文	篇				
	#国外发表	篇				
	出版科技著作	种				
	专利申请受理数	件	28			
	#发明专利	件	8			
产出	专利授权数	件	10			
	#发明专利	件	1			
	有效发明专利总数	件	1			
	当年获省级以上科学技术奖励	项				
	当年引进高层次人才	人				
	当年制定标准	项				
	当年技术服务量	次				
	当年技术服务收入	万元				
	当年技术成果转化数	项				
	当年技术成果转化收入	万元				

续表

指标名称		单位	房地产业	租赁和商务服务业		公共管理、社会保障和社会组织
			其他科研机构	市县属	其他科研机构	有 R&D 活动的其他事业单位
产出	当年对外签订技术合同数	项				
	当年合同成交额	万元				
	机构拥有各类科技平台数	个				
	平台当年获得省级以上科学技术奖励	项				
	平台当年获得收入	万元				
课题	课题数	个	6			
	课题经费支出内部合计	万元	270			
	课题投入人员	人年	18			
	# R&D 人员	人年	18			
	R&D 课题数	个	6			
	R&D 课题经费内部支出	万元	270			
	当年新增各类计划项目	项				
	#承担国家和省部级计划项目	项				
	当年计划项目总经费	万元				
	#承担国家和省部级项目总经费	万元				
	当年承担横向课题数	项				
	当年获得横向课题经费	万元				

省级以上政府部门属未转制科研机构情况

	指标名称	单 位	合 计	部 属	省 属
投入	机构数	个	75	19	56
	从业人员	人	21909	6283	15626
	#科技活动人员	人	16255	5578	10677
	#大学本科及以上学历	人	14545	4971	9574
	生产经营活动人员	人	461	106	355
	其他人员	人	5191	599	4592
	# R&D 人员	人	14446	6164	8282
	外聘的流动学者（编制在其他单位）	人	878	731	147
	招收的非本单位编制的在读研究生	人	2289	1661	628
	经费内部支出总额	万元	1653395	460080.4	1193315
	#科技经费支出	万元	873611	368848	504763
	生产经营支出	万元	30118.8	6243.6	23875.2
	其他支出	万元	749665.6	84988.8	664676.8
	R&D 经费内部支出	万元	695283.9	344644.7	350639.2
	当年孵化企业数	个	111	6	105
	孵化企业总数	个	377	84	293
产出	孵化企业当年收入	万元	458822.6	88936.3	369886.3
	经费收入总额	万元	1901600	576715.5	1324885
	#科技活动收入	万元	993105.5	485954.4	507151.1

续表

指标名称		单 位	合 计	部 属	省 属
产出	#政府资金	万元	674215.1	292353.8	381861.3
	生产经营收入	万元	16598.3	6732	9866.3
	其他收入	万元	891896.3	84029.1	807867.2
	发表科技论文	篇	8970	4206	4764
	#国外发表	篇	3571	2435	1136
	出版科技著作	种	188	67	121
	专利申请受理数	件	2556	1684	872
	#发明专利	件	1756	1165	591
	专利授权数	件	1572	943	629
	#发明专利	件	774	493	281
	有效发明专利总数	件	5692	4040	1652
	当年获省级以上科学技术奖励	项	133	47	86
	当年引进高层次人才	人	100	30	70
	当年制定标准	项	172	53	119
	当年技术服务量	次	65745	1965	63780
	当年技术服务收入	万元	148234.4	41751.8	106482.6
	当年技术成果转化数	项	698	244	454
	当年技术成果转化收入	万元	22455.1	10335.6	12119.5
	当年对外签订技术合同数	项	4792	2180	2612
	当年合同成交额	万元	202811.3	136572.1	66239.2

续表

指标名称		单 位	合 计	部 属	省 属
产出	机构拥有各类科技平台数	个	274	47	227
	平台当年获得省级以上科学技术奖励	项	40	21	19
	平台当年获得收入	万元	52739.3	47770.3	4969
课题	课题数	个	10028	6009	4019
	课题经费支出内部合计	万元	680996.4	307906.9	373089.5
	课题投入人员	人年	13337	4884	8453
	# R&D 人员	人年	10825	3788	7037
	R&D 课题数	个	8283	5021	3262
	R&D 课题经费内部支出	万元	557236.7	264945.1	292291.6
	当年新增各类计划项目	项	3991	2276	1715
	#承担国家和省部级计划项目	项	1680	853	827
	当年计划项目总经费	万元	337187.7	157090.3	180097.4
	#承担国家和省部级项目总经费	万元	241877	81661.9	160215.1
	当年承担横向课题数	项	3623	2406	1217
	当年获得横向课题经费	万元	100801.6	81230.4	19571.2

省级以上政府部门属未转制科研机构历年情况（2015—2019 年）

指标名称		单位	部属					省属				
			2015	2016	2017	2018	2019	2015	2016	2017	2018	2019
投入	机构数	个	19	19	19	19	19	57	57	57	59	56
	从业人员	人	5306	5481	5524	5966	6283	10784	10729	14486	15515	15626
	# R&D 人员	人	5366	5774	5947	6203	6164	5218	5098	8097	8210	8282
	经费内部支出总额	亿元	36.41	41.72	41.92	45.29	46	55.37	60.70	99.63	110.88	119.33
	R&D 经费内部支出	亿元	21.17	23.72	26.8	29.41	34.46	15.20	14.27	25.77	29.89	35.06
	孵化企业总数	个				82	84				240	293
产出	孵化企业当年收入	亿元				7.47	8.89				15.45	36.99
	经费收入总额	亿元	41.06	46.68	49.15	53.42	57.67	59.50	69.31	105.96	114.65	132.49
	#政府资金	亿元	23.71	25.99	26.7	27.54	29.23	18.84	27.56	26.83	30.33	38.19
	发表科技论文	篇	3544	3777	4130	4063	4206	3528	3944	4643	4600	4764
	专利申请受理数	件	1161	1128	1305	1586	1684	842	892	987	1096	872
	专利授权数	件	702	779	909	944	943	552	533	565	566	629
课题	课题数	个	4086	4634	5091	5316	6009	3240	3100	3754	3908	4019
	课题经费支出内部合计	亿元	18.74	18.94	20.00	25.49	30.79	16.63	14.63	28.12	32.92	37.31

省级以上政府部门属转制科研机构情况

	指标名称	单位	合计	部属	省属
投入	机构数	个	57	31	26
	从业人员	人	44432	39629	4803
	#科技活动人员	人	26262	24228	2034
	#大学本科及以上学历	人	4523	2727	1796
	生产经营活动人员	人	5	5	
	其他人员	人	4237	1993	2244
	# R&D 人员	人	24950	23214	1736
	外聘的流动学者（编制在其他单位）	人	32	26	6
	招收的非本单位在读研究生	人	171	164	7
	经费内部支出总额	万元			
	#科技经费支出	万元			
	生产经营支出	万元			
	其他支出	万元			
	R&D 经费内部支出	万元	96101.6	48213.6	47888
	当年孵化企业数	个	14	4	10
	孵化企业总数	个	53	6	47
产出	孵化企业当年收入	万元	5034.5	3569	1465.5
	经费收入总额	万元			
	#科技活动收入	万元			

续表

	指标名称	单位	合计	部属	省属
产出	#政府资金	万元			
	生产经营收入	万元			
	其他收入	万元			
	发表科技论文	篇	1106	662	444
	#国外发表	篇	197	154	43
	出版科技著作	种	11	9	2
	专利申请受理数	件	3034	2729	305
	#发明专利	件	2319	2105	214
	专利授权数	件	1138	961	177
	#发明专利	件	943	871	72
	有效发明专利总数	件	7397	6297	1100
	当年获省级以上科学技术奖励	项	128	115	13
	当年引进高层次人才	人	54	37	17
	当年制定标准	项	158	81	77
	当年技术服务量	次	9485	3886	5599
	当年技术服务收入	万元	456595.7	173503.4	283092.3
	当年技术成果转化数	项	411	162	249
	当年技术成果转化收入	万元	380292.9	143904.3	236388.6
	当年对外签订技术合同数	项	2673	2293	380
	当年合同成交额	万元	413448.9	236137	177311.9

续表

	指标名称	单位	合计	部属	省属
产出	机构拥有各类科技平台数	个	131	88	43
	平台当年获得省级以上科学技术奖励	项	22	17	5
	平台当年获得收入	万元	234500.4	230555.1	3945.3
课题	课题数	个	604	338	266
	课题经费支出内部合计	万元	101208	54749.2	46458.8
	课题投入人员	人年	3534	1947	1587
	# R&D 人员	人年	2404	1397	1007
	R&D 课题数	个	530	273	257
	R&D 课题经费内部支出	万元	87776.6	42682.2	45094.4
	当年新增各类计划项目	项	1621	1448	173
	#承担国家和省部级计划项目	项	790	711	79
	当年计划项目总经费	万元	565307.4	537236.4	28071
	#承担国家和省部级项目总经费	万元	396149.2	386435.4	9713.8
	当年承担横向课题数	项	1251	1150	101
	当年获得横向课题经费	万元	194137.4	189797.3	4340.1

省级以上政府部门属转制科研机构历年情况（2015—2019 年）

指标名称		单位	部属					省属				
			2015	2016	2017	2018	2019	2015	2016	2017	2018	2019
投入	机构数	个	23	23	37	35	31	26	26	26	26	26
	从业人员	人	7126	6343	42577	36607	39629	4932	4869	4967	4948	4803
	# R&D 人员	人	2910	3163	21940	22394	23214	1617	1606	1810	1831	1736
	R&D 经费内部支出	万元	92796.4	55519.1	54321.4	54503.7	48213.6	377715	35323.4	59875.8	51387.1	47888
产出	发表科技论文	篇	609	657	734	636	662	487	481	542	450	444
	专利申请受理数	件	715	536	1630	2325	961	351	357	404	364	305
	专利授权数	件	353	436	980	686	961	231	229	252	232	177
课题	课题数	个	432	332	361	290	338	244	261	277	286	266
	课题经费支出内部合计	万元	84659.7	51636.4	47400.9	51491.8	54749.2	37583.7	36527.3	43819.6	43373.6	46458.8

注：有单位既属于新型研发机构又是省属、市县属或其他研究与开发机构，所以合计时去除重复单位。

2019 年江苏省规模以上工业企业科技活动统计

2019 Annual Statistics on Science & Technology Activities of Jiangsu Industrial Enterprises above the Designated Size

党的十九大报告提出，要深化科技体制改革，建立以企业为主体、市场为导向、产学研深度融合的技术创新体系，加强对中小企业创新的支持，促进科技成果转化。近几年来，江苏全省持续加强创新型省份建设，加大对企业尤其是制造业企业的研发投入，据统计，2019年全省规模以上工业企业（以下简称“企业”）每万名从业人员中的研发人员超过 600 人，企业研发经费投入超过 2200 亿元，投入强度超过 1.90%，江苏企业为转型升级和助推江苏高质量发展提供了新动能，但是企业研发机构规模偏小，人才流失亟须关注。

【创新投入力度加大】 企业研发队伍继续壮大，人员素质进一步提高。2019 年全省企业共拥有研发人员 69.34 万人，折合全时人员为 50.84 万人年，分别比上年增长 11.2% 和 11.6%。全省企业每万名从业人员中有 609 人参与研发活动，远高于全国平均水平。从企业规模看，研发人员主要集中在大中型企业，大中型企业研发人员占企业研发人员总数的 52.6%；从注册类型看，企业研发人员主要集中在内资企业，内资企业研发人员占全省企业研发人员总数的 72.7%；从分行业看，企业研发人员主要集中在制造业企业，制造业企业研发人员占全省企业研发人员总数的 98.6%；从区域看，企业研发人员主要集中在苏南地区，苏南地区研发人员占全省企业研发人员总数的 65.6%。

研发费用投入总额继续增加，户均投入再创新高。2019 年全省规上工业企业研发经费投入 2206.16 亿元，比上年增长 9.0%。全省研发人员人均使用研发费用 31.81 万元，平均每家有研发活动的企业投入研发人员 25.34 人，研发经费 806.20 万元。从企业规模看，大中型企业研发费用投入 1400.46 亿元，占企业研发费用总投入的 63.5%。其中大型企业 853.57 亿元，占 38.7%；中型企业 546.89 亿元，占 24.8%；微型企业 15.57 亿元，仅占 0.7%。从注册类型看，内资企业研发经费投入 1578.92 亿元，占全省企业研发经费总投入的 71.6%；外资企业 373.46 亿元，占 16.9%；港澳台资企业 253.78 亿元，占 11.5%。从分行业看，制造业企业研发经费投入 2179.97 亿元，占全省企业研发经费总投入的 98.8%。从区域看，苏南地区研发经费投入 1424.74 亿元，占全省企业研发经费总投入的 64.6%。

企业自主研发能力进一步增强，对外依赖度逐渐下降。全省规上企业开展研发（R&D）项目 9.62 万项，比上年增长 21.5%；参加项目人员 47.38 万人年，比上年增长 10.6%，占全部研发人员的 93.2%。项目经费支出 2183.77 亿元，比上年增长 14.0%，项目研发经费占全部企业研发经费的 99.0%。从研发项目的来源看，企业研发项目中政府科技项目 984 项，企业自选项目 9.17 万项，企业自选项目占全部 R&D 项目数的 95.3%。政府科技项目（国家和地方科技项目）仅占企业全部研发项目数的 1.0%，比上年下降了 0.5 个百分点。项目中由企业独立完成的有 8.78 万项，占企业全部项目数的 91.3%，比上年提高了 1.8 个百分点，数据表明企业研发的依赖度正在下降，自主研发能力进一步增强。

企业研发机构稳步推进，创新条件持续改善。随着国际竞争的日趋激烈和创新省份建设工程的不断推进，企业不开展研发活动将失去发展先机，企业研发机构是企业开展研发活动的基础，机构建设尤其重要。在省委、省政府相关政策的激励下，全省工业企业研发机构建设工作稳步推进。2019 年年底，全省有 21303 家企业建立研发机构，比上年增加了 1000 多家，增长 5.0%。全省企业研发机构建有率为 46.23%，比上年提高了 2.35 个百分点。全省企业办各类研发机构 23015 个，比上年增加了 500 多个。全省企业机构经费支出 1913.64 亿元，比上年增长 3.9%。研发机构仪器和设备原价 1562.98 亿元。2019 年全省平均每个研发机构拥有研发人员 24.22 人，平均每个研发机构投入研发经费 831.47 万元。全省企业研发机构规模明显增大，进口设备比重提高，创新条件持续改善，为企业创新活动提供了坚实的基础保障。

政策优惠力度加大，企业实惠更多。企业研发费用加计扣除减免税及高新技术企业享受减免税，是政府相关部门为落实有关政策、加快企业自主创新能力建设而制定的两项科技税收优惠政策。特别是科技 40 条的落实，优惠政策力度的加大，企业实惠更多。2019 年全省享受企业研究开发费用加计扣除减免税的企业比上年增加了 1429 家，达 8735 家，增长 19.6%，研究开发费用加计扣除减免税额为 176.42 亿元，比上年增加了 39.71 亿元，增长 29.0%；全省有研发活动的企业 31.9% 享受了研究开发费用加计扣除减免税政策。当年企业享受高新技术企业减免税的企业 5921 家，享受高新技术企业减免税额 233.32 亿元，比上年增加了 32.80 亿元，增长了 16.4%，全省 47.6% 的高企享受了高新技术企业减免税政策，平均每家高企享受高新技术企业减免税 394.06 万元。企业研发费用加计扣除减免税、高新技术企业享受减免税的力度继续加大，企业享受优惠政策更加充分，有力地推动了江苏省创新活动能力的提高。

【企业创新成效明显】 企业加强知识产权保护，专利申请增长 6.5%。全省企业不断加强知识产权运用和保护，专利申请量质并举，知识产权运用能力有所提升，增强了企业市场竞争的主动权。2019 年，全省规上企业共申请专利 17.59 万件，其中发明专利 5.74 万件，发明专利申请占申请专利的比重为 32.7%；截至 2019 年，全省规上企业拥有有效发明专利 18.09 万件，比上年增长 2.7%；平均每百家企业拥有有效发明专利 393 件，比上年增加 12 件。大中型企业 2019 年申请专利 6.58 万件，其中发明专利 2.97 万件，发明专利申请占申请专利的比重为 45.1%，比上年提高了 3.3 个百分点；企业拥有有效发明专利数 8.05 万件，平均每百家大中型企业拥有有效发明专利 1537 件，比上年增加 105 件。

企业新品开发力度加大，新产品销售收入占比达 26.4%。2019 年全省规上企业新产品开发项目共 9.58 万项，比上年增长 18.4%；投入新产品开发费用 2701.31 亿元，比上年增长 9.4%；新产品销售收入达 3.01 万亿元，比上年增长 5.9%，全省新产品销售收入占主营业务收入比重达 26.4%，比上年提高 4.3 个百分点。从企业规模看，大中型企业新品开发力度大于小微型企业。2019 年全省大中型企业新产品开发项目共 3.13 万项，占全省新产品开发项目总数的 32.7%；投入新产品开发费用 1722.08 亿元，占全省新产品开发费总额的 63.7%；新产品销售收入达 2.23 万亿元，占全省新产品销售收入总额的 74.2%；大中型企业新产品销售收占比达 31.5%，高出全省平均水平 5.1 个百分点。

企业品牌意识增强，注册商标数增长 13.5%。品牌是企业进入市场、占领市场的武器，未来国际市场竞争的主要形式将是品牌的竞争，品牌战略的优劣将成为企业在市场竞争中出奇制胜的法宝。随着中国对外开放程度的不断加深，江苏省企业越来越重视商标的国际注册。近年来，江苏省商标注册申请量在全国申请量中占据重要分量。2019 年，全省规上工业企业拥有注册商标 8.22 万件，比上年增长 13.5%，平均每户企业拥有商标 1.78 件，比上年提高了 0.22 件。大中型企业拥有注册商标占企业全部商标的 57.9%，达 4.75 万件，平均每户企业拥有商标 9.07 件，是小微型企业的 10.7 倍。随着对外开放程度的不断加深，江苏省企业越来越重视商标的国际注册。2019 年全省新申请马德里国际注册商标 838 件。

技术标准领域取得长足进展，“江苏制造”话语权增大。标准作为产业竞争争夺话语权的重要战略工具，对产业创新发展起着重要的支撑作用。企业参与制（修）订国家或行业标准，是反映企业市场竞争力的重要标志之一，在一定程度上能体现企业在行业的话语权。2019 年，全省有 981 家工业企业主导形成国家或行业标准 3529 项。从企业注册类型看，主要集中在内资企业，主导制定国家或行业标准共 2871

项，占全省主导制定国家或行业标准总数的81.4%；从分地区看，主要集中在苏南地区，主导制定国家或行业标准共2412项，占全省主导制定国家或行业标准总数的68.3%；从行业看，主要集中在电气机械和器材制造业、化学原料和化学制品制造业、通用设备制造业三大行业，主导制定国家或行业标准分别为678项、494项和312项，三大行业占全省主导制定国家或行业标准总数的42.1%，“江苏制造”在部分行业的话语权极大地增加。

创新助力企业转型升级，高新技术产业运行稳中向好。全省高新技术产业呈现总体稳中向好、效益稳步提升、结构继续优化的发展势头。2019年，全省高新技术产业累计完成投资同比增长23.3%，高于全省工业投资增速19.4个百分点，高新技术产业投资占工业投资比重达40.0%，比2018年提高8.3个百分点。全省高新技术产业产值同比增长6.0%，高于工业平均水平0.7个百分点；出口交货值同比增长4.9%，高于工业平均水平2.6个百分点；新产品产值同比增长4.2%，高于工业平均水平6.4个百分点；新产品产值率达17.0%，高于工业平均水平5.3个百分点。全省高新技术产业产值占工业比重达44.4%，比2018年末提高0.7个百分点。全省高新技术产业对全省经济的贡献份额进一步加大。

【主要问题】 企业研发机构人才流失严重，博士学历人才下降11%。江苏省企业研发机构人员中高学历人员外流较多，苏北地区尤为严重，应该引起关注。2019年全省规上工业企业研发机构共有研发人员55.74万人，比上年下降了7.1%，高学历人员（硕士以上学历人员）比上年下降了5.7%。其中，博士学历人员比上年下降了11.0%，硕士学历人员比上年下降了4.9%。分地区看，苏北地区企业研发机构硕士以上学历人员比上年下降了21.2%，其中硕士学历人员下降了20.7%，博士下降了23.2%。苏中地区硕士以上学历人员比上年下降了3.8%，其中硕士学历人员下降了2.2%，博士下降了9.5%。苏南地区研发机构中硕士以上学历人员比上年下降了1.9%，其中硕士学历人员下降了1.5%，博士下降了5.5%。当前全国各地通过争抢人才以打通产业结构调整和提高竞争力的大背景下，吸引和集聚人才将面临更大的挑战。

企业利润空间受到挤压，创新积极性受挫。近年来，随着用工、原材料、房租等成本大幅上涨，企业经营成本不断攀升，加之产品差异化小，企业为保住自己的市场份额，不敢随成本上升而相应提升产品价格，利润空间受到挤压。2019年全省规上工业企业主营业务收入下降11.2%，利润同比下降24.4%。其中大型企业主营业务收入下降11.0%，利润同比下降23.2%；中型企业主营业务收入下降13.4%，利润同比下降21.7%。小微型企业利润均下降更为严重，其中小型企业利润下降28.0%，微型企业下降37.3%。全省工业企业有7300多家出现亏损，亏损面达15.9%，亏损 900多亿元，其中亏损超过1000万元的有1400多家，亏损超过1亿元的超过100家。企业成本过高，效益下滑已成为企业创新最主要的阻碍，影响企业创新积极性的提高。

近五成发明专利未被实施，成果转化能力有待提高。2019年，全省规上企业拥有有效发明专利数18.09万件，创历史新高，但是企业依然存在科技成果转化能力不足的问题。2019年全省有效发明专利已被实施9.24万件，占全部有效发明专利的51.1%，有近五成的有效发明专利没有被实施转化。从注册类型看，港澳台商投资企业成果转化率最高，达55.2%，外商投资企业转化率最低，为45.3%；分行业看，烟草制品业有效发明专利被实施比重最高，达87.3%，其次是酒饮料和精制茶制造业71.1%；分地区看，连云港有效发明专利被实施比重最高，为71.3%，其次是泰州和徐州，分别是68.3%和66.0%，已被实施有效发明专利比重最低的是苏州和宿迁，仅为43.4%和43.8%。由此可见，企业的科技产出转化效率仍有待提高。

政府投入与广东相比略显不足，科技政策有待进一步落实。企业科技创新离不开政府的支持，企业科技活动经费中来自政府资金数额，反映政府对企业科技创新扶持力度的重要指标。

2019年，全省企业来自政府部门的科技活动资金为31.68亿元，R&D经费内部支出中政府资金28.61亿元，政府资金占企业R&D经费内部支出的比重为1.30%，与2018年基本持平，比2017年下降0.11个百分点。但是，2019年广东企业来自政府部门的科技活动资金77.17亿元，R&D经费内部支出中政府资金126.68亿元，分别是江苏的2.44倍和4.43倍；2019年，广东企业R&D经费中政府资金占比为5.47%，比江苏高4.17个百分点。

企业研发机构规模偏小，研发实力还需提高。虽然江苏企业研发机构建有率高于广东，但是企业研发机构的规模与广东相比差距明显。2019年，全省企业研发机构人员55.74万人，平均每家研发机构拥有机构人员24.22人；而广东分别是江苏的1.86倍和1.65倍。江苏企业研发机构仪器和设备原价1562.98亿元，平均每家研发机构仪器和设备原价679.11万元；而广东分别是江苏的1.38倍和1.23倍。企业研发机构经费支出1913.64亿元，平均每家研发机构经费支出831.47万元；而广东分别是江苏的2.05倍和1.85倍。江苏企业研发机构平均拥有硕士以上学历人员2.46人，而广东是江苏的2.04倍；江苏企业研发机构中硕士以上学历人员比重为10.14%，而广东达12.53%。

【意见建议】 做好政策落实，确保政策惠企见效。科技政策制定前要加强调研，全面了解企业经营发展情况、企业需要什么样的科技政策，保证政策制定的科学性。要建立企业参与决策机制，在制定有关政策或制度时，广泛听取企业主管部门和企业代表的意见，对不同行业、不同类型的企业“区别对待”，避免“一刀切”的粗放型管理，在保证效果的同时，尽可能减少不必要的损失。为保障政策制度的有效落实，可以建立政策后评价机制和申诉机制，提高政策执行力，避免政策限于“纸上谈兵”，得不到落实。要加强政策宣传，多渠道、全方位宣传解读方针政策，促使企业充分了解并用足用好各项优惠政策，确保政策惠企见效，政策红利的释放。

加大人才引进力度，发挥第一资源的作用。习近平总书记在2018年全国两会上强调，发展是第一要务，人才是第一资源，创新是第一动力。中国强起来要靠创新，创新要靠人才。要加大高端人才的引进，制定实施支持鼓励企业引进国外大顶尖研发人才政策。抓好高水平大学和学科建设的同时，整体推进其他高等教育和职业技工教育，大幅提升社会后备劳动力的专业知识水平和职业技能，为研发创新的供给侧改革提供更为充分更为优秀的人才储备。要为人才做好服务，为人才创造良好的“用人、留人”的环境，增强人才的主人翁意识，发挥人才第一资源的作用，破除制约人才发展的体制机制障碍，释放各类人才的创新活力，让人才富矿成为创新力、竞争力和现实财富，增强企业核心竞争力。

优化政府财政投入结构，调动企业研发创新积极性。坚持把科技投入作为战略性投资，要建立健全财政性科技投入稳定增长机制，舍得下本钱，拿出钱来搞创新，加强对市场竞争前技术研发的支持，重点支持前瞻性技术研发、产业关键共性技术攻关及科技公共服务平台建设。确保各级财政科技投入优先安排、持续增长。优化政府资金支持方式，对市场需求有潜力的研发活动，采用阶梯贴息、绩效奖励等间接支持方式，鼓励企业开展技术创新，支持建立研发准备金、创新券等制度，采取先投入、后补助的方式，采用普惠式基础补助和竞争型增量补助相结合的方式，给予企业一定比例的资金或项目补助，充分调动企业研发投入积极性。

降低企业运行成本，把减负政策落到实处。当今市场竞争日趋激烈，创新成本过高也是严重制约企业创新发展的主要因素之一。持续深化供给侧结构性改革，要全面摸清、梳理涉企收费的项目、标准和时限，找准运行成本高、融资成本贵、收费负担重等问题，公开涉企的收费项目，建立企业收费清单制度，清理取消与行政职权和垄断挂钩的不合理中介服务项目，加强行政审批中介服务收费监管，坚持“法无授权不可为”。把中小企业减负纳入地方政府政绩考核范围，把结构性减税纳入目标任务，建立监督机制，对仍然超范围、超标准、超时限向企业伸手的部门从严查处，让国家的减负政策落到实处。

鼓励企业升级改造，提升产品技术含量。推进高新技术企业所得税优惠、研发费用税前加计扣除等政策落实，完善固定资产加速折旧政策，加速淘汰旧设备、更新设备，促进新旧设备更新换代。技术密集型企业要带头推广共性适用的新技术、新工艺和新标准，对产业链中的关键领域、薄弱环节和共性问题等进行整体技术改造，带动上下游产业链条的集聚发展。劳动密集型企业要购置先进适用设备，加快运用过程控制、资源计划、生产运行系统等信息技术，推动智能化改造，应用新型智能化制造技术，不断提高劳动生产率。资本密集型企业要按照国内外先进标准对现有产品进行改造提升，扩大生产规模，提高产品技术含量和附加值，提升效益。

落实科技成果转化政策，促进企业成果转化。推动科技服务专业化、网络化、规模化、国际化发展，建立健全多层次的技术市场体系，完善人才市场，创新人才服务方式。贯彻落实好《中华人民共和国促进科技成果转化法》《江苏省促进科技成果转移转化行动方案》等关于科技成果转化的政策文件，充分调动科研人员创新创业的活力和积极性。注重完善科技成果转移转化政策环境，强化重点领域和关键环节的系统部署，强化技术、资本、人才、服务等创新资源的深度融合与优化配置，强化科技成果转移转化的协同推进，建立符合科技创新规律和市场经济规律的科技成果转移转化体系，促进科技成果资本化、产业化。

2019 年江苏省高校科技活动统计

2019 Annual Statistics on Scientific & Technological Activities of Universities in Jiangsu Province

2019 年，江苏省参加教育部科技统计年报的高等学校（含独立学院）及附属医院共有 152 家，其中高等学校 149 家，附属医院 3 家。全省高校科技活动主要指标如下。

【科技人力情况】 全省高校拥有科技人力资源 82791 人，其中科学家和工程师 82226 人、教师 55139 人（包括教授 10278 人、副教授 19670 人、讲师 22342 人、助教 2619 人、其他 230 人）、其他技术职务系列人员 27652 人（其中具有高级技术职务的人员 6590 人、中级 12681 人、初级 7816 人、其他 304 人、辅助人员 261 人）。

【科技活动经费情况】 全省高校通过各种渠道共获得科技经费 244.73 亿元（其中 R&D 经费 172.43 亿元），比上年增加 38.69 亿元，增长 18.78%。其中科研事业费 10.86 亿元，主管部门专项费 47 亿元，国家发改委、科技部专项费 24.85 亿元，国家自然科学基金项目费 27.1 亿元，国务院其他部门专项费 8.24 亿元，省（市、区）专项费 9.35 亿元，企事业单位委托科技经费 90.12 亿元。当年支出经费共计 224.26 亿元，转拨给外单位经费 19.16 亿元，内部支出经费 205.1 亿元。

【科技活动机构情况】 全省高校共拥有上级主管部门批准的科技活动机构 957 个（其中 R&D 机构 883 个，比上年增长 9.01%）。机构中从业人员 27507 人，培养研究生 52870 人。各类机构当年共承担课题 33657 项，内部支出 275.3 亿元。固定资产原值 219.44 亿元，其中仪器设备 175.86 亿元。

【科技项目情况】 全省高校共承担科技项目 65205 项，比上年增长 14.14%。共投入科技人员 28488.1 人年，投入经费 172.35 亿元，支出经费 142.65 亿元，参与项目的研究生共 99770 人。

按照性质分：基础研究项目 22530 项，应用研究项目 20238 项，试验与发展项目 7057 项，R&D 成果应用项目 8423 项，其他科技服务项目 6957 项。

按照学科分：自然科学项目 12236 项，工程与技术项目 38305 项，医药科学项目 8833 项，农业科学项目 5831 项。

按照来源分：973 计划 108 项，投入经费 0.21 亿元；国家科技支撑计划 75 项，投入经费 0.38 亿元；863 计划 15 项；科技重大专项 336 项，投入经费 4.31 亿元；国家重点研发计划 1888 项，投入经费 19.63 亿元；国家自然科学基金项目 14171 项，投入经费 27.41 亿元；主管部门科技项目 2344 项，投入经费 11.3 亿元；国家部委其他科技项目 1446 项，投入经费 8.2 亿元；省（市、区）科技项目 4821 项，投入经费 9.14 亿元；企事业单位委托科技项目 32108 项，投入经费 82.1 亿元。

【技术转让及知识产权情况】 全省高校共实现技术转让 3369 项（其中专利所有权转让及许可 2574 件，其他知识产权转让及许可 201 件），合同金额 7.75 亿元，当年实际收入 4.41 亿元。向国有企业转让 460 项，向外资企业转让 24 项，向民营企业转让 2732 项，向其他单位转让 153 项。

全省高校共申请专利 47824 件，比上年增长 3.07%，其中申请国际专利 755 件、发明专利 32147 件、实用新型 13630 件、外观设计 2047 件；授权专利 27989 件，比上年增长 14.86%，其中授权国际专利 399 件、发明专利 13167 件、实用新型 13110 件、外观设计 1712 件；发明专利申请量和授权量分别比上年增长 7.16% 和 11.82%。截至 2019 年年底，全省高校专利拥有数 98826 件，比上年增加 10254 件，增长 11.58%；发明专利拥有数 55109 件，比上年增加 5867 件，增长 11.91%。

【科技专著与论文情况】 全省高校出版科技著作 369 部，大专院校教科书 624 部，编著 142 部。发表科技论文 110356 篇，比上年增长 8.81%；SCIE 收录论文 40238 篇，EI 收录 23158 篇，ISTP 收录 4094 篇。

【国家级项目验收与成果获奖情况】 全省高校共有 152 项国家级项目通过验收，其中 973 计划 20 项、国家科技支撑计划 8 项、863 计划 1 项、国家自然科学基金重点项目 61 项、军工项目 62 项。

全省高校共获 2019 年度国家科学技术奖通用项目 29 项（其中主持 17 项），占全国高校通用项目获奖总数的 14.08%，获奖数量位居全国省（区、市）第二；占全省通用项目获奖总数的 52.73%。其中获自然科学奖 3 项、技术发明奖通用项目 7 项、科学技术进步奖通用项目 19 项，分别占全国高校通用项目获奖数的 8.57%、15.91%、14.96%，占全省通用项目获奖数的 100%、70%、45.24%。其中河海大学参与完成的“长江三峡枢纽工程”项目、江苏科技大学参与完成的“海上大型绞吸疏浚装备的自主研发与产业化”项目分别获得国家科学技术进步奖特等奖。

全省高校共获 2019 年度教育部高等学校科学研究优秀成果奖（科学技术）奖通用项目 64 项，占通用项目获奖总数的 21.84%，获奖数量位居全国省（区、市）第二。其中，获自然科学奖 22 项、技术发明奖通用项目 9 项、科学技术进步奖通用项目 33 项，分别占获奖数的 18.33%、20.45%、25.58%。另有苏州大学刘庄教授获青年科学奖。

全省高校共获 2019 年度江苏省科学技术奖 191 项，占获奖项目总数的 69.96%，其中获一等奖 35 项、二等奖 57 项、三等奖 99 项，分别占获奖总数的 77.78%、70.37%、67.35%；共有 2 人获省基础研究重大贡献奖、5 人获省青年科技杰出贡献奖。

【科技交流情况】 全省高校合作研究共派遣 5220 人次，接受 4877 人次；主办国际学术会议 210 场次，出席国际学术会议 18158 人次，交流论文 14514 篇，特邀报告 2481 篇。

（江苏省教育厅）

2019 年度江苏省咨询业统计简报

2019 Annual Statistics on Consultative Services of Jiangsu Province

江苏省科技咨询协会对全省 217 家信誉咨询企业和咨询研究机构(以下简称“咨询单位”)进行了 2019 年度经营状况的统计工作，现将统计结果简报如下。

【咨询单位】 在 217 家咨询单位中：企业 179 家，占 82.5%；其他(含事业单位)38 家，占 17.5%。

按经济性质分：在 217 家咨询单位中，国有经济性质的咨询单位共 21 家，非国有经济性质的咨询单位 196 家，占 90.3%，其中有限责任公司、股份制有限公司、集体企业等 137 家，民营企业 41 家，其他 18 家。

【咨询从业人员】 217 家咨询单位 2019 年年末职工总数为 50356 人(上年为 51253 人)，其中从事咨询业务的人员总数为 37682 人(上年为 38046 人)，占职工总数的 75%；具有大专以上学历的人员总数为 36281 人，占职工总数的 72%。在从事咨询业务的人员中，具有高、中级职称的人员有 22770 人，占职工总数的 45%，其中获得博士学位的有 1344 人，获硕士学位的有 8266 人。

【咨询业务】 2019 年度 217 家咨询单位承担咨询项目的合同总金额为 263.35 亿元(上年为 229.56 亿元)。其中政策咨询 6.59 亿元，占 2.51%；技术咨询 40.27 亿，占 15.29%；管理咨询 8.05 亿元，占 3.06%；工程咨询 202.06 亿元，占 76.72%；其他咨询 6.38 亿元，占 2.42%。

2019 年共承担各类咨询项目 161968 项(上年为 166992 项)。其中政策咨询 6788 项，占 4.19%；技术咨询 70705 项，占 43.65%；管理咨询 6727 项，占 4.15%；工程咨询 60344 项，占 37.26%；其他咨询 17404 项，占 10.74%。

项目来源：政府部门委托 23236 项(上年为 28850 项)，占 14%；国内客户委托 119227 项，占 73%；涉外咨询 12800 项，占 8%；其他 6705 项，占 4%。

【经济效益】 2019 年度 217 家咨询单位经营总收入为 412.50 亿元(上年为 410.91 亿元)，其中咨询收入 208.51 亿元(上年为 188.08 亿元)。

2019 年度 217 家会员单位向国家缴纳税金 28.20 亿元(上年为 20.95 亿元)。

【经营规模】 在 217 家咨询单位中，2019 年度咨询收入在亿元以上的有 29 家(上年为 27 家)；5000 万元～1 亿元以上的有 24 家(上年为 21 家)；1000 万元～5000 万元的有 86 家(上年为 85 家)。

平均每个咨询单位拥有咨询从业人员 174 人(上年为 173 人)；年平均完成咨询项目 746 项(上年为 762 项)；平均每个咨询单位年咨询收入 9609 万元(上年为 8588 万元)；平均每个咨询项目合同完成后获得的咨询收入为 12.87 万元(上年为 10 万元)。

【社会效益】 在 217 家咨询单位 2019 年完成的全部咨询项目中，有部分项目给客户带来直接经济效益。其中有 72584 项完成后为委托方节省或核减投资额 132.93 亿元，而完成上述项目后委托方支付的咨询费用合计 41.20 亿元，咨询投入回报率为 1∶3；有 23550 项完成后为企业直接增加效益或降低成本的当年净值 58.57 亿元，而完成上述项目后委托方支付的咨询费用合计共 42.16 亿元，咨询投入回报率为 1∶1.4。

(江苏省科技咨询协会)

2019 年江苏省科学技术协会统计

2019 Annual Statistics of Jiangsu for Science & Technology

2019 年江苏省省级科协统计

为科技工作者服务

指标名称	单　位	2019 年实际	2018 年对照
思想政治教育及能力提升			
举办各类思想政治教育培训班及活动	场次	3	
其中：科协党校主题教育培训班数	期	0	
其中：举办科学道德和学风建设宣讲活动	场次	3	3
各类思想政治教育培训班参训人数及活动受众人数	人次	3400	
其中：科协党校主题教育培训班参训人数	人次	0	
其中：举办科学道德和学风建设宣讲活动受众人数	人次	3400	44400
举办干部教育培训班	场次	4	5
干部教育培训班参训人数	人次	220	346
举办继续教育培训班	场次	1	5
其中：举办技术创新方法培训班	场次	0	
继续教育培训班参训人数	人次	50	434
其中：技术创新方法培训班参训人数	人次	0	
表彰举荐			
向省部级（含）以上科技奖项、人才计划（工程）举荐的人才数	人次	21	6
向省部级（含）以上科技奖项推荐获奖的项目数	项	1	18
科技人才信息库数	个	7	8
科技人才信息库人员数	人	3829	
举荐院士候选人	人次	17	
设立科技奖项数	个	1	1
其中：人物类奖项数	个	1	
其中：成果类奖项数	个	0	
表彰奖励科技工作者	人次	0	20

续表

指标名称	单位	2019 年实际	2018 年对照
其中：表彰奖励女性科技工作者	人次	0	4
其中：表彰奖励 45 岁及以下科技工作者	人次	0	19
媒体宣传			
通过媒体宣传科技工作者人数	人次	468	377
按照媒体级别分类			
其中：中央 / 省级媒体宣传科技工作者人数	人次	6	327
按照媒体介质分类			
其中：广播电视宣传科技工作者人数	人次	86	35
其中：纸质媒体宣传科技工作者人数	人次	156	296
其中：网络新媒体宣传科技工作者人数	人次	225	365
志愿服务			
举办科技志愿服务活动	场次	0	
参与科技志愿服务活动人数	人次	0	
科技志愿服务组织	个	0	
科技志愿者数	人	0	2558
专职科普人员数	人	18	7
兼职科普人员数	人	3	4
维权服务			
开展维护科技工作者权益活动数	次	2	
科技工作者维权活动受益人数	人次	2	
通过群众来信、信访热线等方式服务科技工作者数	次	0	
服务科技工作者受益人数	人次	0	

科技决策咨询

指标名称	单位	2019 年实际	2018 年对照
队伍建设			
建立合作关系或共同开展研究项目等的企业、高校、科研院所数量	个	2	
研究人员数量	人	21	
其中：本单位研究人员数	人	2	

续表

指标名称	单　位	2019 年实际	2018 年对照
其中：副高级以上职称数	人	12	
其中：硕士及以上学位数	人	21	
决策咨询活动			
开展科技评估数	次	4	7
举办决策咨询活动次数	场次	2	1
其中：接受媒体采访或发表声明	场次	1	
参加活动专家数	人	26	45
组织政协科协界委员协商或调研活动数	次	2	
组织政策解读活动数	次	1	
组织参与立法咨询数	次	3	2
研究项目			
开展研究项目个数	个	14	
其中：国家及省部级研究项目数	个	2	
其中：社会来源研究项目数	个	12	
其中：来自各级科协委托类研究项目数	个	2	
研究经费总额	元	1000000	
其中：来自各级科协委托类研究经费总额	元	200000	
专项调查			
科技工作者状况调查点数	个	60	60
报送科技工作者站点信息数	篇	380	
开展各类专项调查数	次	2	
其中：开展科技工作者状况专项调查数	次	1	
形成专项调查报告数	篇	2	
反映科技工作者建议			
反映科技工作者建议数	篇	13	11
其中：获上级领导批示科技工作者建议数	篇	9	7
其中：获上级领导批示数	条	9	
答复人大、政协代表（委员）提案			
答复人大、政协代表（委员）提案数	件	4	

续表

指标名称	单 位	2019 年实际	2018 年对照
科技决策咨询报告书籍刊物等及宣传			
提供决策咨询报告数	篇	3	1
其中：获上级领导批示决策咨询报告数	篇	2	2
其中：获上级领导批示数	条	2	
发表论文、文章等	篇	0	
其中：发布政策解读文章	篇	0	
出版科技决策咨询类图书数	种	1	
印刷数	册	200	
在网络与新媒体上宣传科技决策成果数	次	20	
传播量或浏览量	次	10000	

学术交流

指标名称	单 位	2019 年实际	2018 年对照
推进创新创业服务活动			
开展推进创新创业活动项数	项	40	
其中：举办竞赛、论坛、展览等	场次	11	9
其中：开展咨询、教育、培训等	场次	20	16
其中：开展投融资、成果转化等	项	9	5
参与服务活动的科技工作者人数	人次	2460	
专家服务			
专家服务工作站（中心）数	个	38	64
专家进站（中心）人数	人次	269	500
专家服务团队数	个	10	8
参加服务团队专家人数	人次	83	90
标准制定			
技术标准研制数量	个	0	
团体标准研制数量	个	0	
学术会议			
国内学术会议	场次	10	9

续表

指标名称	单　位	2019 年实际	2018 年对照
其中：学术年会	场次	0	1
参加人次	人次	1320	3860
交流论文、报告数	篇	16	89
境内国际学术会议	场次	5	3
参加人数	人次	9480	4600
其中：境外专家学者	人次	5	309
交流论文、报告数	篇	835	
港澳台地区学术会议	场次	0	
参加人数	人次	0	
交流论文、报告数	篇	0	
学术期刊			
主办科技期刊	种	3	5
编委会成员数	人	23	
其中：中国两院院士数	人	5	
其中：国际编委数	人	0	
编辑部总数	人	25	
其中：高级技术职称数	人	3	
其中：硕士、博士及以上学位数	人	4	
科技期刊印刷量	册	3829495	3988900
科技期刊发表文章数	篇	2000	

国际及港澳台地区民间科技交流

指标名称	单　位	2019 年实际	2018 年对照
加入国际民间科技组织	个	0	3
任职专家	人	0	
其中：高级别任职专家	人	0	
其中：一般级别任职专家	人	0	
普通工作人员	人	0	
组织参加国际科学计划	项	0	

续表

指标名称	单 位	2019 年实际	2018 年对照
参加大陆境外科技活动人数	人次	1078	1093
其中：参加港澳台地区科技活动人数	人次	1041	1032
接待大陆境外专家学者	人次	882	791
其中：接待港澳台地区专家学者	人次	193	144
海外人才离岸创新创业基地	个	12	11
海智计划工作基地	个	69	68

科学普及

指标名称	单 位	2019 年实际	2018 年对照
科普基础设施建设			
实体科技馆	个	0	
其中：实行免费开放的科技馆	个	0	
实体科技馆建筑面积	平方米	0	
实体科技馆展厅面积	平方米	0	
实体科技馆参观人数	人次	0	
数字科技馆 / 科技馆官方网站数	个	0	
数字科技馆 / 科技馆官方网站日均页面浏览量	人次	0	
数字科技馆 / 科技馆官方网站科普资源总量	TB	0	
流动科技馆	个	0	0
本年度流动科技馆巡展站点数	个	0	
本年度流动科技馆巡展受众人数	人次	0	
科普（技）活动站（室、中心）	个	0	
全年参加活动（培训）人数	人次	0	
科普大篷车	辆	0	
科普大篷车下乡数	次	0	
科普大篷车覆盖数	人	0	
科普大篷车行驶里程	公里	0	
科普大篷车展品数量	件	0	
科普中国 e 站	个	0	0

续表

指标名称	单 位	2019 年实际	2018 年对照
科普画廊建筑面积	平方米	0	
科普画廊展示面积	平方米	0	
科普宣讲活动			
举办科普宣讲活动	次	274	
其中：专家科普报告会	次	265	
其中：专题展览	次	1	
其中：开展科技咨询	次	0	
其中：属于全国科普日、科普周活动次数	次	239	
其中：举办青少年科普活动	次	258	
科普活动受众人数	人次	94800	
其中：属于全国科普日、科普周活动受众人数	人次	91400	
其中：青少年科普活动受众人次	人次	82000	
参加活动科技人员、专家人数	人	2539	
参加科普宣讲活动的学会、协会、研究会数	个	143	
科普宣讲活动覆盖村（社区）数	个	0	
举办实用技术培训	场次	12	
实用技术培训人数	人次	1450	
推广新技术、新品种	种	0	
青少年科技教育			
举办青少年科技竞赛	次	14	10
参加人数	人次	2861309	2375656
获奖人数	人次	54465	46697
青少年参加国际及港澳台地区科技交流活动	次	6	2
参加人数	人次	130	109
举办青少年高校科学营	次	1	1
参加人数	人次	1150	1254
编印青少年科技教育资料	种	0	1
总印数	册	0	15000
举办青少年科技教育活动和培训	次	32	16
参加人数	人次	28379	3633

续表

指标名称	单 位	2019 年实际	2018 年对照
面向青少年的各类人才培养计划培养学生人数	人次	80	0
其中：中学生英才计划培养学生人数	人次	50	38
科普传播			
纸质媒体			
编著科技图书	种	0	
科技图书总印数	册	0	
主办科技报纸	种	1	1
报纸总印数	份	3600000	5426022
制作科普挂图	种	0	6
科普挂图总印数	份	0	15900
非纸质媒体			
制作科技广播、影视节目数	套	3	3
制作节目播放时间	分钟	19144	1182
播放科技广播、影视节目时长	分钟	0	
其中：电台、电视台播放科技节目时长	分钟	0	
制作科普动漫作品	套	1	1
科普动漫作品播放时间	分钟	5000	4800
本级电视台是否开设科教栏目	是 / 否	0	
本级广播电台是否开设科教栏目	是 / 否	0	
主办科技传播类网站	个	4	3
浏览人数	人次	3183628	373824
主办科普 APP 或设置科普栏目的综合类 APP	个	1	3
科普 APP 下载安装数	次	100200	60000
科普 APP 更新频次	次	1323	
主办科普微信公众号	个	7	7
关注数	人	320299	266300
年度总阅读数	人次	1472601	
主办科普微博	个	2	2
粉丝数	个	78321	80122

科协系统调查单位基本情况

指标名称	单　位	2019 年实际	2018 年对照
科协系统机构和人员			
科协数	个	1	1
直属单位数	个	8	8
各级科协代表大会人数	人	750	738
委员会委员人数	人	200	200
其中：常务委员会委员数	人	56	56
从业人员数（科协机关 + 直属单位）	人	237	242
其中：女性从业人员数（科协机关 + 直属单位）	人	92	99
企业（园区）科协数	个	0	
企业（园区）科协个人会员数	人	0	
高校科协数	个	25	20
高校科协个人会员数	人	41557	35804
乡镇 / 街道科协数	个	0	
乡镇 / 街道科协个人会员数	人	0	
社区 / 农村科协数	个	0	
街道科协个人会员数	人	0	
农技协数	个	0	1
农技协个人会员数	人	0	864
各级科协部门经费总收入	元	172250303	
各级科协部门经费总支出	元	166563273	
各级科协所属学会数	个	150	
本级科协所属学会个人会员数	人	0	
本级科协所属学会总收入	元	0	
本级科协所属学会总支出	元	0	

2019 年江苏省地级科协统计

为科技工作者服务

指标名称	单　位	2019 年实际	2018 年对照
思想政治教育及能力提升			
举办各类思想政治教育培训班及活动	场次	36	
其中：科协党校主题教育培训班数	期	9	
其中：举办科学道德和学风建设宣讲活动	场次	15	5
各类思想政治教育培训班参训人数及活动受众人数	人次	7402	
其中：科协党校主题教育培训班参训人数	人次	232	
其中：举办科学道德和学风建设宣讲活动受众人数	人次	6796	12950
举办干部教育培训班	场次	31	23
干部教育培训班参训人数	人次	2510	2091
举办继续教育培训班	场次	15	23
其中：举办技术创新方法培训班	场次	10	
继续教育培训班参训人数	人次	1022	16237
其中：技术创新方法培训班参训人数	人次	733	
表彰举荐			
向省部级（含）以上科技奖项、人才计划（工程）举荐的人才数	人次	41	52
向省部级（含）以上科技奖项推荐获奖的项目数	项	9	3
科技人才信息库数	个	10	9
科技人才信息库人员数	人	2382	
举荐院士候选人	人次	3	
设立科技奖项数	个	25	5
其中：人物类奖项数	个	18	
其中：成果类奖项数	个	6	
表彰奖励科技工作者	人次	664	1188
其中：表彰奖励女性科技工作者	人次	198	159
其中：表彰奖励 45 岁及以下科技工作者	人次	329	249
媒体宣传			
通过媒体宣传科技工作者人数	人次	1209	1176

续表

指标名称	单 位	2019 年实际	2018 年对照
按照媒体级别分类			
其中：中央 / 省级媒体宣传科技工作者人数	人次	63	187
按照媒体介质分类			
其中：广播电视宣传科技工作者人数	人次	234	207
其中：纸质媒体宣传科技工作者人数	人次	368	604
其中：网络新媒体宣传科技工作者人数	人次	614	741
志愿服务			
举办科技志愿服务活动	场次	904	
参与科技志愿服务活动人数	人次	40670	
科技志愿服务组织	个	247	
科技志愿者人数	人	6067	40101
专职科普人员数	人	559	356
兼职科普人员数	人	44514	50557
维权服务			
开展维护科技工作者权益活动数	次	7	
科技工作者维权活动受益人数	人次	247	
通过群众来信、信访热线等方式服务科技工作者数	次	8	
服务科技工作者受益人数	人次	10	

科技决策咨询

指标名称	单 位	2019 年实际	2018 年对照
队伍建设			
建立合作关系或共同开展研究项目等的企业、高校、科研院所数量	个	1	
研究人员数量	人	6	
其中：本单位研究人员数	人	1	
其中：副高级以上职称数	人	2	
其中：硕士及以上学位数	人	6	
决策咨询活动			
开展科技评估数	次	10	3

续表

指标名称	单 位	2019 年实际	2018 年对照
举办决策咨询活动次数	场次	15	19
其中：接受媒体采访或发表声明	场次	2	
参加活动专家数	人	58	119
组织政协科协界委员协商或调研活动数	次	15	9
组织政策解读活动数	次	1	2
组织参与立法咨询数	次	0	
研究项目			
开展研究项目数	个	2	
其中：国家及省部级研究项目数	个	0	
其中：社会来源研究项目数	个	0	
其中：来自各级科协委托类研究项目数	个	2	
研究经费总额	元	100000	
其中：来自各级科协委托类研究经费总额	元	100000	
专项调查			
科技工作者状况调查点数	个	90	57
报送科技工作者站点信息数	篇	160	
开展各类专项调查数	次	18	
其中：开展科技工作者状况专项调查数	次	13	
形成专项调查报告数	篇	15	
反映科技工作者建议			
反映科技工作者建议数	篇	220	195
其中：获上级领导批示科技工作者建议数	篇	21	24
其中：获上级领导批示数	条	16	
答复人大、政协代表（委员）提案			
答复人大、政协代表（委员）提案数	件	16	22
科技决策咨询报告书籍刊物等及宣传			
提供决策咨询报告数	篇	145	189
其中：获上级领导批示决策咨询报告数	篇	24	38
其中：获上级领导批示数	条	6	

续表

指标名称	单 位	2019 年实际	2018 年对照
发表论文、文章等	篇	0	
其中：发布政策解读文章	篇	0	
出版科技决策咨询类图书数	种	0	
印刷册数	册	0	
在网络与新媒体上宣传科技决策成果数	次	2	
传播量或浏览量	次	30000	

学术交流

指标名称	单 位	2019 年实际	2018 年对照
推进创新创业服务活动			
开展推进创新创业活动数	项	180	
其中：举办竞赛、论坛、展览等	场次	97	79
其中：开展咨询、教育、培训等	场次	118	111
其中：开展投融资、成果转化等	项	22	34
参与服务活动的科技工作者人数	人次	6590	
专家服务			
专家服务工作站（中心）数	个	71	74
专家进站（中心）人数	人次	381	404
专家服务团队数	个	52	86
参加服务团队专家人数	人次	1829	819
标准制定			
技术标准研制数量	个	7	2
团体标准研制数量	个	0	0
学术会议			
国内学术会议	场次	98	148
其中：学术年会	场次	23	45
参加人数	人次	37630	61400
交流论文、报告篇数	篇	2774	1862

续表

指标名称	单 位	2019 年实际	2018 年对照
境内国际学术会议	场次	9	16
参加人数	人次	7485	6894
其中：境外专家学者	人次	120	230
交流论文、报告数	篇	253	201
港澳台地区学术会议	场次	1	
参加人次	人次	10	
交流论文、报告数	篇	1	
学术期刊			
主办科技期刊	种	3	9
编委会成员人数	人	55	
其中：中国两院院士数	人	0	
其中：国际编委数	人	0	
编辑部总数	人	75	
其中：高级技术职称数	人	0	
其中：硕士、博士及以上学位数	人	0	
科技期刊印刷量	册	86000	76011
科技期刊发表文章数	篇	25	20

国际及港澳台地区民间科技交流

指标名称	单 位	2019 年实际	2018 年对照
加入国际民间科技组织	个	0	1
任职专家	人	0	2
其中：高级别任职专家	人	0	
其中：一般级别任职专家	人	0	2
普通工作人员	人	0	
组织参加国际科学计划	项	0	0
参加大陆境外科技活动人数	人次	36	37
其中：参加港澳台地区科技活动人数	人次	22	9
接待大陆境外专家学者	人次	351	344

续表

指标名称	单　位	2019 年实际	2018 年对照
其中：接待港澳台地区专家学者	人次	77	68
海外人才离岸创新创业基地	个	6	
海智计划工作基地	个	26	10

科学普及

指标名称	单　位	2019 年实际	2018 年对照
科普基础设施建设			
实体科技馆	个	5	4
其中：实行免费开放的科技馆	个	5	4
实体科技馆建筑面积	平方米	105500	77900
实体科技馆展厅面积	平方米	60160	30600
实体科技馆参观人数	人次	2546149	1345754
数字科技馆 / 科技馆官方网站数	个	3	
数字科技馆 / 科技馆官方网站日均页面浏览量	人次	8110	
数字科技馆 / 科技馆官方网站科普资源总量	TB	190	
流动科技馆	个	4	4
本年度流动科技馆巡展站点数	个	55	
本年度流动科技馆巡展受众人数	人次	230400	
科普（技）活动站（室、中心）	个	459	453
全年参加活动（培训）人数	人次	2808920	2849974
科普大篷车	辆	4	3
科普大篷车下乡次数	次	160	149
科普大篷车覆盖人数	人	108046	92000
科普大篷车行驶里程	公里	17000	13000
科普大篷车展品数量	件	95	
科普中国 e 站	个	1847	965
科普画廊建筑面积	平方米	22682	34809
科普画廊展示面积	平方米	34136	34809

续表

指标名称	单　位	2019 年实际	2018 年对照
科普宣讲活动			
举办科普宣讲活动	次	3060	
其中：专家科普报告会	次	557	
其中：专题展览	次	106	
其中：开展科技咨询	次	304	
其中：属于全国科普日、科普周活动数	次	545	
其中：举办青少年科普活动	次	1467	
科普活动受众人数	人次	3770150	
其中：属于全国科普日、科普周活动受众人数	人次	1989050	
其中：青少年科普活动受众人数	人次	1200600	
参加活动科技人员、专家数	人	19316	
参加科普宣讲活动的学会、协会、研究会数	个	1015	
科普宣讲活动覆盖村（社区）数	个	2509	
举办实用技术培训	场次	249	
实用技术培训人数	人次	24302	
推广新技术、新品种	种	159	
青少年科技教育			
举办青少年科技竞赛	次	113	73
参加人数	人次	1030645	70922581
获奖人数	人次	97106	51979
青少年参加国际及港澳台地区科技交流活动	次	2	
参加人数	人次	16	
举办青少年高校科学营	次	14	9
参加人数	人次	618	501
编印青少年科技教育资料	种	10	10
总印数	册	25150	68200
举办青少年科技教育活动和培训	次	117	62
参加人数	人次	50603	30391
面向青少年的各类人才培养计划培养学生人数	人次	1036	0

续表

指标名称	单　位	2019 年实际	2018 年对照
其中：中学生英才计划培养学生人数	人次	13	18
科普传播			
纸质媒体			
编著科技图书	种	17	15
科技图书总印数	册	464800	531000
主办科技报纸	种	0	
报纸总印数	份	0	
制作科普挂图	种	97	17
科普挂图总印数	份	45931	50000
非纸质媒体			
制作科技广播、影视节目数	套	425	37
制作节目播放时间	分钟	283665	30620
播放科技广播、影视节目时长	分钟	182698	
其中：电台、电视台播放科技节目时长	分钟	6240	
制作科普动漫作品	套	60	9
科普动漫作品播放时间	分钟	8945	30711
本级电视台是否开设科教栏目	是 / 否	0	
本级广播电台是否开设科教栏目	是 / 否	0	
主办科技传播类网站	个	14	8
浏览人数	人次	4463506	4909462
主办科普 APP 或设置科普栏目的综合类 APP	个	0	1
科普 APP 下载安装数	次	0	2000
科普 APP 更新频次	次	0	
主办科普微信公众号	个	15	11
关注数	人	526294	759236
年度总阅读数	人次	7718179	
主办科普微博	个	5	2
粉丝数	个	25013	18263

科协系统调查单位基本情况

指标名称	单　位	2019 年实际	2018 年对照
科协系统机构和人员			
科协数	个	13	12
直属单位数	个	17	17
各级科协代表大会数	人	5306	4514
委员会委员数	人	1418	1218
其中：常务委员会委员数	人	548	499
从业人员数（科协机关 + 直属单位）	人	487	339
其中：女性从业人员数（科协机关 + 直属单位）	人	208	124
企业（园区）科协数	个	486	32
企业（园区）科协个人会员数	人	108716	
高校科协数	个	80	76
高校科协个人会员数	人	88845	100625
乡镇 / 街道科协数	个	10	84
乡镇 / 街道科协个人会员数	人	10	5556
社区 / 农村科协数	个	43	
街道科协个人会员数	人	43	
农技协数	个	31	400
农技协个人会员数	人	3178	25556
各级科协部门经费总收入	元	212414974	
各级科协部门经费总支出	元	210636282	
各级科协所属学会数	个	700	
本级科协所属学会个人会员数	人	0	
本级科协所属学会总收入	元	0	
本级科协所属学会总支出	元	0	

2019 年江苏省县级科协统计

为科技工作者服务

指标名称	单　位	2019 年实际	2018 年对照
思想政治教育及能力提升			
举办各类思想政治教育培训班及活动	场次	120	
其中：科协党校主题教育培训班数	期	31	
其中：举办科学道德和学风建设宣讲活动	场次	61	25
各类思想政治教育培训班参训人数及活动受众人数	人次	47329	
其中：科协党校主题教育培训班参训人数	人次	1926	
其中：举办科学道德和学风建设宣讲活动受众人数	人次	43147	42905
举办干部教育培训班	场次	114	100
干部教育培训班参训人数	人次	8742	8020
举办继续教育培训班	场次	224	100
其中：举办技术创新方法培训班	场次	18	
继续教育培训班参训人数	人次	17425	17710
其中：技术创新方法培训班参训人数	人次	958	
表彰举荐			
向省部级（含）以上科技奖项、人才计划（工程）举荐的人才数	人次	46	34
向省部级（含）以上科技奖项推荐获奖的项目数	项	17	36
科技人才信息库数	个	44	21
科技人才信息库人员数	人	52575	
举荐院士候选人	人次	6	1
设立科技奖项数	个	80	7
其中：人物类奖项数	个	52	
其中：成果类奖项数	个	14	
表彰奖励科技工作者	人次	1971	2147
其中：表彰奖励女性科技工作者	人次	560	593
其中：表彰奖励 45 岁及以下科技工作者	人次	1129	1042
媒体宣传			
通过媒体宣传科技工作者人数	人次	1820	1341

续表

指标名称	单　位	2019 年实际	2018 年对照
按照媒体级别分类			
其中：中央 / 省级媒体宣传科技工作者人数	人次	116	118
按照媒体介质分类			
其中：广播电视宣传科技工作者人数	人次	571	455
其中：纸质媒体宣传科技工作者人数	人次	551	475
其中：网络新媒体宣传科技工作者人数	人次	784	464
志愿服务			
举办科技志愿服务活动	场次	659	
参与科技志愿服务活动人数	人次	156660	
科技志愿服务组织	个	229	
科技志愿者数	人	48932	430426
专职科普人员数	人	5215	5541
兼职科普人员数	人	45078	55012
维权服务			
开展维护科技工作者权益活动数	次	39	
科技工作者维权活动受益人数	人次	424	
通过群众来信、信访热线等方式服务科技工作者数	次	61	
服务科技工作者受益人数	人次	348	

科技决策咨询

指标名称	单　位	2019 年实际	2018 年对照
队伍建设			
建立合作关系或共同开展研究项目等的企业、高校、科研院所数量	个	5	
研究人员数量	人	614	
其中：本单位研究人员数	人	5	
其中：副高级以上职称数	人	184	
其中：硕士及以上学位数	人	389	
决策咨询活动			
开展科技评估数	次	25	4

续表

指标名称	单位	2019 年实际	2018 年对照
举办决策咨询活动次数	场次	29	20
其中：接受媒体采访或发表声明	场次	1	
参加活动专家数	人	222	192
组织政协科协界委员协商或调研活动数	次	53	39
组织政策解读活动数	次	23	6
组织参与立法咨询数	次	6	2
研究项目			
开展研究项目数	个	13	
其中：国家及省部级研究项目数	个	0	
其中：社会来源研究项目数	个	0	
其中：来自各级科协委托类研究项目数	个	0	
研究经费总额	元	65000	
其中：来自各级科协委托类研究经费总额	元	0	
专项调查			
科技工作者状况调查点数	个	87	52
报送科技工作者站点信息数	篇	170	
开展各类专项调查数	次	46	
其中：开展科技工作者状况专项调查数	次	27	
形成专项调查报告数	篇	42	
反映科技工作者建议			
反映科技工作者建议数	篇	527	566
其中：获上级领导批示科技工作者建议数	篇	87	87
其中：获上级领导批示数	条	14	
答复人大、政协代表（委员）提案			
答复人大、政协代表（委员）提案数	件	35	18
科技决策咨询报告书籍刊物等及宣传			
提供决策咨询报告数	篇	88	64
其中：获上级领导批示决策咨询报告数	篇	37	36
其中：获上级领导批示数	条	6	

续表

指标名称	单　位	2019 年实际	2018 年对照
发表论文、文章等	篇	7	
其中：发布政策解读文章	篇	1	
出版科技决策咨询类图书数	种	0	
印刷册数	册	0	
在网络与新媒体上宣传科技决策成果数	次	134	
传播量或浏览量	次	3700	

学术交流

指标名称	单　位	2019 年实际	2018 年对照
推进创新创业服务活动			
开展推进创新创业活动数	项	418	
其中：举办竞赛、论坛、展览等	场次	121	29
其中：开展咨询、教育、培训等	场次	250	136
其中：开展投融资、成果转化等	项	42	14
参与服务活动的科技工作者人数	人次	4060	
专家服务			
专家服务工作站（中心）数	个	94	271
专家进站（中心）人数	人次	1281	1372
专家服务团队数	个	60	174
参加服务团队专家人数	人次	2324	7031
标准制定			
技术标准研制数量	个	2	1
团体标准研制数量	个	0	0
学术会议			
国内学术会议	场次	105	240
其中：学术年会	场次	28	38
参加人数	人次	54657	74102
交流论文、报告篇数	篇	1421	2474
境内国际学术会议	场次	21	13

续表

指标名称	单　位	2019 年实际	2018 年对照
参加人次	人次	6516	2447
其中：境外专家学者	人次	84	266
交流论文、报告数	篇	517	130
港澳台地区学术会议	场次	3	0
参加人数	人次	301	0
交流论文、报告数	篇	15	0
学术期刊			
主办科技期刊	种	4	5
编委会成员人数	人	37	
其中：中国两院院士数	人	0	
其中：国际编委数	人	0	
编辑部总数	人	45	
其中：高级技术职称数	人	8	
其中：硕士、博士及以上学位数	人	4	
科技期刊印刷量	册	38200	297500
科技期刊发表文章数	篇	3	0

国际及港澳台地区民间科技交流

指标名称	单　位	2019 年实际	2018 年对照
加入国际民间科技组织	个	4	2
任职专家	人	0	2
其中：高级别任职专家	人	0	0
其中：一般级别任职专家	人	0	2
普通工作人员	人	0	
组织参加国际科学计划	项	1	0
参加大陆境外科技活动人数	人次	182	174
其中：参加港澳台地区科技活动人数	人次	7	6
接待大陆境外专家学者	人次	1470	1602
其中：接待港澳台地区专家学者	人次	96	109

续表

指标名称	单　位	2019 年实际	2018 年对照
海外人才离岸创新创业基地	个	15	9
海智计划工作基地	个	50	56

科学普及

指标名称	单　位	2019 年实际	2018 年对照
科普基础设施建设			
实体科技馆	个	11	6
其中：实行免费开放的科技馆	个	10	6
实体科技馆建筑面积	平方米	67013	32891
实体科技馆展厅面积	平方米	36547	16112
实体科技馆参观人数	人次	596792	560281
数字科技馆／科技馆官方网站数	个	4	
数字科技馆／科技馆官方网站日均页面浏览量	人次	870	
数字科技馆／科技馆官方网站科普资源总量	TB	3067	
流动科技馆	个	30	29
本年度流动科技馆巡展站点数	个	1158	
本年度流动科技馆巡展受众人数	人次	453160	
科普（技）活动站（室、中心）	个	3861	3175
全年参加活动（培训）人数	人次	3388858	3230797
科普大篷车	辆	20	18
科普大篷车下乡次数	次	587	629
科普大篷车覆盖人数	人	374986	248360
科普大篷车行驶里程	公里	147150	167100
科普大篷车展品数量	件	357	
科普中国 e 站	个	5437	4714
科普画廊建筑面积	平方米	113656	147094
科普画廊展示面积	平方米	214094	208770
科普宣讲活动			

续表

指标名称	单 位	2019 年实际	2018 年对照
举办科普宣讲活动	次	5037	
其中：专家科普报告会	次	473	
其中：专题展览	次	335	
其中：开展科技咨询	次	740	
其中：属于全国科普日、科普周活动数	次	2191	
其中：举办青少年科普活动	次	916	
科普活动受众人数	人次	4815496	
其中：属于全国科普日、科普周活动受众人数	人次	2916126	
其中：青少年科普活动受众人数	人次	1309232	
参加活动科技人员、专家数	人	14279	
参加科普宣讲活动的学会、协会、研究会数	个	911	
科普宣讲活动覆盖村（社区）数	个	5154	
举办实用技术培训	场次	2000	
实用技术培训人数	人次	227915	
推广新技术、新品种	种	456	
青少年科技教育			
举办青少年科技竞赛	次	284	224
参加人数	人次	921888	988476
获奖人数	人次	58380	56520
青少年参加国际及港澳台地区科技交流活动	次	4199	4
参加人数	人次	6257	422
举办青少年高校科学营	次	40	47
参加人数	人次	12740	14022
编印青少年科技教育资料	种	22	20
总印数	册	49900	154400
举办青少年科技教育活动和培训	次	426	350
参加人数	人次	252082	311577
面向青少年的各类人才培养计划培养学生人数	人次	11693	0
其中：中学生英才计划培养学生人数	人次	3545	577

续表

指标名称	单　位	2019 年实际	2018 年对照
科普传播			
纸质媒体			
编著科技图书	种	12	15
科技图书总印数	册	61000	144200
主办科技报纸	种	3	1
报纸总印数	份	506600	6000
制作科普挂图	种	630	58
科普挂图总印数	份	111885	52494
非纸质媒体			
制作科技广播、影视节目数	套	686	43
制作节目播放时间	分钟	15221	14064
播放科技广播、影视节目时长	分钟	110985	
其中：电台、电视台播放科技节目时长	分钟	108735	
制作科普动漫作品	套	5	3
科普动漫作品播放时间	分钟	81	18
本级电视台是否开设科教栏目	是 / 否	0	
本级广播电台是否开设科教栏目	是 / 否	0	
主办科技传播类网站	个	24	20
浏览人数	人次	1427493	928857
主办科普 APP 或设置科普栏目的综合类 APP	个	3	1
科普 APP 下载安装数	次	1072	300
科普 APP 更新频次	次	2030	
主办科普微信公众号	个	39	41
关注数	人	158098	379885
年度总阅读数	人次	3719460	
主办科普微博	个	5	8
粉丝数	个	4806	8854

科协系统调查单位基本情况

指标名称	单　位	2019 年实际	2018 年对照
科协系统机构和人员			
科协数	个	97	97
直属单位数	个	51	40
各级科协代表大会数	人	14806	13836
委员会委员数	人	4041	3595
其中：常务委员会委员数	人	1629	1451
从业人员数（科协机关 + 直属单位）	人	792	887
其中：女性从业人员数（科协机关 + 直属单位）	人	277	297
企业（园区）科协数	个	2437	175
企业（园区）科协个人会员数	人	106945	
高校科协数	个	3	11
高校科协个人会员数	人	1450	2666
乡镇 / 街道科协数	个	1207	2607
乡镇 / 街道科协个人会员数	人	127653	129393
社区 / 农村科协数	个	5048	
街道科协个人会员数	人	58690	
农技协数	个	1136	2659
农技协个人会员数	人	133713	437357
各级科协部门经费总收入	元	250305461	
各级科协部门经费总支出	元	248527778	
各级科协所属学会数	个	1009	
本级科协所属学会个人会员数	人	0	
本级科协所属学会总收入	元	0	
本级科协所属学会总支出	元	0	

2019 年江苏省省级学会、协会、研究会统计

为科技工作者服务

指标名称	单　位	2019 年实际	2018 年对照
思想政治教育及能力提升			
举办各类思想政治教育培训班及活动	场次	271	
其中：科协党校主题教育培训班数	期数	94	
其中：举办科学道德和学风建设宣讲活动	场次	168	104
各类思想政治教育培训班参训人数及活动受众人数	人次	29770	
其中：科协党校主题教育培训班参训人数	人次	3642	
其中：举办科学道德和学风建设宣讲活动受众人数	人次	22918	14862
举办干部教育培训班	场次	62	
干部教育培训班参训人数	人次	3011	
举办继续教育培训班	场次	355	
其中：举办技术创新方法培训班	场次	251	
继续教育培训班参训人数	人次	55314	27472
其中：技术创新方法培训班参训人数	人次	25696	
表彰举荐			
向省部级（含）以上科技奖项、人才计划（工程）举荐的人才数	人次	308	234
向省部级（含）以上科技奖项推荐获奖的项目数	项	239	145
科技人才信息库数	个	241	211
科技人才信息库人员数	人	33986	
举荐院士候选人	人次	15	4
设立科技奖项数	个	127	127
其中：人物类奖项数	个	64	
其中：成果类奖项数	个	61	
表彰奖励科技工作者	人次	4838	3168
其中：表彰奖励女性科技工作者	人次	1555	1014
其中：表彰奖励 45 岁及以下科技工作者	人次	3363	1709
媒体宣传			
通过媒体宣传科技工作者人数	人次	5976	4525

续表

指标名称	单　位	2019 年实际	2018 年对照
按照媒体级别分类			
其中：中央 / 省级媒体宣传科技工作者人数	人次	1190	1244
按照媒体介质分类			
其中：广播电视宣传科技工作者人数	人次	373	143
其中：纸质媒体宣传科技工作者人数	人次	1105	825
其中：网络新媒体宣传科技工作者人数	人次	3817	2583
志愿服务			
举办科技志愿服务活动	场次	0	
参与科技志愿服务活动人数	人次	0	
科技志愿服务组织	个	0	
科技志愿者数	人	0	
专职科普人员数	人	3584	
兼职科普人员数	人	12489	
维权服务			
开展维护科技工作者权益活动数	次	1554	
科技工作者维权活动受益人数	人次	2139	
通过群众来信、信访热线等方式服务科技工作者数	次	3390	
服务科技工作者受益人数	人次	26947	

科技决策咨询

指标名称	单　位	2019 年实际	2018 年对照
队伍建设			
建立合作关系或共同开展研究项目等的企业、高校、科研院所数量	个	185	
研究人员数量	人	6817	
其中：本单位研究人员数	人	2100	
其中：副高级以上职称数	人	3537	
其中：硕士及以上学位数	人	4657	
决策咨询活动			
开展科技评估次数	次	213	104

续表

指标名称	单　位	2019 年实际	2018 年对照
举办决策咨询活动次数	场次	170	53
其中：接受媒体采访或发表声明	场次	10	
参加活动专家数	人	2334	990
组织政协科协界委员协商或调研活动数	次	20	5
组织政策解读活动数	次	56	12
组织参与立法咨询数	次	19	14
研究项目			
开展研究项目数	个	126	
其中：国家及省部级研究项目数	个	25	
其中：社会来源研究项目数	个	62	
其中：来自各级科协委托类研究项目数	个	39	
研究经费总额	元	12537748	
其中：来自各级科协委托类研究经费总额	元	1195081	
专项调查			
科技工作者状况调查点数	个	46	5
报送科技工作者站点信息数	篇	106	
开展各类专项调查数	次	47	
其中：开展科技工作者状况专项调查次数	次	23	
形成专项调查报告数	篇	32	
反映科技工作者建议			
反映科技工作者建议数	篇	102	111
其中：获上级领导批示科技工作者建议数	篇	33	35
其中：获上级领导批示数	条	19	
答复人大、政协代表（委员）提案			
答复人大、政协代表（委员）提案数	件	2	4
科技决策咨询报告书籍刊物等及宣传			
提供决策咨询报告数	篇	199	67
其中：获上级领导批示决策咨询报告数	篇	121	30
其中：获上级领导批示数	条	9	

续表

指标名称	单　位	2019 年实际	2018 年对照
发表论文、文章等	篇	458	
其中：发布政策解读文章	篇	49	
出版科技决策咨询类图书数	种	7	
印刷册数	册	11050	
在网络与新媒体上宣传科技决策成果数	次	259	
传播量或浏览量	次	81597	

学术交流

指标名称	单　位	2019 年实际	2018 年对照
推进创新创业服务活动			
开展推进创新创业活动数	项	661	
其中：举办竞赛、论坛、展览等	场次	220	81
其中：开展咨询、教育、培训等	场次	369	89
其中：开展投融资、成果转化等	项	62	41
参与服务活动的科技工作者人数	人次	26154	
专家服务			
专家服务工作站（中心）数	个	106	114
专家进站（中心）人数	人次	960	799
专家服务团队数	个	152	185
参加服务团队专家人数	人次	3696	3951
标准制定			
技术标准研制数量	个	15	50
团体标准研制数量	个	24	52
学术会议			
国内学术会议	场次	755	907
其中：学术年会	场次	299	281
参加人数	人次	162453	200672
交流论文、报告篇数	篇	28068	50420
境内国际学术会议	场次	110	82

续表

指标名称	单 位	2019 年实际	2018 年对照
参加人次	人次	61365	27308
其中：境外专家学者	人次	1798	1932
交流论文、报告数	篇	7614	3761
港澳台地区学术会议	场次	20	30
参加人数	人次	2591	5018
交流论文、报告数	篇	673	1800
学术期刊			
主办科技期刊	种	34	59
编委会成员人数	人	1161	
其中：中国两院院士数	人	42	
其中：国际编委数	人	48	
编辑部总数	人	192	
其中：高级技术职称数	人	93	
其中：硕士、博士及以上学位数	人	75	
科技期刊印刷量	册	401394	840419
科技期刊发表文章数	篇	4168	6821

国际及港澳台地区民间科技交流

指标名称	单 位	2019 年实际	2018 年对照
加入国际民间科技组织	个	26	19
任职专家	人	34	24
其中：高级别任职专家	人	18	7
其中：一般级别任职专家	人	11	17
普通工作人员	人	7	
组织参加国际科学计划	项	3	5
参加大陆境外科技活动人数	人次	2020	1652
其中：参加港澳台地区科技活动人数	人次	680	583
接待大陆境外专家学者	人次	2496	1774
其中：接待港澳台地区专家学者	人次	544	346

续表

指标名称	单　位	2019 年实际	2018 年对照
海外人才离岸创新创业基地	个	4	4
海智计划工作基地	个	1	5

科学普及

指标名称	单　位	2019 年实际	2018 年对照
科普基础设施建设			
实体科技馆	个	0	
其中：实行免费开放的科技馆	个	0	
实体科技馆建筑面积	平方米	0	
实体科技馆展厅面积	平方米	0	
实体科技馆参观人数	人次	0	
数字科技馆／科技馆官方网站数	个	0	
数字科技馆／科技馆官方网站日均页面浏览量	人次	0	
数字科技馆／科技馆官方网站科普资源总量	TB	0	
流动科技馆	个	0	
本年度流动科技馆巡展站点数	个	0	
本年度流动科技馆巡展受众人数	人次	0	
科普（技）活动站（室、中心）	个	87	
全年参加活动（培训）人数	人次	42967	
科普大篷车	辆	0	
科普大篷车下乡次数	次	0	
科普大篷车覆盖人数	人	0	
科普大篷车行驶里程	公里	0	
科普大篷车展品数量	件	0	
科普中国 e 站	个	0	
科普画廊建筑面积	平方米	14770	
科普画廊展示面积	平方米	7540	
科普宣讲活动			
举办科普宣讲活动	次	1658	

续表

指标名称	单　位	2019 年实际	2018 年对照
其中：专家科普报告会	次	795	
其中：专题展览	次	174	
其中：开展科技咨询	次	287	
其中：属于全国科普日、科普周活动数	次	223	
其中：举办青少年科普活动	次	402	
科普活动受众人数	人次	1022851	
其中：属于全国科普日、科普周活动受众人数	人次	368666	
其中：青少年科普活动受众人数	人次	230169	
参加活动科技人员、专家数	人	5645	
参加科普宣讲活动的学会、协会、研究会数	个	442	
科普宣讲活动覆盖村（社区）数	个	677	
举办实用技术培训	场次	303	
实用技术培训人数	人次	33163	
推广新技术、新品种	种	134	
青少年科技教育			
举办青少年科技竞赛	次	53	43
参加人数	人次	262496	271124
获奖人数	人次	50594	46374
青少年参加国际及港澳台地区科技交流活动	次	171	9
参加人数	人次	891	922
举办青少年高校科学营	次	28	17
参加人数	人次	2833	2828
编印青少年科技教育资料	种	46	46
总印数	册	109129	141176
举办青少年科技教育活动和培训	次	247	59
参加人数	人次	36997	11399
面向青少年的各类人才培养计划培养学生人数	人次	378	0
其中：中学生英才计划培养学生人数	人次	115	231

续表

指标名称	单　位	2019 年实际	2018 年对照
科普传播			
纸质媒体			
编著科技图书	种	54	47
科技图书总印数	册	379450	180790
主办科技报纸	种	2	3
报纸总印数	份	80300	11500
制作科普挂图	种	166	70
科普挂图总印数	份	36108	74051
非纸质媒体			
制作科技广播、影视节目数	套	134	26
制作节目播放时间	分钟	1911	4352
播放科技广播、影视节目时长	分钟	4135	
其中：电台、电视台播放科技节目时长	分钟	3225	
制作科普动漫作品	套	38	289
科普动漫作品播放时间	分钟	220	2159
本级电视台是否开设科教栏目	是 / 否	0	
本级广播电台是否开设科教栏目	是 / 否	0	
主办科技传播类网站	个	57	40
浏览人数	人次	19261314	14881866
主办科普 APP 或设置科普栏目的综合类 APP	个	2	1
科普 APP 下载安装数	次	0	5000
科普 APP 更新频次	次	0	
主办科普微信公众号	个	56	55
关注数	人	356966	466951
年度总阅读数	人次	2550629	
主办科普微博	个	15	4
粉丝数	个	8336	4550

（江苏省科学技术协会　邢　霞）

重要科技文件

Important Science & Technology Files

江苏省人民政府办公厅

关于印发江苏省科学数据管理实施细则的通知

（苏政办发〔2019〕20 号）
2019 年 2 月 19 日

各市、县（市、区）人民政府，省各委办厅局，省各直属单位：

《江苏省科学数据管理实施细则》已经省人民政府同意，现印发给你们，请认真贯彻落实。

江苏省科学数据管理实施细则

第一章 总 则

第一条 为贯彻落实《国务院办公厅关于印发科学数据管理办法的通知》（国办发〔2018〕17 号），进一步加强和规范科学数据管理，保障科学数据安全，提高开放共享水平，更好支撑创新型省份建设，结合江苏实际，制定本实施细则。

第二条 本实施细则所称科学数据主要包括在自然科学、工程技术科学等领域，通过基础研究、应用研究、试验开发等产生的数据，以及通过观测监测、考察调查、检验检测等方式取得并用于科学研究活动的原始数据及其衍生数据。

第三条 省级及以下政府预算资金支持开展的科学数据采集生产、加工整理、开放共享和管理使用等活动适用本实施细则。任何单位和个人在江苏省行政区域内从事科学数据相关活动，符合本实施细则规定情形的，按照本实施细则执行。

第四条 科学数据管理遵循分级管理、安全可控、充分利用的原则，明确责任主体，加强能力建设，促进开放共享。

第五条 任何单位和个人从事科学数据采集生产、使用、管理活动，应当遵守国家和省有关法律法规及规章，不得利用科学数据从事危害国家安全、社会公共利益和他人合法权益的活动。

第二章 职 责

第六条 科学数据管理工作实行全省统筹、各部门与各地区分工负责的体制。

第七条 省科学技术行政部门牵头负责全省科学数据的宏观管理与综合协调，主要职责是：

（一）宣传贯彻落实国家和省科学数据管理政策，组织起草制定全省科学数据管理政策和标准规范；

（二）协调推动全省科学数据规范管理、开放共享及评价考核工作；

（三）统筹推进省科学数据中心建设，推动科学数据开放共享；

（四）负责省科学数据网络管理平台建设

和数据维护，以及与省级数据共享交换平台的对接和数据共享交换。

第八条　省人民政府相关部门和各设区市人民政府相关部门（以下统称主管部门）在科学数据管理方面的主要职责是：

（一）贯彻落实国家和省科学数据管理政策，建立健全本部门（本地区）科学数据汇交制度；

（二）根据需要建设本部门（本地区）科学数据中心，科学数据中心应及时接入省科学数据网络管理平台，推动科学数据开放共享；

（三）指导所属法人单位加强和规范科学数据管理；

（四）按照国家有关规定做好或者授权有关单位做好科学数据定密工作；

（五）建立完善有效的激励机制，组织开展所属法人单位科学数据工作的评价考核。

第九条　省内科研院所、高等院校和企业等法人单位（以下统称法人单位）是科学数据管理的责任主体，主要职责是：

（一）贯彻落实国家和省科学数据管理政策，建立健全本单位科学数据相关管理制度；

（二）按照有关标准规范进行科学数据采集生产、加工整理和长期保存，确保数据质量；

（三）按照有关规定做好科学数据保密和安全管理工作；

（四）建立科学数据管理系统，公布科学数据开放目录并及时更新，积极开展科学数据共享服务；

（五）负责科学数据管理运行所需软硬件设施等条件、资金和人员保障。

第十条　省科学技术行政部门委托具备条件的法人单位作为全省科学数据管理机构，负责科学数据管理日常工作，主要职责是：

（一）建设并运行管理省科学数据中心及省科学数据网络管理平台；

（二）制定全省科学数据资源的目录格式以及元数据标准规范；

（三）承担相关领域科学数据的整合汇交、加工整理和分析挖掘；

（四）审核相关单位的科学数据汇交计划，并提出审核意见，对根据相关要求汇交并审核通过的科学数据出具汇交证明；

（五）保障科学数据安全，依法依规推动科学数据开放共享；

（六）具体负责与省级数据共享交换平台的数据交换和对接共享；

（七）加强国内外科学数据方面交流与合作。

第三章　采集、汇交与保存

第十一条　法人单位及科学数据生产者要按照相关标准规范组织开展科学数据采集生产和加工整理,形成便于使用的数据库或数据集。法人单位应建立科学数据质量控制体系，保证数据的准确性和可用性。对企业研究开发产生的科学数据的管理通过合同方式予以约定。

第十二条　主管部门应建立科学数据汇交制度，在省级数据共享交换平台基础上开展本部门（本地区）科学数据汇交共享工作。

第十三条　省级及以下政府预算资金资助的科技计划项目所形成的科学数据，应由项目牵头单位在结题验收前汇交到相关科学数据中心。数据中心管理机构审核通过后方可进行项目结题验收。接收数据的科学数据中心应出具汇交凭证。

各级科技计划管理部门应建立先汇交科学数据、再验收科技计划项目的机制。项目／课题验收后产生的科学数据也应进行汇交。

第十四条　主管部门和法人单位应建立健全国内外学术论文数据汇交的管理制度。

利用政府预算资金资助形成的科学数据撰写并在国外学术期刊发表论文时需对外提交相应科学数据的，论文作者应在论文发表前将科学数据上交至所在单位统一管理。

第十五条　社会资金资助形成的涉及国家秘密、国家安全和社会公共利益的科学数据必须按照有关规定予以汇交。鼓励社会资金资助形成的其他科学数据向相关科学数据中心汇交。

第十六条　法人单位应建立科学数据保存制度，配备数据存储、管理、服务和安全等必要设施，保障科学数据完整性和安全性。

第十七条　法人单位应加强科学数据人才队伍建设，在岗位设置、绩效收入、职称评定等方面建立激励机制。

第十八条　省级科学技术行政部门应加强统筹布局，在条件好、资源优势明显的部门或地区的科学数据中心基础上，优化整合形成省级科学数据中心。

第四章　共享与利用

第十九条　政府预算资金资助形成的科学数据应当按照开放为常态、不开放为例外的原则，由主管部门组织编制科学数据资源目录，有关目录和数据及时接入省科学数据网络管理平台，通过省级数据共享交换平台向社会和相关部门开放共享，畅通科学数据军民共享渠道。国家法律法规有特殊规定的除外。

第二十条　法人单位要对科学数据进行分级分类，明确科学数据的密级和保密期限、开放条件、开放对象和审核程序等，按要求公布科学数据开放目录，通过在线下载、离线共享或定制服务等方式向社会开放共享。

第二十一条　法人单位应根据需求，对科学数据进行分析挖掘，形成有价值的科学数据产品，开展增值服务。鼓励社会组织和企业开展市场化增值服务。

第二十二条　主管部门和法人单位应积极推动科学数据出版和传播工作，支持科研人员整理发表产权清晰、准确完整、共享价值高的科学数据。

第二十三条　科学数据使用者应遵守知识产权相关规定，在论文发表、专利申请、专著出版等工作中注明所使用和参考引用的科学数据。

第二十四条　对于政府决策、公共安全、国防建设、环境保护、防灾减灾、公益性科学研究、审计监督等需要使用科学数据的，法人单位应当无偿提供。确需收费的，应按照规定程序和非营利原则制定合理的收费标准，向社会公布并接受监督。对于因经营性活动需要使用科学数据的，当事人双方应当签订有偿服务合同，明确双方的权利和义务。

法律法规有特殊规定的，遵照其规定。

第五章　保密与安全

第二十五条　涉及国家秘密、国家安全、社会公共利益、商业秘密和个人隐私的科学数据，不得对外开放共享；确需对外开放的，要对利用目的、用户资质、保密条件等进行审查，并严格控制知悉范围。

第二十六条　涉及国家秘密的科学数据的采集生产、加工整理、管理和使用，按照国家有关保密规定执行。主管部门和法人单位应建立健全涉及国家秘密的科学数据管理与使用制度，对制作、审核、登记、拷贝、传输、销毁等环节进行严格管理。

对外交往与合作中需要提供涉及国家秘密的科学数据的，法人单位应明确提出利用数据的类别、范围及用途，按照保密管理规定程序报主管部门批准。经主管部门批准后，法人单位按规定办理相关手续并与用户签订保密协议。

第二十七条　主管部门和法人单位应加强科学数据全生命周期安全管理，制定科学数据安全保护措施；加强数据下载的认证、授权等防护管理，防止数据被恶意使用。

对于需对外公布的科学数据开放目录或需对外提供的科学数据，主管部门和法人单位应建立相应的安全保密审查制度。

第二十八条　法人单位和科学数据中心应按照国家网络安全管理规定，建立网络安全保障体系，采用安全可靠的产品和服务，完善数据管控、属性管理、身份识别、行为追溯、黑名单等管理措施，健全防篡改、防泄露、防攻击、防病毒等安全防护体系。

第二十九条　科学数据中心应建立应急管理和容灾备份机制，按照要求建立应急管理系统，对重要的科学数据进行异地备份。

第六章　附　则

第三十条　主管部门和法人单位应建立完

善科学数据管理和开放共享工作评价考核制度。

第三十一条 对于伪造数据、侵犯知识产权、不按规定汇交数据等行为，主管部门可视情节轻重对相关单位和责任人给予责令整改、通报批评、处分等处理或依法给予行政处罚。

对违反国家有关法律法规的单位和个人，依法追究相应责任。

第三十二条 涉及国防领域的科学数据管理制度，按国家有关部门规定执行。

第三十三条 本实施细则自印发之日起施行。

江苏省人民政府办公厅

关于推进农业高新技术产业示范区建设发展的实施意见

（苏政办发〔2019〕46 号）

2019 年 4 月 28 日

各市、县（市、区）人民政府，省各委办厅局，省各直属单位：

为贯彻落实《国务院办公厅关于推进农业高新技术产业示范区建设发展的指导意见》（国办发〔2018〕4 号），大力培育农业高新技术产业，提高农业综合效益和竞争力，推动农业农村现代化，经省人民政府同意，现就加快推进我省农业高新技术产业示范区（以下简称“示范区”）建设发展提出如下实施意见。

一、总体要求

（一）指导思想。

全面贯彻党的十九大精神，以习近平新时代中国特色社会主义思想为指导，认真落实党中央、国务院决策部署和省委、省政府总体要求，牢固树立和贯彻落实新发展理念，以实施创新驱动发展战略和乡村振兴战略为引领，以深入推进农业供给侧结构性改革为主线，以服务农业增效、农民增收、农村增绿为主攻方向，集聚各类要素资源，创新发展模式，大力发展农业高新技术产业，着力打造农业创新驱动发展的先行区和农业供给侧结构性改革的试验区。

（二）基本原则。

——坚持创新驱动。以科技创新为引领，集聚创新资源，构建以企业为主体的创新体系，培育农业高新技术企业，发展农业高新技术产业，通过试验示范将科研成果转化为现实生产力，培育全省农业农村发展新动能。

——深化体制改革。以改革创新为动力，加大科技体制机制改革力度，打造农业科技体制改革“试验田”，充分发挥政府市场两方面的作用，深入推进“放管服”改革，调动各方面积极性，着力激发农业科技创新活力。

——突出问题导向。针对耕地后备资源紧缺、化肥农药投入偏高、名特优农产品偏少、农业新型经营主体带动能力不强、农民持续增收难度加大等问题，突出质量兴农、绿色兴农、科技强农，推进农业高质量发展。

——推动融合发展。以提质增效为重点，积极培育农业发展新模式、新业态，加快构建现代农业产业体系，推进一二三产业融合发展，促进城乡一体化建设，辐射带动农业农村发展，实现农业强、农村美、农民富，为乡村振兴提供有力支撑。

（三）主要目标。

到 2025 年，创建并建好国家级示范区，布局建设 10 家左右省级示范区，打造具有影响力的现代农业创新高地、人才高地、产业高地。探索农业创新驱动发展路径，显著提高示范区土地产出率、劳动生产率和绿色发展水平。按照一区一主题、一区一主导产业和一区一平台的要求，依靠科技创新，着力解决制约我省农业发展的突出问题，形成可复制、可推广的模式，推进我省农业由增产导向转向提质导向，保障农产品有效供给，促进农村生产生活环境改善，提升农业可持续发展水平，推动农业全面升级、农村全面进步、农民全面发展。

二、重点任务

（一）培育创新主体。

培育集聚一批研发投入大、技术水平高、综合效益好的农业高新技术企业和农业科技型企业，鼓励有条件的企业成立研发中心，提高核心竞争力。大力培养引进科技人才和高水平创新团队，打造农业农村科技创新创业人才队伍。推动农业产业科技创新中心、农业科技园区、现代农业产业园、农产品集中加工区、农业对外开放合作试验区、苏台农业合作区等农业创新创业载体建设，推进大众创业、万众创新，鼓励新型职业农民、大学生、返乡农民工、退伍军人、留学归国人员、科技特派员等成为农业创新创业的生力军。支持家庭农场、农民合作社等新型农业经营主体创业创新和发展壮大。建设具有区域特色的农民培训基地，鼓励高等学校、科研院所、企业和社会力量开展专业化培训，提升农民职业技能，优化农业从业者结构，培养更多爱农业、懂技术、善经营的新型职业农民。（责任部门：省农业农村厅、省科技厅、省发展改革委、省教育厅、省人力资源社会保障厅）

（二）做强主导产业。

探索创新驱动现代农业发展的特色路径，注重主导产业区域化、差异化、特色化发展。按照一区一主导产业的定位，加大农业高新技术研发和推广应用力度，着力提升主导产业技术创新水平，打造具有竞争优势和特色的农业高新技术产业集群。加强农业特色优势产业关键共性技术攻关，推动技术集成和科技成果转化应用，增强示范区产业创新能力和发展后劲。着力培育现代农业发展和经济增长新业态、新模式，强化“农业科技创新＋产业集群”发展路径，提高农业产业竞争力，推动产业链向中高端延伸。（责任部门：省农业农村厅、省发展改革委、省水利厅、省粮食和储备局、省林业局、省科技厅）

（三）集聚科教资源。

坚持高端人才引进与乡土人才培养并重，集聚一批农业领域战略科技人才、研发人才、管理经营人才和高水平创新创业团队。推进政产学研紧密结合，引导高等学校、科研院所的科技资源和人才向示范区集聚。加强产业前瞻性技术、关键核心技术研究，构建产业科技创新链。加快推进农业科技成果在示范区转化、示范和应用，促进研发与应用有效对接。搭建和完善研发机构、公共服务平台、新农村发展研究院、农村科技服务超市、“星创天地”等各类创新服务平台，创新农技推广服务方式，构建新型农业科技服务体系。（责任部门：省科技厅、省教育厅、省农业农村厅、省人才办、省发展改革委、省人力资源社会保障厅）

（四）促进融合共享。

推进一二三产业融合发展，加快转变农业发展方式，促进传统农业向现代农业转变。发展智慧农业，促进信息技术与农业农村发展全面深度融合。发挥农村信息化示范建设服务平台和服务体系的作用，推进农村信息化建设。引导农业与休闲、旅游、文化、教育、科普、养生养老等产业深度融合，发展观光农业、体验农业、创意农业。积极探索农民分享二、三产业增值收益机制，促进农民增收致富，增强农民的获得感。推动城乡融合和区域协同发展，逐步缩小城乡差距，打造新型“科技＋产业＋生活”社区，建设美丽乡村。（责任部门：省发展改革委、省农业农村厅、省科技厅、省文化和旅游厅、省住房城乡建设厅）

（五）推动绿色发展。

坚持绿色发展理念，发展循环生态农业，

推进农业资源高效利用，打造水体洁净、空气清新、土壤安全的绿色环境。运用现代信息技术，促进传统产业智能化、清洁化、循环化发展。加大生态环境保护力度，加强农村饮用水源地保护，开展农用地土壤污染管控和受污染耕地治理修复，加大生活污水和垃圾治理力度，推进黑臭水体治理。正确处理农业绿色发展和环境保护、生态修复、粮食安全、农民增收的关系，实现生产生活生态的有机统一。（责任部门：省农业农村厅、省生态环境厅、省水利厅、省林业局、省科技厅）

（六）加强开放创新。

结合"一带一路"建设和农业"走出去"的发展需求，充分发挥我省农业科技和产业优势，统筹利用国际国内两个市场、两种资源，加强国际国内合作，促进示范区开放创新发展，提升国际化水平。拓展与以色列、荷兰、德国、英国、日本、韩国、俄罗斯、美国、加拿大、澳大利亚等重点国家地区的合作，加强国际科技合作、技术转移、学术交流和技术培训，加大引进或联合建立新型研发机构、科技型企业、农业科技创新平台，支持引进的国外农业先进技术、先进模式优先在示范区转移示范，推动产品、技术、标准、服务"走出去"，不断提高农业产业发展水平与国际竞争力。（责任部门：省商务厅、省农业农村厅、省科技厅、省教育厅、省外办）

三、政策措施

（一）完善财政支持政策。

省有关部门要通过现有或新增财政资金和政策渠道，统筹使用省级科技专项资金，引导各类涉农资金向示范区集聚，支持公共服务平台建设、农业高新技术企业孵化、成果转移转化等，推动农业高新技术产业发展。各地要按规定加强对支持农业科技研发推广相关资金的统筹，并向示范区集聚，采取多种形式支持农业高新技术产业发展。（责任部门：省财政厅、省科技厅、省农业农村厅、省教育厅、省住房和城乡建设厅、省地方金融监管局）

（二）创新金融扶持政策。

创新投入模式，建立多元化投资机制，通过政府和社会资本合作（PPP）等模式，吸引社会资本参与示范区基础设施建设。鼓励社会资本在示范区所在县域使用自有资金参与投资组建村镇银行等农村金融机构。引导创业投资、保险资金等各类资本为符合条件的农业高新技术企业融资提供支持。鼓励银行、金融机构为符合条件的示范区建设项目和企业提供信贷支持，推动和培育示范区优质企业上市融资。鼓励在现行政策框架下，综合采取多种方式引导社会资本参与设立现代农业领域创业投资基金，支持农业科技成果在示范区转化落地。（责任部门：省财政厅、省发展改革委、省地方金融监管局、人民银行南京分行、江苏银保监局、江苏证监局）

（三）落实土地利用政策。

坚持依法依规用地、农地农用，在示范区内严禁房地产开发或"大棚房"等变相改变土地用途的开发行为，合理、集约、高效利用土地资源。示范区所在地政府要落实土地利用政策，在土地利用年度计划中，优先安排农业高新技术企业和产业发展用地，明确"规划建设用地"和"科研试验、示范农业用地（不改变土地使用性质）"的具体面积和四至范围（以界址点坐标控制）。鼓励示范区在符合国家有关政策的前提下，利用自有存量用地建设人才公寓。支持指导示范区在落实创新平台、公共设施、科研教学、中试示范、创业创新等用地时，用好用足促进新产业新业态发展和大众创业、万众创新的用地支持政策，做到节约集约用地。（责任部门：省自然资源厅、省住房城乡建设厅、省农业农村厅）

（四）优化科技管理政策。

在落实好高新技术产业开发区支持政策、高新技术企业税收优惠政策等现有政策的基础上，进一步优化科技管理政策。示范区要积极落实《中共江苏省委江苏省人民政府印发〈关于深化科技体制机制改革推动高质量发展若干政策〉的通知》（苏发〔2018〕18号）等政策文件，完善科技成果评价评定制度和农业科技人员报酬激励机制。支持示范区引进培养各类科技创新创业人才及团队，优先支持示范区申报国家创新人才推进计划，将示范区列为“创新人才推进计划”推荐渠道，搭建育才引才荐才用才平台。（责任部门：省科技厅、省人力资源社会保障厅）

四、保障机制

（一）加强组织领导。

省科技厅要会同省有关部门建立沟通协调机制，明确分工，协同配合，形成合力，指导全省示范区建设发展。各地要根据省政府统一部署，创新示范区管理模式，探索整合集约、精简高效的运行机制，将创建工作与监测评价工作有机结合，以评促建、以建促管、建管并重，全面提升示范区发展质量和水平。

（二）规范创建流程。

坚持高标准、严要求，遵循先规划、后建设的原则，对示范区建设进行统筹合理布局，加强对创建工作的指导。省级示范区由设区市政府制定建设发展规划和实施方案并向省政府提出申请，省科技厅会同省有关部门组织评估审核，报省政府审批设立。国家示范区创建按照规定由省政府向国务院申报。

（三）做好监测评价。

健全监测评价机制，建立以创新驱动为导向的评价指标体系，加强对创新能力、高新技术产业培育、绿色可持续发展等方面的考核评价。定期开展建设发展情况监测，建立有进有退的管理机制。加强监督指导，不断完善激励机制，切实保障示范区建设发展质量。

江苏省人民政府

关于印发江苏省推进高新技术企业高质量发展若干政策的通知

（苏政发〔2019〕41号）
2019年6月10日

各市、县（市、区）人民政府，省各委办厅局，省各直属单位：

现将《江苏省推进高新技术企业高质量发展的若干政策》印发给你们，请结合实际认真贯彻落实。

江苏省推进高新技术企业高质量发展的若干政策

为认真贯彻习近平新时代中国特色社会主义思想和党的十九大精神，深入实施创新驱动发展战略，全面落实高质量发展要求，量质并举壮大高新技术企业集群，制定以下政策。

一、强化高新技术企业培育

（一）加大高新技术企业培育资金投入力度。将现有企业研究开发费用省级财政奖励资金整合入省级高新技术企业培育资金，规模扩大至20亿元并保持逐年增长、据实列支。支持市、县（市、区）设立企业研究开发费用财政奖励资金，对企业研发投入给予普惠性财政奖励。推动各市、县（市、区）设立高新技术企业培育资金，根据地方培育资金兑现情况，省级高新技术企业培育资金对纳入省高新技术企业培育库的企业（以下简称入库培育企业）给予培育奖励；省与各市、县（市、区）按照联动的原则，给予入库培育首次认定为高新技术企业的企业不低于30万元的培育奖励，其中省级奖励额度不低于15万元，支持其开展新产品、新技术、新工艺、新业态等领域创新活动。

（二）建立入库培育企业贡献奖励机制。对处于培育期的入库企业根据其对经济社会发展的实际贡献，省财政按一定比例给予奖励；有条件的市、县（市、区）按一定比例奖励企业，用于企业进一步加大研发投入。

（三）降低科技型中小企业研发成本。对通过评价的科技型中小企业在全面执行国家研发费用 175% 税前加计扣除政策基础上，有条件的高新区、其他各类开发区、市（县、区）可再按 25% 研发费用税前加计扣除标准给予奖补。

（四）降低科技型小微企业创业门槛。在省级科技计划项目中对江苏省“创业江苏”科技创业大赛获奖项目予以支持，进一步扩大省科技型创业企业孵育计划资金规模，提升科技创业载体服务能力，促进科技型小微企业持续涌现。对创业失败但主要负责人已尽到勤勉和忠实义务且有继续创业意愿和能力的高新技术企业和入库培育企业，由地方政府向企业主要负责人发放创业补助，鼓励其持续开展创新创业活动。

（五）促进高新技术企业集聚发展。充分发挥高新区高新技术企业孵化功能，将高新技术企业数量及规上企业中高新技术企业数量占比作为省级高新区申报的重要前提条件，作为苏南国家自主创新示范区建设专项高新区奖励补助资金和全省高新区奖励资金分配的主要因素，作为高新区创新驱动发展综合评价指标体系的主要指标并提高分值比重。市、县（市、区）可按高新区上缴的财政收入，对高新区给予 5% ～ 10% 的奖励。

二、提升高新技术企业创新能力

（六）鼓励高新技术企业建设高水平研发机构。对高新技术企业承担国家技术创新中心、国家产业创新中心、国家工程研究中心、国家企业技术中心、国家制造业创新中心、企业国家重点实验室等平台建设任务的，由省级相关部门予以配套支持。

（七）支持高新技术企业开展关键核心技术攻关和科技成果转化。对高新技术企业牵头承担的国家重大项目和重要标准，省及设区市予以积极支持；省级重大工程建设、产业技术和技术标准研发、关键核心技术攻关及应用示范项目由高新技术企业承担的比例不低于 70%。高新技术企业引进省内外先进技术成果转移转化的，各地可按技术合同实际成交额的 10% 给予奖补。高新技术企业实施的重大科技项目用地计划指标由省按有关规定奖补。

（八）引导高新技术企业集聚高层次人才。对高新技术企业引进紧缺急需人才，省“双创计划”予以优先支持。各地要为高新技术企业引进的人才申报职称提供绿色通道，优先办理落户手续。省和各地优先通过配套奖励和补助等方式，在引才投入、租房补贴、项目资助等方面给予支持。高新技术企业引进人才支付的一次性住房补贴、安家费及科研启动经费，可按规定在税前扣除。

三、促进高新技术企业发展壮大

（九）加大对高新技术企业的信贷支持。各地科技主管部门建立科技企业“白名单”，各银行业金融机构对“白名单”内科技企业，要主动对接、加强服务，通过合理下放审批权限、提供绿色审查审批通道等方式提高授信审批效率。对“白名单”内科技型中小企业，试点开展无还本续贷业务。在坚持市场化、法治化的基础上，省和有条件的设区市可设立纾困基金，对债券兑付压力大的高新技术企业和高比例股权质押上市的高新技术企业，采取“一企一策”的方式评估风险、制定方案，帮助化解流动性风险。

（十）加快高新技术企业直接融资。为高新技术企业上市开辟绿色通道，辅导备案企业中高新技术企业占比不低于 80%。对在区域股权交易中心科技创新板挂牌的科技型中小企业，省财政给予 30 万元资助。省政府投资基金及其参股的子基金重点投向未上市高新技术企业和入库培育企业，在实现预期投资绩效和政策目标的基础上，经考核评价符合规定条件的，财政出资在收回投资本金和门槛收益的基础上，可以给予其他出资方适当让利。

（十一）推动高新技术企业在“科创板”上市。聚焦“科创板”，大力实施科技企业上市培育计划，为高新技术企业提供精准高效的专业服务，助推优质科创企业到“科创板”上市融资、加快发展。对拟在“科创板”上市的高新技术企业，省财政在企业取得辅导备案受理通知书、企业完成辅导备案、企业递交申报材料进程中，分阶段逐渐加大比例给予总额300万元以内的资金补助。

四、优化高新技术企业发展环境

（十二）加快高新技术企业创新产品应用推广。对中小高新技术企业的创新产品，推动列入省重点推广应用的新技术、新产品目录，政府机关、事业单位和团体组织使用财政性资金采购以及国有企业利用国有资金采购时，应合理设置首创性、先进性等评审因素和权重，不得设置市场占有率、使用业绩等条款。

（十三）全面落实高新技术企业股权激励政策。国有高新技术企业应按照相关规定，采取股权出售、股权奖励、股权期权、项目收益分红和岗位分红等多种方式开展股权和分红激励。允许国有高新技术企业的管理层和核心骨干持股，且持股比例上限放宽至30%。对高新技术企业给予科研人员符合条件的股权奖励，可依法享受分期或递延缴纳个人所得税政策。

（十四）激励高新技术企业知识产权创造。对高新技术企业和入库培育企业的专利申请，符合专利优先审查规定的，由相关职能部门进行专利优先审查请求推荐，加快专利授权速度。对高新技术企业和入库培育企业知识产权纠纷，由相关职能部门给予重点维权援助。

（十五）建立容错机制。强化激励干事创业和创新的导向，对在高新技术企业培育、认定和管理过程中以及在科技创新过程中出现的一些偏差失误，只要不违反党的纪律和国家法律法规，勤勉尽责、程序合规、未谋私利，能够及时纠错改正的，不作负面评价，免除相关责任或从轻减轻处理，充分调动科技管理人员、科研人员以及企业家的主动性、积极性和创造性。

江苏省人民政府办公厅

关于印发江苏省高新技术企业培育“小升高”行动工作方案（2019—2020年）的通知

（苏政办发〔2019〕57号）

2019年6月10日

各市、县（市、区）人民政府，省各委办厅局，省各直属单位：

《江苏省高新技术企业培育“小升高”行动工作方案（2019—2020年）》已经省人民政府同意，现印发给你们，请结合实际认真贯彻落实。

江苏省高新技术企业培育“小升高”行动工作方案（2019—2020年）

为深入实施创新驱动发展战略，紧扣高质量发展走在全国前列的要求，量质并举壮大高新技术企业集群，加快发展高新技术产业，努力在新一轮发展中争取优势、赢得主动，特制定本工作方案。

一、明确工作思路和目标，加大工作组织实施推进力度

（一）工作思路和目标。围绕高质量发展要求，坚持“符合国际惯例、注重量质并举、与贡献挂钩”的原则，突出中小企业、创新引领、系统推进、上下联动等四个重点，完善工作机制，优化创新环境，促进科技型中小微企业加速成长为高新技术企业，做大做强高新技术企业群体，为高水平建设创新型省份和“强富美高”新江苏提供有力支撑。到2020年，全省高新技术企业数量较快增长，总数达30000家，在全国继续保持前列；企业创新水平显著增强，规模以上高新技术企业研发机构建有率达100%，高新技术企业研发经费投入占全省企业研发经费投入的比重达60%，高新技术企业有效发明专利拥有量突破15万件；产业结构明显优化，省级以上高新区内高新技术企业数量占全省比重超50%，高新技术产业产值占规模以上工业产值比重达45%。

（二）推进机制和措施。各级政府和省有关部门要站在全局和战略高度，充分认识做好高新技术企业培育工作的重要性，将其作为市县政府主要领导实施创新驱动发展战略、促进转型升级的重要举措，作为“一把手”工程加快推进。各地各有关部门要建立健全工作机制，明确工作目标，落实服务机构，制定工作方案，安排培育、认定专项经费以及相关工作经费，做到上下联动、协同推进高新技术企业培育工作。要充分发挥省高新技术企业认定管理工作协调小组的组织、协调和服务作用，完善部门会商制度，加强统筹指导和协同推进。市、县（市、区）人民政府要结合实际制定切实可行的培育方案，有针对性地制定培育计划，引导科技型小微企业对标找差，加快成长为高新技术企业。

（三）任务分解和考核。以将新增高新技术企业数量纳入《设区市高质量发展年度考核指标与实施办法》为契机，省级将高新技术企业培育任务分解到各设区市，各设区市要对照目标任务，增强担当意识，细化任务分解，明确责任分工，建立尽职免责机制，逐级压实高新技术企业培育任务，确保完成目标。省有关部门要组织开展高新技术企业动态监测工作，加强对高新技术企业的跟踪和分析，定期通报进展情况。

二、加快培育科技型中小企业，夯实高新技术企业发展基础

（一）全面梳理遴选优质中小微企业。各市、县（市、区）人民政府要强化高新技术企业培育责任，把高新技术企业培育工作作为政府主要领导推进创新驱动、转型升级的重要抓手，组织科技、发展改革、工业和信息化、财政、税务等部门和各街道、乡镇，逐级压实高新技术企业培育任务，对各类企业开展摸排，全面挖掘优质企业资源，分类分级建立企业培育台账，开展跟踪辅导和服务，引导企业加大创新投入，推动传统企业转型升级，培育发展一批前景好、成长性强的优质中小微企业。

（二）加快孵育面广量大的科技型中小企业。大力开展高新技术创新创业活动，加大科技型中小企业孵育孵化力度，推动人才向企业集聚、服务向企业集结、政策向企业集成。发挥“创业江苏”科技创业大赛及省地各类人才计划作用，吸引创新创业人才创办高科技企业；发挥省科技型创业企业孵育计划和地方孵育资金作用，提升科技企业孵化器建设水平，孵化科技型中小企业；强化科技型中小企业评价工作，挖掘推动更多符合条件的科技型中小企业“应评尽评”，鼓励各地对通过评价的科技型中小企业给予奖励补贴，在全省形成“发现一批、培育一批、推荐一批、认定一批”的工作局面。

（三）推动科技型中小企业入库培育。进一步优化省高新技术企业培育库入库标准，扩大培育库规模，围绕重点发展领域，支持创新基础好、有发展潜力的科技型中小企业，以及“双创”人才、科技企业家等高层次人才所创办的企业入库培育。扩大省级高新技术企业培育资金规模，推动地方进一步加大培育资金投

入力度，省地联动，在对纳入省高新技术企业培育库的企业给予入库奖励的基础上，根据其在入库期间对经济社会发展的实际贡献和首次获得高新技术企业认定情况分别给予培育奖励，促进科技型中小企业向新技术、新模式、新业态转型，加速成长为高新技术企业。

三、提升高新技术企业创新能力，促进高新技术企业持续创新

（一）提升高新技术企业研发机构建设水平和服务能力。深入实施企业研发机构建设“百企示范、千企试点、万企行动”计划，优先在高新技术企业和入库培育企业中建设企业重点实验室、技术创新中心、工程（技术）研究中心、企业技术中心等研发机构，对高新技术企业数量增长较快的地区，加大省级工程技术研究中心布局，实现规模以上高新技术企业研发机构建设全覆盖。提升高新技术企业研发机构服务能力，完善企业研发机构绩效考评指标体系，把研发机构经费投入、人员投入、知识产权创造、关键技术突破作为对省级企业研发机构绩效考评的主要内容。

（二）促进高新技术企业开展关键核心技术攻关和科技成果转化。充分发挥高新技术企业和入库培育企业在科研组织和成果转化中的主体作用，吸纳其参与产业规划、科技创新规划、产业技术政策、创新平台布局和科技计划项目指南的编制。深化重大科研项目管理改革，确立以企业技术创新需求为导向的立项机制，明确将高新技术企业和入库培育企业资格作为企业申报省重点研发计划、科技成果转化专项资金项目、战略性新兴产业发展专项资金项目、重大技术攻关项目的重要条件，在立项时给予优先支持。鼓励高新技术企业和入库培育企业牵头或参与国家及省级重大项目，支持高新技术企业通过共建研发基地、建设协同创新中心等方式，有效利用高校院所的创新资源，加强以应用为导向基础研究和重大战略产品的开发，获取具有自主知识产权的核心技术。推动高校院所主动将先进适用技术引入高新技术企业进行熟化、工程化，为企业创新发展提供更多前沿科技成果。

（三）推动高新技术企业高水平引进创新人才队伍。聚焦高新技术企业创新发展需求，加大省级及各地人才工程和计划向高新技术企业和入库培育企业倾斜力度，加强企业院士工作站、博士后工作站、研究生工作站等人才载体建设和“科技镇长团”“科技副总”选派工作，在“科技企业家培育工程”中重点加强对高新技术企业中科技企业家的培育。鼓励省内外高校院所高层次人才到高新技术企业和入库培育企业任职或兼职，对于服务企业贡献突出的科技人员优先晋升职务职称。鼓励各地制定高新技术企业吸引高层次人才的住房、入户、子女教育、医疗等倾斜性政策，推动创新人才向高新技术企业集聚。

（四）助推高新技术企业融入全球创新网络。支持高新技术企业探索开放型创新模式，通过设立企业海外研发机构、企业海外联合实验室、离岸孵化器等多种方式，开放配置全球创新资源，加强与国际一流创新机构、国际技术转移服务机构等合作，主动承接高端技术的转移，汇聚转化高水平科技成果。支持高新技术企业加入国际、国内标准化技术组织，参与国际标准、国家标准、行业标准、地方标准制定，开展商标国际注册，突破技术和贸易壁垒。支持高新技术企业通过产品出口、投资建立境外生产基地等方式，主动参与“一带一路”倡议实施，不断开拓全球市场。

四、发挥创新服务平台支撑作用，支持高新技术企业做大做强

（一）打造科技金融服务平台。实施科技金融进孵化器行动，推动“苏科贷”“苏科投”“苏科保”以及地方科技金融创新产品走进创新创业载体，进一步改善科技型中小微企业融资环境。建立科技企业“白名单”，以高新技术企业和入库培育企业为重点支持对象，引导银行基于“六专机制”推出知识产权质押等多种专属信贷产品。加快发展省地各类创新创业投资

基金和产业基金，放大政府引导基金杠杆作用，通过让利方式引导社会资本支持高新技术企业发展。支持高新技术企业和入库培育企业发行私募债券、企业债、债务融资工具等，支持担保机构为企业发债提供担保，支持地方财政提供贴息，拓宽企业融资渠道。

（二）完善科技成果转化平台。加快省技术产权交易市场建设，提升高端创新成果汇集、供给侧需求侧对接和全链条一站式服务能力，提供线上技术产权交易、大数据分析等专业化服务。建立科技成果项目库，及时动态发布符合产业升级方向的科技成果包。加强高校技术转移体系建设，集聚一批国际技术转移服务中介机构，形成专业化技术经纪人队伍，服务高新技术企业和入库培育企业技术创新需求。

（三）打造科技公共资源开放共享平台。建设省科技资源统筹服务中心，推动大型科学仪器设备、科技文献、种质资源、科学数据等向企业和社会开放共享。加大省级以上重点实验室、工程（技术）研究中心、分析测试中心等向高新技术企业开放力度，将资源开放共享情况作为其运行绩效考核的重要指标。对高新技术企业使用科技公共资源支出的成本，符合条件的，省、市财政给予适当补贴。

五、建设高新技术企业培育基地，促进高新技术产业集群发展

（一）发挥苏南国家自主创新示范区“创新矩阵”作用。充分利用苏南国家自主创新示范区科教人才优势和开发开放优势，发挥核心载体功能，率先落实支持高新技术企业发展的各项政策措施，在高新技术企业培育路径、方式上积极先行先试。明确把培育高新技术企业作为自创区建设重点任务，强化任务分解和目标考核，把高新技术企业数量及规模以上企业中高新技术企业数量占比等情况纳入自创区绩效评估指标体系，并作为自创区奖励补助资金分配的主要因素。深入推进苏南国家科技成果转移转化示范区建设，发挥自创区建设对高新技术企业培育的促进作用，高水平支撑高新技术企业创新发展。

（二）提升高新区创新发展水平。实施创新型园区建设行动计划，以建设一流创新型园区为目标，着眼“一区一战略产业”，聚焦13个先进制造业集群，省、地、园区联动打造高新技术企业密集区，形成具有国际竞争力的高新技术产业集群。建立健全以创新绩效为主的高新区评价体系，优化高新区发展布局，把培育高新技术企业数量及规模以上企业中高新技术企业数量占比作为高新区综合评价的重要内容和省级高新区申报的重要前提条件。引导高新区设立高新技术企业培育引导资金，加快构建适应高新技术企业培育发展的新机制。统筹发挥省级以上开发区各类企业培育载体作用，结合地方转型升级和区域产业优势，建设一批高新技术企业培育基地，省地联动开展高新技术企业培育工作。

（三）加强创新创业载体建设。依托省级以上众创空间、星创天地、科技企业孵化器、大学科技园，以及大学生创业园、返乡创业园、留学人员创业园等，建设高质量的创业企业孵育基地，把孵育高新技术企业和科技型中小企业数量作为各类创新创业载体绩效评价的重要因素，按照评价结果进行奖补。加快建设创业、产业、文化和社区等功能有机融合的众创社区，创建省级以上双创示范基地、小型微型企业创业创新示范基地，形成具有活力和竞争力的创新创业生态系统。支持龙头骨干企业建设专业孵化器和专业化众创空间，围绕产业链延伸、配套需求，孵化相关科技型中小企业。

六、促进高新技术企业提质增效，打造高新技术标杆企业

（一）加快发展高成长性科技型企业。实施科技企业上市培育计划，加强高新技术企业上市培育，引导其开展股改、建立现代企业制度，为其开辟上市绿色通道，支持其与多层次资本市场有效对接、做优做强，成为爆发式成长、竞争优势突出的瞪羚企业。实施千企升级行动计划，鼓励和引导中小企业专注细分领域

精耕细作做精做强，支持企业进行“四化”升级，装备改造升级和管理创新升级，支持企业上云和互联网化提升,以高新技术企业为基础，培育认定一批专精特新“小巨人”企业，争创一批国家单项冠军企业。

（二）大力培育创新型领军企业。深入实施创新型领军企业培育行动，遴选规模大、带动强的龙头高新技术企业，采取“一企一策”方式予以集成支持，引导各类创新要素向企业集聚，支持龙头高新技术企业融入全球研发创新网络，牵头建设产业技术创新战略联盟，加速成为具有国际竞争力的创新型领军企业。

（三）建设高新技术标杆企业。以高新技术企业为重点，评选发布省百强创新型企业，支持各地评选发布区域优质高新技术企业名单，省、地联动加大宣传力度，推广高新技术企业的创新发展理念、创新机制，提升高新技术企业品牌效应，为全省企业创新发展提供示范。

七、优化政府创新服务水平，营造高新技术企业发展良好环境

（一）推动企业税收优惠政策落实。全面落实国家降低制造业等行业增值税税率、小微企业和高新技术企业所得税优惠、企业研发费用税前加计扣除、固定资产加速折旧等税收优惠政策。支持高新技术企业和科技型中小企业发展，企业亏损结转弥补年限延长至十年。鼓励科研人员实施科技成果转化，高新技术企业给予科研人员符合条件的股权奖励，依法享受分期或递延缴纳个人所得税政策。对符合条件的国家级、省级科技企业孵化器、大学科技园和国家备案众创空间，落实免征房产税、城镇土地使用税和增值税等税收优惠政策，支持其对入驻高新技术企业和入库培育企业提供房租减免优惠。

（二）优化认定管理服务。认真落实“放管服”要求，进一步健全组织，明确各地科技、财政、税务部门责任分工，加强高新技术企业培育工作指导培训，加大对小微企业申报高新技术企业的辅导力度，优化评审流程，充分尊重专家评审意见，审慎提出职责外否定意见，完善信息化管理系统,提高工作效率,坚持标准，进一步优化认定服务机制和工作流程，确保公平公正。

（三）推进专利快速审查和维权。对高新技术企业和入库培育企业的专利申请，符合专利优先审查规定的，由相关职能部门进行专利优先审查请求推荐，加快专利授权速度。构建多元化立体保护网络，完善知识产权维权援助工作体系，对高新技术企业和入库培育企业知识产权维权给予重点支持。加大知识产权培训力度，提高高新技术企业和入库培育企业知识产权制度运用能力。

江苏省科学技术厅
江苏省工商业联合会

印发《关于推动江苏省民营企业创新发展的实施意见》的通知

苏科高发〔2019〕34 号
2019 年 1 月 31 日

各设区市科技局、工商联：

为深入贯彻党的十九大及习近平总书记在民营企业座谈会上重要讲话精神，落实省委十三届三次、四次、五次全会相关部署，按照省委省政府主要领导在全省民营企业座谈会上的要求，大力支

持我省民营企业创新发展，根据科技部、全国工商联《关于推动民营企业创新发展的指导意见》及省委省政府《关于促进民营经济高质量发展的意见》，省科技厅和省工商联制定了《关于推动江苏省民营企业创新发展的实施意见》，现印发给你们，请结合实际贯彻落实，加强协同配合，积极推进我省民营企业创新发展。

附件：关于推动江苏省民营企业创新发展的实施意见

附件

关于推动江苏省民营企业创新发展的实施意见

为深入贯彻党的十九大及习近平总书记在民营企业座谈会上的重要讲话精神，落实省委十三届三次、四次、五次全会相关部署，按照省委、省政府主要领导在全省民营企业座谈会上的要求，聚焦民营企业创新发展需求，深入实施创新驱动发展战略，大力提升民营企业技术创新能力，助推民营企业做优做强做大做实，为建设创新型省份和促进全省经济高质量发展提供坚强支撑，制定本实施意见。

一、总体要求

全面贯彻党的十九大精神，坚持以习近平新时代中国特色社会主义思想为根本遵循，牢固树立创新、协调、绿色、开放、共享的新发展理念，贯彻科技部、全国工商联《关于推动民营企业创新发展的指导意见》及省委省政府《关于促进民营经济高质量发展的意见》《关于深化科技体制机制改革推动高质量发展若干政策》等文件要求，发挥科技创新和制度创新对我省民营企业创新发展的支撑引领作用，通过政策引领、机制创新、项目实施、平台建设、人才培育、科技金融、军民融合、国际合作等加强民营企业科技创新能力，充分支持民营企业创新发展，为建设创新型省份和促进全省经济高质量发展提供坚强支撑。

二、重点任务

1. 打造创新型企业梯队。实施创新型领军企业培育计划，支持企业开放配置全球创新资源，融入全球研发创新网络，转化重大科技成果，培育一批核心技术能力突出、集成创新能力强、引领产业发展、具有国际竞争力的创新型民营企业。实施科技企业上市培育计划，遴选一批高成长性民营企业列入培育库，会同相关部门对企业加大上市辅导，依靠市场力量，在产业细分领域培育一批“隐形冠军”和“瞪羚”企业。大力实施“小升高”计划，推动面广量大的民营科技企业加快成长为高新技术企业。

2. 大力支持民营企业参与实施科技项目。支持和鼓励民营企业牵头或参与省重点研发计划、科技成果转化等科技项目，积极推荐有条件的民营企业参与国家科技重大专项、科技创新 2030—重大项目、重点研发计划等国家重大科技项目，产业目标明确的重大科技项目由有条件的企业牵头组织实施。在省科技发展规划制定、项目指南编制、政策调研中充分听取民营企业意见和建议，在项目评审、预算评估、结题验收等环节更多吸收民营企业专家参与。激发企业家社会责任感，引导企业主动履行社会责任，支持企业在基础研究和公益性研究方面开展科研活动。

3. 积极支持民营企业建设高水平研发机构。积极推动行业龙头民营企业参与建设一批企业国家重点实验室等研发和创新平台，对外开放和共享创新资源，发挥行业引领示范作用。针对企业技术需求，省产研院与细分行业龙头民营科技企业共同打造省产研院—企业联合创新中心。支持民营企业发展或参与建设新型研发组织，推动民营科技企业建设省级重点实验室、工程技术研究中心，加强行业共性技术问题的应用研究，各地可以通过项目资助、后补助、社会资本与政府合作等多种方式给予引导扶持或合作共建。

4. 建设创新创业载体服务民营小微企业发展。实施众创空间建设行动，按照市场化机制、专业化服务和资本化途径的要求，打造众创空间、科技企业孵化器、加速器、众创社区等多层次、全链条的创新创业载体，孵育一批高成长性民营科技企业。开展科技企业孵化器绩效评价工作，强化科技企业孵化器绩效奖补力度，鼓励其为入驻民营小微企业提供低成本、便利化等优质服务。支持行业龙头民营企业围绕主营业务，创新模式，建设一批专业化众创空间，服务实体经济发展。推动民营小微企业参与“江苏省创新创业大赛”，弘扬创新创业文化。

5. 加强创新创业人才培育激励。结合江苏省青年基金、杰出青年基金、高层次创新创业人才引进计划，加大对民营企业中青年科技创新领军人才、重点领域创新团队的培育和支持。推荐更多民营企业申报科技部创新人才推进计划，积极吸纳成功企业家进入导师队伍，举办民营企业科技创新培训班，培训更多创新创业人才。发挥“科技镇长团”“科技副总”“产业教授”作用，为民营企业提供智力支持。建立创新创业援助机制，对创业失败但主要负责人已尽到勤勉和忠实义务且有继续创业意愿和能力的科技型小微企业，推动地方政府向企业主要负责人发放创业补助，鼓励其持续开展创新创业活动。

6. 落实支持民营企业创新发展的各项政策。会同税务部门指导和支持民营科技企业设置研发费用辅助账，深入落实研发费用加计扣除政策。大力推进高新技术企业、技术先进型服务企业认定以及科技型中小企业评价工作，加强与财政及税务部门沟通协调，推动落实高新技术企业、技术先进型服务企业等税收优惠政策。强化科技成果转化激励，鼓励科技成果转移转化到民营科技企业，企业自主研发并实施转化的具有自主知识产权的重大科技创新成果，由省科技成果转化专项资金给予同等力度资助。

7. 完善科技金融促进民营企业发展。针对民营中小微企业融资难、融资贵问题，进一步完善以“首投、首贷、首保”为重点的科技投融资体系，形成科技创新与创业投资基金、银行信贷、融资担保、科技保险等各种金融方式深度结合的模式和机制为民营中小微企业营造良好投融资环境。鼓励有影响、有实力的民营金融机构设立创业投资基金、设立服务平台等方式，开展科技金融服务，为民营中小微企业提供投融资支持。大力开展科技金融进孵化器行动，集聚资源、集成政策，加快建立具有江苏特色的孵化器投融资服务体系，更好地支持民营企业创新发展。

8. 推动民营企业参与军民协同创新。发挥科技计划项目引领作用，在省重点研发计划项目、科技成果转化项目指南编制中，设立军民融合专题，加大军民两用技术研发与产业化支持力度，鼓励和引导民用技术参军和军用技术转民。支持民营企业、高等院校、科研院所等多方协同，建设军民融合众创空间、科技企业孵化器、高科技园区、技术创新战略联盟等机构，开展军民科技协同创新。建立完善各类军民协同创新公共服务平台，向民营企业提供信息检索、政策咨询、科技成果评价等服务。

9. 推动民营企业开展国际科技合作。依托产业创新国际化行动计划，引导国际创新要素向民营科技企业集聚，推动民营科技企业积极融入全球研发创新网络、提升整合国际创新资源的能力。拓展、深化与重点国别及海外创新机构的合作关系，推动国际技术转移服务机构建设，搭建高水平国际科技交流对接活动平台，服务民营企业对外创新合作需求。鼓励有实力的民营科技企业面向全球布局创新网络，支持企业按照国际规则并购、合资、参股国外创新型企业和研发机构，建设海外研发基地。鼓励民营企业积极响应“一带一路”科技创新行动计划，参与科技人文交流、共建联合实验室、科技园区合作和技术转移。

10. 深化产学研合作。围绕民营企业创新发展需求，不断完善产学研协同创新机制。举办中国江苏产学研合作大会，积极推进中科院“科技服务网络”试点工作，为我省民营企业与重点科教单位开展产学研协同创新提供平台。支持民营技术转移机构发展，推动建立专业化运营团队，为技术交易双方提供成果转化配套服务。充分发挥省工商联及所属商会作用，鼓励民营企业参与产业技术创新战略联盟建设。

11. 为民营科技企业提供更优质的服务。加快建设省科技资源统筹服务中心、省技术产权交易市场，完善科技资源统筹服务体系，支持民营企业发布技术需求、开展技术交易。进一步梳理整合全省大型科学仪器资源，完善省大仪平台仪器资源信息，推动高校院所等管理单位的大型科学仪器资源对民营科技企业开放，对民营科技型中小微企业利用大型科学仪器开展研发创新活动给予支持，为民营科技企业技术创新提供更优质的服务支撑。

三、保障措施

1. 加强服务指导。省科技厅和省工商联加强沟通协调，实行部门联动，共同加强对民营企业创新发展的工作指导。加强对支持我省民营企业创新发展相关政策的宣传和解读，增强民营企业对政策的知晓度，增强政策获得感；加强对我省民营企业创新发展的服务，搭建成果展示、产学研合作等创新服务平台，积极开展培训及项目人才推荐、评选等工作。

2. 开展评价和总结宣传。适时开展省百强创新型企业评选工作，及时总结民营企业创新发展的新典型、新模式和新机制，加强对民营企业创新发展成功经验和突出成果的宣传推广，树立标杆、形成标志，强化评价导向作用，引导全省企业增强自主创新能力。

江苏省科学技术厅

关于印发《江苏省科技企业孵化器管理办法》的通知

苏科技规〔2019〕206 号

2019 年 8 月 5 日

各设区市、县（市、区）科技局，国家及省级高新区管委会：

为贯彻落实省委省政府《关于深化科技体制机制改革推动高质量发展若干政策》（苏发〔2018〕18 号）和省政府《关于深入推进大众创业万众创新发展的实施意见》（苏政发〔2018〕112 号）及省政府办公厅《关于促进科技与产业融合加快科技成果转化的实施方案》（苏政办发〔2018〕61 号），引导我省科技企业孵化器高质量发展，支持科技型中小微企业快速成长，构建良好的科技创业生态，推动大众创业万众创新上水平，加快高水平创新型省份建设，根据科技部《科技企业孵化器管理办法》（国科发区〔2018〕300 号），省科技厅研究制定了《江苏省科技企业孵化器管理办法》，现印发给你们，请认真贯彻执行。

附件：江苏省科技企业孵化器管理办法

附件

江苏省科技企业孵化器管理办法

第一章　总　则

第一条　为贯彻落实省委省政府《关于深化科技体制机制改革推动高质量发展若干政策》（苏发〔2018〕18 号）和省政府《关于深入推进大众创业万众创新发展的实施意见》（苏政

发〔2018〕112号）及省政府办公厅《关于促进科技与产业融合加快科技成果转化的实施方案》（苏政办发〔2018〕61号），引导我省科技企业孵化器高质量发展，支持科技型中小微企业快速成长，构建良好的科技创业生态，推动大众创业万众创新上水平，加快创新型省份建设，根据科技部《科技企业孵化器管理办法》（国科发区〔2018〕300号）要求，结合江苏实际，制定本办法。

第二条　科技企业孵化器（以下简称“孵化器”）是以促进科技成果转化，培育科技企业和企业家精神为宗旨，提供物理空间、共享设施和专业化服务的科技创业服务机构，是创新创业人才培养基地、大众创新创业的支撑平台，是江苏区域创新体系的重要组成部分。

第三条　孵化器的主要功能是围绕科技企业的成长需求，集聚各类要素资源，推动科技型创新创业，提供创业场地、共享设施、技术服务、咨询服务、投资融资、创业辅导、资源对接等服务，降低创业成本，提高创业存活率，促进企业成长，以创业带动就业，激发全社会创新创业活力。

第四条　孵化器的建设目标是落实国家创新驱动发展战略，推进创新型省份建设，构建完善的创业孵化服务体系，不断提高服务能力和孵化成效，形成主体多元、类型多样、业态丰富的发展格局，持续孵化新企业、催生新产业、形成新业态，推动创新与创业结合、线上与线下结合、投资与孵化结合，培育经济发展新动能，促进实体经济转型升级，为建设现代化经济体系提供支撑。

第五条　省科技厅负责对全省孵化器进行宏观管理和业务指导，各设区市科技局负责对所在地区内孵化器进行具体服务和工作指导。

第二章　省级科技企业孵化器认定条件

第六条　申请省级科技企业孵化器应具备以下条件：

1. 孵化器具有独立法人资格，发展方向明确，具备完善的运营管理体系和孵化服务机制。机构在江苏境内实际注册并运营满2年，且报送上一年度真实完整的统计数据；

2. 孵化场地集中，可自主支配的孵化场地面积不低于5000平方米。其中，在孵企业使用面积（含公共服务面积）占2/3以上；

3. 孵化器配备自有种子资金或合作的孵化资金规模不低于300万元人民币，获得投融资的在孵企业占比不低于10%，并有不少于1个的资金使用案例；

4. 孵化器拥有职业化的服务队伍，专业孵化服务人员（指具有创业、投融资、企业管理等经验或经过创业服务相关培训的孵化器专职工作人员）占机构总人数60%以上，每15家在孵企业至少拥有1名专业孵化服务人员和1名创业导师（指接受孵化器聘任，能对创业企业、创业者提供专业化、实践性辅导服务的企业家、投资专家、管理咨询专家）；

5. 孵化器在孵企业中已申请专利的企业占在孵企业总数比例不低于30%或拥有有效知识产权的企业占比不低于20%；

6. 孵化器在孵企业不少于30家且每千平方米平均在孵企业不少于2家；

7. 孵化器累计毕业企业不少于10家。

第七条　在同一产业领域从事研发、生产的企业占在孵企业总数的75%以上，且提供细分产业的精准孵化服务，拥有可自主支配的公共服务平台，能够提供研究开发、检验检测、小试中试等专业技术服务的可按专业孵化器进行认定管理。专业孵化器内在孵企业应不少于15家且每千平方米平均在孵企业不少于1家；累计毕业企业应达到8家以上。

第八条　本办法中孵化器在孵企业是指具备以下条件的被孵化企业：

1. 主要从事新技术、新产品的研发、生产和服务，并符合国家中小企业划型的相关规定；

2. 企业注册地和主要研发、办公场所须在本孵化器场地内，入驻成立时间不超过24个月；

3. 孵化时限原则上不超过48个月。技术领域为生物医药、现代农业、集成电路的企业，孵化时限不超过60个月。

第九条　企业从孵化器中毕业应至少符合

以下条件中的一项：

1. 经国家备案通过的高新技术企业；

2. 累计获得天使投资或风险投资超过500万元；

3. 连续2年营业收入累计超过1000万元；

4. 被兼并、收购或在国内外资本市场挂牌、上市。

第三章 申报与管理

第十条 省级科技企业孵化器申报程序：

1. 申报机构向所在地设区市科技局提出申请。

2. 设区市科技局负责组织专家进行评审并实地核查，评审结果对外公示。对公示无异议机构书面推荐到省科技厅。

3. 省科技厅负责对推荐申报材料进行形式审查并公示结果，合格机构以科技厅文件形式确认为省级科技企业孵化器。

第十一条 省级科技企业孵化器按照国家、省政策和文件规定享受相关优惠政策。

第十二条 省科技厅依据相关要求对孵化器进行规范统计，省级科技企业孵化器应按要求及时提供真实完整的统计数据。

第十三条 省科技厅对省级孵化器进行动态管理，依据孵化器评价指标体系定期对省级科技企业孵化器开展绩效评价工作。对连续2次评价不合格的单位，取消其省级科技企业孵化器资格，对评价优良的单位，按照相关规定给予支持和奖励。

第十四条 省级科技企业孵化器发生名称变更或运营主体、面积范围、场地位置等认定条件发生变化的，需在三个月内向所在设区市科技局报告。经设区市科技局审核并实地核查后，符合本办法要求的，向省科技厅提出变更建议；不符合本办法要求的，向省科技厅提出取消资格建议。

第十五条 在申报过程中存在弄虚作假行为的，取消其省级科技企业孵化器评审资格，2年内不得再次申报；在评审过程中存在徇私舞弊、有违公平公正等行为的，将其失信行为纳入科研信用记录，并按照有关规定追究相应责任。

第四章 促进与发展

第十六条 孵化器应加强服务能力建设，利用互联网、大数据、人工智能等新技术，提升服务效率。有条件的孵化器应形成“众创—孵化—加速”机制，提供全周期创业服务，营造科技创新创业生态。专业孵化器要着力提升公共技术服务功能，为孵化企业提供低成本、高品质的增值服务，形成鲜明的专业特色。

第十七条 孵化器应加强从业人员培训，打造专业化创业导师队伍，为在孵企业提供精准化、高质量的创业服务，不断拓宽就业渠道，推动留学人员、科研人员及大学生创业就业。

第十八条 孵化器应提高市场化运营能力，鼓励企业化运作，构建可持续发展的运营模式，提升自身品牌影响力。孵化器应积极融入全球创新创业网络，开展国际技术转移、离岸孵化等业务，引进海外优质项目、技术成果和人才等资源，帮助创业者对接海外市场。

第十九条 各级地方政府、国家自主创新示范区、省级以上高新技术产业开发区管理机构及其相关部门应在孵化器发展规划、用地、财政等方面提供政策支持。对运行高效、发展良好的省级孵化器，优先推荐申报国家级孵化器。

第二十条 各地区应结合区域优势和现实需求引导孵化器向专业化方向发展，支持有条件的龙头企业、高校、科研院所、新型研发机构、投资机构等主体建设专业孵化器，促进创新创业资源的开放共享，促进大中小企业融通发展。

第二十一条 充分发挥省科技企业孵化器协会的作用，组织孵化器之间的交流与合作，促进资源共享，提升全省孵化器的整体发展水平。

第五章 附 则

第二十二条 各设区市科技局可参照本办

法制定本地区孵化器管理办法。

第二十三条　本办法由省科技厅负责解释，自发布之日起实施。原《江苏省科技企业孵化器认定和管理办法》（苏科高〔2013〕260 号）同时废止。

江苏省科学技术厅

关于印发《江苏省众创空间备案办法（试行）》的通知

苏科技规〔2019〕207 号

2019 年 8 月 5 日

各设区市、县（市、区）科技局，国家及省级高新区管委会：

为引导我省众创空间健康可持续发展，发挥示范带动效应，加强专业化众创空间建设，不断完善创新创业生态，激发全社会创新创业活力，服务实体经济转型升级，根据科技部《专业化众创空间建设工作指引》（国科发高〔2016〕231 号）和科技部火炬中心《国家众创空间备案暂行规定》（国科发火〔2017〕120 号），省科技厅研究制定了《江苏省众创空间备案办法（试行）》，现印发给你们，请认真贯彻执行。

附件：江苏省众创空间备案办法（试行）

附件

江苏省众创空间备案办法（试行）

第一章　总　则

第一条　为引导我省众创空间健康可持续发展，发挥示范带动效应，加强专业化众创空间建设，不断完善创新创业生态，激发全社会创新创业活力，服务实体经济转型升级，根据科技部《专业化众创空间建设工作指引》（国科发高〔2016〕231 号）和科技部火炬中心《国家众创空间备案暂行规定》（国科发火〔2017〕120 号），结合江苏实际，制定本办法。

第二条　众创空间是指为满足大众创新创业需求，提供工作空间、网络空间、社交空间和资源共享空间，积极利用众筹、众扶、众包等新手段，以社会化、专业化、市场化、网络化为服务特色，实现低成本、便利化、全要素、开放式运营的创新创业平台。

第三条　专业化众创空间是聚焦细分产业领域，以推动科技型创新创业、服务实体经济为宗旨，在服务对象、孵化条件和服务内容等方面实现专业化，能够高效配置和集成各类创新要素实现精准孵化，推动龙头骨干企业、中小微企业、科研院所、高校、创客多方协同创新的众创空间。

第二章　主要功能与服务

第四条　众创空间的发展目标是降低创业门槛、完善创新创业生态系统、激发全社会创新创业活力、加速科技成果转移转化、培育经济发展新动能、以创业带动就业。

第五条　众创空间的主要功能是通过创新与创业相结合、线上与线下相结合、孵化与投资相结合，以专业化服务推动创业者应用新技术、开发新产品、开拓新市场、培育新业态。

第六条　众创空间主要提供创业场地、投资与孵化、辅导与培训、技术服务、项目路演、信息与市场资源对接、政策服务、国际合作等方面的服务。

第七条　专业化众创空间是众创空间向纵深的进一步延伸，致力于优化创新资源配置、推动体制机制改革创新、促进产业转型升级，依托龙头骨干企业、科研院所、高校等建设机构的创新链和产业链资源，为创客提供更贴合产业特点的供应链对接、研发设计、产品推介、投融资等高水平、专业化、特色化的集成式服务。

第三章　备案条件

第八条　申请省级众创空间备案，应同时具备以下条件：

1. 发展方向明确、模式清晰，具备可持续发展能力。

2. 运营管理机构需在江苏省内注册，原则上应具有独立法人资格，并已实际开展运营满 1 年以上。

3. 有完善的运营管理制度，包括创业团队和企业的入驻评估、毕业与退出机制等。与建设主体之间具有良性互动机制，服务于建设主体转型升级和新业务开发、科技成果转化。

4. 拥有不低于 300 平方米的办公场地或提供不少于 30 个创业工位。同时须具备公共服务场地和设施，提供的办公场地或工位和公共服务场地面积不低于众创空间总面积的 75%。属租赁场地的，应保证 3 年以上有效租期。

公共服务场地是指众创空间提供给创业者共享的活动场所，包括公共接待区、项目展示区、会议室、休闲活动区、专业设备区等配套服务场地。公共服务设施包括免费或低成本的互联网接入、公共软件、共享办公设施等基础办公条件。

5. 年协议入驻创业团队和企业不低于 10 家（专业化众创空间不低于 8 家）。

6. 入驻创业团队每年注册成为新企业数不低于 5 家（专业化众创空间不低于 3 家），或每年有不低于 3 家获得融资（专业化众创空间不低于 2 家）。

7. 每年有不少于 2 个典型孵化案例。

8. 具备职业孵化服务队伍，至少 3 名具备专业服务能力的专职人员，聘请至少 3 名专兼职导师，形成规范化服务流程。

9. 应具备为入驻创业团队和企业提供融资服务的功能，设立或签约合作设立面向创业团队和企业的创业种子资金或投资基金，额度不低于 200 万元，实际投资项目 1 个以上。

10. 能够向创业者提供技术创新、信息咨询、科技中介、金融对接、成果转化等服务。每年开展的创业沙龙、路演、创业大赛、创业教育培训等活动不少于 5 场次。

第九条　申请省级专业化众创空间备案，除满足第八条规定的条件外，还应具备以下基本条件：

1. 以服务科技型创新创业为宗旨，以高新技术产业和战略性新兴产业为重点，能够紧密对接实体经济，聚焦某一细分产业领域，且该领域内入驻的创业团队和创业企业数占众创空间内所有入驻创业团队和创业企业总数的 50% 以上。

2. 具备完善的专业化研究开发和产业化条件，能够提供低成本的开放式办公空间，具有专业化的研发设计、检验检测、模型加工、中试生产等研发、生产设备设施和厂房，并提供符合行业特征专业领域的技术、信息、资本、供应链、市场对接等个性化、定制化服务。

3. 具有开放式的互联网线上平台，集成或整合企业、科研院所、高校等的创新资源、产业资源以及外部的创新创业等线下资源，实现共享和有效利用。

第十条　服务对象及时限应满足下列要求：

1. 众创空间主要服务于大众创新创业者，其中主要包括以技术创新、商业模式创新为特征的创业团队、初创公司或从事软件开发、硬件开发、创意设计的创客群体及其他群体。

2. 入驻时限一般不超过 24 个月。

第四章　备案管理

第十一条　省级众创空间的备案和管理工作坚持服务引领、放管结合、公开透明的原则，对经备案的众创空间纳入省级科技企业孵化器管理服务体系。

第十二条　省高新技术创业服务中心负责省级备案众创空间的日常管理服务工作。

第十三条　各设区市科技行政主管部门负责各地众创空间的备案工作，并依照本办法择优推荐。

第十四条　申报省级备案众创空间的基本程序：

各设区市科技行政主管部门负责本地备案申报受理工作，组织专家进行评审和实地核查，将评审结果对外公示，公示期不少于5个工作日。公示无异议，推荐到省高新技术创业服务中心进行审核。

第十五条　经省高新技术创业服务中心审核后，对符合条件的省级众创空间，报省科技厅发文备案。

第十六条　经备案的省级众创空间，应按要求报送统计报表及相关材料，对连续2年未上报统计数据的众创空间，取消省级备案资格。

第十七条　众创空间在运营过程中，如发生场地、运营机构、专业方向等重大事项变化，应逐级申请办理备案变更，省高新技术创业服务中心根据备案条件予以审核。

第十八条　省科技厅对省级以上众创空间进行动态管理，并适时开展省级以上众创空间的考核评价工作，对连续2年评价不合格的省级众创空间，取消省级备案资格。

第十九条　各众创空间运营管理机构对申报材料的真实性负责，以虚假材料等不正当手段通过省级众创空间备案、变更或年度考核评价的，经查实后取消其省级备案资格，且2年内不得再次申报。

第五章　附　则

第二十条　本办法由省科技厅负责解释，自发布之日起实施。

江苏省科学技术厅

关于印发《江苏省科技计划项目信用管理办法》的通知

苏科技规〔2019〕329号

2019年12月10日

各设区市、县（市）科技局，省有关部门，各有关单位：

为进一步加强科研诚信建设，营造诚实守信的良好科研环境，提高省科技计划项目相关责任主体的信用意识与信用水平，根据《中华人民共和国科学技术进步法》、《江苏省科学技术进步条例》、《关于加快推进社会信用体系建设构建以信用为基础的新型监管机制的指导意见》（国办发〔2019〕35号）、《国家科技计划（专项、基金等）严重失信行为记录暂行规定》（国科发政〔2016〕97号）、《科研诚信案件调查处理规则（试行）》（国科发监〔2019〕323号）、《关于进一步加强全省科研诚信建设的实施意见》（苏办〔2019〕39号）等规定，省科技厅修订了《江苏省科技计划项目信用管理办法》。现印发给你们，请遵照执行。

附件：江苏省科技计划项目信用管理办法

附件

江苏省科技计划项目信用管理办法

第一章　总　则

第一条　为进一步加强科研诚信建设，营造诚实守信的良好科研环境，提高省科技计划项目相关责任主体的信用意识与信用水平，根据《中华人民共和国科学技术进步法》《江苏省科学技术进步条例》《关于加快推进社会信用体系建设构建以信用为基础的新型监管机制的指导意见》（国办发〔2019〕35号）、《国家科技计划（专项、基金等）严重失信行为记录暂行规定》（国科发政〔2016〕97号）、《科研诚信案件调查处理规则（试行）》（国科发监〔2019〕323号）、《关于进一步加强全省科研诚信建设的实施意见》（苏办〔2019〕39号）等规定，制定本办法。

第二条　本办法适用于参与省科技计划项目的相关责任主体，包括省科技计划项目承担（申请）单位、项目承担（申请）人员、项目咨询评审专家、第三方中介服务机构，以及受省科技厅委托履行相关管理职能的项目主管部门及项目管理专业机构。

第三条　省科技计划项目科研诚信管理是省科技厅对相关责任主体在参与省科技计划项目过程中践行承诺、履行义务、奉行准则的诚信程度进行客观记录、公正评价，并据此进行相关管理和决策的工作。

第二章　信用管理内容

第四条　省科技计划项目科研诚信管理内容涵盖与省科技计划项目实施相关的各环节和全过程。

第五条　省科技计划项目科研诚信管理工作主要内容包括：

（一）项目组织与申报管理。对项目主管部门、项目管理专业机构在项目组织、审核以及推荐等行为中的信用情况进行记录和评价；对项目申请单位和申请人员遵守项目申报有关规定、履行信用承诺等行为中的信用情况进行记录和评价；对第三方中介服务机构出具相关证明材料等行为中的信用情况进行记录和评价。

（二）立项管理。对项目主管部门、项目管理专业机构、项目申请单位及申请人员、咨询评审专家、第三方中介服务机构在项目的立项咨询、评审、论证和现场考察等工作中的信用情况进行记录和评价。

（三）实施管理。对项目承担单位和项目承担人员在项目组织实施、经费落实和使用、信息报送等主体责任落实行为中的信用情况，以及项目主管部门、项目管理专业机构在项目实施管理和监督工作中的信用情况进行记录和评价。

（四）验收管理。对项目承担单位和项目承担人员在提交项目验收材料、项目经费决算或审计报告等行为中的信用情况，以及项目主管部门、项目管理专业机构、咨询评审专家、第三方中介服务机构等在项目验收工作中的信用情况进行记录和评价。

（五）绩效管理。对项目主管部门、项目管理专业机构、项目承担单位（人员）、第三方中介服务机构和咨询评审专家在绩效评价、评估工作过程中的信用情况进行记录和评价。

（六）其他。对省科技计划项目相关责任主体在实施和参与项目过程中与项目相关的其他信用情况进行记录和评价。

第三章　信用记录与评价

第六条　省科技厅对相关责任主体的信用情况进行记录。记录内容包括基本信息、良好信用及不良信用行为。

第七条　基本信息指相关责任主体的身份信息和与省科技计划项目相关的信息，包括单位统一社会信用代码、个人身份证号码，以及省科技计划项目的计划类别、项目编号、项目名称、实施期限等。

第八条　良好信用行为是指相关责任主体在参与省科技计划项目过程中，遵守省科技计划管理有关规定和要求、项目合同，奉行科研行为准则和科技管理工作准则，恪守科研伦理和职业道德、履行科研诚信承诺等守信行为。

第九条　不良信用行为是指相关责任主体在参与省科技计划项目过程中，存在有关人员职称、简历以及研究基础等方面提供虚假信息，抄袭、剽窃他人科研成果，捏造或篡改科研数据、编报虚假预算或项目材料、单位财务数据，违反告知承诺等承诺事项，编报虚假项目验收材料、知识产权证明、项目经费决算和项目绩效数据，采取贿赂或变相贿赂、造假、故意重复申报等不正当手段获取省科技计划项目承担资格，恶意串通，截留、挤占、挪用、转移科技经费，违反国家相关法律法规、违反财经纪律、违反项目任务书（合同、协议书）的约定等违反省科技计划项目管理规定要求、违反科研伦理、违反职业道德，以及违法违纪的行为。

第十条　不良信用行为分为一般失信行为和严重失信行为。

第十一条　省科技厅依据不同责任主体参与省科技计划项目活动的情况，对项目承担（申请）单位、项目承担（申请）人员、咨询评审专家、第三方中介服务机构和项目主管部门、项目管理专业机构分别进行信用评价，归入相应责任主体信用档案。

第十二条　在省科技计划项目实施过程中出现以下情况，根据宽容失败原则，经省科技厅审核后，不记入不良信用行为记录。

（一）未达到合同约定的验收条件，但开展了实质性研发活动并取得了一定的研究进展和成果，且经费使用基本合规的项目，予以总结结题处理的；

（二）对已勤勉尽责、但因技术路线选择失误导致难以完成预定目标而终止项目的；

（三）完成项目任务所需的资金、原材料、人员、支撑条件等因客观原因未落实或发生改变导致项目无法正常实施的；

（四）政策或市场发生重大变化等客观原因导致项目终止或无法实施的；

（五）项目为事前立项事后补助类建设项目，因客观原因在规定时间内未完成目标建设任务的；

（六）因外方合作单位在合作过程中退出或不履行合作协议导致项目无法正常实施的；

（七）因其他不可抗因素导致项目无法正常实施的。

第四章　信用评价结果应用

第十三条　信用评价为良好信用，且如期完成省科技计划项目和取得显著成效的，省科技厅在省科技计划项目立项、组织申报国家科技计划项目时同等条件下对相关主体予以优先。

第十四条　信用评价为一般失信和严重失信，根据情节轻重对相关责任主体采取以下处理措施：

（一）项目承担（申请）单位。采取诫勉谈话、责令限期整改、一定范围或公开通报批评、暂停省科技计划项目执行和财政性资金拨款、终止省科技计划项目执行并追回已拨付财政性资金、阶段性或永久取消承担省科技计划项目资格等处理措施；情节较重的，取消 3 年以内资格；情节严重的，取消 3 到 5 年资格；情节特别严重的，取消 5 年以上直至永久资格。上述处理措施可合并使用。

（二）项目承担（申请）人员。采取诫勉谈话、责令限期整改、一定范围或公开通报批评、暂停或撤销省科技计划项目承担资格、阶段性或永久取消承担或参与省科技计划项目资格等处理措施；情节较重的，取消 3 年以内资格；情节严重的，取消 3 到 5 年资格；情节特别严重的，取消 5 年以上直至永久资格。上述处理措施可合并使用。

（三）咨询评审专家。采取诫勉谈话、一定范围或公开通报批评、阶段性或永久取消参与省科技计划项目咨询评审资格等处理措施；情节较重的，取消 3 年以内资格；情节严重的，取消 3 到 5 年资格；情节特别严重的，取消 5 年以上直至永久资格。上述处理措施可合并使用。

（四）第三方中介服务机构。采取诫勉谈话、责令限期整改、一定范围或公开通报批评、阶段性或永久取消参与省科技计划项目服务资格等处理措施；情节较重的，取消3年以内资格处理措施；情节严重的，取消3到5年资格；情节特别严重的，取消5年以上直至永久资格。上述处理措施可合并使用。

（五）项目主管部门。采取诫勉谈话、责令限期整改、一定范围或公开通报批评、限制相关类别省科技计划项目申报名额、取消3年内申报相关类别省科技计划项目资格等处理措施。追究相关项目主管部门直接负责的主管人员和其他直接责任人员责任，取消其一定期限内省科技计划项目的管理资格，具体年限与被处理项目主管部门保持一致。上述处理措施可合并使用。

（六）项目管理专业机构。采取诫勉谈话、责令限期整改、一定范围或公开通报批评、暂停拨付管理资金、阶段性或永久取消省科技计划项目管理资格等处理措施；情节较重的，取消3年以内资格；情节严重的，取消3到5年资格；情节特别严重的，取消5年以上直至永久资格。追究相关项目管理专业机构直接负责的主管人员和其他直接责任人员责任，取消其一定期限内省科技计划项目的管理资格，具体年限与被处理项目管理机构保持一致。上述处理措施可合并使用。

第十五条　给予有关责任主体一定期限取消相关资格处理的，对其在单位内部或系统通报批评，并记入科研诚信严重失信行为数据库，按照国家有关规定纳入信用信息系统，并提供相关部门依法依规对有关责任主体实施失信联合惩戒。

第五章　信用管理工作机制

第十六条　省科技计划项目科研诚信管理的依据主要包括项目指南、项目合同、计划任务书与委托协议书、项目预算书、省级科技专项资金管理办法、科技计划相关管理制度与政策法规等。

第十七条　实行信用承诺制度。在组织申报、评审、立项、验收、绩效评价以及评估过程中，项目承担（申请）单位、项目承担（申请）人员、咨询评审专家以及第三方中介服务机构和项目主管部门、项目管理专业机构应签署信用承诺书，明确各自承诺事项和违背相关承诺的责任。

第十八条　作出处理决定前，省科技厅书面告知有关责任主体拟作出处理决定的事实、理由及依据，并告知其依法享有陈述与申辩的权利。有关责任主体没有进行陈述或申辩的，视为放弃陈述与申辩的权利。有关责任主体做出陈述或申辩的，充分听取其意见。

第十九条　有关责任主体对处理决定不服的，可按照有关程序书面提出申诉和复查申请，写明理由并提供相关证据或线索，省科技厅按相关规定进行复查，并反馈复查决定。

第二十条　实行信用记录名单动态调整机制，对处理处罚期限届满的相关责任主体，及时移出失信记录名单。

第二十一条　项目主管部门和项目管理专业机构受省科技厅委托，在职责范围内配合省科技厅开展科技信用情况的收集、记录和失信行为的调查处理。

第六章　附　则

第二十二条　省其他科技专项资金、科学技术奖励、高新技术企业认定等科技行政管理工作中的信用管理结合实际参照本管理办法执行。

第二十三条　本办法由省科技厅负责解释。

第二十四条　本办法自2020年1月10日起执行，原《江苏省科技计划项目相关责任主体信用管理办法（试行）》（苏科计发〔2013〕297号）同时废止。

江苏省科学技术厅　江苏省教育厅

关于印发《江苏省大学科技园管理办法》的通知

苏科技规〔2019〕341 号
2019 年 12 月 19 日

各设区市科技局、教育局，各有关单位：

为贯彻落实省委省政府《关于深化科技体制机制改革推动高质量发展若干政策》（苏发〔2018〕18 号）和省政府《关于深入推进大众创业万众创新发展的实施意见》（苏政发〔2018〕112 号），进一步推进大众创业、万众创新深入发展，激发高校创新主体的积极性和创造性，提升江苏省大学科技园的发展水平和自主创新能力，规范江苏省大学科技园建设与管理，根据科技部教育部《国家大学科技园管理办法》（国科发区〔2019〕117 号）要求，省科技厅会同省教育厅组织对《江苏省大学科技园认定和管理办法》（苏科高〔2007〕62 号）进行了修订，现将修订完成的《江苏省大学科技园管理办法》印发给你们，请认真贯彻执行。处于筹建阶段的江苏省大学科技园，申请认定时应按照本办法执行。

附件：江苏省大学科技园管理办法

附件

江苏省大学科技园管理办法

第一章　总　则

第一条　为贯彻落实省委省政府《关于深化科技体制机制改革推动高质量发展若干政策》（苏发〔2018〕18 号）、省政府《关于深入推进大众创业万众创新发展的实施意见》（苏政发〔2018〕112 号），进一步推进大众创业、万众创新深入发展，激发高校创新主体的积极性和创造性，提升江苏省大学科技园的发展水平和自主创新能力，规范江苏省大学科技园建设与管理，根据科技部教育部《国家大学科技园管理办法》（国科发区〔2019〕117 号）要求，结合江苏实际，制订本办法。

第二条　江苏省大学科技园是指以具有科研优势特色的大学为依托，将高校科教智力资源与市场优势创新资源紧密结合，推动创新资源集成、科技成果转化、科技创业孵化、创新人才培养和开放协同发展，促进科技、教育、经济融通和军民融合的重要平台和科技服务机构。

第三条　省科技行政部门会同省教育行政部门负责江苏省大学科技园建设的指导和服务；各设区市科技行政部门会同教育行政部门负责对本地区大学科技园进行管理和指导。高校是江苏省大学科技园建设发展的依托单位。

第二章　功能与定位

第四条　江苏省大学科技园是促进融通创新的重要平台、构建双创生态的重要阵地、培育经济发展新动能的重要载体，是江苏特色区域创新体系的重要组成部分。

第五条　江苏省大学科技园要发挥创新资源集成功能，通过搭建高水平创新网络与平台，促进高校创新资源开放共享，集聚人才、技术、资本、信息等多元创新要素，推动科技、教育、经济的融通创新和军民融合发展。

第六条　江苏省大学科技园要发挥科技成果转化功能，通过完善技术转移服务体系和市场化机制，推动科技成果信息供需对接，促进科技成果工程化和成熟化，提升高校科技成果转移转化水平。

第七条　江苏省大学科技园要发挥科技创业孵化功能，通过建设创业孵化载体，完善多元创业孵化服务，打造创业投融资服务体系，举办各类创新创业活动，营造创新创业氛围，培育科技型创业群体。

第八条　江苏省大学科技园要发挥创新人才培养功能，通过开展创新创业教育，搭建创新创业实践平台，提升科研育人功能，增强大学生的创新精神、创业意识和创新创业能力，培育富有企业家精神的创新创业后备力量，引领支撑高校“双一流”和高水平大学建设。

第九条　江苏省大学科技园要发挥促进开放协同发展功能，通过加强与地方政府、高校、企业、科研院所、科技服务机构等的交流合作，整合创新资源，服务产业集群发展，培育区域经济发展新动能。

第三章　认定条件

第十条　江苏省大学科技园实行认定管理。申请认定江苏省大学科技园，应具备以下条件：

1. 以具有科研优势特色的大学为依托，具有完整的发展规划，发展方向明确。

2. 具有独立法人资格；实际运营时间在 1 年以上，管理规范、制度健全，经营状况良好；具有职业化服务团队，经过创业服务相关培训或具有创业、投融资、企业管理等经验的服务人员数量占总人员数量的 70% 以上。

3. 具有边界清晰、布局相对集中、法律关系明确、总面积不低于 10000 平方米的可自主支配场地；提供给孵化企业使用的场地面积应占科技园自主支配面积的 60% 以上；建有众创空间等双创平台。

4. 园内在孵企业有 30 家以上，其中 20% 以上的在孵企业拥有自主发明专利或 30% 以上的在孵企业拥有有效知识产权；50% 以上的企业在技术、成果和人才等方面与依托高校有实质性联系。

5. 能够整合高校和社会化服务资源，依托高校向大学科技园入驻企业提供研发中试、检验检测、信息数据、专业咨询和培训等资源和服务，具有技术转移、知识产权和科技中介等功能或与相关机构建有实质性合作关系。

6. 园内有天使投资和风险投资、融资担保等金融机构入驻，或与相关金融机构建立合作关系，至少有 2 个以上投资服务案例。

7. 具有专业化的创业导师队伍，在技术研发、商业模式构建、经营管理、资本运作和市场营销等方面提供辅导和培训。

8. 建有高校学生科技创业实习基地，能够提供场地、资金和服务等支持。

9. 举办多元化的活动，每年举办创业沙龙、创业大赛、创业训练营和大学生创业实训等各类创新创业活动。

10. 纳入大学和地方发展规划，已建立与地方协同发展的有效机制。

第十一条　在孵企业应具备的条件

1. 在孵企业所属领域应属于《国家重点支持的高新技术领域》规定的范围，企业注册地及主要研发办公场所必须在大学科技园内。

2. 申请进入大学科技园的企业，需符合《中小企业划型标准规定》所规定的小型、微型企业划分标准。

3. 企业在大学科技园的孵化时间不超过 4 年。

4. 单一在孵企业使用的孵化场地面积不大于 1000 平方米；从事航空航天、生物医药等特殊领域的单一在孵企业，不大于 3000 平方米。

5. 企业研发的项目（产品）知识产权权属明确。

第四章　认定与管理

第十二条　省科技行政部门会同省教育行政部门负责江苏省大学科技园认定工作。

第十三条　拟申请认定江苏省大学科技园须满足第三章的认定条件并准备相关申报材料，包括：

1. 江苏省大学科技园发展规划；

2. 江苏省大学科技园建设方案；

3. 依托单位对大学科技园支持政策和制度文件；

4. 地方政府与依托单位的合作协议；

5. 能够证明符合申报条件的其他材料。

第十四条　各设区市科技行政部门会同同级教育行政部门负责本地区江苏省大学科技园的申报组织工作，对申报材料进行审核并实地核查，符合认定条件的向省科技行政部门和省教育行政部门推荐。

第十五条　省科技行政部门会同省教育行政部门组织专家对申请单位进行评审并公示，符合条件的予以认定。

第十六条　江苏省大学科技园实施统计报表制度，列入江苏省科技企业孵化器序列进行指导、服务和管理，省科技行政部门、省教育行政部门委托有关机构负责统计数据的收集和整理。获得认定的江苏省大学科技园应加强日常管理，不断提高运行管理水平，按要求及时将真实完整的统计数据报送设区市科技行政部门、教育行政部门，设区市科技行政部门会同同级教育行政部门审核后报送至省科技行政部门、省教育行政部门委托机构。

第十七条　省科技行政部门会同省教育行政部门对江苏省大学科技园实行动态管理，定期组织开展绩效评价，对评价不合格单位限期整改；对连续 2 次评价不合格的单位，取消其江苏省大学科技园资格，形成“优胜劣汰”的动态机制。

第十八条　江苏省大学科技园发生名称变更或运营主体、面积范围、场地位置等认定条件发生变化的，需在三个月内向所在设区市科技行政部门、教育行政部门报告。经设区市科技行政部门、教育行政部门审核并实地核查后，符合本办法要求的，向省科技行政部门、省教育行政部门提出变更申请；不符合本办法要求的，向省科技行政部门、省教育行政部门提出取消资格建议。

第十九条　申报单位在江苏省大学科技园申报过程中存在弄虚作假行为的，省科技行政部门、省教育行政部门取消其江苏省大学科技园评审资格，2 年内不得再次申报。

第五章　政策与措施

第二十条　江苏省大学科技园按照国家、省政策和文件规定享受相关优惠政策。

第二十一条　省科技行政部门、省教育行政部门负责宏观管理和指导江苏省大学科技园的建设、运行和发展，把江苏省大学科技园的工作纳入江苏省科技和教育发展规划。对绩效评价优良的江苏省大学科技园，按照相关规定给予支持和奖励，并优先推荐申报国家级大学科技园。

第二十二条　江苏省大学科技园所在地人民政府应将大学科技园工作纳入当地科技和教育发展规划，制定和落实相关政策。各地方科技行政部门、教育行政部门应推动当地有条件的高校规划建设大学科技园，加强对大学科技园建设发展的指导和协调，并积极推荐符合条件的单位申报江苏省大学科技园。

第二十三条　依托高校应把大学科技园纳入学校整体发展规划，在江苏省大学科技园发展中发挥核心作用，向江苏省大学科技园开放各种资源，给予相应支持。

第二十四条　发挥省大学科技园联盟的协调促进作用，组织大学科技园座谈交流，面向大学科技园以及创业企业、服务机构、高校师生等提供多元培训，总结推广江苏省大学科技园发展典型经验，提升全省大学科技园的整体发展水平。

第六章　附　则

第二十五条　本办法由省科技行政部门会同省教育行政部门负责解释，自 2020 年 1 月 19 日起生效。原《江苏省大学科技园认定和管理办法》（苏科高〔2007〕62 号）同时废止。

江苏省财政厅　江苏省科学技术厅

关于修订印发《江苏省高新技术企业培育资金管理办法》的通知

苏财规〔2019〕9号
2019年11月8日

各设区市财政局、科技局：

为加强高新技术企业培育工作，量质并举壮大高新技术企业集群，根据省政府印发的《江苏省推进高新技术企业高质量发展的若干政策》（苏政发〔2019〕41号）有关要求，省财政厅、省科技厅对《江苏省高新技术企业培育资金管理办法（试行）》（苏财规〔2018〕12号）进行了修订。现将新修订的《江苏省高新技术企业培育资金管理办法》印发给你们，请遵照执行。

附件：江苏省高新技术企业培育资金管理办法

附件

江苏省高新技术企业培育资金管理办法

第一章　总　则

第一条　为加强高新技术企业培育工作，量质并举壮大高新技术企业集群，根据《江苏省推进高新技术企业高质量发展的若干政策》（苏政发〔2019〕41号）要求，省财政厅安排资金对高新技术企业培育给予支持（以下简称"省培育资金"）。结合《高新技术企业认定管理办法》（国科发火〔2016〕32号）、《高新技术企业认定管理工作指引》（国科发火〔2016〕195号）要求，为规范和加强省培育资金的使用管理，制定本办法。

第二条　本办法所称省培育资金，是指用于支持省高新技术企业培育库内企业（以下简称"入库企业"）加快成长为高新技术企业的资金。

第三条　省科技厅、省财政厅联合建立省高新技术企业培育库。申请纳入省高新技术企业培育库的企业，适用本办法。

第四条　省培育资金的使用和管理遵循"企业自愿、政府引导、省地联动、公平公正"的原则。

第二章　职责分工

第五条　省财政厅主要职责：负责省培育资金年度预算安排，确定省培育资金使用方案，下达资金并进行监督；会同省科技厅制定省培育资金管理办法。

省科技厅主要职责：负责建立省高新技术企业培育库及培育库日常管理和服务工作，提出省培育资金使用方案；指导各地区高新技术企业培育工作。

第六条　各设区市科技部门会同财政部门，根据本办法制定本地区高新技术企业培育政策及工作方案。科技部门主要负责本地区入库培育企业的组织申报、专家评审、提出入库意见、入库企业公示，财政部门主要负责培育资金分配以及资金使用的日常监督等。

第三章　入库企业条件与程序

第七条　入库企业须同时满足以下条件：

（一）企业为在江苏省注册成立一年以上的居民企业，2008 年至今未被认定为高新技术企业；

（二）企业通过自主研发、受让、受赠、并购等方式，获得对其主要产品（服务）在技术上发挥核心支持作用的知识产权的所有权；

（三）对企业主要产品（服务）发挥核心支持作用的技术属于《国家重点支持的高新技术领域》规定的范围；

（四）企业从事研发和相关技术创新活动的科技人员占企业当年职工总数的比例不低于 5%；

（五）企业近两个会计年度（实际年限不足两年的按实际经营时间计算，下同）的研究开发费用总额占同期销售收入总额的比例不低于 3%，其中：企业在中国境内发生的研究开发费用总额占全部研究开发费用总额的比例不低于 60%；

（六）近一个会计年度高新技术产品（服务）收入占企业同期总收入的比例不低于 50%；

（七）企业创新能力评价应达到相应要求；

（八）企业申请入库前一年内未发生重大安全、重大质量事故或严重环境违法行为。

第八条　入库流程：

（一）企业申报。企业本着自愿的原则，向所在设区市科技部门提出入库申请，并提交如下材料：

1. 江苏省高新技术企业培育库入库申请书；

2. 知识产权相关材料、科研项目立项证明、科技成果转化、研究开发的组织管理等相关材料；

3. 企业高新技术产品（服务）的关键技术和技术指标、生产批文、认证认可和相关资质证书、产品质量检验报告等相关材料；

4. 企业职工和科技人员情况说明材料；

5. 经具有符合《高新技术企业认定管理工作指引》相关规定的中介机构出具的企业近两个会计年度研究开发费用和近一个会计年度高新技术产品（服务）收入专项审计或鉴证报告，并附研究开发活动说明材料；

6. 经具有资质的中介机构鉴证的企业近两个会计年度的财务会计报告（包括会计报表、会计报表附注和财务情况说明书）；

7. 近两个会计年度企业所得税年度纳税申报表（包括主表和附表）。

对于涉密企业，须将申请入库的申报材料做脱密处理，确保涉密信息安全。

（二）专家评审及公示。各设区市科技部门组织专家，对企业提交的申报材料进行评审，结合专家评审意见，对申请企业进行综合审查，提出入库推荐名单，并在设区市科技部门官网上进行公示。

（三）省级入库。各设区市科技部门会同同级财政部门将符合条件的入库企业推荐上报省科技厅、省财政厅，省科技厅会同省财政厅将各设区市推荐入库的企业纳入省高新技术企业培育库。

第九条　入库企业发生与入库条件有关的重大变化（如分立、合并、重组以及经营业务发生变化等），应在 1 个月内，向所在设区市科技部门报告。设区市科技部门对企业变化后的相关条件进行审核，不符合入库条件的，报请省科技厅予以出库，并自当年起终止其高新技术企业培育资格。

第十条　入库企业培育期为三年。在培育期内通过高新技术企业认定的，予以出库；三年期满后，未通过高新技术企业认定的，调整出库且不再受理入库申请。

第四章　培育资金支持方式

第十一条　入库培育奖励。推动各设区市、县（市、区）、省级以上高新区设立培育资金（以下简称“地方培育资金”），根据地方培育资金兑现情况，对于当年度入库企业地方培育资金已按每家不低于 5 万元（含）奖励的，省培育资金按每家 5 万元给予奖励。

第十二条　培育期贡献奖励。省培育资金

对处于培育期的入库企业，根据其对经济社会发展的实际贡献，对企业实际贡献在 20 万元（含）以上的，按实际贡献 5% 比例给予奖励，最高不超过 30 万元。

第十三条　认定培育奖励。省培育资金与各设区市、县（市）、省级以上高新区按照联动的原则，给予上一年度首次获得高新技术企业认定的入库企业不低于 30 万元培育奖励，其中省培育资金不低于 15 万元，且不高于地方培育资金奖励额度。

第十四条　培育资金下达。省财政厅、省科技厅根据入库培育情况及年度预算安排情况下达省培育资金指标，各设区市、县财政部门会同科技部门根据省培育资金指标，确定本地区入库企业的奖励方案（含省级培育资金奖励金额和地方培育资金奖励金额），据此下达培育资金，并抄送省财政厅、省科技厅备案。

第十五条　培育资金使用。企业获得的培育资金须用于高新技术企业要求的技术创新，重点用于开展新产品、新技术、新工艺、新业态创新及有关人才奖励。

第五章　监督管理与服务

第十六条　加大高新技术企业培育工作指导培训。省科技厅负责对各设区市科技部门具体工作人员的业务培训，各设区市科技部门对入库企业进行培训，重点包括研发费用辅助账设置、自主知识产权的挖掘与保护、高企相关政策解读等内容，提升企业家的创新意识，使企业在科技创新、成果转化、团队建设等方面得到提升。各设区市加强高新技术企业认定申报政策、入库培育政策的宣传，扩大政策知晓度和影响力。

第十七条　省科技厅建立并完善高新技术企业培育库信息管理系统，加强对入库企业的动态管理，及时分析和完善高新技术企业培育工作。

第十八条　各设区市科技部门要加强对入库企业的跟踪与监督，对不符合入库条件的，及时报请省科技厅予以出库；对有下列情况之一的，取消其培育资格，按规定收回培育资金，并报省科技厅、省财政厅：

（一）在入库申请过程中存在严重弄虚作假行为的；

（二）培育期间发生重大安全、重大质量事故或有严重环境违法行为的；

（三）培育期间发生严重科研失信或严重社会失信行为的。

第十九条　参与省高新技术企业培育库入库评选、管理工作的各类机构和人员对所承担工作负有诚信以及合规义务，并对申报入库企业的有关资料信息负有保密责任。对违反者，将参照国家《高新技术企业认定管理办法》及《高新技术企业认定管理工作指引》等有关规定进行处理。

第二十条　对申请纳入省高新技术企业培育库的企业实施信用承诺制度。企业须对申报材料的真实性以及资金使用管理做出承诺，做出虚假承诺的将记入不良信用记录；同时，企业要自觉接受科技、财政、审计、监察等部门的监督监察，严格执行财务规章制度和会计核算办法。

第二十一条　对违反财经纪律，弄虚作假、截留、挪用、挤占资金等行为，依照《中华人民共和国预算法》《财政违法行为处罚处分条例》《江苏省财政监督条例》等有关法律、法规和规章，对相应的违法违规行为予以处理、处罚，依法追究有关单位及其相关人员责任，并视情况提请同级政府进行行政问责。

第六章　附　则

第二十二条　本办法由省财政厅会同省科技厅负责解释。

第二十三条　本办法自 2019 年 12 月 9 日起施行，有效期至 2021 年 12 月 31 日。原《江苏省高新技术企业培育资金管理办法（试行）》（苏财规〔2018〕12 号）同时废止。

大 事 记

Major Events

2019 年江苏省科技创新工作大事记

1 月

24 日 全省科技工作会议在南京召开，副省长马秋林看望与会代表并进行座谈交流。

29 日 副省长、省产研院理事长马秋林，省政府副秘书长、省产研院副理事长张乐夫赴省产研院调研。

31 日 科技部副部长、国家外国专家局局长张建国，副省长马秋林，省科技厅厅长王秦专题调研中以常州创新园。

2 月

13 日 省长吴政隆赴省科技厅调研，强调奋力推动江苏省由科技大省向科技强省迈进，为推进产业迈向中高端提供更强动力。

19 日 省长吴政隆到省市场监管局、药监局、知识产权局调研，强调牢牢守住质量安全底线，持续推进“放管服”改革，着力打造稳定公平透明、可预期的营商环境。省政府秘书长陈建刚参加调研。

3 月

7—9 日 联合国粮农组织与江苏省农科院在南京联合举办乡村振兴和城乡统筹发展论坛，副省长费高云出席开幕式并致辞。

19 日 副省长马秋林主持召开专题会议，听取重大科技创新平台培育和建设情况的汇报，分析当前的形势及存在的问题，研究部署下一步推进工作。

21 日 江苏省知识产权和商标战略实施工作领导小组第一次会议在南京召开，副省长马秋林出席会议并讲话。

25—27 日 全国人大常委会副委员长、九三学社中央主席武维华率领九三学社中央调研组，就“促进科技型民营企业高质量发展”来江苏调研。在苏期间，调研组一行先后赴南京、苏州等地，并召开调研座谈会和科技型民营企业家座谈会，听取情况介绍和意见建议。副省长陈星莺代表省政府介绍了江苏有关情况。全国政协常委、副秘书长，九三学社中央副主席赖明参加调研。九三学社江苏省委主委周岚陪同调研。

4 月

8 日 中国（江苏）—挪威科技创新合作论坛在江苏南京举行。省科技厅厅长王秦与挪威创新署代表索黎代表双方机构正式签署了关于开展科技合作的谅解备忘录。该备忘录旨在聚焦绿色技术领域，进一步推动双方在科学、技术及产业方面的合作与交流，建立和共同实施一个双边产业研发框架计划。

15—16 日 科技部党组成员、副部长徐南平来宿迁调研农业科技社会化服务体系建设工作，副省长马秋林陪同调研。

28 日 省科学技术厅正式发布了《2019 年度省前沿引领技术基础研究专项项目指南及组织推荐领衔科学家的通知》，组织部署重大原创性基础研究项目，遴选顶尖的领衔科学家。

5 月

9 日 科技部副部长黄卫、科技部副司长吴苏海一行赴南京雨花台区考察。省科技厅厅长王秦、南京市副市长蒋跃建、市科技局局长洪礼来以及雨花台区领导张连春、江磊等陪同考察。

10 日 省委、省政府在南京召开全省科学技术奖励大会，表彰奖励 2018 年度江苏省国家和省科学技术奖获奖人员和单位。省委书记、省人大常委会主任娄勤俭出席大会并向 2018 年度国家最高科学技术奖获得者、中国工程院院士、解放军陆军工程大学教授钱七虎和获得 2018 年度国家科学技术进步奖一等奖的南京大学教授施斌颁发了省配套奖励证书，省委副书记、省长吴政隆在会上讲话，省政协主席黄莉新出席。随后，娄勤俭、吴政隆等省领导同钱七虎院士、施斌教授一道，为获得 2018 年度省科学技术一等奖、企业创新奖和国际合作奖的代表颁发奖励证书。省委常委、常务副省长、省委秘书长樊金龙主持大会，副省长马秋林宣读了《省政府关于 2018 年度江苏省科学技术奖励的决定》。2018 年度江苏省科学技术奖共 276 项，其中一等奖 45 项，二等奖 79 项，三等奖 152 项。7 家企业获得 2018 年度江苏省企业技术创新奖，5 名外籍专家获得 2018 年度江苏省国际科学技术合作奖。省委、省人大常委会、省政府有关领导同志，省有关部门和单位主要负责同志，2018 年度国家和省科学技术奖获奖者代表，部分在宁部省属高校科研院所主要负责同志、科研人员代表等出席大会。

12 日 2019 年江苏省“全国科技活动周”暨江苏省第 31 届科普宣传周在南京启动，副省长马秋林出席活动。

18 日 以“科技强国 气象万千”为主题的 2019 年全国气象科技活动周在南京国际博览中心开幕，副省长费高云出席并讲话。

19—21 日 省委书记娄勤俭、省长吴政隆在南京会见出席第二届江苏发展大会暨首届全球苏商大会的部分嘉宾。

20 日 以“聚力新江苏，奋进新时代”为主题的第二届江苏发展大会暨首届全球苏商大会上午在南京开幕。省委书记、省人大常委会主任娄勤俭在开幕式上发表主旨演讲。省委副书记、省长吴政隆主持大会。开幕式后举行了江苏发展论坛，嘉宾作专题发言。

20 日 作为第二届江苏发展大会暨首届全球苏商大会系列活动之一的紫金山科技论坛，下午在金陵饭店昆仑厅举行。论坛以“科技创新 引领未来”为主题，为新时代江苏高质量发展集思广益、建言献策。论坛由中国科学院院士、南京大学校长吕建主持。省领导樊金龙、刘捍东、马秋林、阎立出席论坛。省各有关部门的主要负责同志，相关高校院所、科技企业、科技服务机构以及各设区市科技主管部门、各国家级高新区的负责同志等参加论坛。

22 日 第三届未来网络发展大会在南京江宁未来网络小镇开幕，会议围绕未来网络创新与发展开展交流研讨。未来网络试验设施（CENI）首批 12 个城市主干节点开通，全球首个大网级网络操作系统 CNOS 正式发布，紫金山实验室伙伴实验室成立，全球首个网络内生安全试验场开通。省委常委、市委书记张敬华，中国工程院副院长、院士陈左宁，中国科协常委、党组成员宋军，法国索邦大学副校长瑟着·福迪达分别致辞，副省长马秋林、市长蓝绍敏等出席。

23 日 省科技厅、省人才办、省委宣传部、省发改委、省教育厅、省财政厅、省人社厅、团省委、省工商联等单位共同指导举办的第七届“创业江苏”科技创业大赛暨第八届中国创新创业大赛江苏赛区正式启动。

6 月

13 日 2019 年全国大众创业万众创新活动周江苏分会场启动仪式在扬州举行。副省长郭元强出席启动仪式，并参观全省创新创业主题展览。

25—26 日 由省科技厅、大韩民国驻上海总领事馆支持，省跨国技术转移中心、南京市科技局、大韩贸易投资振兴公社、韩国机器人产业振兴院共同主办，南京市江宁区科技局协办的 2019 中国（江苏）—韩国智能制造创新合作论坛暨项目对接交流会在南京成功举办。

26 日 2019 南京创新周紫金山创新大会举行。省长吴政隆出席开幕式并讲话。省委常委、南京市委书记张敬华致欢迎辞，南京市市长蓝绍敏，省政府秘书长陈建刚；诺贝尔奖获得者、诺奖联盟主席理查德·约翰·罗伯茨，诺贝尔奖获得者芬恩·基德兰德、康斯坦丁·诺沃肖洛夫、丹·谢赫特曼、丁肇中，国家最高科学技术奖获得者、中国工程院院士王泽山、钱七虎，图灵奖获得者姚期智等近 180 名中外院士，以及外国驻华使节、知名高校负责人、企业家代表参加大会。当天，2019 南京创新周开幕，T20 创新服务机构联盟成立。

26 日 江苏高校优势学科服务高质量发展暨三期项目建设推进会在南京召开，副省长王江出席会议并讲话。

27 日 为贯彻落实省政府近期出台的《江苏省推进高新技术企业高质量发展的若干政策》以及省政府办公厅印发的《江苏省高新技术企业培育“小升高”行动工作方案（2019—2020 年）》，省科技厅在江苏南京召开全省高新技术企业培育工作会议，进一步动员全省加快高新技术企业培育，量质并举壮大高新技术企业集群。

7 月

3—4 日 由科技部海峡两岸科学技术交流中心和李国鼎科技发展基金会共同主办，省科技厅承办的“第五届海峡两岸科技论坛”在江苏南京成功举办。科技部港澳台办公室主任叶冬柏、李国鼎科技发展基金会秘书长万其超、省科技厅副厅长段雄共同出席了本届论坛并分别致辞。

16 日 科技部副部长、党组成员王曦，科技部重大项目司司长陈传宏等一行来宁开展科研创新工作调研。王曦副部长一行先后实地调研了网络通信与安全紫金山实验室、江苏省未来网络创新研究院及南京金斯瑞生物科技有限公司，并在调研过程中并听取了南京市科技产业发展历程、运行模式、建设情况和未来发展规划方面的汇报。副省长马秋林，省政府副秘书长张乐夫，省科技厅厅长王秦，南京市副市长蒋跃建，南京市科技局局长洪礼来等陪同调研并出席座谈。

17 日 省科技厅在江苏南京召开第七届中国江苏产学研合作大会，副厅长蒋洪出席会议并讲话，各设区市科技局、国家高新园区、部分省内高校院所及省生产力促进中心、省产业技术研究院、省科技资源统筹中心、省技术产权交易市场等单位 120 多人参加了会议。

8 月

2 日 副省长、省产研院理事长马秋林主持召开省产研院理事会会议，听取省产研院工作情况汇报，研究审议有关事宜。

30 日 中国（江苏）自由贸易试验区揭牌仪式上午在南京江北新区举行。省委书记娄勤俭、省长吴政隆共同为中国（江苏）自由贸易试验区及南京片区、苏州片区、连云港片区揭牌。娄勤俭在揭牌仪式上讲话，吴政隆宣读了国务院关于同意设立中国（江苏）自由贸易试验区的批复。根据国务院印发的《中国（江苏）自由贸易试验区总体方案》，江苏自贸试验区包括南京片区、苏州片区、连云港片区 3 个片区，实施范围 119.97 平方公里。南京片区将建设具有国际影响力的自主创新先导区、现代产业示范区和对外开放合作重要平台；苏州片区将建设世界一流高科技产业园区，打造全方位开放高地、国际化创新高地、高端化产业高地、现代化治理高地；连云港片区将建设亚欧重要国际交通枢纽、集聚优质要素的开放门户、“一带一路”沿线国家（地区）交流合作平台。揭牌仪式后举行了签约，上海、江苏、浙江自贸试验区管理机构签署了《上海江苏浙江自由贸易试验区联动发展战略合作框架协议》，省商务厅分别与商务部研究院等 6 家单位签署了发挥智库作用共同推进自贸试验区研究工作的合作协议。南京片区、苏州片区、连云港片区 12 个重点项目也同时签约。省领导樊金龙、张敬华、郭元强出席揭牌仪式，郭元强主持仪式。

9月

3日 2019（第七届）江苏互联网大会在南京开幕。省委常委、宣传部部长王燕文出席开幕式并致辞，副省长王江参加开幕式，中国工程院院士邬江兴等做了专题报告。

7日 2019世界物联网博览会在无锡开幕。当天上午，2019世界物联网无锡峰会举行。省委书记娄勤俭作主旨讲话，工信部副部长王志军讲话，省人大常委会副主任、无锡市委书记李小敏在峰会上致辞，副省长马秋林主持峰会，来自国家部委和中央企事业单位的有关负责同志出席峰会。娄勤俭、王志军、李小敏共同为2019世界物联网博览会启动开幕。下午，娄勤俭等领导对物博会进行了实地考察。物博会期间，还举行了10场高峰论坛和多项系列活动。

10日 剑桥大学南京科技创新中心奠基仪式在江北新区举行。省委常委、南京市委书记张敬华，剑桥大学校长斯蒂芬·托普，副省长马秋林，剑桥大学副校长艾莉斯·费伦，复旦大学校长许宁生，南京大学校长吕建，东南大学校长张广军，清华大学副校长尤政，北京大学副校长田刚，浙江大学副校长何莲珍等出席。奠基仪式后还举行了剑桥大学中国伙伴关系建设论坛。

17日 省长吴政隆深入无锡制造业企业调研，强调下好科技创新先手棋，坚定不移推动制造业高质量发展。

18日 部省共同推进泰州医药高新区建设联席会议第八次会议在泰州召开，副省长马秋林及国家四部委有关负责人出席会议。

10月

9—11日 科技部外国专家服务司刘懋洲副司长一行来江苏调研，其间先后重点调研了南京江北新区、苏交科集团股份有限公司、江苏省农科院、天合光能股份有限公司（常州）、常州聚和新材料股份有限公司等单位，了解江苏省科技系统机构整合情况及外国专家服务体系建设情况。

18日 2019世界智能制造大会在南京开幕。省长吴政隆参观展览并在开幕式上讲话，中国科协党组书记怀进鹏致辞，中国工程院主席团名誉主席周济作主旨演讲，工信部副部长辛国斌，省委常委、南京市委书记张敬华分别致辞。江苏省副省长马秋林，安徽省副省长何树山，南京市委副书记、市政府党组书记韩立明，省政府秘书长陈建刚，以及参加金砖国家智能制造暨新工业革命伙伴关系论坛的金砖国家代表，国内外智能制造领域机构、高校院所、商（协）会、知名企业代表等参加开幕式。

11月

4日 第七届中国江苏产学研合作大会在南京开幕，副省长马秋林出席开幕式并致辞。

6日 2019年产业互联与数字经济大会暨第二届工业互联网平台创新发展大会在苏州开幕。工业和信息化部总经济师王新哲，国务院国有资产监督管理委员会副秘书长庄树新，全国工商联党组成员、秘书长赵德江，省委常委、苏州市委书记蓝绍敏，副省长马秋林等出席大会。

11日 第四届紫金知识产权国际峰会在南京召开。会议以“知识产权与开放型经济”为主题，世界知识产权组织、国家知识产权局、欧洲专利局官员及国际知名机构代表参会。省委常委、南京市委书记张敬华，副省长马秋林出席并致辞。

13日 2019年度两刊两网暨人才库建设工作座谈会在上海举行，科技部国外人才研究中心副主任王海洋出席并讲话。会上，科技部国外人才研究中心发布了2019年度“两刊两网”科技和引智宣传工作先进单位一、二、三等奖名单及先进个人名单，省科技厅获2019年度“两刊两网”科技和引智宣传工作先进单位一等奖。

索　引

Index

说　明

一、本索引依照国家标准《索引编制规则（总则）》GB/T 22466—2008的相关规则进行编制。

二、本索引分为主题索引和表格索引。凡文字、表格、名录中具有独立检索意义的内容主题，均可通过本索引进行检索。

三、主题索引按标引词首字的汉语拼音字母顺序排列（同音按声调），首字相同时，按第二个字的音序排列，依次类推。若以数字或字母开头时，排在最前面。表格索引按表格所在页码的顺序排列。索引名称后的数字表示内容所在的页码，数字后的拉丁字母（a、b）分别表示所在页码的左、右栏。

四、“特载”“重要科技文件”“大事记”不列入索引范围。

主题索引

字　符

F

G

H

J

K

L

M

N

Q

R

S

T

W

X

Y

Z

表格索引

《江苏科技年鉴 2020》通讯员及协助提供资料人员名单

（按姓氏笔画为序）

王　亮　王　盛　王　薇　王小青　王亚燕　王旭红
王倩倩　王霞云　方素娟　叶　荣　叶　静　冯　敏
成燕慧　吕良伟　朱广宇　朱启佳　朱振荣　朱哲保
刘　君　刘　菲　刘　薇　刘姝含　许晓亮　孙洋洋
麦鸿坤　李卫明　李俊俊　杨　凯　杨　波　杨　珍
杨正华　肖安云　吴　洁　何　峰　汪兵兵　张逍越
张竞博　陆雪丹　陈　娟　陈卫宏　范　军　林岚开
林晓芬　郁海琛　周同柱　郑维山　胡　浩　姜玥宏
徐　华　徐　罡　徐婷婷　高晓敏　席　鹏　黄　坚
龚　俐　彭　要　舒培浩　谢　扬　谢君智　谢雪莹
虞昕琦　褚为民　管　鑫　戴　莹